Revit MEP 2019

管线设计

从入门到精通

麓山文化 编著

人民邮电出版社
北京

图书在版编目（CIP）数据

Revit MEP 2019管线设计从入门到精通 / 麓山文化编著. -- 北京 : 人民邮电出版社, 2019.12
ISBN 978-7-115-51674-9

Ⅰ. ①R… Ⅱ. ①麓… Ⅲ. ①建筑设计－管线设计－计算机辅助设计－应用软件－高等学校－教材 Ⅳ. ①TU81-39

中国版本图书馆CIP数据核字(2019)第189971号

内 容 提 要

本书是一本帮助 Revit MEP 初学者实现从入门到精通的学习宝典。

本书分为 4 篇、共 12 章。第 1 篇为基础入门篇，主要介绍 Revit MEP 的基础知识与基本操作方法，内容包括软件入门、常用的工具等；第 2 篇为功能介绍篇，介绍各类图元的创建方法，包括创建风管、风管附件、管道、管道附件及电缆桥架、电气设备等；第 3 篇为高级应用篇，介绍在项目创建后期设置项目参数的方法，包括添加注释、创建明细表、管理对象与视图、创建族等；第 4 篇为综合实例篇，主要通过综合实例的讲解加强读者的实际应用能力。

本书可作为 Revit 初学者学习 Revit MEP 的专业指导教材，对相关行业的设计人员来说也是一本不可多得的参考手册。

◆ 编　　著　麓山文化
责任编辑　刘晓飞
责任印制　马振武
◆ 人民邮电出版社出版发行　　北京市丰台区成寿寺路 11 号
邮编　100164　　电子邮件　315@ptpress.com.cn
网址　http://www.ptpress.com.cn
大厂聚鑫印刷有限责任公司印刷
◆ 开本：787×1092　1/16
印张：20.5
字数：644 千字　　　　2019 年 12 月第 1 版
印数：1 – 2 500 册　　　　2019 年 12 月河北第 1 次印刷

定价：69.00 元

读者服务热线：(010) 81055410　印装质量热线：(010) 81055316
反盗版热线：(010) 81055315
广告经营许可证：京东工商广登字 20170147 号

前 言

Revit 是 Autodesk（欧特克）公司开发的一款集成二维与三维的绘图软件，是目前建筑设计行业中较为流行的绘图软件。

以 Revit 软件平台为基础，Autodesk（欧特克）公司推出的专业模块有 Revit Architecture（建筑设计）、Revit Structure（结构设计）、Revit MEP（管线综合，即设备、电气、管道）。通过使用这几个模块，可以满足建筑设计、结构设计和 MEP 设计的需求。

Revit 可以帮助用户轻松实现数据管理、图形绘制等多项功能，从而极大地提高设计人员的工作效率。

一、编写目的

鉴于 Revit 强大的功能，我们力图编写一本全方位介绍 Revit 在管线设计行业实际应用的图书。就本书而言，我们将以 Revit MEP 的命令为脉络，以操作实战为阶梯，使读者逐步掌握使用 Revit MEP 进行管线综合设计的基本技能和技巧。

二、本书内容安排

本书主要介绍 Revit MEP 2019 的功能命令，从简单的界面调整到实际操作，再到图元绘制与参数设置、项目创建等，力求内容覆盖全面。

为了让读者更好地学习本书的知识，在编写时我们有针对性地将本书的内容划分为 4 篇，共计 12 章，具体编排如下表所示。

篇 名	内容安排
第 1 篇　基础入门篇 （第 1 章）	本篇主要介绍一些 Revit MEP 的基础知识与基本操作的方法，内容包括软件入门、常用的工具等。 第 1 章：介绍 Revit 基本界面的组成与基本命令的操作方法
第 2 篇　功能介绍篇 （第 2~4 章）	本篇主要介绍各类图元的创建方法，包括创建风管、风管附件、管道、管道附件及电缆桥架、电气设备等。 第 2 章：介绍在暖通设计中风管、风管附件和风管设备的创建方法 第 3 章：介绍在管道设计中管道、管件、管路附件的创建方法 第 4 章：介绍在电气设计中电缆桥架与导线的创建方法及各类电气设备的放置方式等
第 3 篇　高级应用篇 （第 5~9 章）	本篇主要介绍在项目创建后期，设置项目参数的操作方法，包括添加注释、管理对象与视图、创建明细表、创建族等。 第 5 章：介绍添加各类注释的方法，包括尺寸注释、文字注释与各类标记 第 6 章：介绍创建各类明细表的方法，包括管道明细表、风管明细表等 第 7 章：介绍将外部文件导入或者链接到 Revit 中的方法 第 8 章：介绍管理视图、设置视图参数的方法 第 9 章：介绍在 Revit 族编辑器中创建模型、编辑模型的方法
第 4 篇　综合实例篇 （第 10~12 章）	本篇主要通过综合实例来回顾前面章节的内容，加强读者对于 Revit MEP 软件的认识和实际应用能力。 第 10 章：以办公楼项目为例，介绍开展暖通设计的方法，如创建风管、放置附件等 第 11 章：介绍开展电气设计的方法，包括添加照明设备、绘制连接导线等 第 12 章：介绍开展管道设计的方法，包括创建管道、放置管道附件等

三、本书写作特色

为了让读者更好地学习与翻阅，本书在内容呈现上有诸多设计，具体总结如下。

■ 软件与行业相结合，大小知识点一网打尽

除了基本内容的讲解，在书中还分布有 400 多个“延伸讲解”“答疑解惑”“知识链接”等小提示，不放走任何知识点。各项提示含义如下。

延伸讲解：介绍命令中的一些扩展内容和操作技巧。

答疑解惑：介绍实际应用中比较实用的设计技巧、思路，以及各种需引起重视的设计误区。

知识链接：提供与所述内容相关的知识点，帮助读者举一反三。

■ 难易安排有节奏，轻松学习乐无忧

本书的编写特别考虑了初学人员的感受，因此对于内容有所区分。

重点：带有重点的章节为重点内容，是 Revit MEP 实际应用中使用极为频繁的命令，需重点掌握。

难点：带有难点的章节为进阶内容，有一定的难度，适合学有余力的读者深入钻研。

其余章节则为基本内容，只要熟加掌握即可应对绝大多数的工作需要。

■ 全方位上机实训，全面提升绘图技能

读书破得万卷，下笔方能有神。学习 Revit MEP 也是一样，只有多加练习方能真正掌握它的绘图技法。我们深知 Revit 是一款操作性很强的软件，因此在书中精心准备了 68 个操作实战，以及 3 个行业综合操作实例。内容均通过层层筛选，既可作为命令介绍的补充，也符合各行各业实际工作的需要。因此从这个角度来说，本书还是一本不可多得的、能全面提升读者绘图技能的练习手册。

四、本书的配套资源

■ 配套教学视频

针对本书中各大小实例，专门制作了 150 分钟、102 集的高清教学视频，读者可以先看视频，像看电影一样轻松愉悦地学习本书内容，然后对照文本加以实践和练习，从而大大提高学习效率。

■ 全书实例的源文件与素材

本书附带了很多实例，包含行业综合实例和普通练习实例的源文件和素材，读者可以安装 Revit 2019 版本的软件，打开并使用它们。

五、本书创建团队

本书由麓山文化组织编写，具体参与编写的有薛成森、陈志民、江凡、张洁、马梅桂、戴京京、骆天、胡丹、陈运炳、申玉秀、李红萍、李红艺、李红术、陈云香、陈文香、陈军云、彭斌全、林小群、刘清平、钟睦、刘里锋、朱海涛、廖博、喻文明、易盛、陈晶、张绍华、陈文轶、杨少波、杨芳、刘有良、刘珊、赵祖欣、毛琼健、江涛、张范、田燕等。

由于编者水平有限，书中疏漏与不妥之处在所难免。在感谢您选择本书的同时，也希望您能够把对本书的意见和建议告诉我们。

联系信箱：lushanbook@qq.com

编者

2019 年 6 月

资源与支持

本书由数艺社出品，“数艺社”社区平台（www.shuyishe.com）为您提供后续服务。

配套资源

案例效果文件

在线教学视频

资源获取请扫码

“数艺社”社区平台，为艺术设计从业者提供专业的教育产品。

与我们联系

我们的联系邮箱是 szys@ptpress.com.cn。如果您对本书有任何疑问或建议，请您发邮件给我们，并请在邮件标题中注明本书书名及 ISBN，以便我们更高效地做出反馈。

如果您有兴趣出版图书、录制教学课程，或者参与技术审校等工作，可以发邮件给我们；有意出版图书的作者也可以到“数艺社”社区平台在线投稿（直接访问 www.shuyishe.com 即可）。如果学校、培训机构或企业想批量购买本书或数艺社出版的其他图书，也可以发邮件联系我们。

如果您在网上发现针对数艺社出品图书的各种形式的盗版行为，包括对图书全部或部分内容的非授权传播，请您将怀疑有侵权行为的链接通过邮件发给我们。您的这一举动是对作者权益的保护，也是我们持续为您提供有价值的内容的动力之源。

关于数艺社

人民邮电出版社有限公司旗下品牌“数艺社”，专注于专业艺术设计类图书出版，为艺术设计从业者提供专业的图书、U 书、课程等教育产品。出版领域涉及平面、三维、影视、摄影与后期等数字艺术门类，字体设计、品牌设计、色彩设计等设计理论与应用门类，UI 设计、电商设计、新媒体设计、游戏设计、交互设计、原型设计等互联网设计门类，环艺设计手绘、插画设计手绘、工业设计手绘等设计手绘门类。更多服务请访问“数艺社”社区平台 www.shuyishe.com。我们将提供及时、准确、专业的学习服务。

目 录

第1篇 基础入门篇

第01章 Revit MEP简介

视频讲解 12分钟

第2篇 功能介绍篇

第02章 暖通功能介绍

视频讲解 7分钟

第03章 管道功能介绍

视频讲解 9分钟

第06章 明细表

视频讲解 13分钟

第07章 链接与导入操作

视频讲解 5分钟

第08章 管理视图

第09章 族

视频讲解 30分钟

第4篇 综合实例篇

第10章 综合实例——暖通案例讲解 视频讲解 27分钟

第11章 综合实例——电气案例讲解 视频讲解 14分钟

第12章 综合实例——给水排水案例讲解 视频讲解 13分钟

附录A 常见操作问题与解答

附录B 命令快捷键速查表

第1篇
基础入门篇

第01章

Revit MEP简介

以Revit软件平台为基础，有3个专业模块，即Revit Architecture（建筑设计）、Revit Structure（结构设计）、Revit MEP（管线综合，即设备、电气、管道）。在开展建筑设计、结构设计以及管线设计时，分别运用这3个模块，可以满足设计需求。
能够熟练运用Revit Architecture的用户，在操作Revit MEP时也不会有太大的困难。本书以2019版本的Revit平台为基础，介绍运用Revit MEP开展管线设计的操作方法。

学习重点

- 认识Revit MEP应用程序的工作界面 10页
- 学会创建项目文件 14页
- 熟练运用视图控制工具 16页
- 学会选择与编辑图元的方法 30页
- 掌握设置快捷键的方式 34页

1.1 Revit 的启动方法和工作界面

成功启动Revit应用程序后，就可以进入软件的工作界面。工作界面由各种不同功能的组件构成，了解各个组件的使用方法，才能准确地应用软件来开展工作。

1.1.1 启动Revit 应用程序

在计算机中安装Revit 2019应用程序后，单击“开始”→“所有程序”→“Autodesk”→“Revit 2019”→“Revit 2019”命令，如图1-1所示，即可启动Revit应用程序。

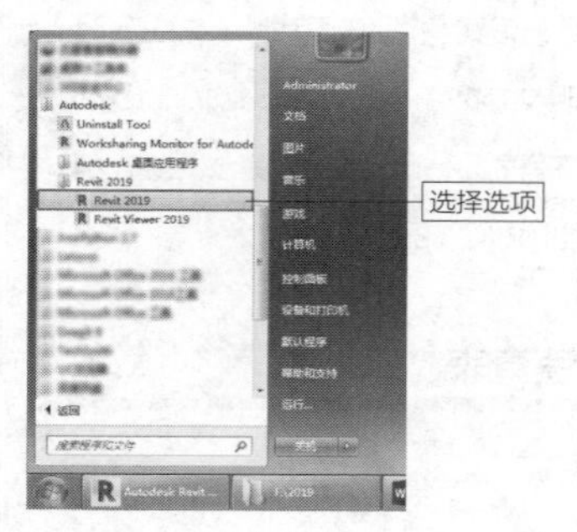

图 1-1 启动命令

启动应用程序后，显示启动界面，如图1-2所示。

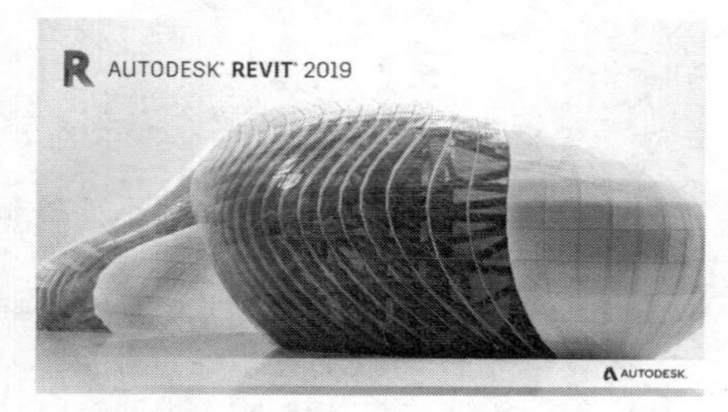

图 1-2 启动界面

延伸讲解：

单击“开始”按钮，如果弹出的“开始”菜单中就显示“Revit 2019”选项，如图1-3所示，可直接单击该选项，启动Revit应用程序。

在计算机中安装软件后，通常情况下都会自动在桌面创建快捷方式。图1-4所示为Revit程序在桌面所创建的快捷方式图标，双击快捷图标，可以启动软件。或者在快捷图标上单击鼠标右键，在弹出的菜单中选择“打开”命令，也可以启动软件。

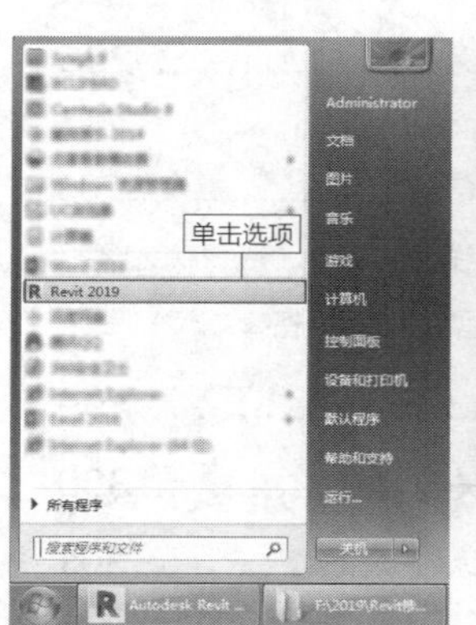

图 1-3 “开始”菜单　　图 1-4 桌面上的 Revit 图标

双击已创建的Revit文件，或者在文件上单击鼠标右键，在弹出的快捷菜单中选择“打开”命令，同样可以启动软件。

成功启动软件后，显示如图1-5所示的欢迎界面。在“项目”列表中，单击“打开”按钮，可以打开已有的项目文件；单击“新建”按钮，可以新建项目文件。在“族”列表中，可以执行“打开”“新建”族的操作。

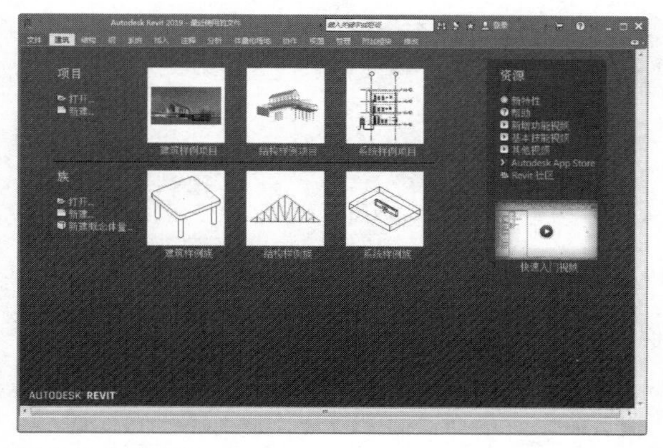

图 1-5 欢迎界面

1.1.2 Revit 的工作界面

进入Revit软件的工作界面后，默认选择“建筑”选项卡。在开展建筑项目设计时，会大量运用“建筑”选项卡中的命令。但是在开展管线设计时，就较少使用该选项卡中的命令。

Revit MEP的工作界面由快速访问工具栏、信息中心、选项卡、命令面板、项目浏览器、属性选项板、绘图区域、视图控制栏、状态栏等组成，如图1-6所示。可以自定义工作界面的构件，制定个性化工作界面，使得界面符合自己的使用习惯。

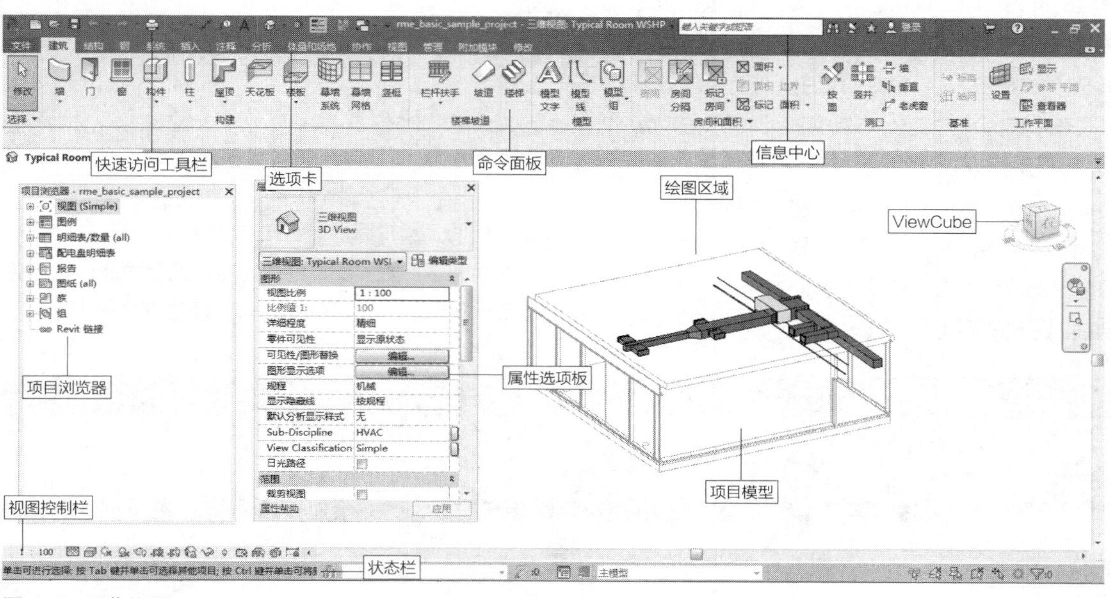

图 1-6 工作界面

启用某命令后，进入上下文选项卡，在选项卡中可以进一步设置参数，调整模型的创建效果。例如，启用“风管”命令后，进入“修改|放置 风管”选项卡，如图1-7所示。在选项卡中包含多个命令面板，“放置工具”面板中的工具用来辅助放置风管，单击按钮可以激活工具。在选项栏中显示参数选项，如“宽度”“高度”等。修改参数选项的数值，可以设置风管的尺寸。

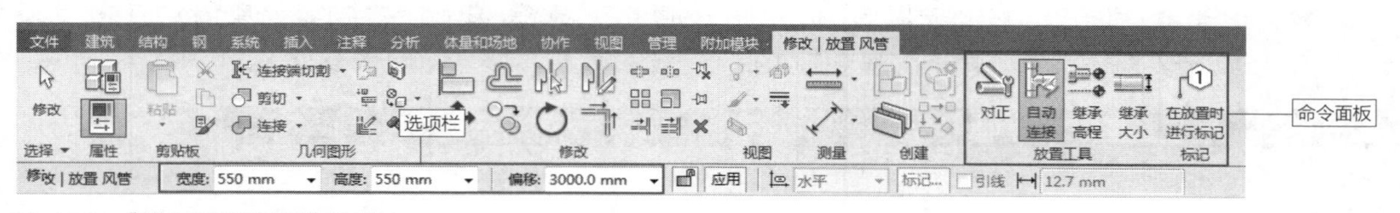

图 1-7 “修改 | 放置风管”选项卡

1. 快速访问工具栏

在快速访问工具栏中，包含常用的命令按钮，如“打开”“保存”“放弃”“重做”等，如图1-8所示。单击按钮可以激活命令，弹出相应的对话框或者执行相应的操作。

图 1-8 快速访问工具栏

在以前的版本中，在工作界面的左上角显示“应用程序菜单”按钮。单击该按钮，弹出选项列表，选择列表中的选项，可以执行“新建”“保存”等操作。2019版本的Revit应用程序取消了“应用程序菜单”按钮，添加了“文件”选项卡。在“文件”选项卡中所显示的命令选项，与以往“应用程序菜单”列表所包含的命令选项相同。

快速访问工具栏上的命令按钮的类型与顺序并不是一成不变的。在快速访问工具栏的右侧单击下向箭头▾，弹出如图1-9所示的列表。在列表中显示命令按钮的名称，如“打开”“保存”等。被勾选的按钮，就是显示在快速访问工具栏上的按钮；取消按钮的选中状态，可以在快速访问工具栏上删除该命令按钮。

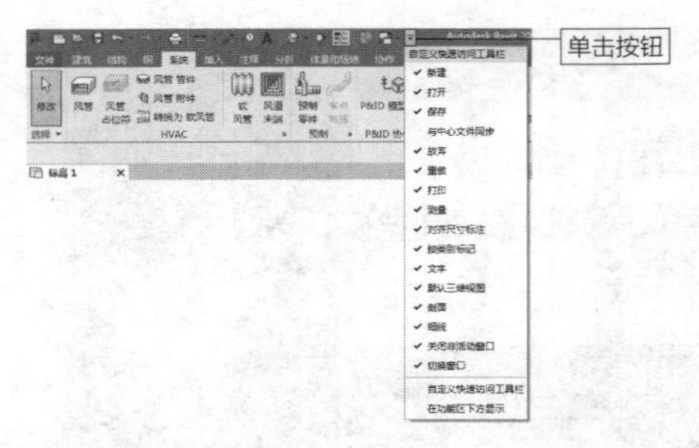

图 1-9　弹出列表

想要调整命令按钮在工具栏中的顺序，或者添加分隔符，可以在列表中选择“自定义快速访问工具栏”选项，弹出如图1-10所示的“自定义快速访问工具栏”对话框，在对话框的命令列表中单击选择选项，激活左侧的按钮。单击按钮，可以执行相应的操作。例如单击“下移”按钮，可以向下移动命令按钮；单击“添加分隔符”按钮，可以在选定的按钮下方添加分隔符。

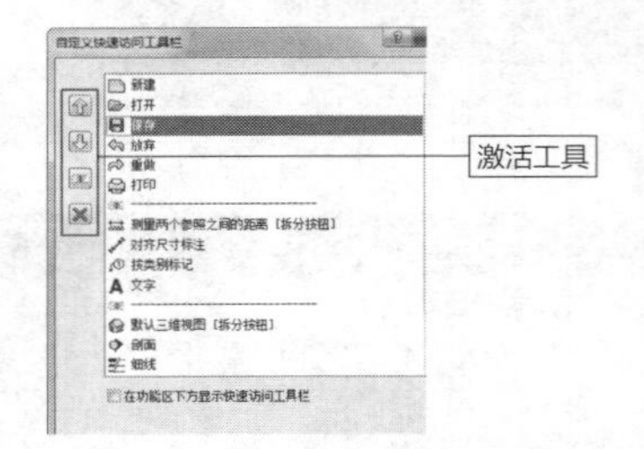

图 1-10　“自定义快速访问工具栏”对话框

快速访问工具栏默认显示在功能区的上方，在列表中选择“在功能区下方显示”选项，可以调整快速访问工具栏的位置，使其位于功能区的下方，效果如图1-11所示。

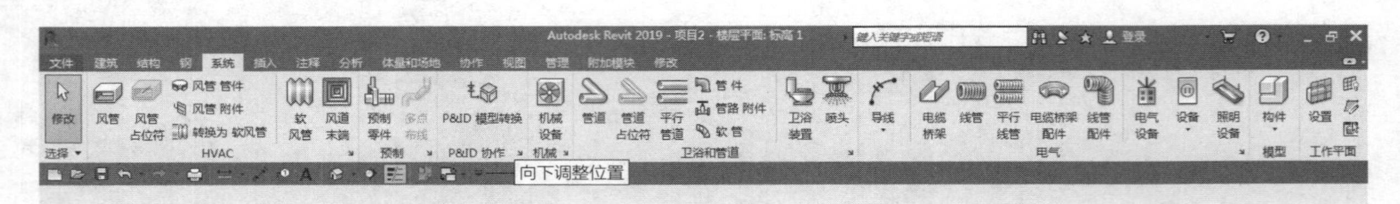

图 1-11　向下调整位置

延伸讲解：

一般情况下还是将快速访问工具栏放置在功能区的上方比较符合制图习惯。但是读者也可根据自己的喜好，决定快速访问工具栏的位置。

2. 选项卡

2019版本的Revit应用程序包含13个选项卡，即“文件”选项卡、“建筑”选项卡、“结构”选项卡和“系统”选项卡等，如图1-12所示。选择一个选项卡，可以显示相应的命令面板。

文件　建筑　结构　钢　系统　插入　注释　分析　体量和场地　协作　视图　管理　附加模块　修改

图 1-12　选项卡

例如选择“系统”选项卡，在其中显示“HVAC”面板、“预制”面板、“机械”面板和“卫浴和管道”面板等，如图1-13所示。在面板中提供了工具按钮，单击按钮，激活工具，可以在绘图区域中创建设备模型。

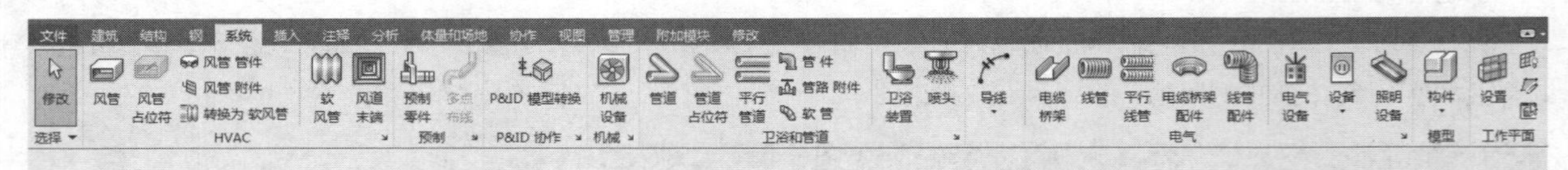

图 1-13　“系统”选项卡

“文件”选项卡与其他选项卡不同，选择该选项卡，可以弹出选项列表，而不是显示命令面板，如图1-14所示。选择列表中的选项，执行相应的操作。例如选择“打开”选项，向右弹出子菜单，选择菜单中的选项，可以打开相应的文件。

选项卡的默认显示样式为显示完整的功能区。单击选项卡右侧的下三角按钮，弹出如图1-15所示的列表，选择列表中的选项，可以更改选项卡的显示样式。

图 1-14 “文件”选项卡　　图 1-15 选项卡显示样式列表

在列表中选择“最小化为选项卡”选项，面板按钮被隐藏，仅显示选项卡的名称，效果如图1-16所示。假如想要显示命令面板，光标置于选项卡名称上，单击鼠标左键，可以显示命令面板。光标离开命令面板，面板随即恢复隐藏的状态。

选择“最小化为面板标题”选项，命令按钮被隐藏，仅显示面板标题。假如想要显示命令按钮，选择“最小化为面板按钮”选项，命令按钮被隐藏，但显示面板按钮及其标题。单击面板按钮，即可显示该面板的所有命令按钮，如图1-17所示。

图 1-16 最小化为选项卡

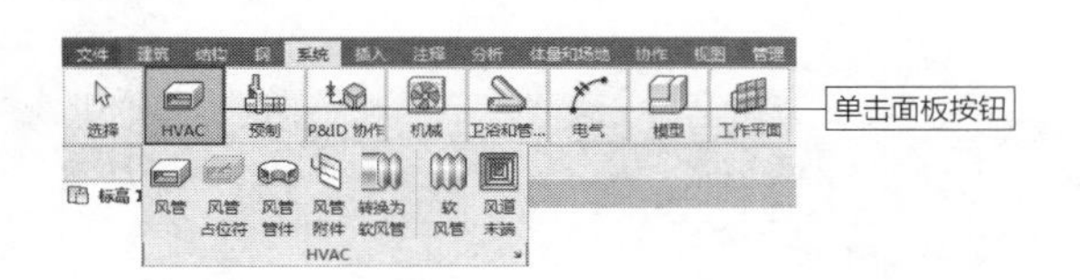

图 1-17 显示面板中的命令按钮

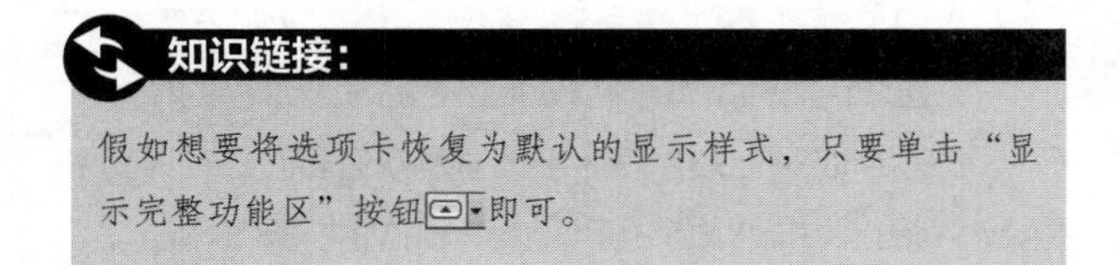

知识链接：

假如想要将选项卡恢复为默认的显示样式，只要单击“显示完整功能区”按钮即可。

3. 命令面板

命令面板中包含各种命令按钮，例如，在“系统”选项卡中的“HVAC”面板中就包含“风管”“风管占位符”“风管管件”等命令按钮。单击命令按钮，可以激活命令，执行创建或者编辑操作。

有的命令面板不仅包含命令按钮，在面板名称的右侧还有一个倾斜的箭头按钮 ↘。例如，“HVAC”面板名称的右侧就显示有该按钮，如图1-18所示，单击该按钮可以弹出“机械设置”对话框。在对话框中可以设置参数，调整风管的显示样式。

在不同的面板上单击按钮 ↘，可以弹出相应的对话框，并非只要单击该按钮就会弹出相同的对话框。

图 1-18 “HVAC”面板

知识链接：

单击“电气”面板右侧的按钮 ↘，就可以弹出“电气设置”对话框。

有的命令按钮下边也有一个下三角按钮，单击下三角按钮，可以弹出子菜单。例如，单击“电气”面板上的“设备”按钮中的下三角按钮，弹出如图1-19所示的子菜单，选择其中的选项，即可放置相应的设备。

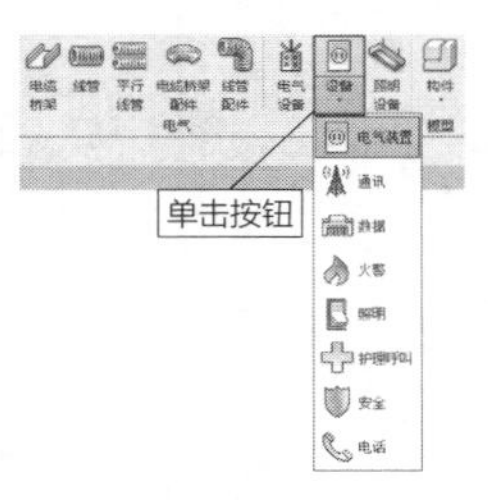

图 1-19 弹出子菜单

当面板名称的右侧有下三角按钮时，单击可以弹出选项列表。例如，在“注释”选项卡中单击“尺寸标注”面板名称右侧的下三角按钮，在弹出的列表中显示尺寸标注的类型，如图1-20所示。选择其中的一个选项，弹出“类型属性”对话框，在其中可以设置尺寸标注的类型参数。

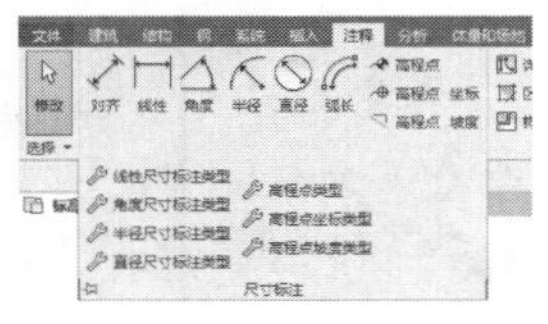

图 1-20 弹出列表

4. 绘图区域

绘图区域在工作界面中占用的面积最大，在尚未创建任何项目模型的情况下，显示为空白状态，如图1-21所示。Revit应用程序提供多种样式的视图，如平面视图、立面视图、三维视图和详图等。在不同的视图中，模型的显示效果不同。

图 1-21　绘图区域

在绘图区域中，可以观察不同视图中模型的显示效果。在楼层平面视图与剖面视图中，模型的显示效果不同，分别如图1-22、图1-23所示。

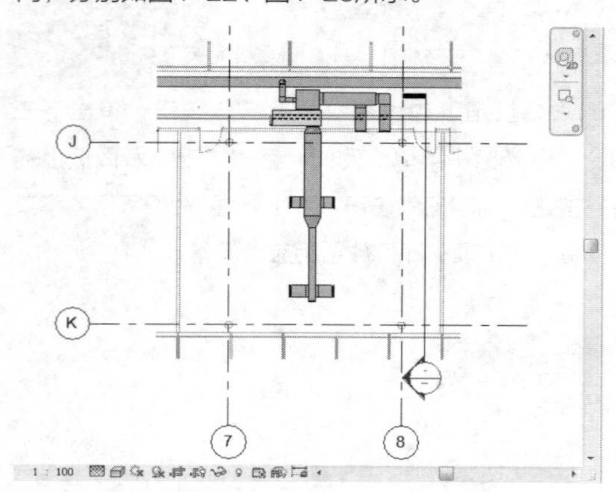

图 1-22　楼层平面视图

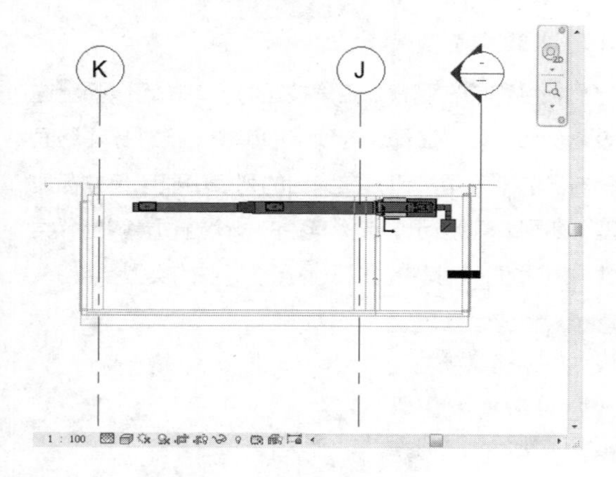

图 1-23　剖面视图

> **延伸讲解：**
>
> 关闭“属性选项板”与“项目浏览器”，可以腾出更多绘图区域的空间。

5. 状态栏

在执行命令的过程中，状态栏会实时显示操作提示。例如，执行“创建风管”操作时，在状态栏中提示“单击以输入风管起点”，如图1-24所示。当指定了风管的起点后，随即更新提示文字，提醒用户“输入风管终点”，如图1-25所示。

1 : 100
单击以输入风管起点

图 1-24　提示文字 1

1 : 100
输入风管终点

图 1-25　提示文字 2

有时候在执行不熟悉的命令时，注意观察状态栏的提示文字，可以帮助用户按照正确的步骤来执行命令。

除了上述所介绍的构件之外，工作界面的其他构件还包括项目浏览器、“属性”选项板以及视图控制栏等。在稍后的内容中，会详细介绍这些构件的使用方法。

1.2 项目文件简介

在开始进行项目设计之前，需要先创建项目文件，接着才可以在项目文件的基础上，执行建模或者编辑操作。操作完毕后，需要执行“保存”操作，将创建完毕的模型存储到指定的位置。

1.2.1 实战——新建项目文件　重点

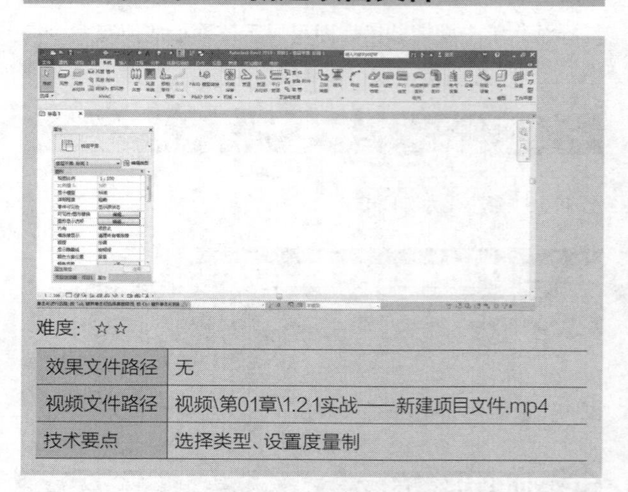

难度：☆☆

效果文件路径	无
视频文件路径	视频\第01章\1.2.1实战——新建项目文件.mp4
技术要点	选择类型、设置度量制

新建项目文件是每个Revit用户都必须要掌握的技能之一。成功启动Revit应用程序后，显示欢迎界面。在界面中执行“新建项目”操作，可以创建项目文件。

步骤 01 启动Revit应用程序，在欢迎界面的“项目”选项组中单击“新建”命令，如图1-26所示，执行“新建项目文件”的操作。

步骤 02 弹出“新建项目”对话框，在“新建”选项组中选择“项目”选项，如图1-27所示。单击“确定”按钮，关闭对话框。

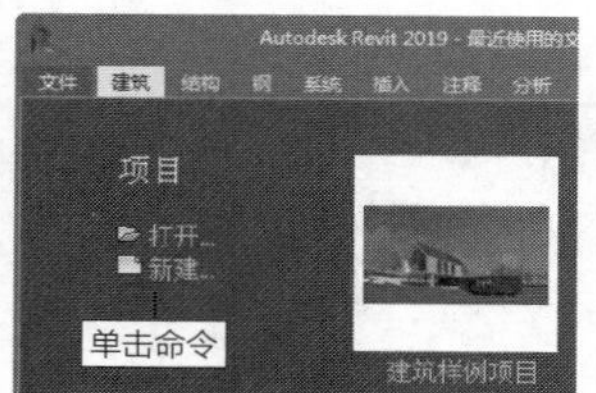

图 1-26　单击命令

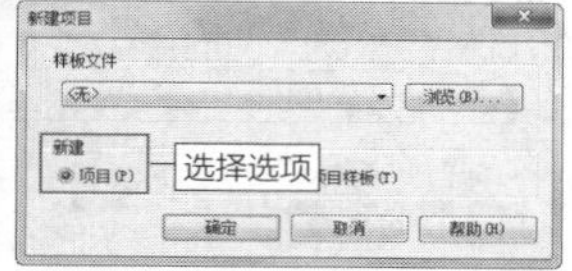

图 1-27　选择选项

延伸讲解：

在“新建项目”对话框中选择“项目样板”选项，可以创建项目样板。

步骤 03 稍后弹出“未定义度量制”对话框，选择“公制”选项，如图1-28所示，指定新建项目文件的单位系统。

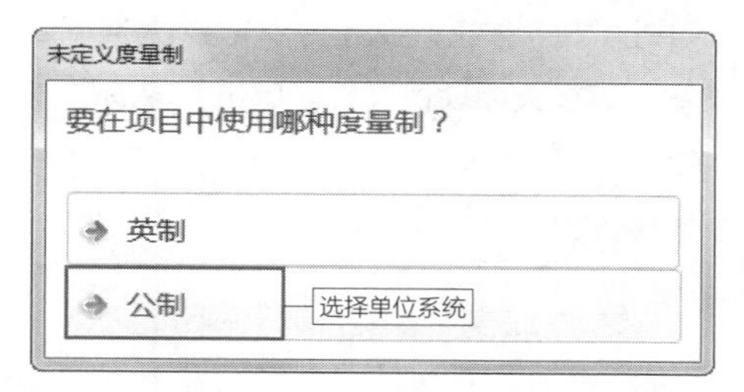

图 1-28　指定单位系统

步骤 04 指定单位系统后，软件开始执行“新建项目文件”的操作。

初次执行“新建项目”的操作，所创建的项目文件被命名为“项目1”，如图1-29所示。单击“文件”选项卡，在弹出的列表中选择“新建”选项，向右弹出子菜单，在菜单中显示“项目”“族”“概念体量”等，选择“项目”选项，也可以执行“新建项目”操作。

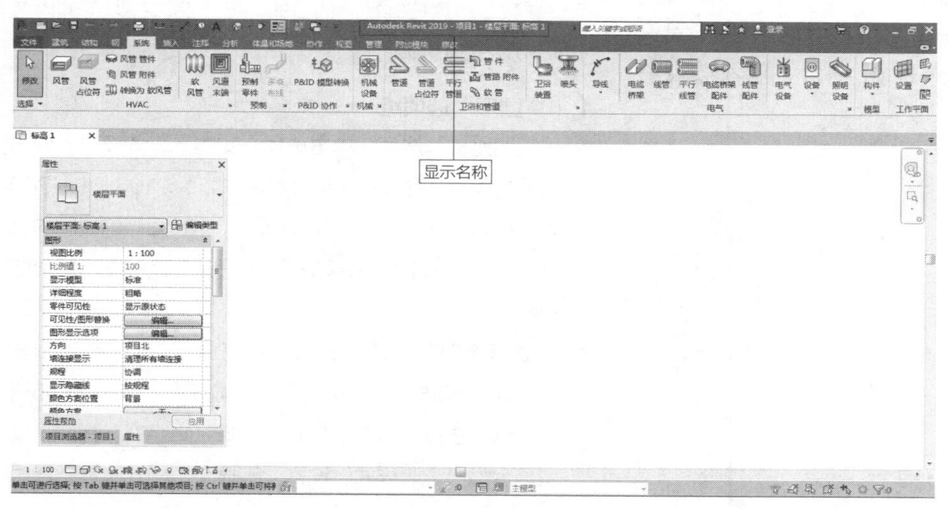

图 1-29　新建项目文件

知识链接：

在“项目单位”对话框中可以重新设置项目文件的单位。

1.2.2　保存项目文件

在工作界面中单击快速访问工具栏上的“保存”按钮，执行“保存项目文件”的操作。这是最快捷的“保存项目文件”的方法之一。或者单击“文件”选项卡，在弹出的列表中选择“保存”选项，也可以执行存储操作。

执行“保存”操作后，弹出“另存为”对话框。在对话框中指定保存路径，在“文件名”文本框中输入项目名称，例如，输入“HVAC项目文件”。单击“文件类型”选项，在弹出的列表中指定文件的类型，如图1-30所示。

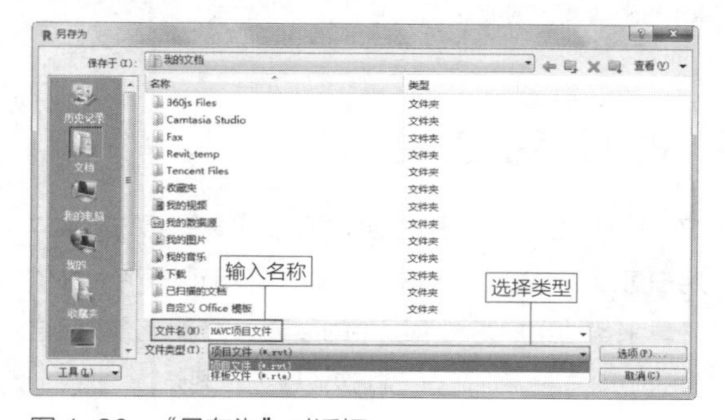

图 1-30　“另存为”对话框

直接单击软件右上角的“关闭”按钮，弹出如图1-31所示的“保存文件”对话框，询问用户“是否要将修改保存到项目1”，单击“是”按钮，弹出“另存为”对话框。单击“否”按钮，直接关闭项目文件。单击“取消”按钮，返回项目文件。

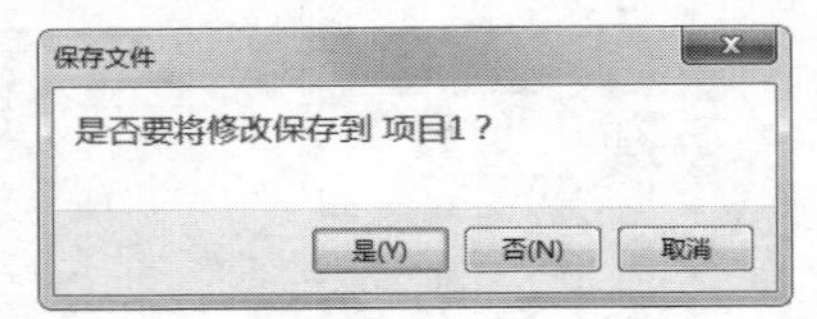

图 1-31　“保存文件”对话框

延伸讲解：

执行“保存”操作后，还可对项目文件再执行编辑修改。修改完毕再次执行“保存”操作，此时不会再弹出“另存为”对话框。软件会按照所设定的存储条件，保存对项目文件所做的修改。

在“文件”选项卡中选择“另存为”选项，向右弹出子菜单，如图1-32所示。选择“项目”选项，可将文件存储为项目文件。选择“样板”选项，可将文件存储为样板文件。

图 1-32　“另存为”子菜单

延伸讲解：

按Ctrl+S快捷键，可以执行“存储文件”的操作。

1.3 视图控制工具

Revit默认在创建二维图元时也同步生成图元的三维样式，用户可以切换视图，查看不同样式的图元。Revit提供多个工具来帮助用户查看视图中的图元，读者应该掌握这些工具的使用方法，方便自己创建或者编辑图元。

1.3.1 使用“属性”选项板 重点

成功启动Revit应用程序后，在绘图区域的左侧显示“属性”选项板，如图1-33所示。选项板中包含“图形”“基线”“范围”等选项组，设置选项组中的参数，可以调整视图的显示效果。

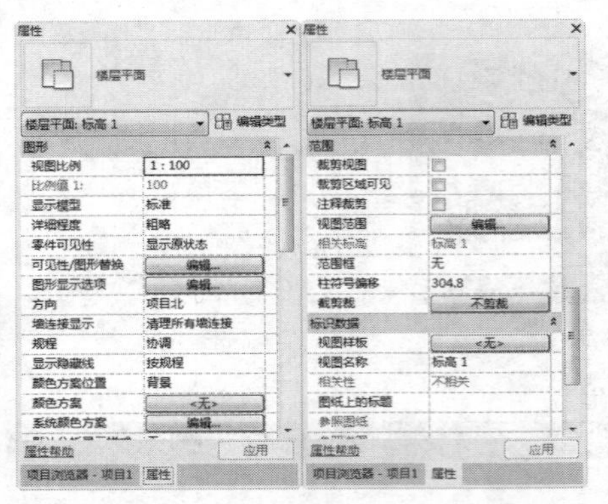

图 1-33　“属性”选项板

只有熟悉选项板中各选项所代表的含义，才可以通过设置参数，达到控制视图的目的。鉴于此，在以下的内容中简要介绍各选项的含义。

1. “图形”选项组

◆ “视图比例”选项：单击选项右侧的下三角按钮，弹出比例列表，在列表中显示比例值，如1：100、1：200等，如图1-34所示。默认选择1：100为当前视图的比例。“比例值1：”选项不可编辑，在其中显示当前的视图比例。

◆ “显示模型”选项：在选项列表中提供了3种显示方式，即“标准”“半色调”“不显示”，如图1-35所示，默认选择“标准”样式。选择“半色调”样式，模型显示为半透明样式。选择“不显示”样式，在视图中模型被隐藏。

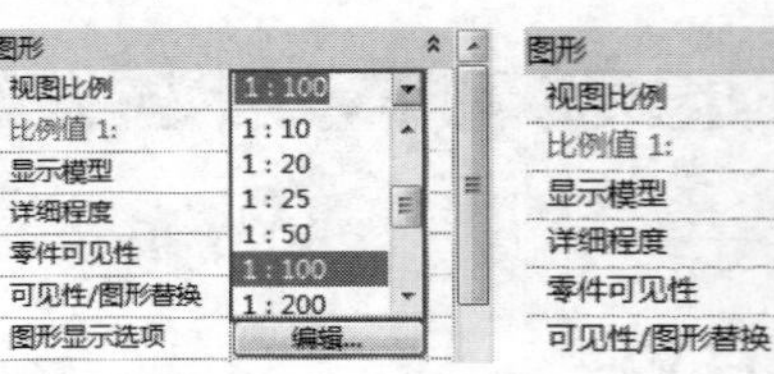

图 1-34　“视图比例”选项表　　图 1-35　“显示模型”选项表

◆ “详细程度”选项：在选项列表中显示3种详细样式，分别是“粗略”“中等”“精细”，如图1-36所示。以风管模型为例，在“粗略”样式下显示为细实线；在“中等”与“精细”样式下，风管模型的显示效果相同，显示完整的风管轮廓线，效果如图1-37所示。

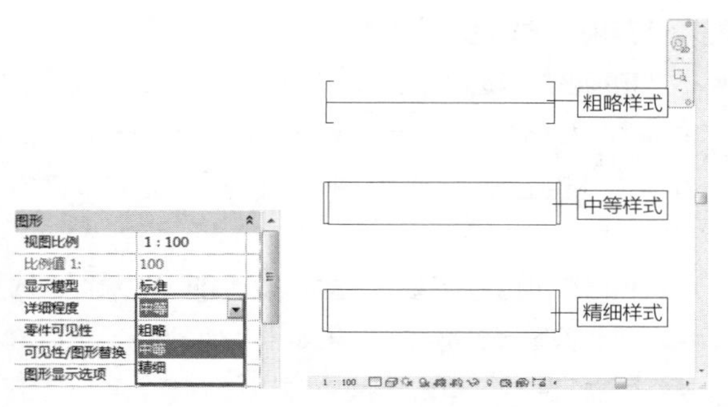

图 1-36 “详细程度”选项表 图 1-37 显示效果

◆ “零件可见性”选项：在列表中提供3种显示样式，分别是“显示原状态”“显示零件”“显示两者”，如图1-38所示。默认选择“显示原状态”选项，即在项目中显示零件的本来样式。

零件可见性	显示原状态
可见性/图形替换	显示零件
图形显示选项	显示原状态
方向	显示两者
墙连接显示	清理所有墙连接
规程	协调

图 1-38 “零件可见性”选项表

◆ “可见性/图形替换”选项：单击选项中的“编辑”按钮，弹出如图1-39所示的对话框。在该对话框中可以设置模型的显示参数，单击“确定”按钮关闭对话框后，模型按照所设定的参数在项目中显示。

图 1-39 “可见性 / 图形替换”选项的对话框

◆ “图形显示选项”选项：单击选项中的“编辑”按钮，弹出如图1-40所示的“图形显示选项”对话框。在该对话框中可以设置“模型显示”“阴影”“勾绘线”等选项组中的参数，控制图形在项目中的显示样式。

◆ “方向”选项：在选项列表中显示两种方向类别，分别是“项目北”和“正北”，如图1-41所示。默认选择“项目北”选项。

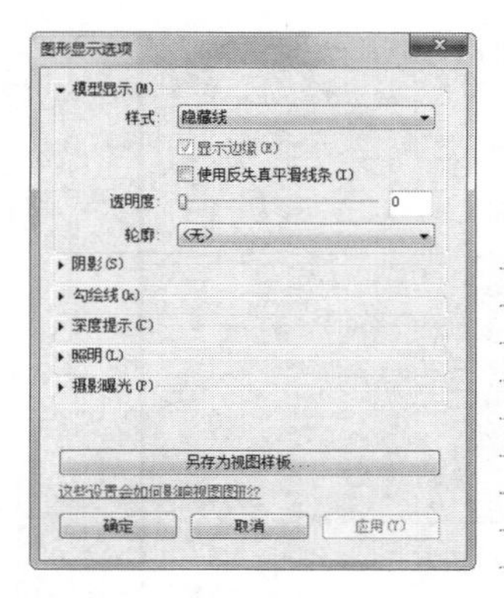

详细程度	精细
零件可见性	显示原状态
可见性/图形替换	编辑...
图形显示选项	编辑...
方向	项目北
墙连接显示	项目北
规程	正北
显示隐藏线	按规程

图 1-40 “图形显示选项”对话框 图 1-41 “方向”列表

◆ “规程”选项：在列表中提供了多种样式的规程以供选择，包含“协调”“结构”“机械”等，如图1-42所示。在创建不同类型的项目模型时，可以在“规程”列表中选择指定样式的规程。默认选择“协调”样式。

◆ “显示隐藏线”选项：在“显示隐藏线”列表中提供3种显示样式，分别是“按规程”“无”“全部”，如图1-43所示。“按规程”样式，指按照规程所设定的参数来决定隐藏线的显示样式。“无”样式，在项目中不显示隐藏线。“全部”样式，在项目中显示模型全部的隐藏线。

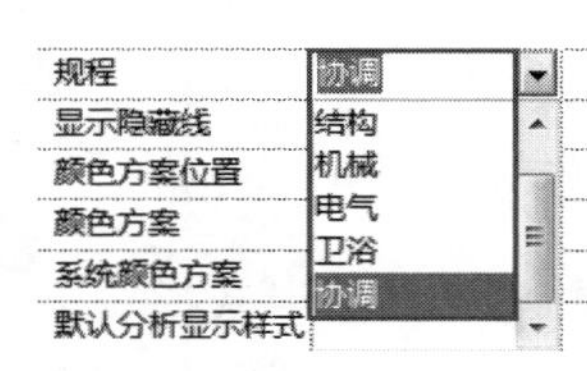

规程	协调
显示隐藏线	按规程
颜色方案位置	无
颜色方案	按规程
系统颜色方案	全部
默认分析显示样式	无

图 1-42 “规程”列表 图 1-43 “显示隐藏线”列表

◆ “颜色方案位置”选项：在选项列表中包括“背景”和“前景”两个选项。选择“背景”选项，如图1-44所示，颜色方案以背景的样式在项目中显示。

规程	协调
显示隐藏线	按规程
颜色方案位置	背景
颜色方案	背景
系统颜色方案	前景
默认分析显示样式	无

图 1-44 “颜色方案位置”列表

◆ “颜色方案”选项：当项目中尚未设置颜色方案时，在选项中显示“无”。单击该按钮，弹出如图1-45所示的“编辑颜色方案”对话框。在该对话框中执行创建颜色方案的操作。

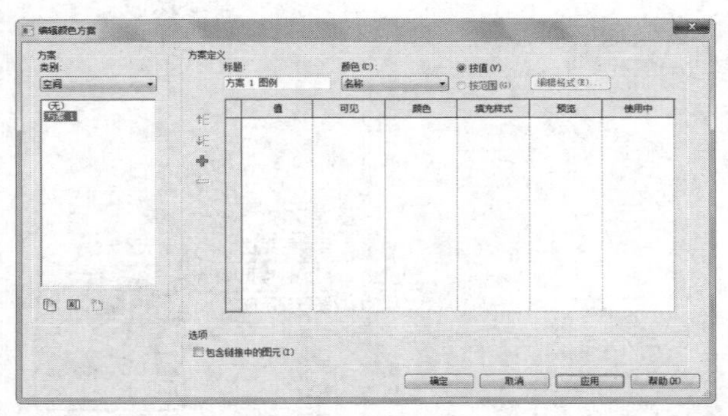

图 1-45　“编辑颜色方案”对话框

◆ “系统颜色方案”选项：单击“编辑”按钮，弹出如图1-46所示的“颜色方案”对话框，在对话框中设置管道与风管的颜色方案。单击“颜色方案”选项中的按钮，弹出“编辑颜色方案”对话框。创建颜色方案后，可以在“颜色方案”对话框中显示方案的名称。

图 1-46　“颜色方案”对话框

◆ “默认分析显示样式”选项：在尚未设置样式之前，在选项中显示“无”。单击选项右侧的矩形按钮，弹出如图1-47所示的“分析显示样式”对话框。在该对话框中可以新建分析样式，并在右侧的界面中设置样式的参数。

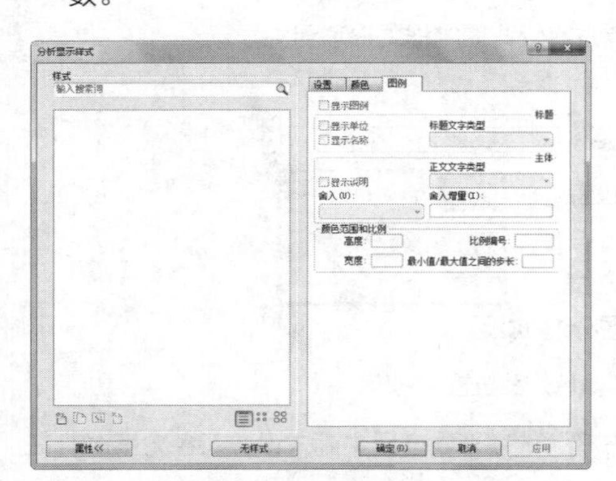

图 1-47　“分析显示样式”对话框

◆ “日光路径”复选框：选择复选框，在视图中显示日光路径。默认取消选中，以提高运算速度。

2.　“范围”选项组

◆ “裁剪视图”复选框：选择复选框，执行“裁剪视图”的操作，如图1-48所示。默认取消选中复选框。单击视图控制栏上的“裁剪视图”按钮，也可以开启“裁剪视图”功能。

◆ “裁剪区域可见”复选框：选择该复选框，在绘图区域中显示裁剪区域轮廓线，效果如图1-49所示。选择轮廓线，显示夹点，单击激活夹点并拖曳鼠标，可以调整裁剪区域的大小。

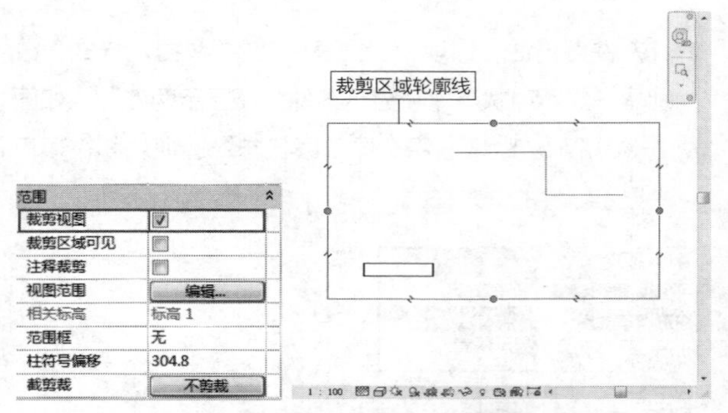

图 1-48　选中复选框　图 1-49　显示裁剪轮廓线

◆ “注释裁剪”复选框：选择该复选框，在绘图区域中显示注释裁剪区域轮廓线，如图1-50所示。选择轮廓线，显示夹点，单击激活夹点并拖曳鼠标，可以调整注释裁剪区域的范围。

◆ “视图范围”选项：单击“编辑”按钮，弹出如图1-51所示的“视图范围”对话框。在该对话框中可以设置当前视图的范围参数。

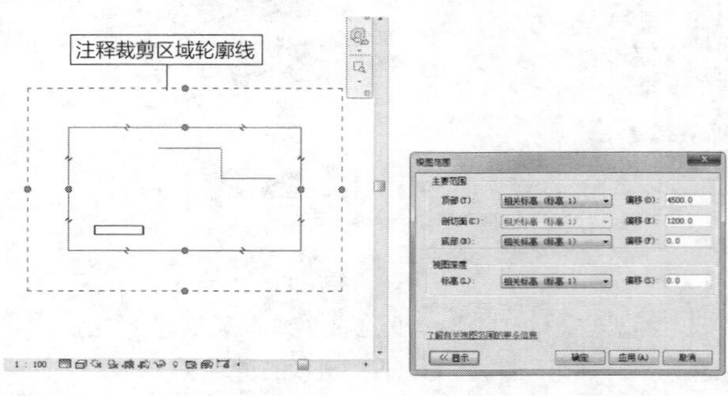

图 1-50　显示注释裁剪区域轮廓线　　图 1-51　“视图范围”对话框

◆ “范围框”选项：在选项中显示范围框的名称，假如没有范围框，在选项中显示“无”。

◆ “柱符号偏移”选项：在选项中显示默认的偏移值为304.8，也可以自定义参数值。

◆ “截剪裁”选项：在选项中显示“截剪裁”的方式，默认为“不剪裁”。单击按钮，弹出如图1-52所示的

“截剪裁”对话框。在其中提供了3种剪裁方式，选择其中一种，在“截剪裁”选项中显示方式名称。

3. “标识数据”选项组

◆ “视图样板”选项：在选项中显示当前视图样板的名称，假如未应用视图样板，在选项中显示“无”，如图1-53所示。单击按钮，弹出如图1-54所示的“指定视图样板”对话框，在其中可以新建视图样板或者编辑已有视图样板的参数。

图 1-52 “截剪裁”对话框

标识数据	
视图样板	<无>
视图名称	标高 1
相关性	不相关
图纸上的标题	
参照图纸	
参照详图	

图 1-53 “视图样板”选项

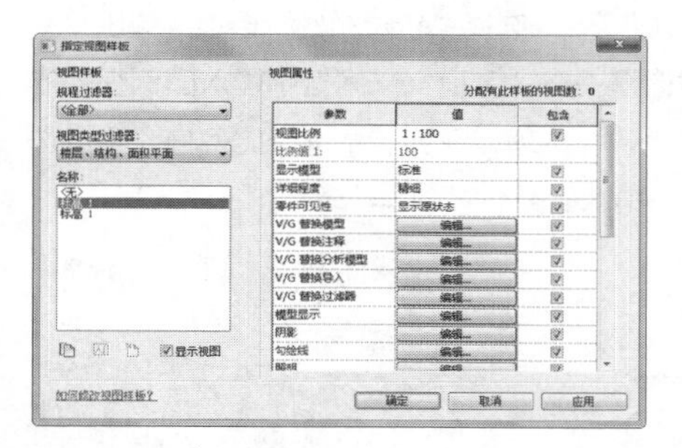

图 1-54 “指定视图样板”对话框

◆ “视图名称”选项：在选项中显示当前视图的名称，默认将楼层平面视图名称设置为“标高1”“标高2”等，也可以自定义视图名称。

◆ “图纸上的标题”选项：在选项中显示当前视图标题的名称。

4. “阶段化”选项组

◆ “阶段过滤器”选项：在列表中显示过滤器的类型，如图1-55所示，包含“全部显示”“显示原有+拆除”等。选择不同的选项，在视图中所显示的图元类型不同。默认选择“全部显示”选项，即所有阶段的图元都在视图中显示。

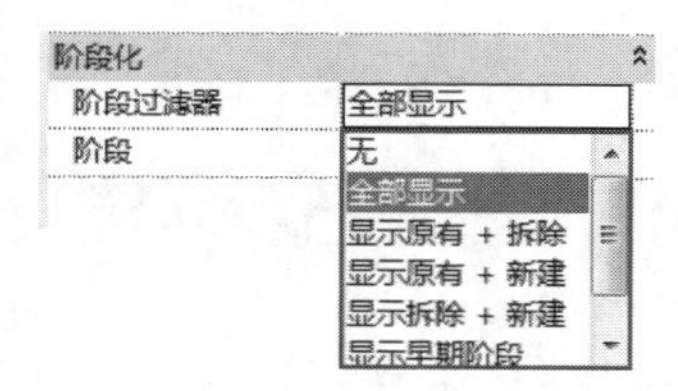

图 1-55 “阶段过滤器”列表

◆ “阶段”选项：在列表中显示阶段类型，分别是“现有”“新构造”，默认选择“新构造”。

1.3.2 使用项目浏览器 难点

项目浏览器与“属性”选项板可以合并显示，在显示界面的下方单击“项目浏览器”标签，可以切换显示项目浏览器，如图1-56所示。

在项目浏览器中包含“视图（全部）”“图例”“明细表/数量”等目录。单击展开目录，显示其中包含的项目。在“视图（全部）”目录中包含4种类型的视图，分别是“结构平面”“楼层平面”“天花板平面”“三维视图”。

1. “视图（全部）”目录

选择视图名称，单击鼠标右键，弹出如图1-57所示的快捷菜单，其中各选项含义简介如下。

◆ “打开”选项：选择选项，可以切换到指定的视图，当前视图的名称被加粗显示。

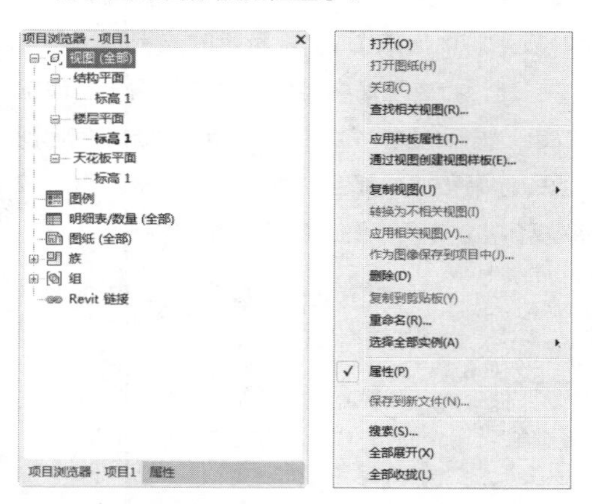

图 1-56 项目浏览器　　图 1-57 快捷菜单

答疑解惑：为什么没有在“视图（全部）”目录中显示立面视图？

在以往版本的Revit应用程序中，项目样板默认创建包括立面视图在内的多个视图，但是2019版本的Revit取消了创建立面视图。假如想观察模型在某个方向上的立面效果，需要自行创建立面视图。创建步骤为，选择“视图”选项卡，单击“创建”面板上的“立面”命令按钮，在指定位置放置立面符号，可以创建立面视图，并在项目浏览器中显示立面视图的名称。

◆ “查找相关视图”选项：查找与选定视图有关联的视图，假如未查找到视图，显示如图1-58所示的提示对话框，告知用户未找到参照对象。

◆ “应用样板属性”选项：选择选项，弹出“应用视图样板”对话框，在其中选择样板，应用到当前视图中。

◆ “通过视图创建视图样板”选项：选择选项，弹出如图1-59所示的“新视图样板”对话框。输入“名称”参数后，单击“确定”按钮，进入“视图样板”对话框，在其中执行创建视图样板的操作。

图 1-58　提示对话框　　图 1-59　“新视图样板”对话框

◆ “复制视图”选项：选择选项，弹出如图1-60所示的子菜单。选择不同的方式来复制视图，可以得到不同的效果。例如，选择“复制作为相关”选项，视图发生变更后，视图副本也可以同步更新。

◆ “删除”选项：选择选项，删除选定的视图。

◆ “重命名”选项：选择选项，弹出如图1-61所示的“重命名视图”对话框。输入“名称”参数后，单击“确定”按钮，弹出如图1-62所示的提示对话框，询问用户“是否希望重命名相应标高和视图”。单击“是”按钮，执行“重命名”操作，所选视图和其他视图中相应的标高和视图都会被重命名。单击“否”按钮，则仅重命名选定的视图，效果如图1-63所示。

图 1-60　子菜单　　图 1-61　“重命名视图”对话框

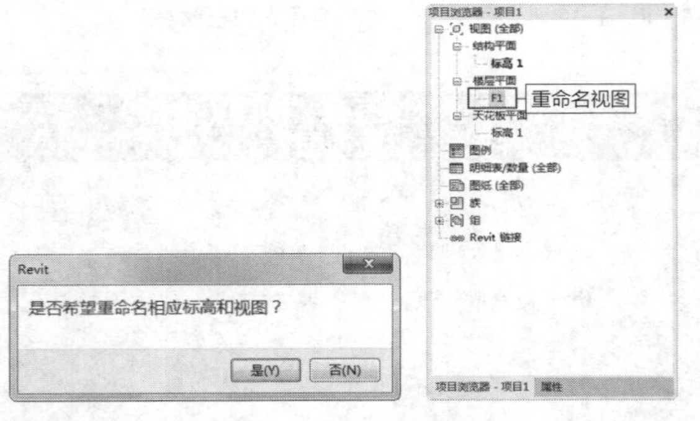

图 1-62　提示对话框　　图 1-63　重命名视图

◆ “选择全部实例”选项：选择选项，向右弹出子菜单，如图1-64所示。选择“在视图中可见”选项，视图中某类图元被全部选中。选择“在整个项目中”选项，整个项目中的某类图元会被全部选中。

◆ “属性”选项：选择选项，显示“属性”选项板。取消选择，“属性”选项板被关闭。

◆ “搜索”选项：选择选项，弹出如图1-65所示的“在项目浏览器中搜索”对话框。在“查找”文本框中输入名称，单击“上一个”或者“下一个”按钮，执行搜索操作。

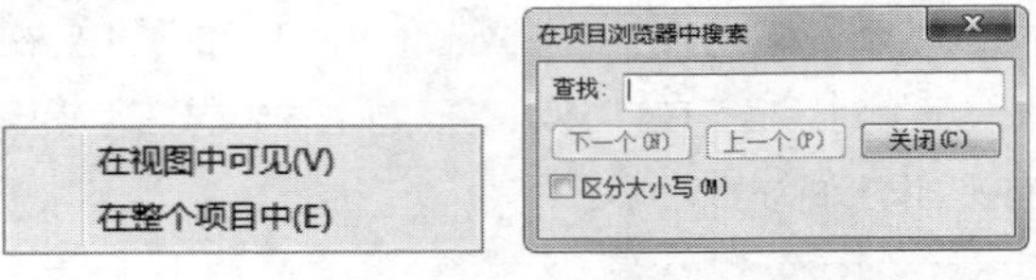

图 1-64　右键菜单　　图 1-65　“在项目浏览器中搜索”对话框

2. “图例”目录

默认情况下，“图例”目录中没有任何内容。当执行创建图例视图的操作后，才可以在“图例”目录中显示所创建的图例视图。

选中“图例”目录名称，单击鼠标右键，弹出如图1-66所示的快捷菜单。选择“新建图例”选项，弹出“新图例视图”对话框，在“名称”文本框中输入图例视图的名称，单击“比例”选项，在列表中选择比例值，默认选择比例值为1：50，如图1-67所示。

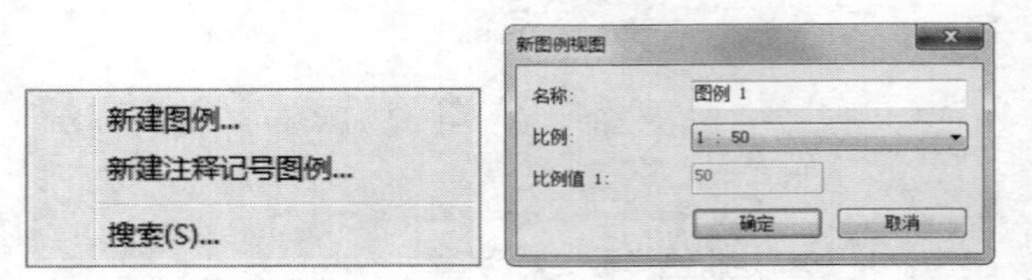

图 1-66　快捷菜单　　图 1-67　“新图例视图”对话框

单击“确定”按钮，完成创建图例视图的操作。在“图例”目录中显示图例视图的名称，如图1-68所示，并自动切换至该视图。

在快捷菜单中选择“新建注释记号图例”选项，弹出“新建注释记号图例”对话框，如图1-69所示。设置“名称”后单击“确定”按钮，弹出“注释记号图例属性”对话框。在其中设置属性参数，单击“确定”按钮，可以创建注释图例视图并切换至该视图。

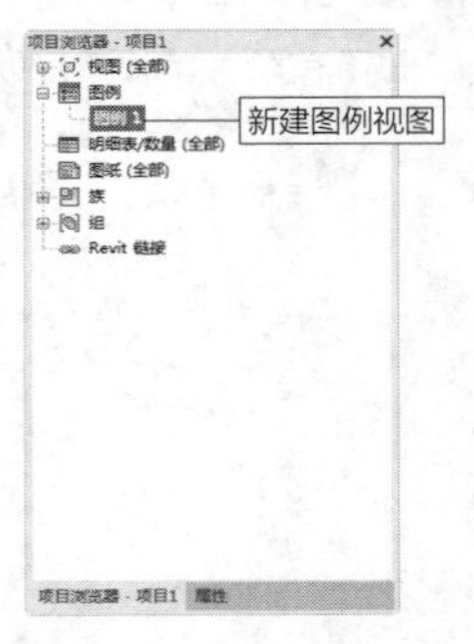

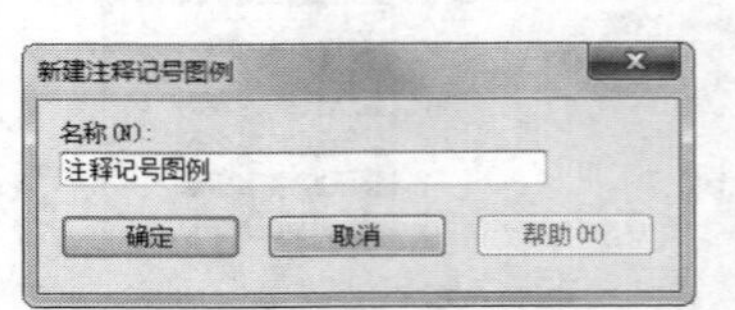

图 1-68　新建图例视图　图 1-69　“新建注释记号图例”对话框

3. “明细表/数量”目录

与“图例”目录相似，在尚未执行任何创建操作之前，该目录中不显示任何内容。选择“明细表/数量”目录名称，单击鼠标右键，弹出如图1-70所示的快捷菜单。选择选项，可以创建相应的明细表。

例如，选择“新建明细表/数量”选项，弹出“新建明细表”对话框。在“过滤器列表”中选择规程，例如，选择“机械”规程。指定“类别”后，软件在“名称”文本框中自定义明细表名称，如图1-71所示。

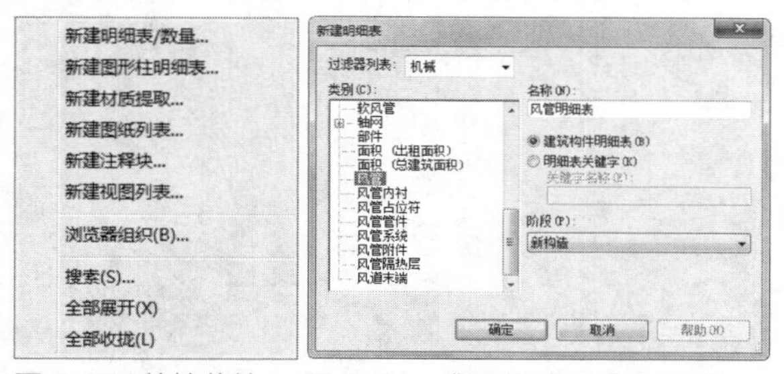

图 1-70 快捷菜单　图 1-71 “新建明细表”对话框

延伸讲解：

选择“视图”选项卡，单击“创建”面板上的“明细表”按钮，弹出选项列表，选择选项，也可以创建各种类型的明细表。

单击“确定”按钮，弹出“明细表属性”对话框，首先设置“字段”参数，如图1-72所示。在“可用的字段”列表中选择字段，单击“添加参数”按钮将其添加到“明细表字段”列表中去。接着分别设置“过滤器”“排序/成组”“格式”和“外观”选项卡中的参数，单击“确定”按钮，可以创建明细表。

执行完毕上述操作后，在“明细表/数量”目录中显示新建的明细表名称，如图1-73所示。双击明细表名称，可以切换至明细表视图，观察视图内容。

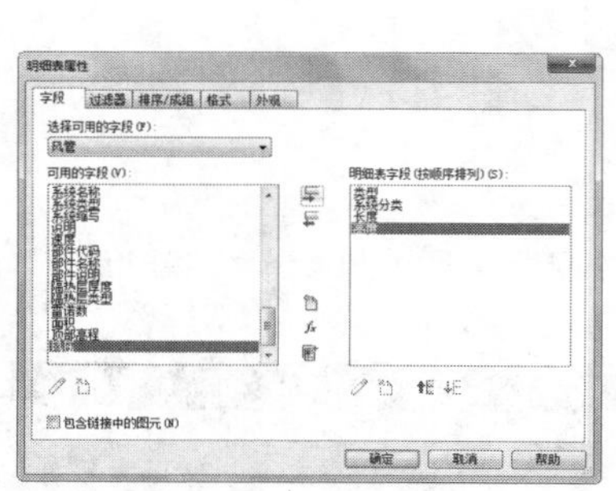

图 1-72 “明细表属性”对话框

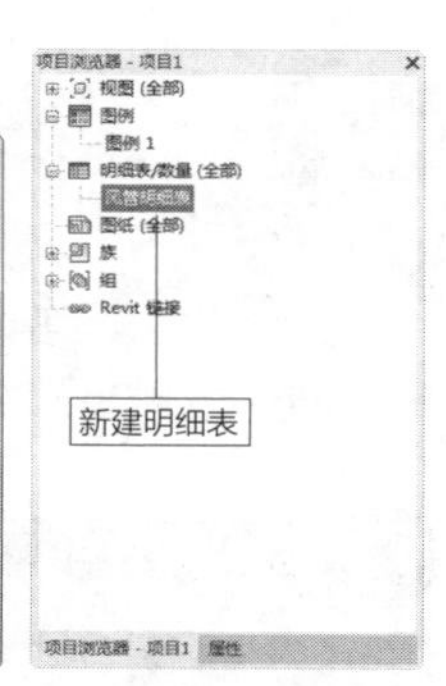

图 1-73 新建明细表

4. “图纸（全部）”目录

选择“图纸（全部）”目录名称，单击鼠标右键，弹出如图1-74所示的快捷菜单。选择“新建图纸”选项，弹出如图1-75所示的“新建图纸”对话框。在默认情况下，项目文件并未包含任何标题栏，所以在“新建图纸”对话框中的“选择标题栏”列表中并未显示任何内容。需要载入标题栏，才可继续执行新建图纸的操作。

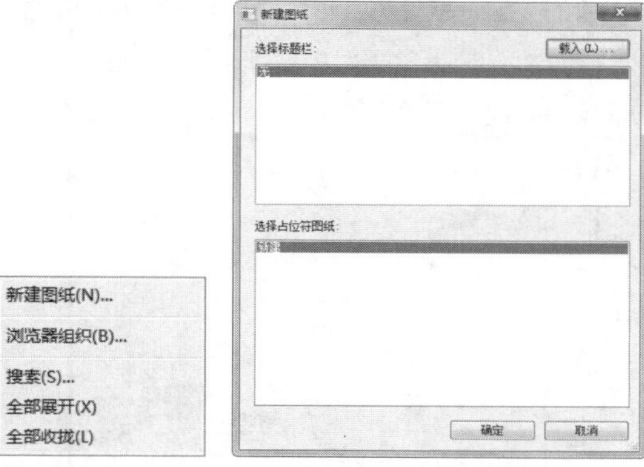

图 1-74 快捷菜单　图 1-75 “新建图纸”对话框

延伸讲解：

选择“视图”选项卡，单击“图纸组合”面板中的“图纸”按钮，也可执行创建图纸视图的操作。

单击“新建图纸”对话框右上角的“载入”按钮，弹出“载入族”对话框。选择标题栏族，单击“载入”按钮，可将族载入项目文件。此时，“新建图纸”对话框显示载入的标题栏的名称，如图1-76所示。

在“选择标题栏”列表中选择选项，如选择“A3公制：A3”标题栏，单击“确定”按钮，执行新建图纸的操作。在“图纸（全部）”目录中显示图纸视图的名称，如图1-77所示。

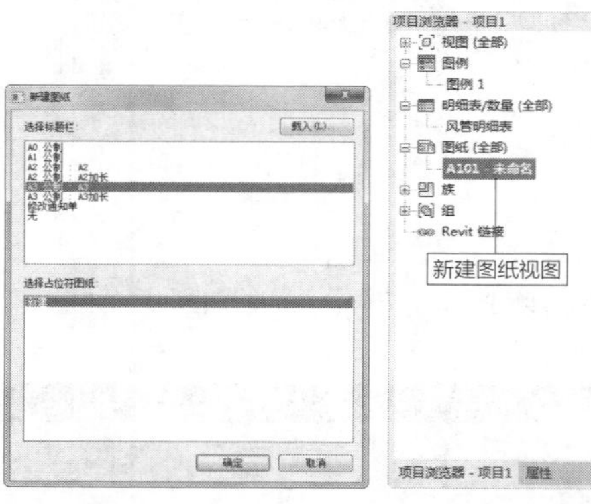

图 1-76 载入族　图 1-77 创建图纸视图

5. “族”目录

单击展开“族”目录，在其中显示族名称，如“软管”“软风管”等。单击族名称前的+，如单击“风管”名称前的+，展开“风管”目录。在列目录中显示当前项目文件包含3种类型的风管，分别是“圆形风管”“椭圆形风管”“矩形风管”，如图1-78所示。

单击“圆形风管”名称前的+，在展开的目录中显示圆形风管的类型。软件将圆形风管类型的名称设置为“默认”。在“默认”上单击鼠标右键，弹出如图1-79所示的右键菜单。选择菜单中的选项，可以执行“复制”“删除”风管类型的操作。

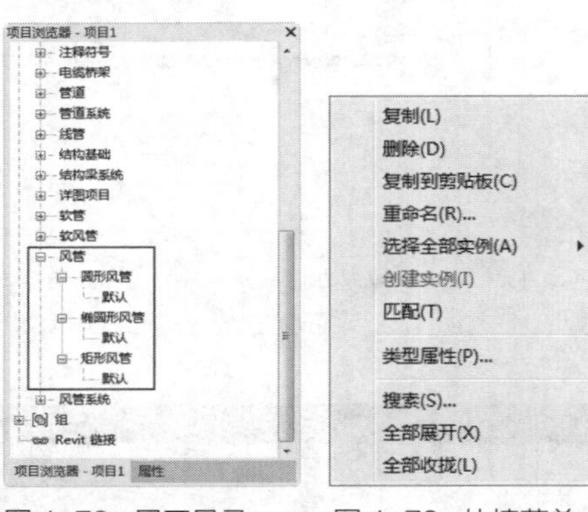

图 1-78 展开目录 图 1-79 快捷菜单

在快捷菜单中选择“复制”选项，执行复制风管的操作，复制效果如图1-80所示。软件将风管副本命名为“默认2”，可以执行“重命名”操作，自定义风管名称。

双击“默认”名称，弹出“类型属性”对话框，如图1-81所示，在对话框中可以修改风管的属性参数，复制风管类型以及重命名类型名称。

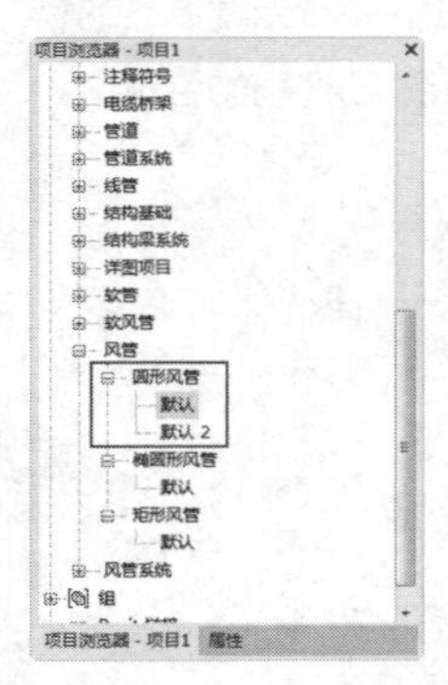

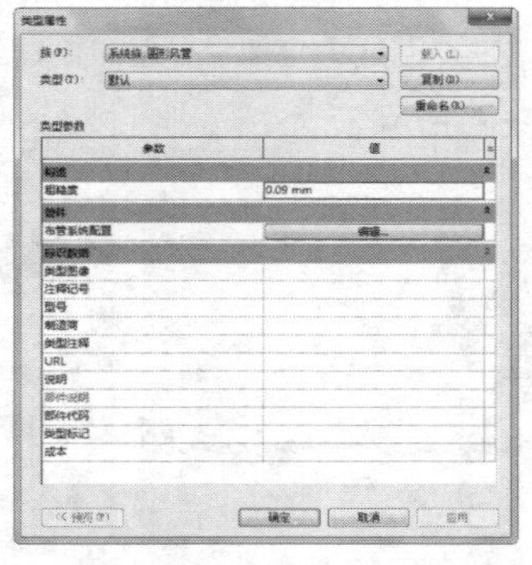

图 1-80 复制风管类型 图 1-81 “类型属性”对话框

知识链接：

在快捷菜单中选择“类型属性”选项，也可以弹出“类型属性”对话框。

选择风管类型，如选择名称为“默认”的圆形风管类型，按住鼠标左键不放，拖曳鼠标至绘图区域中，可以执行绘制圆形风管的操作。

6. “组”目录

单击展开“组”目录，在其中显示两种类型的组，分别是“模型”组与“详图”组，如图1-82所示。假如要执行“创建组”的操作，需要到命令面板中调用命令才可以。选择“建筑”选项卡，在“模型”面板中单击“模型组”按钮，在弹出的列表中选择“创建组”选项，如图1-83所示，执行“创建组”的操作。

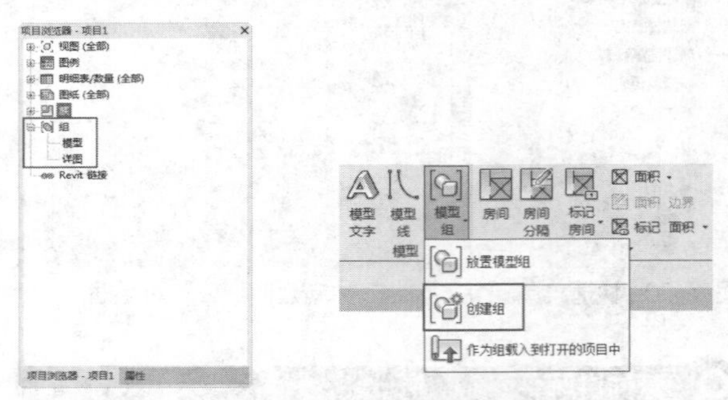

图 1-82 显示“组”类型 图 1-83 选择选项

稍后弹出“创建组”对话框，设置“名称”以及“组类型”参数，如图1-84所示。单击“确定”按钮，进入“编辑组”模式，选择图元添加到组，单击“完成”按钮结束创建操作。

单击展开“模型”目录，在其中显示已创建模型组的名称，如图1-85所示。选择名称，单击鼠标右键，弹出快捷菜单。选择菜单选项，可以对组执行“复制”“重命名”等操作。

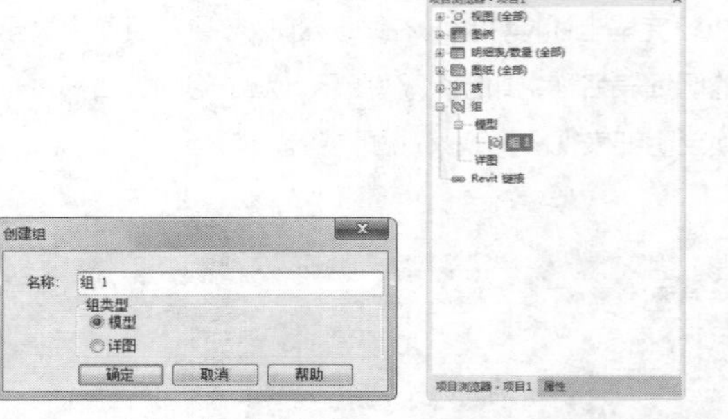

图 1-84 “创建组”对话框 图 1-85 创建的模型组

延伸讲解：

创建“详图组”的操作方式为，选择“注释”选项卡，单击“详图”面板上的“详图组”按钮，在弹出的列表中选择“创建组”选项，执行“创建详图组”的操作。

1.3.3 实战——布置用户界面 重点

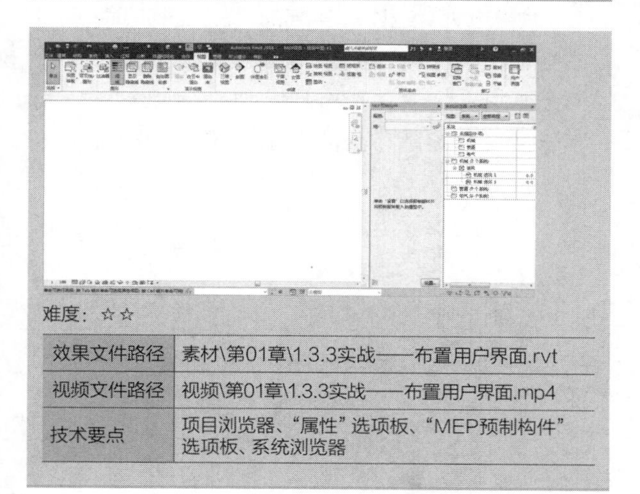

难度：☆☆

效果文件路径	素材\第01章\1.3.3实战——布置用户界面.rvt
视频文件路径	视频\第01章\1.3.3实战——布置用户界面.mp4
技术要点	项目浏览器、“属性”选项板、“MEP预制构件”选项板、系统浏览器

Revit应用程序设置了用户界面，界面中包含常用的组件，如项目浏览器、“属性”选项板和状态栏等。读者也可以自定义界面组件，打造个性化的用户界面。

步骤 01 选择“视图”选项卡，单击“窗口”面板中的“用户界面”按钮，弹出如图1-86所示的列表。在列表中显示组件名称，选择名称，相对应的组件可以显示在界面中。

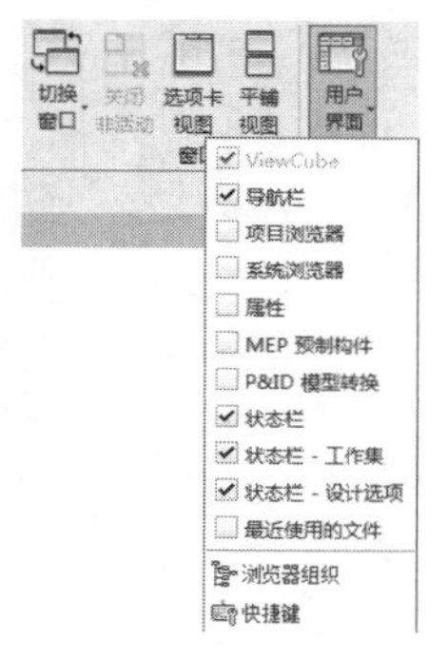

图 1-86 组件列表

步骤 02 假如取消选择组件，该组件在界面中被关闭。例如取消选择“项目浏览器”与“属性”组件，这两个组件被关闭，此时用户界面的显示效果如图1-87所示。

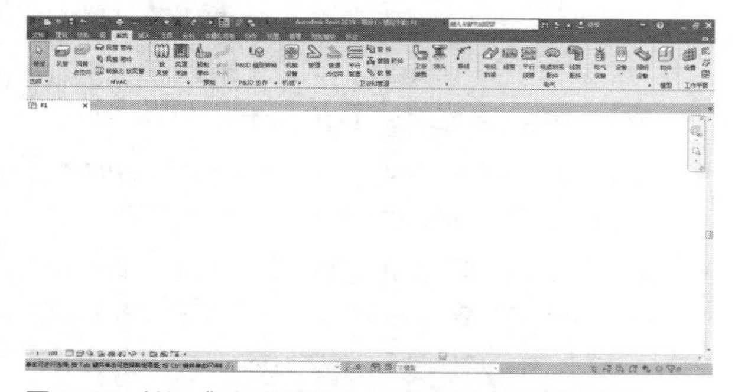

图 1-87 关闭“项目浏览器”与“属性”选项板的效果

知识链接：

有时候为了增加绘图空间，会临时关闭项目浏览器与“属性”选项板。但是将这两个组件放置在界面中，会为绘图或者编辑图元提供方便。

步骤 03 在“用户界面”列表中选择“MEP预制构件”选项，显示“MEP预制构件”选项板，如图1-88所示。单击选项板右下角的“设置”按钮，可以选择预制构件。

步骤 04 在“用户界面”列表中选择“系统浏览器”选项，在界面中显示系统浏览器，如图1-89所示。在系统浏览器中按照系统或者分区来显示项目中各规程所有构件的层级列表。

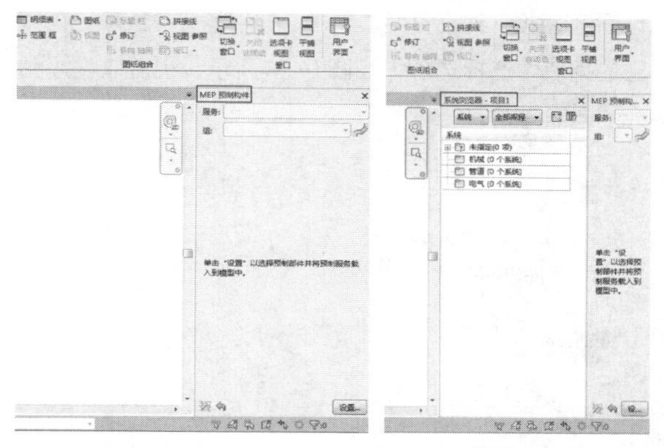

图 1-88 打开“MEP 预制构件”选项板　图 1-89 系统浏览器

延伸讲解：

在系统浏览器中，可以查找还未分配至系统的构件，还可显示加载或者流量信息。

1.3.4 视图控制栏的用处

视图控制栏位于工作界面的左下角，在其中显示若干按钮，如图1-90所示。单击按钮，激活工具，可以控制图元在视图中的显示效果。

1 : 100

图 1-90 视图控制栏

- “比例”按钮 1 : 100 ：单击按钮，弹出如图1-91所示的“比例”列表，选择选项，指定当前视图的比例。或者选择“自定义”选项，弹出如图1-92所示的“自定义比例”对话框。在“比率”文本框中输入数值，可以自定义比例值。

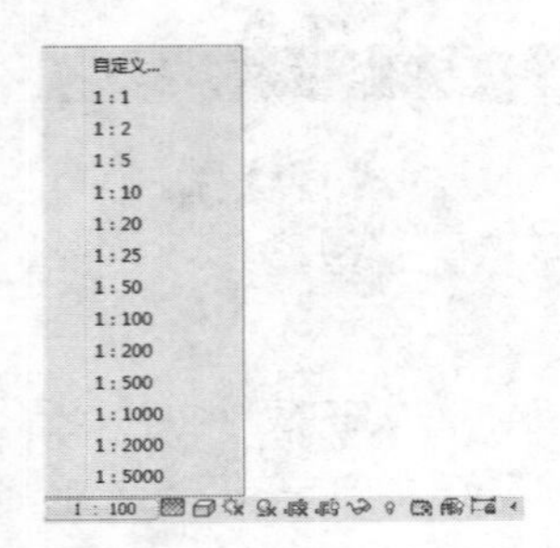

图 1-91　“比例”列表

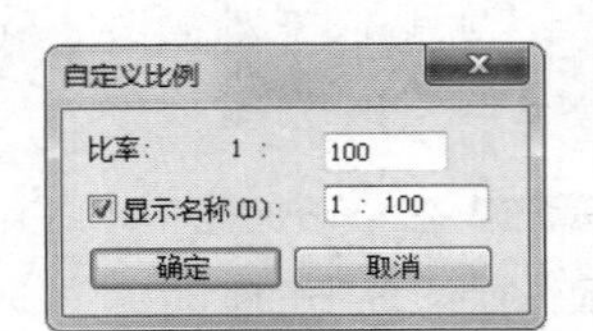

图 1-92　“自定义比例”对话框

◆ “详细程度”按钮：单击按钮，弹出如图1-93所示的列表。在列表中显示3种图元的详细样式，分别是“粗略”“中等”“精细”。在“楼层平面：F1的可见性/图形替换”对话框中，单击“详细程度”选项，在弹出的列表中选择选项，如图1-94所示，也可以设置图元的详细样式。

图 1-93　“详细程度”列表

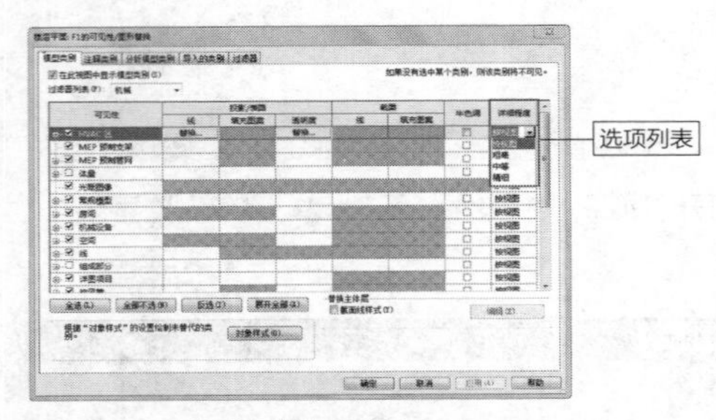

图 1-94　对话框中选项列表

◆ “视觉样式”按钮：单击按钮，弹出如图1-95所示的“视觉样式”列表，提供“线框”“隐藏线”等视觉样式，默认选择“隐藏线”样式。图1-96所示为风管在“线框”与“真实”视觉样式下的显示效果。在“视觉样式”列表中，由上至下，随着图元的显示样式愈接近真实效果，所占用的系统内存也相应地增加。

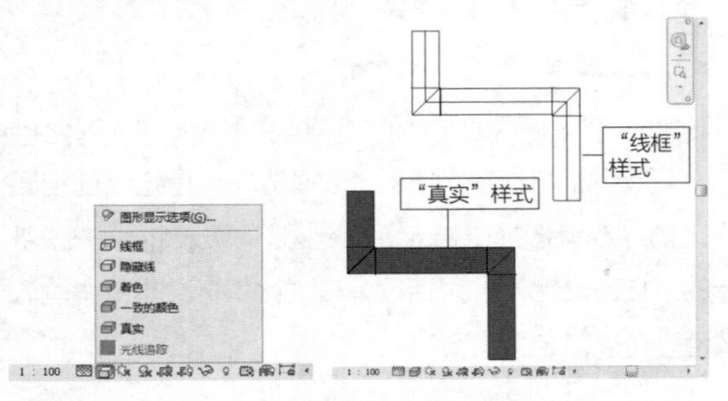

图 1-95　“视觉样式”列表　　图 1-96　显示效果

◆ “关闭日光路径”按钮/“打开日光路径”按钮：单击按钮，弹出如图1-97所示的列表。选择选项，可以在当前视图中关闭或打开日光路径。默认情况下，日光路径被关闭。选择“日光设置”选项，弹出如图1-98所示的“日光设置”对话框，可以自定义日光参数。

图 1-97　弹出列表

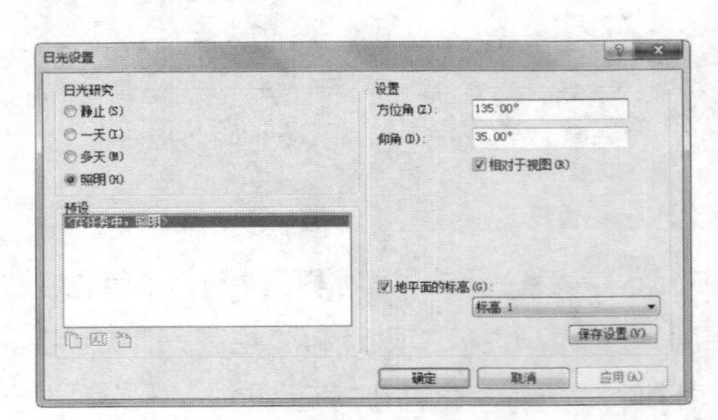

图 1-98　“日光设置”对话框

◆ “关闭阴影”按钮/“打开阴影”按钮：单击按钮，可以打开或者关闭阴影。打开阴影的效果如图1-99所示。为了不占用过多的系统内存，通常情况下不会打开阴影。

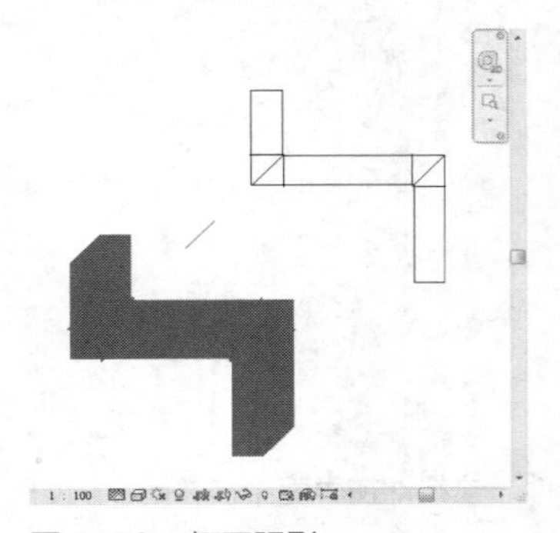

图 1-99　打开阴影

◆ “不裁剪视图”按钮/“裁剪视图”按钮：单击按钮，进入“裁剪视图”的模式，此时位于“裁剪轮廓”之外的图元一律被隐藏。假如想要重新显示被隐藏的图元，调整“裁剪轮廓”的大小即可。

◆ “显示裁剪区域”按钮/“隐藏裁剪区域”按钮：单击按钮，可以在视图中显示或隐藏裁剪区域轮廓线。

◆ “临时隐藏/隔离”按钮：单击按钮，弹出如图1-100所示的列表。选择选项，可以隐藏或者隔离图元、类别。或者选择图元，单击鼠标右键，在快捷菜单中也可以执行“隐藏图元/类别”的操作。

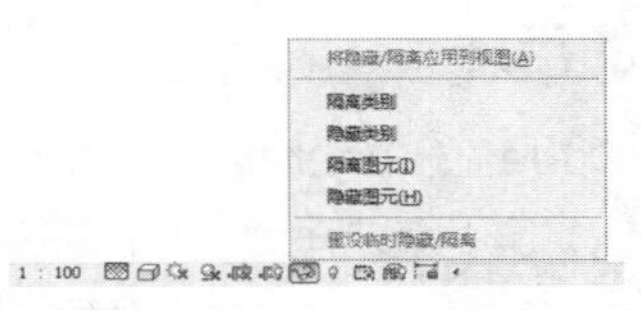

图 1-100 弹出列表

◆ “显示隐藏的图元”按钮 / “关闭显示隐藏的图元”按钮：单击“显示隐藏的图元”按钮，进入“显示隐藏的图元”模式，在视图中显示已隐藏的图元。单击“关闭显示隐藏的图元”按钮，在视图中关闭已隐藏的图元。

1.3.5 实战——隐藏/显示图元 难点

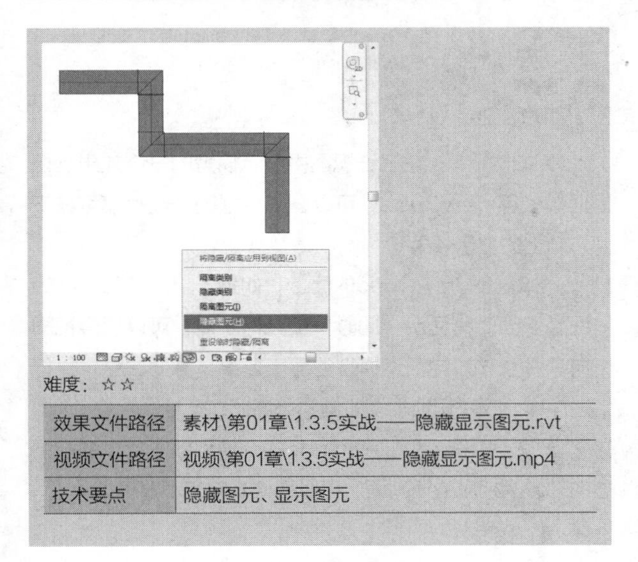

难度：☆☆

效果文件路径	素材\第01章\1.3.5实战——隐藏显示图元.rvt
视频文件路径	视频\第01章\1.3.5实战——隐藏显示图元.mp4
技术要点	隐藏图元、显示图元

项目文件中往往包含各种各样的图元，有时候为了避免对绘图工作造成干扰，需要临时隐藏某些图元。通过启用Revit所提供的“隐藏图元”工具，可以轻松隐藏指定的图元。

本节以风管为例，介绍隐藏图元与显示图元的操作方法。

步骤 01 选择图元，单击视图控制栏中的“临时隐藏/隔离”按钮，在弹出的列表中选择“隐藏图元”选项，如图1-101所示。

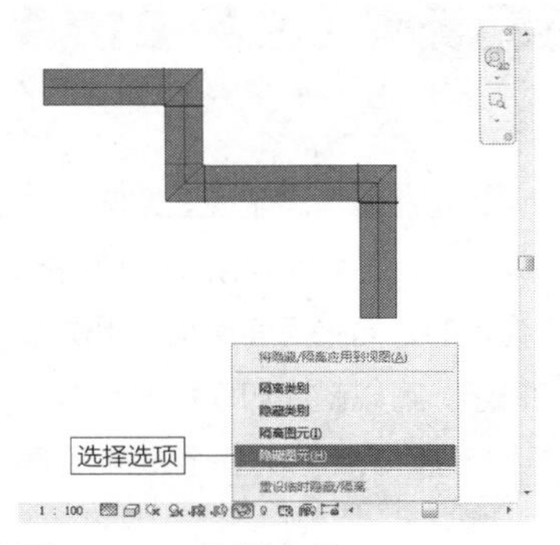

图 1-101 选择选项

步骤 02 此时选中的图元被隐藏，同时进入“临时隐藏/隔离”模式，并显示青色的视口边框，如图1-102所示。

图 1-102 进入“临时隐藏 / 隔离”模式

步骤 03 在视图控制栏上单击“显示隐藏的图元”按钮，进入“显示隐藏的图元|临时隐藏/隔离”模式。同时视口边框显示为洋红色，在视口中显示隐藏的图元，如图1-103所示。

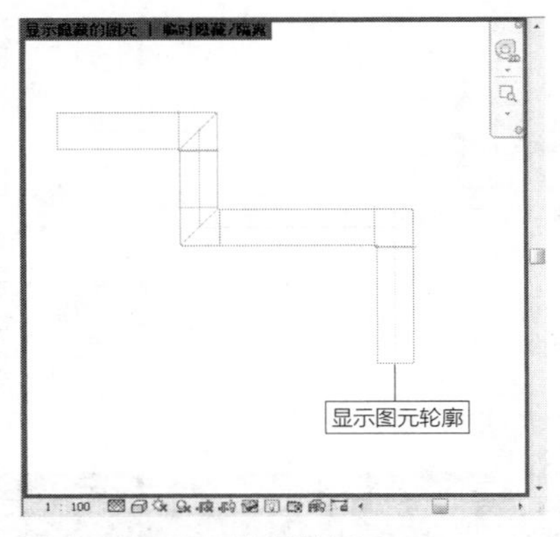

图 1-103 显示隐藏的图元

步骤 04 单击“临时隐藏/隔离”按钮，在弹出的列表中选择“重设临时隐藏/隔离”选项，如图1-104所示。

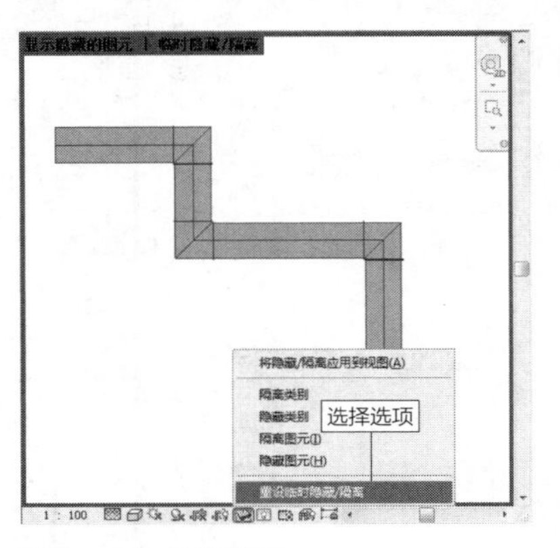

图 1-104 选择选项

步骤 05 执行上述操作后，取消了“隐藏图元”的操作，图元恢复显示。在“显示隐藏的图元”模式中，图元显示为灰色，如图1-105所示。

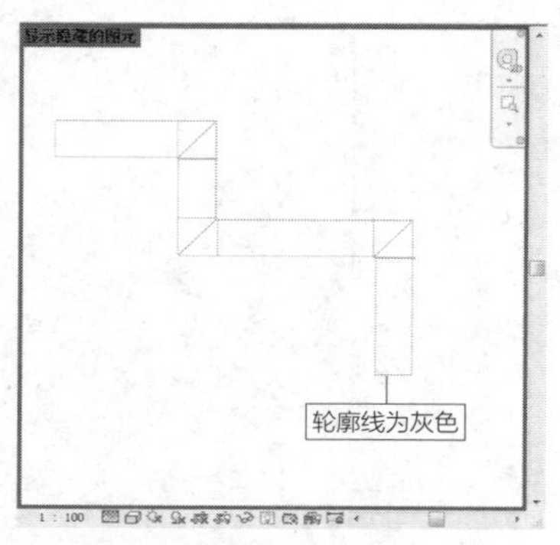

图 1-105　图元显示为灰色

步骤 06 单击“关闭显示隐藏的图元”按钮，退出“显示隐藏的图元”模式，恢复图元在视图中的显示，效果如图1-106所示。

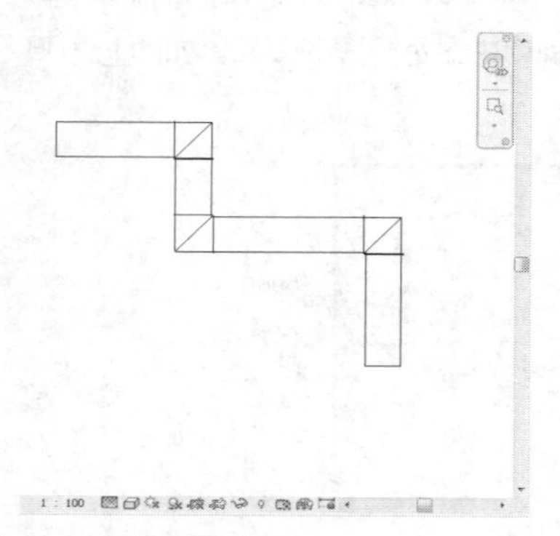

图 1-106　显示图元

答疑解惑：还有更加快捷的“隐藏 / 显示图元”的方法吗?

想要更加快速地隐藏指定的图元，可以通过调出快捷菜单来实现。选择需要隐藏的图元，右击弹出快捷菜单。在菜单中选择“在视图中隐藏”→“图元”选项，如图1-107所示，可以执行“隐藏图元”的操作。

在“显示隐藏的图元”模式中，选择图元，单击鼠标右键，在快捷菜单中选择“取消在视图中隐藏”→“图元”选项，如图1-108所示，可以恢复图元在视图中的显示。

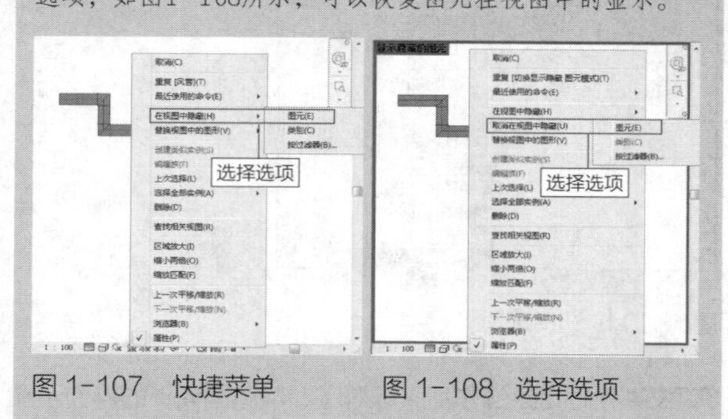

图 1-107　快捷菜单　　图 1-108　选择选项

1.3.6 ViewCube的用法

在三维视图中，ViewCube显示在绘图区域的右上角，如图1-109所示。ViewCube的显示样式为一个矩形模型，每个模型面对应前、后、左、右、上、下6个方向。

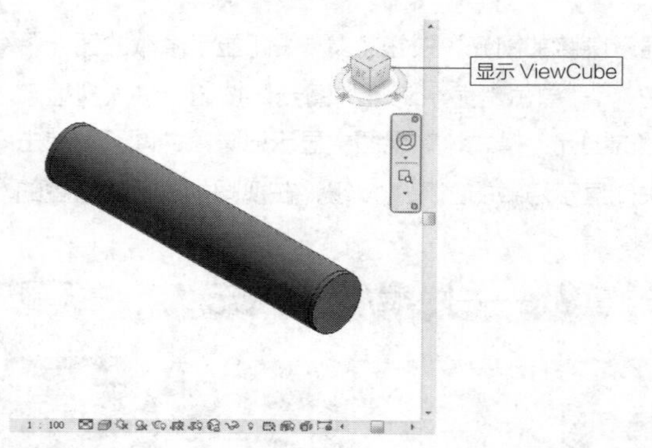

图 1-109　显示 ViewCube

默认情况下，在三维视图中显示模型的三维效果。但是通过使用ViewCube，可以在三维视图中观察模型在不同方向上的显示效果。

光标置于ViewCube的面上，如置于显示“后”字的一面，该面高亮显示，此时单击鼠标左键，可以切换视图方向，并从该方向观察模型的显示效果。需要注意，执行上述操作，仅是切换视图方向，仍然留在三维视图中。

图1-110所示为ViewCube各个模型面所代表的视图方向，激活相应的模型面，可以切换方向来观察模型。

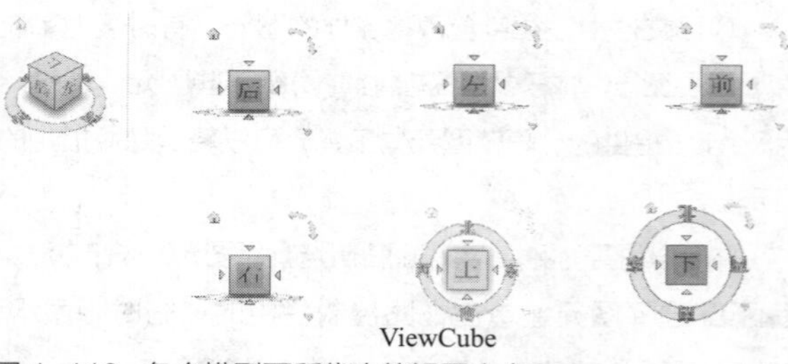

图 1-110　各个模型面所代表的视图方向

知识链接：

ViewCube不在二维视图中显示。

除了面外，ViewCube的角点也代表了视图方向。光标置于角点上，高亮显示角点，如图1-111所示，单击鼠标左键，可以从该角点所代表的方向来观察模型。单击激活其他角点，如图1-112所示，可以随即切换视图方向。一共有8个角点，可以通过激活角点，从多个方向观察模型。

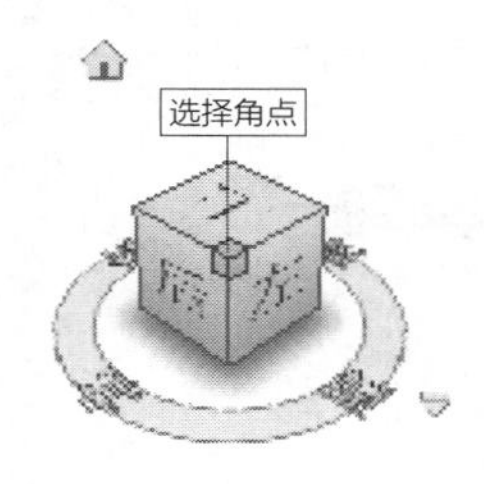

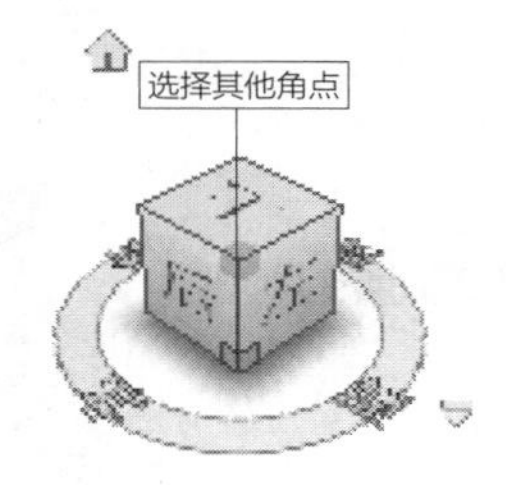

图 1-111　激活角点　　图 1-112　激活其他角点

除了面与角点之外，ViewCube上的边也代表了视图方向。光标置于边上，高亮显示边，如图1-113所示。单击鼠标左键，可以切换视图方向。激活垂直边，如图1-114所示，同样可以切换视图方向。

综上所述，通过运用ViewCube，可以全方位、无死角地观察模型。在检查模型的创建结果时，该工具显得尤为重要。读者应多加练习，以便掌握使用方法，提高绘图效率。

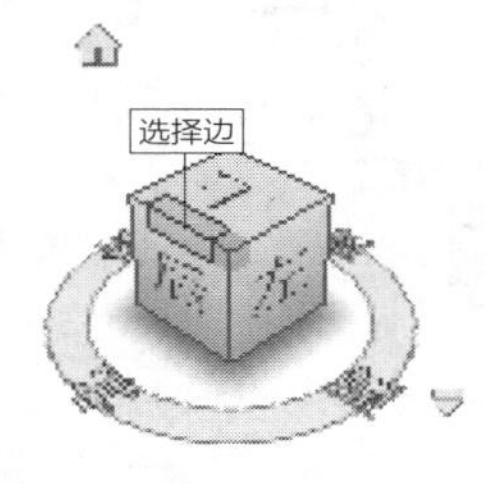

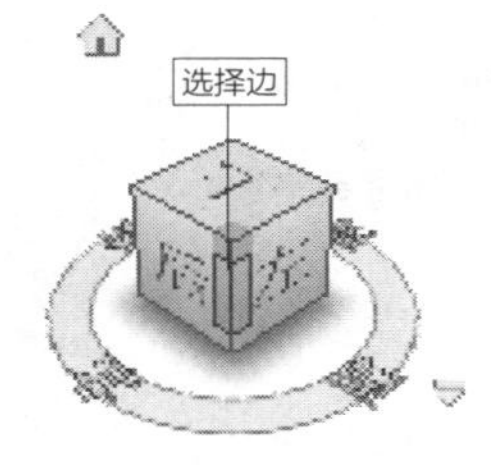

图 1-113　激活水平边　　图 1-114　激活垂直边

在ViewCube模型的下方显示一个圆环，这是指南针。光标置于指南针上，高亮显示指南针。此时按住鼠标左键不放，可以激活指南针，如图1-115所示。拖曳鼠标，可以旋转视图方向。

当ViewCube处于平面方向与立面方向上时，在其右上角显示如图1-116所示的旋转图标。单击旋转图标，可以旋转视图。

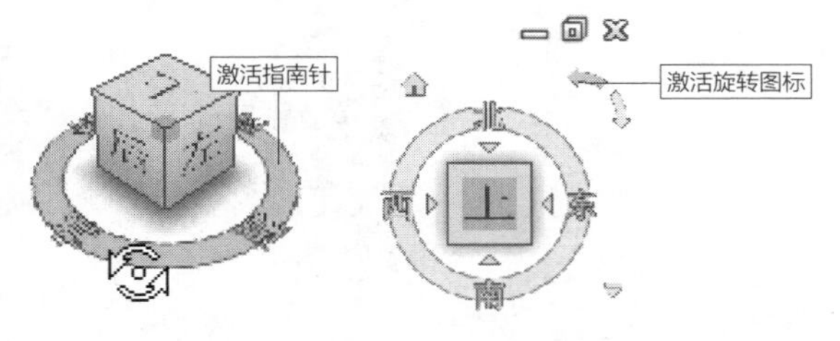

图 1-115　激活指南针　图 1-116　激活旋转图标

延伸讲解：

每单击一次旋转图标，视图旋转的角度为90°。

在连续切换多个视图方向后，模型会停留在某个视图中。此时想要回到切换方向前的视图怎么办？单击ViewCube左上角的“主视图”图标，如图1-117所示，可以快速切换到主视图，恢复模型原始的显示样式。

光标移到ViewCube的右下角，激活“关联菜单”图标，单击鼠标左键，弹出如图1-118所示的菜单。选择选项，可以编辑当前视图。例如，选择“转至主视图”选项，可以转换到主视图；选择“显示指南针”选项，可以在ViewCube的下方显示指南针。

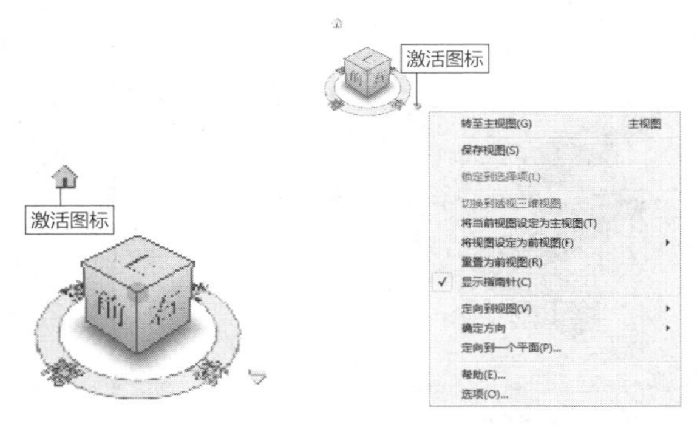

图 1-117　激活“主视图”图标　图 1-118　弹出关联菜单

知识链接：

在关联菜单中选择“选项”，打开“选项”对话框。在其中选择“ViewCube”选项卡，设置不同的参数，可以影响ViewCube在视图中的显示样式。

1.3.7　实战——使用ViewCube观察视图　重点

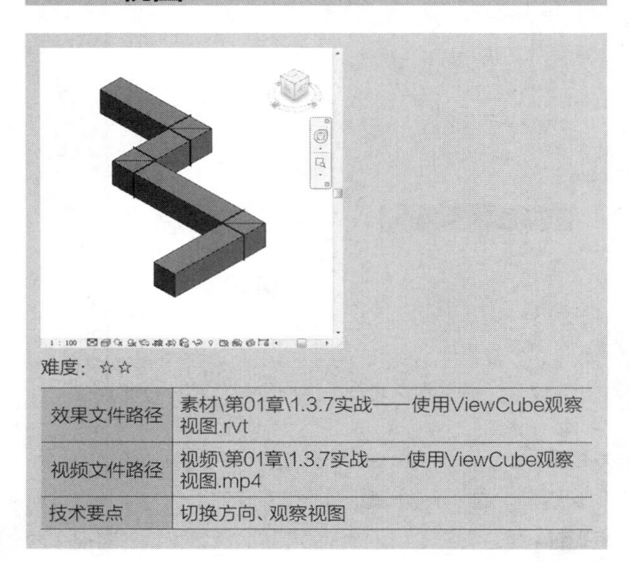

难度：☆☆

效果文件路径	素材\第01章\1.3.7实战——使用ViewCube观察视图.rvt
视频文件路径	视频\第01章\1.3.7实战——使用ViewCube观察视图.mp4
技术要点	切换方向、观察视图

每当创建完毕一个模型，都需要从各个方向来观察，检查创建效果。假如在检查过程中发现错误，要及时修

改，以免累积错误，不仅花费了时间来建模，而且得不到想要的效果。

本节以观察风管模型为例，介绍使用ViewCube来观察模型的操作方法。

步骤 01 创建完毕风管模型后，单击快速访问工具栏上的“默认三维视图”按钮，转换至三维视图。风管模型在三维视图中的显示效果如图1-119所示。

步骤 02 光标置于ViewCube上，激活“前”模型面，单击鼠标左键，可以在前视图中观察风管的显示效果，如图1-120所示。

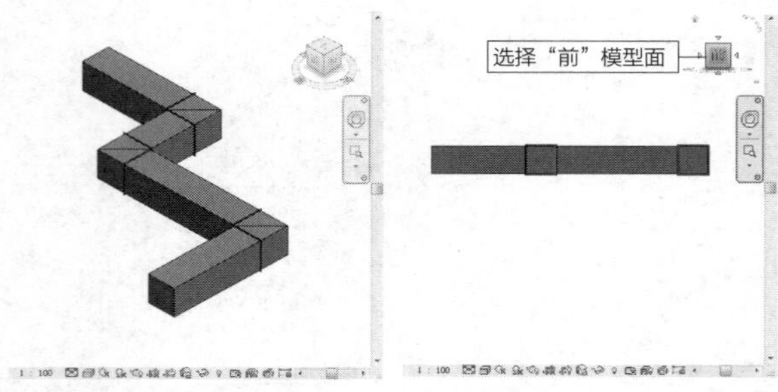

图 1-119　三维视图　　图 1-120　选择“前”模型面

延伸讲解：

切换视图方向后，可以滑动鼠标滚轮，放大模型，观察模型的细部。

步骤 03 在ViewCube上单击“右”模型面，转换视图方向，风管模型的显示效果如图1-121所示。

步骤 04 光标置于ViewCube的水平边上，当边高亮显示时，单击鼠标左键，切换视图方向。此时风管的显示效果如图1-122所示。

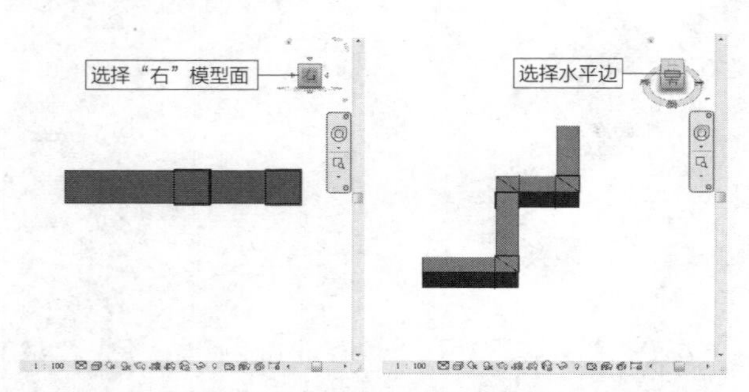

图 1-121　选择“右”模型面　图 1-122　选择水平边

步骤 05 激活ViewCube的垂直边，再次切换视图方向，此时风管模型的显示效果如图1-123所示。

步骤 06 单击ViewCube底面的角点，风管模型随着视图方向的转变，调整显示样式，效果如图1-124所示。

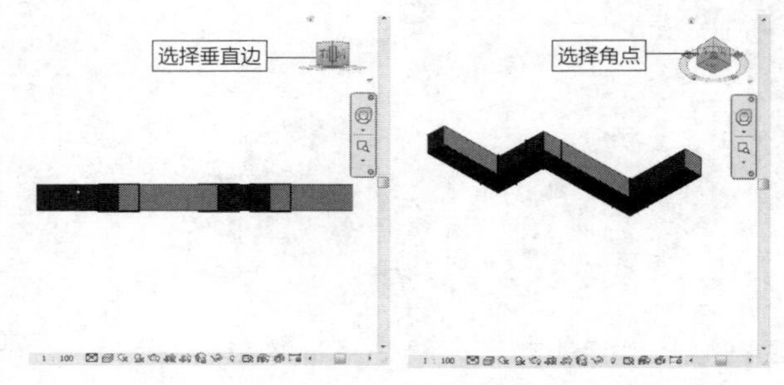

图 1-123　选择垂直边　　图 1-124　选择角点

步骤 07 在ViewCube上单击“上”模型面，风管模型的显示效果如图1-125所示。此时ViewCube右上角的旋转图标被激活。

步骤 08 单击旋转图标，风管模型逆时针旋转90°，效果如图1-126所示。继续单击旋转图标，风管模型会按照90°角逆时针旋转。

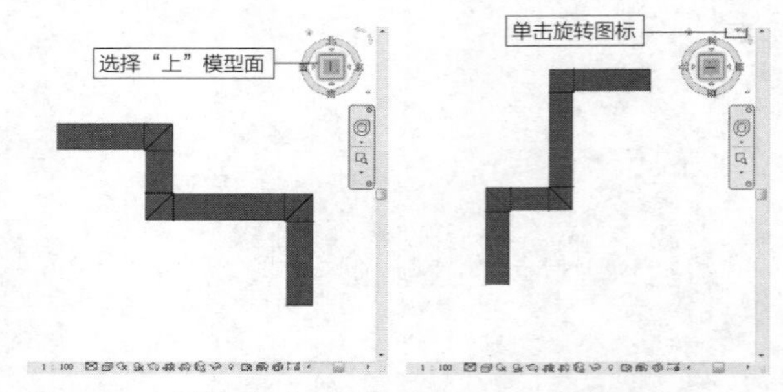

图 1-125　选择“上”模型面 图 1-126　旋转视图

步骤 09 单击ViewCube右下角的“关联菜单”按钮，在弹出的菜单中选择“保存视图”选项，弹出如图1-127所示的对话框。设置“名称”参数，单击“确定”按钮保存视图。

步骤 10 在项目浏览器中单击展开“三维视图”目录，在其中显示已保存的“三维正交1”视图，如图1-128所示。双击视图名称，可以打开视图。

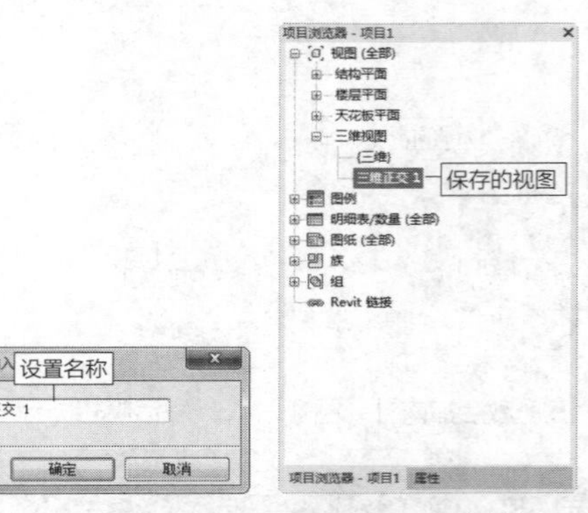

图 1-127　设置名称　　图 1-128　保存的视图

延伸讲解：

假如不想频繁地使用ViewCube来观察模型，可以执行“保存视图”的操作。下次打开视图时，该视图的方向即是上一次观察模型时的视图方向。

1.3.8 导航栏的妙用 重点

导航栏有两种样式，一种是二维样式，另外一种是三维样式。在二维视图中，导航栏显示在绘图区域的右上角，如图1-129所示。单击“二维控制盘”按钮，可以打开二维控制盘，如图1-130所示。拖曳鼠标，控制盘随之移动。

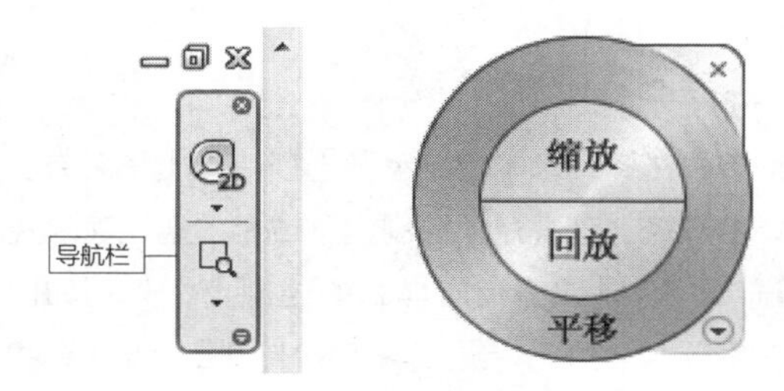

图 1-129 二维视图中的导航栏　图 1-130 二维控制盘

单击控制盘右下角的三角形图标，弹出关联菜单，如图1-131所示。在菜单中选择“布满窗口”选项，视图中的图元会自动调整大小，直至布满绘图窗口为止，效果如图1-132所示。在需要同时查看视图中的所有图元时，选择该项操作比较方便。

在关联菜单中选择“关闭控制盘”选项，可以关闭二维控制盘。

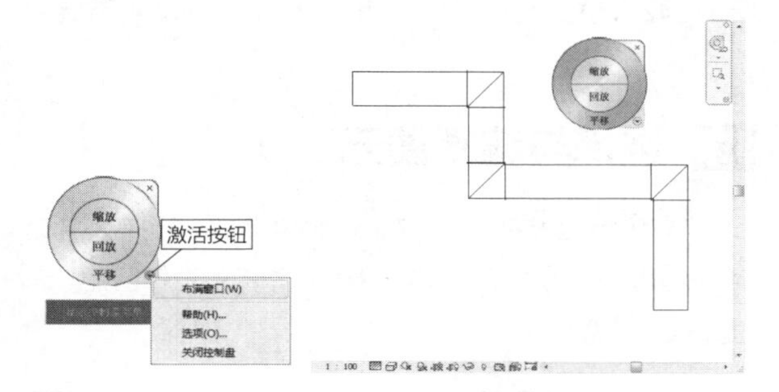

图 1-131 弹出关联菜单　图 1-132 布满窗口

知识链接：

单击控制盘右上角的“关闭”按钮，或者按Shift+W快捷键，也可以关闭控制盘。

在导航栏中单击“区域放大”按钮下方的下三角按钮，弹出如图1-133所示的关联菜单。选择选项，按照指定的条件缩放视图中的图元。例如，选择“区域放大”选项，指定区域，可以将该区域的图形放大显示。

单击导航栏右下角的“自定义”按钮，弹出关联菜单。在菜单中选择“固定位置”选项，向左弹出子菜单，如图1-134所示。选择选项，指定导航栏的位置。

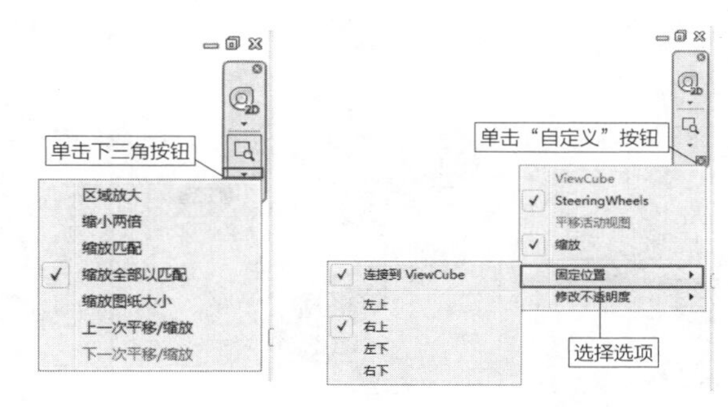

图 1-133 弹出关联菜单　图 1-134 显示子菜单

延伸讲解：

默认情况下，导航栏显示在绘图区域的右上角，读者也可以根据自己的绘图习惯，自定义导航栏的位置。

在菜单中选择“修改不透明度”选项，弹出如图1-135所示的子菜单。在菜单中选择选项，设置导航栏的不透明度，默认选择“50%”选项。

转换到三维视图，在绘图区域的右上角显示三维样式的导航栏，如图1-136所示。三维样式与二维样式的导航栏的显示效果相差不大，区别在于二维样式的视图导航在控制盘按钮的右下角显示“2D”文字。

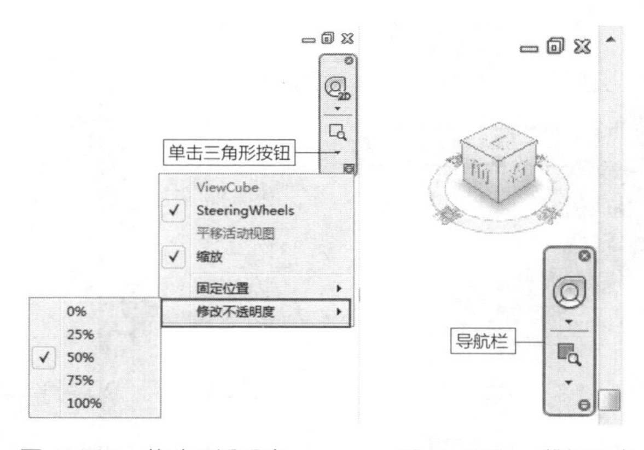

图 1-135 修改不透明度　图 1-136 三维视图中的导航栏

在导航栏中单击“全导航控制盘”按钮，在绘图区域中显示如图1-137所示的全导航控制盘，拖曳鼠标，控制盘也随之移动。与二维样式的控制盘相比，三维样式的控制盘添加了很多功能，如“动态观察”“平移”等。

光标置于全导航控制盘中的功能按钮上，该按钮高亮显示，单击鼠标左键，即可激活功能按钮。例如，将光标置于“缩放”按钮上，该按钮高亮显示。此时按住鼠标左键不放，在绘图区域中显示轴心，如图1-138所示。来回拖曳鼠标，可以放大或者缩小模型。放大模型时，轴心增大；缩小模型时，轴心也随之缩小。

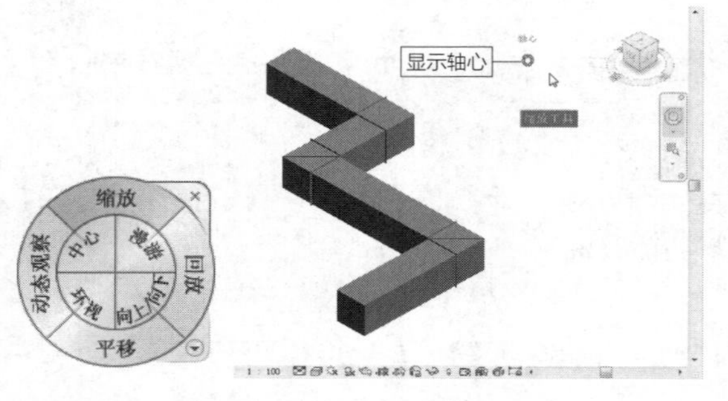

图 1-137　全导航控制盘　图 1-138　缩放模型

激活“回放”功能按钮，在绘图区域中显示一排幻灯片，如图1-139所示，在幻灯片中显示该模型之前的动作。光标置于某个幻灯片之上，可以在绘图区域中显示该幻灯片的内容。

在全导航控制盘中还有“中心”“漫游”等工具，请读者练习使用其他功能来查看视图，以便掌握这些功能的使用技巧。

单击全导航控制盘右下角的下三角按钮，弹出如图1-140所示的快捷菜单。选择菜单中的选项，可以打开相应的控制盘，或者修改视图的显示样式。

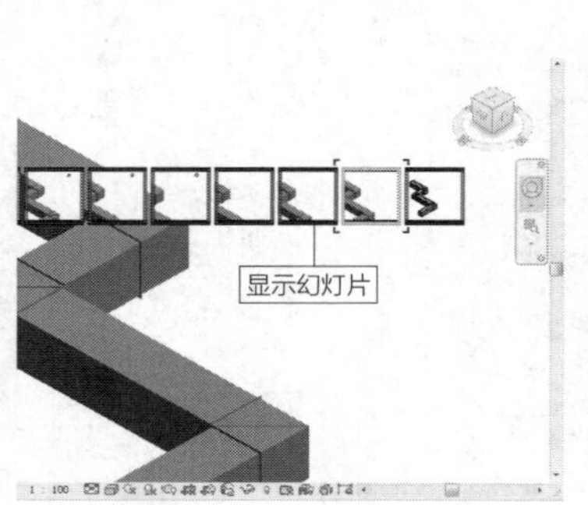

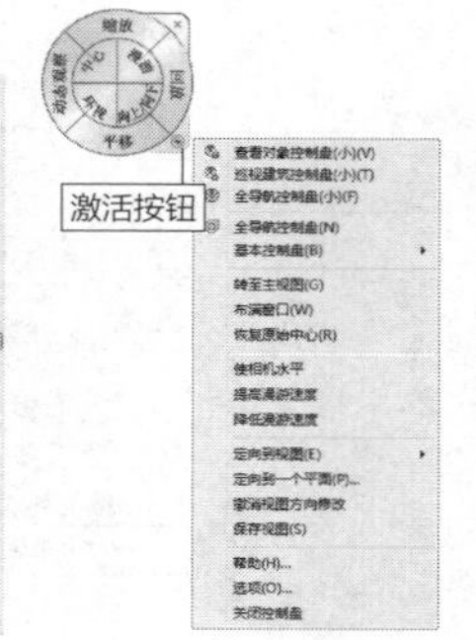

图 1-139　显示幻灯片　　图 1-140　快捷菜单

选择“查看对象控制盘（小）”选项，在绘图区域中显示如图1-141（a）所示的控制盘。该控制盘被平均分为4个部分，光标置于其中一个部分之上，该部分高亮显示，同时在控制盘的下方显示功能名称。按住鼠标左键不放，即可以激活命令。

在菜单中选择“巡视建筑控制盘（小）”按钮，显示如图1-141（b）所示的控制盘。在控制盘中提供了“漫游”“回放”“环视”“向上/向下”工具。激活这些工具，可以从各个角度巡视建筑模型。

选择“全导航控制盘（小）”选项，显示如图1-141（c）所示的控制盘。该控制盘的大小没有改变，但是却集合了“查看对象控制盘”与“巡视建筑控制盘”中的功能。

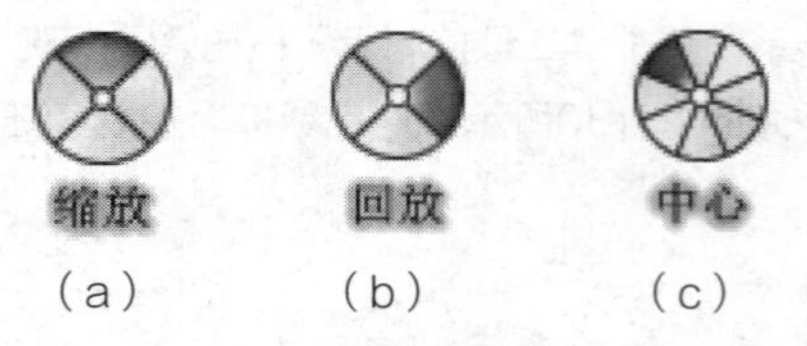

图 1-141　显示控制盘

在菜单中选择“基本控制盘”选项，弹出子菜单。在子菜单中选择“查看对象控制盘”或者“巡视建筑控制盘”选项，可以弹出相应样式的控制盘，分别如图1-142、图1-143所示。与“查看对象控制盘（小）”和“巡视建筑控制盘（小）”相比，这两个控制盘只是增大了面积，所包含的功能没有改变。

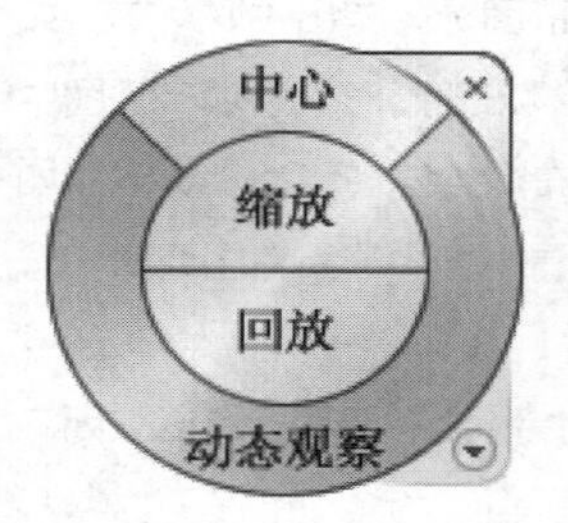

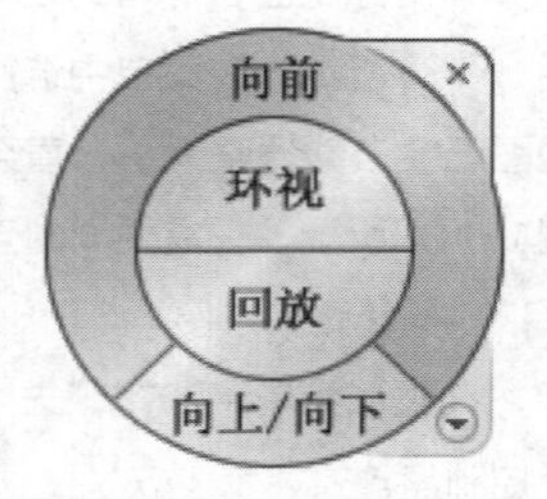

图 1-142　查看对象控制盘　　图 1-143　巡视建筑控制盘

1.4 选择与编辑图元

与其他绘图软件类似，在Revit应用程序中也有多种选择与编辑图元的方式。在本节中介绍常用的选择图元与编辑图元的方式。

1.4.1 选择图元 重点

光标置于待选图元的左上角，按住鼠标左键不放，拖曳光标至图元的右下角，此时显示矩形选框，如图1-144所示，全部位于选框内的图元高亮显示。

松开鼠标左键，在选框之内高亮显示的图元被选中，效果如图1-145所示。与选框交界，但是没有全部位于选框之内的图元，不会被选中。

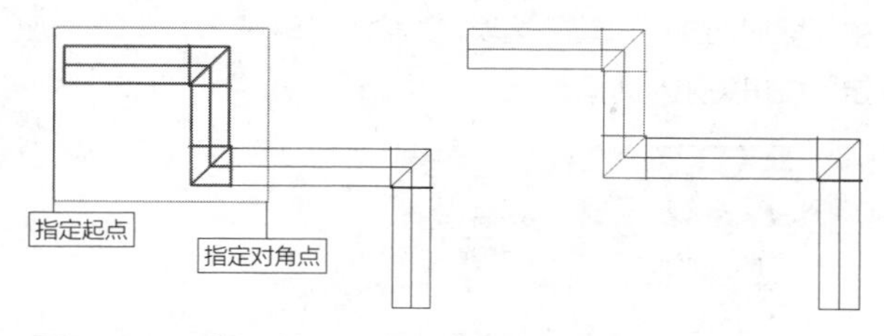

图 1-144　绘制选框　　图 1-145　选择效果

延伸讲解：

执行上述操作绘制选框，选框的线型为细实线。

光标置于待选图元的右下角，按住鼠标左键不放，向图元的左上角拖曳光标，绘制矩形选框。全部位于选框之内，与选框交界的图元都高亮显示，如图1-146所示。

松开鼠标左键，高亮显示的图元被选中，效果如图1-147所示。即使没有全部位于选框之内的图元，但是因为与选框交界，所以也被选中。

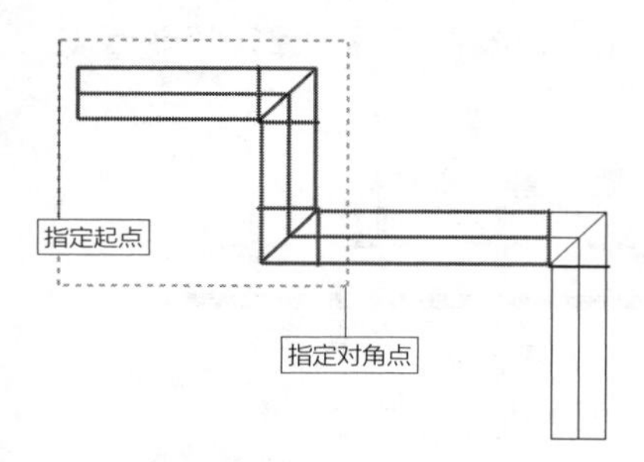

图 1-146　绘制选框

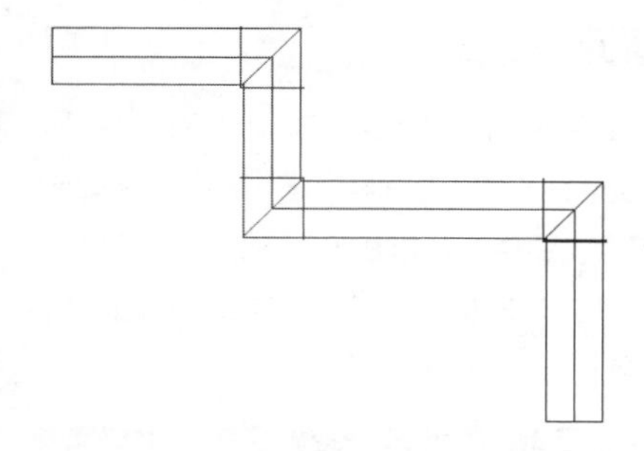

图 1-147　选择效果

知识链接：

执行上述操作绘制选框，选框的线型为虚线。

除了使用上述方法来选择图形外，Revit还提供了其他便捷的选择图元的方法。选择视图中全部的图元，进入“修改|选择多个”选项卡。单击“过滤器”按钮，如图1-148所示，弹出“过滤器”对话框。

在对话框的“类别”列表中显示已选中的所有图元的名称，如“参照平面”“风管”等，如图1-149所示。选择图元类别，单击“确定”按钮，关闭对话框后，可以在视图中选中相应的图元。

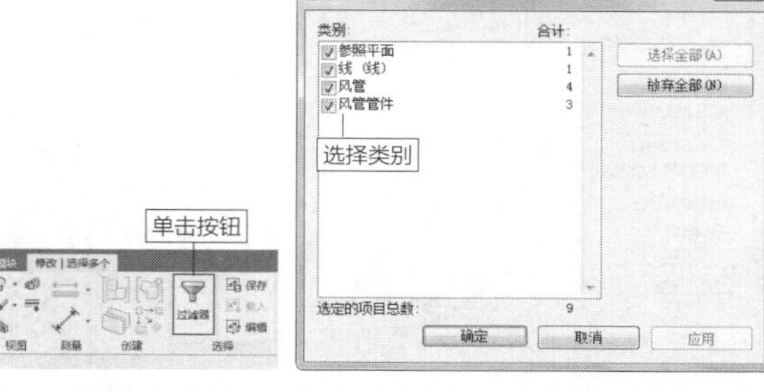

图 1-148　单击按钮　　图 1-149　“过滤器”对话框

延伸讲解：

在对话框中单击“放弃全部”按钮，可以取消所有图元类别的选择。此时只要单独选择所需的图元类别即可。

1.4.2　实战——巧妙选择指定的图元　难点

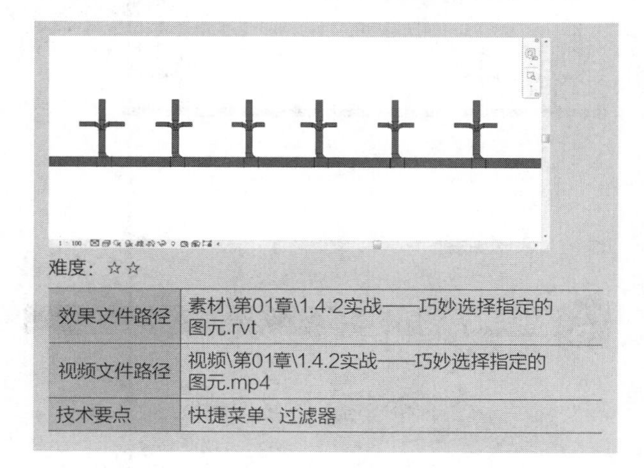

难度：☆☆

效果文件路径	素材\第01章\1.4.2实战——巧妙选择指定的图元.rvt
视频文件路径	视频\第01章\1.4.2实战——巧妙选择指定的图元.mp4
技术要点	快捷菜单、过滤器

风管系统和管道系统中常常包含多种图元类别，例如管道、管件和注释等。如何快速又不遗漏地选择指定的图元？本节介绍选择指定图元的方法。

步骤 01 打开如图1-150所示的风管系统，其中包含不同尺寸的风管以及不同样式的管件。如何准确地选中指定的图元类别呢？

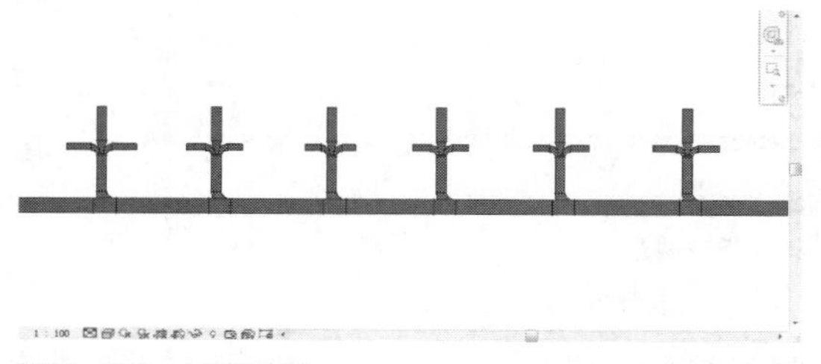

图 1-150　风管系统

步骤02 假如想要选择全部的“矩形四通”图元，可以先选择一个“矩形四通”，单击鼠标右键。在快捷菜单中选择“选择全部实例”→“在视图中可见”选项，如图1-151所示。

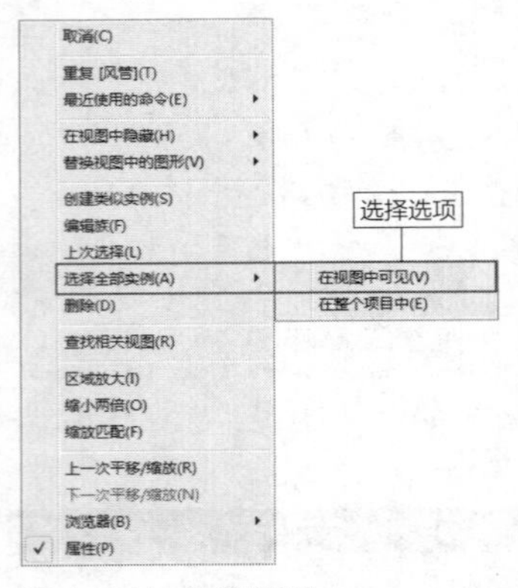

图1-151　选择选项

步骤03 返回到绘图区域中，可以发现当前视图中所有的“矩形四通”图元被全部选中，效果如图1-152所示。

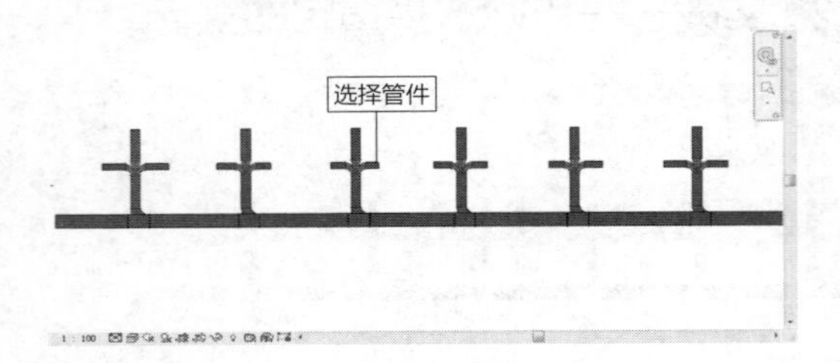

图1-152　选中图元

延伸讲解：

在快捷菜单中选择“选择全部实例”→“在整个项目中”选项，可以选择整个项目文件中所有的“矩形四通”图元。

如果想要同时选择全部的管件，可以使用另外一种选择方法。

步骤04 选择视图中全部的管件与管道，如图1-153所示。进入“修改|选择多个”选项卡，单击“选择”面板中的“过滤器”按钮，弹出“过滤器”对话框。

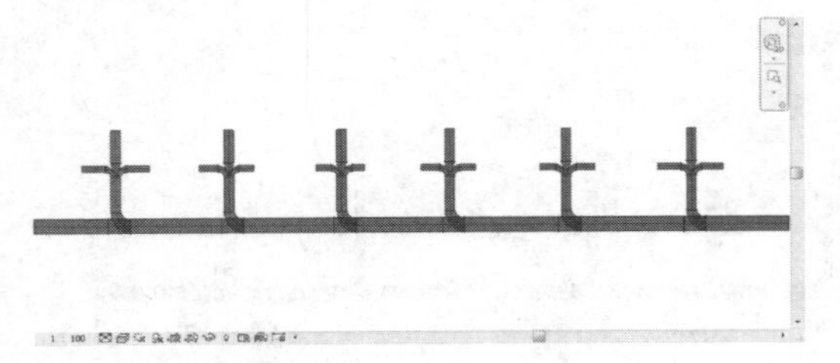

图1-153　选择图元

步骤05 在对话框中显示“风管”与“风管管件”同时被选中，取消选择“风管”选项，如图1-154所示，单击“确定”按钮关闭对话框。

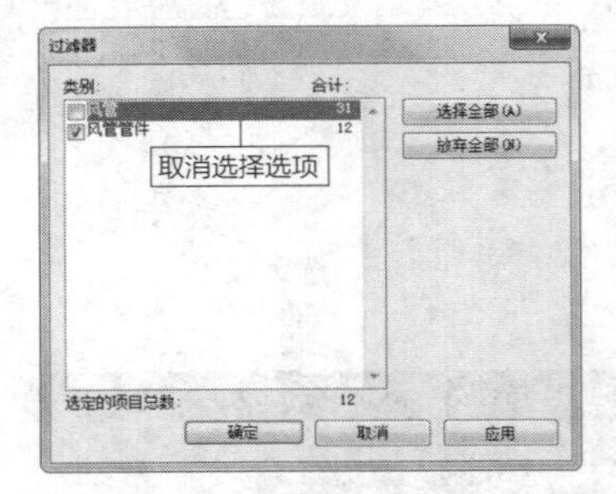

图1-154　取消选择选项

知识链接：

在快捷菜单中选择“选择全部实例”→“在视图中可见”选项，只能选中一类图元。但是使用“过滤器”工具，可以同时选中多种类型的图元。

步骤06 观察选择结果，发现风管系统中的“矩形四通”以及“矩形Y形三通”被全部选中，效果如图1-155所示。

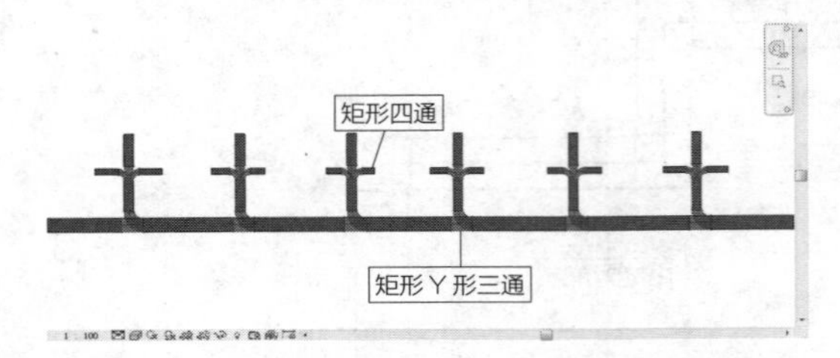

图1-155　选择管件

1.4.3　编辑图元　重点

在Revit应用程序中选择“修改”选项卡，在其中显示多种用来编辑图元的工具，如图1-156所示。例如启用“剪贴板”面板中的命令，可以执行“复制”“粘贴”图元的操作，启用“几何图形”面板中的工具，可以“剪切”或者“连接”图元。

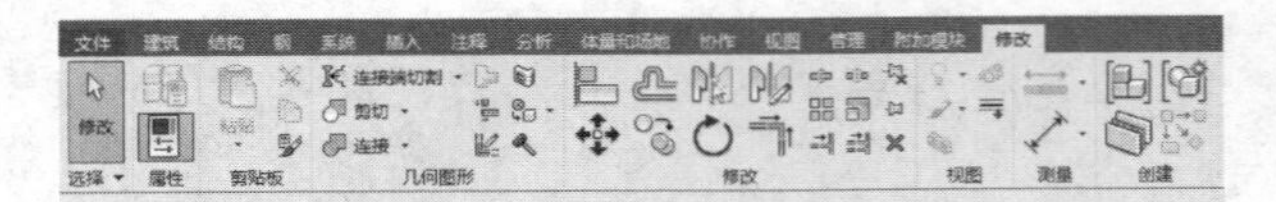

图1-156　“修改”选项卡

1.　“属性”面板

在“属性”面板中包含两个命令按钮，分别是“类型属性”按钮与“属性”按钮。在未选择任何图元的情况下，“类型属性”按钮没有被激活，显示为灰色。

选择图元，激活“类型属性”按钮，如图1-157所示。单击按钮，弹出如图1-158所示的“类型属性”对话框，在对话框中编辑参数，可以修改图元的类型属性参数。即使没有选择任何图元，“属性”按钮也处于被激活的状态。选择“属性”按钮，可以在绘图区域的左侧显示“属性”选项板。取消选择“属性”按钮，“属性”选项板被关闭。

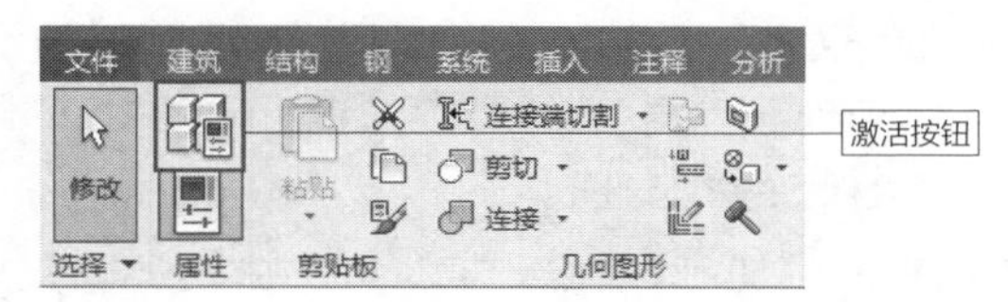

图 1-157　激活按钮

图 1-158　“类型属性”对话框

延伸讲解：

选择图元，右键单击弹出快捷菜单，在其中选择“属性”选项，可以打开“属性”选项板。

2. “剪贴板”面板

在尚未选择任何图元的情况下，“剪贴板”面板上只有“匹配类型属性”按钮被激活。选择图元后，除了“粘贴”按钮之外，其他命令按钮均被激活，如图1-159所示。单击按钮，可以对选中的图元执行编辑操作。

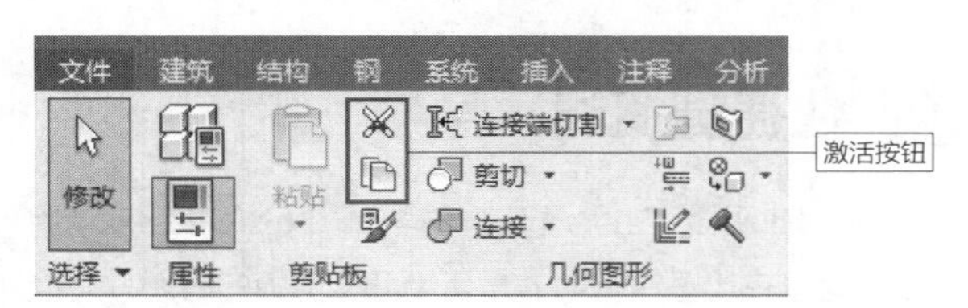

图 1-159　激活按钮

- “剪切到剪贴板”按钮：单击按钮，选中的图元被删除并将删除的图元放置在剪贴板上，启用“粘贴”或者“对齐粘贴”工具后，可以将图元粘贴在当前视图、其他视图或者另一个项目中。
- “复制到剪贴板”按钮：单击按钮，复制选中的图元。使用“粘贴”工具，可将图元粘贴到当前视图、其他视图或者另一个项目中。
- “匹配类型属性”按钮：激活工具，可以转换一个或者多个图元，方便与同一视图中的其他图元的类型相匹配。匹配类型只能在一个视图中进行，在项目视图之间不能执行匹配类型的操作。

单击“匹配类型属性”按钮后，光标的右下角显示一个毛刷。光标置于图元之上，单击鼠标左键拾取图元。此时光标右下角的毛刷显示为黑色，如图1-160所示，表示已经拾取了图元的信息。

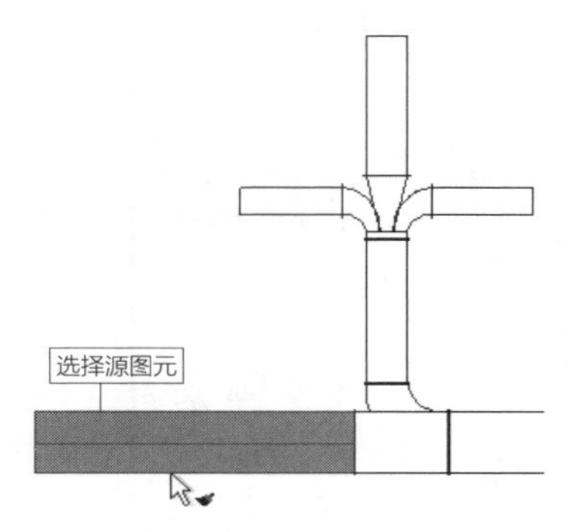

图 1-160　选择源图元

延伸讲解：

在键盘上按M+A快捷键，可以启用“匹配类型属性”命令。

拖曳鼠标，拾取需要继承类型属性的图元，如图1-161所示。在图元上单击鼠标左键，即可完成“匹配类型属性”的操作，效果如图1-162所示。需要注意的是，“匹配类型属性”操作只能在相同类别的图元中开展，不同类别的图元不能执行匹配操作。

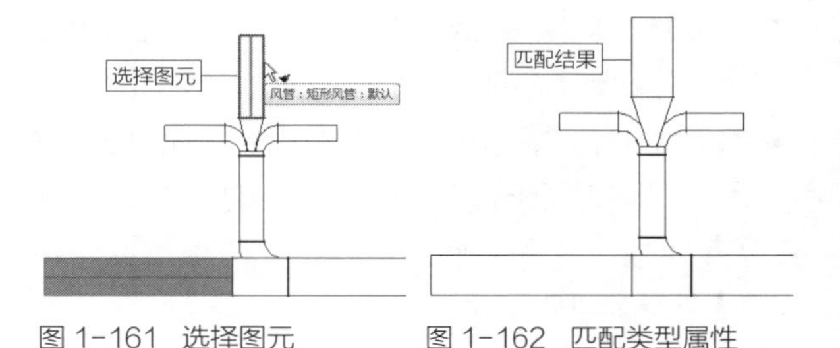

图 1-161　选择图元　　图 1-162　匹配类型属性

执行“剪切到剪贴板”或者“复制到剪贴板”操作后，“粘贴”按钮被激活。单击“粘贴”按钮，弹出如图1-163所示的列表，选择列表中的选项，自定义粘贴图元的方式。

选择“从剪贴板粘贴”选项，在视图中指定点来放置图元。

选择“与选定的标高对齐”选项，弹出如图1-164所示的“选择标高”对话框。选择标高，单击“确定”按钮，可将多个图元从一个标高粘贴到指定的标高。

选择“与当前视图对齐”选项，可将从其他视图中剪切或复制的图元粘贴到当前视图中。例如，可以将平面视图中的图元粘贴到详图索引视图中。

选择“与同一位置对齐”选项，可将图元粘贴至视图中的指定位置，该位置与图元被剪切或者复制前所处的位置相同。

选择“与拾取的标高对齐”选项，可将选定的图元粘贴到立面视图或者剖面视图中，通过拾取标高线，完成粘贴图元的操作。

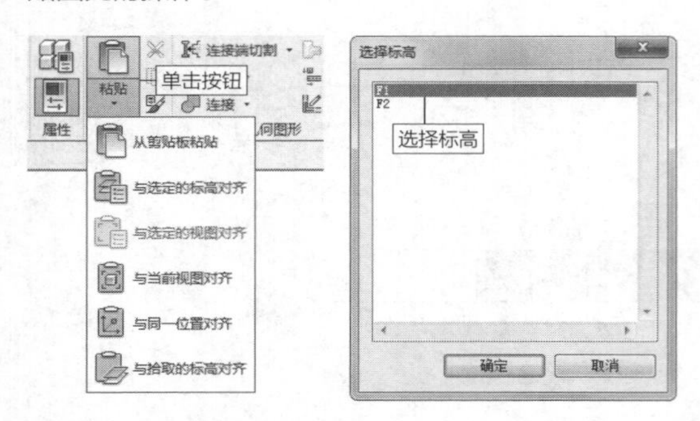

图 1-163　弹出列表　　图 1-164　“选择标高”对话框

延伸讲解：

假如需要在“选择标高”对话框中同时选中多个标高，按住Shift键，可以选择连续的标高。按住Ctrl键，可以点选指定的标高。

3. “修改”面板

在“修改”面板中显示多个命令按钮，如“对齐”“偏移”等。单击按钮，激活工具，可以在当前视图中编辑选定的图元。

- “对齐”按钮：激活工具，可以将一个或者多个图元与选定的图元对齐。执行“对齐”操作后，显示“锁定”图标。单击该图标，可以锁定对齐效果，保证在执行其他修改操作时，不影响对齐效果。
- “偏移”按钮：激活工具，可将选定的图元复制或者移动至指定的距离处。
- “镜像-拾取轴”按钮：激活工具，拾取现有的边或者线作为镜像轴，反转选定图元的位置。
- “镜像-绘制轴” 按钮：激活工具，绘制一条临时线，将线作为镜像轴，反转选定图元的位置。
- “移动”按钮：激活工具，可将选定图元移动到指定的位置；也可以设置距离参数，精确地放置图元。
- “复制”按钮：激活工具，指定距离参数，将选定图元复制到指定的位置。
- “旋转”按钮：激活工具，指定旋转轴与旋转角度，绕轴旋转图元。
- “修剪/延伸为角”按钮：激活工具，修剪或者延伸图元，使其形成一个角。选择要修剪的图元时，鼠标左键单击需要保留的图元部分。
- “拆分图元”按钮：激活工具，可以在选定点剪切图元，或者删除两点之间的线段。
- “用间隙拆分”按钮：激活工具，定义间隙大小，将选定的墙体拆分为两面独立的墙。
- “阵列”按钮：激活工具，进入“阵列”模式，可以选择“线性”阵列或者“半径”阵列方式来阵列复制图元。
- “缩放”按钮：激活工具，调整选定图元的大小。该工具的适用范围包括线、墙体、图像、DWG和DXF导入文件、参照平面以及尺寸标注的位置。以图像方式或者数值方式来按比例缩放图元。
- “修剪/延伸单个图元”按钮：激活工具，首先选择用作边界的参照，接着选择要修剪或者延伸的图元，可以修剪或者延伸一个图元到其他图元定义的边界。
- “解锁”按钮：激活工具，可以解锁模型图元，使其可以自由移动。
- “锁定”按钮：激活工具，锁定模型图元，使其不能随意移动。
- “删除”按钮：激活工具，删除选定的模型图元。

知识链接：

修改工具均有自己独立的快捷键，将光标置于按钮上，暂停几秒，弹出提示文本框，在其中可以显示与该工具相对应的快捷键。

1.5 快捷键概述

Revit应用程序主要通过单击命令面板上的按钮来调用命令。为了在绘图过程中节省切换命令面板的时间，可以通过键盘快捷键启用与之相对应的命令。

1.5.1 快捷键的用处

软件的初学者要如何了解各命令所对应的快捷键呢？很简单，将光标置于工具按钮上，如“风管”按钮，稍作停留，此时弹出的文本提示框。在文本提示框中显示命令的名称、快捷键与命令简介，如图1-165所示。

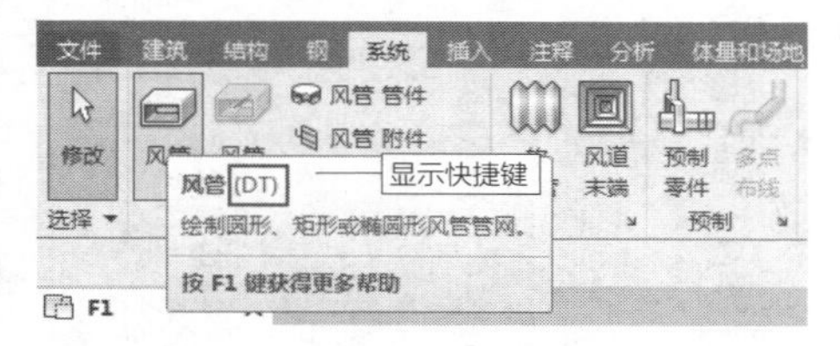

图 1-165　显示快捷键

观察“风管”命令的文本提示框，可以得知与其相对应的快捷键为DT。在键盘上按D+T快捷键，可以启用绘制风管的命令。

有的命令没有默认的快捷键。例如在“风管占位符”命令的文本提示框中，仅显示命令名称与命令简介，如图1-166所示。调用该命令就需要单击面板上的命令按钮。

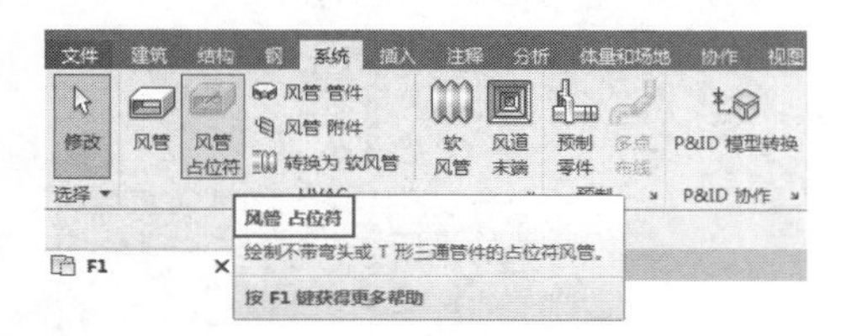

图 1-166　未显示快捷键

知识链接：

在输入快捷键时，不区分大小写，即无论是在大写还是小写的情况下都可以。

Revit包含多个选项卡，各选项卡又由多个命令面板组成。假如掌握了常用命令的快捷键，就可以在不切换选项卡的情况下，准确又快速地启用命令。读者需要多加练习，才能熟记命令快捷键。

1.5.2　实战——设置/修改快捷键　重点

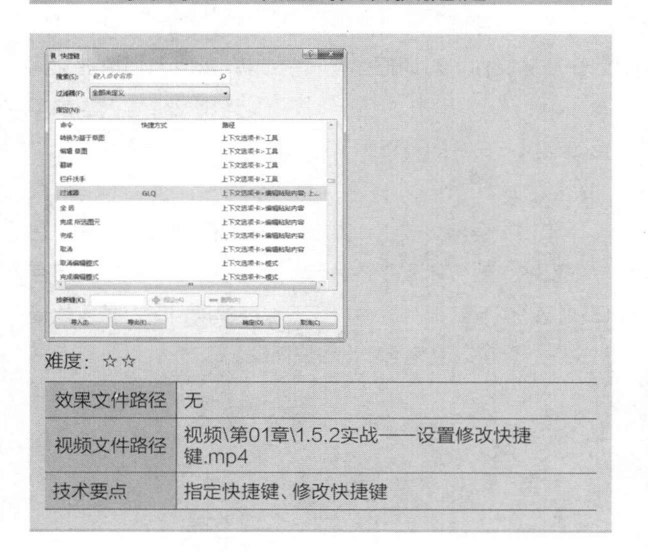

难度：☆☆

效果文件路径	无
视频文件路径	视频\第01章\1.5.2实战——设置修改快捷键.mp4
技术要点	指定快捷键、修改快捷键

Revit应用程序中有很多尚未定义快捷键的命令，其中不乏常用的命令。读者可以为常用的命令定义快捷键，在启用命令的时候输入快捷键即可。

本节介绍设置/修改快捷键的操作方法。

步骤 01 选择“视图”选项卡，在“窗口”面板中单击“用户界面”按钮，弹出选项列表。在列表中选择“快捷键”选项，如图1-167所示，弹出“快捷键”对话框。

步骤 02 在对话框中单击“过滤器”选项，在弹出的列表中选择“全部未定义”选项，如图1-168所示。

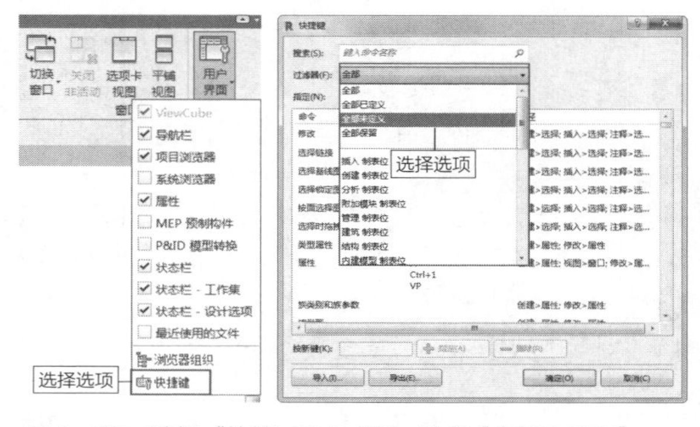

图 1-167　选择“快捷键”选项　图 1-168　选择“全部未定义”选项

延伸讲解：

选择“全部未定义”选项，可以在“指定”列表中显示所有尚未定义快捷键的命令。

步骤 03 在“指定”列表中选择“过滤器”命令，如图1-169所示。在“快捷方式”选项中显示该命令尚未设置快捷键。

步骤 04 在“按新键”文本框中输入“GL”，如图1-170所示，指定命令的快捷方式。

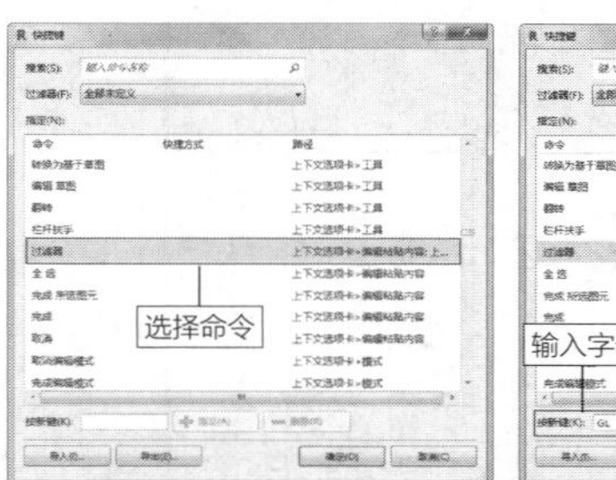

图 1-169　选择命令　图 1-170　设置快捷方式

知识链接：

可以在“按新键”文本框中输入任意字母来定义命令的快捷键。

步骤 05 单击“指定”按钮，弹出如图1-171所示的“快捷方式重复”对话框，在其中提示用户“当前已将快捷方式GL指定给命令 全局参数”。Revit允许重复设置命令的快捷方式，如果单击“确定”按钮关闭对话框，也可以完成设置快捷键的操作。

步骤 06 单击“取消”按钮，返回“快捷键”对话框。重新在“按新键”文本框中设置快捷键，输入字母“GLQ”，如图1-172所示。

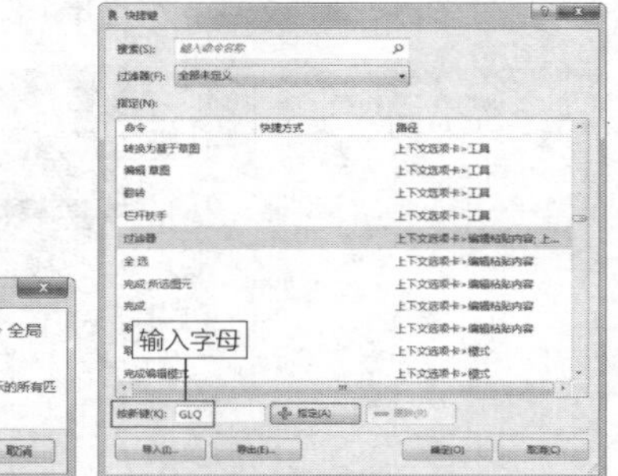

图 1-171　提示对话框　　图 1-172　输入字母

步骤 07 单击“指定”按钮，可以将“过滤器”命令的快捷键指定为GLQ，如图1-173所示。

已经定义快捷方式的命令，也可以在“快捷键”对话框中执行修改操作，重新定义快捷方式。

步骤 01 在“过滤器”选项列表中选择“全部已定义”选项，如图1-174所示。

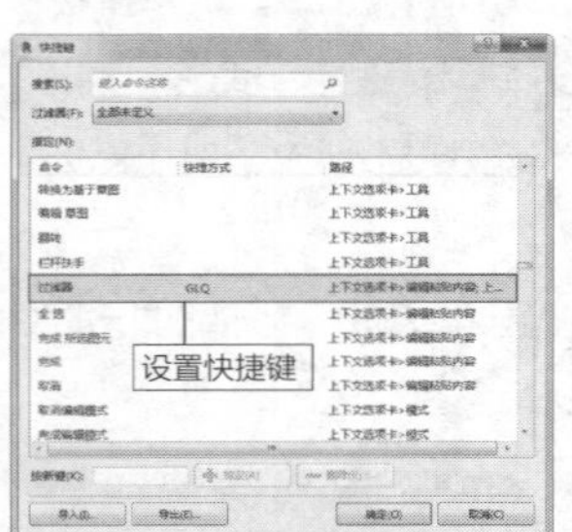

图 1-173　设置效果　　图 1-174　选择选项

步骤 02 在“指定”列表中显示所有已定义快捷方式的命令，选择“风管”命令，此时该命令的快捷方式为DT，如图1-175所示。

步骤 03 在“按新键”文本框中输入新的快捷方式“FG”，如图1-176所示。

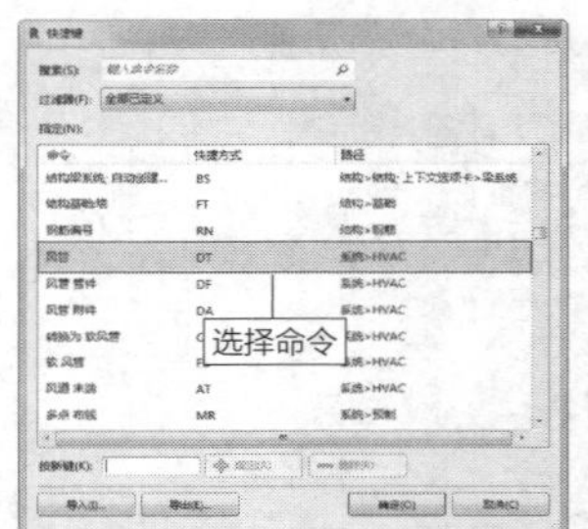

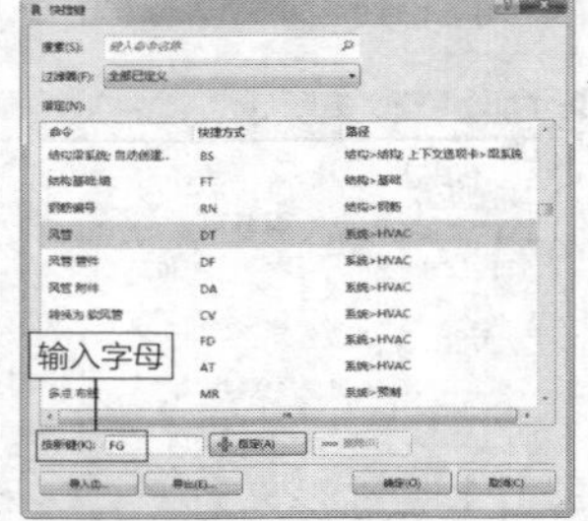

图 1-175　选择命令　　图 1-176　输入字母

步骤 04 单击“指定”按钮，弹出如图1-177所示的“快捷方式重复”对话框。单击“确定”按钮关闭对话框，结束修改快捷方式的操作。

步骤 05 返回“快捷键”对话框，在“风管”选项中显示该命令的两个快捷方式，分别是DT与FG，如图1-178所示。在绘图工作中，在键盘上按D+T或者F+G快捷键都可以启用“风管”命令。

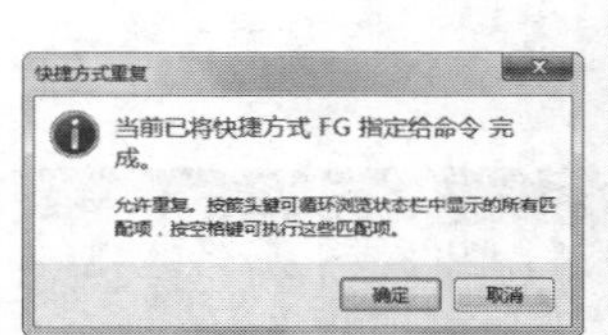

图 1-177　提示对话框　　图 1-178　修改快捷键的结果

延伸讲解：

在键盘上按快捷方式的首字母，可以在状态栏中显示以该字母开头的快捷方式。按键盘上的方向键，翻找需要的快捷方式即可。

在“快捷键”对话框中单击“导入”按钮，弹出“导入快捷键文件”对话框。在其中选择“Revit快捷键文件（*.xml）”，单击“打开”按钮，可将文件导入当前项目。在执行命令的过程中，可以使用该文件为命令所定义的快捷方式。

单击“导出”按钮，弹出“导出快捷键”对话框。在其中设置文件名称及存储路径，单击“保存”按钮，可存储快捷键信息到计算机中。在下次创建项目时，导入快捷键文件，就可以避免重复设置快捷键。

第 2 篇
功能介绍篇

第 02 章

暖通功能介绍

在学习暖通建模之前，需要先掌握创建暖通系统构件的方法。暖通系统包含多种构件，如风管、风管附件等，Revit提供各种命令来满足用户的创建需求。在本章中，为读者介绍这些命令的使用方式。

学习重点

- 掌握绘制风管的方法 37 页
- 掌握放置风管附件的方式 55 页
- 学会绘制软风管 58 页
- 掌握在风管末端放置设备的方法 62 页
- 掌握风管标注的方法 66 页

2.1 风管

风管是暖通系统中最为重要的构件之一，用来连接各系统构件。在Revit中可以创建圆形、矩形或者椭圆形的风管管网，还可以创建软风管。需要创建何种样式的风管，还是要根据项目的实际情况来确定。

本节介绍与风管有关的知识。

2.1.1 风管的绘制方法

启动Revit应用程序后，选择“系统”选项卡，在“HVAC”面板上显示“风管”命令按钮。单击该按钮，启用命令，如图2-1所示，执行“创建风管”的操作。

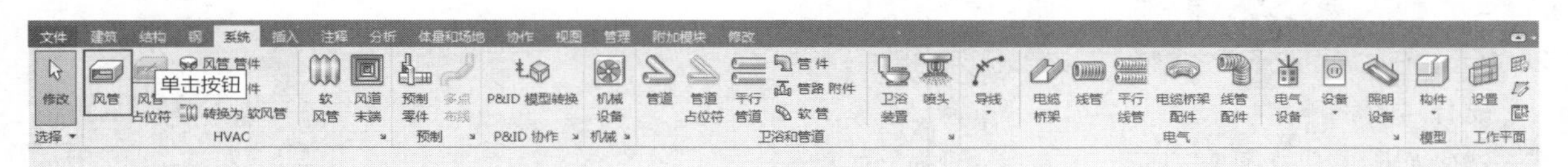

图 2-1 单击按钮

知识链接：

在键盘上按D+T快捷键，也可以启用“风管”命令。

1. 设置风管类型

启用“风管”命令后，在“属性”选项板中显示当前风管的类型。默认选择“椭圆形风管”类型，如图2-2所示。在“约束”“尺寸标注”选项组中显示风管的属性参数，修改参数，可以改变风管的创建效果。

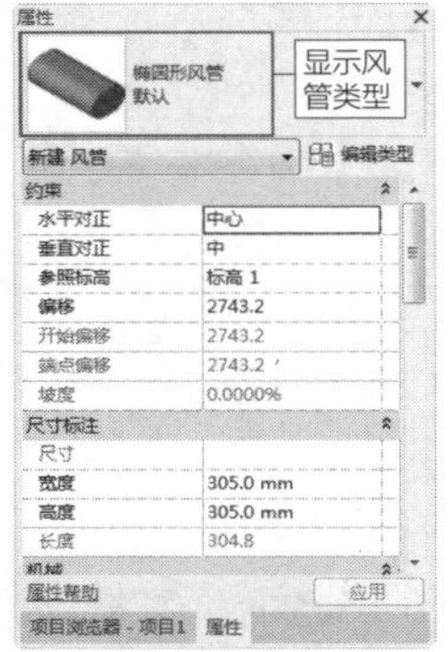

图 2-2 “属性”选项板

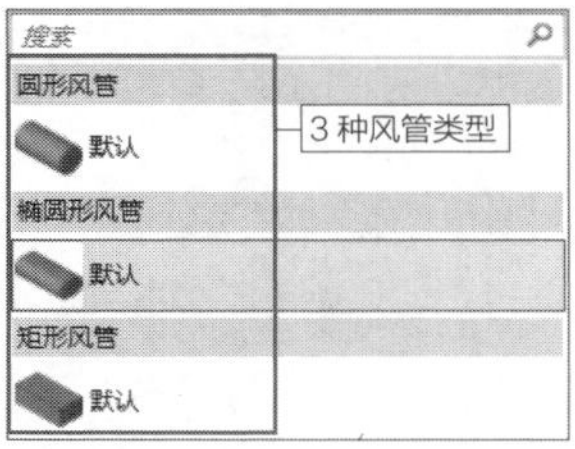

图 2-3 类型列表

在“属性”选项板中单击类型名称，弹出类型列表，如图2-3所示。在列表中显示3种风管类型，分别是“圆形风管”“椭圆形风管”和“矩形风管”。选择选项，可以更改风管类型。

2. 设置风管尺寸

选定风管的类型后，还需要设置风管的尺寸。软件会为风管指定某个默认尺寸，但是默认尺寸往往不符合实际的绘图要求，因此需要自定义风管尺寸。

选择不同类型的风管，在“尺寸标注”选项组中所显示的选项会有所区别。例如，选择“椭圆形风管”，在“尺寸标注”选项组中需要设置“宽度”与“高度”参数，如图2-4所示。

更改风管类型为“圆形风管”，则“尺寸标注”选项组中显示“直径”选项，如图2-5所示。输入参数，可以定义圆形风管的直径大小。

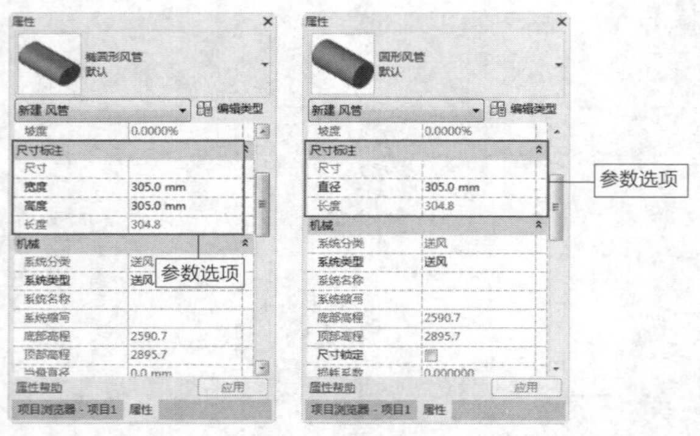

图 2-4　参数选项　　　图 2-5　显示“直径”选项

延伸讲解：

选择“矩形风管”类型，在“尺寸标注”选项组中显示“宽度”选项与“高度”选项。设置这两个选项的参数，可以定义矩形风管的大小。

除了在“属性”选项板中可以设置风管尺寸之外，在“修改|放置风管”选项栏中同样可以设置风管尺寸。选择“椭圆形风管”或者“矩形风管”，在选项栏中显示“宽度”与“高度”两个选项。单击选项，弹出尺寸列表，如图2-6所示，在列表中选择尺寸参数，可以定义风管的尺寸。

选择“圆形风管”，选项栏中显示“直径”选项，单击选项弹出列表，如图2-7所示。在列表中选择尺寸参数，可以指定风管的直径大小。

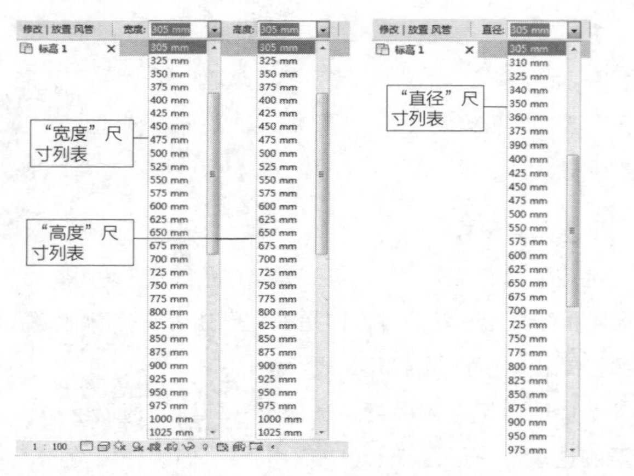

图 2-6　尺寸列表　　　图 2-7　“直径”尺寸列表

答疑解惑：尺寸列表中的尺寸参数可以更改吗？

“宽度”尺寸列表、“高度”尺寸列表和“直径”尺寸列表中的尺寸参数并非是一成不变的。在“机械设置”对话框中，可以分别设置“椭圆形风管”“矩形风管”“圆形风管”的尺寸参数。可以添加或者删除尺寸参数，修改结果反映在尺寸列表中。

3. 指定风管偏移值

风管偏移值是指风管中心线与当前平面标高的距离。在选项栏中的“偏移”选项中显示风管的偏移值，如图2-8所示，单位为mm。在选项中修改参数，可以更改风管偏移值。

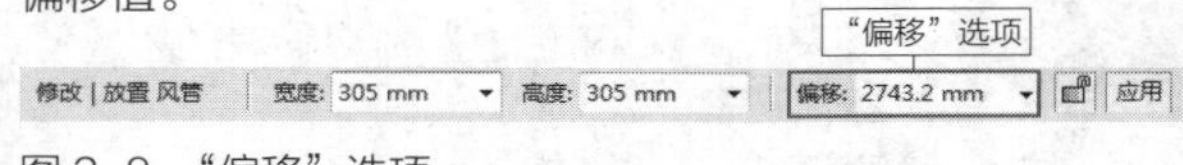

图 2-8　“偏移”选项

默认风管偏移值为2743.2mm，在绘图区域中执行绘制风管的操作后，却在界面的右下角显示如图2-9所示的提示对话框，提醒用户所绘制的风管在平面视图中不可见，这是为什么？

为了使风管在视图中可见，需要设置视图范围参数。在“属性”选项板中定位至“范围”选项组，单击“视图范围”选项中的“编辑”按钮，如图2-10所示，弹出“视图范围”对话框，在其中设置范围参数。

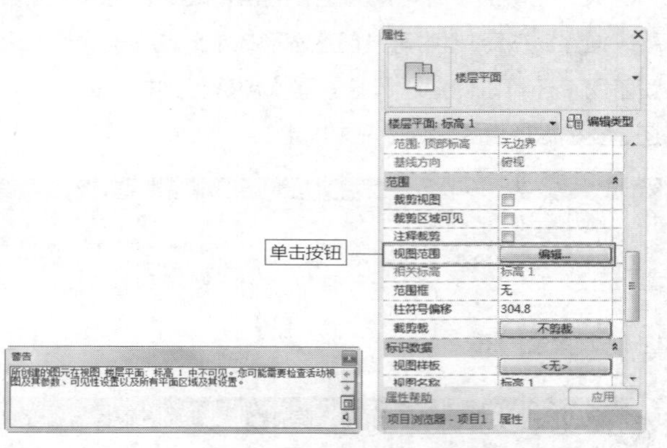

图 2-9　提示对话框　　　图 2-10　单击按钮

在“视图范围”对话框中，显示“顶部”标高的“偏移”值为1300mm，如图2-11所示。但是默认的风管偏移值却是2743.2mm，很明显风管已超出了标高范围，所以在视图中不可见。这就是在绘制完风管后，软件会提示用户“风管在当前视图中不可见”的原因。

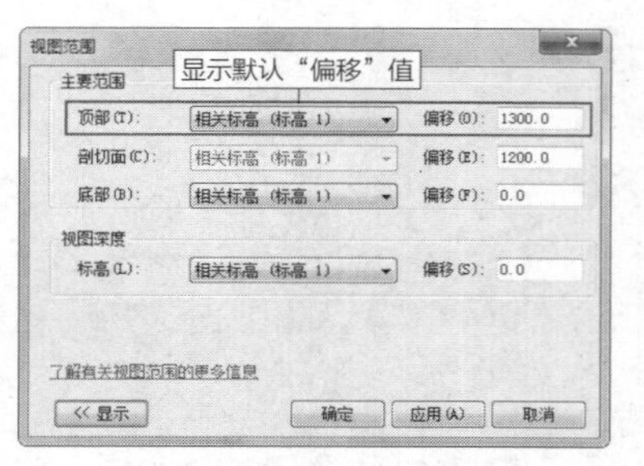

图 2-11　“视图范围”对话框

修改“顶部”标高的“偏移”值，参数值必须大于风管的偏移值。例如，将“偏移”值设置为3000mm，如图

2-12所示，比风管偏移值2743.2mm要大，所以风管可以在该标高范围内显示。

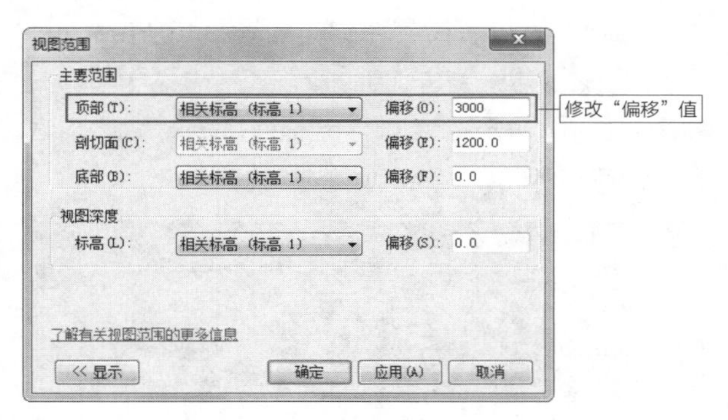

图 2-12　修改参数

单击“确定”按钮关闭对话框，在绘图区域中可以观察到已创建的风管模型。

答疑解惑：“视图范围”是怎么回事?

在“视图范围”对话框中，单击左下角的“显示”按钮，向左弹出“样例视图范围”预览图，如图2-13所示。在“图示说明”列表中，显示图示与编号，例如，“顶部主要范围”选项对应的编号为1。

观察样例图，编号1与编号3之间的范围是指“顶部主要范围”与“底部主要范围”所包括的区域，风管通常在该区域内创建。风管偏移值就确定了风管与“底部标高”的距离。如果风管的偏移值超出了“顶部标高”，则风管在视图中不可见。

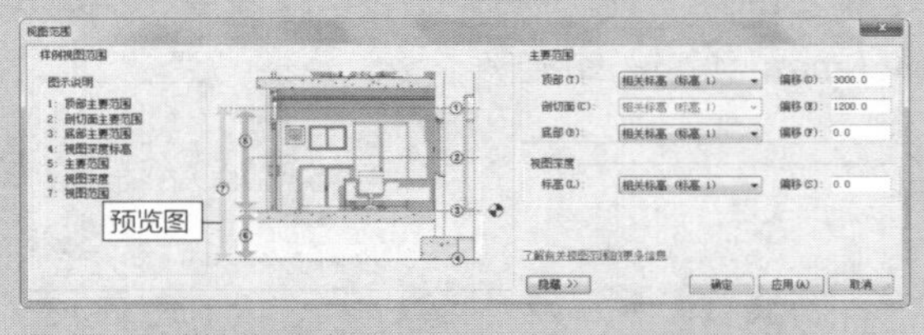

图 2-13　样例视图范围

4. 指定风管的起点与终点

在绘图区域中单击指定风管的起点，移动光标，在合适的位置单击指定风管的终点。在指定终点的过程中，显示临时尺寸标注，图2-14所示的1440即为起点与终点的临时尺寸标注。

借助临时尺寸标注，可以实时了解起点与终点的间距。临时尺寸标注随着光标的移动而实时更新，读者也可以输入距离参数，指定风管终点的位置。

指定起点与终点后，创建风管的结果如图2-15所示。选择风管，在风管的两端显示夹点，单击激活夹点，拖曳鼠标，修改夹点的位置，可以调整风管的长度。

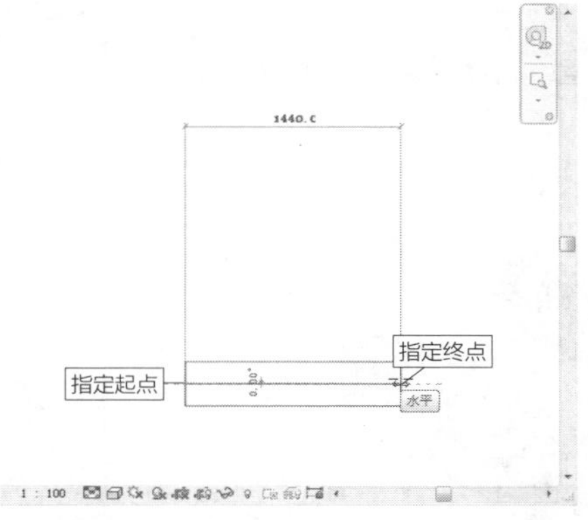

图 2-14　指定起点与终点

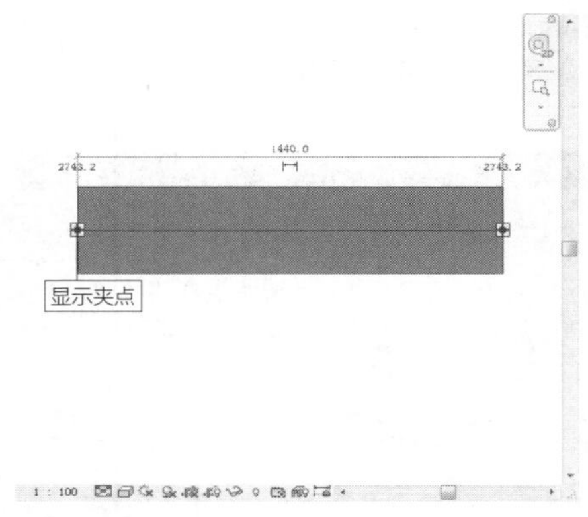

图 2-15　绘制结果

延伸讲解：

默认情况下，视图的“详细程度”为“粗略”。在该模式下，风管的显示效果为细实线。修改“详细程度”为“中等”或者“精细”，可以观察风管的其他显示效果。

在平面视图中绘制风管，是为了方便确定风管的起点与终点。绘制完毕后，单击快速访问工具栏上的“默认三维视图”按钮，切换到三维视图。在视图中显示椭圆形风管的三维样式，如图2-16所示。

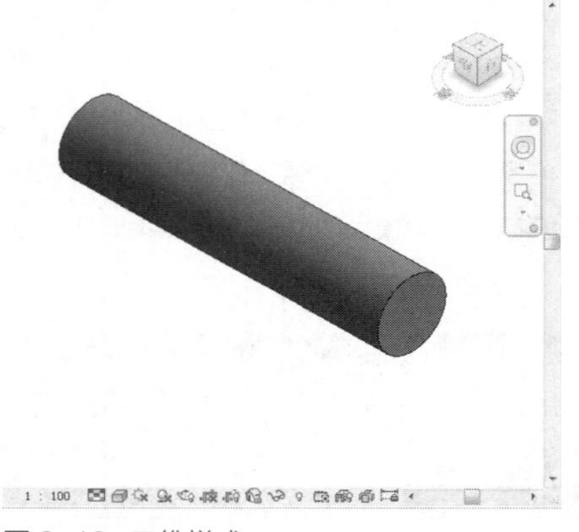

图 2-16　三维样式

在“属性”选项板中选择风管的类型，还可以创建圆形风管与矩形风管，创建效果如图2-17所示。

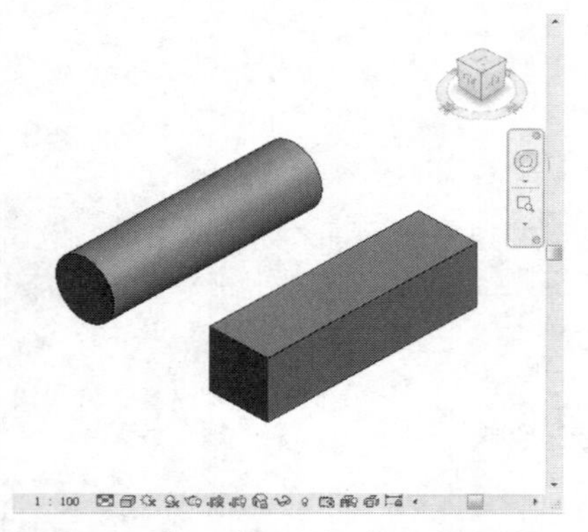

图 2-17　“圆形”风管与“矩形”风管

知识链接：

在三维视图中，默认的“视觉样式”为“隐藏线”，即显示三维模型的线框。图2-16和图2-17所示为修改“视觉样式”为“着色”后风管模型的显示。

2.1.2　实战——绘制风管　重点

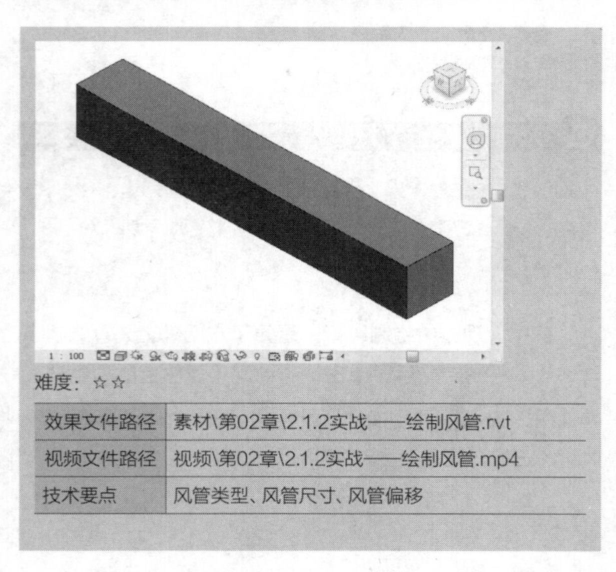

难度：☆☆

效果文件路径	素材\第02章\2.1.2实战——绘制风管.rvt
视频文件路径	视频\第02章\2.1.2实战——绘制风管.mp4
技术要点	风管类型、风管尺寸、风管偏移

在上一节，具体介绍了绘制风管的技术要点以及注意事项。在本节内容中，介绍在实际工作中绘制风管的流程。在为暖通系统创建风管模型时，可以参照本节所介绍的绘制方法。

步骤01 启动Revit应用程序，在欢迎界面的“项目”列表中单击“新建”按钮，弹出“新建项目”对话框。在“新建”选项组中选择“项目”选项，如图2-18所示，单击“确定”按钮，执行新建项目的操作。

步骤02 弹出“未定义度量制”对话框，选择“公制”选项，如图2-19所示，指定新项目的单位系统。

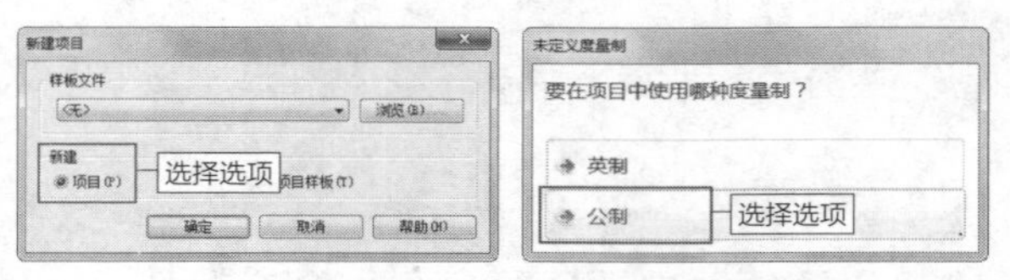

图 2-18　“新建项目”对话框　　图 2-19　选择单位系统

延伸讲解：

选择“英制”度量制，尺寸单位为“英寸”。选择“公制”度量制，尺寸单位为“毫米”。通常选择“公制”度量制。

步骤03 在“属性”选项板中单击“视图范围”选项右侧的“编辑”按钮，弹出“视图范围”对话框。修改“顶部”选项中的“偏移”值为4500，如图2-20所示。单击“确定”按钮，指定当前视图的顶部标高偏移值为4500mm。

步骤04 选择“系统”选项卡，单击“HVAC”面板上的“风管”按钮，执行创建风管的操作。在“属性”选项板中选择“矩形风管”，设置“宽度”与“高度”选项值均为450mm，如图2-21所示。

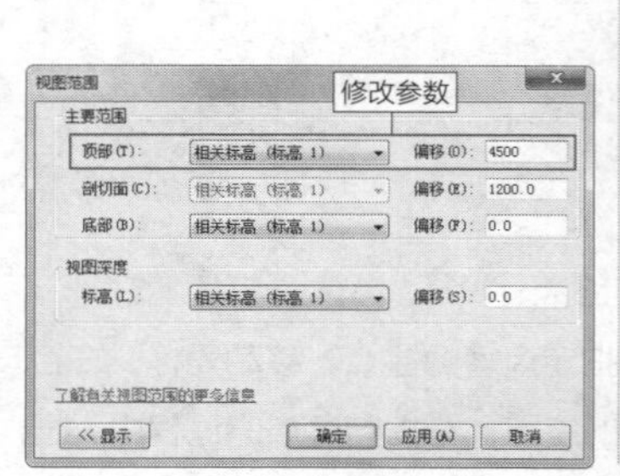

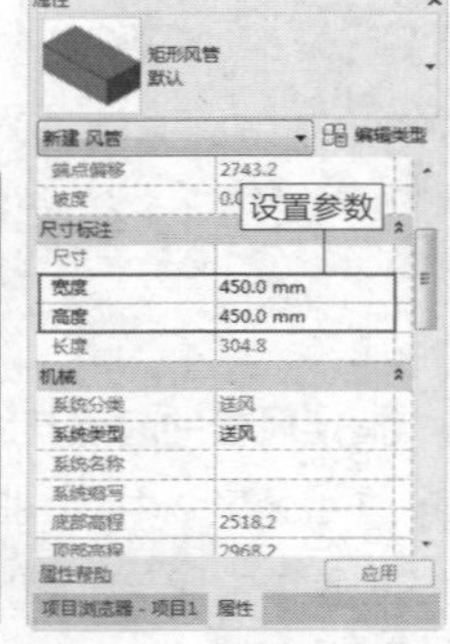

图 2-20　修改参数　　图 2-21　设置尺寸参数

步骤05 在“修改|放置风管”选项栏中设置“偏移”值为3800mm，如图2-22所示。

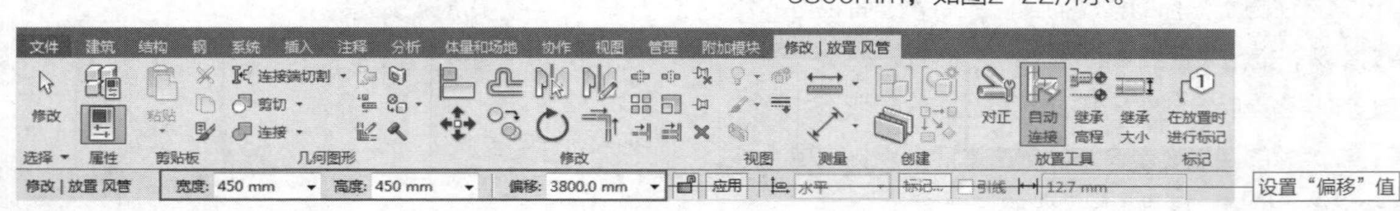

图 2-22　设置“偏移”值

知识链接：

在“属性”选项板中设置了风管尺寸参数后，选项栏中的尺寸参数也会随之更新，无须再重复设置。

步骤06 在绘图区域中单击指定风管的起点，向右侧移动光标，观察临时尺寸标注数字的变化，当数字显示为3200时，单击鼠标左键，指定风管终点，绘制风管的效果如图2-23所示。

步骤07 切换至三维视图，观察风管的三维效果，选择风管，同样可以在两端显示夹点，如图2-24所示。激活夹点，也可通过拖曳鼠标来调整风管的长度。

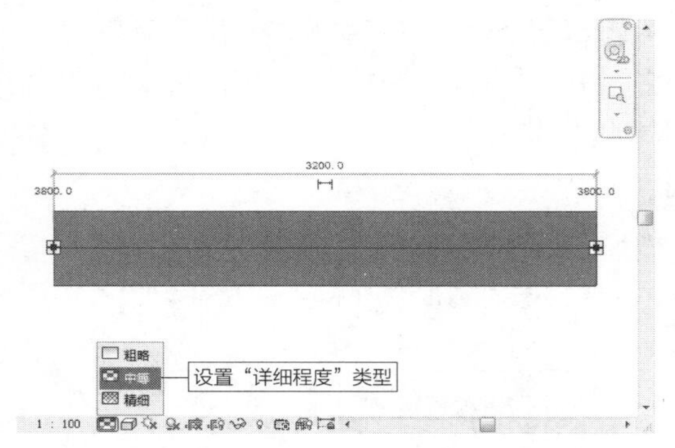

图 2-23 绘制风管

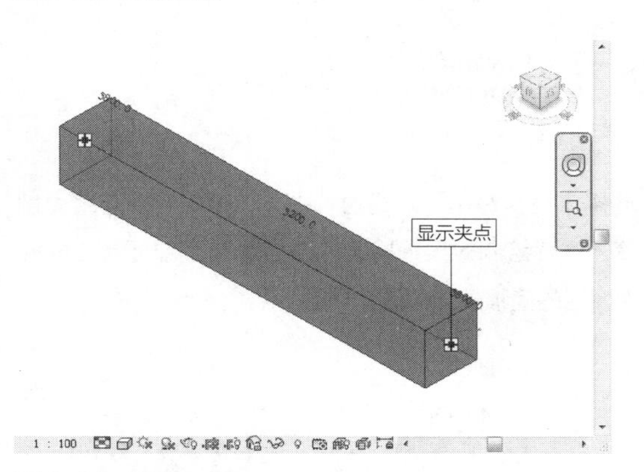

图 2-24 显示夹点

延伸讲解：

选中风管，将光标置于临时尺寸标注数字之上，单击鼠标左键，进入在位编辑模式。输入参数值，在空白位置单击鼠标左键退出编辑模式，软件按照所指定的参数值，重生成风管模型。

2.1.3 风管放置工具简介

在创建风管的过程中，“修改|放置风管”选项卡的“放置工具”面板上提供了4个放置工具。启用这些工具，可以辅助创建风管。本节介绍这4个工具的使用方法。

1. “对正”工具

启用“风管”命令，进入“修改|放置风管”选项卡。在“放置工具”面板中单击“对正”按钮，如图2-25所示，弹出“对正设置”对话框。在对话框中可以设置“水平对正”“水平偏移”和“垂直对正”的参数。

单击“水平对正”选项，可以弹出选项列表。在列表中显示3个选项，分别是“中心”“左”“右”，如图2-26所示。设置“水平对正”参数，指定在当前视图中，以风管的“中心”“左”或“右”侧边缘线作为参照，水平对齐相邻的两段风管边缘线。

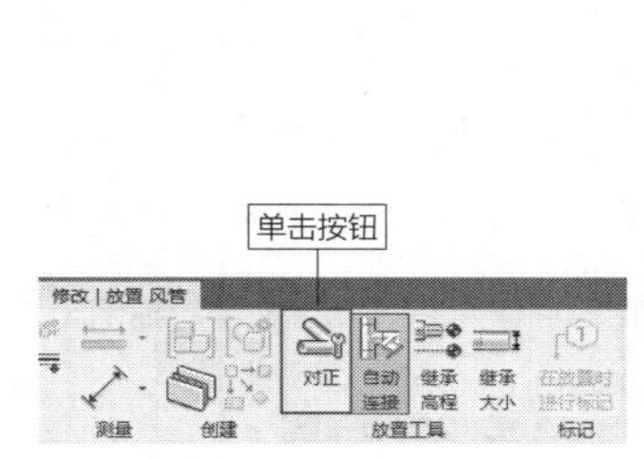

图 2-25 单击按钮　　图 2-26 弹出选项列表

设置“水平对正”方式为“中心”，在绘制风管时，依次指定风管中心线的起点与终点来创建风管。选中绘制完毕的风管，可以观察到中心线与两侧的边缘线为对齐状态，如图2-27所示。

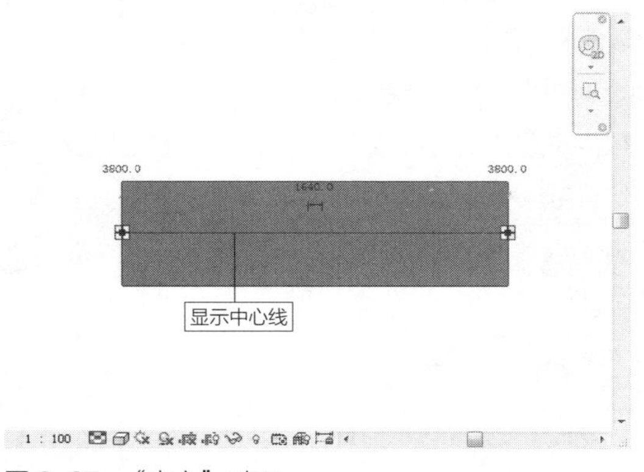

图 2-27 “中心”对正

更改“水平对正”方式为“左”，在绘制风管的过程中，需要指定左侧边缘线的起点与终点。查看以此对齐方式来创建的风管，发现风管的左侧边缘线与中心线、右侧边缘线为水平对齐状态，夹点位于左侧边缘线上，如图2-28所示。

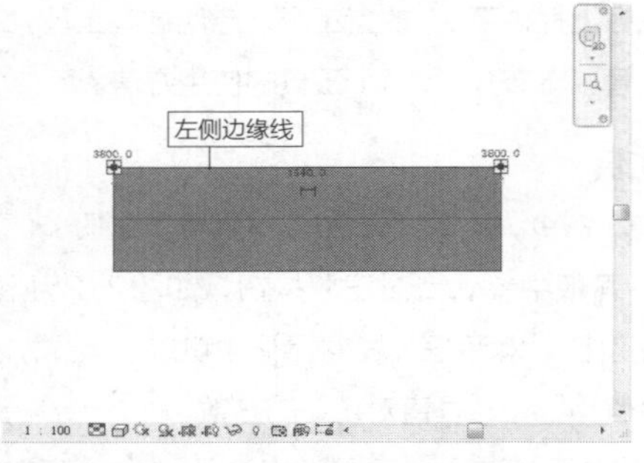

图 2-28　“左”对正

延伸讲解：

风管的夹点位于“水平对正”线上。假如风管的“水平对正”方式为“中心”，则夹点位于中心线之上。

指定“水平对正”方式为“右”，通过指定风管右侧边缘线的起点与终点来绘制风管。观察创建效果，可以发现风管的夹点位于右侧边缘线上，如图2-29所示。左侧边缘线与中心线与右侧边缘线对齐。

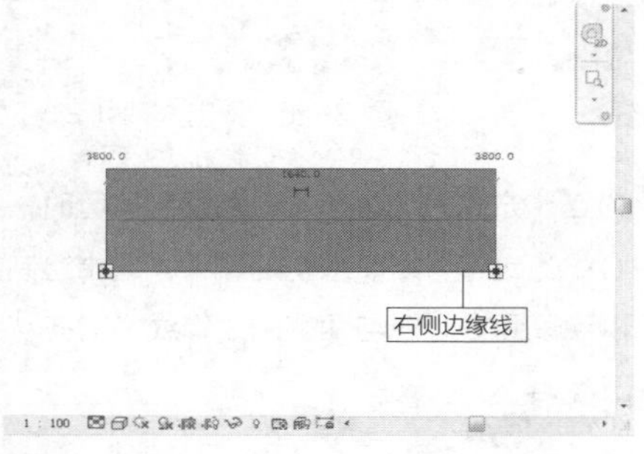

图 2-29　“右”对正

在“对正设置”对话框中修改“水平偏移”参数，例如将参数修改为500，如图2-30所示，可以指定风管绘制起始点位置与参考图元之间的间距。

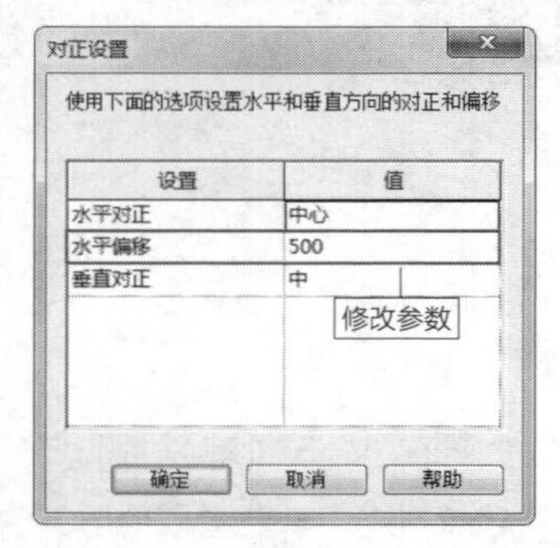

图 2-30　修改参数

设置风管“水平偏移”值后，创建风管的效果如图2-31所示。假设风管的“水平对正”方式为“中心”，则风管中心线与参照线之间的间距为500。

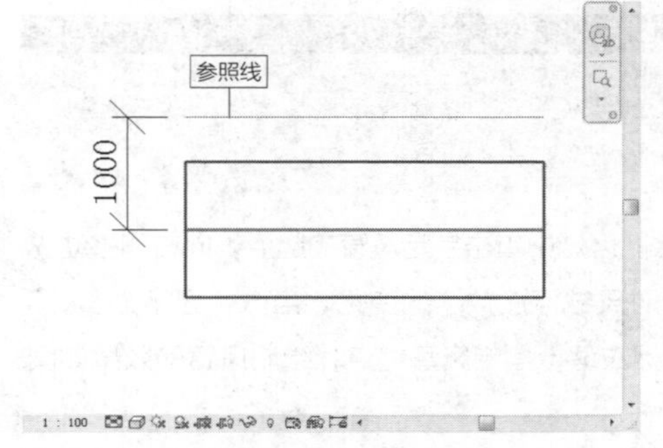

图 2-31　偏移效果

在“对正设置”对话框中单击“垂直对正”选项，在弹出的列表中显示3个选项，分别为“中”“底”和“顶”，如图2-32所示。该选项用来设置在当前视图中，以风管的“中”“底”或“顶”作为参照，垂直对齐相邻两段风管的边缘线。

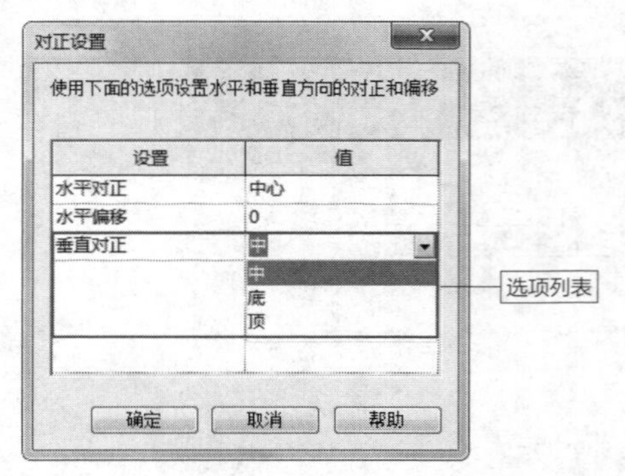

图 2-32　选项列表

选择“垂直对正”方式为“中”，指定起点与终点创建风管。观察绘制效果，风管的中心线与底部标高之间的间距为风管的偏移值，如图2-33所示。

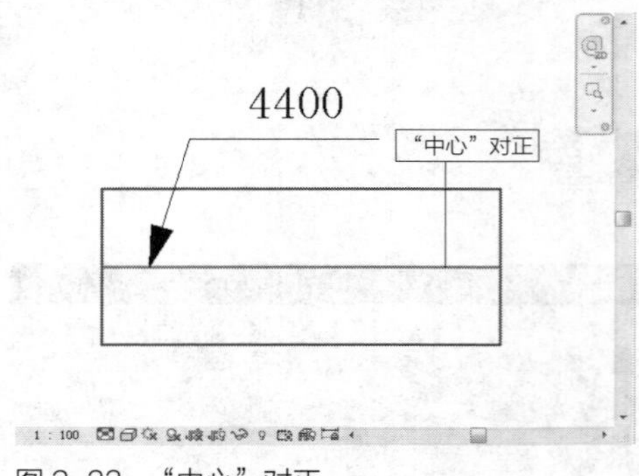

图 2-33　“中心”对正

修改风管的“垂直对正”方式为“顶”，风管顶部边缘线与底部标高之间的间距为风管偏移值。将“垂直对正”方式修改为“底”，风管底部边缘线与底部标高之间的间距为风管偏移值，如图2-34所示。

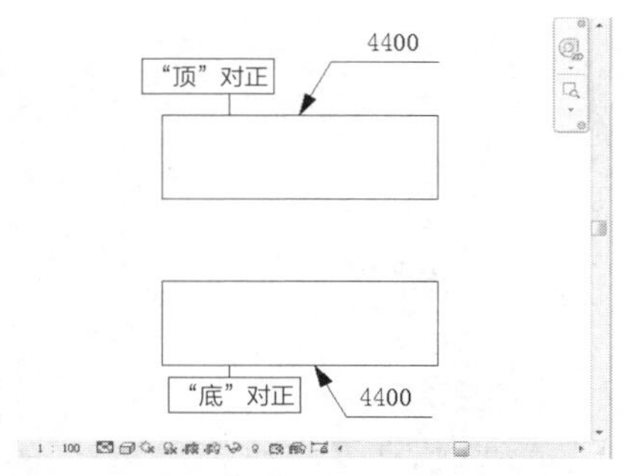

图 2-34　“顶”对正与“底”对正

2. “自动连接”工具

在“放置工具”面板中，“自动连接”工具是默认激活的，如图2-35所示。在绘制不同高程的风管时，通过“自动连接”工具的帮助，可以自动连接两段风管，效果如图2-36所示。

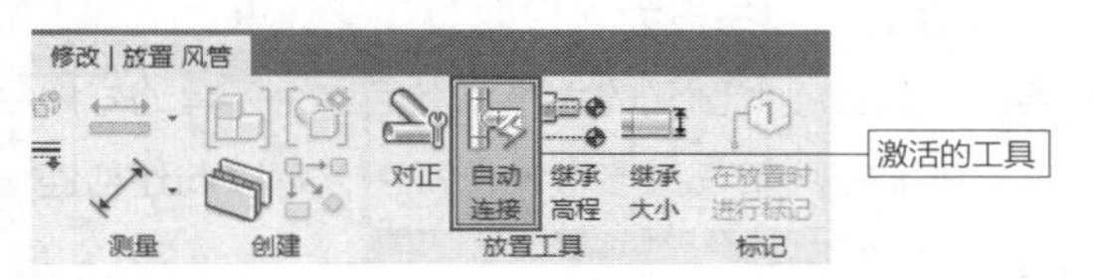

图 2-35　激活的工具

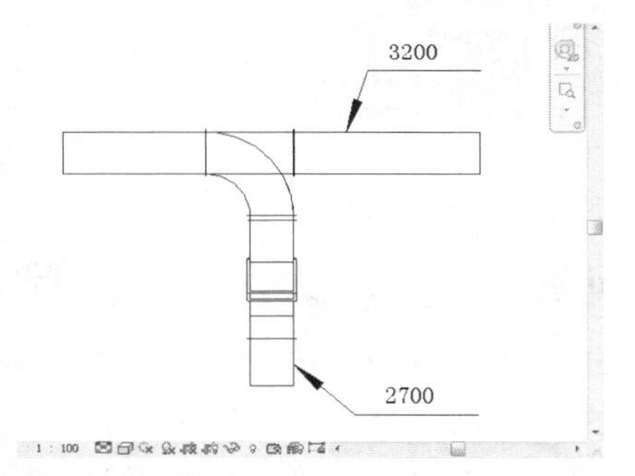

图 2-36　建立连接

切换至三维视图，可以更加直观地观察两段不同高程的风管的连接效果，如图2-37所示。如果取消“自动连接”工具，在绘制两段不同高程的风管时，它们不会自动建立连接，效果如图2-38所示。

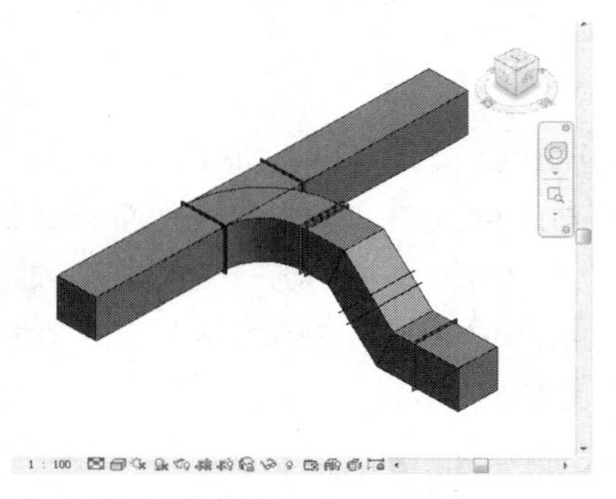

图 2-37　三维效果

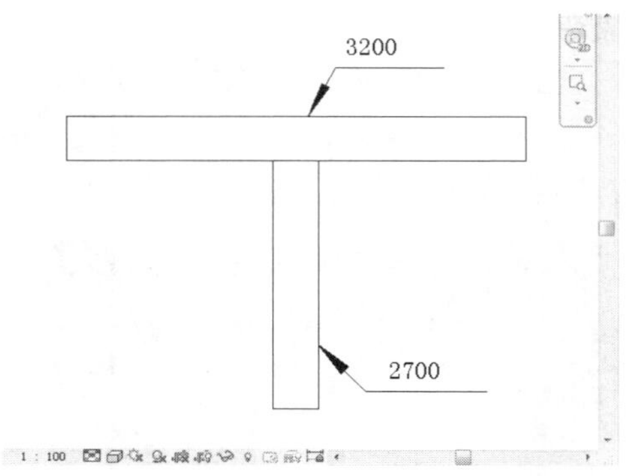

图 2-38　未建立连接

延伸讲解：

即使是绘制两段相同高程的风管，如果不激活“自动连接”工具，同样不可以在两段风管之间建立自动连接。

在三维视图中观察两段没有建立连接的风管，效果如图2-39所示。没有建立连接的风管不能为通风系统提供任何帮助，所以在绘制风管时，需要激活“自动连接”工具。

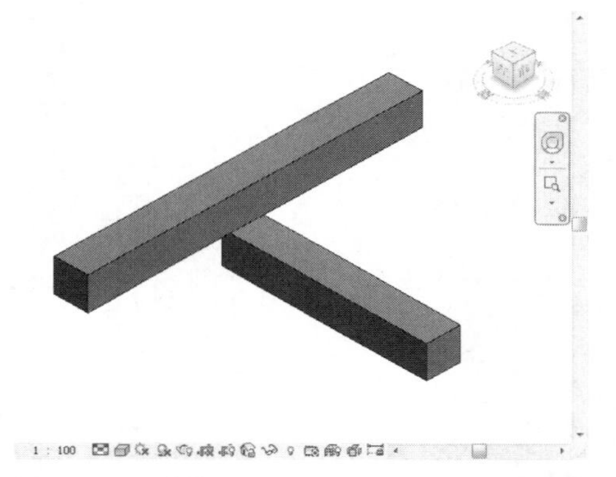

图 2-39　三维效果

知识链接：

项目文件中并未提供任何的风管管件，在初次为风管建立连接时，在工作界面的右下角弹出如图2-40所示的提示对话框，提醒用户在项目中找不到管件。在建立风管连接之前，需要先载入风管管件族。

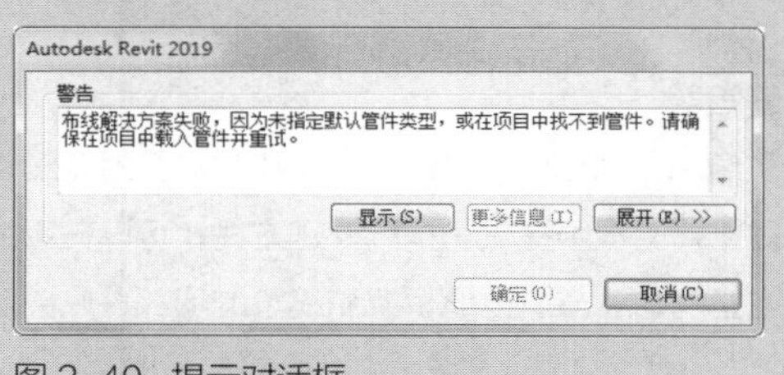

Autodesk Revit 2019

警告

布线解决方案失败，因为未指定默认管件类型，或在项目中找不到管件。请确保在项目中载入管件并重试。

显示(S)　更多信息(I)　展开(E) >>

确定(O)　取消(C)

图 2-40　提示对话框

3. “继承高程”工具

激活“放置工具”面板上的“继承高程”工具，如图2-41所示，在绘制风管的过程中，可以继承捕捉到的图元的高程，使得风管的高程与被捕捉图元的高程相一致。

图 2-41　激活工具

延伸讲解：

“高程”值就是指风管的“偏移”值，表示风管与底部标高的距离。

例如，在高程为3275mm的水平风管上绘制高程为2500mm的连接风管时，如图2-42所示，激活“继承高程”工具后，可以使得所绘的连接风管继承已绘风管的高程，效果如图2-43所示。

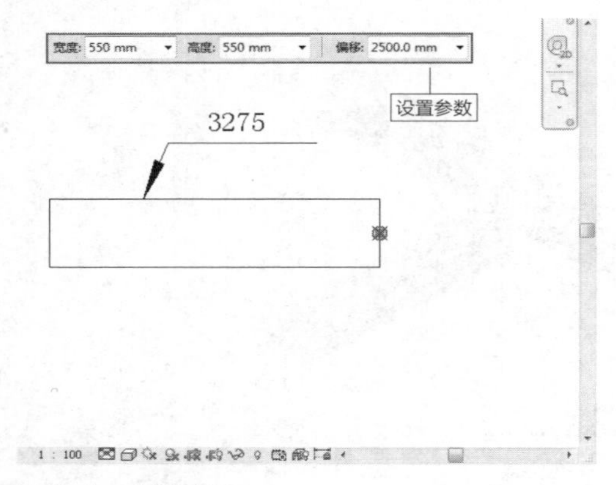

图 2-42　设置高程

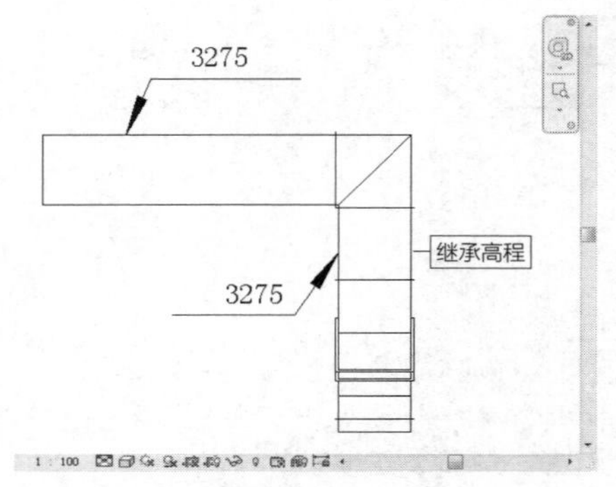

图 2-43　继承高程

4. “继承大小”工具

在“放置工具”面板上单击激活“继承大小”工具，如图2-44所示，工具按钮显示为蓝色。激活工具后，在绘制风管的过程中，风管会自动继承捕捉到的图元的大小。

无论风管的尺寸是多大，只要激活“继承大小”工具，就会继承所连接的图元的大小。激活这个工具的好处就是在不需要修改风管尺寸参数的情况下，可以创建与连接图元相同大小的风管。

图 2-44　激活工具

2.1.4　编辑风管

难点

选择风管，进入“修改|风管”选项卡。在选项卡中提供了编辑风管的工具，如“对正”“管帽开放端点”和“添加隔热层”等。在选项栏中还可以修改风管的“宽度”“高度”和“偏移”参数值，如图2-45所示。

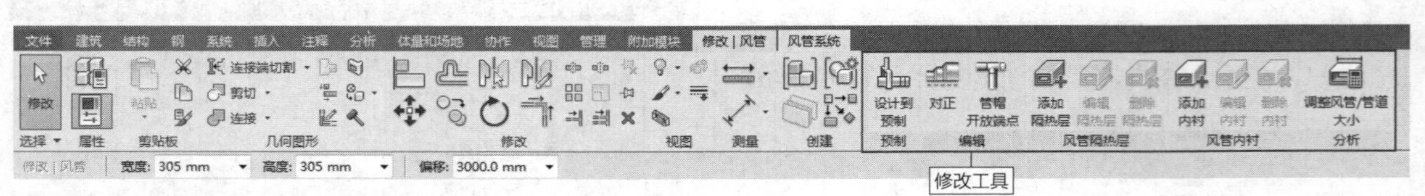

图 2-45　“修改 | 风管”选项卡

1. 对正编辑器

单击“编辑”面板中的“对正”按钮，打开对正编辑器。在“对正”面板中提供了多种对正方式，可以在系统剖面中对齐管网、管道、电缆桥架和线管的顶部、底部及侧面。

默认情况下，在“对正”面板中选择“正中对齐”按钮，在风管的中心线显示对齐箭头，如图2-46所示，用来将选定的管线与正中心对齐。单击“对正”面板上的按钮，转换对齐方式。例如，单击“对正”面板左下角的“左下角对齐”按钮，对齐箭头向下移动，将选定的管线与左下角对齐，如图2-47所示。

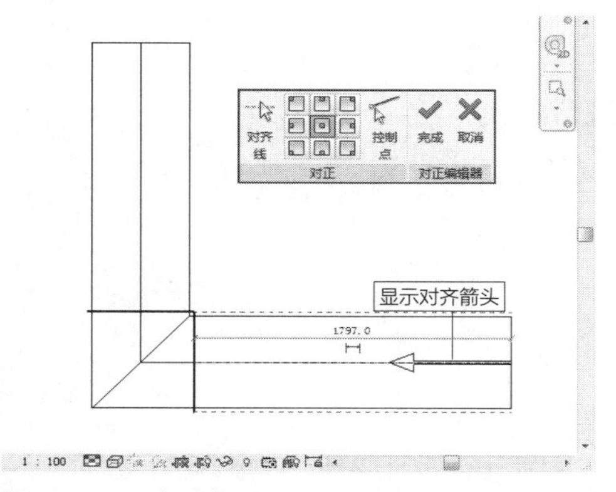

图 2-46　正中对齐

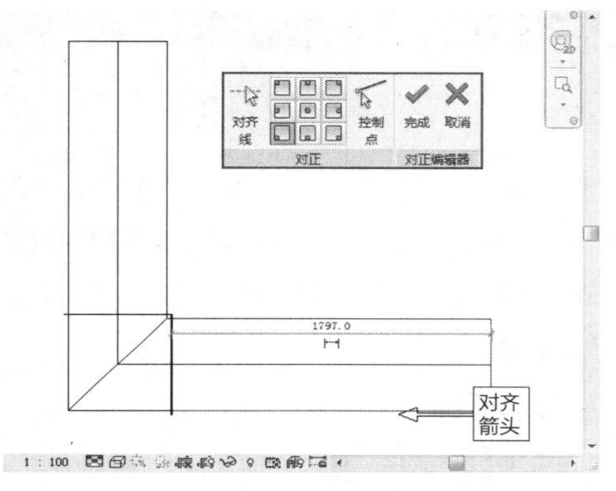

图 2-47　左下角对齐

延伸讲解：

在激活对正编辑器之前，可以先将当前视图的“视觉样式”设置为“线框”，以便在绘图区域中显示风管的边缘线和中心线。

在未激活“对齐线”工具之前，不会在管线中显示对齐线。单击“对齐线”按钮，可以在管线中显示虚线样式的对齐线，如图2-48所示。单击拾取对齐线，也可以调整管线的对齐方式。

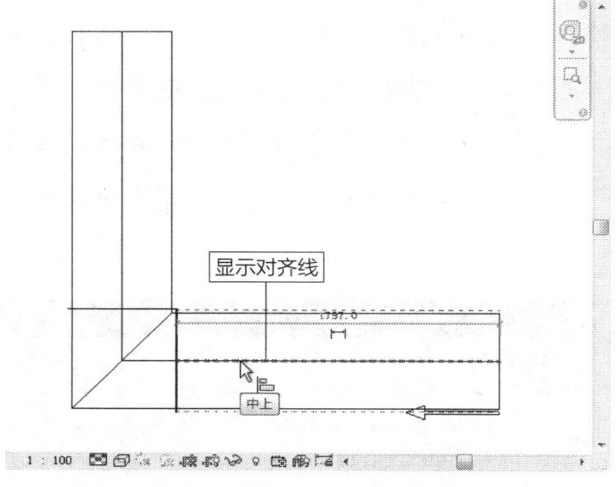

图 2-48　显示对齐线

2. 添加管帽

单击“管帽开放端点”按钮，激活命令，用来在风管、管段或者管件的开口端添加管帽。为风管添加管帽的效果如图2-49所示，在开放的风管两端同时添加了管帽。

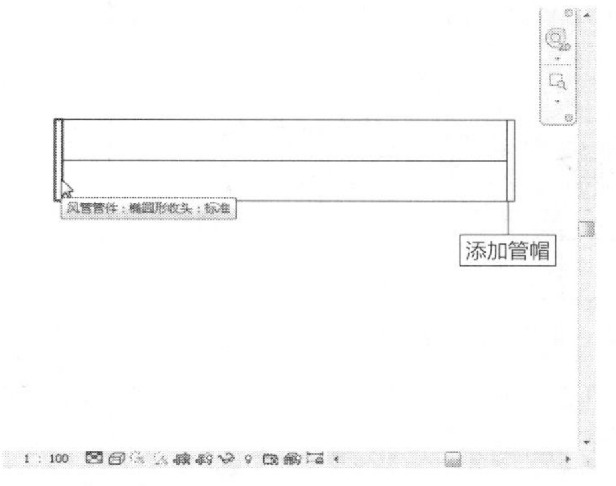

图 2-49　添加管帽

答疑解惑：只可以在管道的开放端口添加管帽。

切换至三维视图，观察添加管帽的三维效果，如图2-50所示。添加管帽后，风管的端口被封闭。结束添加管帽的操作后，再次进入该管道的“修改|风管”选项卡，在“编辑”面板中不会再显示“管帽开放端点”命令按钮。

图 2-50　三维效果

延伸讲解：

在执行添加管帽操作之前，需要确认当前项目文件中是否已经载入了管帽族。假如尚未载入族文件，在添加管帽的过程中，会在界面的右下角弹出如图2-51所示的提示对话框，提醒用户找不到匹配的管帽。

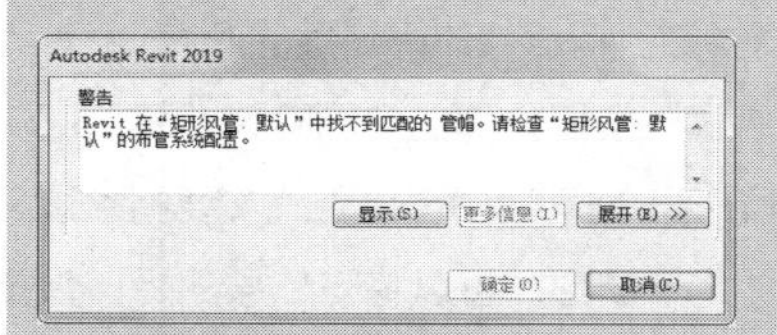

图 2-51　提示对话框

3. 风管隔热层

在“风管隔热层”面板中单击“添加隔热层”按钮，弹出“添加风管隔热层”对话框。在“隔热层类型”选项中显示类型名称。在“厚度”文本框中显示隔热层的默认厚度为25mm，如图2-52所示，读者可以自定义厚度值。

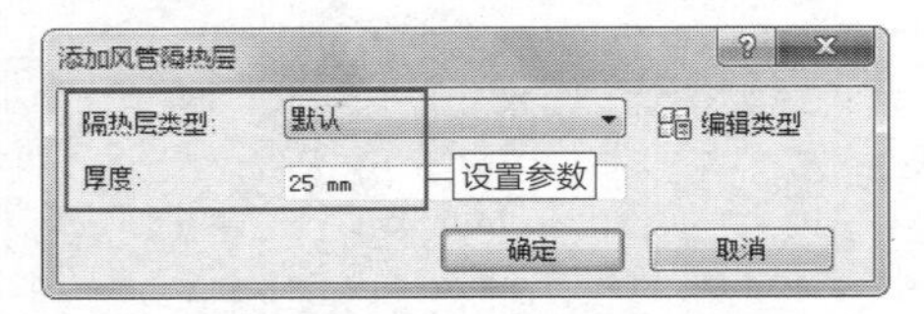

图 2-52　“添加风管隔热层”对话框

单击“确定”按钮，为选定的椭圆形风管添加隔热层，效果如图2-53所示。

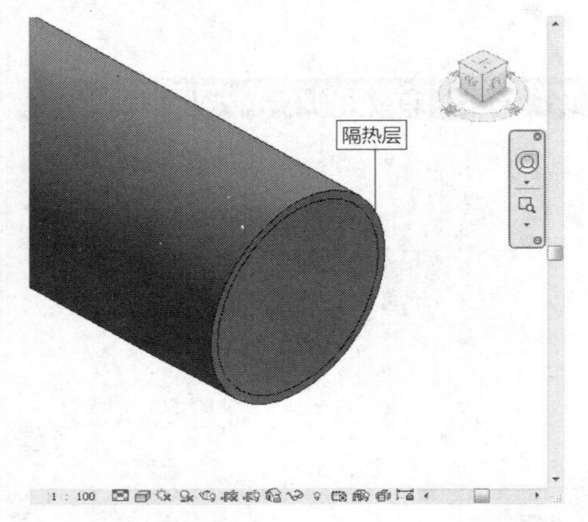

图 2-53　添加隔热层

延伸讲解：

在“添加风管隔热层”对话框中单击“编辑类型”按钮，弹出“类型属性”对话框，在其中可以设置隔热层的参数，如新建类型，或者设置隔热层的材质等。

选择已添加隔热层的风管，单击“风管隔热层”面板中的“编辑隔热层”按钮，进入编辑隔热层的状态。在“属性”选项板中显示隔热层的参数，单击“系统类型”选项，弹出类型列表，显示3种系统类型，分别是“回风”“排风”和“送风”。选择选项，指定隔热层的系统类型，如图2-54所示。在“隔热层厚度”选项中显示当前隔热层的厚度，输入参数，可以修改隔热层的厚度。

单击“删除隔热层”按钮，弹出“删除风管隔热层”对话框，如图2-55所示，询问用户“是否确实要删除该风管隔热层”。单击“是”按钮，可以将隔热层删除，恢复风管本来的样式。

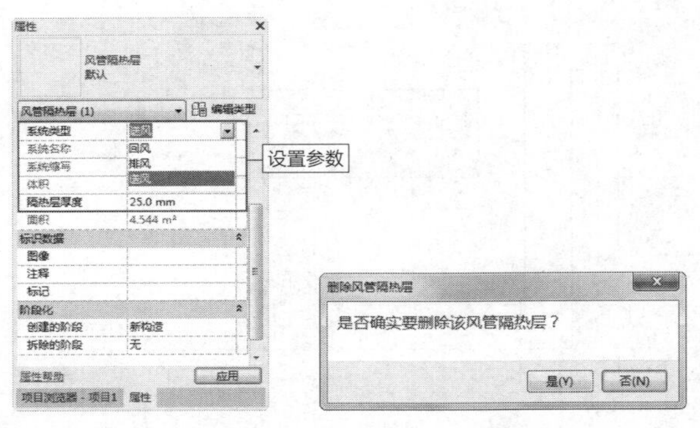

图 2-54　“属性”选项板　图 2-55　“删除风管隔热层”对话框

延伸讲解：

通常情况下，隔热层的系统类型与风管的系统类型相同。

在“风管内衬”面板中单击“添加内衬”按钮，弹出“添加风管内衬”对话框。在其中设置隔热层类型与厚度参数，如图2-56所示。单击“确定”按钮，为选定的风管添加内衬，效果如图2-57所示。

图 2-56　“添加风管内衬”对话框

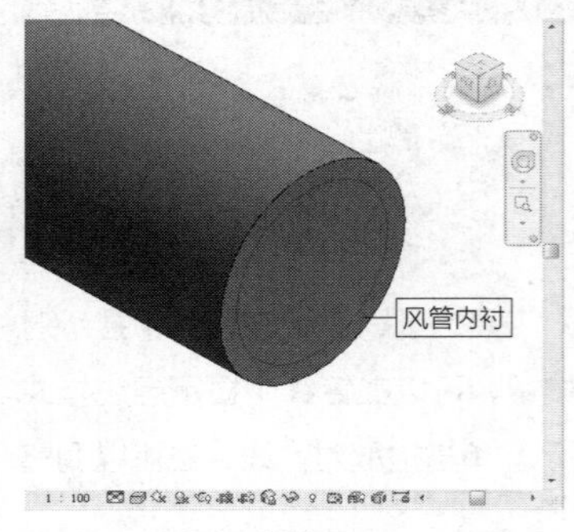

图 2-57　添加内衬

风管隔热层添加在风管的外部，用来隔绝外界高温环境对风管造成的影响，保护风管，延长风管的寿命。风管内衬添加在风管的内部，防止内部通过的气体对风管造成的伤害，保护风管，使其不受腐蚀，最终结果也是延长风管的使用期限。

延伸讲解：

添加风管内衬后，再次选择风管，可以激活“编辑内衬”和“删除内衬”工具。分别启用这两个工具，可以编辑内衬或者删除内衬。

4. 调整风管/管道大小

选择风管，单击“调整风管/管道大小”按钮，弹出“调整风管大小”对话框，如图2-58所示。在“调整大小方法”选项组的下拉列表中包含4种调整方法，分别是“摩擦”“速度”“相等摩擦”和“静态恢复”。

选择不同的调整方法，可以激活不同的选项，通过设置选项参数，调整风管大小。

在“约束”选项组中单击“调整支管大小”选项，在弹出的列表中显示3种调整方法。分别是“仅计算大小”“匹配连接件大小”和“连接件和计算值之间的较大者”。

默认情况下，“限制高度”和“限制宽度”列表并未被激活。选中“限制高度”或“限制宽度”复选框，激活参数选项。单击选项，弹出参数列表，如图2-59所示。在列表中选择选项，指定“限制高度”或“限制宽度”参数。

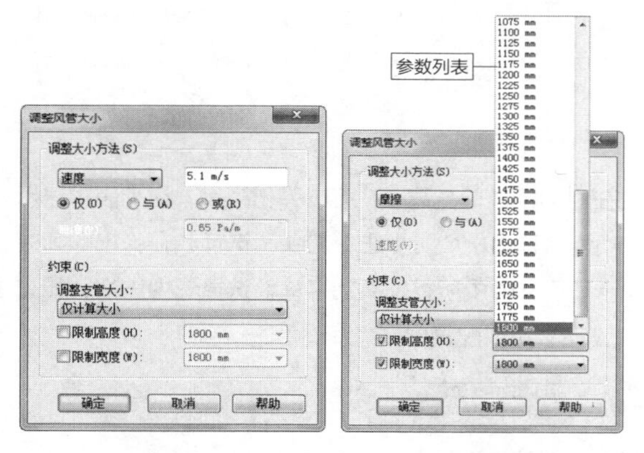

图 2-58 “调整风管大小”对话框　图 2-59 参数列表

2.2 风管占位符

在初步开展暖通系统设计时，因为风管的位置不确定，所以常常会发生变更风管位置的情况。假如修改已创建的风管，不仅烦琐，而且容易出现错误。Revit应用程序提供了风管占位符工具，通过绘制“风管占位符”，可以将占位符的位置指定为风管的位置。在确定风管的位置后，可以将占位符转换为带管件的风管。

2.2.1 绘制风管占位符 重点

选择“系统”选项卡，在“HVAC”面板上单击“风管占位符”按钮，如图2-60所示，激活工具，进入“修改|放置风管占位符”选项卡。

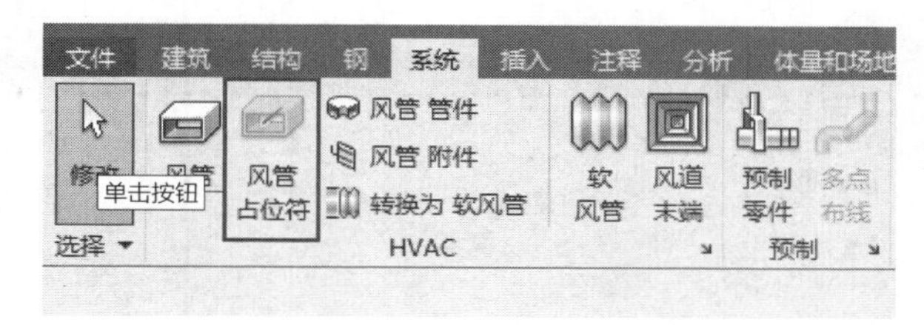

图 2-60 单击按钮

与放置风管类似，在“放置工具”面板中同样提供了“自动连接”“继承高程”与“继承大小”工具，如图2-61所示。在选项栏中设置参数，该参数即是风管的参数。将风管占位符转换为风管后，选项栏中的参数决定了风管的显示样式。

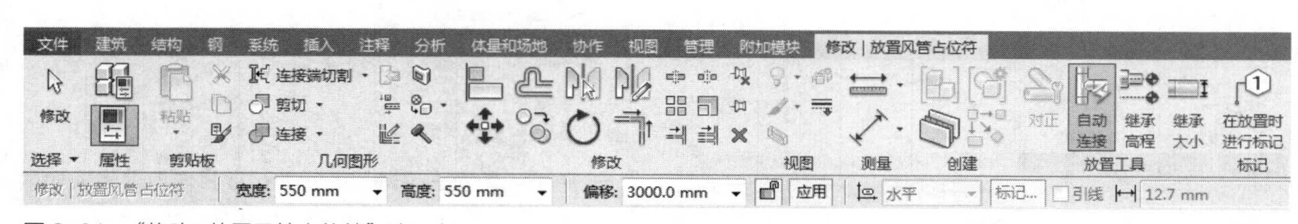

图 2-61 “修改 | 放置风管占位符”选项卡

在“属性”选项板中选择风管类型，在绘图区域中指定起点与终点，绘制完毕的风管占位符如图2-62所示。假如所选择的风管类型没有设置风管管件，则只能在一个方向上绘制占位符。风管占位符使用细实线来表示，既不占用空间，又能明确地表示风管的位置。

切换至三维视图，风管占位符的显示样式仍然为细实线，如图2-63所示。在将其转换为风管后，可以显示风管的三维样式。

图 2-62 绘制风管占位符

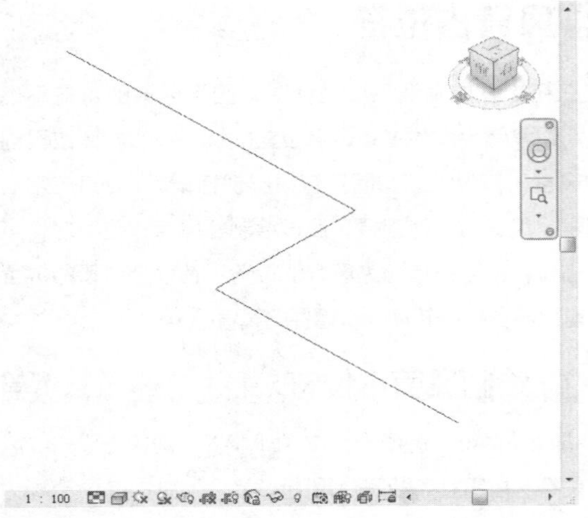

图 2-63　三维样式

> **延伸讲解：**
>
> 尚未设置管件的风管类型，只能在垂直方向、水平方向或者其他任意方向绘制一段风管占位符。在尝试往另一方向绘制与其相连接的占位符时，会显示“禁止”符号，并不可绘制。

2.2.2　编辑风管占位符　难点

绘制完毕风管占位符后，进入“修改|风管占位符”选项卡。在“编辑”面板中提供给了编辑工具，如“修改类型”“转换占位符”等，如图2-64所示。在选项栏中修改“宽度”“高度”和“偏移”参数，可以影响转换后风管的显示样式。

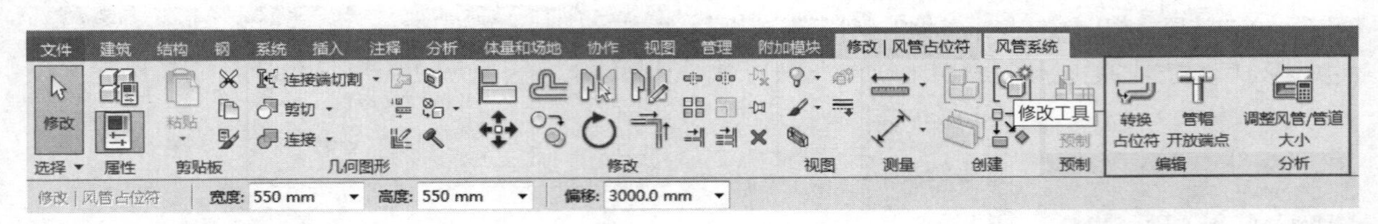

图 2-64　显示修改工具

单击“修改类型”按钮，激活工具，可以更改风管的类型。在“属性”选项板中显示风管类型，如图2-65所示。单击“编辑类型”按钮，弹出“类型属性”对话框。

在对话框中显示风管的族名称和类型名称，并显示“粗糙度”的默认值，如图2-66所示。单击“布管系统配置”选项中的“编辑”按钮，弹出“布管系统配置”对话框，在其中设置风管管件参数。

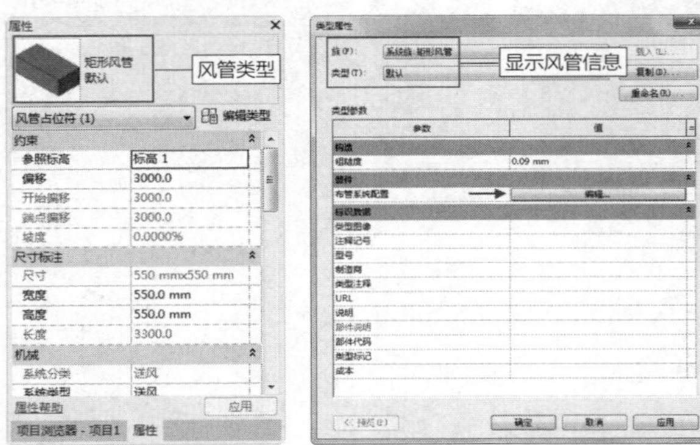

图 2-65　显示风管类型　图 2-66　“类型属性”对话框

> **知识链接：**
>
> 在执行修改类型操作时，应该只选择风管、管道、电缆桥架或者线管与管件，不要选择设备或软风管。

在对话框中单击选项，可以弹出列表，在列表中显示管件类型名称。例如，单击“弯头”选项，在弹出的列表中显示项目文件中所有弯头的名称。选择其中一项，如图2-67所示，可以配置到风管系统中。

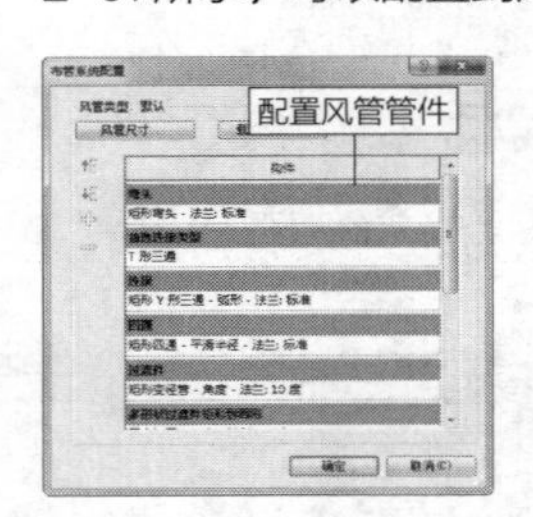

图 2-67　配置风管管件

单击“转换占位符”按钮，可以将占位符转换为风管，效果如图2-68所示。在绘制风管占位符时，已经设定了风管的类型。执行转换操作后，转换得到的风管类型即是之前所设置的类型。

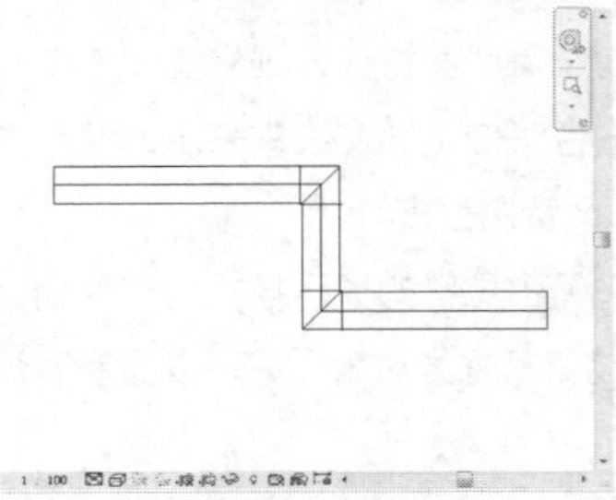

图 2-68　将占位符转换为风管

延伸讲解：

在为风管系统配置管件时，需要提前载入管件族，才可以在管件列表中显示管件名称，否则列表显示为空白。

激活“管帽开放端点”工具，可以为风管添加管帽。激活“调整风管/管道大小”工具，可以修改管道大小。单击“过滤器”按钮，弹出“过滤器”对话框，如图2-69所示。在其中可以剔除不需要的图元类型，或者选择需要的图元类型。

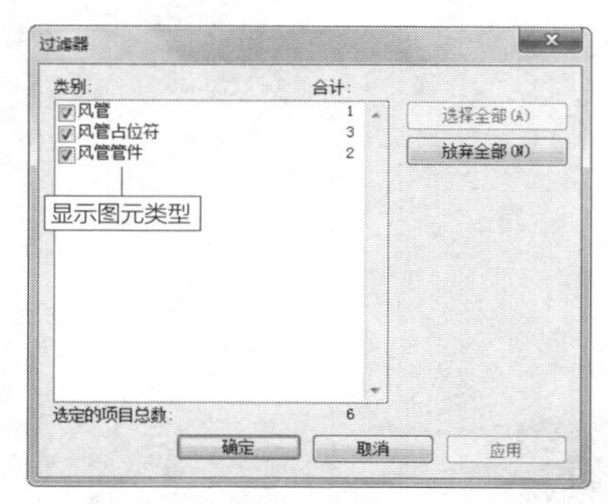

图 2-69　“过滤器”对话框

切换至三维视图，观察转换为风管后的操作效果，如图2-70所示。因为已经事先载入了管件族，所以不仅可以在多个方向上绘制风管占位符，转换后的风管也显示通过管件来连接的效果。

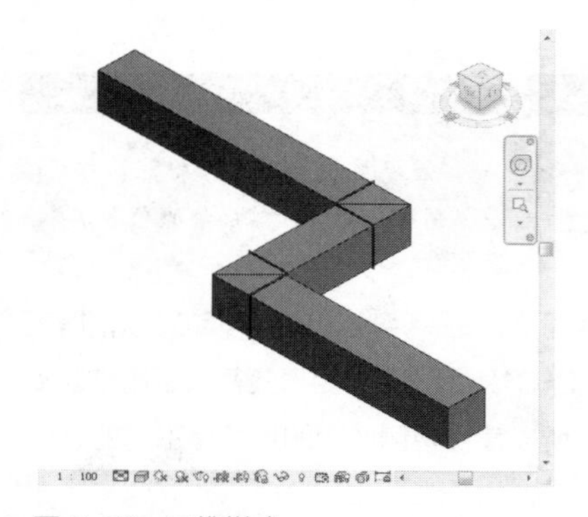

图 2-70　三维样式

2.3 风管管件

风管管件的类型包括弯头、T形三通、Y形三通、四通与其他类型的管件。因为有的风管管件具有插入特性，所以可以放置在沿风管的任意点上。可以在任何视图中放置风管管件，但是在平面视图与立面视图中会更加容易确定管件的位置。

2.3.1 放置风管管件

在“HVAC”面板上单击“风管管件”按钮，如图2-71所示，执行放置风管管件的操作。假如是初次启用该命令，会弹出如图2-72所示的提示对话框，提醒并询问用户“项目中未载入风管管件族。是否要现在载入”。单击“是”按钮，执行载入管件族的操作。

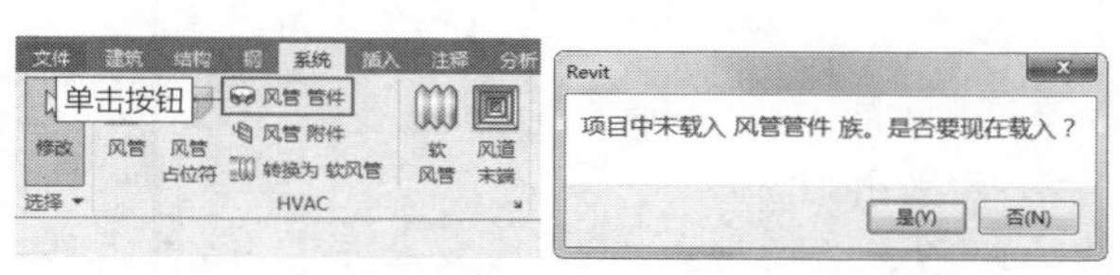

图 2-71　单击按钮　　　　图 2-72　提示对话框

延伸讲解：

如果事先已载入了风管管件族，再启用该命令时，就不会弹出如图2-72所示的提示对话框。

在提示对话框中单击“是”按钮，弹出如图2-73所示的“载入族”对话框。在对话框中选择管件族，单击“打开”按钮，执行载入操作。

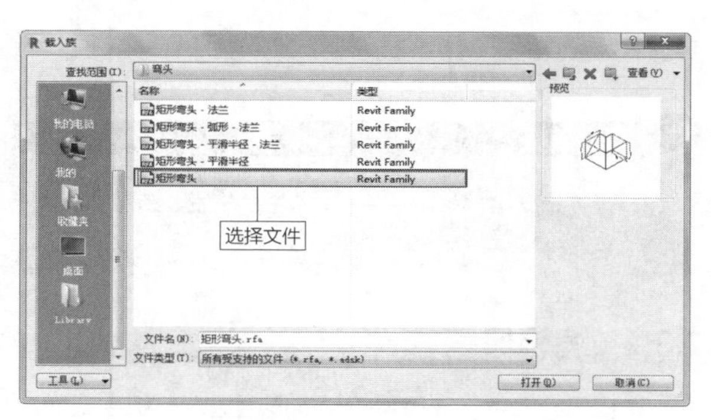

图 2-73　“载入族”对话框

载入管件族操作完毕，进入“修改|放置风管管件”选项卡，如图2-74所示。在选项栏中选中“放置后旋转”复选框，可以在指定管件的放置点后，在指定的角度上旋转管件。

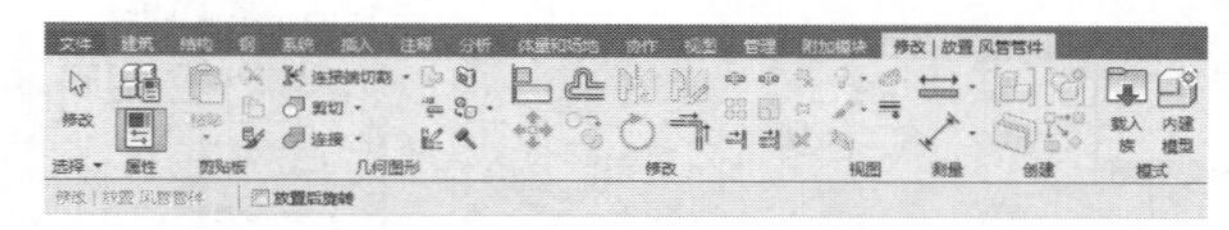

图 2-74　“修改 | 放置风管管件”选项卡

可以连续载入各种类型的管件，方便随时调用。在“属性”选项板中，单击类型名称弹出类型列表，在其中显示所有已载入的风管管件的类型，如图2-75所示。在列表中选择管件，设置参数后，在绘图区域中单击放置点，可以放置风管管件。

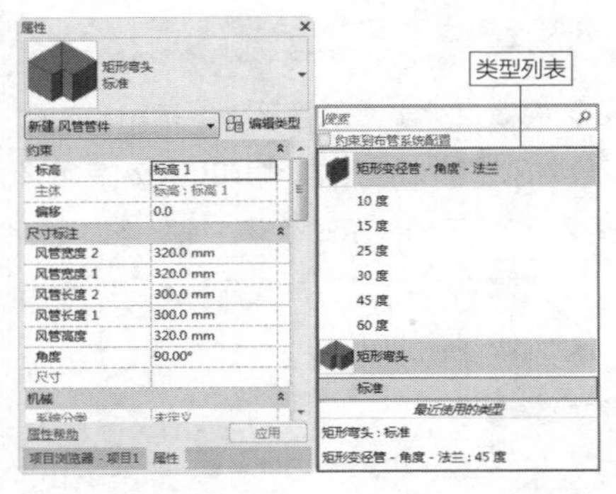

图 2-75　弹出类型列表

图2-76所示为放置风管管件的效果。可以直接在风管上放置管件，也可以放置管件后，激活管件的端点来绘制风管。

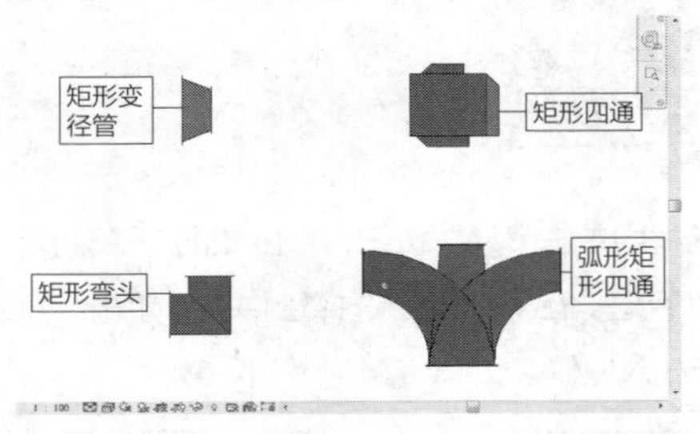

图 2-76　放置风管管件

知识链接：

所载入的风管管件只在当前项目文件中使用。新建项目文件后，需要重新载入风管管件。

2.3.2　编辑风管管件

选择风管管件，在风管管件的周围显示一组控制柄，如图2-77所示。激活控制柄，可以编辑风管管件。光标置于风管管件的夹点上，单击鼠标右键，弹出如图2-78所示的快捷菜单。在菜单中选择“绘制风管”选项，可以以端点为风管的起点，执行绘制风管的操作。

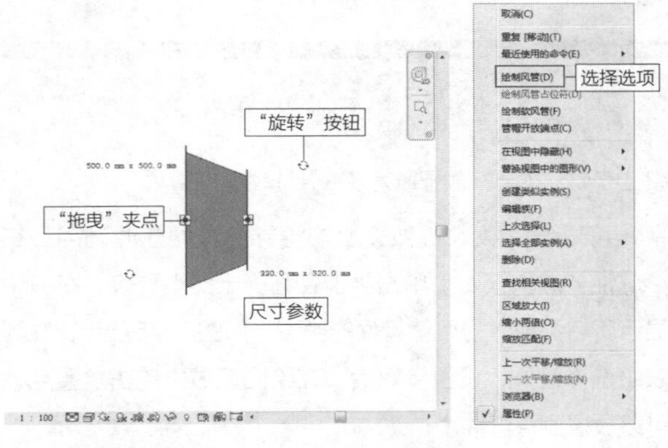

图 2-77　显示控制柄

图 2-78　快捷菜单

向左移动光标，指定风管的终点。在移动光标的过程中，可以预览风管的绘制效果，如图2-79所示。在合适的位置单击鼠标左键，结束绘制风管的操作，效果如图2-80所示。

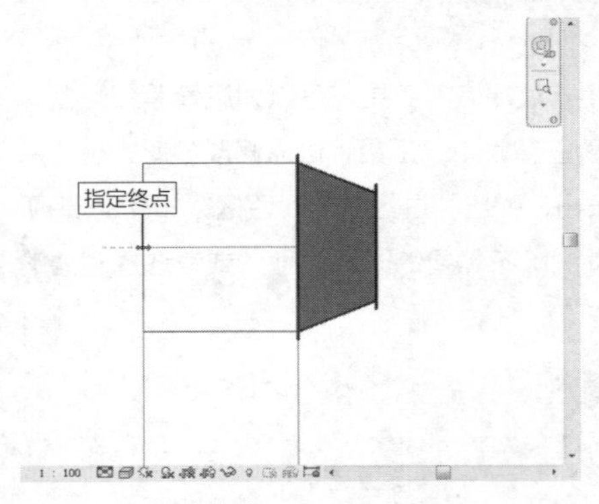

图 2-79　指定终点

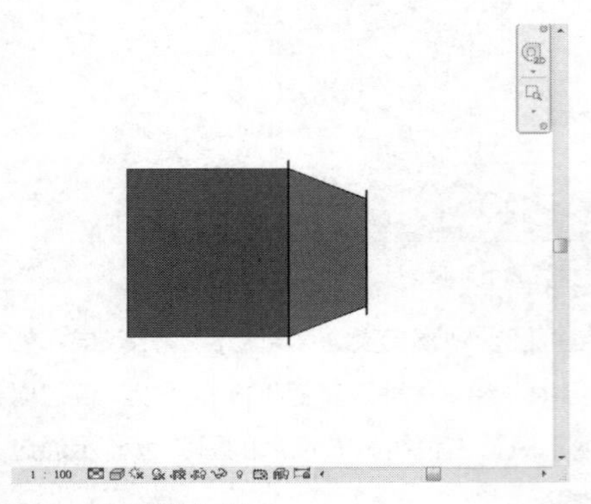

图 2-80　绘制风管

延伸讲解：

在指定风管终点的过程中，可以显示临时尺寸标注，读者也可以通过输入尺寸参数，精确地指定风管的终点位置。

激活矩形变径管右侧的夹点，向右移动光标，指定风管的终点，如图2-81所示。因为矩形变径管是用来连接不同管径的风管，所以管件两侧风管的尺寸是不同的，效果如图2-82所示。

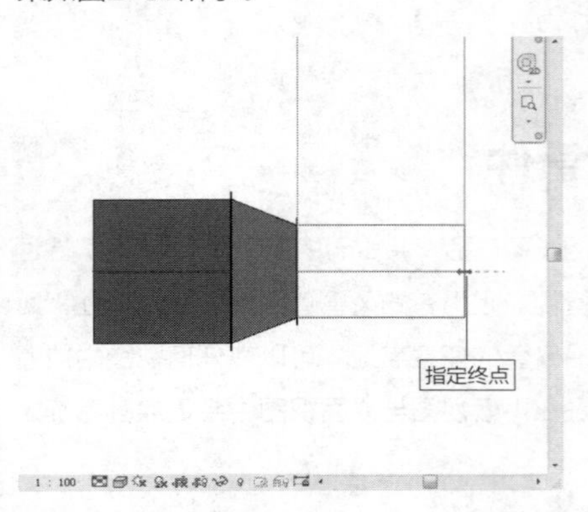

图 2-81　指定终点

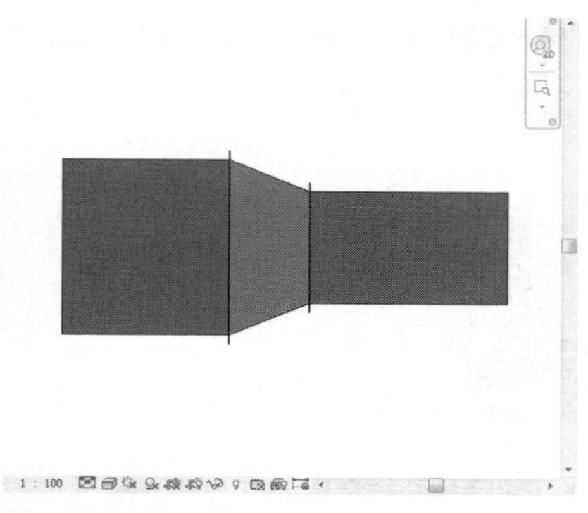

图 2-82 绘制效果

选择风管管件时，会在风管管件的周围显示尺寸标注，该尺寸标注就是连接管件的风管的尺寸。尺寸标注不是固定不变的，可以修改尺寸标注，自定义风管的尺寸。

光标置于尺寸标注之上，单击鼠标左键，进入在位编辑模式，如图2-83所示。在编辑文本框中输入新的尺寸参数，如图2-84所示。

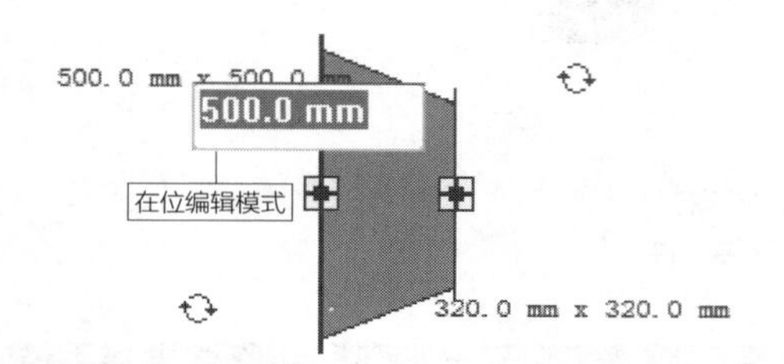

图 2-83 在位编辑模式

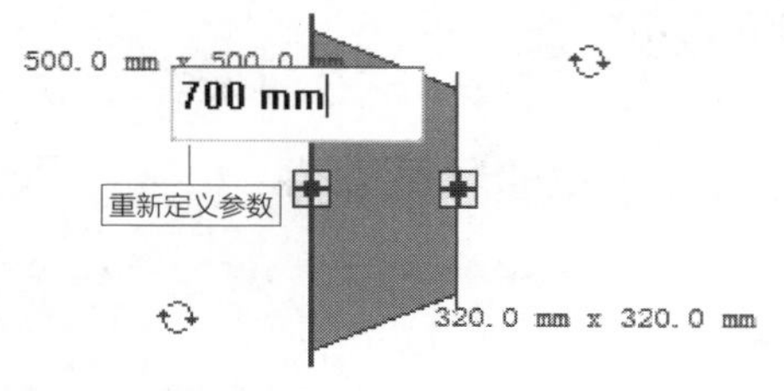

图 2-84 输入参数

延伸讲解：

高度尺寸标注和宽度尺寸标注需要分开修改。

参数输入完毕后，在空白区域单击鼠标左键，退出编辑模式。风管管件会随着尺寸参数的修改而自行调整显示样式，结果如图2-85所示。继续修改另一尺寸标注，最终结果如图2-86所示。

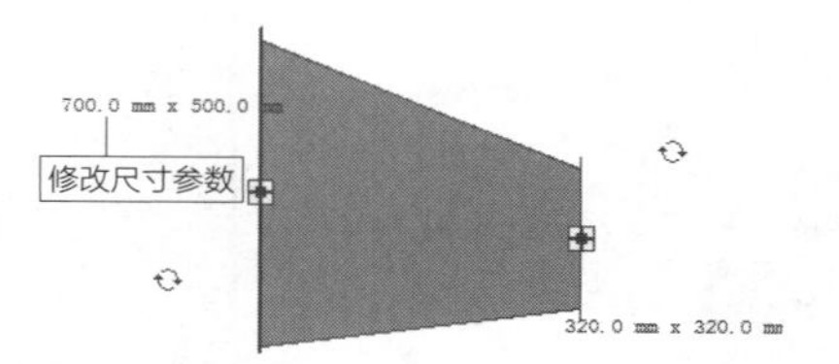

图 2-85 修改结果

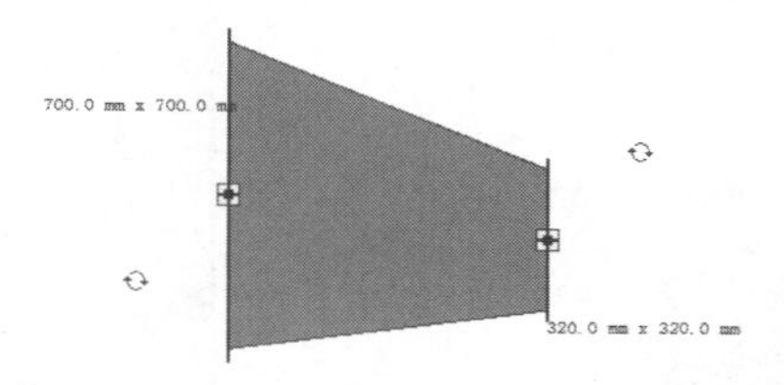

图 2-86 最终结果

知识链接：

在绘制风管管件和风管后，选择管件仍然会显示风管的尺寸标注，但是已经不能修改该尺寸参数了。

下面以矩形弯头为例，介绍“旋转”按钮的使用方法。选择矩形弯头，在弯头的周围显示两个“旋转”按钮，如图2-87所示。单击上方的“旋转”按钮，弯头执行旋转操作，效果如图2-88所示。

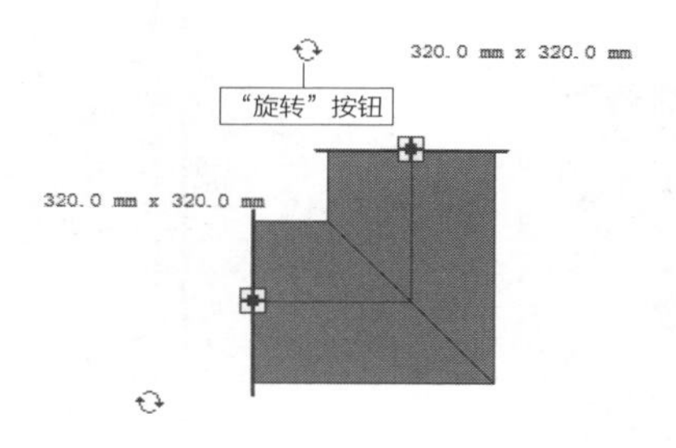

图 2-87 显示“旋转”按钮

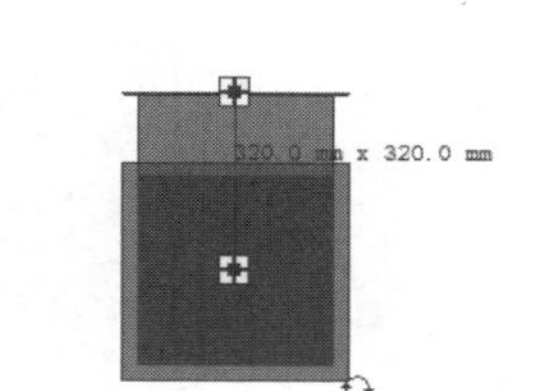

图 2-88 旋转效果 1

单击图2-88右上角的“旋转”按钮，弯头再次旋转，此时显示效果为90° 的样式，如图2-89所示。单击图2-89右下角的“旋转”按钮，弯头旋转后显示效果如图2-90所示。

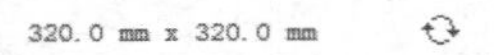

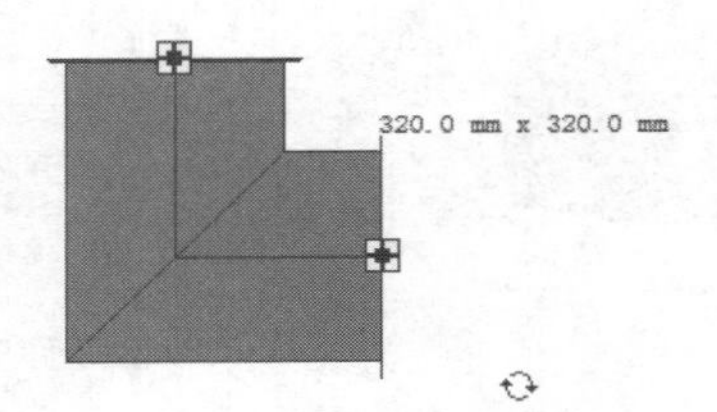

图 2-89　旋转效果 2

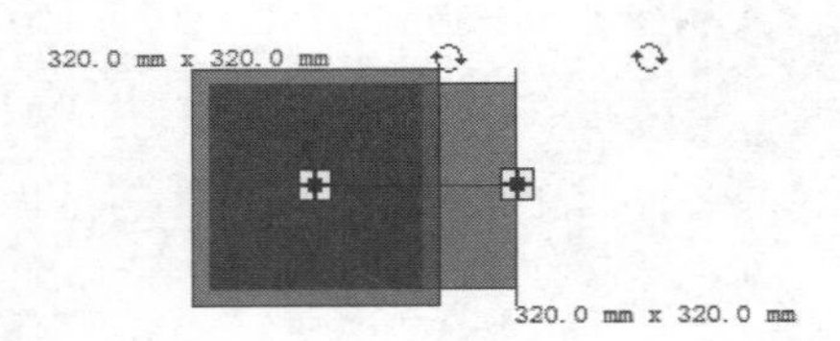

图 2-90　旋转效果 3

单击图2-90右上角的“旋转”按钮，弯头再次执行旋转操作，最终效果如图2-91所示。

当绘制风管连接矩形弯头后，再次选择弯头，在弯头的周围显示“+”，如图2-92所示，表示该管件可以升级。光标置于“+”上，显示“T形三通”的注释文字，表示矩形弯头可以升级为T形三通。

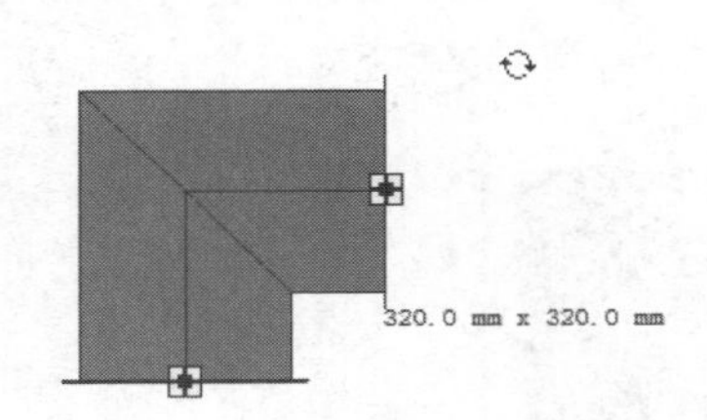

图 2-91　旋转效果 4

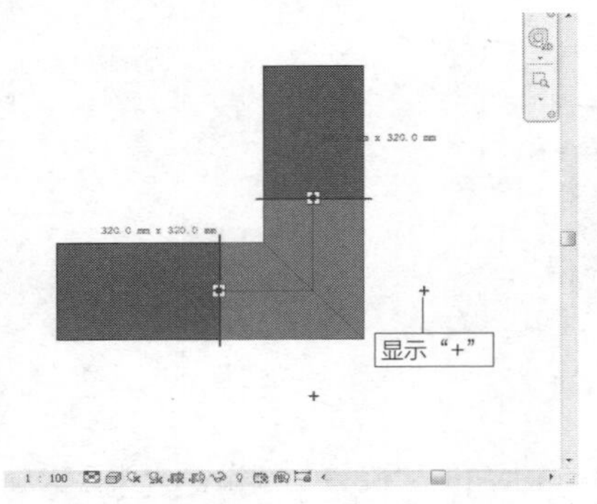

图 2-92　显示“+”

单击“+”，矩形弯头升级为T形三通，效果如图2-93所示。升级管件后，在管件的一侧显示“翻转”按钮⇵。单击“翻转”按钮，可以在水平或者垂直方向上将管件翻转180°，效果如图2-94所示。

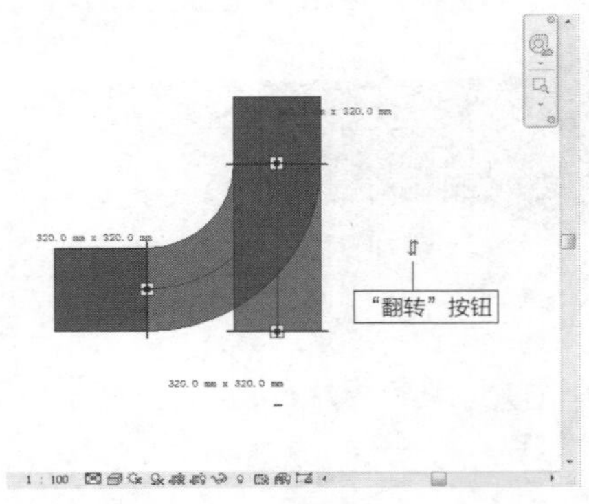

图 2-93　升级管件

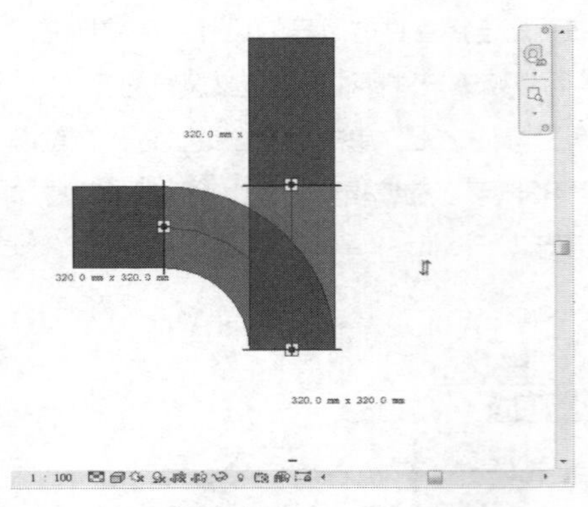

图 2-94　翻转管件

延伸讲解：

升级管件后，在管件的周围显示“—”，单击“—”，可以恢复管件的原本样式。

2.3.3　实战——添加风管管件　重点

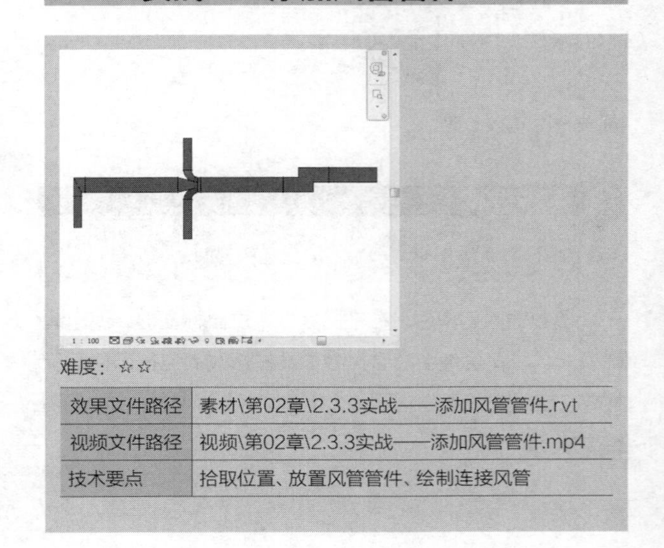

难度：☆☆

效果文件路径	素材\第02章\2.3.3实战——添加风管管件.rvt
视频文件路径	视频\第02章\2.3.3实战——添加风管管件.mp4
技术要点	拾取位置、放置风管管件、绘制连接风管

绘制暖通系统图纸时，需要在风管中添加管件。管件的类型多样，但是放置方法是相同的。本节介绍在风管的两端和风管的中间放置管件的方法。

步骤01 启动Revit应用程序，选择“系统”选项卡。在“HVAC”面板上单击“风管”按钮，在“属性”选项板中选择“矩形风管”。在选项栏中设置“宽度”选项与“高度”选项均为600mm，“偏移”值为3000mm。分别指定起点与终点，绘制长度为8100mm的矩形风管，效果如图2-95所示。

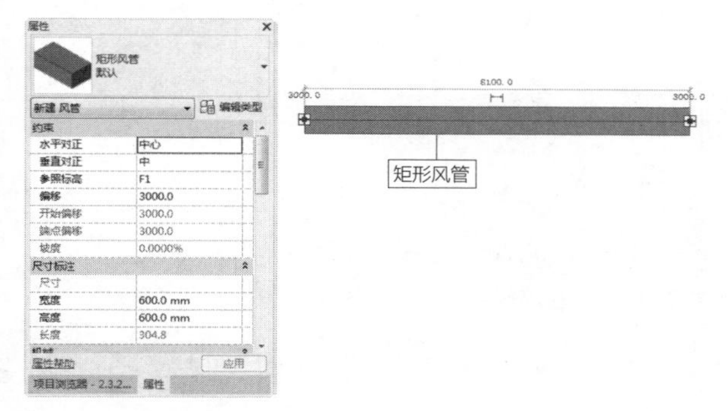

图 2-95　绘制矩形风管

步骤02 在“HVAC”面板上单击“风管管件”按钮，在“属性”选项板中选择名称为“矩形四通-平滑半径-法兰”的管件，如图2-96所示，保持默认参数不变。

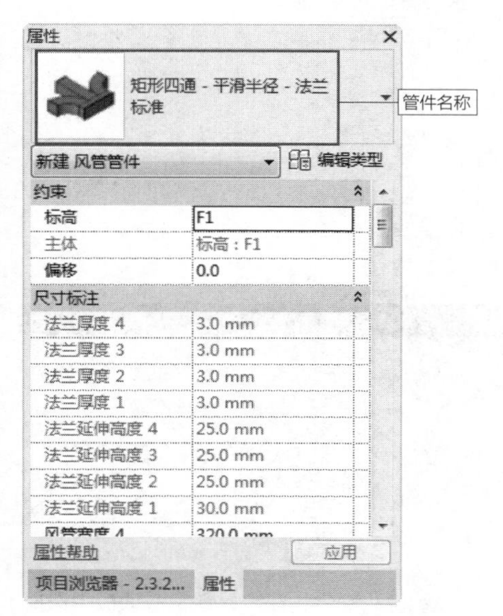

图 2-96　选择管件

步骤03 光标置于风管之上，拾取风管的中心线，单击中心线的中点来放置管件，如图2-97所示。

步骤04 在风管的指定点放置矩形四通，效果如图2-98所示。

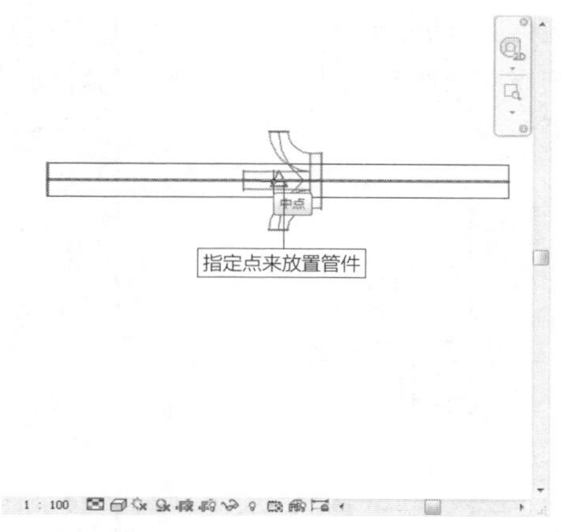

图 2-97　拾取放置点

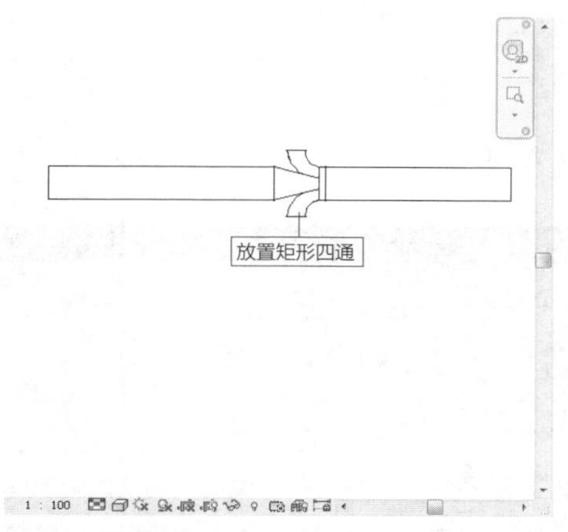

图 2-98　放置管件

延伸讲解：

管件的尺寸与风管的不一致也不要紧，在将管件放置到风管中后，管件会识别并继承风管的参数。

步骤05 选择矩形四通管件，在管件的周围显示控制柄，如图2-99所示。

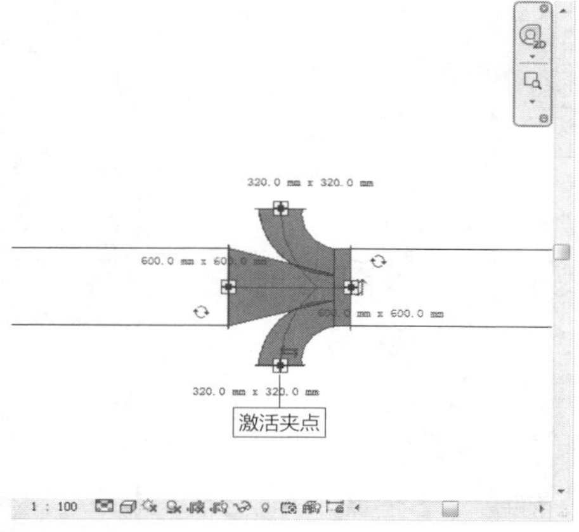

图 2-99　显示控制柄

步骤 06 激活管件上方的夹点，指定起点与终点绘制连接风管；重复操作，激活管件下方的夹点，绘制连接风管，效果如图 2-100 所示。

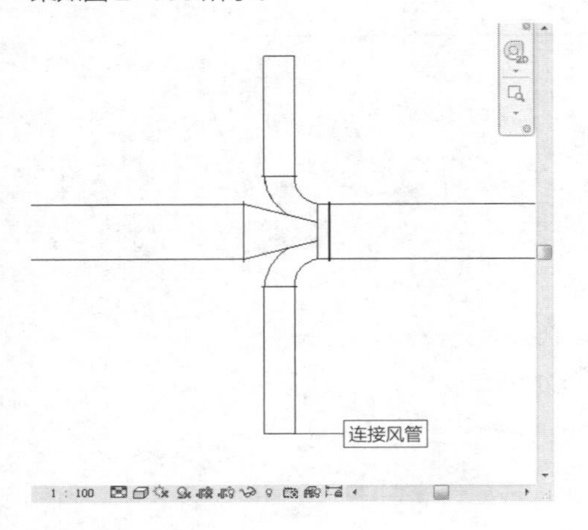

图 2-100 绘制连接风管

知识链接：

与风管相接的夹点会自动继承风管的参数，未与风管相接的夹点保持原有的默认参数。所以通过激活上、下端点来绘制的风管，其尺寸与主风管不同，而是显示为默认值。

步骤 07 启用“风管管件”命令，在“属性”选项板中选择名称为“矩形弯头-法兰”的管件，如图2-101所示。参数保持默认值即可。

延伸讲解：

通过在风管中添加矩形弯头，可以绘制不同方向，但是相互连接的风管。

步骤 08 滑动鼠标滚轮，放大视图。光标置于风管的左侧，在风管口边界线上拾取矩形弯头点，如图2-102所示。

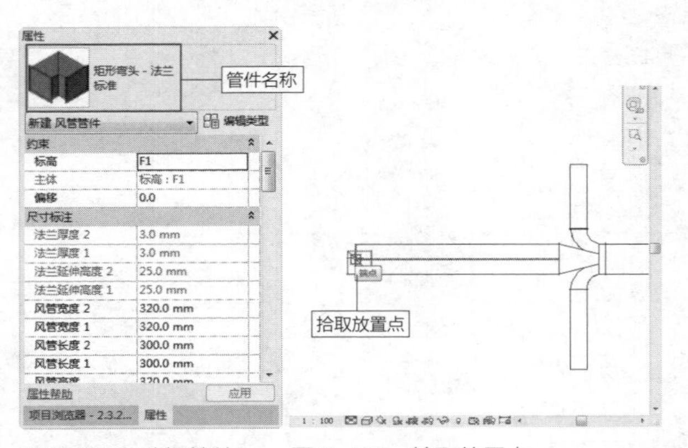

图 2-101 选择管件　　图 2-102 拾取放置点

步骤 09 在合适的位置单击鼠标左键，可以在风管的一端放置矩形弯头，效果如图2-103所示。

步骤 10 选择矩形弯头，激活下方夹点，指定起点与终点，绘制连接风管，效果如图2-104所示。

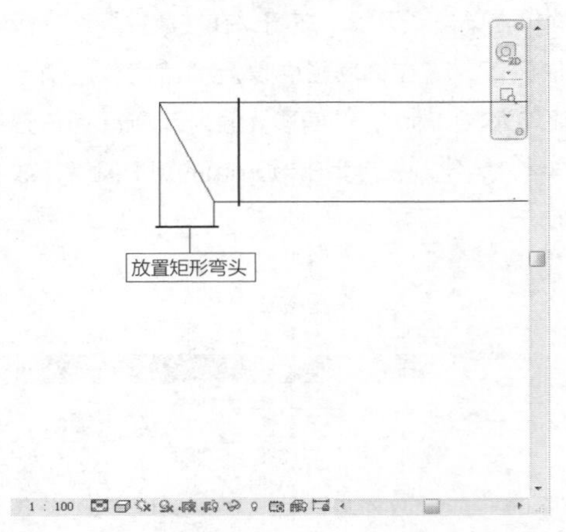

图 2-103 放置管件

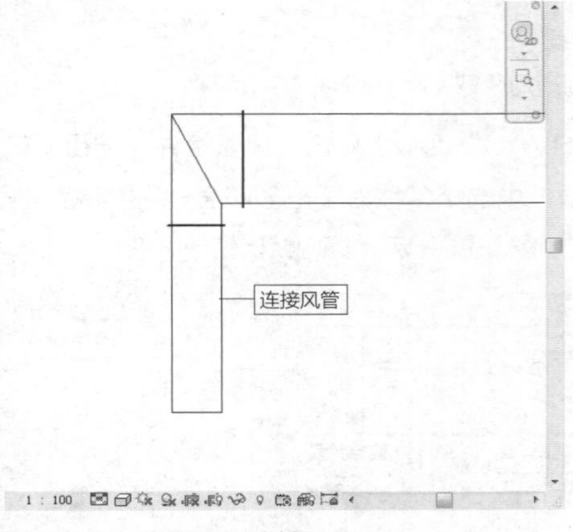

图 2-104 绘制连接风管

知识链接：

默认情况下，矩形弯头两个方向上的风管尺寸是相同的。在放置矩形弯头时，因为只有一端与主风管相接，相接的一端继承了主风管的尺寸，未相接的一端保留默认尺寸，所以出现了不同尺寸与不同方向的风管通过矩形弯头相接的情况。

步骤 11 启用“风管管件”命令，在“属性”选项板中选择名称为“矩形Z形弯头-法兰”的管件，如图2-105所示。保持默认参数不变。

步骤 12 滑动鼠标滚轮，放大视图。光标置于右侧风管口的边界线上，拾取放置点，在合适的位置单击鼠标左键，然后放置矩形Z形弯头，如图2-106所示。

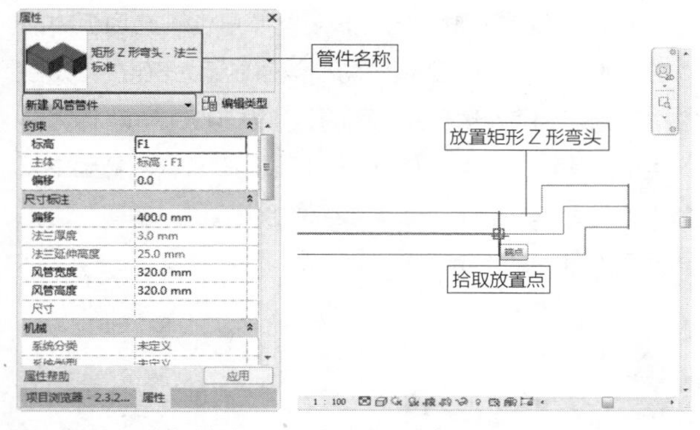

图 2-105　选择管件　　图 2-106　放置管件

知识链接：

通过放置矩形Z形弯头，可以偏移风管的尺寸。

步骤 13 选择“矩形Z形弯头”，激活右侧的夹点，如图2-107所示。

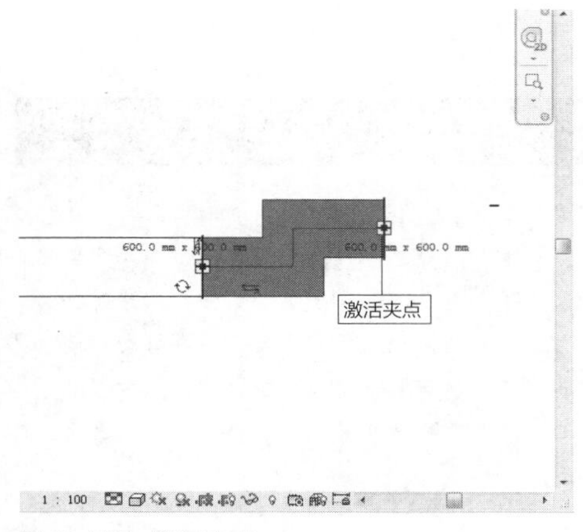

图 2-107　激活夹点

步骤 14 指定起点与终点，绘制右侧的连接风管，效果如图2-108所示。

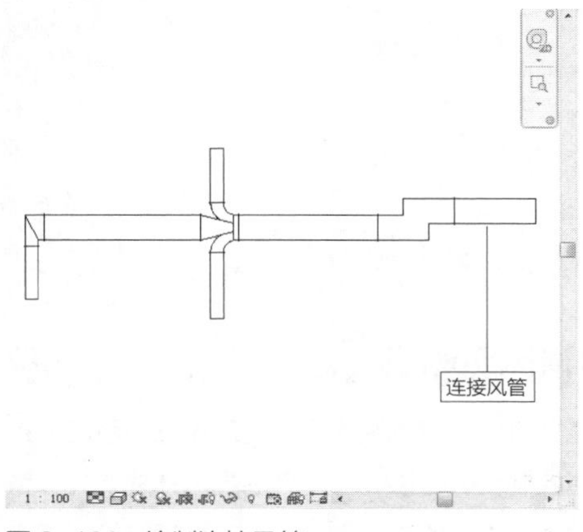

图 2-108　绘制连接风管

延伸讲解：

在主风管上拾取点来放置矩形Z形弯头时，已经可以预览管件继承风管尺寸的效果。

2.4 风管附件

风管附件的类型包括阻尼器、风阀、烟雾探测器等。风管附件被放置到风管上后，可以继承风管的尺寸，这点与放置风管管件相似。可以在任意视图中放置风管附件，通常在平面视图或者立面视图中放置附件，因为在这两个视图中能够更好地确定附件在风管上的位置。

2.4.1 放置风管附件 难点

在“HVAC”面板中单击“风管附件”按钮，如图2-109所示，启用放置风管附件的操作。执行命令后，软件检测到当前项目文件中尚未载入风管附件族，会弹出如图2-110所示的提示对话框。

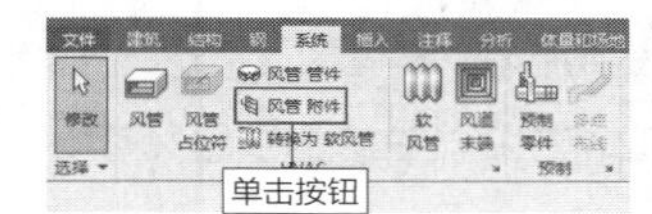

图 2-109　单击按钮　　图 2-110　提示对话框

延伸讲解：

在键盘上按D+A快捷键，也可以启用“风管附件”命令。

在提示对话框中单击“是”按钮，弹出“载入族”对话框。在对话框中选择要载入项目的附件，例如，选择“蝶阀-矩形-拉链式”附件，如图2-111所示。单击“打开”按钮，执行载入族的操作。

图 2-111　选择附件

在“属性”选项板中显示已载入的附件的信息，如图2-112所示。注意观察“偏移”选项中的参数，此时选项参数为0，这是软件所设置的默认值。一般情况下，保持这个默认值不变。

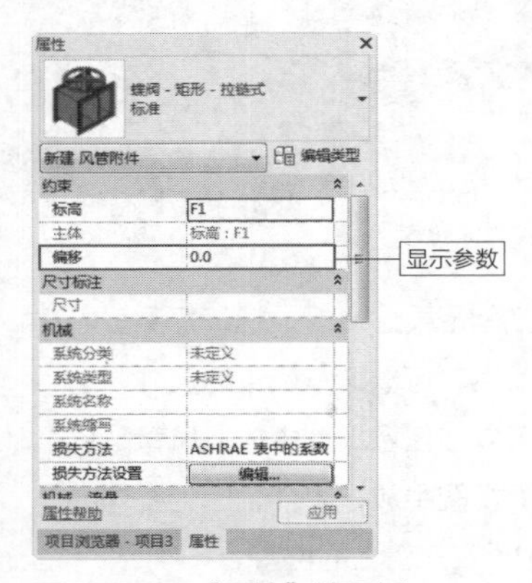

图 2-112　“属性”选项板

知识链接：

在“载入族”对话框中按住Shift键或者Ctrl键选择多个附件，单击“打开”按钮后，可以依次载入选中的附件。

光标置于风管之上，此时风管中心线高亮显示。光标置于中心线的任意一点上，如中心线的中点，如图2-113所示。在中心线的中点单击鼠标左键，在该点放置风管附件，效果如图2-114所示。

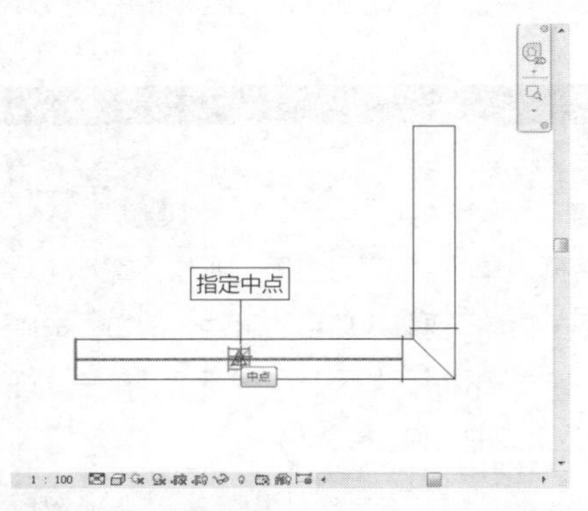

图 2-113　指定放置点

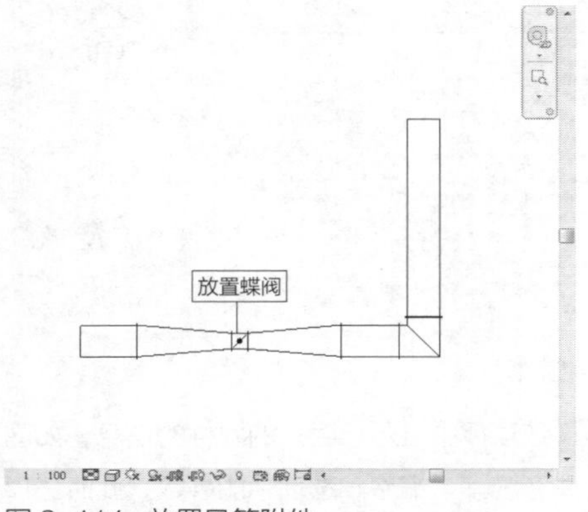

图 2-114　放置风管附件

选择风管上的附件图形，观察“属性”选项板中的参数。此时“偏移”选项中的参数值显示为3000，如图2-115所示，表示附件距地面的距离为3000mm。因为主风管的“偏移”值为3000mm，所以当附件被放置到主风管上之后，其“偏移”值也会继承主风管的“偏移”值，自动更改为3000mm。

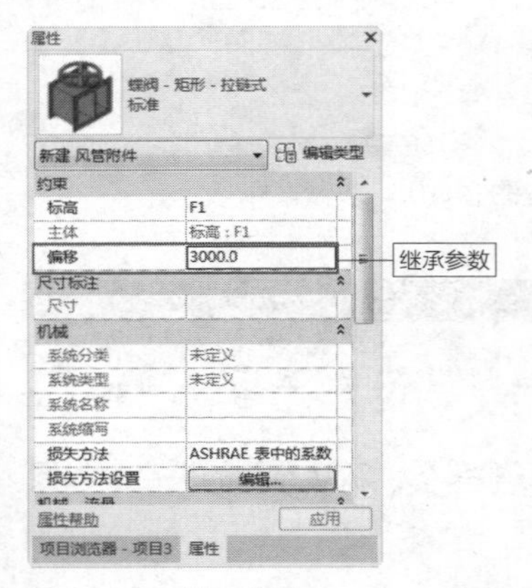

图 2-115　继承参数

答疑解惑：风管附件的风管尺寸为什么没有继承主风管的尺寸？

附件被放置到风管上后，会自动继承风管的参数。但是观察如图2-116所示的放置结果，发现风管附件的尺寸仍然保持原有大小，这是为什么？原来风管附件在创建时其尺寸就被指定了，当被放置到主风管上后，不会自动更改自身的尺寸。但是读者可以打开与风管附件相对应的“类型属性”对话框，在其中修改风管附件的尺寸，使其与主风管的尺寸一致。

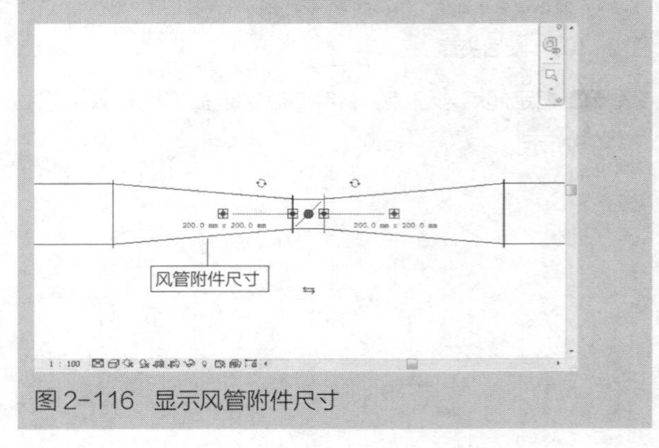

图 2-116　显示风管附件尺寸

2.4.2　编辑风管附件

重点

选择风管附件，在其周围显示如图2-117所示的一组控制柄。激活控制柄，可以调整附件的显示样式。光标置于附件右侧边界线中点的夹点上，单击鼠标右键，弹出如图2-118所示的快捷菜单。在菜单中选择“绘制风管”

选项，移动光标，指定风管的终点，可以绘制与附件相接的风管。

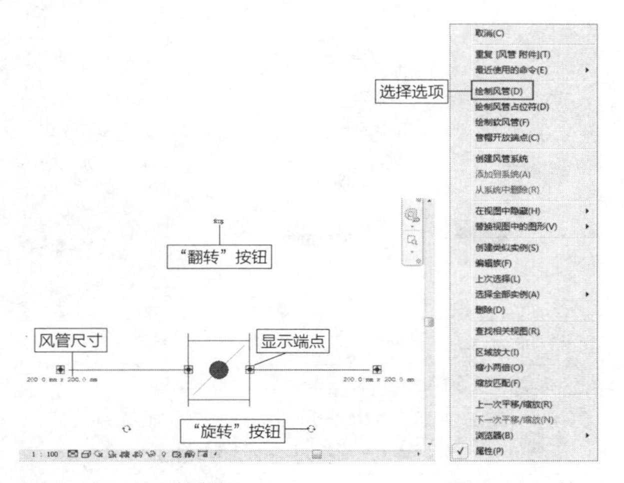

图 2-117　显示控制柄　　图 2-118　快捷菜单

延伸讲解：

在快捷菜单中选择其他选项，可以执行相应的操作。例如选择"绘制风管占位符"选项，可以创建风管占位符。

在附件的右侧，显示一条水平的蓝色细实线。在线的一端显示夹点，将光标置于夹点之上，显示"创建风管"的提示文字，如图2-119所示。在夹点上单击鼠标左键，激活夹点，向右移动光标，如图2-120所示，指定风管的终点来创建风管。

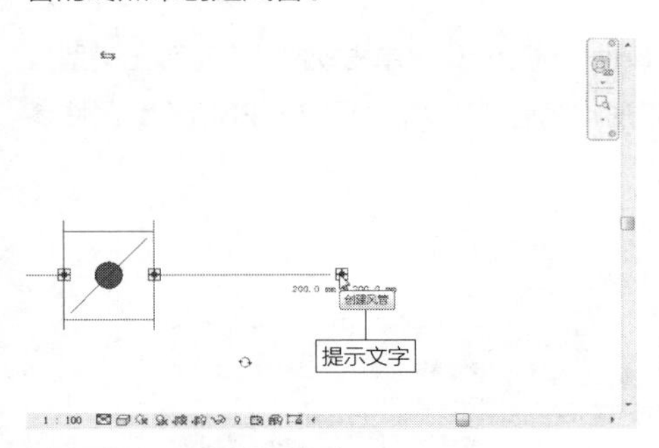

图 2-119　显示提示文字

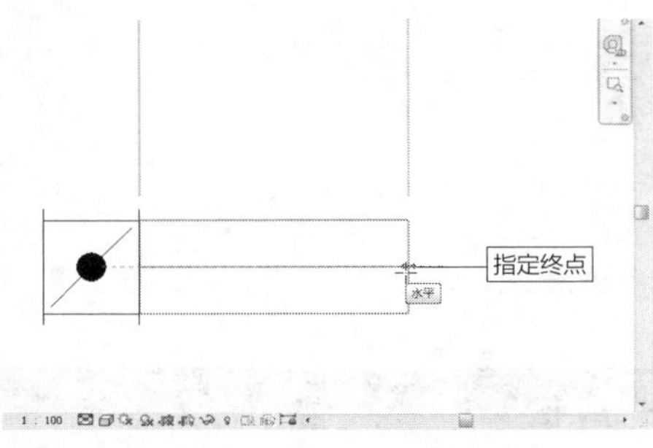

图 2-120　指定终点

绘制与附件相接的风管的效果如图2-121所示。在附件的右下角显示"旋转"按钮，单击该按钮，旋转附件的效果如图2-122所示。

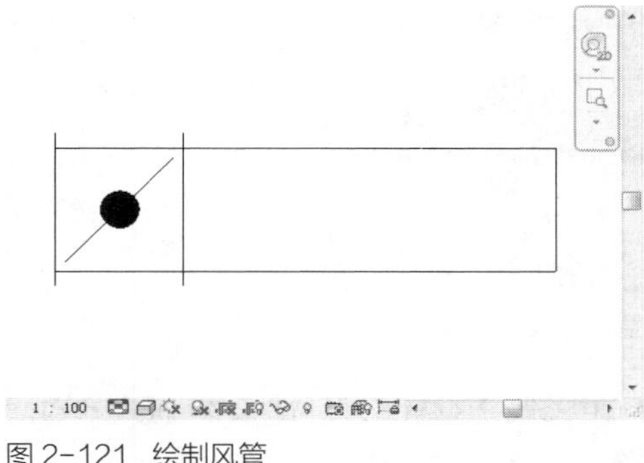

图 2-121　绘制风管

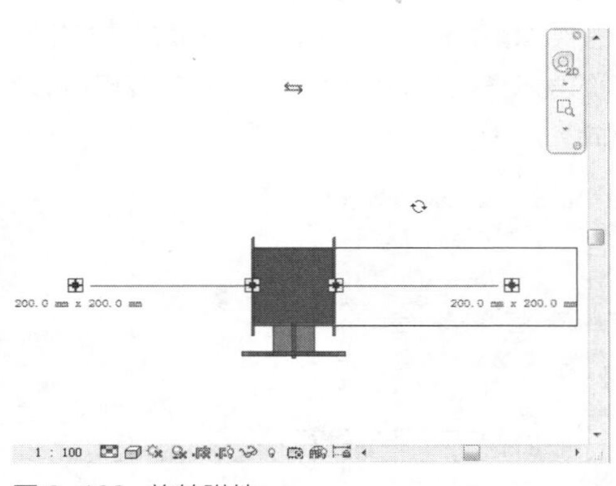

图 2-122　旋转附件

单击附件上方的"翻转"按钮，翻转附件的效果如图2-123所示。在需要调整附件的角度时，可以通过激活"旋转"按钮与"翻转"按钮来实现。

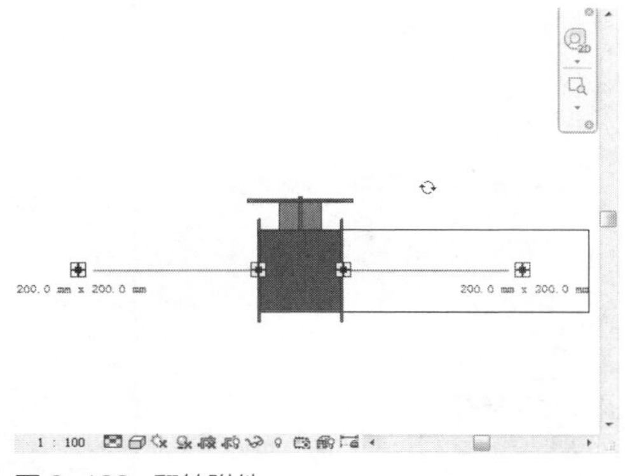

图 2-123　翻转附件

选择附件时，在附件的两端显示其风管尺寸。尺寸参数显示为灰色，表示不可以直接在视图中修改。单击"属性"选项板中的"编辑类型"按钮，弹出"类型属性"对话框。在"尺寸标注"选项组中显示了附件的参数，包括"风管宽度"与"风管高度"参数，如图2-124所示。

图 2-124　显示参数

在对话框中修改“风格宽度”与“风格高度”参数，如图2-125所示。单击“确定”按钮关闭对话框，返回视图。在视图中观察附件的显示效果，随着风管尺寸参数的更改，附件的显示样式也发生了变化，如图2-126所示，左右两侧的风管尺寸也更新显示。

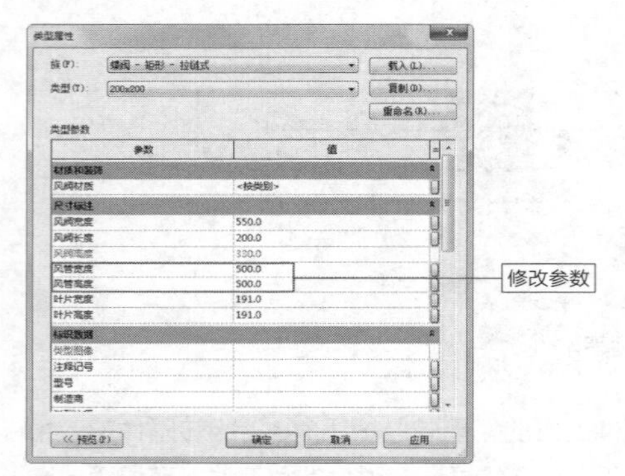

图 2-125　修改参数

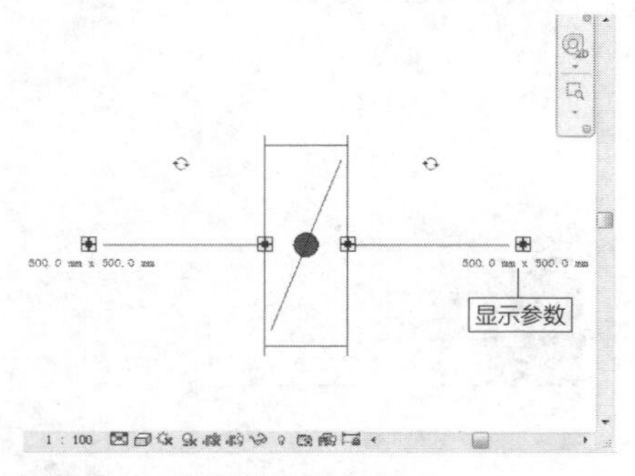

图 2-126　更新显示样式

2.5 软风管

在绘制风管时，只需要指定起点与终点即可。而在绘制软风管时，需要指定各个顶点。与常规的风管相比，软风管具有柔软性。软风管的类型有两种，一种是圆形，另外一种是矩形。

2.5.1 实战——绘制软风管 重点

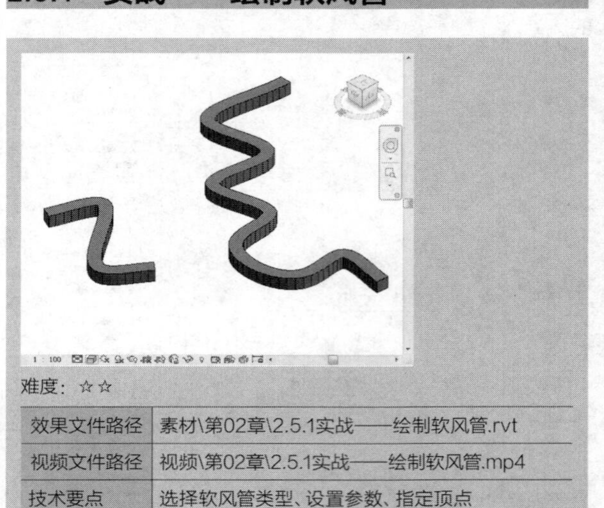

难度：☆☆

效果文件路径	素材\第02章\2.5.1实战——绘制软风管.rvt
视频文件路径	视频\第02章\2.5.1实战——绘制软风管.mp4
技术要点	选择软风管类型、设置参数、指定顶点

因为具备较大的灵活性，软风管在通风系统中使用广泛。在绘制软风管时，需要依次指定顶点。顶点的位置不同，软风管的创建效果也不同。本节介绍绘制软风管的方法。

步骤 01 在“HVAC”面板上单击“软风管”按钮，如图2-127所示，激活命令。

图 2-127　单击按钮

步骤 02 在“属性”选项板中，单击软风管名称弹出类型列表，选择“矩形软风管”选项，如图2-128所示。属性参数保持默认值。

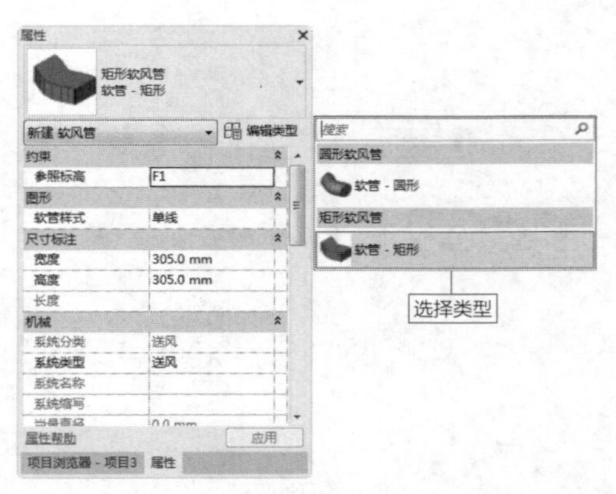

图 2-128　选择软风管类型

延伸讲解：

在键盘上按F+D快捷键，也可以启用“软风管”命令。

步骤03 启用命令后进入“修改|放置软风管”选项卡，在选项栏中设置“宽度”“高度”和“偏移”选项中的参数值，如图2-129所示。

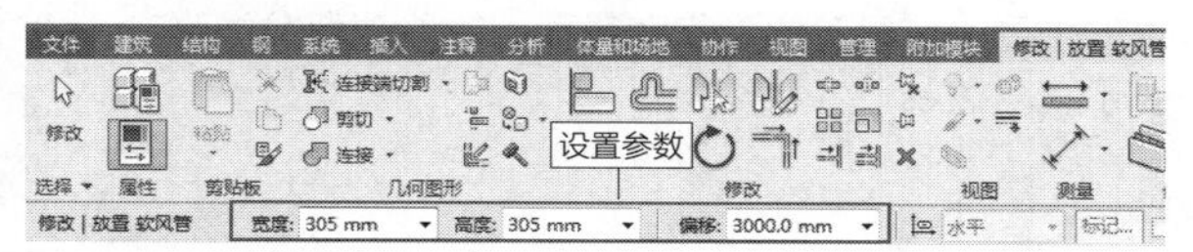

图 2-129　“修改 | 放置软风管”选项卡

步骤04 在绘图区域中单击指定软风管的起点，向右上角移动光标，单击指定顶点，如图2-130所示。

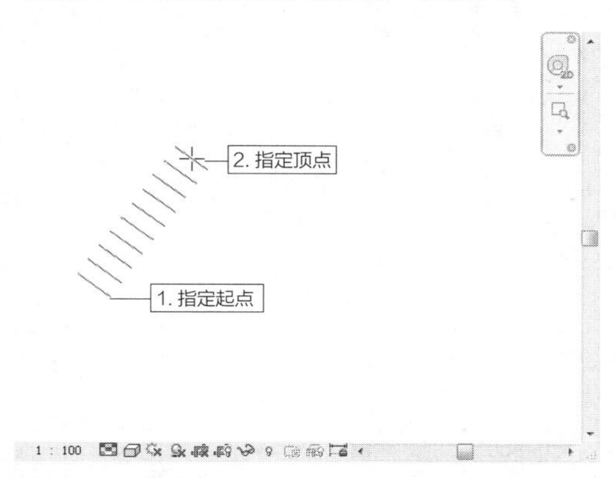

图 2-130　指定起点和顶点

步骤05 向右下角移动光标，单击左键，指定顶点；向右上角移动光标，单击指定终点，软风管的创建效果如图2-131所示。

图 2-131　绘制软风管

通过在不同的位置指定顶点，可以创建不同样式的软风管，如图2-132所示。切换至三维视图，观察软风管的三维样式，如图2-133所示。

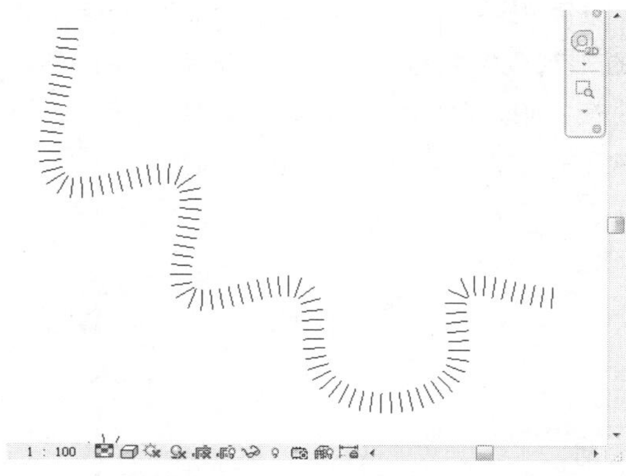

图 2-132　创建另一个软风管

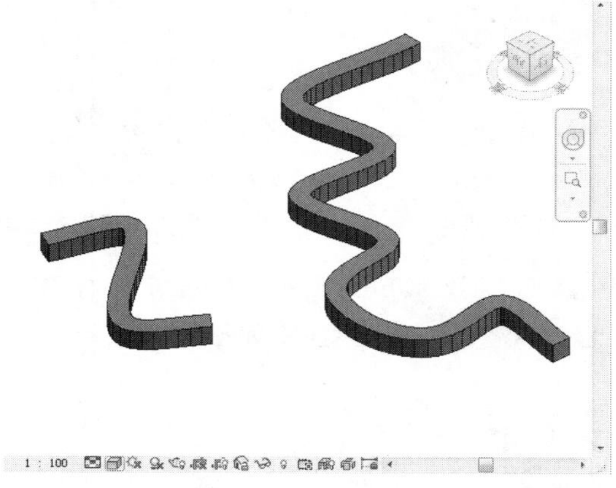

图 2-133　三维样式

2.5.2　编辑软风管

选择软风管，进入“修改|软风管”选项卡，如图2-134所示。在“风管隔热层”面板、“风管内衬”面板与“分析”面板中提供了编辑软风管的工具，单击按钮，激活工具，可以编辑修改软风管。

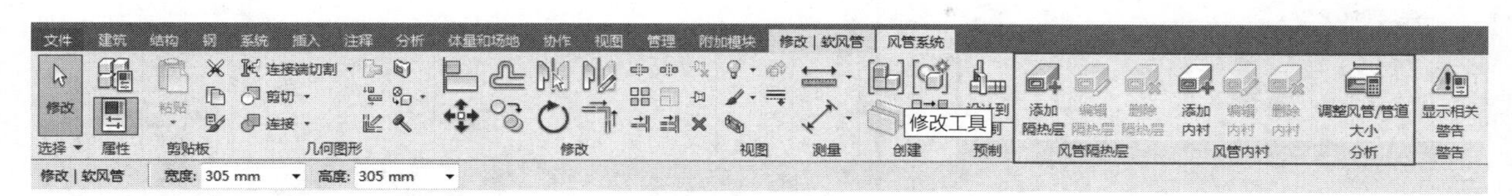

图 2-134　“修改 | 软风管”选项卡

延伸讲解：

软风管的编辑方法与风管的编辑方法类似，请读者参考2.1.4节中关于编辑风管内容的介绍。

处于选择状态的软风管，在两端显示夹点，在内部显示切点与顶点，如图2-135所示。光标置于软风管的端夹点上，单击鼠标右键，弹出如图2-136所示的快捷菜单。选择“绘制风管”选项，指定终点可创建与软风管连接的风管，效果如图2-137所示。选择“绘制风管占位符”选项，可以创建与软风管相接的风管占位符。选择“绘制软风管”选项，则可延长当前的软风管。

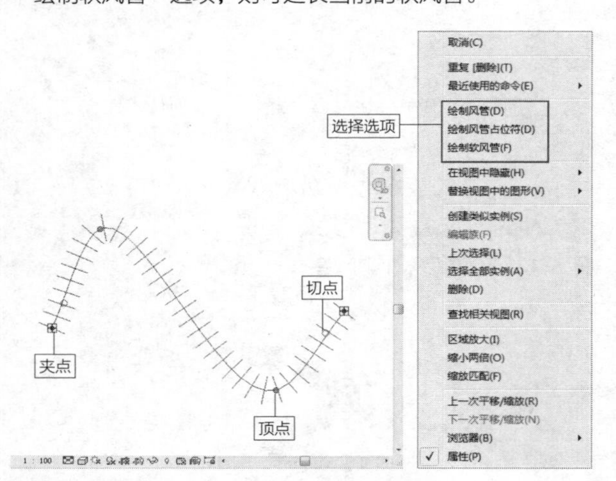

图 2-135　显示特征点　　图 2-136　快捷菜单

光标置于软风管的切点上，按住鼠标左键不放，移动光标，此时软风管的形态发生变化，如图2-138所示。

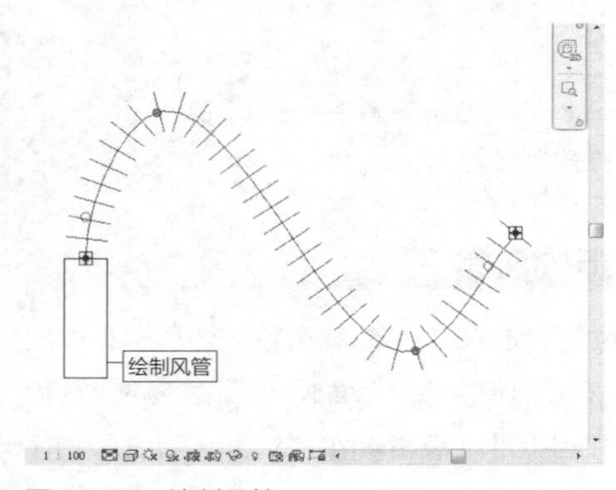

图 2-137　绘制风管

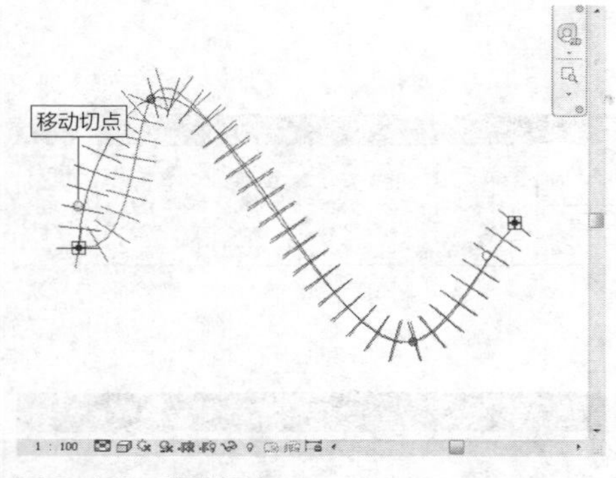

图 2-138　移动切点

在合适的位置松开鼠标左键，移动切点的位置后，软风管的显示样式随之发生变化，效果如图2-139所示。单击软风管的顶点，按住鼠标左键不放，移动光标，调整顶点的位置，软风管的形态随着顶点的移动而发生改变，如图2-140所示。

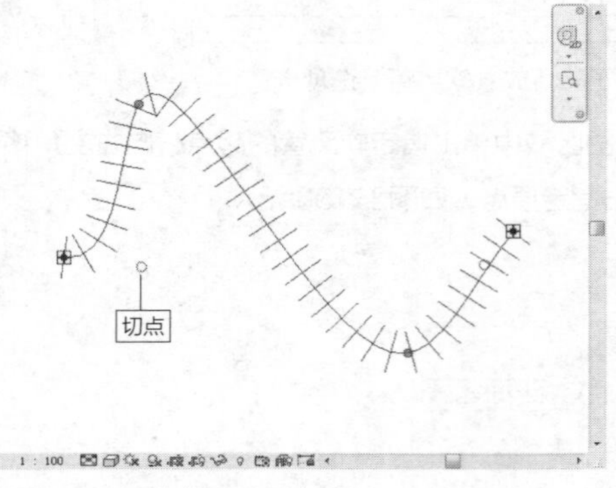

图 2-139　改变显示形态

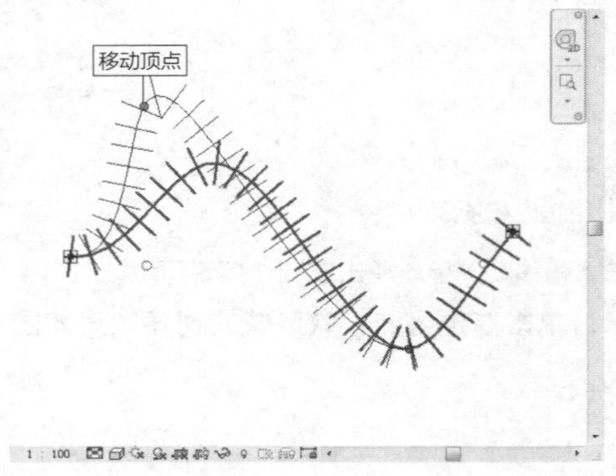

图 2-140　移动顶点

松开鼠标左键，结束移动顶点的操作，调整软风管形态后的效果如图2-141所示。在“属性”选项板中单击“软管样式”选项，在弹出的列表中显示软风管的多种样式，如“单线”“圆形”等，默认选择“单线”样式。在列表中选择其他样式，如选择“软管”样式，如图2-142所示，更改软风管的显示样式。

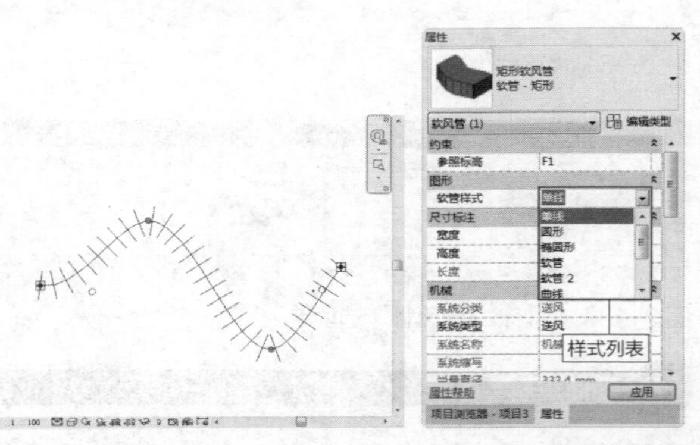

图 2-141　调整效果　　图 2-142　选择样式

知识链接：

移动切点后，切点会偏离软风管。但是移动顶点后，顶点依然位于软风管的中心线上，仅是软风管的形态发生了改变。

将显示样式修改为“软管”后，软风管的显示效果如图2-143所示。在“尺寸标注”选项组中单击“宽度”与“高度”选项，弹出尺寸列表，如图2-144所示。选择尺寸，可以修改软风管的尺寸。

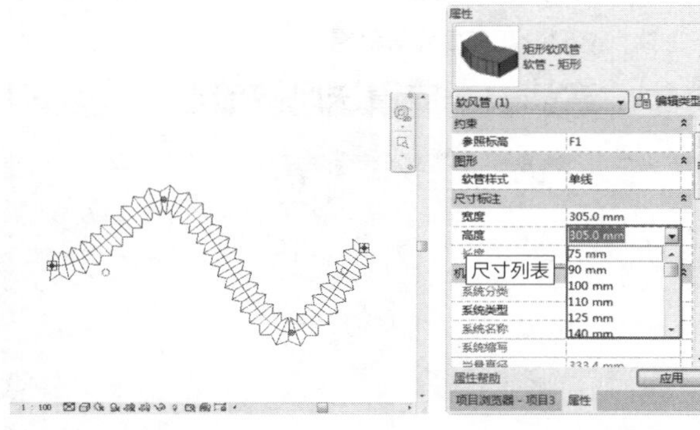

图 2-143 更改样式　　图 2-144 选择尺寸

在“宽度”与“高度”尺寸列表中都选择500mm，修改软风管尺寸的效果如图2-145所示。软风管和风管一样，都属于某种系统类型。单击“系统类型”选项，在弹出的列表中选择选项，如图2-146所示，指定风管的系统类型。

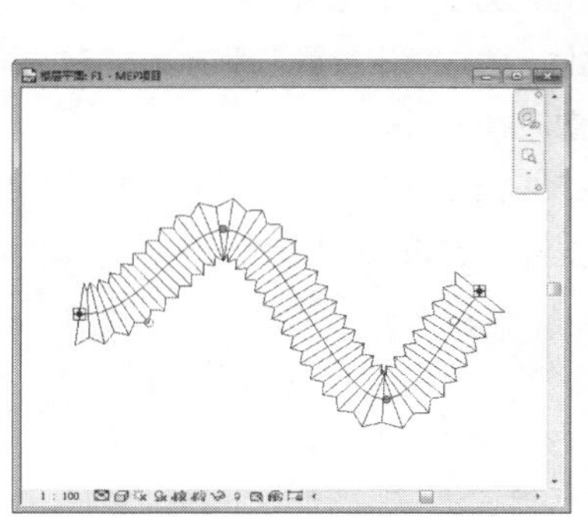

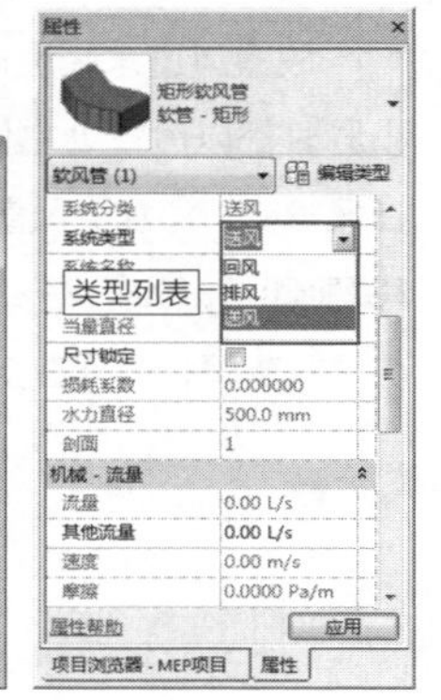

图 2-145 更改尺寸　　图 2-146 选择系统类型

延伸讲解：

在选项栏中也可以修改软风管的“宽度”与“高度”尺寸。

在“属性”选项板中单击“编辑类型”按钮，弹出“类型属性”对话框，在“管件”选项组中显示软风管已被指定的管件。单击选项，在弹出的列表中选择管件的类型，如图2-147所示。指定管件后，在绘制软风管时这些管件会自动添加。

图 2-147 指定管件

绘制圆形软风管的方法与绘制矩形软风管的方法相同，请读者运用所学习的知识，自行练习绘制圆形软风管。图2-148所示为软风管的三维效果。

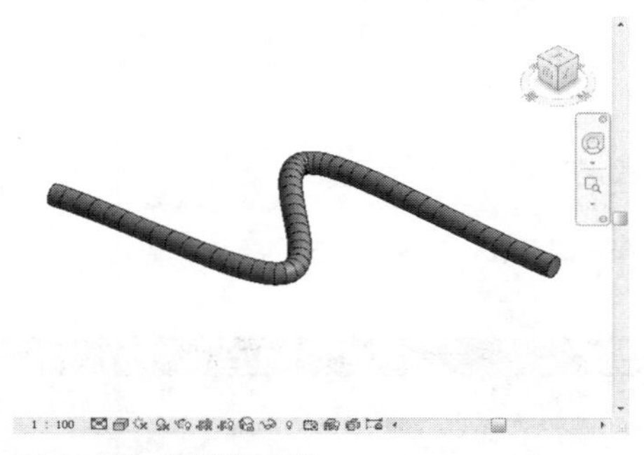

图 2-148 圆形软风管

知识链接：

在为软风管指定管件时，需要先将相应的管件载入项目。

2.5.3 将风管转换为软风管 难点

与软风管相比，其他风管可以称为刚性风管。通过启用“转换为软风管”命令，刚性风管可以转换为软风管。在“HVAC”面板上单击“转换为软风管”按钮，激活该命令，如图2-149所示。

在“属性”选项板中选择软风管的类型，如图2-150所示，默认提供“圆形软风管”类型。

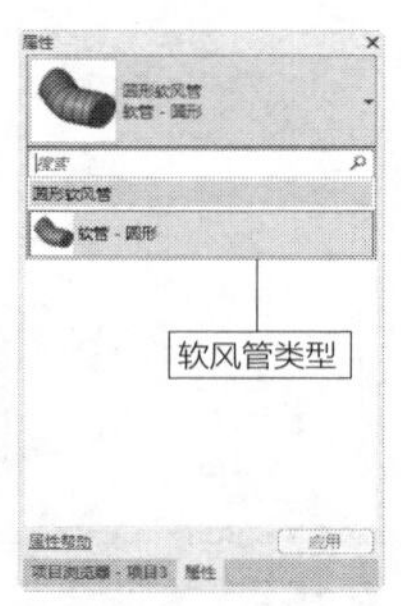

图 2-149 单击按钮　　图 2-150 选择类型

知识链接：

在键盘上按C+V快捷键，也可以启用“转换为软风管”命令。

光标置于风管末端设备之上，如图2-151所示，高亮显示设备后，单击鼠标左键，拾取设备。与设备相接的刚性风管被转换为软风管，效果如图2-152所示。在执行“转换为软风管”操作之前，需要先在风管末端添加设备，如送风散流器。在稍后的章节中会介绍与风管末端设备相关的知识。

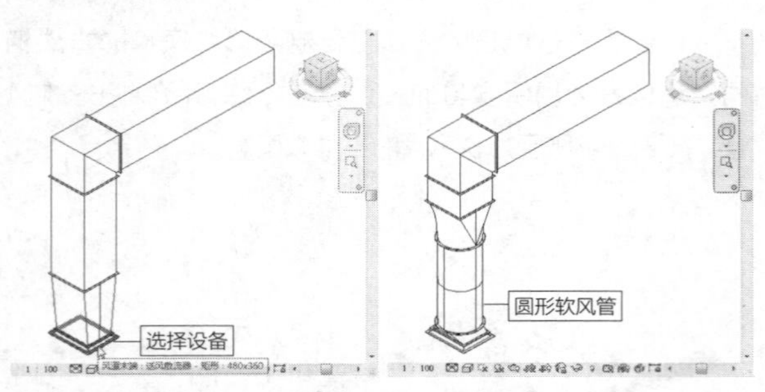

图 2-151　选择末端设备　　图 2-152　转换效果

延伸讲解：

刚性风管可以转换为圆形软风管，不能转换为矩形软风管。

在“HVAC”面板中单击右下角的按钮 ↘，如图2-153所示，弹出“机械设置”对话框。在对话框中选择“转换”选项卡，在“软风管最大长度”选项中设置参数，如图2-154所示，指定转换的软风管的最大长度。

图 2-153　单击按钮

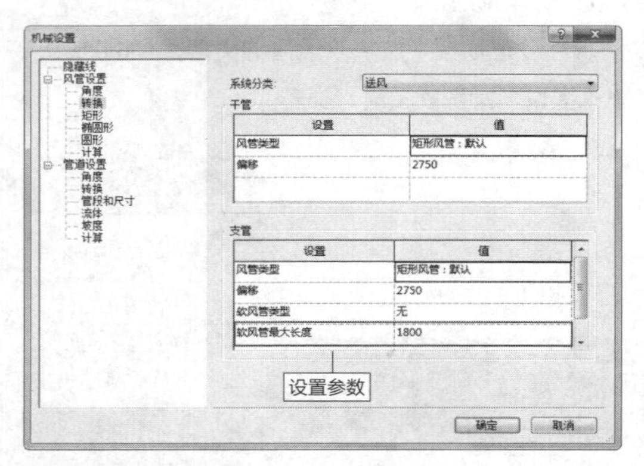

图 2-154　“机械设置”对话框

知识链接：

在键盘上按M+S快捷键，也可以打开“机械设置”对话框。

2.6 风道末端

启用“风道末端”命令，可以放置风口、格栅和散流器。主体风道末端必须放置在平面上。假如风道末端不基于主体，需要设置其高程偏移量。

2.6.1 实战——放置送风散流器　重点

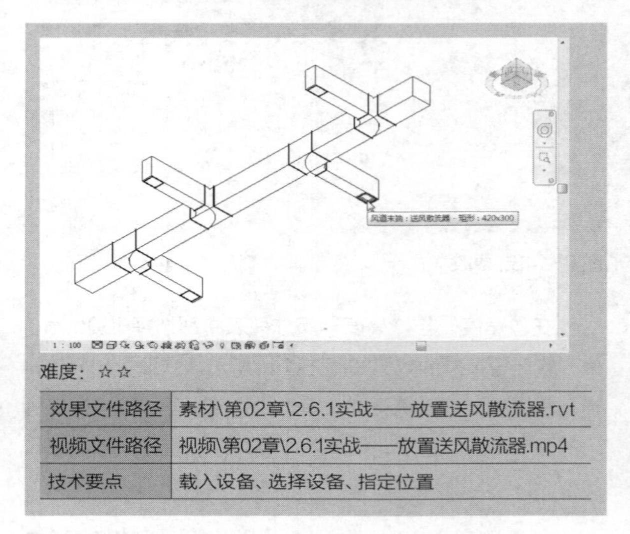

难度：☆☆

效果文件路径	素材\第02章\2.6.1实战——放置送风散流器.rvt
视频文件路径	视频\第02章\2.6.1实战——放置送风散流器.mp4
技术要点	载入设备、选择设备、指定位置

放置风道末端设备的方法与放置风管管件的方法大同小异，都以风管为主体，通过指定位置来添加。本节介绍在风管支管添加送风散流器的方法。

步骤 01 打开如图2-155所示的风管系统，其中包含主风管与风管支管，需要在支管上添加送风散流器。

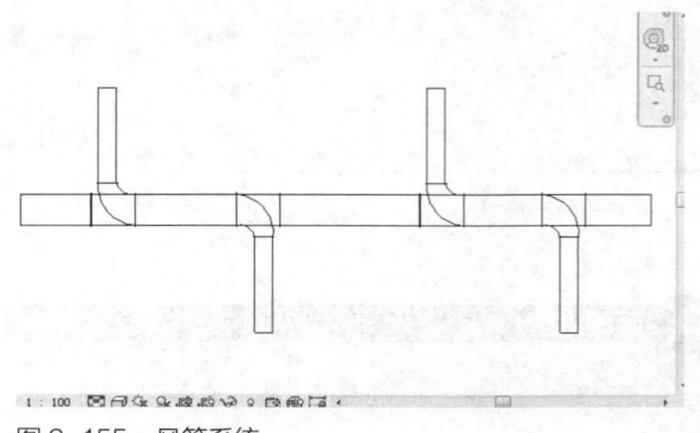

图 2-155　风管系统

步骤 02 在“HVAC”面板上单击“风道末端”按钮，如图2-156所示，激活命令。

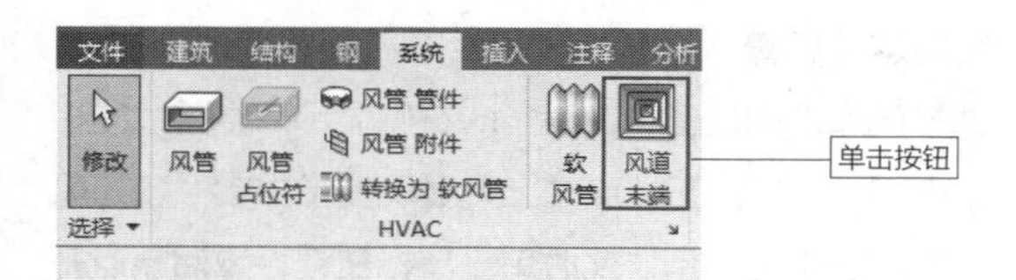

图 2-156　单击按钮

知识链接：

在键盘上按A+T快捷键，也可以调用“风道末端”命令。

步骤 03 激活“风道末端”命令后，弹出如图2-157所示的提示对话框，在其中提示并询问用户“项目中未载入风道末端族。是否要现在载入”。单击“是”按钮，弹出“载入族”对话框。选择设备，单击“打开”按钮，将设备载入项目。

图 2-157　提示对话框

步骤 04 进入“修改|放置风道末端装置”选项卡，单击“风道末端安装到风管上”按钮，如图2-158所示。

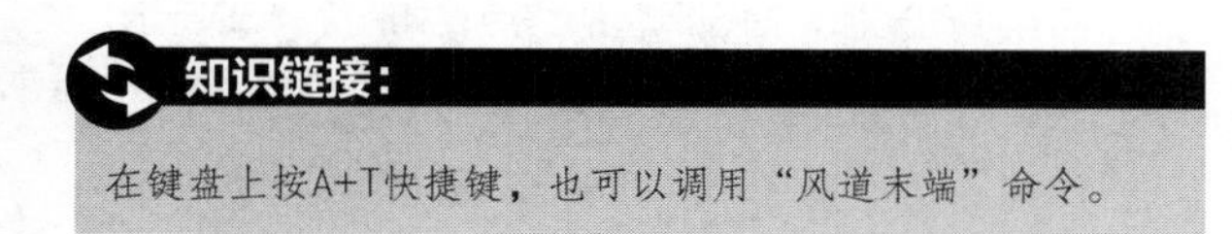

图 2-158　单击按钮

步骤 05 在“属性”选项板中选择名称为“送风散流器-矩形”的设备，如图2-159所示。属性参数保持默认值。

步骤 06 光标置于风管末端上，高亮显示风管中心线，如图2-160所示。

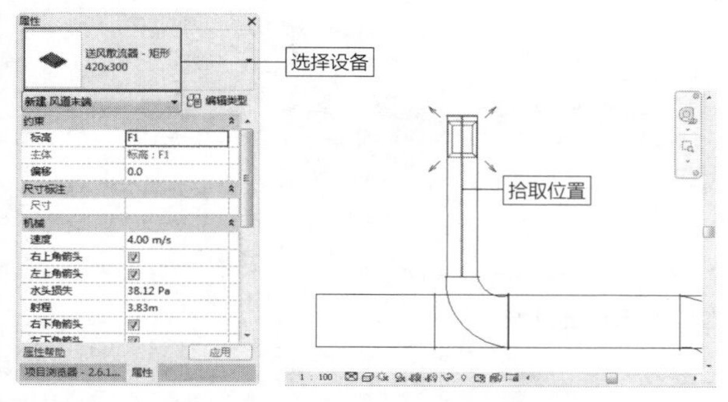

图 2-159　选择设备　图 2-160　拾取位置

延伸讲解：

基于风管来放置末端设备，设备可以自动继承风管参数。

步骤 07 在合适的位置单击鼠标左键，结束放置送风散流器的操作，效果如图2-161所示。

步骤 08 此时尚处在“放置风道末端设备”的状态中，继续在其他支管上拾取点来放置送风散流器，效果如图2-162所示。

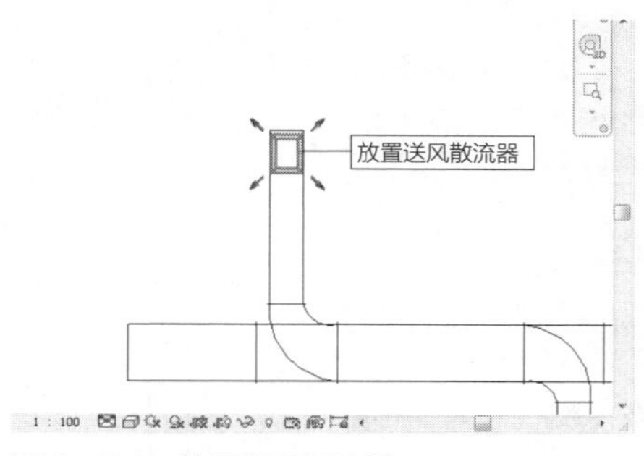

图 2-161　放置送风散流器

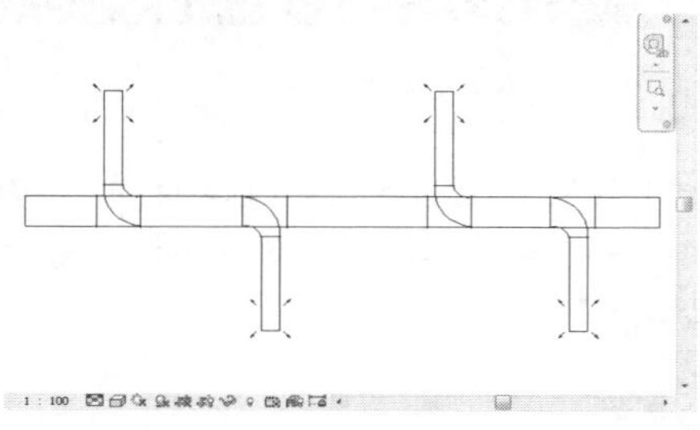

图 2-162　最终结果

步骤 09 切换至三维视图，调整视图方向，观察送风散流器添加到风管支管的效果，如图2-163所示。

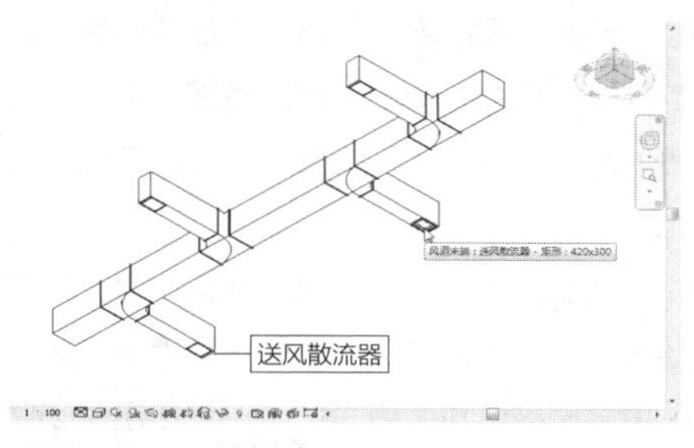

图 2-163　三维样式

知识链接：

在三维视图中，通过单击ViewCube上的角点，调整视图方向，可以更直观地查看添加设备后的效果。

2.6.2　编辑风管末端设备　难点

本节介绍编辑风管末端设备的相关知识。

1.　指定设备的高程偏移量

在“属性”选项板中，单击设备名称弹出类型列表，在其中显示了项目中包含的所有设备的名称。在“约束”选项组、“机械”选项组中显示设备的参数。在“偏移”选项中设置参数，如图2-164所示，指定设备的高程偏移量。

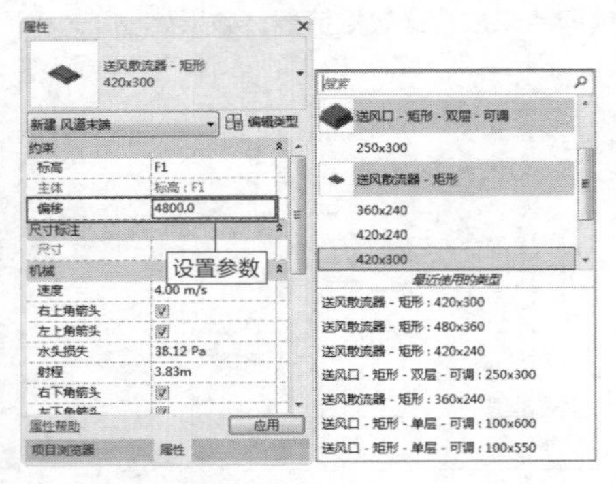

图 2-164　设置参数

知识链接：

风道末端设备也可以在没有主体的情况下放置。

在绘图区域中指定点放置设备，在工作界面的右下角弹出如图2-165所示的提示对话框，提醒用户“所创建的图元在视图楼层平面：F1中不可见”。

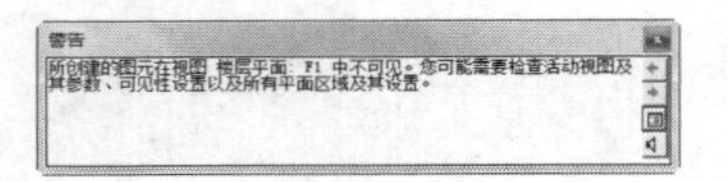

图 2-165　提示对话框

出现上述情况是因为设备的高程偏移量超出了视图范围。按下Esc键，退出“风道末端”命令。在“属性”选项板中展开“范围”选项组，单击“视图范围”选项右侧的“编辑”按钮，如图2-166所示，弹出“视图范围”对话框。

在对话框中“顶部”选项中修改其“偏移”值，如图2-167所示。所设置的参数必须大于设备的高程偏移量，如此设备在视图中才可被看见。单击“确定”按钮关闭对话框，再次放置设备，即可观察到添加设备的效果。

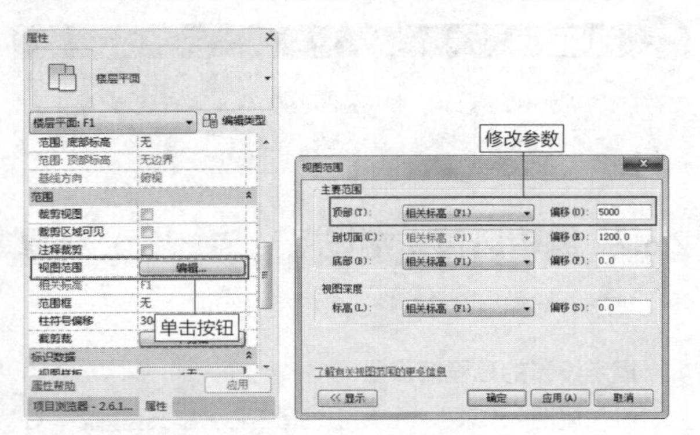

图 2-166　单击按钮　　图 2-167　修改参数

2. 绘制连接风管

选择风道末端设备，在设备的右侧显示与水平线段相连的端点☒。光标置于端点之上，显示提示文字“创建风管”，如图2-168所示。此时单击鼠标左键，激活端点开始创建风管。

向右移动光标，指定风管的终点，如图2-169所示。

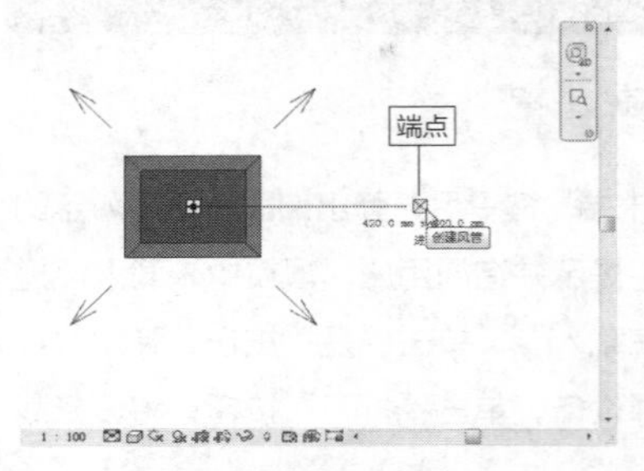

图 2-168　显示端点和提示文字

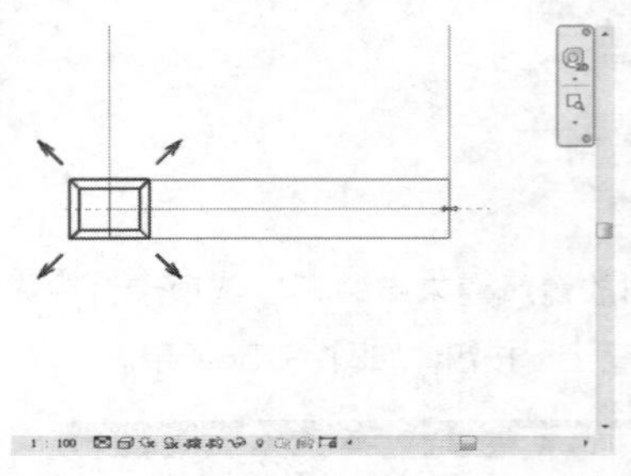

图 2-169　指定终点

在合适的位置单击鼠标左键指定风管的终点，但是此时设备与风管的显示样式如图2-170所示。同时在工作界面的右下角弹出如图2-171所示的提示对话框，提醒用户“找不到自动布线解决方案”。

单击“取消”按钮关闭提示对话框。按Esc键，退出绘制连接风管的操作。

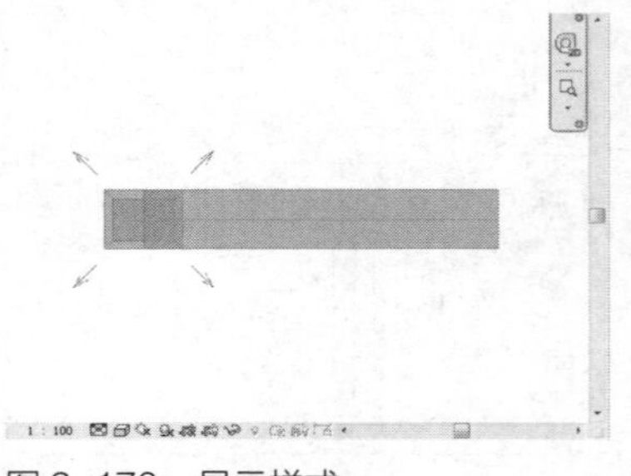

图 2-170　显示样式

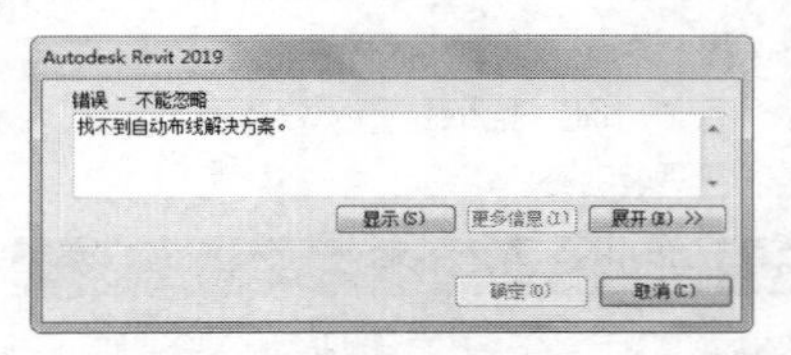

图 2-171　提示对话框

再次选中风道末端设备，激活端点⊠绘制风管。此时进入“修改|放置风管”选项卡，在“放置工具”面板中单击“继承高程”按钮，如图2-172所示，同时选项栏中的“偏移”选项值也自动更新。

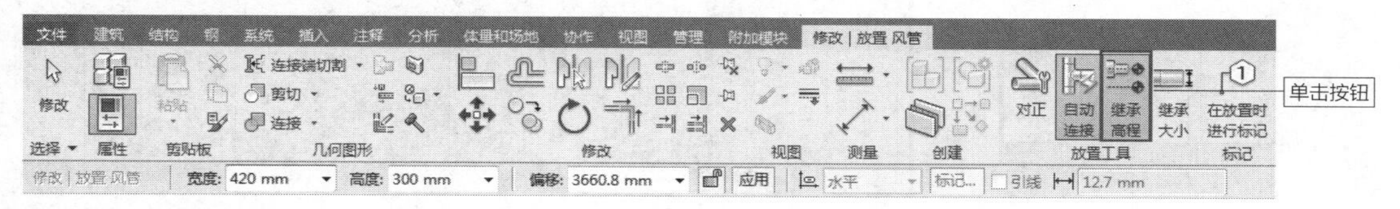

图 2-172　单击按钮

知识链接：

在尚未启用“继承高程”命令时，风管与设备的高程偏移值不一致，所以产生“找不到自动布线解决方案”的情况。

向右移动光标指定风管的终点，在合适的位置单击鼠标左键，绘制连接设备的风管，效果如图2-173所示。切换至三维视图，观察创建效果，如图2-174所示。

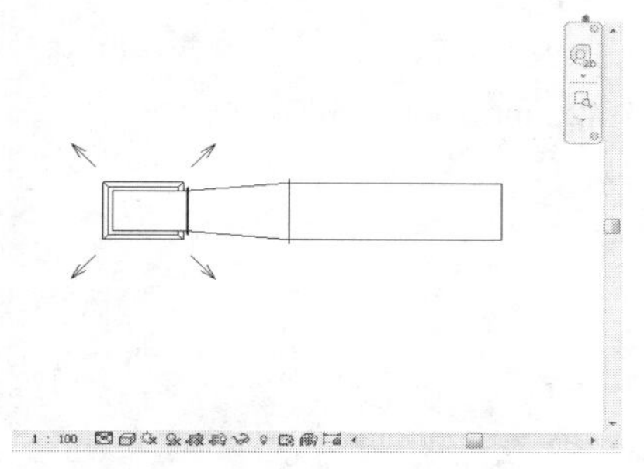

图 2-173　绘制风管

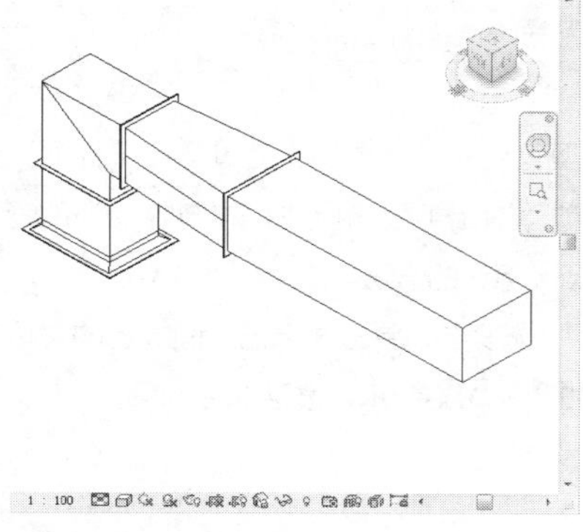

图 2-174　三维效果

3. 编辑设备属性

选择设备，在“属性”选项板中显示各项参数，如图2-175所示。其中，在“机械”选项组中显示设备的相关信息，如“速度”“射程”等。选择“右上角箭头”与“左上角箭头”“右下角箭头”“左下角箭头”选项，放置设备后可显示箭头。取消选择这4项，则箭头被隐藏。

单击“编辑类型”按钮，弹出如图2-176所示的“类型属性”对话框。在“散流器材质”选项中单击右侧的矩形按钮，可以在弹出的“材质浏览器”对话框中设置材质参数。在“尺寸标注”选项组中，可以分别定义散流器各细部的尺寸以及风管的尺寸。

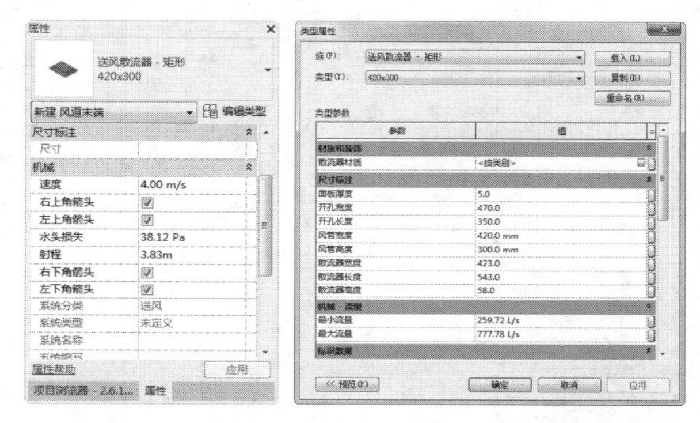

图 2-175　“属性”选项板　图 2-176　“类型属性”对话框

在“修改|风道末端”选项卡中单击“布局”面板中的“连接到”按钮，如图2-177所示。此时在光标的右上角显示“+”，光标置于邻近的风管上，如图2-178所示，拾取该风管。

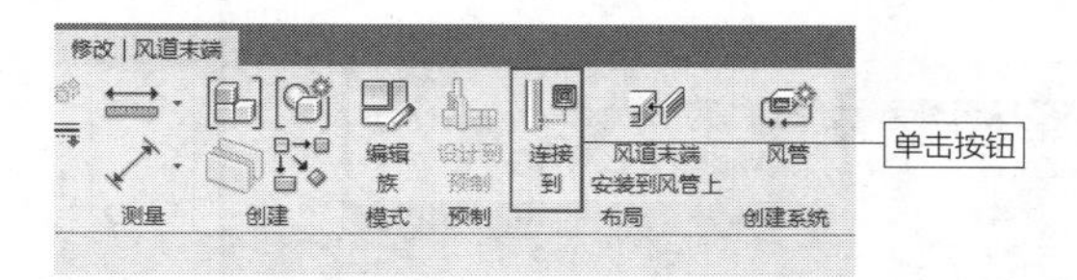

图 2-177　单击按钮

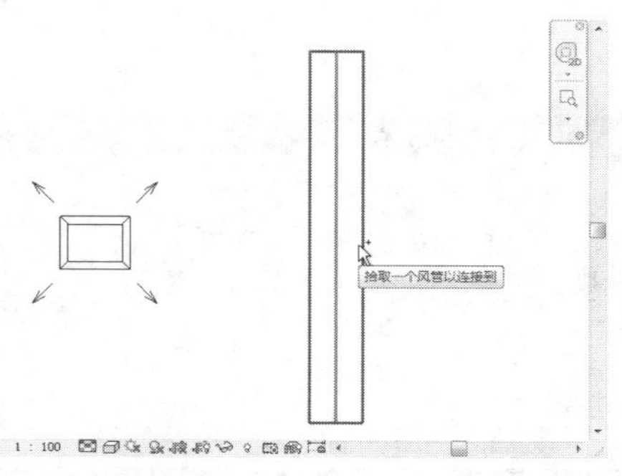

图 2-178　选择风管

软件在选定的设备与风管之间创建物理连接，效果如

图2-179所示。切换至三维视图，观察连接的效果，如图2-180所示。

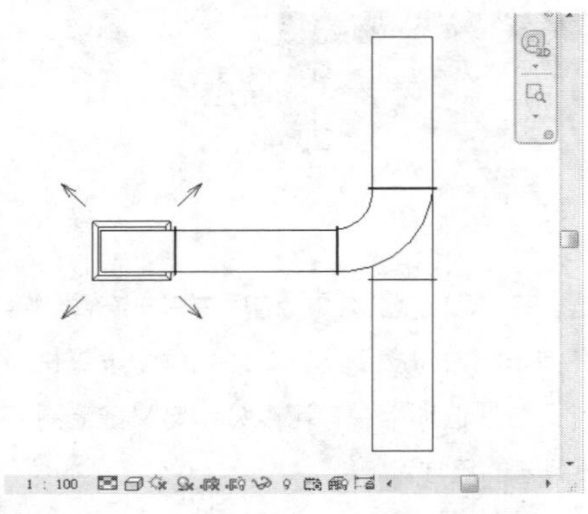

图 2-179　连接到风管

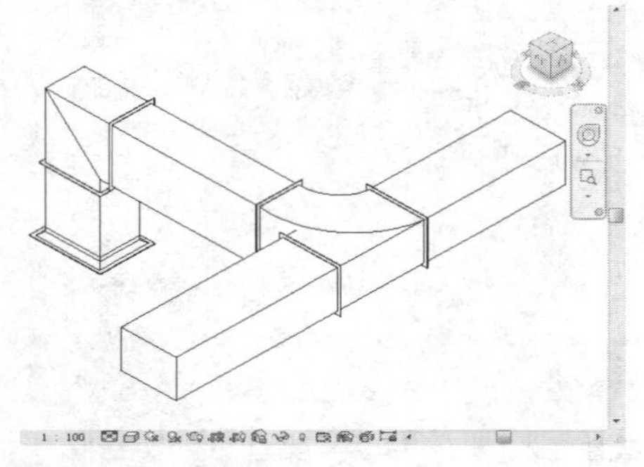

图 2-180　三维效果

在“创建系统”面板中单击“风管”按钮，如图2-181所示，弹出“创建风管系统”对话框。在“系统类型”选项中显示设备所处的系统，并在“系统名称”文本框中显示所在系统的名称，如图2-182所示。

图 2-181　单击按钮

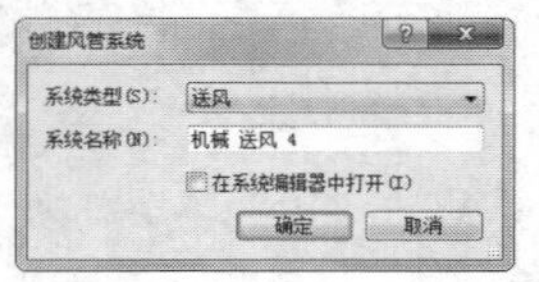

图 2-182　“创建风管系统”对话框

知识链接：

在“创建风管系统”对话框中，选中“在系统编辑器中打开”复选框，单击“确定”按钮，进入“编辑风管系统”选项卡。在其中可以添加设备到系统中，也可删除系统中的设备。

2.7 风管标注

为风管创建标注，可以一目了然地了解风管的尺寸。创建风管标注需要启用“标记”工具，该工具功能强大，可以为不同类别的图元创建标注。

2.7.1 实战——创建风管标注　重点

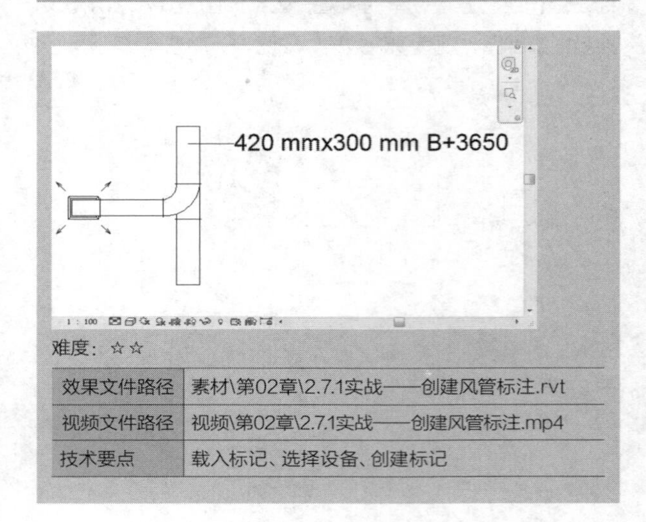

难度：☆☆

效果文件路径	素材\第02章\2.7.1实战——创建风管标注.rvt
视频文件路径	视频\第02章\2.7.1实战——创建风管标注.mp4
技术要点	载入标记、选择设备、创建标记

风管的标注类型有尺寸、标高等，通过运用“标记”工具，可以灵活地创建指定类型的标注。本节介绍为风管添加尺寸标注以及标高标注的方法。

步骤 01 选择“注释”选项卡，单击“标记”面板上的“按类别标记”按钮，如图2-183所示，激活命令。

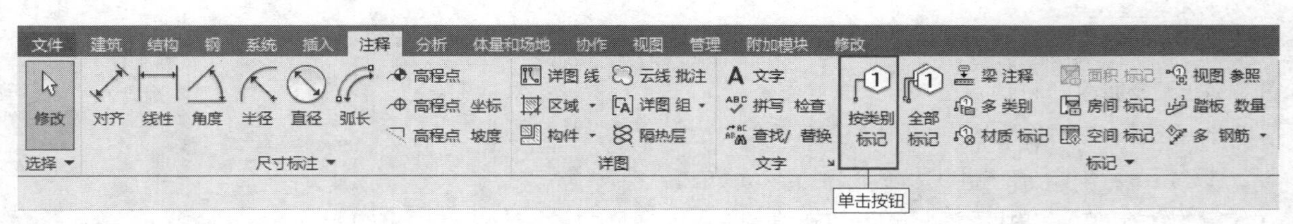

图 2-183　单击按钮

知识链接：

在键盘上按T+G快捷键，也可以启用“按类别标记”命令。

步骤 02 软件随即弹出如图2-184所示的“未载入标记”对话框，提醒并询问用户“没有为风管载入任何标记。是否要立即载入一个标记”。单击“是”按钮，弹出“载入族”对话框，选择标记类型，单击“打开”按钮，将标记载入项目。

图 2-184　“未载入标记”对话框

步骤 03 进入“修改|标记”选项卡，在选项栏选中“引线”复选框，并在引线样式列表中选择“附着端点”样式，如图2-185所示。

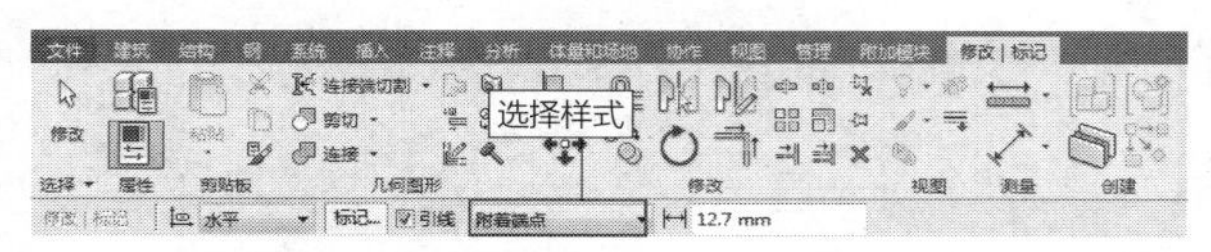

图 2-185　指定引线样式

延伸讲解：

引线的另外一种样式是“自由端点”。

步骤 04 光标置于待添加标注的风管上，此时可以预览尺寸标注的创建效果，如图2-186所示。

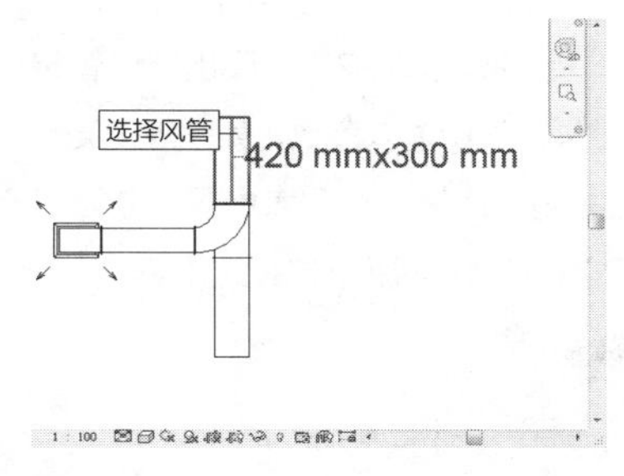

图 2-186　选择风管

步骤 05 单击鼠标左键，创建风管尺寸标注。选择该标注，显示“移动”符号。光标置于“移动”符号之上，按住鼠标左键不放，向右移动光标，调整尺寸标注的位置，效果如图2-187所示。

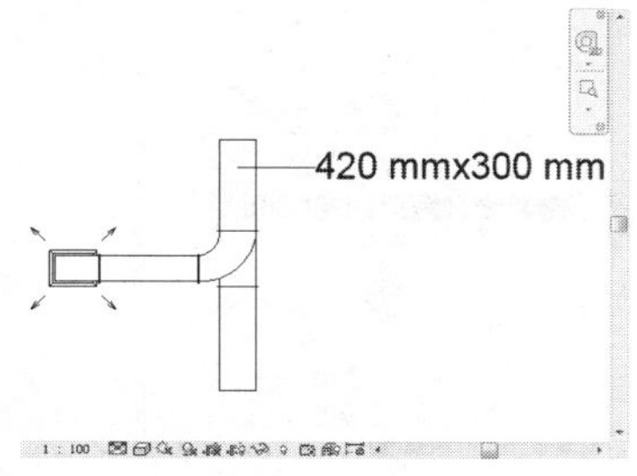

图 2-187　放置尺寸标注

知识链接：

创建完毕的尺寸标注与风管重叠，风管边界线会自动断开，避免影响尺寸标注的显示。

步骤 06 选择刚才创建的尺寸标注，在“属性”选项板中单击“编辑类型”按钮，弹出如图2-188所示的“类型属性”对话框。在“尺寸标注”选项组中显示3个选项，分别是“尺寸”“标高和尺寸”和“标高”。选择选项，可以定义标注的类型。

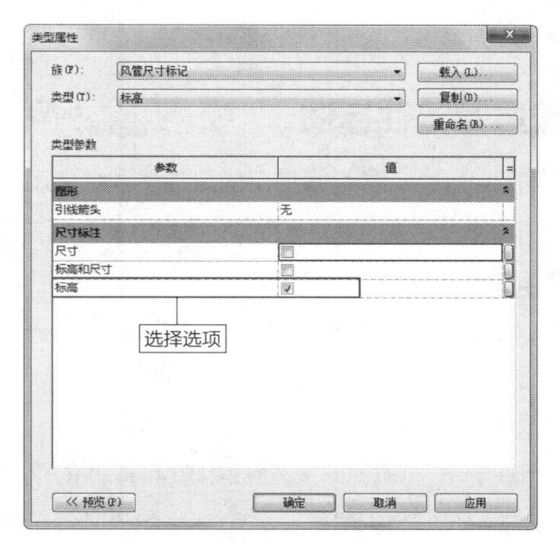

图 2-188　选择选项

步骤 07 例如，在“尺寸标注”选项组下选择“标高”选项，单击“确定”按钮关闭对话框，观察设置结果。可以发现原先的尺寸标注转换为标高标注，效果如图2-189所示。

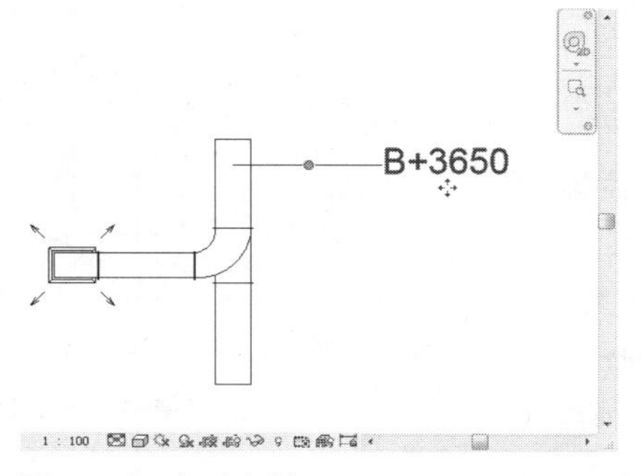

图 2-189　标高标注

答疑解惑：为什么标高标注的内容与风管的“偏移值”不符？

观察标高标注，发现标注内容与风管的“偏移值”不符，这是为什么？因为标高标注所显示的参数表示的是风管底部标高与风管中心线的距离。当前风管的“高度”为300mm，“偏移值”为3800mm。其底部标高至中心线的距离为3650mm，所以标高标注显示的信息为3650。

步骤 08 重新调出“类型属性”对话框，在“尺寸标注”选项组下选择“标高和尺寸”选项，可以在标注中同时显示风管的尺寸与标高信息，效果如图2-190所示。

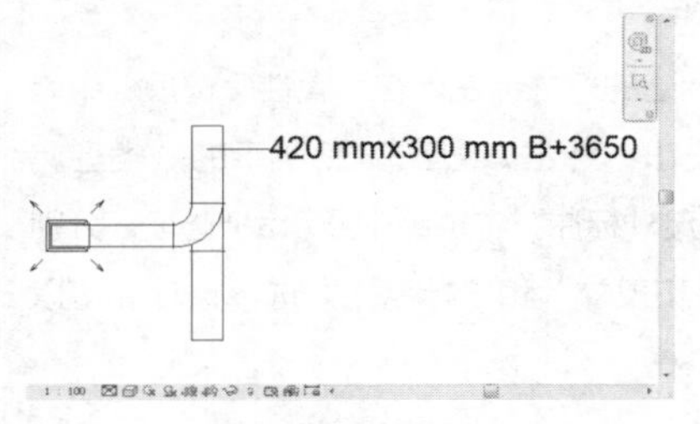

图 2-190　尺寸与标高标注

2.7.2　创建风管管件标注　**难点**

风管管件与风管一样，都包含特定的尺寸。继续启用“标记”工具，可以创建指定管件的标注。通过识读标注内容，了解管件的相关信息。

在“标记”面板上单击“按类别标记”按钮，光标置于矩形弯头上，创建管件的尺寸标注，效果如图2-191所示。按Esc键，退出“按类别标记”命令。

选择矩形弯头，在“属性”选项板中查看管件的信息。在“尺寸标注”选项组中显示“风管宽度”“风管长度”“风管高度”的参数，如图2-192所示。管件尺寸标注的内容所反映的即是与管件相接的风管尺寸信息。

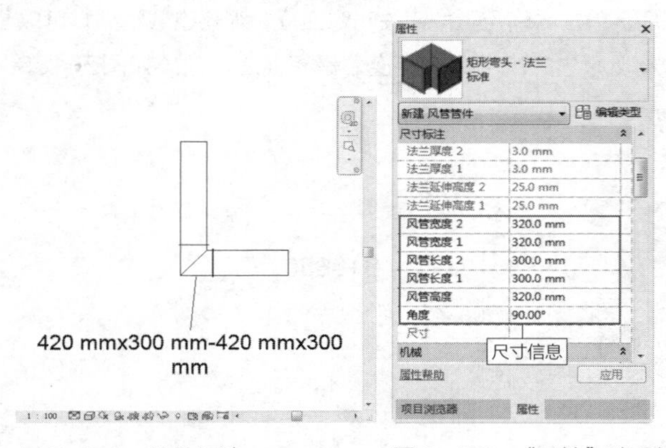

图 2-191　管件标注　　　图 2-192　“属性”选项板

2.8 风管尺寸

启用“风管”命令后，进入“修改|放置风管”选项卡。在选项栏中单击“宽度”与“高度”选项，弹出尺寸列表。通过选择列表中的选项，可以指定风管的尺寸。尺寸列表中的信息由软件默认设置，但是也可以自定义列表中的信息。

选择“管理”选项卡，在“设置”面板上单击“MEP设置”按钮，在弹出的列表中选择“机械设置”选项，如图2-193所示，弹出“机械设置”对话框。在对话框中选择“风管设置”选项组下的“矩形”选项，在右侧显示尺寸列表，如图2-194所示。

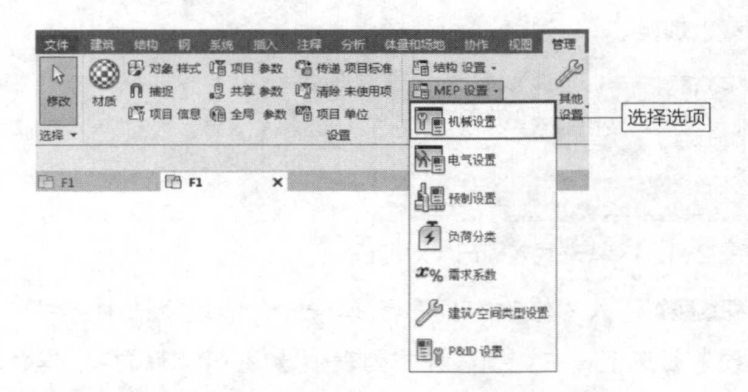

图 2-193　选择选项

图 2-194　“机械设置”对话框

在列表的上方单击“新建尺寸”按钮，弹出“风管尺寸”对话框。在“尺寸”文本框中输入参数，如图2-195所示。单击“确定”按钮关闭对话框，在列表中显示新建尺寸，如图2-196所示。尺寸按照大小排列，方便选用。

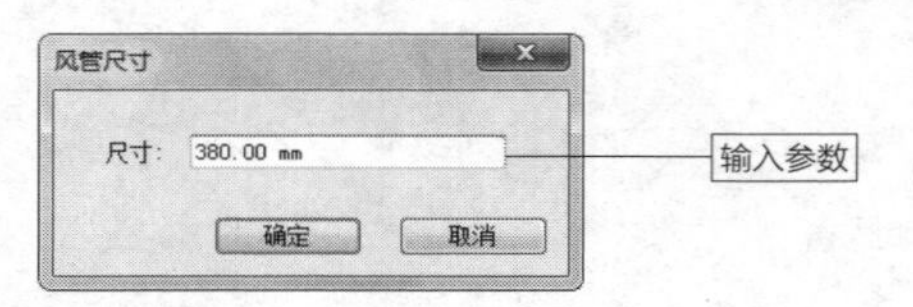

图 2-195　设置尺寸

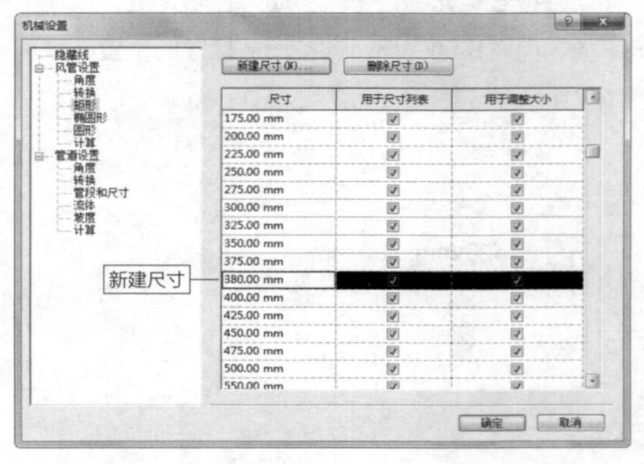

图 2-196　添加尺寸

在列表中选择某个尺寸，单击“删除尺寸”按钮，弹出如图2-197所示的“删除设置”对话框，询问用户“是否确实要删除380.00mm尺寸”。单击“是”按钮，删除选中的尺寸。

图 2-197　删除尺寸

在“风管设置”选项组中选择“椭圆形”或者“圆形”选项，同样可以显示尺寸列表。单击“新建尺寸”按钮或者“删除尺寸”按钮，也可以执行新建尺寸或者删除尺寸的操作。

选择“风管设置”选项组名称，在右侧的界面显示如图2-198所示的信息。通过设置选项中的参数，可以设置风管的相关参数。

◆ “为单线管件使用注释比例”选项：选择选项，当视图为“粗略显示”程度时，风管管件及风管附件会以“风管管件注释尺寸”在视图中显示。假如取消选择该项，风管管件与风管附件不以注释比例显示。但是取消选择前已经布置的风管管件风管与附件，仍然以注释比例显示。

◆ “风管管件注释尺寸”选项：默认值为3.1mm，用来指定在单线视图中，风管管件与风管附件的出图尺寸，并且不受图纸比例的影响。

◆ “矩形风管尺寸分隔符”选项：指定矩形风管尺寸的分隔符，如300mm×300mm中的“×”。

◆ “矩形风管尺寸后缀”选项：指定附加到矩形风管尺寸后的符号。

◆ “圆形风管尺寸前缀”选项：指定附加到圆形风管尺寸前面的符号。

◆ “圆形风管尺寸后缀”选项：指定附加到圆形风管尺寸后面的符号。

◆ “风管连接件分隔符”选项：在使用两个不同尺寸的连接件时，使用指定的符号来分隔尺寸信息。

◆ “椭圆形风管尺寸分隔符”选项：指定椭圆形风管尺寸标注的分隔符号。

◆ “椭圆形风管尺寸后缀”选项：指定附加到椭圆形风管尺寸后面的符号。

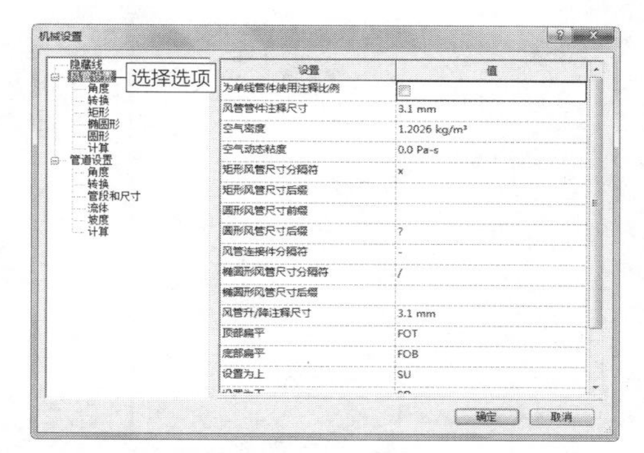

图 2-198　选项列表

知识链接：

假如在项目中已创建了尺寸为380mm的风管，就不能删除380mm尺寸。必须在项目中删除该尺寸的风管后，才可在对话框中删除尺寸信息。

2.9 风管的显示样式

风管的显示受到当前视图的“详细程度”样式、“视觉样式”类型以及可见性参数的控制。设置风管的显示样式参数，可以调整风管在视图中的显示效果。

2.9.1 设置风管线详细程度 重点

在视图控制栏中，单击“详细程度”按钮，在弹出的列表中显示3种详细样式，分别是“粗略”“中等”与“精细”。受到视图“详细程度”的影响，风管的显示样式也有相应的变化。

在二维视图中单击“详细程度”按钮，在列表中选择“粗略”选项，风管显示为单线，如图2-199所示。切换至三维视图，发现并未受到二维视图“详细程度”样式的影响。重复操作，将三维视图中的“详细程度”样式设置为“粗略”，风管同样以单线显示。但是视图方向与二维视图不同，如图2-200所示。

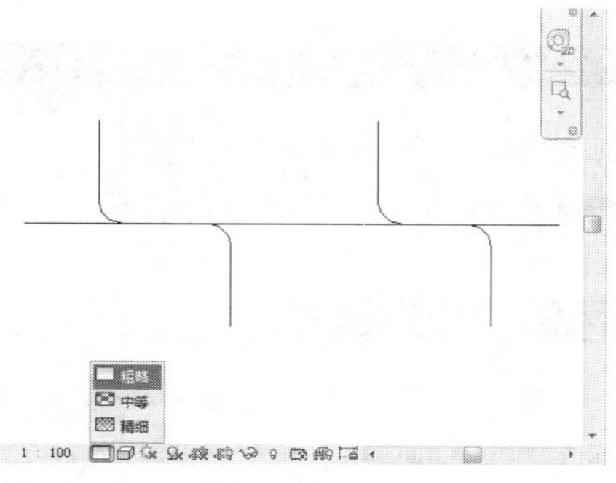

图 2-199　二维视图单线显示

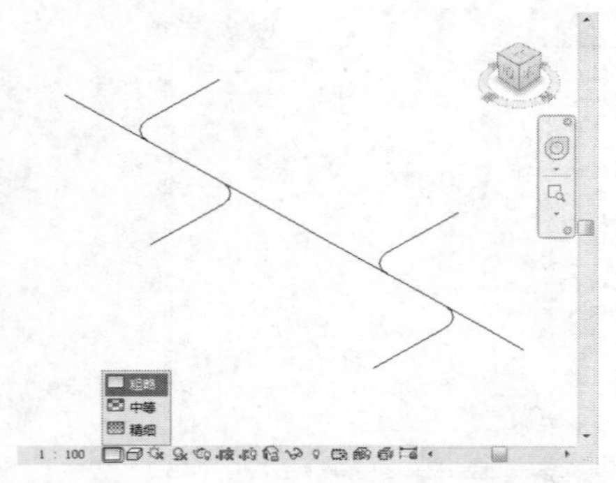

图 2-200　三维视图的单线显示

修改二维视图中“详细程度”样式为“中等”，风管的显示样式发生改变，以双线显示，效果如图2-201所示。三维视图的“详细程度”样式也设置为“中等”，风管在透视方向下以双线显示，如图2-202所示。

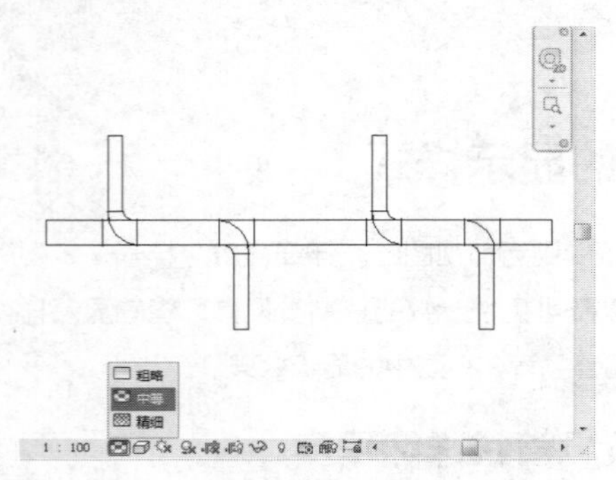

图 2-201　二维视图双线显示

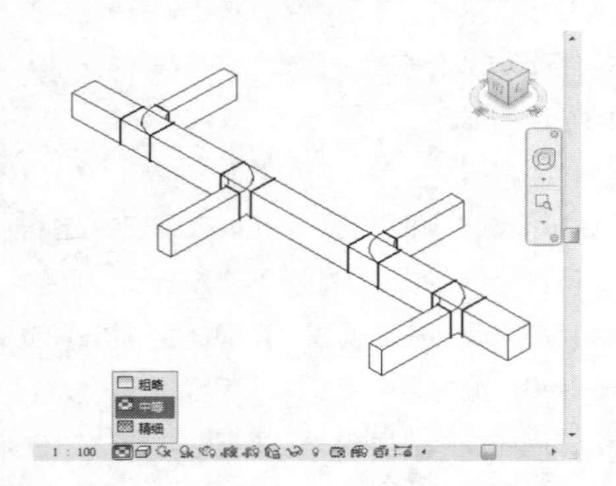

图 2-202　三维视图的双线显示

知识链接：

选择“详细程度”样式为“精细”，无论二维视图还是三维视图的显示效果，均与“中等”样式的显示效果相同。

2.9.2　设置风管的视觉样式

为视图设置不同的“视觉样式”，视图中的图元会以不同的样式来显示。在二维视图中，单击视图控制栏中的“视觉样式”按钮，在弹出的列表中选择“线框”选项，视图中的风管同时显示边界线、中心线，效果如图2-203所示。切换到三维视图，在透视方向下，风管模型与管件模型也同时显示边界线与中心线，效果如图2-204所示。

“隐藏线”的视觉样式是最常用的显示样式，在该样式下，仅显示图元的边界线，中心线被隐藏，方便选择与编辑图元。

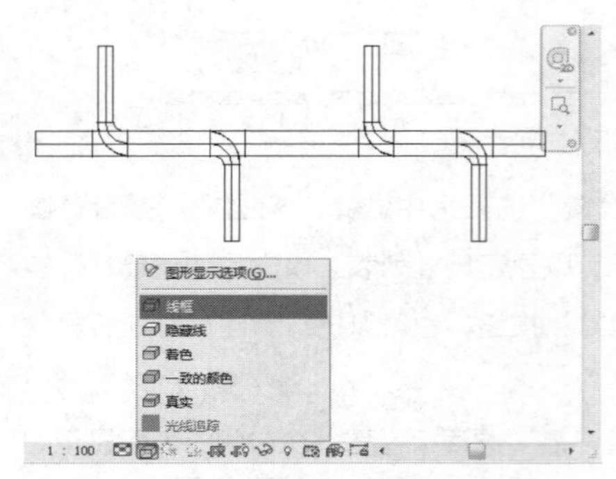

图 2-203　二维视图的“线框”样式

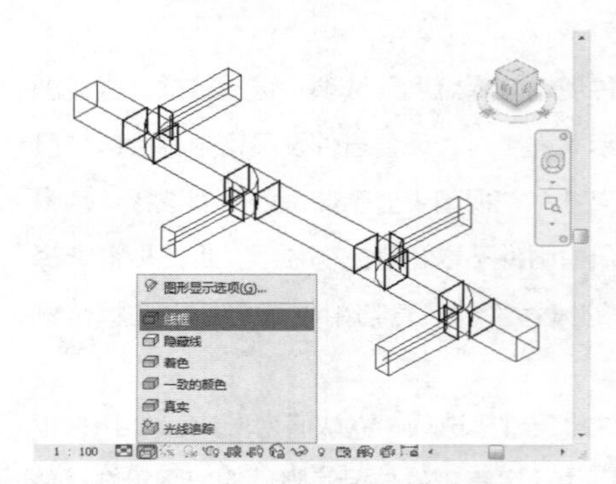

图 2-204　三维视图的“线框”样式

修改“视觉样式”为“着色”，无论在二维样式还是三维样式下，风管与管件模型均以同一颜色显示，效果分别如图2-205和图2-206所示。选择“一致的颜色”或“真实”样式，也可以为模型着色，但是所占用的系统内存却大得多。

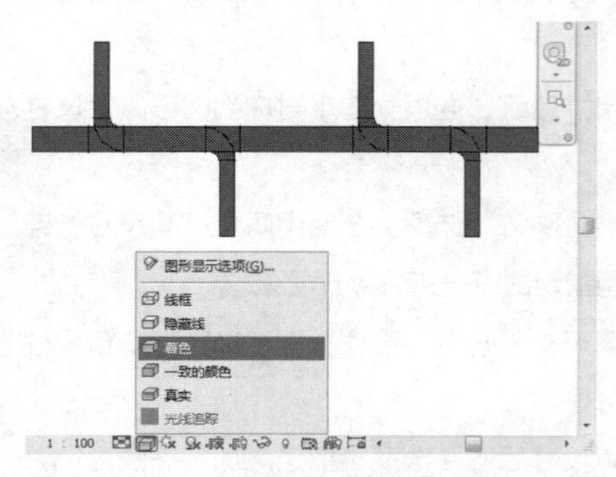

图 2-205　二维视图的“着色”样式

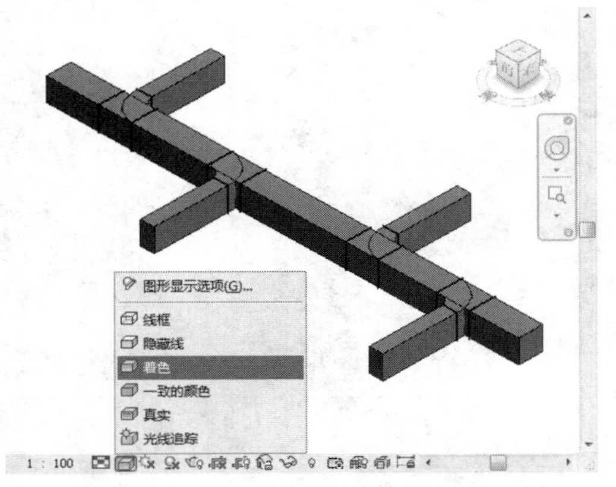

图 2-206 三维视图的“着色”样式

2.9.3 设置风管的可见性 重点

风管图元包含多个子类别，默认情况下，每个子类别在视图中都可见。有时候为了方便观察图元，需要将某个子类别隐藏。选择“视图”选项卡，在“图形”面板中单击“可见性/图形”按钮，如图2-207所示，弹出“楼层平面：F1的可见性/图形替换”对话框。

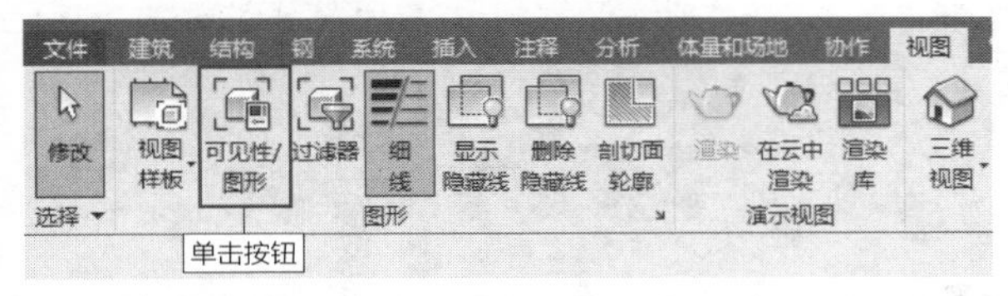

图 2-207 单击按钮

在对话框的“过滤器列表”中选择“机械”选项，在“可见性”列表中显示HVAC系统的模型类别。在“可见性”列表中选择“风管”选项，单击选项名称前的“+”，展开列表。在列表中显示风管的子类别，包括“中心线”“升”“降”，如图2-208所示。被选中的子类别，可以在视图中显示。

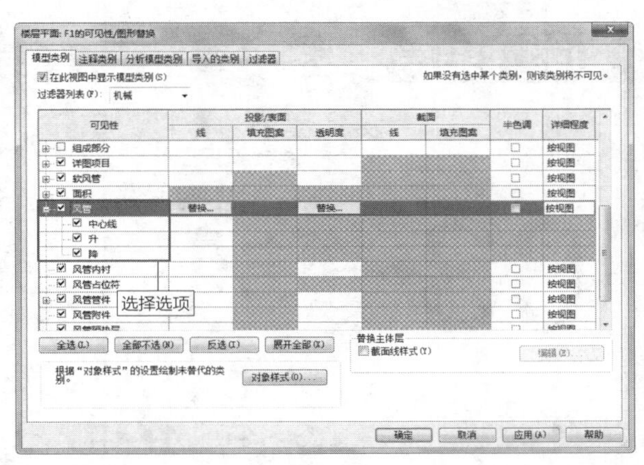

图 2-208 选择子类别

在列表中取消选择其中某个子类别，如取消选择“中心线”类别，单击“确定”按钮返回视图。将视图的“视觉样式”设置为“线框”，观察风管的显示效果，可以发现风管的中心线被隐藏了，如图2-209所示。

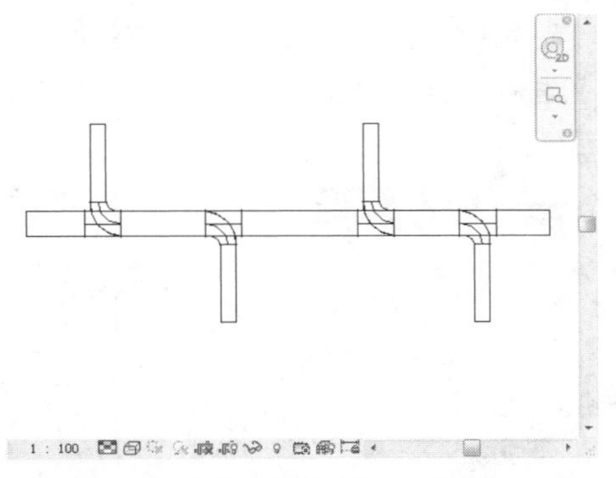

图 2-209 隐藏中心线的效果

知识链接：

管件的中心线在视图中显示，是因为管件的中心线在“楼层平面：F1的可见性/图形替换”对话框中处于选中状态。

第2篇

功能介绍篇

第03章

管道功能介绍

管道系统有多种类型，例如雨水系统、给水排水系统等。在Revit MEP中，通过启用不同的工具，可以创建管道系统模型。在本章中，主要讲解管道的创建、管件的添加和管道的标注等内容。

学习重点

3.1 管道

启用“管道”命令，可以在视图中创建水平、垂直与倾斜样式的管道。通常情况下，为方便确定管道的位置，垂直管道与倾斜管道在立面视图或者剖面视图中创建会得到更加准确的结果。

3.1.1 实战——绘制管道 重点

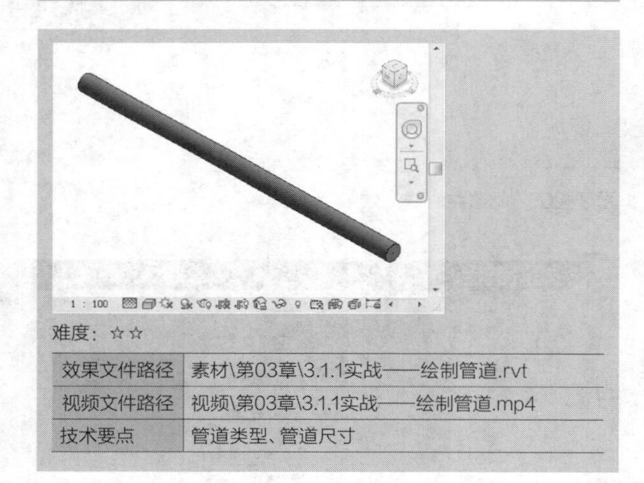

难度：☆☆

效果文件路径	素材\第03章\3.1.1实战——绘制管道.rvt
视频文件路径	视频\第03章\3.1.1实战——绘制管道.mp4
技术要点	管道类型、管道尺寸

使用“管道”命令所创建的管道为刚性管道，通过指定起点与终点来创建。本节介绍创建水平管道的方法。

步骤01 启动Revit应用程序，选择“系统”选项卡，在“卫浴和管道”面板上单击“管道”按钮，如图3-1所示，激活“管道”命令。

图3-1 单击按钮

知识链接：

在键盘上按P+I快捷键，也可以启用“管道”命令。

步骤02 进入“修改|放置管道”选项卡，在选项栏中单击“直径”选项，在弹出的列表中选择管径值，在“偏移”选项中设置参数，指定管道的高程偏移值，如图3-2所示。

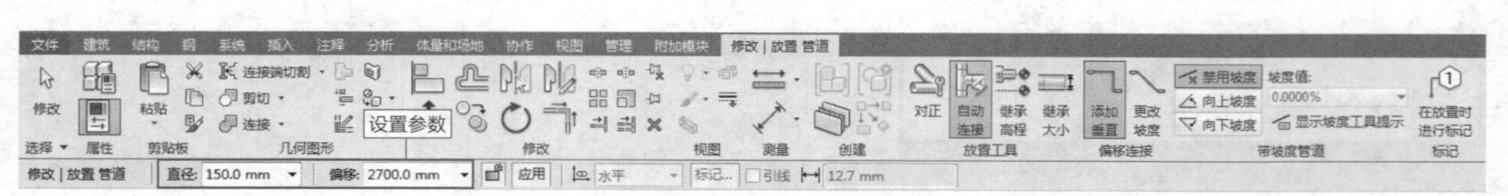

图3-2 设置参数

延伸讲解：

“偏移”值表示管道与楼层地面标高的距离。

步骤03 在“属性”选项板中选择管道的类型，在“约束”选项组中设置管道的属性参数，如图3-3所示。

步骤04 在绘图区域中单击鼠标左键，指定管道的起点；向右移动光标，指定管道的终点；在移动光标的过程中，显示临时尺寸标注，根据尺寸标注数值的变化，可以了解管道的长度，如图3-4所示。

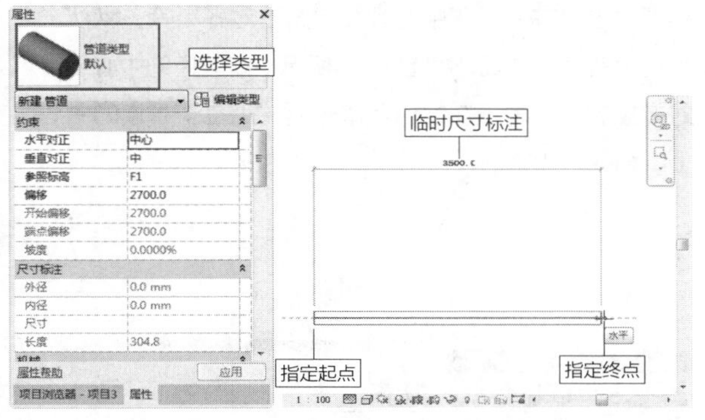

图 3-3 “属性”选项板 图 3-4 指定起点与终点

步骤05 在合适的位置单击鼠标左键，指定管道的终点，绘制管道的效果如图3-5所示。

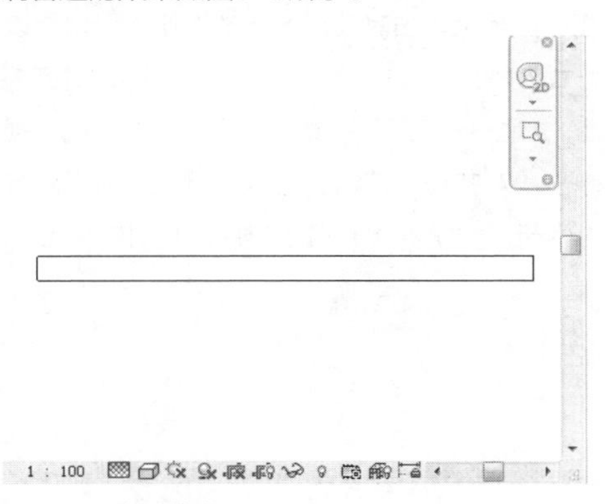

图 3-5 绘制管道

步骤06 切换至三维视图，查看管道的三维效果，如图3-6所示。

图 3-6 三维效果

延伸讲解：

在图3-6所示的三维视图中，视图的“视觉样式”为“着色”。

3.1.2 编辑管道 难点

编辑创建完成的管道，可以修改管道的参数，改变管道的显示样式。本节介绍编辑管道的方法。

1. 修改管道的基本参数

选择管道，在管道的两端显示夹点。光标置于夹点上，显示提示文字“拖曳”，如图3-7所示。在夹点上单击鼠标左键，激活夹点。按住鼠标左键不放，拖曳鼠标，显示虚线，如图3-8所示。虚线的长度就是管道即将被延长的距离。

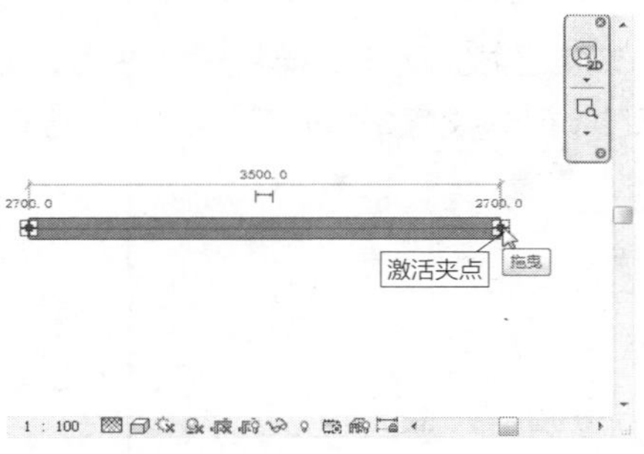

图 3-7 显示提示文字

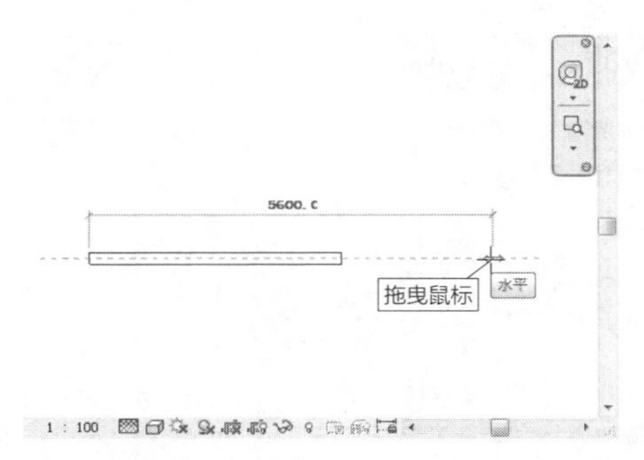

图 3-8 拖曳鼠标

知识链接：

在拖曳鼠标的过程中，同时观察临时尺寸标注，显示管道的起点与虚线的终点的距离。

在合适的位置松开鼠标左键，管道被延长的效果如图3-9所示。在管道的两端显示临时尺寸标注数字2700，该数字表示管道的“偏移”值。

激活管道两端的夹点后，单击鼠标右键，弹出快捷菜单，选择“绘制管道”选项，如图3-10所示，同样可以绘制管道。

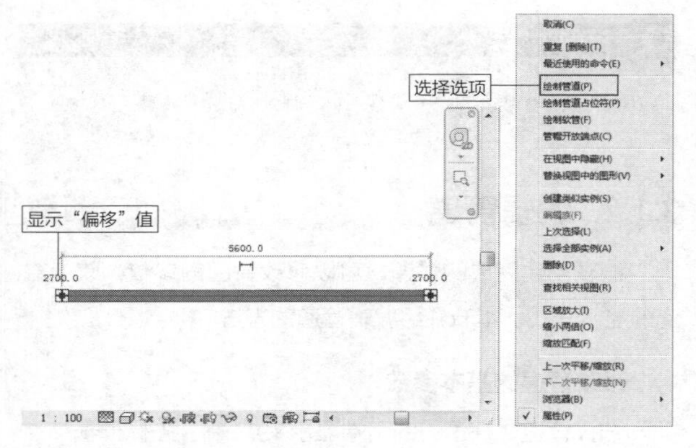

图 3-9　延长管道　　图 3-10　快捷菜单

选择管道，在选项栏中显示管道的“直径”参数与“偏移”参数。修改“直径”参数，可以实时观察管道大小的变化，如图3-11所示。

单击显示在管道上方的临时尺寸标注，进入在位编辑模式，重新输入尺寸参数，如图3-12所示，可以修改管道的长度。

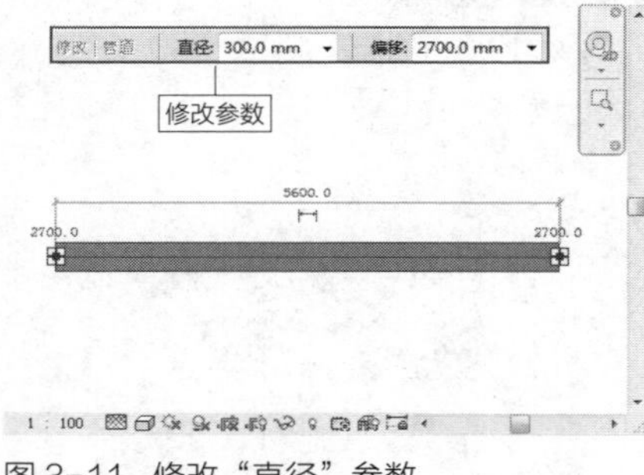

图 3-11　修改“直径”参数

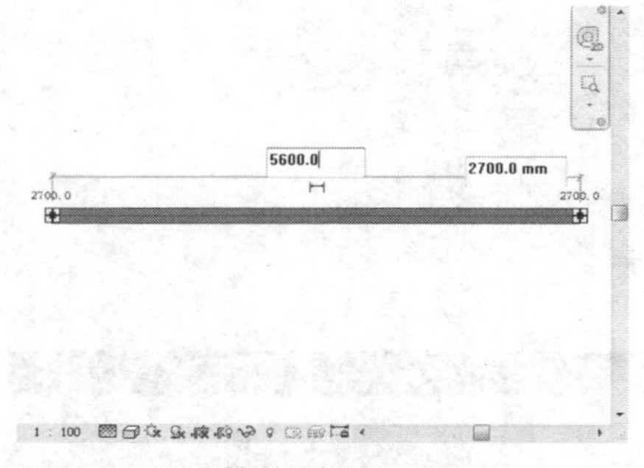

图 3-12　修改管道的长度

知识链接：

在管道的两端显示其“偏移”值，单击参数值，进入在位编辑模式，可以修改“偏移”值。

2. 管道对正

选择管道，在“修改|管道”选项卡中单击“编辑”面板上的“对正”按钮，如图3-13所示，打开对正编辑器。

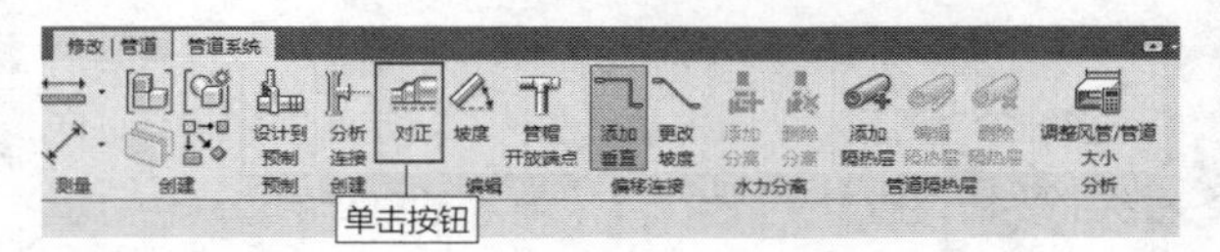

图 3-13　单击按钮

在“对正”面板中提供了多种用来对齐管道的工具，如“左上对齐”“正中对齐”“右下对齐”等，默认选择“正中对齐”方式，如图3-14所示。在管道的中心线显示对齐控制点，表示在绘制管道时，端点位于管道的中心线上，如图3-15所示。

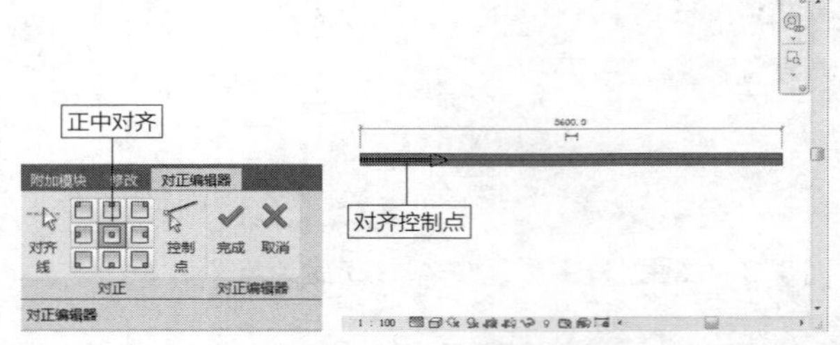

图 3-14　对正编辑器　图 3-15　显示对齐控制点

在“对正”面板上单击其他对齐方式按钮，可以更改管道的对齐方式。例如，单击“右下对齐”按钮，对齐控制点向下移动，如图3-16所示。默认情况下，对齐线在视图中隐藏，单击“对齐线”按钮，可以在管道中显示对齐线，如图3-17所示。对齐控制点位于其中任一对齐线上。

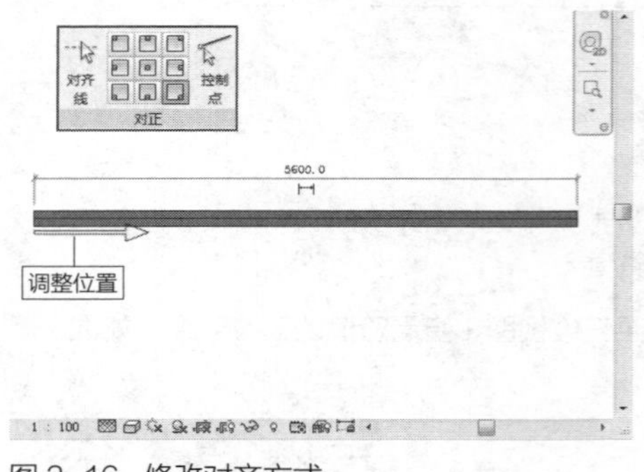

图 3-16　修改对齐方式

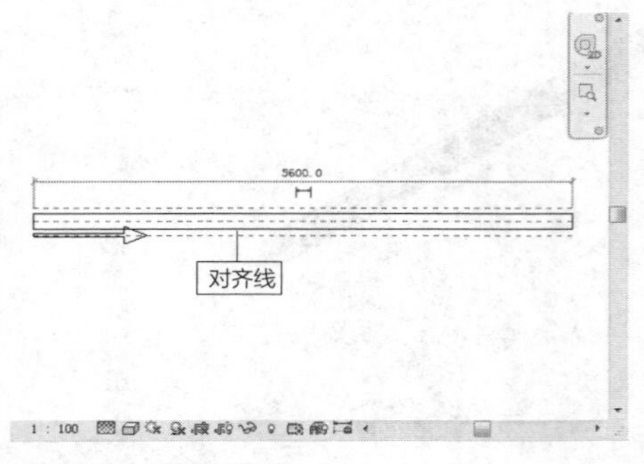

图 3-17　显示对齐线

知识链接：

对齐控制点位于哪一条对齐线上，由当前的对齐方式决定。

单击“完成”按钮，退出对正编辑器。观察管道，发现端点的位置在管道中心线的下方，如图3-18所示。激活端点，绘制管道，此时显示对齐线，光标位于对齐线上，如图3-19所示。指定终点，结束管道的绘制。

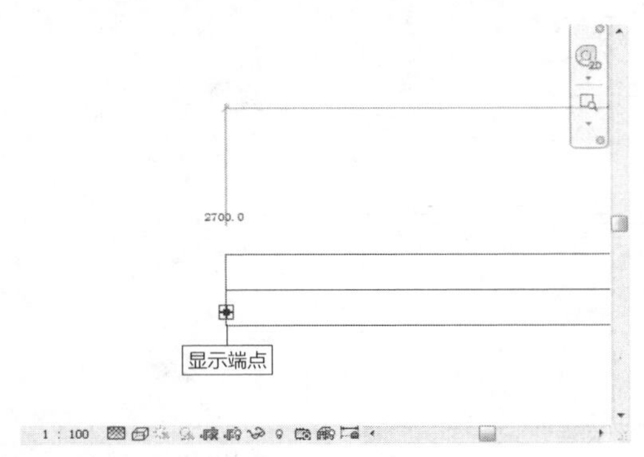

图 3-18　显示端点

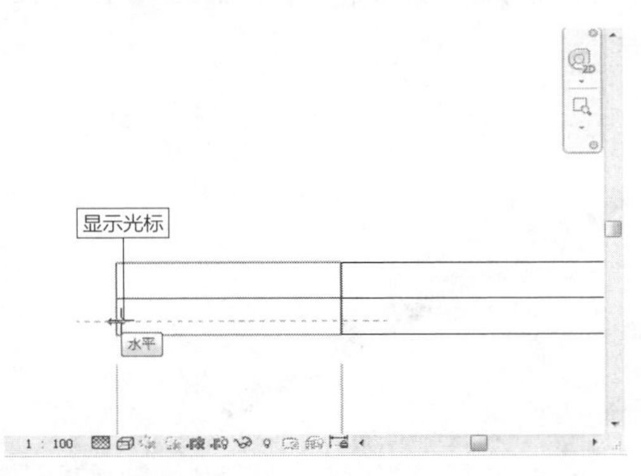

图 3-19　绘制管道

3.　设置坡度

选择管道，在“编辑”面板上单击“坡度”按钮，如图3-20所示，打开坡度编辑器。单击“坡度值”选项，弹出“坡度值”列表，如图3-21所示。在列表中选择选项，为当前管道指定坡度。

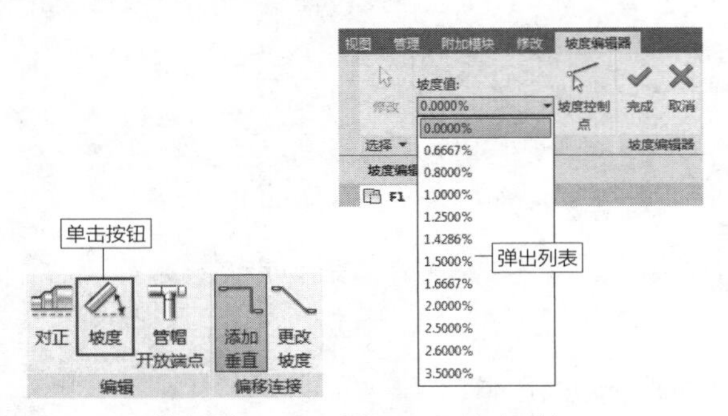

图 3-20　单击按钮　　图 3-21　坡度列表

知识链接：

在“坡度值”列表中选择“0.0000%”，表示当前管道的坡度值为0。

坡度方向箭头显示在管道的一侧，如图3-22所示。单击“坡度控制点”按钮，可以调整管道的坡度方向，如图3-23所示。

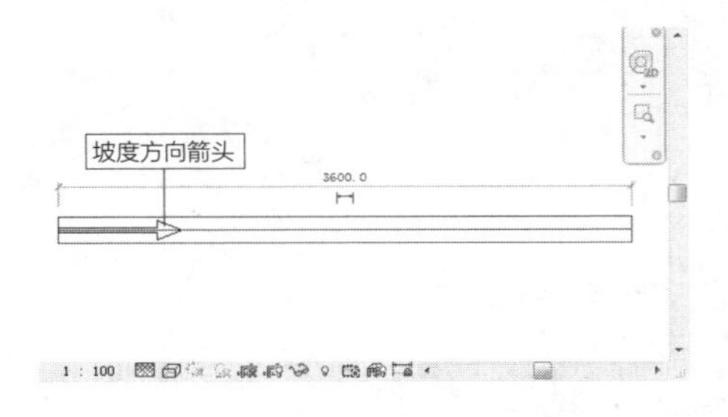

图 3-22　显示坡度方向箭头

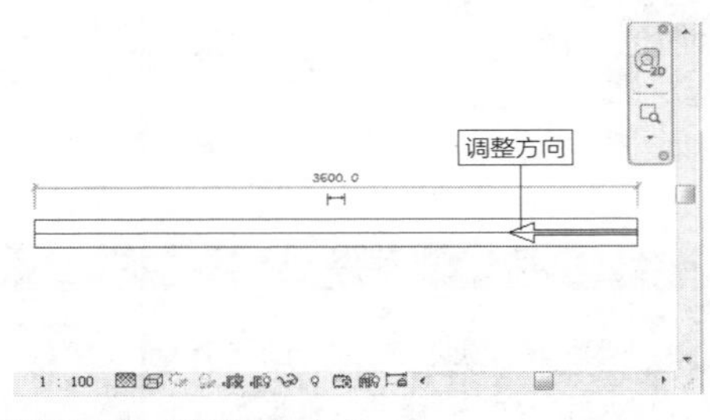

图 3-23　调整坡度方向

单击“完成”按钮，退出坡度编辑器，管道添加坡度的结果如图3-24所示。光标置于坡度标注之上，单击鼠标左键，进入在位编辑模式。修改坡度值为负数，如图3-25所示。在空白的位置单击鼠标左键，退出在位编辑模式。

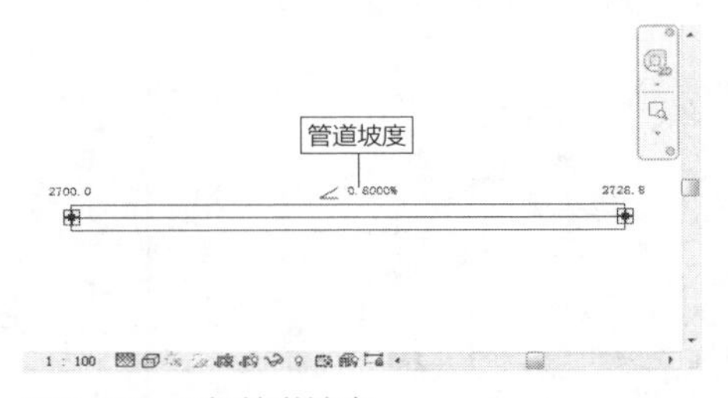

图 3-24　添加管道坡度

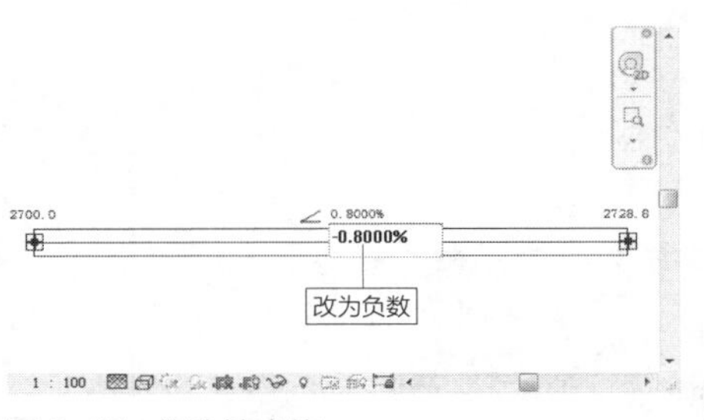

图 3-25　修改坡度值

修改坡度为负数后，可以反转当前选择的坡度方向，效果如图3-26所示。

除了为已绘制的管道添加坡度之外，在绘制管道时，也可以先定义管道的坡度。启用“管道”命令后，在“带坡度管道”面板中单击“向上坡度”按钮，然后单击“坡度值”选项，在列表中选择坡度值，如图3-27所示。

图 3-26　反转坡度方向

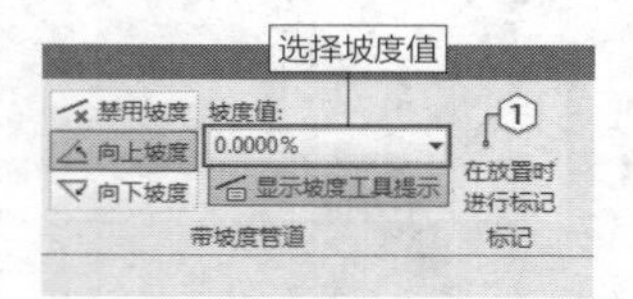

图 3-27　选择坡度值

延伸讲解：

默认情况下，在“带坡度管道”面板中选择“禁用坡度”按钮，即在该条件下所创建的管道都未带坡度。

指定起点与终点绘制管道，同时在光标的右侧显示“开始偏移”“当前偏移”与“坡度”值，如图3-28所示。结束管道的绘制后，在管道上方显示坡度值，如图3-29所示。

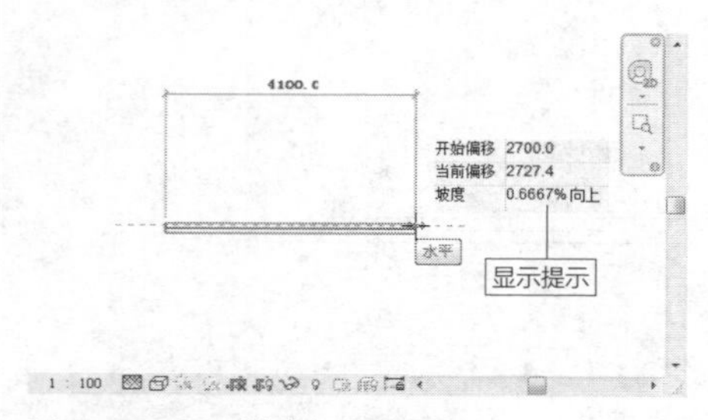

图 3-28　显示坡度提示

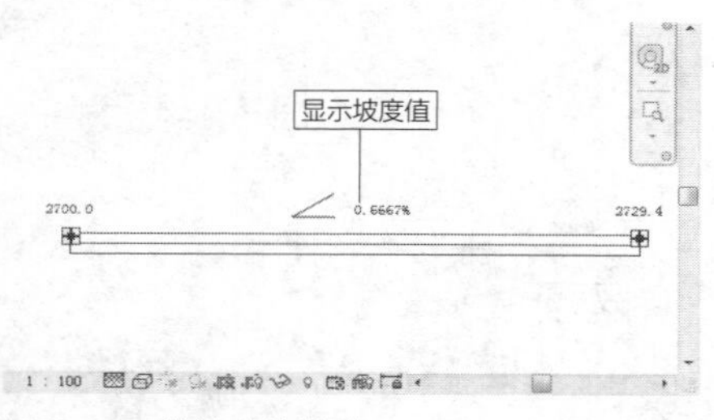

图 3-29　带坡度的管道

4. 添加管帽

选择管道，在“编辑”面板中单击“管帽开放端点”按钮，如图3-30所示，可以在管道的开口端添加管帽，效果如图3-31所示。

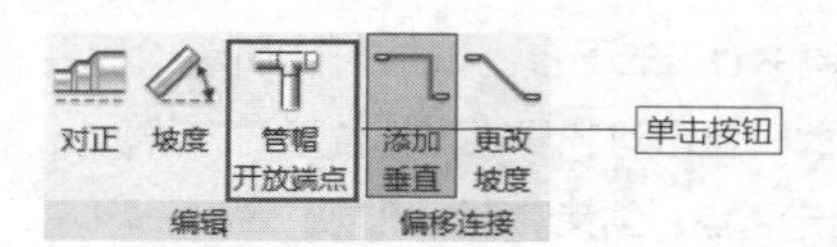

图 3-30　单击按钮

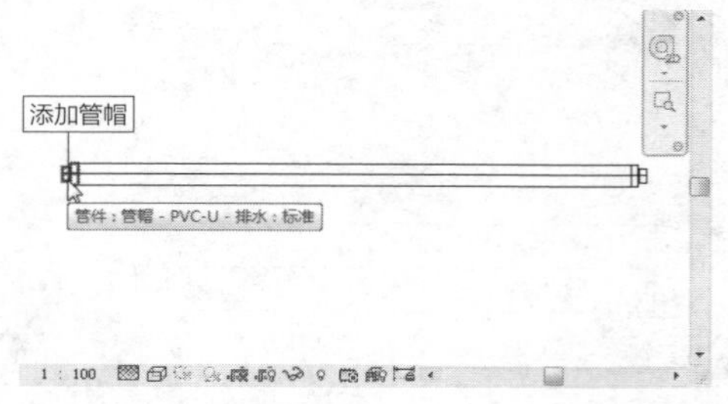

图 3-31　添加管帽

切换至三维视图，查看添加管帽的三维效果，如图3-32所示。

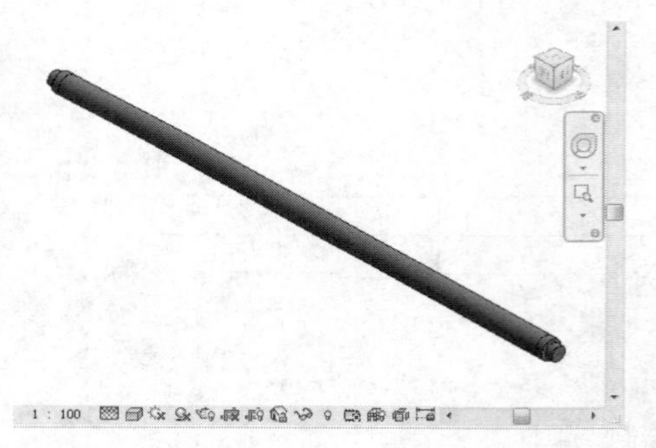

图 3-32　三维效果

知识链接：

单击“管帽开放端点”按钮后，有时候会在工作界面的右下角弹出如图3-33所示的提示对话框，提醒用户Revit在“管道类型：默认”中找不到匹配的管帽。这是因为尚未将管帽载入项目文件，项目文件在默认情况下不提供任何类型的管件。需要执行“载入族”操作，载入相关类型的管件，才可以在管道中放置管件。

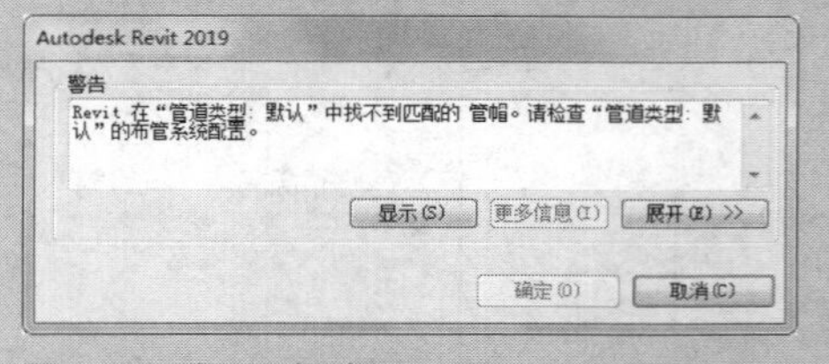

图 3-33　提示对话框

5.　配置管件

在管道的“属性”选项板中单击“编辑类型”按钮，弹出“类型属性”对话框。在“布管系统配置”选项中单击“编辑”按钮，如图3-34所示，弹出“布管系统配置”对话框。

在对话框中显示“构件”与“最小尺寸”“最大尺寸”信息，如图3-35所示。在尚未指定管件前，“构件”列表中的选项参数显示为“无”。

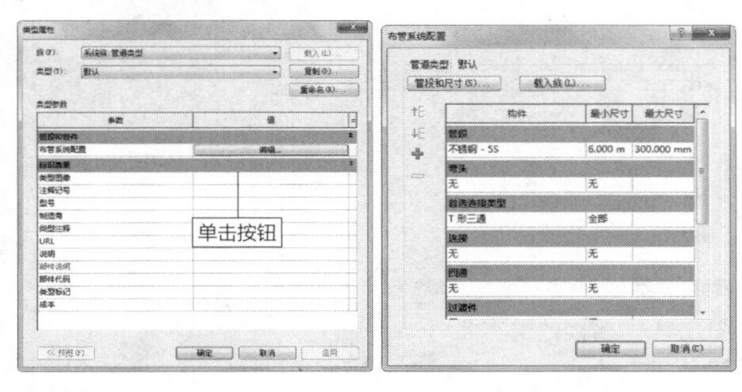

图 3-34　单击按钮　　图 3-35　“布管系统配置”对话框

单击“构件”列表中的选项，例如，单击“弯头”选项，在弹出的列表中选择“弯头”类型，例如，选择“弯头-螺纹-钢塑复合：标准”，指定管道的弯头类型，如图3-36所示。

单击“确定”按钮关闭对话框，此时弹出“类别中无配件可用”的提示对话框，提醒用户“弯头中的配件都设置为无尺寸范围”，如图3-37所示。

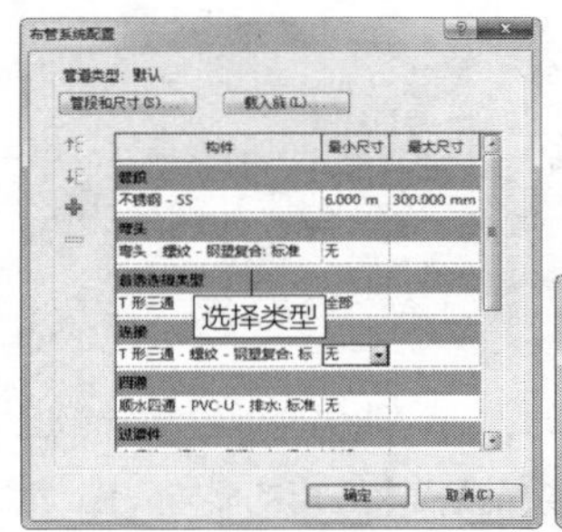

图 3-36　选择管件类型　　图 3-37　提示对话框

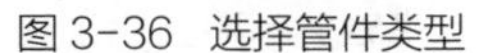

知识链接：

在执行配置管件操作之前，需要先载入相关的管件族。

单击“关闭”按钮，关闭提示对话框。重新返回“布管系统配置”对话框，单击“最小尺寸”选项，弹出尺寸列表，可以在其中选择尺寸，如图3-38所示，或者选择“全部”选项，表示启用全部的尺寸。

继续配置其他类型的管件，同时设置尺寸范围，如图3-39所示。当为管道配置了管件后，在为管道添加管件时，就不会弹出提示对话框了。

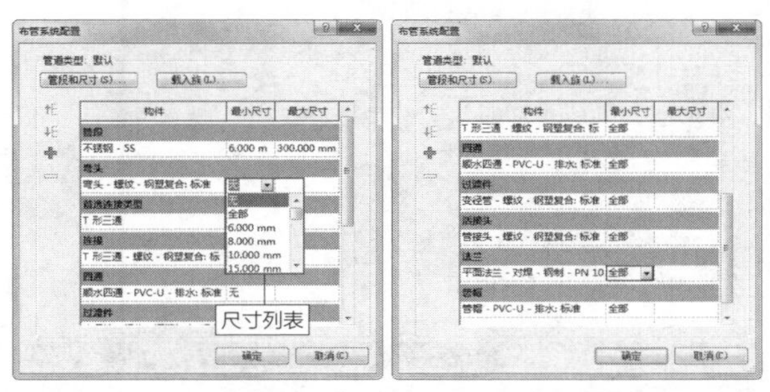

图 3-38　尺寸列表　　图 3-39　配置管件

延伸讲解：

在“布管系统配置”对话框中单击左上角的“管段和尺寸”按钮，弹出“机械设置”对话框，自动定位到“管段和尺寸”选项卡，可以在其中设置尺寸参数。

3.1.3　绘制管道占位符

启用“管道占位符”命令，可以绘制不带管件的占位符管道。在“卫浴和管道”面板中，单击“管道占位符”按钮，如图3-40所示，激活命令。

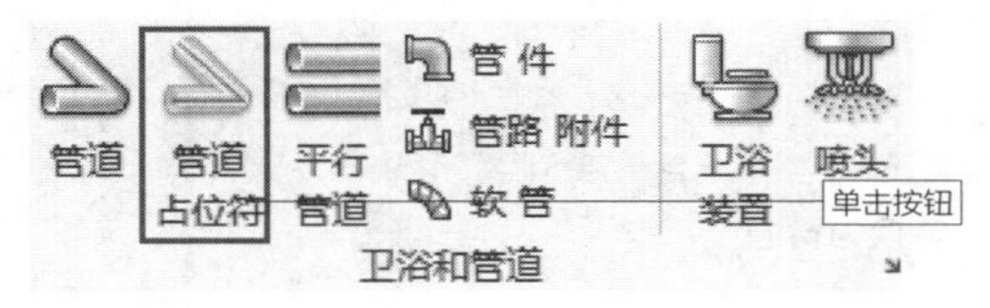

图 3-40　单击按钮

进入“修改|放置管道占位符”选项卡，如图3-41所示。该选项卡中的命令按钮与“修改|放置管道”选项卡中的命令按钮相同，也可以在选项栏中设置管道占位符的“直径”参数与“偏移”参数。

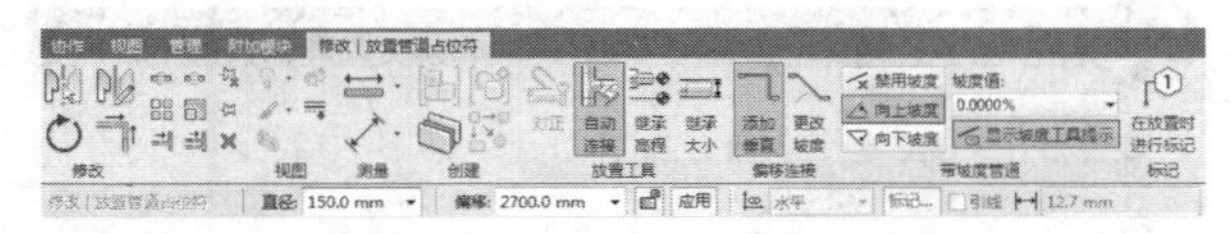

图 3-41　“修改 | 放置管道占位符”选项卡

在绘图区域中单击指定起点与终点，绘制管道占位符的效果如图3-42所示。即使绘制不同方向的相互连接的管道，也不会显示连接管件，如管道弯头。

选择绘制完毕的管道占位符，进入“修改|管道占位符”选项卡。在“编辑”面板中单击“转换占位符”按钮，如图3-43所示，可将管道占位符转换为管道。

图 3-42　绘制管道占位符

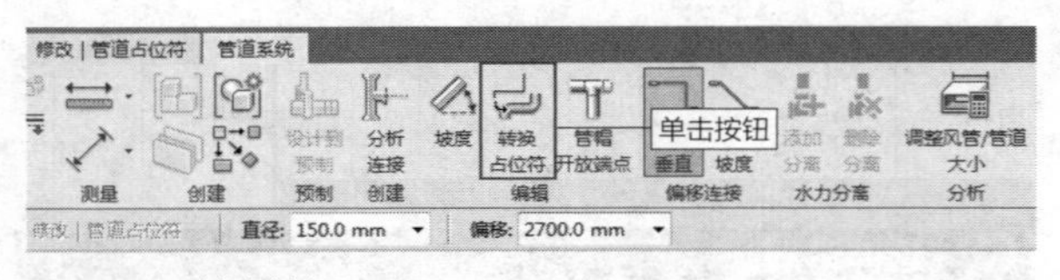

图 3-43　单击按钮

管道占位符转换为管道的效果如图3-44所示。转换完毕后，在管道连接处可以自动添加弯头。此时在工作界面的右下角弹出如图3-45所示的提示对话框，提醒用户“此图元具有一个打开的连接”。

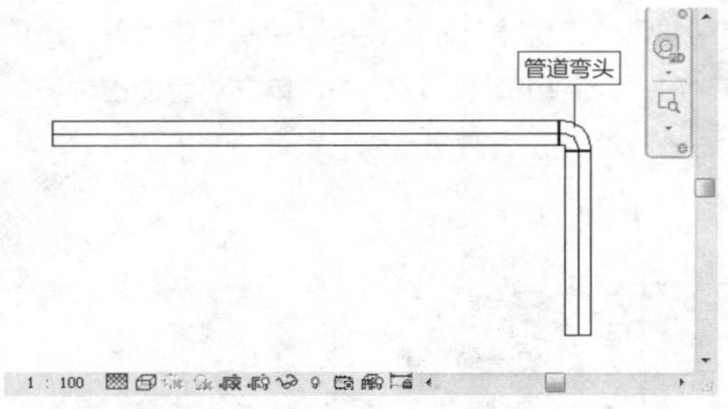

图 3-44　转换为管道

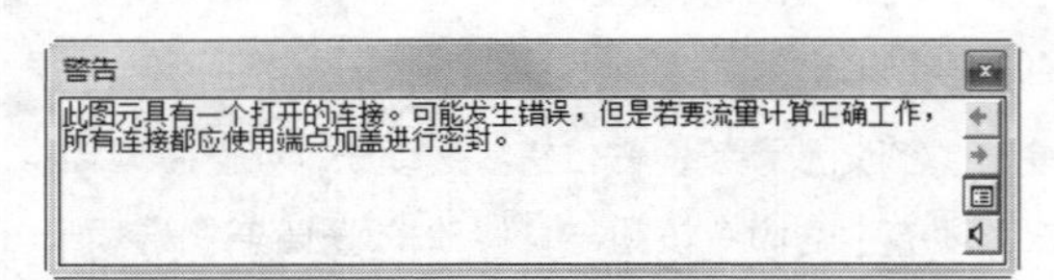

图 3-45　提示对话框

延伸讲解：

因为没有与其他管道相连接，管道口也没有添加管帽，所以软件检测后，会提醒用户管道具有打开的连接。

选择管道占位符后，先单击“编辑”面板上的“管帽开放端点”按钮，为占位符添加管帽，效果如图3-46所示。接着再单击“转换占位符”按钮，将占位符转换为管道，效果如图3-47所示。这时就不会再弹出对话框了。

图 3-46　添加管帽

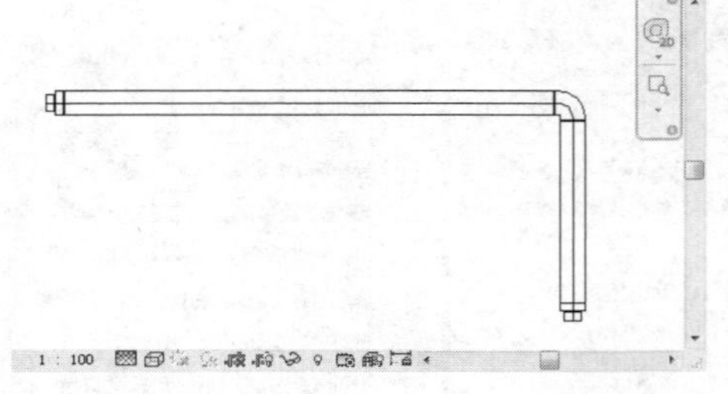

图 3-47　转换效果

3.1.4　实战——创建平行管道　难点

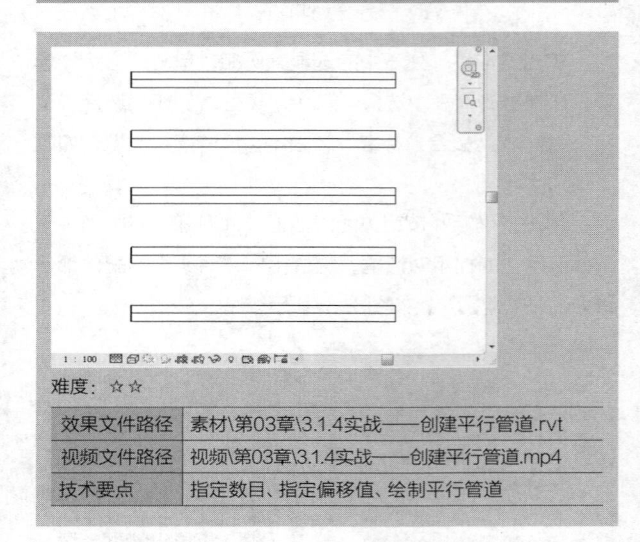

难度：☆☆

效果文件路径	素材\第03章\3.1.4实战——创建平行管道.rvt
视频文件路径	视频\第03章\3.1.4实战——创建平行管道.mp4
技术要点	指定数目、指定偏移值、绘制平行管道

布置管道系统中的管道时，如何能快速地绘制与邻近管道平行的管道，以达到管道布置横平竖直的要求？Revit提供了“平行管道”工具来解决这一难题。本节介绍创建平行管道的方法。

步骤 01 在“卫浴和管道”面板中单击“平行管道”按钮，如图3-48所示，激活工具。

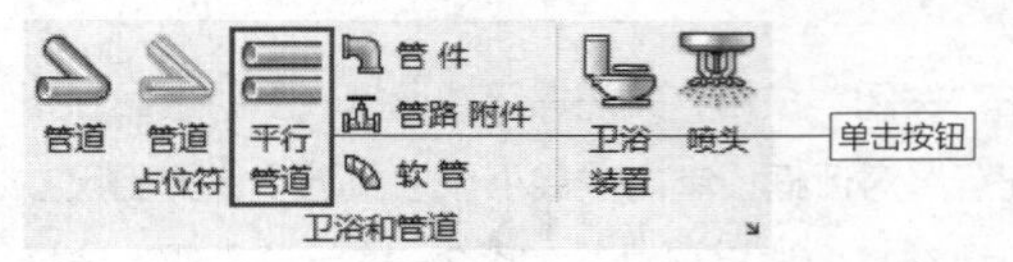

图 3-48　单击按钮

步骤 02 光标置于已有的管道之上，在管道的一侧显示虚线，如图3-49所示，虚线的位置便是即将创建的平行管道的位置。

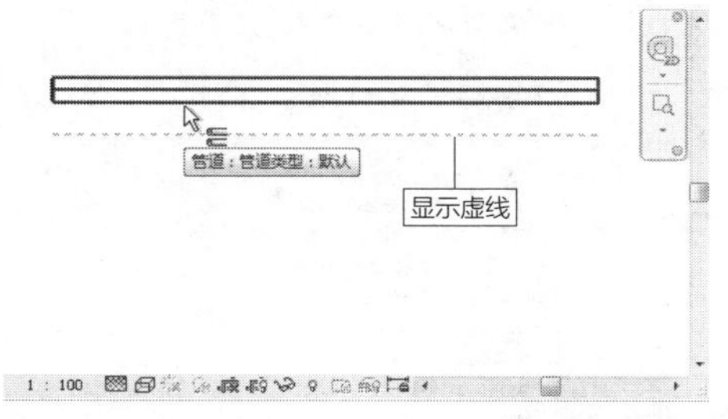

图 3-49　显示虚线

步骤03 单击鼠标左键，执行创建平行管道的操作，效果如图3-50所示。

图 3-50　创建平行管道

步骤04 可以自定义所创建的平行管道的数目及偏移距离。在“修改|放置平行管道”选项卡的“平行管道”面板中，修改“水平数”选项值为5，如图3-51所示。

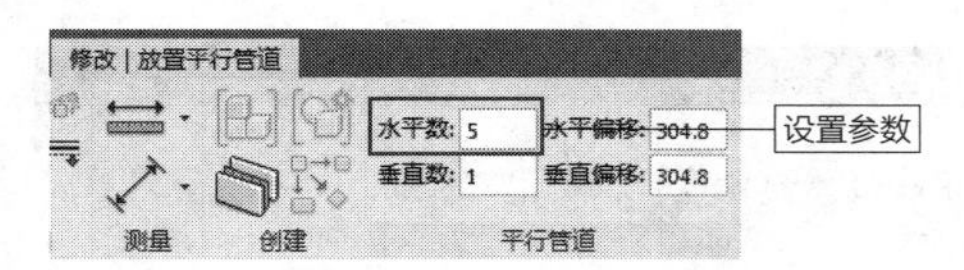

图 3-51　设置参数

延伸讲解：

默认情况下可以创建一个平行管道副本，“偏移值”为304.8mm。

步骤05 拾取管道，可以在管道的下方预览创建效果，如图3-52所示。

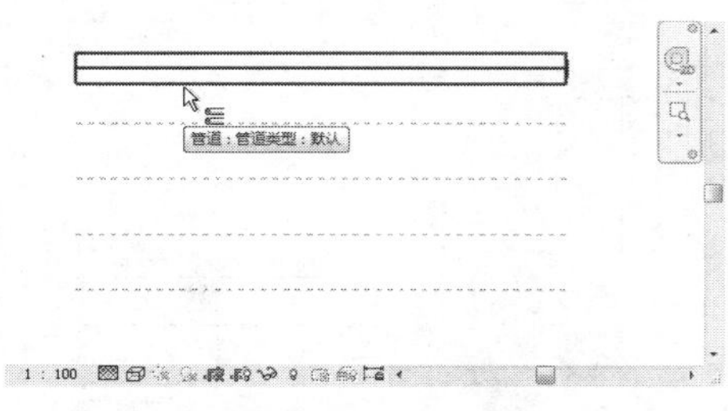

图 3-52　显示虚线

步骤06 单击鼠标左键，在水平方向创建数目为5的平行管道，效果如图3-53所示。

图 3-53　创建水平管道

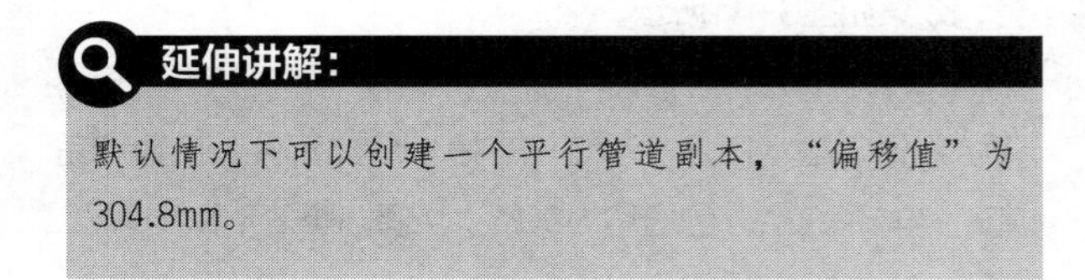

延伸讲解：

在“水平数”选项中输入5，表示最终的创建效果一共包含5根管道。其中原始管道1根，创建与之平行的管道4根。

步骤07 默认“水平偏移”值为304.8mm，在创建平行管道时，修改“水平偏移”值为600mm，创建完毕后，效果如图3-54所示。

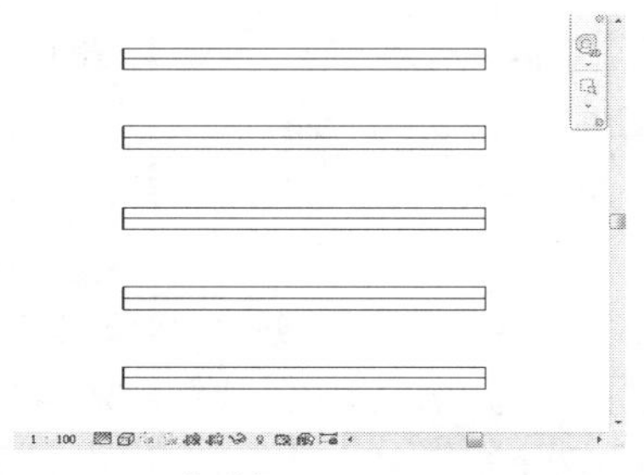

图 3-54　修改间距

除了创建水平方向上的平行管道之外，也可以创建垂直方向上的平行管道。在“平行管道”面板中设置“垂直数”为5、“垂直偏移”为500mm，创建平行管道的效果如图3-55所示。

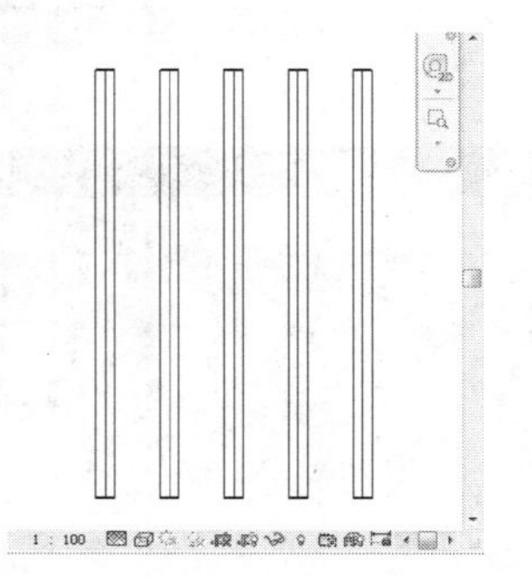

图 3-55　垂直方向上的平行管道

3.2 管件

管件包括弯头、T形三通、Y形三通、四通、活接头及其他类型的管件。有的管件具有插入特性，可以放置在管道的任意点上。虽然可以在任何视图中放置管件，但是在平面视图或者立面视图中可以更加准确地确定管件的位置。

3.2.1 实战——放置管件 重点

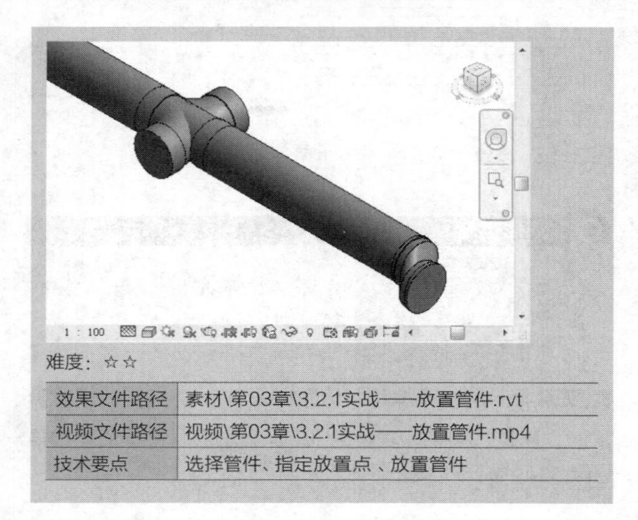

难度：☆☆

效果文件路径	素材\第03章\3.2.1实战——放置管件.rvt
视频文件路径	视频\第03章\3.2.1实战——放置管件.mp4
技术要点	选择管件、指定放置点 、放置管件

根据实际的需要，可以在管道中添加指定类型的管件。本节介绍使用“管件”命令放置管件的方法。

步骤 01 在“卫浴和管道”面板上单击“管件”按钮，如图3-56所示，激活命令。

步骤 02 进入“修改|放置管件”选项卡，选择“放置后旋转”复选框，在放置管件后可以旋转方向。默认情况下不选择该复选框，如图3-57所示。

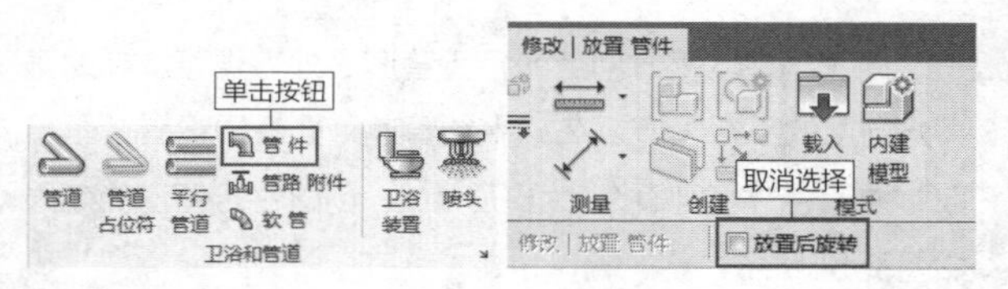

图 3-56　单击按钮

图 3-57　“修改 | 放置管件”选项卡

知识链接：

假如尚未载入管件族，启用“管件”命令后，弹出如图3-58所示的提示对话框，提醒并询问用户“项目中未载入管件族。是否要现在载入”。

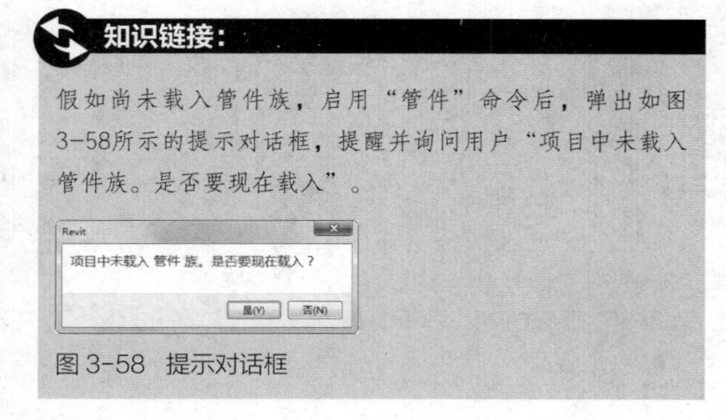

图 3-58　提示对话框

步骤 03 在“属性”选项板中单击管件名称，弹出类型列表，在其中选择名称为“变径管-螺纹-钢塑复合”的管件，设置“偏移宽度”与“偏移高度”均为50mm，如图3-59所示。

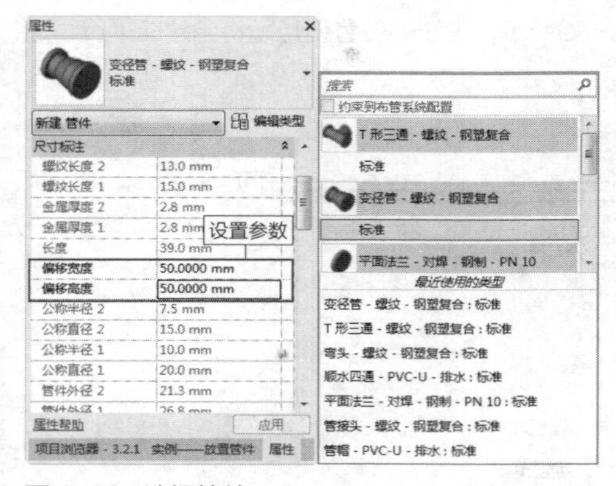

图 3-59　选择管件

步骤 04 光标置于管道口边界线上，高亮显示管道中心线，如图3-60所示。

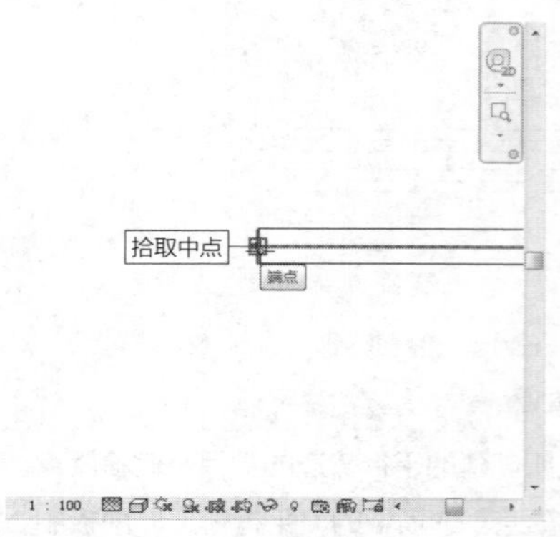

图 3-60　指定位置

延伸讲解：

在键盘上按P+F快捷键，也可以启用“管件”命令。

步骤 05 在管道口边界线的中点单击鼠标左键，放置变径管，效果如图3-61所示。

步骤 06 此时尚处于“管件”命令中，在“属性”选项板选择名称为“顺水四通-PVC-U-排水”的管件，设置“角度2”与“角度1”的值均为90°，如图3-62所示。

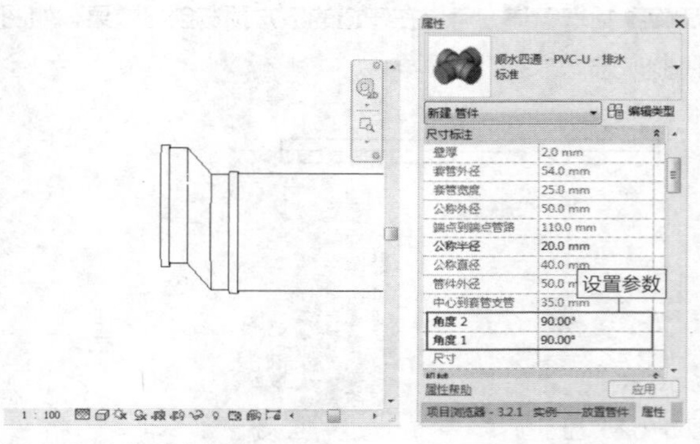

图 3-61　放置变径管　　图 3-62　设置参数

步骤 07 光标置于管道上的任意位置，此时可以预览顺水四通的样式，如图3-63所示。

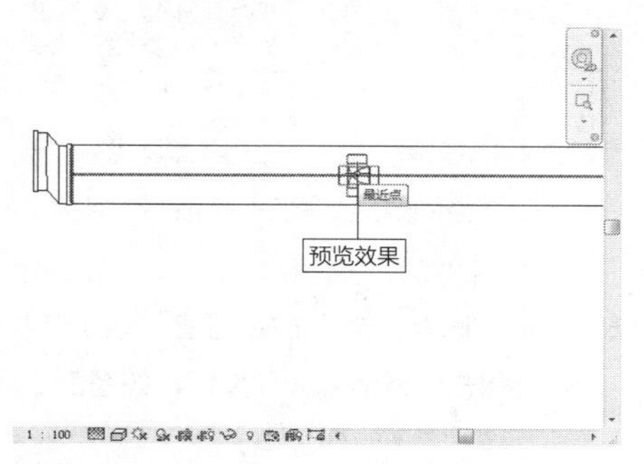

图 3-63　指定位置

步骤 08 单击鼠标左键，放置顺水四通，效果如图3-64所示。

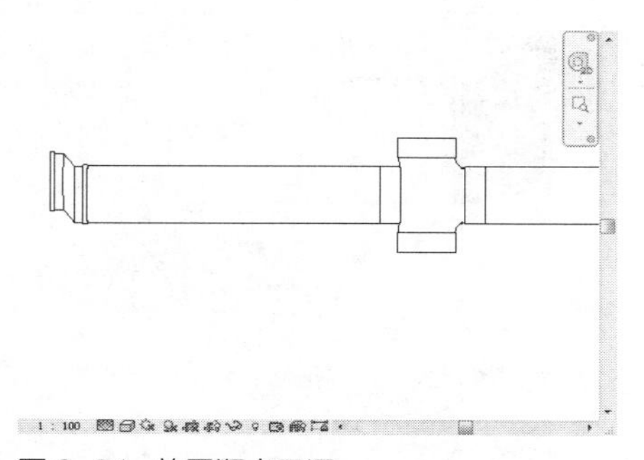

图 3-64　放置顺水四通

步骤 09 切换至三维视图，观察在管道上放置顺水四通与变径管的效果，如图3-65所示。

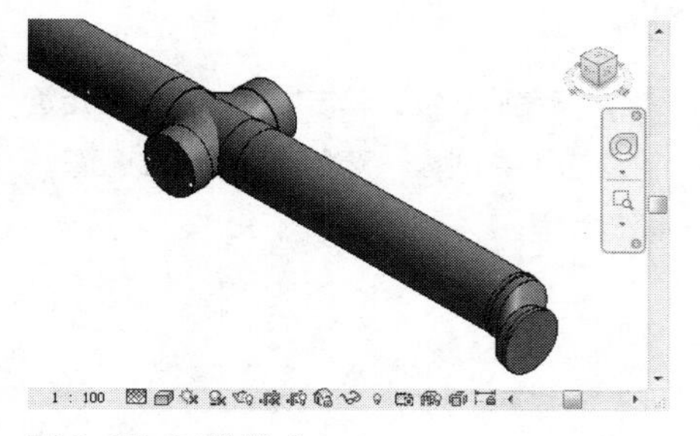

图 3-65　三维样式

步骤 10 还可以在管道中放置其他类型的管件，如弯头、T形三通等，效果如图3-66所示。

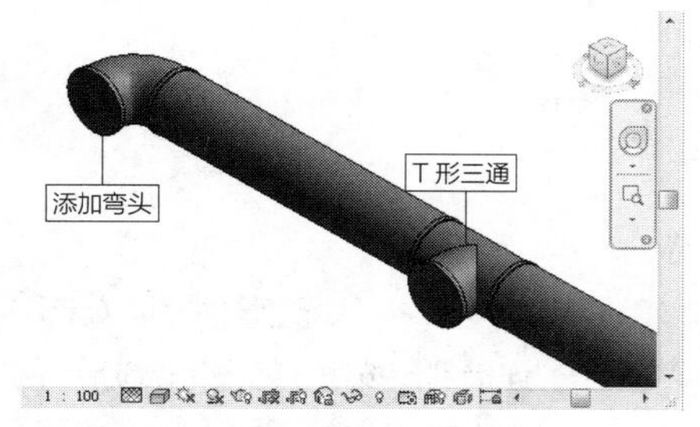

图 3-66　放置其他类型的管件

3.2.2　编辑管件　难点

已经添加的管件，通过执行编辑操作，可以修改管件的显示样式，并影响与之相接的管道。

1.　编辑四通

选择四通，在管件周围显示一组控制柄，如图3-67所示。单击“旋转”按钮，可以调整管件的角度。单击“翻转”按钮，反转管件的方向。在管件的周围显示尺寸数字150mm，该尺寸数字显示为灰色，表示不可更改。

光标置于管件边界线的夹点上，单击鼠标右键，在弹出的快捷菜单中选择“绘制管道”选项，如图3-68所示，通过激活夹点来绘制与管件相接的管道。

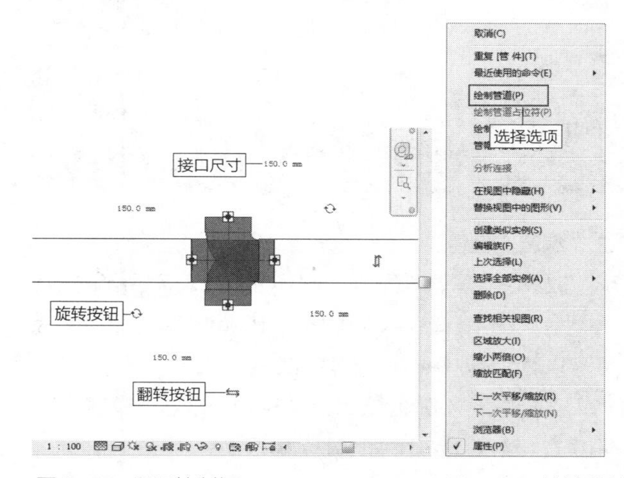

图 3-67　显示控制柄　　图 3-68　快捷菜单

知识链接：

150mm表示与管件相接的管道的直径。

移动光标，在合适的位置单击鼠标左键，指定管道的终点，绘制管道的效果如图3-69所示。选择绘制完毕的管道，在选项栏中可以观察到“直径”大小为150mm。

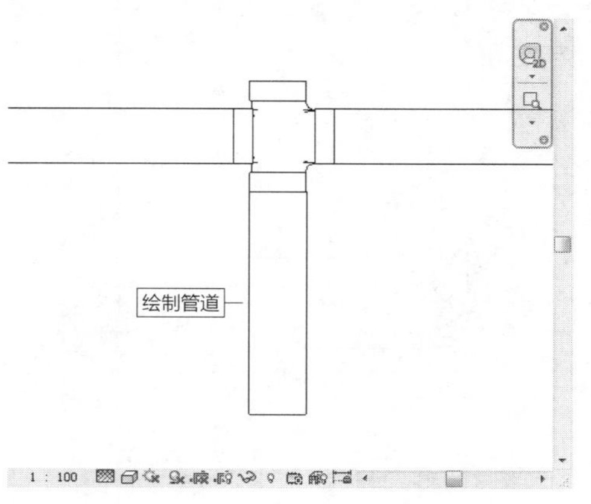

图 3-69　绘制管道

答疑解惑：可以自定义与管件相接的管道的直径吗？

当然可以。选择管道后，直接在选项栏中修改“直径”选项值即可。因为管件的管道接口尺寸已被限定为150mm，并且不可更改，所以为了与直径不同的管道相接，软件会自动添加管道接头，连接直径不同的两个管段，效果如图3-70所示。

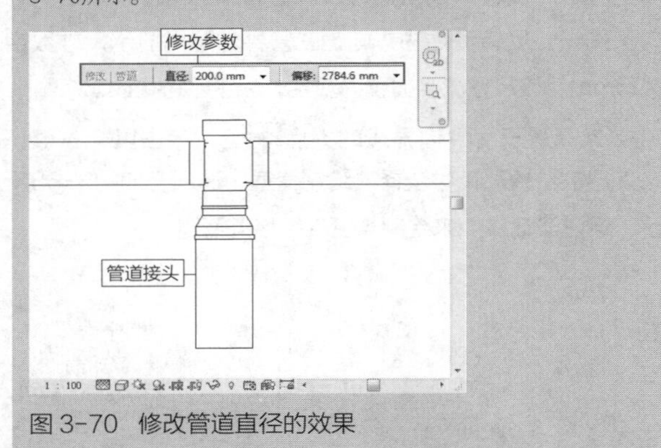

图 3-70　修改管道直径的效果

2. 编辑变径管

选择变径管，在管件的周围显示如图3-71所示的一组控制柄。表示管道直径的尺寸数字150mm显示为蓝色，表示可以通过修改参数来更改管道的直径。

光标置于150mm之上，单击鼠标左键，进入在位编辑模式。输入参数值，如图3-72所示。

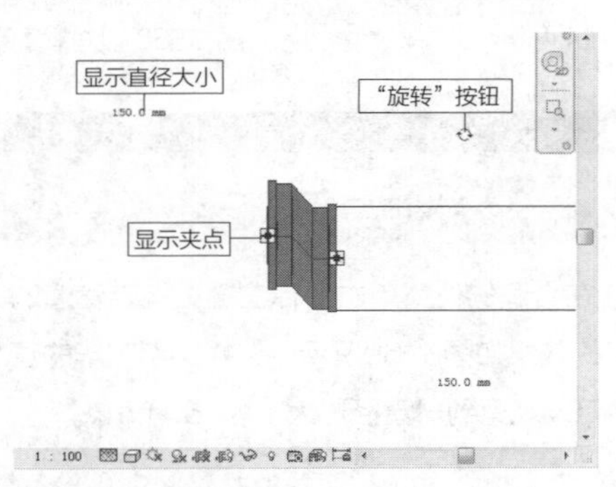

图 3-71　显示控制柄

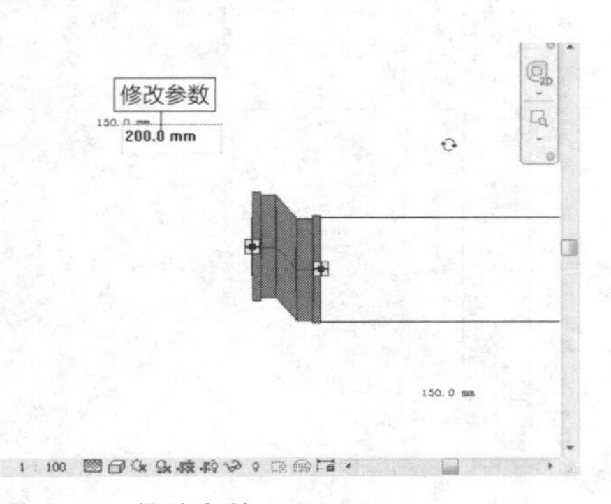

图 3-72　修改参数

知识链接：

如果表示管道直径的数字显示为灰色，表示不可更改管道直径。

在空白位置单击鼠标左键，退出在位编辑模式。修改变径管一端的管道接口直径的效果如图3-73所示。激活管道口的夹点，单击鼠标右键，弹出快捷菜单。在菜单中选择“绘制管道”选项，进入“修改|放置管道”选项卡。在“放置工具”面板上单击“继承高程”按钮，如图3-74所示。

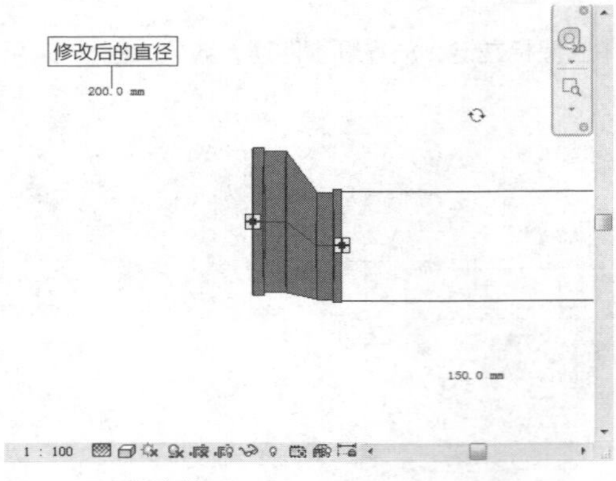

图 3-73　修改效果

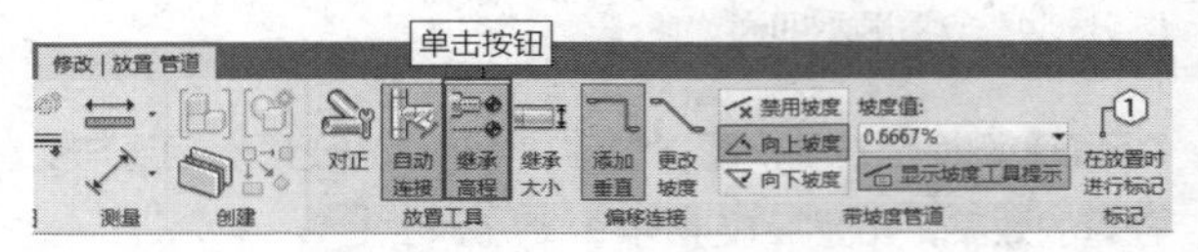

图 3-74　单击按钮

向左移动光标，在合适的位置单击鼠标左键，指定管道的终点，绘制管道的效果如图3-75所示。通过变径管，可以连接管径不同的管道。

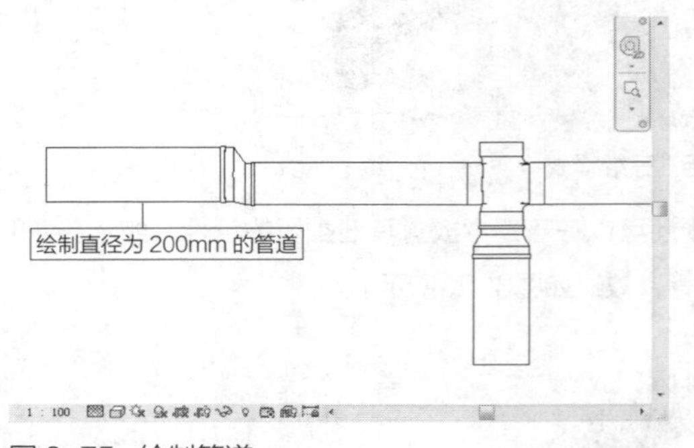

图 3-75　绘制管道

3. 连接到管道

选择管件，如选择三通，进入“修改|管件”选项卡，在“编辑”面板中单击“连接到”按钮，如图3-76所示，可以在管件与管道之间创建物理连接。

图 3-76　单击按钮

延伸讲解：

如果管件的所有端口都已经与其他管道相接，在与其对应的“修改|管件”选项卡中将不再显示“连接到”命令按钮。

在管件附近拾取管道，如图3-77所示，以便在管件与管道间创建连接。单击鼠标左键后，创建连接的效果如图3-78所示。

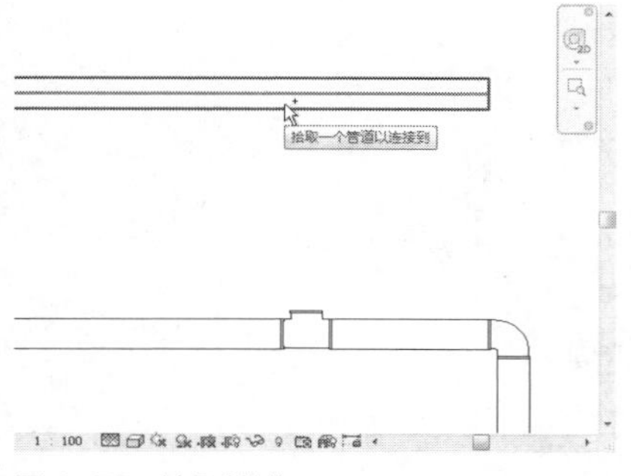

图 3-77　拾取管道

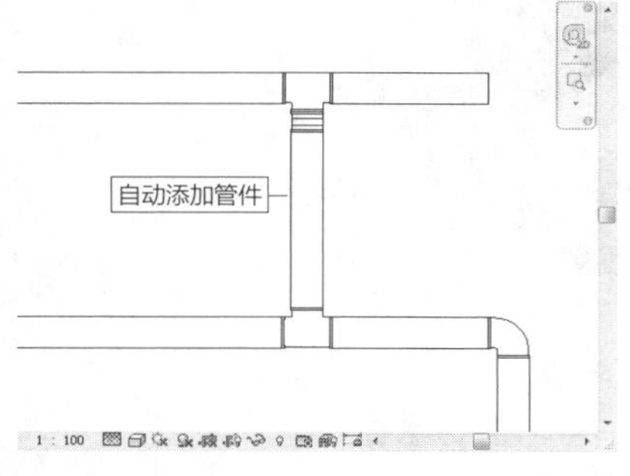

图 3-78　创建连接

知识链接：

软件会在建立连接的过程中，自动添加所需要的管件。

3.3 管路附件

管路附件包括连接件、阀门以及嵌入式热水器等。在管道上放置附件，可以使附件继承管道的尺寸。可以在管道中放置附件，也可以在管道末端放置附件。为了确定附件的位置，通常在平面视图或立面视图中执行放置附件的操作。

3.3.1 实战——放置管路附件　重点

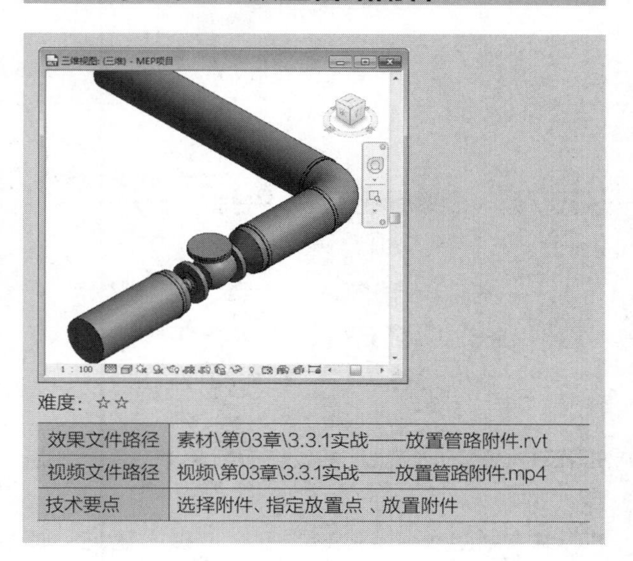

难度：☆☆

效果文件路径	素材\第03章\3.3.1实战——放置管路附件.rvt
视频文件路径	视频\第03章\3.3.1实战——放置管路附件.mp4
技术要点	选择附件、指定放置点 、放置附件

管路附件有阀门、仪表、过滤器等，可选择适用的附件类型，将其放置到管道的指定位置上。本节介绍放置管路附件的方法。

步骤 01 在“系统”选项卡的“卫浴和管道”面板中，单击“管路附件”按钮，如图3-79所示，激活工具。

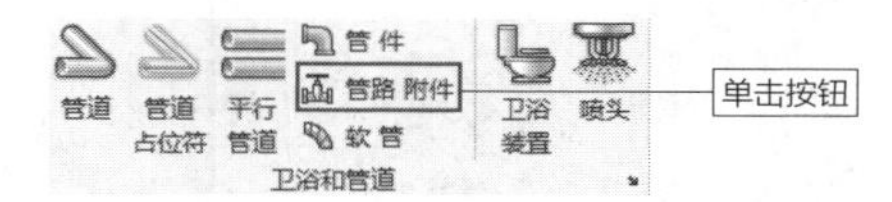

图 3-79　单击按钮

步骤 02 稍后弹出提示对话框，提醒并询问用户“项目中未载入管道附件族。是否要现在载入”，如图3-80所示。单击“是”按钮，弹出“载入族”对话框，选择附件族，单击“打开”按钮，将附件载入项目。

图 3-80　提示对话框

知识链接：

在键盘上按P+A快捷键，也可以启用“管路附件”命令。

步骤 03 进入如图3-81所示的“修改|放置管道附件”选项卡，在选项栏中选择“放置后旋转”复选框，可以在放置附件后旋转附件。

步骤 04 在“属性”选项板中单击附件名称，展开类型列表，选择名称为“止回阀-H44型-单瓣旋启式-法兰式”的附件，如图3-82所示。其他参数保持默认值。

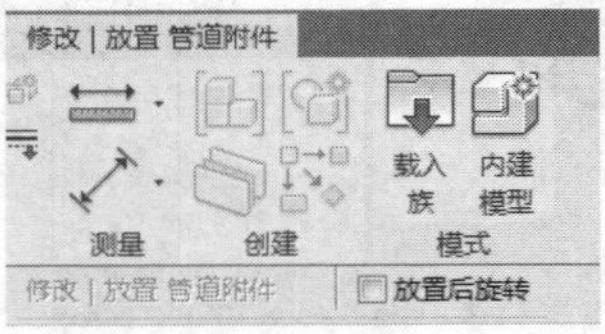

图 3-81　“修改 | 放置管道附件”选项卡 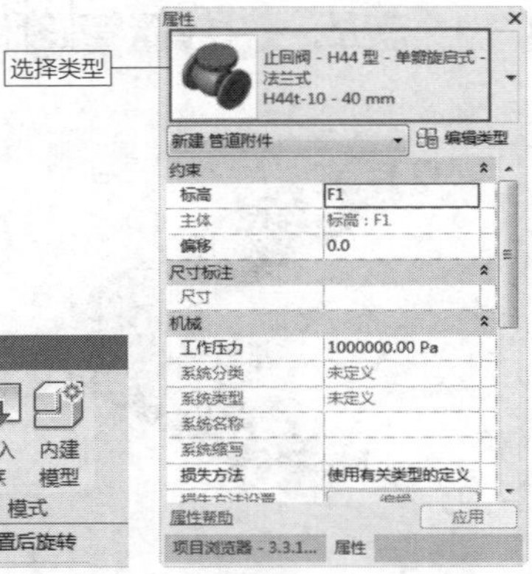　　图 3-82　选择附件

步骤05 光标置于管道上，拾取管道中心线，如图3-83所示。

步骤06 在中心线的中点位置单击鼠标左键，放置止回阀的效果如图3-84所示。

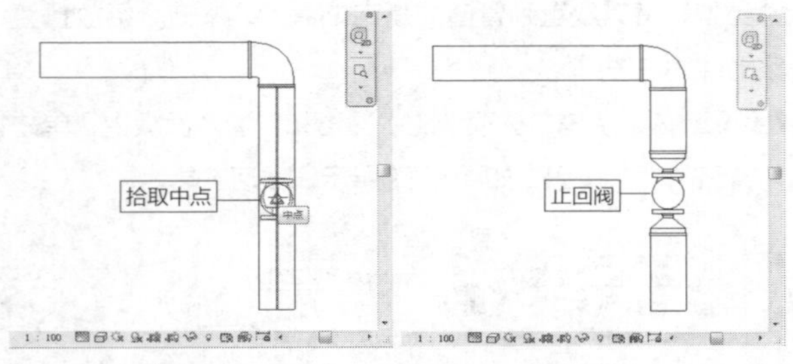

图 3-83　指定位置　　图 3-84　放置附件

> **延伸讲解：**
>
> 在管道上指定放置点的过程中，按空格键，可以循环更改附件的放置基点。

步骤07 切换至三维视图，观察附件的三维效果，如图3-85所示。

除了可以在管道中布置附件之外，也可以在管道的末端添加附件。图3-86所示为在管道末端放置安全阀的效果。

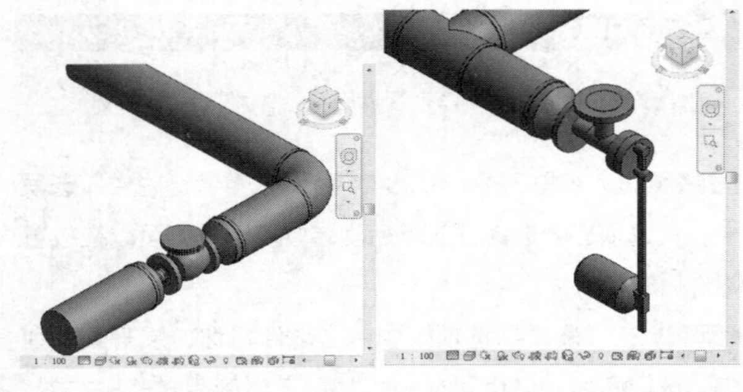

图 3-85　三维效果　　图 3-86　在管道末端放置安全阀

3.3.2　编辑管路附件　难点

选择管路附件，可以对附件执行各种编辑操作，例如，翻转、旋转附件，或者修改附件的属性参数等。

1. 翻转/旋转附件

选中管路附件，在附件的周围显示如图3-87所示的控制柄，包括“旋转”按钮、“翻转”按钮等。为了能够更加直观地观察调整附件方向的效果，可以先切换至三维视图。

在三维视图中选择附件，同样可以显示控制柄。将光标置于“翻转”按钮之上，激活该按钮，如图3-88所示。

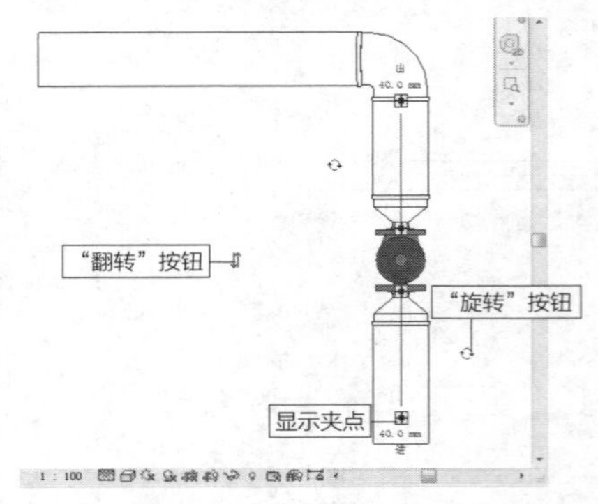

图 3-87　显示控制柄

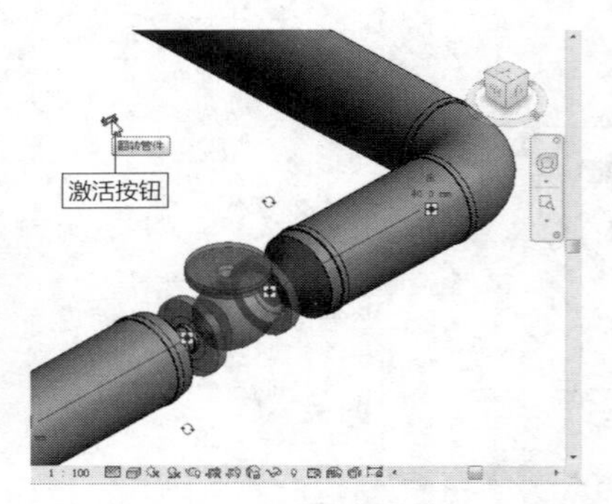

图 3-88　激活“翻转”按钮

单击“翻转”按钮，附件向下翻转，效果如图3-89所示。按Ctrl+Z快捷键，撤销翻转附件的操作。

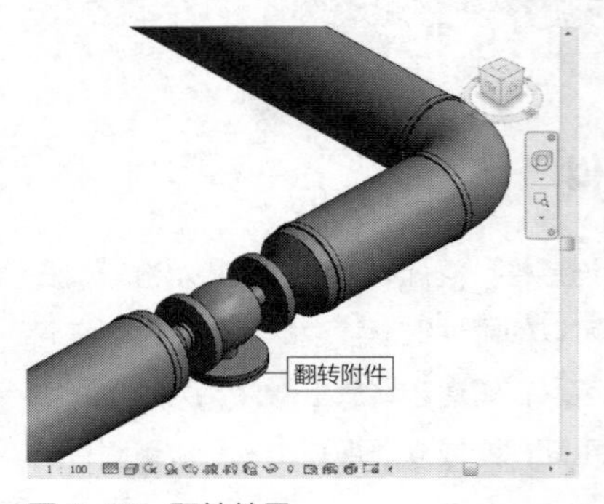

图 3-89　翻转效果

选择附件，单击“旋转”按钮，附件向一侧旋转，旋转角度为90°，效果如图3-90所示。

图 3-90 旋转效果

继续单击“旋转”按钮，附件再次执行“旋转”操作，效果如图3-91所示。每单击一次“旋转”按钮，附件顺时针方向旋转90°。

图 3-91 旋转效果

2. 创建连接管道

选中止回阀，在其左右两侧显示与水平线段相连的夹点，如图3-92所示。激活夹点，可以绘制与附件相连接的管道。在夹点上单击鼠标右键，在弹出的快捷菜单中选择“绘制管道”选项，如图3-93所示。移动光标，指定终点，单击鼠标左键，绘制与附件相接的管道，如图3-94所示。

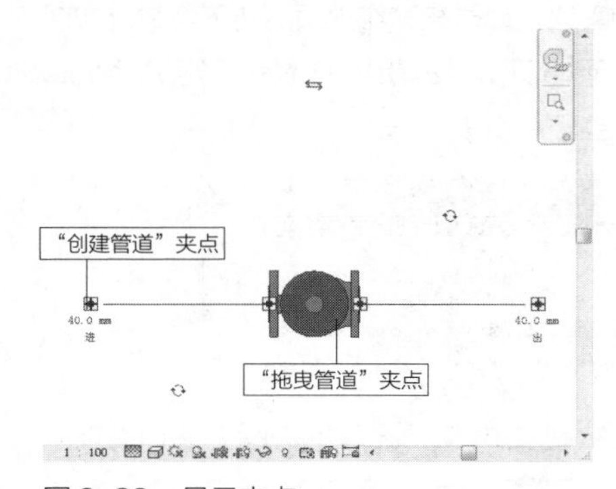

图 3-92 显示夹点

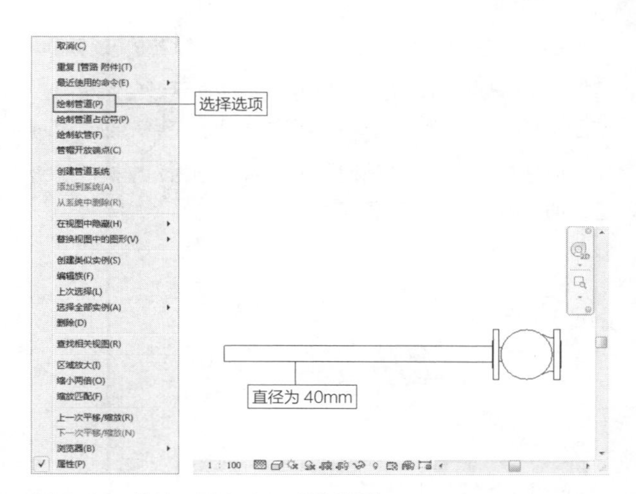

图 3-93 快捷菜单 图 3-94 绘制管道

知识链接：

因为附件的管道接口显示管道的直径为40mm，所以通过激活夹点来绘制的管道的直径为40mm。

在快捷菜单中选择“绘制管道占位符”选项，可以绘制与附件相接的管道占位符，效果如图3-95所示。选择管道占位符，在“修改|管道占位符”选项卡中单击“转换占位符”按钮，可将管道占位符转换为管道。

绘制完毕的管道，可以修改其直径。选择管道，进入“修改|管道”选项卡。单击“直径”选项，在弹出的尺寸列表中选择尺寸，如选择80mm，完成修改直径的操作。因为管道的直径与附件的管道接口直径不同，所以添加管件来连接直径不同的管道与附件，效果如图3-96所示。

图 3-95 绘制管道占位符

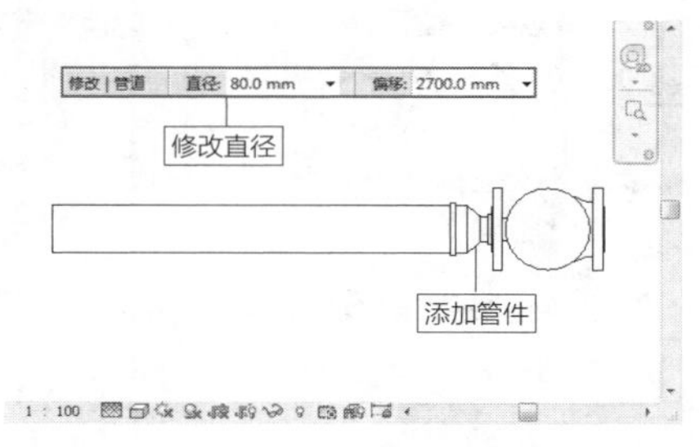

图 3-96 修改管道直径的效果

绘制连接管道后，再次选择附件。观察左侧“创建管道”夹点的显示颜色，此时该夹点的显示颜色为灰色，如图3-97所示，表示已不能再通过激活该夹点来创建管道了。但是右侧的“创建管道”夹点，因为尚未执行“创建管道”的操作，所以显示颜色仍为蓝色。

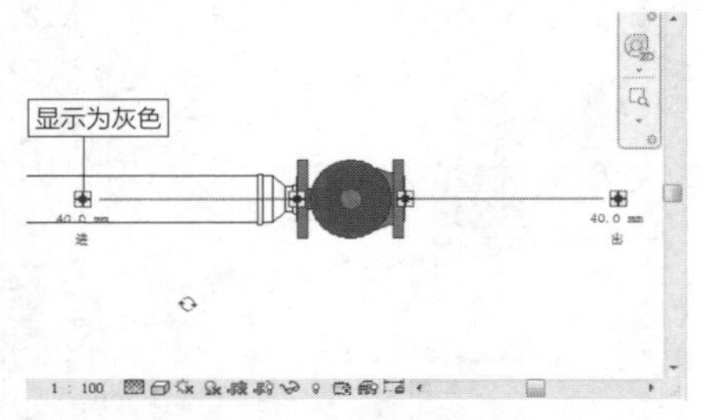

图 3-97　夹点显示颜色的改变

附件左右两侧边界线上的夹点，不是用来创建管道的。将光标置于边界线的夹点上，按住鼠标左键不放，拖曳鼠标，可以移动附件，如图3-98所示。在合适的位置松开鼠标左键，结束调整附件位置的操作。

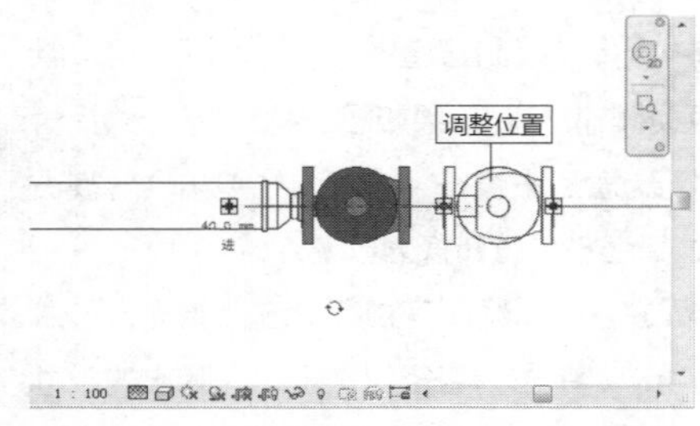

图 3-98　移动附件

3. 修改属性

选择附件，在“属性”选项板中显示附件的参数信息，如“标高”“偏移”等，如图3-99所示。单击“编辑类型”按钮，弹出“类型属性”对话框。在对话框中显示附件的族名称以及类型名称，在“类型参数”列表中显示参数信息，如图3-100所示。

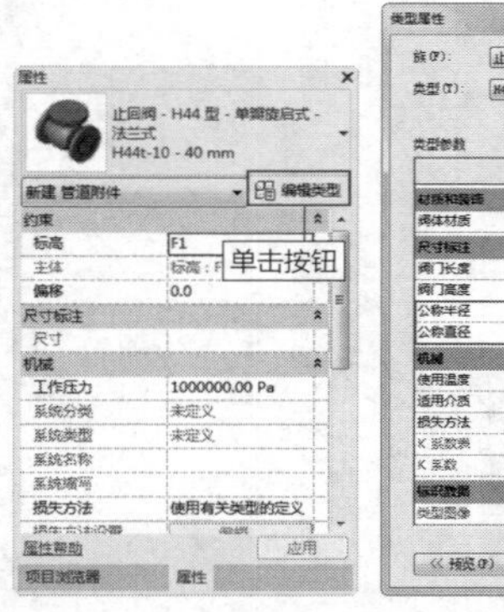

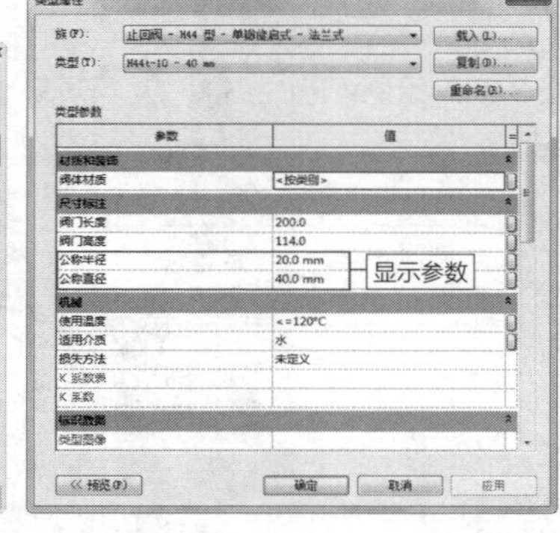

图 3-99　“属性”选项板　图 3-100　“类型属性”对话框

知识链接：

可以自定义“公称半径”与“公称直径”的大小，修改“公称半径”值后，“公称直径”值可以自动更新。

其中，“公称半径”与“公称直径”选项中所显示的参数是指附件管道接口的尺寸大小。例如，“公称直径”选项值为40mm，表示附件管道接口的直径大小为40mm。

在“公称半径”选项中输入参数30mm，“公称直径”自动更新显示为60mm，如图3-101所示。单击“确定”按钮返回视图，此时附件中“创建管道”夹点一侧显示管道口直径大小为60mm，如图3-102所示。

图 3-101　修改参数

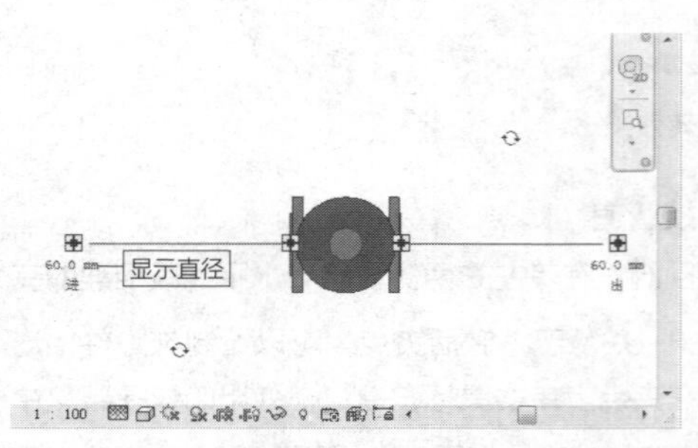

图 3-102　更新显示直径值

激活“创建管道”夹点，移动光标，指定终点来绘制与附件相接的管道。此时在工作界面的右下角弹出如图3-103所示的提示对话框，提醒用户Revit在“管道类型：默认”中找不到匹配的管段。

图 3-103　提示对话框

观察管道的绘制效果，发现在附件的管道接口处被添加了管件，连接直径为60mm的管道口与直径为65mm的管道，如图3-104所示。

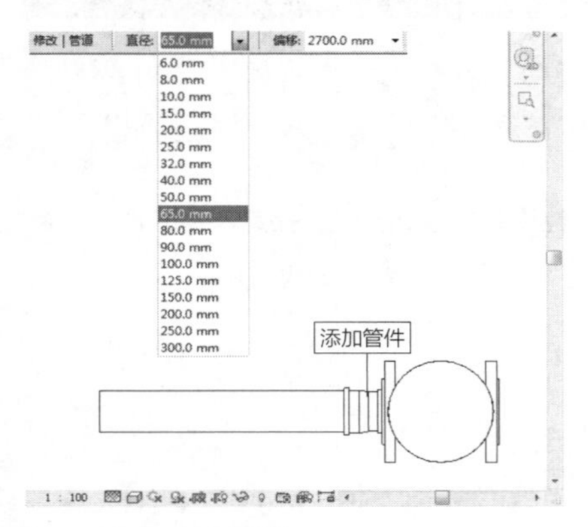

图 3-104　绘制管道

答疑解惑：为什么管道口的直径为 60mm，相接管道的直径却是 65mm？

在绘制管道的过程中，管道的直径在“直径”列表中选择。管道口的直径为60mm，在绘制与之相接的管道时，软件会自动在“直径”列表中搜索60mm，指定给当前正在绘制的管道。假如列表中没有60mm，软件会选择与之接近的数值，如65mm，赋予正在绘制的管道。所以出现了管道口是60mm，与之相接的管道却是65mm的情况。

假如想要绘制直径为60mm的管道与附件相接，可以添加管道尺寸，这样在绘制管道时，软件就可以搜索到尺寸，并指定给管道。

在“卫浴和管道”面板中单击右下角的箭头 ↘，弹出“机械设置”对话框。在左侧列表中选择“管段和尺寸”选项卡，在右侧的界面中显示“尺寸目录”，如图3-105所示。

单击“新建尺寸”按钮，弹出“添加管道尺寸”对话框。在其中设置“公称直径”“内径”与“外径”参数，如图3-106所示。单击“确定”按钮，返回“机械设置”对话框。

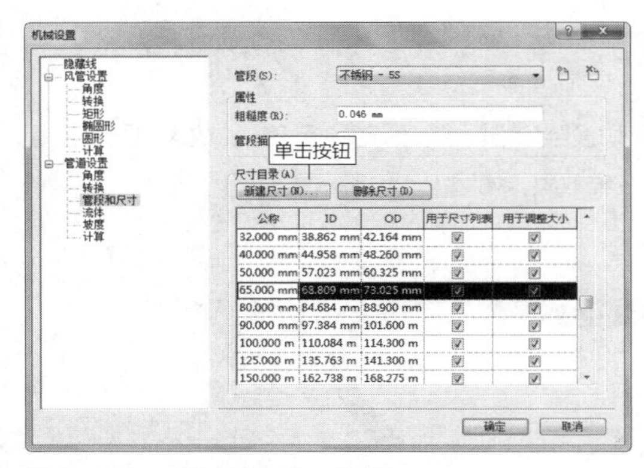

公称	ID	OD	用于尺寸列表	用于调整大小
32.000 mm	38.862 mm	42.164 mm	✓	✓
40.000 mm	44.958 mm	48.260 mm	✓	✓
50.000 mm	57.023 mm	60.325 mm	✓	✓
65.000 mm	68.809 mm	73.025 mm	✓	✓
80.000 mm	84.684 mm	88.900 mm	✓	✓
90.000 mm	97.384 mm	101.600 m	✓	✓
100.000 m	110.084 m	114.300 m	✓	✓
125.000 m	135.763 m	141.300 m	✓	✓
150.000 m	162.738 m	168.275 m	✓	✓

图 3-105　“机械设置”对话框

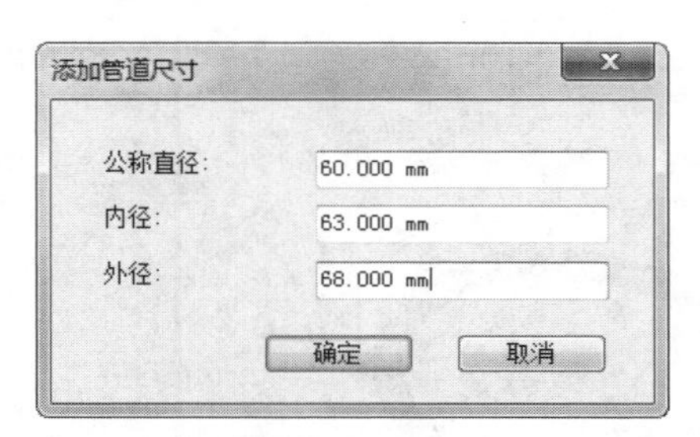

图 3-106　设置参数

在尺寸列表中显示新建的管道尺寸，如图3-107所示。单击“确定”按钮，返回视图。激活附件右侧的“创建管道”夹点，可以顺利地绘制直径为60mm的管道与之相接，效果如图3-108所示。此时不需要添加管件，也不会弹出提示对话框。

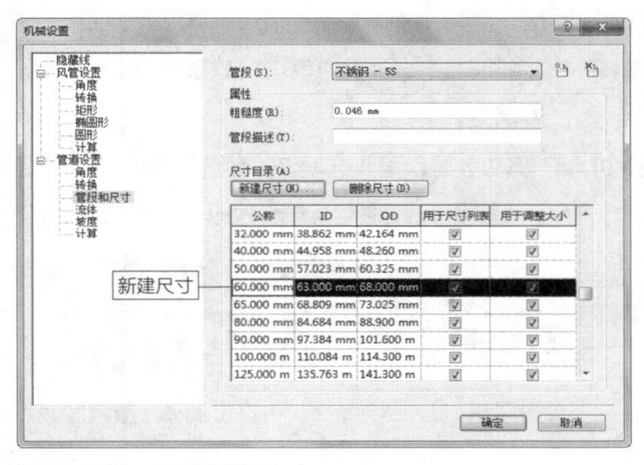

公称	ID	OD	用于尺寸列表	用于调整大小
32.000 mm	38.862 mm	42.164 mm	✓	✓
40.000 mm	44.958 mm	48.260 mm	✓	✓
50.000 mm	57.023 mm	60.325 mm	✓	✓
60.000 mm	63.000 mm	68.000 mm	✓	✓
65.000 mm	68.809 mm	73.025 mm	✓	✓
80.000 mm	84.684 mm	88.900 mm	✓	✓
90.000 mm	97.384 mm	101.600 m	✓	✓
100.000 m	110.084 m	114.300 m	✓	✓
125.000 m	135.763 m	141.300 m	✓	✓

图 3-107　新建管道尺寸

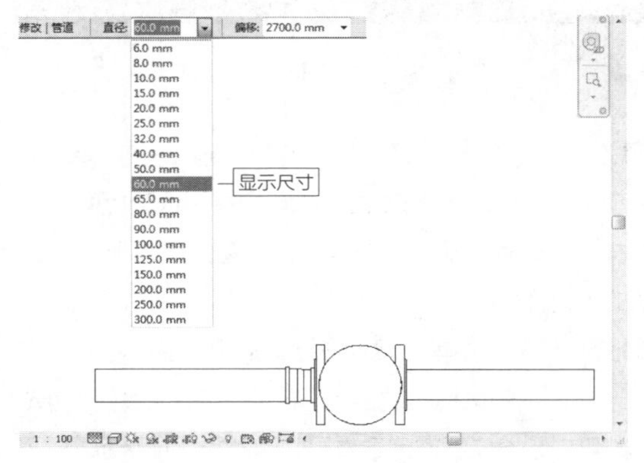

图 3-108　绘制管道

3.4　软管

管道系统中也可以创建软管。启用“软管”命令后，可以自定义起点、顶点与终点来绘制软管。在Revit MEP中只能绘制圆形软管，不能绘制其他类型的软管。软管也可以连接设备，并放置管件与附件。

3.4.1 实战——绘制软管 重点

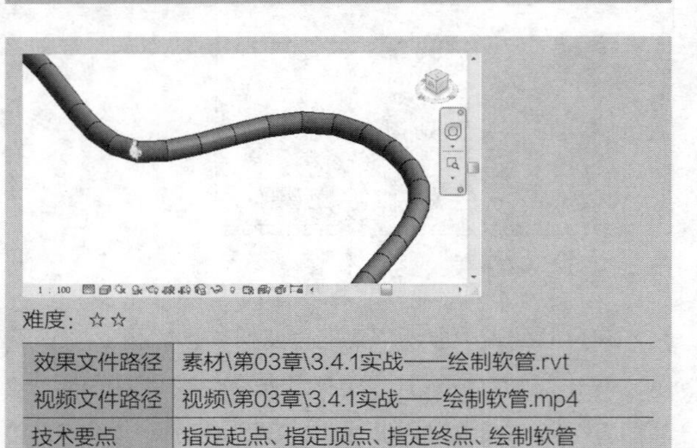

难度：☆☆

效果文件路径	素材\第03章\3.4.1实战——绘制软管.rvt
视频文件路径	视频\第03章\3.4.1实战——绘制软管.mp4
技术要点	指定起点、指定顶点、指定终点、绘制软管

软管与刚性管道相比，不仅样式灵活，而且软管的位置也不会被固定在某一个点。本节介绍绘制软管的方法。

步骤 01 在“卫浴和管道”面板中单击“软管”按钮，如图3-109所示，激活工具。

步骤 02 进入“修改|放置软管”选项卡，在选项栏中设置“直径”为60mm、“偏移”值为2700mm，如图3-110所示。

图 3-109　单击按钮　　图 3-110　“修改 | 放置软管”选项卡

知识链接：

在键盘上按F+P快捷键，也可以启用“软管”命令。

步骤 03 在“属性”选项板中选择软管的类型，在“参照标高”选项中显示F1，与选项栏中的“标高”选项相同。在“软管样式”选项中显示“单线”，如图3-111所示，这是默认的软管样式。

步骤 04 在绘图区域中单击鼠标左键，指定软管的起点。向右移动光标，单击鼠标左键指定下一点，向右上角移动光标，此时可以预览软管的创建效果，如图3-112所示。

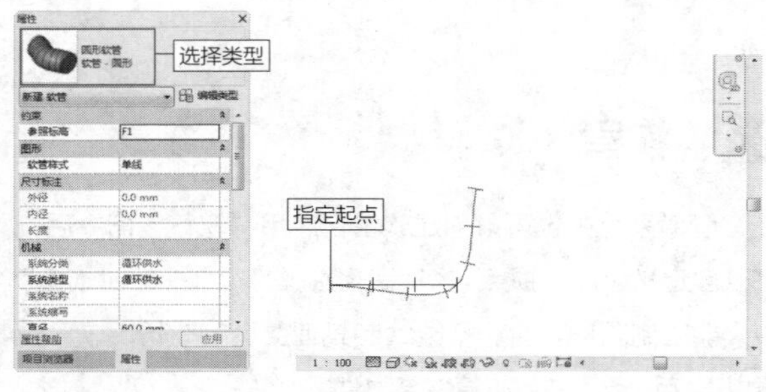

图 3-111　“属性”选项板　　图 3-112　预览创建效果

延伸讲解：

在绘制软管的过程中，即使是已绘制的部分，也可以随着指定下一点的操作而动态显示。

步骤 05 在合适的位置单击鼠标左键，指定软管的顶点。继续移动光标，指定下一点，如图3-113所示。

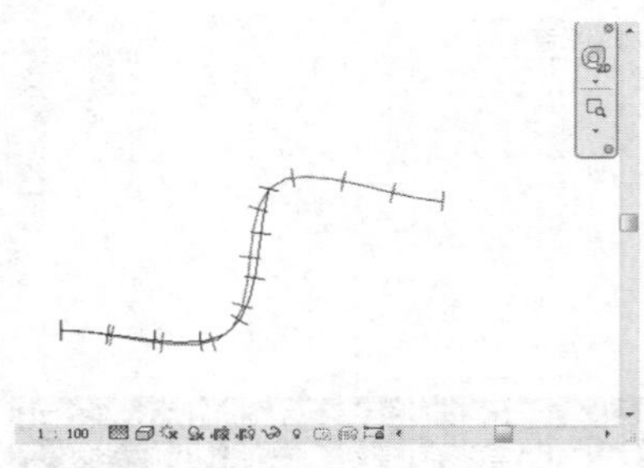

图 3-113　指定下一点

步骤 06 向右下角移动光标，预览创建效果，如图3-114所示。

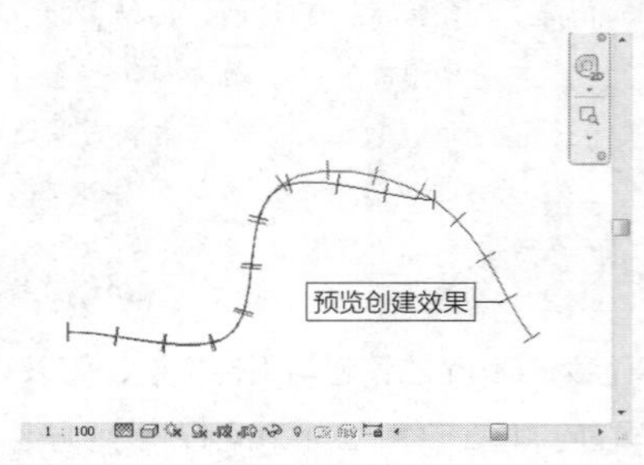

图 3-114　预览创建效果

步骤 07 单击鼠标左键，指定软管的终点，按Esc键退出命令，创建软管的效果如图3-115所示。

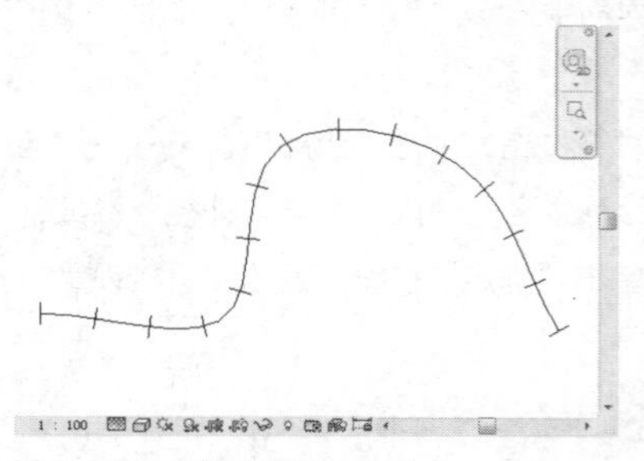

图 3-115　指定终点

步骤 08 切换至三维视图，滑动鼠标滚轮，放大视图，查看软管的三维效果，如图3-116所示。

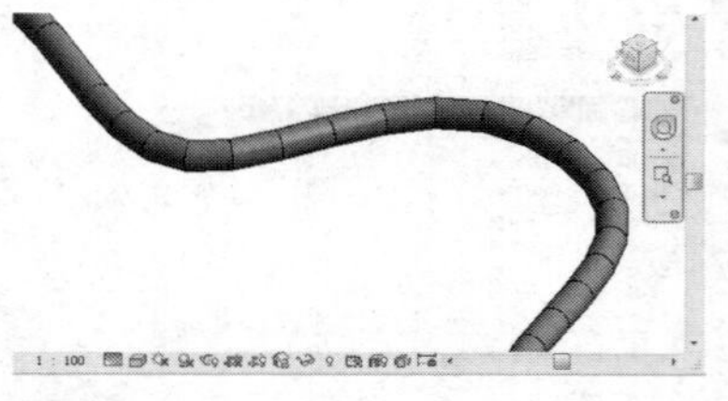

图 3-116　三维效果

3.4.2　编辑软管　难点

在创建完毕的软管上可以添加设备、管件和附件，还可以修改软管的直径大小、偏移参数，或者修改软管的样式。

1.　添加管件

启用“管件”命令，在“属性”选项板中选择“T形三通”管件。在软管上指定放置点，放置管件的效果如图3-117所示。观察放置管件的效果，发现T形三通仍然保留了默认的参数，没有继承软管的参数。

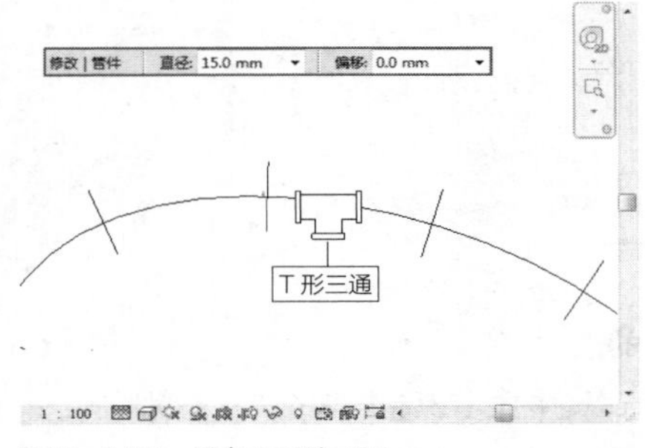

图 3-117　添加 T 形三通

选择T形三通，进入“修改|管件”选项卡。单击“直径”选项，在弹出的尺寸列表中选择60mm，并修改“偏移”值为2700mm。随着参数的修改，T形三通的显示样式也发生变化，效果如图3-118所示。

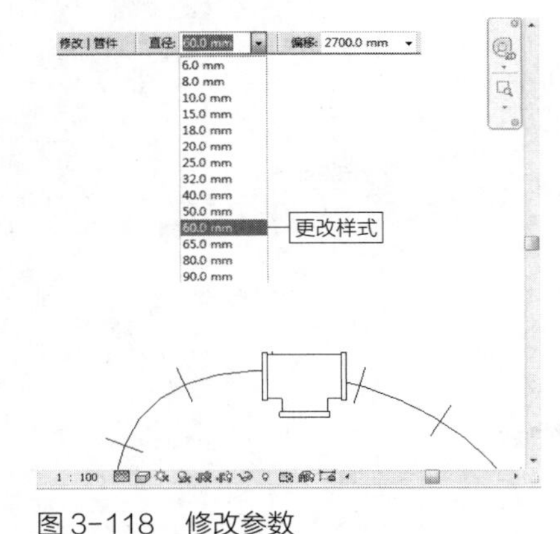

图 3-118　修改参数

2.　添加附件

启用“管路附件”命令，在“属性”选项板中选择名称为“水表-旋翼式-15-40mm-螺纹”的附件，如图3-119所示。在软管中指定放置点，完成放置操作。

观察水表，发现其“创建管道”夹点的一侧显示直径值为40mm，如图3-120所示，表示可以绘制直径为40mm的管道与水表相接。可是软管的管直径是60mm，与水表管道口的直径不同。

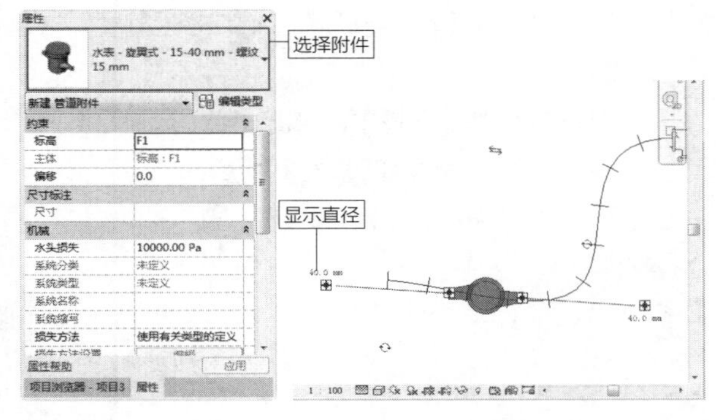

图 3-119　“属性”选项板　　图 3-120　添加水表

在“属性”选项板中单击“编辑类型”按钮，弹出“类型属性”对话框。修改“尺寸标注”选项组中的“公称半径”与“公称直径”参数，如图3-121所示。单击“确定”按钮，返回视图。水表管道口的直径参数自动更新，显示为60mm，如图3-122所示，与软管的直径大小相符。

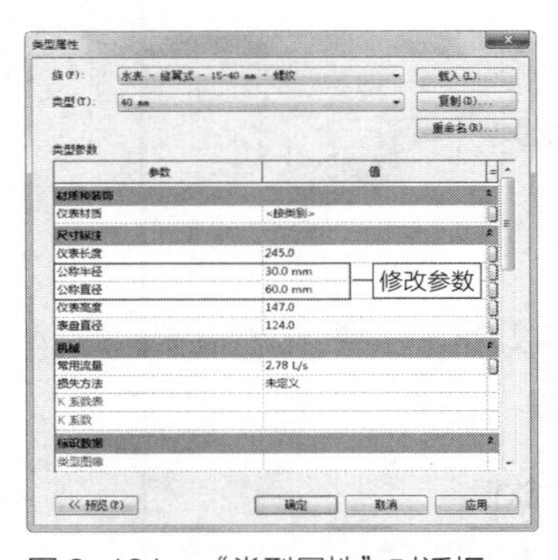

图 3-121　“类型属性”对话框

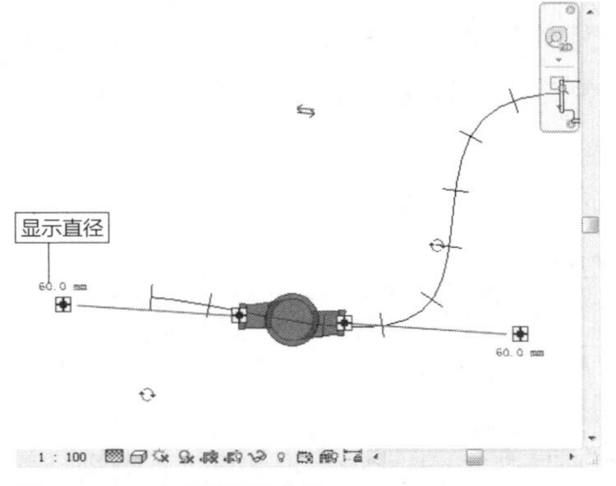

图 3-122　更新显示参数

3.　修改样式

默认情况下，软管的样式为“单线”。可以自定义软管的样式。选择软管，在“属性”选项板中单击“软管样式”选项，弹出样式列表。在列表中显示多种软管样式，如“单线”“圆形”和“椭圆形”等。选择“软管2”样式，如图3-123所示。

将光标移动至绘图区域中，软管的样式发生变化，显示为“软管2”样式，效果如图3-124所示。

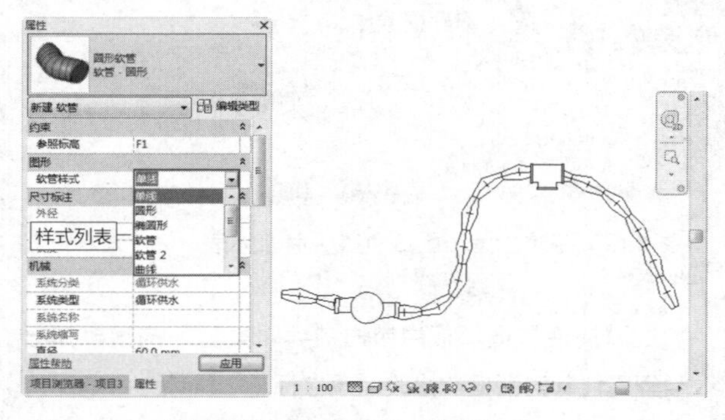

图 3-123　选择软管样式　图 3-124　修改样式

切换至三维视图，可观察到不但添加了管件与附件，还修改了样式的软管，如图3-125所示。

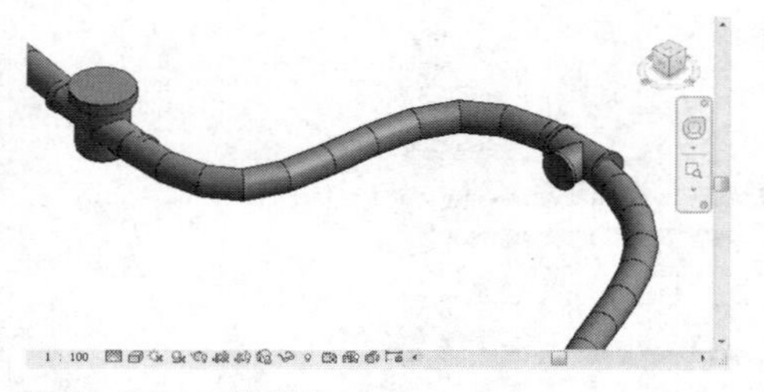

图 3-125　三维效果

4. 绘制与管件相接的软管

激活管件上的夹点，可以绘制与其相接的软管。选择T形三通，光标置于夹点上，单击鼠标右键，在弹出的快捷菜单中选择“绘制软管”选项，如图3-126所示。指定终点，可以绘制与管件相接的软管，效果如图3-127所示。

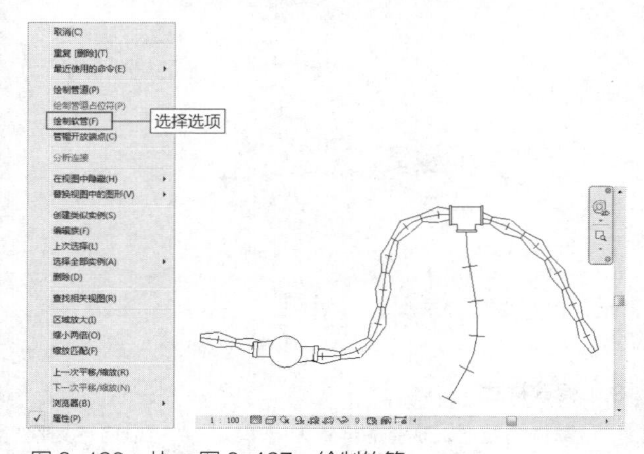

图 3-126　快捷菜单　图 3-127　绘制软管

知识链接：

值得注意的是，无论将已绘制的管道设置为何种样式，重新绘制的软管总是显示为“单线”样式。

选择刚绘制的软管，在“属性”选项板中单击“软管样式”选项，在样式列表中选择“软管2”样式，将软管的样式设置为与已绘软管的样式相一致，效果如图3-128所示。

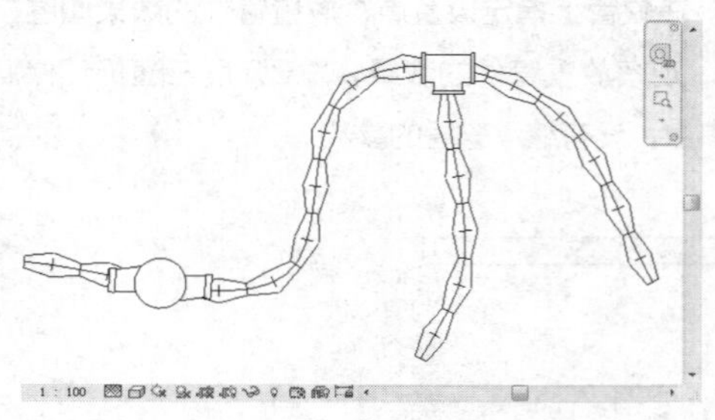

图 3-128　修改样式

5. 编辑软管上的点

选择软管，在其中显示3种类型的点，分别是位于软管两端的夹点、切点、位于软管中间的顶点，如图3-129所示。光标置于软管一端的夹点上，按住鼠标左键不放，拖曳鼠标，调整夹点的位置，如图3-130所示。

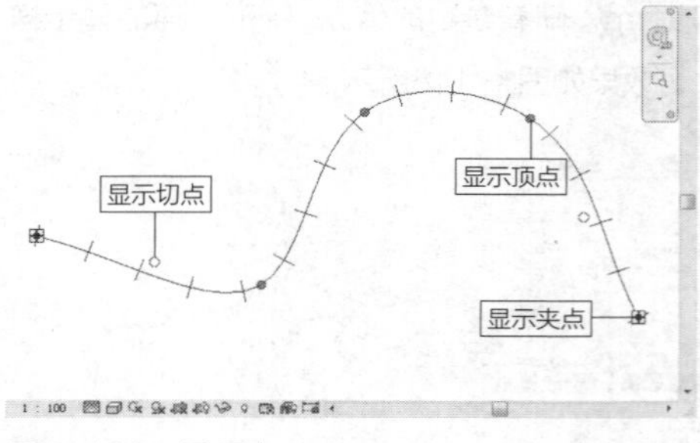

图 3-129　显示点

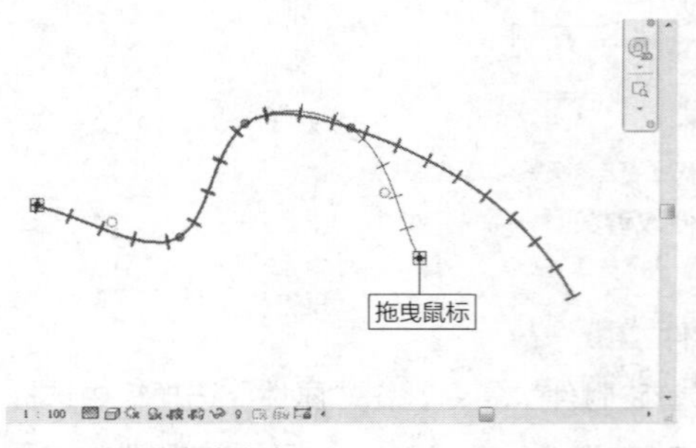

图 3-130　移动夹点

知识链接：

在拖曳夹点的过程中，只要尚未指定夹点的新位置，就只能预览移动效果。

在合适的位置松开鼠标左键，随着夹点位置的移动，软管的显示样式也发生变化，如图3-131所示。

在软管的中间显示顶点，该顶点的类型为蓝色的实心圆点。将光标置于顶点之上，激活顶点，实心圆点高亮显示，如图3-132所示。

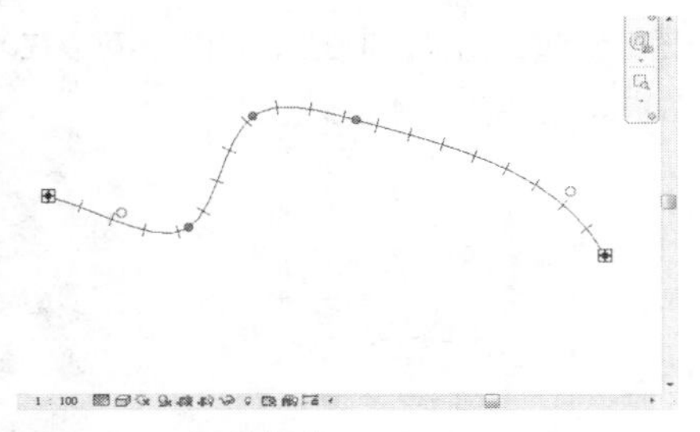

图 3-131　调整样式

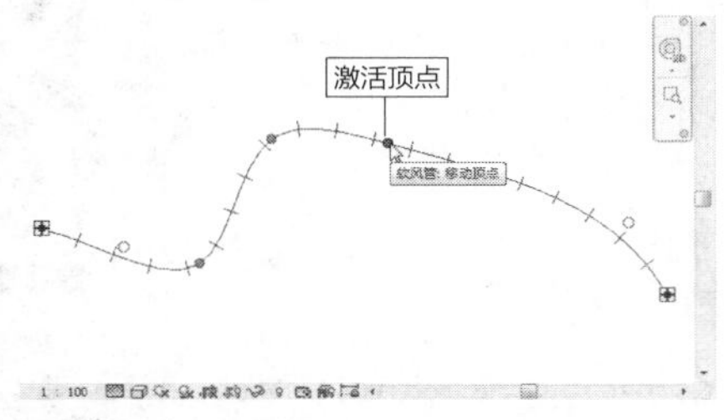

图 3-132　激活顶点

在顶点上按住左鼠标键不放，拖曳鼠标，预览软管样式的变化，如图3-133所示。在合适的位置松开鼠标左键，软管发生了改变，样式如图3-134所示。此时观察顶点，即使移动了位置，也还是位于软管之上。

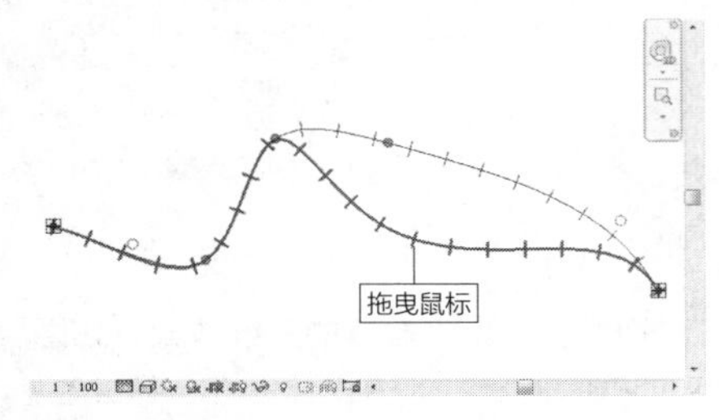

图 3-133　预览效果

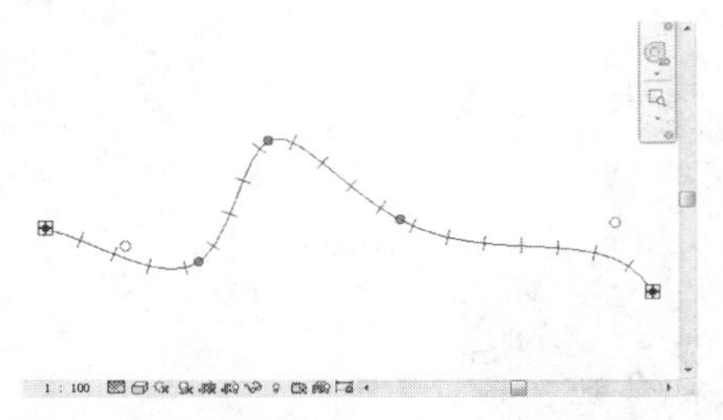

图 3-134　改变软管样式

软管上的切点显示为蓝色的空心圆形，靠近软管的管道口。无论软管的长度如何，总是会包含两个切点。光标置于切点之上，激活切点，如图3-135所示。按住鼠标左键不放，拖曳鼠标，调整切点的位置，软管样式也发生变化，如图3-136所示。

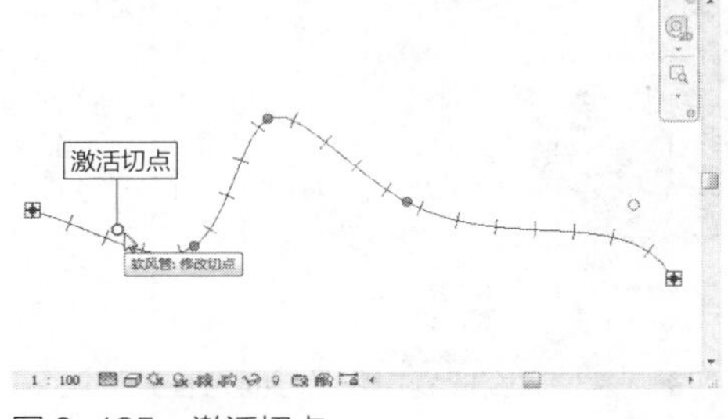

图 3-135　激活切点

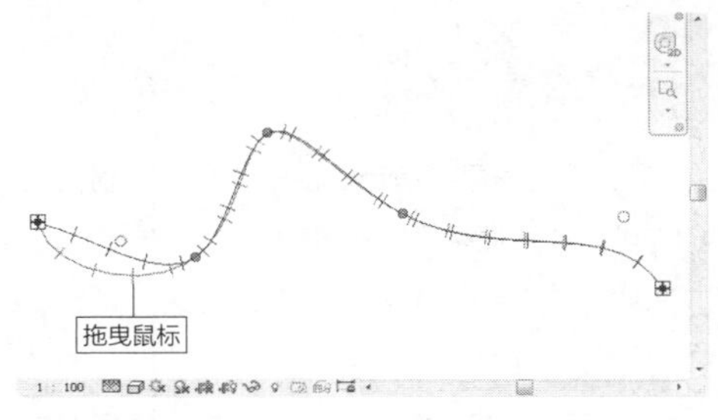

图 3-136　拖曳鼠标

松开鼠标左键后，软管的样式随之确定。与软管中间的顶点不同，随着软管样式的改变，切点的位置也被移动，不会留在原来的位置，如图3-137所示。

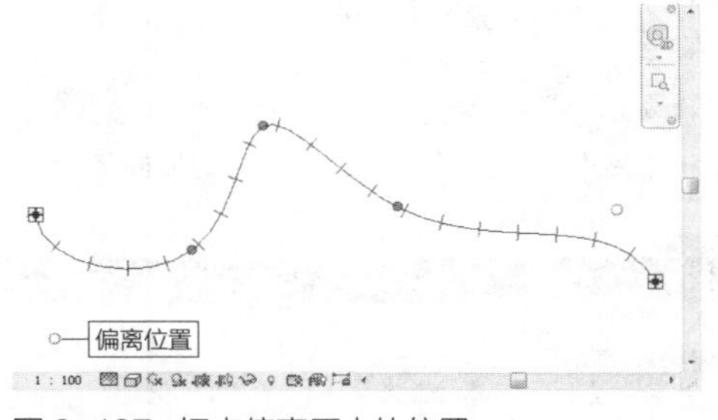

图 3-137　切点偏离原来的位置

3.5 卫浴装置

卫浴装置包括水槽、抽水马桶、浴盆、排水管和各种卫浴用具。与放置管件、附件类似，在放置卫浴装置之前，也需要先将卫浴装置载入项目。在将装置添加到系统中之前，可以自定义卫浴装置的角度。

3.5.1　实战——放置卫浴装置　重点

放置卫浴装置的方式有以下几种：自由放置、在垂直面上放置、在水平面上放置、在工作平面上放置。根据不同的装置类型，选用适用的放置方式。

1. 自由放置

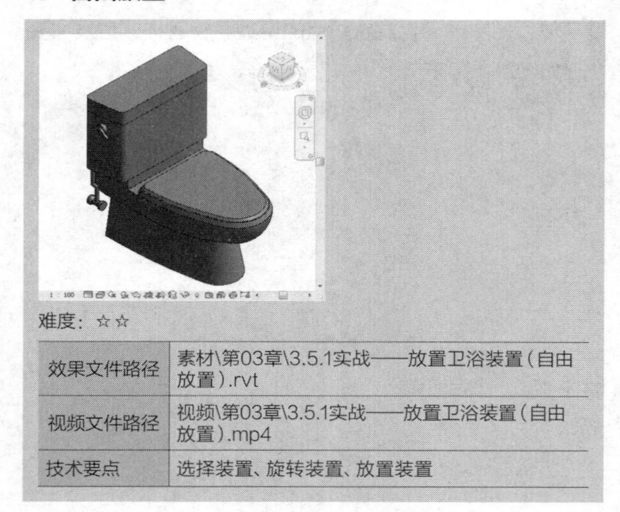

难度：☆☆

效果文件路径	素材\第03章\3.5.1实战——放置卫浴装置（自由放置）.rvt
视频文件路径	视频\第03章\3.5.1实战——放置卫浴装置（自由放置）.mp4
技术要点	选择装置、旋转装置、放置装置

选择自由放置的方式，可以指定任意的位置来放置卫浴装置。本节介绍使用该种方式来放置坐便器的方法。

步骤 01 在“卫浴和管道”面板中单击“卫浴装置”按钮，如图3-138所示，激活工具。

步骤 02 此时弹出提示对话框，提醒并询问用户“项目中未载入卫浴装置族。是否要现在载入”，如图3-139所示。单击“是”按钮，弹出“载入族”对话框，选择卫浴装置，单击“打开”按钮，将其载入项目。

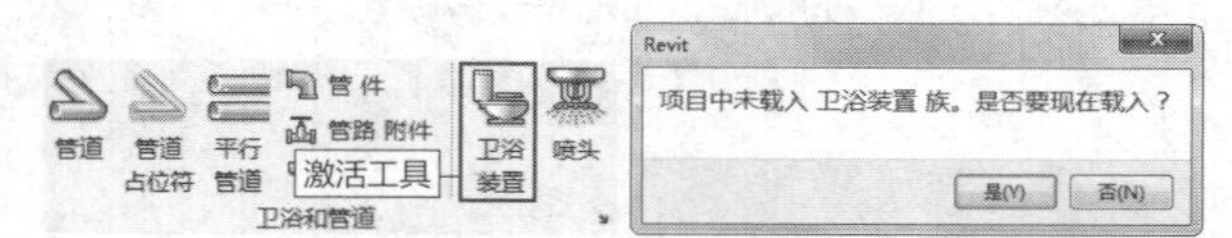

图 3-138　单击按钮　　图 3-139　提示对话框

知识链接：

在键盘上按P+X快捷键，也可以启用“卫浴装置”命令。

步骤 03 在“属性”选项板中选择名称为“坐便器-冲洗水箱”的装置，如图3-140所示。其他参数保持默认值即可。

步骤 04 光标置于绘图区域中，可以预览装置的放置效果。光标显示为十字，位于装置上方，如图3-141所示。

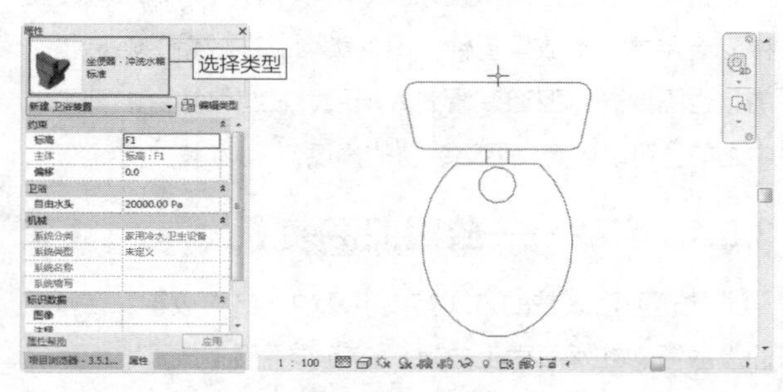

图 3-140　选择坐便器　图 3-141　预览效果

延伸讲解：

处于预览状态的卫浴装置显示为灰色，可以随着光标的移动而移动。

步骤 05 按空格键，可以旋转装置，如图3-142所示。

步骤 06 将装置调整至合适的角度，单击鼠标左键，可以在指定的点放置装置，效果如图3-143所示。

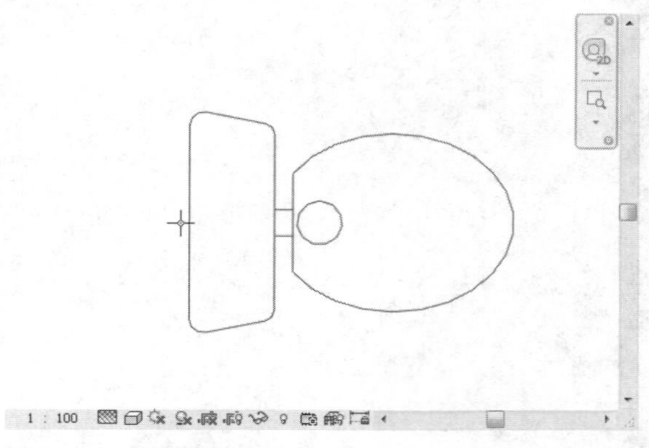

图 3-142　旋转装置

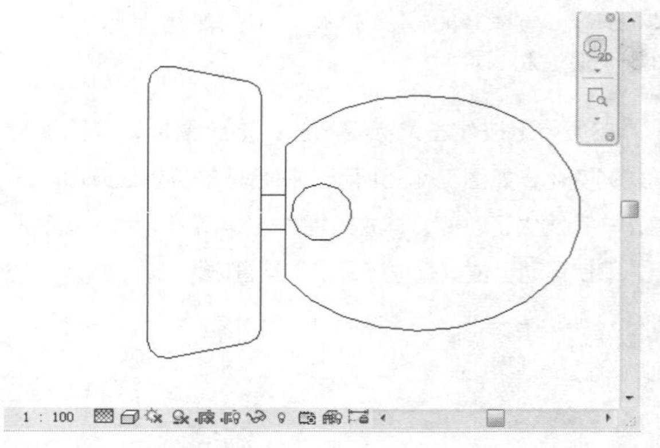

图 3-143　放置装置

步骤 07 切换至三维视图，观察坐便器的三维效果，如图3-144所示。

图 3-144　三维效果

2. 放置在垂直面上

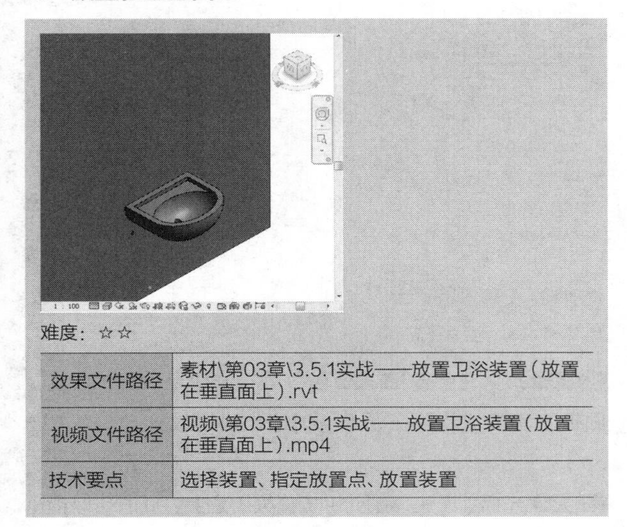

难度：☆☆

效果文件路径	素材\第03章\3.5.1实战——放置卫浴装置（放置在垂直面上）.rvt
视频文件路径	视频\第03章\3.5.1实战——放置卫浴装置（放置在垂直面上）.mp4
技术要点	选择装置、指定放置点、放置装置

选择“放置在垂直面上”的方式放置卫浴装置，在放置装置前，需要拾取一个垂直面。本节介绍放置洗脸盆的方法。

步骤 01 启用“卫浴装置”命令，在“属性”选项板中选择名称为“洗脸盆-壁挂式”的装置，如图3-145所示。

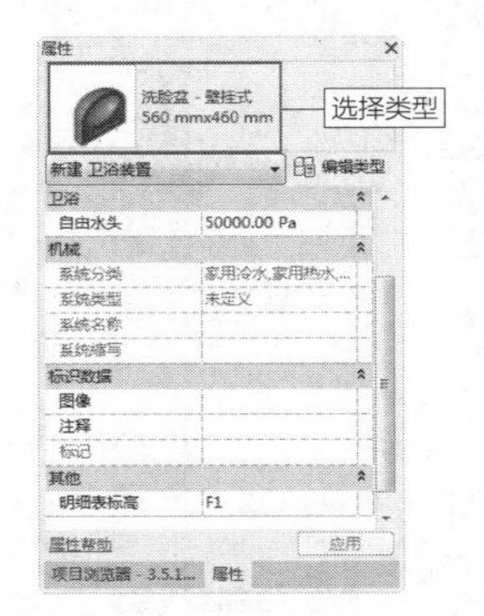

图 3-145　选择洗脸盆

步骤 02 进入“修改|放置卫浴装置”选项卡，在“放置”面板上单击“放置在垂直面上”按钮，指定放置方式，如图3-146所示。

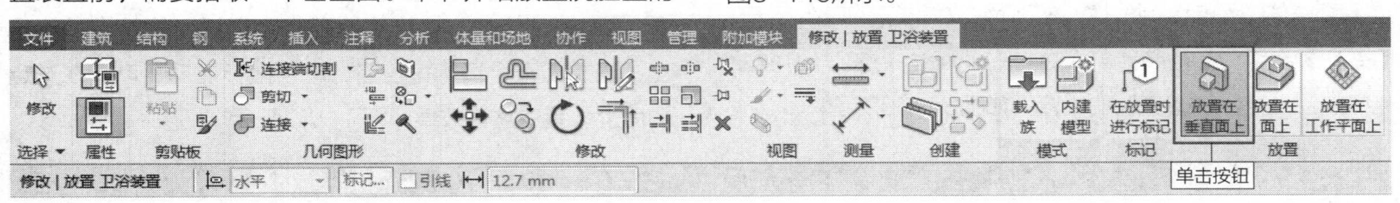

图 3-146　指定放置方式

延伸讲解：

选择不同类型的卫浴装置，“修改|放置卫浴装置”选项卡中所显示的内容不同。例如，在选择“坐便器”时，该选项卡中就没有显示“放置”面板。

步骤 03 光标置于墙体之上，拾取墙体为主体图元，表示将洗脸盆放置在墙体的垂直面上。此时可以预览放置洗脸盘的效果，移动光标，指定洗脸盘位于墙体上的位置，如图3-147所示。

步骤 04 在合适的位置单击鼠标左键，指定洗脸盘的放置点，效果如图3-148所示。

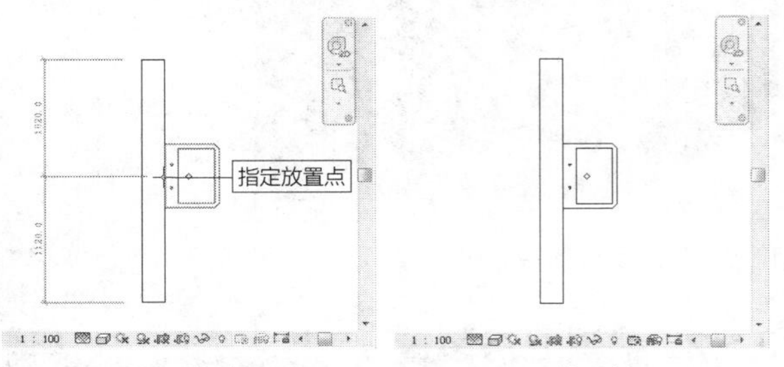

图 3-147　预览效果　　图 3-148　放置效果

延伸讲解：

当光标置于墙体上时，可以显示临时尺寸标注，表示此时光标所在的点与墙体边界线的距离。

步骤 05 切换至三维视图，观察洗脸盆放置于墙体垂直面的效果，如图3-149所示。

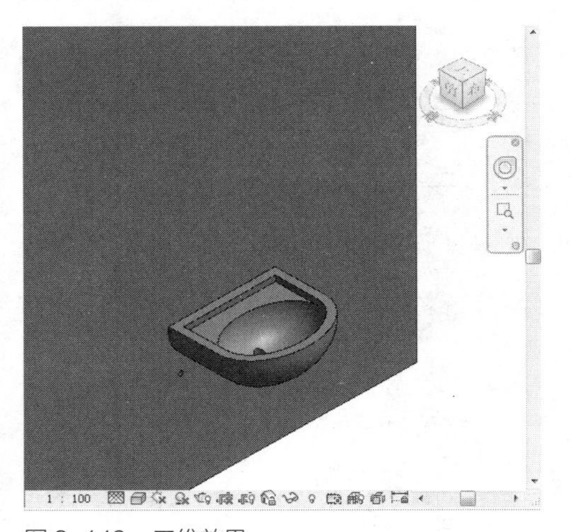

图 3-149　三维效果

3. 放置在面上

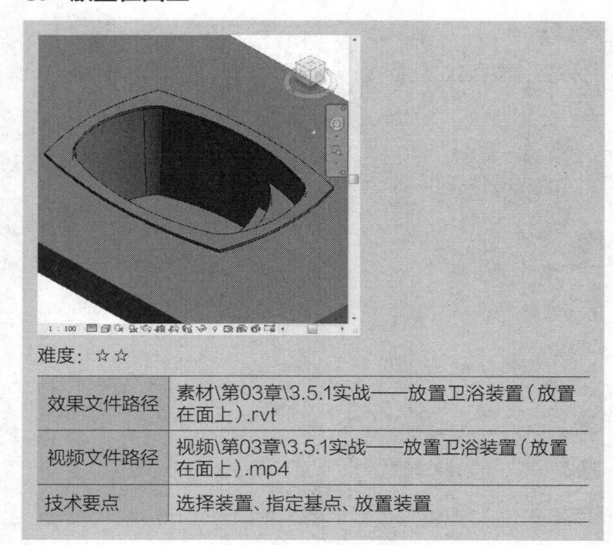

难度：☆☆

效果文件路径	素材\第03章\3.5.1实战——放置卫浴装置（放置在面上）.rvt
视频文件路径	视频\第03章\3.5.1实战——放置卫浴装置（放置在面上）.mp4
技术要点	选择装置、指定基点、放置装置

选择“放置在面上”的方式放置卫浴装置，可以将装置放置在主体图元的选定面上。本节介绍放置浴盆的操作方法。

步骤01 启用“卫浴装置”命令，在“属性”选项板中选择名称为“浴盆-椭圆形”的装置，如图3-150所示。

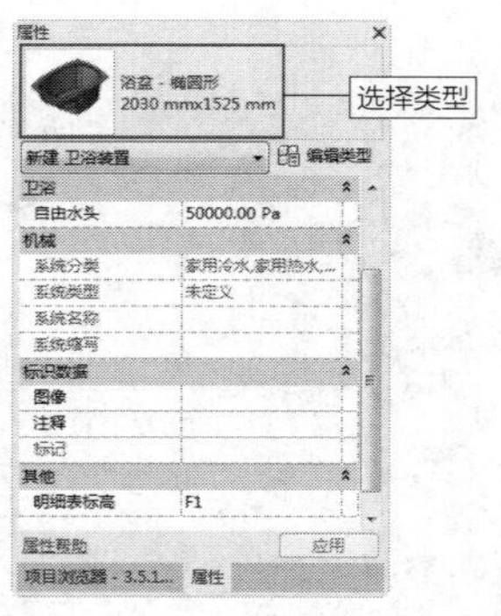

图 3-150　选择浴盆

步骤02 进入“修改|放置卫浴装置”选项卡，在“放置”面板上单击“放置在面上”按钮，指定放置方式，如图3-151所示。

步骤03 光标置于主体图元（如楼板）之上，此时可以预览浴盆的放置效果，如图3-152所示。光标位于浴盆的左下角，显示为“十”。

步骤04 按空格键，以光标所在点为基点，旋转浴盆的角度。当旋转至合适的角度后，单击鼠标左键，可以在选定的面上放置浴盆，效果如图3-153所示。

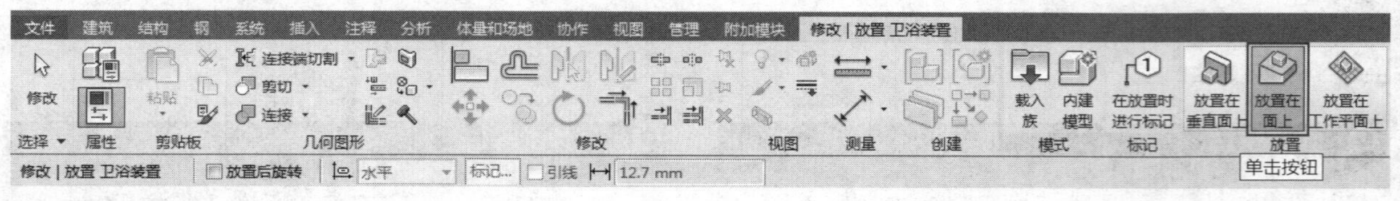

图 3-151　指定放置方式

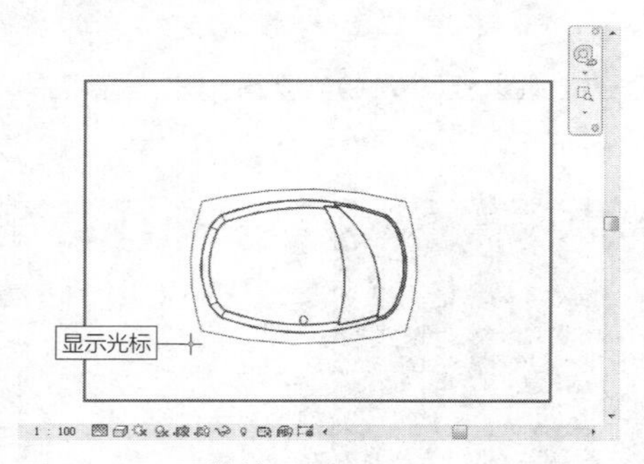

图 3-152　预览效果

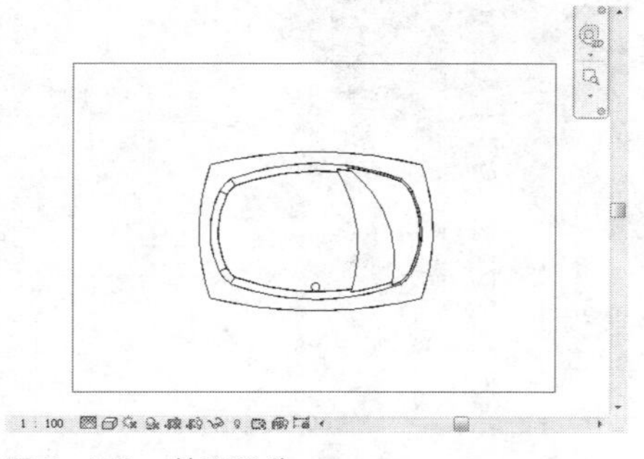

图 3-153　放置浴盆

步骤05 切换至三维视图，观察浴盆的三维效果，如图3-154所示。

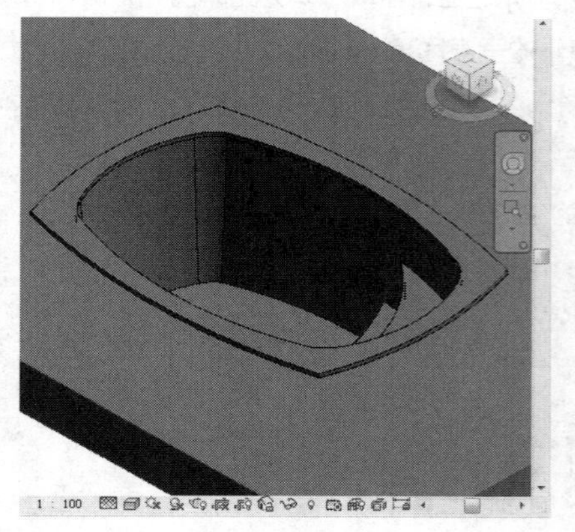

图 3-154　三维效果

3.5.2　编辑卫浴装置　难点

选择卫浴装置，可以对其执行编辑操作，例如连接管道、重新定义放置实体等。本节介绍编辑卫浴装置的方法。

1. 建立物理连接

选择坐便器，进入“修改|卫浴装置”选项卡。单击“连接到”按钮，如图3-155所示，可以在卫浴装置与管道之间创建物理连接。接着弹出“选择连接件”对话框，选择“连接件2：卫生设备：圆形：100mm：出”选项，如图3-156所示。单击“确定”按钮，返回视图。

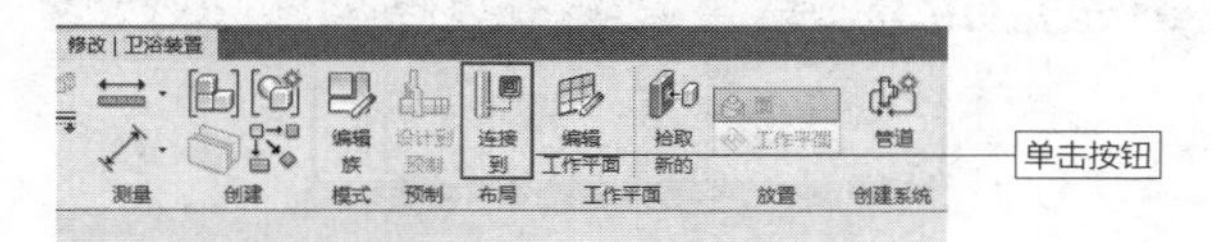

图 3-155　单击按钮

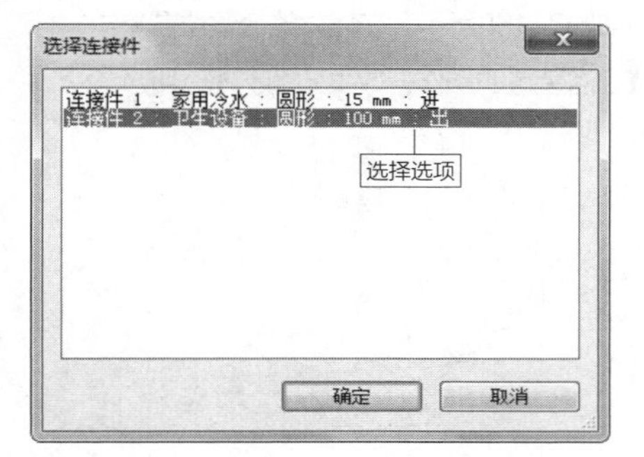

图 3-156　选择选项

知识链接：

在三维视图中同样可以执行编辑卫浴装置的操作，并且在该视图中，可以更加直观地查看编辑效果。

光标置于管道之上，高亮显示管道，如图3-157所示。单击鼠标左键，拾取管道。此时在工作界面的右下角弹出如图3-158所示的提示对话框，提醒用户“找不到自动布线解决方案”。

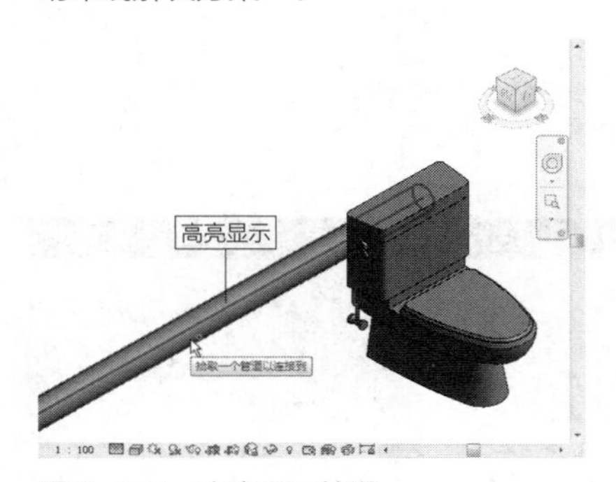

图 3-157　高亮显示管道

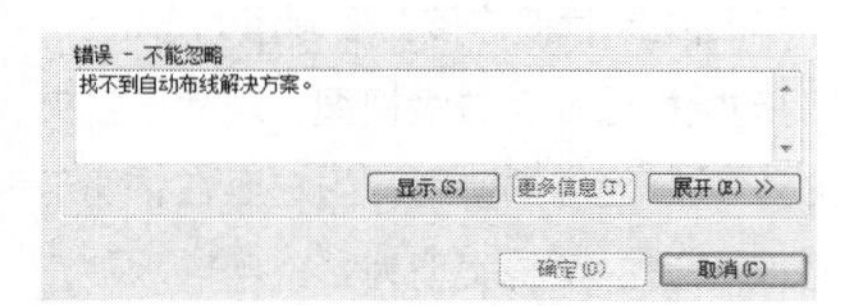

图 3-158　提示对话框

此时在视图中，卫浴装置与管道的显示样式如图3-159所示。单击“取消”按钮，关闭提示对话框。选择管道，在选项栏中单击“偏移”选项，在弹出的尺寸列表中选择尺寸，如图3-160所示，修改管道的高程为2700mm。

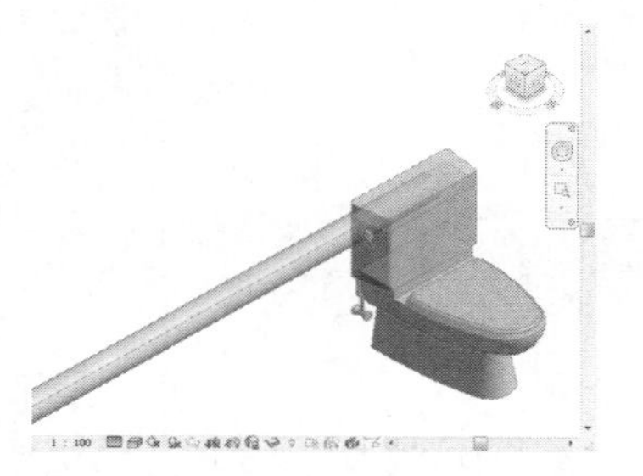

图 3-159　高亮显示图元

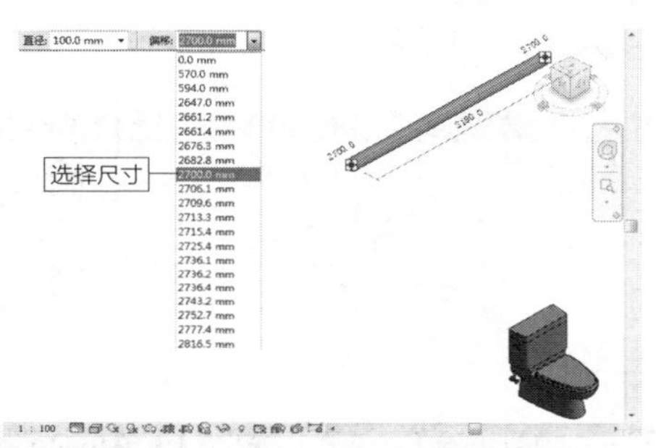

图 3-160　修改高程

延伸讲解：

若在操作过程中出现错误，软件会弹出对话框提醒用户，同时发生错误的图元也会高亮显示。

再次执行“连接到”命令，可以顺利地在坐便器与管道之间创建连接，效果如图3-161所示。

在“修改|卫浴装置”选项卡中单击“管道”按钮，弹出“创建管道系统”对话框。在“系统类型”与“系统名称”选项中显示卫浴装置所在的系统类型及其系统名称，如图3-162所示。

图 3-161　创建连接

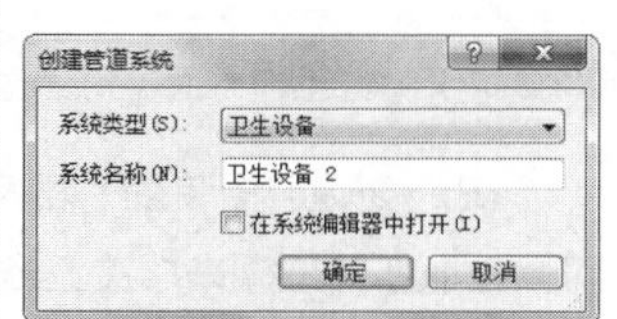

图 3-162　“创建管道系统”对话框

延伸讲解：

可以自定义系统名称，但是不能重复，否则会弹出如图3-163所示的“名称重复”对话框，提醒用户需要设置一个唯一的名称。

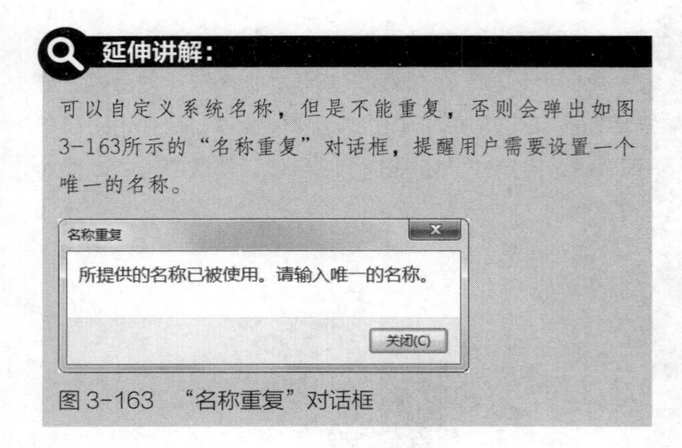

图 3-163　“名称重复”对话框

2. 编辑工作平面

选择洗脸盆，进入“修改|卫浴装置”选项卡，在“工作平面”面板中单击“编辑工作平面”按钮，如图3-164所示，弹出“工作平面”对话框。

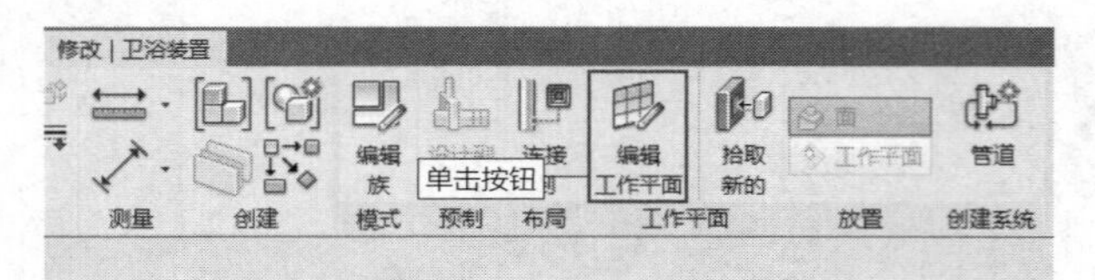

图 3-164　单击按钮

知识链接：

使用不同放置方式来添加的卫浴装置，与其相对应的“修改|卫浴装置”选项卡的内容也不相同。

在“工作平面”对话框中单击“显示”按钮，如图3-165所示。在绘图区域中高亮显示洗脸盆的放置面，如图3-166所示。墙线被高亮显示，表示洗脸盆放置在墙体的垂直面上。

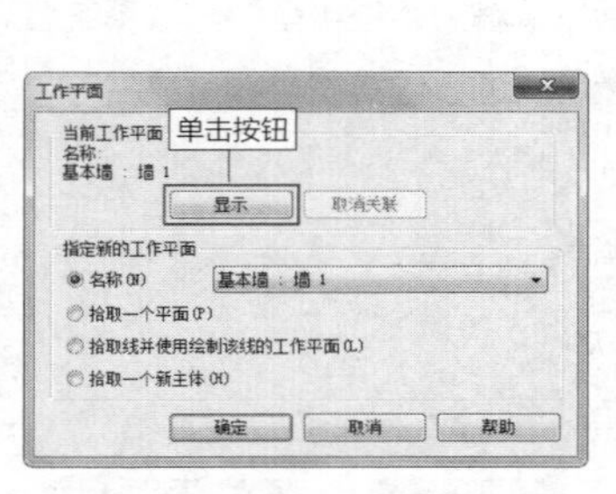

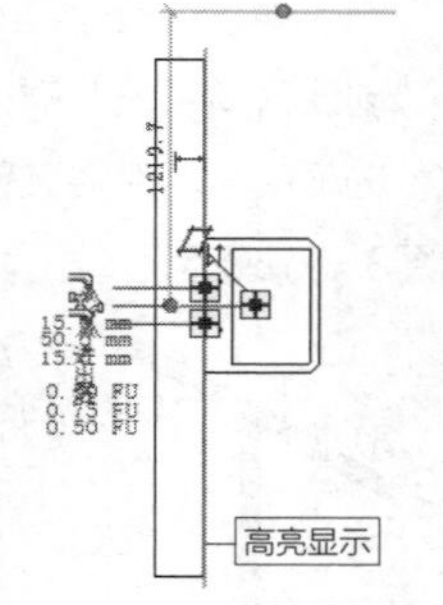

图 3-165　“工作平面”对话框　　图 3-166　显示放置面

在“修改|卫浴装置”面板中单击“拾取新的”按钮，可以拾取新的主体来放置卫浴装置。激活命令后，选项卡转换显示内容，在“放置”面板上显示 “面”和“工作平面”按钮，单击“面”按钮，如图3-167所示，激活工具。

图 3-167　单击按钮

知识链接：

在“工作平面”对话框中选择“拾取一个新主体”选项，同样可以转换放置卫浴装置的主体图元。

移动光标至另一段墙体上，此时可以预览卫浴装置转换新主体的效果，如图3-168所示。在墙体的合适位置单击鼠标左键，结束放置卫浴装置的操作，效果如图3-169所示。

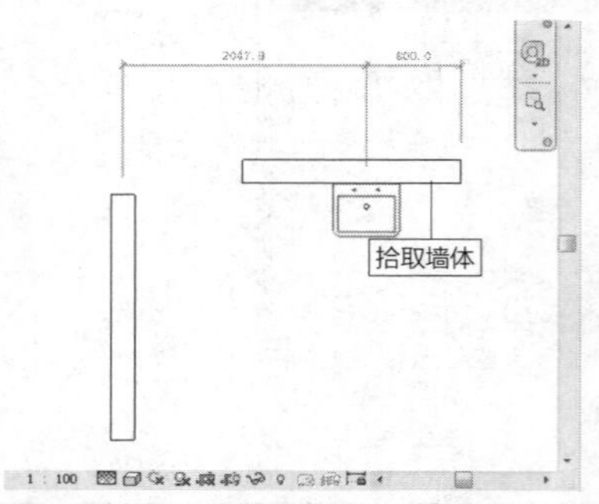

图 3-168　拾取新的主体

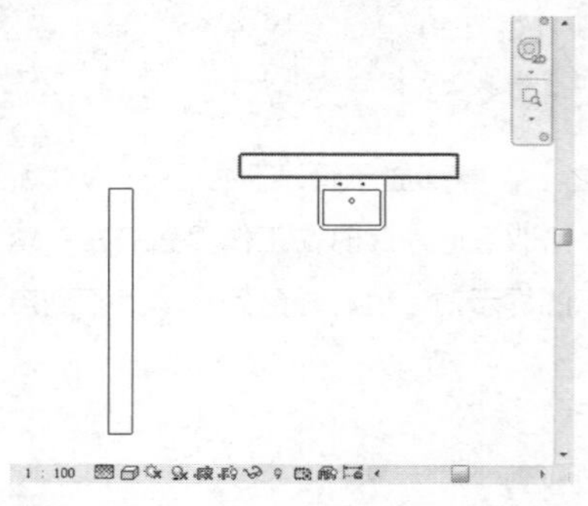

图 3-169　转换主体

延伸讲解：

使用“拾取新的”工具来编辑卫浴装置，结果是移动装置至另一主体图元中，而不是删除或者复制卫浴装置。

3. 绘制连接管道

以洗脸盆为例，介绍绘制管道连接卫浴装置的方法。

选择洗脸盆，滑动鼠标滚轮，放大视图，观察与各夹点相接的垂直线段的一端所显示的信息。由左至右，显示的是管道的信息。左侧管道的系统类型为“家用热水”，中间管道的系统类型为“卫生设备”，右侧管道的系统类型为“家用冷水”，如图3-170所示。

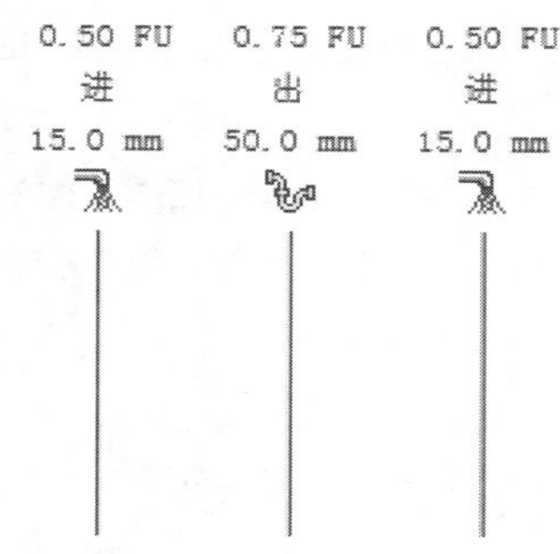

图 3-170　显示信息

知识链接：

绘制完毕连接管道后，选择管道，可以在“属性”选项板中查看该管道所属的系统类型。

使用图标来表示管道的类型，在图标的上方，显示管道的直径。“家用热水”管道与“家用冷水”管道的直径为15mm，“卫生设备”管道的直径为50mm。

在管道直径的上方显示管道的流向，“家用热水”与“家用冷水”管道为进水管，“卫生设备”管道为排水管，即排污管。

滑动鼠标滚轮，调整视图的显示，显示洗脸盆的“创建管道”夹点，如图3-171所示。激活夹点，可以绘制各系统类型的管道。

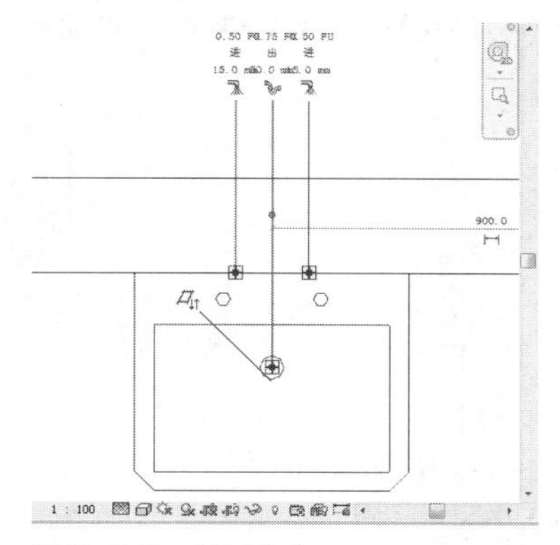

图 3-171　显示夹点

光标置于“家用热水”管道夹点上，单击鼠标右键，弹出快捷菜单。在菜单中选择“绘制管道”选项，如图3-172所示。进入“修改|放置管道”选项卡，在选项栏中显示管道的“直径”与“偏移”参数，如图3-173所示。这是软件的默认参数，假如没有特别的需要可以沿用默认值，也可自定义选项参数。

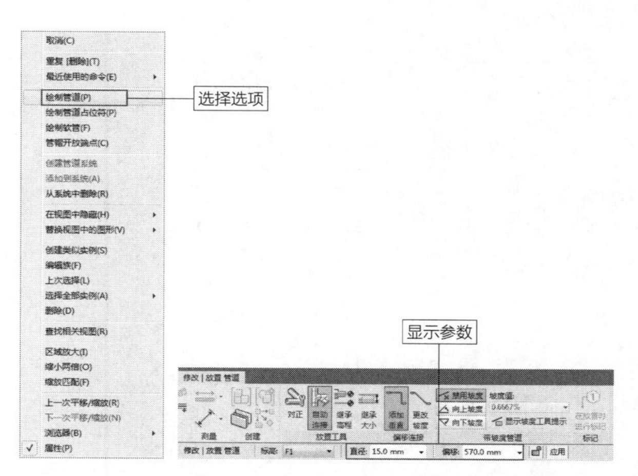

图 3-172　快捷菜单　图 3-173　“修改 | 放置管道”选项卡

向上移动光标，指定终点，绘制家用热水管道的效果如图3-174所示。重复上述操作，激活“家用冷水管道”夹点，绘制家用冷水管道，效果如图3-175所示。

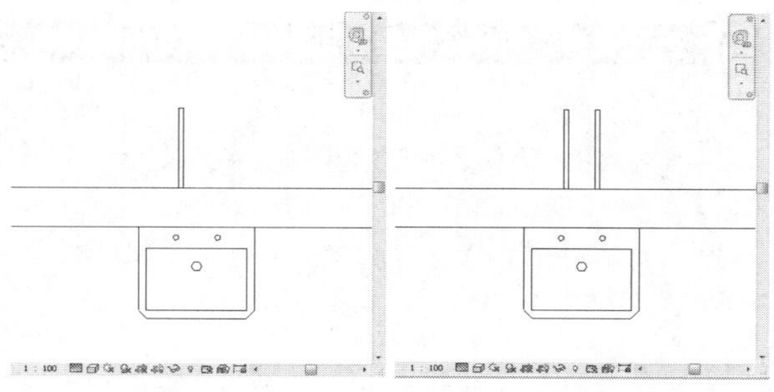

图 3-174　绘制热水管　　图 3-175　绘制冷水管

光标置于“卫生设备”管道夹点，夹点显示为紫色，如图3-176所示。单击鼠标右键，在快捷菜单中选择“绘制管道”选项，移动光标，指定终点来绘制管道，如图3-177所示。

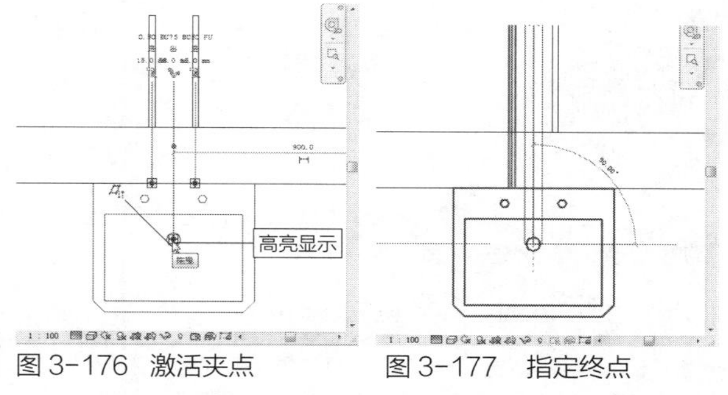

图 3-176　激活夹点　　图 3-177　指定终点

此时管道与洗脸盆更换显示样式，高亮显示图元，如图3-178所示。同时在工作界面的右下角弹出提示对话框，提醒用户“找不到自动布线解决方案”，如图3-179所示。

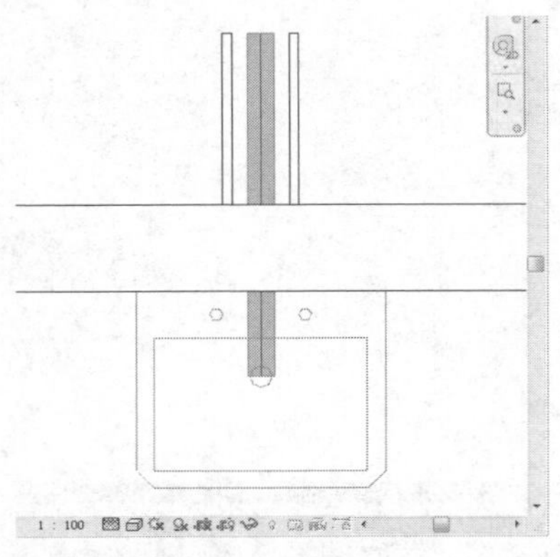

图 3-178　高亮显示图元

图 3-179　提示对话框

答疑解惑：为什么在绘制排水管时会发生错误?

排水管应该垂直于洗脸盆，这样才可以将污水聚集到管道并且排出建筑物外。在上述操作方法中，将排水管的方向指定为与洗脸盆平行，如果使用这样的布管方向，是不能将污水排出的。软件统检测后，判定画法错误，所以高亮显示图元，同时弹出提示对话框来提醒用户所发生的错误。

为了更好地绘制垂直方向上的排水管，需要切换到立面视图。Revit没有自动创建立面视图，所以还需要手动创建立面视图。

选择“视图”选项卡，在“创建”面板中单击“立面”按钮，如图3-180所示，激活命令。在视图中单击放置立面，如图3-181所示。

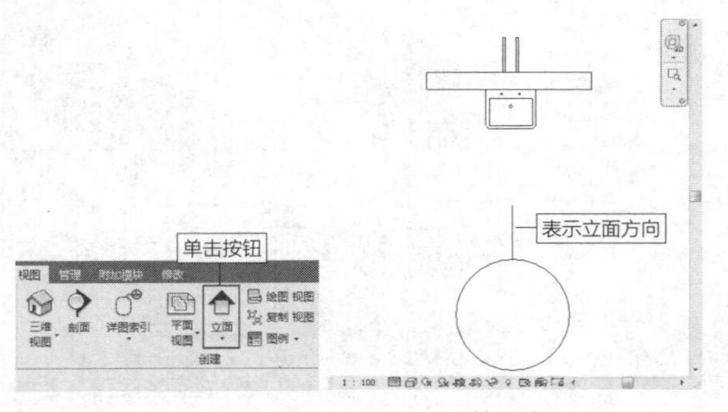

图 3-180　单击按钮　　图 3-181　放置立面

延伸讲解：

在放置立面时，按Tab键，循环切换立面方向。立面符号中的线段表示立面方向。

选择项目浏览器，在“视图（全部）”目录中新增了一个名称为“立面（立面1）”的项目。单击展开该项目，在其中显示名称为“立面1-a”的立面视图，如图3-182所示。

双击立面视图名称，切换至立面视图。选择“属性”选项板，在“范围”选项组选中“裁剪视图”和“裁剪区域可见”复选框，如图3-183所示。

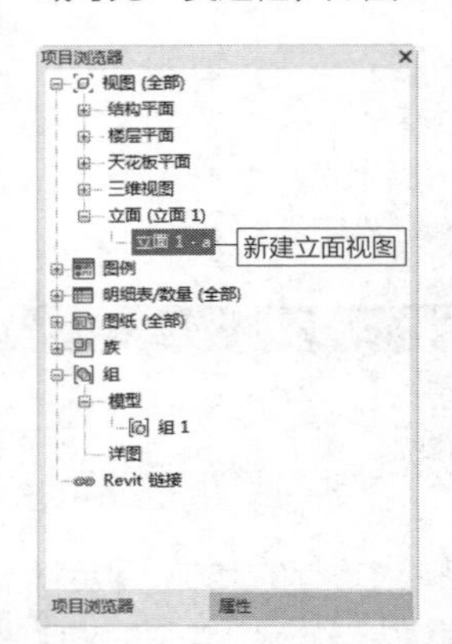

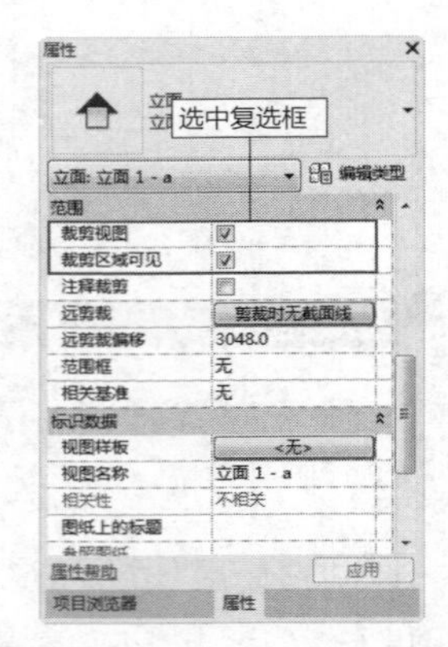

图 3-182　显示立面视图名称　图 3-183　“属性”选项板

知识链接：

假如不在“属性”选项板选中“裁剪视图”和“裁剪区域可见”复选框，就不能显示位于裁剪区域内的图元。

在立面视图中显示裁剪轮廓线，位于轮廓线内的立面墙体与洗脸盆的显示效果如图3-184所示。滑动鼠标滚轮，放大视图，观察在立面视图中洗脸盆与进水管的显示效果，如图3-185所示。

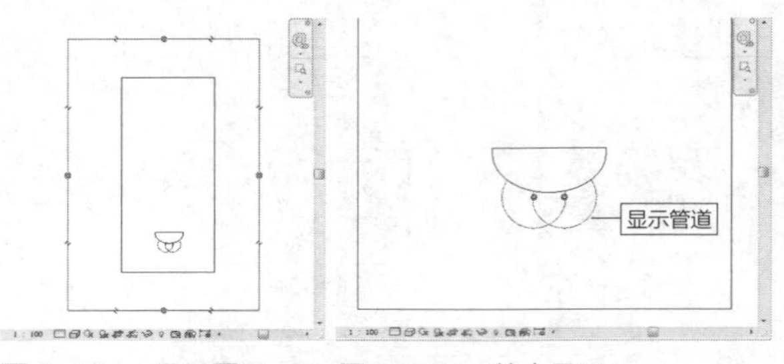

图 3-184　显示图元　　图 3-185　放大显示

延伸讲解：

此时立面视图的“详细程度”为“粗略”，管道的显示样式为细实线。

选择洗脸盆，显示管道端点。光标置于中间的排水管道夹点上，如图3-186所示，激活夹点。在夹点上单击鼠标右键，在快捷菜单中选择“绘制管道”选项，向下移动光标，指定管道的终点，如图3-187所示。

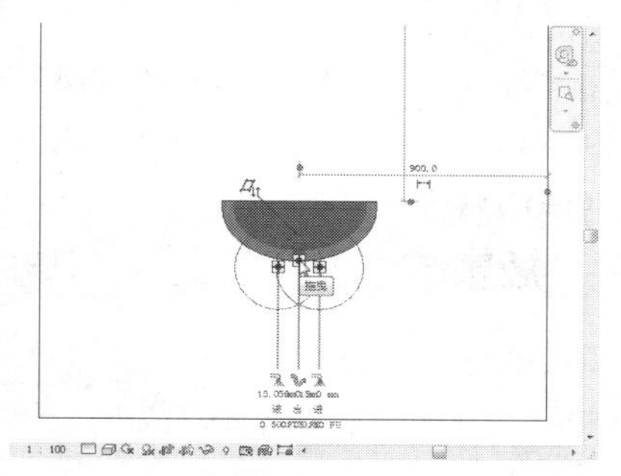
图 3-186　激活夹点

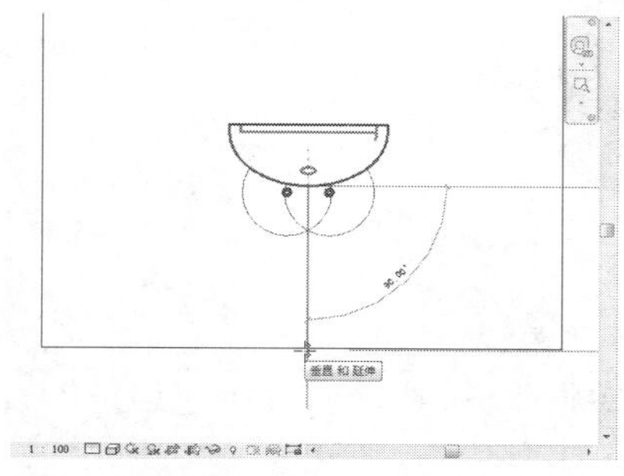
图 3-187　指定终点

在合适的位置单击鼠标左键，指定终点，结束绘制排水管的操作，效果如图3-188所示。为了方便地观察管道的创建效果，在视图控制栏中单击“详细程度”按钮，在弹出的列表中选择“精细”选项，更改视图的详细程度。管道的显示样式随之更改，效果如图3-189所示。

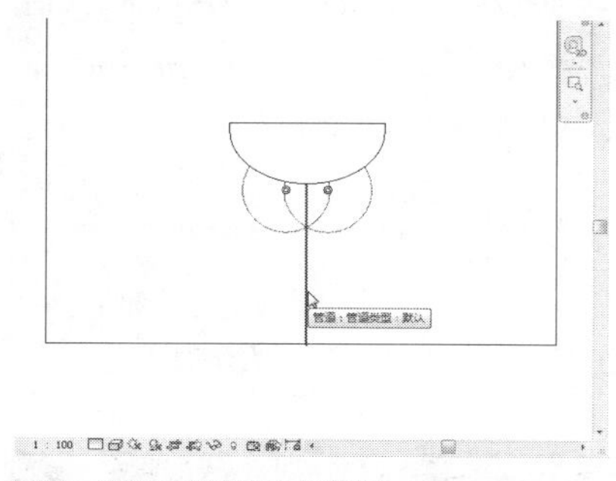
图 3-188　绘制排水管道

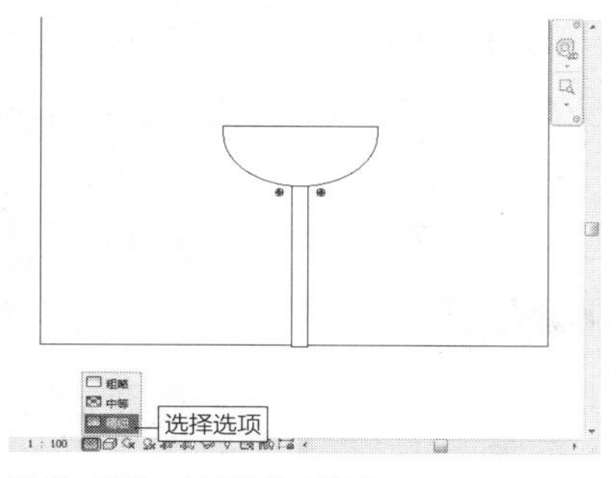

图 3-189　转换显示效果

切换至三维视图，查看连接了管道后，洗脸盆与管道的三维效果，如图3-190所示。

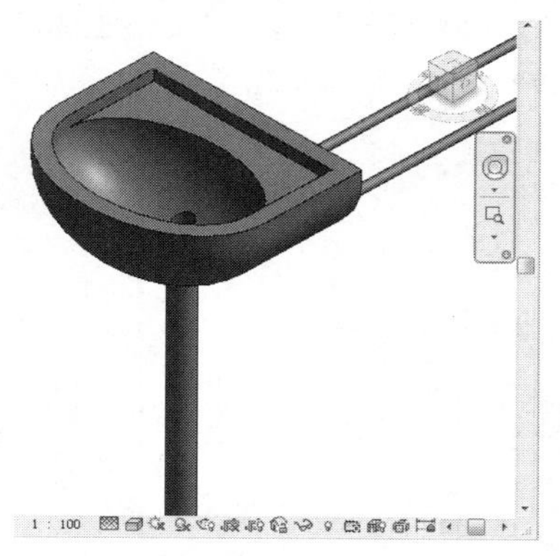
图 3-190　三维效果

知识链接：

与洗脸盆相接的管道，最终还要连接到管道网中。在本节中，仅介绍如何绘制与卫浴装置相接的管道的方法。

4.　编辑卫浴装置的属性

选择卫浴装置，如选择坐便器，可以在“属性”选项板中显示其属性信息。在“约束”选项组中，显示坐便器的“标高”为F1、“偏移”值为0，如图3-191所示。在“机械”选项组中，显示坐便器的“系统分类”“系统类型”“系统名称”，选项值显示为灰色，表示不可在“属性”选项板中编辑。

单击“编辑类型”按钮，弹出“类型属性”对话框。在“材质和装饰”选项组中，显示坐便器各部件的材质，通常情况下保持默认值即可。在“尺寸标注”选项组中，显示管道的半径、直径等参数，如图3-192所示。

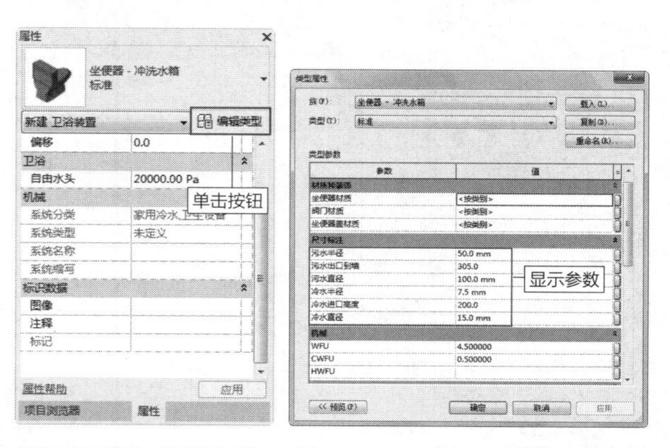

图 3-191　“属性”选项板　图 3-192　“类型属性”对话框

在“尺寸标注”选项组中修改参数，例如，修改“冷水直径”的参数，如图3-193所示，可以影响坐便器进水管道的直径。单击“确定”按钮，返回视图。观察坐便器进水口直径的参数，显示为20mm，如图3-194所示。这表明随着修改坐便器的“冷水直径”参数，与之对应的管道口的直径也会同步更新。

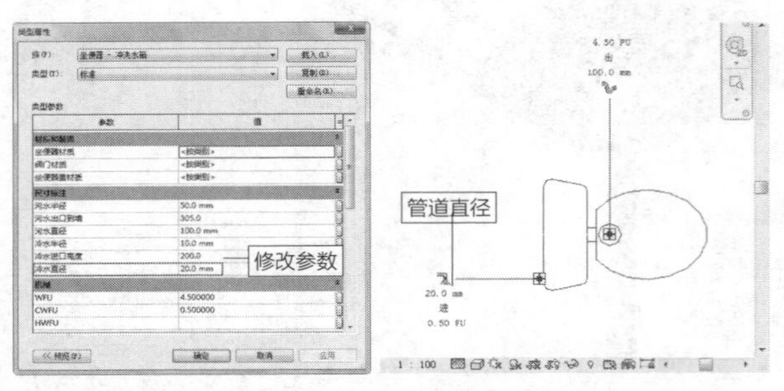

图 3-193　修改参数　　图 3-194　更新显示参数

选择不同的卫浴装置，“属性”选项板中所显示的内容不相同。选择洗脸盆，在“属性”选项板中没有显示“标高”与“偏移”参数，而是显示“立面”值为820，如图3-195所示。单击“编辑类型”按钮，弹出“类型属性”对话框。

知识链接：

“立面”值为820，表示洗脸盆在主体垂直面的高程为820mm。

在“默认高程”选项中显示820，与“立面”选项中的参数一致。在“尺寸标注”选项组中，显示管道半径、直径参数，以及洗脸盆的长度、宽度、高度参数，如图3-196所示。修改相应的参数，可以影响洗脸盆的显示效果。

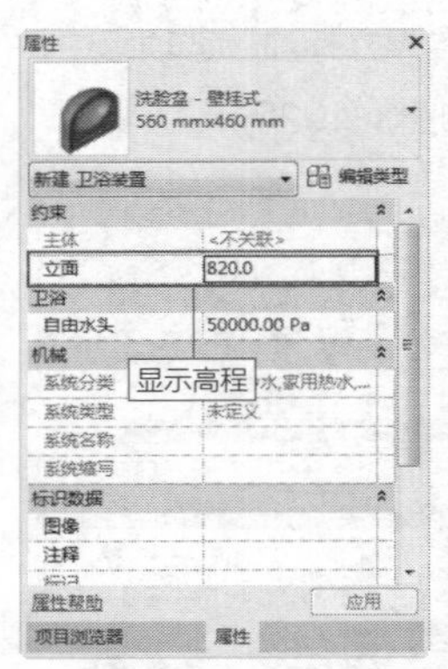

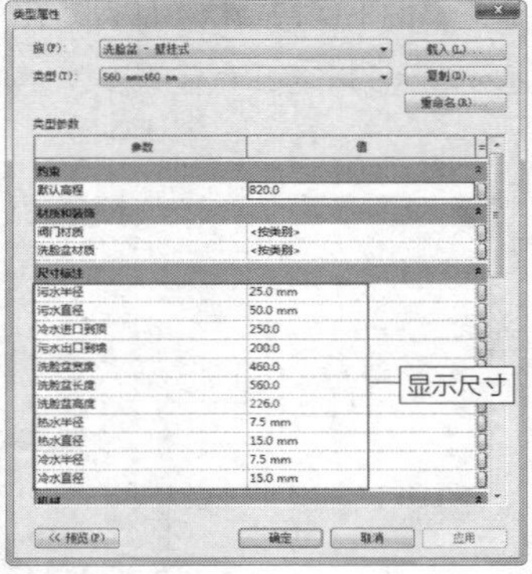

图 3-195　“属性”选项板　图 3-196　“类型属性”对话框

3.6 喷头

启用“喷头”命令，软件可以根据所需要的额定温度、压力等级、孔大小等条件，放置多种类型的湿式和干式喷水装置，方便用户完成设计。

3.6.1 实战——放置喷头　难点

难度：☆☆

效果文件路径	素材\第03章\3.6.1实战——放置喷头.rvt
视频文件路径	视频\第03章\3.6.1实战——放置喷头.mp4
技术要点	选择类型、设置高程、放置喷头

喷头在消防系统中是很重要的构件，可以供给水源，帮助消灭火灾。本节介绍放置喷头的方法。

步骤 01 在“卫浴和管道”面板中单击“喷头”按钮，如图3-197所示，激活命令。

步骤 02 接着弹出提示对话框，提醒并询问用户“项目中未载入喷头族。是否要现在载入”，如图3-198所示。单击“是”按钮，弹出“载入族”对话框。在其中选择喷头，单击“打开”按钮，可以将喷头载到项目。

图 3-197　单击按钮　　图 3-198　提示对话框

知识链接：

在键盘上按S+K快捷键，也可以启用“喷头”命令。

步骤 03 进入“修改|放置喷头”选项卡，如图3-199所示。单击“载入族”按钮，也可以载入喷头族。选中“放置后旋转”复选框，在指定放置点后，可以旋转喷头。

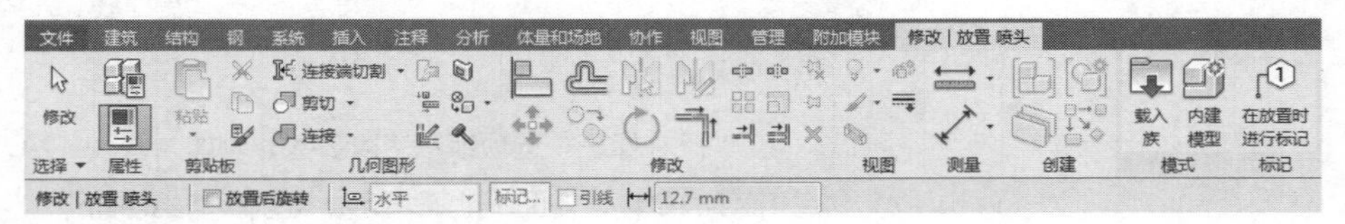

图 3-199　“修改 | 放置喷头”选项卡

步骤 04 在“属性”选项板中单击喷头名称，弹出类型列表，选择喷头的类型，如图3-200所示。

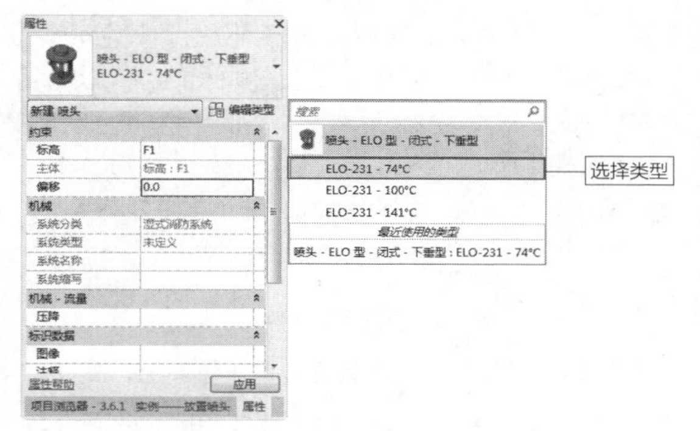

图 3-200 “属性”选项板

步骤 05 在绘图区域中单击鼠标左键，指定放置点，此时在工作界面的右下角弹出提示对话框，提醒用户“所创建的图元在视图楼层平面：F1中不可见”，如图3-201所示。

图 3-201 提示对话框

延伸讲解：

在空白区域单击鼠标左键，关闭提示对话框。或者单击提示对话框右上角的“关闭”按钮，也可以关闭提示对话框。

步骤 06 重新启用“喷头”命令，在“属性”选项板中修改“偏移”值为2700，如图3-202所示，指定喷头的高程。

步骤 07 指定放置点，可以顺利放置喷头，效果如图3-203所示。

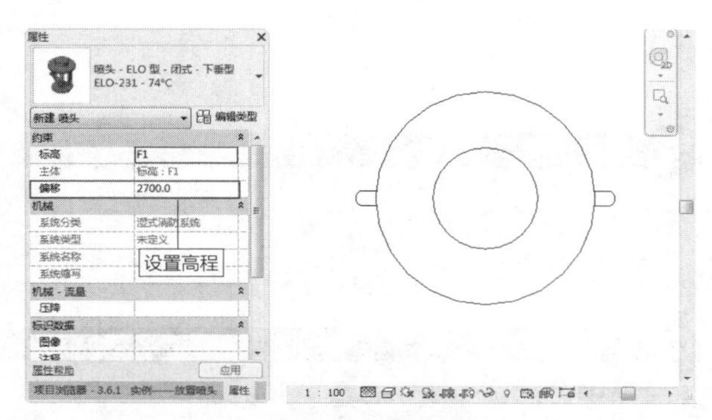

图 3-202 设置高程 图 3-203 放置喷头

知识链接：

在“偏移”文本框中输入2700，表示喷头与底部标高的距离为2700mm。

步骤 08 切换至三维视图，观察喷头的三维效果，如图3-204所示。

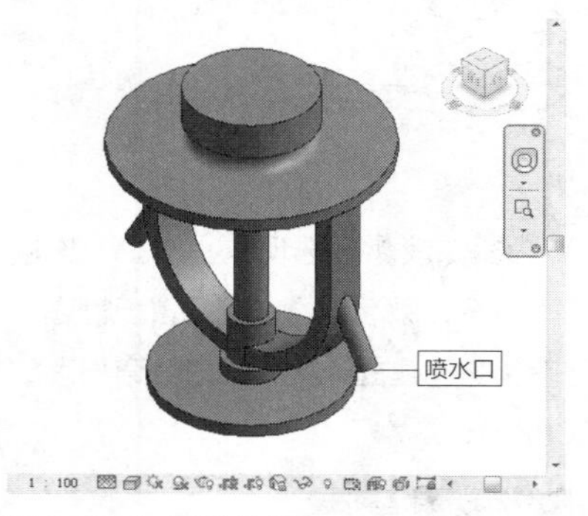

图 3-204 三维效果

3.6.2 编辑喷头 **重点**

通过编辑喷头，可修改喷头的属性参数，更改其显示样式。可以在喷头与管道之间创建连接，也可以绘制管道连接喷头。

1. 编辑喷头属性

在“属性”选项板中显示喷头的相关信息，如类型、标高、高程等。单击“编辑类型”按钮，弹出“类型属性”对话框，如图3-205所示。

在“族”选项中显示喷头族的名称，例如，“喷头-ELO型-闭式-下垂型”为族名称。在“类型”选项中显示族类型名称，例如“ELO-231-74℃”为族类型名称。

在“材质和装饰”选项组中显示喷头各部位的材质，例如，“喷头材质”与“玻璃球材质”。在“尺寸标注”选项组中显示半径与直径参数，单位为mm。

单击“复制”按钮，弹出“名称”对话框。在其中设置“名称”参数，如图3-206所示。单击“确定”按钮，可以得到一个新的喷头类型。当修改新类型的参数时，不会影响已有的喷头类型。

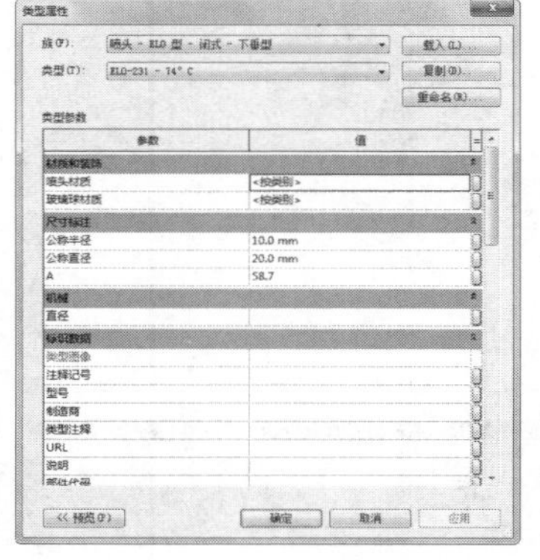

图 3-205 “类型属性”对话框

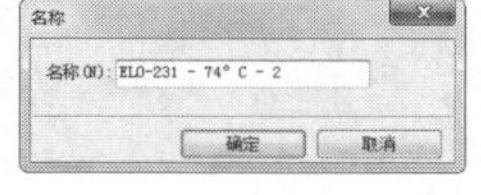

图 3-206 设置名称

延伸讲解：

单击“重命名”按钮，弹出“重命名”对话框，在其中可以修改喷头的名称。

2. 建立物理连接

选择喷头，进入“修改|喷头”选项卡。单击“连接到”按钮，如图3-207所示，激活工具。光标置于管道之上，选择管道，以与喷头之间建立连接。此时管道与喷头高亮显示，如图3-208所示。

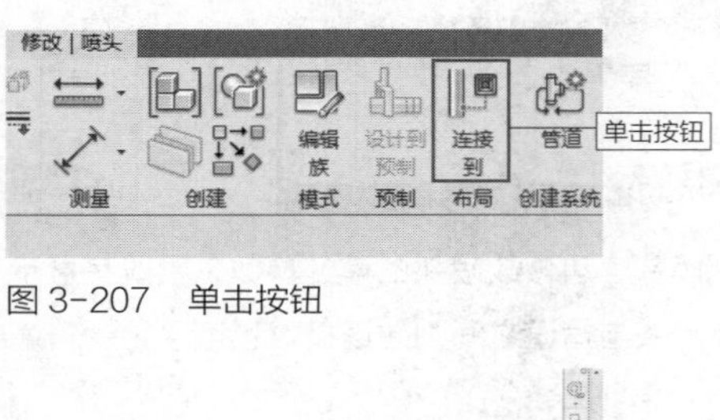

图 3-207　单击按钮

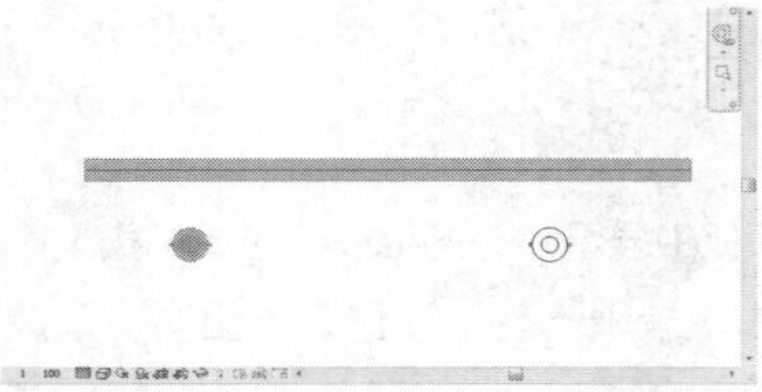

图 3-208　高亮显示图元

同时在工作界面的右下角弹出提示对话框，提醒用户“找不到自动布线解决方案”，如图3-209所示。单击“取消”按钮，关闭对话框。选择管道，在选项栏中单击“偏移”选项，在弹出的列表中选择2850mm选项，如图3-210所示。

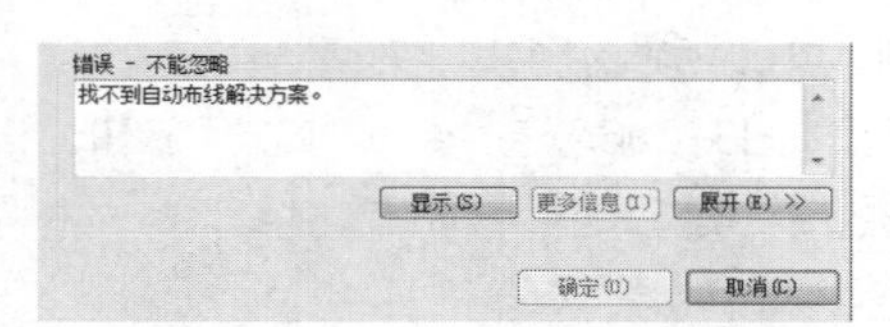

图 3-209　提示对话框

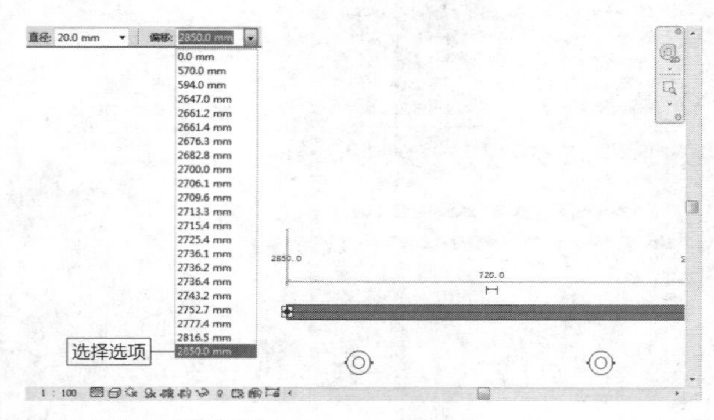

图 3-210　修改参数

答疑解惑：在喷头与管道建立连接的过程中为什么会发生错误？

在检查错误的过程中，发现喷头的“高程”为2700mm，管道的“高程”也为2700mm。但是喷头与供水管之间是需要有高度差的，喷头不能直接安装在管道上。需要添加管件，与存在高度差的供水管相接，喷头才可正常工作。

当将“高程”为2700mm的喷头直接与“高程”同样为2700mm的管道相接时，软件检测到错误而中止了操作，并提示用户操作失误。

重新激活“连接到”工具，光标置于管道上，高亮显示管道，如图3-211所示。单击鼠标左键，自动添加管件，在管道与喷头之间创建连接，效果如图3-212所示。

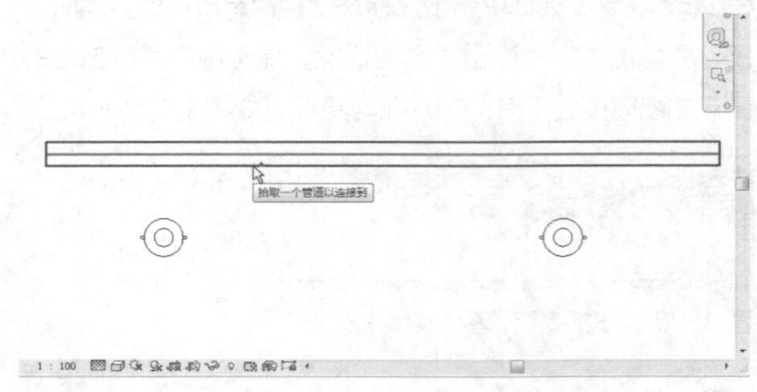

图 3-211　选择管道

图 3-212　建立连接

知识链接：

喷头的“高程”为2700mm，管道的“高程”为2850mm，所以可以创建连接。

延伸讲解：

在为另一喷头创建连接时，需要选择该喷头，进入“修改|喷头”选项卡，重新激活“连接到”工具。

重复操作，选择另一喷头，创建其与管道之间的连接，效果如图3-213所示。切换至三维视图，查看连接的三维效果，如图3-214所示。

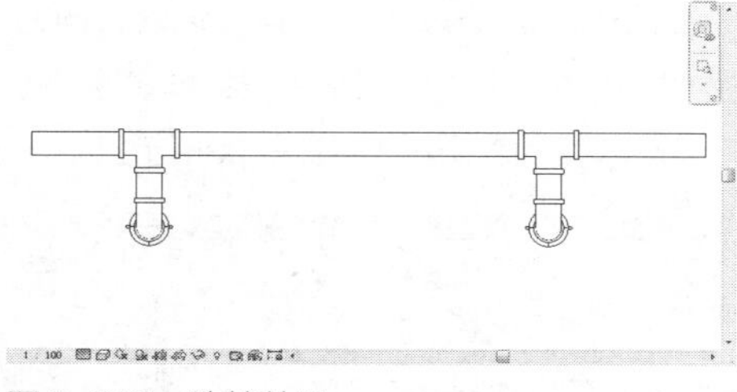

图 3-213　连接效果

图 3-214　三维效果

3. 绘制管道

选择喷头，显示垂直的线段，在线段的一端，显示20mm，表示管道接口的直径为20mm。在20mm上方显示“进”，表示与其连接的管道为进水管，如图3-215所示。

在线段的另一段，连接喷头，同时显示“创建管道”夹点。在夹点上单击鼠标右键，在弹出的快捷菜单中选择“绘制管道”选项，如图3-216所示绘制与喷头连接的管道。

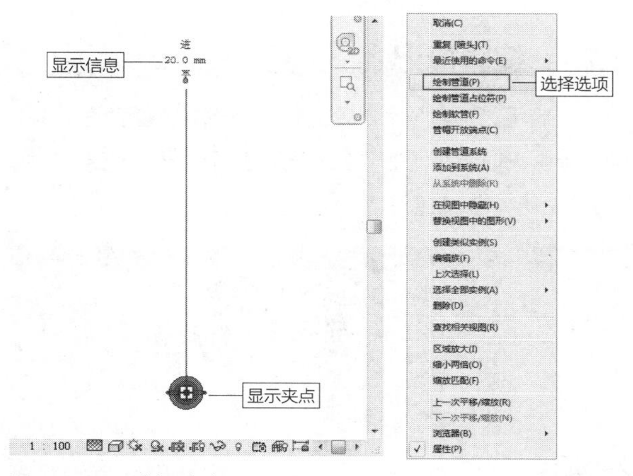

图 3-215　选择喷头　　　　图 3-216　快捷菜单

进入“修改|放置管道”选项卡，在“偏移”选项中选择2850mm，如图3-217所示，指定管道的高程。

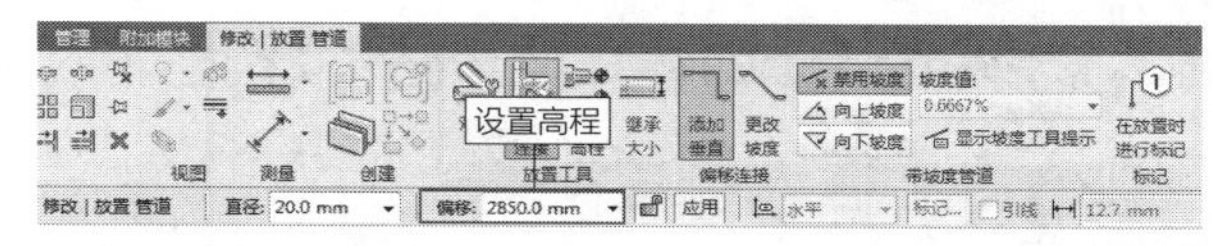

图 3-217　设置高程

延伸讲解：

并不是与喷头相接的管道的高程一定要是2850mm，但是管道与喷头必须存在高度差。

移动光标，指定管道的终点，如图3-218所示。在合适的位置单击鼠标左键，绘制管道，效果如图3-219所示。

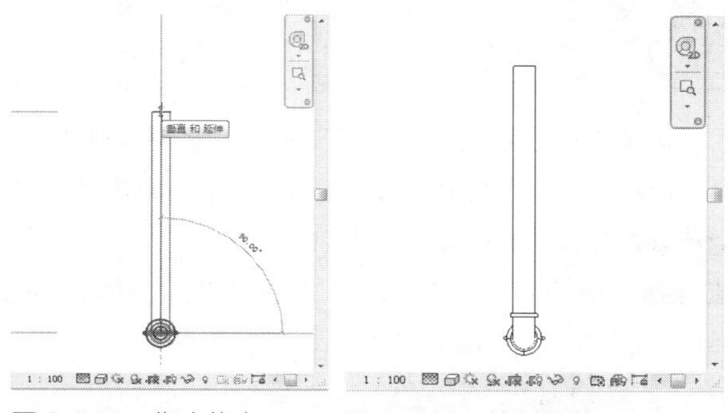

图 3-218　指定终点　　　　图 3-219　绘制管道

切换至三维视图，查看与喷头连接的管道的三维效果，如图3-220所示。

图 3-220　三维效果

3.7 管道标注

创建管道标注，用来注明管道的尺寸、编号等信息。可以在绘制管道时就一起创建标注，也可以在绘制操作完毕后，再为管道创建标注。

3.7.1　实战——创建管道直径标注　重点

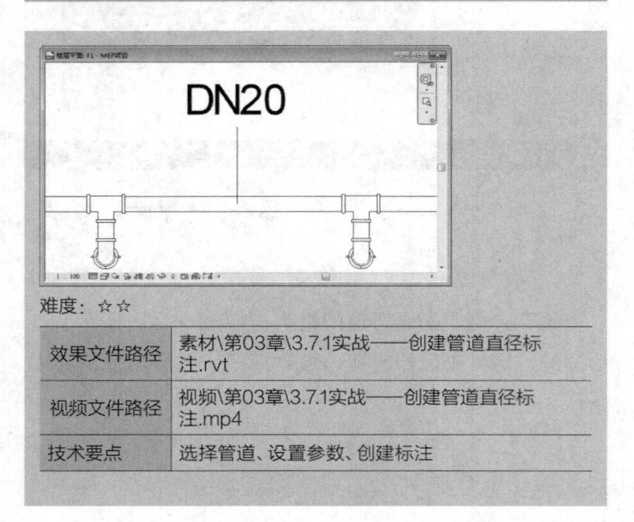

难度：☆☆

效果文件路径	素材\第03章\3.7.1实战——创建管道直径标注.rvt
视频文件路径	视频\第03章\3.7.1实战——创建管道直径标注.mp4
技术要点	选择管道、设置参数、创建标注

创建管道直径标注之前，需要先调入管道标记族。软件会根据所拾取的管道信息，创建管道标注。本节介绍创建管道直径标注的方法。

步骤01 选择“注释”选项卡，在“标记”面板上单击“按类别标记”按钮，如图3-221所示，激活工具。

图 3-221　单击按钮

步骤02 软件弹出“未载入标记”对话框，提醒并询问用户“没有为管道载入任何标记。是否要立即载入一个标记”，如图3-222所示。单击“是”按钮，弹出“载入族”对话框。在其中选择管道标记，单击“打开”按钮，可将标记载入项目。

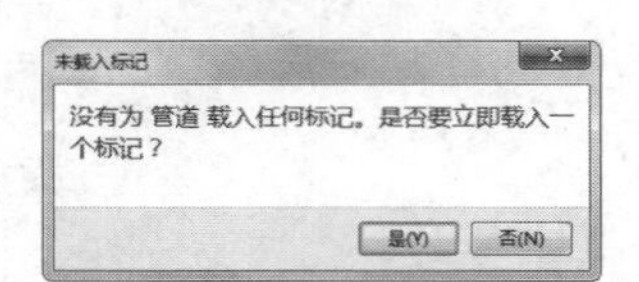

图 3-222　提示对话框

步骤03 进入“修改|标记”选项卡，设置标记的方向为“水平”，选中“引线”复选框，设置引线的样式为“附着端点”，修改引线长度为2mm，如图3-223所示。

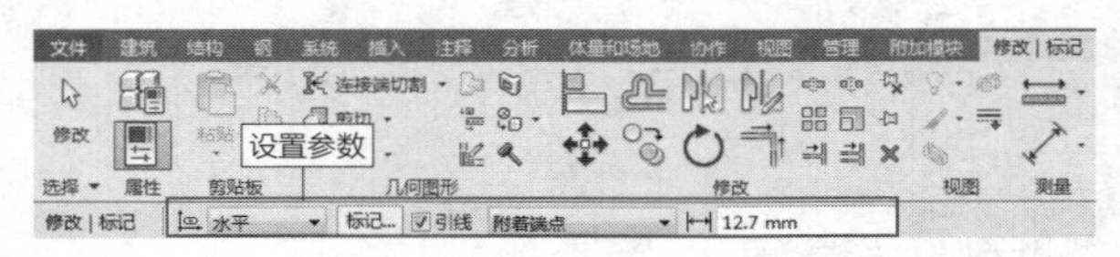

图 3-223　设置参数

步骤04 光标置于管道之上，可以预览标注效果，如图3-224所示。

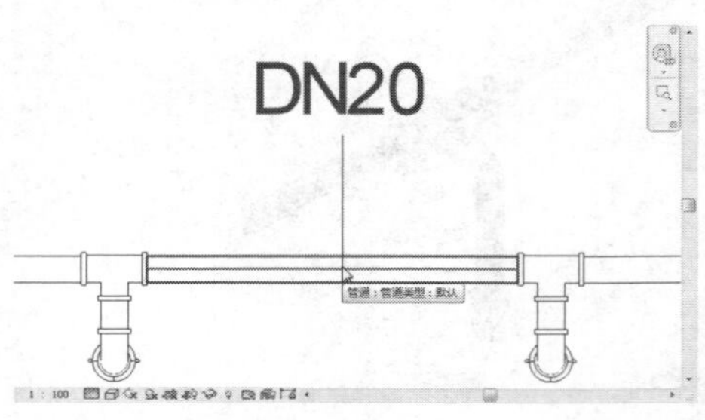

图 3-224　预览效果

步骤05 单击鼠标左键，创建管道直径标的效果如图3-225所示。

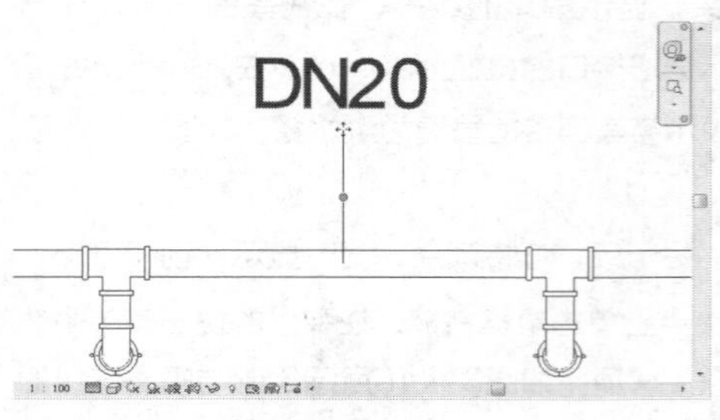

图 3-225　创建直径标记

3.7.2　编辑标记

在启用“管道”命令后，进入“修改|放置管道”选项卡。单击选项卡右侧的“在放置时进行标记”按钮，如图3-226所示，激活工具。

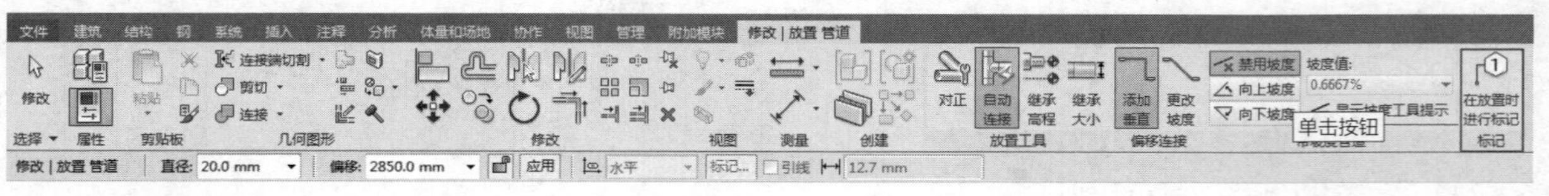

图 3-226　单击按钮

激活该工具后，在绘制管道的同时，可以创建管道标记，效果如图3-227所示。

选择管道标记，在“属性”选项板选中“引线”复选框，如图3-228所示，可以为标记添加引线。在“引线类型”选项中显示“附着端点”，表示引线的一个端点被固定在标记图元上。

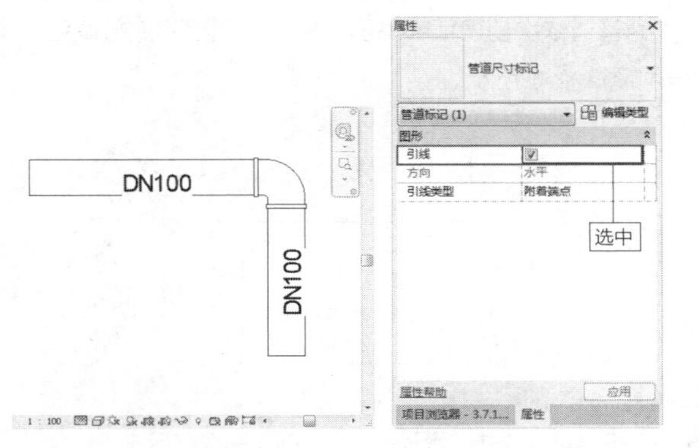

图 3-227　创建管道标记　　图 3-228　“属性”选项板

知识链接：

在“引线类型”选项中选择“自由端点”选项，表示引线的两个端点都不固定，可以自由调整端点的位置。

为标记添加引线后，不会马上在标记中显示。选择标记，激活“移动”符号，按住鼠标左键不放，向下拖曳鼠标，使得标记偏离管道，此时可以显示引线，如图3-229所示。在合适的位置松开鼠标左键，添加引线的效果如图3-230所示。

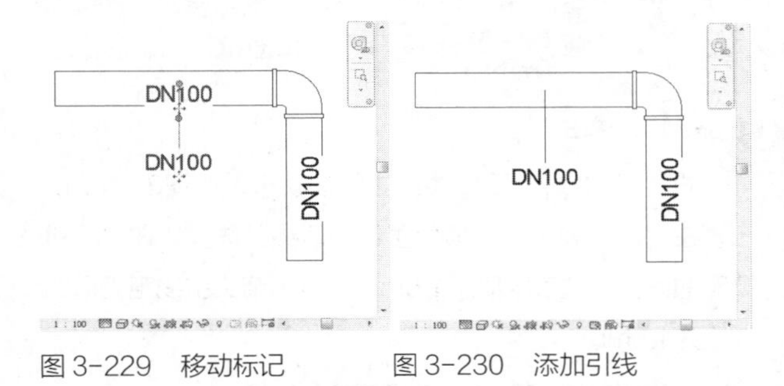

图 3-229　移动标记　　图 3-230　添加引线

在“属性”选项板中单击“编辑类型”按钮，弹出“类型属性”对话框。在其中单击“引线箭头”选项，在弹出的列表中显示箭头样式。选择选项，例如选择“箭头打开90度1.25mm”选项，如图3-231所示。单击“确定”按钮，返回视图，查看添加箭头后引线的显示效果，如图3-232所示。

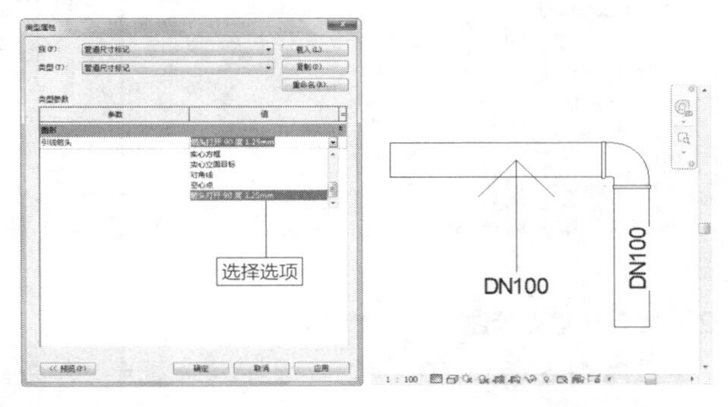

图 3-231　“类型属性”对话框　　图 3-232　添加箭头

3.7.3　管道标高标注 重点

为管道创建标高标注，可以标注管道的高程。通过启用“高程点”命令来创建标高标注，也可以自定义标高标注的显示样式。

1.　创建标高标注

选择“注释”选项卡，在“尺寸标注”面板上单击“高程点”按钮，如图3-233所示，激活命令。

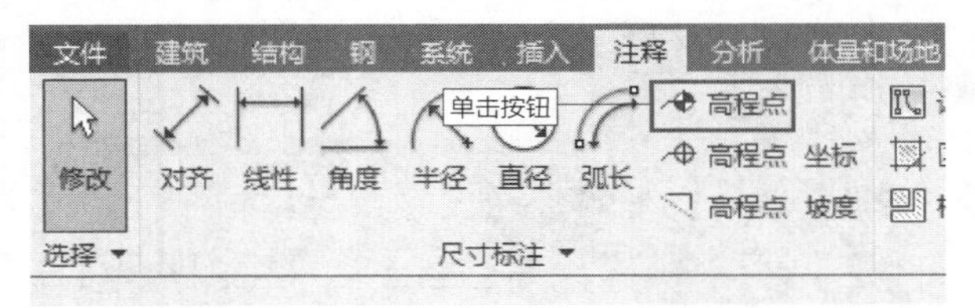

图 3-233　单击按钮

进入“修改|放置尺寸标注”选项卡，选中“引线”和“水平段”复选框，在“显示高程”选项中选择“实际（选定）高程”选项，如图3-234所示。

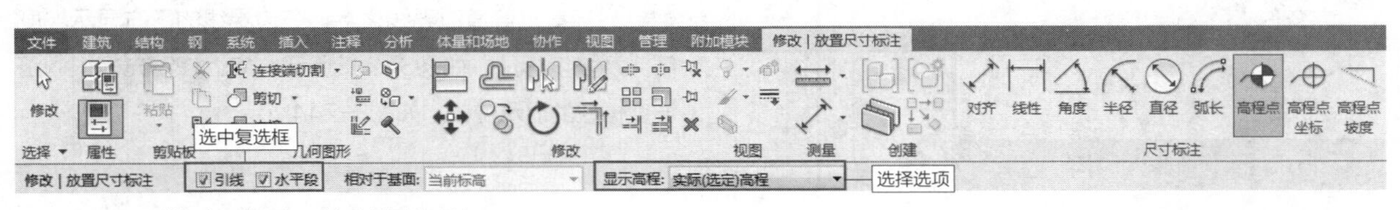

图 3-234　“修改 | 放置尺寸标注”选项卡

知识链接：

选择“实际（选定）高程”选项，可以标注实际选定的图元的高程。

将光标置于管道的上部边界线，指定高程点，如图3-235所示。移动光标，指定引线的端点以及水平段的终点，绘制高程点标注的效果如图3-236所示。

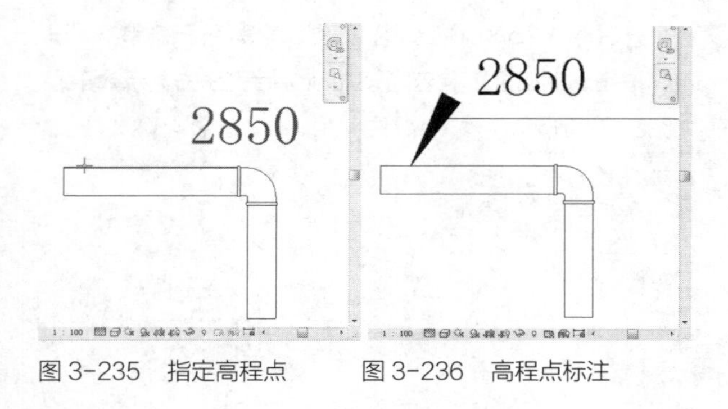

图 3-235 指定高程点　　图 3-236 高程点标注

2. 编辑高程点标注

选择高程点标注，在“属性”选项板的“图形”选项组与“文字”选项组中显示与之相关的信息，如图3-237所示。单击“编辑类型”按钮，弹出“类型属性”对话框。

单击“引线箭头”选项，在弹出的列表中选择“无”选项，表示在引线的端点不添加箭头。在“文字大小”选项中修改参数，调整文字的显示大小。设置“文字距引线的偏移量”选项值为0.1mm，表示文字与引线的间距为0.1mm，如图3-238所示。

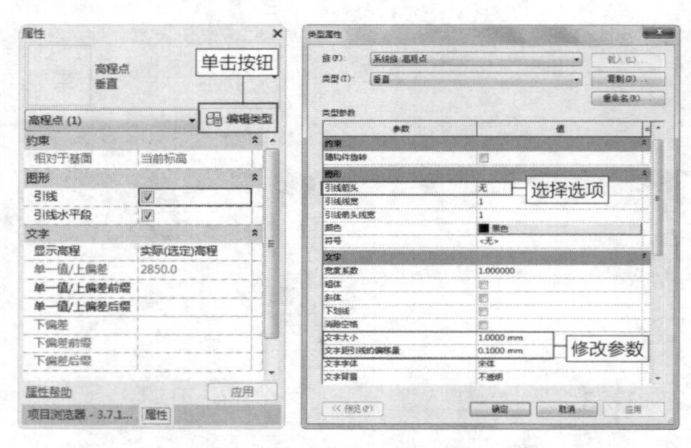

图 3-237 “属性”选项板　　图 3-238 “类型属性”对话框

延伸讲解：

在“类型属性”对话框中设置参数后，单击“应用”按钮，可以实时观察参数的设置效果。假如不满意，还可以继续在对话框中调整参数。满意之后，单击“确定”按钮，结束设置操作。

单击“确定”按钮，返回视图，观察调整高程点标注显示样式的效果，如图3-239所示。

在“修改|放置尺寸标注”选项卡中，单击“显示高程”选项，在弹出的列表中包括“实际（选定）高程”“顶部高程”“底部高程”等选项。选择选项，可以创建不同类型的高程点标注。

为管道依次创建顶部高程、中心线高程和底部高程，效果如图3-240所示。

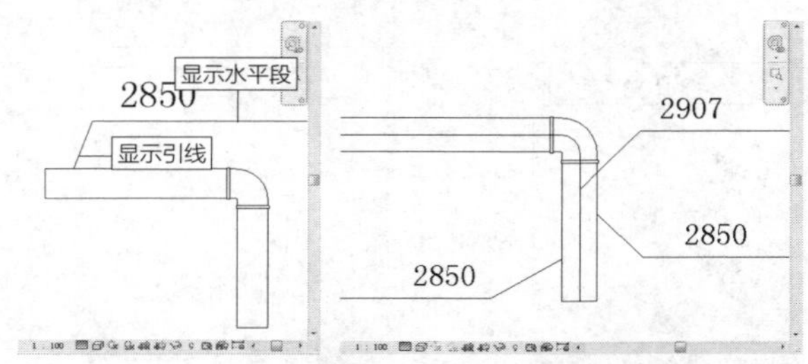

图 3-239 修改样式　　图 3-240 创建高程点标注

3.7.4 管道坡度标注 难点

在绘制管道之前，首先设置坡度，可以绘制带坡度的管道。选择管道，可以添加坡度或者修改坡度值。为管道创建坡度标注后，可以一目了然地了解管道的坡度值。

1. 创建管道坡度标注

选择“注释”选项卡，在“尺寸标注”面板上单击“高程点坡度”按钮，如图3-241所示，激活命令。

图 3-241 单击按钮

进入“修改|放置尺寸标注”选项卡，如图3-242所示。在“坡度表示”选项中显示“箭头”选项，在“相对参照的偏移”选项中显示1.5mm，表示箭头引线距管道的间距为1.5mm。

图 3-242 “修改|放置尺寸标注”选项卡

光标置于管道边界线之上，在边界线的下方显示坡度箭头及坡度标注，如图3-243所示。向上移动光标，调整坡度标注的显示位置，如图3-244所示。

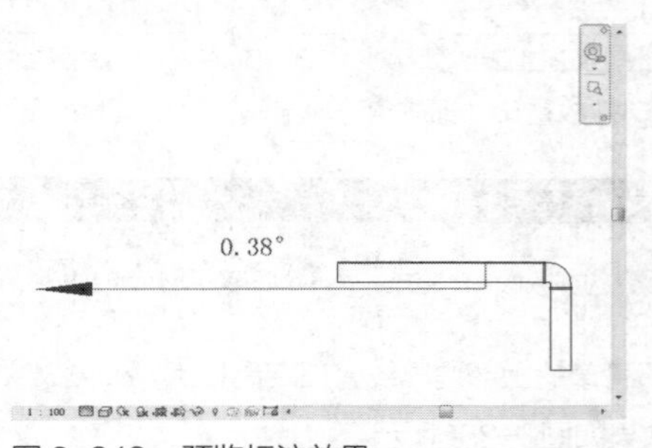

图 3-243 预览标注效果

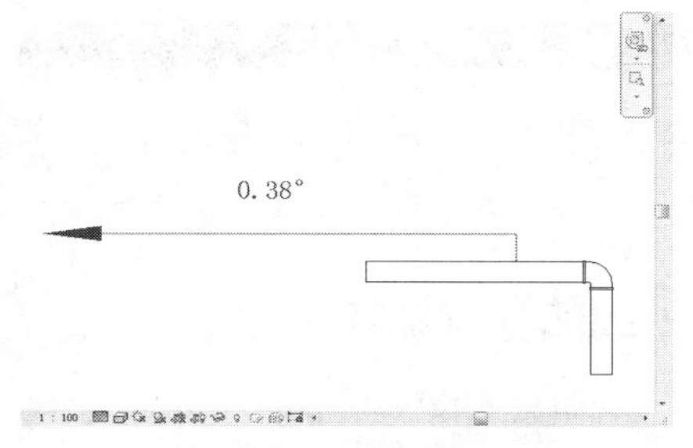

图 3-244 调整坡度标注的显示位置

在空白的位置单击鼠标左键，结束创建管道坡度标注的操作，效果如图3-245所示。

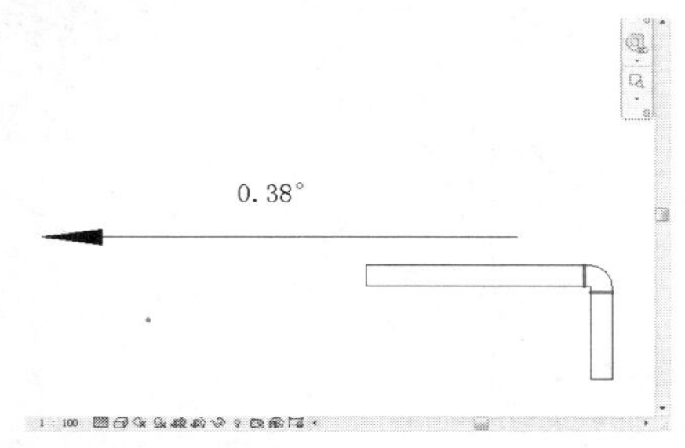

图 3-245 管道坡度标注

2. 编辑管道坡度标注

选择管道坡度标注，在箭头引线的两侧显示蓝色的夹点。光标置于左侧的夹点上，激活夹点，如图3-246所示。

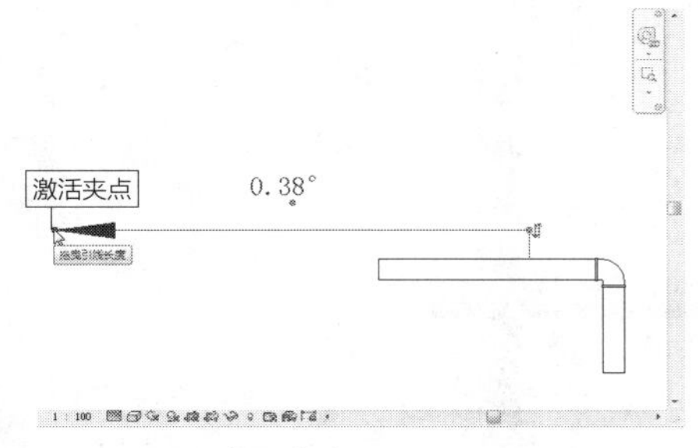

图 3-246 激活夹点

向右拖曳鼠标，调整箭头引线的长度，在调整的过程中，可以实时预览调整效果，如图3-247所示。在合适的位置松开鼠标左键，缩短箭头引线的效果如图3-248所示。

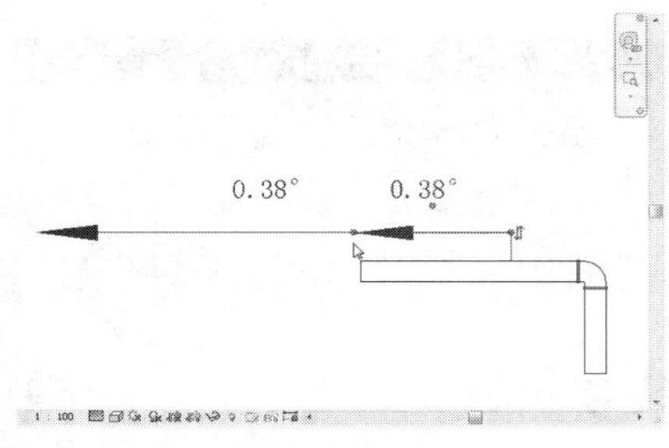

图 3-247 调整引线的长度

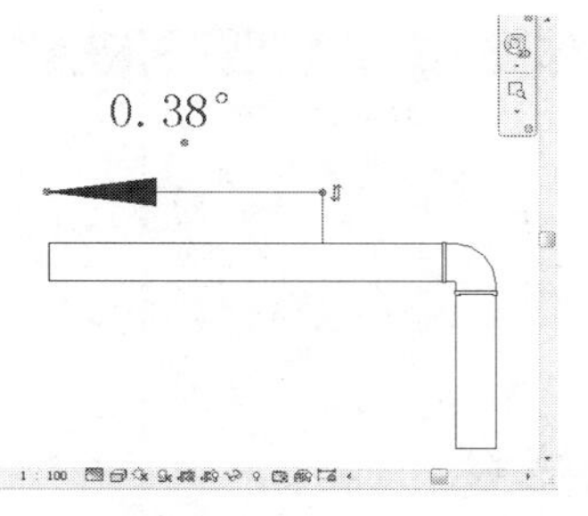

图 3-248 调整效果

选中坡度标注文字，激活文字下方的蓝色夹点，按住鼠标左键不放，向下拖曳鼠标，调整文字的位置，如图3-249所示。在合适的位置松开鼠标左键，调整效果如图3-250所示。

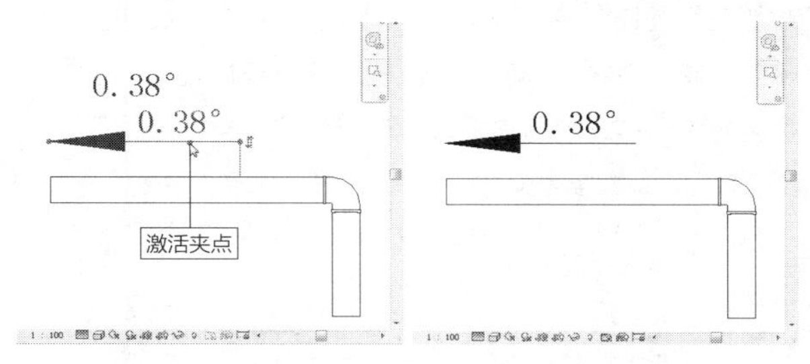

图 3-249 调整文字的位置 图 3-250 调整效果

选择管道坡度标注，在“属性”选项板中显示标注信息。在“相对参照的偏移”选项中显示距离参数，表明箭头引线与管道的间距，如图3-251所示。

单击“编辑类型”按钮，弹出“类型属性”对话框。在对话框的“图形”选项组和“文字”选项组中显示坡度标注的相关信息，如图3-252所示。在“图形”选项组中修改参数，影响坡度标注的显示效果。修改“文字”选项组中的参数，影响坡度标注文字的显示效果。在修改参数的同时，单击“应用”按钮，可以实时观察坡度标注的显示效果。

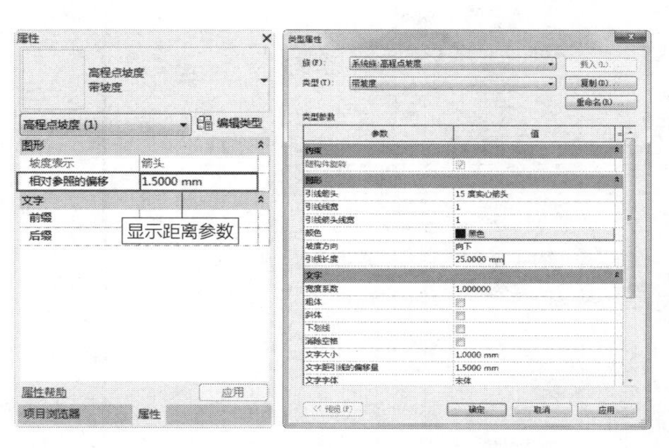

图 3-251 “属性”选项板 图 3-252 “类型属性”对话框

知识链接：

默认情况下，“相对参照的偏移”选项值为1.5mm。因为已经调整了箭头引线，所以该选项的参数值被修改为1.5410mm。

3.8 管道的显示样式

视图中的管道，受到视图显示样式的影响。为了更好地观察管道系统的创建效果，可以设置视图的显示参数，使得管道以合适的样式显示。

3.8.1 设置视图的详细程度 重点

在视图控制栏中单击“详细程度”按钮，在弹出的列表中选择“粗略”选项。更改视图的详细样式，视图中的管道的显示样式也随之更改。在“粗略”样式下，管道及管件均显示为细实线，效果如图3-253所示。

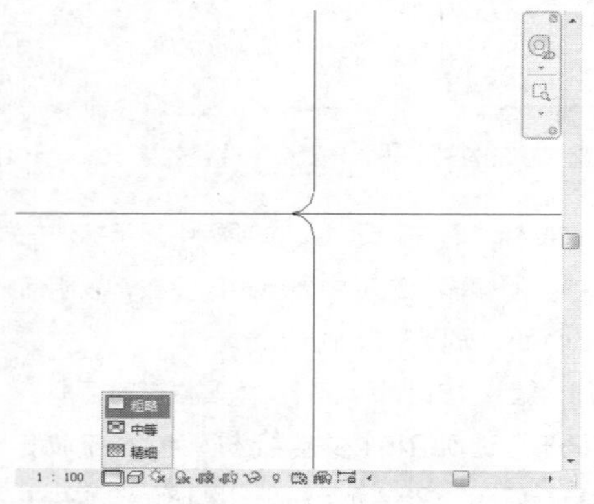

图 3-253　“粗略”样式

在“详细程度”列表中选择“精细”选项，管道与管件转换显示样式，效果如图3-254所示。通常情况下，选用“精细”样式来观察管道系统的创建效果。

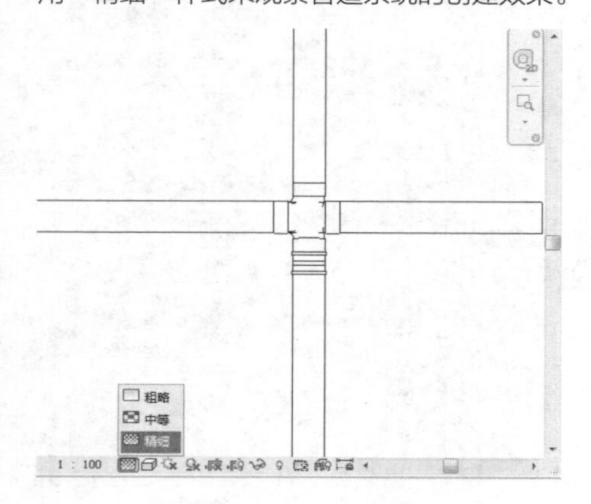

图 3-254　“精细”样式

知识链接：

在“中等”样式下，管道与管件以细实线显示，与“粗略”样式下的显示效果相同。

3.8.2 设置视图的视觉样式

默认情况下，视图的“视觉样式”为“隐藏线”。在视图控制栏上单击“视觉样式”按钮，在弹出的列表中选择“线框”选项，管道与管件在视图中显示其边界线与中心线，效果如图3-255所示。

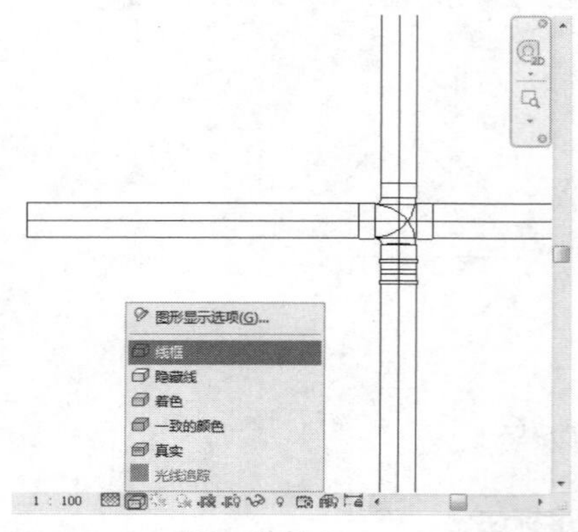

图 3-255　“线框”样式

修改“视觉样式”为“着色”，为管道与管件添加颜色，同时隐藏中心线，效果如图3-256所示。

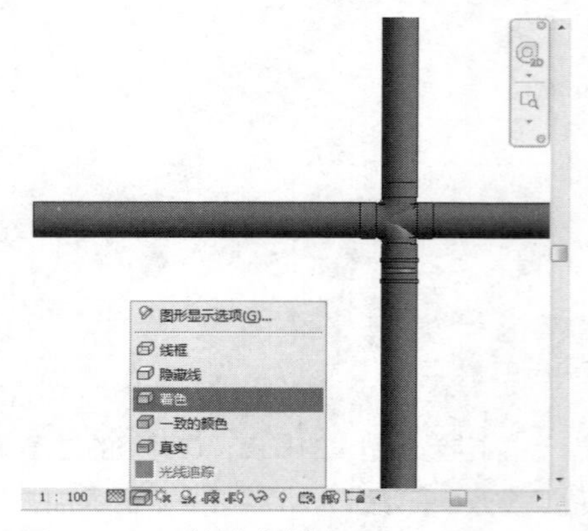

图 3-256　“着色”样式

延伸讲解：

因为在“着色”视觉样式下，会占用更多的系统内存，在“线框”视觉样式下，过多的线段会干扰视线，所以通常选用“隐藏线”视觉样式来观察图元的创建效果。

3.8.3 设置图形可见性 难点

选择“视图”选项卡，在“图形”面板中单击“可见性/图形”按钮，如图3-257所示，弹出“楼层平面：F1的可见性/图形替换”对话框。在对话框中选择“模型类别”选项卡，单击“过滤器列表”选项，在弹出的列表中选择“管道”选项，在列表中显示管道系统中的各类图元。

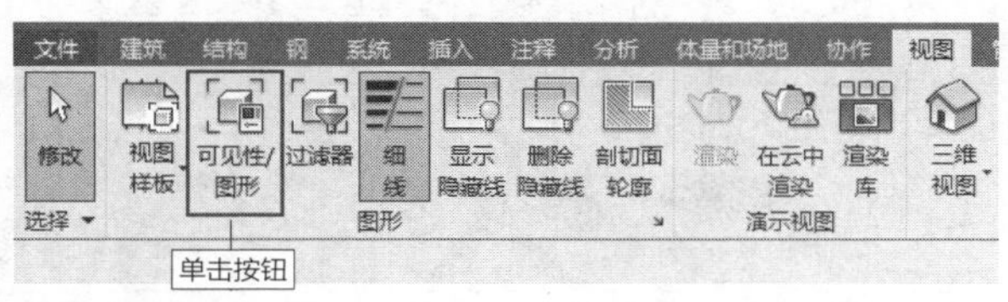

图 3-257　单击按钮

在“可见性”列表中显示模型名称，如果模型包含子类别，则在模型名称前显示“+”。单击“+”，展开列表，在列表中显示子类别的名称。

例如，单击“管件”选项前的“+”，在展开的列表中显示“中心线”选项，“中心线”就是“管件”的子类别。或者单击展开“管道”选项，在列表中显示“中心线”“升”“降”选项，表示“管道”包含3个子类别，如图3-258所示。不同的模型所包含的子类别是不同的。

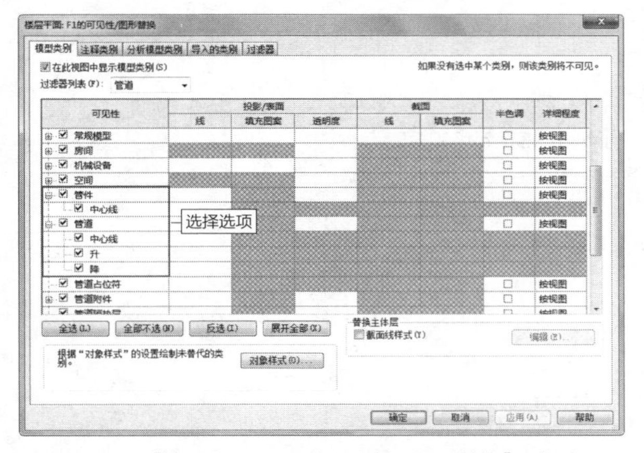

图 3-258　“楼层平面：F1 的可见性 / 图形替换”对话框

知识链接：

在键盘上按V+G或者V+V快捷键，都可以启用“可见性/图形”命令。

默认情况下，“可见性”列表中各选项都处于选中状态，即各模型图元都在视图中可见。如果取消选中某个模型或者其子类别，则取消选中的图元在视图中不可见。

例如，取消选中“管件”选项，其子类别“中心线”也会同时被取消选中，如图3-259所示。被取消选中的选项在对话框中显示为灰色，表示该模型已在视图中被隐藏。

单击“确定”按钮，返回视图，发现视图中的管件已被隐藏，如图3-260所示。想要恢复模型的显示，重新调出“楼层平面：F1的可见性/图形替换”对话框，在其中再次选中“管道”选项即可。

在“楼层平面：F1的可见性/图形替换”对话框中，单击“详细程度”选项，弹出选项列表，在列表中显示“按视图”“粗略”“中等”“精细”选项。选择选项，可以设置管道模型在视图中的显示样式。选择“按视图”选项，管道的显示样式受到视图“详细程度”的影响。

假如选择“粗略”“中等”或“精细”选项，则不管视图的“详细程度”如何，管道模型都按照所设置的样式来显示。

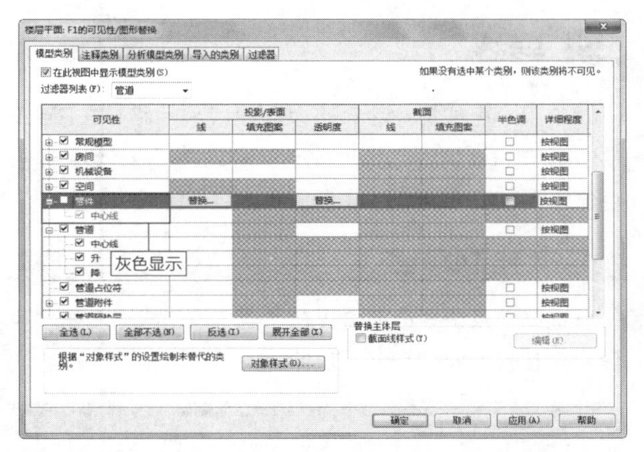

图 3-259　取消选中选项

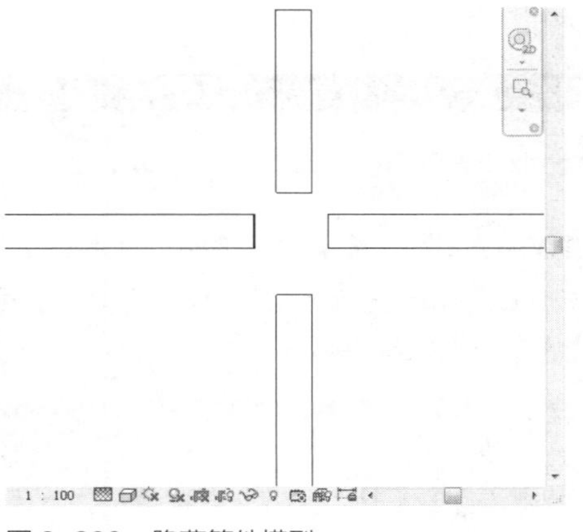

图 3-260　隐藏管件模型

延伸讲解：

取消选中模型名称，其子类别也会同时被取消选中。如果模型包含多个子类别，取消选中其中某个子类别，不会对其他子类别造成影响。

第2篇 功能介绍篇

第04章

电气功能介绍

电气系统中包括的图元有导线、电缆桥架、线管、配件和设备等。在开展电气系统设计之前，应该了解这些图元的创建和编辑方法。本章介绍创建与编辑电气系统各类图元的方法。

学习重点

4.1 导线

启用“导线”命令，可以创建导线回路。在Revit MEP中可以创建3种类型的导线，分别是弧形导线、样条曲线导线和带倒角导线。

4.1.1 绘制导线 重点

选择“系统”选项卡，在“电气”面板中单击“导线”按钮，如图4-1所示，激活命令。

图4-1 单击按钮

知识链接：

在键盘上按E+W快捷键，可以启用“弧形导线”命令。

进入“修改|放置导线”选项卡，如图4-2所示。假如已载入了导线标记，单击“在放置时进行标记”按钮，可以在绘制导线的同时，放置导线标记。

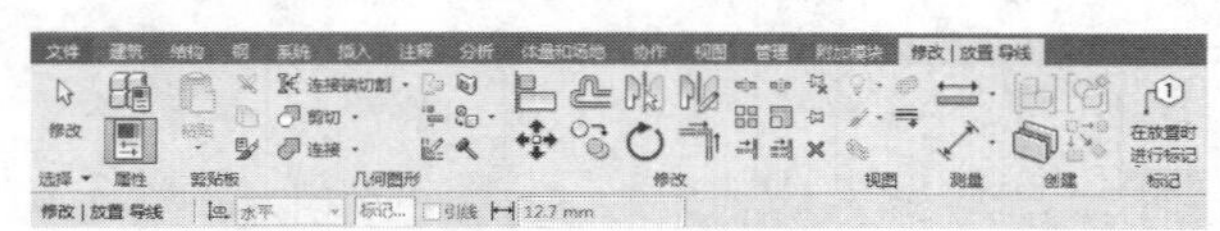

图4-2 “修改|放置导线”选项卡

在绘图区域中单击指定导线的起点，移动光标，指定导线的第二点，如图4-3所示。在第二点的位置单击鼠标左键，移动光标，指定导线的终点，如图4-4所示。

在合适的位置单击鼠标左键，结束导线的绘制，效果如图4-5所示。单击“导线”按钮下方的下三角按钮，弹出命令列表，如图4-6所示。

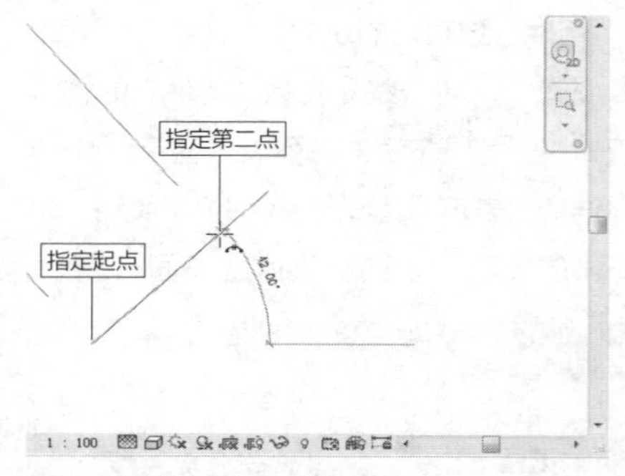

图4-3 指定起点和第二点

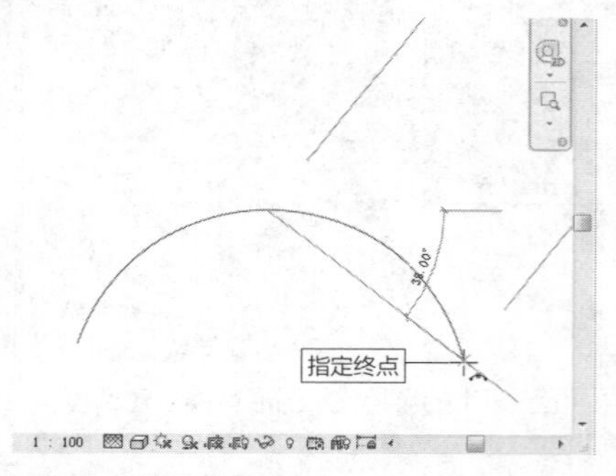

图4-4 指定终点

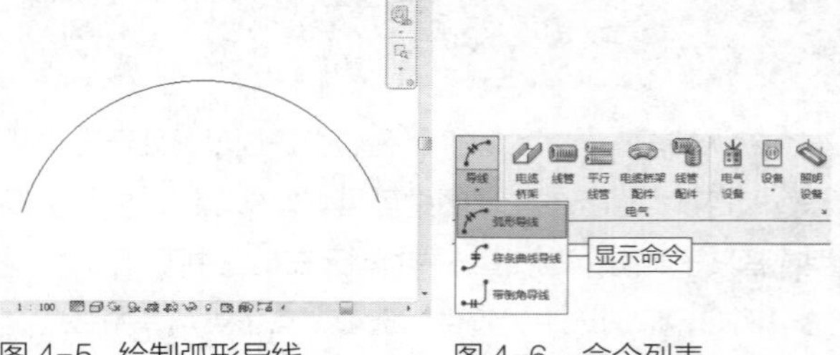

图4-5 绘制弧形导线　　图4-6 命令列表

选择“样条曲线导线”命令，可以创建样条曲线导线；选择“带倒角导线”命令，可以创建带倒角导线，效果如图4-7所示。

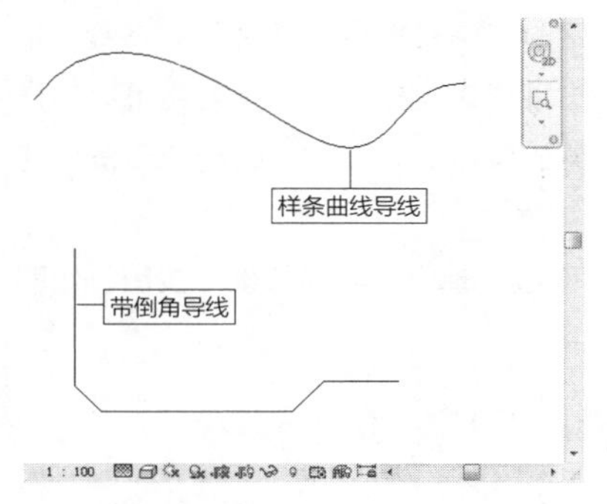

图 4-7　创建导线

4.1.2　编辑导线 难点

在导线的“属性”选项板中显示其属性信息，如记号、类型以及火线、零线与地线的数目，如图4-8所示。单击“编辑类型”按钮，弹出“类型属性”对话框。

在“电气-负荷”选项组中显示如图4-9所示的参数信息。默认情况下，导线的“材质”为铜，“额定温度”为60，将“隔热层”的属性设置为FEP。根据系统的需要，可以在对话框中自定义导线的参数。

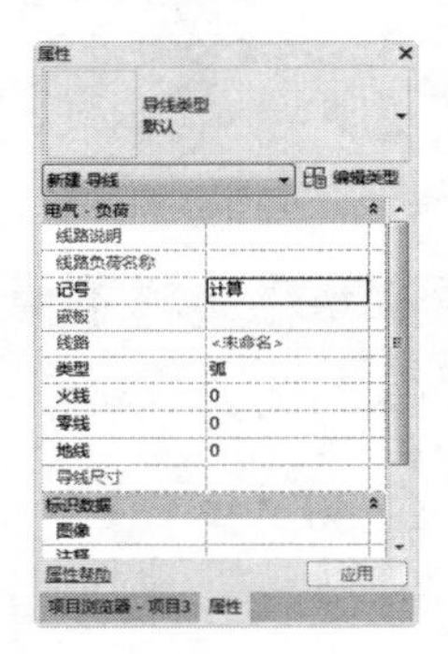

图 4-8　“属性”选项板　　图 4-9　“类型属性”对话框

选中导线，显示导线的顶点，如图4-10所示。激活顶点，可以调整导线的样式。

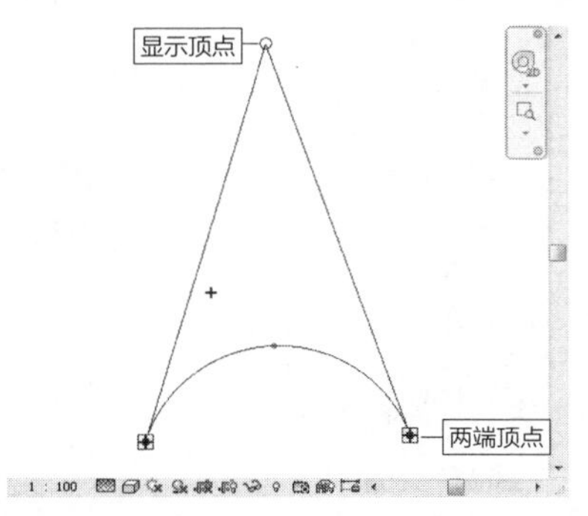

图 4-10　显示顶点

将光标置于选中的导线上，显示“移动”符号，如图4-11所示。此时按住鼠标左键不放，拖曳鼠标，可以预览移动导线的效果，如图4-12所示。在合适的位置松开鼠标左键，可将导线移动至指定的位置。

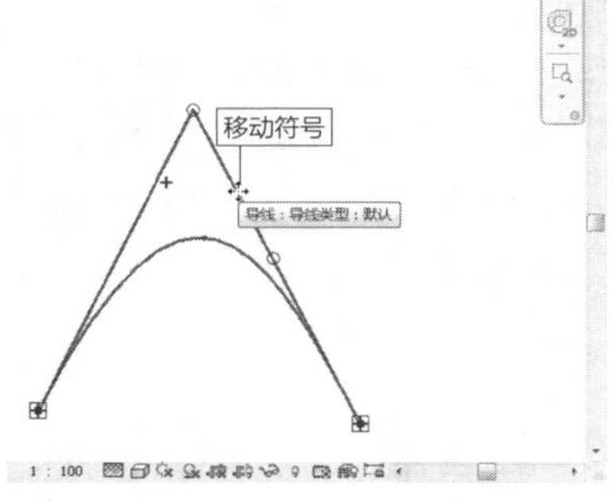

图 4-11　显示“移动”符号

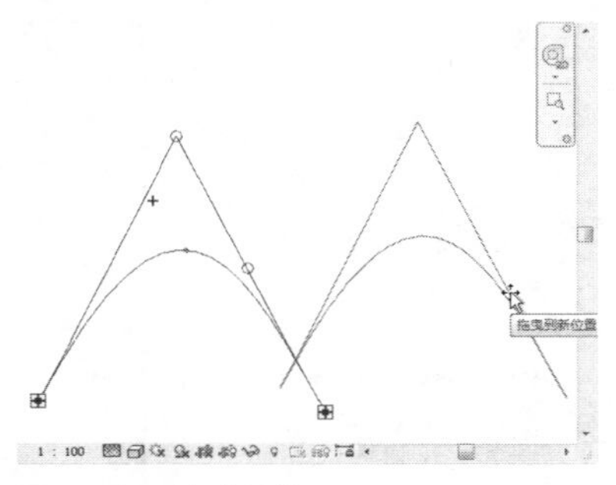

图 4-12　移动导线

在导线的上方显示蓝色的空心圆形，光标置于圆形上，激活顶点。按住鼠标左键不放，拖曳鼠标，可以调整导线的样式，如图4-13所示。在合适的位置松开鼠标左键，调整导线样式的效果如图4-14所示。

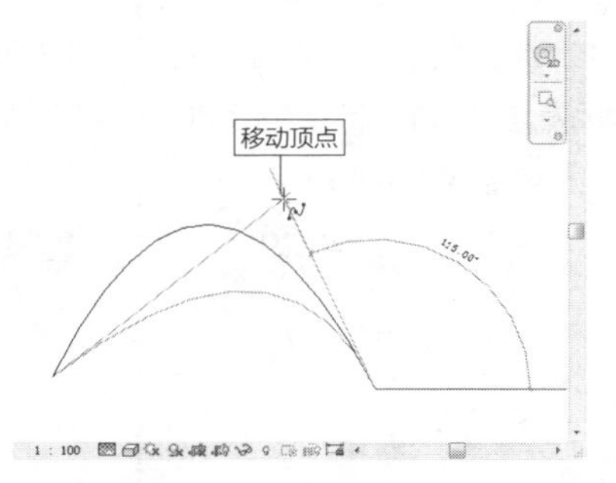

图 4-13　移动顶点

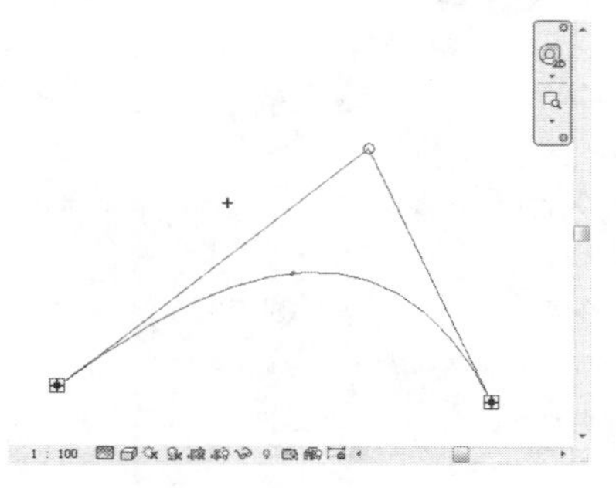

图 4-14　调整导线样式

延伸讲解：

激活导线两端的顶点，可以调整导线起点与终点的位置。

光标置于导线上，单击鼠标右键，弹出快捷菜单。在其中选择“插入顶点”选项，如图4-15所示。在导线上移动光标，指定顶点的插入位置。在合适的位置单击鼠标左键，可在该处插入顶点，效果如图4-16所示。激活顶点，可以调整导线的样式。

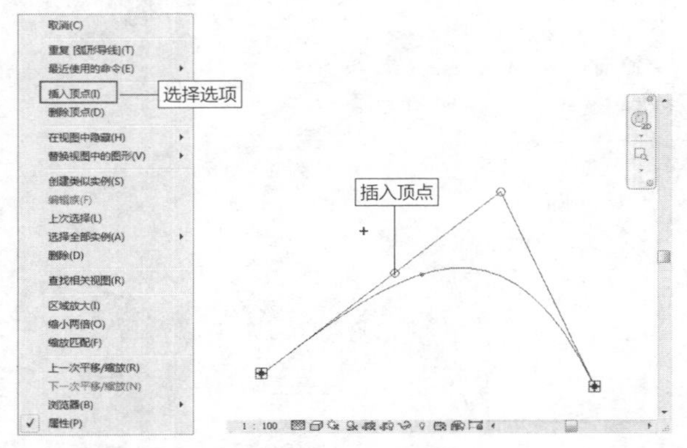

图 4-15 快捷菜单 图 4-16 插入顶点

4.2 电缆桥架

启用“电缆桥架”命令，可以绘制梯式或者槽式的电缆桥架。在绘制之前，还可以选择电缆桥架的类型，如带配件的电缆桥架与不带配件的电缆桥架。

绘制电缆桥架与绘制风管、管道有相似之处，在前面章节中学习了创建风管与管道的知识，有了前面的知识基础，在学习绘制电缆桥架时就不会太难。

4.2.1 实战——绘制电缆桥架 重点

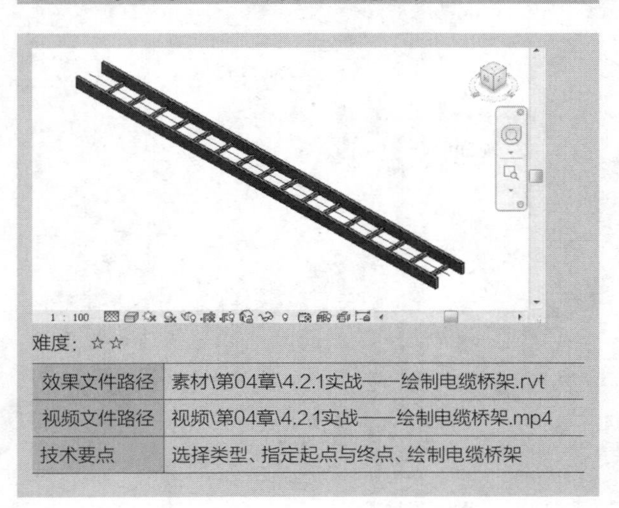

难度：☆☆

效果文件路径	素材\第04章\4.2.1实战——绘制电缆桥架.rvt
视频文件路径	视频\第04章\4.2.1实战——绘制电缆桥架.mp4
技术要点	选择类型、指定起点与终点、绘制电缆桥架

在绘制电缆桥架时，需要指定“宽度”“高度”和“偏移”参数。通过指定这些参数，控制电缆桥架的样式，并指定电缆桥架的位置。本节介绍绘制电缆桥架的方法。

步骤01 在“电气”面板上单击“电缆桥架”按钮，如图4-17所示，激活命令。

图 4-17 单击按钮

知识链接：

在键盘上按C+T快捷键，也可以启用“电缆桥架”命令。

步骤02 进入“修改|放置电缆桥架”选项卡，单击“宽度”选项与“高度”选项，在弹出的列表中选择尺寸，设置电缆桥架的宽度与高度值。在“偏移”选项中选择2700mm，其他参数保持默认值即可，如图4-18所示。

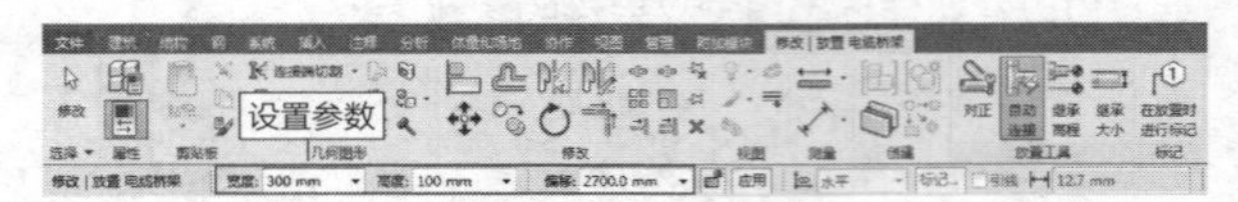

图 4-18 “修改 | 放置电缆桥架”选项卡

延伸讲解：

将“偏移”值设置为2700mm，表示电缆桥架与底部标高的距离为2700mm。

步骤03 在“属性”选项板中选择名称为“带配件的电缆桥架-梯式电缆桥架”的电缆桥架，设置“水平对正”方式为“中心”，其他参数保持默认值，如图4-19所示。

步骤04 在绘图区域中指定起点与终点，根据所显示的临时尺寸标注来确定电缆桥架的长度，如图4-20所示。

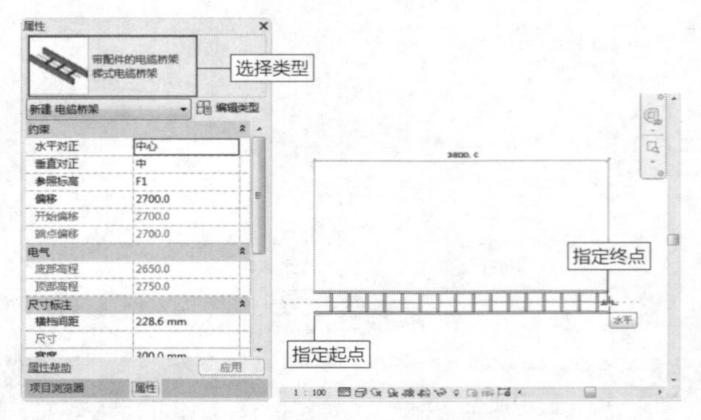

图 4-19 “属性”选项板 图 4-20 指定起点与终点

知识链接：

在三维视图中也可以创建电缆桥架，但是为了准确地确定电缆桥架的位置，通常在平面视图中执行创建操作。

步骤 05 在合适的位置单击鼠标左键，指定电缆桥架的终点，绘制效果如图4-21所示。

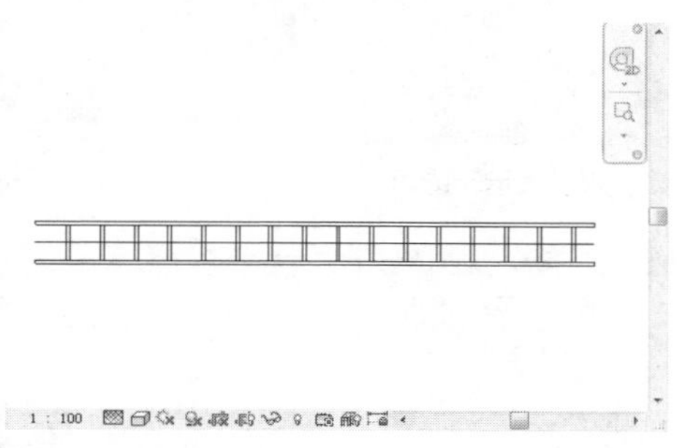

图 4-21 绘制效果

步骤 06 切换至三维视图，查看电缆桥架的三维效果，如图4-22所示。

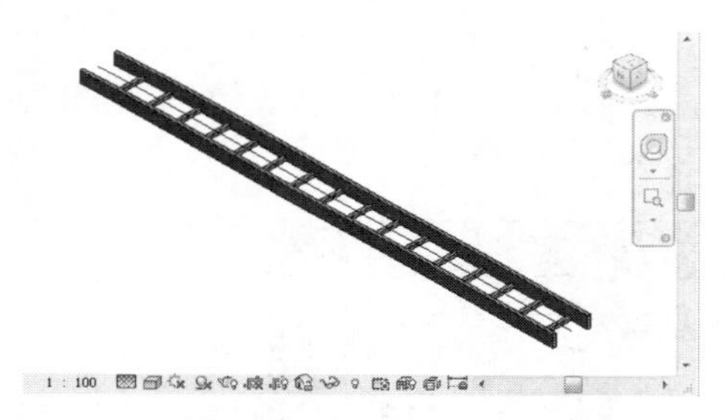

图 4-22 三维效果

4.2.2 编辑电缆桥架 难点

在绘制电缆桥架之前，编辑电缆桥架的样式参数，可以使所创建的电缆桥架按照指定的样式显示。电缆桥架绘制完毕之后，也可以执行编辑操作，更改电缆桥架的参数。

1. 电缆桥架设置

选择“管理”选项卡，单击“设置”面板上的“MEP设置”按钮，在弹出的列表中选择“电气设置”选项，如图4-23所示，弹出“电气设置”对话框。

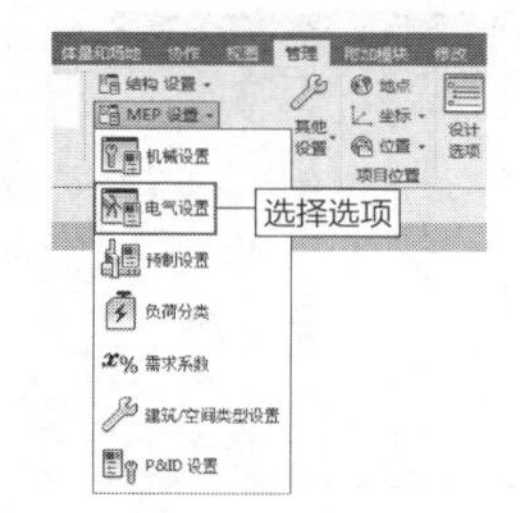

图 4-23 选择选项

在“电气设置”对话框的左侧选择“电缆桥架设置”选项卡，在右侧的界面中显示参数列表，如图4-24所示。

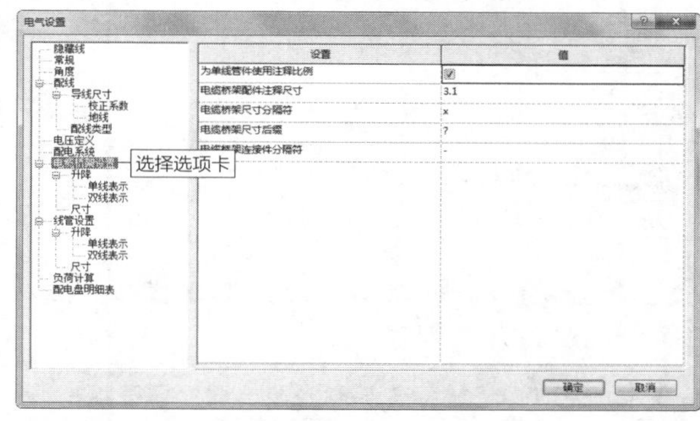

图 4-24 “电气设置”对话框

- “为单线管件使用注释比例”选项：默认选择该项，以“电缆桥架配件注释尺寸”的参数来绘制电缆桥架和电缆桥架附件。
- “电缆桥架配件注释尺寸”选项：设置在单线视图中电缆桥架配件的出图尺寸。选项中的尺寸参数不会随着图纸比例的变化而变化。
- “电缆桥架尺寸分隔符”选项：默认将分隔符设置为“×”，指定显示电缆桥架尺寸的符号。例如电缆桥架的“宽度”为300mm，“高度”为100mm，尺寸表示为300mm×100mm。
- “电缆桥架尺寸后缀”选项：默认将后缀设置为“？”，指定附加到根据“属性”参数显示的电缆桥架尺寸后的符号。
- “电缆桥架连接件分隔符”选项：默认将符号设置为“-”，指定在使用两个不同尺寸的连接件时，用来分隔信息的符号。

知识链接：

在“电气”面板中单击右下角的箭头↘，也可以弹出“电气设置”对话框。

选择“升降”选项，在右侧界面显示“电缆桥架升/降注释尺寸”选项，如图4-25所示。设置选项参数，指定电缆桥架升/降注释尺寸的值。该选项用来指定在单线视图中绘制的“升/降”注释的出图尺寸。注释尺寸默认为3.13mm，不会随着图纸比例的变化而变化。

选择“单线表示”选项，在右侧界面显示“升符号”与“降符号”的样式，如图4-26所示，默认符号样式为“四通-无轮廓”。

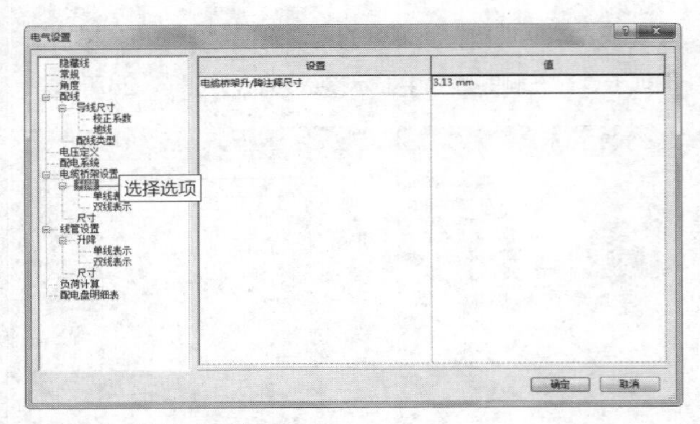

图 4-25　选择“升降”选项

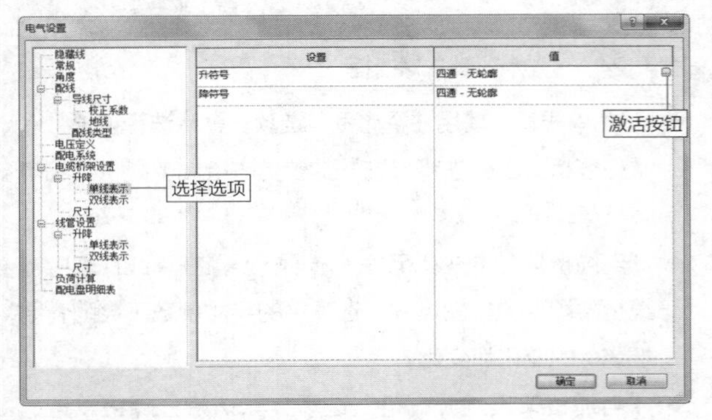

图 4-26　选择“单线表示”选项

光标置于符号样式选项中，在选项右侧显示矩形按钮▭，单击该按钮，弹出“选择符号”对话框，如图4-27所示。在其中选择符号，单击“确定”按钮，可以修改“升符号”或者“降符号”的样式。

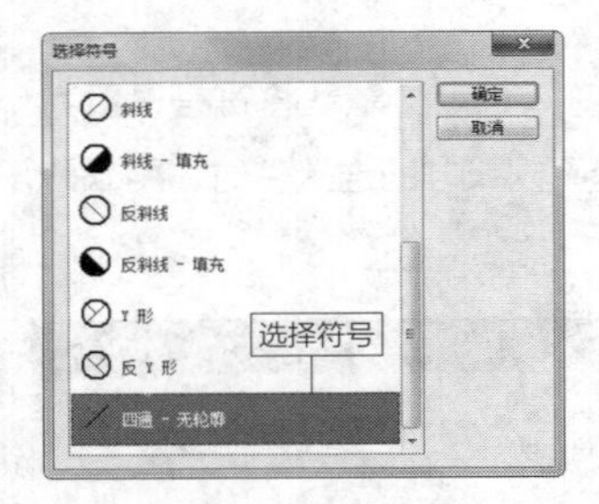

图 4-27　“选择符号”对话框

选择“双线表示”选项，在右侧界面同样可以显示“升符号”与“降符号”的样式。默认将符号设置为“交叉线”，如图4-28所示。单击符号样式选项中的矩形按钮▭，在弹出的“选择符号”对话框中可以设置符号样式。

选择“尺寸”选项，在右侧界面中显示尺寸列表，如图4-29所示。单击“新建尺寸”按钮，弹出“新建电缆桥架尺寸”对话框。在“尺寸”文本框中输入参数35mm，如图4-30所示，单击“确定”按钮，可将该尺寸添加到尺寸列表中。

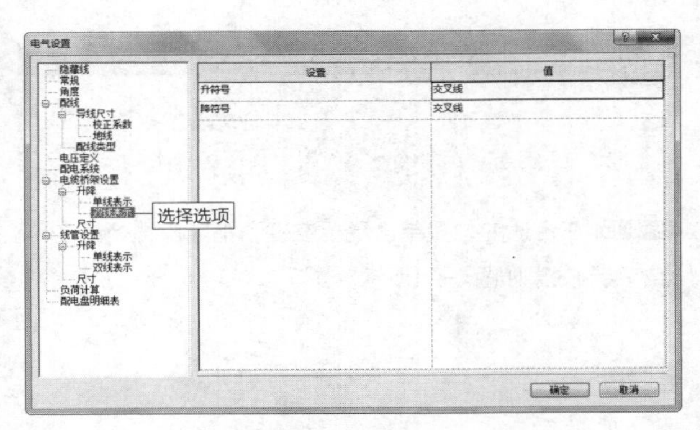

图 4-28　选择“双线表示”选项

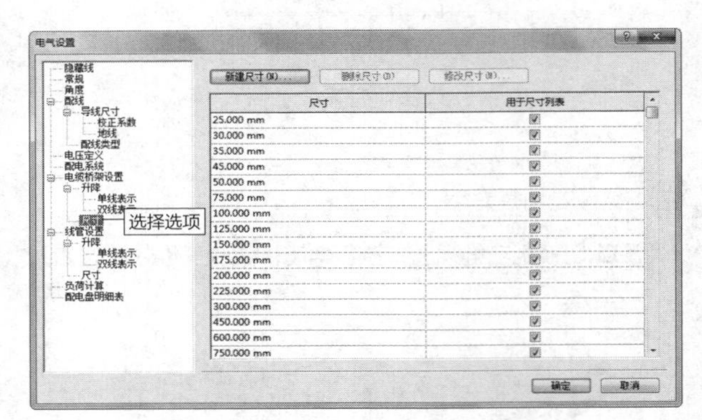

图 4-29　尺寸列表

图 4-30　设置尺寸

新建尺寸后，软件会将新建的尺寸值在列表中按大小的顺序排列，效果如图4-31所示。在新建尺寸的右侧选中“用于尺寸列表”复选框，在绘制电缆桥架时，就可以在选项栏的“宽度”与“高度”列表中选用该尺寸，如图4-32所示。

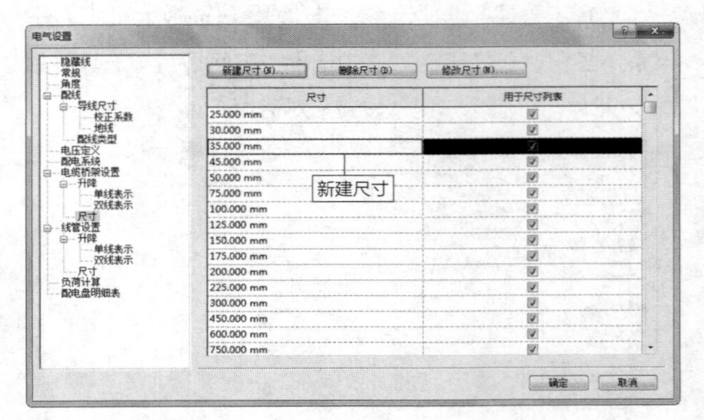

图 4-31　新建尺寸

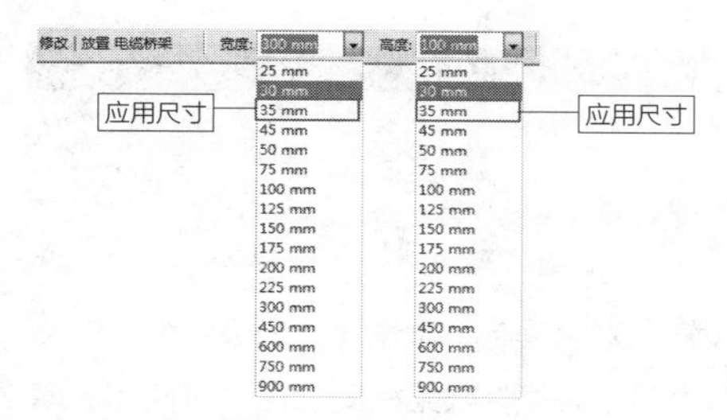

图 4-32　新建尺寸应用于尺寸列表

知识链接：

默认情况下，在图4-31尺寸列表中的所有尺寸都会“用于尺寸列表”。假如取消选中某一尺寸的“用于尺寸列表”复选框，该尺寸在选项栏的尺寸列表中不可见。

在图4-31所示的尺寸列表中选择一个尺寸，如选择30mm，单击“删除尺寸”按钮，弹出“电气设置-删除尺寸”对话框，询问用户“是否确实要删除30.000mm尺寸”，如图4-33所示。单击“是”按钮，选中的尺寸被删除。

在图4-31的尺寸列表中选择一个尺寸，单击“修改尺寸”按钮，弹出“修改电缆桥架尺寸”对话框。在“尺寸”文本框中重新定义尺寸值，如图4-34所示，单击“确定”按钮，可以修改指定的尺寸。

图 4-33　“电气设置 - 删除尺寸”对话框　图 4-34　修改尺寸

2. 修改属性

选择电缆桥架，在“属性”选项板的“约束”选项组与“尺寸标注”选项组中显示电缆桥架的位置信息与尺寸信息，如图4-35所示。在“水平对正”选项中，显示桥架水平对正的方式，默认为“中心”方式。在“垂直对正”选项中，显示桥架的垂直对正方式为“中”。在“偏移”选项中显示桥架的高程为2700mm，与选项栏中的“偏移”选项值一致。

在“尺寸标注”选项组中，显示“横档间距”选项值为228.6mm，修改参数，将影响选中的电缆桥架的横档距离。修改“宽度”与“高度”选项值，可以更改电缆桥架的宽度与高度。

单击“水平对正”选项，弹出对正方式列表，在其中显示3种水平对正方式，如图4-36所示。选择选项，指定视图中相邻两段电缆桥架之间的水平对正方式。

约束
水平对正　中心
中心
左
右
垂直对正
参照标高
偏移
开始偏移　2700.0
端点偏移　2700.0

图 4-35　“属性”选项板　图 4-36　对正方式列表

知识链接：

需要注意的是，在“属性”选项板中修改参数，仅影响选中的电缆桥架，其他电缆桥架不受影响。

选择水平对正方式为“中心”，在绘制电缆桥架的过程中，光标始终位于电缆桥架的中心线之上，如图4-37所示。选择对正方式为“左”，绘制电缆桥架时，光标位于电缆桥架的上方边界线上，如图4-38所示。

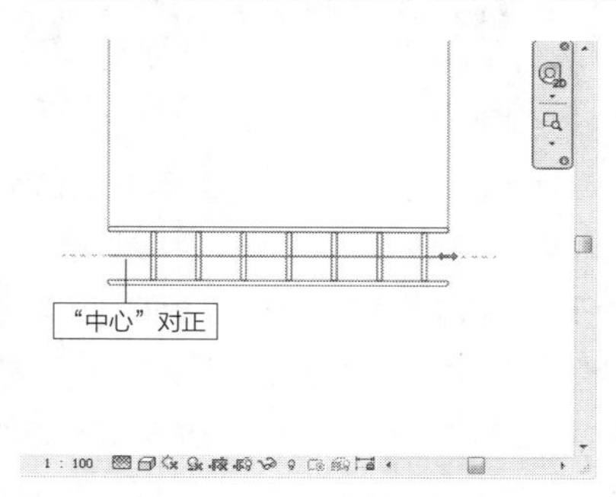

图 4-37　“中心”对正

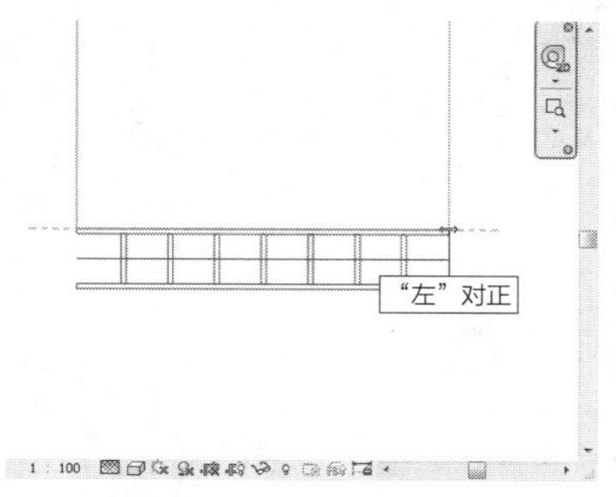

图 4-38　“左”对正

选择对正方式为“右”，绘制电缆桥架的过程中，光标位于电缆桥架的下方边界线上，如图4-39所示。

还可以设置“偏移”参数，指定绘制起点位置与实际绘制位置之间的偏移间距。在“修改|放置电缆桥架”选项

卡中，单击“对正”按钮，如图4-40所示，弹出“对正设置”对话框。

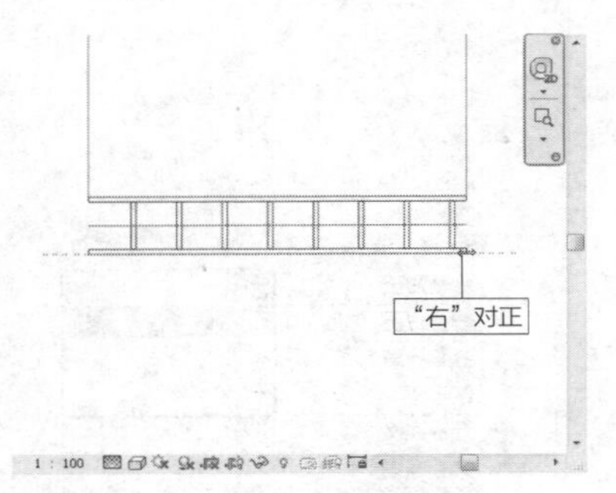

图 4-39　“右”对正

图 4-40　单击按钮

延伸讲解：

只有单击“修改|放置电缆桥架”选项卡中的“对正”按钮，才可以弹出“对正设置”对话框。单击“修改|电缆桥架”选项卡中的“对正”按钮，会进入对正编辑器。

在“对正设置”对话框中，也可以设置“水平对正”方式。“水平偏移”选项的参数值默认为0，表示电缆桥架与参考图元之间的间距为0。修改参数，例如，将参数修改为2000，如图4-41所示，单击“确定”按钮，返回视图。

以模型线为参考线，依次在水平对正方式设置为“中心”“左”“右”的情况下创建电缆桥架，电缆桥架与参考图元之间的偏移距离如图4-42所示。

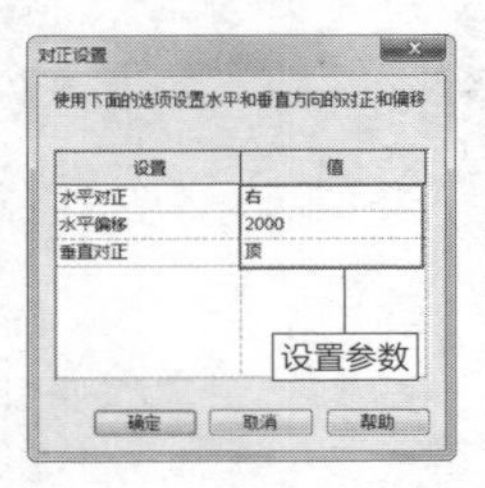

图 4-41　“对正设置”对话框

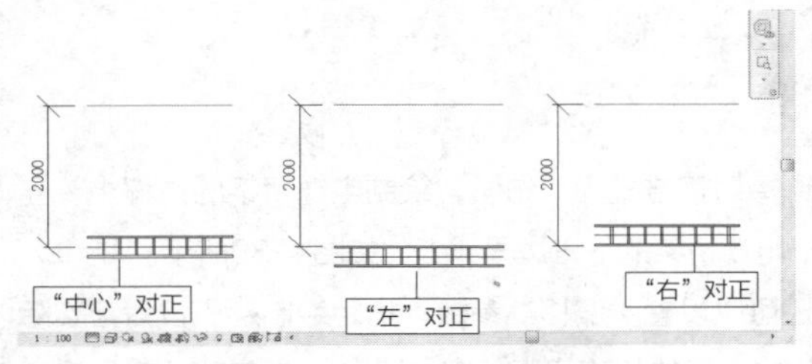

图 4-42　距离偏移

延伸讲解：

设置“水平偏移”参数，会影响后续创建的电缆桥架，不会影响已创建的电缆桥架。

在“对正设置”对话框与“属性”选项板中都可以设置电缆桥架的垂直对正方式，效果相同。在“属性”选项板中单击“垂直对正”选项，在弹出的列表中显示对正方式，分别为“中”“底”“顶”，如图4-43所示。

“垂直对正”方式指定在视图中，相邻电缆桥架之间的垂直对齐方式。不同的垂直对正方式，会影响电缆桥架的高程。将电缆桥架的“宽度”设置为300mm，“高度”设置为100mm，“偏移”设置为2700mm，选择不同的垂直对正方式，电缆桥架的高程会发生变化，效果如图4-44 所示。

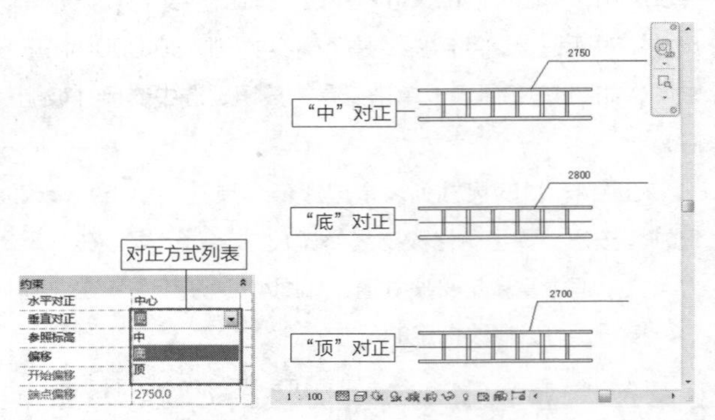

图 4-43　对正方式列表　图 4-44　影响高程

3. 修改类型属性

选择电缆桥架，在“属性”选项板中单击电缆桥架名称，弹出类型列表，在其中显示电缆桥架的类型，如图4-45所示。选择其他类型，如选择“槽式电缆桥架”，可以转换选中的电缆桥架的类型，效果如图4-46所示。

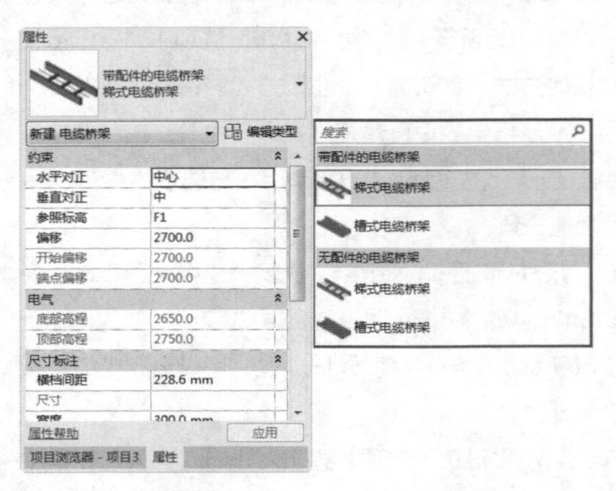

图 4-45　类型列表

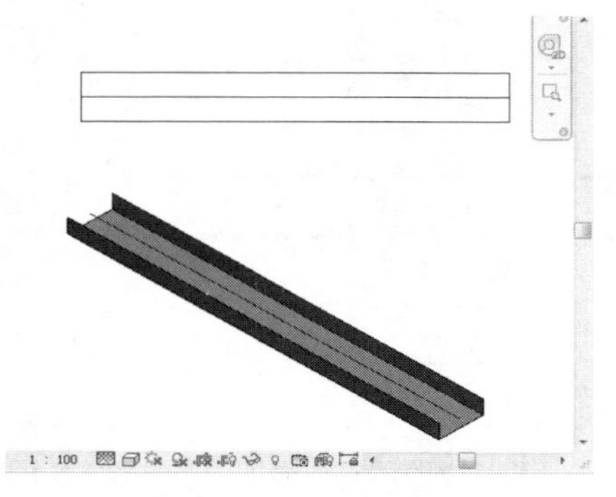

图 4-46　更改类型

延伸讲解：

在创建电缆桥架之前，也可以在“属性”选项板中指定电缆桥架的类型。默认选择“带配件的电缆桥架-梯式电缆桥架”类型。

答疑解惑：为什么不能绘制不同方向上相接的电缆桥架？

在绘制不同方向上相接的电缆桥架时，会在光标的一侧显示禁止符号，如图4-47所示。这是为什么？打开“类型属性”对话框，在“管件”选项组中显示各选项的参数均为“无”，如图4-48所示。因为没有相应的管件，所以不能绘制不同方向上相接的电缆桥架。

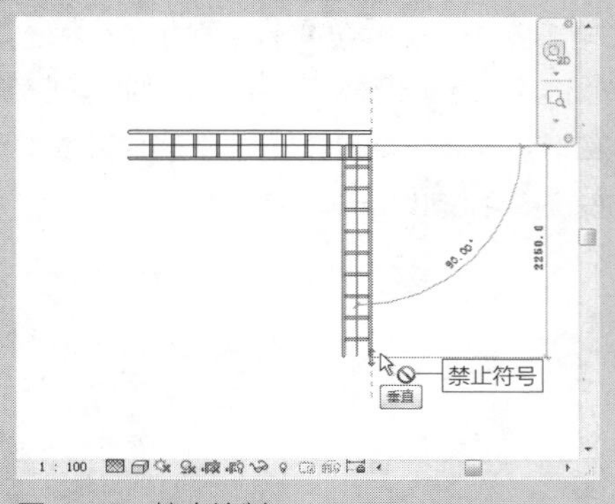

图 4-47　禁止绘制

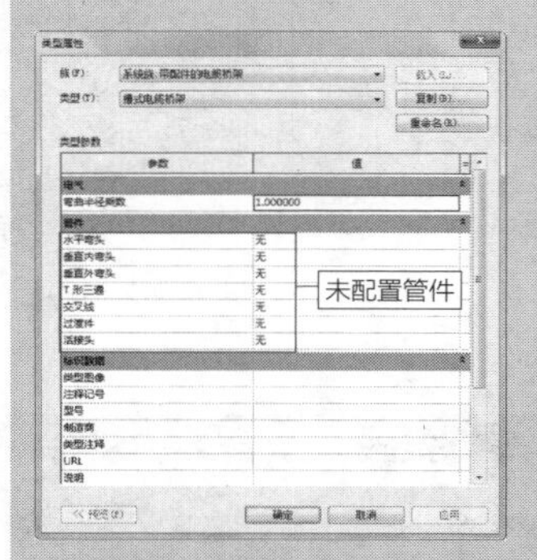

图 4-48　“类型属性”对话框

启用“载入族”命令，将相应的管件载入项目。在“类型属性”对话框的“管件”选项组中单击选项，在弹出的列表中选择管件，配置的管件如图4-49所示。

图 4-49　配置管件

单击“确定”按钮，返回视图。重新启用“电缆桥架”命令，可以绘制不同方向上相接的电缆桥架，效果如图4-50所示。

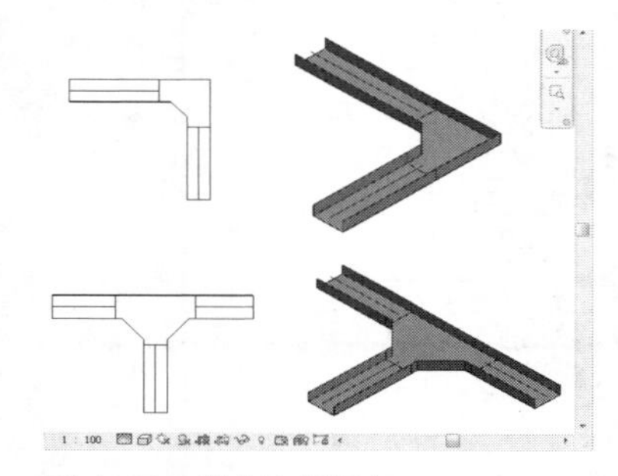

图 4-50　绘制电缆桥架

延伸讲解：

电缆桥架的管件有类型之分，如“梯式”与“槽式”。管件的类型与电缆桥架的类型需要对应才可以使用。

4.　其他编辑方式

选择电缆桥架，在电缆桥架的两端显示夹点，同时在电缆桥架的上方显示高程以及长度参数，如图4-51所示。光标置于长度标注之上，单击鼠标左键，进入在位编辑模式。在文本框中输入参数，如图4-52所示。

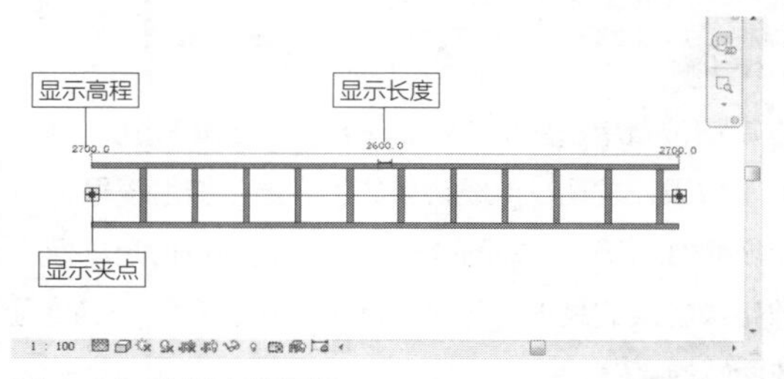

图 4-51　选择电缆桥架

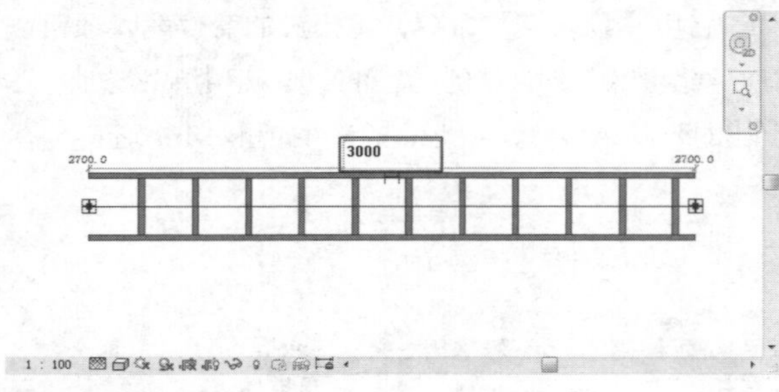

图 4-52　输入参数

延伸讲解：

在绘制电缆桥架时，将显示其长度的临时尺寸标注。在绘制前可以先输入长度参数，定义电缆桥架的长度。

在空白位置单击鼠标左键，退出在位编辑模式，修改长度的效果如图4-53所示。将光标置于左侧的高程标注上，单击左键，进入在位编辑模式。输入新的高程参数，单位为mm，如图4-54所示。

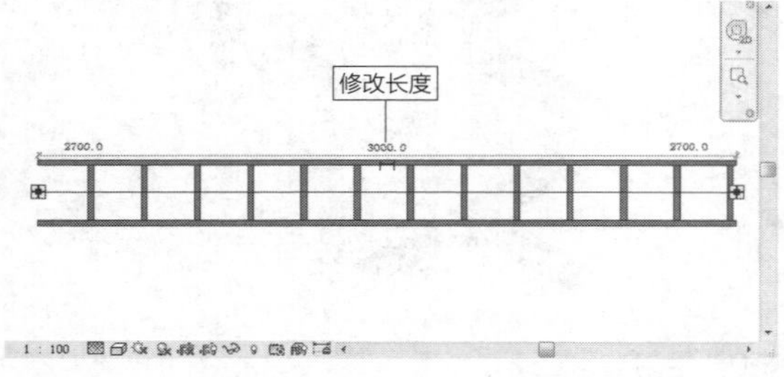

图 4-53　修改长度

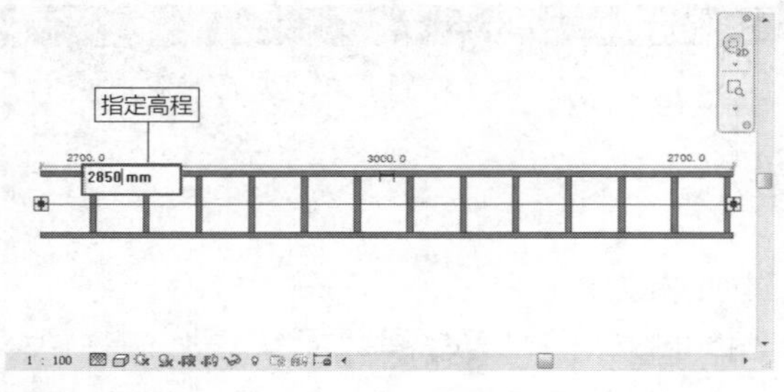

图 4-54　输入参数

知识链接：

电缆桥架的高程在选项栏的“偏移”选项中设置。

在空白位置单击鼠标左键，退出在位编辑模式。此时观察编辑效果，发现在电缆桥架的上方显示坡度符号，同时显示坡度值2.86°，如图4-55所示。通过临时尺寸标注来修改电缆桥架的高程，仅改变指定一端的高程，不能同时修改两端的高程。

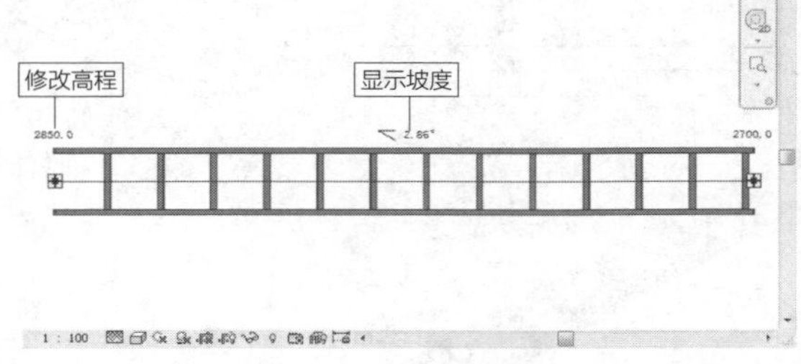

图 4-55　修改高程

当其中一端的高程被修改后，电缆桥架产生倾斜，同时会显示电缆桥架的坡度，以供参考。为了更加直观地表示电缆桥架的坡度，可以为其创建坡度标注。

选择“注释”选项卡，在“尺寸标注”面板中单击“高程点坡度”按钮，如图4-56所示，激活命令。

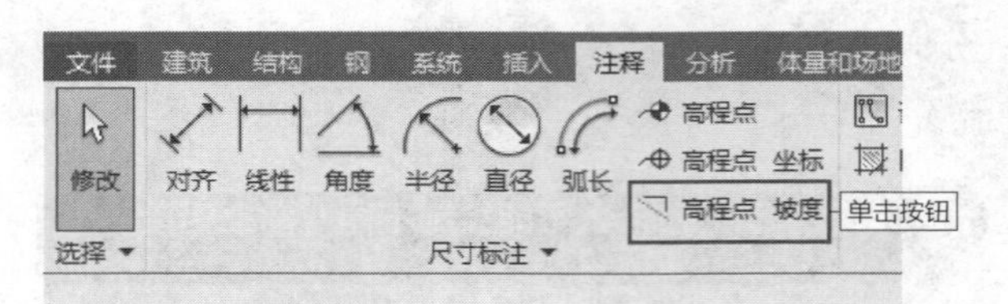

图 4-56　单击按钮

在电缆桥架上单击指定测量点，创建坡度标注的效果如图4-57所示。坡度标注中的箭头指示电缆桥架的坡度方向，箭头上方显示坡度值。

光标置于电缆桥架一端的夹点上，单击鼠标右键，弹出快捷菜单。选择“绘制电缆桥架”选项，如图4-58所示，激活“电缆桥架”命令。同时进入“修改|放置电缆桥架”选项卡，设置参数，可以绘制电缆桥架。

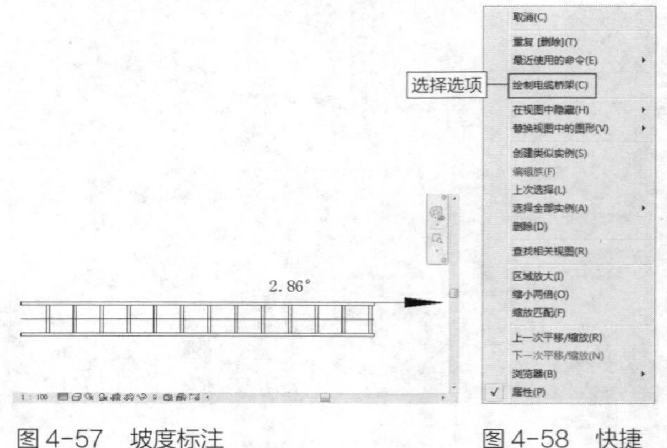

图 4-57　坡度标注　　图 4-58　快捷菜单

延伸讲解：

将电缆桥架两端的高程修改为相同的参数，坡度标注会显示“无坡度”标注文字。

向右拖曳鼠标，如图4-59所示，指定桥架的终点，可以在已有桥架的基础上继续绘制电缆桥架。

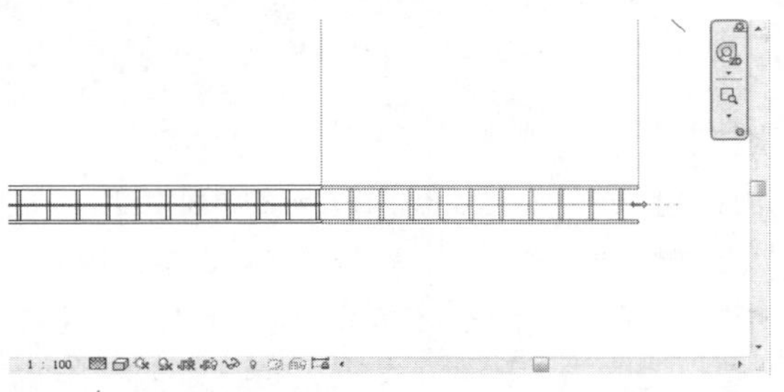

图 4-59 绘制电缆桥架

4.3 线管

启用“线管”命令，可以创建线管管路。在启用命令后，可以在选项栏中设置线管的“直径”“偏移”及“弯曲半径”选项值。在“属性”选项板中选择线管的类型，有两种类型以供用户选择，分别是带配件的线管与不带配件的线管。

4.3.1 实战——绘制线管 重点

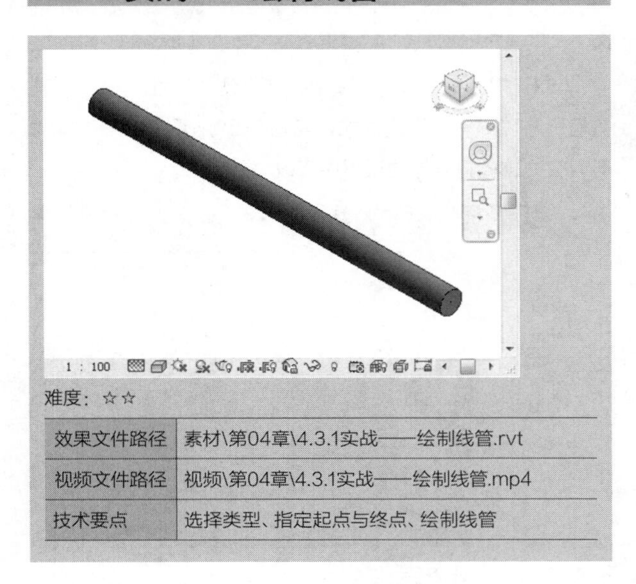

难度：☆☆

效果文件路径	素材\第04章\4.3.1实战——绘制线管.rvt
视频文件路径	视频\第04章\4.3.1实战——绘制线管.mp4
技术要点	选择类型、指定起点与终点、绘制线管

绘制线管的方法与绘制电缆桥架的方法类似，设置参数与类型后，依次指定起点与终点，可以得到指定样式的线管。本节介绍绘制线管的方法。

步骤 01 在“电气”面板上单击“线管”按钮，如图4-60所示，激活命令。

步骤 02 在“属性”选项板中，选择名称为“无配件的线管”的线管，保持“水平对正”的方式为“中心”，“垂直对正”的方式为“中”，如图4-61所示，其他参数保持默认值。

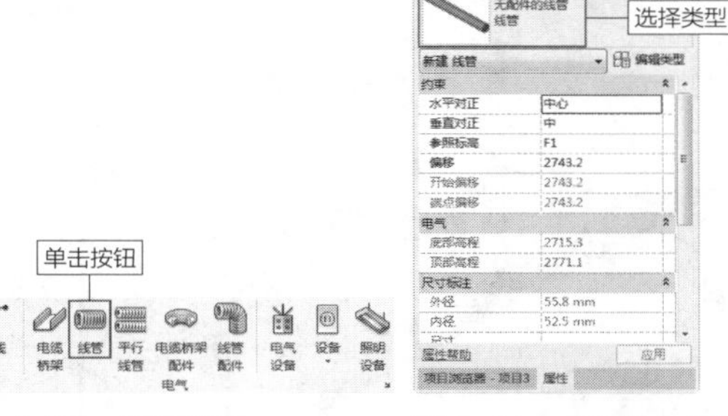

图 4-60 单击按钮　　图 4-61 “属性”选项板

知识链接：

在键盘上按C+N快捷键，也可以启用“线管”命令。

步骤 03 进入“修改|放置线管”选项卡，设置“直径”为103mm、“偏移”为2700mm，“弯曲半径”保持464mm即可，如图4-62所示。

图 4-62 “修改 | 放置线管”选项卡

延伸讲解：

默认情况下，在“放置工具”面板中已激活“自动连接”与“添加垂直”工具。

步骤 04 在绘图区域中单击鼠标左键，分别指定起点与终点，根据临时尺寸标注了解线管的长度，如图4-63所示。

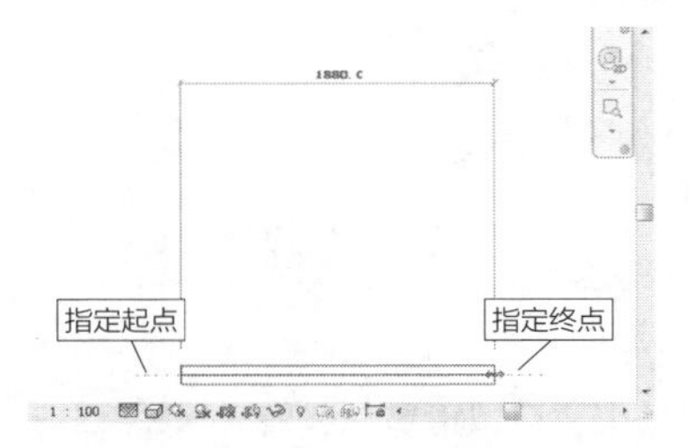

图 4-63 指定起点与终点

步骤 05 在合适的位置单击鼠标左键，指定线管的终点，绘制线管的效果如图4-64所示。

图 4-64 绘制线管

步骤 06 切换至三维视图，查看线管的三维效果，如图4-65所示。

图 4-65　三维效果

4.3.2　编辑线管

线管本身包含多种类型的参数，如显示样式、尺寸等，其中尺寸参数的类型又可分为“直径”“偏移”与“弯曲半径”。修改这些参数，直接影响线管的显示效果。

1. 设置线管样式

在“电气”面板中单击右下角的箭头 ↘，弹出“电气设置”对话框。在左侧选择“线管设置”选项卡，在右侧的界面中显示选项参数，如图4-66所示。修改参数，可以设置线管在视图中的显示样式。

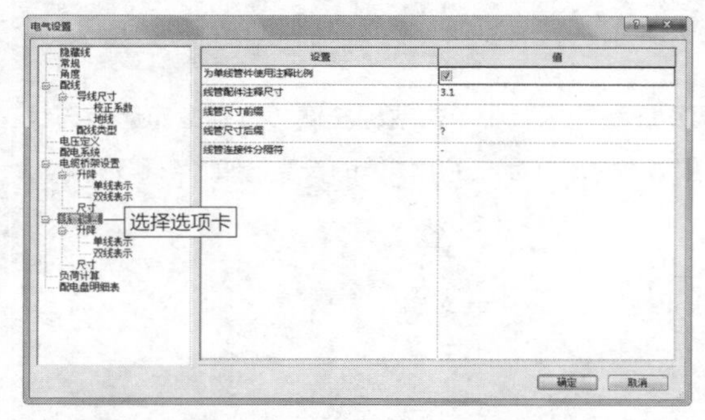

图 4-66　“线管设置”选项卡

选择“升降”选项卡，可以设置“线管升/降注释尺寸”参数，如图4-67所示。

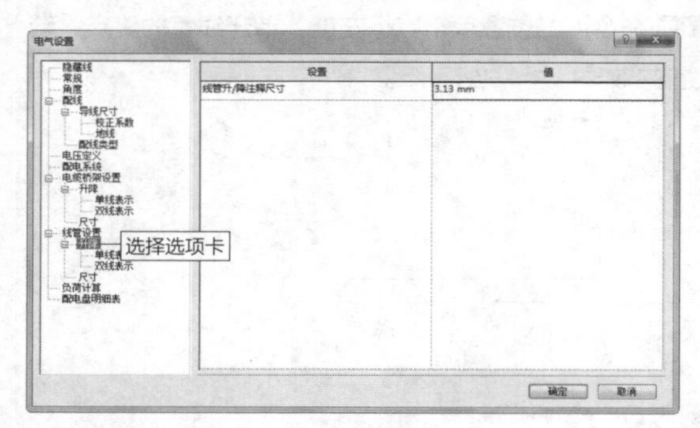

图 4-67　“升降”选项卡

知识链接：

线管样式的设置与电缆桥架样式的设置基本相同，在此不再赘述，相关内容请参考“4.2.2　编辑电缆桥架”一节的介绍。

选择“单线表示”选项卡，在右侧的界面中显示“升符号”与“降符号”的样式。单击选项右侧的矩形按钮，弹出“选择符号”对话框，在其中可以重新指定符号样式，如图4-68所示。单击“确定”按钮关闭对话框，完成修改符号的操作。

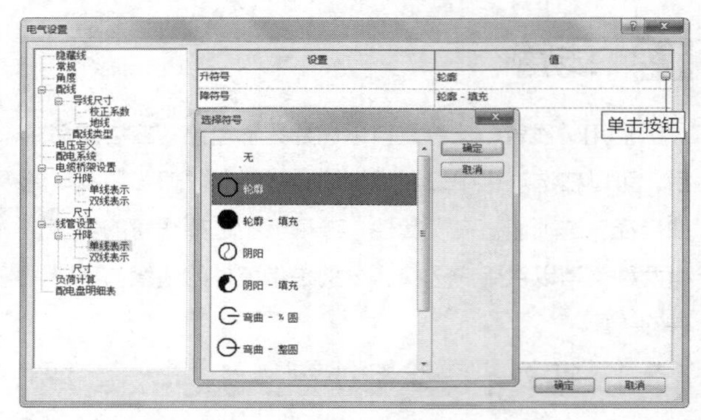

图 4-68　“选择符号”对话框

选择“双线表示”选项卡，在右侧的界面中显示“升符号”与“降符号”的样式，如图4-69所示。符号的样式可以在“选择符号”对话框中修改。

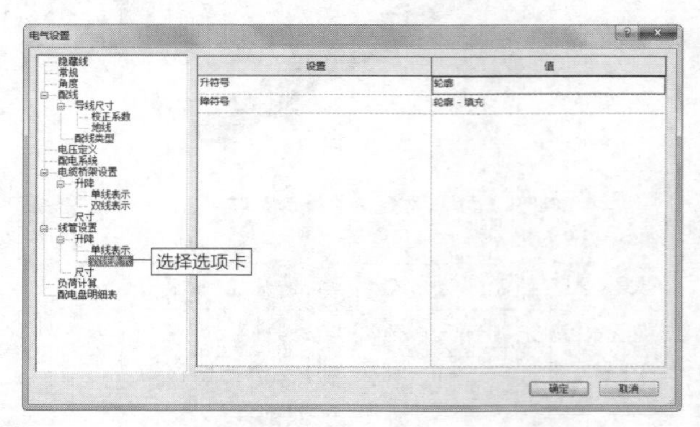

图 4-69　“双线表示”选项卡

选择“尺寸”选项卡，在右侧显示尺寸列表。在列表中选择尺寸，激活“删除尺寸”与“修改尺寸”按钮，如图4-70所示。单击“新建尺寸”按钮，弹出“添加线管尺寸”对话框。

在“添加线管尺寸”对话框中设置参数，如图4-71所示。其中，“内径”表示线管的内径大小；“外径”表示线管的外径大小；“最小弯曲半径”表示弯曲线管时所允许的最小弯曲半径，在线管图形中指圆心至线管中心的距离。

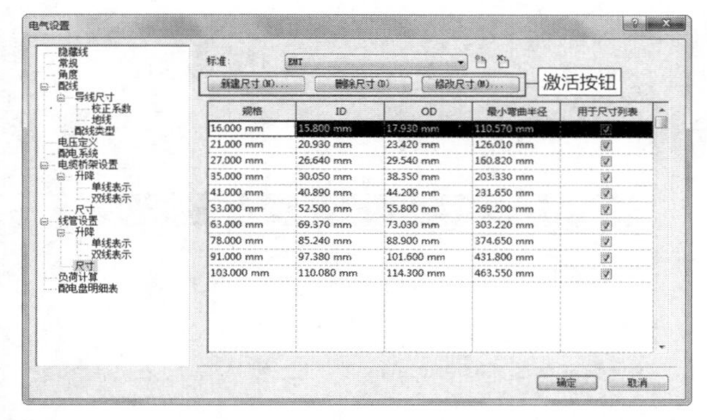

图 4-70 “尺寸”选项卡

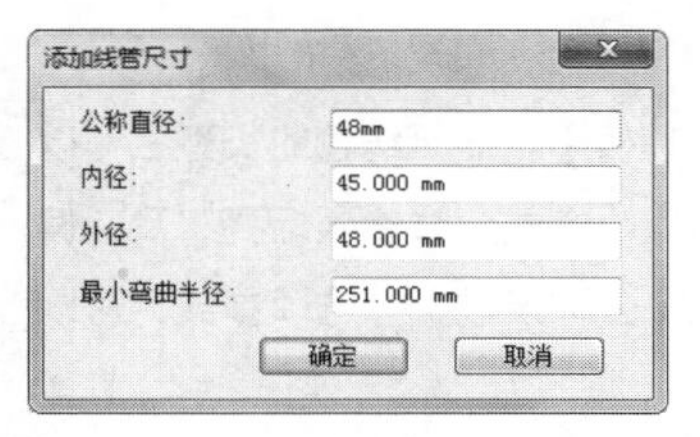

图 4-71 “添加线管尺寸”对话框

在“添加线管尺寸”对话框中单击“确定”按钮，完成新建尺寸的操作。在尺寸列表中按大小来排列尺寸，如图4-72所示。在启用“线管”命令时，在选项栏中单击“直径”选项，在弹出的列表中可以选择新建的线管尺寸，如图4-73所示。

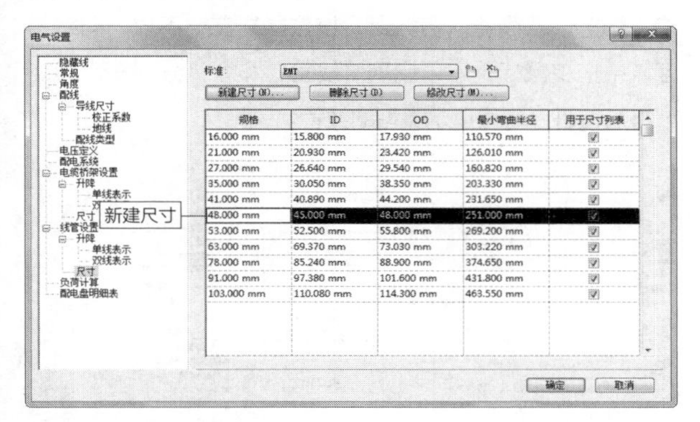

图 4-72 新建尺寸

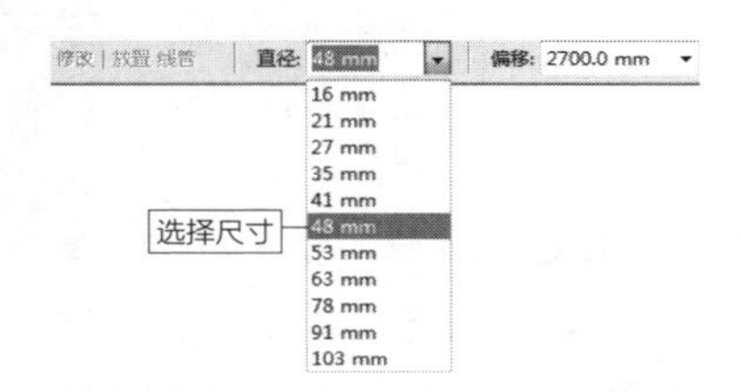

图 4-73 选择尺寸

在“尺寸”选项卡中，单击“删除尺寸”按钮，可以删除选中的尺寸。假如在项目中已创建了某个尺寸的线管，就不能删除该尺寸。需要返回项目中，先删除该尺寸的线管，才可删除尺寸列表中的尺寸。

延伸讲解：

在“尺寸”选项卡中，需要选中尺寸右侧的“用于尺寸列表”复选框，才可在选项栏的“直径”列表中显示尺寸。

在“尺寸”选项卡中，单击“标准”选项，在弹出的列表中显示了5种标准，如图4-74所示，默认选择EMT标准。单击“添加标准”按钮，弹出“新建标准”对话框，如图4-75所示。在对话框中设置“标准名称”，单击“标准基于”选项，在弹出的列表中选择已有的标准。单击“确定”按钮，可以新建标准，并显示在“标准”列表中。

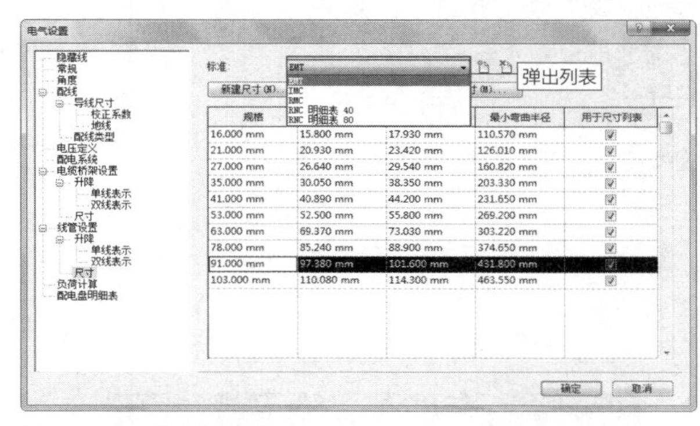

图 4-74 “标准”列表

图 4-75 “新建标准”对话框

在“标准”列表中选择某一标准，单击“删除标准”按钮，可删除选中的标准。假如选中的标准为当前正在使用的标准，软件会弹出提示对话框，提醒用户“此线管标准已在使用中，无法删除”，如图4-76所示。

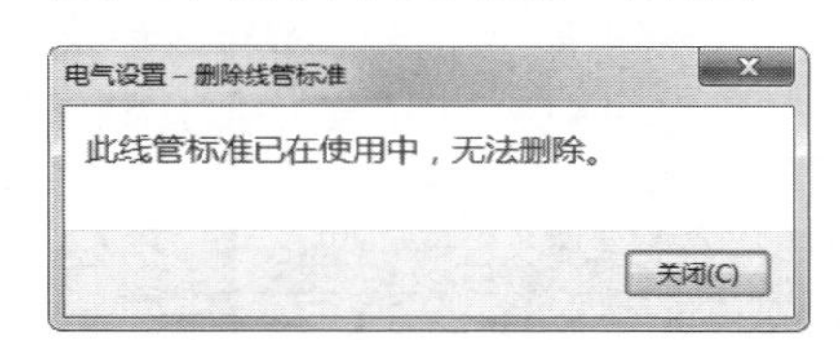

图 4-76 提示对话框

2. 对正编辑器

选择线管，进入“修改|线管”选项卡。在选项栏中显示线管的“直径”大小和“偏移”参数。单击“对正”按钮，如图4-77所示，进入“对正编辑器”选项卡。

图 4-77　单击按钮

在“对正编辑器”选项卡中，包含“对正”和“对正编辑器”两个面板，如图4-78所示。在“对正”面板中，显示线管当前的对正方式为“正中对齐”，并在线管的中心线上显示控制点，如图4-79所示。单击指定其他对齐方式按钮，可以在视图中观察控制点位置的改变。

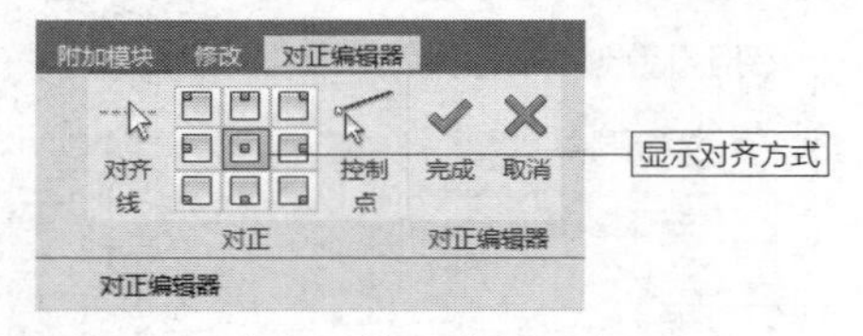

图 4-78　“对正编辑器”选项卡

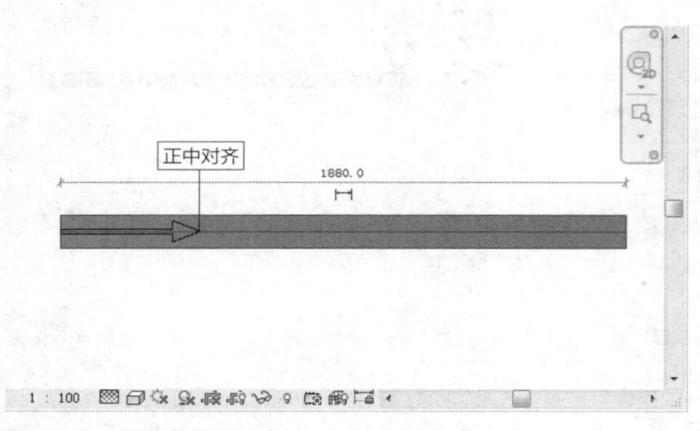

图 4-79　显示控制点

单击“对齐线”按钮，在线管中显示对齐线。光标置于对齐线上，显示对齐方式名称。例如将光标置于下方对齐线上，显示“右上”对齐方式文字，如图4-80所示。在该对齐线上单击鼠标左键，可以更改线管的对齐方式，控制点随之向下移动至对齐线上，如图4-81所示。

编辑完毕后，单击“完成”按钮，退出“对正编辑器”选项卡。

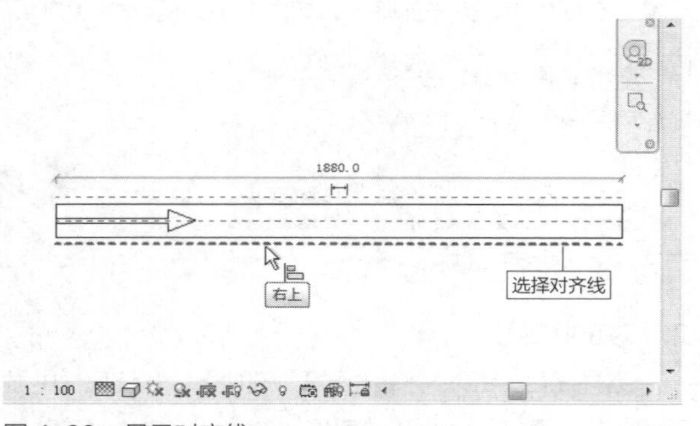

图 4-80　显示对齐线

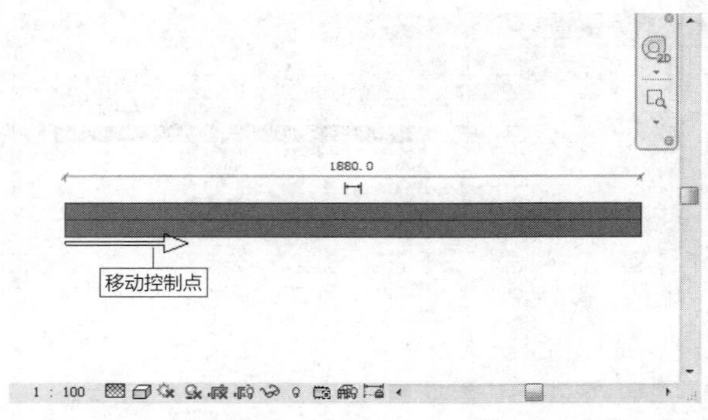

图 4-81　更改对齐方式

3.　编辑属性

在线管的“属性”选项板中，显示线管的类型名称以及其他属性参数，如“对正”方式、“参照标高”及“偏移”大小等。修改“直径（公称尺寸）”选项参数，可以影响线管的直径大小。

单击线管名称，弹出类型列表，在其中显示两种类型的线管，分别是“带配件的线管”与“无配件的线管”，如图4-82所示。在项目浏览器中，单击“族”目录前的“+”，展开“族”目录。

在“族”目录中单击“线管”前的“+”，展开“线管”目录，在其中显示线管的类型名称，如图4-83所示。将光标置于“线管”名称上，按住鼠标左键不放，向绘图区域中拖曳鼠标，可以启用“线管”命令。分别指定起点与终点，可以创建指定类型的线管。

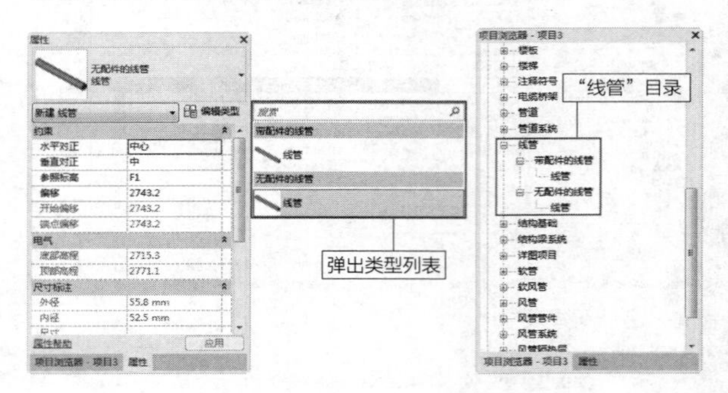

图 4-82　“属性”选项板　　图 4-83　“线管”目录

在“属性”选项板中单击“编辑类型”按钮，弹出“类型属性”对话框，如图4-84所示。单击“标准”选项，弹出“标准”列表，如图4-85所示，默认选择EMT标准。选择不同的标准，可以决定线管所采用的尺寸列表。

在“管件”选项组中，显示线管管件的类型。默认显示选项值为“无”，表示当前尚未给线管配置任何管件。在配置管件之前，需要载入管件族。

图 4-84　“类型属性”对话框

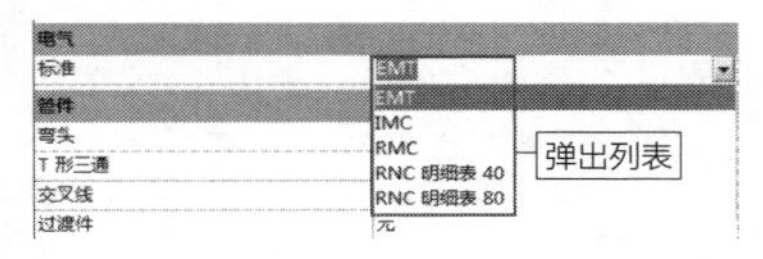

图 4-85　“标准”列表

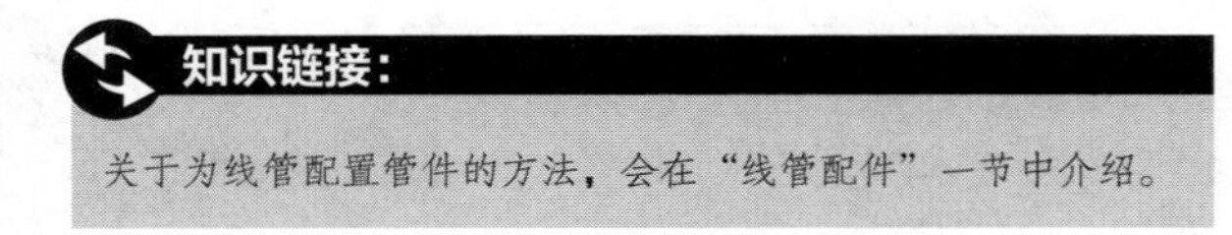

知识链接：

关于为线管配置管件的方法，会在“线管配件”一节中介绍。

选择线管，在线管的两端显示夹点，如图4-86所示。光标置于夹点之上，夹点显示为紫色。此时单击鼠标右键，可以弹出快捷菜单。

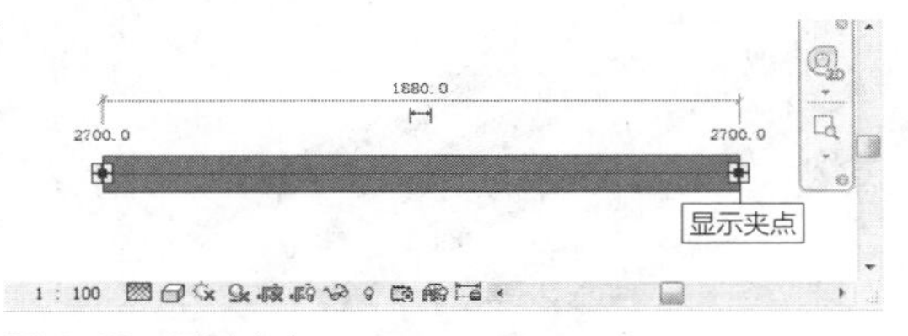

图 4-86　显示夹点

在快捷菜单中选择“绘制线管”选项，如图4-87所示，激活“线管”命令。进入“修改|放置线管”选项卡，在其中设置线管的参数。移动光标，指定终点，如图4-88所示。在合适的位置单击鼠标左键，结束绘制线管的操作。

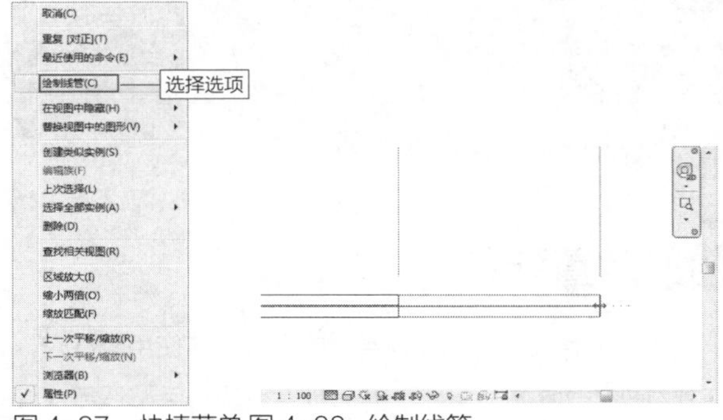

图 4-87　快捷菜单 图 4-88　绘制线管

4.3.3　实战——创建平行线管　难点

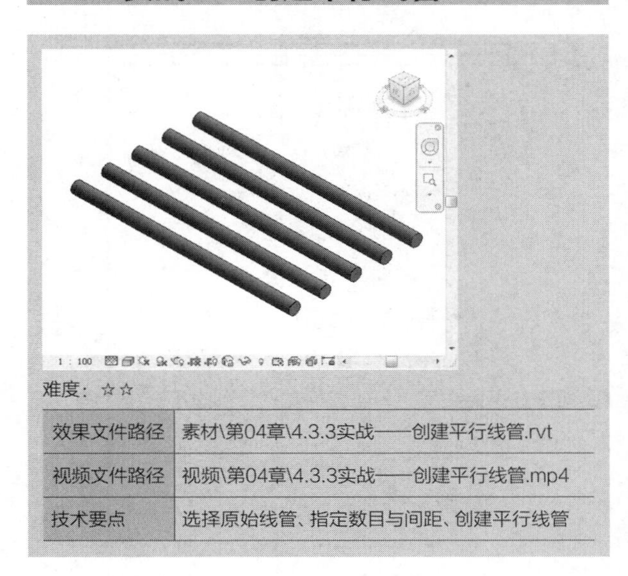

难度：☆☆

效果文件路径	素材\第04章\4.3.3实战——创建平行线管.rvt
视频文件路径	视频\第04章\4.3.3实战——创建平行线管.mp4
技术要点	选择原始线管、指定数目与间距、创建平行线管

启用“平行线管”命令，可以基于初始线管管路创建与之平行的线管管路。本节介绍创建平行线管的方法。

步骤 01 在“电气”面板上单击“平行线管”按钮，如图4-89所示，激活命令。

步骤 02 进入“修改|放置平行线管”选项卡，默认激活“相同弯曲半径”按钮，“水平数”为2，“垂直数”为1，“水平偏移”与“垂直偏移”均为304.8，如图4-90所示。

图 4-89　单击按钮

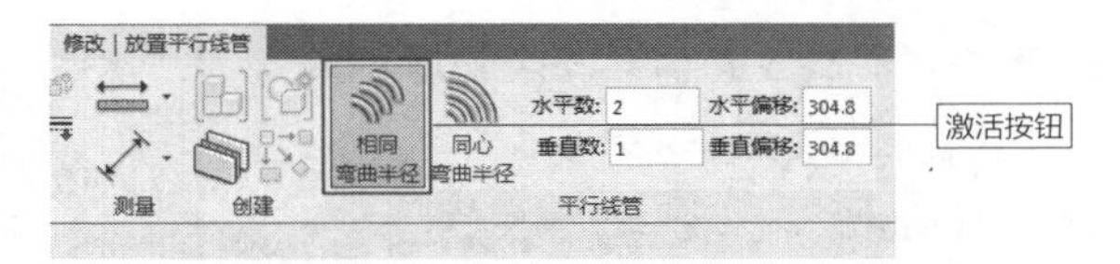

图 4-90　“修改 | 放置平行线管”选项卡

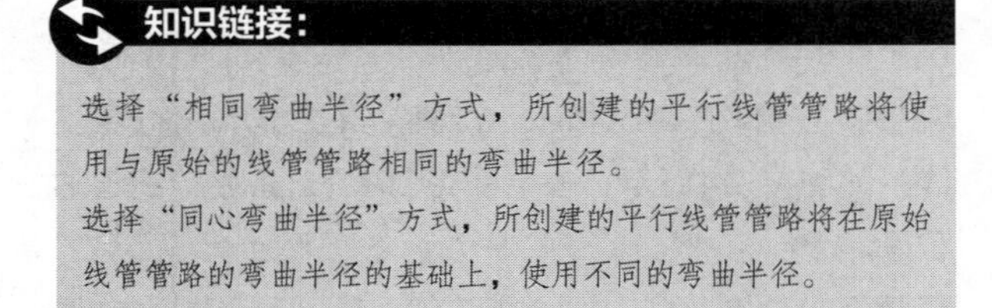

知识链接：

选择“相同弯曲半径”方式，所创建的平行线管管路将使用与原始的线管管路相同的弯曲半径。

选择“同心弯曲半径”方式，所创建的平行线管管路将在原始线管管路的弯曲半径的基础上，使用不同的弯曲半径。

步骤 03 将光标置于原始线管之上，线管高亮显示，同时在线管的下方显示一条水平虚线，如图4-91所示。虚线的位置就是即将创建的平行线管的位置。

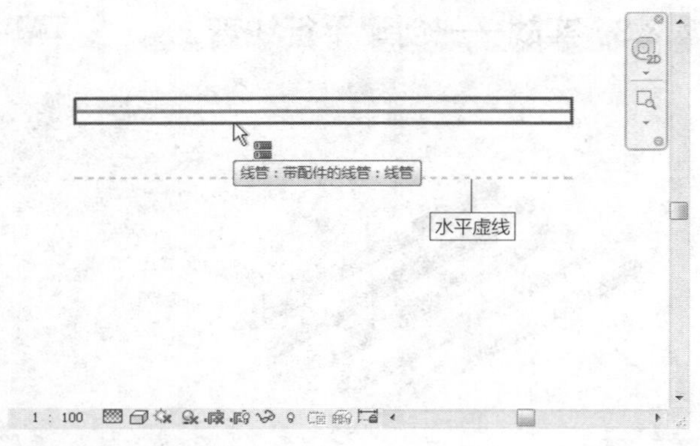

图 4-91　显示虚线

步骤 04 在原始线管上单击鼠标左键，创建平行线管的效果如图4-92所示。

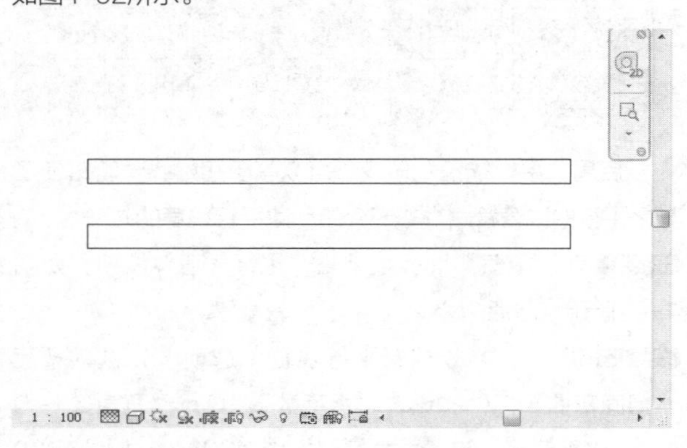

图 4-92　创建平行线管

> **延伸讲解：**
>
> 将光标置于原始线管的上部边界线，可以在原始线管的上方创建平行线管。

步骤 05 在“修改|放置平行线管”选项卡中，修改“水平数”选项值为5，如图4-93所示。

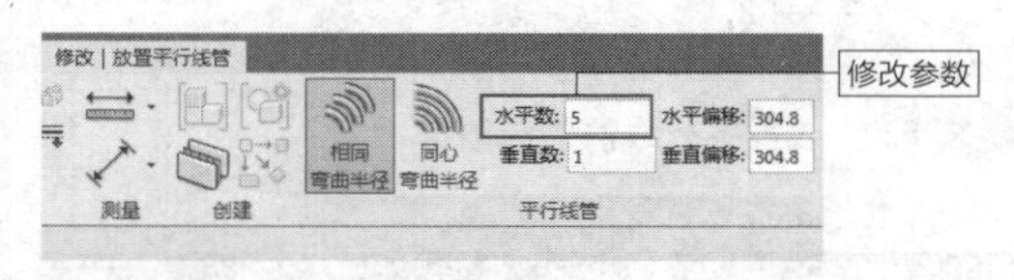

图 4-93　修改“水平数”

步骤 06 在拾取原始线管时，在线管的下方显示4条水平虚线，如图4-94所示，表示即将创建的4条平行线管的位置。

步骤 07 在原始线管上单击鼠标左键，创建平行线管的效果如图4-95所示。

步骤 08 切换至三维视图，观察平行线管的三维效果，如图4-96所示。

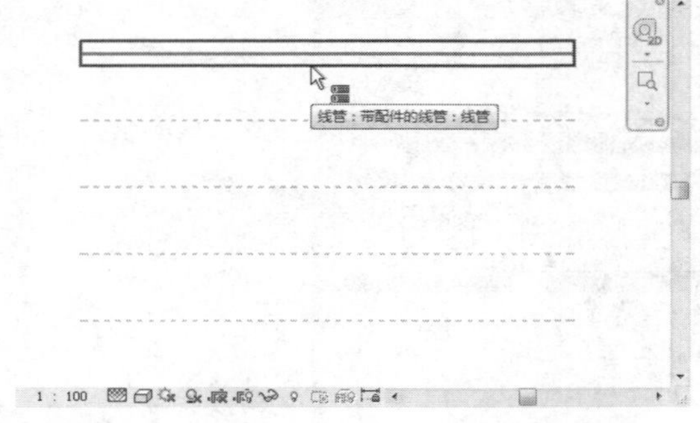

图 4-94　显示虚线

图 4-95　创建效果

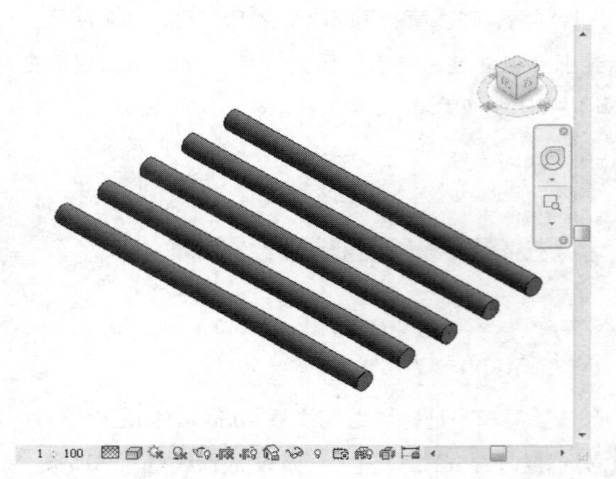

图 4-96　三维效果

> **知识链接：**
>
> 以垂直线管为原始线管，通过设置“垂直数”与“垂直偏移”选项值，可以在垂直方向上创建指定数目与距离的平行线管管路。

4.4 放置配件

项目文件没有提供任何类型的配件，在使用配件时，需要从外部库中载入。本节介绍放置电缆桥架配件与线管配件的方法。

4.4.1 实战——放置电缆桥架配件 重点

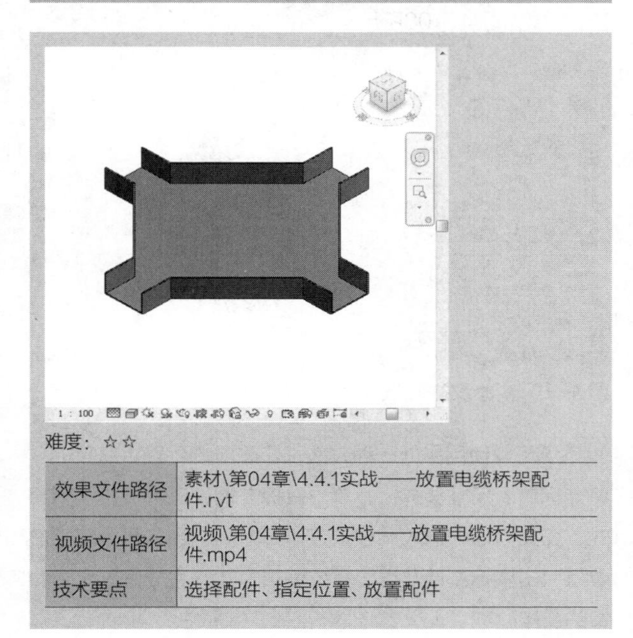

难度：☆☆

效果文件路径	素材\第04章\4.4.1实战——放置电缆桥架配件.rvt
视频文件路径	视频\第04章\4.4.1实战——放置电缆桥架配件.mp4
技术要点	选择配件、指定位置、放置配件

电缆桥架配件包括弯头、T形三通、Y形四通、四通及其他活接头。电缆桥架配件可以放置在沿电缆桥架管路长度的任意点上，还可以在任意视图中放置。本节介绍放置电缆桥架配件的方法。

步骤01 在“电气”面板上单击“电缆桥架配件”按钮，如图4-97所示，激活命令。

步骤02 弹出提示对话框，提醒并询问用户“项目中未载入电缆桥架配件族。是否要现在载入”，如图4-98所示。单击“是”按钮，弹出“载入族”对话框。选择配件，单击“打开”按钮，可将电缆桥架配件族载入项目。

图 4-97　单击按钮　　图 4-98　提示对话框

知识链接：

在键盘上按T+F快捷键，也可以启用“电缆桥架配件”命令。

步骤03 进入“修改|放置电缆桥架配件”选项卡，如图4-99所示。单击“载入族”按钮，也可以载入电缆桥架配件族。选中“放置后旋转”复选框，在放置配件后，还可以调整配件的方向。

步骤04 在“属性”选项板中选择名称为“槽式电缆桥架水平四通”的配件，如图4-100所示。

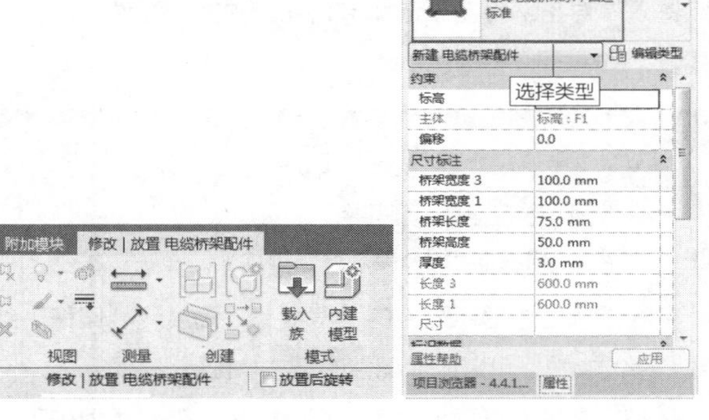

图 4-99　“修改 | 放置电缆桥架配件”选项卡　　图 4-100　“属性”选项板

延伸讲解：

配件的高程在“属性”选项板中的“偏移”选项中设置，默认值为0。

步骤05 在绘图区域中指定位置，如图4-101所示。

步骤06 在合适的位置单击鼠标左键，放置电缆桥架配件的效果如图4-102所示。

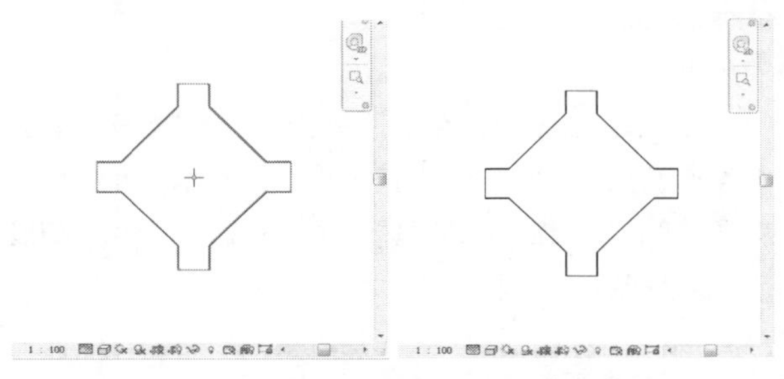

图 4-101　指定位置　　图 4-102　放置配件

步骤07 切换至三维视图，查看配件的三维效果，如图4-103所示。

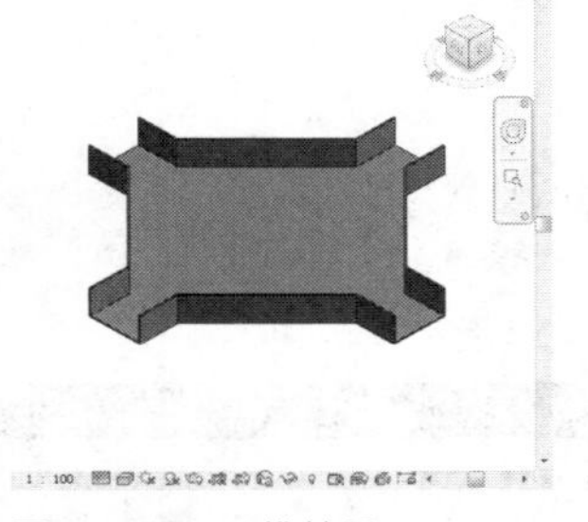

图 4-103　三维效果

4.4.2 编辑电缆桥架配件

选择电缆桥架配件，进入“修改|电缆桥架配件”选项卡，如图4-104所示。单击“编辑族”按钮，可以进入

族编辑器，在其中编辑配件图元。单击“对正”按钮，可以进入“对正编辑器”选项卡，在其中指定配件的对正方式。

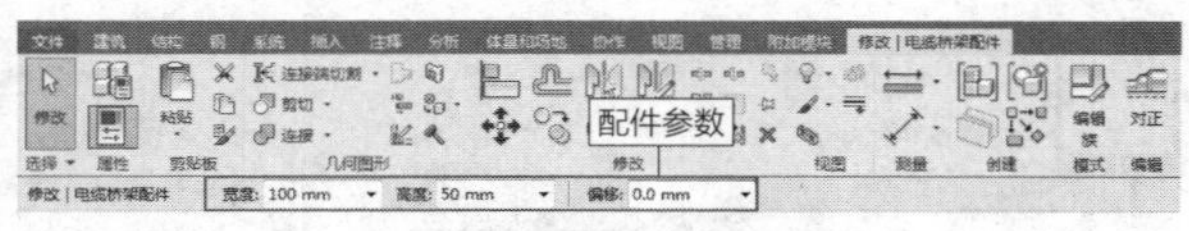

图 4-104　“修改 | 电缆桥架配件”选项卡

在选项栏中显示配件的“宽度”“高度”“偏移”参数，修改参数，可以改变配件的尺寸与位置。

在“属性”选项板中单击配件名称，弹出类型列表，在其中显示项目中所有类型的配件，如图4-105所示。拖曳列表右侧的滚动条，可以查看列表中所有的配件。

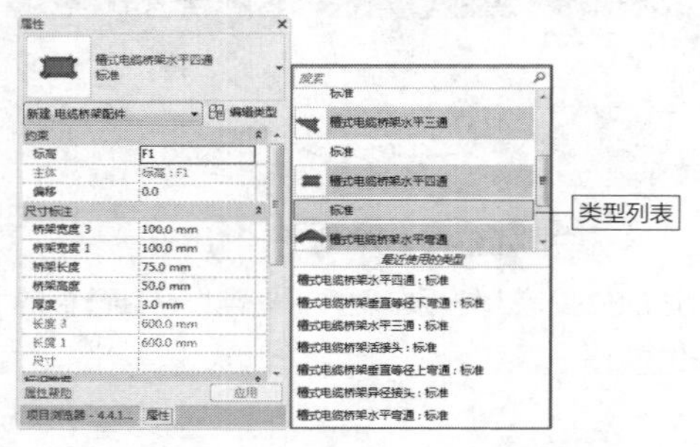

图 4-105　选择类型

选中配件后，在配件的周围显示一组控制柄，如图4-106所示。单击“旋转”按钮，可以调整配件的方向。单击“翻转”按钮，可以翻转配件。在各电缆桥架接口显示电缆桥架的尺寸。

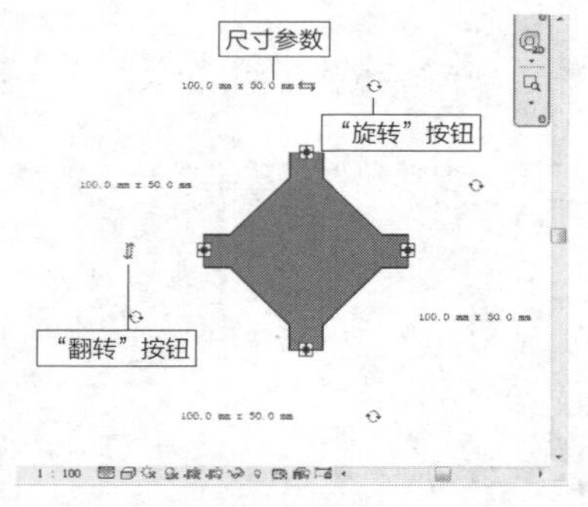

图 4-106　显示控制柄

延伸讲解：

将光标置于按钮上，可以显示按钮的名称。

电缆桥架接口的尺寸是可以修改的。在“属性”选项板的“尺寸标注”选项组中，显示电缆桥架接口的尺寸。修改其中一项，如修改“桥架宽度3”选项值为120mm，如图4-107所示。

将光标移至绘图区域，配件接口的尺寸参数随之更新，效果如图4-108所示。

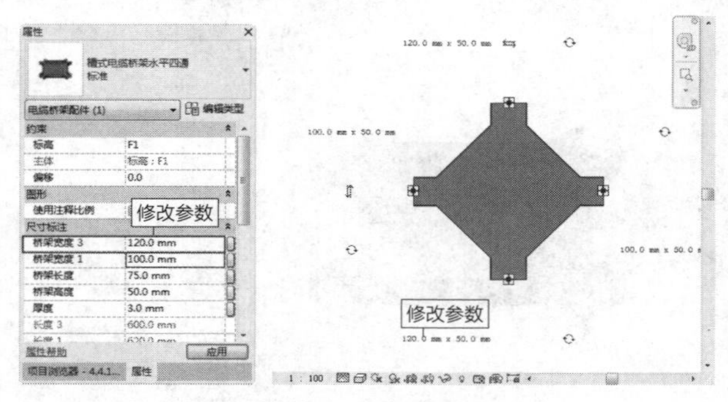

图 4-107　修改参数 图 4-108　修改结果

还可以使用另外一种方法来修改电缆桥架接口尺寸。将光标置于尺寸参数上，单击鼠标左键，进入在位编辑模式。在文本框中输入尺寸参数，如图4-109所示。在空白位置单击鼠标左键，退出在位编辑模式，完成修改尺寸参数的操作。

处于选择状态下的配件，其电缆桥架接口显示夹点。将光标置于夹点上，单击鼠标右键，弹出快捷菜单。在快捷菜单中选择“绘制电缆桥架”选项，如图4-110所示，激活“电缆桥架”命令。

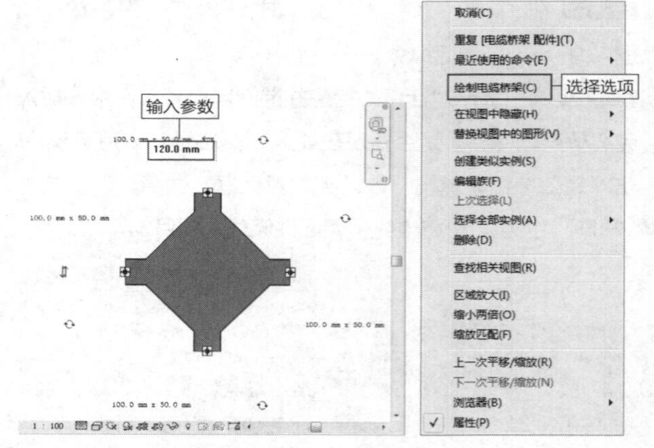

图 4-109　在位编辑模式　　图 4-110　快捷菜单

移动光标，指定终点，可以绘制与配件相接的电缆桥架，所绘制的电缆桥架的尺寸与接口的尺寸一致，如图4-111所示。

也可以绘制与接口尺寸不同的电缆桥架。当软件检测到所绘制的电缆桥架的尺寸与配件接口的尺寸不一致，会自动添加管件来连接尺寸不同的电缆桥架。例如在绘制宽度为125mm的电缆桥架与接口宽度为100mm的配件相接时，自动添加异径接头，连接两段电缆桥架，效果如图4-112所示。

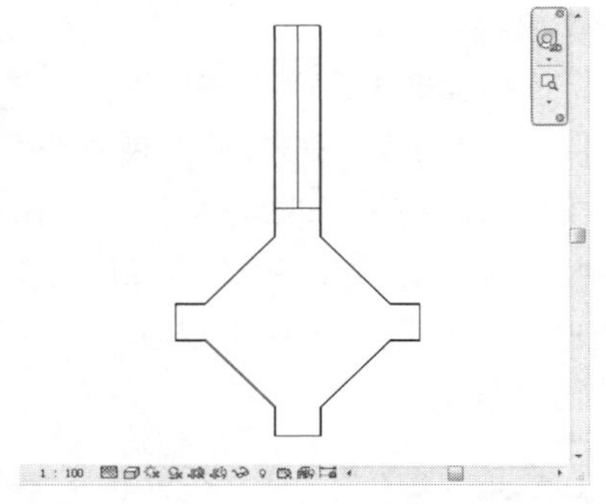

图 4-111 绘制电缆桥架

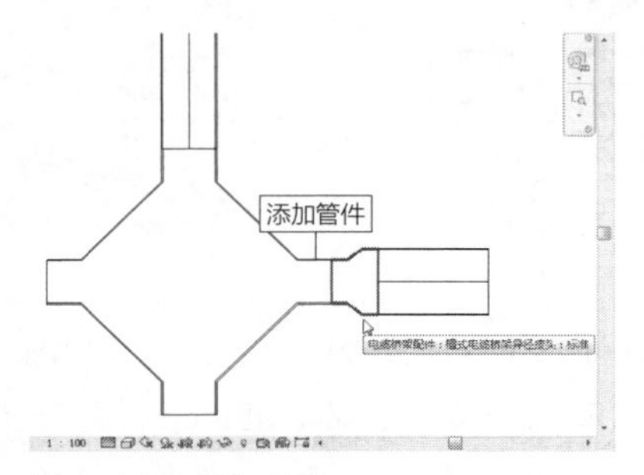

图 4-112 添加管件

延伸讲解：

自动添加管件的前提是项目中已载入了该管件。

选择电缆桥架，激活电缆桥架的夹点，拖曳鼠标，指定终点后可以延长电缆桥架，如图4-113所示。切换至三维视图，查看绘制连接电缆桥架后，电缆桥架配件的显示效果，如图4-114所示。

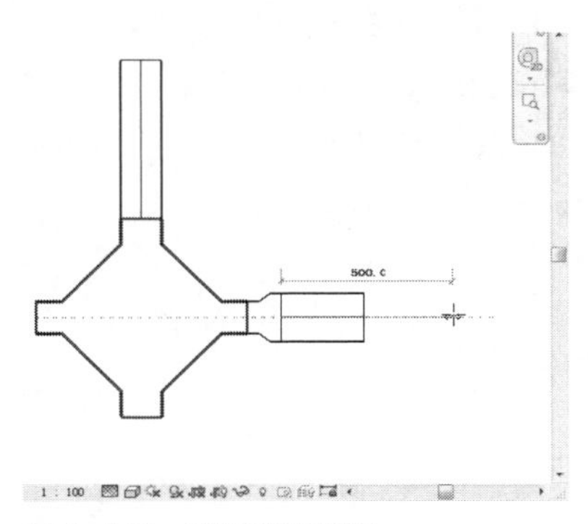

图 4-113 延长电缆桥架

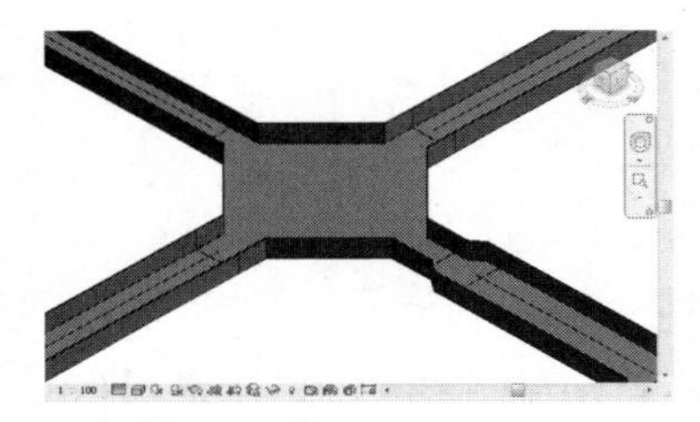

图 4-114 三维效果

还有其他类型的电缆桥架配件可以调用，图4-115所示为水平三通、水平弯通等的三维样式。

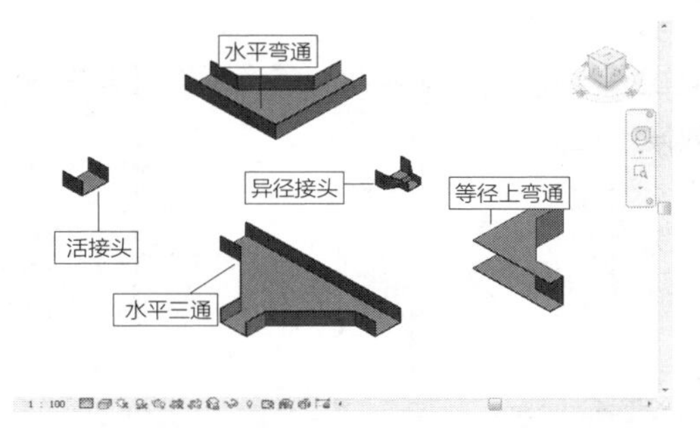

图 4-115 其他类型的电缆桥架配件

4.4.3 实战——放置线管配件 难点

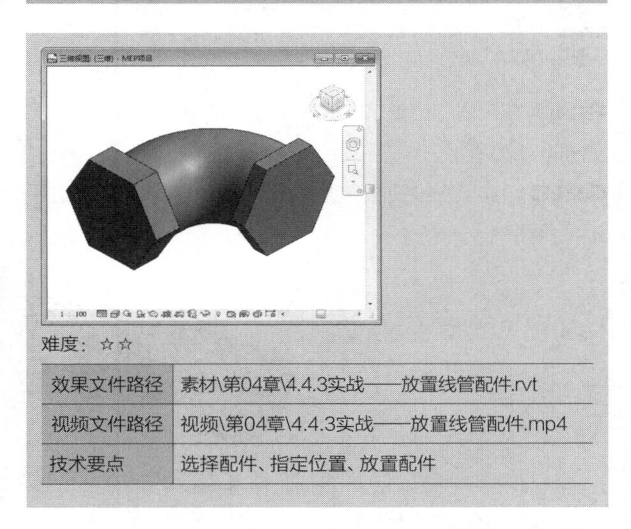

难度：☆☆

效果文件路径	素材\第04章\4.4.3实战——放置线管配件.rvt
视频文件路径	视频\第04章\4.4.3实战——放置线管配件.mp4
技术要点	选择配件、指定位置、放置配件

线管配件有多种类型，如弯头、T形三通、Y形三通等。虽然可以在任意视图中放置线管配件，但是在平面视图与立面视图中会更容易确定配件的位置。本节介绍放置线管配件的方法。

步骤 01 在“电气”面板上单击“线管配件”按钮，如图4-116所示，激活命令。

步骤 02 随即弹出提示对话框，提醒并询问用户“项目中未载入线管配件族。是否要现在载入”，如图4-117所示。单击“是”按钮，弹出“载入族”对话框。在对话框中选择线管配件族，单击“打开”按钮，将族载入到项目中。

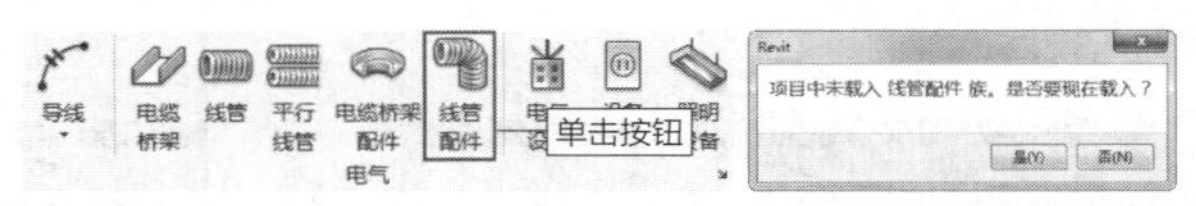

图 4-116 单击按钮　　图 4-117 提示对话框

知识链接：

在键盘上按N+F快捷键，也可以启用“线管配件”命令。

步骤 03 进入“修改|放置线管配件”选项卡，如图4-118所示。选中“放置后旋转”复选框，在绘图区域中指定放置点后，可以调整配件的方向。

步骤 04 在绘图区域中指定配件的位置，此时可以预览配件的放置效果，如图4-119所示。

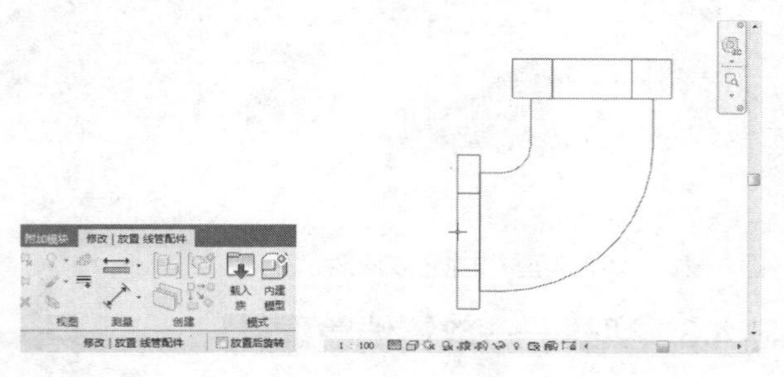

图 4-118　“修改 | 放置线管配件”选项卡　图 4-119　指定位置

步骤 05 在合适的位置单击鼠标左键，结束放置操作，效果如图4-120所示。

步骤 06 切换至三维视图，查看线管配件的三维效果，如图4-121所示。

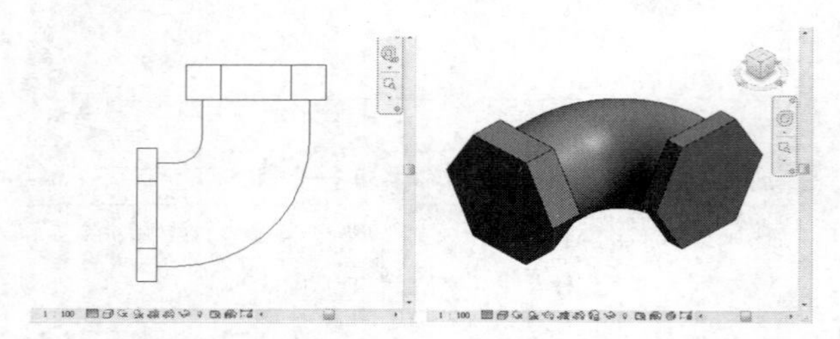

图 4-120　放置线管配件　　图 4-121　三维效果

4.4.4 编辑线管配件 重点

选中线管配件，通过激活“绘制线管”命令，可以绘制与其相接的线管。线管配件具有自由插入的特性，可以沿线管长度放置在任意点上。

1. 绘制连接线管

选择线管配件，进入“修改|线管配件”选项卡，如图4-122所示。单击“编辑族”按钮，可以进入族编辑器。在族编辑器中修改配件的图形参数，可保存修改结果，并载入项目，覆盖原始版本的参数。

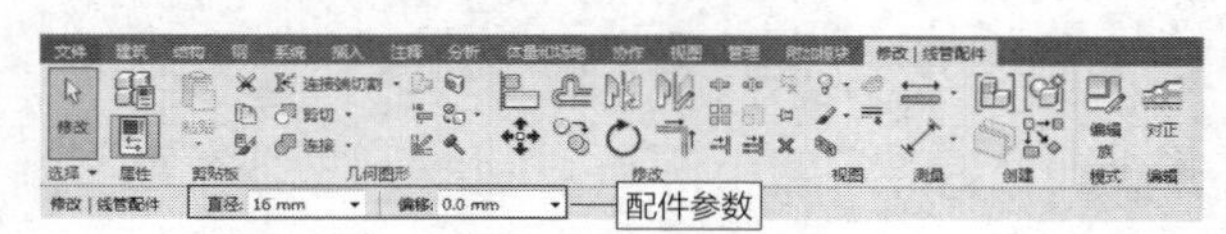

图 4-122　“修改 | 线管配件”选项卡

单击“对正”按钮，可以启动对正编辑器，在其中可以重新定义配件的对正方式。在选项栏中显示配件的参数，可以重新定义参数值。

项目中包含不止一种类型的线管配件，在“属性”选项板中单击线管配件名称，弹出类型列表。在列表中列举了项目中所有类型线管配件的名称，如图4-123所示。在“公称半径”选项中显示参数值，修改参数，不仅影响线管配件的半径值，同时也会更改线管配件的直径值。

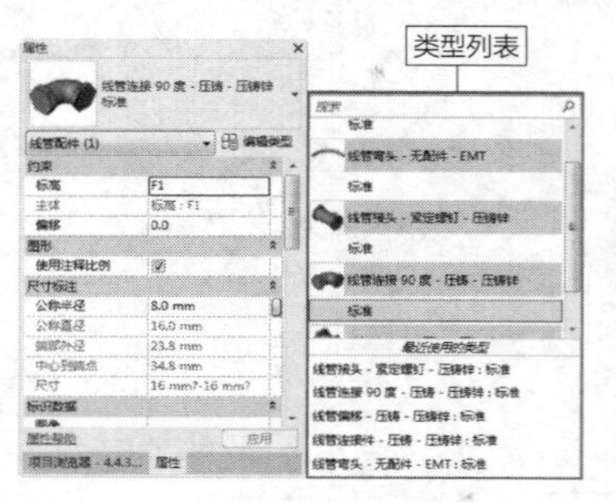

图 4-123　“属性”选项板

选中的线管配件，在其线管接口显示夹点，如图4-124所示，线管接口的直径即线管配件的直径。

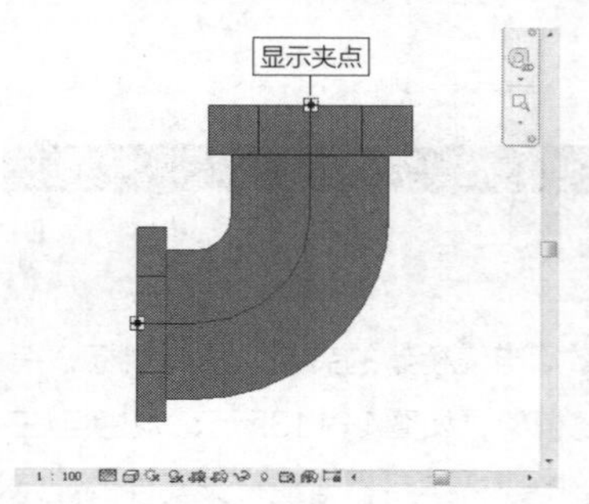

图 4-124　显示夹点

激活线管接口的夹点，单击右键，弹出快捷菜单，在其中选择“绘制线管”选项，如图4-125所示，激活“绘制线管”命令。拖曳鼠标，指定终点，绘制线管与配件相接，效果如图4-126所示。

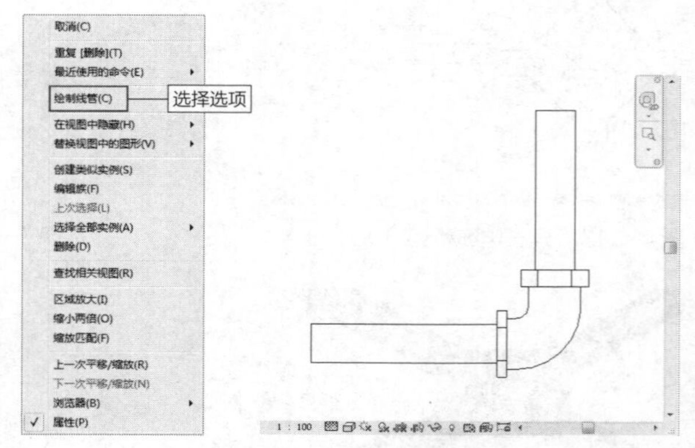

图 4-125　快捷菜单　图 4-126　绘制线管

切换至三维视图，查看连接了线管之后，线管配件的三维效果，如图4-127所示。

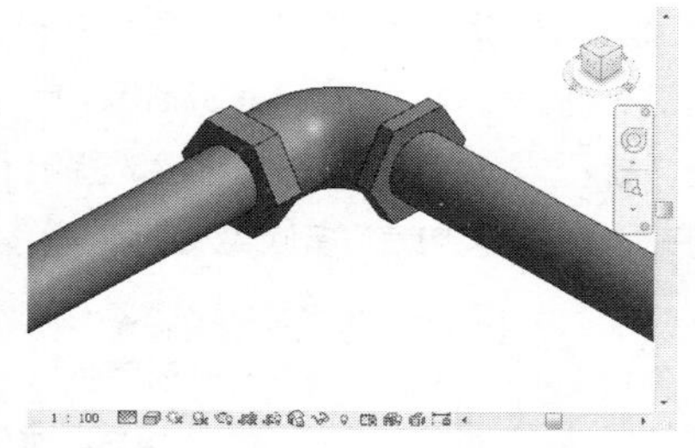
图 4-127　三维效果

2. 在线管上放置配件

线管配件可以自由放置，也可以在线管的任意点上放置。选择线管配件，如选择名称为“线管偏移”的配件，在线管的一端指定放置基点，如图4-128所示。

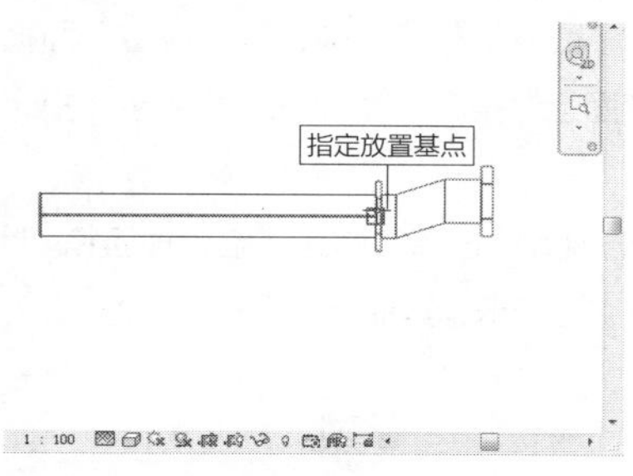

图 4-128　指定放置基点

延伸讲解：

放置“线管偏移”配件，可以偏移线管的位置。

单击鼠标左键，结束放置操作。在线管的一端放置线管配件的效果如图4-129所示。激活配件的端点，绘制连接线管，效果如图4-130所示。

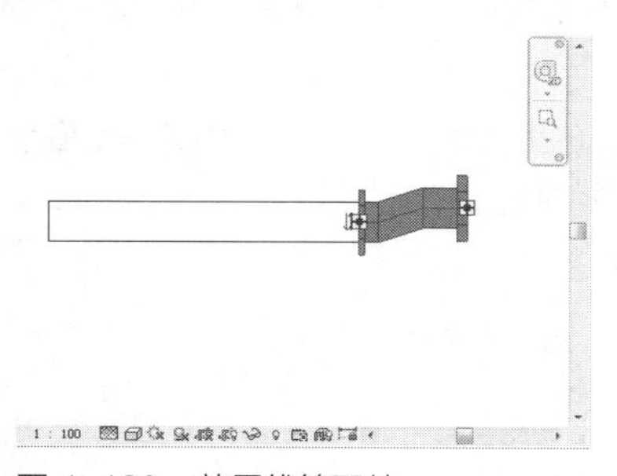
图 4-129　放置线管配件

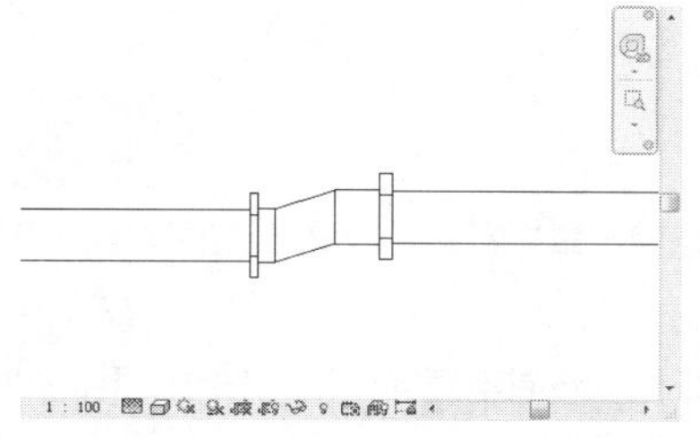
图 4-130　绘制线管

切换至三维视图，查看添加了“线管偏移”配件后，线管偏移的效果，如图4-131所示。

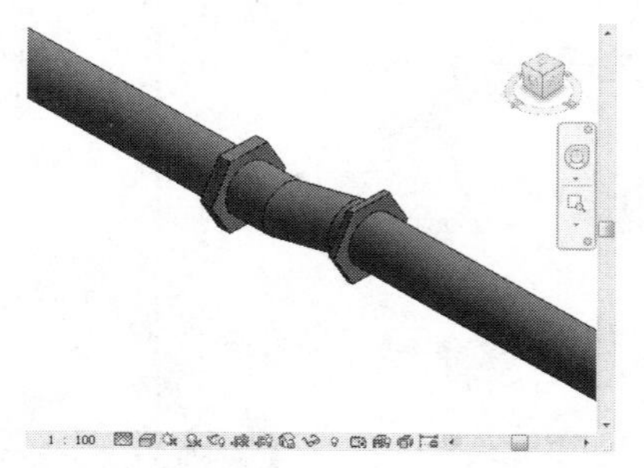
图 4-131　三维效果

除了在线管的一端放置配件外，还可以在线管中的任意一点放置配件。选择配件，例如选择名称为“线管接头”的配件，在线管上一点指定放置基点，如图4-132所示。

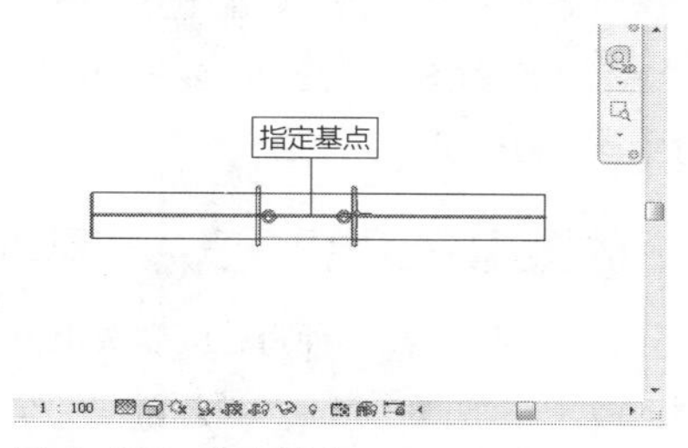

图 4-132　指定基点

单击左键，在线管上放置配件的效果如图4-133所示。切换至三维视图，查看放置“线管接头”配件后，线管的三维效果，如图4-134所示。

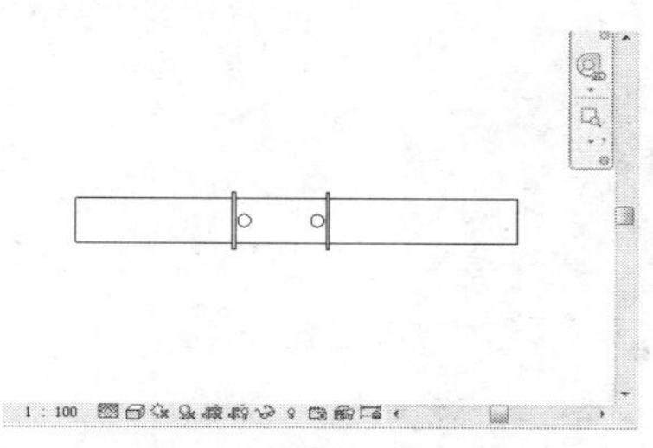
图 4-133　放置线管配件

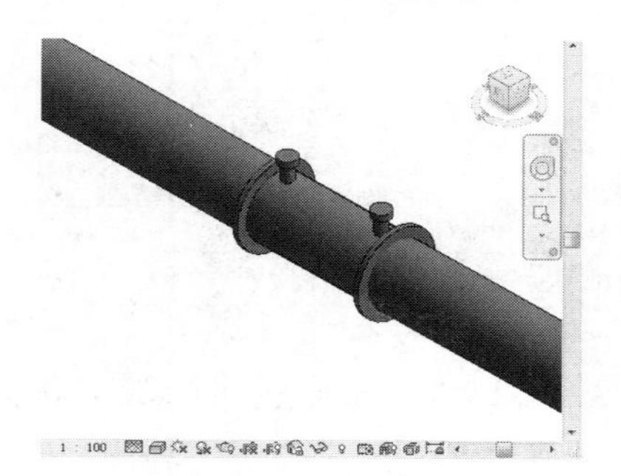
图 4-134　三维效果

线管有多种类型的配件，如线管弯头、线管接头等，

图4-135所示为其他类型线管配件的三维效果。

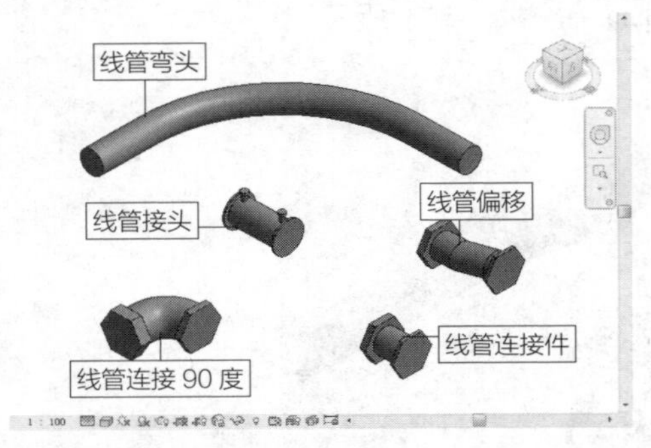

图 4-135　其他类型的线管配件

4.5 放置设备

在电气系统中包含多种类型的设备，如配电盘、开关装置、插座以及接线盒等。布置这些设备，需要分别调用不同的命令。本节介绍放置各类设备的方法。

4.5.1 实战——放置电气设备 重点

在放置电气设备时，软件提供了3种方式以供选用，分别是“放置在垂直面上”“放置在面上”“放置在工作平面上”。本节介绍使用这3种方式来放置电气设备的步骤。

1. 放置在垂直面上

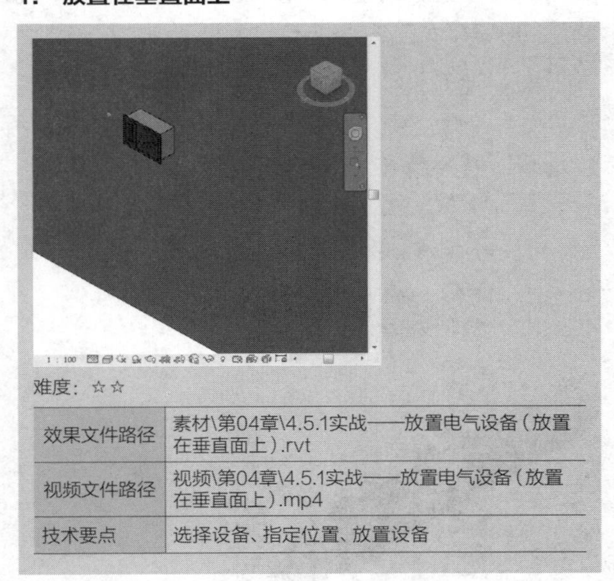

难度：☆☆

效果文件路径	素材\第04章\4.5.1实战——放置电气设备（放置在垂直面上）.rvt
视频文件路径	视频\第04章\4.5.1实战——放置电气设备（放置在垂直面上）.mp4
技术要点	选择设备、指定位置、放置设备

选择“放置在垂直面上”的方式来添加电气设备，需要拾取主体的垂直面来放置。

步骤 01 在“电气”面板上单击“电气设备”按钮，如图4-136所示，激活命令。

步骤 02 软件弹出提示对话框，提醒并询问用户“项目中未载入电气设备族。是否要现在载入”，如图4-137所示。单击“是”按钮，弹出“载入族”对话框。在对话框中选择电气设备族，单击“打开”按钮，将电气设备族载入项目。

图 4-136　单击按钮　　图 4-137　提示对话框

> **知识链接：**
> 在键盘上按E+E快捷键，也可以启用“电气设备”命令。

步骤 03 进入“修改|放置设备”选项卡，在“放置”面板上单击“放置在垂直面上”按钮，如图4-138所示，指定放置方式。

步骤 04 在“属性”选项板中选择名称为“电源插座箱-明装”的设备，如图4-139所示，其他参数保持默认值。

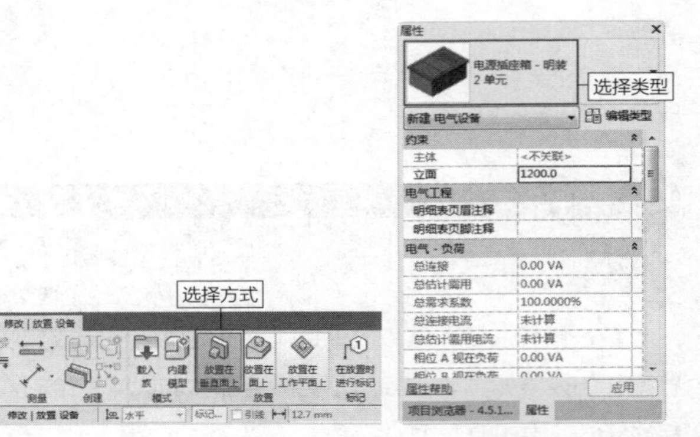

图 4-138　“修改 | 放置设备”选项卡　图 4-139　“属性”选项板

步骤 05 光标置于墙体的垂直面上，可以预览电源插座箱的放置效果，如图4-140所示。

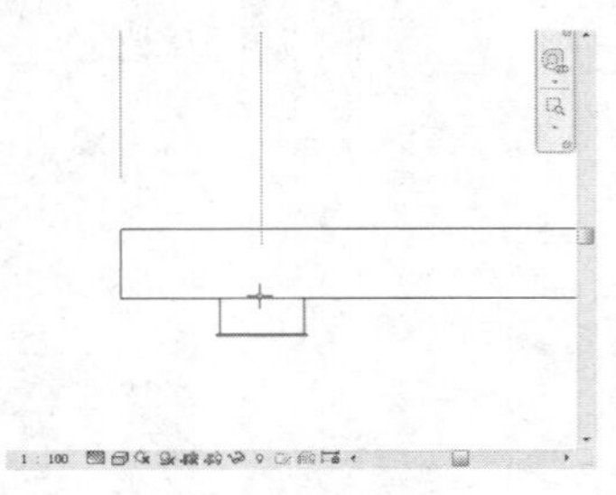

图 4-140　预览效果

步骤 06 在合适的位置单击鼠标左键，放置电源插座箱的效果如图4-141所示。

步骤 07 切换至三维视图，查看电源插座箱的三维效果，如图4-142所示。

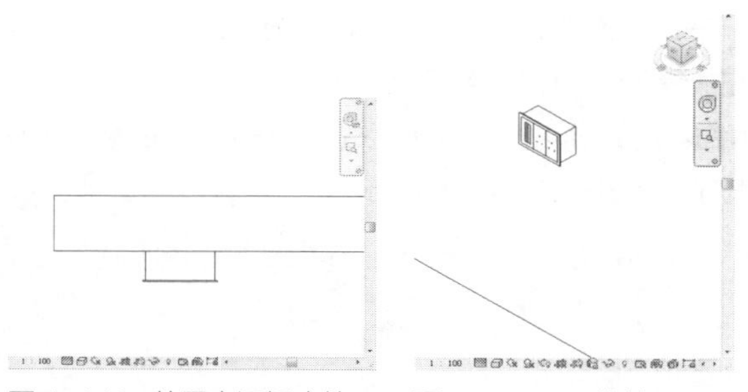

图 4-141 放置电源插座箱　　图 4-142 三维效果

延伸讲解：

在三维视图中，将“视觉样式”设置为“隐藏线”，可以清晰地查看电源插座箱的三维效果。

2. 放置在面上

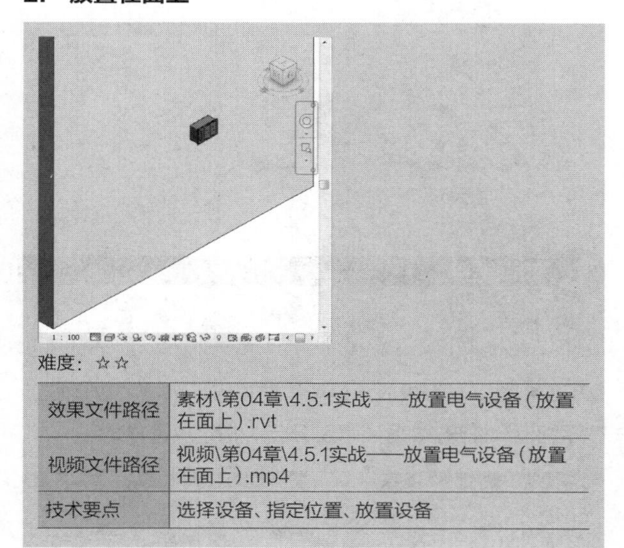

难度：☆☆

效果文件路径	素材\第04章\4.5.1实战——放置电气设备（放置在面上）.rvt
视频文件路径	视频\第04章\4.5.1实战——放置电气设备（放置在面上）.mp4
技术要点	选择设备、指定位置、放置设备

选择“放置在面上”的方式来添加电气设备，可以将设备放置在主体图元的指定面上。为了方便拾取主体图元的各个面，本节在三维视图中介绍操作步骤。

步骤 01 首先切换至三维视图。启用“电气设备”命令，在“修改|放置设备”选项卡中单击“放置在面上”按钮，如图4-143所示，指定放置方式。

图 4-143 选择放置方式

步骤 02 光标拾取主体图元的一个面，面的边界线高亮显示，同时可以预览放置电源插座箱的放置效果，如图4-144所示。

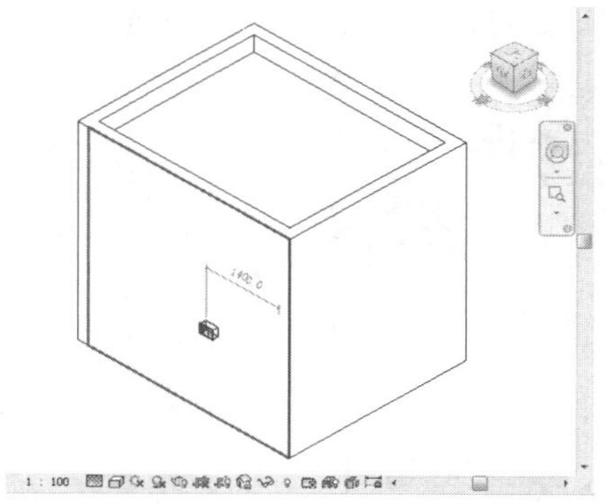

图 4-144 拾取面 1

步骤 03 移动光标，拾取主体图元的另一个面，在面上指定放置基点，如图4-145所示。

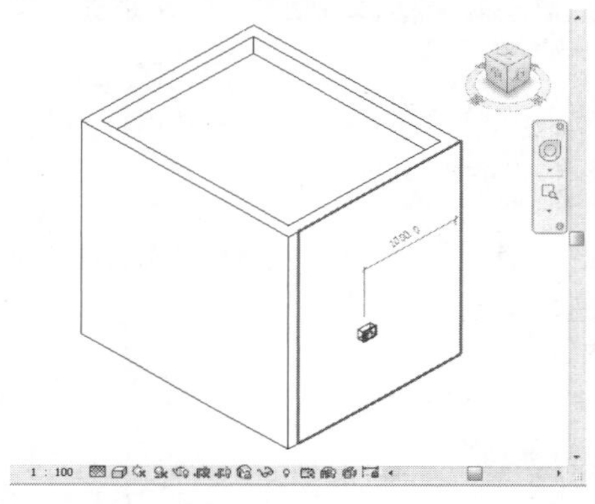

图 4-145 拾取面 2

延伸讲解：

光标置于主体图元的面上，显示临时尺寸标注，帮助指定基点的具体位置。

步骤 04 将光标置于天花板上，同样可以预览放置电源插座箱的效果，如图4-146所示。

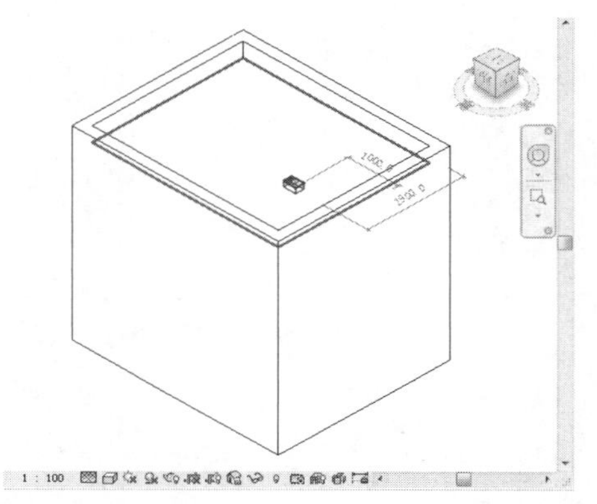

图 4-146 拾取面 3

步骤05 在面上指定基点，放置插座箱的效果如图4-147所示。

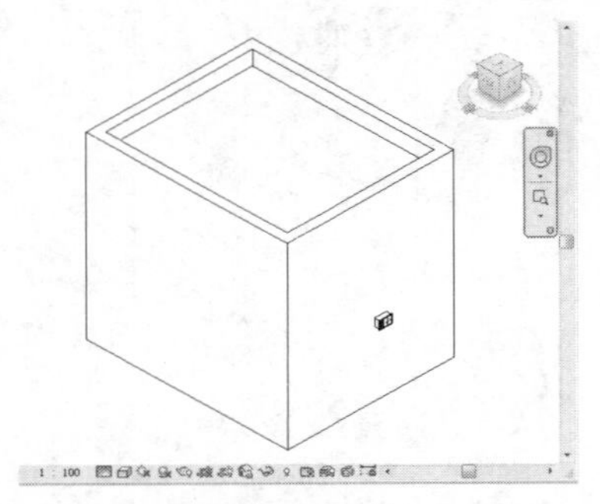

图 4-147　放置电源插座箱

知识链接：

当然不会将电源插座箱放置在天花板上。在本节的演示中，仅是为了说明使用“放置在面上”方式来添加设备时，可将设备添加在主体图元的任意面上。

步骤06 滚动鼠标中键，放大视图，查看放置电源插座箱的最终效果，如图4-148所示。

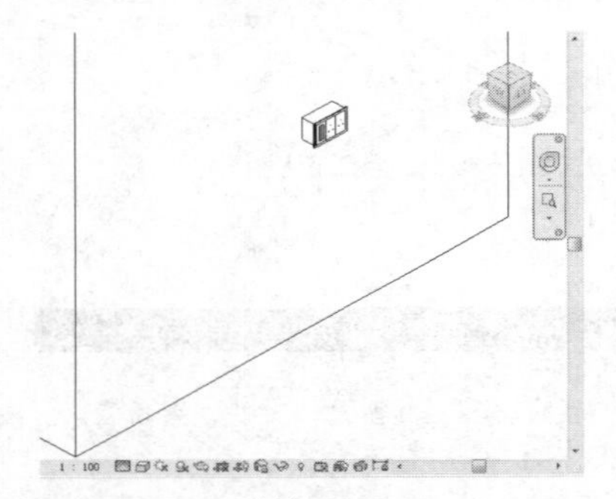

图 4-148　三维效果

3. 放置在工作平面上

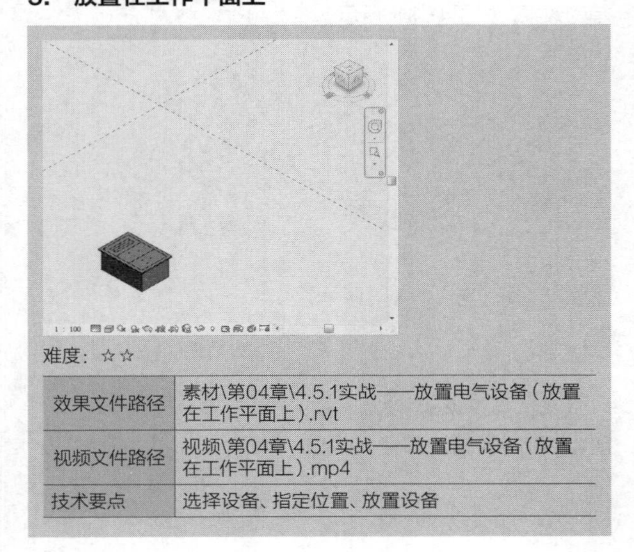

难度：☆☆

效果文件路径	素材\第04章\4.5.1实战——放置电气设备（放置在工作平面上）.rvt
视频文件路径	视频\第04章\4.5.1实战——放置电气设备（放置在工作平面上）.mp4
技术要点	选择设备、指定位置、放置设备

选择“放置在工作面上”方式来放置电气设备，可将设备放置在指定的工作平面上。

步骤01 选择“系统”选项卡，在“工作平面”面板中单击“显示”按钮，如图4-149所示。

图 4-149　单击按钮

步骤02 激活命令后，可在绘图区域中显示工作平面，如图4-150所示。

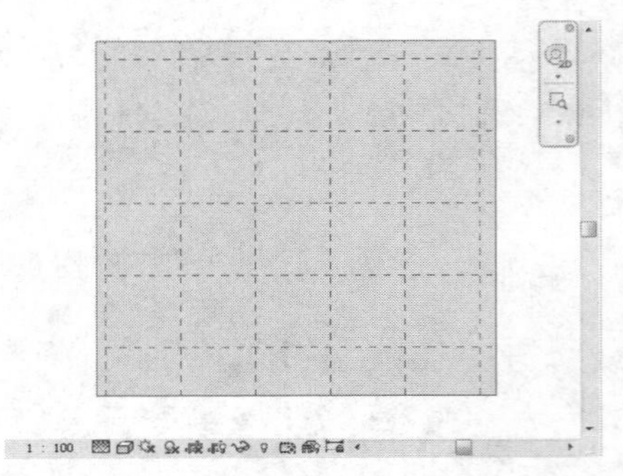

图 4-150　显示工作平面

知识链接：

默认情况下，为了不干扰绘图工作，会将工作平面隐藏。

步骤03 进入“修改|放置设备”选项卡，单击“放置在工作平面上”按钮，如图4-151所示，指定放置方式。

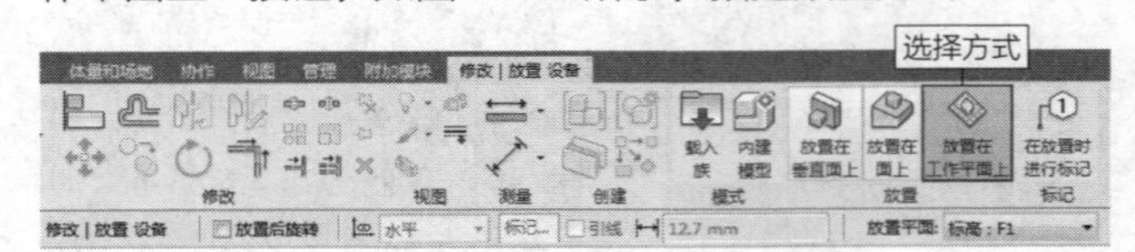

图 4-151　选择放置方式

步骤04 光标置于工作平面上，可以在光标处显示电源插座箱。移动光标，指定放置点，如图4-152所示。

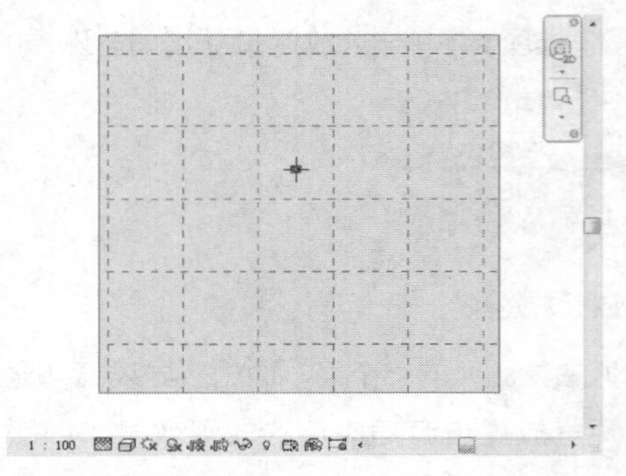

图 4-152　指定放置点

步骤05 在合适的位置单击鼠标左键，在工作平面上放置电源插座箱，效果如图4-153所示。

图 4-153　放置电源插座箱

步骤 06 切换至三维视图，观察电源插座箱放置在工作平面上的三维效果，如图4-154所示。

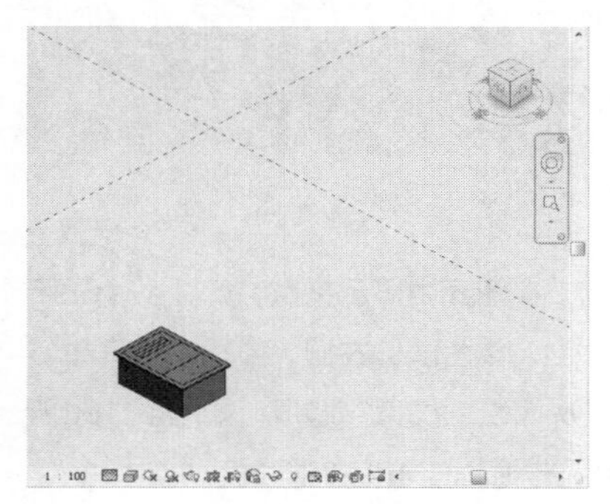

图 4-154　三维效果

4.5.2 编辑电气设备 难点

选择电气设备，可以调整它的位置，或者修改属性参数，还可以绘制与之相接的线管。

1. 调整位置

在平面视图中选择位于主体垂直面上的设备，显示临时尺寸标注，表示设备与面边界的距离，如图4-155所示。光标置于尺寸标注之上，单击鼠标左键，进入在位编辑模式。在文本框中重新定义距离参数，如图4-156所示。

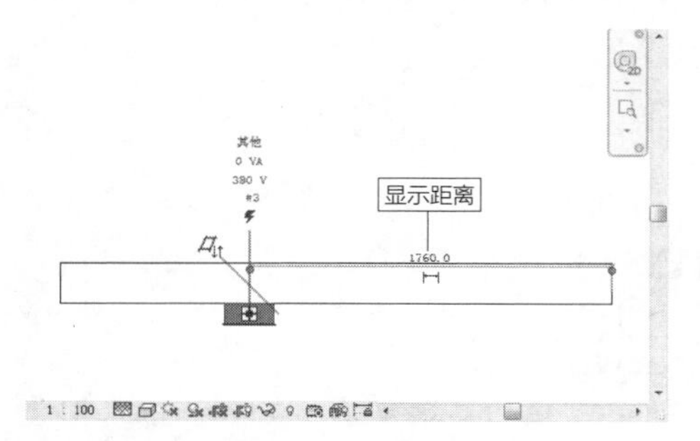

图 4-155　显示临时尺寸标注

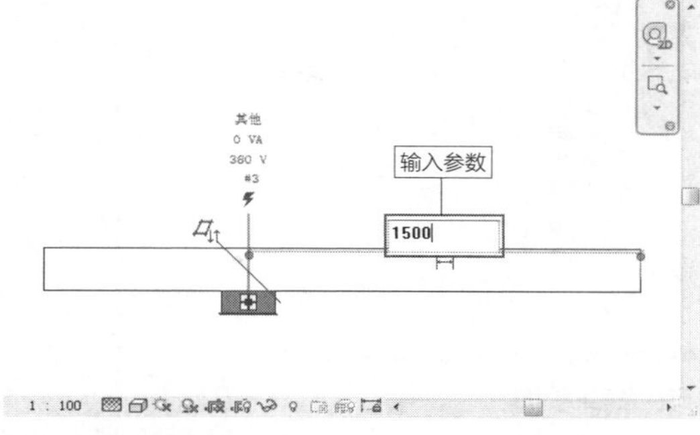

图 4-156　重新定义参数

在空白的位置单击鼠标左键，退出在位编辑模式。软件按照所定义的参数，重新调整设备的位置，效果如图4-157所示。在立面视图中选择设备，同样会显示设备与面边界线的距离标注，如图4-158所示。修改参数，也可以调整设备的位置。

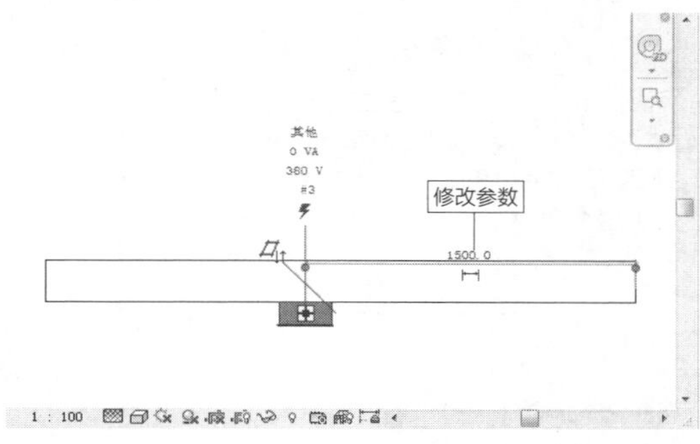

图 4-157　调整位置

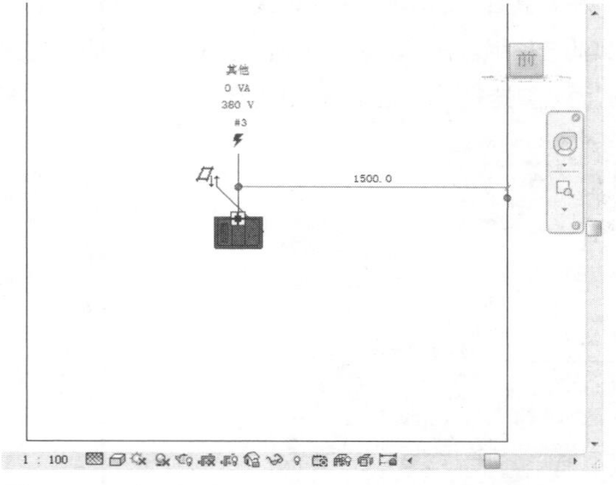

图 4-158　立面视图

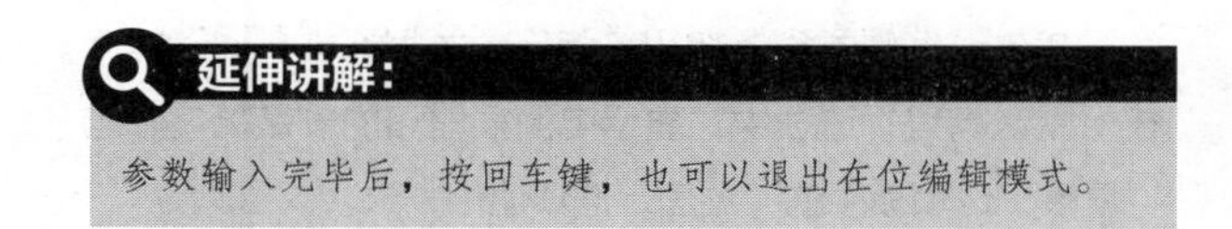

切换至三维视图，在其中也可以通过修改临时尺寸标注来调整设备的位置，如图4-159所示。

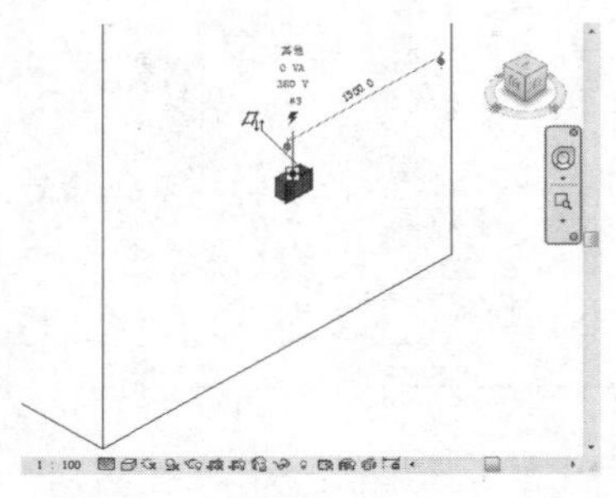

图 4-159　三维视图

2. 修改属性

在电源插座箱的“属性”选项板中，显示其属性信息。单击电源插座名称，弹出类型列表，在其中显示其他类型的插座箱，如“2单元”“3单元”等，如图4-160所示。在“立面”选项中，默认参数值为1200，表示插座箱在立面方向上，与地面的距离是1200mm。

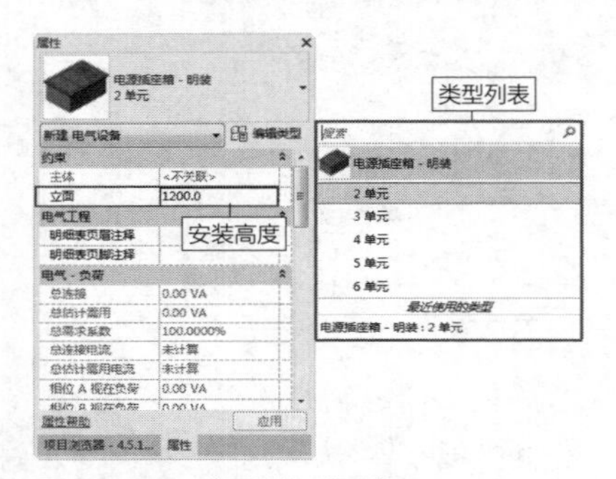

图 4-160　“属性”选项板

拖曳“属性”选项板中的滚动条，显示“属性”选项板的其他选项组。在“安装”选项中，显示电源插座的安装方式为“壁挂式”，如图4-161所示。

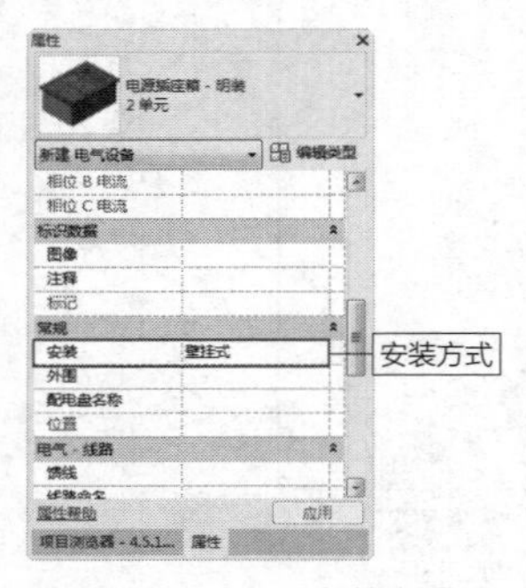

图 4-161　显示安装方式

单击“编辑类型”按钮，弹出“类型属性”对话框。在“默认高程”选项中，显示电源插座箱的安装高度，与“属性”选项板中的“立面”选项值相一致。

在“配电盘电压”选项中，显示电源插座箱的额定电压为380V。在“尺寸标注”选项组中，显示电源插座箱的外观尺寸，如图4-162所示。修改参数，单击“确定”按钮，返回视图。在修改尺寸参数后，电源插座箱同步更新显示样式。

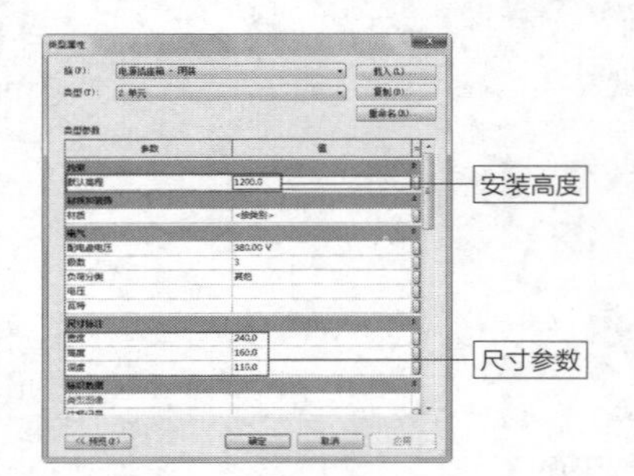

图 4-162　“类型属性”对话框

延伸讲解：

电源插座箱高度的变化，需要到立面视图中才可查看。通常情况下，保持电源插座箱的默认尺寸即可。

3. 绘制连接线管

选择电源插座箱，在图元中显示夹点，如图4-163所示。光标置于夹点之上，单击鼠标右键，弹出快捷菜单。在快捷菜单中选择“从面绘制线管”选项，如图4-164所示，激活命令，绘制与电源插座箱相接的线管。

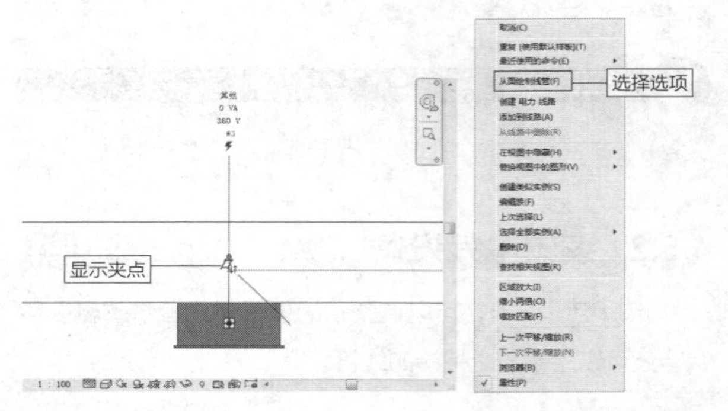

图 4-163　显示夹点　　图 4-164　快捷菜单

进入“表面连接”选项卡，如图4-165所示。在电源插座箱的中间，即夹点的位置显示连接件，如图4-166所示。保持连接件的位置不变，单击“完成连接”按钮，退出“表面连接”选项卡。

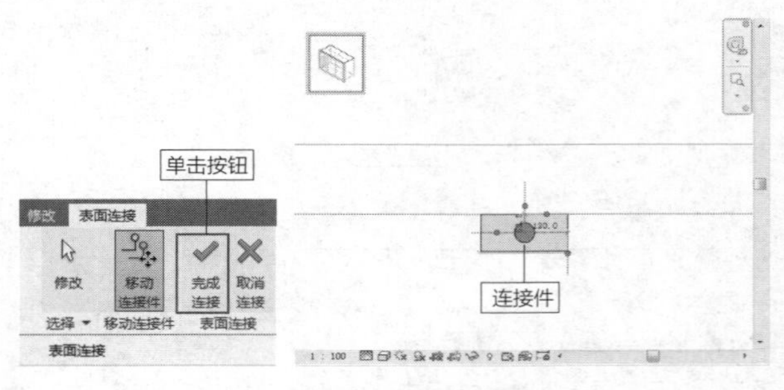

图 4-165　“表面连接”选项卡　图 4-166　建立连接

随即进入“修改|放置线管”选项卡，在其中设置线管的参数，图4-167所示为默认的线管参数设置。

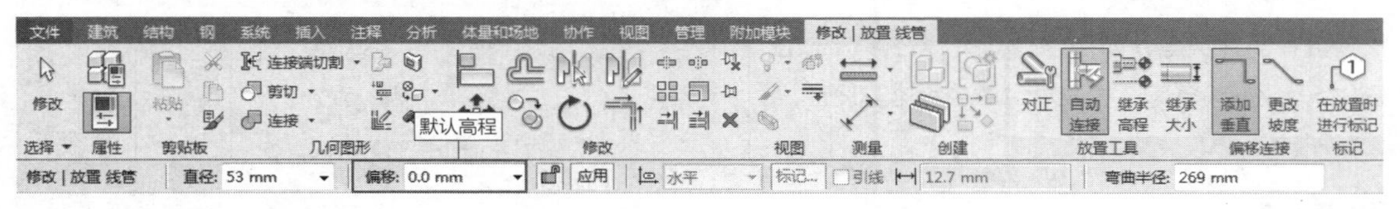

图 4-167 显示默认参数

以连接件的位置为起点，移动光标，指定终点来绘制线管，如图4-168所示。此时，线管与电源插座箱高亮显示，如图4-169所示。

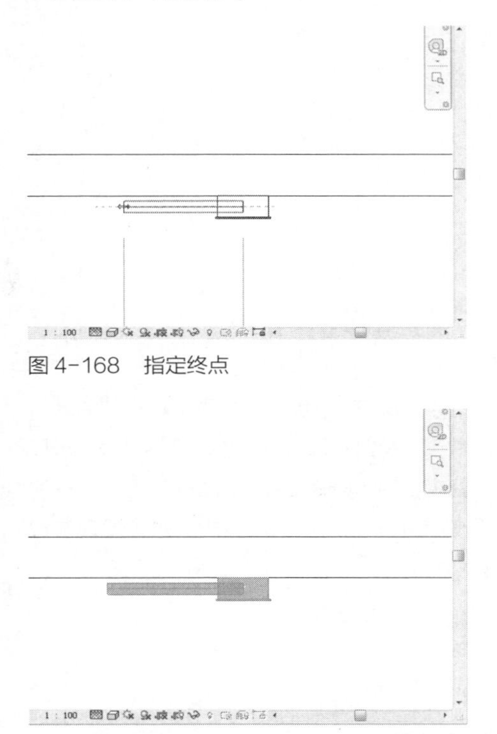

图 4-168 指定终点

图 4-169 高亮显示图元

答疑解惑：为什么在绘制与电源插座箱相接的线管时出现上述错误?

观察“修改|放置线管”选项卡中的参数，发现线管的“偏移”参数为0。这是进入绘制线管模式后默认的参数。保持该参数不变，当指定终点来绘制线管时，就会出现错误。因为线管的高程为0，所以在连接电源插座箱时会出现错误。需要修改线管的高程，其高程值要高于电源插座箱的高程值。在建立连接的过程中，软件会自动添加必要的线管与配件，与所绘制的线管建立连接。

在高亮显示图元时，在工作界面的右下角弹出如图4-170所示的提示对话框，提醒用户“正在从不正确的一侧绘制管段，以连接到所指示的位置”。

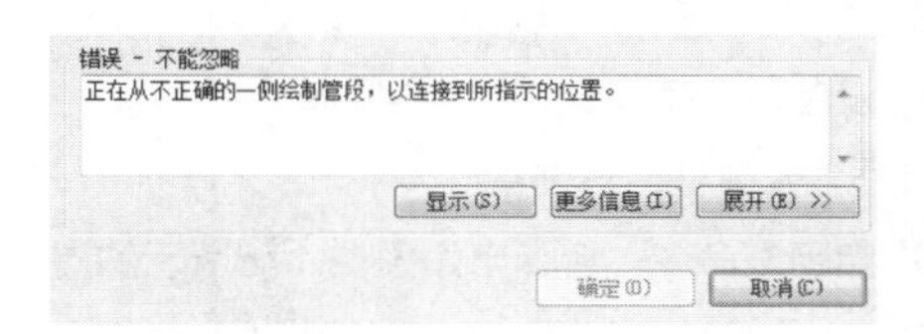

图 4-170 提示对话框

重新启用“从面绘制线管”命令，将线管的“偏移”值设置为2700mm。移动光标，指定终点，可以创建与电源插座箱相接的线管，效果如图4-171所示。

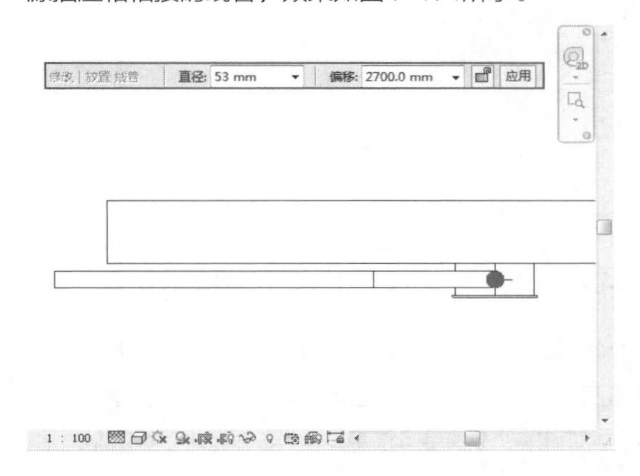

图 4-171 绘制线管

切换至三维视图，查看绘制连接线管的三维效果。因为所绘的线管的高程为2700mm，软件自动添加了“线管弯头”与垂直线管，与所绘的平行线管相接，效果如图4-172所示。也可以在其他方向绘制线管与电源插座箱相接，效果如图4-173所示。

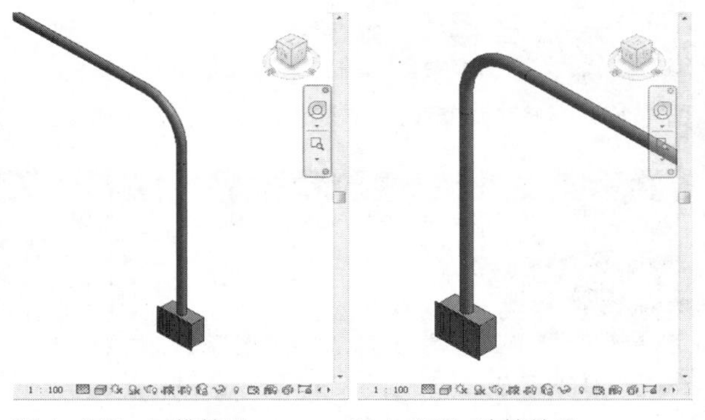

图 4-172 三维效果 图 4-173 连接效果

4.5.3 放置各种类型的装置 重点

电气装置有多种类型，如插座、开关、对讲系统组件、数据设备及火警设备等。要在项目中放置这些设备，需要先载入设备族。

1. 放置电气装置

在“电气”面板上单击“设备”按钮，弹出如图4-174所示的“设备”列表。选择“电气装置”命令，可以放置插座、接线盒及其他电气装置。

假如是初次启用该命令，会弹出如图4-175所示的提示对话框，提醒并询问用户“项目中未载入电气装置族。是否要现在载入”。单击“是”按钮，弹出“载入族”对话框。选择电气装置族，单击“打开”按钮，将电气装置族载入项目。

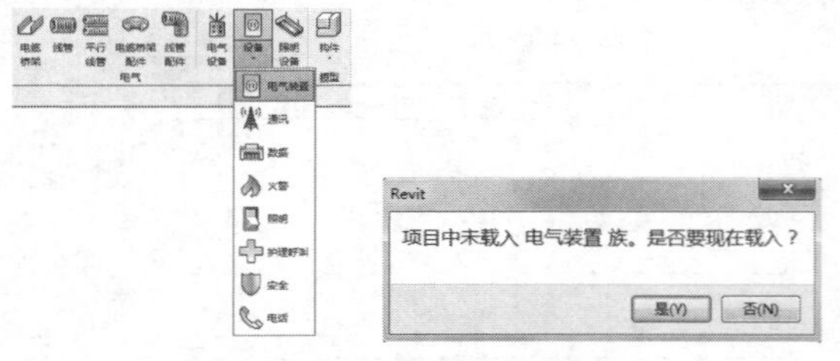

图 4-174　设备列表　　图 4-175　提示对话框

载入族后，进入“修改|放置装置”选项卡。选择“放置在垂直面上”按钮，指定放置电气装置的方式，如图4-176所示。在“属性”选项板中选择名称为“单相二三极插座-明装”的装置，默认“立面”选项值为1200，如图4-177所示。

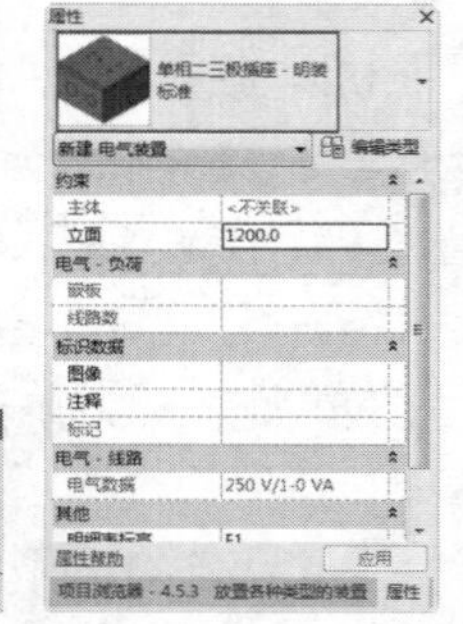

图 4-176　“修改 | 放置装置”选项卡　图 4-177　选择装置

> **知识链接：**
>
> 与放置电气设备相似，在放置电气装置时，同样可以使用“放置在垂直面上”“放置在面上”“放置在工作平面上”三种方法。操作过程请参考“4.5.1 实战——放置电气设备”一节的介绍。

在主体的垂直面上指定放置基点，放置插座的效果如图4-178所示。

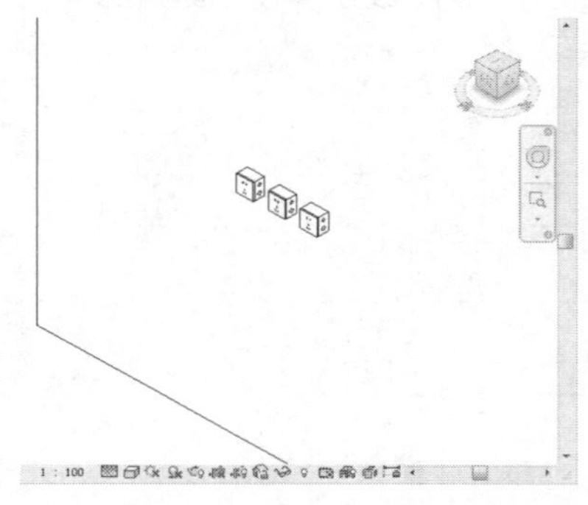

图 4-178　放置插座

2. 放置通讯装置

在如图4-174所示的 “设备”列表中选择“通讯”命令，可以放置通讯装置，如对讲系统组件等。假如项目中没有通讯设备族，启用命令后会弹出提示对话框。提醒并询问用户“项目中未载入通讯设备族。是否要现在载入”，如图4-179所示。

图 4-179　提示对话框

单击“是”按钮，弹出“载入族”对话框。选择通讯设备族，单击“打开”按钮，将族载入项目。

载入族后，进入“修改|放置通讯设备”选项卡，选择放置方式为“放置在垂直面上”，如图4-180所示。这是默认的放置方式，还可以选择“放置在面上”或者“放置在工作平面上”方式。

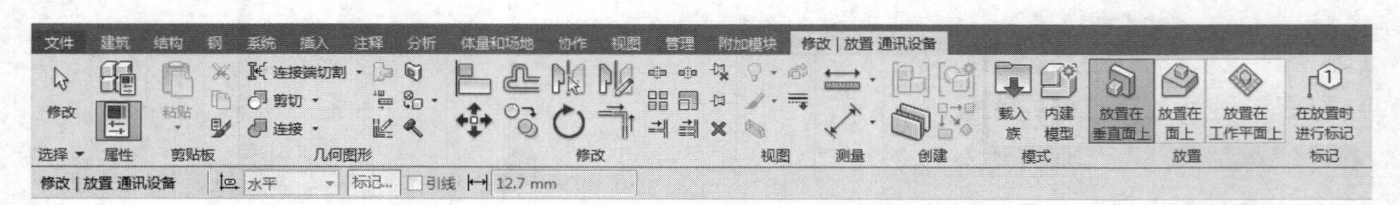

图 4-180　指定放置方式

在“属性”选项板中单击通讯装置名称，弹出类型列表，选择名称为“壁挂式扬声器”的装置，如图4-181所示。在主体图元上拾取垂直面，指定放置基点，放置扬声器的效果如图4-182所示。

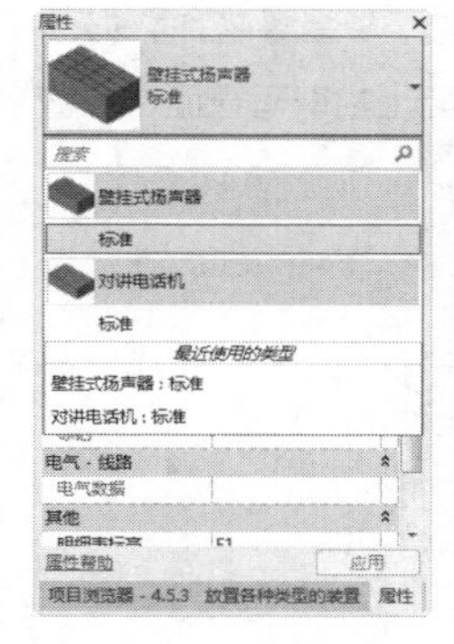

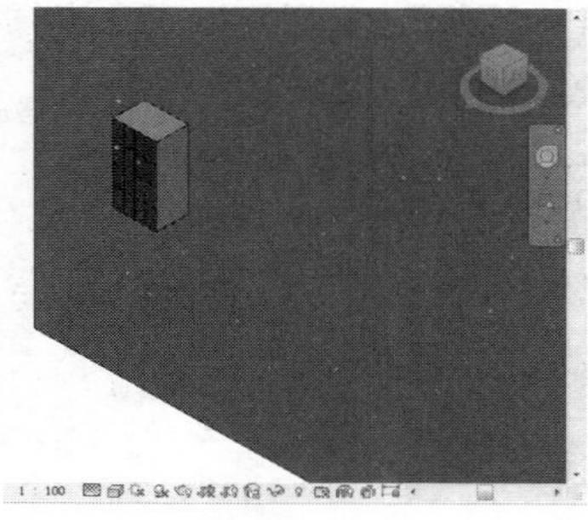

图 4-181　选择装置　图 4-182　放置扬声器

3. 放置数据设备

在如图4-174 所示的“设备”列表中选择“数据”命令，可以放置数据设备，如以太网和其他网络连接设备。假如项目中没有数据设备族，会弹出提示对话框，提醒并询问用户“项目中未载入数据设备族。是否要现在载入”，如图4-183所示。

单击“是”按钮，弹出“载入族”对话框。定位至设备族的存储文件夹，选择设备，单击“打开”按钮，可将选中的设备载入项目。

载入族后，进入“修改|放置数据设备”选项卡。默认选择“放置在垂直面上”方式，如图4-184所示，沿用默认方式来放置设备。

图 4-183　提示对话框　图 4-184　指定放置方式

在“属性”选项板中选择“单联电脑信息插座”设备，如图4-185所示。保持“立面”选项值1200不变，单击主体面放置设备，接着切换至三维视图，观察放置信息插座的效果，如图4-186所示。

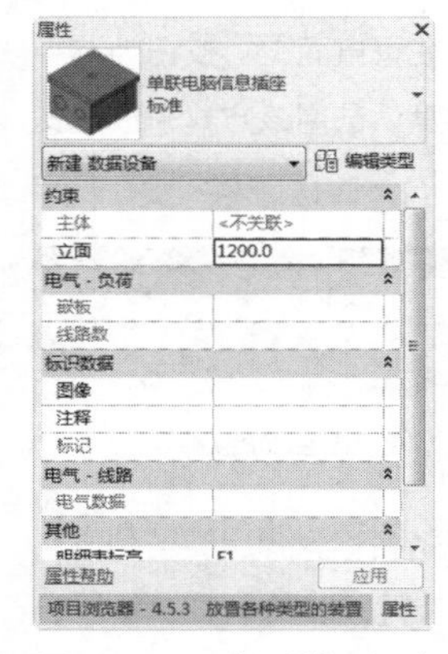

图 4-185　“属性”选项板　图 4-186　放置信息插座

4. 放置火警设备

在如图4-174 所示的“设备”列表中选择“火警”命令，可以放置火警设备，如烟雾探测器、手动报警按钮和报警器等。假如软件检测到项目中没有火警设备族，会弹出提示对话框。在其中提醒并询问用户“项目中未载入火警设备族。是否要现在载入”，如图4-187所示。

单击“是”按钮，弹出“载入族”对话框。选择火警设备族，单击“打开”按钮，将族载入项目。

载入族后，进入“修改|放置火警”选项卡，单击“放置在垂直面上”按钮，如图4-188所示，指定放置方式。因为是要放置火灾警铃，所以选择“放置在垂直面上”放置方式。

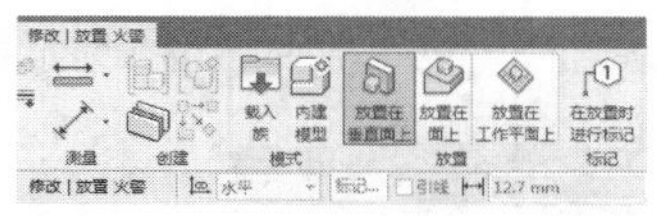

图 4-187　提示对话框　图 4-188　指定放置方式

在“属性”选项板中选择“火灾警铃”装置，如图4-189所示，指定“立面”选项值为1200，表示火灾警铃与地面的距离为1200mm。在主体图元上单击垂直面，放置火灾警铃的效果如图4-190所示。

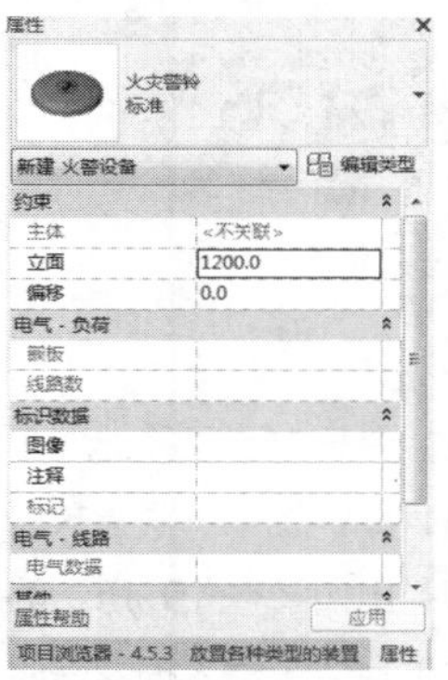

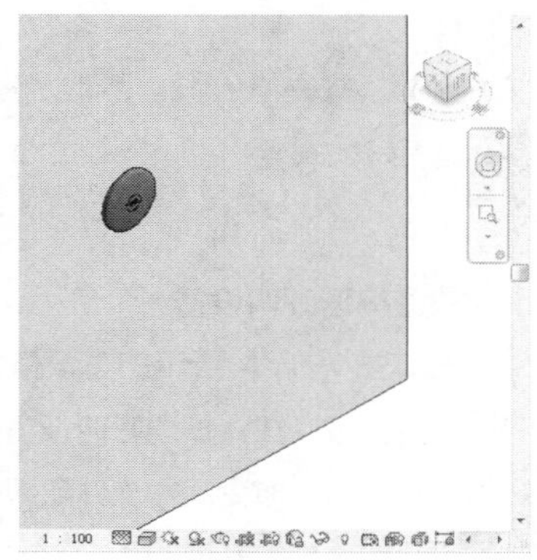

图 4-189　选择装置　图 4-190　放置火灾警铃

延伸讲解：

在选用“放置在垂直面上”方式时，通常在平面视图中放置设备。

5. 放置照明开关

在如图4-174 所示的“设备”列表中选择“照明”命令，可以放置照明设备，如日照传感器、占位传感器与手动开关。通过如图4-191所示的提示对话框，可以得知项目中未包含灯具族。

在提示对话框中单击“是”按钮，在弹出的“载入

族”对话框中选择开关，单击“打开”按钮，将灯具族载入项目。在“修改|放置灯具”选项卡中，选用“放置在垂直面上”按钮，如图4-192所示，指定放置开关的方式。因为开关都是安装在墙体的垂直面上，所以选用该方式来放置。

图 4-191　提示对话框　　图 4-192　指定放置方式

开关的类型有多种，在“属性”选项板的类型列表中，会列举项目中所有类型的开关装置。选择名称为“双联开关-明装”的开关装置，如图4-193所示。拾取墙体的垂直面，放置开关的三维效果如图4-194所示。

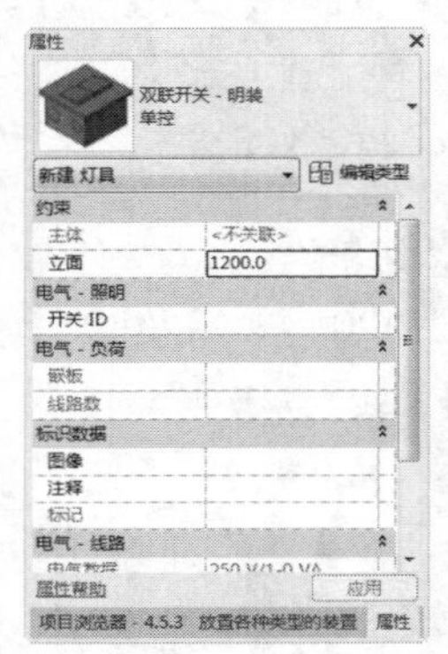

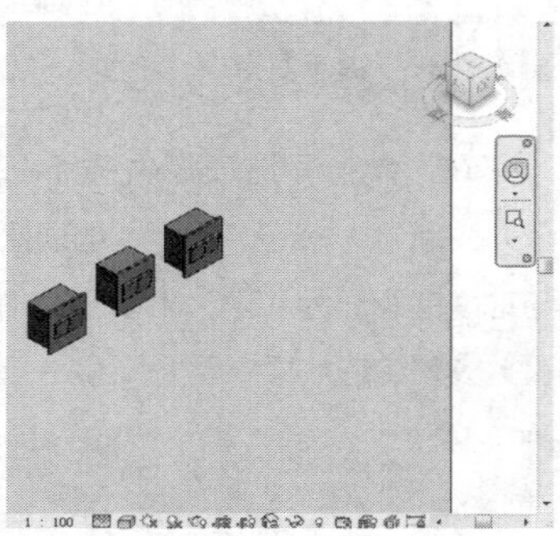

图 4-193　“属性”选项板　图 4-194　放置开关

6.　放置护理呼叫设备

在如图4-174 所示的“设备”列表中选择“护理呼叫”命令，可以放置护理呼叫设备，如护士站、紧急救援站和门灯。启用命令后，软件随即弹出如图4-195所示的提示对话框。提醒并询问用户，“项目中未载入护理呼叫设备族。是否要现在载入”。

单击“是”按钮，弹出“载入族”对话框。选择护理呼叫设备族，单击“打开”按钮，将族载入项目。

载入族后，会自动进入“修改|放置护理呼叫设备”选项卡。选择“放置在垂直面上”按钮，如图4-196所示，指定放置护理呼叫设备的方式。

图 4-195　提示对话框　　图 4-196　指定放置方式

在“属性”选项板中单击装置名称，弹出类型列表，显示“护士站”与“护理呼叫区域灯”装置名称，如图4-197所示。选择装置，在主体图元上拾取垂直面，放置效果如图4-198所示。

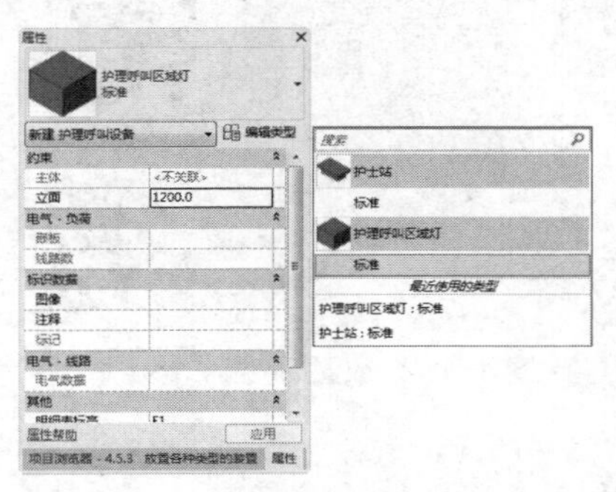

图 4-197　选择装置

图 4-198　放置护理呼叫设备

7.　放置安全设备

在如图4-174 所示的“设备”列表中选择“安全”命令，可以放置安全设备，如门锁、运动传感器和监控摄像头。如果是第一次调用该命令，会弹出提示对话框，提醒并询问用户“项目中未载入安全设备族。是否要现在载入”，如图4-199所示。

单击“是”按钮，弹出“载入族”对话框。选择安全设备族，单击“打开”按钮，将族载入项目。在“修改|放置安全设备”选项卡中，“放置在垂直面上”按钮为选中的状态，如图4-200所示。软件默认选用该方式来放置安全设备。

图 4-199　提示对话框　　图 4-200　指定放置方式

在“属性”选项板中单击设备名称，弹出类型列表，选择名称为“摄像机-壁装”的装置，如图4-201所示。“立面”选项值默认为1200，也可以自定义选项参数。拾取主体的垂直面，放置安全设备。切换至三维视图，观察放置摄像机后的三维效果，如图4-202所示。

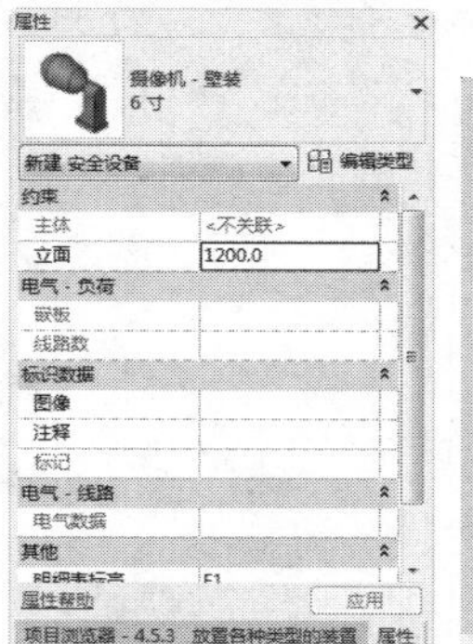

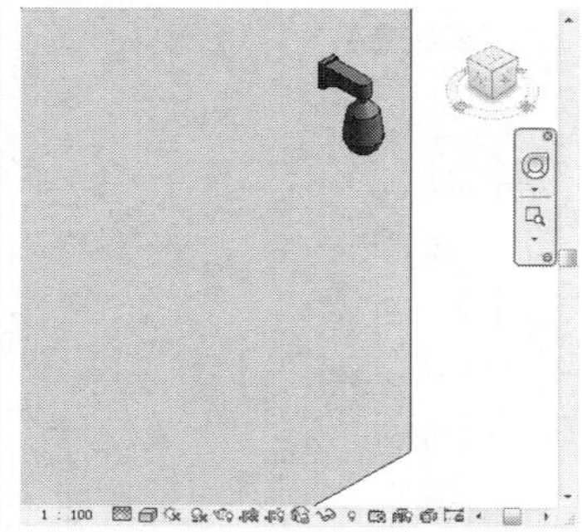

图 4-201　选择设备　　图 4-202　放置摄像机

8. 放置电话设备

在如图4-174 所示的“设备”列表中选择“电话”命令，可以放置电话设备。软件弹出如图4-203所示的提示对话框，提醒并询问用户“项目中未载入电话设备族。是否要现在载入”。单击“是”按钮，在弹出的“载入族”对话框中选择电话设备族，单击“打开”按钮，将族载入项目。

在“修改|放置电话设备”选项卡中显示3种放置方式，选择“放置在垂直面上”的方式，如图4-204所示。

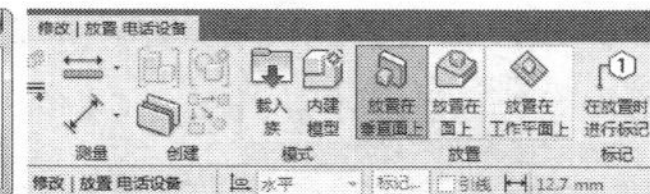

图 4-203　提示对话框　　图 4-204　指定放置方式

在“属性”选项板中，选择名称为“双联电话插座-明装”的装置，保持“立面”选项值为1200不变，如图4-205所示。拾取主体的垂直面，放置电话插座的效果如图4-206所示。

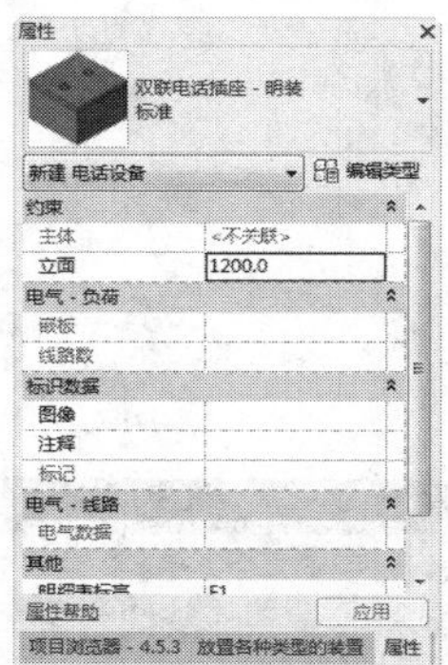

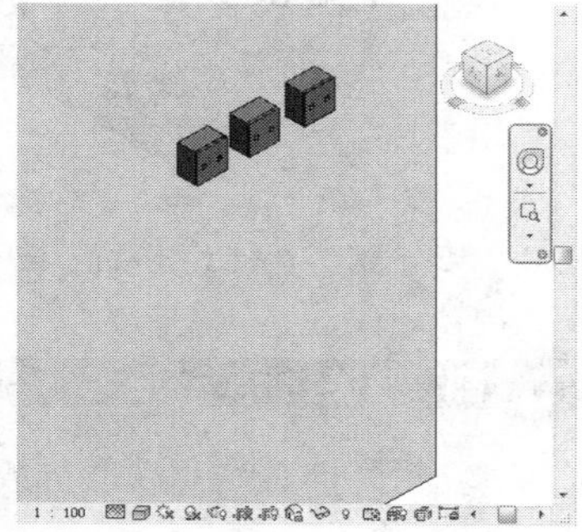

图 4-205　“属性”选项板　图 4-206　放置电话插座

4.5.4 实战——添加照明设备 难点

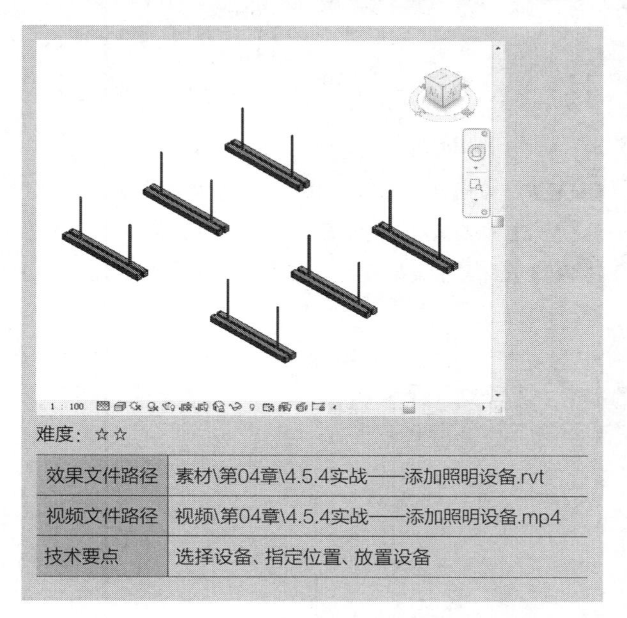

难度：☆☆

效果文件路径	素材\第04章\4.5.4实战——添加照明设备.rvt
视频文件路径	视频\第04章\4.5.4实战——添加照明设备.mp4
技术要点	选择设备、指定位置、放置设备

照明设备包括各种类型的灯具，可以笼统地将灯具分为室内灯与室外灯、特殊灯具等。根据不同的场合，选用不同类型的灯具。放置灯具也有3种方法，可以满足放置不同类型灯具的需要。本节介绍添加照明设备的方法。

步骤01 在“电气”面板中单击“照明设备”按钮，如图4-207所示，激活命令。

图 4-207　单击按钮

步骤02 软件弹出提示对话框，提醒并询问用户“项目中未载入照明设备族。是否要现在载入”，如图4-208所示。单击“是”按钮，弹出“载入族”对话框。在其中选择照明设备族，单击“打开”按钮，将族载入项目。

图 4-208　提示对话框

知识链接：

在键盘上按L+F快捷键，也可以启用“照明设备”命令。

步骤03 在“修改|放置设备”选项卡中，单击“放置”面板上的“放置在面上”按钮，如图4-209所示，指定放置照明设备的方式。

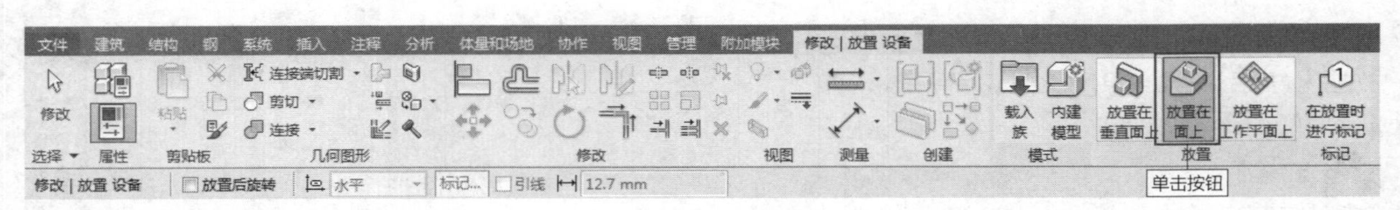

图 4-209　指定放置方式

步骤04 在“属性”选项板中选择名称为“双管悬挂式灯具-T5 28W-2盏灯”的灯具，如图4-210所示。

步骤05 光标置于天花板上，此时可以预览灯具的效果，如图4-211所示。

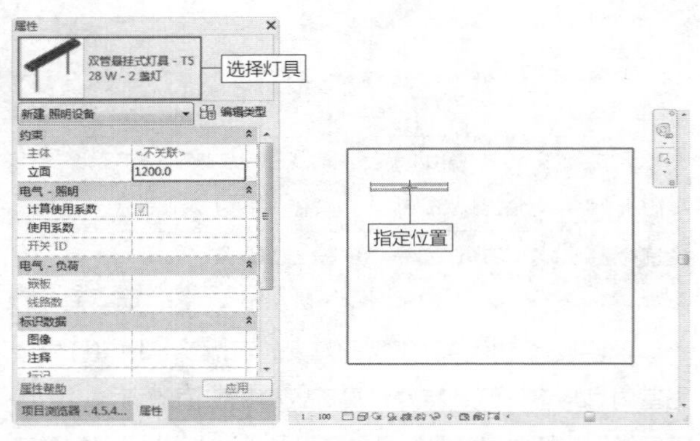

图 4-210　“属性”选项板　图 4-211　指定放置基点

延伸讲解：

悬挂式灯具需要放置在指定面上，所以在“修改|放置设备”选项卡中指定放置方式为“放置在面上”。

步骤06 在天花板合适的位置单击鼠标左键，指定放置基点，放置灯具的效果如图4-212所示。

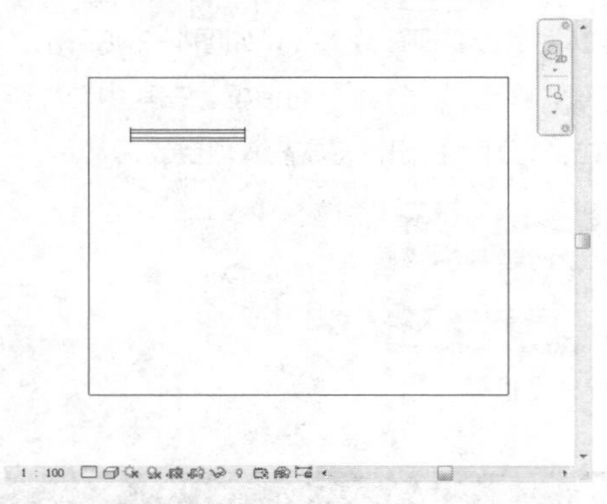

图 4-212　添加灯具

步骤07 此时尚处于放置灯具的命令中，继续指定放置基点放置其他灯具，效果如图4-213所示。

步骤08 切换至三维视图，查看在天花板上放置灯具的效果，如图4-214所示。

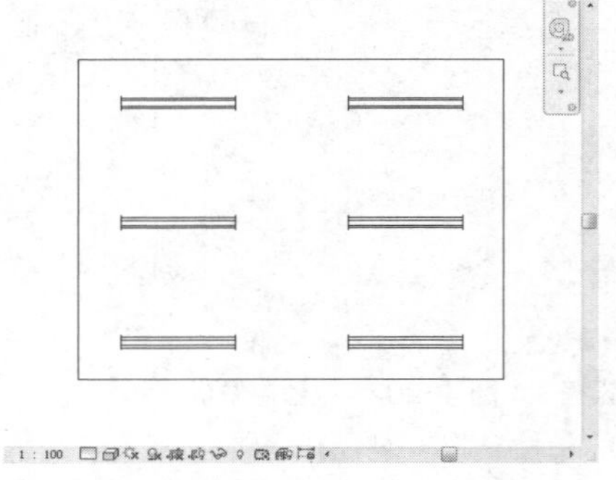

图 4-213　放置效果

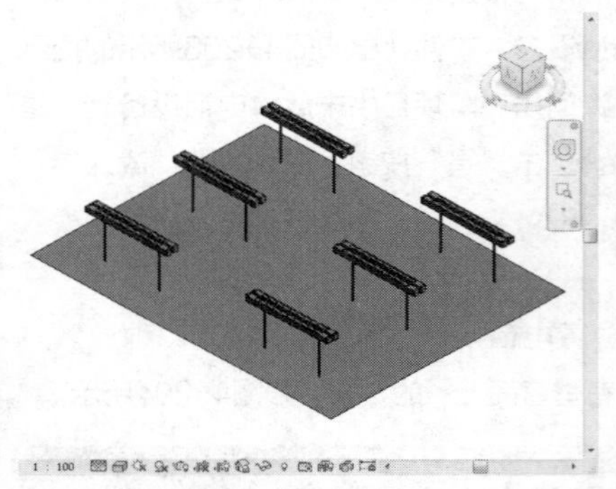

图 4-214　三维效果

步骤09 选中灯具，显示“翻转工作平面”按钮，如图4-215所示。

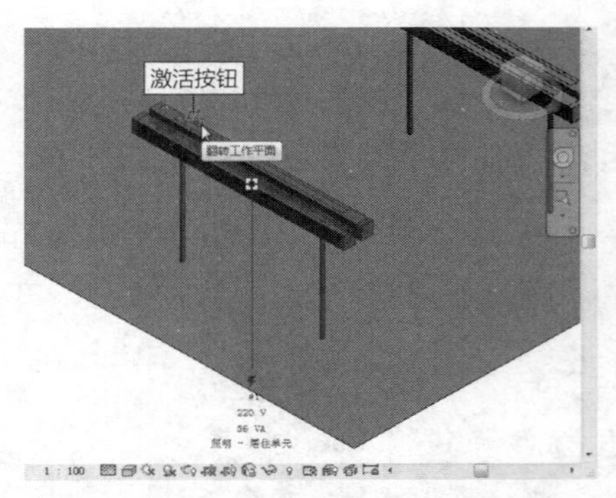

图 4-215　显示“翻转工作平面”按钮

知识链接：

悬挂式灯具应该位于天花板的下方，向下悬挂，而不是位于天花板的上方。所以需要激活“翻转工作平面”按钮，向下翻转灯具。

步骤 10 激活“翻转工作平面”按钮，向下翻转灯具的效果如图4-216所示。

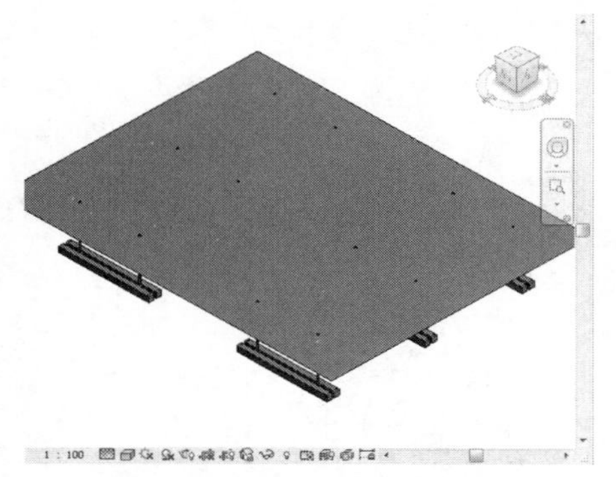

图 4-216　向下翻转

步骤 11 为了更好地观察放置灯具的效果，可以隐藏天花板。选择天花板，单击鼠标右键，在弹出的快捷菜单中选择“在视图中隐藏”→“图元”选项，如图4-217所示。

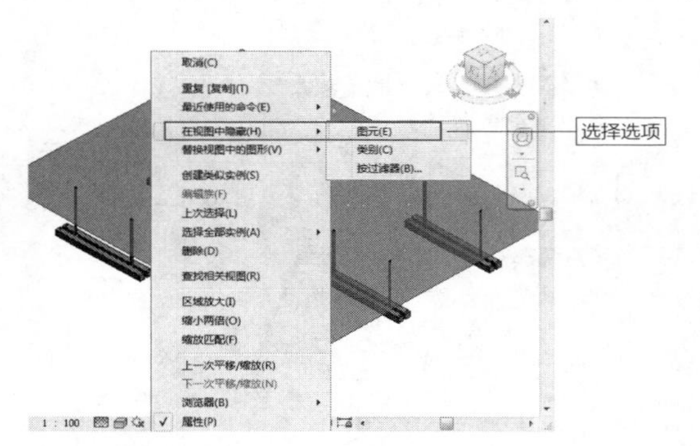

图 4-217　快捷菜单

步骤 12 隐藏天花板后，可以清楚地观察到放置灯具的三维效果，如图4-218所示。

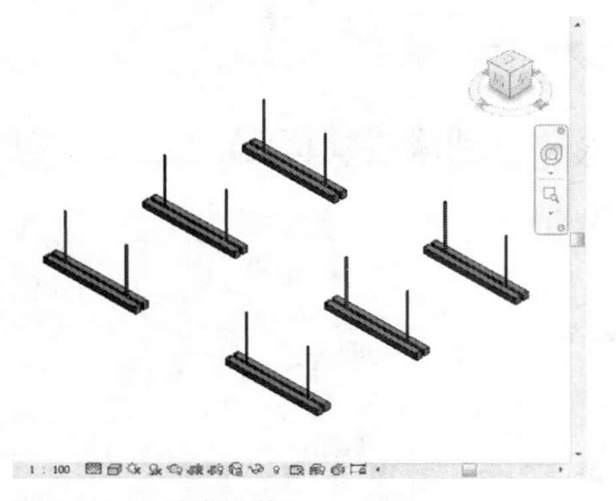

图 4-218　隐藏天花板

在布置悬挂式灯具、吸顶灯时，需要选用“放置在面上”的方式来布置灯具。但是在添加其他类型的灯具，如壁灯时，就要使用“放置在垂直面上”的方式来布置灯具，放置壁灯的效果如图4-219所示。需要根据不同类型的灯具，选用不同的布置方式。

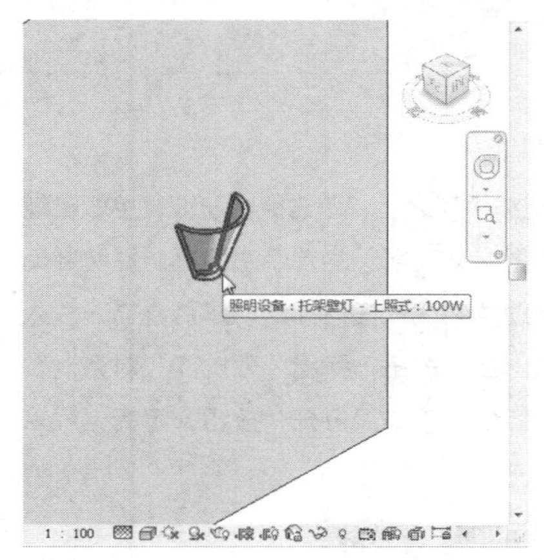

图 4-219　放置壁灯

4.6 创建标记

为电力系统中的电缆桥架、线管及各类设备添加标记，可以方便了解它们的相关信息。

4.6.1 实战——创建电缆桥架标记　重点

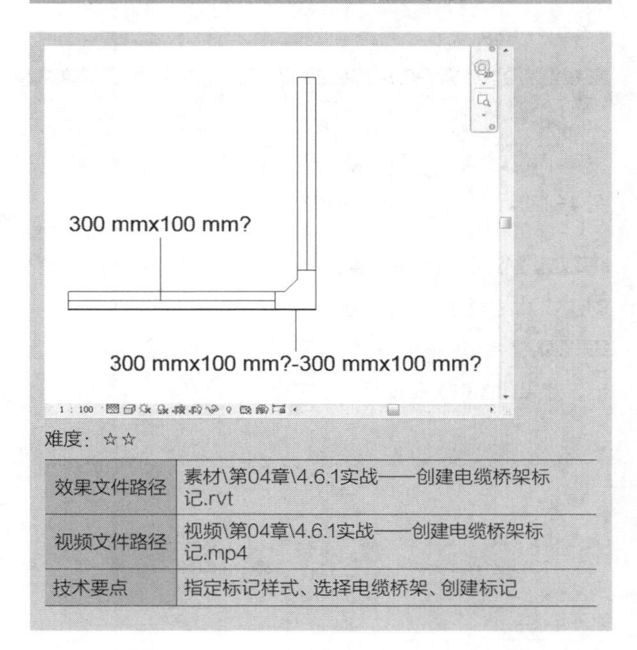

难度：☆☆

效果文件路径	素材\第04章\4.6.1实战——创建电缆桥架标记.rvt
视频文件路径	视频\第04章\4.6.1实战——创建电缆桥架标记.mp4
技术要点	指定标记样式、选择电缆桥架、创建标记

通过为电缆桥架或者其配件添加尺寸标记，可以使其尺寸参数一目了然。在添加标记之前，需要先将标记载入项目。本节介绍添加电缆桥架标记的方法。

步骤 01 选择“注释”选项卡，在“标记”面板上单击“按类别标记”按钮，如图4-220所示，激活命令。

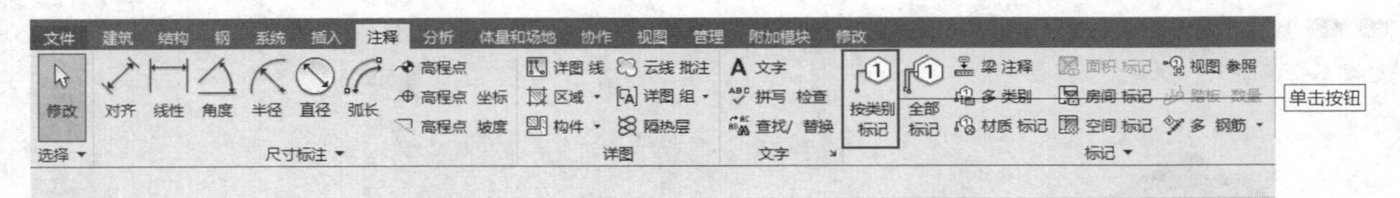

图 4-220　单击按钮

步骤 02 光标置于电缆桥架之上，单击鼠标左键，拾取电缆桥架。此时弹出如图4-221所示的提示对话框，提醒并询问用户“没有为电缆桥架载入任何标记。是否要立即载入一个标记”。单击“是”按钮，弹出“载入族”对话框。选择电缆桥架尺寸标记，单击“打开”按钮，将标记载入项目。

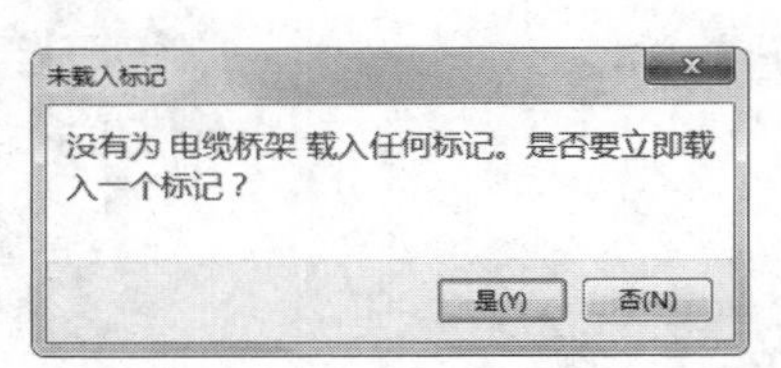

图 4-221　提示对话框

步骤 03 进入“修改|标记”选项卡，如图4-222所示。在选项栏中设置标记的方向为“水平”，选中“引线”复选框，设置引线的样式为“附着端点”，保持引线长度为12.7mm不变。

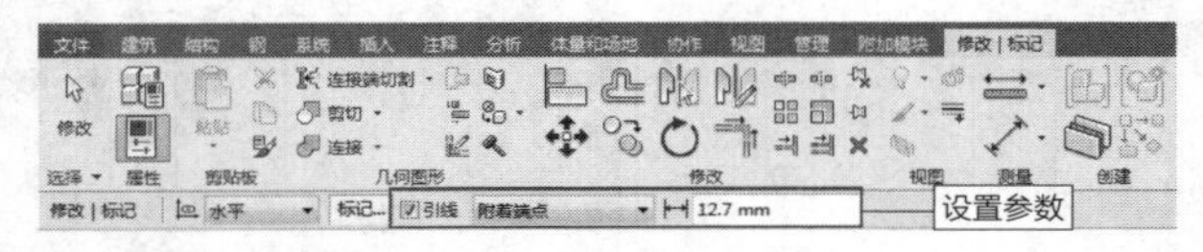

图 4-222　“修改 | 标记”选项卡

步骤 04 光标置于电缆桥架之上，此时可以预览尺寸标记的创建效果，如图4-223所示。

步骤 05 在合适的位置单击鼠标左键，创建电缆桥架尺寸标记，效果如图4-224所示。

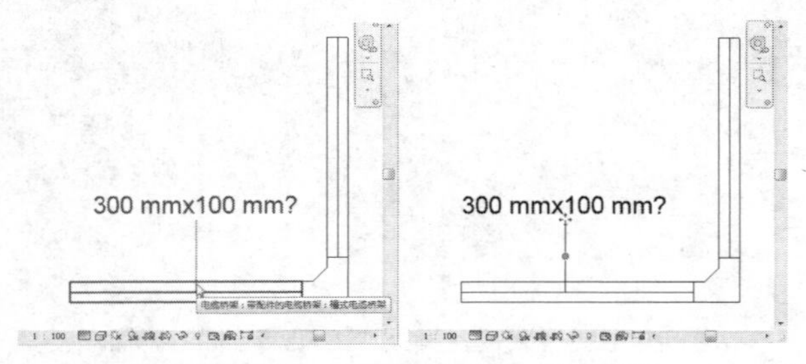

图 4-223　预览效果　　图 4-224　创建标记

启用“载入族”命令，将电缆桥架配件尺寸标记载入项目。启用“按类别标记”命令，参考本节所介绍的操作步骤，为电缆桥架配件创建尺寸标记，效果如图4-225所示。

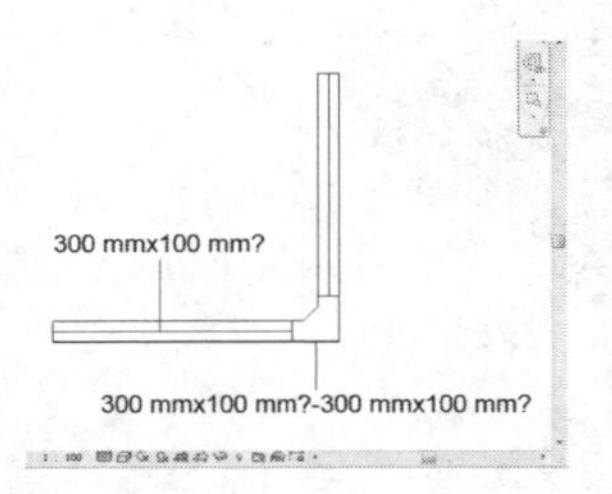

图 4-225　创建电缆桥架配件尺寸标记

答疑解惑：为什么尺寸标记的后面都有一个问号？

查看电缆桥架与其配件的尺寸标记，发现在尺寸标记的后面都有一个问号。这是怎么回事？单击“电气”面板右下角的箭头 ↘，弹出“电气设置”对话框。

在左侧选择“电缆桥架设置”选项卡，在右侧的界面中显示选项列表。在“电缆桥架尺寸后缀”选项中所显示的参数值即是“？”，如图4-226所示。所以在创建电缆桥架的尺寸标记后，会在后面显示一个问号。

修改“电缆桥架尺寸后缀”选项参数，可以更改后缀符号。

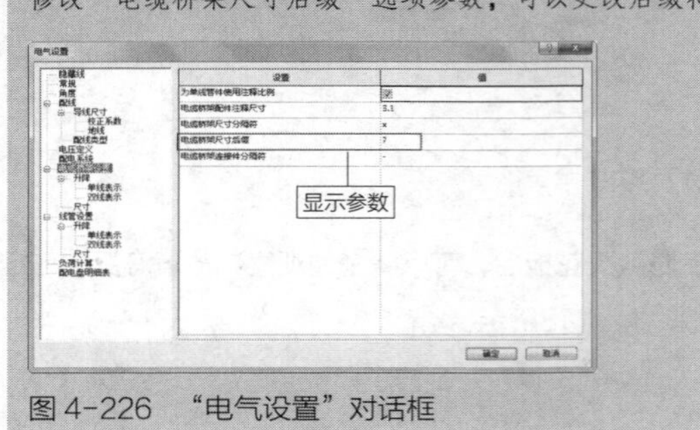

图 4-226　“电气设置”对话框

4.6.2　实战——创建线管标记　难点

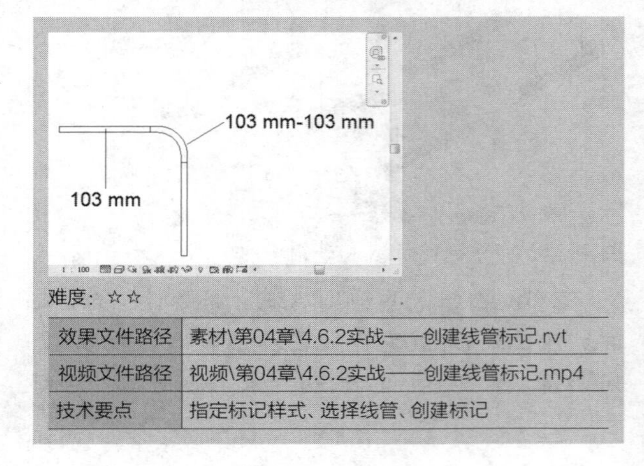

难度：☆☆

效果文件路径	素材\第04章\4.6.2实战——创建线管标记.rvt
视频文件路径	视频\第04章\4.6.2实战——创建线管标记.mp4
技术要点	指定标记样式、选择线管、创建标记

为线管创建标记，可以标注线管的直径大小。软件默认为线管尺寸添加后缀，可以修改后缀符号的样式，也可以删除后缀符号。本节介绍操作方法。

步骤01 选择“注释”选项卡，在“标记”面板上单击“按类别标记”按钮，如图4-227所示，激活命令。

步骤02 光标置于线管上，单击鼠标左键拾取线管。因为是初次创建线管标记，所以弹出如图4-228所示的“未载入标记”对话框，提醒并询问用户“没有为线管载入任何标记。是否要立即载入一个标记”。

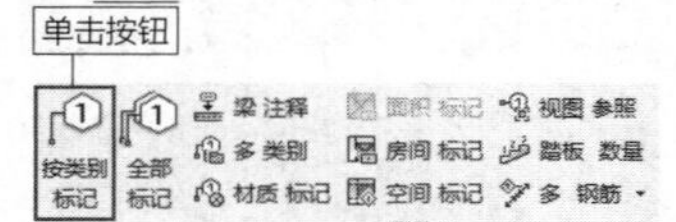

图 4-227　单击按钮

图 4-228　提示对话框

步骤03 单击“是”按钮，打开“载入族”对话框。选择线管尺寸标记以及线管管件标记，单击“打开”按钮，将选中的标记载入项目。

步骤04 进入“修改|标记”选项卡，在“方向”列表中指定引线的方向为“水平”，选中“引线”复选框，在“样式”列表中选择“附着端点”选项。保持默认的引线长度12.7mm不变，如图4-229所示。

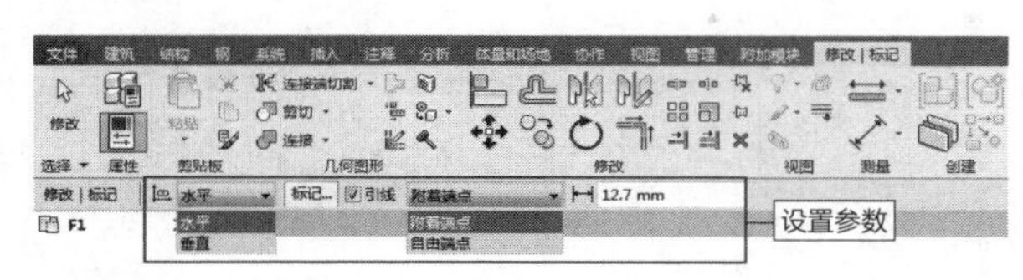

图 4-229　“修改 | 标记”选项卡

步骤05 光标置于水平线管之上，线管高亮显示，同时预览标记效果，如图4-230所示。

步骤06 在合适的位置单击鼠标左键，创建线管尺寸标记，效果如图4-231所示。

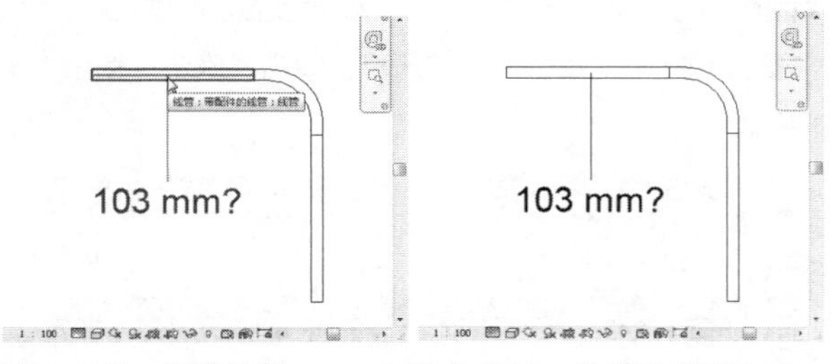

图 4-230　预览效果　　图 4-231　线管尺寸标记

步骤07 将光标置于“线管弯头”管件上，同时预览管件标记。单击鼠标左键，添加标记，效果如图4-232所示。

步骤08 观察创建完毕的标记，发现都自带了后缀符号。在“电气”面板中单击右下角的箭头 ↘，弹出“电气设置”对话框。在左侧选择“线管设置”选项卡，在右侧的“线管尺寸后缀”选项中显示“？”，如图4-233所示。

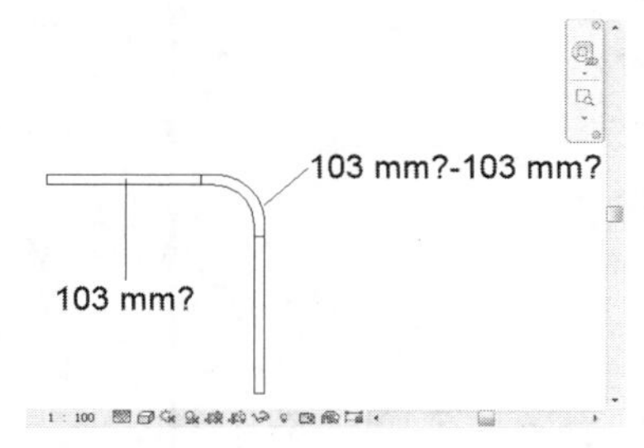

图 4-232　线管管件标记

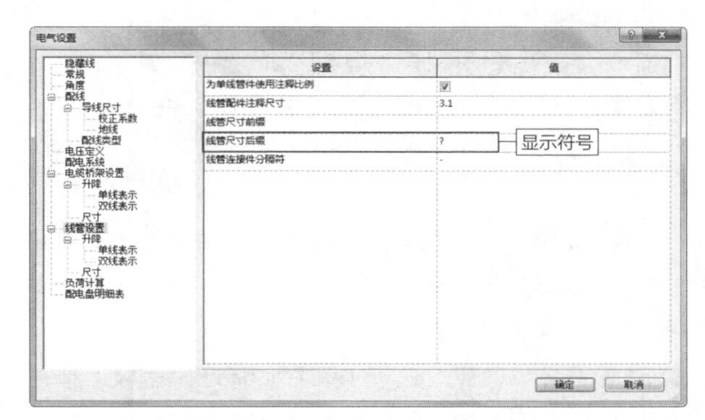

图 4-233　显示后缀符号

步骤09 光标置于“线管尺寸后缀”选项中，将“？”删除，如图4-234所示。单击“确定”按钮，返回视图。

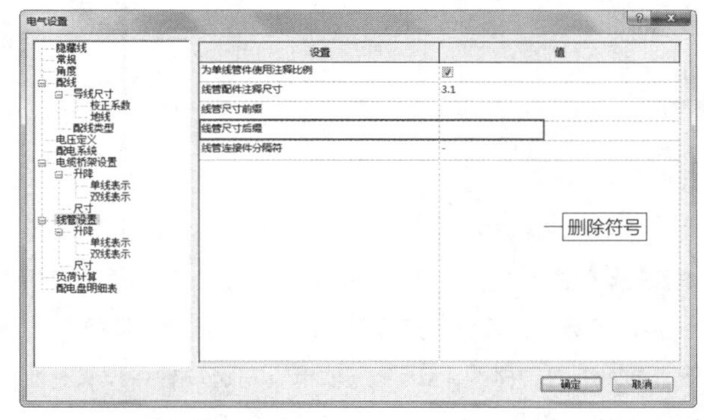

图 4-234　删除符号

步骤10 观察标记，发现尺寸后缀已被删除，仅显示尺寸与尺寸单位，效果如图4-235所示。

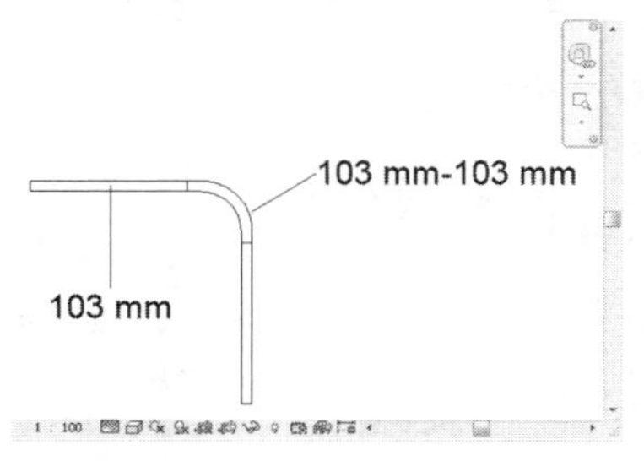

图 4-235　修改尺寸标记的效果

4.6.3 实战——创建设备标记 重点

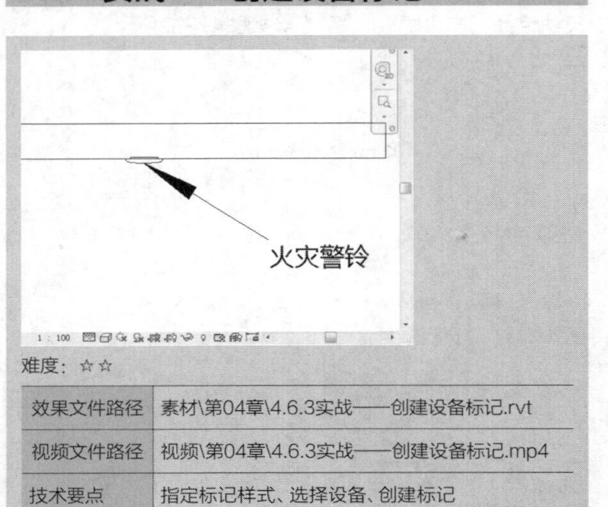

难度：☆☆

效果文件路径	素材\第04章\4.6.3实战——创建设备标记.rvt
视频文件路径	视频\第04章\4.6.3实战——创建设备标记.mp4
技术要点	指定标记样式、选择设备、创建标记

电气设备有多种类型，如通讯设备、数据设备、火警设备等。为这些设备添加标记，可以标注它们的名称。本节介绍创建设备标记的方法。

步骤 01 选择“注释”选项卡，在“标记”面板上单击“按类别标记”按钮，如图4-236所示，激活命令。

步骤 02 将光标置于火警设备之上，单击鼠标左键，拾取设备。此时弹出“未载入标记”对话框，在其中提示并询问用户“没有为火警设备载入任何标记。是否要立即载入一个标记”，如图4-237所示。

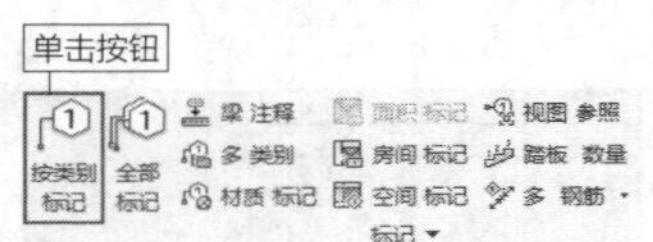

图 4-236　单击按钮

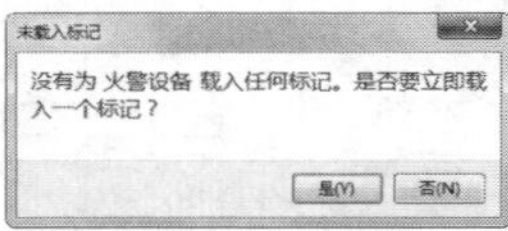

图 4-237　提示对话框

步骤 03 单击“是”按钮，弹出“载入族”对话框。选择火警设备标记，单击“打开”按钮，将标记载入项目。

步骤 04 进入“修改|标记”选项卡，在选项栏中设置标记的“方向”和“样式”参数，如图4-238所示。

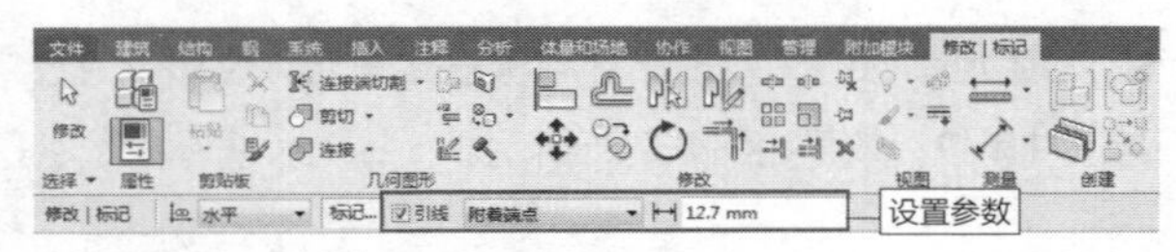

图 4-238　“修改 | 标记”选项卡

步骤 05 光标置于火警设备之上，此时显示标记的内容为一个问号，如图4-239所示。

步骤 06 在合适的位置单击鼠标左键，创建标记的效果如图4-240所示。

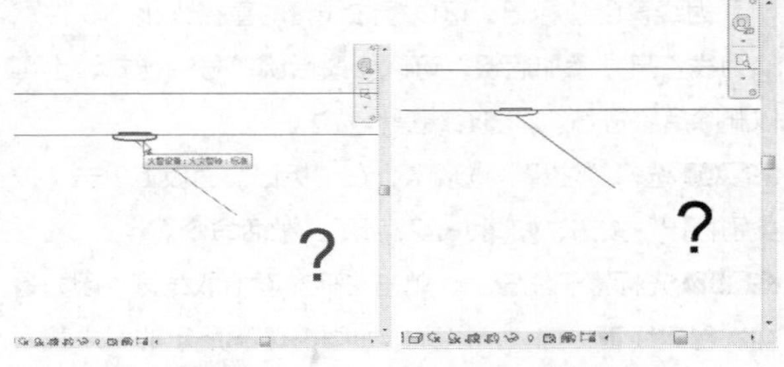

图 4-239　预览效果　　图 4-240　创建标记

答疑解惑：为什么标记会显示为一个问号？

在创建标记族时，都需要在“编辑标签”对话框中设置参数。在“类别参数”列表中选择标记的类别，例如选择“类型标记”。添加其为“标签参数”后，可以在“标签参数”表格中显示“参数名称”“空格”“前缀”“样例值”“后缀”参数，如图4-241所示。

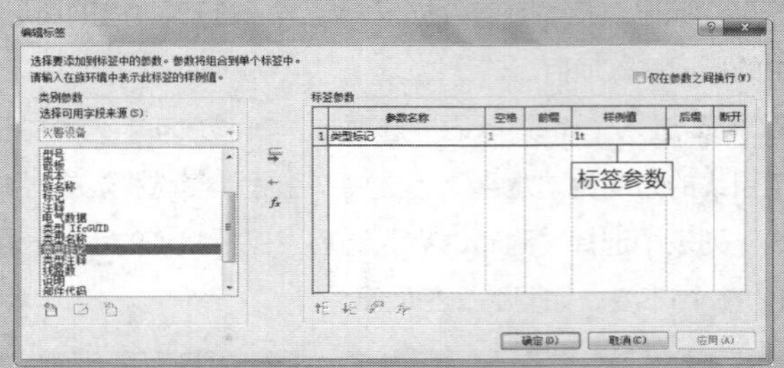

图 4-241　“编辑标签”对话框

在创建标记时，软件会检测设备的“类型标记”参数，并在标记中显示设备的“类型标记”信息。假如检测到“类型标记”内容为空白，标记就会显示为一个问号。

步骤 07 选择火警设备，在“属性”选项板中单击“编辑类型”按钮，弹出“类型属性”对话框。光标置于对话框右侧的滚动条上，按住鼠标左键不放，向下拖曳鼠标。发现在“类型标记”选项中显示为空白，如图4-242所示。

步骤 08 在“类型标记”选项中设置参数，例如输入“火灾警铃”文字，如图4-243所示。单击“确定”按钮，返回视图。

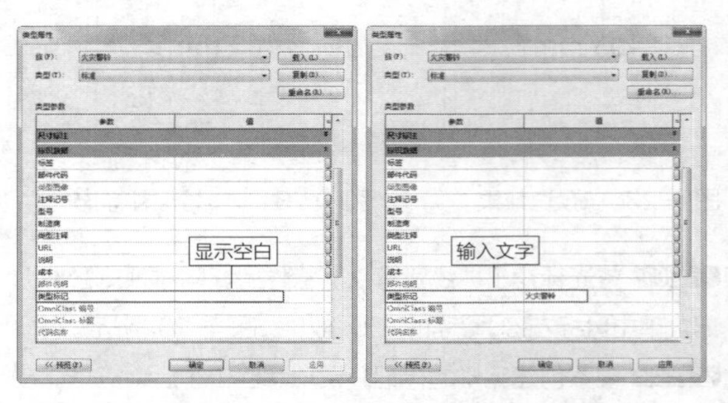

图 4-242　“类型属性”对话框　　图 4-243　设置参数

延伸讲解：

因为在“类型属性”对话框中的“类型标记”一项为空白，所以在为火警设备创建标记时，标记显示为一个问号。

步骤09 修改火警设备的“类型标记”参数后，设备标记自动更新，显示效果如图4-244所示。

步骤10 选择设备标记，在“属性”选项板中显示引线的信息，如“方向”“引线类型”，如图4-245所示。单击选项，在弹出的列表中选择选项，修改引线的显示样式。

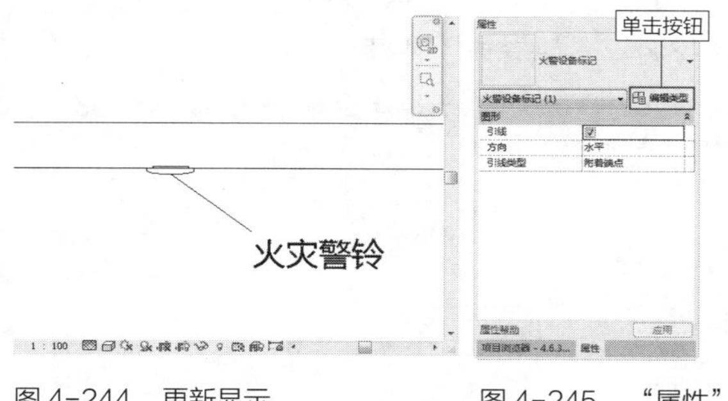

图 4-244　更新显示　　图 4-245　“属性”选项板

步骤11 单击“编辑类型”按钮，弹出“类型属性”对话框。单击“引线箭头”选项，在弹出的列表中选择“15度实心箭头”选项，如图4-246所示。

步骤12 单击“确定”按钮，返回视图，为引线添加箭头效果如图4-247所示。

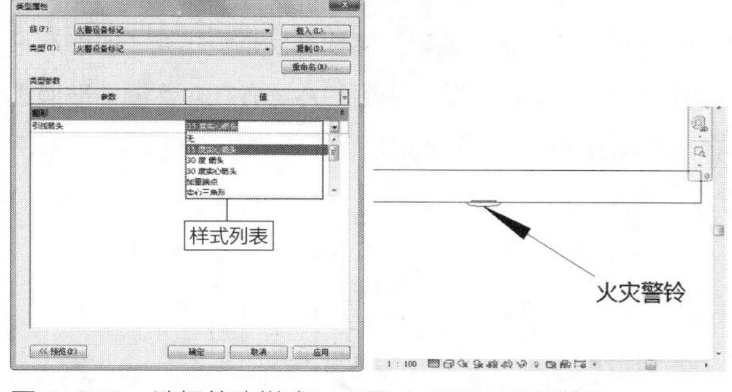

图 4-246　选择箭头样式　　图 4-247　添加箭头

4.7 电气图形的显示样式

电气系统中的电缆桥架、线管以及设备都按照指定的样式在视图中显示。通过设置参数，可以控制图元在视图中的显示效果。

4.7.1 设置视图的详细程度 重点

在平面视图中设置“详细程度”样式，图元在视图中的显示样式将受到影响。在视图控制栏中单击“详细程度”按钮，在弹出的列表中选择“粗略”选项。视图中火灾报警器以“粗略”的样式显示，效果如图4-248所示。在列表中选择“中等”选项，火灾报警器的显示样式不变。

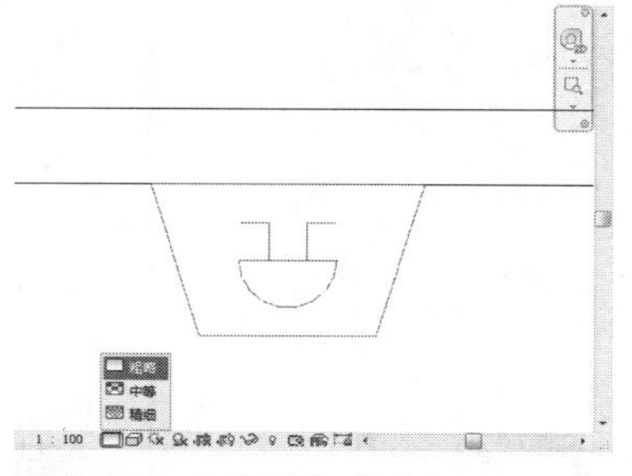

图 4-248　“粗略”样式

在“详细程度”列表中选择“精细”选项，火灾报警器转换显示样式，效果如图4-249所示。

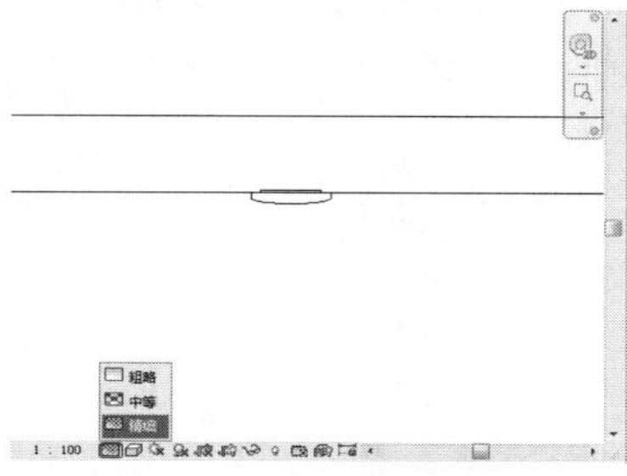

图 4-249　“精细”样式

4.7.2 设置视图的视觉样式 难点

切换至三维视图。在视图控制栏中单击“视觉样式”按钮，在弹出的列表中选择“隐藏线”选项。位于视图中的墙体与火灾报警器显示其图形轮廓线，效果如图4-250所示。为了直观地查看模型的创建效果，同时少占用系统内存，通常选择该方式来查看模型。

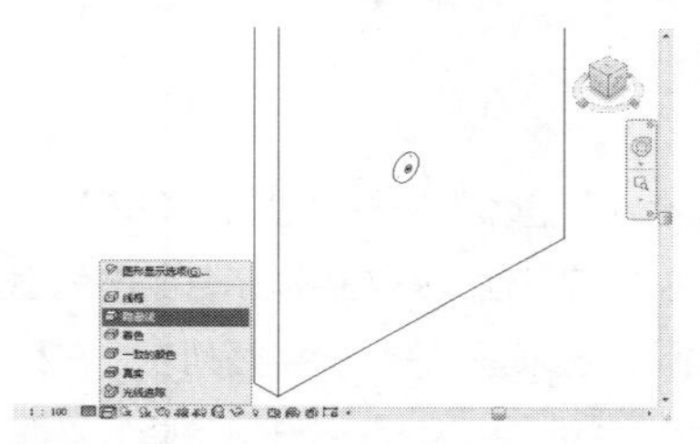

图 4-250　“隐藏线”样式

在“视觉样式”列表中选择“着色”选项，墙体与火灾报警器被添加颜色，效果如图4-251所示。模型的显示颜色受到自身材质参数的影响。

在列表中选择“一致的颜色”选项，软件会在不区分明暗的情况下，为模型着色；选择“真实”选项，模型的显示样式接近真实状态，但是会占用很多的系统内存。

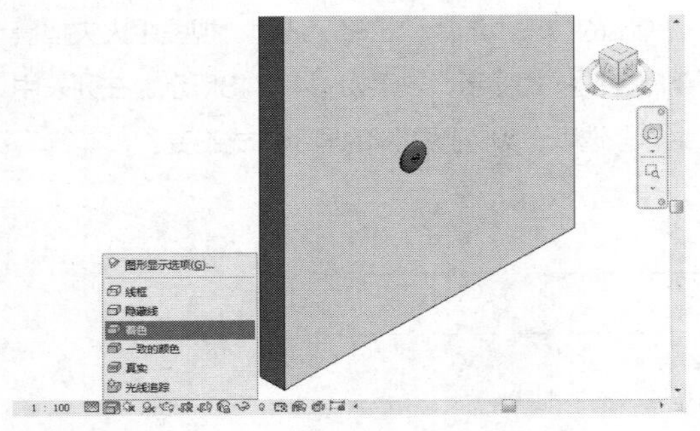

图 4-251　“着色”样式

4.7.3　设置图形可见性　重点

当需要在视图中显示指定的图元时，可以通过设置图形可见性实现。在如图4-252所示的图形中，包含线管、线管配件以及线管标记、线管配件标记。通过设置可见性参数，可以隐藏标记和线管中心线。

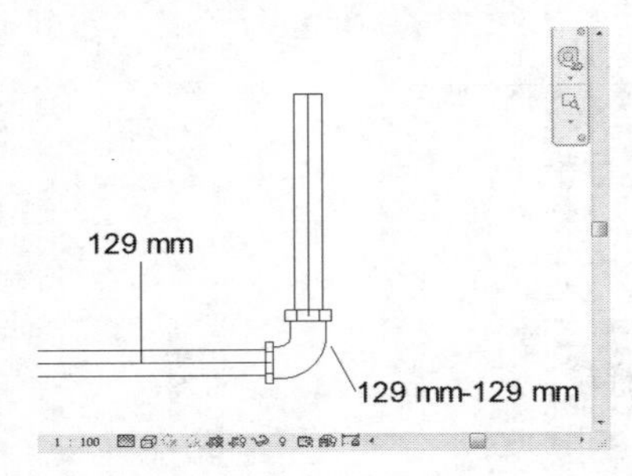

图 4-252　显示图元

选择“视图”选项卡，在“图形”面板上单击“可见性/图形”按钮，如图4-253所示，激活命令，弹出“楼层平面：F1的可见性/图形替换”对话框。

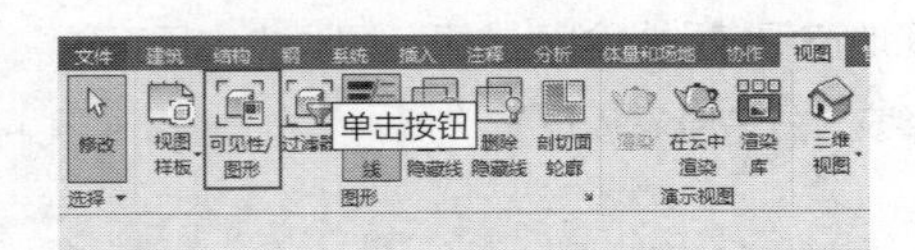

图 4-253　单击按钮

默认选择“模型类别”选项卡，在“过滤器列表”中选择“电气”选项，在“可见性”列表中显示各类电气图形的名称。单击“线管”选项前“+”，展开列表，在列表中显示线管的子类别，如“中心线”“升”“降”。取消选择“中心线”选项，如图4-254所示。

选择“注释类别”选项卡，在“可见性”列表中显示电气系统的各类注释图元的名称，如电气装置标记、电气设备标记等。在列表中取消选择“线管标记”和“线管配件标记”选项，如图4-255所示。

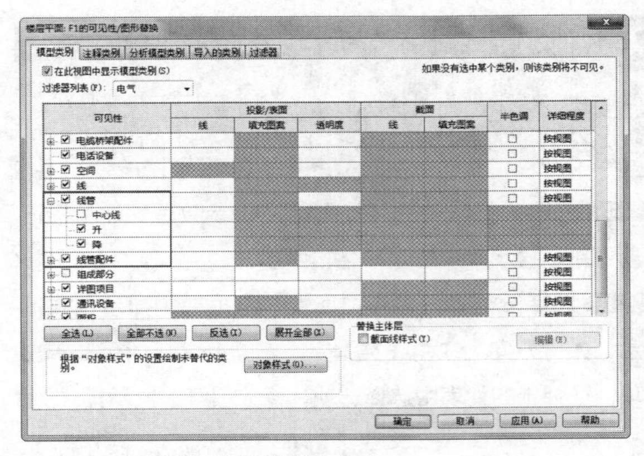

图 4-254　“模型类别”选项卡

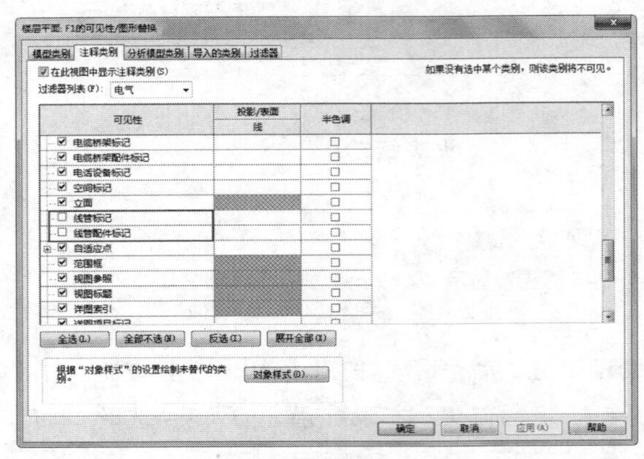

图 4-255　“注释类别”选项卡

单击“确定”按钮，返回视图。此时可以发现，线管中心线、线管尺寸标记和线管配件尺寸标记已被隐藏，效果如图4-256所示。如果只需要观察某类图元，可隐藏不相关的图元。使用本节所介绍的方法，在对话框中取消选择某个图元类别，该类别的图元在视图中不可见。

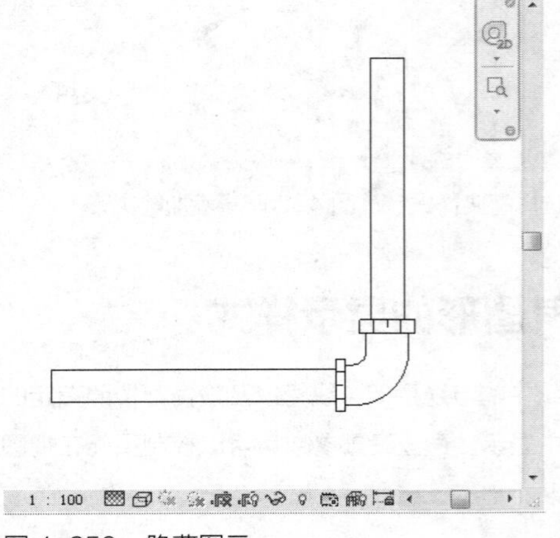

图 4-256　隐藏图元

第3篇

高级应用篇

第05章 添加注释

Revit应用程序中的注释类型有尺寸标注、文字标注、标记和填充图例等。因为需要使用各类注释来辅助表达图元的意义，所以要学会为图元添加注释。

本章介绍创建注释的方法。

学习重点

5.1 尺寸标注

尺寸标注的类型有对齐标注、线性标注、半径标注和直径标注等。不同类型的尺寸标注，适用于不同类型的图元。本节介绍创建尺寸标注的方法。

5.1.1 实战——创建对齐标注 重点

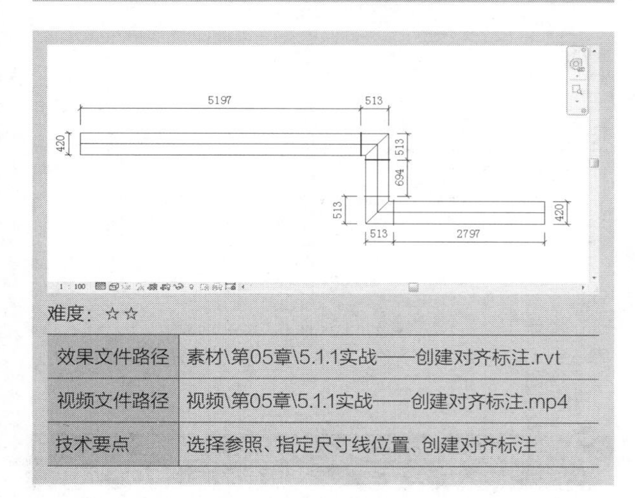

难度：☆☆

效果文件路径	素材\第05章\5.1.1实战——创建对齐标注.rvt
视频文件路径	视频\第05章\5.1.1实战——创建对齐标注.mp4
技术要点	选择参照、指定尺寸线位置、创建对齐标注

对齐标注是最常见的尺寸标注类型，可以标注图元的长度、宽度。因为线性标注与对齐标注的创建过程和创建效果类似，所以在本章中就不再赘述线性标注。本节介绍创建对齐标注的方法。

步骤01 选择“注释”选项卡，在“尺寸标注”面板上单击“对齐”按钮，如图5-1所示，激活命令。

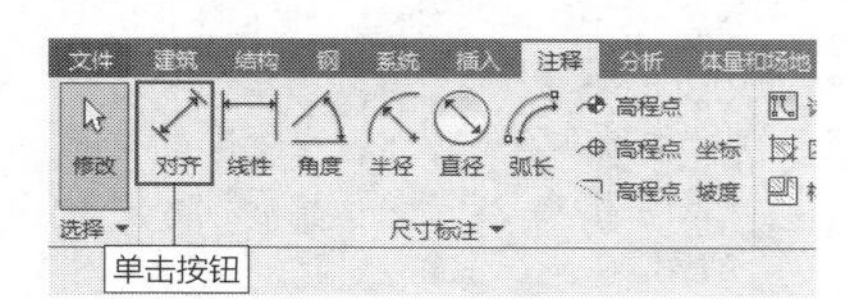

图5-1 单击按钮

知识链接：

在键盘上按P+I快捷键，也可以启用“对齐”命令。

步骤02 进入“修改|放置尺寸标注”选项卡，在选项栏的参照样式列表中，选择“参照墙面”选项，在“拾取”列表中选择“单个参照点”选项，指定拾取参照点的方式，如图5-2所示。

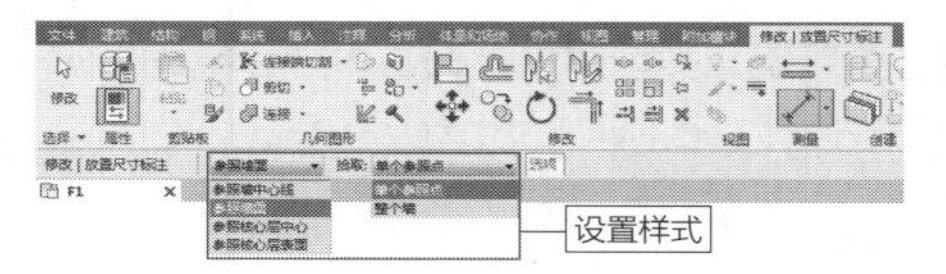

图5-2 “修改|放置尺寸标注”选项卡

延伸讲解：

在创建对齐标注后，不会马上就退出“对齐”命令。可以在“尺寸标注”面板中单击其他命令按钮，例如，单击“角度”按钮，可以启用“角度”命令。

步骤03 将光标置于风管左侧的边界线上，高亮显示边界线，如图5-3所示，单击鼠标左键，拾取左侧边界线为参照。

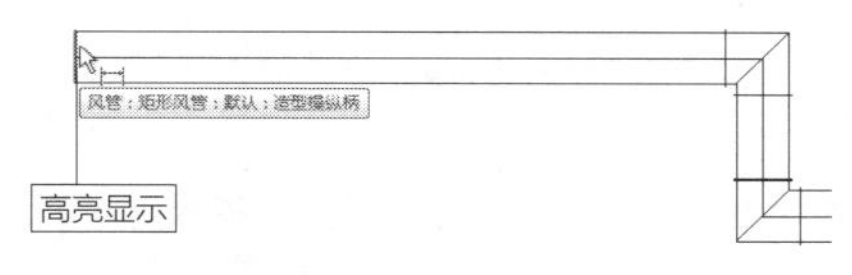

图5-3 拾取参照1

步骤04 向右移动光标，将光标置于风管右侧的边界线上，如图5-4所示，单击鼠标左键，拾取右侧的边界线为参照。

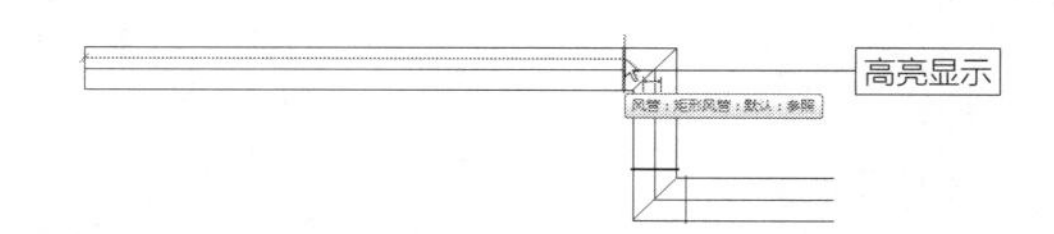

图5-4 拾取参照2

步骤 05 向上移动光标，显示尺寸线的位置，此时可以预览对齐标注的创建效果，如图5-5所示。

步骤 06 在合适的位置单击鼠标左键，指定尺寸线的位置，创建对齐标注的效果如图5-6所示。

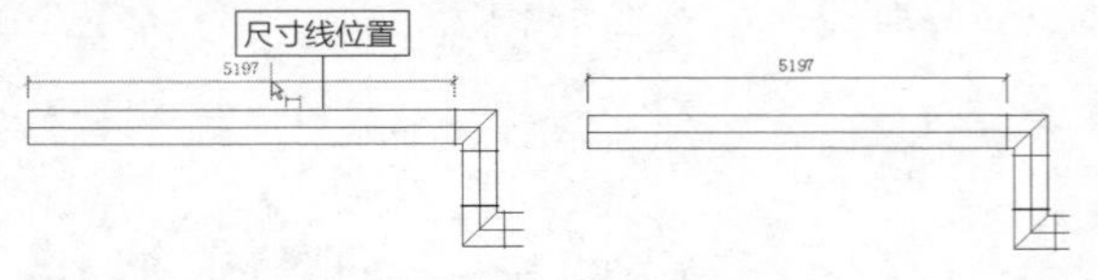

图 5-5　显示尺寸线的位置　图 5-6　创建对齐标注

步骤 07 此时尚处在“对齐”命令中，继续拾取参照，为风管管件及其他风管创建对齐标注，效果如图5-7所示。

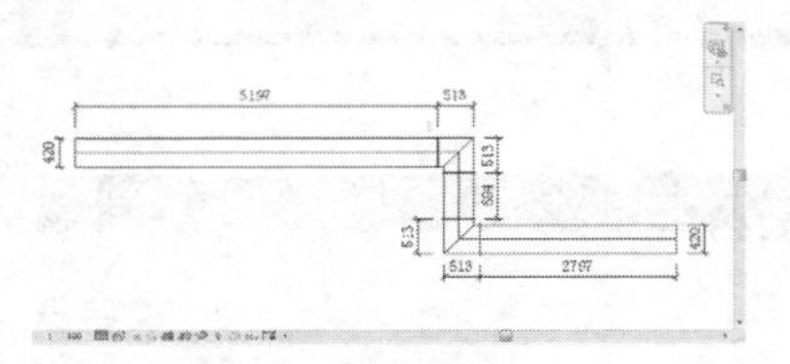

图 5-7　创建对齐标注的效果

5.1.2　编辑对齐标注 难点

编辑对齐标注的操作，包括添加尺寸界线、修改等分显示样式，或者重新定义类型属性参数。本节介绍编辑对齐标注方法。

1.　添加尺寸界线

选择对齐标注，进入“修改|尺寸标注”选项卡。单击“编辑尺寸界线”按钮，如图5-8所示，激活命令。将光标置于新的参照上，如图5-9所示，参照高亮显示。

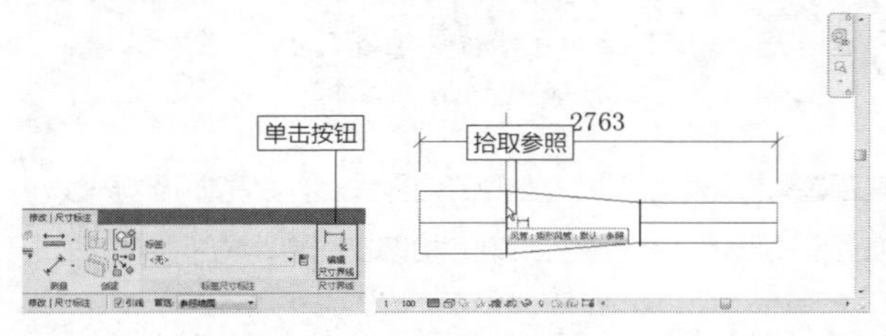

图 5-8　单击按钮　　图 5-9　拾取参照

在参照上单击鼠标左键，此时可以预览新增的尺寸标注，如图5-10所示。移动光标，在空白位置单击鼠标左键，退出编辑模式，新增尺寸标注的效果如图5-11所示。

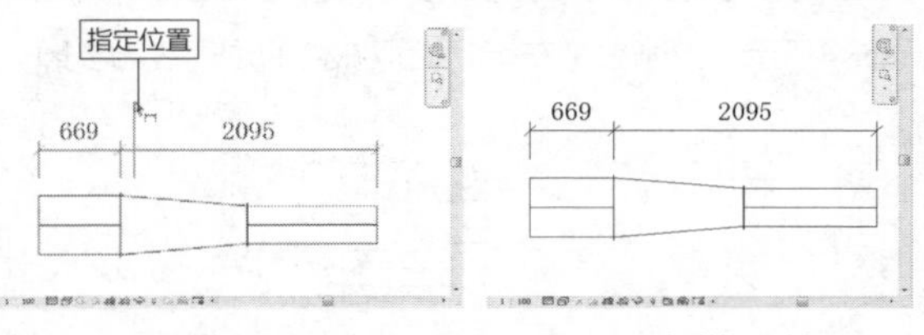

图 5-10　预览效果　　图 5-11　新增尺寸标注

2.　设置等分显示样式

在对齐标注的“属性”选项板中，“等分显示”的默认选项是“值”，如图5-12所示。该选项表示对齐标注中所显示的是图元的实际尺寸参数，如图5-13所示。

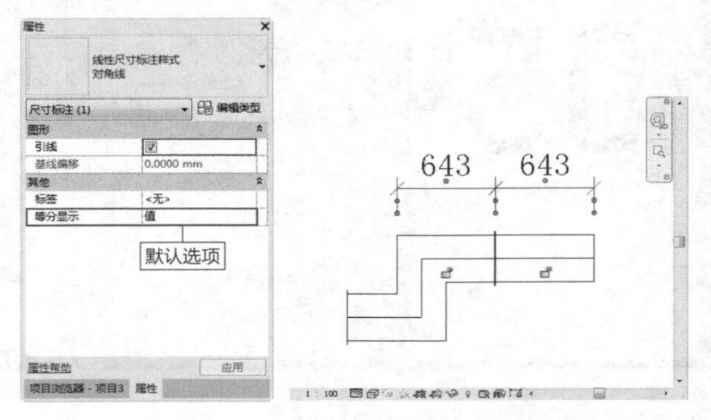

图 5-12　“属性”选项板　图 5-13　显示实际尺寸参数

在“等分显示”列表中选择“等分文字”选项，如图5-14所示。对齐标注中显示的参数为“EQ”，如图5-15所示。“EQ”是默认的等分文字样式。

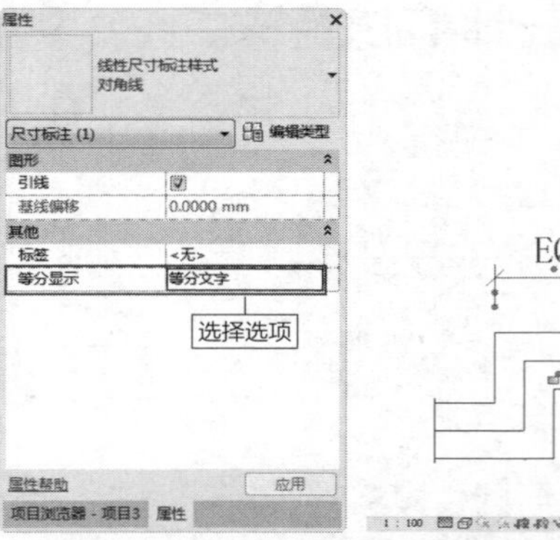

图 5-14　选择“等分文字”选项　图 5-15　显示等分文字

答疑解惑：为什么将“等分显示”选项设置为“等分文字”，却没有显示“EQ”？

在创建对齐标注时，可以指定两个参照创建一个尺寸标注，如图5-16所示。也可以连续指定多个参照，创建连续的尺寸标注，如图5-17所示。假如所指定的参照的间距是相等的，那么所显示的值也是相同的。

选择一个连续尺寸标注，在“属性”选项板中就会显示“等分显示”选项。如果连续尺寸标注同时又是等分标注，即各尺寸数值是相等的，将“等分显示”选项设置为“等分文字”时，标注文字就会显示为“EQ”。

假如所选中的连续尺寸标注不是等分标注，在修改“等分显示”选项为“等分文字”时，标注文字仍然显示为尺寸数值。

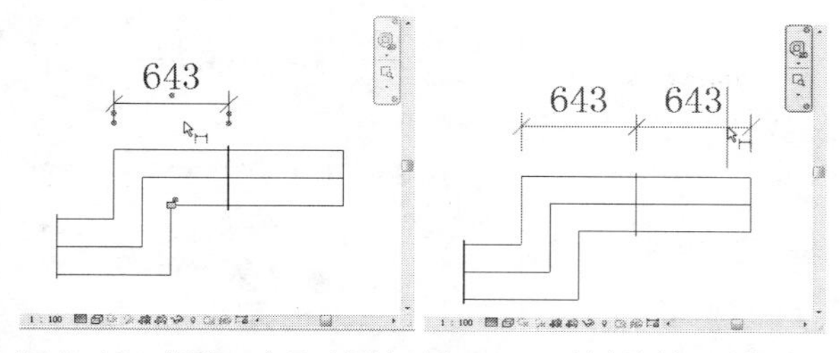

图 5-16　创建一个尺寸标注　图 5-17　创建连续尺寸标注

在“属性”选项板中，将“等分显示”设置为“等分公式”，如图5-18所示。尺寸标注更改显示样式，显示为尺寸标注的总长度，效果如图5-19所示。因为尺寸标注在等分的状态下为643，所以其总长度为1286，即两个数值相加的和。

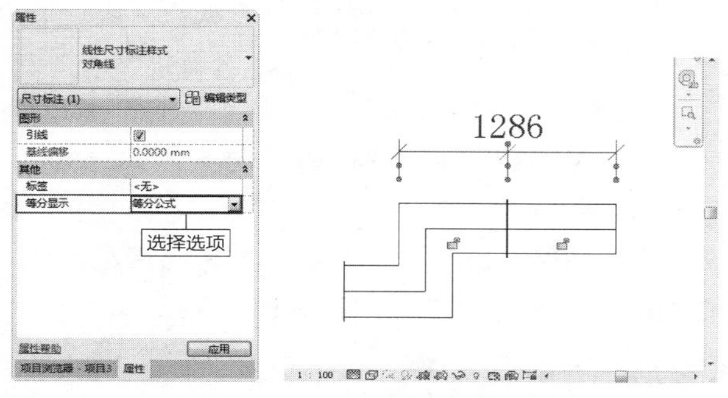

图 5-18　选择“等分公式”选项　图 5-19　显示尺寸标注的总长度

3. 设置类型属性

在“属性”选项板中单击“编辑类型”按钮，弹出“类型属性”对话框。该对话框中包含多个参数选项，通过修改参数，可以调整尺寸标注的显示样式。

在本节中，仅对常用的选项进行解释说明。

“图形”选项组如图5-20所示，常用选项的含义介绍如下。

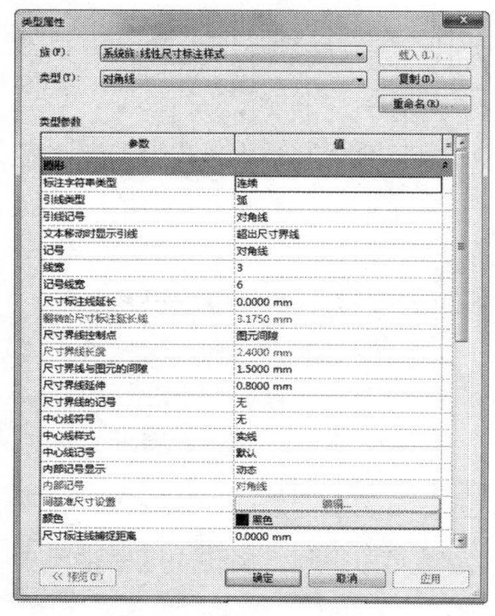

图 5-20　“图形”选项组

- ◆ “引线记号”选项：在选项列表中提供了多种引线记号样式，如对角线、实心三角形等。默认选择“对角线”样式，也可以在列表中选择其他的引线记号样式。
- ◆ “记号线宽”选项：在列表中显示线宽编号，选择编号，定义记号的线宽。
- ◆ “尺寸界线与图元的间隙”选项：默认值为1.5mm，用来控制尺寸界线与标注图元的距离。该间隙越大，尺寸界线与图元的距离越大。
- ◆ “尺寸界线延伸”选项：默认值为0.8mm，设置尺寸界线超过尺寸线的距离。
- ◆ “尺寸界线的记号”选项：默认显示为“无”，也可以在选项列表中选择记号样式。
- ◆ “颜色”选项：单击选项按钮，弹出“颜色”对话框，设置颜色后，可以更改尺寸标注的显示颜色。

“文字”选项组如图5-21所示，常用选项的含义介绍如下。

- ◆ “文字大小”选项：设置尺寸标注文字的大小。
- ◆ “文字偏移”选项：指定标注文字与尺寸线的间距。
- ◆ “文字字体”选项：默认选择“宋体”，可以在选项列表中选择其他字体。
- ◆ “等分文字”选项：默认值为“EQ”，也可以自定义选项值。
- ◆ “等分公式”选项：默认选择“总长度”。单击选项按钮，弹出“尺寸标注等分公式”对话框，在其中定义等分公式的样式。
- ◆ “等分尺寸界线”选项：默认选择“记号和线”样式，在列表中还提供了“只用记号”和“隐藏”两种样式供选择。

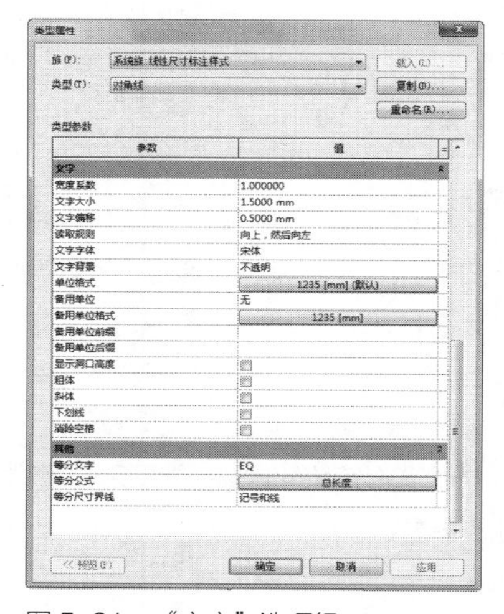

图 5-21　“文字”选项组

5.1.3　创建角度标注

选择“注释”选项卡，在“尺寸标注”面板中单击“角度”按钮，如图5-22所示，激活命令。进入“修改|放置尺寸标注”选项卡，指定拾取参照的方式为“参照墙面”，如图5-23所示。

图 5-22　单击按钮

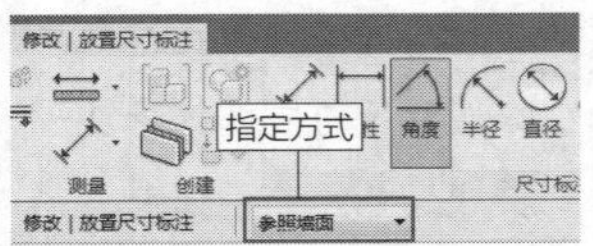

图 5-23　指定拾取参照的方式

将光标置于管道图元之上，高亮显示管道中心线，如图5-24所示。单击鼠标左键，指定中心线为参照。移动光标，拾取另一管道的中心线为参照，如图5-25所示。

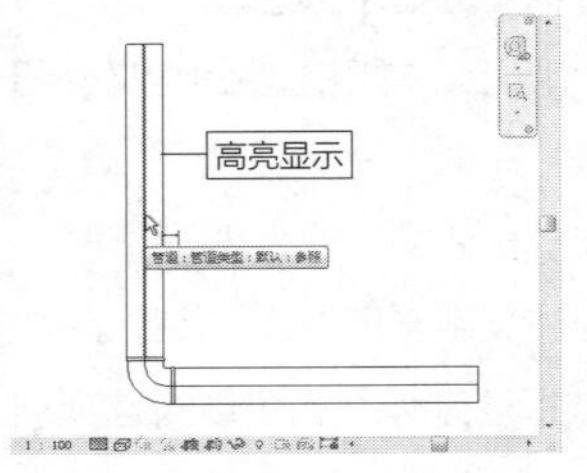

图 5-24　拾取参照 1

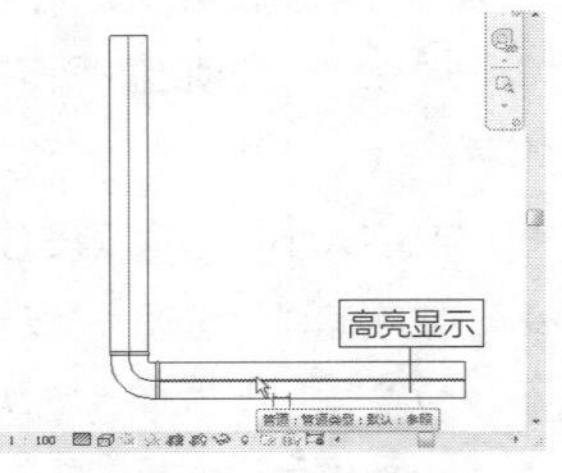

图 5-25　拾取参照 2

移动光标，指定尺寸线的位置，此时可以预览角度标注的创建效果，如图5-26所示。在合适的位置单击鼠标左键，创建角度标注的效果如图5-27所示。

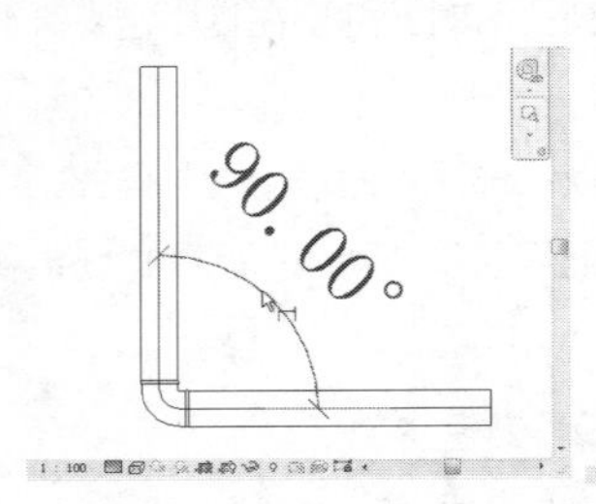

图 5-26　指定尺寸线位置

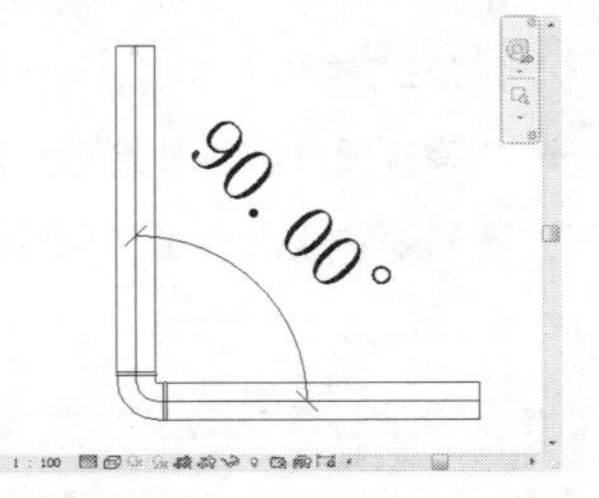

图 5-27　创建角度标注

5.1.4　编辑角度标注

选择角度标注，在“属性”选项板中单击“编辑类型”按钮，如图5-28所示，弹出“类型属性”对话框。在“图形”选项组中选中“记号”选项，单击鼠标左键，弹出样式列表。

在列表中选择“15度实心箭头”选项，如图5-29所示，更改角度标注的记号样式。

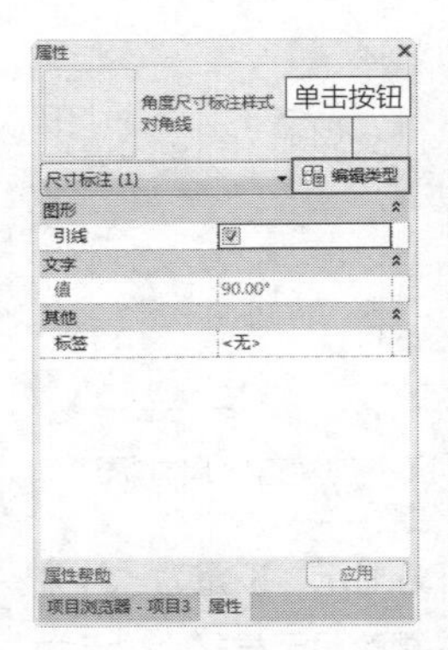

图 5-28　“属性”选项板

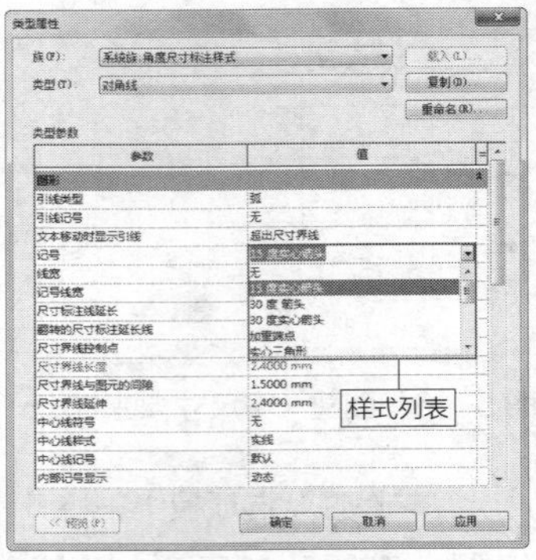

图 5-29　指定记号样式

知识链接：

因为制图标准规定角度标注的记号样式为实心箭头，所以在此选择记号样式为“15度实心箭头”。

在“文字”选项组中选择“文字大小”选项，修改参数为1.5mm。接着选择“文字偏移”选项，设置参数为0.5mm，如图5-30所示。

单击“确定”按钮，返回视图。修改参数后，角度标注的显示样式也随之更新，效果如图5-31所示。

图 5-30　修改文字参数

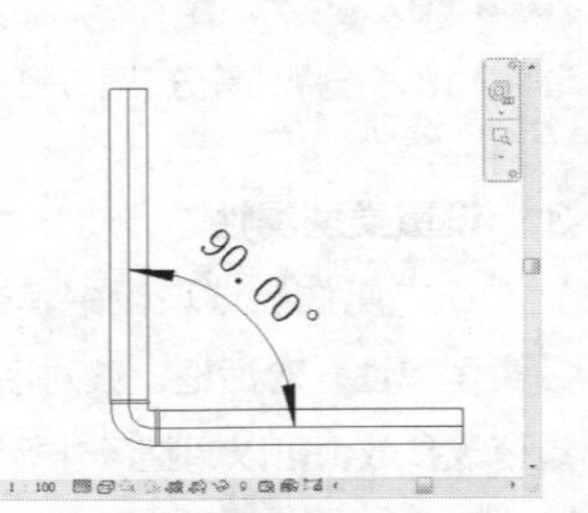

图 5-31　修改效果

5.1.5　创建和编辑半径/直径标注　重点

选择“注释”选项卡，在“尺寸标注”面板中单击“半径”按钮，如图5-32所示，激活命令。进入“修改|放置尺寸标注”选项卡，指定拾取参照的方式为“参照墙面”，如图5-33所示。

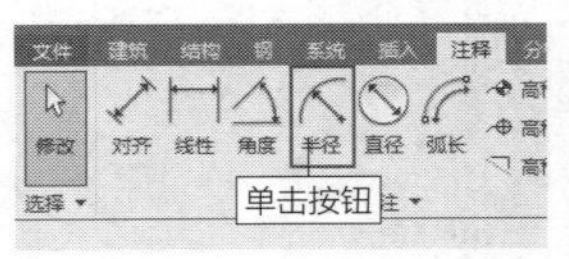

图 5-32　单击按钮

图 5-33　指定拾取参照的方式

将光标置于图元之上，高亮显示图元，如图5-34所示。单击鼠标左键，指定图元为参照。移动光标指定尺寸线的位置，同时预览半径标注的效果，如图5-35所示。

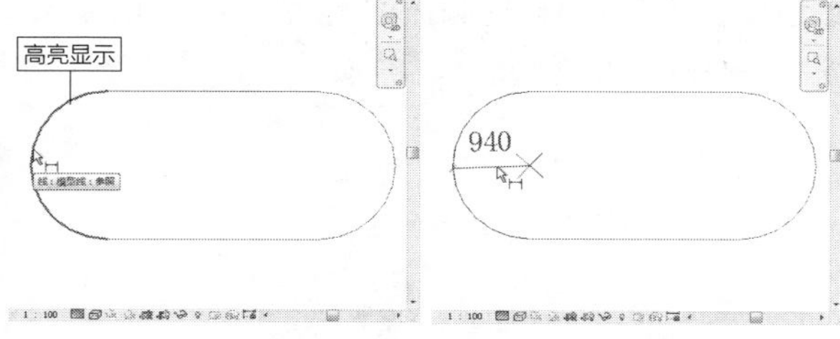

图 5-34　拾取参照　　图 5-35　指定尺寸线位置

在合适的位置单击鼠标左键，创建半径标注的效果如图5-36所示。选择半径标注，在“属性”选项板中单击“编辑类型”按钮，打开“类型属性”对话框。在“图形”选项组中选择“记号”选项，单击鼠标左键，弹出记号样式列表。选择名称为“30度实心箭头”的样式，如图5-37所示。

图 5-36　创建半径标注

图 5-37　指定记号样式

单击“确定”按钮，返回视图。半径标注的记号样式已被修改为“30度实心箭头”，效果如图5-38所示。

在“尺寸标注”面板中单击“直径”按钮，启用“直径”标注命令。拾取圆弧模型线，在空白位置指定尺寸线的位置，可以创建直径标注。在直径标注的“类型属性”对话框中，修改记号样式为“30度实心箭头”。

直径标注的最终效果如图5-39所示。直径标注与半径标注的显示样式不同，在标注数字的前面，会显示直径符号。

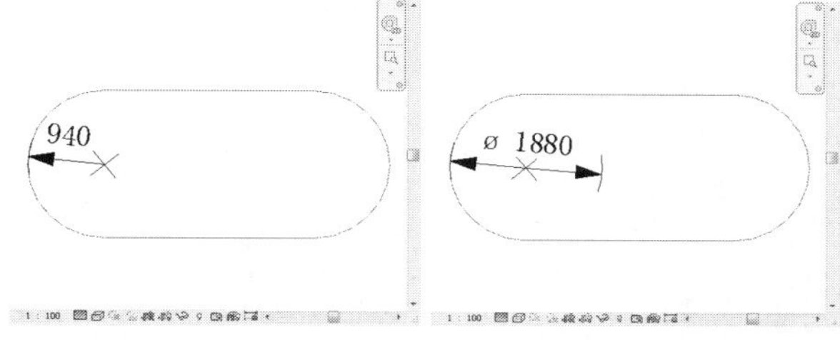

图 5-38　修改效果　　图 5-39　创建直径标注

5.1.6　实战——创建弧长标注　难点

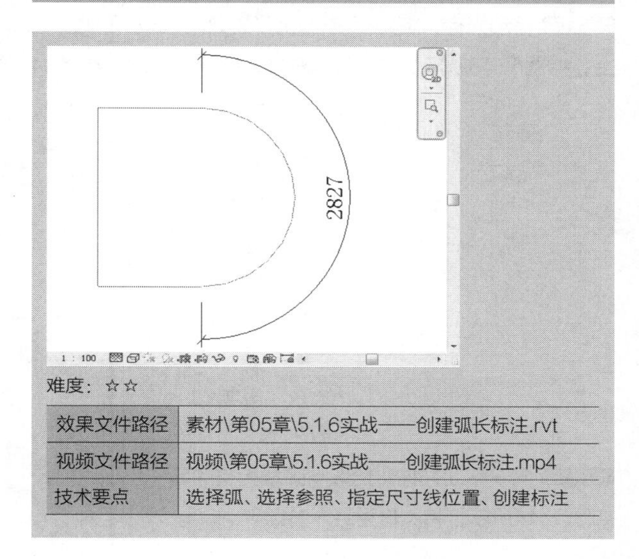

难度：☆☆

效果文件路径	素材\第05章\5.1.6实战——创建弧长标注.rvt
视频文件路径	视频\第05章\5.1.6实战——创建弧长标注.mp4
技术要点	选择弧、选择参照、指定尺寸线位置、创建标注

在创建弧长标注时，需要依次选择弧线段以及与弧相交的参照，否则就不可以创建弧长标注。本节介绍创建弧长标注的方法。

步骤 01 选择“注释”选项卡，在“尺寸标注”面板上单击“弧长”按钮，如图5-40所示，激活命令。

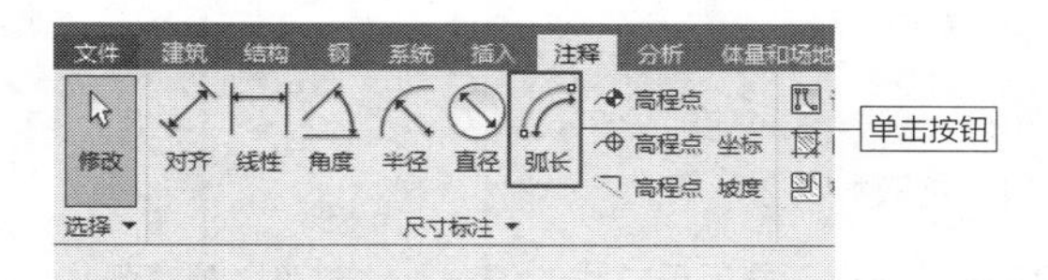

图 5-40　单击按钮

步骤 02 进入“修改|放置尺寸标注”选项卡，选择“参照墙面”为拾取参照的方式，如图5-41所示。

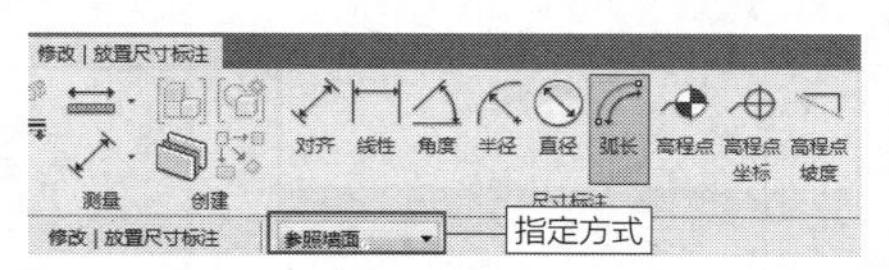

图 5-41　“修改 | 放置尺寸标注”选项卡

步骤 03 将光标置于弧线段上，高亮显示弧线，如图5-42所示。单击鼠标左键，拾取弧线。

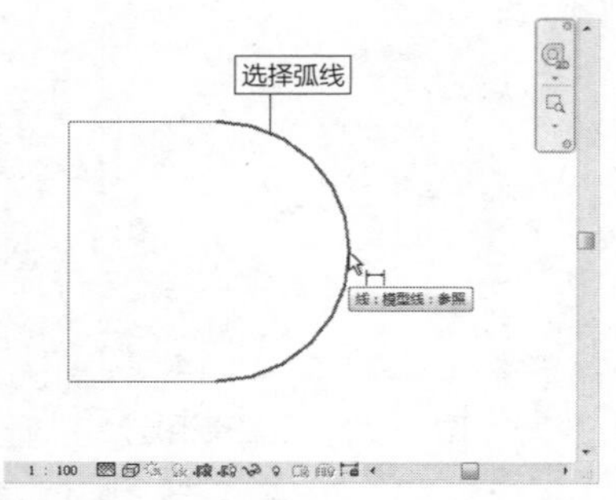

图 5-42　选择弧线

步骤 04 移动光标，将光标置于与弧线段相交的水平线段之上，如图5-43所示。单击鼠标左键，拾取线段作为参照。

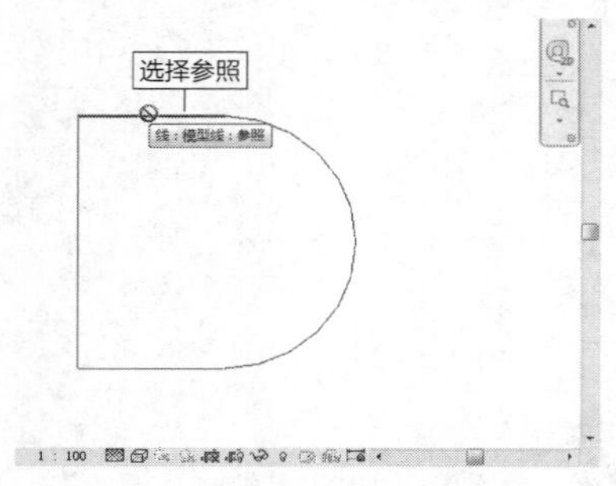

图 5-43　拾取参照 1

步骤 05 向下移动光标，拾取与弧线相交的另一水平线段，如图5-44所示，将其作为另一参照。

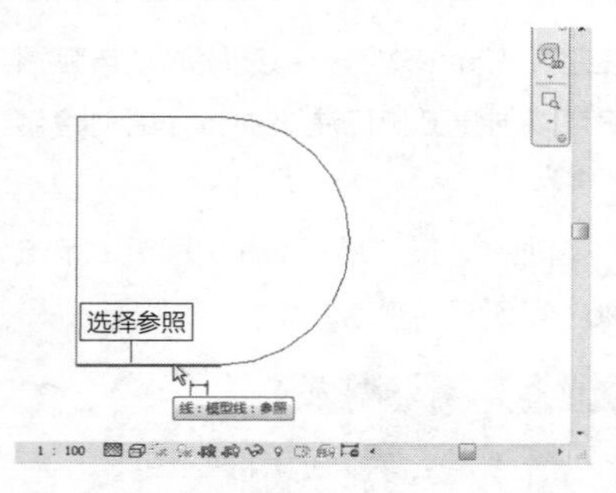

图 5-44　拾取参照 2

步骤 06 移动光标，显示尺寸线的位置，此时可以预览弧长标注的创建效果，如图5-45所示。

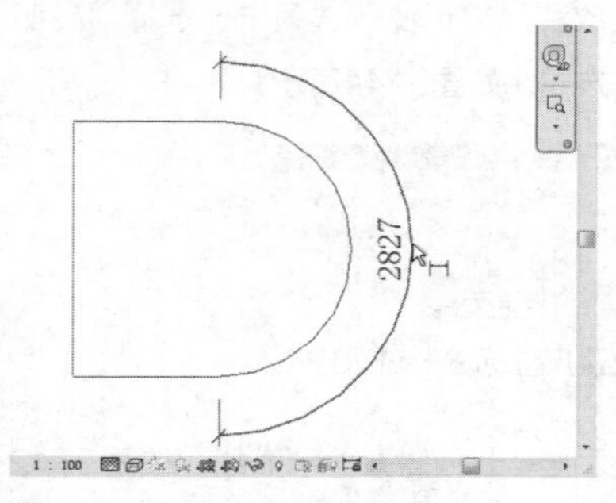

图 5-45　显示尺寸线的位置

步骤 07 在合适的位置单击鼠标左键，指定尺寸线的位置，创建弧长标注，效果如图5-46所示。

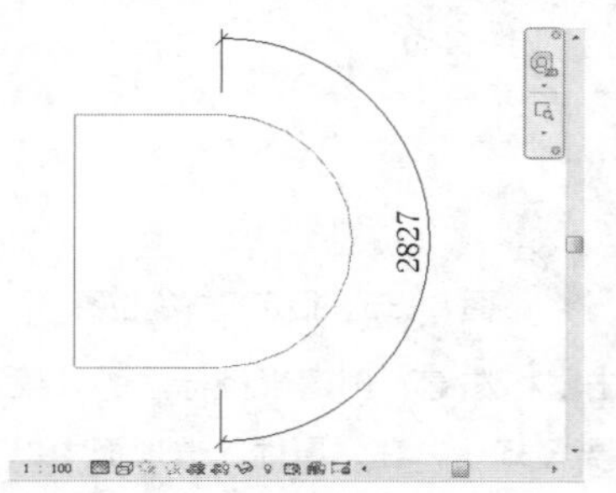

图 5-46　创建弧长标注

5.1.7　实战——创建高程点标注　重点

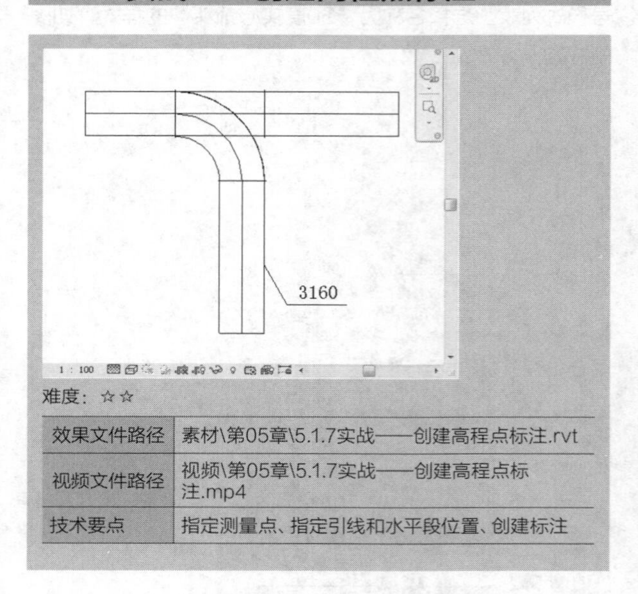

难度：☆☆

效果文件路径	素材\第05章\5.1.7实战——创建高程点标注.rvt
视频文件路径	视频\第05章\5.1.7实战——创建高程点标注.mp4
技术要点	指定测量点、指定引线和水平段位置、创建标注

为图元创建高程点标注，可以注明图元的高程。本节介绍为风管创建高程点标注的方法。

步骤 01 选择“注释”选项卡，在“尺寸标注”面板上单击“高程点”按钮，如图5-47所示，激活命令。

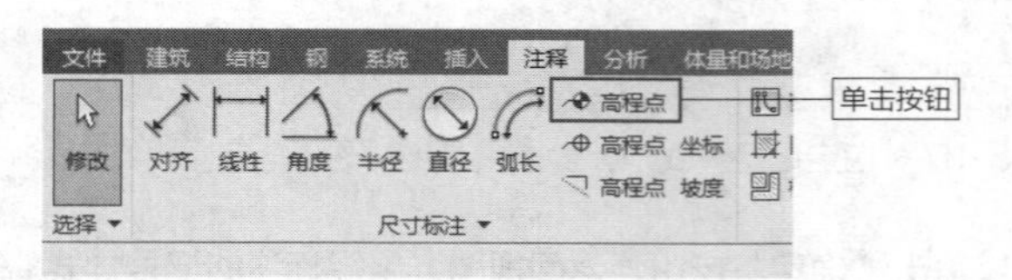

图 5-47　单击按钮

知识链接：

在键盘上按E+L快捷键，也可以启用“高程点”命令。

步骤 02 进入“修改|放置尺寸标注”选项卡，选中“引线”和“水平段”复选框，指定“显示高程”的方式为“实际（选定）高程”，如图5-48所示。

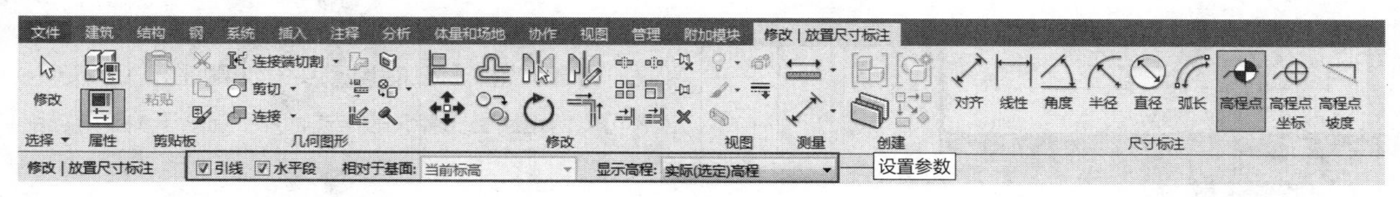

图 5-48　“修改 | 放置尺寸标注”选项卡

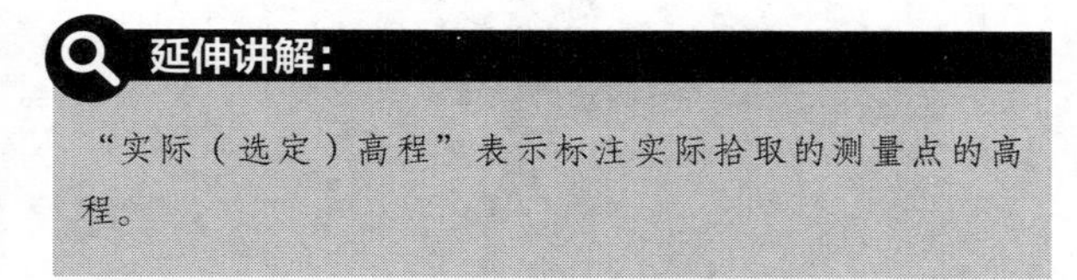

步骤 03 将光标置于风管的边界线上，边界线高亮显示，在测量点上单击鼠标左键，拾取测量点，如图5-49所示。

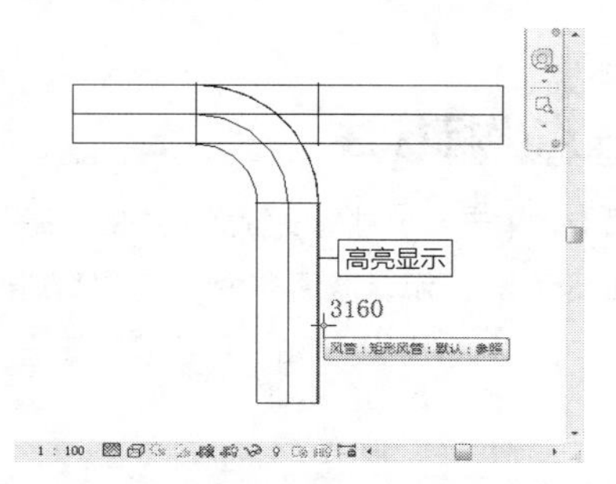

图 5-49　拾取测量点

步骤 04 向右下角移动光标，在引线的端点单击鼠标左键，指定引线，如图5-50所示。

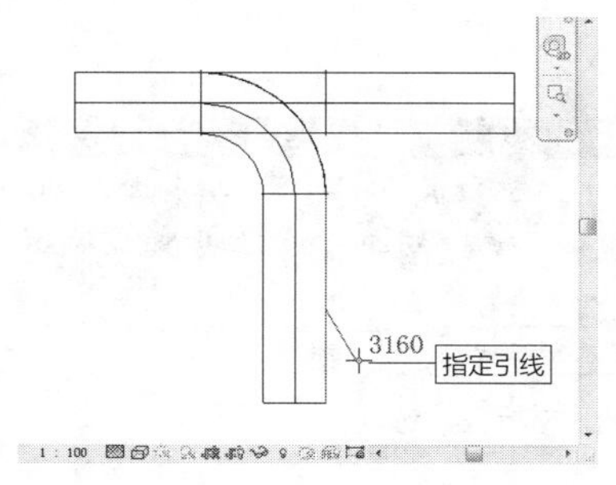

图 5-50　指定引线

步骤 05 向右移动光标，在水平段的终点单击鼠标左键，指定水平段，如图5-51所示。

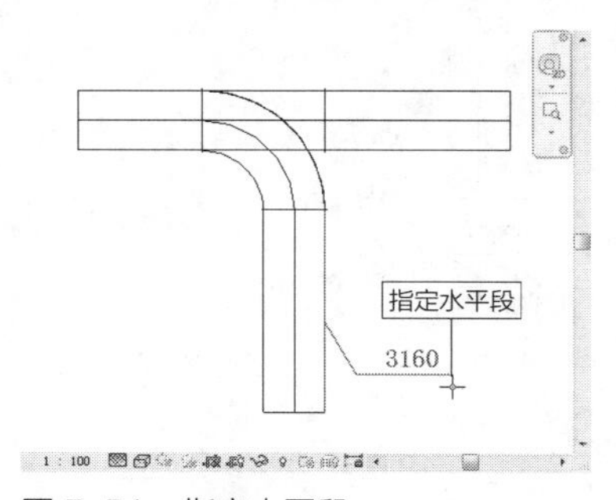

图 5-51　指定水平段

步骤 06 创建高程点标注的效果如图5-52所示。

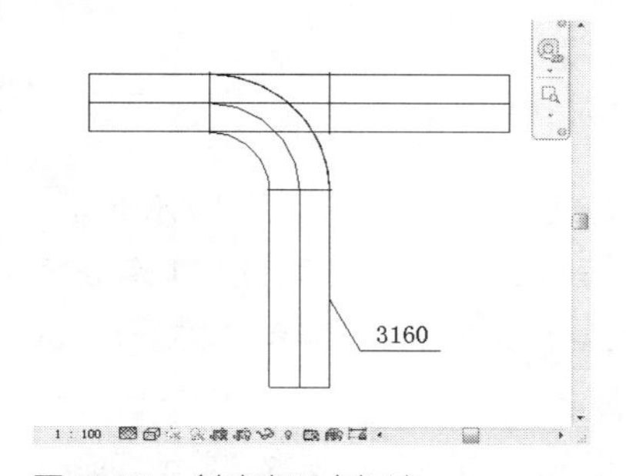

图 5-52　创建高程点标注

5.1.8 编辑高程点标注 难点

选择高程点标注，进入“修改|高程点”选项卡。在选项栏中取消选择“引线”选项，同时“水平段”选项也显示为灰色，如图5-53所示。

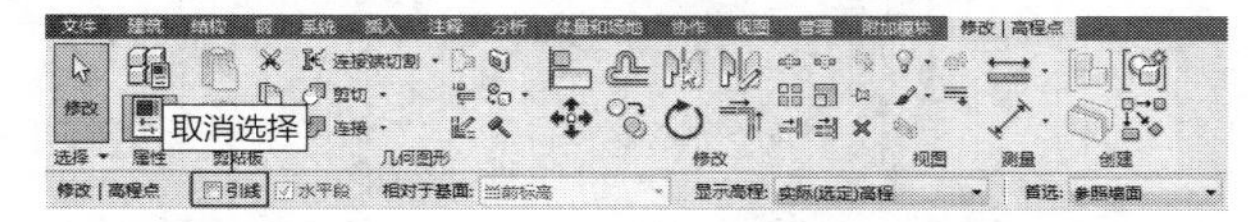

图 5-53　“修改 | 高程点”选项卡

观察高程点标注的显示样式，如图5-54所示。在取消显示“引线”及“水平段”后，仅显示标注文字。标注文字移动至所标注的图元（即风管）上。风管的边界线自动打断，以免遮挡标注文字。

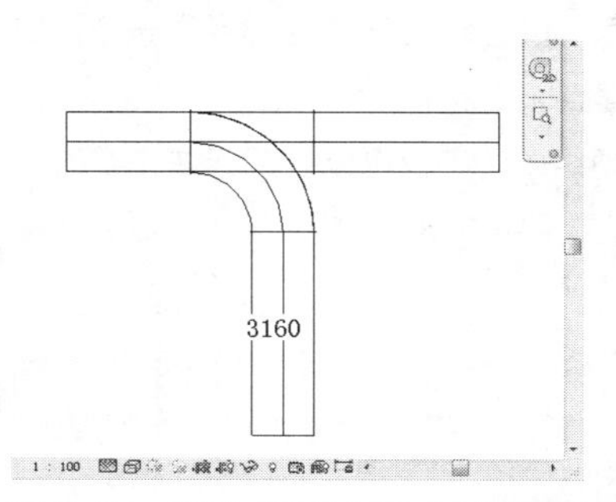

图 5-54　取消“引线”和“水平段”的高程点标注

默认选择“显示高程”的样式为“实际（选定）高程”，在样式列表中选择其他选项，可以得到不同的标注效果。

选择“顶部高程”选项，拾取风管，可以标注风管的顶部高程。选择“底部高程”选项，标注风管的底部高程，效果如图5-55所示。

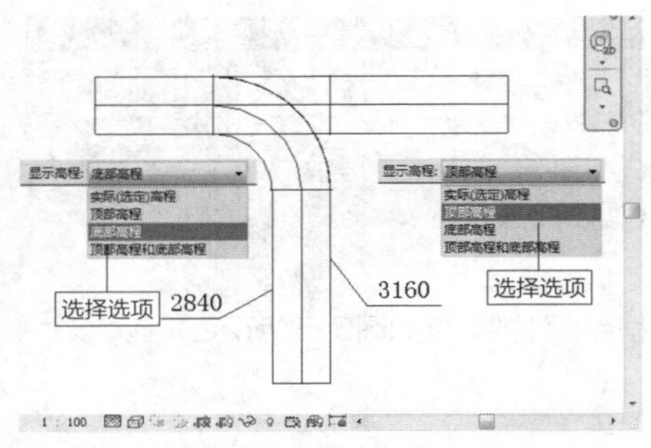

图 5-55　顶部高程和底部高程标注

顶部高程与底部高程可以合并显示。在“显示高程”列表中选择“顶部高程和底部高程”选项，选定风管，所创建的高程标注中包含顶部高程与底部高程，效果如图5-56所示。

选择高程点标注，在“属性”选项板中单击“显示高程”选项，在弹出的列表中也可以选择高程点的显示样式，如图5-57所示。

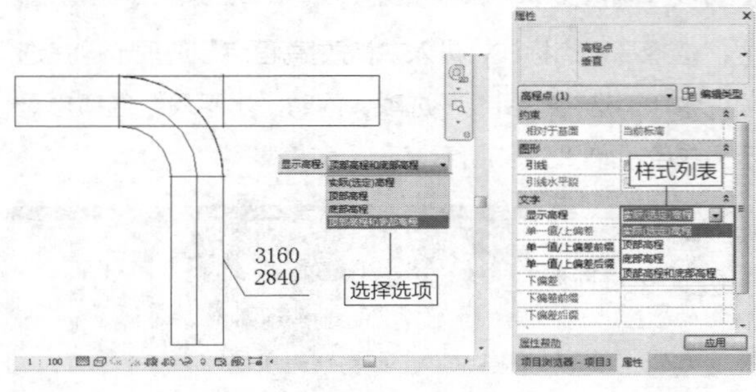

图 5-56　合并显示

图 5-57　“属性”选项板

单击“属性”选项板中的“编辑类型”按钮，弹出“类型属性”对话框。单击“引线箭头”选项，弹出箭头样式列表。选择选项，如选择“30度实心箭头”选项，如图5-58所示，为高程点标注添加引线箭头。

在“文字”选项组中，不仅可以设置标注文字的样式及大小，还可以设置文字方向、文字位置等参数，如图5-59所示。

图 5-58　指定箭头样式　　图 5-59　显示文字参数

在“类型属性”对话框中，单击“确定”按钮，返回视图。为高程点标注添加引线箭头的效果如图5-60所示。读者可以自定义引线箭头的样式，并不局限于本节所选用的样式。

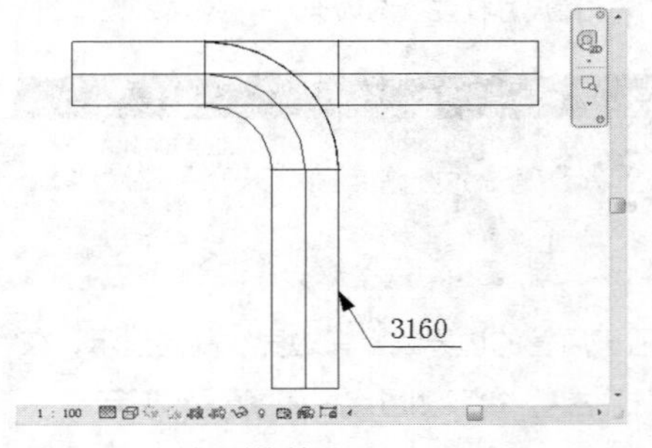

图 5-60　添加引线箭头

5.1.9　创建高程点坐标标注

在“注释”选项卡，单击“尺寸标注”面板中的“高程点坐标”按钮，如图5-61所示，激活命令。在“修改|放置尺寸标注”选项卡，选中“引线”和“水平段”复选框，如图5-62所示。

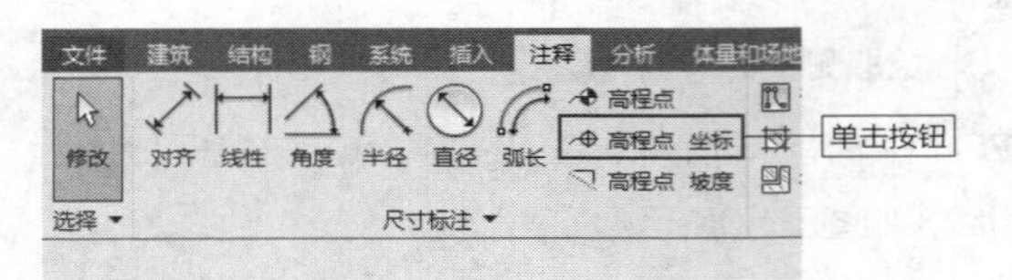

图 5-61　单击按钮

图 5-62　“修改 | 放置尺寸标注”选项卡

将光标置于风管管件的右下角点，此时可以预览坐标标注的效果，如图5-63所示。在指定的测量点单击鼠标左键。向左下角移动光标，指定引线的端点，如图5-64所示。

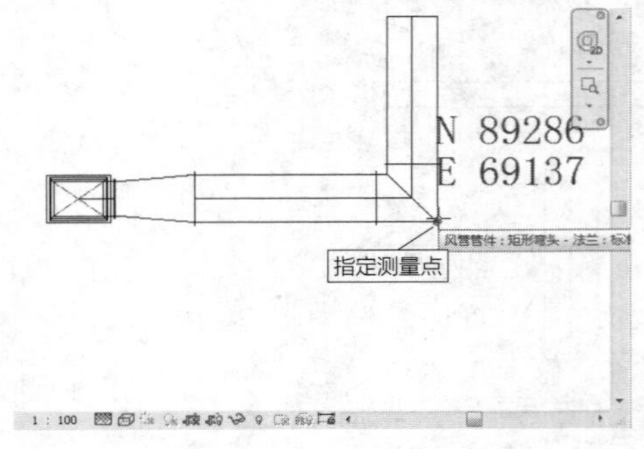

图 5-63　指定测量点

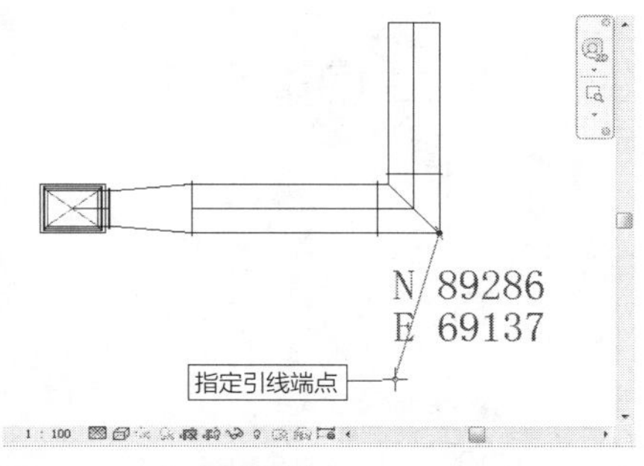

图 5-64　指定引线端点

单击鼠标左键，指定引线端点的位置。向左移动光标，指定水平段的终点，如图5-65所示。在合适的位置单击鼠标左键，绘制水平段。创建高程点坐标标注的效果如图5-66所示。

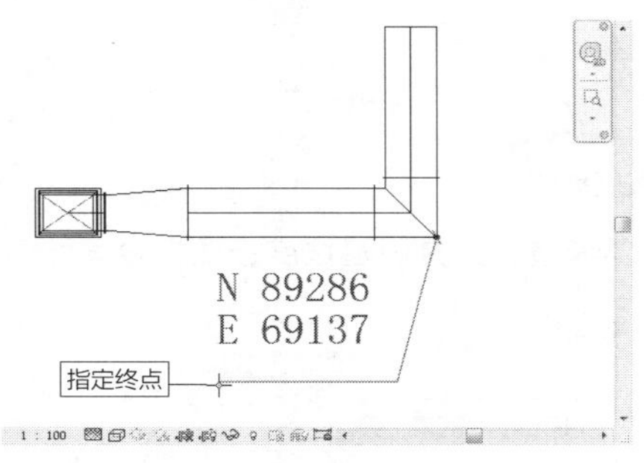

图 5-65　指定水平段终点

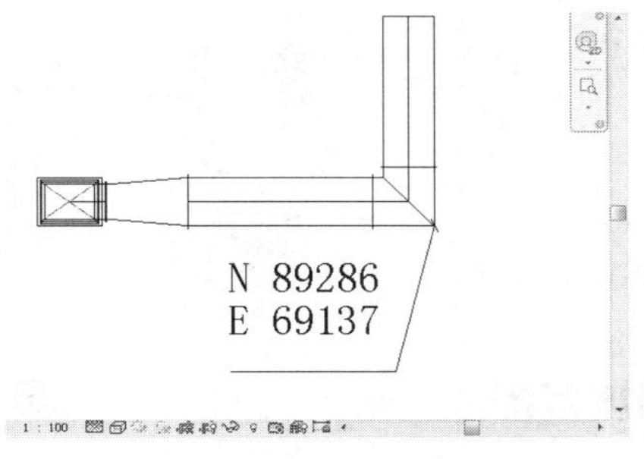

图 5-66　创建高程点坐标标注

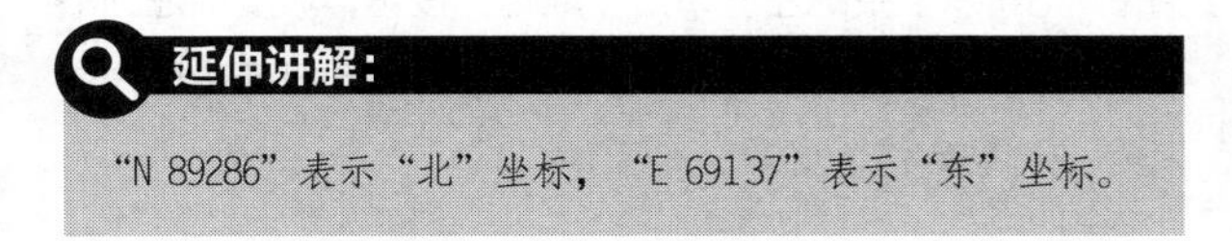

延伸讲解：

“N 89286”表示“北”坐标，“E 69137”表示“东”坐标。

打开高程点坐标标注的“类型属性”对话框，在“引线箭头”列表中选择名称为“箭头打开90度1.25mm”的箭头，为高程点坐标标注添加箭头。修改“文字大小”为2mm、“文字距引线的偏移量”为0.3mm，如图5-67所示。

单击“确定”按钮，返回视图。修改高程点坐标标注显示样式的效果如图5-68所示。

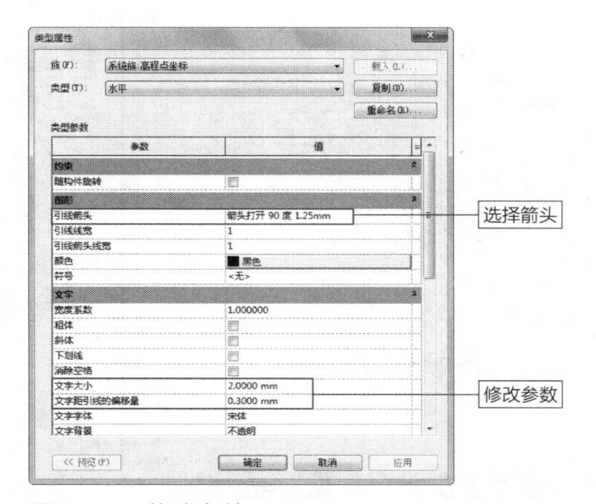

图 5-67　修改参数

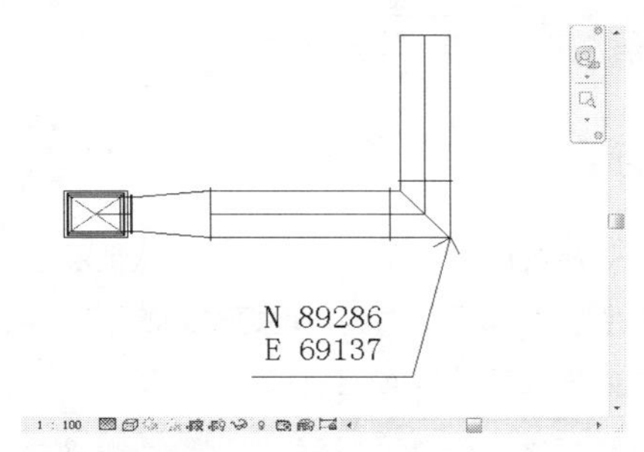

图 5-68　修改效果

5.1.10　实战——创建管道坡度标注　重点

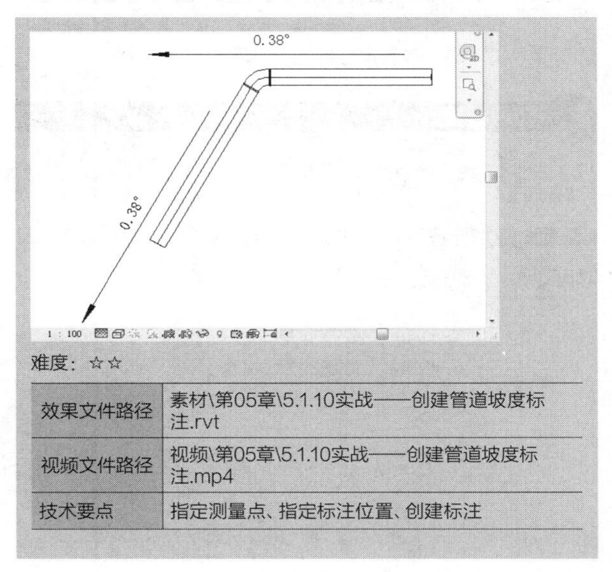

难度：☆☆

效果文件路径	素材\第05章\5.1.10实战——创建管道坡度标注.rvt
视频文件路径	视频\第05章\5.1.10实战——创建管道坡度标注.mp4
技术要点	指定测量点、指定标注位置、创建标注

选择带坡度的管道，可以在管道的一侧显示其坡度值，如图5-69所示。为管道添加坡度标注后，在不选择管道的情况下，也能了解其坡度大小。本节介绍创建管道坡度标注的方法。

步骤 01 在“注释”选项卡的“尺寸标注”面板中，单击“高程点坡度”按钮，如图5-70所示，激活命令。

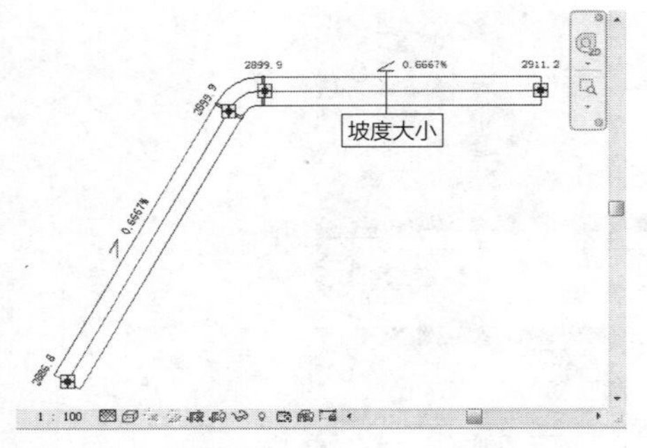

图 5-69　显示坡度值

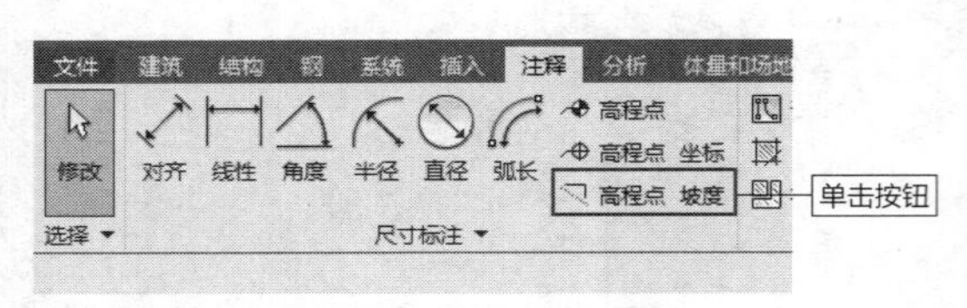

图 5-70　单击按钮

步骤02 进入“修改|放置尺寸标注”选项卡，默认情况下“坡度表示”的方式为“箭头”，并且不可更改，如图5-71所示。保持“相对参照的偏移”选项值为1.5mm不变。

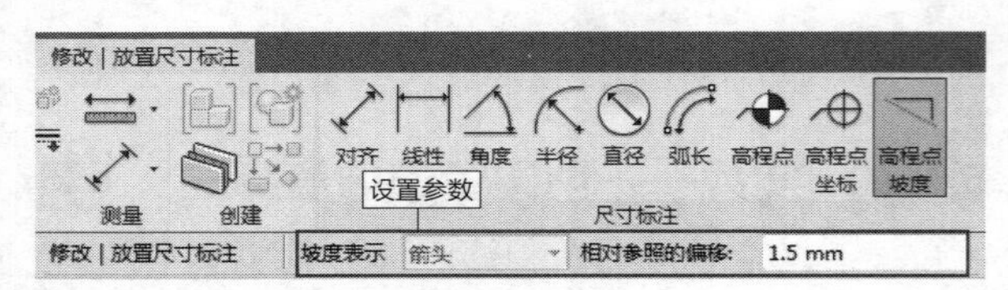

图 5-71　“修改 | 放置尺寸标注”选项卡

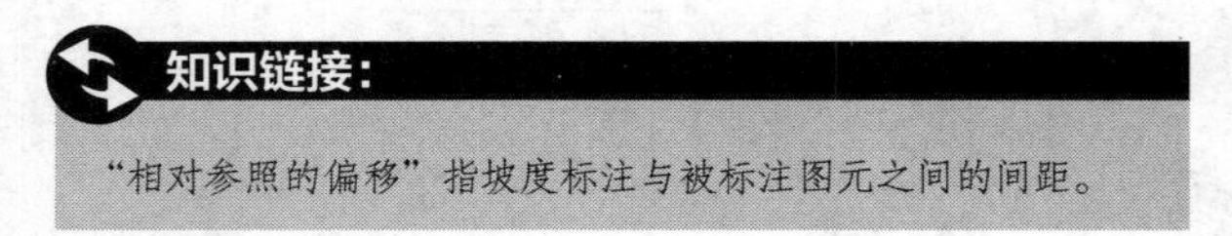

“相对参照的偏移”指坡度标注与被标注图元之间的间距。

步骤03 将光标置于管道的边界线上，边界线高亮显示，同时可以预览坡度标注的效果，如图5-72所示。

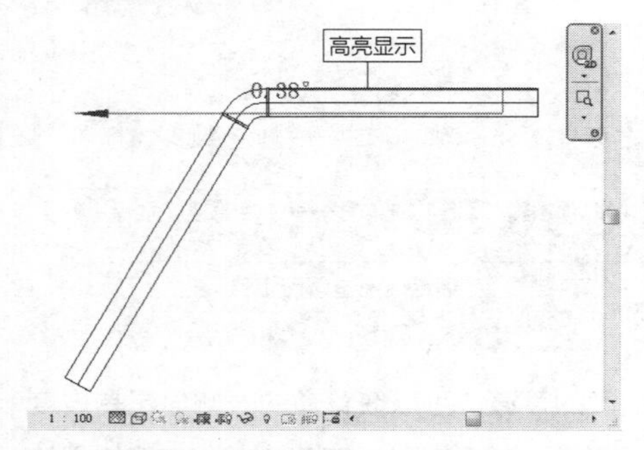

图 5-72　边界线高亮显示

步骤04 在边界线上单击鼠标左键，拾取测量点。向上移动光标，指定坡度标注的位置，如图5-73所示。

步骤05 在空白位置单击鼠标左键，创建管道坡度标注，效果如图5-74所示。

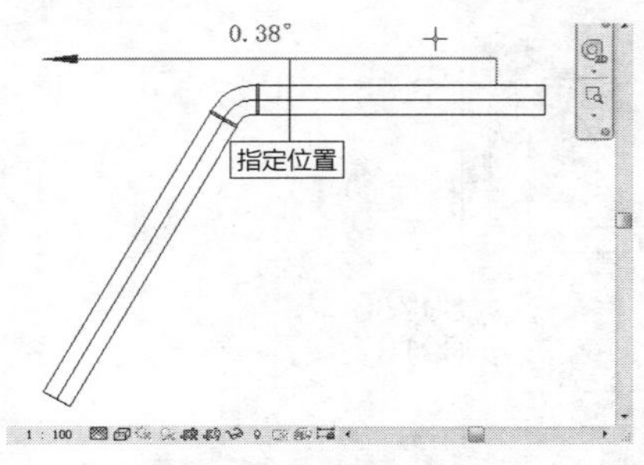

图 5-73　指定坡度标注的位置

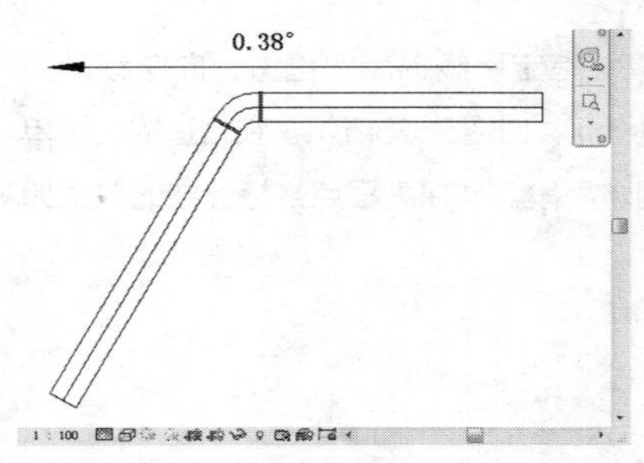

图 5-74　管道坡度标注

步骤06 拾取倾斜管道，为其创建坡度标注，效果如图5-75所示。

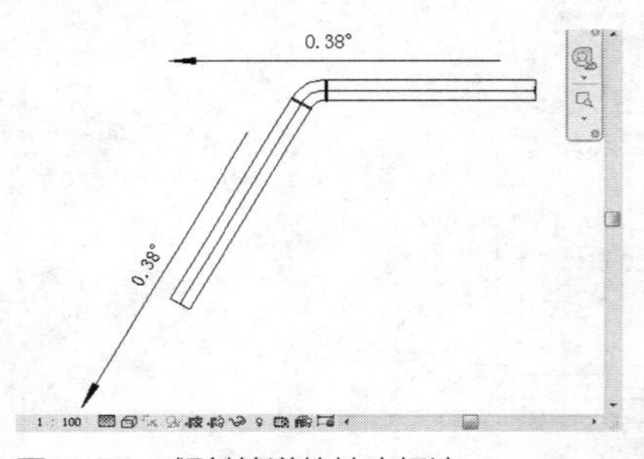

图 5-75　倾斜管道的坡度标注

5.1.11 编辑坡度标注 难点

选择坡度标注，在引线的一端显示“翻转”按钮，如图5-76所示。鼠标左键单击“翻转”按钮，坡度标注向下翻转方向，效果如图5-77所示。管道会自动打断边界线，避免遮挡坡度标注文字。

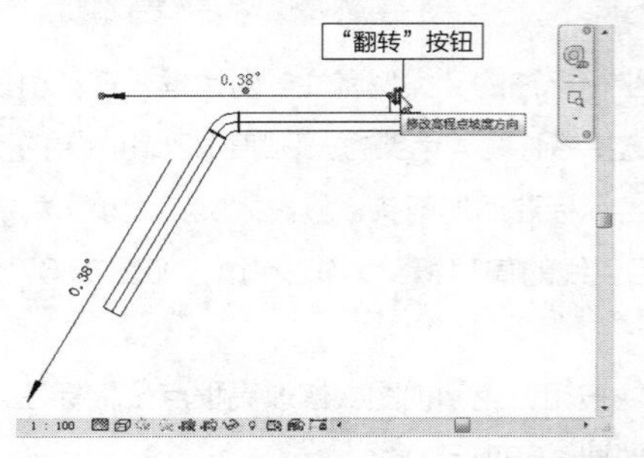

图 5-76　显示“翻转”按钮

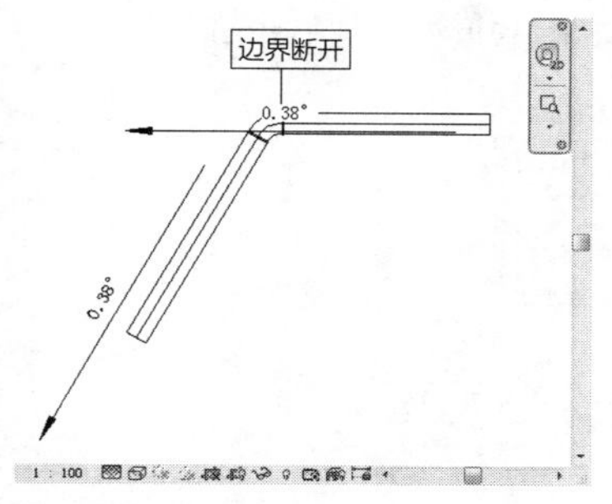

图 5-77　翻转方向

光标置于坡度标注引线的右侧，激活蓝色的实心夹点。按住鼠标左键不放，向上拖曳鼠标，可以调整坡度标注的位置，如图5-78所示。在合适的位置松开鼠标左键，调整标注位置的效果如图5-79所示。

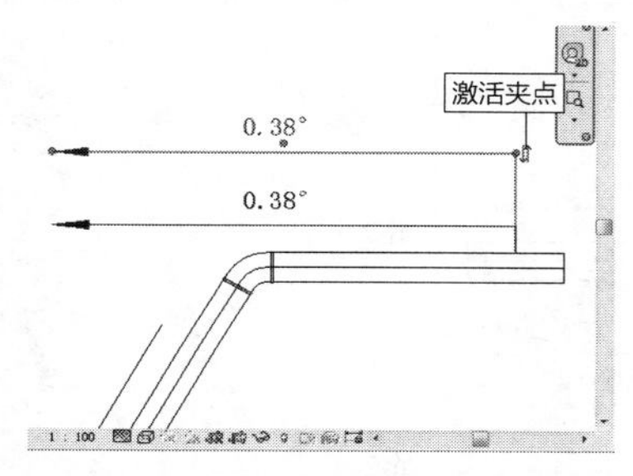

图 5-78　调整标注位置

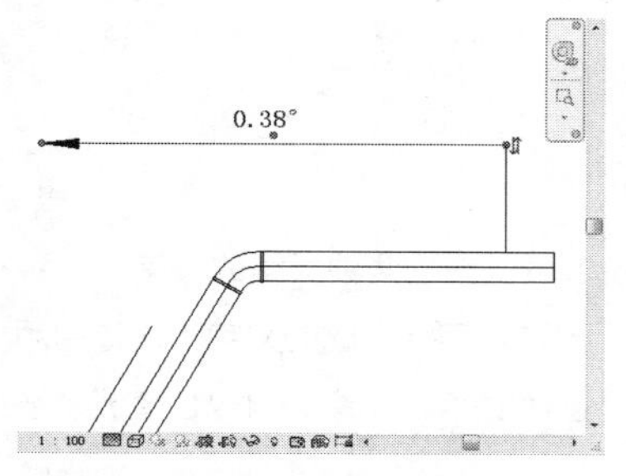

图 5-79　调整标注位置的效果

光标置于箭头端点的蓝色实心夹点，按住鼠标左键不放，向右拖曳鼠标，可以调整引线的长度，如图5-80所示。在合适的位置松开鼠标左键，修改引线长度的效果如图5-81所示。

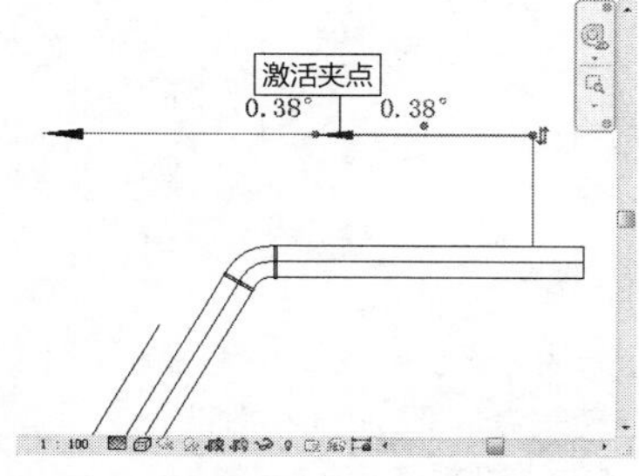

图 5-80　调整引线的长度

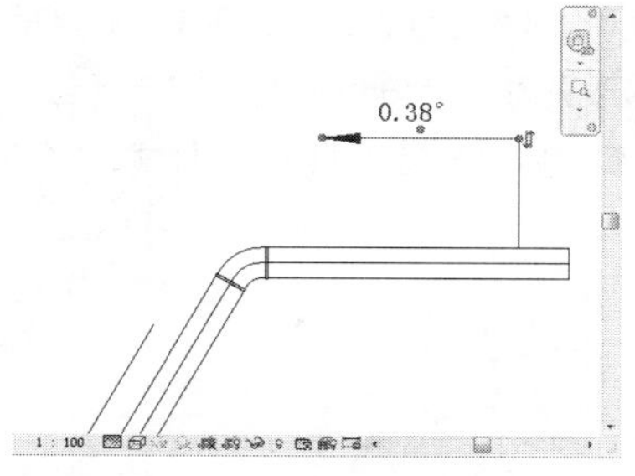

图 5-81　调整引线长度的效果

在坡度标注文字的右下角，显示蓝色的实心夹点。光标置于夹点之上，按住鼠标左键不放，向下拖曳鼠标，可以调整文字的位置，如图5-82所示。在合适的位置松开鼠标左键，拖曳文字的效果如图5-83所示。

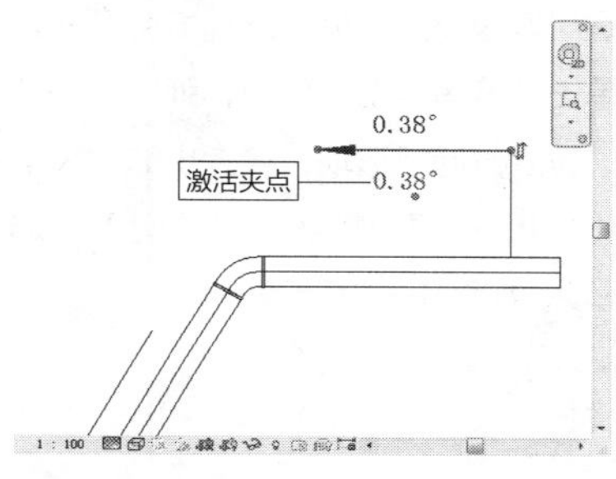

图 5-82　调整文字位置

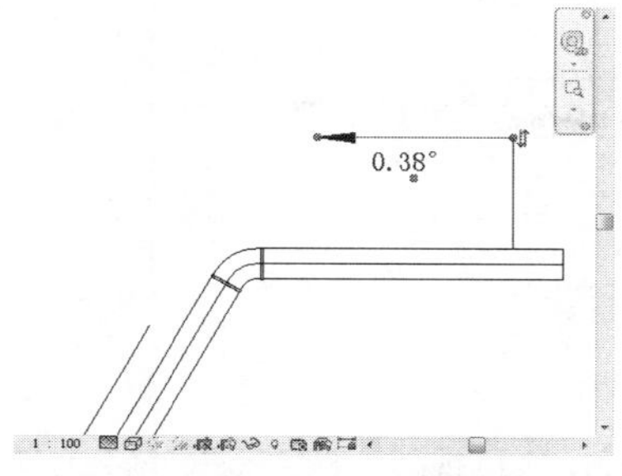

图 5-83　调整文字位置的效果

通常情况下，坡度标注不应该与被标注图元相距太远，以免与其他图元产生混淆，不能发挥标注功能。所以，还是再次激活引线一端的夹点，调整坡度标注的位置，使其紧邻被标注的管道，效果如图5-84所示。

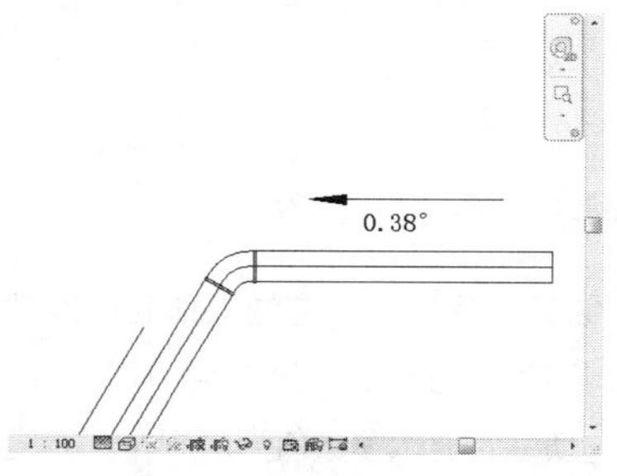

图 5-84　使坡度标注紧邻管道

如果视图中包含多个坡度标注，通过激活夹点调整其中一个坡度标注的显示样式后，其他坡度标注不会受到影响。所以还需要再次编辑其他坡度标注的显示样式，效果如图5-85所示。

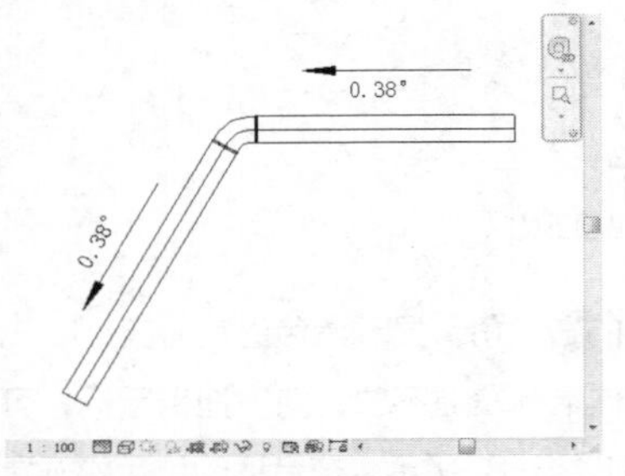

图 5-85　编辑其他坡度标注的效果

坡度标注的方向是可以重新定义的。选择坡度标注，在“属性”选项板中单击“编辑类型”按钮，弹出“类型属性”对话框。单击“坡度方向”选项，在弹出的列表中显示“向下”“向上”两个选项。默认选择“向下”选项，改选为“向上”选项，如图5-86所示。

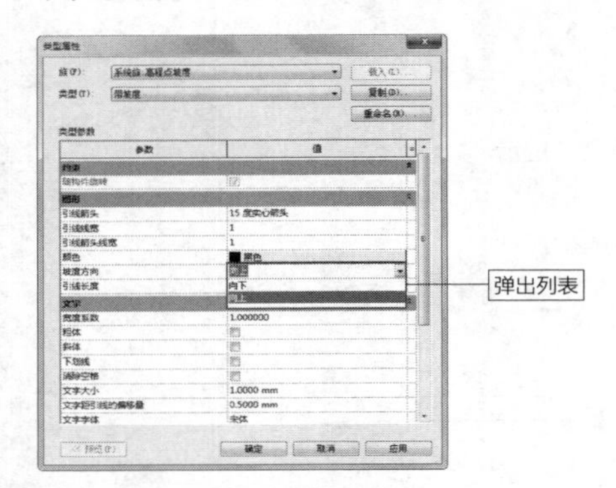

图 5-86　坡度方向列表

单击“确定”按钮，返回视图。坡度标注的箭头方向更新显示，效果如图5-87所示。

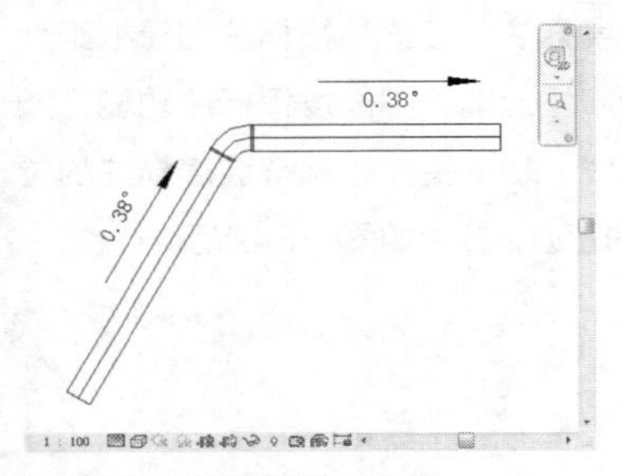

图 5-87　调整坡度方向

在上一节中，在结束创建坡度标注的操作后，发现引线特别长，甚至超出了管线的长度。在“类型属性”对话框的“引线长度”选项中，显示参数值为25mm，如图5-88所示。这是引线的默认长度，在未修改该项参数的情况下创建坡度标注，其引线长度统一为25mm。

图 5-88　显示默认引线长度

通过修改“引线长度”选项参数，如将其设置为15mm，在创建坡度标注时，可以使引线的长度较为合理，效果如图5-89所示。

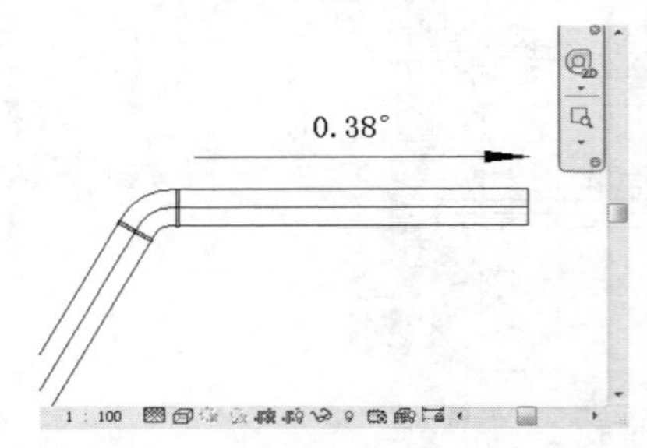

图 5-89　调整引线长度

5.2 文字标注

在Revit应用程序中可以创建两种类型的文字，一种是二维样式的文字，另一种是三维样式的文字。通过启用“拼写检查”命令及“查找/替换”命令，可以检查或者替换文字标注。

5.2.1 实战——添加文字注释　重点

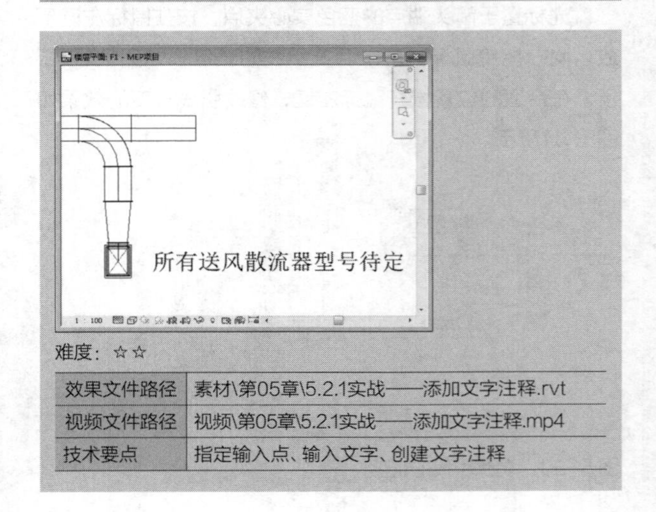

难度：☆☆

效果文件路径	素材\第05章\5.2.1实战——添加文字注释.rvt
视频文件路径	视频\第05章\5.2.1实战——添加文字注释.mp4
技术要点	指定输入点、输入文字、创建文字注释

在创建二维样式的文字注释前，可以指定文字的输入点，也可以拖曳绘制矩形创建换行文字。本节介绍创建文字注释的方法。

步骤01 在“注释”选项卡中，单击“文字”面板中的“文字”按钮，如图5-90所示，激活命令。

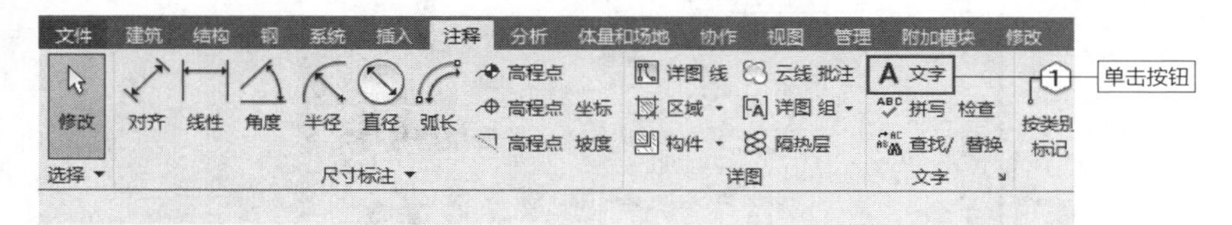

图 5-90　单击按钮

步骤02 进入“修改|放置文字”选项卡，保持默认参数不变，如图5-91所示。

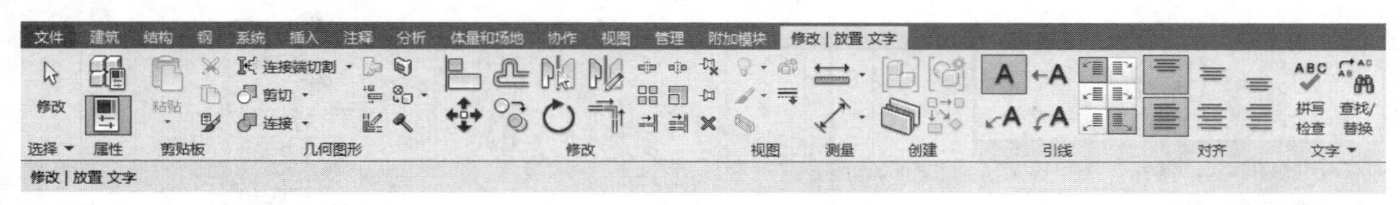

图 5-91　“修改 | 放置文字”选项卡

步骤03 在绘图区域的任意位置单击鼠标左键，进入“放置编辑文字”选项卡，如图5-92所示。

图 5-92　“放置编辑文字”选项卡

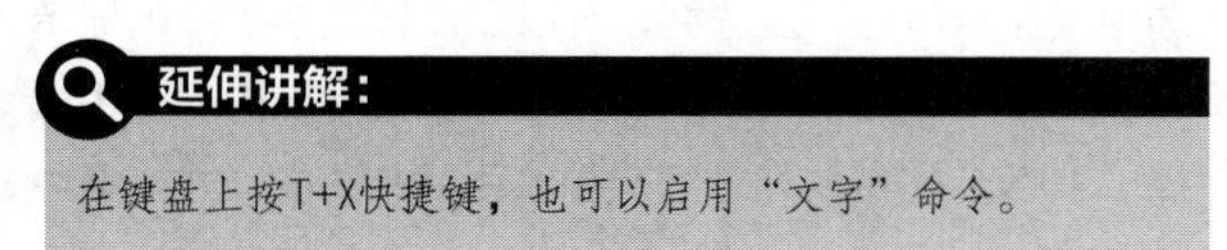

延伸讲解：

在键盘上按T+X快捷键，也可以启用“文字”命令。

步骤04 指定注释文字的输入点后，进入在位编辑模式，如图5-93所示。

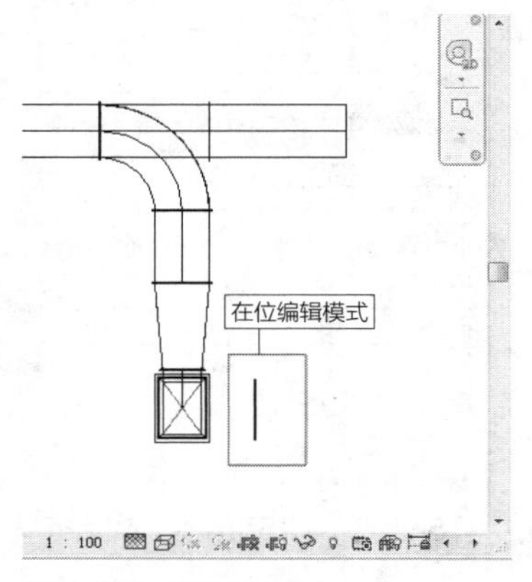

图 5-93　指定输入点

步骤05 输入注释文字，如图5-94所示。

步骤06 单击“关闭”按钮，退出文字编辑器。接着按Esc键，关闭“修改|放置文字”选项卡。创建文字注释的效果如图5-95所示。

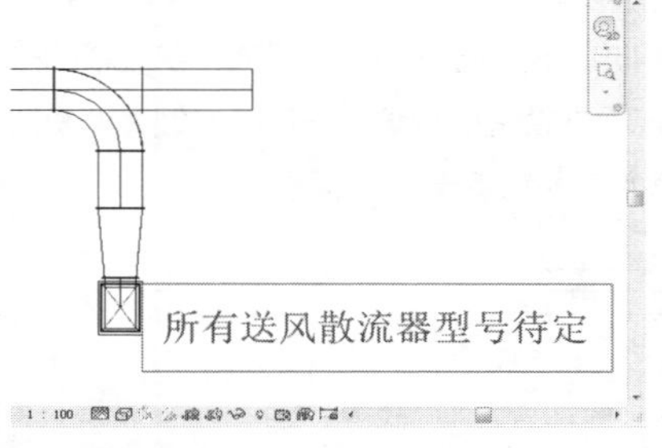

图 5-94　输入文字

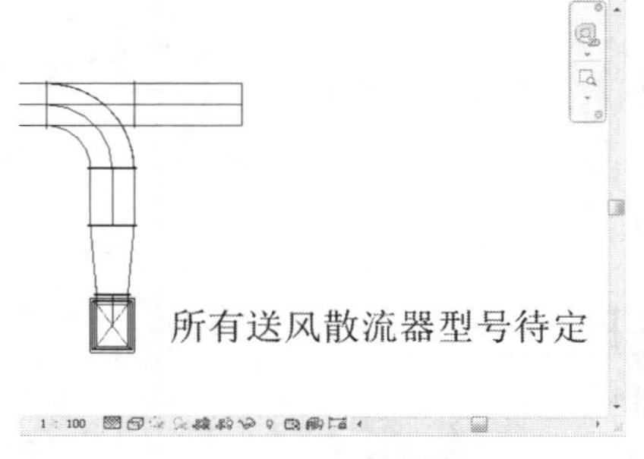

图 5-95　创建文字注释的效果

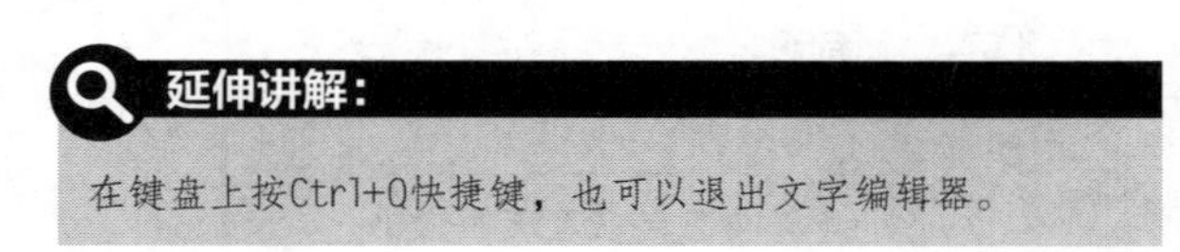

延伸讲解：

在键盘上按Ctrl+Q快捷键，也可以退出文字编辑器。

5.2.2　编辑文字注释

选择文字注释，进入“修改|文字注释”选项卡。在“引线”面板中单击“添加左直线引线”按钮，如图5-96所示。观察文字注释，发现在其左侧添加了一条水平引线，如图5-97所示。

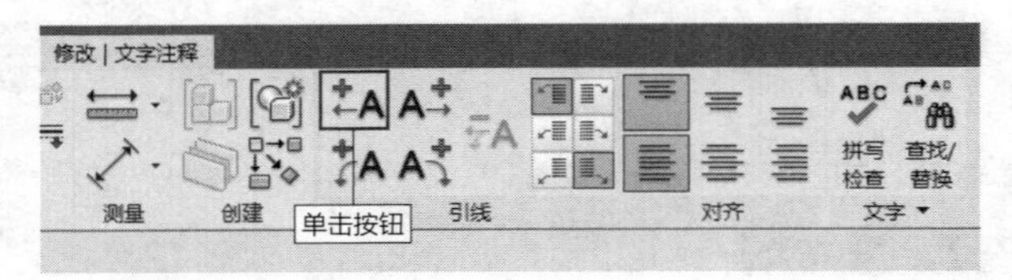

图 5-96　单击按钮

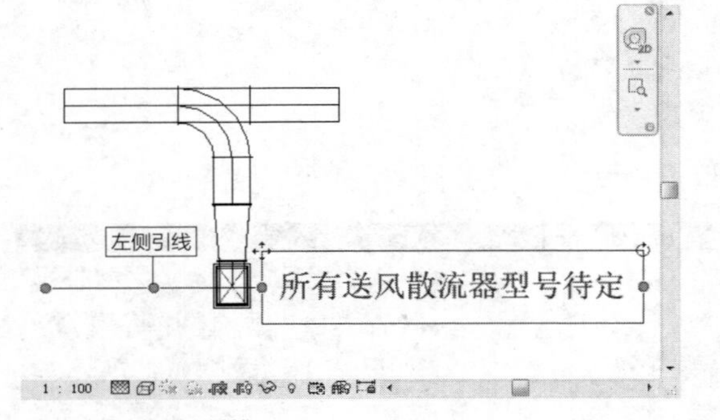

图 5-97　添加引线

将光标置于注释文字左上角的“移动”按钮上，按住鼠标左键不放，向左下角拖曳鼠标，调整文字注释的位置，如图5-98所示。在合适的位置松开鼠标左键，调整文字注释位置的效果如图5-99所示。

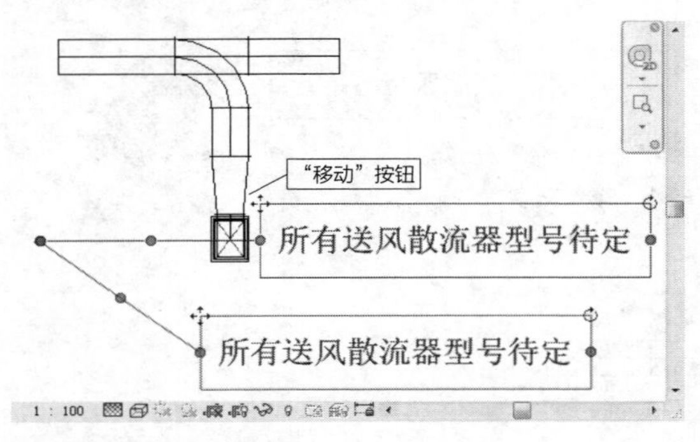

图 5-98　拖曳鼠标

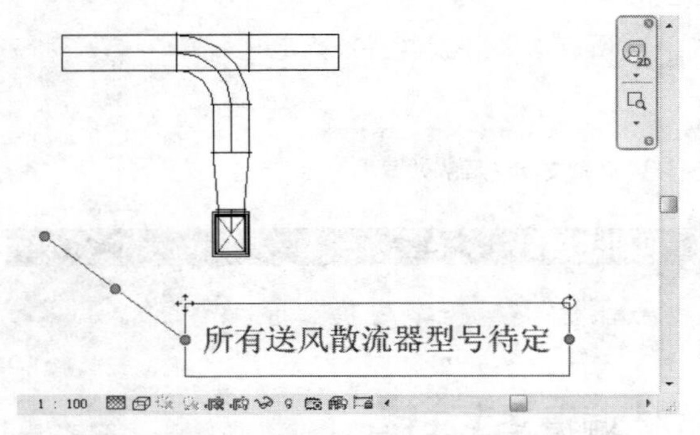

图 5-99　调整文字注释的位置

将光标置于左侧引线的夹点上，按住鼠标左键不放，向右拖曳鼠标，如图5-100所示。在合适的位置松开鼠标左键，重新指定引线端点位置的效果如图5-101所示。

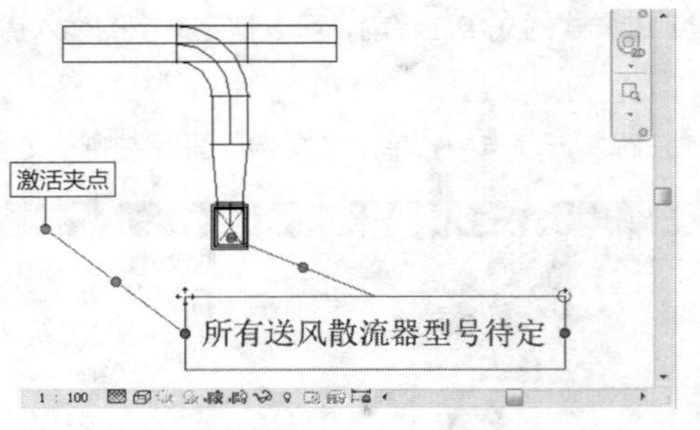

图 5-100　拖曳鼠标

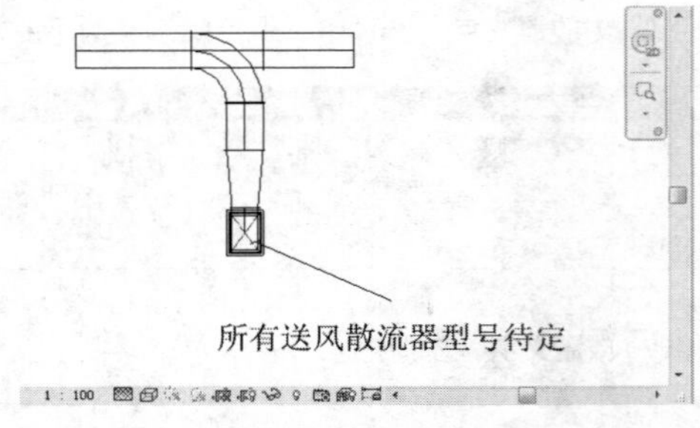

图 5-101　调整引线位置

在文字注释的“属性”选项板中，显示引线的信息，例如，“左侧附着”选项显示“顶”，表示左侧引线附着在文字注释的顶部，如图5-102所示。

单击“编辑类型”按钮，弹出“类型属性”对话框。选中“显示边框”复选框，可以在注释文字的周围显示矩形边框。单击“引线箭头”选项，在弹出的列表中选择“30度实心箭头”选项，更改引线箭头的样式。选中“粗体”及“斜体”复选框，更改文字的显示样式，如图5-103所示。

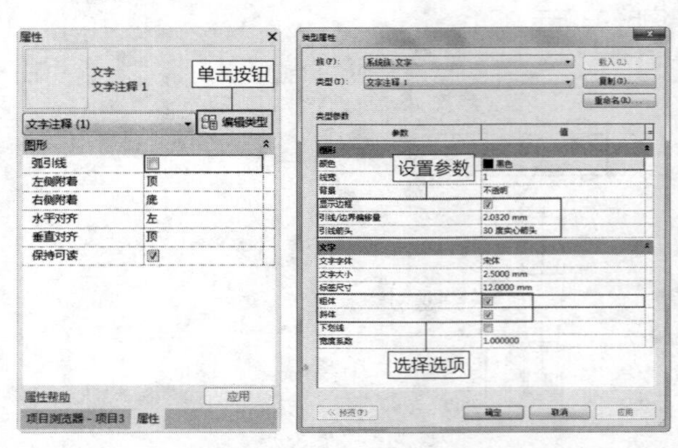

图 5-102　“属性”选项板　　图 5-103　“类型属性”对话框

单击“确定”按钮，返回视图。修改类型属性参数后，注释文字的显示效果如图5-104所示。选中文字注释后，在其周围显示一组控制柄，如图5-105所示。激活控制柄，可以调整文字的显示样式。

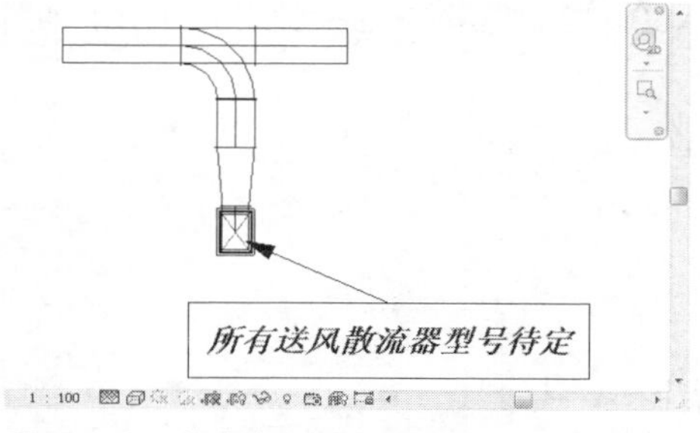

图 5-104　修改类型属性参数的效果

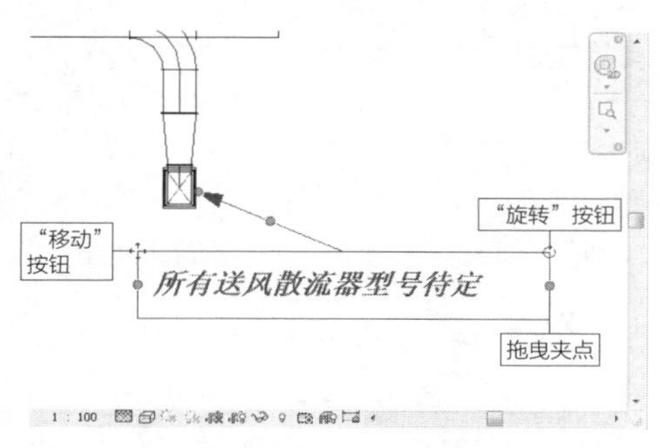

图 5-105　显示控制柄

将光标置于边框右侧边界线中的拖曳夹点上，按住鼠标左键不放，激活夹点。向左拖曳鼠标，调整边框的大小，同时文字注释因为水平方向上的空间不够，而自动采取换行显示，如图5-106所示。

在合适的位置松开鼠标左键，调整边框的大小及文字换行显示，效果如图5-107所示。

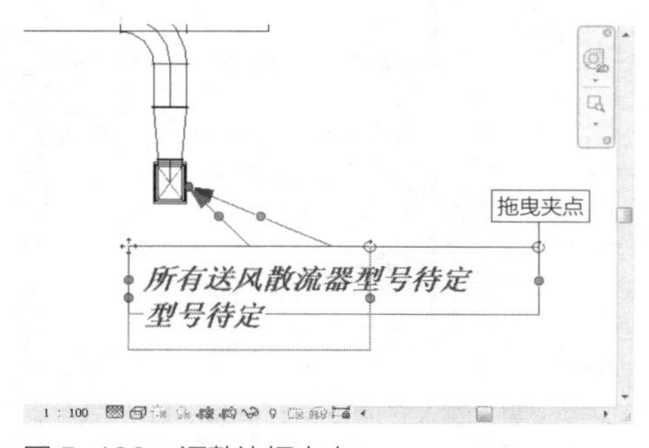

图 5-106　调整边框大小

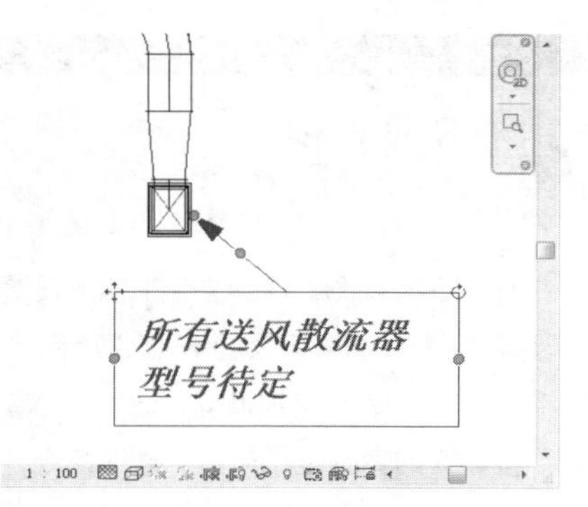

图 5-107　调整边框大小的效果

默认情况下，文字的“段落”样式为“左对齐”，即文字与左侧页边距对齐。在“段落”面板中单击“居中对齐”按钮，调整文字的对齐方式，居中对齐文字的效果如图5-108所示。

单击“右对齐”按钮，文字向右侧移动，与右侧页边距对齐，效果如图5-109所示。

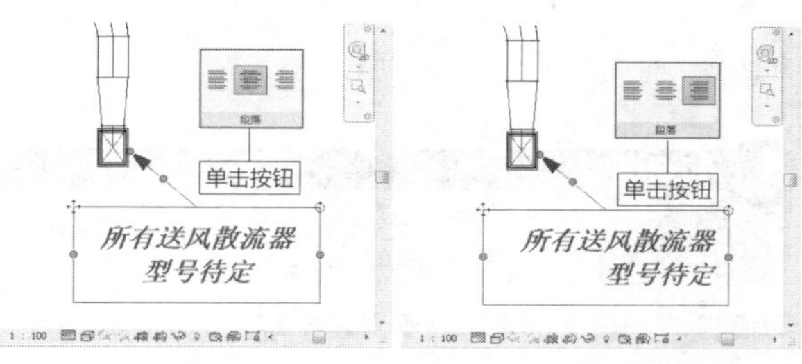

图 5-108　“居中”对齐　　图 5-109　“右”对齐

5.2.3　实战——添加模型文字　难点

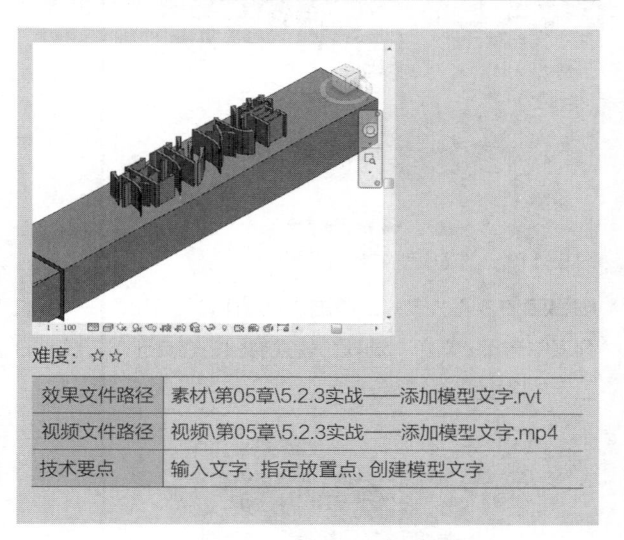

难度：☆☆

效果文件路径	素材\第05章\5.2.3实战——添加模型文字.rvt
视频文件路径	视频\第05章\5.2.3实战——添加模型文字.mp4
技术要点	输入文字、指定放置点、创建模型文字

模型文字就是指三维样式的文字。输入模型文字的内容后，可将其放置到指定的模型面上。本节介绍创建模型文字的方法。

步骤01 选择“建筑”选项卡，在“模型”面板中单击“模型文字”按钮，如图5-110所示，激活命令。

图 5-110　单击按钮

步骤02 随即弹出“编辑文字”对话框，在其中输入“矩形风管”文字，如图5-111所示。

步骤03 单击“确定”按钮，关闭对话框。将光标置于风管的水平面上，此时可以预览模型文字的内容，如图5-112所示。

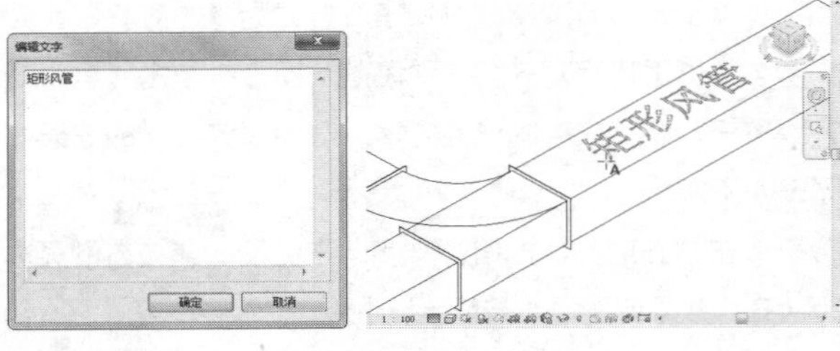

图 5-111　“编辑文字”对话框　图 5-112　预览效果

知识链接：

在创建模型文字之前，首先将当前视图设置为三维视图。

步骤 04 在风管上的合适位置单击鼠标左键，创建模型文字，效果如图5-113所示。

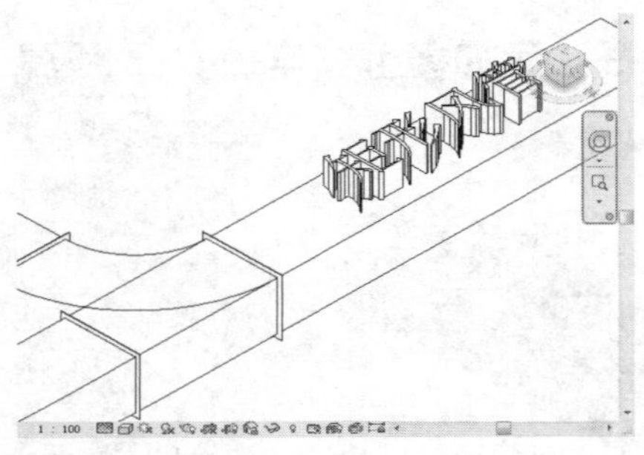

图 5-113　创建模型文字

步骤 05 在视图控制栏上单击“视觉样式”按钮，在弹出的列表中选择“着色”选项，转换视图的视觉样式，模型的显示效果如图5-114所示。

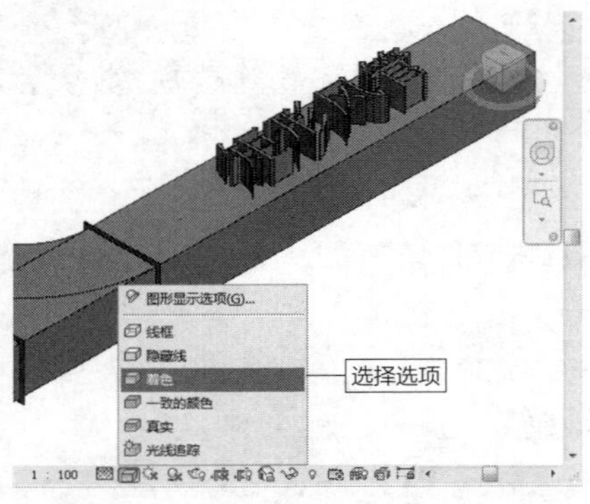

图 5-114　修改显示样式

5.2.4　编辑模型文字

选择模型文字，在“属性”选项板中显示文字的相关信息，如“文字”内容、“水平对齐”方式及“深度”大小等，如图5-115所示。默认情况下，模型文字的深度值为150mm。

光标定位于“深度”选项中，按Backspace键，删除默认值，输入30，指定模型文字的深度值为30mm，如图5-116所示。

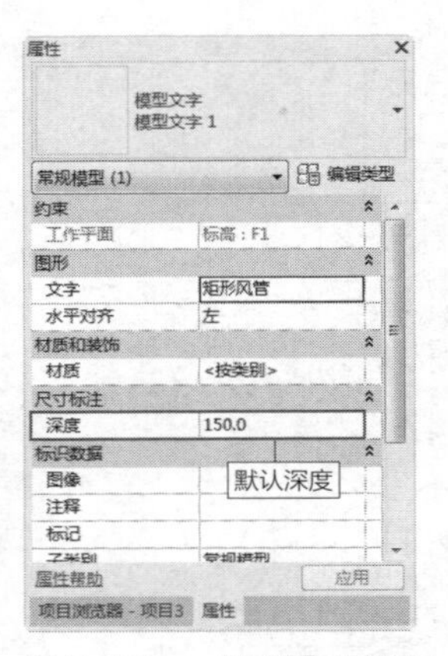

图 5-115　“属性”选项板　图 5-116　设置深度值

光标移动至绘图区域中，模型文字的深度发生变化，显示效果如图5-117所示。单击“属性”选项板中的“编辑类型”按钮，弹出“类型属性”对话框。在“文字”选项组中，显示模型文字的字体、大小等参数。

单击“文字字体”选项，在弹出的列表中选择名称为“华文隶书”的字体，修改“文字大小”选项值为200，选中“粗体”和“斜体”复选框，设置模型文字的显示样式，如图5-118所示。

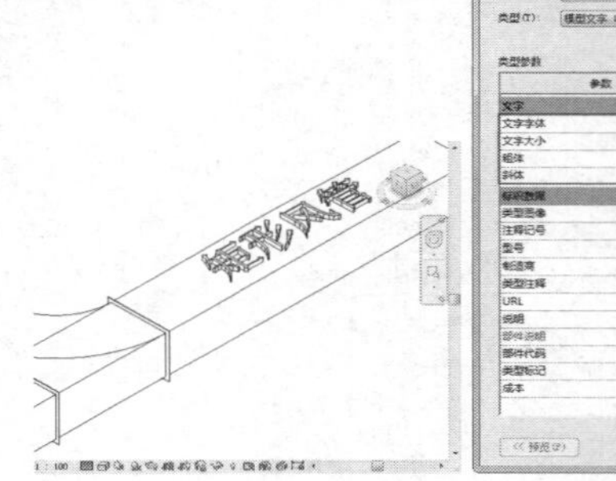

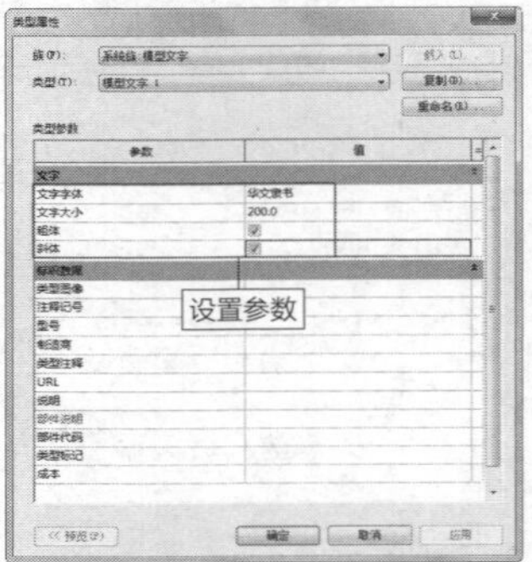

图 5-117　修改“深度”值的效果　图 5-118　“类型属性”对话框

延伸讲解：

“深度”参数修改完毕后，单击“属性”选项板中的“应用”按钮，也可将参数应用到模型文字中。

单击“确定”按钮，返回视图。模型文字根据所设置的类型属性参数，更新显示样式，效果如图5-119所示。

选择模型文字后，进入“修改|常规模型”选项卡。单击“编辑工作平面”按钮，如图5-120所示，激活命令，重新编辑模型文字的所在面。

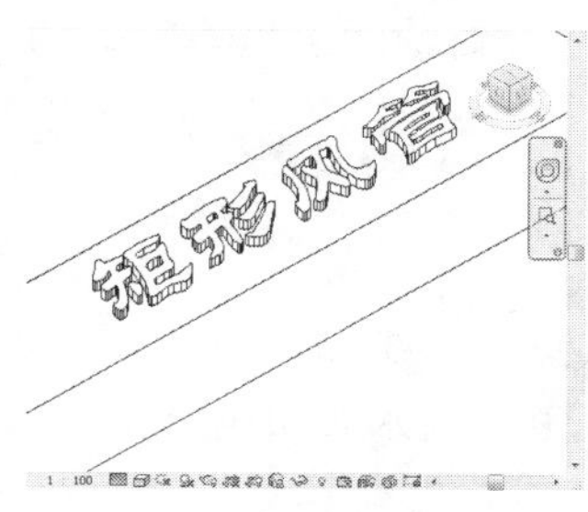

图 5-119 修改效果

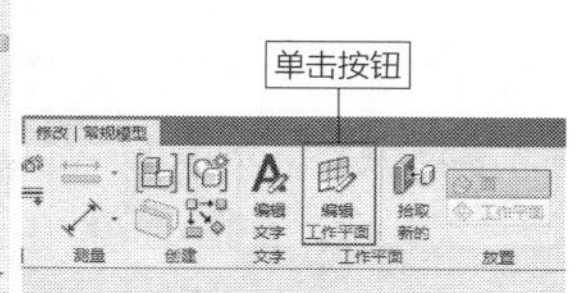

图 5-120 单击按钮

知识链接：

单击“编辑文字”按钮，弹出“编辑文字”对话框，在其中可以重新定义模型文字的内容。

启用“编辑工作平面”命令后，弹出“工作平面”对话框。在“指定新的工作平面”选项组中，选择“拾取一个新主体”选项，如图5-121所示。单击“确定”按钮，返回视图。移动光标，指定新的工作平面。光标置于风管的垂直面上，高亮显示面边界线，同时预览模型文字置于该垂直面上的效果，如图5-122所示。

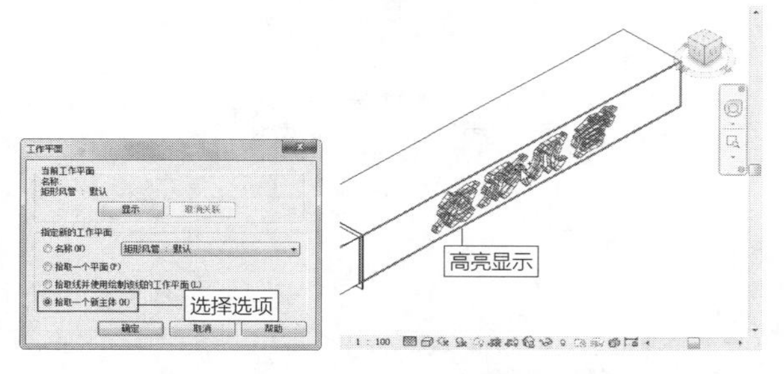

图 5-121 “工作平面”对话框　图 5-122 拾取垂直面

在垂直面上的合适位置单击鼠标左键，放置模型文字，效果如图5-123所示。

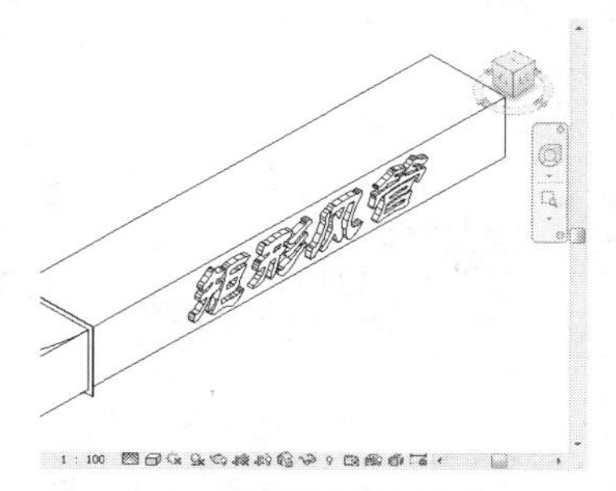

图 5-123 重新放置模型文字

延伸讲解：

在“修改|常规模型”选项卡中，单击“拾取新的”按钮，也可以重新拾取工作平面来放置模型文字。

5.2.5 查找/替换文字 重点

在普及输入法的今天，很多人在快速输入汉字的时候，有时候会出现同音异义词。如何快速地查找错别字，并替换为正确的字？Revit应用程序提供了“查找/替换”功能。

在添加文字注释时，出现输入错误是常有的事，如图5-124所示。选择“注释”选项卡，在“文字”面板中单击“查找/替换”按钮，如图5-125所示，激活命令。

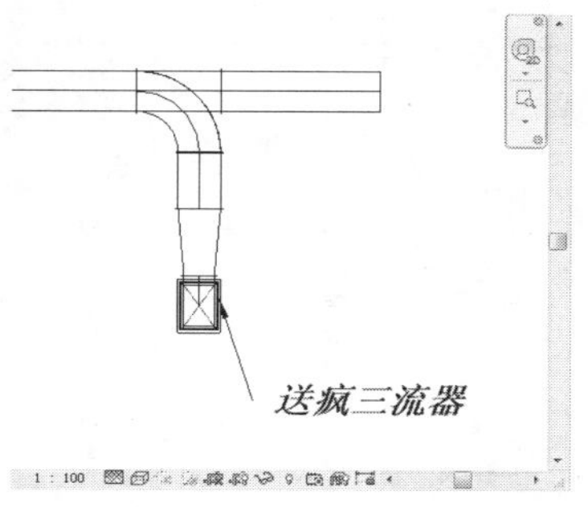

图 5-124 输入错误字词

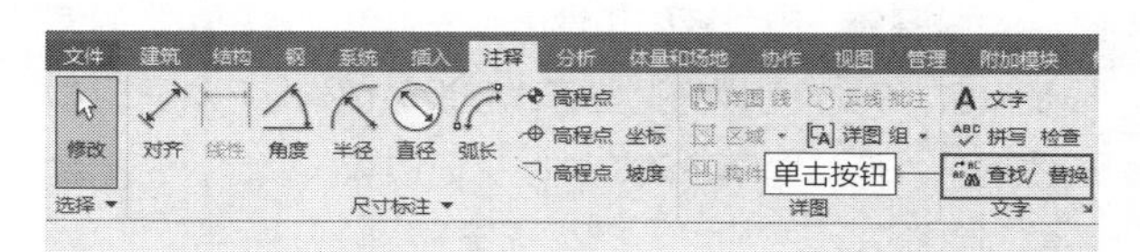

图 5-125 单击按钮

知识链接：

在键盘上按F+R快捷键，也可以启用“查找/替换”命令。

启用“查找/替换”命令后，弹出“查找/替换”对话框。在“查找”文本框中输入错别字，在“替换为”文本框中输入正确的字，如图5-126所示。在“范围”选项组中，选择“当前视图”选项，即在当前视图中进行“查找/替换”操作。

单击“查找全部”按钮，在列表中显示查找信息，如“匹配”内容、“位置”信息及“视图类型”，并在“上下文”文本框中显示查找结果，如图5-127所示。

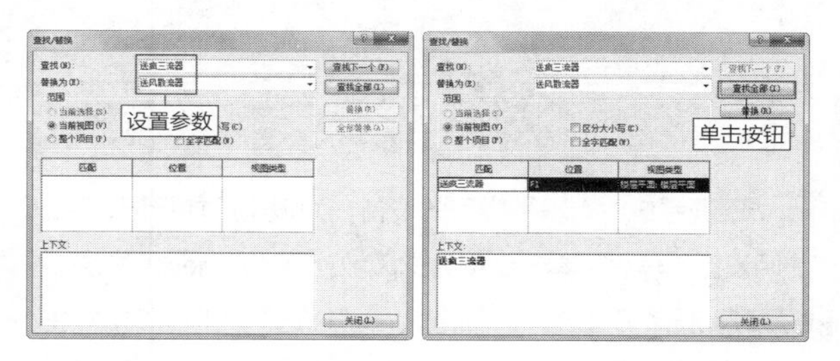

图 5-126 “查找 / 替换”对话框　图 5-127 查找结果

单击“全部替换”按钮，弹出“全部替换”对话框，告知用户“已替换1个项目中的1个项目”，如图5-128所示。单击“关闭”按钮，返回“查找/替换”对话框。

单击 “关闭”按钮，返回视图。观察注释文字，发现已将错别字替换为正确的字，效果如图5-129所示。

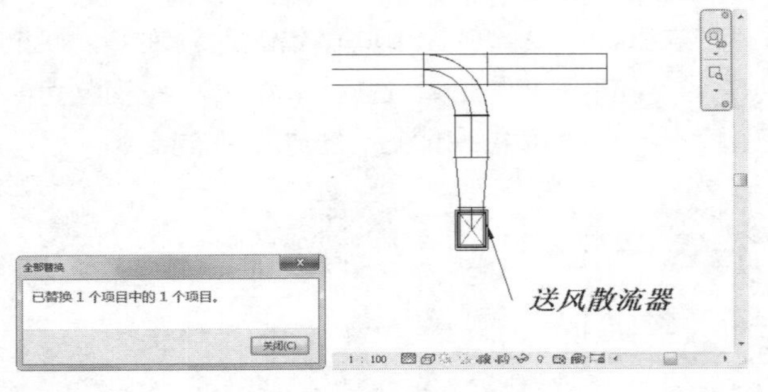

图 5-128 “全部替换”对话框　图 5-129 替换效果

5.3 添加标记

机械系统、电气系统和管道系统中包含各种类型的管线及设备，Revit可以为这些管线和设备创建标记，注明它们的信息。但前提是必须将这些标记族载入项目，否则就不能创建标记。

5.3.1 实战——为送风散流器添加标记 重点

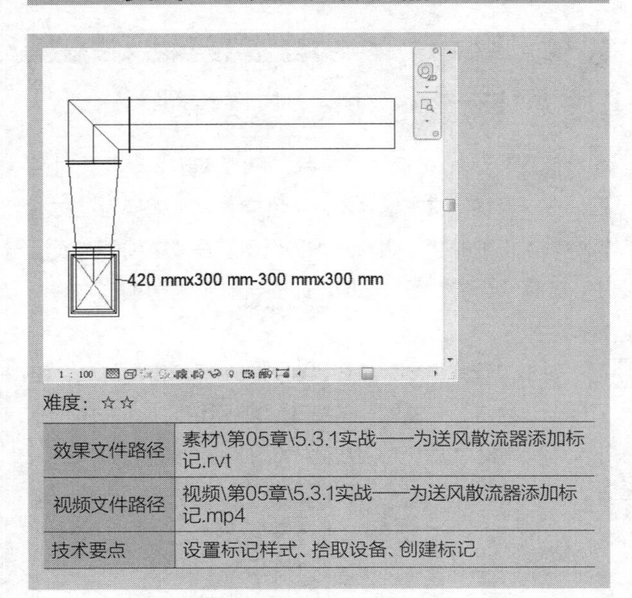

难度：☆☆

效果文件路径	素材\第05章\5.3.1实战——为送风散流器添加标记.rvt
视频文件路径	视频\第05章\5.3.1实战——为送风散流器添加标记.mp4
技术要点	设置标记样式、拾取设备、创建标记

暖通系统中有多种类型的设备，为设备添加标记，可以注明设备的信息。本节介绍为送风散流器添加标记的方法。

步骤 01 选择“注释”选项卡，在“标记”面板上单击“按类别标记”按钮，如图5-130所示，激活命令。

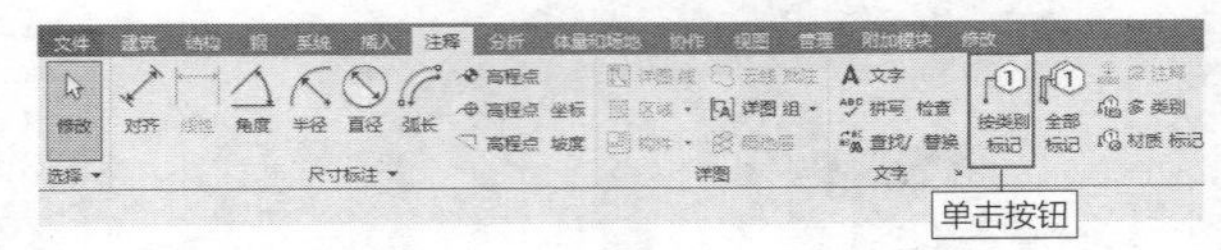

图 5-130 单击按钮

步骤 02 进入“修改|标记”选项卡，在选项栏中选中“引线”复选框，并指定引线的方向为“水平”，引线的类型为“附着端点”，如图5-131所示。

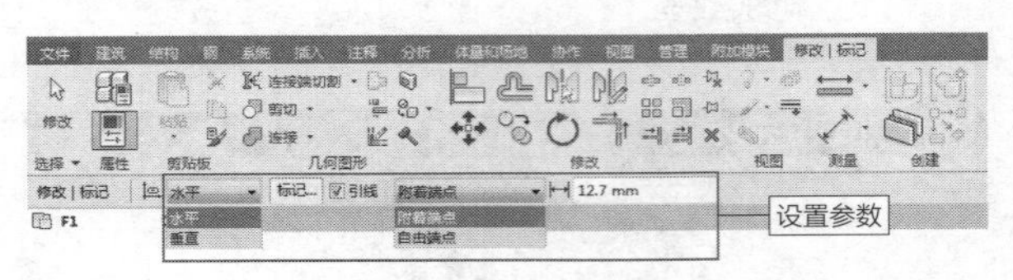

图 5-131 “修改 | 标记”选项卡

延伸讲解：

在为送风散流器创建标记之前，需要载入风管管件标记。

步骤 03 将光标置于送风散流器之上，送风散流器高亮显示，同时在其右侧可以预览创建标记的效果，如图5-132所示。

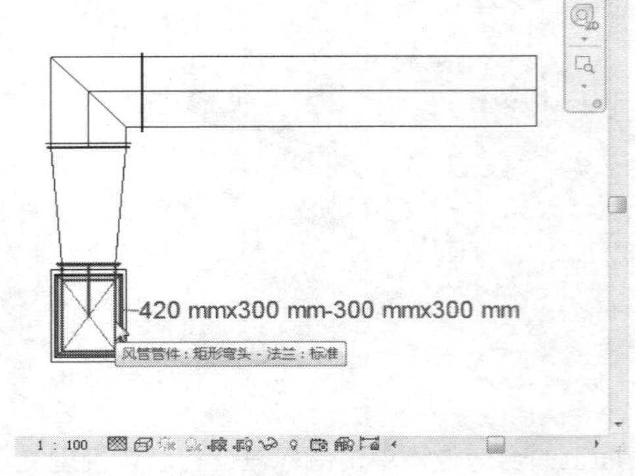

图 5-132 预览效果

步骤 04 单击鼠标左键，结束创建标记的操作，效果如图5-133所示。

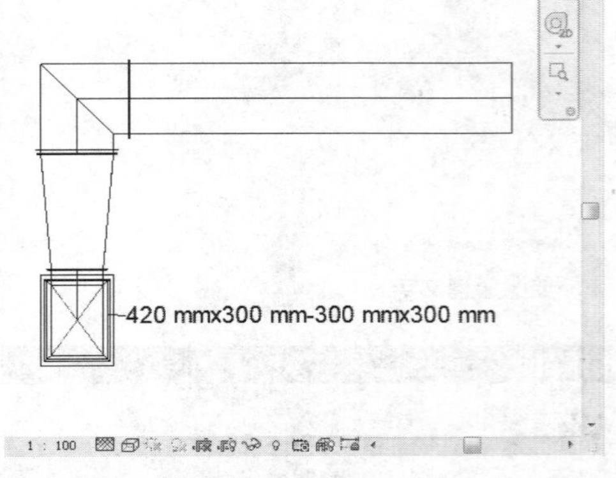

图 5-133 创建标记

5.3.2 实战——标记所有未标记的对象 难点

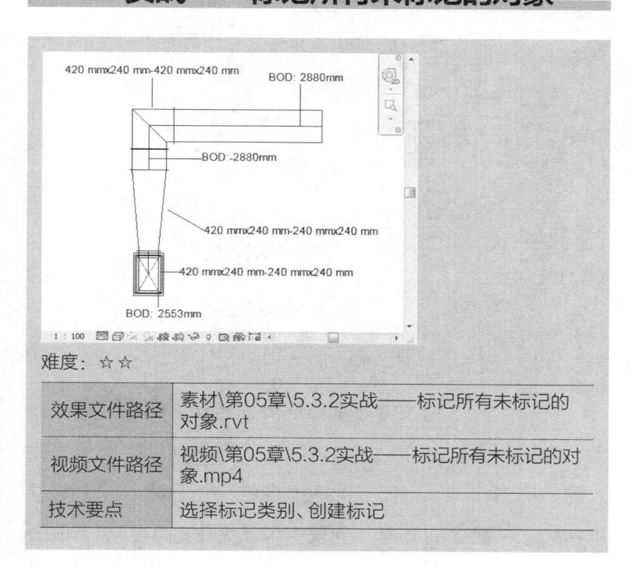

难度：☆☆

效果文件路径	素材\第05章\5.3.2实战——标记所有未标记的对象.rvt
视频文件路径	视频\第05章\5.3.2实战——标记所有未标记的对象.mp4
技术要点	选择标记类别、创建标记

在如图5-134所示的风管系统中，包含风管设备、风管及风管管件，如果一一为它们创建标记，无疑要花费一定的时间。Revit提供了“全部标记”工具，可以一次性标记所有尚未标记的图元。

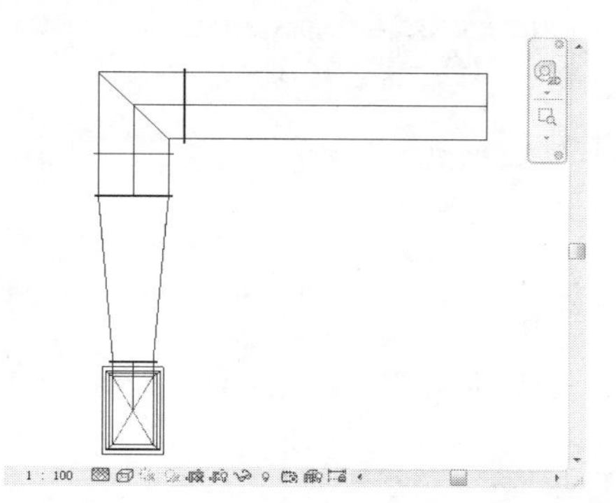

图 5-134　各类图元

步骤 01 在“标记”面板中单击“全部标记”按钮，如图5-135所示，激活命令。

图 5-135　单击按钮

步骤 02 弹出“标记所有未标记的对象”对话框，将光标置于对话框右侧的滚动条上，按住鼠标左键不放，向下拖曳鼠标。在列表中选择 “风管标记”和“风管管件标记”选项，并选中“引线”复选框，如图5-136所示。引线样式的参数保持默认值即可。

步骤 03 单击“确定”按钮，关闭对话框，标记所有未标记的对象的效果如图5-137所示。

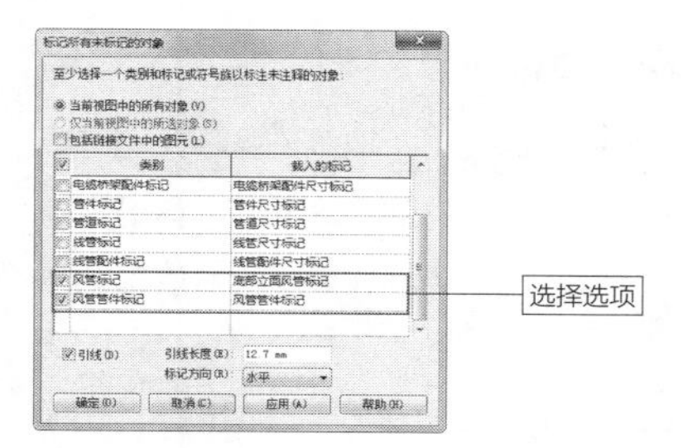

图 5-136　选择标记

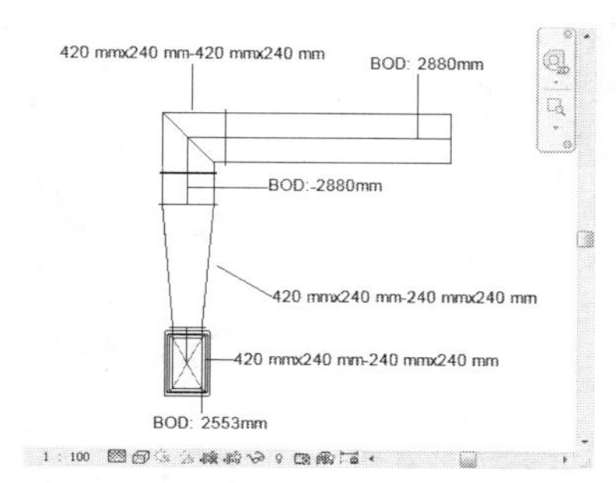

图 5-137　创建标记

在载入标记时，同一种类型的标记往往会有好几种不同的样式。在“标记所有未标记的对象”对话框中，单击“风管标记”右侧的“载入的标记”选项，弹出如图5-138所示的样式列表。在列表中显示有多种样式的风管标记，如“底部立面风管标记”“风管尺寸标记：尺寸”等。

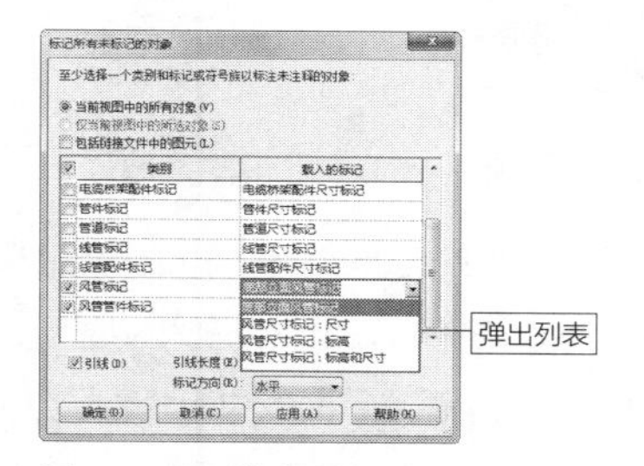

图 5-138　样式列表

选择标记后，关闭对话框，可以在视图中创建该种标记。但是尚未在对话框中选择的标记，是不会被创建的。只有在“载入的标记”列表中选择标记，如选择“风管尺寸标记：标高和尺寸”样式，才可在视图中创建，效果如图5-139所示。

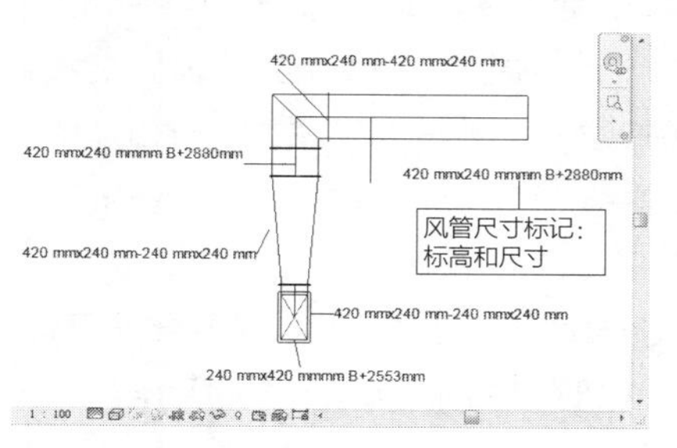

图 5-139　创建标记

5.3.3　查看载入的标记和符号

在创建标记的过程中，需要不断地载入各种类别的标记。当前项目中到底已载入了多少类别的标记？通过查看载入的标记和符号，可以清楚地了解项目所包含的标记的类别。

单击“标记”面板名称右侧的向下三角按钮，在弹出的列表中单击“载入的标记和符号”按钮，如图5-140所示。稍后弹出“载入的标记和符号”对话框，在“过滤器列表”中显示过滤器的名称，如“建筑”“结构”“机械”等，如图5-141所示。

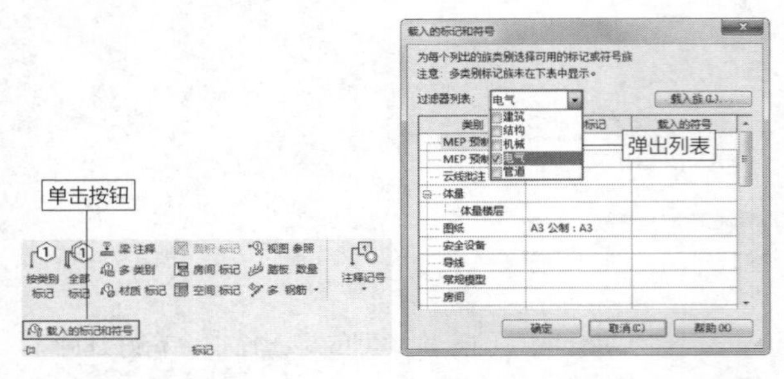

图5-140　单击按钮　　图5-141　“载入的标记和符号”对话框

选择过滤器，可以在“类别”列表中显示与之相关的标记类别。例如，选择“电气”过滤器，可以在“类别”列表中显示所有与电气系统相关的标记，如图5-142所示。

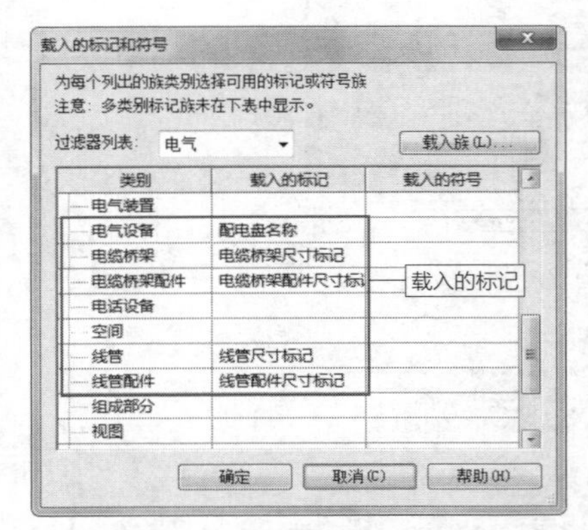

图5-142　显示电气系统的标记

在“类别”列表中显示标记类别名称，例如“电气设备”为标记类别名称。在“载入的标记”列表中显示已载入的标记的名称，例如“配电盘名称”为已载入的电气设备名称。“载入的符号”列表中显示为空白，表示当前项目中尚未载入任何类型的电气符号。

启用“按类别标记”命令后，进入“修改|标记”选项卡。在选项栏中单击“标记”按钮，如图5-143所示，同样可以弹出“载入的标记和符号”对话框。

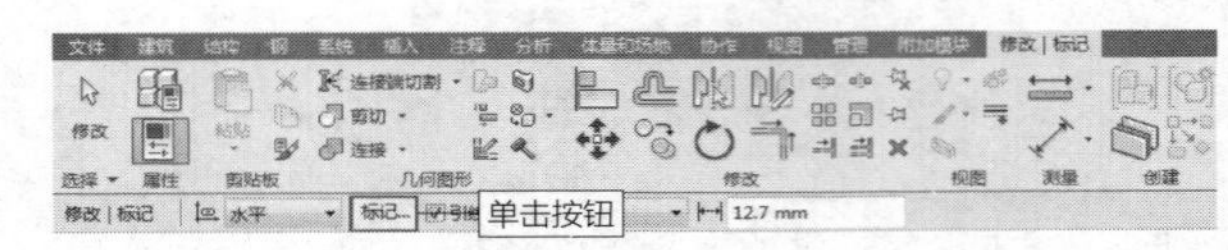

图5-143　“修改 | 标记”选项卡

5.4 添加符号

重点

可以在当前视图中放置二维注释图形符号，标注指定图元的信息。需要注意的是，符号是视图的专有注释图元。切换视图后，注释图元不可见，因为它们仅在所在的视图中显示。

在“注释”选项卡中，单击“符号”面板中的“符号”按钮，如图5-144所示，激活命令。

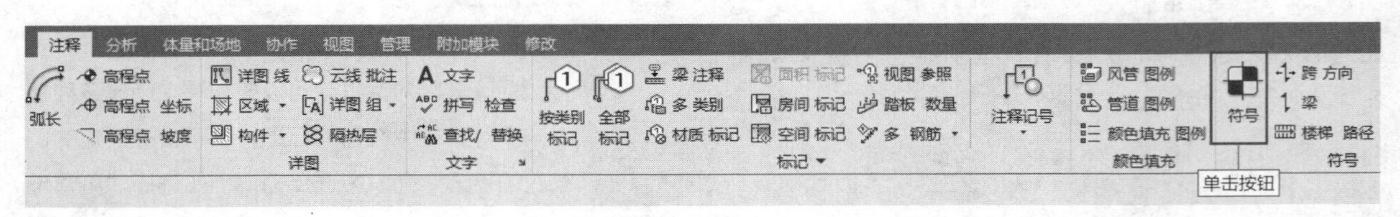

图5-144　单击按钮

如果项目中尚未载入符号族，会弹出如图5-145所示的提示对话框，提醒并询问用户“项目中未载入常规注释族。是否要现在载入”。单击“是”按钮，弹出“载入族”对话框。在其中选择符号族，单击“打开”按钮，将选中的符号族载入项目。

在“属性”选项板中单击符号名称，展开类型列表，在其中显示已载入的符号族名称，如图5-146所示。

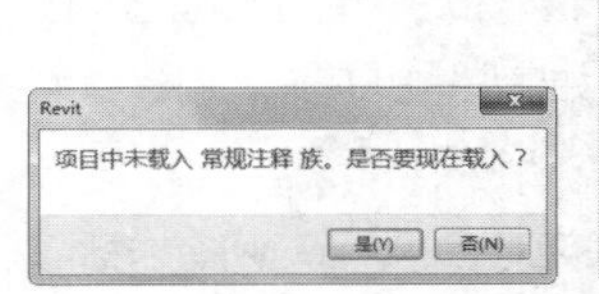

图5-145　提示对话框

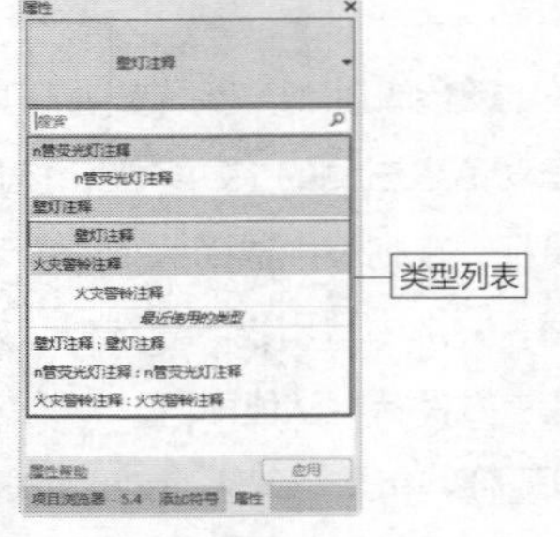

图5-146　类型列表

在“修改|放置符号”选项卡中，设置“引线数”选项值为1，如图5-147所示，表示所创建的符号会带一根引线。默认该选项值为0，即所创建的符号不带引线。

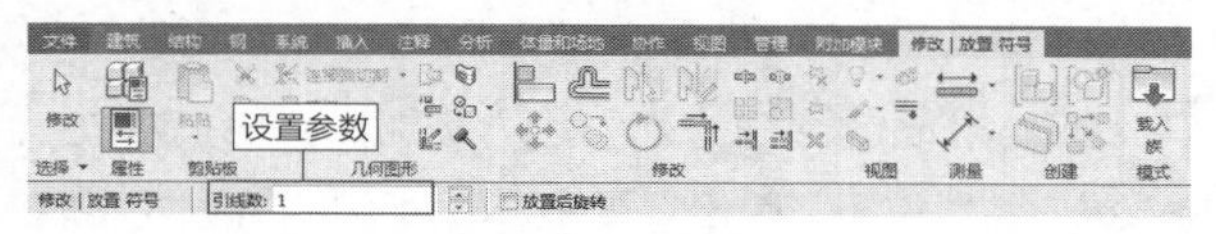

图 5-147　“修改 | 放置符号”选项卡

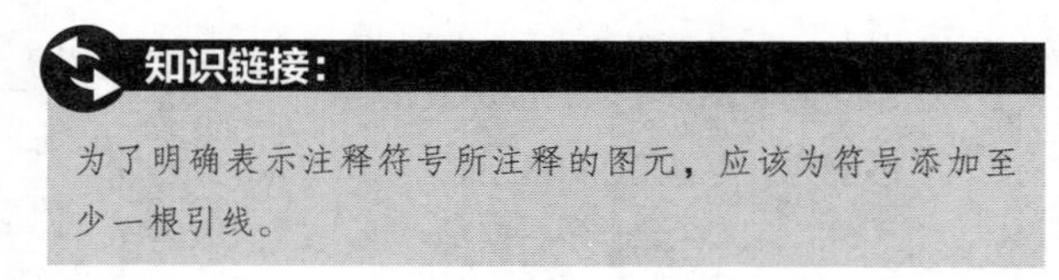

知识链接：

为了明确表示注释符号所注释的图元，应该为符号添加至少一根引线。

在绘图区域中单击鼠标左键，指定符号的放置基点，放置名称为“火灾警铃注释”的符号，效果如图5-148所示。选择注释符号，进入“修改|常规注释”选项卡，如图5-149所示。

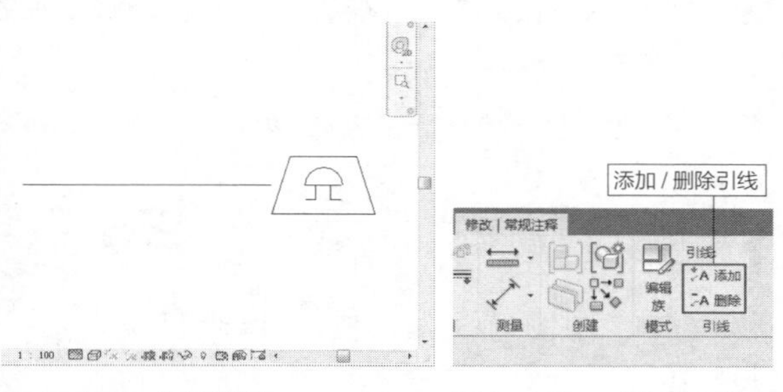

图 5-148　放置符号　　图 5-149　“修改 | 常规注释”选项卡

在“引线”面板中单击“添加”按钮，可以在符号中添加引线。单击“删除”按钮，可以删除符号中的引线。

当符号的注释对象不止一个图元时，可以为其添加多根引线，图5-150所示为符号添加了两根引线后的效果。引线的方向与长度可以自定义。选择引线，显示蓝色的实心夹点。光标置于引线一端的夹点上，按住鼠标左键不放，拖曳鼠标，调整引线的方向与长度，如图5-151所示。

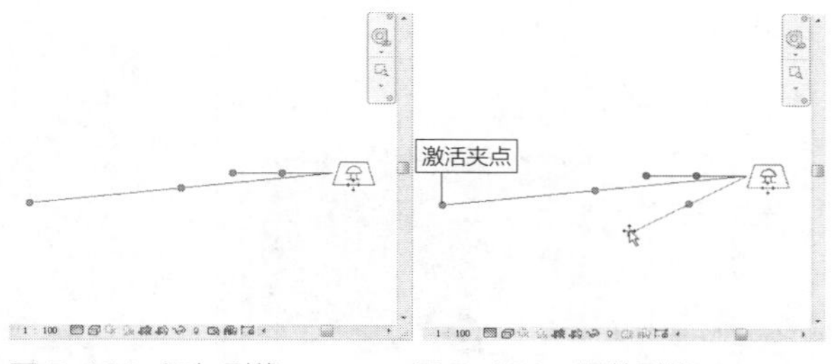

图 5-150　添加引线　　图 5-151　调整引线

在合适的位置松开鼠标左键，调整引线方向与长度，效果如图5-152所示。在符号的“属性”选项板中单击“编辑类型”按钮，如图5-153所示，弹出“类型属性”对话框。

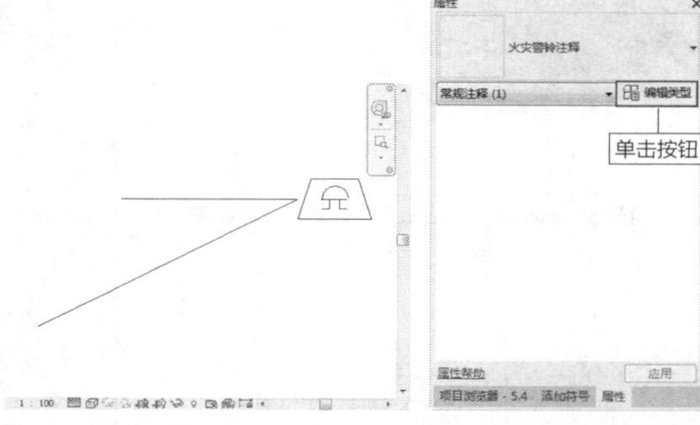

图 5-152　调整结果　　图 5-153　“属性”选项板

在对话框中单击“引线箭头”选项，弹出样式列表，选择名称为“15度实心箭头”的箭头，如图5-154所示。单击“确定”按钮，返回视图。符号中的两根引线均被添加了引线箭头，效果如图5-155所示。

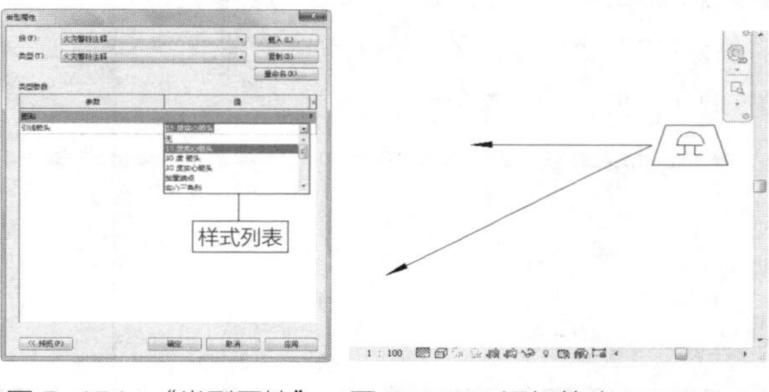

图 5-154　“类型属性”对话框　　图 5-155　添加箭头

根据实际的使用需求，还可以在视图中添加其他类型的注释符号，效果如图5-156所示。在添加注释符号前，一定要先载入符号族。

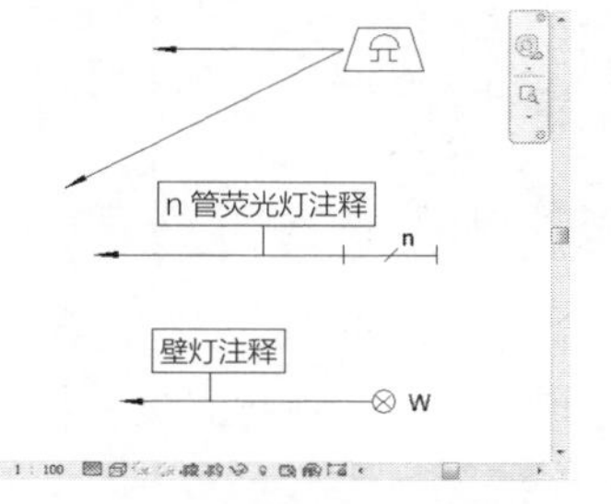

图 5-156　放置其他类型的注释符号

5.5 创建颜色填充图例

创建颜色填充图例，可以为指定的图元填充图案，图案的颜色、类型可以自定义。在创建填充图例的同时还可以创建图例列表，通过识读列表中的信息，可以了解填充图案代表的意义。

5.5.1 实战——创建风管图例 重点

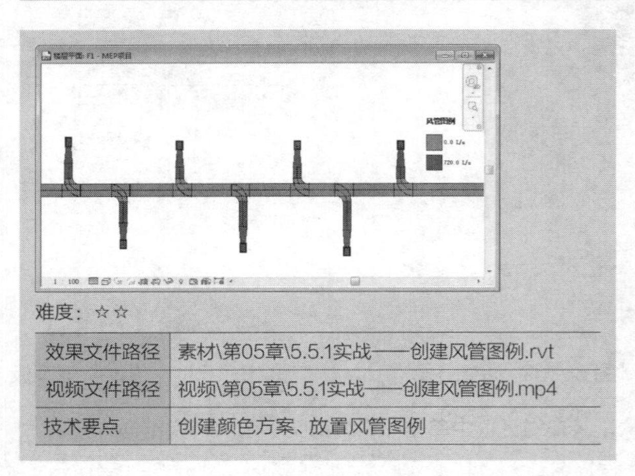

难度：☆☆

效果文件路径	素材\第05章\5.5.1实战——创建风管图例.rvt
视频文件路径	视频\第05章\5.5.1实战——创建风管图例.mp4
技术要点	创建颜色方案、放置风管图例

创建风管图例，用来指示与风管系统中的管网相关联的颜色填充方案。本节介绍创建风管图例的方法。

步骤01 选择“建筑”选项卡，单击“房间和面积”面板名称右侧的下三角按钮，在弹出的列表中选择“颜色方案”选项，如图5-157所示，开始创建颜色方案。

图 5-157 激活命令

答疑解惑：为什么不直接创建风管图例？

在视图中单击基点来放置颜色图例时，假如尚未将颜色方案分配到视图，结果就是不可创建颜色图例。启用“颜色方案”命令，可以执行“编辑颜色方案”的操作。

在选定方案的类别，如选定“风管”后，软件会自动检测项目中的风管系统，并创建颜色方案。既可以使用指定的颜色方案，也可以自定义颜色方案的属性，例如，修改填充图案的颜色、填充样式。

创建颜色方案后，就可以在视图中放置风管图例了。

步骤02 启用“颜色方案”命令后，弹出“编辑颜色方案”对话框。单击左上角的“类别”选项，在弹出的列表中选择“风管”选项，如图5-158所示。

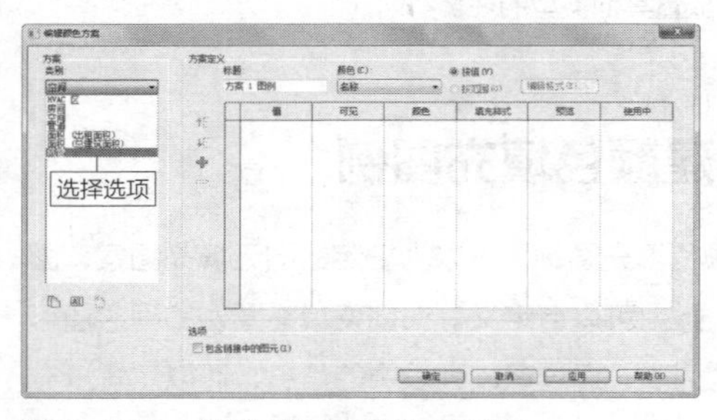

图 5-158 “编辑颜色方案”对话框

知识链接：

指定“类别”为“风管”后，会在“类别”列表中创建一个名称为“方案1”的类别。

步骤03 选择默认创建的“方案1”类别，单击列表下方的“重命名”按钮，弹出“重命名”对话框。修改“新名称”为“风管图例”，如图5-159所示。

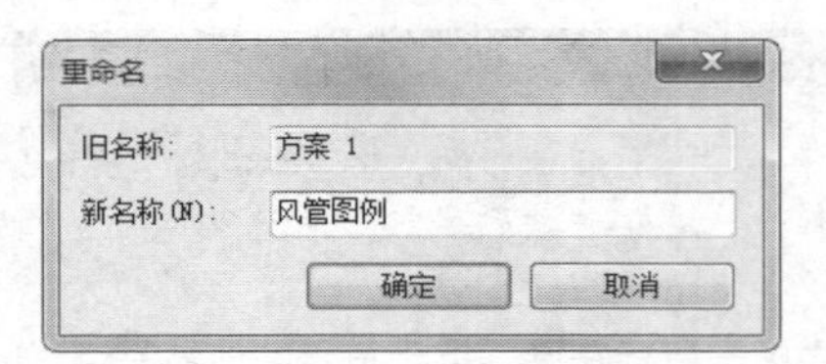

图 5-159 设置新名称

步骤04 单击“确定”按钮，返回“编辑颜色方案”对话框。此时软件自动在对话框中创建颜色方案，在右侧的列表中显示方案参数。修改“标题”为“风管图例”，如图5-160所示。

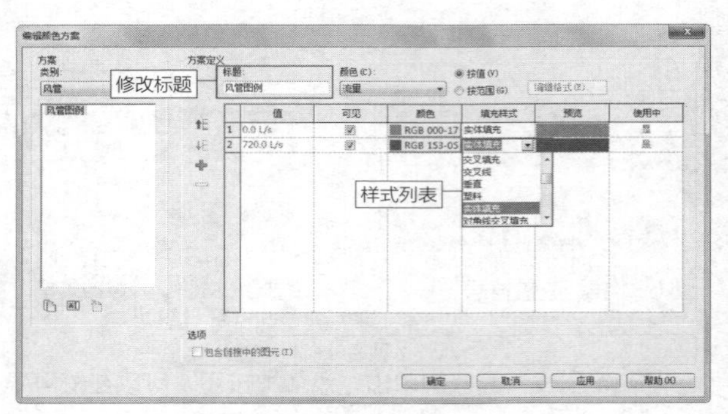

图 5-160 创建颜色方案

步骤05 在“填充样式”选项中单击鼠标左键，弹出样式列表。在列表中显示其他样式的图案，如“交叉填充”“交叉线”等。选择选项，可以修改图案填充样式。

步骤06 单击“颜色”按钮，弹出“颜色”对话框，如图5-161所示。重新选定颜色，单击“确定”按钮，可以修改填充颜色。

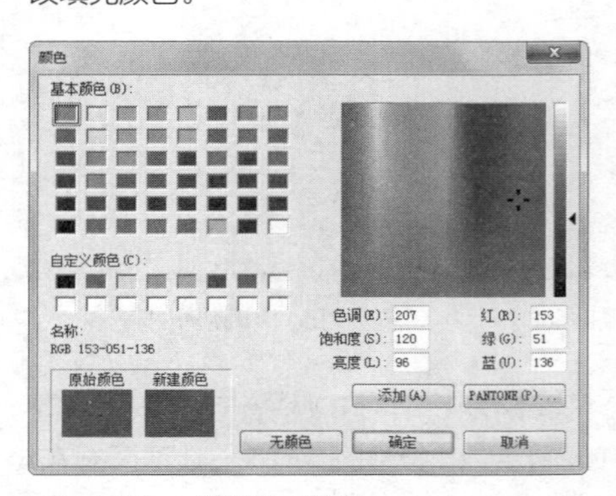

图 5-161 “颜色”对话框

步骤 07 选择“注释”选项卡，单击“颜色填充”面板上的“风管图例”按钮，如图5-162所示，激活命令。

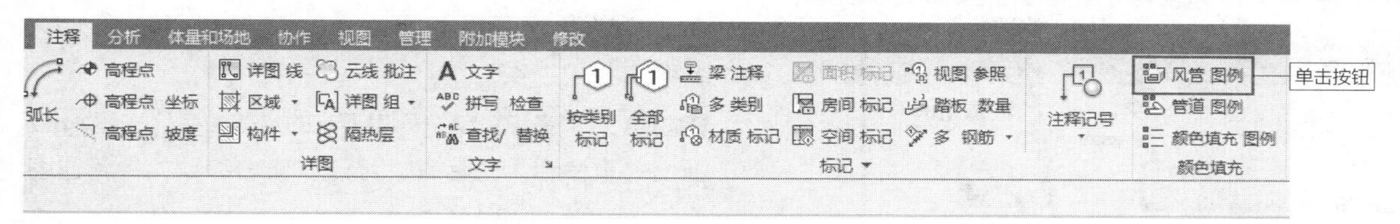

图 5-162　单击按钮

步骤 08 在“属性”选项板中单击“编辑类型”按钮，如图5-163所示，弹出“类型属性”对话框。

步骤 09 在“图形”选项组中选择“显示标题”选项，修改“标题文字”选项组中的“尺寸”选项值为3mm，选择“粗体”选项，如图5-164所示。

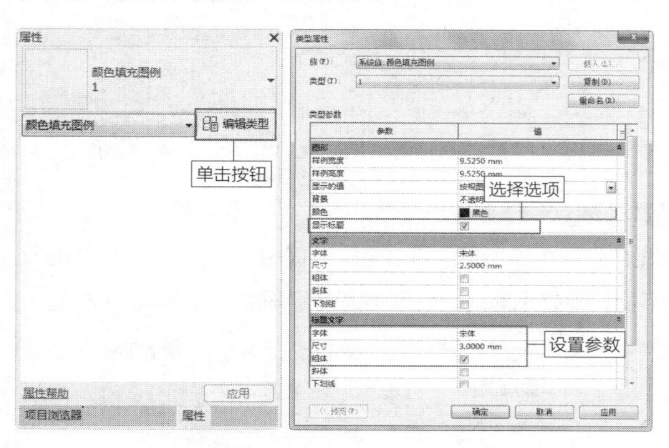

图 5-163　“属性”选项板　　图 5-164　“类型属性”对话框

步骤 10 单击“确定”按钮，返回视图。将光标置于风管系统的一侧，指定风管图例的放置基点，如图5-165所示。

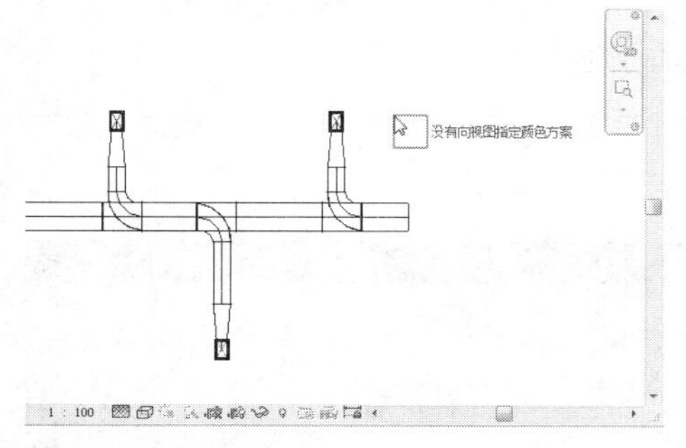

图 5-165　指定基点

步骤 11 在合适的位置单击鼠标左键，弹出“选择颜色方案”对话框。单击“颜色方案”选项，在弹出的列表中选择“风管图例”选项，如图5-166所示。

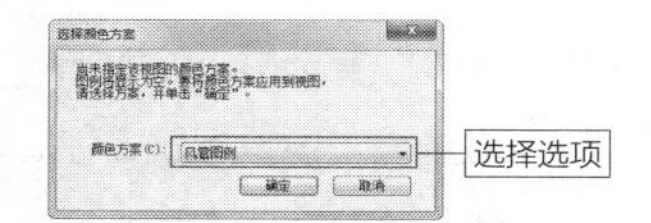

图 5-166　“选择颜色方案”对话框

步骤 12 单击“确定”按钮，关闭对话框，创建风管图例的效果如图5-167所示。

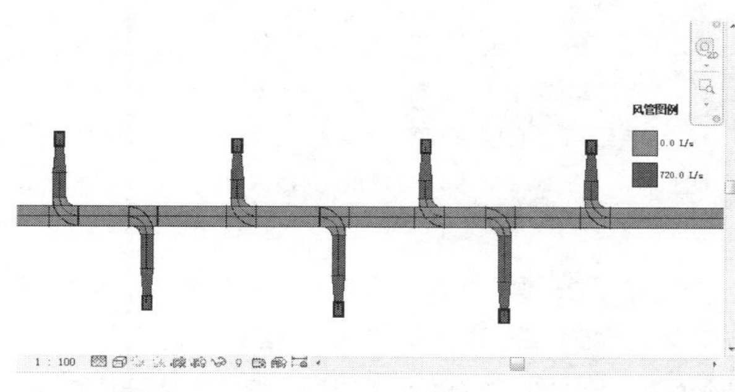

图 5-167　创建风管图例

重新打开“编辑颜色方案”对话框。在“颜色”选项中修改填充图案的颜色，接着单击“填充样式”选项，在弹出的列表中指定填充样式。修改的参数如图5-168所示。

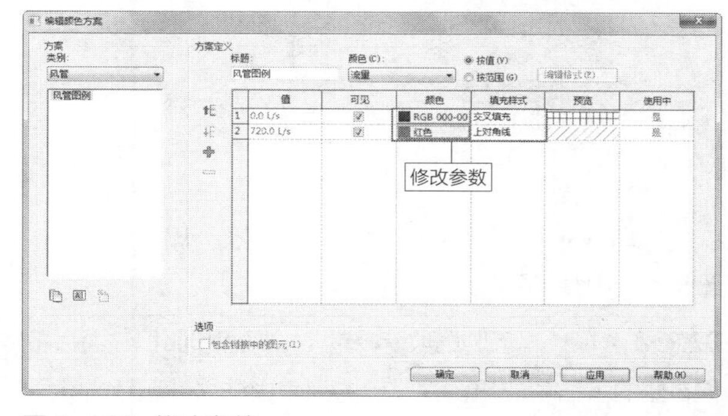

图 5-168　修改参数

单击“确定”按钮，返回视图。软件会自动更新填充图例的显示样式，效果如图5-169所示。

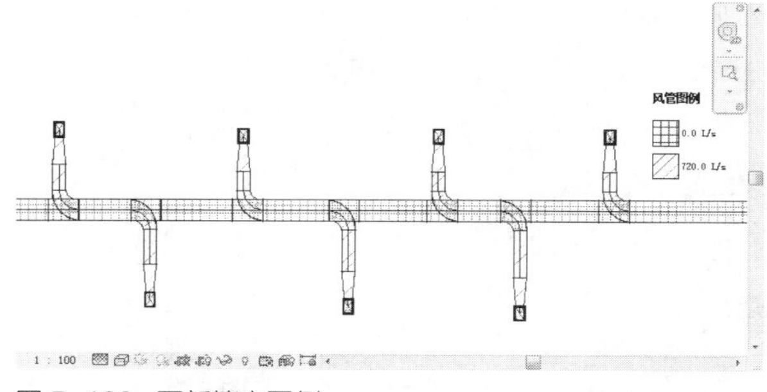

图 5-169　更新填充图例

5.5.2　实战——创建管道图例　难点

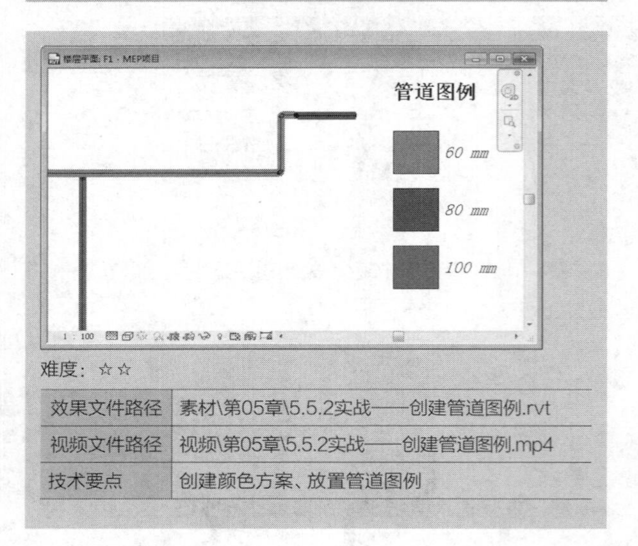

难度：☆☆

效果文件路径	素材\第05章\5.5.2实战——创建管道图例.rvt
视频文件路径	视频\第05章\5.5.2实战——创建管道图例.mp4
技术要点	创建颜色方案、放置管道图例

创建管道图例，用来指示与管道系统相关联的颜色填充方案。本节介绍创建管道图例的方法。

步骤01 打开如图5-170所示的管道系统，其中各管道的直径与尺寸均不相同。为了能够快速地分辨不同管道之间的区别，可以为其创建颜色填充图例。

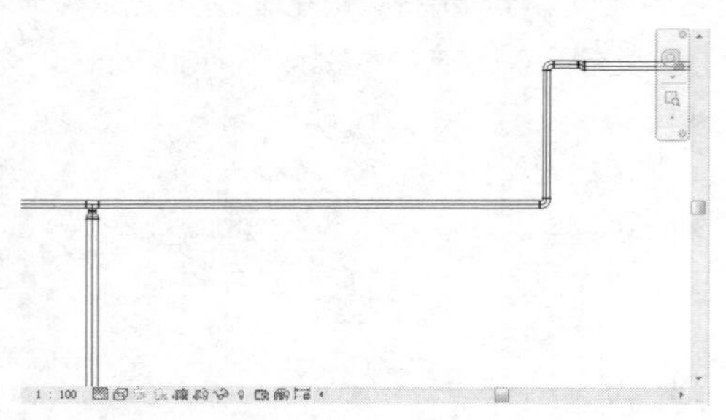

图5-170　管道系统

步骤02 选择“建筑”选项卡，单击“房间和面积”面板名称右侧的下三角按钮，在弹出的列表中选择“颜色方案”选项，弹出“编辑颜色方案”对话框。

步骤03 单击对话框左上角的“类别”选项，在弹出的列表中显示多个选项，如“房间”“空间”等。选择“管道”选项，如图5-171所示，指定颜色方案的类别。

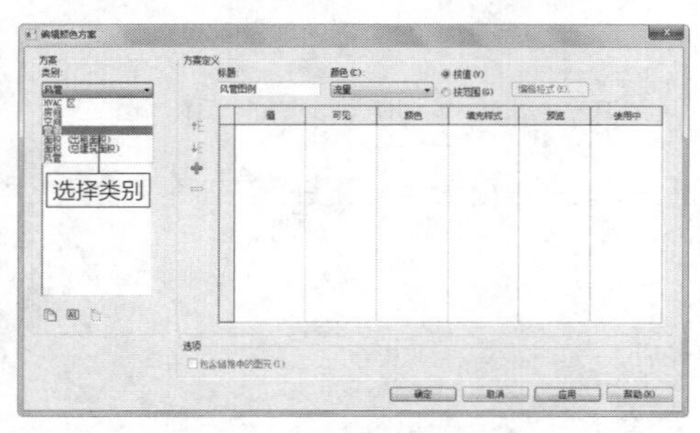

图5-171　“编辑颜色方案”对话框

步骤04 选定类别后，软件会自动创建一个名称为“方案1”的方案，可以使用默认名称，也可以自定义名称。

步骤05 选择名称，单击列表下方的“重命名”按钮[AI]，弹出“重命名”对话框。修改“新名称”为“管道图例”，如图5-172所示。

步骤06 单击“确定”按钮，返回“编辑颜色方案”对话框。修改“标题”为“管道图例”，单击“颜色”选项，在弹出的列表中选择“直径”选项。弹出如图5-173所示的“不保留颜色”对话框，单击“确定”按钮，关闭对话框。

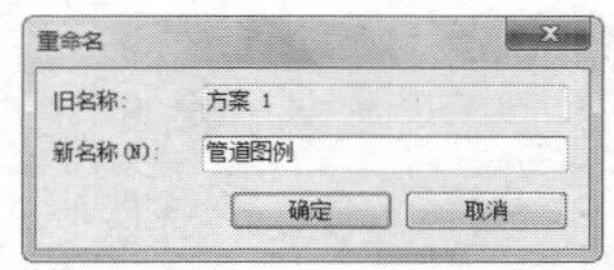

图5-172　“重命名”对话框

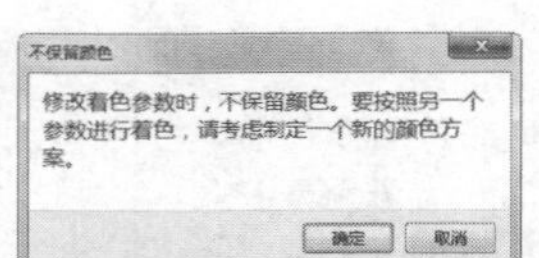

图5-173　“不保留颜色”对话框

步骤07 软件根据用户设置的参数，自动生成颜色方案，效果如图5-174所示。在“值”列表中，显示不同参数的管径值，与之相对应，分别被赋予不同的颜色与填充样式。

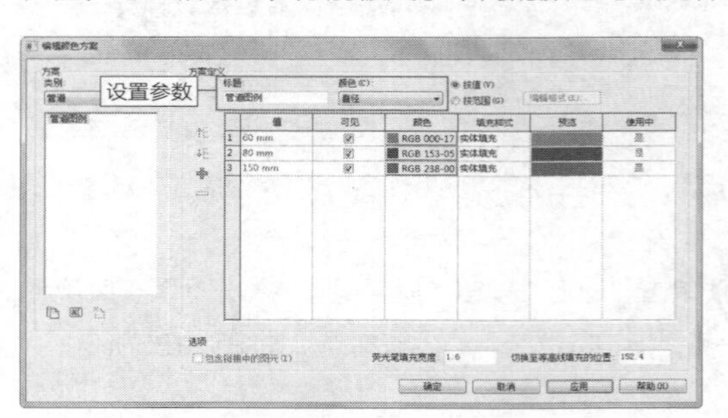

图5-174　创建颜色方案

步骤08 单击“确定”按钮，返回视图，完成编辑颜色方案的操作。

> **延伸讲解：**
>
> “编辑颜色方案”对话框中的“标题”是指填充图例的标题，在放置图例后，显示在图例缩略图的上方。

步骤09 选择“注释”选项卡，在“颜色填充”面板中单击“管道图例”按钮，如图5-175所示，激活命令。

步骤10 在“属性”选项板中，单击“编辑类型”按钮，弹出“类型属性”对话框。选中“显示标题”复选框，可以在图例缩略图的上方显示标题。选中“斜体”复选框，设置图例名称的字体为斜体。选中“粗体”复选框，设置标题名称的字体为粗体，如图5-176所示。其他参数保持默认值。

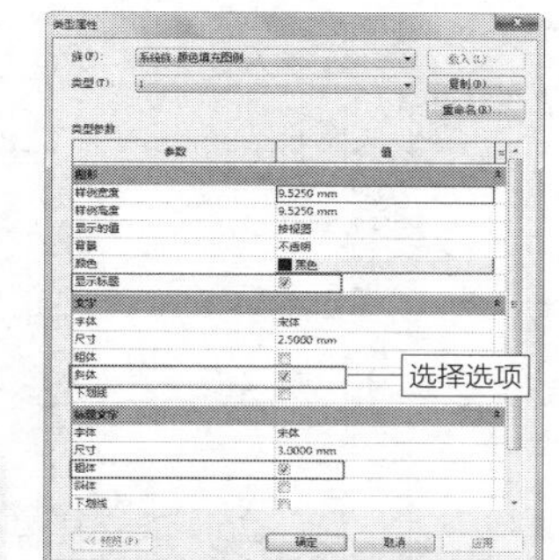

图 5-175　单击按钮　　图 5-176　“类型属性”对话框

步骤 11 单击“确定”按钮，返回视图。在绘图区域中的合适位置单击鼠标左键，指定放置基点。弹出“选择颜色方案”对话框，在“颜色方案”列表中选择“管道图例”选项，如图5-177所示。

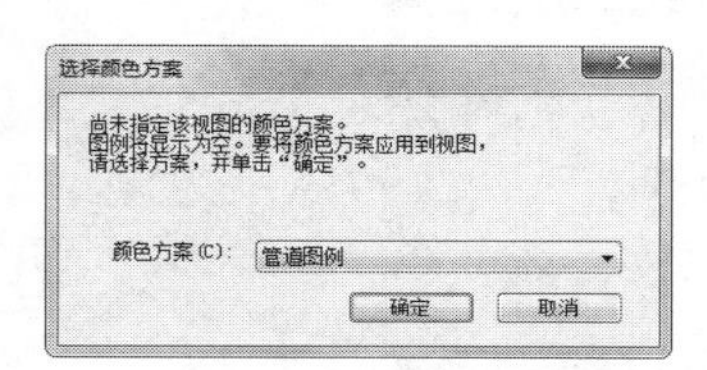

图 5-177　“选择颜色方案”对话框

步骤 12 单击“确定”按钮，为管道填充颜色，并在指定位置创建图例缩略图，效果如图5-178所示。

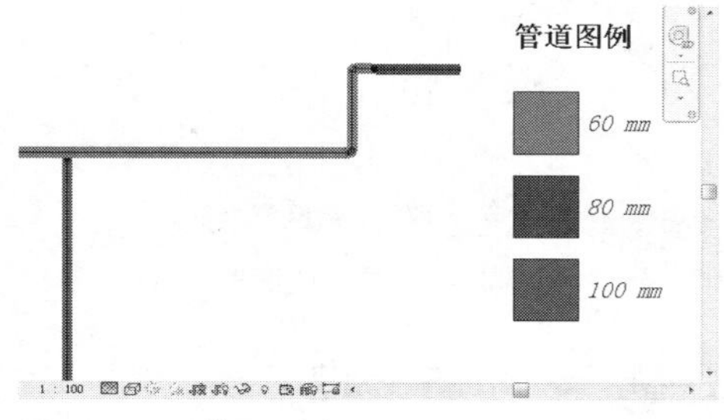

图 5-178　放置图例

在“编辑颜色方案”对话框中，单击“颜色”选项，弹出样式列表。选择不同的样式，可以重生成颜色方案。例如，选择“长度”选项，软件自动检测项目中各管道的长短，创建颜色方案，并按从短到长的顺序来排列管道，如图5-179所示。

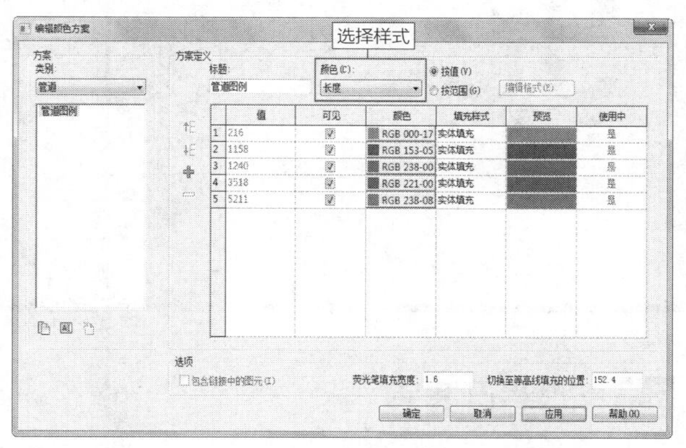

图 5-179　选择样式

单击“确定”按钮，返回视图。已创建的管道图例会自动更新，根据所设置的颜色方案参数，重生成填充图例，效果如图5-180所示。

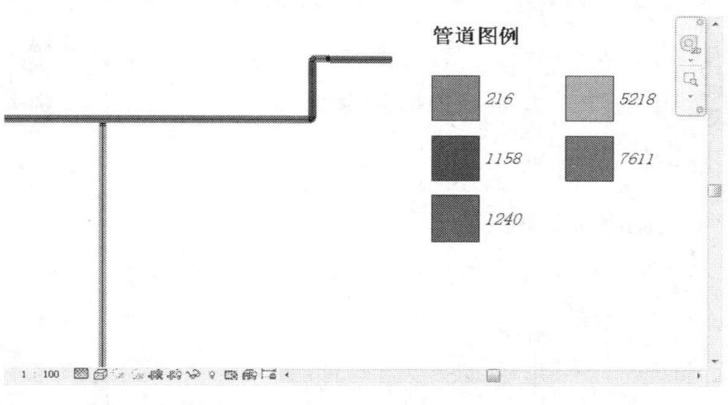

图 5-180　更新显示

第3篇 高级应用篇

第06章

明细表

Revit中的明细表不仅提供了构件的信息，通过修改表格中的参数，还可以影响构件在视图中的显示效果。通过查看表格数据，可以了解构件在项目中的分类、数量、标高、材质等重要信息。

本章主要介绍创建与编辑明细表的方法。

学习重点

- 掌握创建各类明细表的方法 172页
- 学会编辑明细表 184页

6.1 创建明细表

在Revit中可以创建多种类型的明细表，例如关键字明细表、图形柱明细表及材质提取明细表。可以根据实际需要，创建指定类型的明细表。

6.1.1 实战——创建暖通系统明细表 重点

暖通系统包括风管与管件、附件、风道末端设备等多种构件，可以按不同的类别创建明细表，并在明细表中显示各类信息。

1. 创建风管明细表

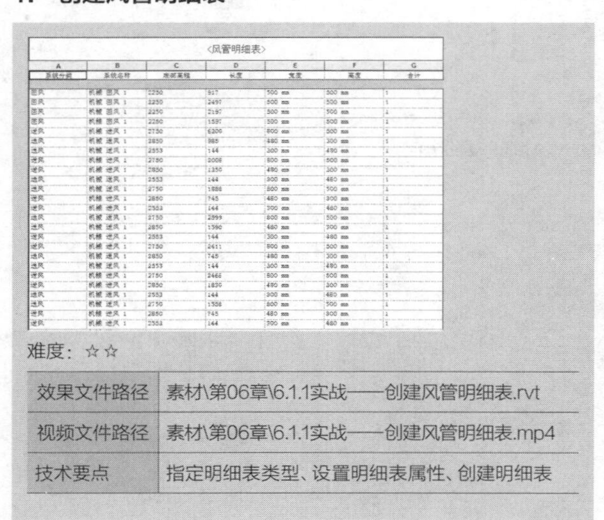

难度：☆☆

效果文件路径	素材\第06章\6.1.1实战——创建风管明细表.rvt
视频文件路径	素材\第06章\6.1.1实战——创建风管明细表.mp4
技术要点	指定明细表类型、设置明细表属性、创建明细表

选择项目浏览器，在尚未创建任何类型的明细表之前，“明细表/数量”目录中显示为空白，如图6-1所示。当在项目中创建了明细表后，如“风管明细表”，可以在“明细表/数量”目录中显示明细表名称，如图6-2所示。

在创建明细表之前，需要先选择明细表的类型，接着设置明细表的属性，如字段、排序方式等，然后软件可以根据用户所设置的格式信息，创建明细表。本节介绍创建风管明细表的方法。

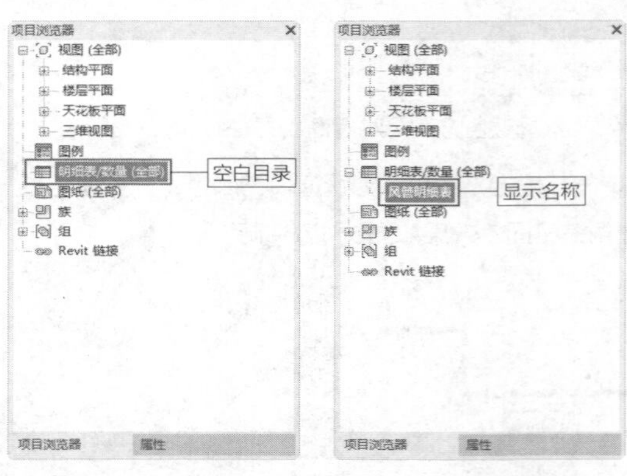

图6-1 项目浏览器　　图6-2 显示明细表名称

步骤01 选择“视图”选项卡，在“创建”面板上单击“明细表”按钮，弹出类别列表，选择“明细表/数量”命令，如图6-3所示，开始创建明细表。

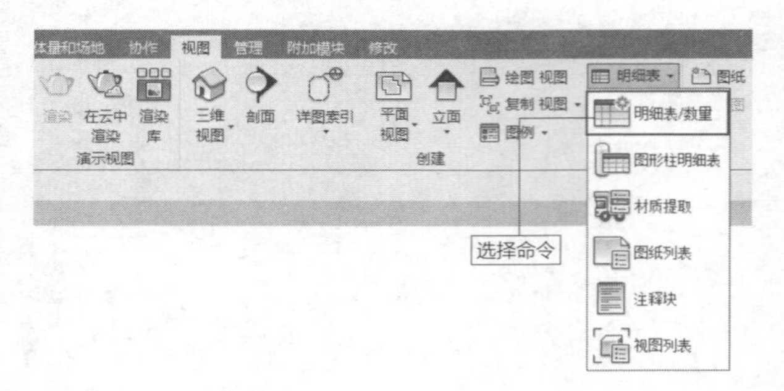

图6-3 选择命令

步骤02 启用命令后，弹出“新建明细表”对话框。单击“过滤器列表”选项，在弹出的列表中选择“机械”选项，如图6-4所示。

步骤 03 选定“机械”选项后，在“类别”列表中显示各类机械构件名称。光标置于列表右侧的滚动条上，按住鼠标左键不放，向下拖曳鼠标。选择名称为“风管”的类别，在“名称”文本框中显示默认的明细表名称，如图6-5所示。

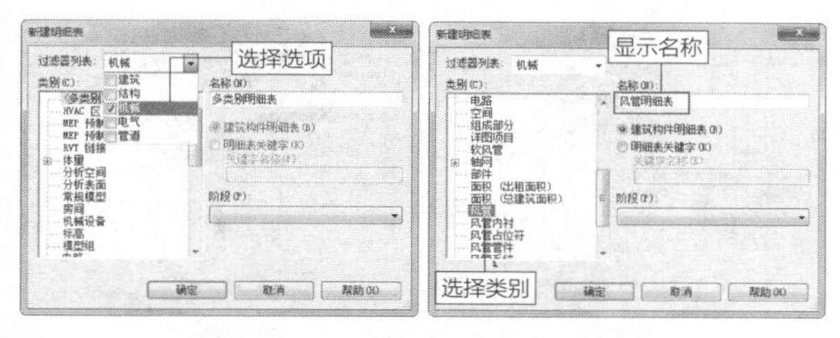

图 6-4 “新建明细表”对话框　图 6-5 选择类别

知识链接：

选择明细表的类别后，软件会根据类别来定义明细表名称。可以沿用该名称，也可以自定义名称。

步骤 04 单击“确定”按钮，进入“明细表属性”对话框。默认选择“字段”选项卡，在“选择可用的字段”列表中显示“风管”选项，表示在“可用的字段”列表中显示的是与“风管”相关的字段，如图6-6所示。

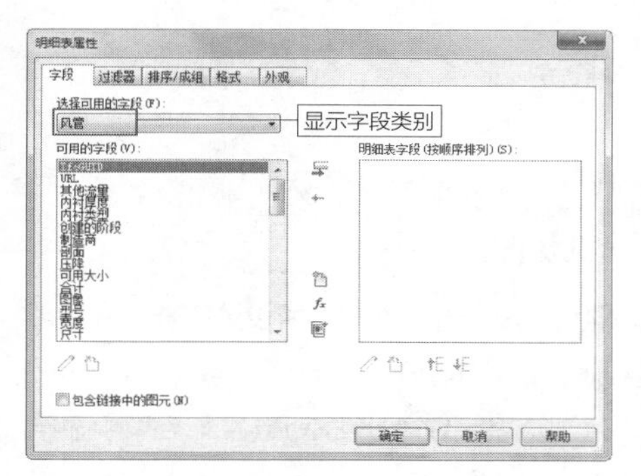

图 6-6 “字段”选项卡

步骤 05 在“可用的字段”列表中选择字段，单击“添加参数”按钮，将字段添加到右侧的“明细表字段（按顺序排列）”列表，操作结果如图6-7所示。

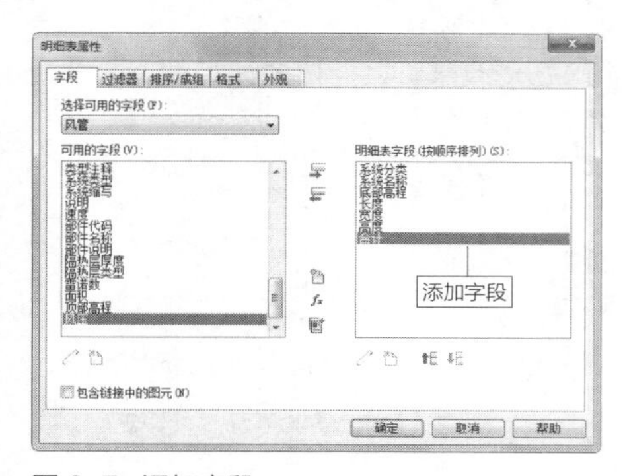

图 6-7 添加字段

延伸讲解：

在“明细表字段（按顺序排列）”列表中选择字段，单击“移除参数”按钮，可将字段返还至“可用的字段”列表。

步骤 06 选择“排序/成组”选项卡，单击“排序方式”选项，在弹出的列表中选择“系统分类”选项，默认选择“升序”方式，如图6-8所示。

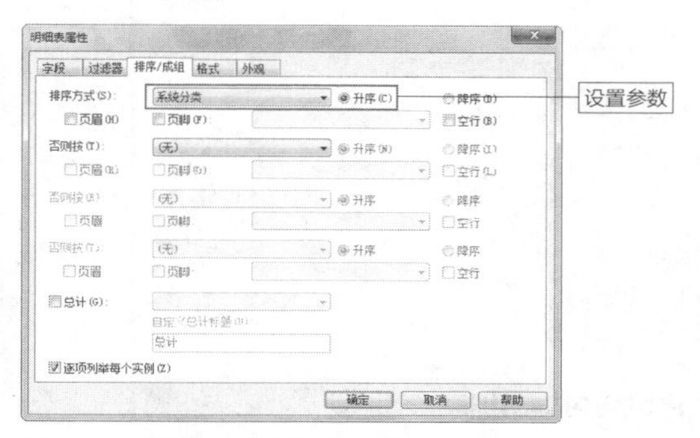

图 6-8 “排序 / 成组”选项卡

步骤 07 选择“格式”选项卡，在“字段”列表中选择字段，在右侧的界面中显示字段的格式参数，如标题内容、标题方向及对齐方式，如图6-9所示。通常情况下，保持默认值即可。

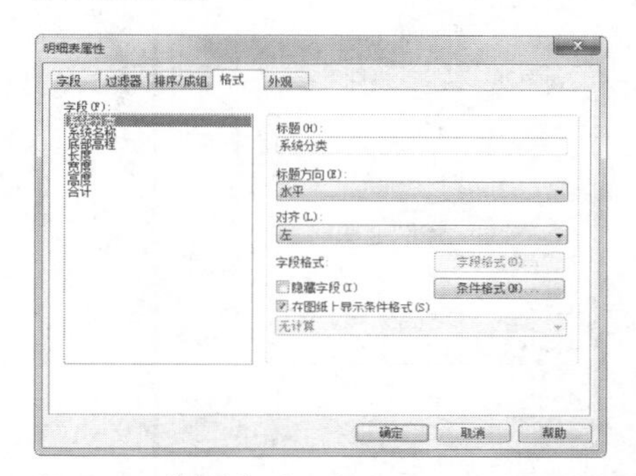

图 6-9 “格式”选项卡

步骤 08 选择“外观”选项卡，设置“网格线”的样式为“细线”，选中“数据前的空行”“显示标题”“显示页眉”复选框，文字样式保持默认值，如图6-10所示。

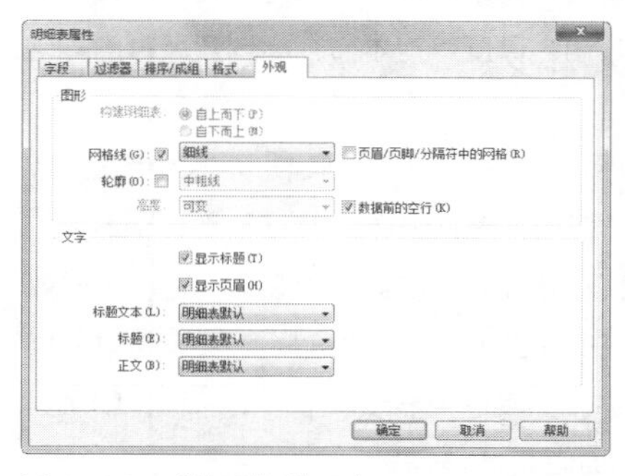

图 6-10 “外观”选项卡

步骤09 单击“确定”按钮，进入明细表视图，创建风管明细的效果如图6-11所示。

<风管明细表>

A	B	C	D	E	F	G
系统分类	系统名称	底部高程	长度	宽度	高度	合计
回风	机械 回风 1	2250	917	500 mm	500 mm	1
回风	机械 回风 1	2250	2497	500 mm	500 mm	1
回风	机械 回风 1	2250	2197	500 mm	500 mm	1
回风	机械 回风 1	2250	1597	500 mm	500 mm	1
送风	机械 送风 1	2750	6200	800 mm	500 mm	1
送风	机械 送风 1	2850	985	480 mm	300 mm	1
送风	机械 送风 1	2553	144	300 mm	480 mm	1
送风	机械 送风 1	2750	2008	800 mm	500 mm	1
送风	机械 送风 1	2850	1350	480 mm	300 mm	1
送风	机械 送风 1	2553	144	300 mm	480 mm	1
送风	机械 送风 1	2750	1888	800 mm	500 mm	1
送风	机械 送风 1	2850	745	480 mm	300 mm	1
送风	机械 送风 1	2553	144	300 mm	480 mm	1
送风	机械 送风 1	2750	2599	800 mm	500 mm	1
送风	机械 送风 1	2850	1590	480 mm	300 mm	1
送风	机械 送风 1	2553	144	300 mm	480 mm	1
送风	机械 送风 1	2750	2411	800 mm	500 mm	1
送风	机械 送风 1	2850	745	480 mm	300 mm	1
送风	机械 送风 1	2553	144	300 mm	480 mm	1
送风	机械 送风 1	2750	2466	800 mm	500 mm	1
送风	机械 送风 1	2850	1830	480 mm	300 mm	1
送风	机械 送风 1	2553	144	300 mm	480 mm	1
送风	机械 送风 1	2750	1558	800 mm	500 mm	1
送风	机械 送风 1	2850	745	480 mm	300 mm	1
送风	机械 送风 1	2553	144	300 mm	480 mm	1

图6-11 风管明细表

2. 创建风管内衬明细表

<风管内衬明细表>

A	B	C	D	E
系统分类	内衬厚度	族	创建的阶段	合计
排风	30 mm	风管内衬	新构造	1
排风	30 mm	风管内衬	新构造	1
排风	30 mm	风管内衬	新构造	1
排风	30 mm	风管内衬	新构造	1
排风	30 mm	风管内衬	新构造	1
排风	30 mm	风管内衬	新构造	1
排风	30 mm	风管内衬	新构造	1
排风：7				
送风	25 mm	风管内衬	新构造	1
送风	25 mm	风管内衬	新构造	1
送风	25 mm	风管内衬	新构造	1
送风	25 mm	风管内衬	新构造	1
送风	25 mm	风管内衬	新构造	1
送风	25 mm	风管内衬	新构造	1
送风	25 mm	风管内衬	新构造	1
送风	25 mm	风管内衬	新构造	1
送风	25 mm	风管内衬	新构造	1
送风	25 mm	风管内衬	新构造	1
送风	25 mm	风管内衬	新构造	1
送风	25 mm	风管内衬	新构造	1
送风	25 mm	风管内衬	新构造	1
送风	25 mm	风管内衬	新构造	1
送风	25 mm	风管内衬	新构造	1
送风	25 mm	风管内衬	新构造	1
送风	25 mm	风管内衬	新构造	1

难度：☆☆

效果文件路径	素材\第06章\6.1.1实战——创建风管内衬明细表.rvt
视频文件路径	视频\第06章\6.1.1实战——创建风管内衬明细表.mp4
技术要点	指定明细表类型、设置明细表属性、创建明细表

可以为风管添加一定厚度的内衬，Revit的“明细表”功能可以针对风管内衬创建明细表，以列举内衬的相关信息，如系统分类、内衬厚度等。本节介绍创建风管内衬明细表的方法。

步骤01 选择“视图”选项卡，在“创建”面板上单击“明细表”按钮，弹出类别列表，选择“明细表/数量”命令，弹出“新建明细表”对话框。在“过滤器”列表中选择“机械”选项，在“类别”列表中选择“风管内衬”类别，随即在“名称”文本框中显示明细表的名称，即“风管内衬明细表”，如图6-12所示。

步骤02 单击“确定”按钮，进入“明细表属性”对话框。选择“字段”选项卡，在“可用的字段”列表中选择字段，将其添加到“明细表字段（按顺序排列）”列表中，如图6-13所示。

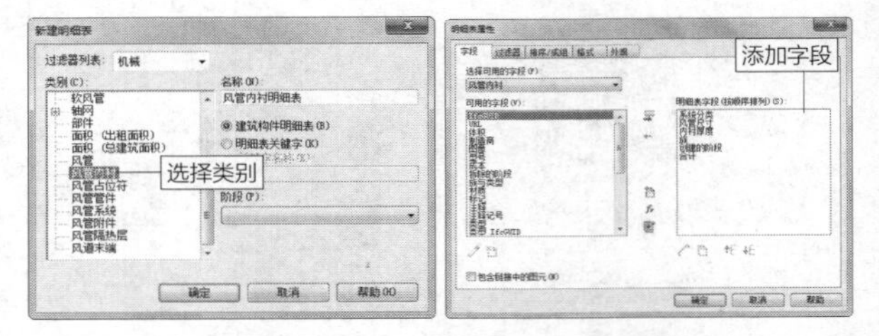

图6-12 选择类别　　图6-13 添加字段

步骤03 选择“排序/成组”选项卡，在“排序方式”列表中选择“系统分类”选项，保持“升序”顺序不变。选择“页脚”选项，并将其显示样式设置为“标题、合计和总数”，如图6-14所示。

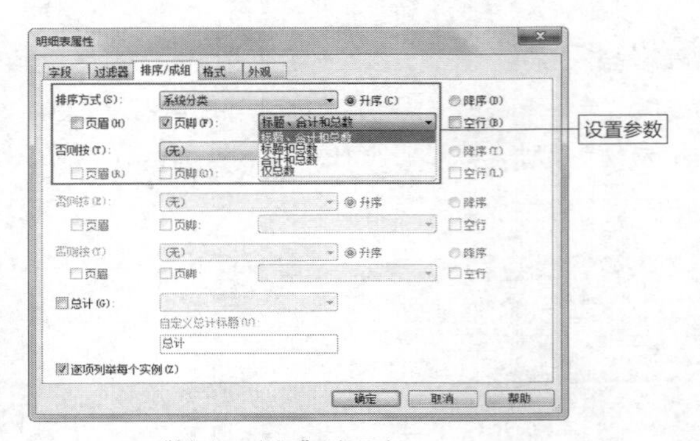

图6-14 “排序/成组”选项卡

步骤04 单击“确定”按钮，软件根据所设置的样式参数创建风管内衬明细表，效果如图6-15所示。

步骤05 选择项目浏览器，在“明细表/数量”目录中显示新建的明细表名称，如图6-16所示。

<风管内衬明细表>

A	B	C	D	E
系统分类	内衬厚度	族	创建的阶段	合计
排风	30 mm	风管内衬	新构造	1
排风	30 mm	风管内衬	新构造	1
排风	30 mm	风管内衬	新构造	1
排风	30 mm	风管内衬	新构造	1
排风	30 mm	风管内衬	新构造	1
排风	30 mm	风管内衬	新构造	1
排风	30 mm	风管内衬	新构造	1
排风：7				
送风	25 mm	风管内衬	新构造	1
送风	25 mm	风管内衬	新构造	1
送风	25 mm	风管内衬	新构造	1
送风	25 mm	风管内衬	新构造	1
送风	25 mm	风管内衬	新构造	1
送风	25 mm	风管内衬	新构造	1
送风	25 mm	风管内衬	新构造	1
送风	25 mm	风管内衬	新构造	1
送风	25 mm	风管内衬	新构造	1
送风	25 mm	风管内衬	新构造	1
送风	25 mm	风管内衬	新构造	1
送风	25 mm	风管内衬	新构造	1
送风	25 mm	风管内衬	新构造	1
送风	25 mm	风管内衬	新构造	1
送风	25 mm	风管内衬	新构造	1
送风	25 mm	风管内衬	新构造	1
送风	25 mm	风管内衬	新构造	1

图6-15 风管内衬明细表　　图6-16 新增明细表

3. 创建风管隔热层明细表

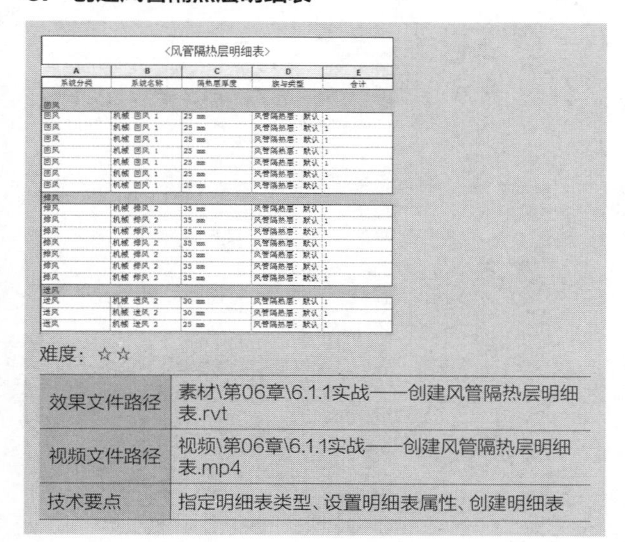

〈风管隔热层明细表〉				
A	B	C	D	E
系统分类	系统名称	隔热层厚度	族与类型	合计
回风				
回风	机械 回风 1	25 mm	风管隔热层: 默认	1
回风	机械 回风 1	25 mm	风管隔热层: 默认	1
回风	机械 回风 1	25 mm	风管隔热层: 默认	1
回风	机械 回风 1	25 mm	风管隔热层: 默认	1
回风	机械 回风 1	25 mm	风管隔热层: 默认	1
回风	机械 回风 1	25 mm	风管隔热层: 默认	1
回风	机械 回风 1	25 mm	风管隔热层: 默认	1
排风				
排风	机械 排风 2	35 mm	风管隔热层: 默认	1
排风	机械 排风 2	35 mm	风管隔热层: 默认	1
排风	机械 排风 2	35 mm	风管隔热层: 默认	1
排风	机械 排风 2	35 mm	风管隔热层: 默认	1
排风	机械 排风 2	35 mm	风管隔热层: 默认	1
排风	机械 排风 2	35 mm	风管隔热层: 默认	1
排风	机械 排风 2	35 mm	风管隔热层: 默认	1
送风				
送风	机械 送风 2	30 mm	风管隔热层: 默认	1
送风	机械 送风 2	30 mm	风管隔热层: 默认	1
送风	机械 送风 2	25 mm	风管隔热层: 默认	1

难度：☆☆

效果文件路径	素材\第06章\6.1.1实战——创建风管隔热层明细表.rvt
视频文件路径	视频\第06章\6.1.1实战——创建风管隔热层明细表.mp4
技术要点	指定明细表类型、设置明细表属性、创建明细表

将明细表的类别设置为“风管隔热层”，可以为风管隔热层创建明细表。在风管隔热层明细表中显示隔热层的信息，例如系统分类、族与类型隔热层厚度等。本节介绍创建风管隔热层明细表的方法。

步骤01 选择“视图”选项卡，在“创建”面板上单击“明细表”按钮，弹出类别列表，选择“明细表/数量”命令，弹出“新建明细表”对话框。在“过滤器”列表中选择“机械”选项，在“类别”列表中选择“风管隔热层”类别，随即在“名称”文本框中显示默认名称“风管隔热层明细表”，如图6-17所示。

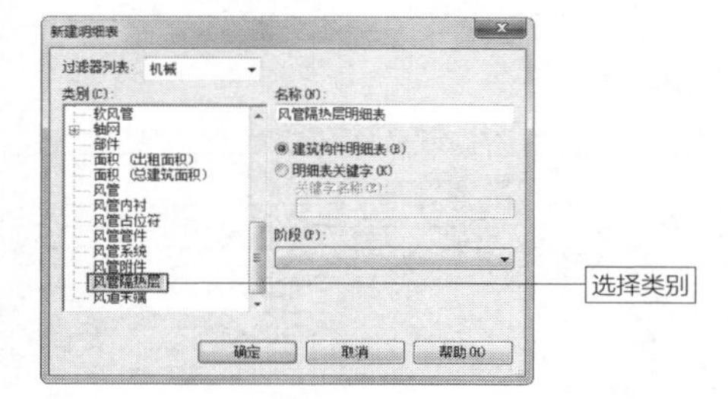

图 6-17　选择类别

步骤02 单击“确定”按钮，进入“明细表属性”对话框。在“可用的字段”列表中选择字段，将其添加至“明细表字段（按顺序排列）”列表中，如图6-18所示。

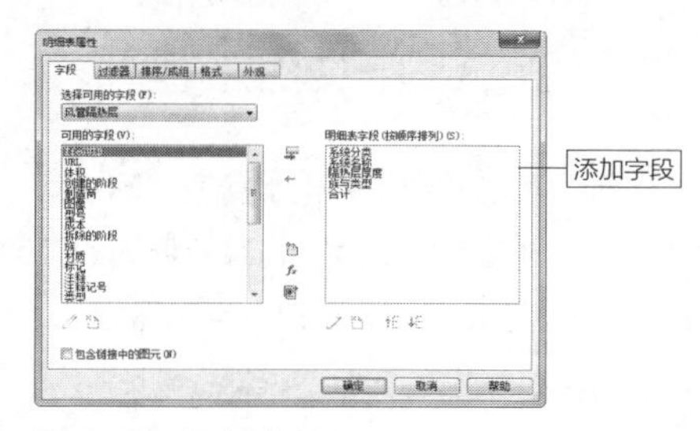

图 6-18　添加字段

步骤03 选择“排序/成组”选项卡，设置“排序方式”为“系统分类”，选中“页眉”复选框。在“否则按”列表中选择“系统名称”选项，如图6-19所示。

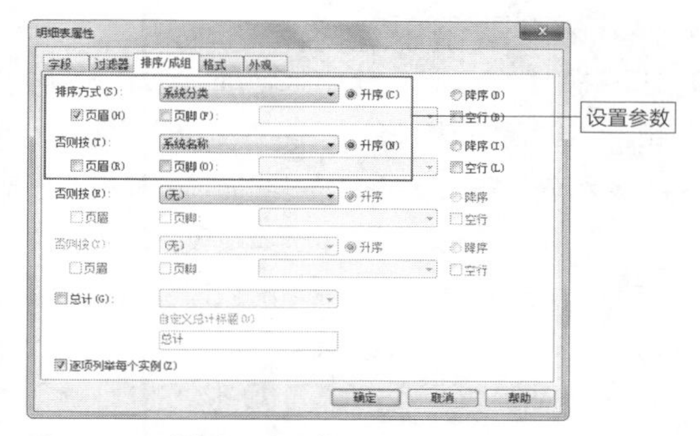

图 6-19　“排序 / 成组”选项卡

步骤04 单击“确定”按钮，创建风管隔热层明细表的效果如图6-20所示。

步骤05 在项目浏览器中查看“明细表/数量”目录的变化，发现新增了风管隔热层明细表，如图6-21所示。

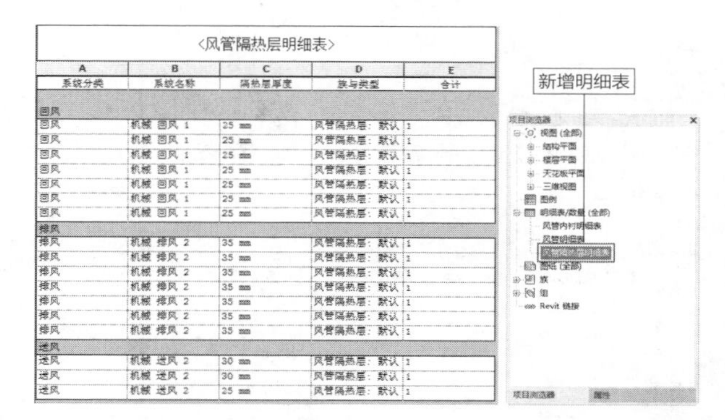

〈风管隔热层明细表〉				
A	B	C	D	E
系统分类	系统名称	隔热层厚度	族与类型	合计
回风				
回风	机械 回风 1	25 mm	风管隔热层: 默认	1
回风	机械 回风 1	25 mm	风管隔热层: 默认	1
回风	机械 回风 1	25 mm	风管隔热层: 默认	1
回风	机械 回风 1	25 mm	风管隔热层: 默认	1
回风	机械 回风 1	25 mm	风管隔热层: 默认	1
回风	机械 回风 1	25 mm	风管隔热层: 默认	1
回风	机械 回风 1	25 mm	风管隔热层: 默认	1
排风				
排风	机械 排风 2	35 mm	风管隔热层: 默认	1
排风	机械 排风 2	35 mm	风管隔热层: 默认	1
排风	机械 排风 2	35 mm	风管隔热层: 默认	1
排风	机械 排风 2	35 mm	风管隔热层: 默认	1
排风	机械 排风 2	35 mm	风管隔热层: 默认	1
排风	机械 排风 2	35 mm	风管隔热层: 默认	1
排风	机械 排风 2	35 mm	风管隔热层: 默认	1
送风				
送风	机械 送风 2	30 mm	风管隔热层: 默认	1
送风	机械 送风 2	30 mm	风管隔热层: 默认	1
送风	机械 送风 2	25 mm	风管隔热层: 默认	1

图 6-20　风管隔热层明细表　　图 6-21　新增明细表

4. 创建风管管件明细表

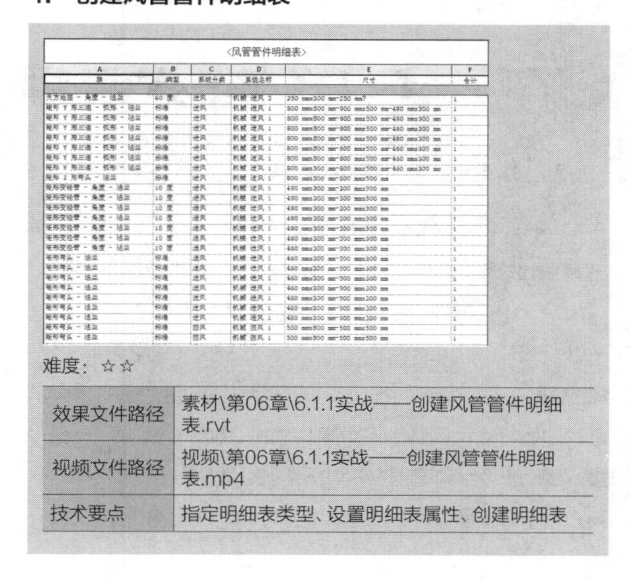

〈风管管件明细表〉					
A	B	C	D	E	F
族	类型	系统分类	系统名称	尺寸	合计
天方地圆 - 角度 - 法兰	60 度	送风	机械 送风 2	250 mmx300 mm-250 mmø	1
矩形 Y 形三通 - 弧形 - 法兰	标准	送风	机械 送风 1	800 mmx500 mm-800 mmx500 mm-480 mmx300 mm	1
矩形 Y 形三通 - 弧形 - 法兰	标准	送风	机械 送风 1	800 mmx500 mm-800 mmx500 mm-480 mmx300 mm	1
矩形 Y 形三通 - 弧形 - 法兰	标准	送风	机械 送风 1	800 mmx500 mm-800 mmx500 mm-480 mmx300 mm	1
矩形 Y 形三通 - 弧形 - 法兰	标准	送风	机械 送风 1	800 mmx500 mm-800 mmx500 mm-480 mmx300 mm	1
矩形 Y 形三通 - 弧形 - 法兰	标准	送风	机械 送风 1	800 mmx500 mm-800 mmx500 mm-480 mmx300 mm	1
矩形 Y 形三通 - 弧形 - 法兰	标准	送风	机械 送风 1	800 mmx500 mm-800 mmx500 mm-480 mmx300 mm	1
矩形 Y 形三通 - 弧形 - 法兰	标准	送风	机械 送风 1	800 mmx500 mm-800 mmx500 mm-480 mmx300 mm	1
矩形 Z 形弯头 - 法兰	标准	送风	机械 送风 1	800 mmx500 mm-800 mmx500 mm	1
矩形变径管 - 角度 - 法兰	10 度	送风	机械 送风 1	480 mmx300 mm-300 mmx300 mm	1
矩形变径管 - 角度 - 法兰	10 度	送风	机械 送风 1	480 mmx300 mm-300 mmx300 mm	1
矩形变径管 - 角度 - 法兰	10 度	送风	机械 送风 1	480 mmx300 mm-300 mmx300 mm	1
矩形变径管 - 角度 - 法兰	10 度	送风	机械 送风 1	480 mmx300 mm-300 mmx300 mm	1
矩形变径管 - 角度 - 法兰	10 度	送风	机械 送风 1	480 mmx300 mm-300 mmx300 mm	1
矩形变径管 - 角度 - 法兰	10 度	送风	机械 送风 1	480 mmx300 mm-300 mmx300 mm	1
矩形变径管 - 角度 - 法兰	10 度	送风	机械 送风 1	480 mmx300 mm-300 mmx300 mm	1
矩形弯头 - 法兰	标准	送风	机械 送风 1	480 mmx300 mm-300 mmx300 mm	1
矩形弯头 - 法兰	标准	送风	机械 送风 1	480 mmx300 mm-300 mmx300 mm	1
矩形弯头 - 法兰	标准	送风	机械 送风 1	480 mmx300 mm-300 mmx300 mm	1
矩形弯头 - 法兰	标准	送风	机械 送风 1	480 mmx300 mm-300 mmx300 mm	1
矩形弯头 - 法兰	标准	送风	机械 送风 1	480 mmx300 mm-300 mmx300 mm	1
矩形弯头 - 法兰	标准	送风	机械 送风 1	480 mmx300 mm-300 mmx300 mm	1
矩形弯头 - 法兰	标准	送风	机械 送风 1	480 mmx300 mm-300 mmx300 mm	1
矩形弯头 - 法兰	标准	回风	机械 回风 1	500 mmx500 mm-500 mmx500 mm	1
矩形弯头 - 法兰	标准	回风	机械 回风 1	500 mmx500 mm-500 mmx500 mm	1

难度：☆☆

效果文件路径	素材\第06章\6.1.1实战——创建风管管件明细表.rvt
视频文件路径	视频\第06章\6.1.1实战——创建风管管件明细表.mp4
技术要点	指定明细表类型、设置明细表属性、创建明细表

风管管件类型多样，尺寸也不尽相同，并且分散在各风管系统中。通过创建风管管件明细表，可以在明细表中了解管件的相关信息，如系统类型、尺寸及数量等。本节介绍创建风管管件明细表的方法。

步骤 01 选择“视图”选项卡，在“创建”面板上单击“明细表”按钮，弹出类别列表，选择“明细表/数量”命令，弹出“新建明细表”对话框。在“过滤器”列表中选择“机械”选项，在“类别”列表中选择“风管管件”类别，在“名称”文本框中显示明细表的默认名称，如图6-22所示。

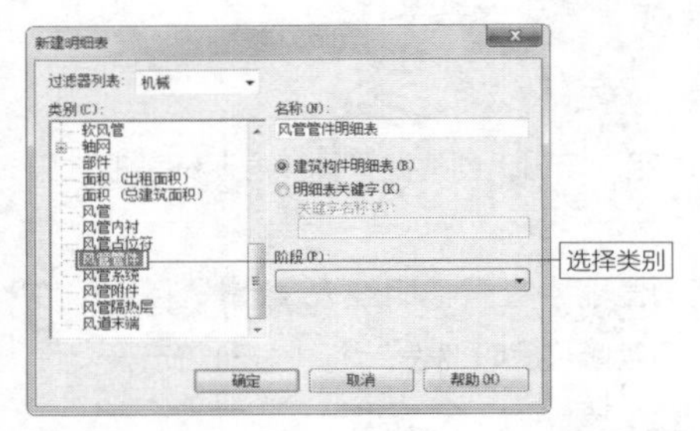

图 6-22　选择类别

步骤 02 单击“确定”按钮，进入“明细表属性”对话框。在“明细表字段（按顺序排列）”列表中添加字段，如图6-23所示。

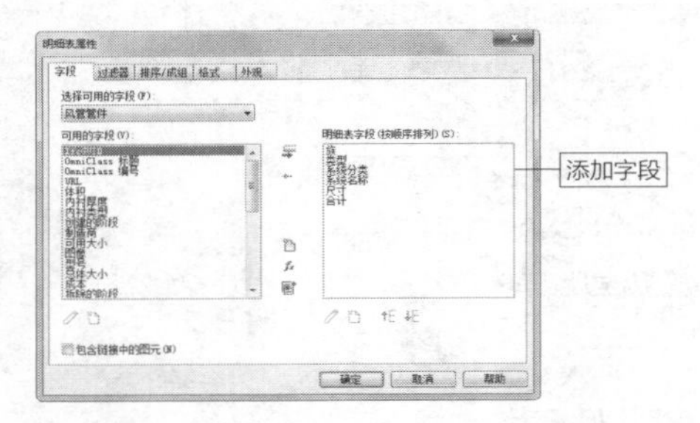

图 6-23　添加字段

知识链接：

在“类别”列表中选择其他类别，可以创建指定类别的明细表。例如，选择“风道末端”类别，可以创建“风道末端明细表”。

步骤 03 选择“排序/成组”选项卡，设置“排序方式”为“族”，在“否则按”列表中选择“类型”选项，如图6-24所示。

步骤 04 单击“确定”按钮，打开明细表视图，在其中显示新建的风管管件明细表，效果如图6-25所示。

步骤 05 在项目浏览器中的“明细表/数量”目录中实时更新，显示“风管管件明细表”名称，如图6-26所示。

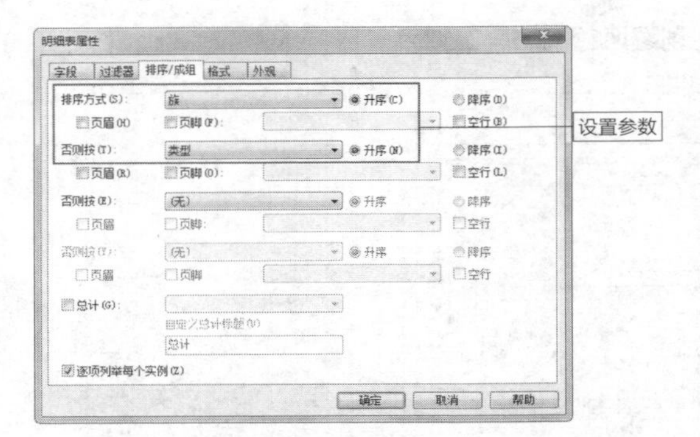

图 6-24　“排序 / 成组”选项卡

图 6-25　风管管件明细表　　图 6-26　更新目录

6.1.2　实战——创建管道系统明细表　难点

与暖通系统类似，管道系统也包含多个类别，如管道、管件、管道附件等。如果想要详细了解管道系统的信息，可以创建类别明细表，如管道明细表、管件明细表等。通过浏览类别明细表，可以了解指定类别的相关内容。

1.　创建管道明细表

〈管道明细表〉

A	B	C	D	E	F	G
系统分类	族	类型	长度	直径	相对粗糙度	合计
循环供水	管道类型	默认	960	90.0 mm	0.000469	1
循环供水	管道类型	默认	233	90.0 mm	0.000469	1
循环供水	管道类型	默认	433	90.0 mm	0.000469	1
循环供水	管道类型	默认	760	90.0 mm	0.000469	1
循环供水	管道类型	默认	440	90.0 mm	0.000469	1
循环供水	管道类型	默认	460	125.0 mm	0.000337	1
湿式消防系统	管道类型	默认	1158	60.0 mm	0.000726	1
湿式消防系统	管道类型	默认	216	60.0 mm	0.000726	1
湿式消防系统	管道类型	默认	1240	80.0 mm	0.000726	1
湿式消防系统	管道类型	默认	5218	100.0 mm	0.000415	1
湿式消防系统	管道类型	默认	7611	60.0 mm	0.000726	1

难度：☆☆

效果文件路径	素材\第06章\6.1.2实战——创建管道明细表.rvt
视频文件路径	视频\第06章\6.1.2实战——创建管道明细表.mp4
技术要点	指定明细表类型、设置明细表属性、创建明细表

项目中常包含多种类型的管道，如供水管道、回水管道、卫生设备管道等。这些管道的长度、直径及所属的系统类型是什么，通过创建管道明细表，可以一目了然。

本节介绍创建管道明细表的方法。

步骤01 选择“视图”选项卡，单击“创建”面板上的“明细表”按钮，在弹出的列表中选择“明细表/数量”选项，弹出“新建明细表”对话框。单击“过滤器列表”，在弹出的列表中选择“管道”选项，如图6-27所示。

步骤02 接着在“类别”列表中选择“管道”选项，在“名称”选项中显示明细表的默认名称，如图6-28所示。

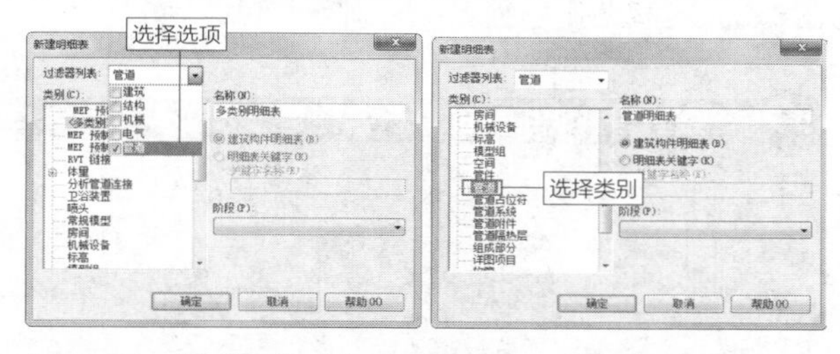

图6-27 “新建明细表”对话框 图6-28 选择类别

知识链接：

选择过滤器为“管道”后，在“类别”列表中所显示的选项都是与管道系统有关的，例如管件、管道、管道占位符等。

步骤03 单击“确定”按钮，进入“明细表属性”对话框。在“字段”选项卡中，显示“管道”的可用字段。在“可用字段”列表中选择字段，单击中间的“添加参数”按钮，将其添加至右侧的“明细表字段（按顺序排列）”列表中，如图6-29所示。

图6-29 选择字段

步骤04 选择“排序/成组”选项卡，在“排序方式”选项卡中选择“系统分类”选项，指定排序方式。在“否则按”选项中选择“族”选项，指定假如不按照“系统分类”来排序，则按“族”来排列，如图6-30所示。

延伸讲解：

在“选择可用的字段”列表中显示“管道”选项，表示在“可用的字段”列表中所显示的字段都是可以用来描述管道的。

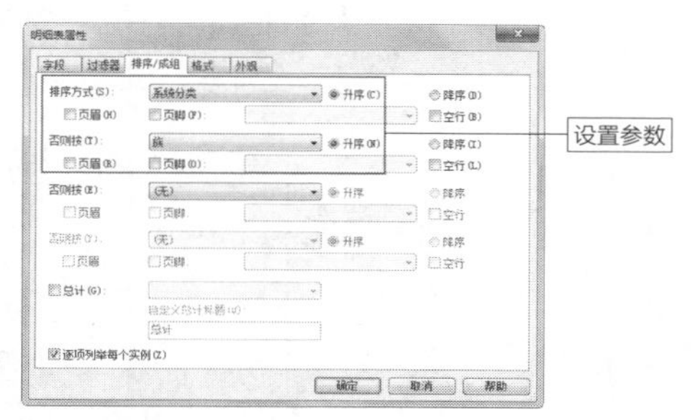

图6-30 设置排序方式

步骤05 选择“格式”选项卡，在“字段”列表中选择“系统分类”选项，在右侧的界面中设置其格式参数，如图6-31所示。

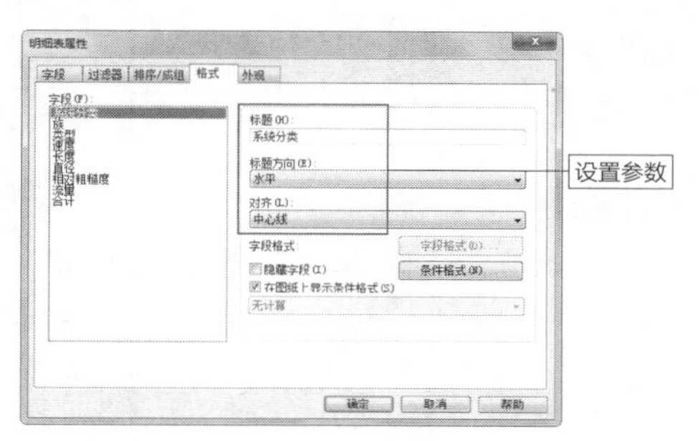

图6-31 设置格式参数

步骤06 选择“外观”选项，在“图形”选项组中选择“轮廓”选项，单击选项，弹出样式列表，选择“中粗线”选项，指定轮廓线的样式，如图6-32所示。

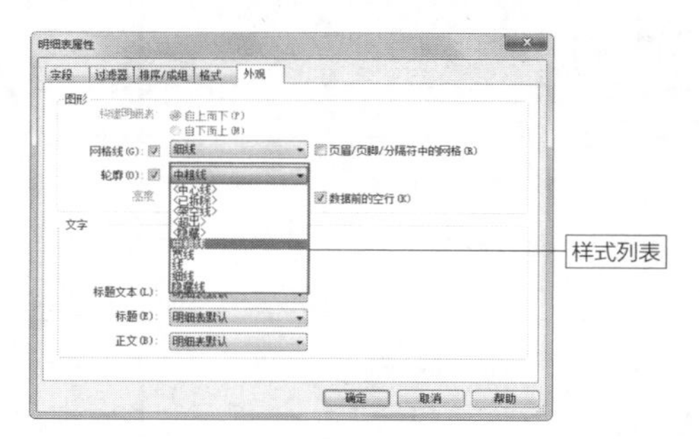

图6-32 选择线型

延伸讲解：

默认情况下，取消选中“轮廓线”复选框。需要先选中该项，才可激活样式列表。

步骤07 单击“确定”按钮，进入明细表视图，查看管道明细表的创建效果，如图6-33所示。

步骤08 选择项目浏览器，单击“明细表/数量”目录前的“+”，展开目录，在其中显示新建的“管道明细表”名称，如图6-34所示。

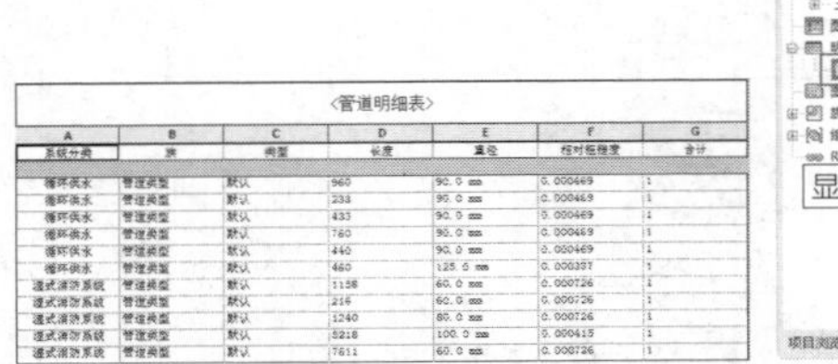

〈管道明细表〉

A	B	C	D	E	F	G
系统分类	族	类型	长度	直径	相对粗糙度	合计
循环供水	管道类型	默认	960	90.0 mm	0.000469	1
循环供水	管道类型	默认	233	90.0 mm	0.000469	1
循环供水	管道类型	默认	433	90.0 mm	0.000469	1
循环供水	管道类型	默认	760	90.0 mm	0.000469	1
循环供水	管道类型	默认	440	90.0 mm	0.000469	1
循环供水	管道类型	默认	460	125.0 mm	0.000337	1
湿式消防系统	管道类型	默认	1158	60.0 mm	0.000726	1
湿式消防系统	管道类型	默认	216	60.0 mm	0.000726	1
湿式消防系统	管道类型	默认	1240	80.0 mm	0.000726	1
湿式消防系统	管道类型	默认	5218	100.0 mm	0.000415	1
湿式消防系统	管道类型	默认	7611	60.0 mm	0.000726	1

图 6-33　管道明细表

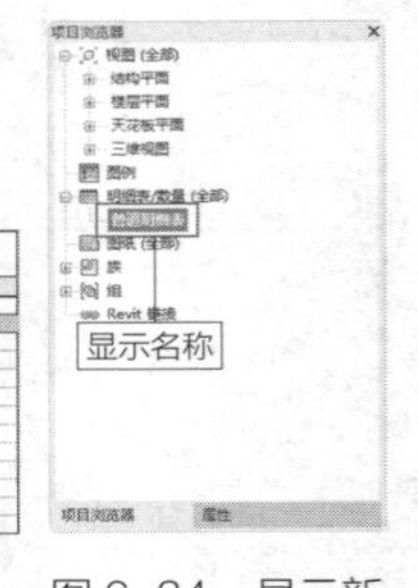

图 6-34　显示新建的明细表

知识链接：

请注意观察管道明细表中的“系统分类”列，因为在“格式”选项卡将其“对齐”方式设置为“中心线”，所以该列的对齐效果为居中对齐。

2. 创建管件明细表

〈管件明细表〉

A	B	C	D	E
系统分类	族	类型	尺寸	合计
循环供水	T 形三通 - 螺纹 - 钢塑复合	标准	90 mm?-90 mm?-90 mm?	1
循环供水	变径管 - 螺纹 - 钢塑复合	标准	125 mm?-90 mm?	1
循环供水	弯头 - 螺纹 - 钢塑复合	标准	90 mm?-90 mm?	1
循环供水	管帽 - PVC-U - 排水	标准	90 mm?	1
循环供水	管帽 - PVC-U - 排水	标准	125 mm?	1
循环供水	管帽 - PVC-U - 排水	标准	90 mm?	1
循环供水	管接头 - 螺纹 - 钢塑复合	标准	90 mm?-90 mm?	1
湿式消防系统	T 形三通 - 螺纹 - 钢塑复合	标准	60 mm?-60 mm?-60 mm?	1
湿式消防系统	变径管 - 螺纹 - 钢塑复合	标准	80 mm?-60 mm?	1
湿式消防系统	变径管 - 螺纹 - 钢塑复合	标准	100 mm?-60 mm?	1
湿式消防系统	弯头 - 螺纹 - 钢塑复合	标准	60 mm?-60 mm?	1
湿式消防系统	弯头 - 螺纹 - 钢塑复合	标准	60 mm?-60 mm?	1

难度：☆☆

效果文件路径	素材\第06章\6.1.2实战——创建管件明细表.rvt
视频文件路径	视频\第06章\6.1.2实战——创建管件明细表.mp4
技术要点	指定明细表类型、设置明细表属性、创建明细表

管件的类型丰富多样，包括弯头、三通、四通、法兰等。创建管件明细表，可以了解管件的信息，如所在的系统、族类型或者尺寸大小、数量等。本节介绍创建管件明细表的方法。

步骤 01 选择“视图”选项卡，单击“创建”面板上的“明细表”按钮，在弹出的列表中选择“明细表/数量”选项，弹出“新建明细表”对话框。在“过滤器”列表中选择“管道”选项，在“类别”列表中选择“管件”类别，如图6-35所示。查看“名称”文本框，在其中显示其默认名称“管件明细表”。

步骤 02 单击“确定”按钮，进入“明细表属性”对话框。在“选择可用的字段”列表中显示“管件”选项，在“可用的字段”列表中选择字段，并将这些字段添加到“明细表字段（按顺序排列）”列表中，如图6-36所示。

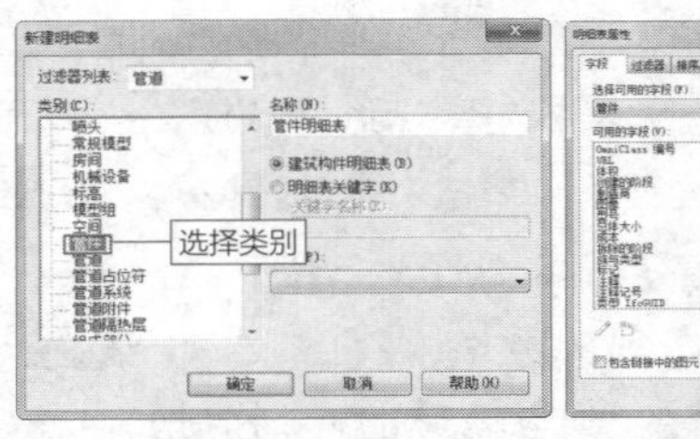

图 6-35　选择类别

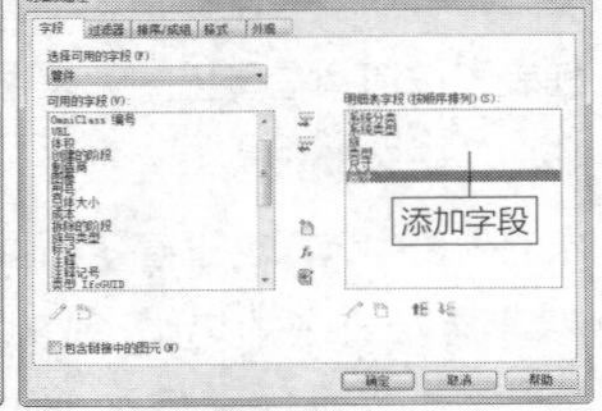

图 6-36　添加字段

答疑解惑：明细表的默认名称是怎么回事？

当在“类别”列表中选择选项后，例如选择“管件”选项，软件会自动更新“名称”选项参数，并显示明细表名称。明细表名称的命名原则是“类别名称+明细表”。假如改选“管道占位符”类别，则“名称”选项值实时更新，并显示“管道占位符明细表”作为明细表的名称。

假如项目中已有相同类别的明细表，再次创建该类别的明细表时，软件会在默认名称后添加数字编号，以示区别。例如，再次创建管道明细表，会在名称后添加编号2，将明细表命名为“管道明细表2”，与已有的明细表相区别。

步骤 03 选择“排序/成组”选项卡，设置“排序方式”为“系统分类”，“否则按”选项参数为“族”，保持选择“升序”选项不变，如图6-37所示。

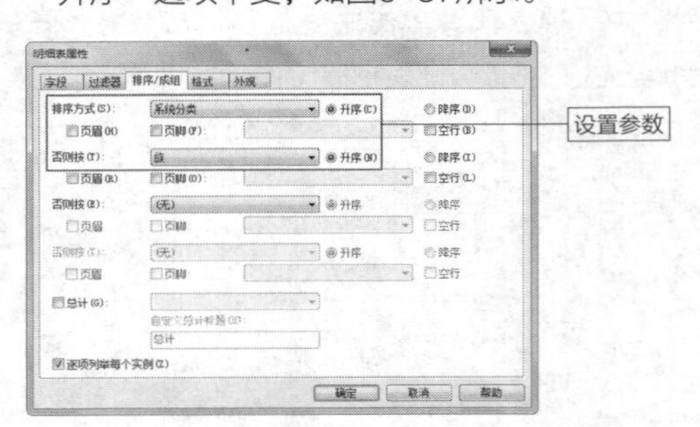

图 6-37　设置排序方式

步骤 04 选择“外观”选项卡，在“文字”选项组中单击“标题”选项，在弹出的列表中选择“文字注释1”选项，指定标题的字体样式。重复操作，将“正文”的字体样式也设置为“文字注释1”，如图6-38所示。

图 6-38　选择字体样式

答疑解惑："文字注释 1"字体样式是怎么回事？

"文字注释1"字体样式是软件默认提供的字体样式，与"明细表默认"样式相同，都可以被运用在明细表中。但是这两种字体样式还是有区别的。

在启用"文字"命令来创建注释文字后，如修改了文字样式参数，例如修改字体样式、添加"粗体""斜体"样式后，会影响"明细表属性"对话框中"文字注释1"字体的显示效果。

例如，将已创建的注释文字的字体设置为"黑体"，那么在明细表中应用了"文字注释1"字体样式后，明细表中的文字也显示为"黑体"。

步骤05 单击"确定"按钮，切换至明细表视图，查看管件明细表的创建效果，如图6-39所示。

步骤06 在项目浏览器中查看"明细表/数量"目录的变化，发现在其中新增了"管件明细表"名称，如图6-40所示。

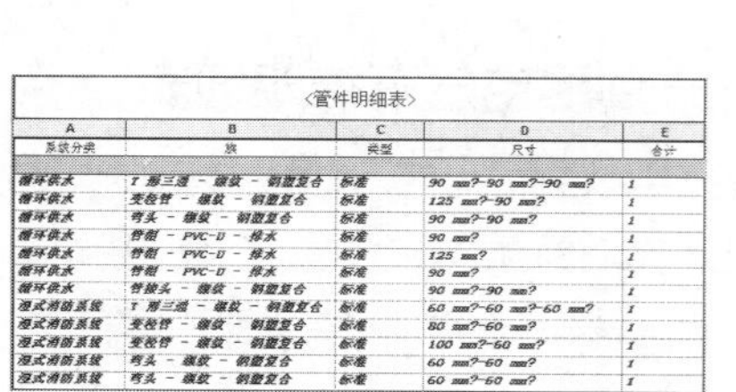

〈管件明细表〉

A	B	C	D	E
系统分类	族	类型	尺寸	合计
循环供水	T 形三通 - 螺纹 - 钢塑复合	标准	90 mm?-90 mm?-90 mm?	1
循环供水	变径管 - 螺纹 - 钢塑复合	标准	125 mm?-90 mm?	1
循环供水	弯头 - 螺纹 - 钢塑复合	标准	90 mm?-90 mm?	1
循环供水	管帽 - PVC-U - 排水	标准	90 mm?	1
循环供水	管帽 - PVC-U - 排水	标准	125 mm?	1
循环供水	管帽 - PVC-U - 排水	标准	90 mm?	1
循环供水	管接头 - 螺纹 - 钢塑复合	标准	90 mm?-90 mm?	1
湿式消防系统	T 形三通 - 螺纹 - 钢塑复合	标准	60 mm?-60 mm?-60 mm?	1
湿式消防系统	变径管 - 螺纹 - 钢塑复合	标准	80 mm?-60 mm?	1
湿式消防系统	变径管 - 螺纹 - 钢塑复合	标准	100 mm?-60 mm?	1
湿式消防系统	弯头 - 螺纹 - 钢塑复合	标准	60 mm?-60 mm?	1
湿式消防系统	弯头 - 螺纹 - 钢塑复合	标准	60 mm?-60 mm?	1

图 6-39　管件明细表

图 6-40　新增明细表

知识链接：

在项目浏览器中双击明细表名称，可以打开该明细表。

3. 创建管道系统明细表

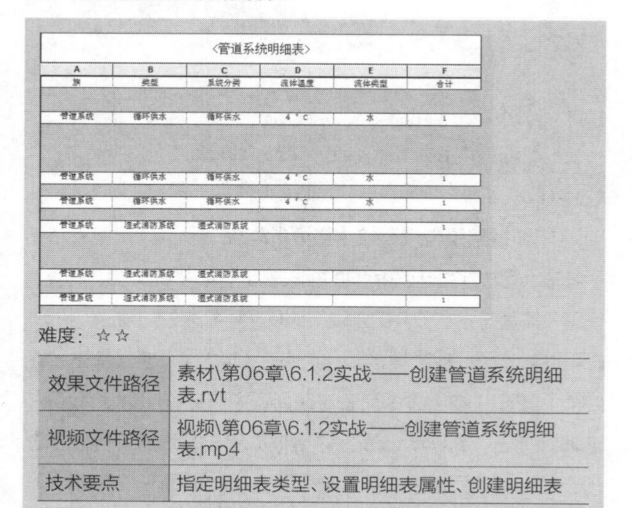

〈管道系统明细表〉

A	B	C	D	E	F
族	类型	系统分类	流体温度	流体类型	合计
管道系统	循环供水	循环供水	4 °C	水	1
管道系统	循环供水	循环供水	4 °C	水	1
管道系统	循环供水	循环供水	4 °C	水	1
管道系统	湿式消防系统	湿式消防系统			1
管道系统	湿式消防系统	湿式消防系统			1
管道系统	湿式消防系统	湿式消防系统			1

难度：☆☆

效果文件路径	素材\第06章\6.1.2实战——创建管道系统明细表.rvt
视频文件路径	视频\第06章\6.1.2实战——创建管道系统明细表.mp4
技术要点	指定明细表类型、设置明细表属性、创建明细表

根据不同的功能，管道被划分到不同的系统中，如供水系统、回水系统及消防系统等。创建管道系统明细表，可以了解系统的相关内容。本节介绍创建管道系统明细表的方法。

步骤01 选择"视图"选项卡，单击"创建"面板上的"明细表"按钮，在弹出的列表中选择"明细表/数量"选项，弹出"新建明细表"对话框。在"过滤器"列表中选择"管道"选项，在"类别"列表中选择"管道系统"类别，在"名称"文本框中显示"管道系统明细表"，这是根据类别而定义的明细表名称，如图6-41所示。

步骤02 单击"确定"按钮，打开"明细表属性"对话框。在"可用的字段"列表中选择字段，将其添加到右侧的"明细表字段（按顺序排列）"列表中，如图6-42所示。

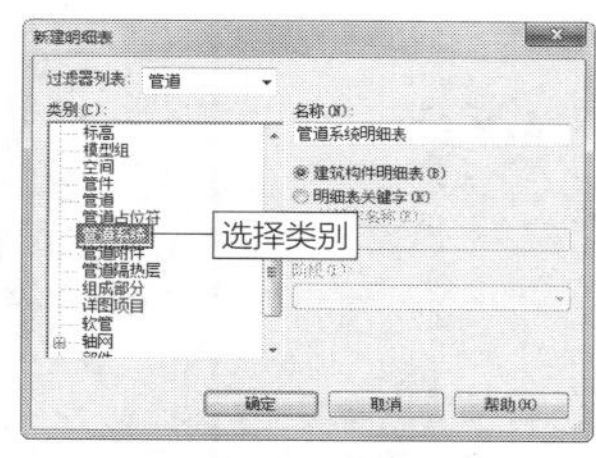

图 6-41　选择类别

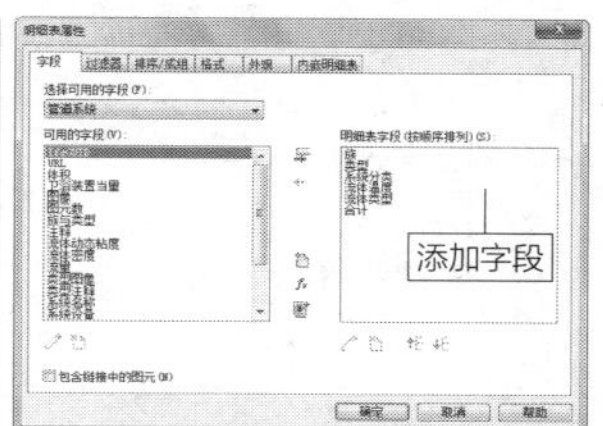

图 6-42　添加字段

知识链接：

管道系统总是属于某个项目，可以在明细表名称前添加项目名称，如"××项目管道系统明细表"。

步骤03 选择"排序/成组"选项卡，单击"排序方式"选项，在弹出的列表中选择"系统分类"选项，在"否则按"列表中选择"类型"选项，如图6-43所示。

图 6-43　设置排序方式

步骤04 选择"格式"选项卡，依次在"字段"列表中选择字段，将其"对齐"方式设置为"中心线"，如图6-44所示。

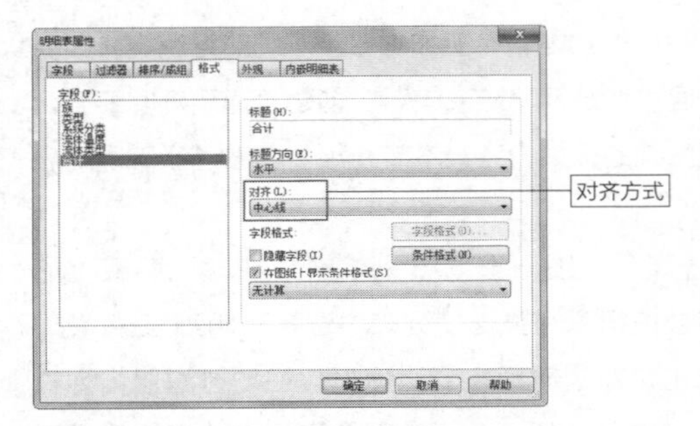

图6-44　设置格式参数

延伸讲解：

在“排序方式”或者“否则按”列表中，按顺序显示已添加的明细表字段。

步骤05 选择“内嵌明细表”选项卡，在其中显示管道系统明细表的类别，如图6-45所示。默认情况下，这些类别显示为灰色，因为处于未激活状态。

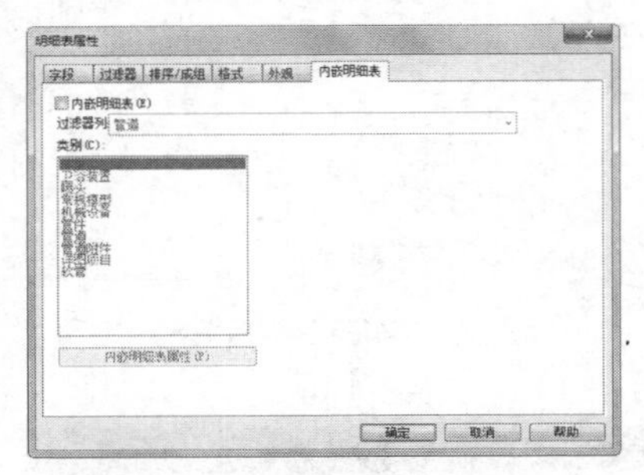

图6-45　“内嵌明细表”选项卡

步骤06 选中“内嵌明细表”复选框，激活“类别”列表，选择“管道”类别，如图6-46所示。

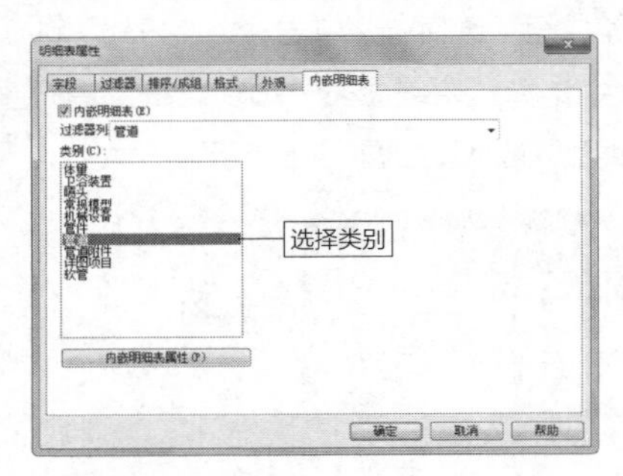

图6-46　选择类别

延伸讲解：

请注意观察管道系统的“明细表属性”对话框，发现该对话框与平时的显示样式不同，新增了一个 “内嵌明细表”选项卡。这是因为将明细表的类别指定为“管道系统”的缘故。

步骤07 单击“确定”按钮，打开明细表视图，管道系统明细表的创建效果如图6-47所示。

步骤08 项目浏览器中的“明细表/数量”目录实时更新，在目录的底部显示新建明细表的名称，如图6-48所示。

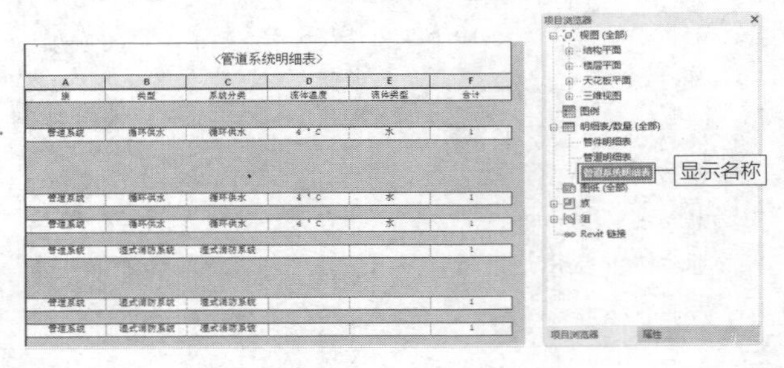

<管道系统明细表>

A	B	C	D	E	F
族	类型	系统分类	流体温度	流体类型	合计
管道系统	循环供水	循环供水	4 °C	水	1
管道系统	循环供水	循环供水	4 °C	水	1
管道系统	循环供水	循环供水	4 °C	水	1
管道系统	湿式消防系统	湿式消防系统			1
管道系统	湿式消防系统	湿式消防系统			1
管道系统	湿式消防系统	湿式消防系统			1

图6-47　管道系统明细表　　图6-48　显示名称

知识链接：

内嵌明细表不会在明细表视图中显示，但是可以再次调出“明细表属性”对话框，编辑内嵌明细表的属性参数。

6.1.3　实战——创建电气系统明细表　重点

电气系统中有多种类别的构件，如电缆桥架、电缆桥架配件、线管及线管配件、电气设备等。创建类别明细表，可以了解构件信息。本节介绍创建各类别明细表的方法。

1.　创建电缆桥架明细表

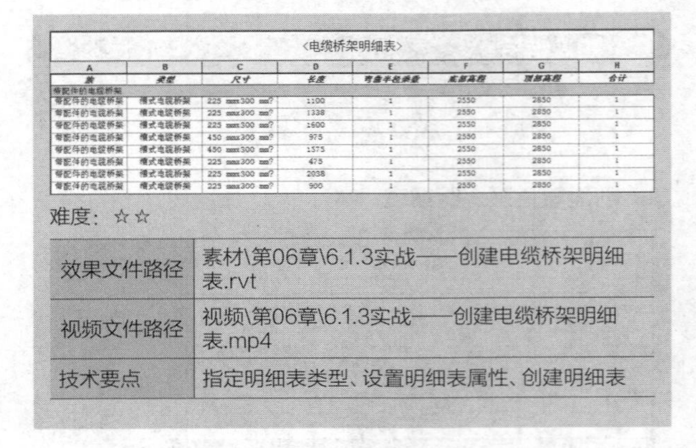

<电缆桥架明细表>

A	B	C	D	E	F	G	H
族	类型	尺寸	长度	弯曲半径乘数	底部高程	顶部高程	合计
带配件的电缆桥架							
带配件的电缆桥架	槽式电缆桥架	225 mmx300 mm?	1100	1	2550	2850	1
带配件的电缆桥架	槽式电缆桥架	225 mmx300 mm?	1338	1	2550	2850	1
带配件的电缆桥架	槽式电缆桥架	225 mmx300 mm?	1600	1	2550	2850	1
带配件的电缆桥架	槽式电缆桥架	450 mmx300 mm?	975	1	2550	2850	1
带配件的电缆桥架	槽式电缆桥架	450 mmx300 mm?	1575	1	2550	2850	1
带配件的电缆桥架	槽式电缆桥架	225 mmx300 mm?	475	1	2550	2850	1
带配件的电缆桥架	槽式电缆桥架	225 mmx300 mm?	2038	1	2550	2850	1
带配件的电缆桥架	槽式电缆桥架	225 mmx300 mm?	900	1	2550	2850	1

难度：☆☆

效果文件路径	素材\第06章\6.1.3实战——创建电缆桥架明细表.rvt
视频文件路径	视频\第06章\6.1.3实战——创建电缆桥架明细表.mp4
技术要点	指定明细表类型、设置明细表属性、创建明细表

电缆桥架是电气系统中重要的构件之一，创建电缆桥架明细表，可以了解电缆桥架的相关参数，如系统类型、高度、宽度及高程等。本节介绍创建电缆桥架明细表的方法。

步骤01 选择“视图”选项卡，在“创建”面板上单击“明细表”按钮，弹出命令列表。在列表中选择“明细表/数量”选项，弹出“新建明细表”对话框。单击“过滤器列表”选项，在弹出的列表中选择“电气”选项，如图6-49所示。

步骤 02 在“类别”列表中选择“电缆桥架”类别，如图6-50所示。

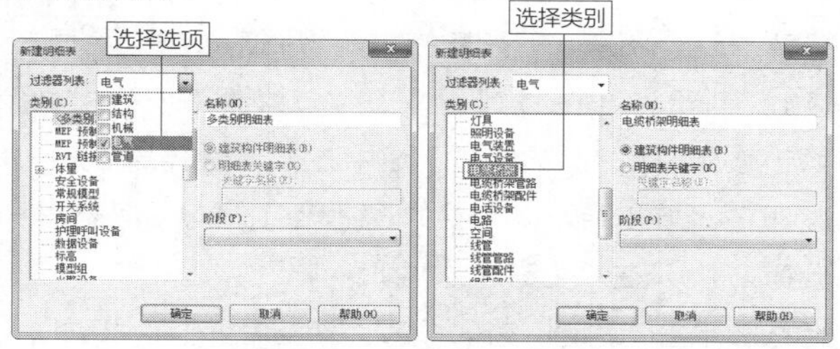

图 6-49　“新建明细表”对话框　图 6-50　选择类别

步骤 03 单击“确定”按钮，进入“明细表属性”对话框。在“选择可用的字段”列表中显示“电缆桥架”选项，表示字段的类型已被限制在“电缆桥架”的范围内。选择“可用的字段”列表中的字段，单击“添加参数”按钮，将字段添加到右侧的列表中，如图6-51所示。

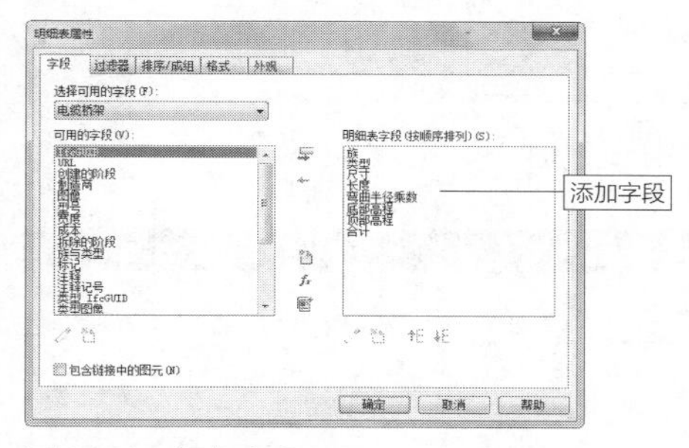

图 6-51　添加字段

步骤 04 选择“排序/成组”选项卡，单击“排序方式”选项，在弹出的列表中选择“族”选项，同时选中“页眉”复选框，如图6-52所示。

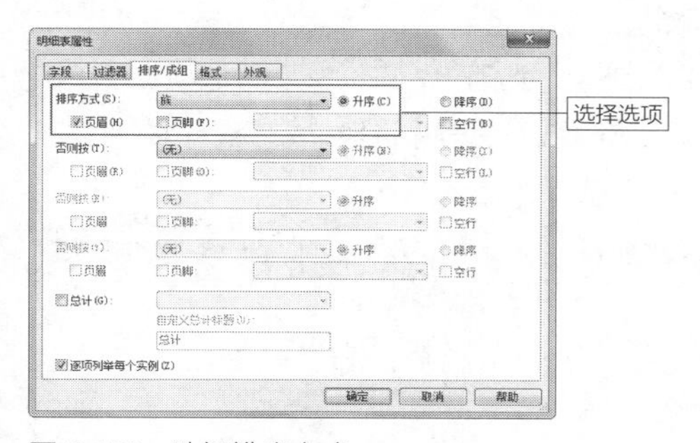

图 6-52　选择排序方式

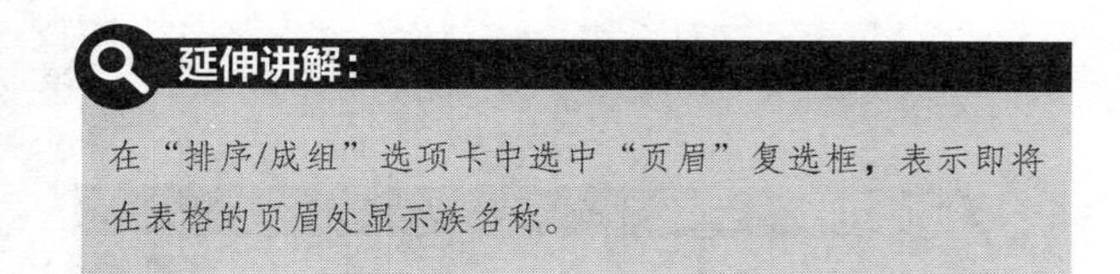

在“排序/成组”选项卡中选中“页眉”复选框，表示即将在表格的页眉处显示族名称。

步骤 05 选择“格式”选项卡，将所有字段的“对齐”方式都设置为“中心线”，如图6-53所示。

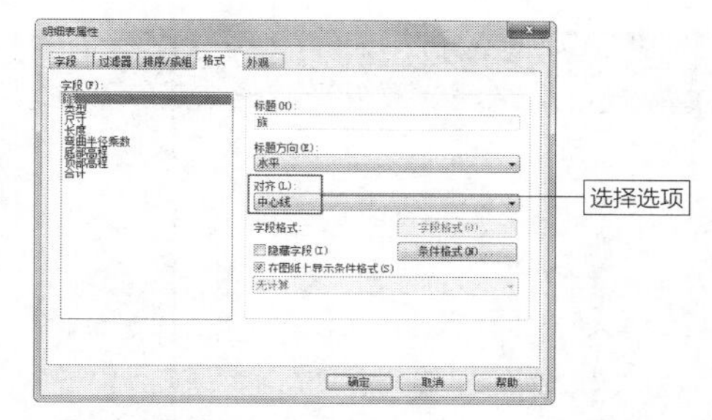

图 6-53　设置对齐方式

步骤 06 选择“外观”选项卡，取消选中“数据前的空行”复选框，并将“标题”的字体样式设置为“文字注释1”，如图6-54所示。

图 6-54　“外观”选项卡

知识链接：

为明细表设置不同样式的字体，可以丰富明细表的显示效果。

步骤 07 单击“确定”按钮，进入明细表视图，查看电缆桥架明细表的创建效果，如图6-55所示。

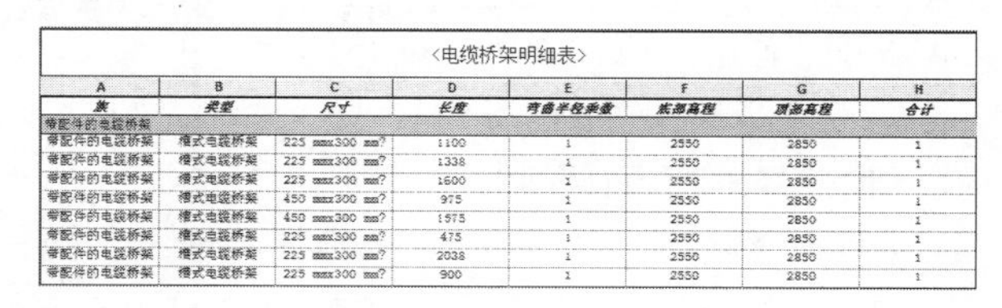

<电缆桥架明细表>

A	B	C	D	E	F	G	H
族	类型	尺寸	长度	弯曲半径乘数	底部高程	顶部高程	合计
带配件的电缆桥架							
带配件的电缆桥架	槽式电缆桥架	225 mmx300 mm?	1100	1	2550	2850	1
带配件的电缆桥架	槽式电缆桥架	225 mmx300 mm?	1338	1	2550	2850	1
带配件的电缆桥架	槽式电缆桥架	225 mmx300 mm?	1600	1	2550	2850	1
带配件的电缆桥架	槽式电缆桥架	450 mmx300 mm?	975	1	2550	2850	1
带配件的电缆桥架	槽式电缆桥架	450 mmx300 mm?	1575	1	2550	2850	1
带配件的电缆桥架	槽式电缆桥架	225 mmx300 mm?	475	1	2550	2850	1
带配件的电缆桥架	槽式电缆桥架	225 mmx300 mm?	2038	1	2550	2850	1
带配件的电缆桥架	槽式电缆桥架	225 mmx300 mm?	900	1	2550	2850	1

图 6-55　电缆桥架明细表

步骤 08 在项目浏览器中，单击“明细表/数量”目录前的“+”，展开目录，在其中显示新建的明细表的名称，如图6-56所示。

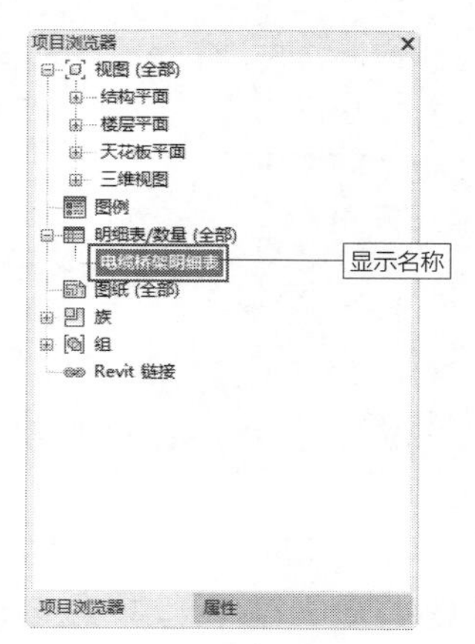

图 6-56　显示名称

答疑解惑：在“尺寸”列中，为什么尺寸参数中带问号？

查看电缆桥架明细表的“尺寸”列中的参数，发现参数的显示样式为“225mm×300mm？”，在为电缆桥架创建尺寸标记时，其标记的后缀也会显示一个问号。

这主要是因为受到电缆桥架样式设置参数的影响。在“电气设置”对话框中，默认将“电缆桥架尺寸后缀”符号设置为“ ？ ”，所以在项目中表示电缆桥架的尺寸时，都会自带后缀符号，无论是尺寸标记还是明细表。

如果将“电缆桥架尺寸后缀”中的问号删除，如图6-57所示。单击“确定”按钮，返回视图。随着样式参数的修改，明细表自动更新。“尺寸”表列中的尺寸后缀符号被删除，效果如图6-58所示。

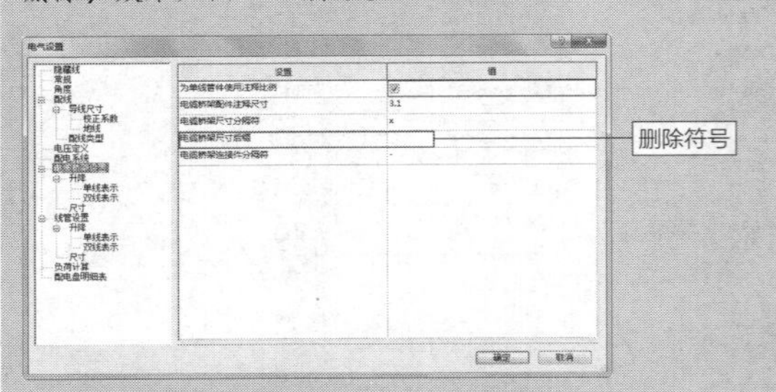

图 6-57　“电气设置”对话框

<电缆桥架

A	B	C	D
族	类型	尺寸	长度
带配件的电缆桥架			
带配件的电缆桥架	槽式电缆桥架	225 mm×300 mm	1100
带配件的电缆桥架	槽式电缆桥架	225 mm×300 mm	1338
带配件的电缆桥架	槽式电缆桥架	225 mm×300 mm	1600
带配件的电缆桥架	槽式电缆桥架	450 mm×300 mm	975
带配件的电缆桥架	槽式电缆桥架	450 mm×300 mm	1575
带配件的电缆桥架	槽式电缆桥架	225 mm×300 mm	475
带配件的电缆桥架	槽式电缆桥架	225 mm×300 mm	2038
带配件的电缆桥架	槽式电缆桥架	225 mm×300 mm	900

删除问号

图 6-58　更新显示

2.　创建电缆桥架配件明细表

<电缆桥架配件明细表>

A	B	C	D	E	F
族	类型	弯头或管件	弯曲半径	尺寸	合计
槽式电缆桥架异径接头					
槽式电缆桥架异径接头	标准			450 mm×300 mm-225 mm×300 mm	1
槽式电缆桥架水平三通					
槽式电缆桥架水平三通	标准			225 mm×300 mm-225 mm×300 mm-225 mm×300 mm	1
槽式电缆桥架水平弯通					
槽式电缆桥架水平弯通	标准	管件	625 mm	450 mm×300 mm-450 mm×300 mm	1
槽式电缆桥架水平弯通	标准	管件	363 mm	225 mm×300 mm-225 mm×300 mm	1
槽式电缆桥架水平弯通	标准	管件	363 mm	225 mm×300 mm-225 mm×300 mm	1
槽式电缆桥架活接头					
槽式电缆桥架活接头	标准			225 mm×300 mm-225 mm×300 mm	1

难度：☆☆

效果文件路径	素材\第06章\6.1.3实战——创建电缆桥架配件明细表.rvt
视频文件路径	视频\第06章\6.1.3实战——创建电缆桥架配件明细表.mp4
技术要点	指定明细表类型、设置明细表属性、创建明细表

电缆桥架配件的类型多种多样，包括接头、弯头、变径管等。创建电缆桥架配件明细表，可以将配件的某些信息显示在明细表中。通过浏览明细表，可以了解配件的相关信息。本节介绍创建电缆桥架配件明细表的方法。

步骤 01 选择“视图”选项卡，单击“创建”面板上的“明细表”按钮，在弹出的列表中选择“明细表/数量”选项，弹出“新建明细表”对话框。在“过滤器”列表中选择“电气”选项，在“类别”列表中选择“电缆桥架配件”类别，如图6-59所示。默认的明细表名称“电缆桥架配件明细表”显示在“名称”文本框中。

步骤 02 单击“确定”按钮，打开“明细表属性”对话框。在“可用的字段”列表中显示了与电缆桥架配件相关的字段，在列表中选择需要的字段，将字段添加到右侧的“明细表字段（按顺序排列）”列表中，如图6-60所示。

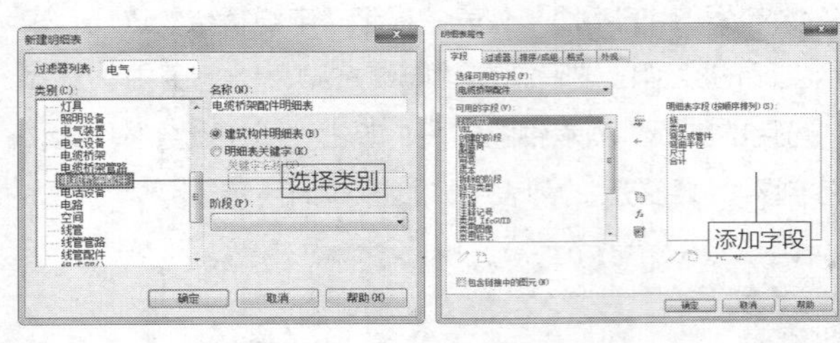

图 6-59　“新建明细表”对话框　图 6-60　添加字段

知识链接：

在“类别”列表中，按类型来列举名称。例如，“电缆桥架”“电缆桥架管路”“电缆桥架配件”排列在一起，方便选用。“线管”“线管管路”“线管配件”也是被排列在一起。

步骤 03 选择“排序/成组”选项卡，单击“排序方式”选项，在弹出的列表中选择“族”选项，同时选中“页眉”复选框，如图6-61所示。

步骤 04 选择“外观”选项卡，在“文字”选项组中单击“标题”选项，在弹出的列表中选择“文字注释1”字体样式，如图6-62所示。

图 6-61　设置排序方式　　图 6-62　选择字体样式

延伸讲解：

将“排序方式”设置为“族”，并选中“页眉”复选框，可以在明细表的页眉处显示族名称。

步骤05 单击“确定”按钮，进入明细表视图，在其中查看新建的电缆桥架配件明细表，如图6-63所示。

<电缆桥架配件明细表>

A	B	C	D	E	F
族	类型	弯头或管件	弯曲半径	尺寸	合计
槽式电缆桥架异径接头					
槽式电缆桥架异径接头	标准			450 mmx300 mm-225 mmx300 mm	1
槽式电缆桥架水平三通					
槽式电缆桥架水平三通	标准			225 mmx300 mm-225 mmx300 mm-225 mmx300 mm	1
槽式电缆桥架水平弯通					
槽式电缆桥架水平弯通	标准	管件	625 mm	450 mmx300 mm-450 mmx300 mm	1
槽式电缆桥架水平弯通	标准	管件	363 mm	225 mmx300 mm-225 mmx300 mm	1
槽式电缆桥架水平弯通	标准	管件	363 mm	225 mmx300 mm-225 mmx300 mm	1
槽式电缆桥架活接头					
槽式电缆桥架活接头	标准			225 mmx300 mm-225 mmx300 mm	1

图 6-63　电缆桥架配件明细表

步骤06 在项目浏览器中展开“明细表/数量”目录，在其中显示新建明细表的名称，如图6-64所示。

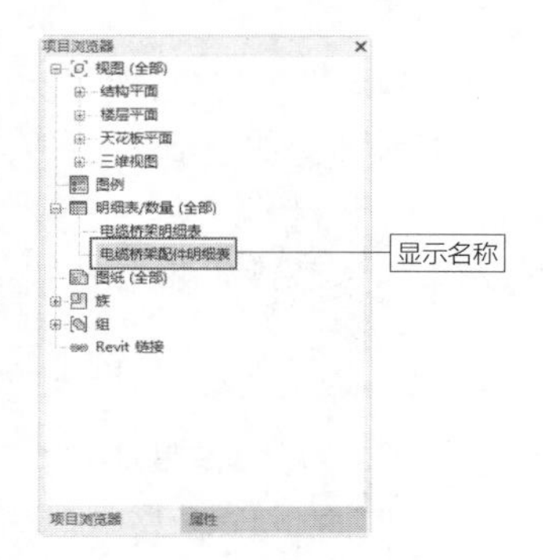

图 6-64　项目浏览器

3.　创建照明设备明细表

<照明设备明细表>

A	B	C	D	E	F	G	H
族	标高	类型	电气数据	照度	瓦特	效力	合计
双管悬挂式灯具 - T5	F1	28 W - 2 盏灯	220 V/1-56 VA	50 lx	56 W	104 lm/W	1
双管悬挂式灯具 - T5	F1	28 W - 2 盏灯	220 V/1-56 VA	50 lx	56 W	104 lm/W	1
双管悬挂式灯具 - T5: 2							
安全照明灯	F1	2 W	220 V/1-2 VA	713 lx	2 W	75 lm/W	1
安全照明灯: 1							
应急疏散指示灯 - 悬挂式	F1	右	220 V/1-1 VA	0 lx	1 W	16 lm/W	1
应急疏散指示灯 - 悬挂式	F1	左	220 V/1-1 VA	0 lx	1 W	16 lm/W	1
应急疏散指示灯 - 悬挂式	F1	左右	220 V/1-1 VA	0 lx	1 W	16 lm/W	1
应急疏散指示灯 - 悬挂式	F1	文字	220 V/1-1 VA	0 lx	1 W	16 lm/W	1
应急疏散指示灯 - 悬挂式: 4							
托架壁灯 - 上照式	F1	60W	220 V/1-60 VA	7 lx	60 W	14 lm/W	1
托架壁灯 - 上照式	F1	100W	220 V/1-100 VA	10 lx	100 W	12 lm/W	1
托架壁灯 - 上照式: 2							

难度：☆☆

效果文件路径	素材\第06章\6.1.3实战——创建照明设备明细表.rvt
视频文件路径	视频\第06章\6.1.3实战——创建照明设备明细表.mp4
技术要点	指定明细表类型、设置明细表属性、创建明细表

照明设备的类型包括天花板灯、壁灯和嵌入灯等。为了解项目中照明设备的相关情况，可以创建明细表。设置明细表的字段类型，可以在明细表中显示指定的内容。本节介绍创建照明设备明细表的方法。

步骤01 选择“视图”选项卡，单击“创建”面板上的“明细表”按钮，在弹出的列表中选择“明细表/数量”选项，弹出“新建明细表”对话框。在“过滤器”列表中选择“电气”选项，在“类别”列表中选择“照明设备”类别，并沿用“照明设备明细表”作为明细表的名称，如图6-65所示。

步骤02 单击“确定”按钮，进入“明细表属性”对话框。在“可用的字段”列表中选择需要的字段，单击中间的“添加参数”按钮，将字段添加到右侧的列表中，结果如图6-66所示。

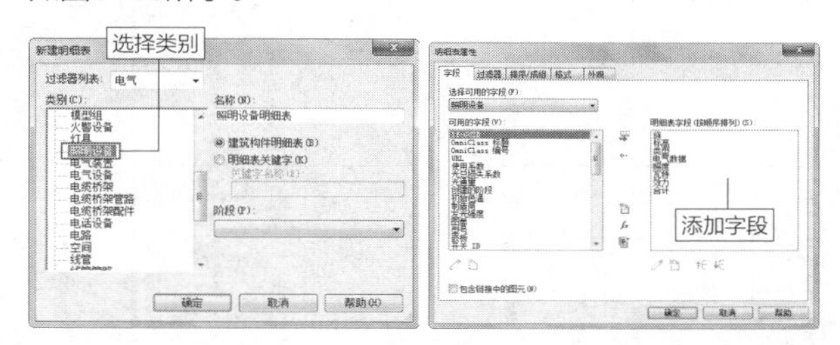

图 6-65　“新建明细表”对话框　图 6-66　添加字段

知识链接：

可以单独创建指定设备的明细表。例如，在“类别”列表中选择“电话设备”类别，可以创建电话设备明细表，在其中显示电话设备的相关信息。

步骤03 选择“排序/成组”选项卡，设置“排序方式”为“族”，选中“页脚”复选框，同时指定“页脚”的显示样式为“标题、合计和总数”，如图6-67所示。

图 6-67　设置排序方式

步骤04 选择“外观”选项卡，在“文字”选项组中单击“正文”选项，在弹出的列表中选择“文字注释1”选项，指定正文字体的样式，如图6-68所示。其他参数保持默认值。

图 6-68　选择字体样式

> **延伸讲解：**
>
> 将“页脚”的显示样式设置为“标题、合计和总数”，可以在明细表的页脚处显示族标题及设备总数。

步骤 05 单击“确定”按钮，进入明细表视图，照明设备明细表的创建效果如图6-69所示。

A	B	C	D	E	F	G	H
<照明设备明细表>							
族	标高	类型	电气数据	照度	瓦特	效力	合计
双管悬挂式灯具 - T5	F1	28 W - 2 盏灯	220 V/1-56 VA	50 lx	56 W	104 lm/W	1
双管悬挂式灯具 - T5	F1	28 W - 2 盏灯	220 V/1-56 VA	50 lx	56 W	104 lm/W	1
双管悬挂式灯具 - T5: 2							
安全照明灯	F1	2 W	220 V/1-2 VA	713 lx	2 W	75 lm/W	1
安全照明灯: 1							
应急疏散指示灯 - 悬挂式	F1	右	220 V/1-1 VA	0 lx	1 W	16 lm/W	1
应急疏散指示灯 - 悬挂式	F1	左	220 V/1-1 VA	0 lx	1 W	16 lm/W	1
应急疏散指示灯 - 悬挂式	F1	左右	220 V/1-1 VA	0 lx	1 W	16 lm/W	1
应急疏散指示灯 - 悬挂式	F1	文字	220 V/1-1 VA	0 lx	1 W	16 lm/W	1
应急疏散指示灯 - 悬挂式: 4							
托架壁灯 - 上照式	F1	60W	220 V/1-60 VA	7 lx	60 W	14 lm/W	1
托架壁灯 - 上照式	F1	100W	220 V/1-100 VA	10 lx	100 W	12 lm/W	1
托架壁灯 - 上照式: 2							

图 6-69　照明设备明细表

步骤 06 切换至项目浏览器，在“明细表/数量”目录中显示新建明细表的名称，如图6-70所示。

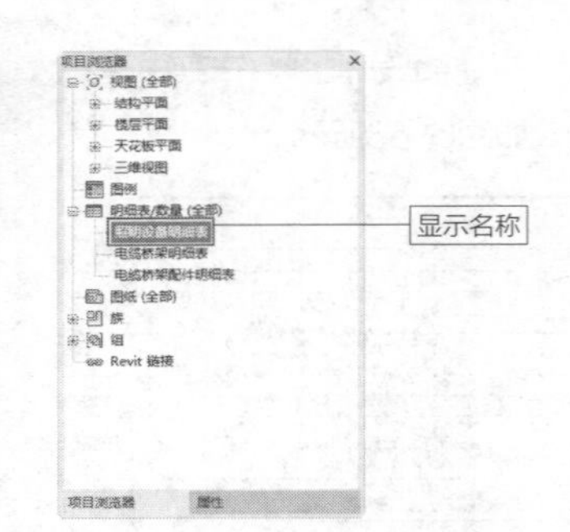

图 6-70　新增明细表

6.2 编辑明细表

在“明细表属性”对话框中设置参数后，软件会按照所指定的样式参数创建明细表。在明细表视图中，可以再次修改参数，更改明细表的显示效果。

本节以“电缆桥架明细表”为例，介绍编辑明细表的方法。

6.2.1 修改明细表样式参数　重点

在明细表视图中，默认选中“修改明细表/数量”选项卡，如图6-71所示。启用选项卡中的命令，可以修改明细表的样式参数。

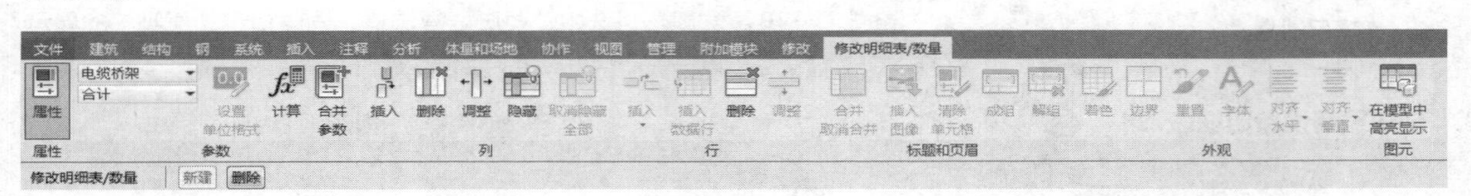

图 6-71　“修改明细表 / 数量”选项卡

1. 修改参数

在尚未选择明细表中的任何内容之前，在“参数”面板的左上角显示明细表视图的基本信息，如图6-72所示。将光标定位在明细表的任意单元格中，即可在左上角的两个列表选项中显示该单元格的信息。

例如，将光标定位在“尺寸”列中的任意单元格，在其中一个列表中显示“电缆桥架”选项，表示该明细表的类别为“电缆桥架”。在另一个列表中显示“尺寸”选项，表示字段名称。单击尺寸选项，弹出字段列表，在其中显示与电缆桥架相关的字段，如图6-73所示。

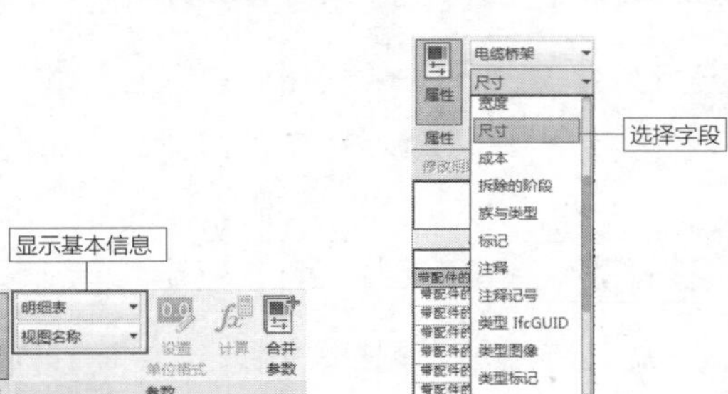

图 6-72　“参数”面板　　图 6-73　字段列表

> **延伸讲解：**
>
> 将光标定位在“长度”“宽度”或者“高度”等表示尺寸参数的字段中，可以激活“设置单位格式”按钮。单击该按钮，弹出“格式”对话框，在其中可以修改项目的单位格式。

将光标定位在“尺寸”列的任意一个单元格中，如图6-74所示。单击尺寸选项，在弹出的列表中选择其他字段，例如，选择“宽度”选项，如图6-75所示。

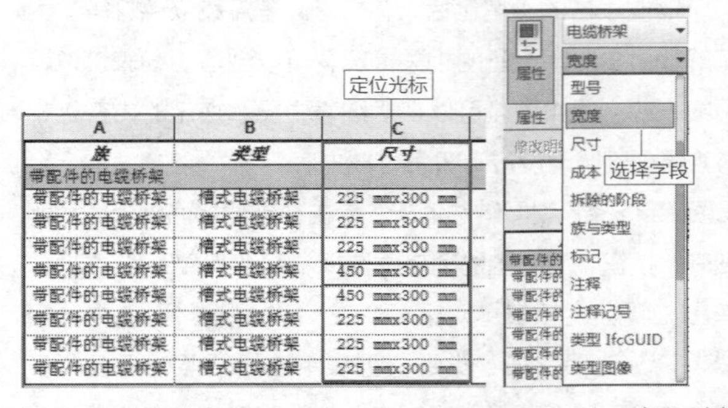

图 6-74　定位光标　　图 6-75　字段列表

此时，“尺寸”字段被“宽度”字段替换，同时在单元格中显示“宽度”参数，如图6-76所示。假如替换的字段在项目中尚没有这一类型的信息，则列显示为空白。

替换效果

A	B	C
族	类型	宽度
带配件的电缆桥架		
带配件的电缆桥架	槽式电缆桥架	225 mm
带配件的电缆桥架	槽式电缆桥架	225 mm
带配件的电缆桥架	槽式电缆桥架	225 mm
带配件的电缆桥架	槽式电缆桥架	450 mm
带配件的电缆桥架	槽式电缆桥架	450 mm
带配件的电缆桥架	槽式电缆桥架	225 mm
带配件的电缆桥架	槽式电缆桥架	225 mm
带配件的电缆桥架	槽式电缆桥架	225 mm

图 6-76　更改字段

例如，选择“成本”字段替换“尺寸”字段，显示内容为空白，如图6-77所示。需要在项目中添加“成本”信息，才会在明细表中有所显示。

A	B	C
族	类型	成本
带配件的电缆桥架		
带配件的电缆桥架	槽式电缆桥架	
带配件的电缆桥架	槽式电缆桥架	
带配件的电缆桥架	槽式电缆桥架	
带配件的电缆桥架	槽式电缆桥架	
带配件的电缆桥架	槽式电缆桥架	
带配件的电缆桥架	槽式电缆桥架	
带配件的电缆桥架	槽式电缆桥架	
带配件的电缆桥架	槽式电缆桥架	

图 6-77　内容空白

延伸讲解：

重新选择字段，可以替换内容为空白的字段。

在“参数”面板上单击“合并参数”按钮，弹出“合并参数”对话框，如图6-78所示。在对话框中显示“参数类型”为“电缆桥架”，在“明细表参数”列表中显示字段名称。

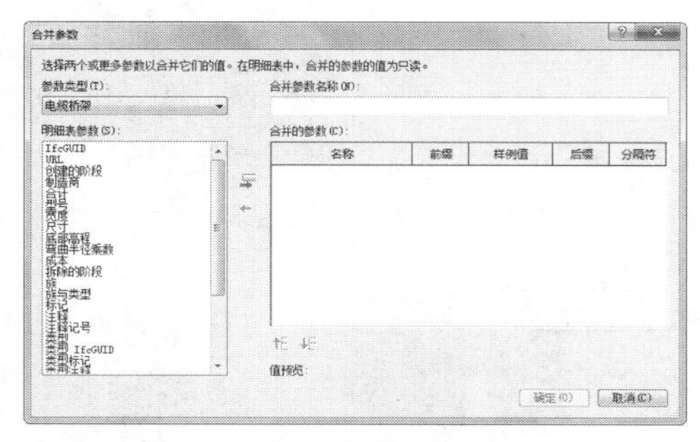

图 6-78　“合并参数”对话框

知识链接：

在“明细表参数”列表中显示的是与电缆桥架有关的所有字段，在进行“合并参数”的操作时，应该选择明细表中已有的字段。

在“明细表参数”列表中选择字段，例如，选择“族”与“类型”字段，单击中间的“添加参数”按钮，将字段添加到“合并的参数”列表中，如图6-79所示。在“合并参数名称”文本框中显示默认名称为“族/类型/”，同时在表格下方的“值预览”选项中预览合并参数效果。

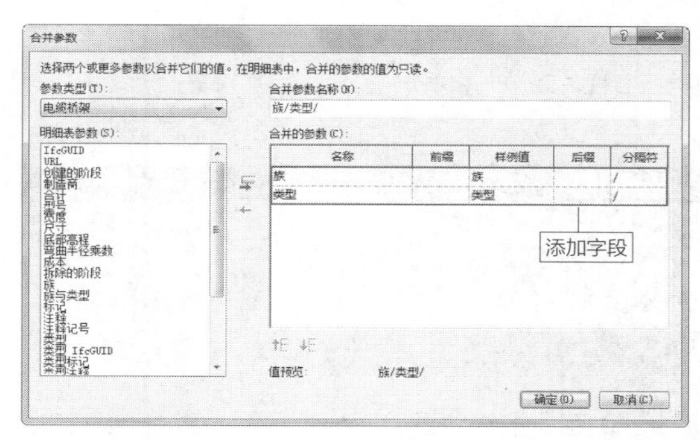

图 6-79　添加字段

单击“确定”按钮，返回明细表视图。在明细表中新建了一个列，列的名称为“合并参数”的名称。列的内容显示为两个字段的参数，参数之间以“/”间隔，效果如图6-80所示。

合并效果

<电缆桥架明细表>

A	B	C	D	E	F	G	H
族	类型	尺寸	长度	弯曲半径乘数	底部高程	族/类型/	合计
带配件的电缆桥架							
带配件的电缆桥架	槽式电缆桥架	225 mmx300 mm	1100	1	2550	带配件的电缆桥架/槽式电缆桥架/	1
带配件的电缆桥架	槽式电缆桥架	225 mmx300 mm	1338	1	2550	带配件的电缆桥架/槽式电缆桥架/	1
带配件的电缆桥架	槽式电缆桥架	225 mmx300 mm	1600	1	2550	带配件的电缆桥架/槽式电缆桥架/	1
带配件的电缆桥架	槽式电缆桥架	450 mmx300 mm	975	1	2550	带配件的电缆桥架/槽式电缆桥架/	1
带配件的电缆桥架	槽式电缆桥架	450 mmx300 mm	1575	1	2550	带配件的电缆桥架/槽式电缆桥架/	1
带配件的电缆桥架	槽式电缆桥架	225 mmx300 mm	475	1	2550	带配件的电缆桥架/槽式电缆桥架/	1
带配件的电缆桥架	槽式电缆桥架	225 mmx300 mm	2038	1	2550	带配件的电缆桥架/槽式电缆桥架/	1
带配件的电缆桥架	槽式电缆桥架	225 mmx300 mm	900	1	2550	带配件的电缆桥架/槽式电缆桥架/	1

图 6-80　合并参数

2.　添加列

在明细表中选择任意一列，例如，选择“族”列，被选中的列以黑色的填充样式显示，如图6-81所示。在“列”面板中单击“插入”按钮，如图6-82所示，激活命令。

A	B	C
族	类型	尺寸
带配件的电缆桥架		
带配件的电缆桥架	槽式电缆桥架	225 mmx300 mm
带配件的电缆桥架	槽式电缆桥架	225 mmx300 mm
带配件的电缆桥架	槽式电缆桥架	225 mmx300 mm
带配件的电缆桥架	槽式电缆桥架	450 mmx300 mm
带配件的电缆桥架	槽式电缆桥架	450 mmx300 mm
带配件的电缆桥架	槽式电缆桥架	225 mmx300 mm
带配件的电缆桥架	槽式电缆桥架	225 mmx300 mm
带配件的电缆桥架	槽式电缆桥架	225 mmx300 mm

图 6-81　选择列

单击按钮

插入　删除　调整　隐藏　取消隐藏全部

列

图 6-82　单击按钮

激活“插入”命令后，弹出“选择字段”对话框。在“可用的字段”列表中选择字段，如选择“宽度”，将其添加到右侧的列表中。默认情况下，“宽度”字段位于“族”字段的下方，如图6-83所示。

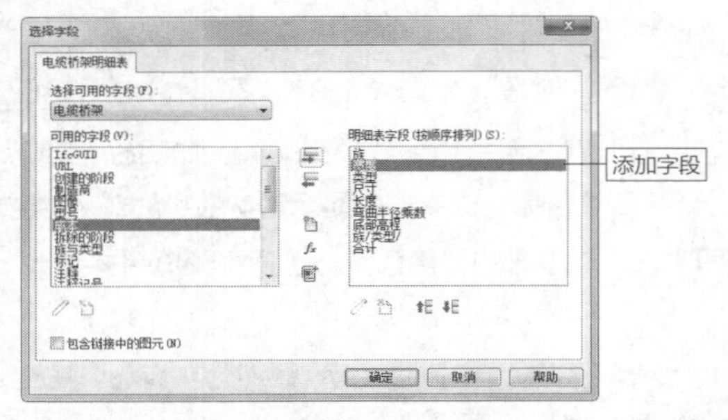

图 6-83　“选择字段”对话框

延伸讲解：

选择字段，激活“明细表字段（按顺序排列）”列表下方的“上移参数”“下移参数”按钮，可以调整字段在列表中的位置。

单击“确定”按钮，返回明细表视图。查看明细表的编辑效果，发现在“族”列的右侧新增了一个名称为“宽度”的列，如图6-84所示。在插入列的同时，软件会统计该类型的参数，并在列中显示统计结果。

A	B	C	D
族	宽度	类型	尺寸
带配件的电缆桥架			
带配件的电缆桥架	225 mm	槽式电缆桥架	225 mmx300 mm
带配件的电缆桥架	225 mm	槽式电缆桥架	225 mmx300 mm
带配件的电缆桥架	225 mm	槽式电缆桥架	225 mmx300 mm
带配件的电缆桥架	450 mm	槽式电缆桥架	450 mmx300 mm
带配件的电缆桥架	450 mm	槽式电缆桥架	450 mmx300 mm
带配件的电缆桥架	225 mm	槽式电缆桥架	225 mmx300 mm
带配件的电缆桥架	225 mm	槽式电缆桥架	225 mmx300 mm
带配件的电缆桥架	225 mm	槽式电缆桥架	225 mmx300 mm

插入新列

图 6-84　插入列

在任意单元格中单击鼠标左键，定位光标。接着单击鼠标右键，弹出如图6-85所示的快捷菜单。在其中选择“插入列”选项。弹出“选择字段”对话框，添加字段后，单击“确定”按钮也可以插入新列。

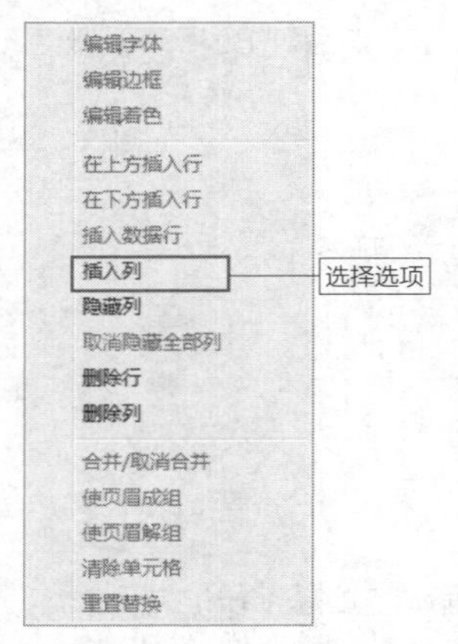

图 6-85　快捷菜单

3.　删除列

在明细表中选择任意一列，如选择“类型”列，被选中的列以黑色的填充样式显示，如图6-86所示。单击“列”面板中的“删除”按钮，如图6-87所示，激活命令。

A	B	C	D
族	宽度	类型	尺寸
带配件的电缆桥架			
带配件的电缆桥架	225 mm	槽式电缆桥架	225 mmx300 mm
带配件的电缆桥架	225 mm	槽式电缆桥架	225 mmx300 mm
带配件的电缆桥架	225 mm	槽式电缆桥架	225 mmx300 mm
带配件的电缆桥架	450 mm	槽式电缆桥架	450 mmx300 mm
带配件的电缆桥架	450 mm	槽式电缆桥架	450 mmx300 mm
带配件的电缆桥架	225 mm	槽式电缆桥架	225 mmx300 mm
带配件的电缆桥架	225 mm	槽式电缆桥架	225 mmx300 mm
带配件的电缆桥架	225 mm	槽式电缆桥架	225 mmx300 mm

图 6-86　选择列

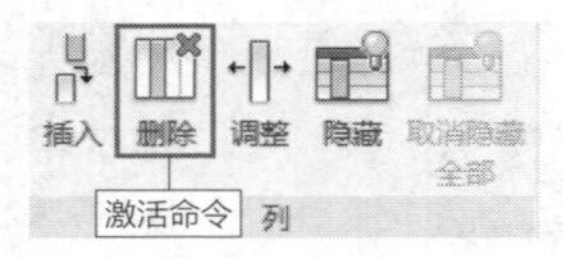

图 6-87　单击按钮

执行删除操作后，查看明细表的编辑效果。此时“类型”列已被删除，位于“类型”列右侧的“尺寸”列向左移动，同时显示为黑色的填充样式，如图6-88所示。

A	B	C	D
族	宽度	尺寸	长度
带配件的电缆桥架			
带配件的电缆桥架	225 mm	225 mmx300 mm	1100
带配件的电缆桥架	225 mm	225 mmx300 mm	1338
带配件的电缆桥架	225 mm	225 mmx300 mm	1600
带配件的电缆桥架	450 mm	450 mmx300 mm	975
带配件的电缆桥架	450 mm	450 mmx300 mm	1575
带配件的电缆桥架	225 mm	225 mmx300 mm	475
带配件的电缆桥架	225 mm	225 mmx300 mm	2038
带配件的电缆桥架	225 mm	225 mmx300 mm	900

图 6-88　删除列

知识链接：

将光标定位于任意单元格中，单击鼠标右键，在弹出的快捷菜单中选择“删除列”选项，也可删除选定的列。

4.　调整列宽

选择任意一列，例如，选择“尺寸”列，被选中的列以黑色的填充样式显示，如图6-89所示。单击“列”面板中的“调整”按钮，如图6-90所示，激活命令。

A	B	C	D
族	宽度	类型	尺寸
带配件的电缆桥架			
带配件的电缆桥架	225 mm	槽式电缆桥架	225 mmx300 mm
带配件的电缆桥架	225 mm	槽式电缆桥架	225 mmx300 mm
带配件的电缆桥架	225 mm	槽式电缆桥架	225 mmx300 mm
带配件的电缆桥架	450 mm	槽式电缆桥架	450 mmx300 mm
带配件的电缆桥架	450 mm	槽式电缆桥架	450 mmx300 mm
带配件的电缆桥架	225 mm	槽式电缆桥架	225 mmx300 mm
带配件的电缆桥架	225 mm	槽式电缆桥架	225 mmx300 mm
带配件的电缆桥架	225 mm	槽式电缆桥架	225 mmx300 mm

图 6-89　选择列

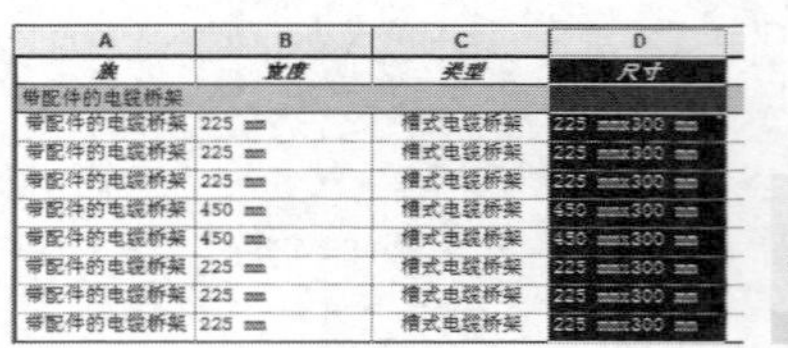

图 6-90　单击按钮

随即弹出“调整柱尺寸”对话框，修改“尺寸”选项值，如图6-91所示。单击“确定”按钮，返回明细表视图。查看“尺寸”列的显示效果，发现列右侧的边界线向右移动，结果是增宽了列，如图6-92所示。

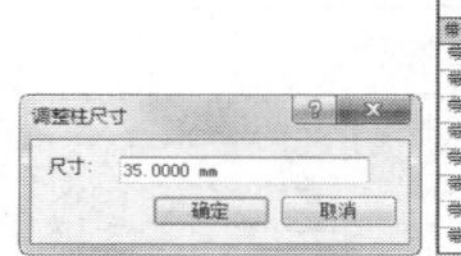

A	B	C	D
族	宽度	类型	尺寸
带配件的电缆桥架			
带配件的电缆桥架	225 mm	槽式电缆桥架	225 mmx300 mm
带配件的电缆桥架	225 mm	槽式电缆桥架	225 mmx300 mm
带配件的电缆桥架	225 mm	槽式电缆桥架	225 mmx300 mm
带配件的电缆桥架	450 mm	槽式电缆桥架	450 mmx300 mm
带配件的电缆桥架	450 mm	槽式电缆桥架	450 mmx300 mm
带配件的电缆桥架	225 mm	槽式电缆桥架	225 mmx300 mm
带配件的电缆桥架	225 mm	槽式电缆桥架	225 mmx300 mm
带配件的电缆桥架	225 mm	槽式电缆桥架	225 mmx300 mm

图 6-91　“调整柱尺寸”对话框　图 6-92　调整列宽

延伸讲解：

在键盘上按Ctrl+Z快捷键，可以撤销调整列宽的效果。

将光标置于列的边界线上，当光标显示为✥时，如图6-93所示，按住鼠标左键，向右拖曳鼠标，如图6-94所示，可以调整列边界线的位置。

A	B	C
族	宽度	类型
带配件的电缆桥架		
带配件的电缆桥架	225 mm	槽式电缆桥架
带配件的电缆桥架	225 mm	槽式电缆桥架
带配件的电缆桥架	225 mm	槽式电缆桥架
带配件的电缆桥架	450 mm	槽式电缆桥架
带配件的电缆桥架	450 mm	槽式电缆桥架
带配件的电缆桥架	225 mm	槽式电缆桥架
带配件的电缆桥架	225 mm	槽式电缆桥架
带配件的电缆桥架	225 mm	槽式电缆桥架

光标显示样式

图 6-93　选择边界线

A	B	C	D	E
族	宽度	类型	尺寸	
带配件的电缆桥架				
带配件的电缆桥架	225 mm	槽式电缆桥架	225 mmx300 mm	
带配件的电缆桥架	225 mm	槽式电缆桥架	225 mmx300 mm	
带配件的电缆桥架	225 mm	槽式电缆桥架	225 mmx300 mm	
带配件的电缆桥架	450 mm	槽式电缆桥架	450 mmx300 mm	
带配件的电缆桥架	450 mm	槽式电缆桥架	450 mmx300 mm	
带配件的电缆桥架	225 mm	槽式电缆桥架	225 mmx300 mm	
带配件的电缆桥架	225 mm	槽式电缆桥架	225 mmx300 mm	
带配件的电缆桥架	225 mm	槽式电缆桥架	225 mmx300 mm	

向右拖曳鼠标

图 6-94　拖曳鼠标

在合适的位置松开鼠标左键，退出调整列宽的操作。调整列宽的效果如图6-95所示，使得列的宽度适应单元格参数，既不会过宽占用空间，也不会过窄影响参数的显示。

A	B	C	D
族	宽度	类型	尺寸
带配件的电缆桥架			
带配件的电缆桥架	225 mm	槽式电缆桥架	225 mmx300 mm
带配件的电缆桥架	225 mm	槽式电缆桥架	225 mmx300 mm
带配件的电缆桥架	225 mm	槽式电缆桥架	225 mmx300 mm
带配件的电缆桥架	450 mm	槽式电缆桥架	450 mmx300 mm
带配件的电缆桥架	450 mm	槽式电缆桥架	450 mmx300 mm
带配件的电缆桥架	225 mm	槽式电缆桥架	225 mmx300 mm
带配件的电缆桥架	225 mm	槽式电缆桥架	225 mmx300 mm
带配件的电缆桥架	225 mm	槽式电缆桥架	225 mmx300 mm

调整列宽

图 6-95　调整列宽的效果

5. 隐藏列

选择任意一列，例如，选择“长度”列，如图6-96所示。单击“列”面板上的“隐藏”按钮，如图6-97所示，激活命令。此时被选中的“长度”列被隐藏，位于“长度”列右侧的“弯曲半径乘数”列向左移动，效果如图6-98所示。

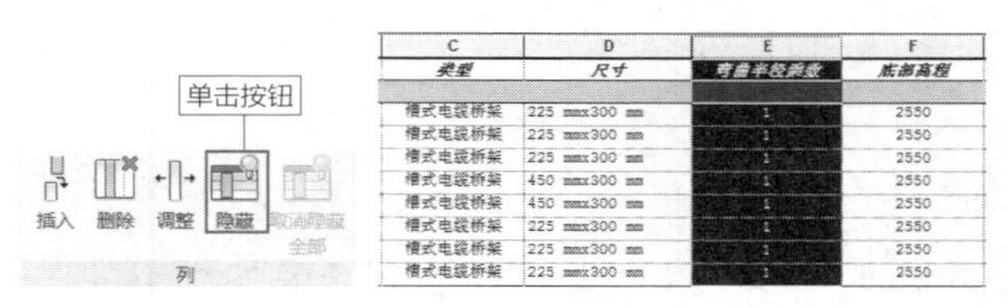

C	D	E	F	G
类型	尺寸	长度	弯曲半径乘数	底部高程
槽式电缆桥架	225 mmx300 mm	1100	1	2550
槽式电缆桥架	225 mmx300 mm	1338	1	2550
槽式电缆桥架	225 mmx300 mm	1600	1	2550
槽式电缆桥架	450 mmx300 mm	975	1	2550
槽式电缆桥架	450 mmx300 mm	1575	1	2550
槽式电缆桥架	225 mmx300 mm	475	1	2550
槽式电缆桥架	225 mmx300 mm	2038	1	2550
槽式电缆桥架	225 mmx300 mm	900	1	2550

图 6-96　选择列

单击按钮

插入　删除　调整　隐藏　取消隐藏全部

列

C	D	E	F
类型	尺寸	弯曲半径乘数	底部高程
槽式电缆桥架	225 mmx300 mm	1	2550
槽式电缆桥架	225 mmx300 mm	1	2550
槽式电缆桥架	225 mmx300 mm	1	2550
槽式电缆桥架	450 mmx300 mm	1	2550
槽式电缆桥架	450 mmx300 mm	1	2550
槽式电缆桥架	225 mmx300 mm	1	2550
槽式电缆桥架	225 mmx300 mm	1	2550
槽式电缆桥架	225 mmx300 mm	1	2550

图 6-97　单击按钮　图 6-98　隐藏列

此时“列”面板中的“取消隐藏全部”按钮被激活，如图6-99所示。单击该按钮，可以重新显示被隐藏的列。

将光标定位在任意单元格中，单击鼠标右键，弹出快捷菜单。在菜单中选择“隐藏列”选项，如图6-100所示，可以隐藏单元格所在的列。假如已有列被隐藏，在弹出快捷菜单时，“取消隐藏全部列”选项被激活，选择该选项，可以恢复显示被隐藏的列。

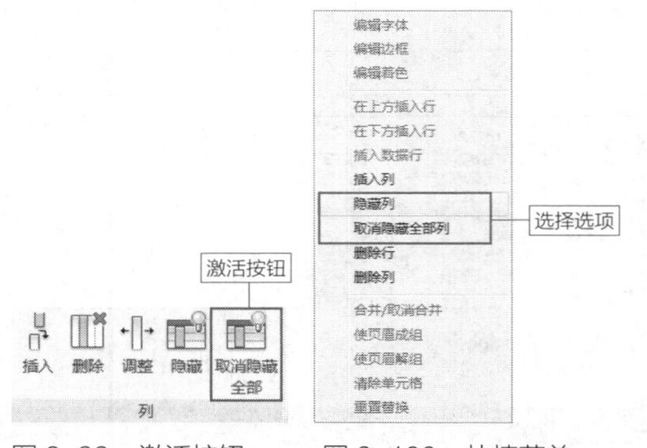

图 6-99　激活按钮　图 6-100　快捷菜单

延伸讲解：

默认情况下，“取消隐藏全部”按钮处于未激活状态。只有在隐藏列后，该按钮才会被激活。

6. 删除行

将光标置于任意单元格中，例如，光标置于“长度”列最末尾的单元格中，单元格的参数为900，如图6-101所示。在“列”面板上单击“删除”按钮，如图6-102所示，激活命令。

A	B	C	D	E
族	宽度	类型	尺寸	长度
带配件的电缆桥架				
带配件的电缆桥架	225 mm	槽式电缆桥架	225 mmx300 mm	1100
带配件的电缆桥架	225 mm	槽式电缆桥架	225 mmx300 mm	1338
带配件的电缆桥架	225 mm	槽式电缆桥架	225 mmx300 mm	1600
带配件的电缆桥架	450 mm	槽式电缆桥架	450 mmx300 mm	975
带配件的电缆桥架	450 mm	槽式电缆桥架	450 mmx300 mm	1575
带配件的电缆桥架	225 mm	槽式电缆桥架	225 mmx300 mm	475
带配件的电缆桥架	225 mm	槽式电缆桥架	225 mmx300 mm	2038
带配件的电缆桥架	225 mm	槽式电缆桥架	225 mmx300 mm	900

定位光标

图6-101　定位光标

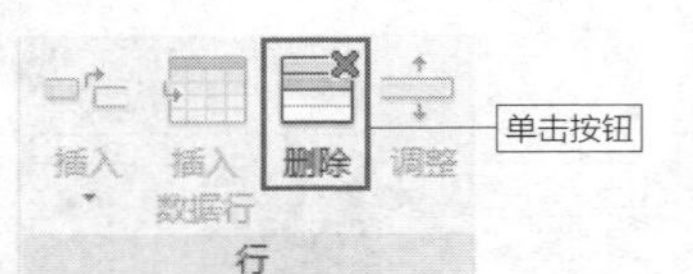

图6-102　单击按钮

此时弹出如图6-103所示的提示对话框，提醒用户"该操作将删除1个实例"。单击"确定"按钮，定位单元格所在的行被删除，此时"长度"列末尾单元格的参数为2038，如图6-104所示。

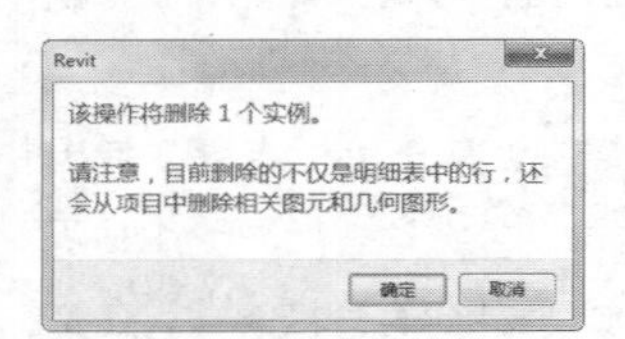

图6-103　提示对话框

A	B	C	D	E
族	宽度	类型	尺寸	长度
带配件的电缆桥架				
带配件的电缆桥架	225 mm	槽式电缆桥架	225 mmx300 mm	1100
带配件的电缆桥架	225 mm	槽式电缆桥架	225 mmx300 mm	1338
带配件的电缆桥架	225 mm	槽式电缆桥架	225 mmx300 mm	1600
带配件的电缆桥架	450 mm	槽式电缆桥架	450 mmx300 mm	975
带配件的电缆桥架	450 mm	槽式电缆桥架	450 mmx300 mm	1575
带配件的电缆桥架	225 mm	槽式电缆桥架	225 mmx300 mm	475
带配件的电缆桥架	225 mm	槽式电缆桥架	225 mmx300 mm	2038

图6-104　删除行

答疑解惑：为什么删除列不会删除实例图元？

在明细表中删除列时，不会弹出提示对话框提醒用户删除列后会删除实例。这是因为列所显示的内容只是实例图元的一个参数，删除图元的某个参数，是不会影响其在项目中的表示效果的。

例如，"带配件的电缆桥架"包含多个字段，类别有"宽度""类型""尺寸"等。删除其中一个字段，例如，删除"宽度"字段，只是影响明细表中信息的显示。用户无法从明细表中得知电缆桥架的宽度，但是电缆桥架仍然显示在项目中。

"带配件的电缆桥架"行中显示该桥架的相关参数，删除行，表示该类型电缆桥架的所有参数都被删除，最终结果就是电缆桥架模型在项目中被删除。为了不对项目的准确性造成影响，软件会在执行删除行操作之前，提醒用户谨慎操作。

7. 插入行

将光标定位在标题行中，如图6-105所示。此时可以激活"行"面板中的"插入"按钮。

电缆桥架明细表　定位光标

A	B	C	D	E	F	G	H	I
族	宽度	类型	尺寸	长度	弯曲半径乘数	底部高程	族/类型/	合计
带配件的电缆桥架								
带配件的电缆桥架	225 mm	槽式电缆桥架	225 mmx300 mm	1100	1	2550	带配件的电缆桥架/槽式电缆桥架/	1
带配件的电缆桥架	225 mm	槽式电缆桥架	225 mmx300 mm	1338	1	2550	带配件的电缆桥架/槽式电缆桥架/	1
带配件的电缆桥架	225 mm	槽式电缆桥架	225 mmx300 mm	1600	1	2550	带配件的电缆桥架/槽式电缆桥架/	1
带配件的电缆桥架	450 mm	槽式电缆桥架	450 mmx300 mm	975	1	2550	带配件的电缆桥架/槽式电缆桥架/	1
带配件的电缆桥架	450 mm	槽式电缆桥架	450 mmx300 mm	1575	1	2550	带配件的电缆桥架/槽式电缆桥架/	1
带配件的电缆桥架	225 mm	槽式电缆桥架	225 mmx300 mm	475	1	2550	带配件的电缆桥架/槽式电缆桥架/	1
带配件的电缆桥架	225 mm	槽式电缆桥架	225 mmx300 mm	2038	1	2550	带配件的电缆桥架/槽式电缆桥架/	1
带配件的电缆桥架	225 mm	槽式电缆桥架	225 mmx300 mm	900	1	2550	带配件的电缆桥架/槽式电缆桥架/	1

图6-105　定位至标题行

延伸讲解：

光标定位在其他行，"插入"按钮显示为灰色，表示不可调用。

单击"插入"按钮，在弹出的命令列表中显示两种插入行的方式，如图6-106所示。选择"在选定位置上方"选项，可以在标题行的上方插入一个空白行，如图6-107所示。

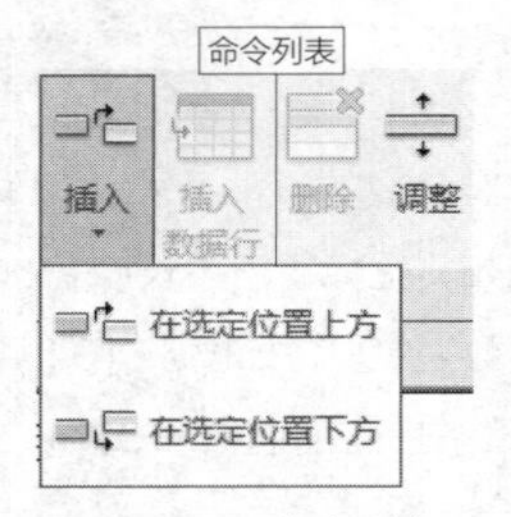

图6-106　命令列表

<电缆桥架明细表>　插入新行

A	B	C	D	E	F	G	H	I
族	宽度	类型	尺寸	长度	弯曲半径乘数	底部高程	族/类型/	合计
带配件的电缆桥架								
带配件的电缆桥架	225 mm	槽式电缆桥架	225 mmx300 mm	1100	1	2550	带配件的电缆桥架/槽式电缆桥架/	1
带配件的电缆桥架	225 mm	槽式电缆桥架	225 mmx300 mm	1338	1	2550	带配件的电缆桥架/槽式电缆桥架/	1
带配件的电缆桥架	225 mm	槽式电缆桥架	225 mmx300 mm	1600	1	2550	带配件的电缆桥架/槽式电缆桥架/	1
带配件的电缆桥架	450 mm	槽式电缆桥架	450 mmx300 mm	975	1	2550	带配件的电缆桥架/槽式电缆桥架/	1
带配件的电缆桥架	450 mm	槽式电缆桥架	450 mmx300 mm	1575	1	2550	带配件的电缆桥架/槽式电缆桥架/	1
带配件的电缆桥架	225 mm	槽式电缆桥架	225 mmx300 mm	475	1	2550	带配件的电缆桥架/槽式电缆桥架/	1
带配件的电缆桥架	225 mm	槽式电缆桥架	225 mmx300 mm	2038	1	2550	带配件的电缆桥架/槽式电缆桥架/	1
带配件的电缆桥架	225 mm	槽式电缆桥架	225 mmx300 mm	900	1	2550	带配件的电缆桥架/槽式电缆桥架/	1

图6-107　在选定位置上方插入行

指定“插入”方式为“在选定位置下方”，可以在标题行的下方插入新行，效果如图6-108所示。新行被分为多个列，列的数目与明细表已有的列数目相同。

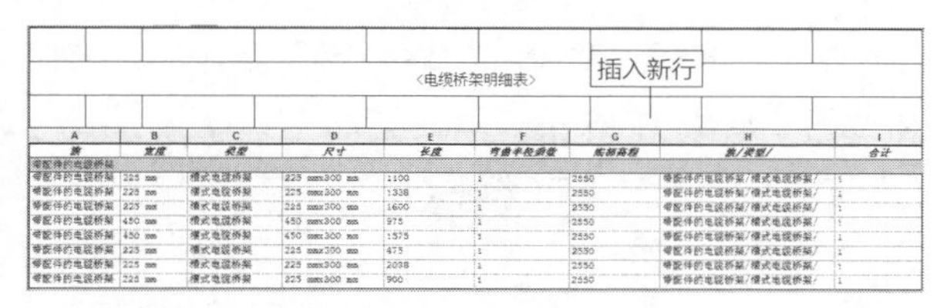

<电缆桥架明细表>

A	B	C	D	E	F	G	H	I
族	宽度	类型	尺寸	长度	弯曲半径乘数	底部高程	族/类型/	合计
带配件的电缆桥架								
带配件的电缆桥架	225 mm	槽式电缆桥架	225 mmx300 mm	1100	1	2550	带配件的电缆桥架/槽式电缆桥架/	1
带配件的电缆桥架	225 mm	槽式电缆桥架	225 mmx300 mm	1338	1	2550	带配件的电缆桥架/槽式电缆桥架/	1
带配件的电缆桥架	225 mm	槽式电缆桥架	225 mmx300 mm	1600	1	2550	带配件的电缆桥架/槽式电缆桥架/	1
带配件的电缆桥架	450 mm	槽式电缆桥架	450 mmx300 mm	975	1	2550	带配件的电缆桥架/槽式电缆桥架/	1
带配件的电缆桥架	450 mm	槽式电缆桥架	450 mmx300 mm	1575	1	2550	带配件的电缆桥架/槽式电缆桥架/	1
带配件的电缆桥架	225 mm	槽式电缆桥架	225 mmx300 mm	475	1	2550	带配件的电缆桥架/槽式电缆桥架/	1
带配件的电缆桥架	225 mm	槽式电缆桥架	225 mmx300 mm	2038	1	2550	带配件的电缆桥架/槽式电缆桥架/	1
带配件的电缆桥架	225 mm	槽式电缆桥架	225 mmx300 mm	900	1	2550	带配件的电缆桥架/槽式电缆桥架/	1

图 6-108　在选定位置下方插入行

延伸讲解：

可以调整新插入行中的列宽，调整效果不会影响已有列的宽度。

8. 调整行高

将光标置于标题行中，激活“行”面板中的“调整”按钮。单击该按钮，如图6-109所示，激活命令。此时弹出“调整行高”对话框，在“尺寸”文本框中输入参数，如图6-110所示，重新定义行高值。

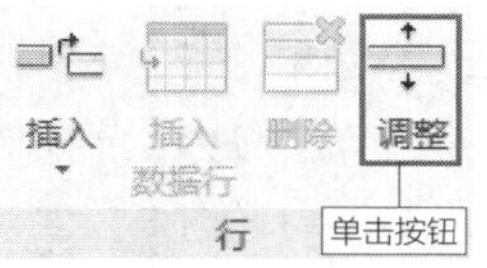

图 6-109　单击按钮

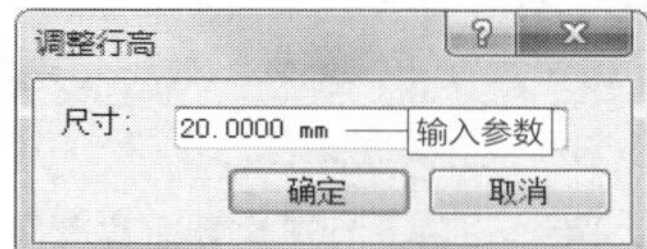

图 6-110　“调整行高”对话框

知识链接：

将光标定位在除标题行之外的其他行，是不能激活“调整”按钮的。

单击“确定”按钮，返回明细表视图。此时标题行的行高被增大，效果如图6-111所示。

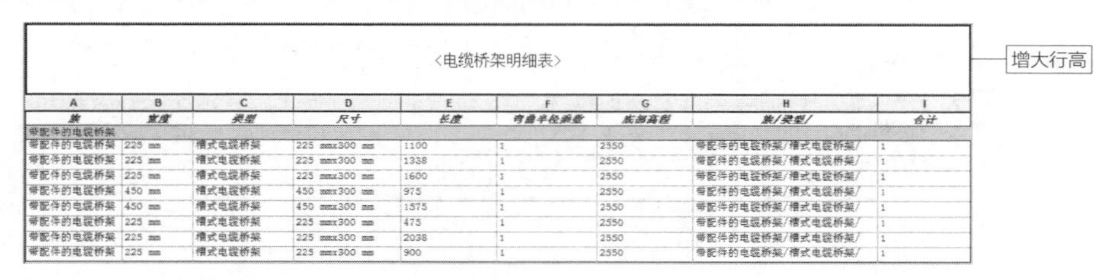

<电缆桥架明细表>

A	B	C	D	E	F	G	H	I
族	宽度	类型	尺寸	长度	弯曲半径乘数	底部高程	族/类型/	合计
带配件的电缆桥架								
带配件的电缆桥架	225 mm	槽式电缆桥架	225 mmx300 mm	1100	1	2550	带配件的电缆桥架/槽式电缆桥架/	1
带配件的电缆桥架	225 mm	槽式电缆桥架	225 mmx300 mm	1338	1	2550	带配件的电缆桥架/槽式电缆桥架/	1
带配件的电缆桥架	225 mm	槽式电缆桥架	225 mmx300 mm	1600	1	2550	带配件的电缆桥架/槽式电缆桥架/	1
带配件的电缆桥架	450 mm	槽式电缆桥架	450 mmx300 mm	975	1	2550	带配件的电缆桥架/槽式电缆桥架/	1
带配件的电缆桥架	450 mm	槽式电缆桥架	450 mmx300 mm	1575	1	2550	带配件的电缆桥架/槽式电缆桥架/	1
带配件的电缆桥架	225 mm	槽式电缆桥架	225 mmx300 mm	475	1	2550	带配件的电缆桥架/槽式电缆桥架/	1
带配件的电缆桥架	225 mm	槽式电缆桥架	225 mmx300 mm	2038	1	2550	带配件的电缆桥架/槽式电缆桥架/	1
带配件的电缆桥架	225 mm	槽式电缆桥架	225 mmx300 mm	900	1	2550	带配件的电缆桥架/槽式电缆桥架/	1

图 6-111　调整行高

9. 合并/取消合并单元格

将光标定位在标题行中，单击“标题和页眉”面板中的“合并/取消合并”按钮，如图6-112所示，取消行的合并效果，恢复显示单元格，效果如图6-113所示。

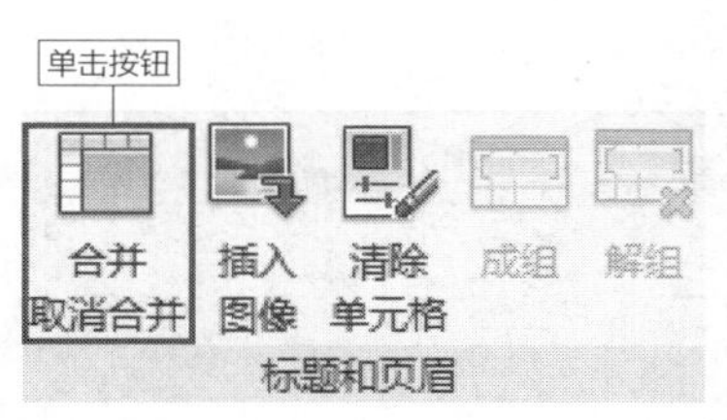

图 6-112　单击按钮

<电缆桥架明细表>								
A	B	C	D	E	F	G	H	I
族	宽度	类型	尺寸	长度	弯曲半径乘数	底部高程	族/类型/	合计
带配件的电缆桥架								
带配件的电缆桥架	225 mm	槽式电缆桥架	225 mmx300 mm	1100	1	2550	带配件的电缆桥架/槽式电缆桥架/	1
带配件的电缆桥架	225 mm	槽式电缆桥架	225 mmx300 mm	1338	1	2550	带配件的电缆桥架/槽式电缆桥架/	1
带配件的电缆桥架	225 mm	槽式电缆桥架	225 mmx300 mm	1600	1	2550	带配件的电缆桥架/槽式电缆桥架/	1
带配件的电缆桥架	450 mm	槽式电缆桥架	450 mmx300 mm	975	1	2550	带配件的电缆桥架/槽式电缆桥架/	1
带配件的电缆桥架	450 mm	槽式电缆桥架	450 mmx300 mm	1575	1	2550	带配件的电缆桥架/槽式电缆桥架/	1
带配件的电缆桥架	225 mm	槽式电缆桥架	225 mmx300 mm	475	1	2550	带配件的电缆桥架/槽式电缆桥架/	1
带配件的电缆桥架	225 mm	槽式电缆桥架	225 mmx300 mm	2038	1	2550	带配件的电缆桥架/槽式电缆桥架/	1
带配件的电缆桥架	225 mm	槽式电缆桥架	225 mmx300 mm	900	1	2550	带配件的电缆桥架/槽式电缆桥架/	1

图 6-113　取消合并

选择标题行中的所有单元格，如图6-114所示。再次单击“合并/取消合并”按钮，可以合并选定的单元格。需要注意的是，只有将光标置于标题行中时，“合并/取消合并”按钮、“插入图像”按钮和“清除单元格”按钮才会被激活。

<电缆桥架明细表>								
A	B	C	D	E	F	G	H	I
族	宽度	类型	尺寸	长度	弯曲半径乘数	底部高程	族/类型/	合计
带配件的电缆桥架								
带配件的电缆桥架	225 mm	槽式电缆桥架	225 mmx300 mm	1100	1	2550	带配件的电缆桥架/槽式电缆桥架/	1
带配件的电缆桥架	225 mm	槽式电缆桥架	225 mmx300 mm	1338	1	2550	带配件的电缆桥架/槽式电缆桥架/	1
带配件的电缆桥架	225 mm	槽式电缆桥架	225 mmx300 mm	1600	1	2550	带配件的电缆桥架/槽式电缆桥架/	1
带配件的电缆桥架	450 mm	槽式电缆桥架	450 mmx300 mm	975	1	2550	带配件的电缆桥架/槽式电缆桥架/	1
带配件的电缆桥架	450 mm	槽式电缆桥架	450 mmx300 mm	1575	1	2550	带配件的电缆桥架/槽式电缆桥架/	1
带配件的电缆桥架	225 mm	槽式电缆桥架	225 mmx300 mm	475	1	2550	带配件的电缆桥架/槽式电缆桥架/	1
带配件的电缆桥架	225 mm	槽式电缆桥架	225 mmx300 mm	2038	1	2550	带配件的电缆桥架/槽式电缆桥架/	1
带配件的电缆桥架	225 mm	槽式电缆桥架	225 mmx300 mm	900	1	2550	带配件的电缆桥架/槽式电缆桥架/	1

图 6-114　选择单元格

延伸讲解：

将光标置于左侧第一个单元格中，按住Shift键不放，单击右侧最后一个单元格，可以选择行中所有的单元格。

10. 插入图像

将光标定位在标题行中，单击“标题和页眉”面板中的“插入图像”按钮，如图6-115所示，激活命令。此时弹出“导入图像”对话框，选择图像，如图6-116所示，单击“打开”按钮，将选定的图像导入明细表视图。

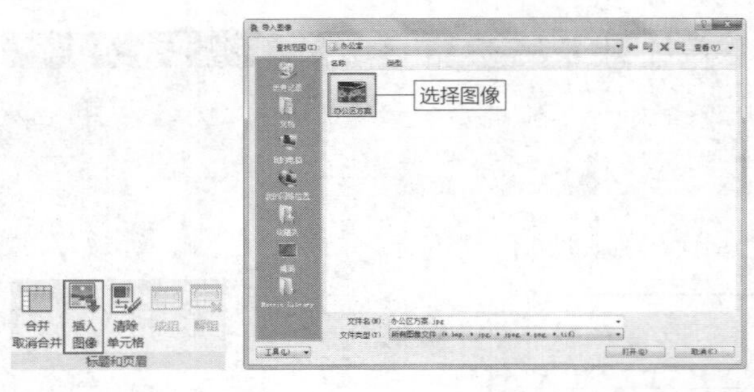

图 6-115　单击按钮　图 6-116　“导入图像”对话框

延伸讲解：

导入图像的格式可以是BMP、JPG、JPEG、PNG、TIF。

查看明细表导入图像后的效果，标题行中的文字被图像代替，如图6-117所示。

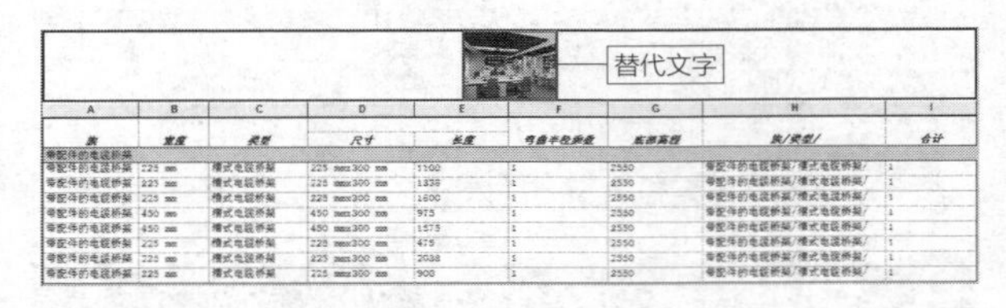

图 6-117　导入图像

11. 清除单元格

将定位光标至标题行，单击“标题和页眉”面板中的“清除单元格”按钮，如图6-118所示，激活命令。执行操作后，可以删除选定页眉单元的文字和参数关联。最终效果是删除标题行中的内容，如图6-119所示。

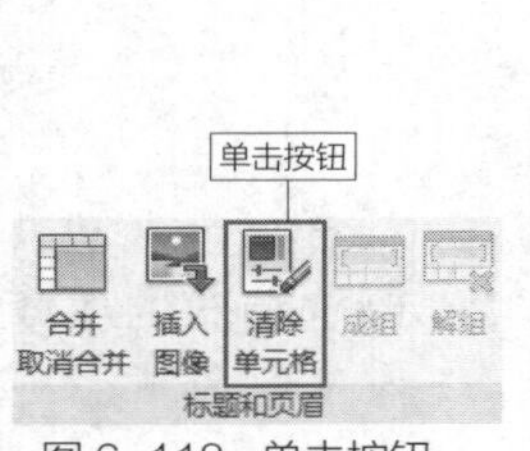

图 6-118　单击按钮

A	B	C	D	E	F	G	H	I
族	宽度	类型	尺寸	长度	弯曲半径乘数	底部高程	族/类型/	合计
带配件的电缆桥架								
带配件的电缆桥架	225 mm	槽式电缆桥架	225 mmx300 mm	1100	1	2550	带配件的电缆桥架/槽式电缆桥架/	1
带配件的电缆桥架	225 mm	槽式电缆桥架	225 mmx300 mm	1338	1	2550	带配件的电缆桥架/槽式电缆桥架/	1
带配件的电缆桥架	225 mm	槽式电缆桥架	225 mmx300 mm	1600	1	2550	带配件的电缆桥架/槽式电缆桥架/	1
带配件的电缆桥架	450 mm	槽式电缆桥架	450 mmx300 mm	975	1	2550	带配件的电缆桥架/槽式电缆桥架/	1
带配件的电缆桥架	450 mm	槽式电缆桥架	450 mmx300 mm	1575	1	2550	带配件的电缆桥架/槽式电缆桥架/	1
带配件的电缆桥架	225 mm	槽式电缆桥架	225 mmx300 mm	475	1	2550	带配件的电缆桥架/槽式电缆桥架/	1
带配件的电缆桥架	225 mm	槽式电缆桥架	225 mmx300 mm	2038	1	2550	带配件的电缆桥架/槽式电缆桥架/	1
带配件的电缆桥架	225 mm	槽式电缆桥架	225 mmx300 mm	900	1	2550	带配件的电缆桥架/槽式电缆桥架/	1

图 6-119　清除单元格

12. 使页眉成组

在标题行中选择两个列标题，如图6-120所示。激活“标题和页眉”面板中的“成组”按钮，单击该按钮，如图6-121所示，激活命令。

D	E	F
宽度	长度	弯曲半径乘数
225 mm	1100	1
225 mm	1338	1
225 mm	1600	1
450 mm	975	1
450 mm	1575	1
225 mm	475	1
225 mm	2038	1
225 mm	900	1

选择标题

图 6-120　选择列标题　图 6-121　单击按钮

此时选中的两个单元格被创建成组，同时在已成组的列标题上方将会显示一个新标题行，如图6-122所示。光标定位于新标题行中，在新标题行中输入文字，指定标题名称，如图6-123所示。

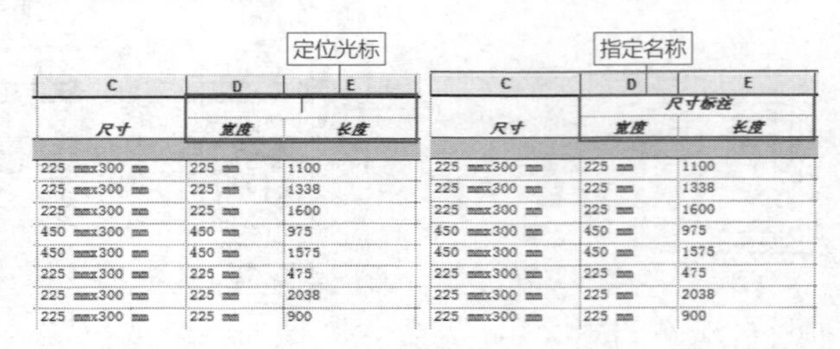

C	D	E
尺寸	宽度	长度
225 mmx300 mm	225 mm	1100
225 mmx300 mm	225 mm	1338
225 mmx300 mm	225 mm	1600
450 mmx300 mm	450 mm	975
450 mmx300 mm	450 mm	1575
225 mmx300 mm	225 mm	475
225 mmx300 mm	225 mm	2038
225 mmx300 mm	225 mm	900

图 6-122　成组效果

C	D	E
	尺寸标注	
尺寸	宽度	长度
225 mmx300 mm	225 mm	1100
225 mmx300 mm	225 mm	1338
225 mmx300 mm	225 mm	1600
450 mmx300 mm	450 mm	975
450 mmx300 mm	450 mm	1575
225 mmx300 mm	225 mm	475
225 mmx300 mm	225 mm	2038
225 mmx300 mm	225 mm	900

图 6-123　输入文字

知识链接：

只有在选择两个或者多个列标题的情况下，才可激活“成组”按钮。

选择新标题行，激活“标题和页眉”面板中的“解组”按钮，如图6-124所示。单击该按钮，可以撤销“成组”操作的效果，恢复列标题的原本样式。

图 6-124　单击按钮

13.　添加单元格背景色

将光标定位在任意列标题中，例如，定位在“尺寸”列标题中，如图6-125所示，激活“外观”面板中的“着色”按钮，如图6-126所示。单击按钮，启用命令。

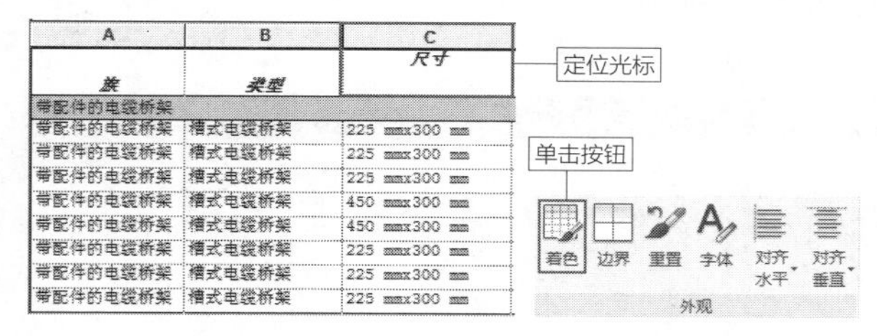

图 6-125　定位光标　　　　图 6-126　单击按钮

此时弹出“颜色”对话框，在其中单击选择颜色，例如选择红色，如图6-127所示。单击“确定”按钮，返回视图。查看“尺寸”列标题的显示效果，发现已被填充了红色，如图6-128所示。

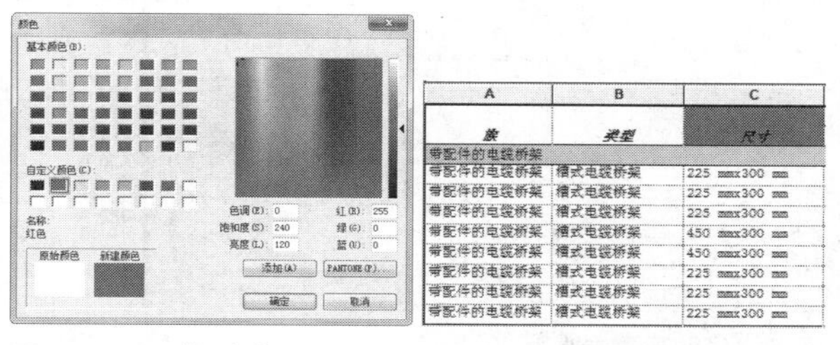

图 6-127　“颜色”对话框　　图 6-128　添加背景颜色

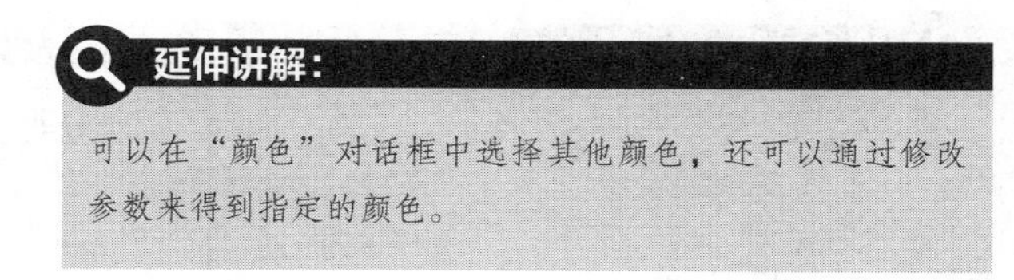
延伸讲解：

可以在“颜色”对话框中选择其他颜色，还可以通过修改参数来得到指定的颜色。

14.　修改边框样式

在标题行的上方插入一个新行，然后选择全部的单元格，如图6-129所示。激活“外观”面板中的“边界”按钮，如图6-130所示。单击该按钮，启用命令。

图 6-129　选择单元格

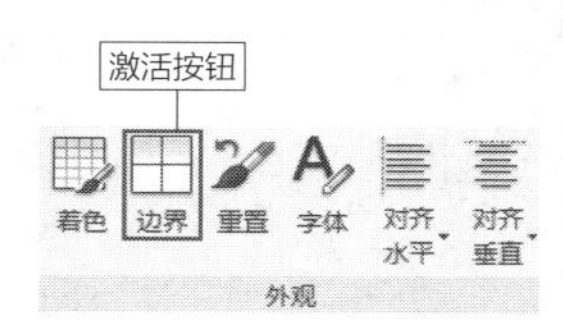

图 6-130　激活按钮

稍后弹出“编辑边框”对话框，在“线样式”列表中选择“中粗线”样式，在“单元格边框”选项组中单击“外部”按钮与“内部”按钮，修改它们的线样式为“中粗线”。在预览窗口中显示修改线样式的效果，如图6-131所示。

单击“确定”按钮，返回明细表视图，单元格的外部与内部边框均以“中粗线”的样式显示，效果如图6-132所示。

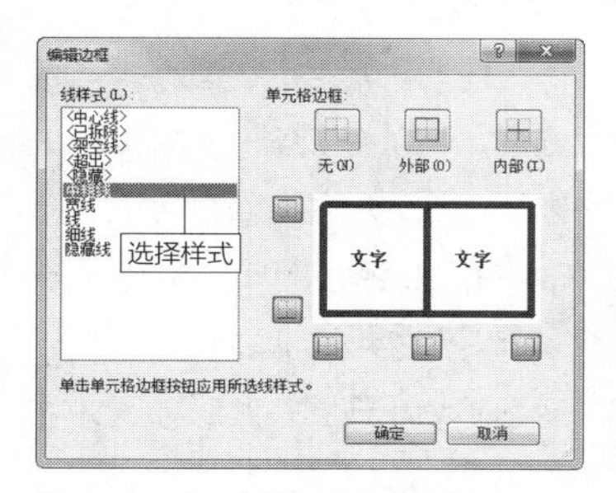

图 6-131　“编辑边框”对话框　　图 6-132　设置单元格外部与内部边框的效果

读者也可以为指定的边框修改样式。在“编辑边框”对话框中取消选择“内部”按钮，在预览窗口中随即取消显示内部边界线，如图6-133所示。仅在窗口中显示修改外部边框为“中粗线”的效果。

单击“确定”按钮返回视图，此时单元格内部边界线恢复显示原本的“细线”样式，仅边框保留“中粗线”样式，效果如图6-134所示。

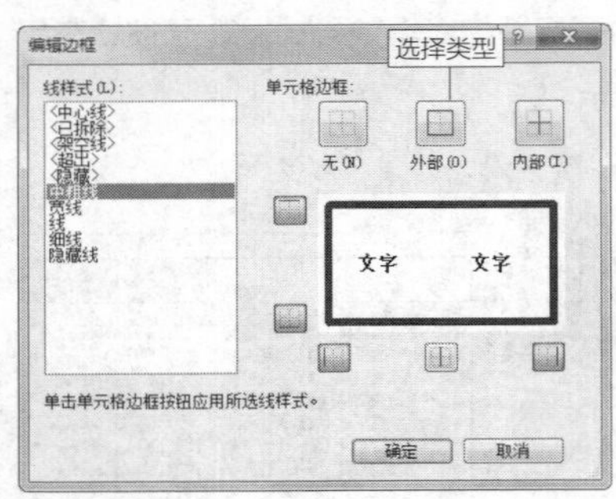

图 6-133　设置参数

A	B	C	D	E	F	G	H	I
			尺寸标注					
族	类型	尺寸	宽度	长度	弯曲半径乘数	底部高程	族/类型/	合计
带配件的电缆桥架								
带配件的电缆桥架	槽式电缆桥架	225 mmx300 mm	225 mm	1100	1	2550	带配件的电缆桥架/槽式电缆桥架/	1
带配件的电缆桥架	槽式电缆桥架	225 mmx300 mm	225 mm	1338	1	2550	带配件的电缆桥架/槽式电缆桥架/	1
带配件的电缆桥架	槽式电缆桥架	225 mmx300 mm	225 mm	1600	1	2550	带配件的电缆桥架/槽式电缆桥架/	1
带配件的电缆桥架	槽式电缆桥架	450 mmx300 mm	450 mm	975	1	2550	带配件的电缆桥架/槽式电缆桥架/	1
带配件的电缆桥架	槽式电缆桥架	450 mmx300 mm	450 mm	1575	1	2550	带配件的电缆桥架/槽式电缆桥架/	1
带配件的电缆桥架	槽式电缆桥架	225 mmx300 mm	225 mm	475	1	2550	带配件的电缆桥架/槽式电缆桥架/	1
带配件的电缆桥架	槽式电缆桥架	225 mmx300 mm	225 mm	2038	1	2550	带配件的电缆桥架/槽式电缆桥架/	1
带配件的电缆桥架	槽式电缆桥架	225 mmx300 mm	225 mm	900	1	2550	带配件的电缆桥架/槽式电缆桥架/	1

图 6-134　设置单元格外部边框效果

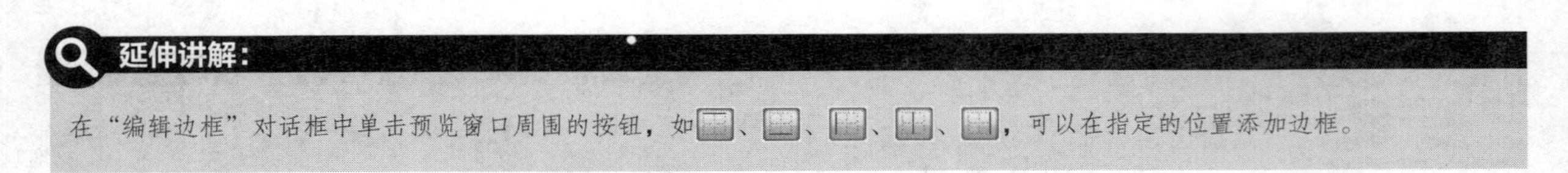

15.　“重置”操作

将光标定位在标题行中，激活“外观”面板中的“重置”按钮。单击该按钮，如图6-135所示，启用命令。此时可以删除与选定单元格相关联的所有格式。如撤销设置边框的效果、填充单元格背景颜色的效果等，如图6-136所示。

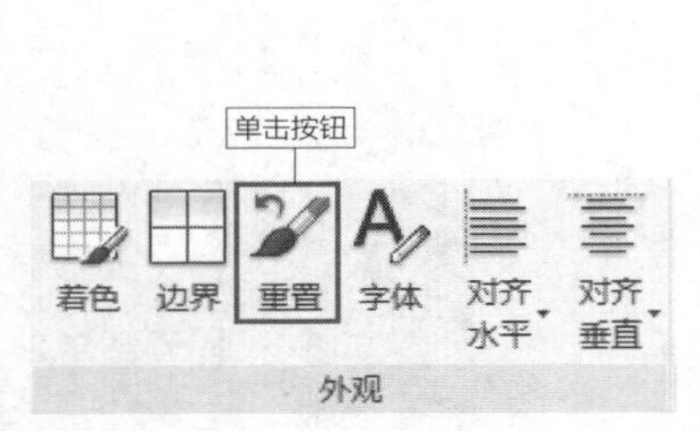

图 6-135　单击按钮

A	B	C	D	E	F	G	H	I
			尺寸标注					
族	类型	尺寸	宽度	长度	弯曲半径乘数	底部高程	族/类型/	合计
带配件的电缆桥架								
带配件的电缆桥架	槽式电缆桥架	225 mmx300 mm	225 mm	1100	1	2550	带配件的电缆桥架/槽式电缆桥架/	1
带配件的电缆桥架	槽式电缆桥架	225 mmx300 mm	225 mm	1338	1	2550	带配件的电缆桥架/槽式电缆桥架/	1
带配件的电缆桥架	槽式电缆桥架	225 mmx300 mm	225 mm	1600	1	2550	带配件的电缆桥架/槽式电缆桥架/	1
带配件的电缆桥架	槽式电缆桥架	450 mmx300 mm	450 mm	975	1	2550	带配件的电缆桥架/槽式电缆桥架/	1
带配件的电缆桥架	槽式电缆桥架	450 mmx300 mm	450 mm	1575	1	2550	带配件的电缆桥架/槽式电缆桥架/	1
带配件的电缆桥架	槽式电缆桥架	225 mmx300 mm	225 mm	475	1	2550	带配件的电缆桥架/槽式电缆桥架/	1
带配件的电缆桥架	槽式电缆桥架	225 mmx300 mm	225 mm	2038	1	2550	带配件的电缆桥架/槽式电缆桥架/	1
带配件的电缆桥架	槽式电缆桥架	225 mmx300 mm	225 mm	900	1	2550	带配件的电缆桥架/槽式电缆桥架/	1

图 6-136　删除格式

16.　修改字体样式

将光标定位在标题行中，激活“外观”面板中的“字体”按钮。单击该按钮，如图6-137所示，启用命令。稍后弹出“编辑字体”对话框，单击“字体”选项，在弹出的“字体”列表中显示多种字体，如图6-138所示。

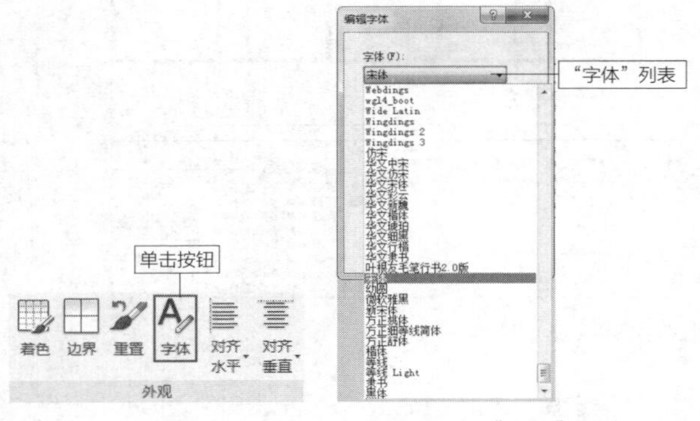

图 6-137　单击按钮　　图 6-138　“字体”列表

延伸讲解：

软件默认选用的字体为“宋体”。

在“字体”列表中选择样式，例如，选择名称为“微软雅黑”的样式，如图6-139所示。修改“字体大小”选项值，在“字体样式”下选择选项，指定字体样式。选中“粗体”和“斜体”复选框，可以将字体设置为粗体，同时倾斜显示。单击“字体颜色”选项中的颜色色块，弹出“颜色”对话框。在其中指定颜色，例如，选择“洋红”，单击“确定”按钮，可以修改字体的颜色。

单击“确定”按钮，返回明细表视图。此时标题文本的字体样式已经发生了变化，如图6-140所示。

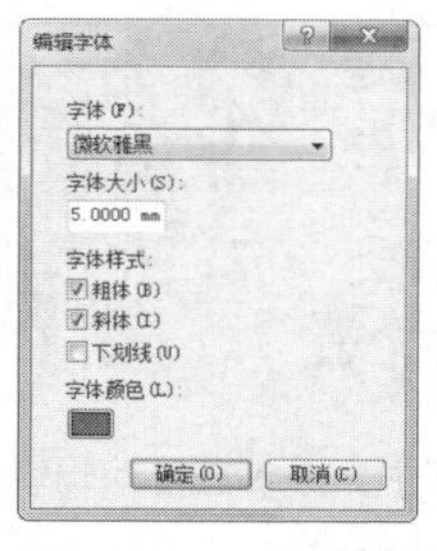

图 6-139　设置参数

<电缆桥架明细表>——显示效果

A	B	C	D	E	F	G	H	I
			尺寸标注					
族	类型	尺寸	宽度	长度	弯曲半径乘数	底部高程	族/类型/	合计
带配件的电缆桥架								
带配件的电缆桥架	槽式电缆桥架	225 mmx300 mm	225 mm	1100	1	2550	带配件的电缆桥架/槽式电缆桥架/	1
带配件的电缆桥架	槽式电缆桥架	225 mmx300 mm	225 mm	1338	1	2550	带配件的电缆桥架/槽式电缆桥架/	1
带配件的电缆桥架	槽式电缆桥架	225 mmx300 mm	225 mm	1600	1	2550	带配件的电缆桥架/槽式电缆桥架/	1
带配件的电缆桥架	槽式电缆桥架	450 mmx300 mm	450 mm	975	1	2550	带配件的电缆桥架/槽式电缆桥架/	1
带配件的电缆桥架	槽式电缆桥架	450 mmx300 mm	450 mm	1575	1	2550	带配件的电缆桥架/槽式电缆桥架/	1
带配件的电缆桥架	槽式电缆桥架	225 mmx300 mm	225 mm	475	1	2550	带配件的电缆桥架/槽式电缆桥架/	1
带配件的电缆桥架	槽式电缆桥架	225 mmx300 mm	225 mm	2038	1	2550	带配件的电缆桥架/槽式电缆桥架/	1
带配件的电缆桥架	槽式电缆桥架	225 mmx300 mm	225 mm	900	1	2550	带配件的电缆桥架/槽式电缆桥架/	1

图 6-140　设置字体样式的效果

知识链接：

选中“下划线”复选框，可以为文字添加下划线。

17.　设置对齐方式

选中“弯曲半径乘数”列与“底部高程”列，激活“外观”面板上的“对齐水平”按钮。单击该按钮，弹出“水平对齐”样式列表。在列表中提供了3种对齐方式，分别是“左”对齐、“中心”对齐和“右”对齐，如图6-141所示。

选择其中一种对齐方式，例如选择“中心”对齐方式，列中的参数调整对齐方式，中心对齐的效果如图6-142所示。

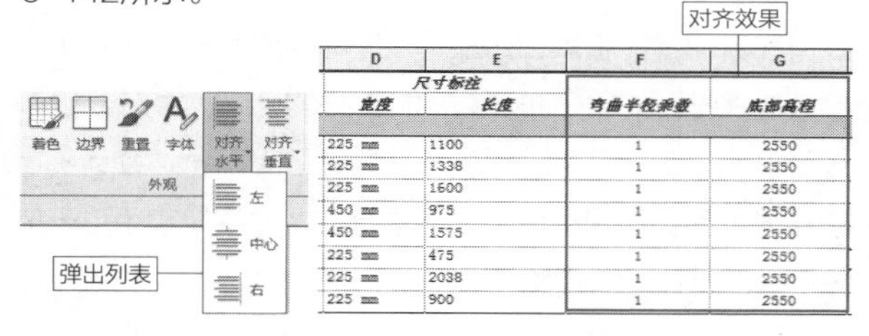

图 6-141　“水平对齐”样式列表　图 6-142　中心对齐

延伸讲解：

软件默认选择“左”对齐方式来显示列参数。

在“对齐水平”样式列表中选择“右”对齐方式，将“尺寸标注”列的对齐方式指定为右对齐，效果如图6-143所示。观察对齐效果，发现列标题文字同样以右对齐的方式显示。

在明细表中选择标题栏，单击“对齐垂直”按钮，在弹出的列表中显示3种在垂直方向上对齐参数的方式，分别是“顶”对齐、“中部”对齐和“底”对齐，如图6-144所示。

在“对齐垂直”样式列表中选择“中部”对齐方式，标题栏中的参数以中部对齐的方式显示，如图6-145所示。

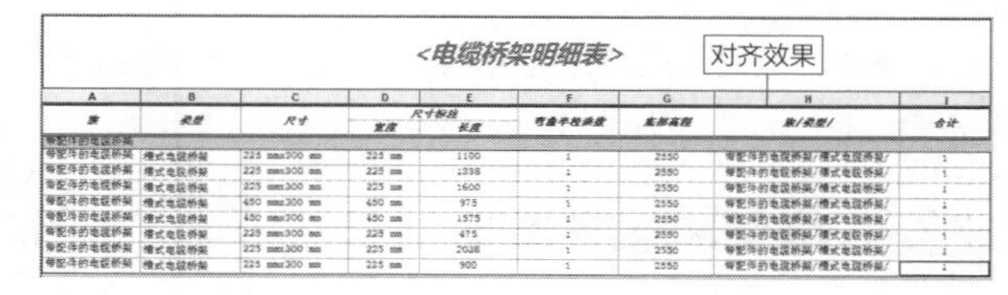

图 6-143　右对齐　　图 6-144　“对齐垂直”样式列表

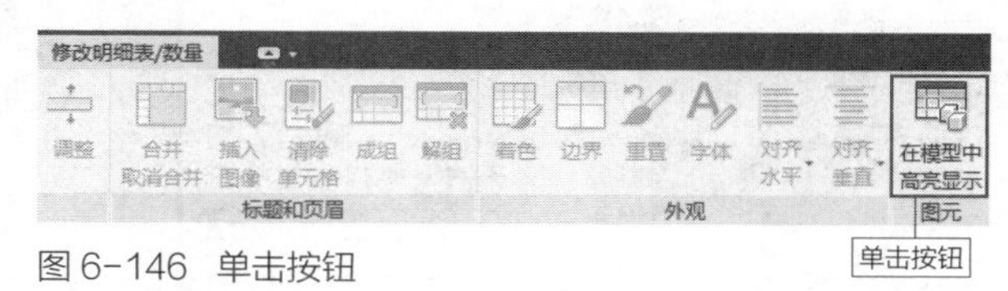

图 6-145　中部对齐

知识链接：

软件默认选择“底”对齐的方式显示标题栏参数。

18.　在视图中高亮显示选定的图元

在明细表视图中将光标定位在任意单元格，激活“修改明细表/数量”选项卡中的“在模型中高亮显示”按钮。单击该按钮，如图6-146所示，启用命令。

图 6-146　单击按钮

此时切换至平面视图中，同时弹出如图6-147所示的“显示视图中的图元”对话框，提醒用户“单击‘显示’按钮多次以显示不同的视图”。

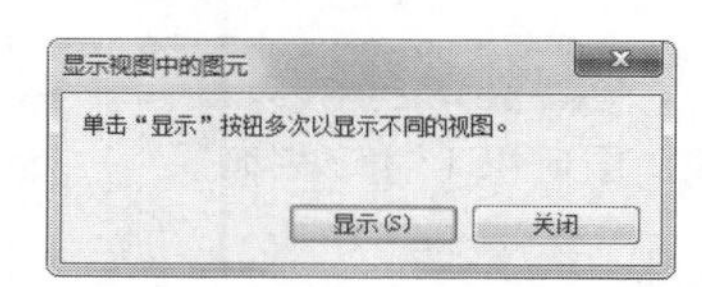

图 6-147　“显示视图中的图元”对话框

在平面视图中高亮显示与所指定的参数相对应的电缆桥架，如图6-148所示。假如在“显示视图中的图元”对话框中单击“显示”按钮，将弹出如图6-149所示的提示对话框，提醒用户“显示亮显图元的所有打开的视图都已经显示”。

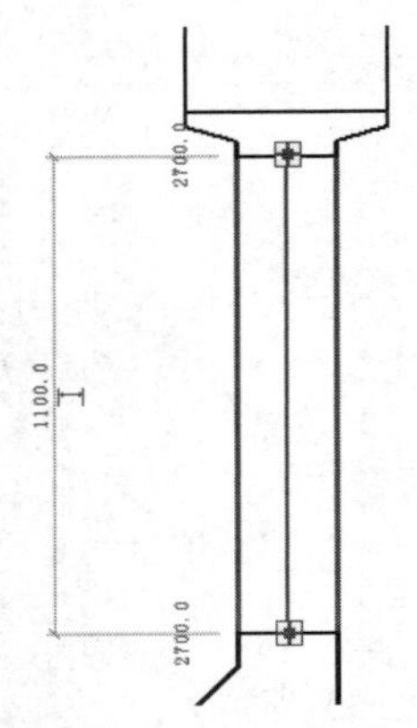

图 6-148　高亮显示图元

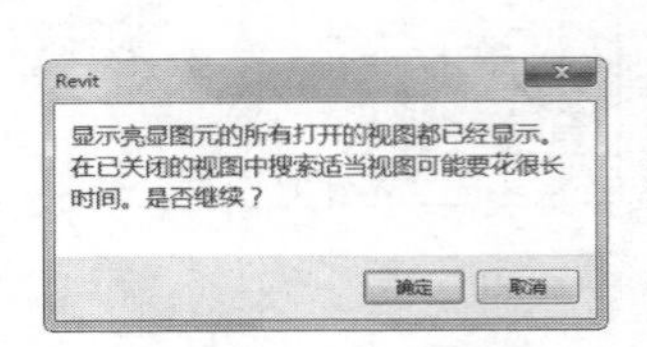

图 6-149　提示对话框

单击“取消”按钮，退出显示模式，然后默认停留在平面视图中。

6.2.2　修改明细表属性 难点

在明细表的“属性”选项板中显示各类属性参数，如图6-150所示。修改属性参数，最后会影响明细表的内容及显示样式。

1.　修改视图名称

在“视图名称”选项中显示明细表的名称，例如，“电缆桥架明细表”是当前明细表的名称。可以在“视图名称”选项中修改参数，如图6-151所示，单击“应用”按钮，可以修改明细表的名称。

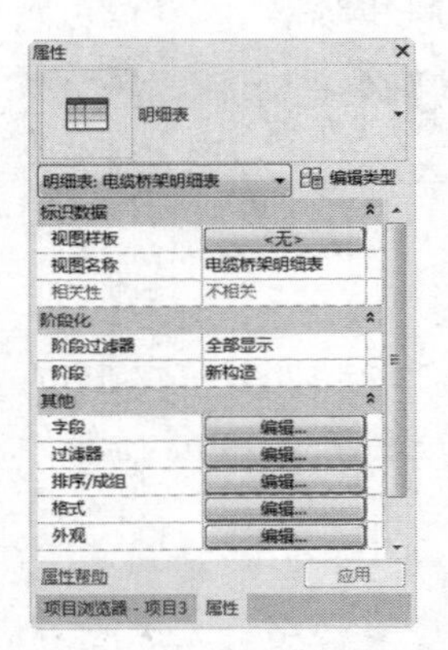

图 6-150　“属性”选项板

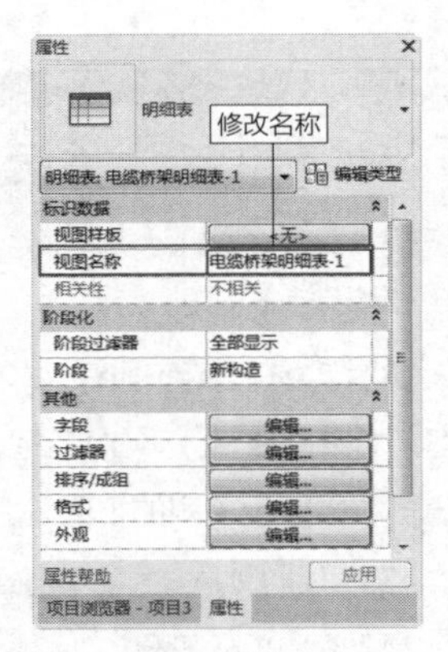

图 6-151　修改名称

在“属性”选项板中修改参数后，明细表实时更新，修改名称的结果如图6-152所示。

<电缆桥架明细表-1>——修改名称

A	B	C	D	E	F	G	H	I
族	类型	尺寸	尺寸标注		弯曲半径乘数	底部高程	族/类型/	合计
			宽度	长度				
带配件的电缆桥架								
带配件的电缆桥架	槽式电缆桥架	225 mmx300 mm	225 mm	1100	1	2550	带配件的电缆桥架/槽式电缆桥架/	1
带配件的电缆桥架	槽式电缆桥架	225 mmx300 mm	225 mm	1338	1	2550	带配件的电缆桥架/槽式电缆桥架/	1
带配件的电缆桥架	槽式电缆桥架	225 mmx300 mm	225 mm	1600	1	2550	带配件的电缆桥架/槽式电缆桥架/	1
带配件的电缆桥架	槽式电缆桥架	450 mmx300 mm	450 mm	975	1	2550	带配件的电缆桥架/槽式电缆桥架/	1
带配件的电缆桥架	槽式电缆桥架	450 mmx300 mm	450 mm	1575	1	2550	带配件的电缆桥架/槽式电缆桥架/	1
带配件的电缆桥架	槽式电缆桥架	225 mmx300 mm	225 mm	475	1	2550	带配件的电缆桥架/槽式电缆桥架/	1
带配件的电缆桥架	槽式电缆桥架	225 mmx300 mm	225 mm	2088	1	2550	带配件的电缆桥架/槽式电缆桥架/	1
带配件的电缆桥架	槽式电缆桥架	225 mmx300 mm	225 mm	900	1	2550	带配件的电缆桥架/槽式电缆桥架/	1

图 6-152　修改结果

在明细表中将光标定位于标题行中，进入在位编辑模式，如图6-153所示。修改完毕名称参数后，按回车键，退出在位编辑模式，结束修改名称的操作。

电缆桥架明细表-1——定位光标

A	B	C	D	E	F	G	H	I
族	类型	尺寸	尺寸标注		弯曲半径乘数	底部高程	族/类型/	合计
			宽度	长度				
带配件的电缆桥架								
带配件的电缆桥架	槽式电缆桥架	225 mmx300 mm	225 mm	1100	1	2550	带配件的电缆桥架/槽式电缆桥架/	1
带配件的电缆桥架	槽式电缆桥架	225 mmx300 mm	225 mm	1338	1	2550	带配件的电缆桥架/槽式电缆桥架/	1
带配件的电缆桥架	槽式电缆桥架	225 mmx300 mm	225 mm	1600	1	2550	带配件的电缆桥架/槽式电缆桥架/	1
带配件的电缆桥架	槽式电缆桥架	450 mmx300 mm	450 mm	975	1	2550	带配件的电缆桥架/槽式电缆桥架/	1
带配件的电缆桥架	槽式电缆桥架	450 mmx300 mm	450 mm	1575	1	2550	带配件的电缆桥架/槽式电缆桥架/	1
带配件的电缆桥架	槽式电缆桥架	225 mmx300 mm	225 mm	475	1	2550	带配件的电缆桥架/槽式电缆桥架/	1
带配件的电缆桥架	槽式电缆桥架	225 mmx300 mm	225 mm	2038	1	2550	带配件的电缆桥架/槽式电缆桥架/	1
带配件的电缆桥架	槽式电缆桥架	225 mmx300 mm	225 mm	900	1	2550	带配件的电缆桥架/槽式电缆桥架/	1

图 6-153　在位编辑模式

2.　修改“字段”

在“属性”选项板中，在“其他”选项组下单击“字段”选项右侧的“编辑”按钮，如图6-154所示，弹出“明细表属性”对话框。在对话框中显示当前明细表的“字段”信息。

在“明细表字段（按顺序排列）”列表中，显示明细表所包含的所有字段，如族、类型等，如图6-155所示。字段在列表中的排列顺序，对应于在明细表中的显示顺序。例如，从上至下，“族”字段在最上面，“合计”字段在最下面。在明细表中，从左至右，“族”字段位于最左侧，“合计”字段位于最右侧。

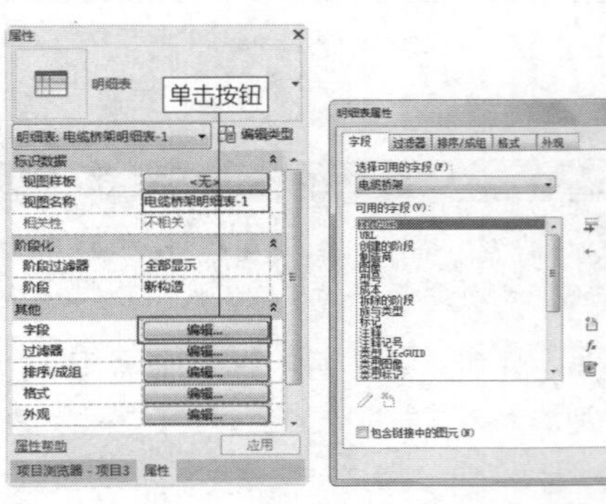

图 6-154　单击按钮　图 6-155　“明细表属性”对话框

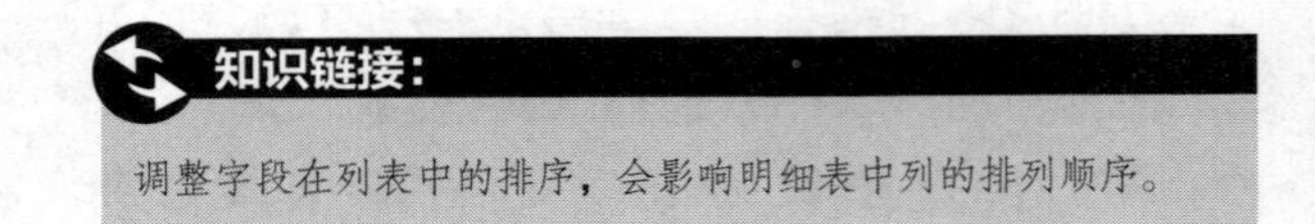

知识链接：

调整字段在列表中的排序，会影响明细表中列的排列顺序。

在“明细表字段（按顺序排列）”列表中选择任意字段，激活“移除参数”按钮、“上移参数”按钮、“下移参数”按钮，如图6-156所示。

单击列表下方的“下移参数”按钮⬇E，可以向下调整选中字段的位置。当字段被移动到最下面时，“下移参数”按钮显示为灰色，如图6-157所示，表示字段的位置已位于最下面，不能再向下移动。

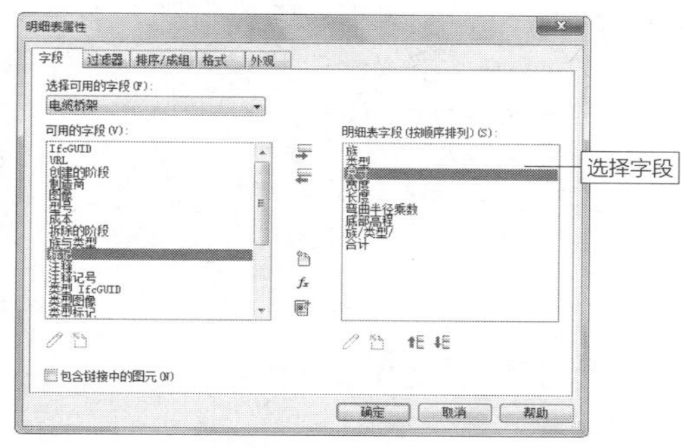

图 6-156　激活按钮

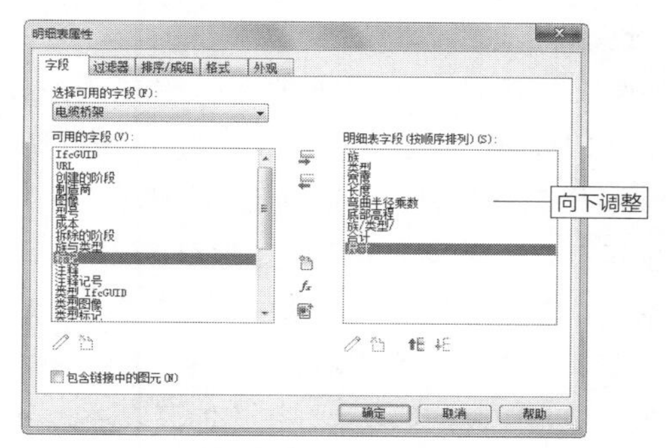

图 6-157　调整字段顺序

延伸讲解：

在“明细表字段（按顺序排列）”列表中，尚未选中任何字段时，“移除参数”按钮、“上移参数”按钮⬆E、“下移参数”按钮⬇E显示为灰色，表示不可调用。

单击“确定”按钮，返回明细表视图。查看“尺寸”列的显示位置，发现已被移动至表格的最右侧，效果如图6-158所示。

<电缆桥架明细表-1>

A	B	C	D	E	F	G	H	I
族	类型	尺寸标注		弯曲半径乘数	底部高程	族/类型/	合计	尺寸
		宽度	长度					
带配件的电缆桥架								
带配件的电缆桥架	槽式电缆桥架	225 mm	1100	1	2550	带配件的电缆桥架/槽式电缆桥架/	1	225 mmx300 mm
带配件的电缆桥架	槽式电缆桥架	225 mm	1338	1	2550	带配件的电缆桥架/槽式电缆桥架/	1	225 mmx300 mm
带配件的电缆桥架	槽式电缆桥架	225 mm	1600	1	2550	带配件的电缆桥架/槽式电缆桥架/	1	225 mmx300 mm
带配件的电缆桥架	槽式电缆桥架	450 mm	975	1	2550	带配件的电缆桥架/槽式电缆桥架/	1	450 mmx300 mm
带配件的电缆桥架	槽式电缆桥架	450 mm	1575	1	2550	带配件的电缆桥架/槽式电缆桥架/	1	450 mmx300 mm
带配件的电缆桥架	槽式电缆桥架	225 mm	475	1	2550	带配件的电缆桥架/槽式电缆桥架/	1	225 mmx300 mm
带配件的电缆桥架	槽式电缆桥架	225 mm	2038	1	2550	带配件的电缆桥架/槽式电缆桥架/	1	225 mmx300 mm
带配件的电缆桥架	槽式电缆桥架	225 mm	900	1	2550	带配件的电缆桥架/槽式电缆桥架/	1	225 mmx300 mm

置于末尾

图 6-158　调整列排序

在“明细表字段（按顺序排列）”列表中选择字段，单击“移除参数”按钮，可将选中的字段返回至“可用的字段”列表，如图6-159所示。

单击“确定”按钮，返回明细表视图。查看明细表，发现其中一些列被删除了，效果如图6-160所示。而所删除的列，与被返回至“可用的字段”列表中的字段一致。

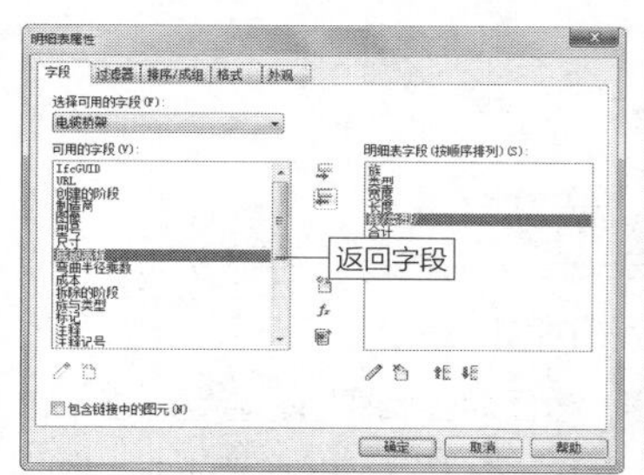

图 6-159　返回字段

<电缆桥架明细表-1>

A	B	C	D	E	F
族	类型	尺寸标注		族/类型/	合计
		宽度	长度		
带配件的电缆桥架					
带配件的电缆桥架	槽式电缆桥架	225 mm	1100	带配件的电缆桥架/槽式电缆桥架/	1
带配件的电缆桥架	槽式电缆桥架	225 mm	1338	带配件的电缆桥架/槽式电缆桥架/	1
带配件的电缆桥架	槽式电缆桥架	225 mm	1600	带配件的电缆桥架/槽式电缆桥架/	1
带配件的电缆桥架	槽式电缆桥架	450 mm	975	带配件的电缆桥架/槽式电缆桥架/	1
带配件的电缆桥架	槽式电缆桥架	450 mm	1575	带配件的电缆桥架/槽式电缆桥架/	1
带配件的电缆桥架	槽式电缆桥架	225 mm	475	带配件的电缆桥架/槽式电缆桥架/	1
带配件的电缆桥架	槽式电缆桥架	225 mm	2038	带配件的电缆桥架/槽式电缆桥架/	1
带配件的电缆桥架	槽式电缆桥架	225 mm	900	带配件的电缆桥架/槽式电缆桥架/	1

删除列

图 6-160　删除列的效果

答疑解惑：为什么调整字段的位置，会影响明细表中列的位置？

在“明细表字段（按顺序排列）”列表中，显示字段的类型与顺序。列表中关于字段的设置，直接影响明细表中列的类型与排序。执行“创建明细表”的操作后，会按照字段的信息来创建明细表。

在明细表中可以执行“添加”或者“删除”列的操作，实际上就是“添加”或者“删除”字段。在添加列的时候，需要返回“明细表属性”对话框才可执行。删除列，结果就是删除字段。

所以，明细表的字段与列是联动的，修改其中一项，即修改字段或者列，都会影响另一项。

3. 设置“过滤器”

在“属性”选项板的“其他”选项组中，单击“过滤器”选项右侧的“编辑”按钮，如图6-161所示。弹出“明细表属性”对话框，同时自动定位至“过滤器”选项卡。

默认情况下，没有为明细表添加任何过滤器。单击“过滤条件”选项，在弹出的列表中显示字段名称。选择其中一项，例如，选择“尺寸”选项，激活后面的条件选项。单击中间的选项，在弹出的列表中选择“等于”选项。单击后面的选项，弹出尺寸列表，选择450mm×300mm选项，如图6-162所示。

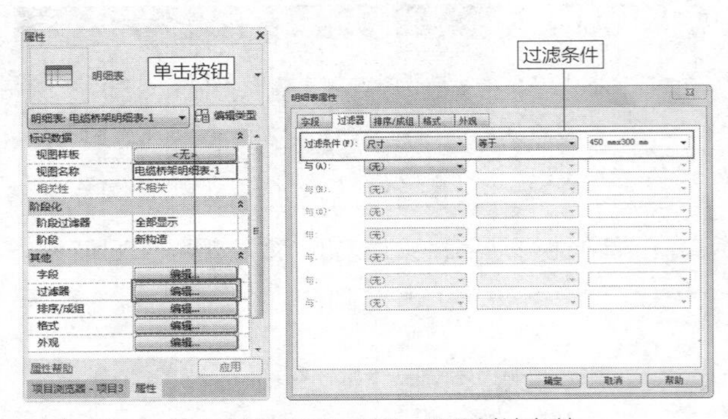

图6-161 单击按钮 图6-162 设置过滤条件

指定“过滤条件”为“尺寸”，尺寸的条件是“等于”450mm×300mm。表示尺寸为450mm×300mm的电缆桥架的相关信息会显示在明细表中，不符合过滤条件的电缆桥架将会被隐藏。

知识链接：

在没有设置任何过滤条件时，明细表中显示所有的信息。

单击“确定”按钮，返回明细表视图。查看表格中的信息，发现所显示的电缆桥架都符合过滤条件，即尺寸都等于450mm×300mm，如图6-163所示。

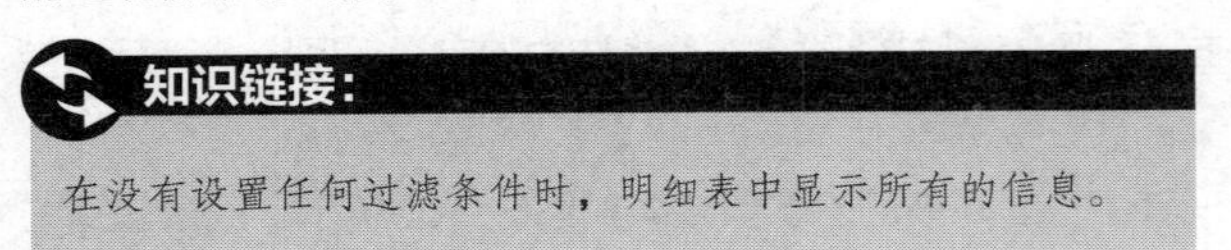

图6-163 显示符合过滤条件的行

可以设置两个或两个以上的过滤条件。在“过滤条件”选项的第一行设置参数，选择“长度”选项，条件为“等于”1100。当设置第一个过滤条件时，第二行选项被激活。

在第二行继续设置参数，选择“宽度”选项，条件为“等于”225mm，如图6-164所示。

以上所设置的过滤条件的意义是，只有“长度”等于1100，同时“宽度”等于225mm的电缆桥架，才可以在明细表中显示。

单击“确定”按钮，到明细表视图中查看过滤效果。发现所显示的电缆桥架，其“宽度”与“长度”均符合过滤条件，如图6-165所示。

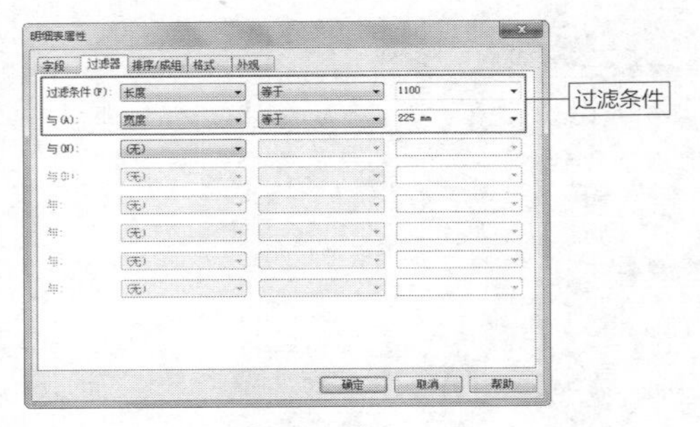

图6-164 设置过滤条件

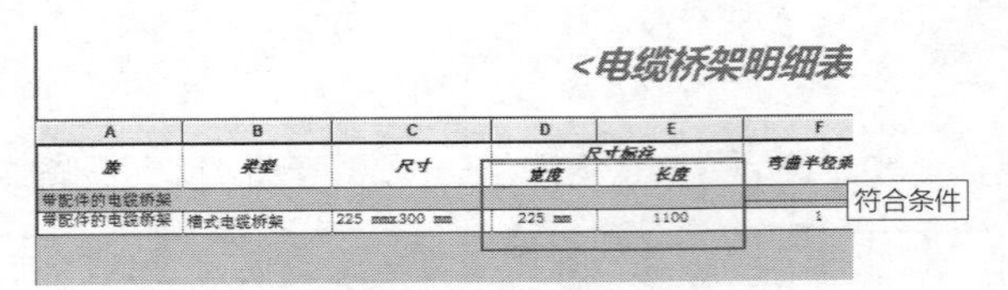

图6-165 显示符合过滤条件的行

过滤条件不仅是“等于”，还可以选择其他条件。在“过滤条件”选项中单击第二个选项，弹出条件列表，选择“不等于”选项。在最后一个选项中选择450mm，如图6-166所示。

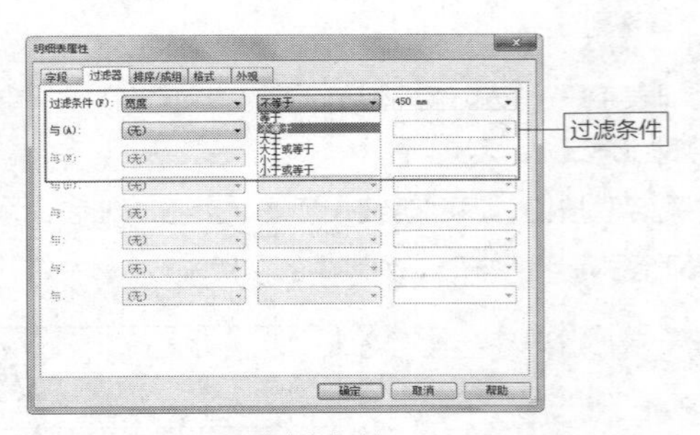

图6-166 设置过滤条件

以上过滤条件的意义是，“宽度”不等于450mm的电缆桥架才可以在明细表中显示。

单击“确定”按钮，返回明细表视图。查看表格中电缆桥架的“宽度”值，发现没有等于 450mm的值，如图6-167所示。

A	B	C	D	E	F
族	类型	尺寸	尺寸标注		弯曲半径乘数
			宽度	长度	
带配件的电缆桥架					
带配件的电缆桥架	槽式电缆桥架	225 mmx300 mm	225 mm	1100	1
带配件的电缆桥架	槽式电缆桥架	225 mmx300 mm	225 mm	1338	1
带配件的电缆桥架	槽式电缆桥架	225 mmx300 mm	225 mm	1600	1
带配件的电缆桥架	槽式电缆桥架	225 mmx300 mm	225 mm	475	1
带配件的电缆桥架	槽式电缆桥架	225 mmx300 mm	225 mm	2038	1
带配件的电缆桥架	槽式电缆桥架	225 mmx300 mm	225 mm	900	1

图6-167 显示符合过滤条件的行

延伸讲解：

在明细表包含大量的信息时，通过设置过滤条件，可以帮助显示指定的信息。

当明细表中没有与所设定的过滤条件相符的构件时，则全部的构件信息都会被隐藏，仅显示标题行，如图6-168所示。

<电缆桥架明细表-1>								
A	B	C	D	E	F	G	H	I
族	类型	尺寸	尺寸标注		[illegible]	底部高程	族/类型/	合计
			宽度	长度				

图 6-168　仅显示标题行

4. 修改“排序/成组”方式

在“属性”选项板中单击“排序/成组”选项右侧的“编辑”按钮，如图6-169所示，弹出“明细表属性”对话框。打开对话框后，会自动选择“排序/成组”选项卡。

单击“排序方式”选项，弹出选项列表，在列表中显示明细表的所有字段。在列表中选择“族”选项，同时选中“页眉”复选框，如图6-170所示。

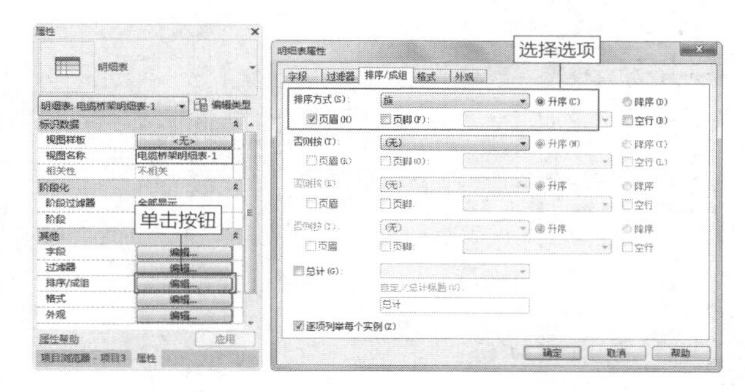

图 6-169　单击按钮　　图 6-170　设置排序方式

单击“确定”按钮，返回明细表视图。在标题行的下方显示“族”名称“带配件的电缆桥架”，并且“族”名称显示在页眉处，效果如图6-171所示。

A	B	C
族	类型	尺寸
带配件的电缆桥架		
带配件的电缆桥架	槽式电缆桥架	225 mmx300 mm
带配件的电缆桥架	槽式电缆桥架	225 mmx300 mm
带配件的电缆桥架	槽式电缆桥架	225 mmx300 mm
带配件的电缆桥架	槽式电缆桥架	450 mmx300 mm
带配件的电缆桥架	槽式电缆桥架	450 mmx300 mm
带配件的电缆桥架	槽式电缆桥架	225 mmx300 mm
带配件的电缆桥架	槽式电缆桥架	225 mmx300 mm
带配件的电缆桥架	槽式电缆桥架	225 mmx300 mm

显示名称

图 6-171　“排序 / 成组”效果

可以重新定义显示于页眉处的名称类别。在“排序方式”列表中选择“类型”选项，保持“页眉”复选框的选中状态，如图6-172所示。

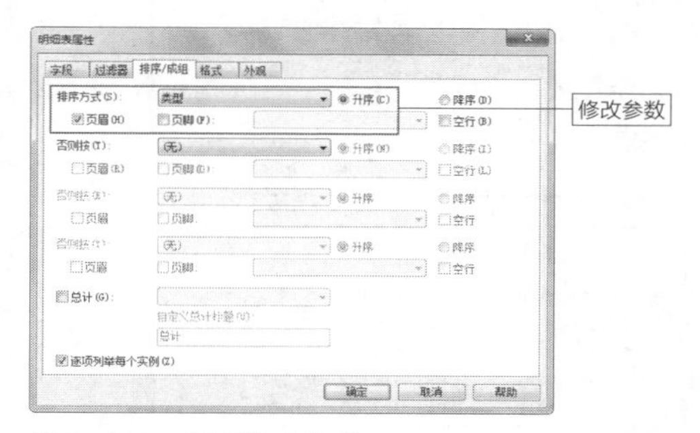

图 6-172　设置排序方式

单击“确定”按钮，返回明细表视图。观察明细表的显示效果，此时页眉处的名称已发生了变化，显示的是“类型”名称，即“槽式电缆桥架”，如图6-173所示。

A	B	C
族	类型	尺寸
槽式电缆桥架		
带配件的电缆桥架	槽式电缆桥架	225 mmx300 mm
带配件的电缆桥架	槽式电缆桥架	225 mmx300 mm
带配件的电缆桥架	槽式电缆桥架	225 mmx300 mm
带配件的电缆桥架	槽式电缆桥架	450 mmx300 mm
带配件的电缆桥架	槽式电缆桥架	450 mmx300 mm
带配件的电缆桥架	槽式电缆桥架	225 mmx300 mm
带配件的电缆桥架	槽式电缆桥架	225 mmx300 mm
带配件的电缆桥架	槽式电缆桥架	225 mmx300 mm

显示名称

图 6-173　“排序 / 成组”效果

可以在明细表中显示某种类别的图元数目。指定“排序方式”为“类型”，选中“页脚”复选框，激活后面的选项。单击“页脚”选项，在列表中选择“标题、合计和总数”选项，如图6-174所示。

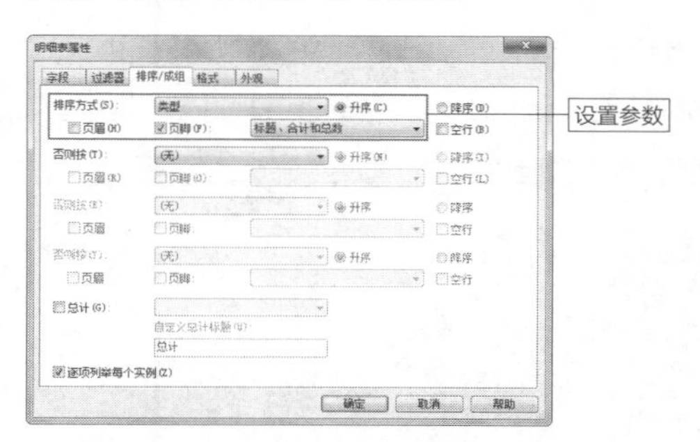

图 6-174　修改参数

知识链接：

只有选中“页脚”复选框，才可以激活位于其后的选项，并在其中设置显示样式。

单击“确定”按钮，返回明细表视图。查看页脚处，发现在显示“类型”名称的同时，还显示该类别中所包含的构件数目，如图6-175所示。

可以同时设置两种排序方式。指定第一种排序方式为

“类型”，选中“页脚”复选框，指定其显示样式为“标题、合计和总数”。指定第二种排序方式为“尺寸”，将“页脚”的显示样式也设置为“标题、合计和总数”，如图6-176所示。

A	B	C
族	类型	尺寸
带配件的电缆桥架	槽式电缆桥架	225 mmx300 mm
带配件的电缆桥架	槽式电缆桥架	225 mmx300 mm
带配件的电缆桥架	槽式电缆桥架	225 mmx300 mm
带配件的电缆桥架	槽式电缆桥架	450 mmx300 mm
带配件的电缆桥架	槽式电缆桥架	450 mmx300 mm
带配件的电缆桥架	槽式电缆桥架	225 mmx300 mm
带配件的电缆桥架	槽式电缆桥架	225 mmx300 mm
带配件的电缆桥架	槽式电缆桥架	225 mmx300 mm
槽式电缆桥架：8		

统计数目

图6-175　显示页脚内容

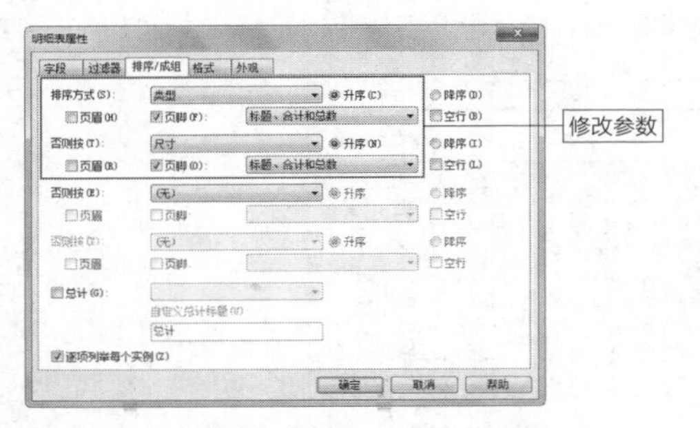

图6-176　设置排序参数

参数设置完毕之后，单击“确定”按钮，到明细表中观察设置效果，如图6-177所示。明细表中的内容按照尺寸的不同，被分为两个部分。一个部分构件的尺寸为225mm×300mm，另一部分构件的尺寸为450mm×300mm。因为都属于同一类型，所以在页脚处显示类型名称，同时标注属于该类型的构件数目。

A	B	C	D	E
族	类型	尺寸	尺寸标注	
			宽度	长度
带配件的电缆桥架	槽式电缆桥架	225 mmx300 mm	225 mm	1100
带配件的电缆桥架	槽式电缆桥架	225 mmx300 mm	225 mm	1338
带配件的电缆桥架	槽式电缆桥架	225 mmx300 mm	225 mm	1600
带配件的电缆桥架	槽式电缆桥架	225 mmx300 mm	225 mm	475
带配件的电缆桥架	槽式电缆桥架	225 mmx300 mm	225 mm	2038
带配件的电缆桥架	槽式电缆桥架	225 mmx300 mm	225 mm	900
225 mmx300 mm：6				
带配件的电缆桥架	槽式电缆桥架	450 mmx300 mm	450 mm	975
带配件的电缆桥架	槽式电缆桥架	450 mmx300 mm	450 mm	1575
450 mmx300 mm：2				
槽式电缆桥架：8				

尺寸分组

类型名称

图6-177　排序/成组效果

页脚显示的内容与行距离太近了，可以通过修改样式参数来调整距离。返回“明细表属性”对话框，在第二个排序方式参数设置的后面选中“空行”复选框，如图6-178所示。

单击“确定”按钮，查看明细表被添加“空行”后的显示效果，如图6-179所示。位于页脚处的“尺寸”信息向上移动，与下一行行相距一个空行。

图6-178　选中“空行”复选框

可以同时设置两种以上的排序方式来排列明细表的内容。在“排序/成组”选项卡中，将第一个排序方式设置为“族”，选中“页眉”复选框。将第二个排序方式设置为“类型”，按照“标题、合计和总数”方式在“页脚”处显示。将第三个排序方式设置为“尺寸”，选中“页脚”复选框，指定显示样式为“标题、合计和总数”，同时选中后面的“空行”文本框。具体的参数设置如图6-180所示。

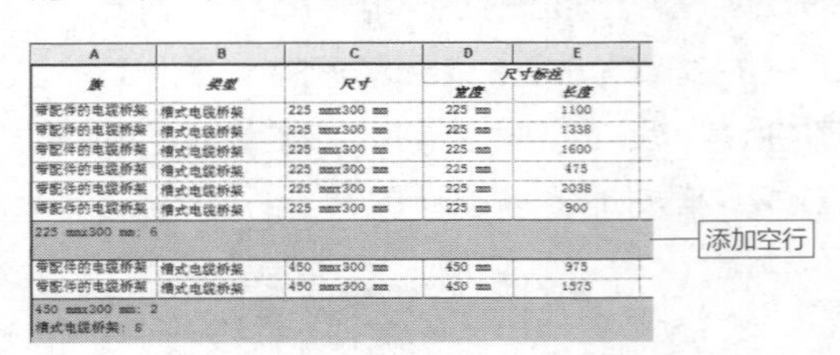

A	B	C	D	E
族	类型	尺寸	尺寸标注	
			宽度	长度
带配件的电缆桥架	槽式电缆桥架	225 mmx300 mm	225 mm	1100
带配件的电缆桥架	槽式电缆桥架	225 mmx300 mm	225 mm	1338
带配件的电缆桥架	槽式电缆桥架	225 mmx300 mm	225 mm	1600
带配件的电缆桥架	槽式电缆桥架	225 mmx300 mm	225 mm	475
带配件的电缆桥架	槽式电缆桥架	225 mmx300 mm	225 mm	2038
带配件的电缆桥架	槽式电缆桥架	225 mmx300 mm	225 mm	900
225 mmx300 mm：6				
带配件的电缆桥架	槽式电缆桥架	450 mmx300 mm	450 mm	975
带配件的电缆桥架	槽式电缆桥架	450 mmx300 mm	450 mm	1575
450 mmx300 mm：2				
槽式电缆桥架：8				

添加空行

图6-179　添加空行

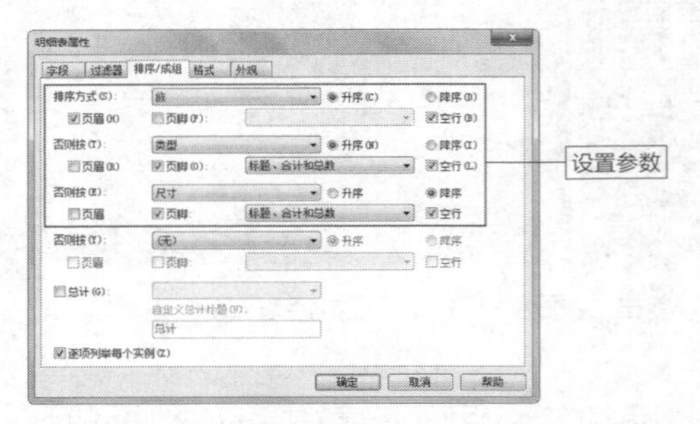

图6-180　设置排序参数

单击“确定”按钮，关闭对话框。明细表的显示效果如图6-181所示。在页眉处，显示“族”名称，即“带配件的电缆桥架”。在页脚处，显示“尺寸”参数，同时显示符合尺寸的构件的数目。因为选中了“空行”复选框，所以会与行相隔一个空行。同时，也在页脚处显示“类型”名称，并注明总数。

延伸讲解：

通过浏览页眉或者页脚处的内容，可以快速地了解某类构件的信息，如名称、数目等。

在“排序/成组”选项卡中，默认选中左下角的“逐项列举每个实例”复选框，结果就是在明细表中列举每个实例的信息，即使是参数相同的构件，也会逐项列举。

当明细表中包含大量信息时，重复显示相同的内容，会阻碍阅读表格的速度及准确性。为了使表格的显示效果更加简单明了，可以取消选中“逐项列举每个实例”复选框，如图6-182所示。

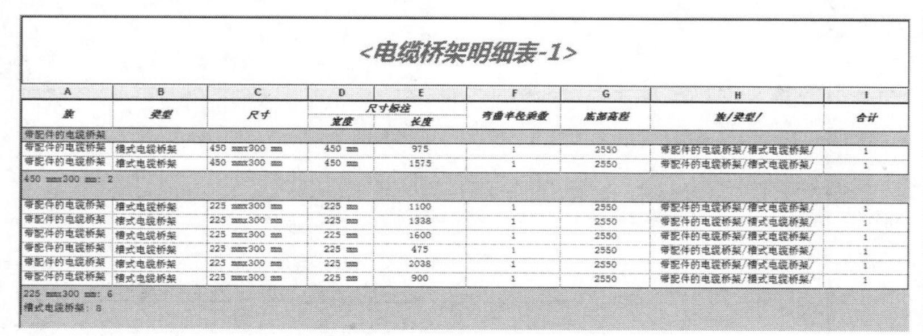

<电缆桥架明细表-1>

A	B	C	D	E	F	G	H	I
族	类型	尺寸	尺寸标注		弯曲半径乘数	底部高程	族/类型/	合计
			宽度	长度				
带配件的电缆桥架								
带配件的电缆桥架	槽式电缆桥架	450 mmx300 mm	450 mm	975	1	2550	带配件的电缆桥架/槽式电缆桥架/	1
带配件的电缆桥架	槽式电缆桥架	450 mmx300 mm	450 mm	1575	1	2550	带配件的电缆桥架/槽式电缆桥架/	1
450 mmx300 mm: 2								
带配件的电缆桥架	槽式电缆桥架	225 mmx300 mm	225 mm	1100	1	2550	带配件的电缆桥架/槽式电缆桥架/	1
带配件的电缆桥架	槽式电缆桥架	225 mmx300 mm	225 mm	1338	1	2550	带配件的电缆桥架/槽式电缆桥架/	1
带配件的电缆桥架	槽式电缆桥架	225 mmx300 mm	225 mm	1600	1	2550	带配件的电缆桥架/槽式电缆桥架/	1
带配件的电缆桥架	槽式电缆桥架	225 mmx300 mm	225 mm	475	1	2550	带配件的电缆桥架/槽式电缆桥架/	1
带配件的电缆桥架	槽式电缆桥架	225 mmx300 mm	225 mm	2038	1	2550	带配件的电缆桥架/槽式电缆桥架/	1
带配件的电缆桥架	槽式电缆桥架	225 mmx300 mm	225 mm	900	1	2550	带配件的电缆桥架/槽式电缆桥架/	1
225 mmx300 mm: 6								
槽式电缆桥架: 8								

图 6-181　排序 / 成组效果

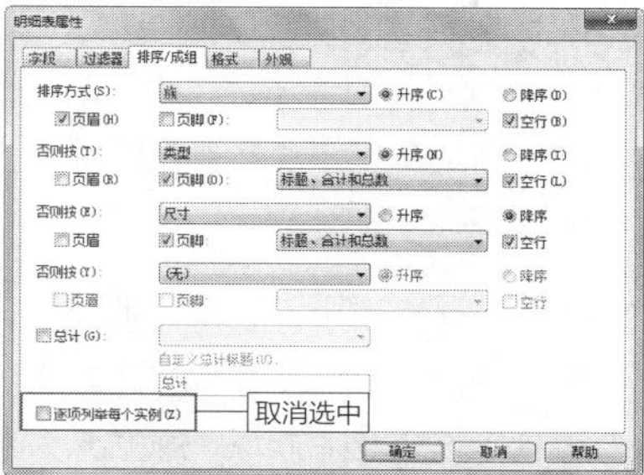

图 6-182　取消选中

单击“确定”按钮，返回明细表视图。此时参数相同的实例被合并显示，并在“合计”列中显示实例的数目，如图6-183所示。

<电缆桥架明细表-1>

A	B	C	D	E	F	G	H	I
族	类型	尺寸	尺寸标注		弯曲半径乘数	底部高程	族/类型/	合计
			宽度	长度				
带配件的电缆桥架								
带配件的电缆桥架	槽式电缆桥架	450 mmx300 mm	450 mm		1	2550	带配件的电缆桥架/槽式电缆桥架/	2
450 mmx300 mm: 2								
带配件的电缆桥架	槽式电缆桥架	225 mmx300 mm	225 mm		1	2550	带配件的电缆桥架/槽式电缆桥架/	6
225 mmx300 mm: 6								
槽式电缆桥架: 8								

合并统计

图 6-183　合并显示的效果

5. 设置“格式”参数

完成创建明细表的操作后，明细表中单元格的对齐方式为“左对齐”，效果如图6-184所示。可以自定义单元格的对齐方式。在“属性”选项板中，单击“格式”选项右侧的“编辑”按钮，如图6-185所示，打开“明细表属性”对话框。

<电缆桥架明细表-1>

A	B	C	D	E	F	G	H
族	类型	尺寸	尺寸标注		弯曲半径乘数	底部高程	合计
			宽度	长度			
带配件的电缆桥架	槽式电缆桥架	225 mmx300 mm	225 mm	1100	1	2550	1
带配件的电缆桥架	槽式电缆桥架	225 mmx300 mm	225 mm	1338	1	2550	1
带配件的电缆桥架	槽式电缆桥架	225 mmx300 mm	225 mm	1600	1	2550	1
带配件的电缆桥架	槽式电缆桥架	450 mmx300 mm	450 mm	975	1	2550	1
带配件的电缆桥架	槽式电缆桥架	450 mmx300 mm	450 mm	1575	1	2550	1
带配件的电缆桥架	槽式电缆桥架	225 mmx300 mm	225 mm	475	1	2550	1
带配件的电缆桥架	槽式电缆桥架	225 mmx300 mm	225 mm	2038	1	2550	1
带配件的电缆桥架	槽式电缆桥架	225 mmx300 mm	225 mm	900	1	2550	1

图 6-184　左对齐

图 6-185　单击按钮

延伸讲解：

选择列，通过激活“外观”面板中的“对齐水平”“对齐垂直”命令，也可以修改单元格的对齐方式。

打开对话框后，自动切换至“格式”选项卡。在“字段”列表中选择任意字段，可以在右侧的界面中显示其样式参数。通过修改样式参数，调整字段在明细表中的显示效果。

例如，选择“宽度”字段，在右侧的界面中单击“对齐”选项，在弹出的列表中显示3种对齐方式，分别是“左”“中心线”“右”。选择“中心线”选项，如图6-186所示，指定“宽度”字段的对齐方式为“中心对齐”。重复上述操作，选择“长度”字段，将其对齐方式也设置为“中心对齐”。

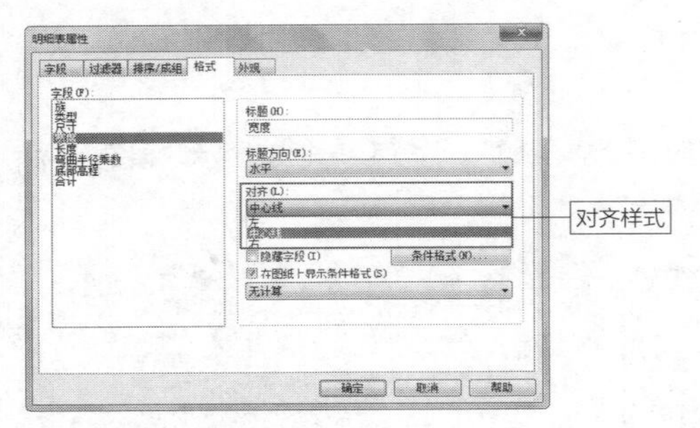

图 6-186　修改参数

单击“确定”按钮，返回明细表视图。观察“宽度”与“长度”两个列的对齐效果，如图6-187所示，显示为“中心对齐”。其他列的对齐方式仍然为默认样式，即“左对齐”，因为没有在“格式”选项卡中修改其对齐方式。

B	C	D	E	F
类型	尺寸	尺寸标注		弯曲半径乘数
		宽度	长度	
槽式电缆桥架	225 mmx300 mm	225 mm	1100	1
槽式电缆桥架	225 mmx300 mm	225 mm	1338	1
槽式电缆桥架	225 mmx300 mm	225 mm	1600	1
槽式电缆桥架	450 mmx300 mm	450 mm	975	1
槽式电缆桥架	450 mmx300 mm	450 mm	1575	1
槽式电缆桥架	225 mmx300 mm	225 mm	475	1
槽式电缆桥架	225 mmx300 mm	225 mm	2038	1
槽式电缆桥架	225 mmx300 mm	225 mm	900	1

中心对齐

图 6-187　对齐效果

返回“明细表属性”对话框，在“格式”选项卡中依次选择字段，将它们的对齐方式都设置为“右对齐”。返回明细表视图，查看所有列“右对齐”的显示效果，如图6-188所示。

<电缆桥架明细表-1>

A	B	C	D	E	F	G	H
族	类型	尺寸	尺寸标注		弯曲半径乘数	底部高程	合计
			宽度	长度			
带配件的电缆桥架	槽式电缆桥架	225 mmx300 mm	225 mm	1100	1	2550	1
带配件的电缆桥架	槽式电缆桥架	225 mmx300 mm	225 mm	1338	1	2550	1
带配件的电缆桥架	槽式电缆桥架	225 mmx300 mm	225 mm	1600	1	2550	1
带配件的电缆桥架	槽式电缆桥架	450 mmx300 mm	450 mm	975	1	2550	1
带配件的电缆桥架	槽式电缆桥架	450 mmx300 mm	450 mm	1575	1	2550	1
带配件的电缆桥架	槽式电缆桥架	225 mmx300 mm	225 mm	475	1	2550	1
带配件的电缆桥架	槽式电缆桥架	225 mmx300 mm	225 mm	2038	1	2550	1
带配件的电缆桥架	槽式电缆桥架	225 mmx300 mm	225 mm	900	1	2550	1

图 6-188　右对齐

延伸讲解：

一般情况下，都会将单元格的对齐方式设置为“中心对齐”。可以激活单元格边界线，调整单元格宽度，最终使单元格内容充满整个区域，不浪费表格空间。

在“格式”选项卡的“标题”选项内显示字段的名称。例如，选择“族”字段，在“标题”选项中显示“族”，这是该字段在明细表中的标题名称。

修改字段的“标题”选项参数，例如，将“族”字段的标题修改为“族名称”，如图6-189所示。单击“确定”按钮，查看明细表的显示效果，发现“族名称”显示在标题行中，如图6-190所示。

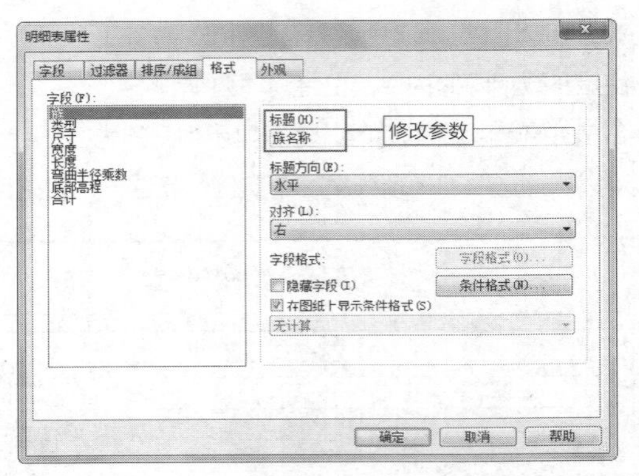

图 6-189　修改参数

修改名称

<电缆桥架明细表-1>

A	B	C	D	E	F	G	H
族名称	类型	尺寸	尺寸标注		弯曲半径乘数	底部高程	合计
			宽度	长度			
带配件的电缆桥架	槽式电缆桥架	225 mmx300 mm	225 mm	1100	1	2550	1
带配件的电缆桥架	槽式电缆桥架	225 mmx300 mm	225 mm	1338	1	2550	1
带配件的电缆桥架	槽式电缆桥架	225 mmx300 mm	225 mm	1600	1	2550	1
带配件的电缆桥架	槽式电缆桥架	450 mmx300 mm	450 mm	975	1	2550	1
带配件的电缆桥架	槽式电缆桥架	450 mmx300 mm	450 mm	1575	1	2550	1
带配件的电缆桥架	槽式电缆桥架	225 mmx300 mm	225 mm	475	1	2550	1
带配件的电缆桥架	槽式电缆桥架	225 mmx300 mm	225 mm	2038	1	2550	1
带配件的电缆桥架	槽式电缆桥架	225 mmx300 mm	225 mm	900	1	2550	1

图 6-190　修改结果

延伸讲解：

修改字段的“标题”选项值，只能修改名称，不能修改字段的内容。

6. 设置“外观”参数

在“属性”选项板中，单击“外观”选项右侧的“编辑”按钮，如图6-191所示，弹出“明细表属性”对话框。在“外观”选项卡中显示明细表的外观样式参数，如“图形”参数与“文字”参数。

在“图形”选项组中，选中“数据前的空行”复选框，如图6-192所示，在明细表中的指定位置添加空行。

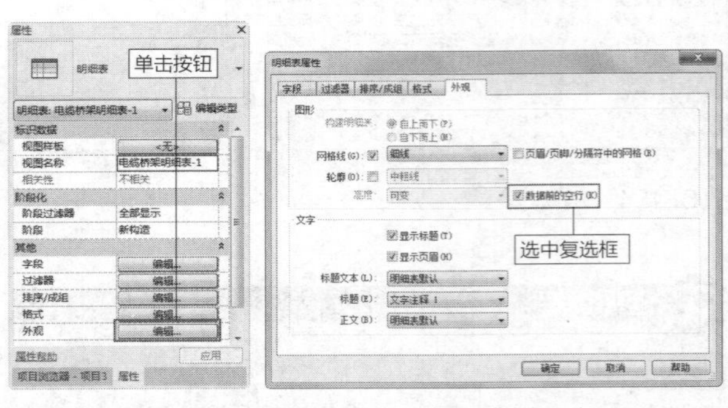

图 6-191　单击按钮　图 6-192　“外观”选项卡

延伸讲解：

默认情况下，“数据前的空行”复选框是处于选中状态的。

单击“确定”按钮，返回明细表视图。查看明细表的显示效果，发现在第一数据行的前面添加了空行，将标题行与数据行隔开，如图6-193所示。

<电缆桥架明细表-1>

添加空行

A	B	C	D	E	F	G	H
族名称	类型	尺寸	尺寸标注		弯曲半径乘数	底部高程	合计
			宽度	长度			
带配件的电缆桥架	槽式电缆桥架	225 mmx300 mm	225 mm	1100	1	2550	1
带配件的电缆桥架	槽式电缆桥架	225 mmx300 mm	225 mm	1338	1	2550	1
带配件的电缆桥架	槽式电缆桥架	225 mmx300 mm	225 mm	1600	1	2550	1
带配件的电缆桥架	槽式电缆桥架	450 mmx300 mm	450 mm	975	1	2550	1
带配件的电缆桥架	槽式电缆桥架	450 mmx300 mm	450 mm	1575	1	2550	1
带配件的电缆桥架	槽式电缆桥架	225 mmx300 mm	225 mm	475	1	2550	1
带配件的电缆桥架	槽式电缆桥架	225 mmx300 mm	225 mm	2038	1	2550	1
带配件的电缆桥架	槽式电缆桥架	225 mmx300 mm	225 mm	900	1	2550	1

图 6-193　添加空行

返回“明细表属性”对话框，取消选中“文字”选项组下的“显示标题”与“显示页眉”两个复选框，如图6-194所示，在明细表中取消显示标题与页眉这两项内容。

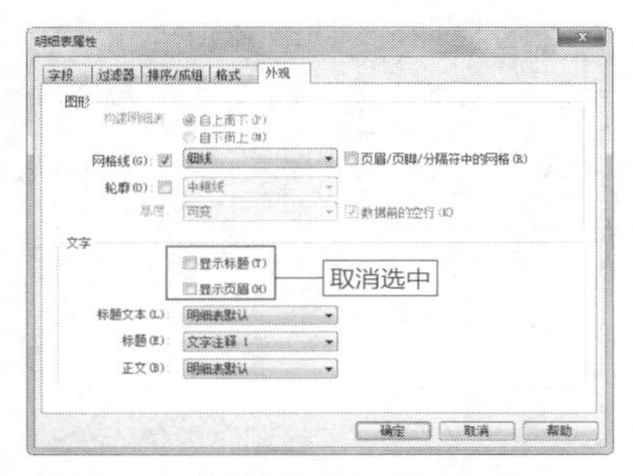

图 6-194　取消选中复选框

知识链接：

显示构件信息的行，称为数据行。

单击“确定”按钮，返回明细表视图。此时标题行和页眉被隐藏，数据行向上移动，显示效果如图6-195所示。

A	B	C	D	E	F	G	H
带配件的电缆桥架	槽式电缆桥架	225 mmx300 mm	225 mm	1100	1	2550	1
带配件的电缆桥架	槽式电缆桥架	225 mmx300 mm	225 mm	1338	1	2550	1
带配件的电缆桥架	槽式电缆桥架	225 mmx300 mm	225 mm	1600	1	2550	1
带配件的电缆桥架	槽式电缆桥架	450 mmx300 mm	450 mm	975	1	2550	1
带配件的电缆桥架	槽式电缆桥架	450 mmx300 mm	450 mm	1575	1	2550	1
带配件的电缆桥架	槽式电缆桥架	225 mmx300 mm	225 mm	475	1	2550	1
带配件的电缆桥架	槽式电缆桥架	225 mmx300 mm	225 mm	2038	1	2550	1
带配件的电缆桥架	槽式电缆桥架	225 mmx300 mm	225 mm	900	1	2550	1

图 6-195　设置效果

可以在“文字”选项组中设置明细表的字体样式。在“标题文本”“标题”与“文本”选项中选择名称为“明细表默认”的字体样式，如图6-196所示。

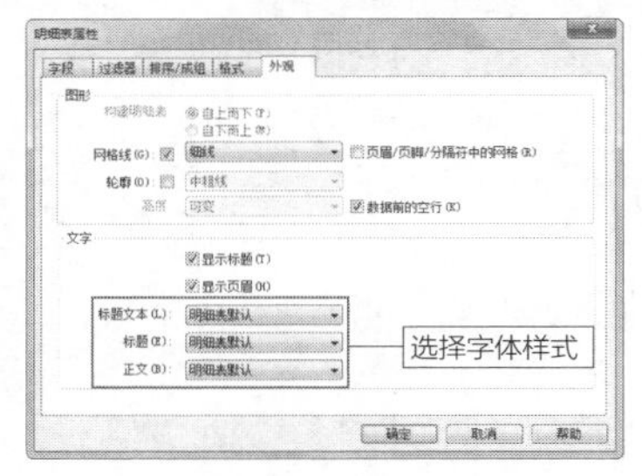

图 6-196　选择字体样式

单击“确定”按钮，返回明细表视图。查看明细表中文字样式的显示效果，如图6-197所示。

<电缆桥架明细表-1>

A	B	C	D	E	F	G	H
族名称	类型	尺寸	尺寸标注		弯曲半径乘数	底部高程	合计
			宽度	长度			
带配件的电缆桥架	槽式电缆桥架	225 mmx300 mm	225 mm	1100	1	2550	1
带配件的电缆桥架	槽式电缆桥架	225 mmx300 mm	225 mm	1338	1	2550	1
带配件的电缆桥架	槽式电缆桥架	225 mmx300 mm	225 mm	1600	1	2550	1
带配件的电缆桥架	槽式电缆桥架	450 mmx300 mm	450 mm	975	1	2550	1
带配件的电缆桥架	槽式电缆桥架	450 mmx300 mm	450 mm	1575	1	2550	1
带配件的电缆桥架	槽式电缆桥架	225 mmx300 mm	225 mm	475	1	2550	1
带配件的电缆桥架	槽式电缆桥架	225 mmx300 mm	225 mm	2038	1	2550	1
带配件的电缆桥架	槽式电缆桥架	225 mmx300 mm	225 mm	900	1	2550	1

图 6-197　文字样式的转换效果

答疑解惑：为什么“标题文本”的字体没有显示为“明细表默认”样式?

通常情况下，将“标题文本”字体设置为“明细表默认”样式后，在明细表视图中，字体的显示会随之更改，按照指定的样式显示。但是本节中的“<电缆桥架明细表-1>”标题文本，在转换字体样式后，还通过激活“外观”面板中的“字体”命令，执行了修改样式参数的操作。

经过上述操作的标题文本，当在“外观”选项卡中转换其字体样式后，就不会受到影响。假如想要修改其字体样式参数，可以单击“外观”面板中的“字体”按钮，弹出“编辑字体”对话框，在其中可以修改文本的字体、大小及颜色等参数。

也可以将“标题文本”“标题”及“正文”的字体样式设置为“文字注释1”，如图6-198所示。参数设置完毕后，单击“确定”按钮，返回明细表视图。查看标题栏与数据行字体的显示效果，发现统一以“文字注释1”样式来显示，效果如图6-199所示。

图 6-198　选择字体样式

<电缆桥架明细表-1>

A	B	C	D	E	F	G	H
族名称	类型	尺寸	尺寸标注		弯曲半径乘数	底部高程	合计
			宽度	长度			
带配件的电缆桥架	槽式电缆桥架	225 mmx300 mm	225 mm	1100	1	2550	1
带配件的电缆桥架	槽式电缆桥架	225 mmx300 mm	225 mm	1338	1	2550	1
带配件的电缆桥架	槽式电缆桥架	225 mmx300 mm	225 mm	1600	1	2550	1
带配件的电缆桥架	槽式电缆桥架	450 mmx300 mm	450 mm	975	1	2550	1
带配件的电缆桥架	槽式电缆桥架	450 mmx300 mm	450 mm	1575	1	2550	1
带配件的电缆桥架	槽式电缆桥架	225 mmx300 mm	225 mm	475	1	2550	1
带配件的电缆桥架	槽式电缆桥架	225 mmx300 mm	225 mm	2038	1	2550	1
带配件的电缆桥架	槽式电缆桥架	225 mmx300 mm	225 mm	900	1	2550	1

图 6-199　修改字体样式的效果

第3篇

高级应用篇

第07章

链接与导入操作

Revit应用程序本身所带的资源是很有限的，为了能够更好地开展工作，就需要外部资源。默认情况下，可以与Revit模型、CAD和图像文件等外部资源开展协同工作。本章介绍链接与导入外部文件的方法。

学习重点

7.1 链接外部文件

经常会将其他Revit模型或者CAD图纸链接到当前模型中，通过借助外部文件提供的参考，进行一系列的设计工作。本节介绍链接外部文件的方法。

7.1.1 实战——链接Revit模型 

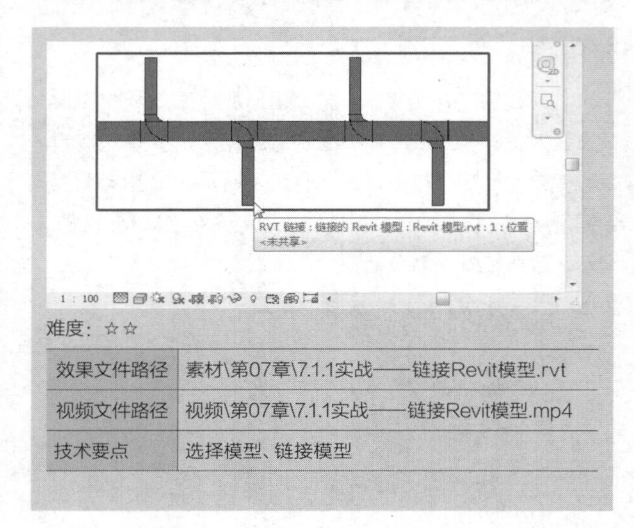

难度：☆☆

效果文件路径	素材\第07章\7.1.1实战——链接Revit模型.rvt
视频文件路径	视频\第07章\7.1.1实战——链接Revit模型.mp4
技术要点	选择模型、链接模型

在绘制风管支管或者放置风管设备时，如果需要参考其他项目中的绘制效果，就可以将Revit模型导入当前的项目。通过查看链接模型，可以为即将进行的操作提供参照。本节介绍链接风管模型的方法。

步骤01 选择“插入”选项卡，单击“链接”面板上的“链接Revit”按钮，如图7-1所示，激活命令。

步骤02 稍后弹出“导入/链接RVT”对话框，选择Revit模型，在“定位”列表中选择定位方式为“自动-原点到原点”，如图7-2所示。

图7-1 单击按钮

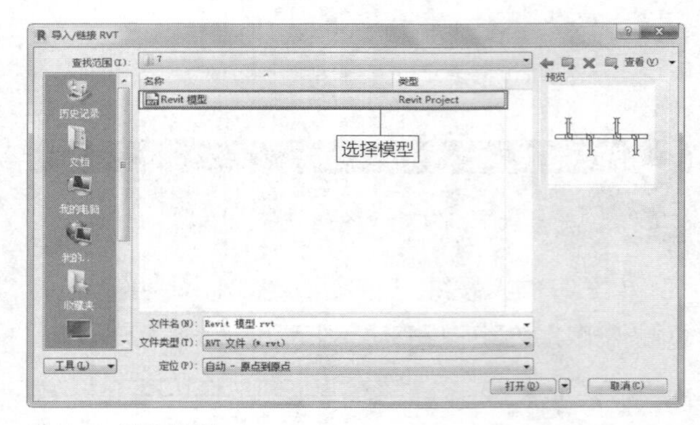

图7-2 选择模型

步骤03 单击“打开”按钮，将选中的Revit模型导入当前的项目，效果如图7-3所示。

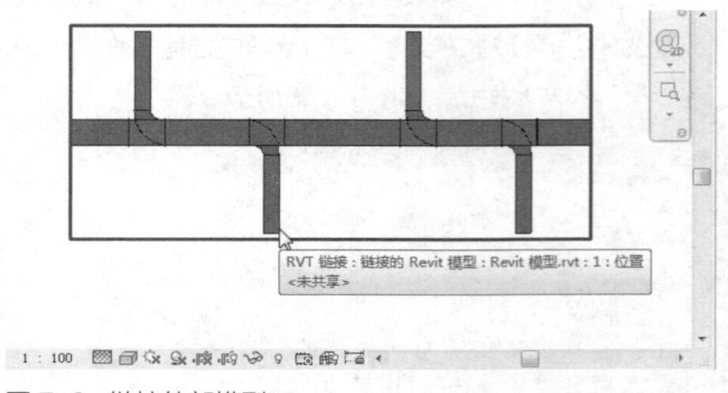

图7-3 链接外部模型

7.1.2 实战——链接CAD文件 难点

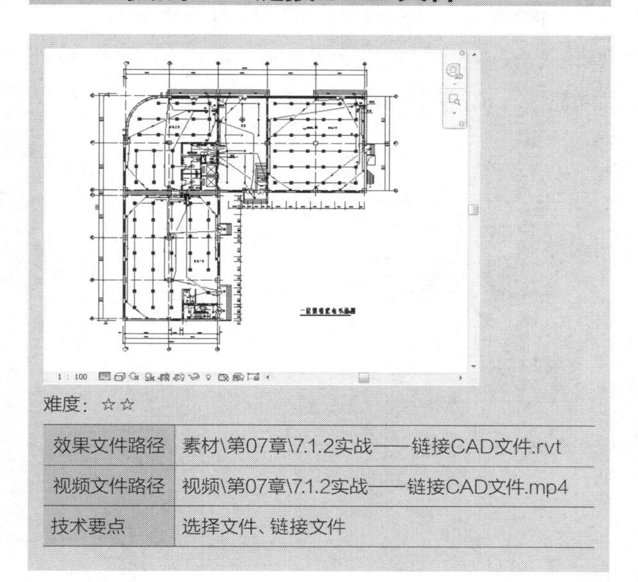

难度：☆☆

效果文件路径	素材\第07章\7.1.2实战——链接CAD文件.rvt
视频文件路径	视频\第07章\7.1.2实战——链接CAD文件.mp4
技术要点	选择文件、链接文件

在Revit中绘制MEP系列图纸时，需要CAD底图作为布置模型的参考。将CAD图纸链接到项目中，方便确定管线及设备的位置。本节介绍链接CAD图纸的方法。

步骤 01 在“链接”面板中单击“链接CAD”按钮，如图7-4所示，激活命令。

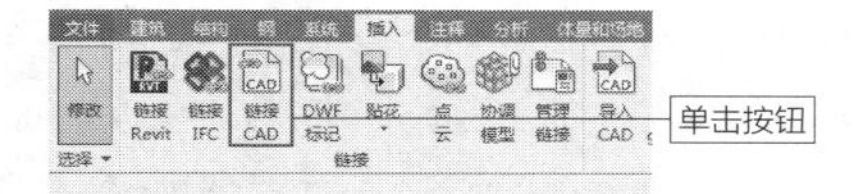

图 7-4 单击按钮

步骤 02 弹出“链接CAD格式”对话框，选择“某大楼电气设计图纸”，在对话框的下方设置“颜色”为黑白，保持“导入单位”为“自动检测”，选择“定位”方式为“自动-原点到原点”，如图7-5所示。

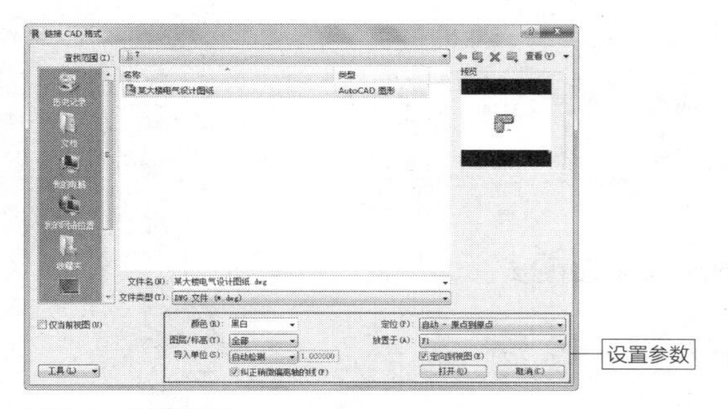

图 7-5 选择图纸

知识链接：

将“导入单位”设置为“自动检测”，表示Revit将自动检测CAD图纸的单位，并按照所检测到的单位格式来显示CAD图纸。

步骤 03 单击“打开”按钮，选中的CAD图纸被链接到Revit中，效果如图7-6所示。

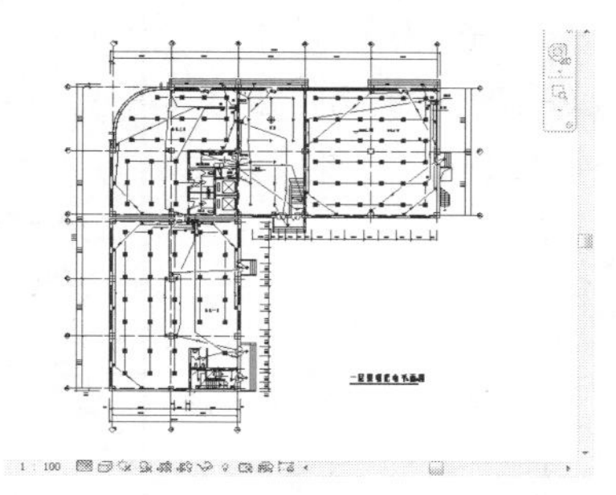

图 7-6 链接 CAD 图纸

答疑解惑：为什么链接进来的 CAD 图纸显示为黑白，本来的颜色哪里去了？

查看链接进来的CAD图纸，发现无论是图形或标注，均显示为黑色。在绘制CAD图纸时，常常会综合运用多种颜色来表达图形或者标注。为什么链接至Revit后，所有的颜色统统丢失了？在“链接CAD格式”对话框中，有一个“颜色”列表。其中包含“反选”“保留”“黑白”3个颜色样式。

选择“反选”颜色样式，链接进来的CAD图纸显示为彩色。其中颜色的样式与CAD图纸原本的颜色样式不同，而是与原始样式相反。

选择“保留”颜色样式，图纸所显示的颜色与在AutoCAD应用程序中的颜色相同，Revit在保留了原始颜色样式后才链接图纸。

7.1.3 编辑链接进来的CAD图纸

选择链接进来的CAD图纸，在“属性”选项板中显示其信息，如图7-7所示。CAD图纸的底部标高为F1，表示位于F1视图内。“底部偏移”选项值为0，表示图纸与底部标高线重合。

在“修改|某大楼电气设计图纸.dwg”选项卡中显示编辑CAD图纸的工具，如图7-8所示，即位于“导入实例”面板中的“删除图层”工具与“查询”工具。

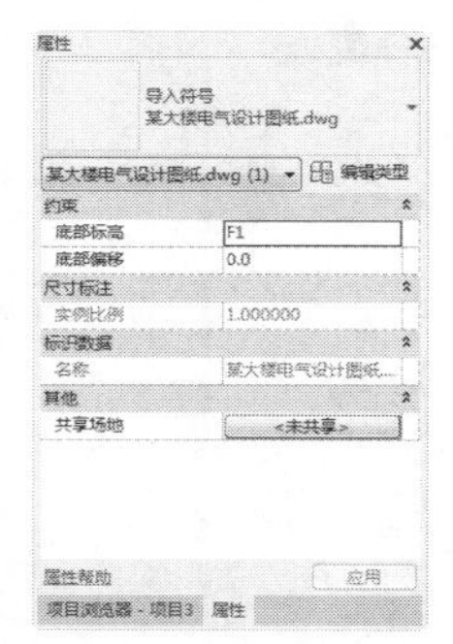

图 7-7 “属性”选项板

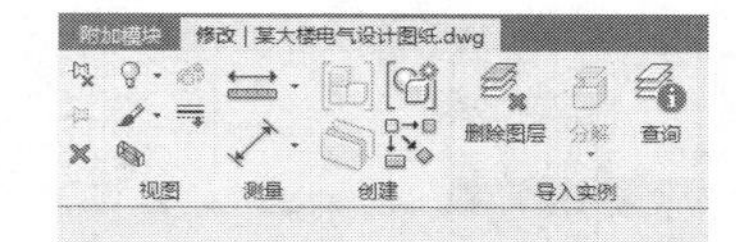

图 7-8 “修改 | 某大楼电气设计图纸 .dwg”选项卡

光标置于CAD图纸上，单击鼠标左键，可以选择图元，如图7-9所示。滑动鼠标中键，放大视图。发现在视图中显示“锁定”符号，将光标置于符号之上，显示符号的解释说明文字，如图7-10所示。显示“锁定”符号，表示图纸处于锁定状态下，禁止用户改变图元位置。

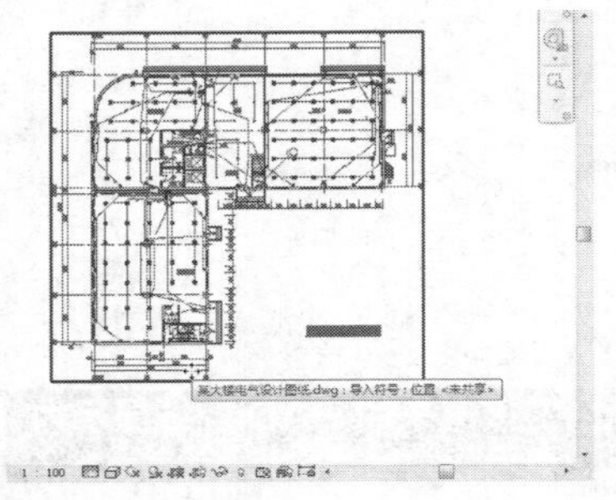

图 7-9 选择图元

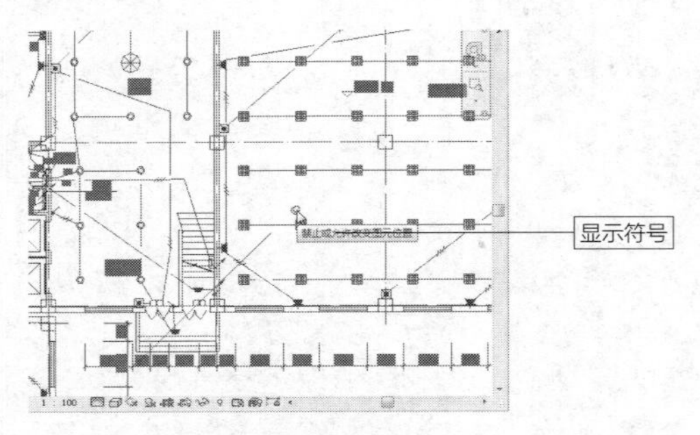

图 7-10 显示“锁定”符号

此时假如启用“删除”命令，想要删除选中的图纸，软件将在工作界面的右下角弹出提示对话框，提醒用户“锁定对象未删除。若要删除，请先将其解锁，然后再使用删除”，如图7-11所示。

图 7-11 提示对话框

光标置于“锁定”符号之上，单击鼠标左键，可解锁图纸。此时显示“解锁”符号，光标置于符号之上，显示说明文字，如图7-12所示。

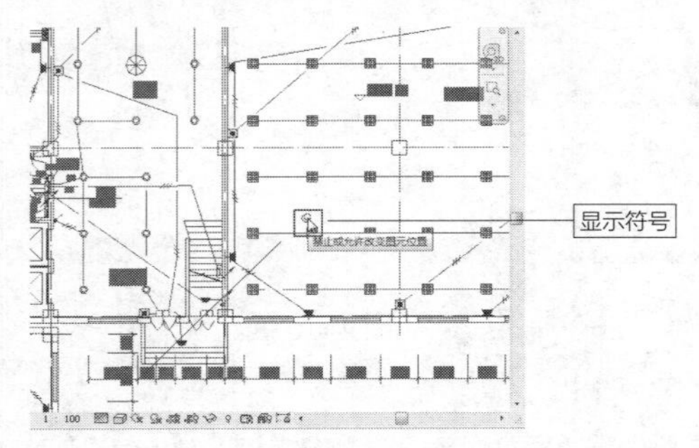

图 7-12 显示“解锁”符号

选中的图纸在周围显示边界线，光标置于边界线之上，此时光标转变显示样式，显示为“移动”符号，如图7-13所示。保持光标位于边界线上，按住鼠标左键不放，拖曳鼠标，可以移动图纸，如图7-14所示。

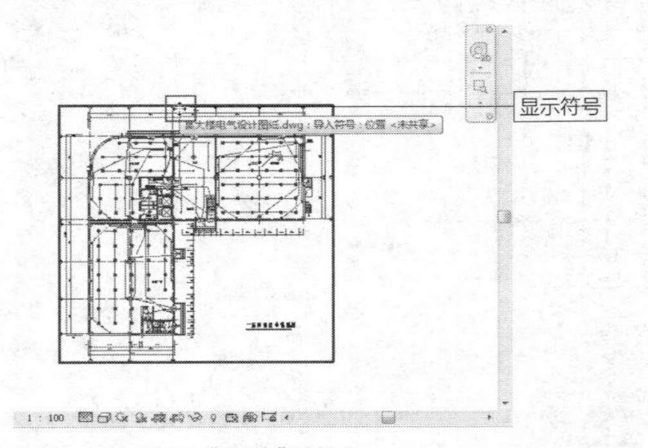

图 7-13 显示“移动”符号

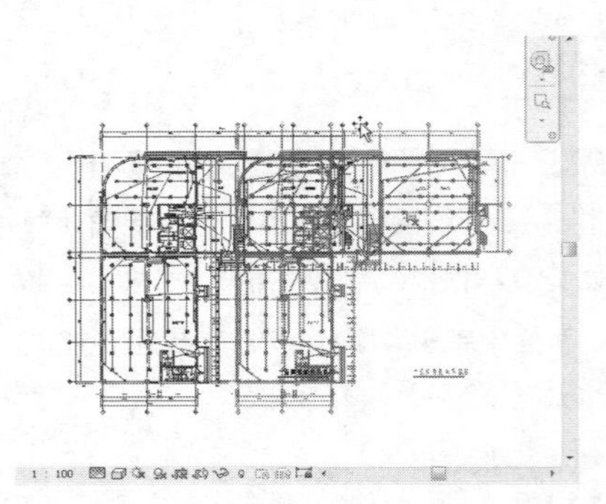

图 7-14 移动图纸

在合适的位置松开鼠标左键，可以将图纸移动至指定的位置。

在“修改|某大楼电气设计图纸.dwg”选项卡中单击“删除图层”按钮，弹出“选择要删除的图层/标高”对话框，在对话框中显示CAD图纸中所有的图层。选择某个图层，如选择“DOTE”图层，如图7-15所示，单击“确定”按钮，可以删除选定的图层。

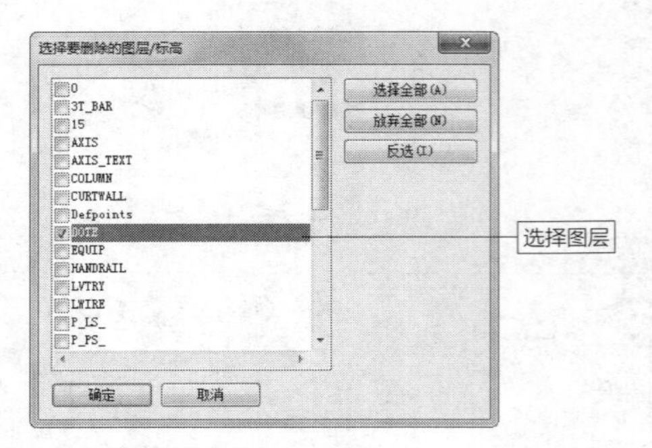

图 7-15 选择图层

在“导入实例”面板中单击“查询”按钮，将光标置于某个图元之上，可以查询其信息，例如，置于格栅灯上，如图7-16所示。

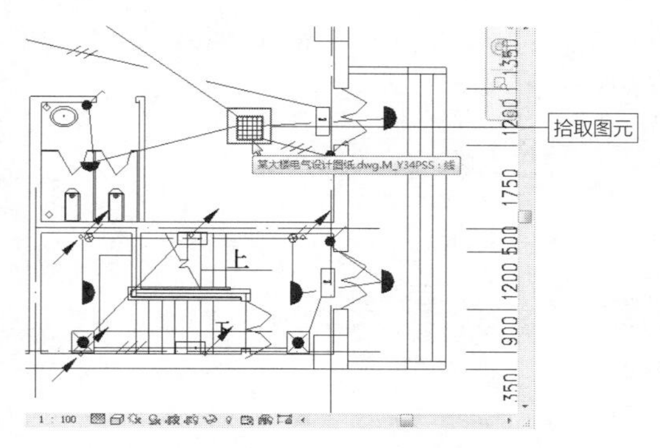

图 7-16 选择图元

延伸讲解：

删除选定的图层后，位于图层上的图形也一起被删除。

在指定的图元上单击鼠标左键，弹出“导入实例查询”对话框，如图7-17所示。在“参数”列表中显示与图元相关的各项参数，在“值”列表中显示参数值。参数值显示为灰色，表示不可被编辑。

图 7-17 “导入实例查询”对话框

单击“删除”按钮，可以将查询的图元删除。单击“在视图中隐藏”按钮，可以隐藏图元。图7-18所示为隐藏格栅灯的效果。

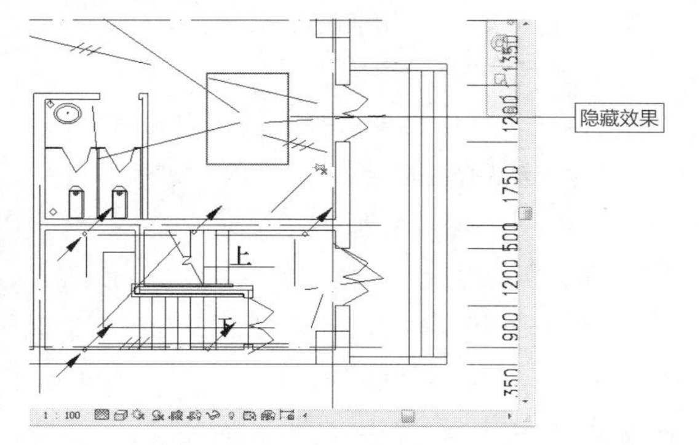

图 7-18 隐藏图元

7.1.4 管理链接

在“链接”面板中单击“管理链接”按钮，如图7-19所示，激活命令，同时弹出“管理链接”对话框。在对话框中选择“Revit”选项卡，在其中显示已链接的Revit模型信息。

图 7-19 单击按钮

1. 管理链接Revit模型

在“链接名称”列中，显示“Revit模型”，表示所链接的模型的名称。在“状态”“参照类型”等列中，显示与模型有关的信息，如图7-20所示。

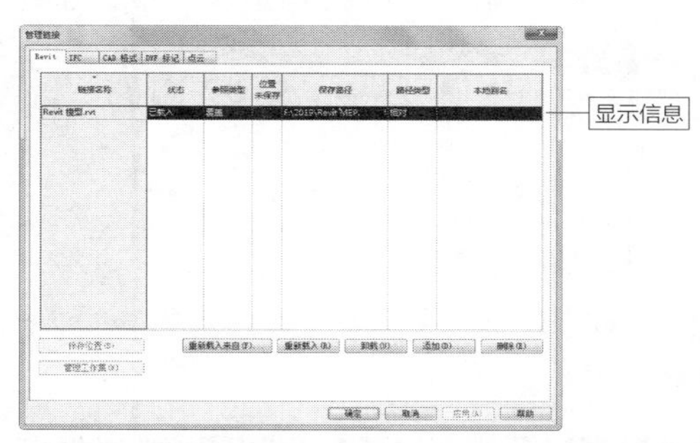

图 7-20 “管理链接”对话框

在“管理链接”对话框中，单击选中显示模型信息的行，激活列表下方的按钮。单击“重新载入来自”按钮，弹出“添加链接”对话框。在其中选择Revit模型，如图7-21所示。单击“打开”按钮，将模型载入项目。

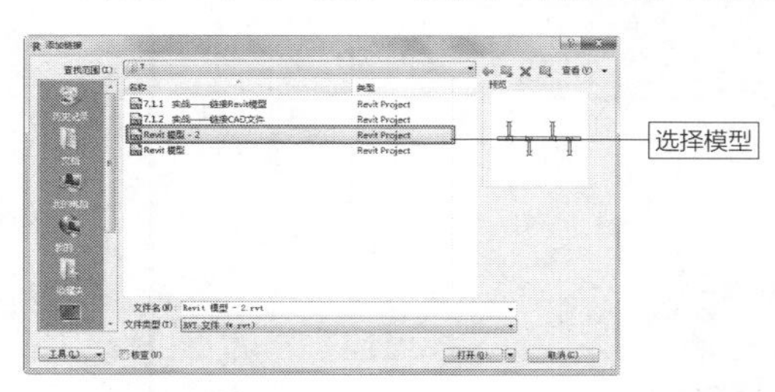

图 7-21 选择模型

查看“管理链接”对话框中模型信息的显示，在“链接名称”列中显示重新载入的模型的名称，如图7-22所示。第一次载入的模型的名称被替代，同时在其他列中也显示重新载入的模型的相关参数。

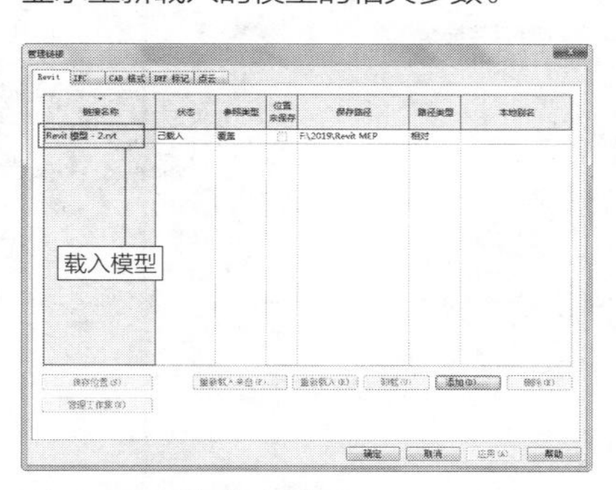

图 7-22 重新载入模型

知识链接：

在“管理链接”对话框中尚未选择任何信息时，列表下方的按钮显示为灰色，表示不可调用。

单击“重新载入”按钮，可以重新载入已载入的Revit模型。单击“卸载”按钮，弹出如图7-23所示的“卸载链接”对话框，提醒用户“链接卸载后无法使用‘撤销/恢复’按钮操作，但使用‘重新载入’按钮可重新载入该链接”。单击“确定”按钮，卸载选中的Revit模型。

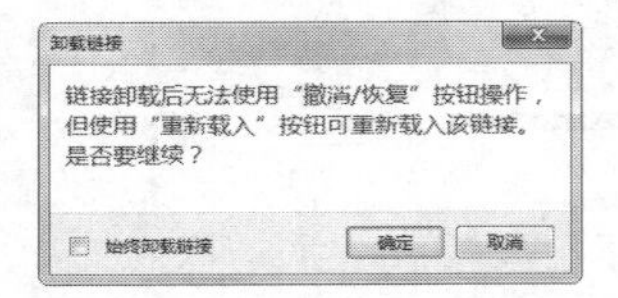

图 7-23 “卸载链接”对话框

单击“添加”按钮，弹出“导入/链接RVT”对话框。在其中选择Revit模型，如图7-24所示。

延伸讲解：

即使在“管理链接”对话框中不选择任何信息，“添加”按钮也处于激活状态。

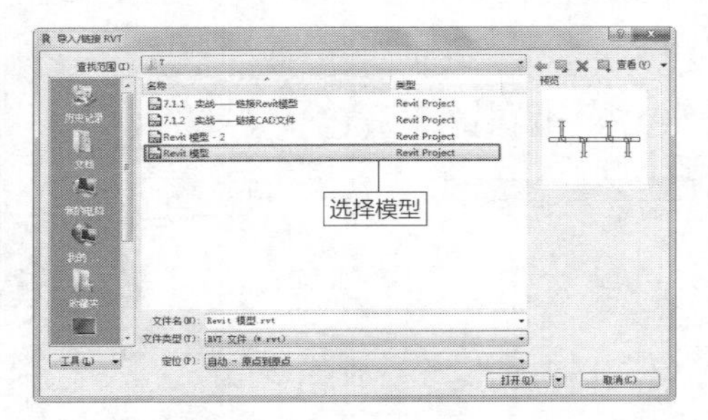

图 7-24 选择模型

单击“打开”按钮，可将选中的Revit模型载入项目。模型信息显示在“Revit”选项卡中，如图7-25所示。

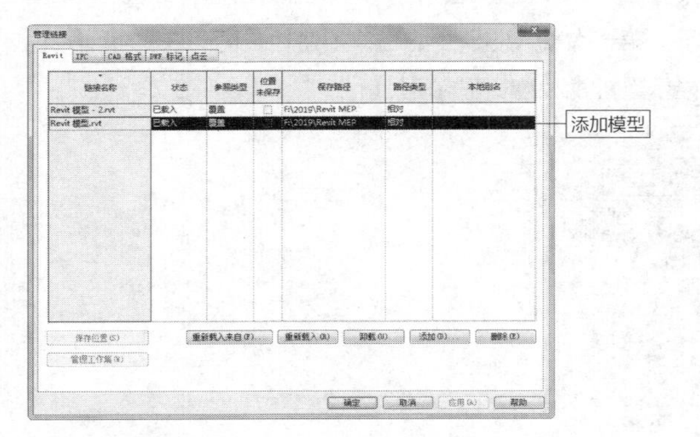

图 7-25 添加模型

单击“删除”按钮，弹出“删除链接”对话框。在其中提示用户“删除的链接将无法使用撤销/重做按钮恢复”，如图7-26所示。单击“确定”按钮，删除选定的模型。

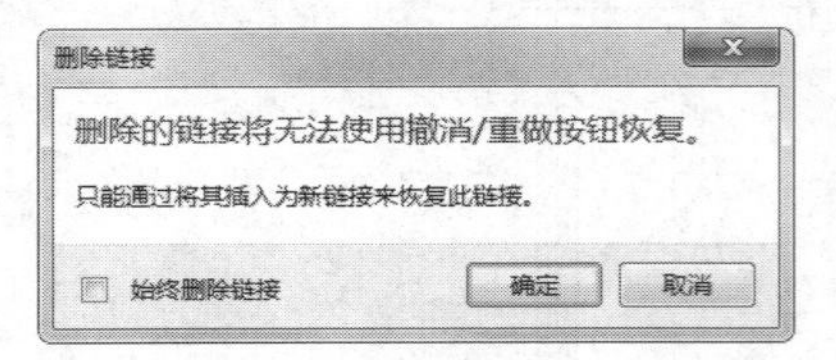

图 7-26 “删除链接”对话框

2. 管理链接CAD图纸

在“管理链接”对话框中选择“CAD格式”选项卡，在其中显示已经链接进来的CAD图纸的信息，如图7-27所示。选择信息行，激活列表下方的按钮。

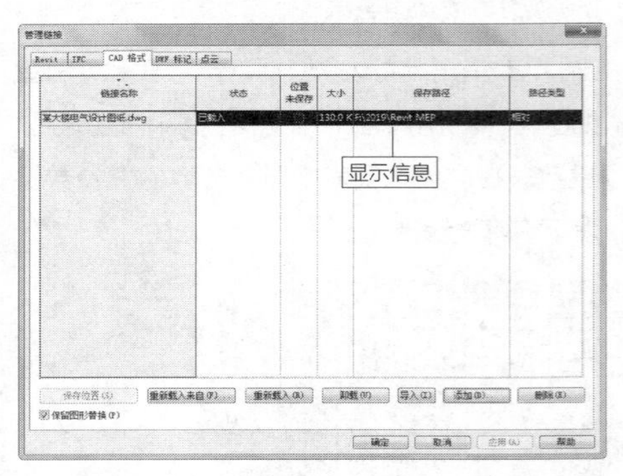

图 7-27 “CAD 格式”选项卡

单击“重新载入来自”按钮，弹出“查找链接”对话框。在其中选择CAD图纸，单击“打开”按钮，将图纸载入项目，同时替换已载入的CAD图纸。

单击“卸载”按钮，直接卸载CAD图纸，但是CAD图纸的信息仍然保留在对话框中。

单击“导入”按钮，结果就是图纸信息从对话框中删除。Revit模型仍然保留在项目中，并显示在视图中，但是图纸的格式已由链接格式转换为导入格式。

单击“添加”按钮，弹出“链接CAD格式”对话框。选择图纸，保持其他默认参数值不变，如图7-28所示。单击“打开”按钮，将图纸链接至项目中。

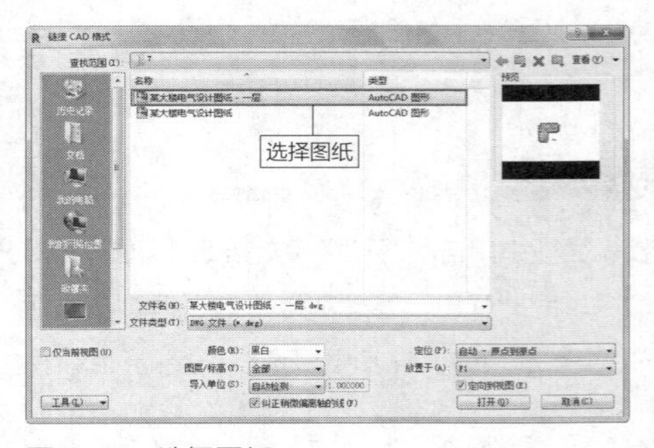

图 7-28 选择图纸

延伸讲解：

单击“重新载入”按钮，可以再次载入选中的CAD图纸。

在“CAD格式”选项卡中显示新添加的CAD图纸的相关信息，如图7-29所示。

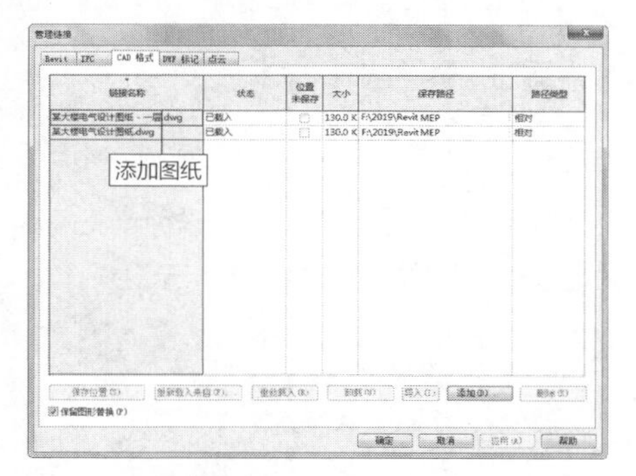

图 7-29 添加图纸

单击“删除”按钮，图纸信息同步被删除，同时，视图中的CAD图纸也会被删除。

在视图中选择已转换为“导入”格式的图纸，激活“导入实例”面板中的“分解”按钮。单击“分解”按钮下方的下三角按钮，弹出命令列表，如图7-30所示。

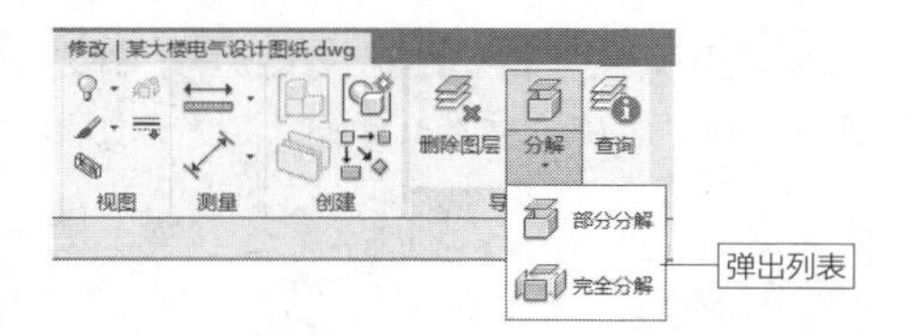

图 7-30 命令列表

选择“部分分解”命令，可将导入符号分解为仅次于其的最高级别图元。执行“部分分解”命令后，有可能会产生嵌套的导入符号。这些嵌套符号还不是Revit图元，可以继续“部分分解”嵌套的导入符号，将这些符号转换为Revit图元。

选择“完全分解”命令，可以将导入符号完全分解为Revit图元，类型包括文字、线与填充区域。

3. 设置链接模型的可见性

选择“视图”选项卡，单击“图形”面板中的“可见性/图形”按钮，如图7-31所示，激活命令，同时弹出“楼层平面：F1的可见性/图形替换”对话框。

图 7-31 单击按钮

选择“导入的类别”选项卡，在其中显示链接CAD图纸的信息，如图7-32所示。默认情况下，链接图纸处于选中状态。将光标置于图纸名称前的复选框内，单击鼠标左键，取消选中图纸。此时图纸中的图层均显示为灰色，表示该图纸在视图中处于隐藏状态，如图7-33所示。

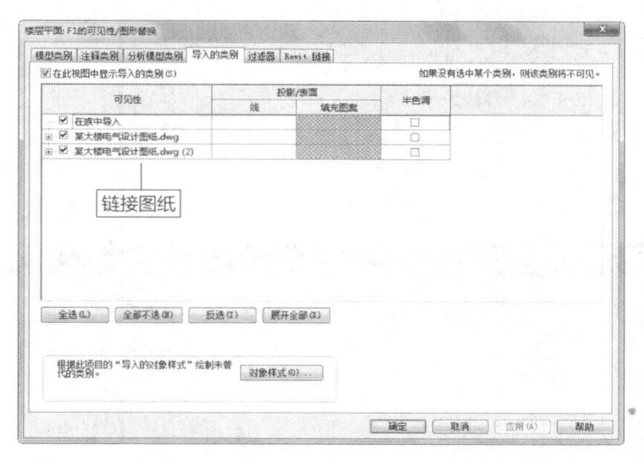

图 7-32 “导入的类别”选项卡

图 7-33 取消选中图纸

重新选中图纸，图纸中的图层也被激活，表示图纸中的所有图层都在视图中显示，如图7-34所示。选择“Revit链接”选项卡，在其中显示Revit模型的名称，单击展开选项列表，显示模型信息，如图7-35所示。取消选中模型，模型在视图中被隐藏。

图 7-34 选中图纸

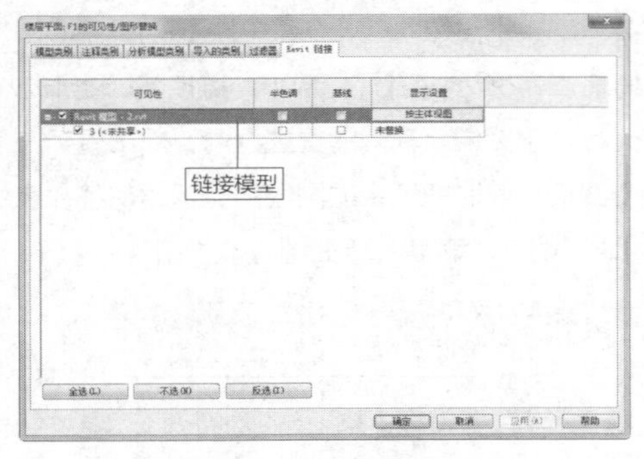

图7-35 “Revit链接”选项卡

知识链接：

如果项目中没有链接外部的Revit模型，则对话框中不会显示“Revit链接”选项卡。

7.2 贴花

在二维视图或者三维视图中，可以在模型的水平表面或者柱形表面上放置贴花。贴花的类型有多种，可以将指定类型的贴花放置到模型中。

在放置贴花之前，需要先创建贴花类型，每个图像对应一种贴花类型。本节介绍创建贴花类型以及放置贴花的方法。

7.2.1 实战——创建贴花类型 重点

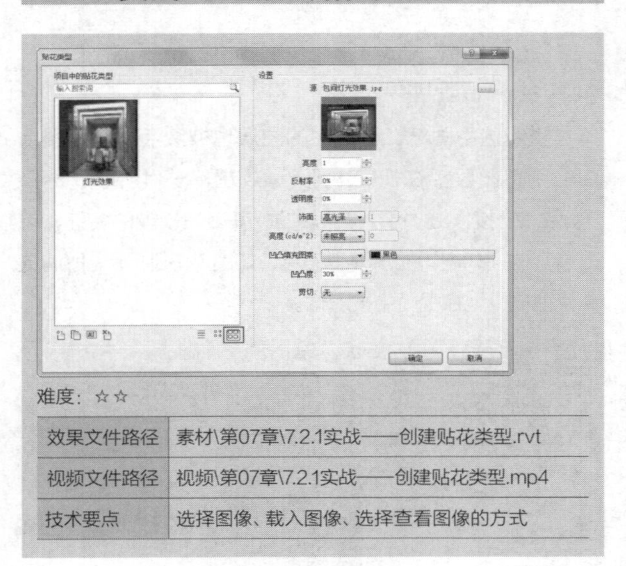

难度：☆☆

效果文件路径	素材\第07章\7.2.1实战——创建贴花类型.rvt
视频文件路径	视频\第07章\7.2.1实战——创建贴花类型.mp4
技术要点	选择图像、载入图像、选择查看图像的方式

创建贴花类型前，需要选择图像。通常选择计算机中的图像，将其指定为与贴花类型对应的图像。在放置贴花时，即放置与贴花类型对应的图像。本节介绍创建贴花类型的方法。

步骤01 选择“插入”选项卡，在“链接”面板中单击“贴花”按钮下方的下三角按钮，弹出选项列表，选择“贴花类型”选项，如图7-36所示，激活命令。

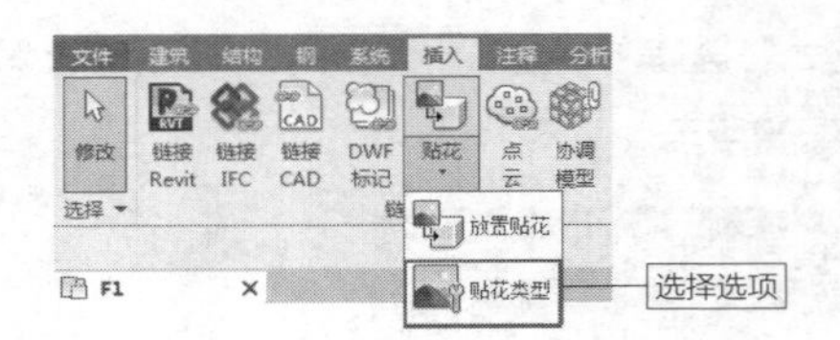

图7-36 选择选项

步骤02 稍后弹出“贴花类型”对话框，在尚未创建任何贴花类型之前，对话框显示为空白，如图7-37所示。

图7-37 “贴花类型”对话框

步骤03 单击对话框左下角的“新建贴花”按钮，弹出“新贴花”对话框。在“名称”文本框中输入名称，如图7-38所示。

图7-38 输入名称

步骤04 单击“确定”按钮，返回“贴花类型”对话框，在左侧的列表中显示新贴花类型的名称。单击“源”选项后的矩形按钮，如图7-39所示，弹出“选择文件”对话框。

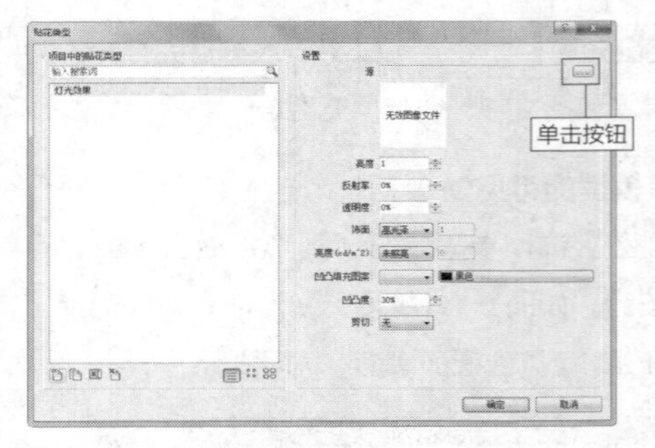

图7-39 新建贴花类型

步骤05 在“选择文件”对话框中选择图像，如图7-40所示，单击“打开”按钮，将图像载入项目。

步骤 06 在“源”选项下方的预览窗口中显示载入的图像，图像下方是参数选项，如图7-41所示。通过修改参数，可以调整图像的显示效果。

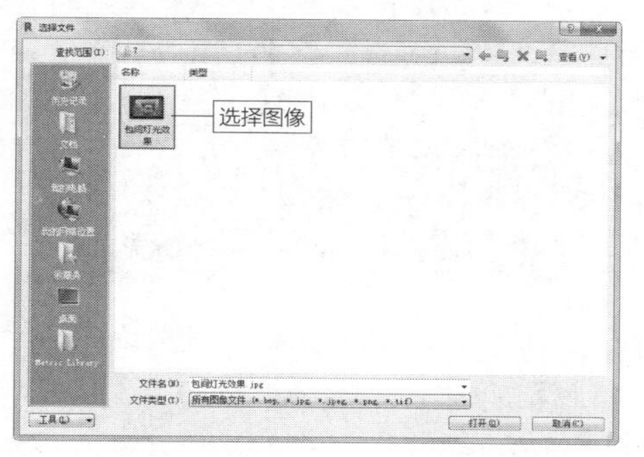

图 7-40　选择图像

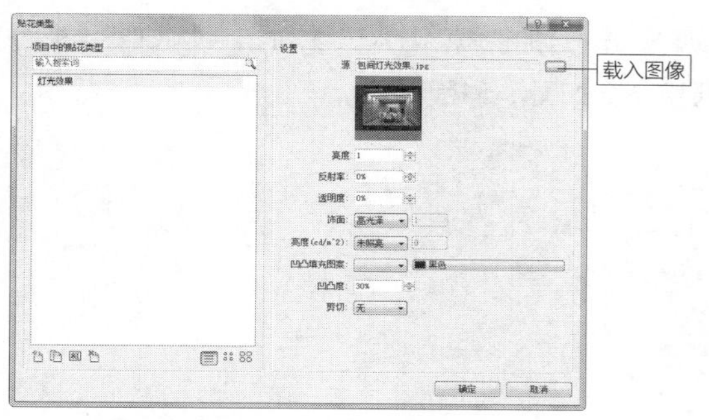

图 7-41　载入图像

延伸讲解：

在图像下方修改选项参数，影响贴花放置到模型表面后的效果。

默认情况下，在“贴花类型”对话框中“以列表查看贴花”，在左侧列表中仅显示贴花类型的名称。单击列表右下角的“以中等图像查看贴花”按钮，可以在列表中显示中等大小的贴花图像，效果如图7-42所示。

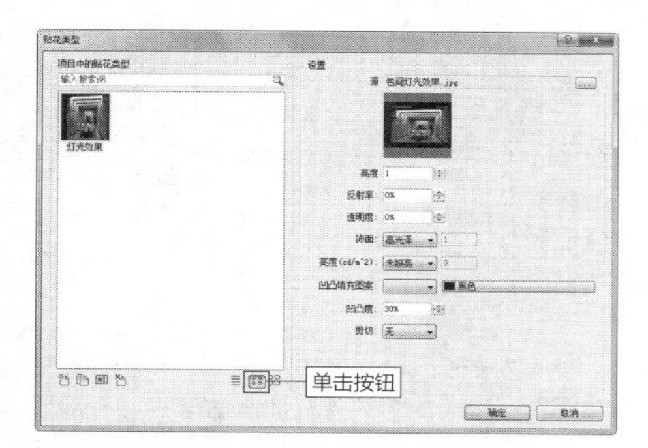

图 7-42　贴花图像显示为中等大小

单击“以大图像查看贴花”按钮，在列表中最大化显示贴花图像，效果如图7-43所示。读者可以自由选用查看贴花图像的方式。

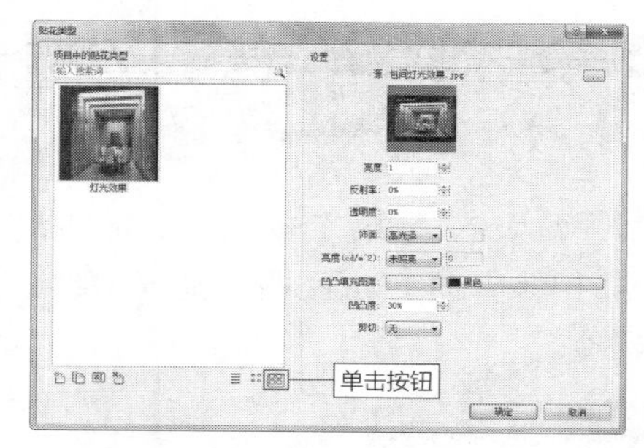

图 7-43　最大化显示贴花图像

7.2.2　实战——放置贴花　难点

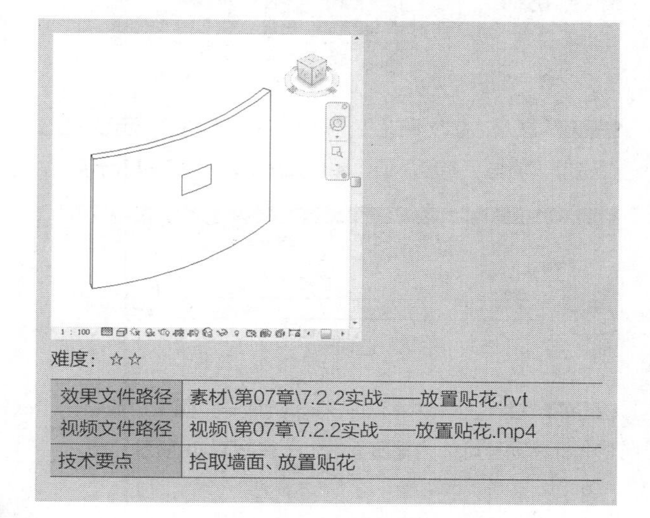

难度：☆☆

效果文件路径	素材\第07章\7.2.2实战——放置贴花.rvt
视频文件路径	视频\第07章\7.2.2实战——放置贴花.mp4
技术要点	拾取墙面、放置贴花

在Revit中，可以在二维视图或者三维视图中放置贴花。模型的水平表面或柱形表面都可以放置贴花，为了查看贴花图像，需要转换视图的视觉样式。本节介绍放置贴花的方法。

步骤 01 在项目浏览器中展开“立面（立面1）”目录，选择“立面1-a”视图，如图7-44所示。

步骤 02 双击所选的视图，切换至立面视图，墙体的立面效果如图7-45所示。

图 7-44　选择立面图　　图 7-45　立面墙体

知识链接：

在切换至立面视图之前，需要先创建立面视图。

步骤 03 选择“插入”选项卡，单击“链接”面板上的“贴花”按钮，在弹出的列表中选择“放置贴花”选项，如图7-46所示，激活命令。

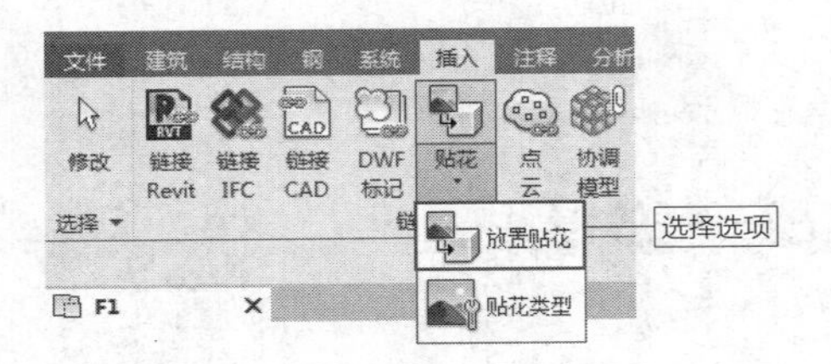

图 7-46　选择选项

步骤 04 进入“修改|贴花”选项卡，在选项栏中显示贴花的“宽度”值与“高度”值，单位为mm，如图7-47所示。

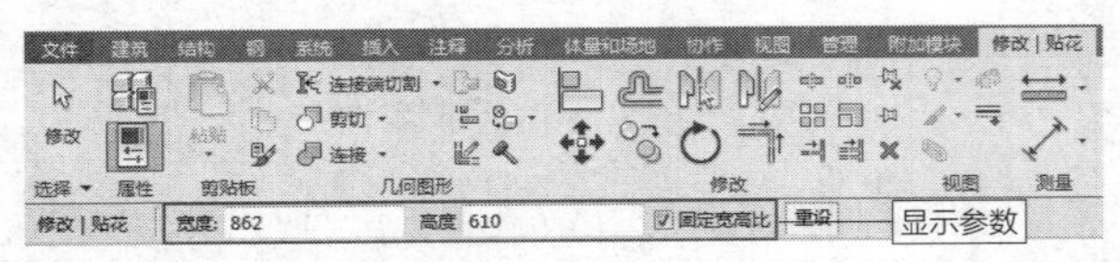

图 7-47　“修改 | 贴花”选项卡

步骤 05 在绘图区域中移动光标，拾取一个面来放置贴花。将光标移动至墙体的垂直面之上，如图7-48所示。

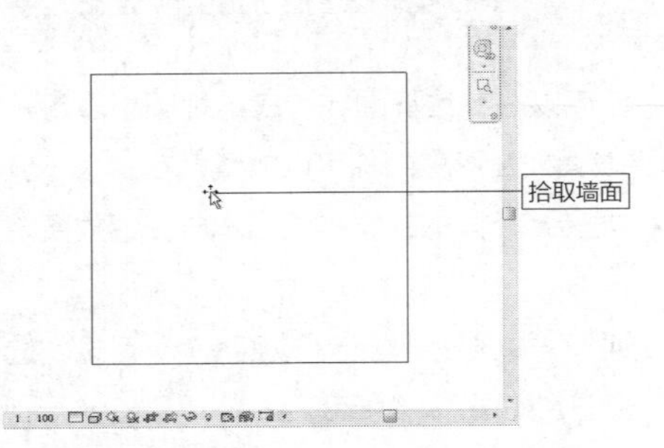

图 7-48　拾取墙面

步骤 06 在墙面的合适位置单击鼠标左键，可以放置贴花，效果如图7-49所示。

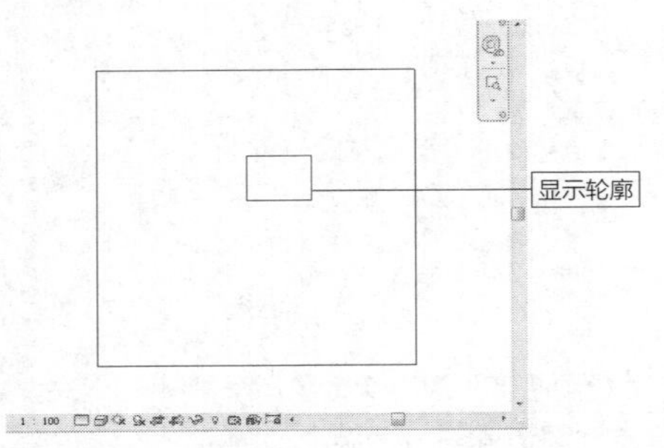

图 7-49　放置贴花

答疑解惑：为什么所放置的贴花显示一个矩形框？

在放置贴花时，视图的视觉样式为“隐藏线”。在放置贴花后，贴花的显示样式受到视图的视觉样式影响，仅显示其轮廓线。假如需要查看贴花图像，需要在“视觉样式”列表中选择“真实”样式。

需要注意的是，只有在视觉样式为“真实”样式的情况下，才可以在视图中显示贴花图像。其他的视觉样式，如“着色”“一致颜色”，都不能显示贴花图像，只能为模型上色。

还可以在三维视图中放置贴花图像。以下介绍在三维视图中，在弧墙上添加贴花的操作步骤。

步骤 07 在项目浏览器中单击展开“三维视图”目录，选择其中的“三维”视图，如图7-50所示。

步骤 08 双击所选的视图，进入三维视图，弧墙在三维视图中的显示效果如图7-51所示。

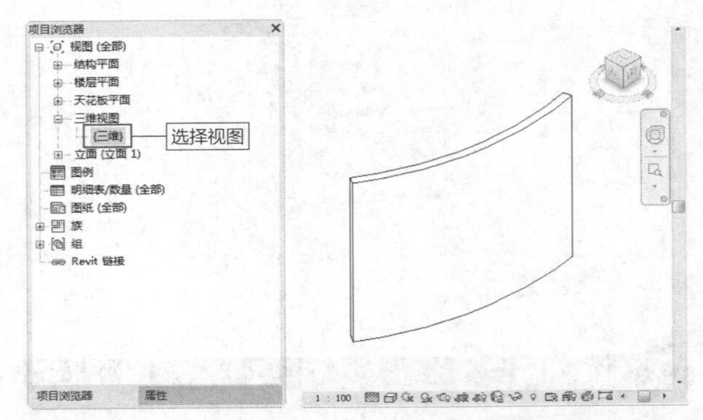

图 7-50　选择三维视图　图 7-51　三维视图中的弧墙

步骤 09 启用“放置贴花”命令，将光标置于弧墙的垂直面上，如图7-52所示。

步骤 10 在垂直面上单击鼠标左键，拾取墙面，放置贴花的效果如图7-53所示。

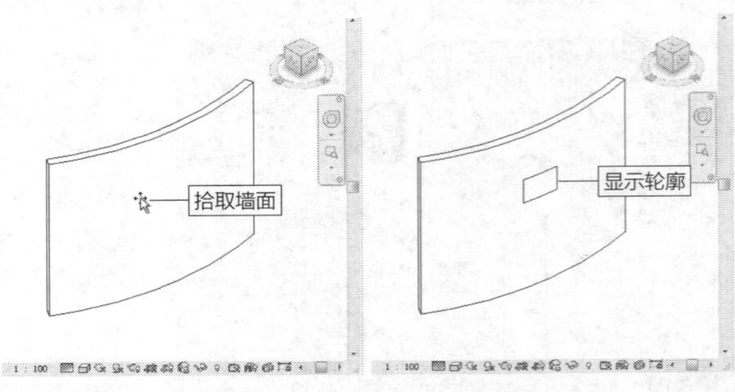

图 7-52　拾取墙面　　图 7-53　放置贴花

延伸讲解：

在下一节内容中，介绍转换视图的视觉样式，查看贴花图像的方法。

7.2.3 编辑贴花图像 重点

在立面视图中，单击视图控制栏中的“视觉样式”按钮，在弹出的列表中选择“真实”选项。转换视图的视觉样式后，墙体模型与贴花图像的显示效果都发生变化，如图7-54所示。

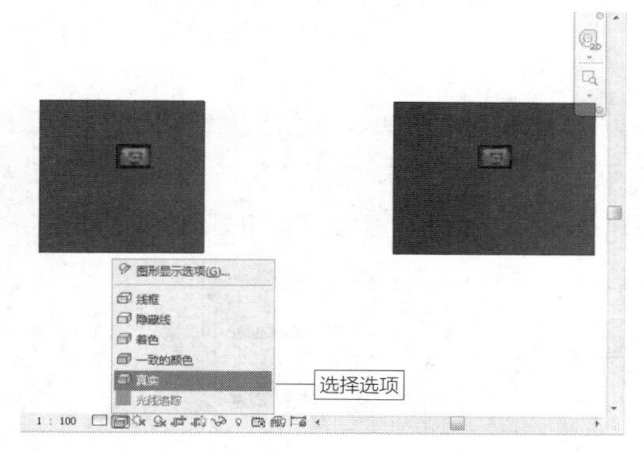

图 7-54　转换视觉样式

切换至三维视图，此时却发现更改立面视图的视觉样式后，并没有影响到三维视图。需要重复操作，修改三维视图的视觉样式，才能查看贴花图像的真实效果，如图7-55所示。

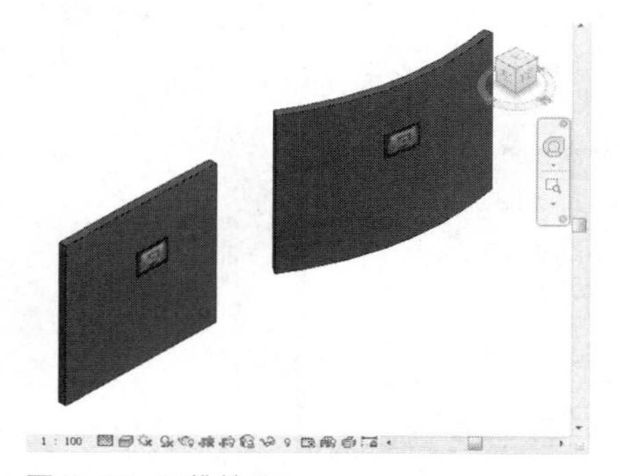

图 7-55　三维效果

选择贴花图像，在图像的4个角点显示蓝色的实心夹点，如图7-56所示。光标置于贴花图像的边界线上，显示“移动”符号。此时按住鼠标左键不放，向左拖曳鼠标，可以移动贴花图像，调整其位置，如图7-57所示。

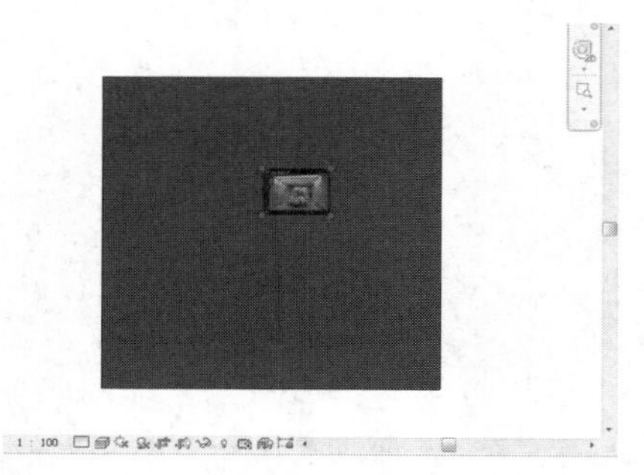

图 7-56　选择贴花图像

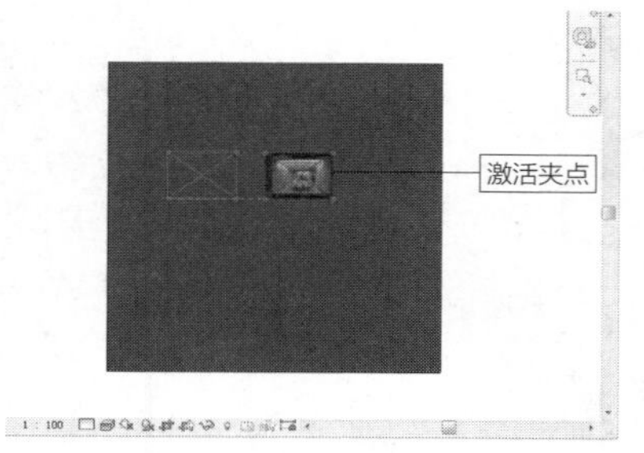

图 7-57　移动贴花图像

在合适的位置松开鼠标左键，移动贴花图像位置的效果如图7-58所示。将光标置于贴花图像的右下夹点，按住鼠标左键不放，拖曳鼠标，可以放大或者缩小图像。例如，向右下方拖曳鼠标，可以放大图像。在拖曳鼠标的过程中，可以预览调整图像的效果，如图7-59所示。

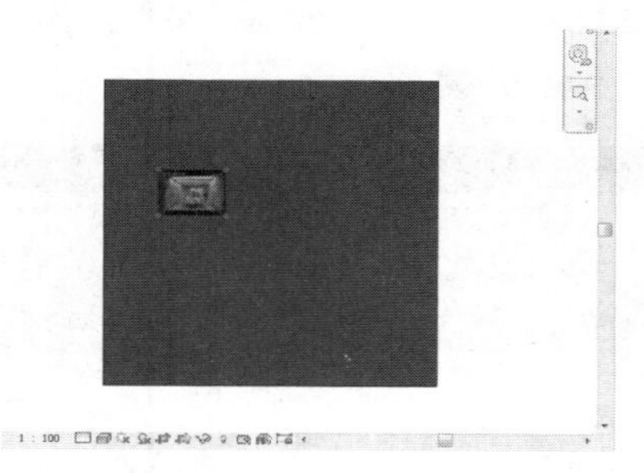

图 7-58　移动效果

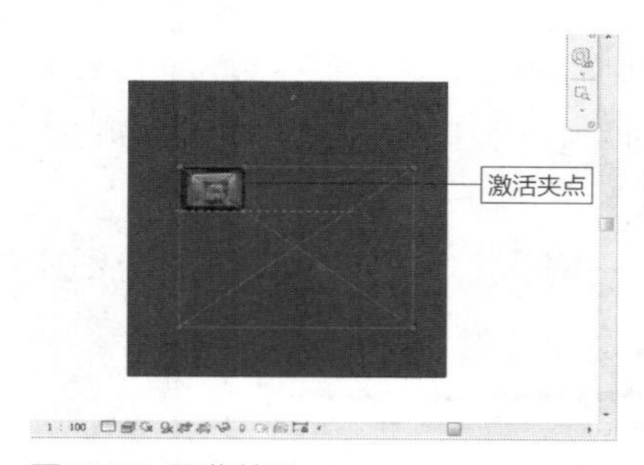

图 7-59 预览效果

在合适的地方松开鼠标左键，放大贴花图像的效果如图7-60所示。在图像的“属性”选项板中，“尺寸标注”选项组下显示图像的“宽度”与“高度”值，如图7-61所示。修改参数，也可以调整图像的大小。

图 7-60　放大效果

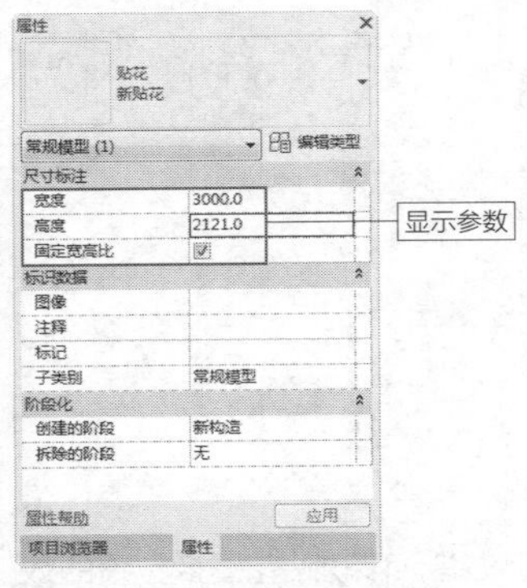

图 7-61　“属性”选项板

选中“固定宽高比”复选框，调整“宽度”值，“高度”值也会相应地自动调整，反之亦然。取消选中该复选框，可以分别定义“宽度”与“高度”值，参数值不会相互影响。在调整的过程中，为了避免图像发生变形，通常情况下都选中“固定宽高比”复选框。

延伸讲解：

在选项栏中修改“宽度”选项值与“高度”选项值，也可以调整贴花图像的大小。

7.3 导入外部文件

除了链接外部文件之外，还可以导入外部文件，最常导入Revit的文件为CAD文件和光栅图像。本节介绍将文件导入Revit的方法。

7.3.1 实战——导入CAD文件　重点

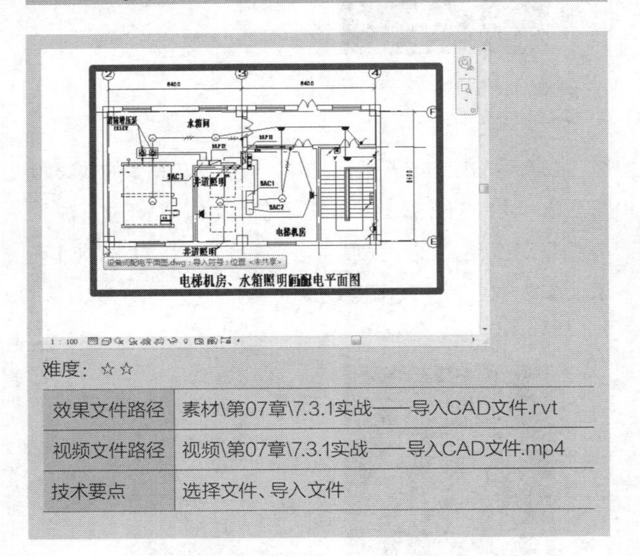

难度：☆☆

效果文件路径	素材\第07章\7.3.1实战——导入CAD文件.rvt
视频文件路径	视频\第07章\7.3.1实战——导入CAD文件.mp4
技术要点	选择文件、导入文件

导入CAD图纸与链接CAD图纸的操作过程类似，通过设置“颜色”参数，可以自定义所导入的CAD图纸的显示样式。本节介绍导入CAD图纸的方法。

步骤 01 选择“插入”选项卡，在“导入”面板中单击“导入CAD”按钮，如图7-62所示，激活命令。

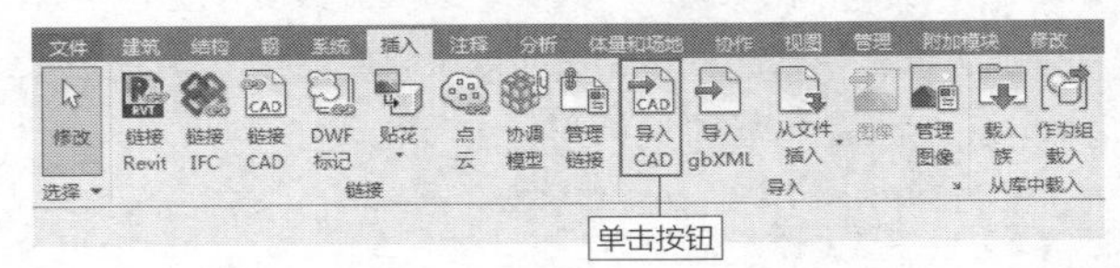

图 7-62　单击按钮

步骤 02 打开“导入CAD格式”对话框，在其中选择“设备间配电平面图”文件。在对话框的下方设置参数，如“颜色”样式、“导入单位”类型等，如图7-63所示。

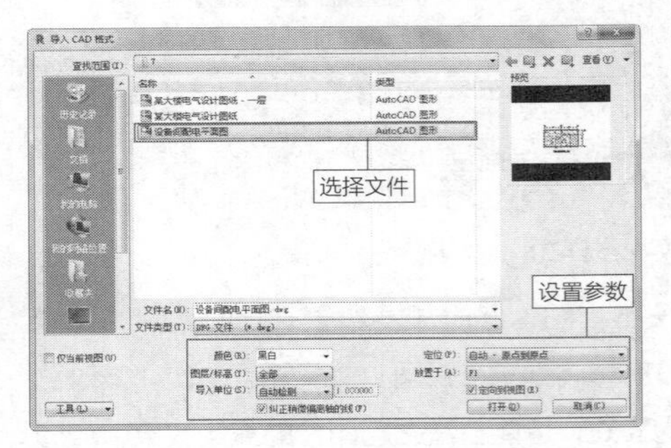

图 7-63　“导入 CAD 格式”对话框

步骤 03 单击“打开”按钮，可以将选定的CAD图纸导入Revit，效果如图7-64所示。

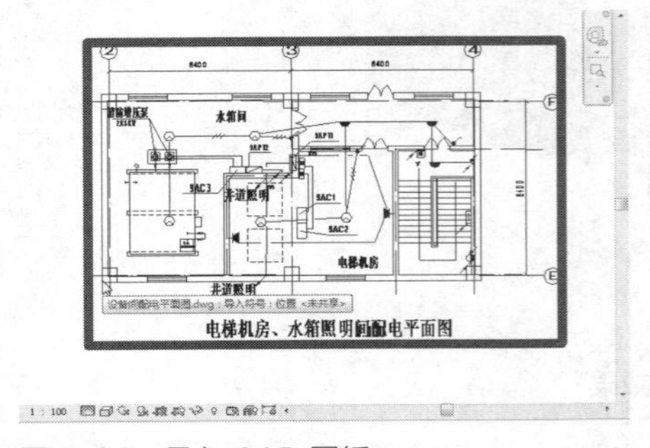

图 7-64　导入 CAD 图纸

答疑解惑：“链接 CAD”与“导入 CAD”有什么不同?

观察“链接CAD”与“导入CAD”的操作过程、操作结果，发现大体一致，那么这两个命令的区别在哪里？启用“链接CAD”命令，可以将CAD图纸以指定的样式导入Revit应用程序。当原始CAD图纸被编辑后，已链接至Revit的CAD图纸也会随之更新，以与原始文件同步。但是有一个前提必须谨记，就是保存原始CAD图纸的路径与名称不要更改。因为一旦更改了信息，Revit就不能找到更新的路径。

与“链接CAD”相反，启用“导入CAD”命令后，也可以将CAD图纸导入Revit。但是无论原始CAD图纸如何更改，都不会影响已导入的CAD图纸。

7.3.2　实战——导入图像 

难度：☆☆

效果文件路径	素材\第07章\7.3.2实战——导入图像.rvt
视频文件路径	视频\第07章\7.3.2实战——导入图像.mp4
技术要点	选择图像、导入图像

与放置贴花类似，通过执行导入图像操作，也可以将图像导入Revit。与放置贴花不同的是，导入图像之前不需要执行“创建贴花类型”之类的操作，直接导入图像即可。

本节介绍导入图像的方法。

步骤 01 选择“插入”选项卡，在“导入”面板中单击“图像”按钮，如图7-65所示，激活命令。

图 7-65　单击按钮

步骤 02 打开“导入图像”对话框，选择名称为“建筑外观”的图像，如图7-66所示。

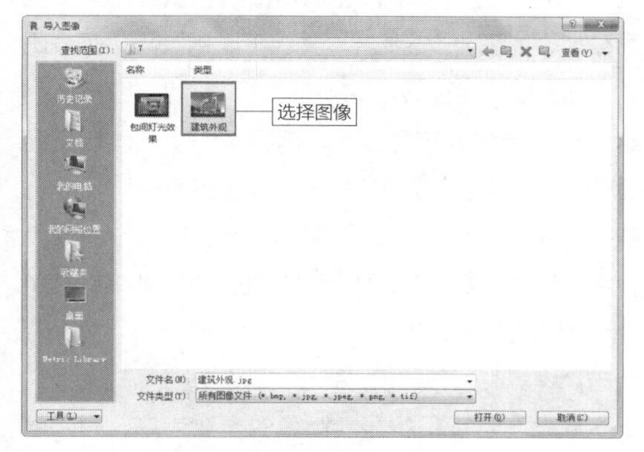

图 7-66　“导入图像”对话框

步骤 03 单击“打开”按钮，可将图像导入Revit。此时绘图区域中的光标显示为交叉线段，如图7-67所示。

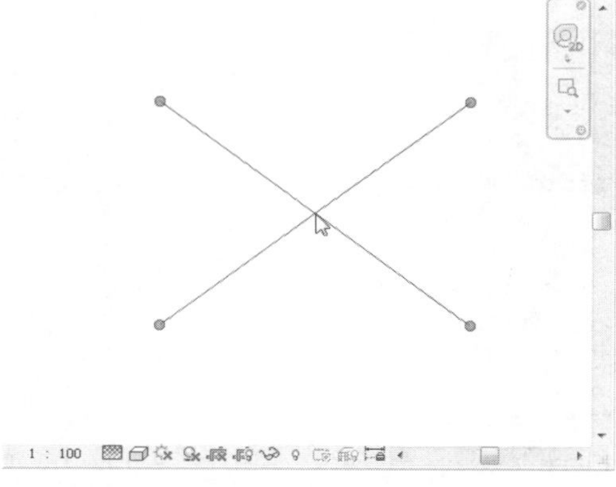

图 7-67　光标显示样式

知识链接：

在尚未指定图像的放置点之前，光标会一直显示为交叉线段。拖曳鼠标，交叉线段随之移动。

步骤 04 在合适的位置单击鼠标左键，放置图像的效果如图7-68所示。

图 7-68　导入图像

延伸讲解：

需要注意的是，光栅图像只能放置在二维视图或者图纸视图中，不能放置在三维视图。

7.3.3　编辑图像 难点

选定已导入的图像，在其4个角显示蓝色的实心夹点。光标置于夹点之上，按住鼠标左键不放，可以激活夹点。向前或向后拖曳鼠标，可以调整图像的大小。

假如要放大图像，可以激活图像右下角的夹点，按住鼠标左键不放，向后拖曳鼠标。随着鼠标的拖曳，图像被渐次放大，过程如图7-69所示。

图 7-69　拖曳鼠标

延伸讲解：

无论是放大或缩小图像，都不会改变图像的分辨率，更改的只是图像的尺寸。

在合适的位置松开鼠标左键，放大图像的效果如图7-70所示。同样是激活右下角的夹点，向前拖曳鼠标，结果就是缩小图像，效果如图7-71所示。

图 7-70　放大图像　　　　图 7-71　缩小图像

在视图控制栏中单击“视觉样式”按钮，弹出样式列表。查看当前视图的视觉样式，发现是“隐藏线”样式。图像在该样式下依然显示为彩色，如图7-72所示。与贴花图像不同，光栅图像的显示不会受到视图的视觉样式的影响。无论是哪种视觉样式，光栅图像的显示效果都不会改变。

图 7-72　“视觉样式”列表

选择图像，进入“修改|光栅图像”选项卡。在选项栏中默认选中“固定宽高比”复选框，如图7-73所示，表示在调整图像大小时，宽高尺寸会随同更改。默认在“背景”图层放置图像，在选项栏中单击“图层”选项，在弹出的列表中可以选择图层类型。图层类型有“前景”与“背景”两种，可自由选择图像在项目中是作为前景图像还是背景图像。

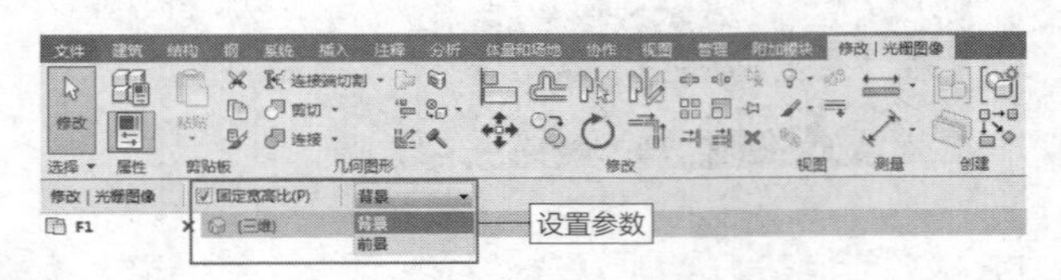

图 7-73　“修改 | 光栅图像”选项卡

在“排列”面板中，单击“放到最前”按钮，在弹出的列表中显示两个选项，分别是“放到最前”与“前移”，如图7-74所示。选择“放到最前”选项，可以将选定的图元移动到视图中其他所有详图图元的前方。选择“前移”选项，可将选定的图元向其他所有详图图元的前方向移动一步。

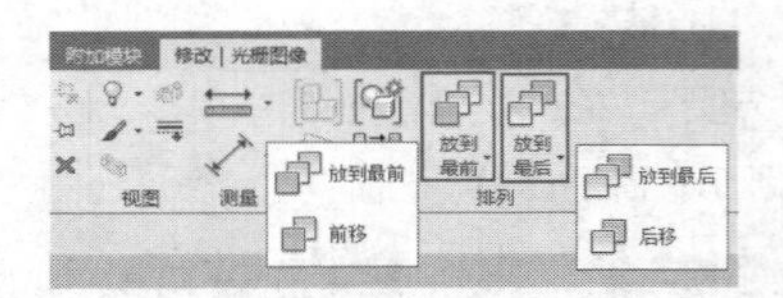

图 7-74　选项列表

单击“放到最后”按钮，选择列表中的“放到最后”选项，可以将选定的图元移动到视图中其他所有详图图元的后方。选择“后移”选项，可将选定的图元向其他所有详图图元的后方向移动一步。

在“属性”选项板中，显示图像的“宽度”与“高度”参数值，如图7-75所示。“水平比例”与“垂直比例”选项显示为灰色，表示不可更改。在调整图像大小时，这两项的参数会随同更新。因为选中了“固定宽高比”复选框，所以这两个选项的参数值是相同的。

取消选中“固定宽高比”复选框后，再调整图像大小，“水平比例”或“垂直比例”这两个选项就只有其中一个会随着操作而同步更新。

单击“编辑类型”按钮，弹出“类型属性”对话框。在“标识数据”选项组中显示图像的参数信息，如“像素”“分辨率”等，在“从文件中载入”选项中显示图像的存储路径，如图7-76所示。

参数值均显示为灰色，不可被编辑。这是图像的原始数据，仅供参考。

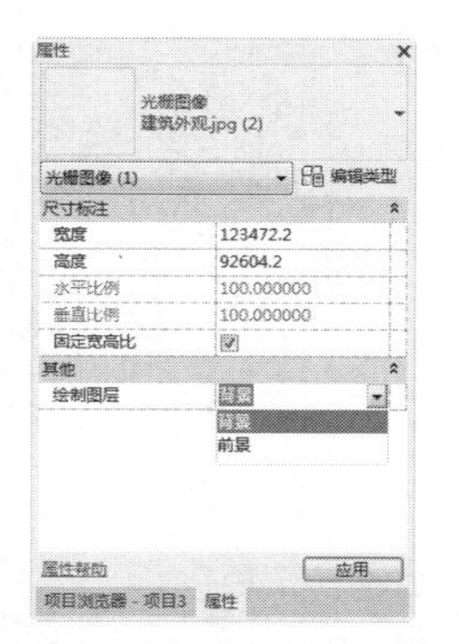
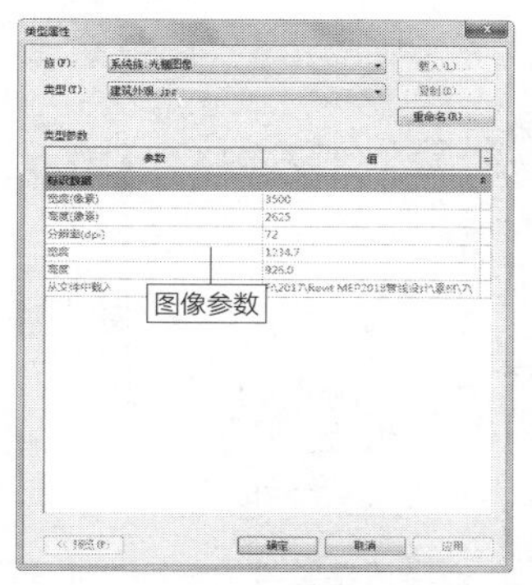

图 7-75 “属性”选项板 图 7-76 “类型属性”对话框

7.3.4 管理图像

在“导入”面板中单击“管理图像”按钮，如图7-77所示，激活命令，弹出“管理图像”对话框。在对话框中显示已导入的图像的信息，如图像名称、数量及路径，如图7-78所示。

图 7-77 单击按钮

图 7-78 “管理图像”对话框

单击“添加”按钮，弹出“导入图像”对话框。在其中选择图像，例如，选择“包间灯光效果”，如图7-79所示。单击“打开”按钮，可将图像导入Revit。

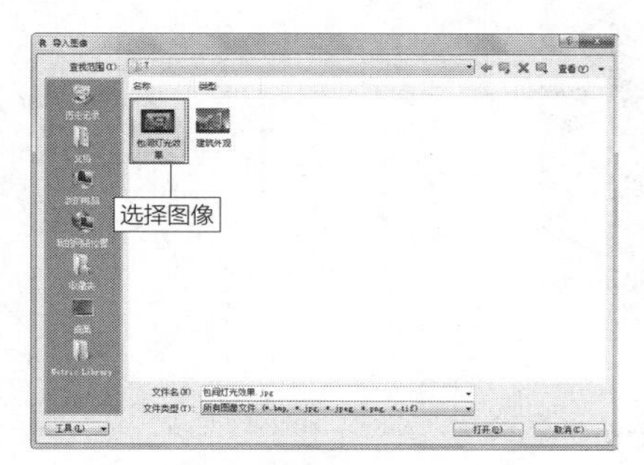

图 7-79 选择图像

在“管理图像”对话框中，最后导入的图像的信息显示在第一行，如图7-80所示。值得注意的是，添加图像后，在视图中并不显示该图像。查看“合计”选项中所显示的信息，显示为0，表示视图中未包含该图像。需要启用“图像”命令，执行“导入图像”的操作，才可以将图像导入Revit。

图 7-80 添加图像

延伸讲解：

执行“添加图像”的操作，只是将图像的信息添加到“管理图像”对话框中。

在绘图区域中选择图像，输入D+E快捷键，可以删除图像。此时，“管理图像”对话框还保留有图像的信息，“合计”选项显示的参数为0，如图7-81所示，表示视图中的图像已被删除。

图 7-81 “合计”信息

选择图像信息，单击“删除”按钮，可删除图像信息。

选择已在视图中使用的图像的信息，单击“删除”按钮，弹出提示对话框。提醒用户“此图像有1个实例由模型中的其他图元放置或引用。如果删除该图像，所有图像实例也将从模型中删除。是否要继续”，如图7-82所示。

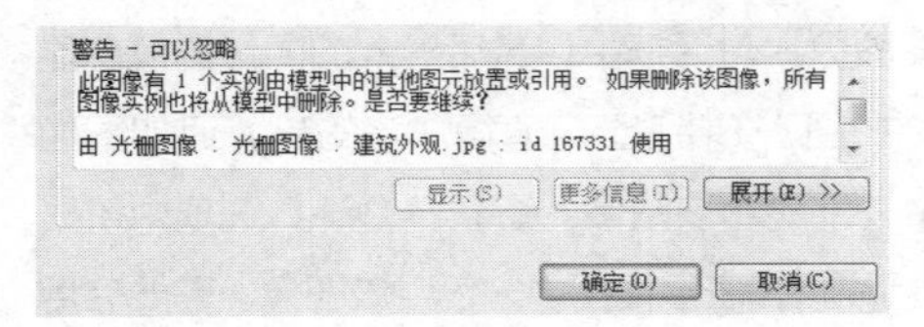

图 7-82　提示对话框

单击“确定”按钮，在删除图像信息的同时，视图中的图像也会被删除。

7.4 载入族

为了能够全面表达设计意图，需要借助各种各样的图元。本节介绍载入外部族文件的方法。

7.4.1 实战——从库中载入族　重点

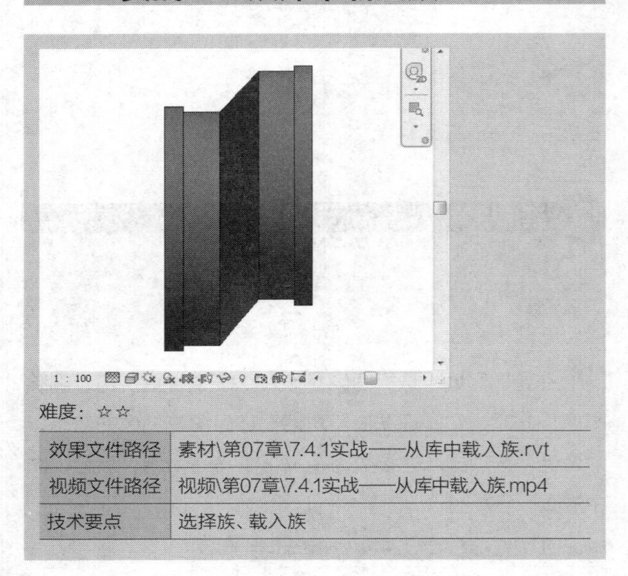

难度：☆☆

效果文件路径	素材\第07章\7.4.1实战——从库中载入族.rvt
视频文件路径	视频\第07章\7.4.1实战——从库中载入族.mp4
技术要点	选择族、载入族

在建模过程中，需要各种各样的族构件，掌握载入族的方法，就可以载入需要使用的族构件。本节介绍载入族的方法。

步骤 01 选择“插入”选项卡，单击“从库中载入”面板中的“载入族”按钮，如图7-83所示，激活命令。

图 7-83　单击按钮

步骤 02 稍后弹出“载入族”对话框，选择“变径管”文件，如图7-84所示。单击“打开”按钮，可将族载入当前文件。

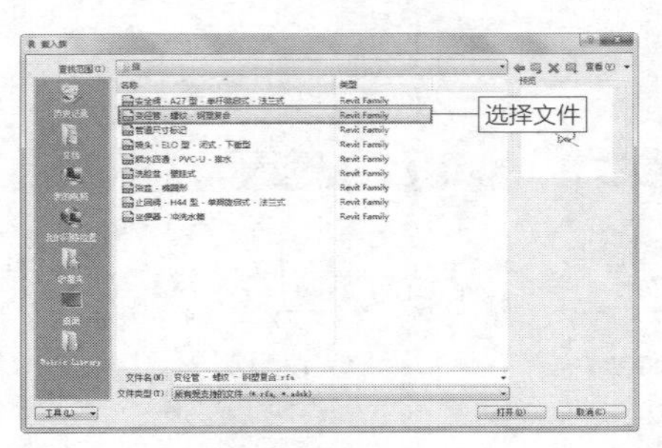

图 7-84　选择文件

变径管是管件的一种，如果想要查看载入的族，可以启用“管件”命令。

步骤 03 选择“系统”选项卡，在“卫浴和管道”面板中单击“管件”按钮，如图7-85所示，激活命令。

图 7-85　单击按钮

步骤 04 在“属性”选项板中单击管件名称，展开类型列表，在其中显示所有已载入的管件族。在列表中选择“变径管-螺纹-钢塑复合”管件，如图7-86所示。

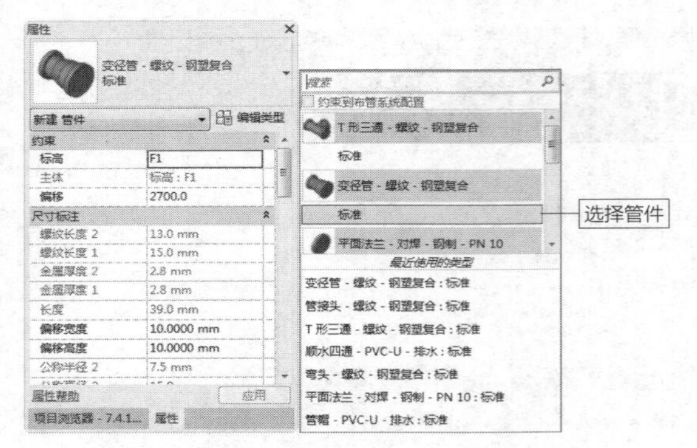

图 7-86　“属性”选项板

步骤 05 在绘图区域中指定合适的位置，可将载入的构件族放置到视图中，效果如图7-87所示。

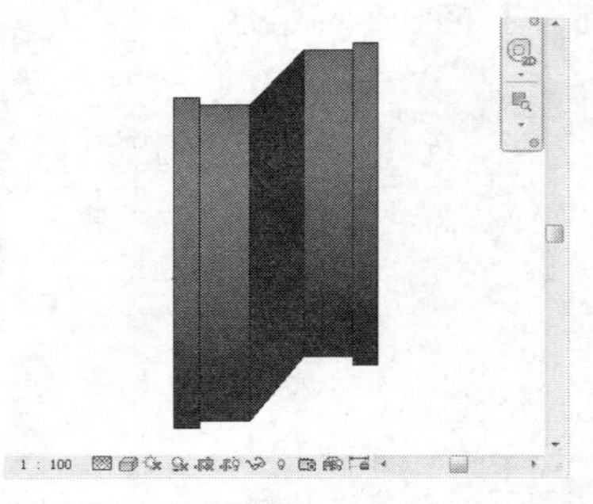

图 7-87　放置管件

在放置管件时，单击“修改|放置管件”选项卡中的“载入族”按钮，如图7-88所示，也可以弹出“载入族”对话框。在其中选择管件族文件，单击“打开”按钮，可执行载入管件族的操作。

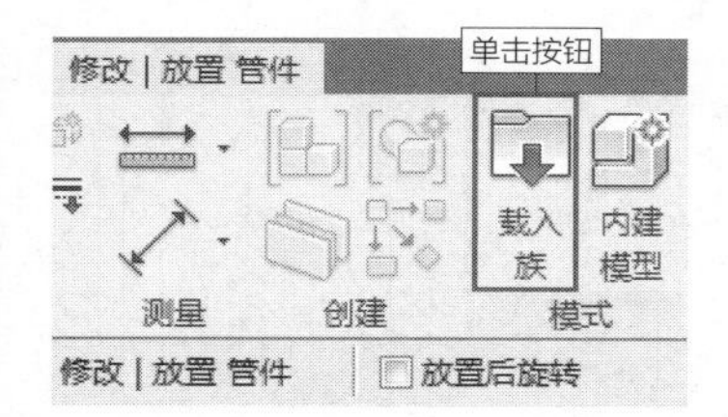

图 7-88　单击按钮

在项目浏览器中，单击展开“族”→“管件”→“变径管-螺纹-钢塑复合”目录，在其中显示变径管的类型。默认显示“标准”类型，如图7-89所示。

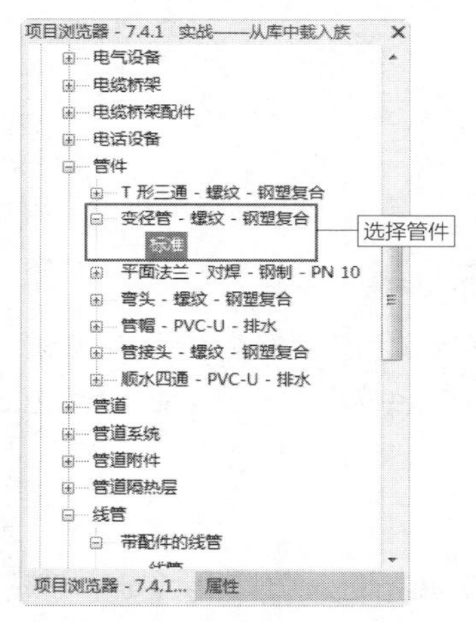

图 7-89　项目浏览器

选择“标准”选项，按住鼠标左键不放，拖曳鼠标至绘图区域，可以执行放置族的操作。

答疑解惑：为什么会出现“无法载入族文件”的情况？

启用“修改|放置管件”选项卡中的“载入族”命令，所载入的族必须是管件族。因为是在放置管件的过程中执行“载入族”操作，所以软件认为必须载入管件族。

如果载入其他类型的族，例如，载入“管道尺寸标记”族文件，会弹出如图7-90所示的“无法载入族文件”对话框，同时提醒用户“必须选择类别为管件的族文件”。

解决上述问题，方法有两种。第一种方法是，启用“插入”选项卡的“从库中载入”面板中的“载入族”命令。启用该命令，可以载入任何类型的族文件。

第二种方法是，选择“注释”选项卡，单击“标记”面板名称右侧的下三角按钮，在弹出的列表中选择“载入的标记和符号”选项。弹出“载入的标记和符号”对话框，单击右上角的“载入族”按钮，如图7-91所示，可以载入“管道尺寸标记”族文件。

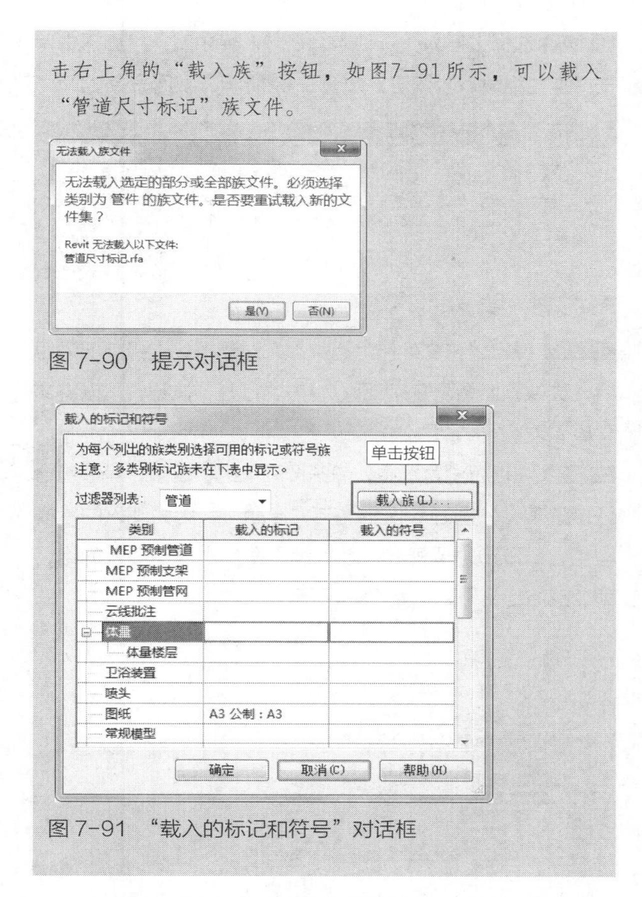

图 7-90　提示对话框

图 7-91　“载入的标记和符号”对话框

7.4.2　实战——作为组载入族　难点

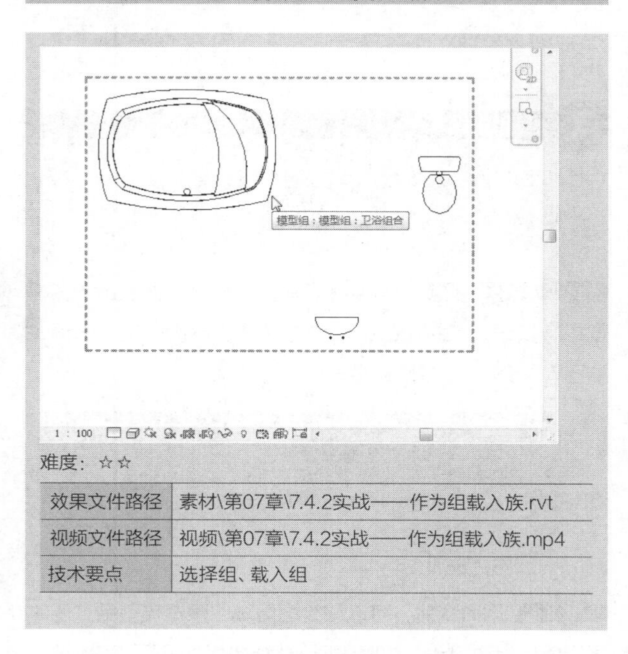

难度：☆☆

效果文件路径	素材\第07章\7.4.2实战——作为组载入族.rvt
视频文件路径	视频\第07章\7.4.2实战——作为组载入族.mp4
技术要点	选择组、载入组

将Revit文件作为组载入，可以将该组图元放置在一个项目中。组包含多个图元，用户可以决定是使用全部的图元，还是使用其中某个图元。本节介绍作为组载入族的方法。

步骤 01 选择“插入”选项卡，在“从库中载入”面板中单击“作为组载入”按钮，如图7-92所示，激活命令。

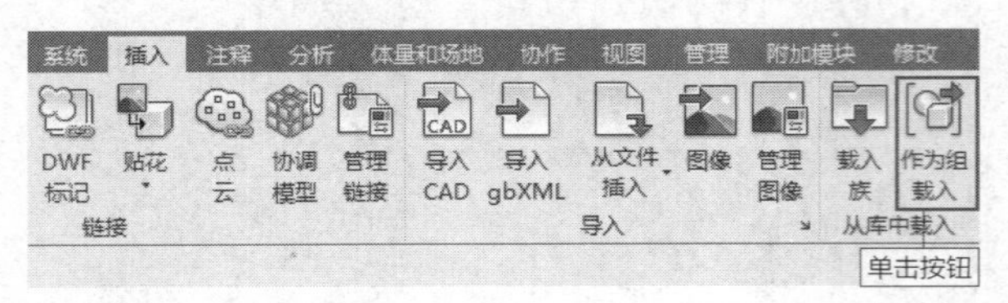

图 7-92　单击按钮

步骤 02 弹出“将文件作为组载入”对话框，选择“卫浴组合”文件，如图7-93所示。单击“打开”按钮，可以将文件载入项目。

步骤 03 在项目浏览器中，单击展开“组”目录，其中包含两个选项，分别是“模型”与“详图”。因为载入的是模型组，所以单击展开“模型”组，在其中显示载入的组，即“卫浴组合”，如图7-94所示。

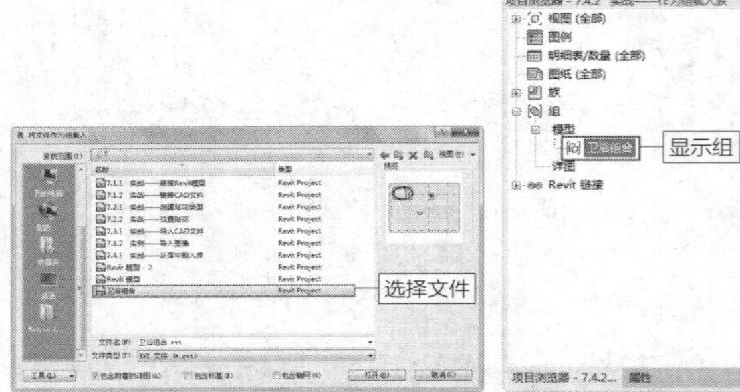

图 7-93　选择文件

图 7-94　展开“模型”组

延伸讲解：

项目文件中未载入或者创建任何类型的组时，“组”目录显示为空白。

步骤 04 选择“建筑”选项卡，单击“模型”面板上的“模型组”按钮，在弹出的列表中选择“放置模型组”选项，如图7-95所示，激活命令。

图 7-95　选择选项

步骤 05 启用命令后，可以在绘图区域中预览模型组，同时显示模型组边界线，边界线显示为虚线，如图7-96所示。拖曳鼠标，边界线随之移动。

步骤 06 在合适的位置单击鼠标左键，放置模型组，效果如图7-97所示。

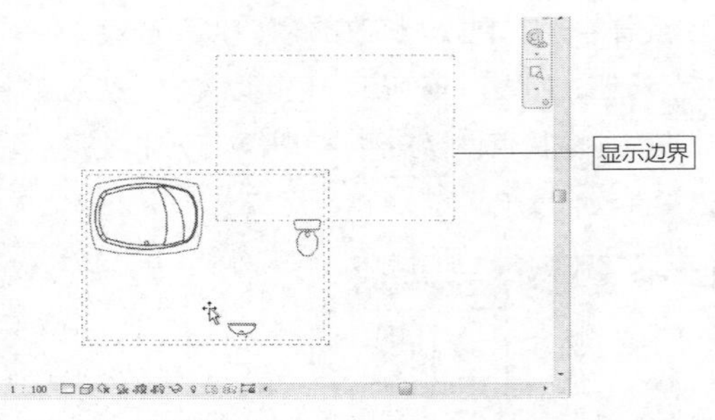

图 7-96　预览效果

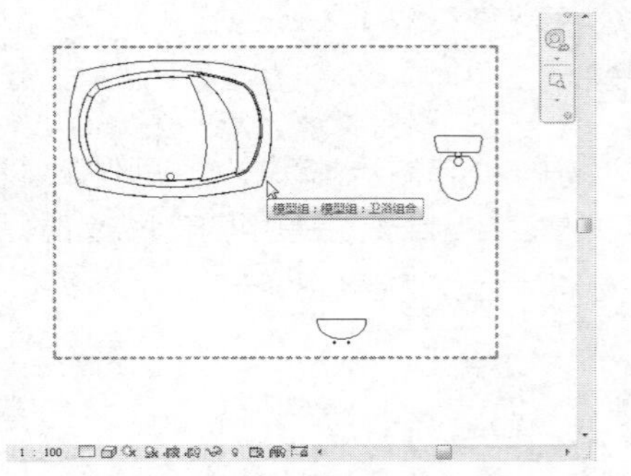

图 7-97　放置模型组

7.4.3　编辑组文件　重点

模型组载入项目，可对其执行编辑操作，如添加/删除模型组中的图元、将模型组转换为链接及重命名模型组等。

1.　编辑组

选择绘图区域中的模型组，进入“修改|模型组”选项卡。在“成组”面板中提供了3个编辑工具，分别是“编辑组”“解组”“链接”，如图7-98所示。

单击“编辑组”按钮，进入编辑模式。在绘图区域的左上角显示“编辑组”面板，同时绘图区域的背景显示为粉红色，如图7-99所示。

图 7-98　“修改 | 模型组”选项卡　图 7-99　进入编辑模式

单击“删除”按钮，光标置于其中某个图元之上，例如，置于“浴盆”之上，此时“浴盆”高亮显示，如图7-100所示。在图元上单击鼠标左键，可以将该图元从模型组中删除。被删除的图元显示为灰色，效果如图7-101所示。

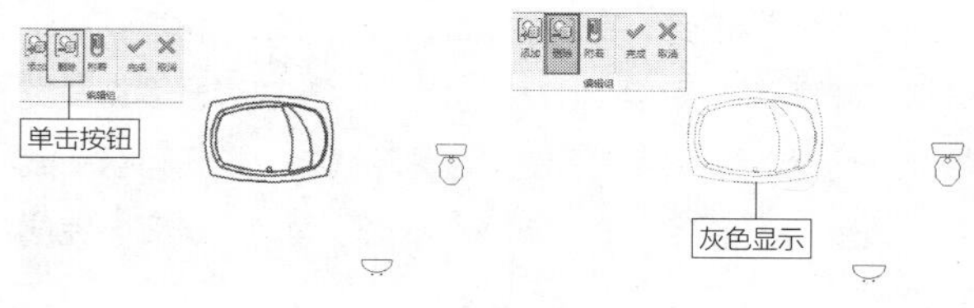

图 7-100　选择图元　　　图 7-101　删除效果

在“编辑组”面板中单击“完成”按钮，退出编辑模式。将光标置于绘图区域中的模型组之上，发现已被删除的“浴盆”不包括在组内，效果如图7-102所示。

再次启用“编辑组”命令，进入编辑模式。单击“添加”按钮，将光标置于“浴盆”之上，如图7-103所示。单击鼠标左键，可将“浴盆”添加至模型组。

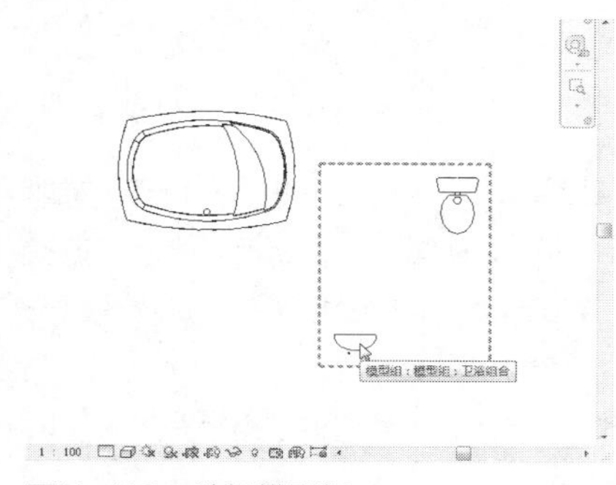

图 7-102　选择模型组

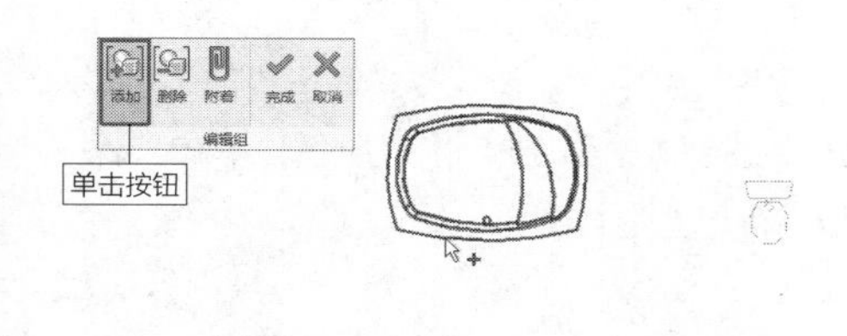

图 7-103　选择图元

2. 转换为链接

在“成组”面板中单击“链接”按钮，弹出“转换为链接”对话框。选择第一项，即“替换为新的项目文件”，如图7-104所示。弹出“保存组”对话框，默认设置名称为“与组名相同”，如图7-105所示。单击“保存”按钮，执行“转换为链接”操作。

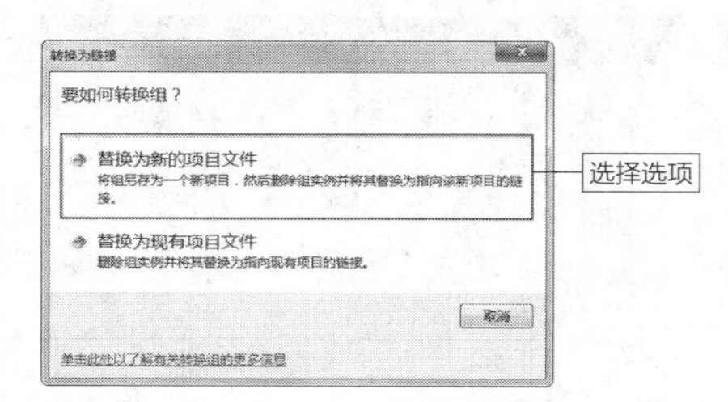

图 7-104　“转换为链接”对话框

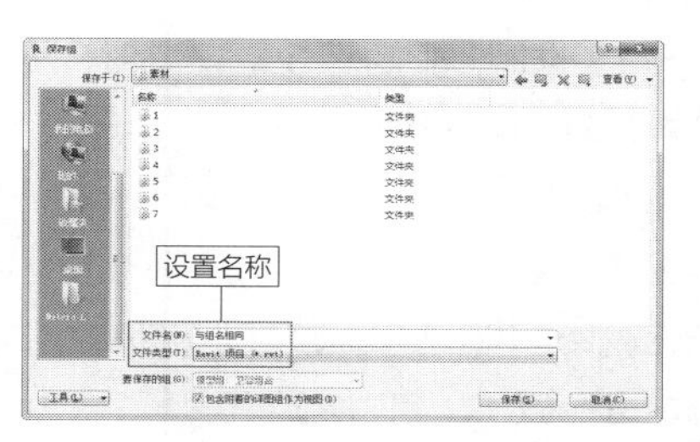

图 7-105　“保存组”对话框

延伸讲解：

“与组名相同”表示链接文件与模型文件的名称都相同，即都为“卫浴组合”。

此时执行“重生成”操作，在绘图区域中显示转换得到的“卫浴组合”链接模型，如图7-106所示。原来的“卫浴组合”模型组已被替换。在项目浏览器中，单击展开“Revit链接”目录，在其中显示链接模型的名称，如图7-107所示。

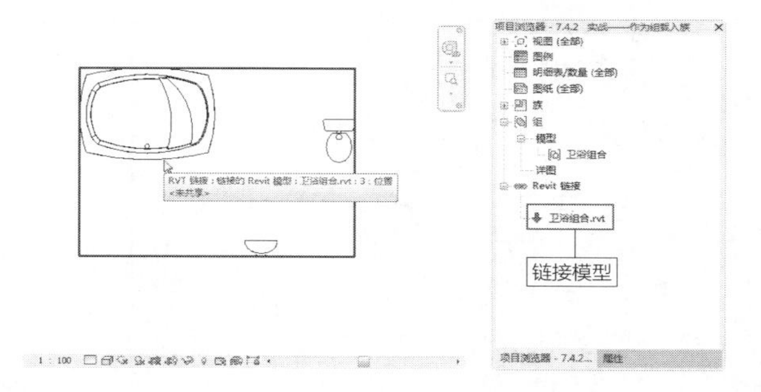

图 7-106　转换为链接模型　　　图 7-107　显示名称

3. 使用快捷菜单编辑组

在项目浏览器中，单击展开“组”→“模型”目录，选择“卫浴组合”，单击鼠标右键，弹出快捷菜单，如图7-108所示。选择菜单中的选项，可以编辑模型组。

在快捷菜单中选择“重命名”选项，模型组名称进入在位编辑模式，如图7-109所示。输入新名称后，在空白位置单击鼠标左键，退出在位编辑模式，结束“重命名”操作。

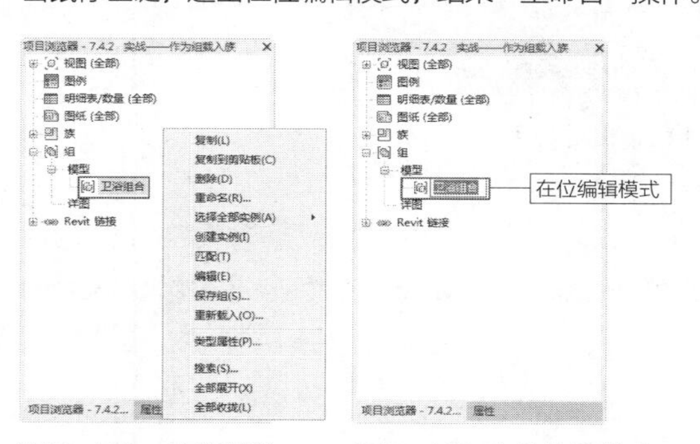

图 7-108　快捷菜单　　图 7-109　在位编辑模式

在快捷菜单中选择“选择全部实例”选项，此时弹出子菜单，选择“在整个项目中”选项，如图7-110所示，被放置在其他视图中的模型组会被一起选中。

选择快捷菜单中的“创建实例”选项，进入“放置模型组”的模式。在绘图区域中显示模型组的边界线，如图7-111所示。在合适的位置单击鼠标左键，可以放置模型组。

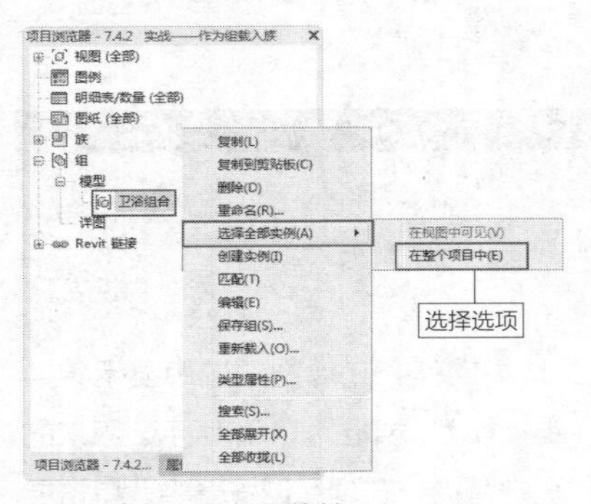

图 7-110　弹出子菜单

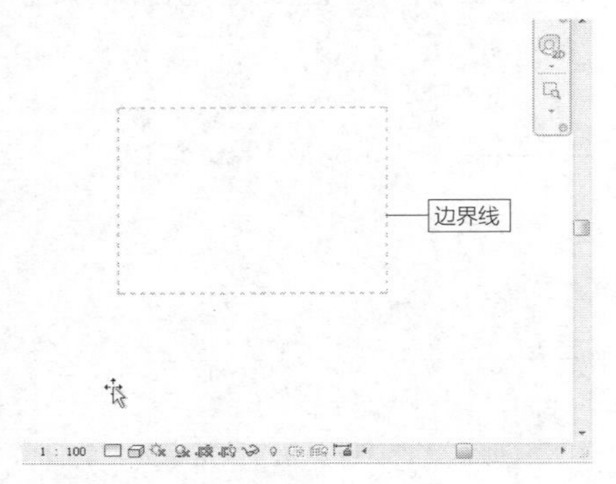

图 7-111　放置模型组

选择快捷菜单中的“编辑”选项，弹出如图7-112所示的提示对话框，询问用户“是否打开‘卫浴组合’进行编辑”。单击“是”按钮，弹出如图7-113所示的“无法编辑同名的组”对话框，提醒用户因为项目已有了与模型组同名的链接，所以不能执行编辑模型组的操作。

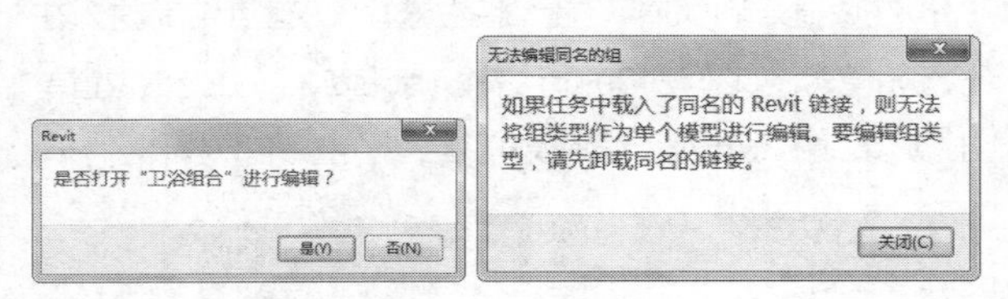

图 7-112　提示对话框　　图 7-113　“无法编辑同名的组”对话框

单击“关闭”按钮，关闭“无法编辑同名的组”对话框。在项目浏览器中，将光标置于“Revit链接”目录中的“卫浴组合”链接，单击鼠标右键，在弹出的快捷菜单中选择“卸载”选项，如图7-114所示。接着弹出“卸载链接”对话框，提醒用户“使用‘重新载入’按钮可重新载入该链接”，如图7-115所示。单击“确定”按钮，完成卸载操作。

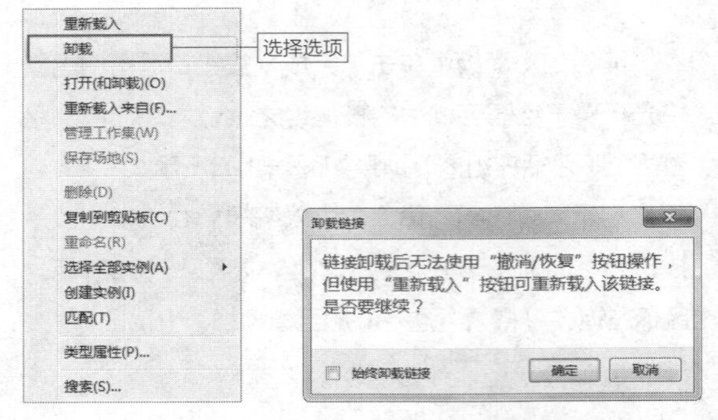

图 7-114　快捷菜单　图 7-115　“卸载链接”对话框

查看“Revit链接”目录下的“卫浴组合”链接，发现在链接名称前显示“×”，如图7-116所示，表示该链接已被卸载。但是选择该链接，调出快捷菜单，选择“重新载入”选项，又可将其载入项目。

再次执行“编辑”操作，软件将模型组打开，方便执行编辑操作。

在“卫浴组合”模型组的快捷菜单中选择“保存组”选项，弹出“保存组”对话框。设置“文件名”，在“要保存的组”列表中选择组，如图7-117所示。单击“保存”按钮，可以保存组。

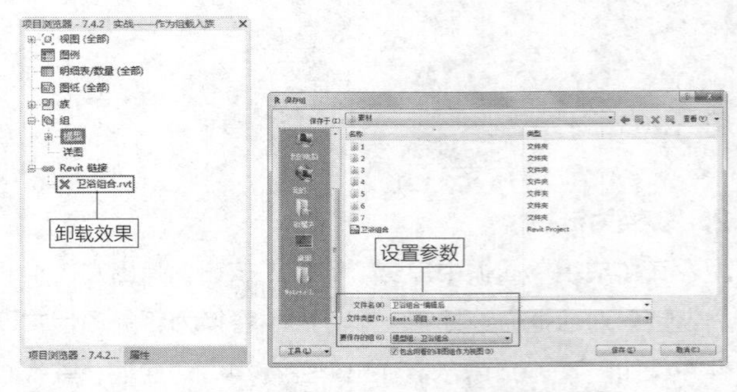

图 7-116　卸载链接模型　图 7-117　“保存组”对话框

知识链接：

如果项目中包含多个组，需要在“要保存的组”列表中选择组。假如只有一个模型组，会自动在该项显示组名称。

第3篇

高级应用篇

第08章

管理视图

在视图中主要进行创建模型、查看模型与编辑模型等操作。为了规范模型的表现样式，就需要设置视图参数，使模型按照指定的样式显示，如线型、线宽、线颜色与线型图案等。

本章介绍管理视图的方法。

学习重点

8.1 设置项目属性

项目的属性参数有线样式、线宽、线型图案和其他图元的表现样式等。设置项目属性参数后，项目中的图元会受到影响。修改参数，就是修改图元的显示样式。

本节介绍设置项目属性的方法。

8.1.1 设置线样式 重点

可以在项目环境中创建或者编辑线的样式参数。选择“管理”选项卡，单击“其他设置”按钮，在弹出的列表中选择“线样式”选项，如图8-1所示，激活命令。

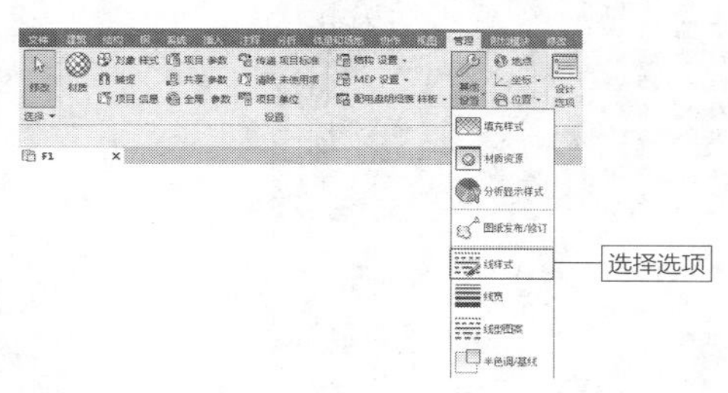

图8-1 选择选项

弹出“线样式”对话框，如图8-2所示。在对话框的“类别”列表中显示线的名称，如“<中心线>”“<已拆线>”等，这是项目文件默认存在的线样式。在“线宽”“线颜色”“线型图案”列表中显示线样式参数。

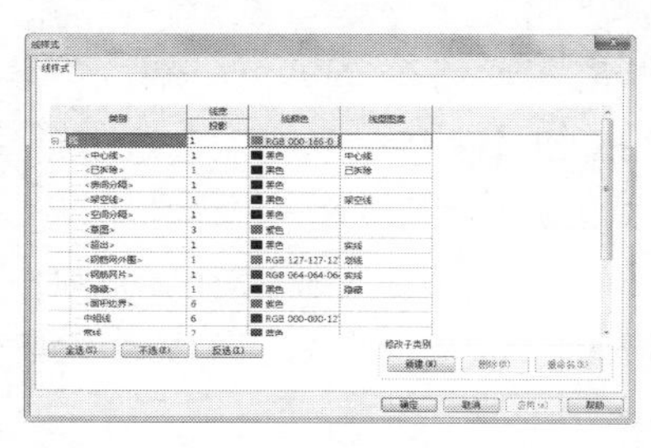

图8-2 “线样式”对话框

单击“线样式”列表左下角的“全选”按钮，可以全部选中列表中的线样式。选中后显示为蓝色填充样式，效果如图8-3所示。按住Ctrl键，选择多个线样式，效果如图8-4所示。

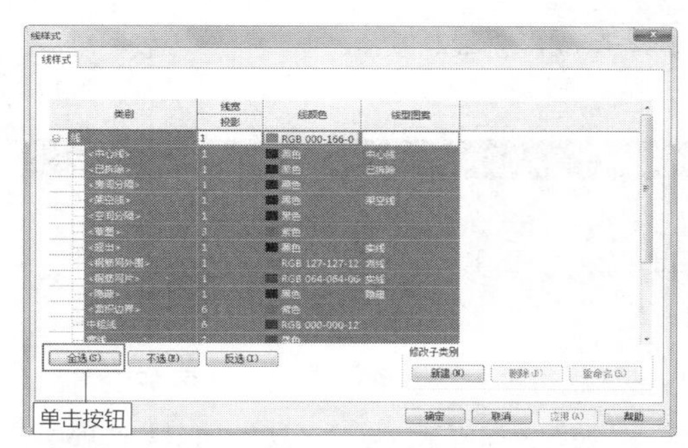

图8-3 全选线样式

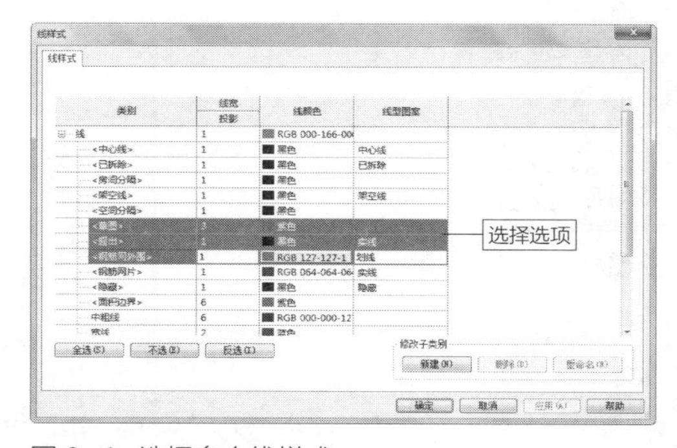

图8-4 选择多个线样式

单击“反选”按钮，可以取消已选中的线样式，反选其他线样式，效果如图8-5所示。当需要剔除其中几个线样式的选择状态时，可以使用“反选”工具。

单击“修改子类别”选项组中的“新建”按钮，弹出“新建子类别”对话框。在“名称”文本框中显示“在此处输入新名称”，如图8-6所示。提示文字显示为灰色，表示不可以被删除，但是不会影响参数的输入。

单击“不选”按钮，无论是“全选”的结果还是“反选”的结果均被取消，没有任何线样式被选中。

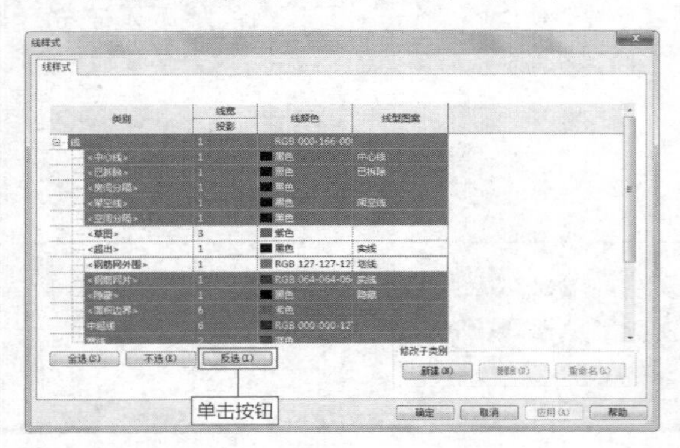

图 8-5　反选线样式

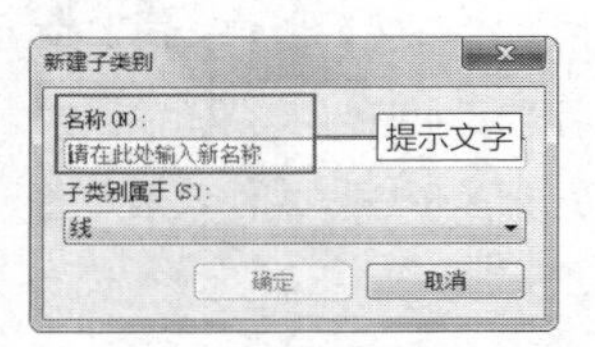

图 8-6　“新建子类别”对话框

延伸讲解：

全选线样式后，按住Ctrl键不放，单击需要剔除的线样式，也可以取消它们的选择状态，不会影响已选中的选项。

可以为新样式设置一个名称，例如，将名称设置为“管道轮廓”，如图8-7所示。在“子类别属于”选项中显示“线”，表示新类别属于“线”样式。

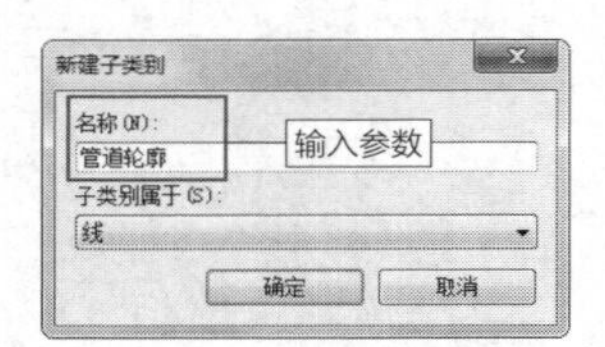

图 8-7　设置名称

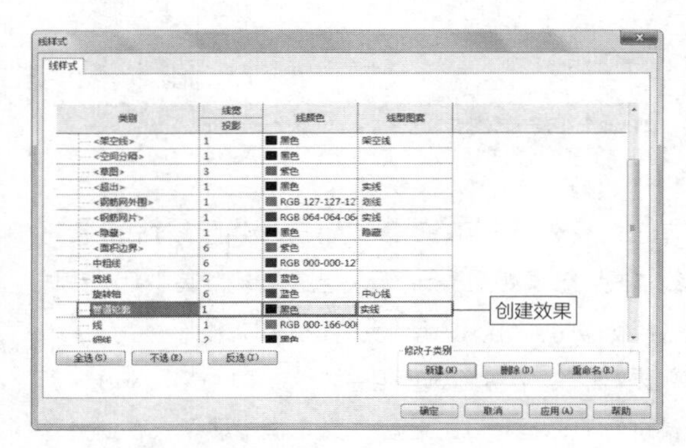

图 8-8　新建子类别

单击“确定”按钮，返回“线样式”对话框。在列表中显示新建的线样式“管道轮廓”，如图8-8所示。默认将新样式的“线宽”设置为1，“线颜色”设置为黑色，“线型图案”设置为实线。

将光标置于“线宽”选项，单击鼠标左键，弹出“线宽”列表，如图8-9所示。在列表中显示线宽编号，范围从1到16。随着数值的增大，线的宽度也随之增大。

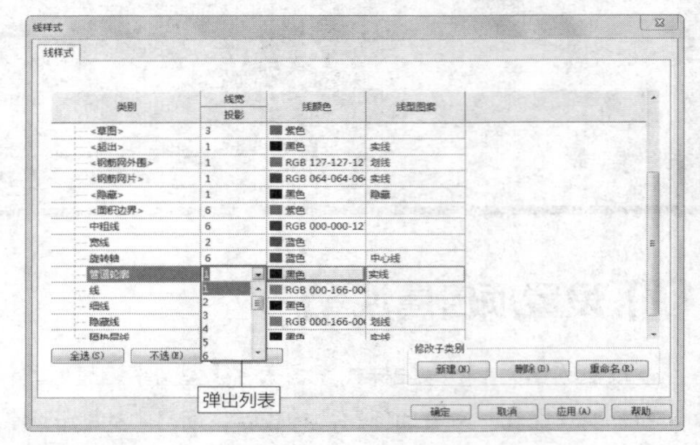

图 8-9　“线宽”列表

单击线“颜色”选项，弹出“颜色”对话框。默认选择黑色，也可在其中自定义颜色的种类。例如选择红色，在对话框的右下角实时更新参数。显示“原始颜色”为黑色，“新建颜色”为红色，如图8-10所示。

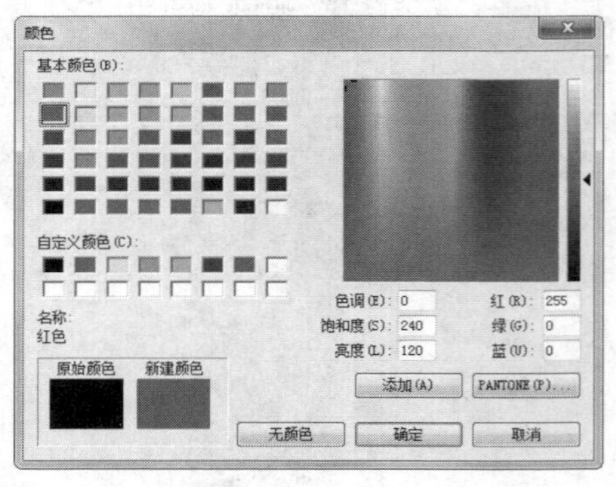

图 8-10　“颜色”对话框

知识链接：

单击“颜色”对话框右上角的调色板，可以指定颜色。或者修改调色板下方的参数，也可以自定义颜色的种类。

单击“确定”按钮，查看将“管道轮廓”样式的颜色修改为红色的效果，如图8-11所示。单击“线型图案”选项，弹出图案列表，如图8-12所示。在列表中显示中心线、划线与双划线等多种样式，选择选项，可以更改线型图案。

图 8-11 修改颜色

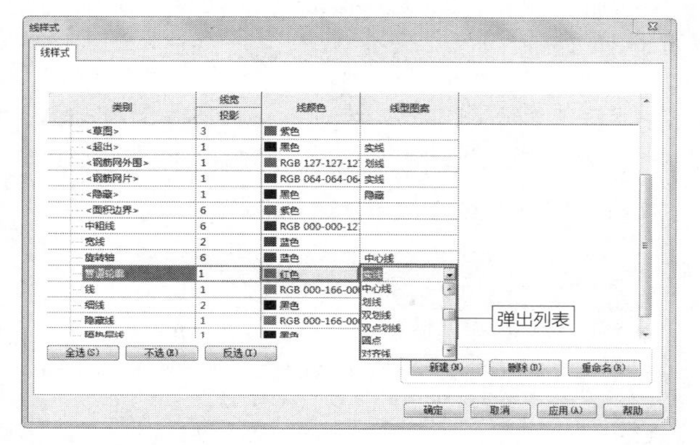

图 8-12 图案列表

选择线样式，单击“删除”按钮，弹出如图8-13所示的“删除子类别”对话框。询问用户“是否确实要删除子类别 管道轮廓”，单击“是”按钮，可以删除选定的样式。单击“否”按钮，返回“线样式”对话框，不做任何更改。

单击“重命名”按钮，弹出“重命名”对话框。在“旧名称”文本框中显示线样式目前的名称，在“新名称”文本框中输入参数，例如，输入“管道边界”，如图8-14所示。

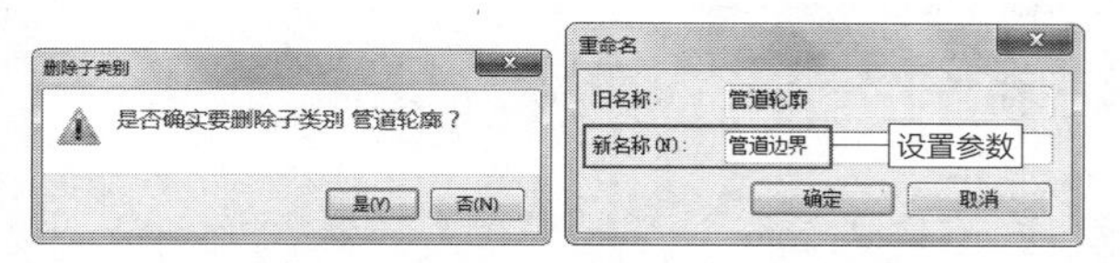

图 8-13 “删除子类别”对话框　图 8-14 “重命名”对话框

单击“确定”按钮，返回“线样式”对话框。查看修改线样式名称的效果，如图8-15所示。

选择“视图”选项卡，单击“图形”面板中的“可见性/图形”按钮，弹出“楼层平面：F1的可见性/图形替换”对话框。在“可见性”列表中选择“线”行，如图8-16所示。

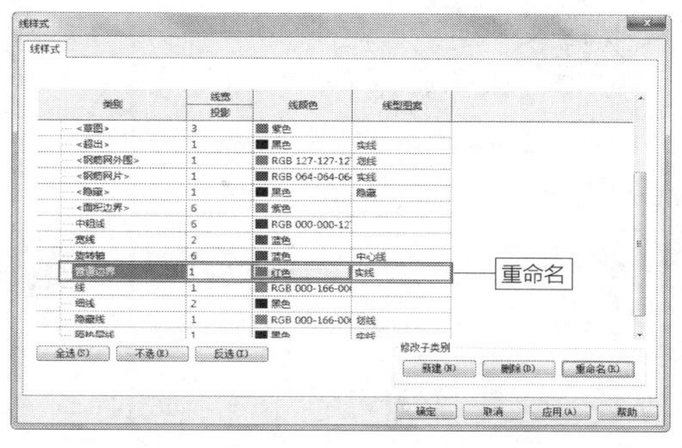

图 8-15 修改名称

图 8-16 选择选项

单击“线”选项前的“+”，展开线列表。在列表中找到“管道边界”样式，显示该样式为选中状态，如图8-17所示。这表示在选用“管道边界”样式来创建图元时，该样式在视图中可见。

图 8-17 选中状态

延伸讲解：

默认情况下，所有的线样式都在项目中可见。如果需要隐藏某类线样式，在“线”列表中取消选择该样式，那么该样式在视图中不可见。

8.1.2 设置线宽 重点

项目模板提供了多种线宽以供使用，可以选用默认线宽，也可以自定义线宽。

选择“管理”选项卡，在“设置”面板上单击“其他设置”按钮，弹出选项列表。在列表中选择“线宽”选项，如图8-18所示，激活命令。

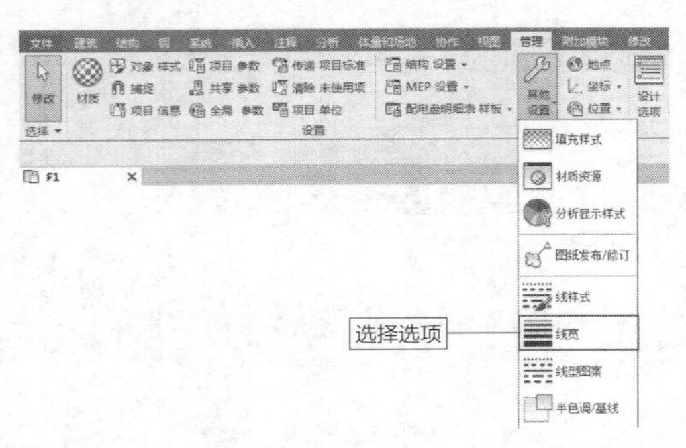

图 8-18　选择选项

稍后弹出“线宽”对话框，如图8-19所示。在其中包含3个选项卡，分别是“模型线宽”“透视视图线宽”“注释线宽”。默认选择“模型线宽”选项卡，在列表中显示16种模型线宽，提供多种比例的线宽以供调用。例如，在“1 : 10”列中，显示16种线宽。从上至下，按照编号显示不同的线宽值。

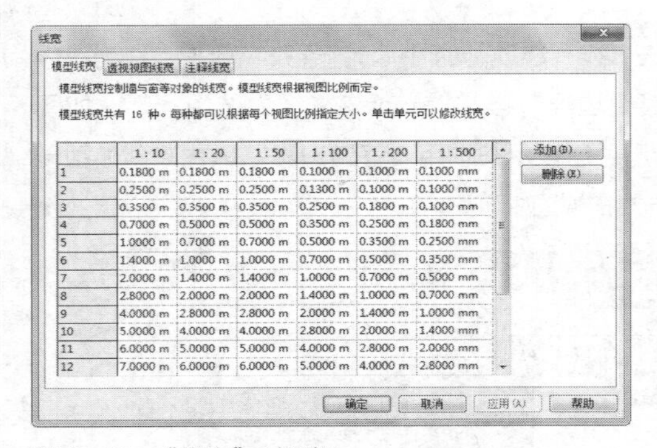

图 8-19　“线宽”对话框

单击“添加”按钮，弹出“添加比例”对话框。在其中单击“比例”选项，弹出比例列表。选择需要的比例，例如，选择“1 : 25”，如图8-20所示。单击“确定”按钮，返回“线宽”对话框。

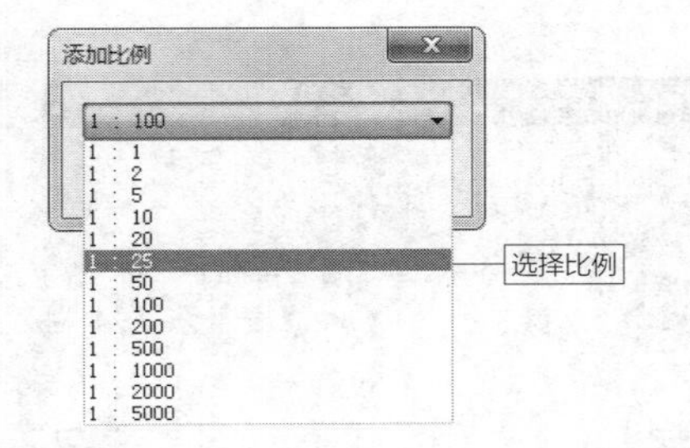

图 8-20　“添加比例”对话框

在列表中新增一个名称为“1 : 25”的列，如图8-21所示。在列中显示默认设置的线宽值，光标置于单元格中，单击鼠标左键进入编辑模式。输入参数，可以重新指定线宽值。

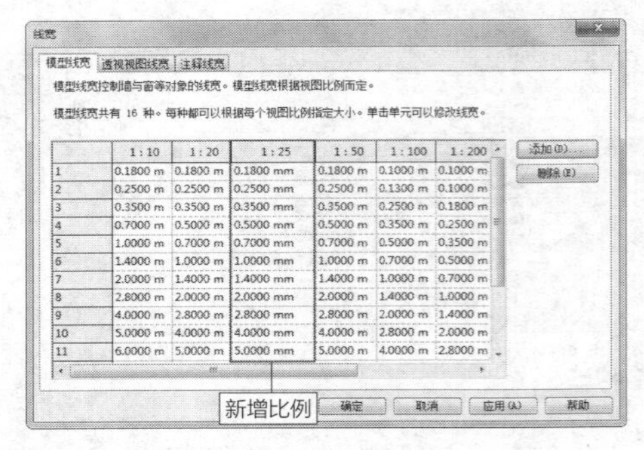

图 8-21　添加比例

选择“透视视图线宽”选项卡，在列表中显示线宽，如图8-22所示。列表中的线宽控制着透视视图中对象的显示样式，修改参数或者沿用默认参数都可以。

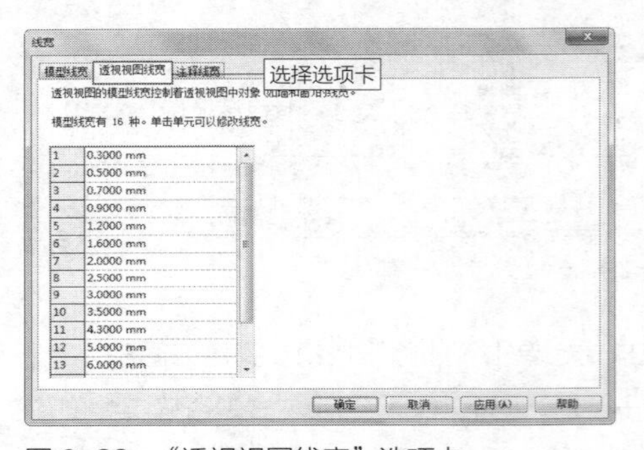

图 8-22　“透视视图线宽”选项卡

选择“注释线宽”选项卡，在其中同样显示16种线宽，如图8-23所示，列表中的参数控制着剖面和尺寸标注等注释对象的线宽。值得注意的是，注释对象的线宽不会受到视图比例或者投影方法的影响。

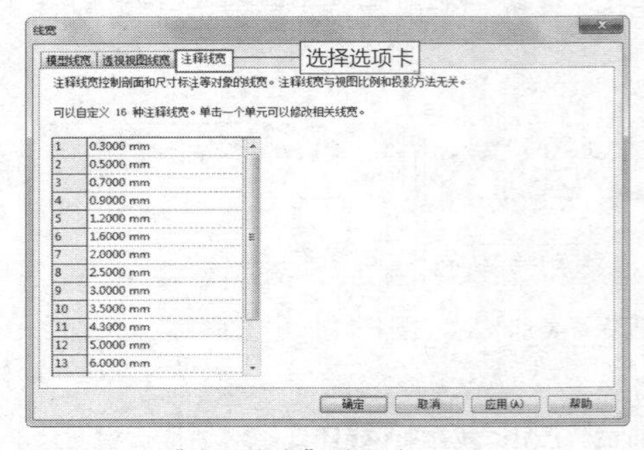

图 8-23　“注释线宽”选项卡

8.1.3　设置线型图案　难点

在设置线样式参数时，可以为线指定某种线型图案。项目文件提供了多种线型图案以供选用，如果默认的线型图案不符合使用要求，可以自己创建线型图案，或者修改已有的线型图案参数，得到新的线型图案。

选择“管理”选项卡，单击“设置”面板上的“其他设置”按钮，弹出选项列表。在其中选择“线型图案”选项，如图8-24所示，激活命令。稍后弹出“线型图案”对话框，在其中显示各种类型的线型图案，如图8-25所示。

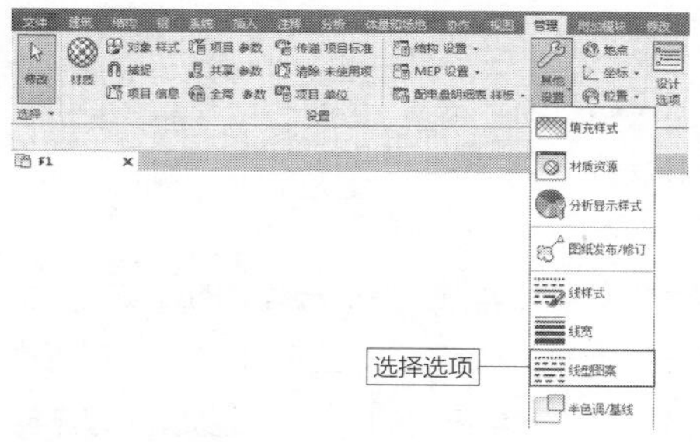

图 8-24　选择选项

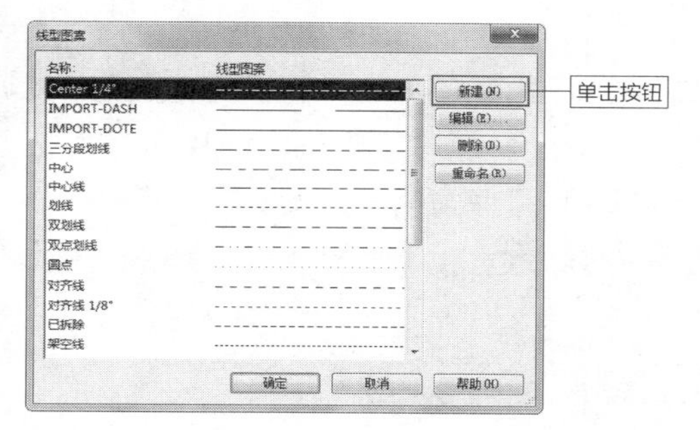

图 8-25　“线型图案”对话框

在“线型图案”对话框中，单击右上角的“新建”按钮，弹出“线型图案属性”对话框。在“名称”文本框中显示提示文字“请在此处输入新名称”，如图8-26所示。光标定位在“名称”文本框中，输入参数，设置图案名称。

拖曳鼠标，将光标定位在“类型”选项中，单击鼠标左键，弹出类型列表，如图8-27所示。在列表中显示“圆点”与“划线”两个选项，选择其中一项，例如“圆点”。

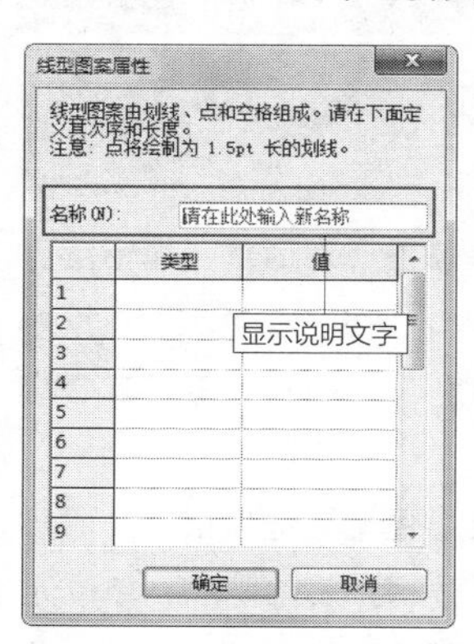

图 8-26　“线型图案属性”对话框

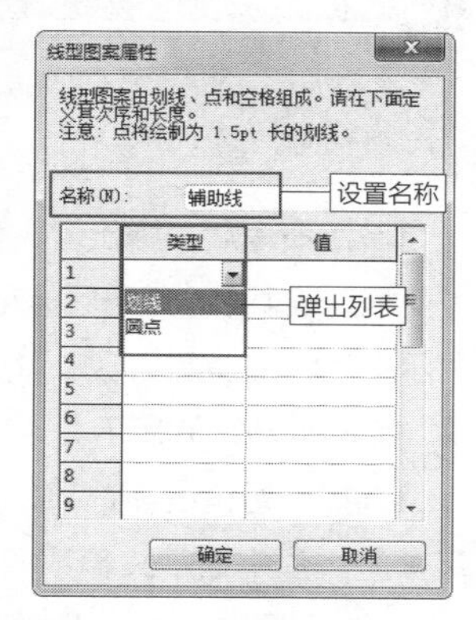

图 8-27　弹出类型列表

延伸讲解：

默认情况下，“值”的单位与项目单位一致，即都是mm（毫米）。

拖曳鼠标，将光标定位在下一行的“类型”选项，单击弹出列表，选择“空间”选项。向右移动光标，在“值”选项中输入数值5mm。重复操作，继续设置其他行的参数值，完成设置线型图案属性的操作，效果如图8-28所示。

单击“确定”按钮，返回“线型图案”对话框。在列表中显示新建的名称为“辅助线”的线型图案，如图8-29所示。

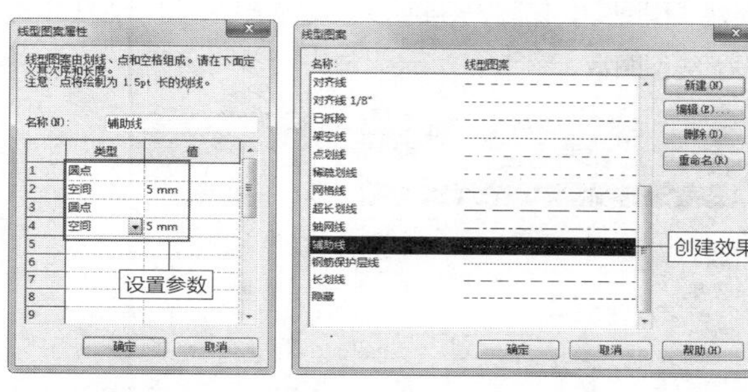

图 8-28　设置参数　　图 8-29　新建图案

答疑解惑：为什么没有为“圆点”类型设置“值”参数？

在“线型图案属性”对话框选择“类型”为“圆点”时，不需要在“值”选项中为其设置参数。如果输入“值”参数，会弹出如图8-30所示的提示对话框，提醒用户“圆点线段类型不应有相关数值”。

图 8-30　提示对话框

线型图案由划线、点与空间组成。用户需要自定义划线与空间的值，软件则默认将点绘制为1.5pt长的划线。

单击“编辑”按钮，可以弹出选定图案的“线型图案属性”对话框，在其中修改图案的属性参数。

在“线型图案”列表中选择图案，如选择“辅助线”，单击右侧的“删除”按钮，弹出如图8-31所示的提示对话框，询问用户“是否删除辅助线”。单击“是”按钮，可删除选定的图案。单击“否”按钮，则取消“删除”操作。

单击“重命名”按钮，弹出“重命名”对话框。在

“旧名称”文本框中显示图案的原始名称，在“新名称”文本框中输入参数，如图8-32所示。单击“确定”按钮，可以修改图案名称。

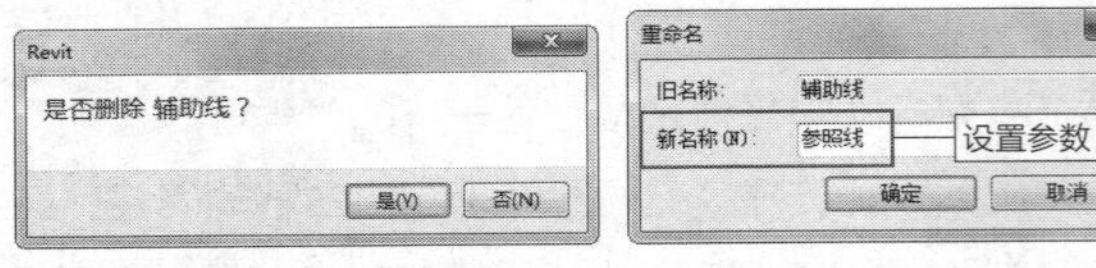

图 8-31　提示对话框　　图 8-32　设置新名称

返回“线型图案”对话框，查看“重命名”的操作效果，如图8-33所示。在“线样式”对话框中，选择其中一种线样式，例如，选择“管道边界”线样式。在“线型图案”选项中单击鼠标左键，弹出图案列表，在列表中显示新建线型图案，如图8-34所示。选择选项，可以为线样式设置线型图案。

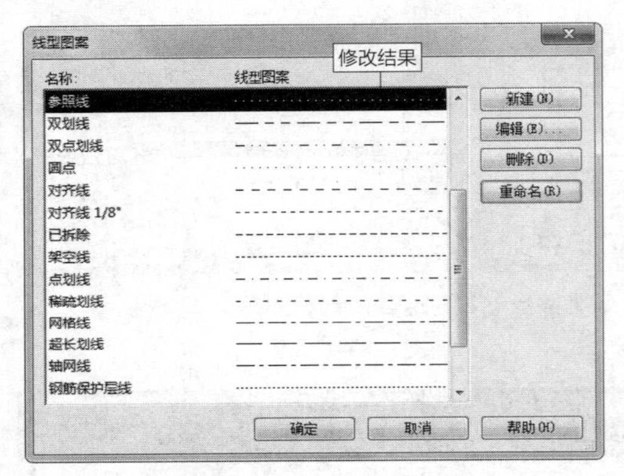

图 8-33　重命名效果

图 8-34　图案列表

8.1.4　设置箭头样式 重点

创建完毕的对齐标注，如图8-35所示，包含尺寸线、尺寸界线、尺寸数字及尺寸箭头。查看尺寸标注后，发现尺寸箭头过大，需要调整其大小。选择尺寸标注，在“属性”选项板中单击“编辑类型”按钮，如图8-36所示，打开“类型属性”对话框。

图 8-35　对齐标注　　图 8-36　“属性”选项板

在“类型属性”对话框中，与记号有关的选项有“引线记号”“记号”“记号线宽”，如图8-37所示。设置这几个选项的参数，可以调整记号的样式与线宽，可是不能更改记号的大小。为了调整记号的大小，需要启用另外一个命令。

选择“管理”选项卡，单击“设置”面板上的“其他设置”按钮，弹出选项列表。在列表中选择“箭头”选项，如图8-38所示，激活命令。

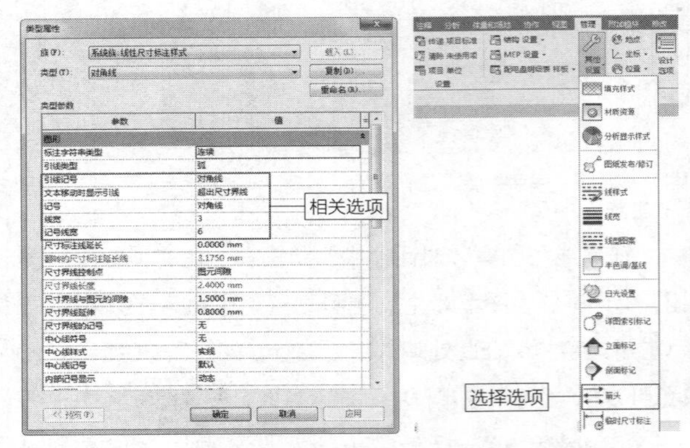

图 8-37　“类型属性”对话框　　图 8-38　选择选项

知识链接：

启用“其他设置”列表中的“箭头”命令，可以调整各种箭头样式的大小。

激活命令后，弹出“类型属性”对话框。光标置于“类型”选项中，单击鼠标左键，弹出类型列表。在其中显示多种样式的箭头，如“15度实心箭头”“30度实心箭头”等，如图8-39所示。

选择“对角线”选项，在“图形”选项组的“记号尺寸”选项中显示其参数值，如图8-40所示，单位为mm。在项目文件中，“对角线”样式的记号均以该尺寸来显示。

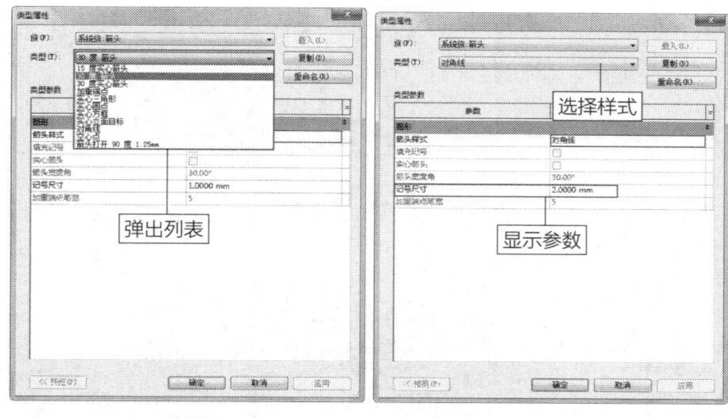

图 8-39　类型列表　　图 8-40　选择样式

由于对齐标注中的记号过大，所以可以在“记号尺寸”选项中修改参数，例如，输入0.5mm，如图8-41所示。单击“确定”按钮，关闭对话框。查看对齐标注，发现记号变小，效果如图8-42所示。

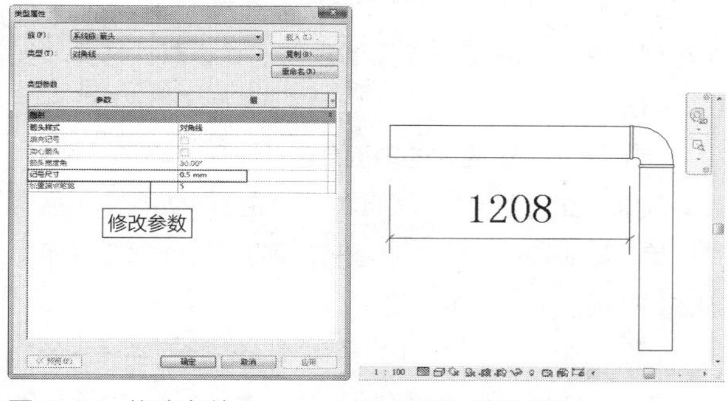

图 8-41　修改参数　　图 8-42　修改结果

在“箭头”命令的“类型属性”对话框中，还可以修改其他样式的箭头的大小，也可以自行选择箭头样式，并调整其相关参数。

8.1.5 修改临时尺寸标注样式 重点

在绘制风管的过程中，可以同时预览风管的绘制效果与长度参数。在风管上方显示临时尺寸标注，并且随着鼠标的移动，而实时发生变化，如图8-43所示。

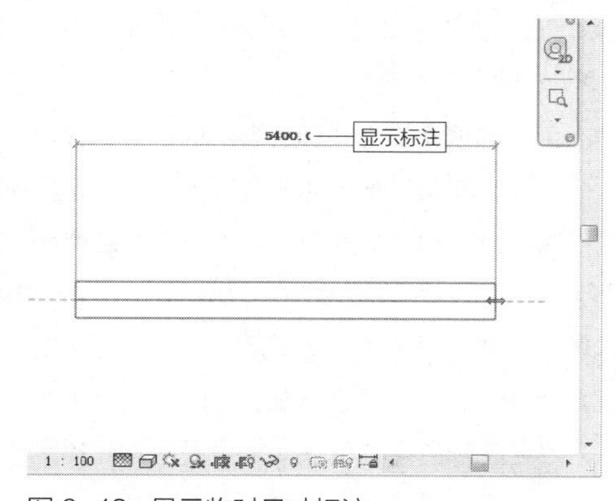

图 8-43　显示临时尺寸标注

选择风管，在风管的上方显示临时尺寸标注。借助临时尺寸标注，可以了解风管的实际长度，如图8-44所示。通常情况下，临时尺寸标注都按照默认的样式参数来显示。可以修改临时尺寸标注的样式参数，修改它的显示效果。

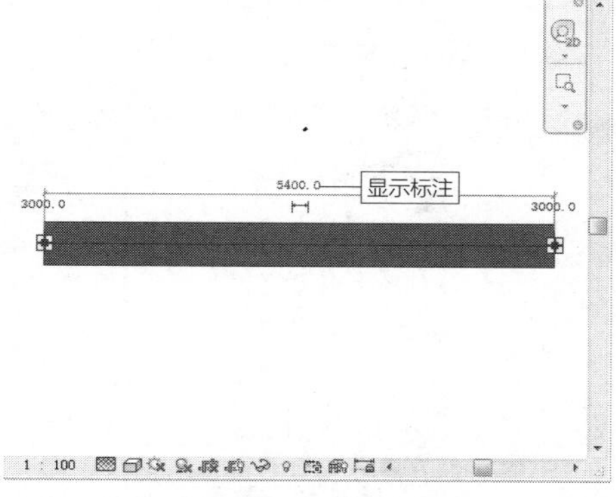

图 8-44　查看标注

选择“管理”选项卡，单击“设置”面板中的“其他设置”按钮，在弹出的列表中选择“临时尺寸标注”选项，如图8-45所示，激活命令。稍后弹出“临时尺寸标注属性”对话框，在对话框中显示临时尺寸标注的属性参数，如图8-46所示。

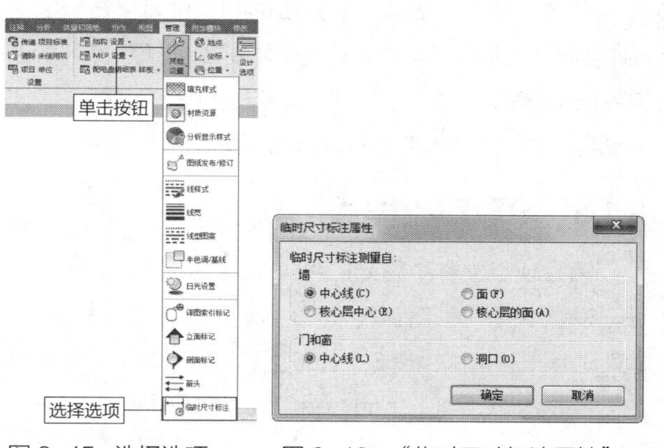

图 8-45　选择选项　　图 8-46　“临时尺寸标注属性”对话框

在“临时尺寸标注测量自”选项组中，显示其测量方式。在“墙”列表中，默认选择“中心线”选项，临时尺寸在表示墙体尺寸时，测量点定位于墙体的中心线上。

选择“面”选项，临时尺寸标注的测量点定位于墙面线上。选择“核心层中心”选项，表示其测量点位于核心层的中心线上。选择“核心层的面”选项，表示测量点定位于核心层的面边界线上。

在“门和窗”列表中，默认选择“中心线”选项，表示临时尺寸标注在测量两个门窗图元的间距时，测量点是位于门和窗的中心线之上。选择“洞口”选项，则表示测量点位于洞口边界线之上。

单击“确定”按钮，定义测量点的位置，可以在项目中按指定的样式显示临时尺寸标注。

选择“文件”选项卡，弹出类型列表，在列表中单击“选项”按钮，如图8-47所示，弹出“选项”对话框。对话框默认选择“常规”选项卡，单击选中“图形”选项卡。

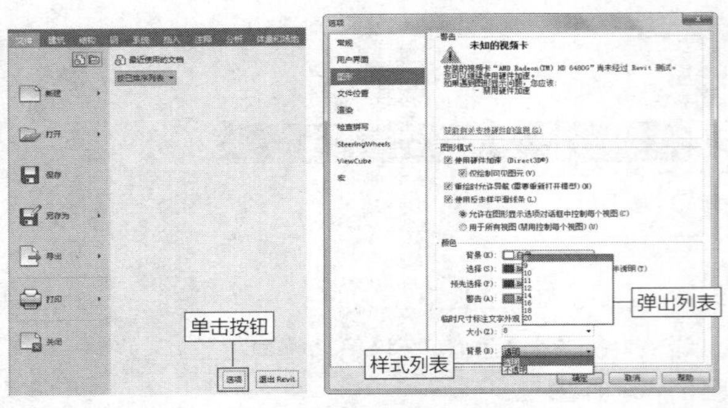

图 8-47　单击按钮　　　图 8-48　设置参数

在选项卡的右下角，显示“临时尺寸标注文字外观”选项组，如图8-48所示。单击“大小”选项，弹出选项列表。选择编号，可以按照编号所定义的大小来显示临时尺寸标注文字。默认选择“8”，表示标注文字的大小为8。

单击“背景”选项，在弹出的列表中可以选择“透明”与“不透明”选项。默认选择“透明”选项，表示标注文字没有背景。参数设置完毕后，单击“确定”按钮，关闭对话框。临时尺寸标注文字按指定的大小与样式显示。

8.1.6　设置对象样式

因为项目文件中图元的种类与数量众多，为不同的图元设置不同的显示样式，可以帮助分辨图元。选择“管理”选项卡，单击“设置”面板上的“对象样式”按钮，如图8-49所示，弹出“对象样式”对话框。

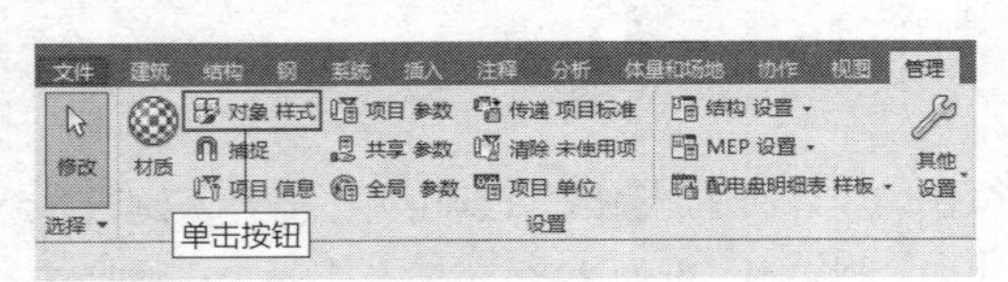

图 8-49　单击按钮

在“对象样式”对话框中包含4个选项卡，分别是“模型对象”选项卡、“注释对象”选项卡、“分析模型对象”选项卡和“导入对象”选项卡。

1.　“模型对象”选项卡

在“模型对象”选项卡中单击“过滤器列表”选项，在弹出的列表中显示规程名称。选择其中的一项，例如，选择“机械”选项，如图8-50所示，在“类别”列表中显示与“机械”规程有关的图元类别。

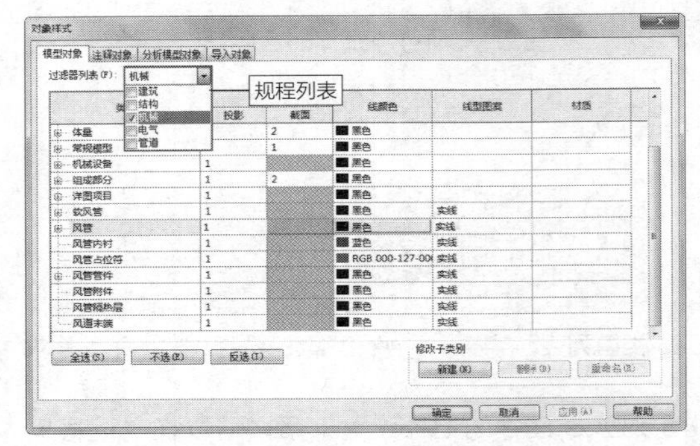

图 8-50　“对象样式”对话框

在“类别”列中显示图元的名称，在“线宽”列中显示图元的“投影”线宽与“截面”线宽，在“线颜色”列中显示图元的颜色，大多数类别的图元颜色为黑色。在“线型图案”列中显示图元的线型样式，默认选择“实线”样式。

有些图元类别名称的前面显示“+”，单击“+”，展开列表，在列表中显示图元的子类别。例如，单击展开“风管”类别前的“+”，在展开的列表中显示风管的子类别，如“中心线”“升”“降”。

选择“中心线”行，单击“投影”选项，在弹出的列表中显示线宽代号，如图8-51所示。选择其中一项，如选择“5”，指定中心线的线宽。

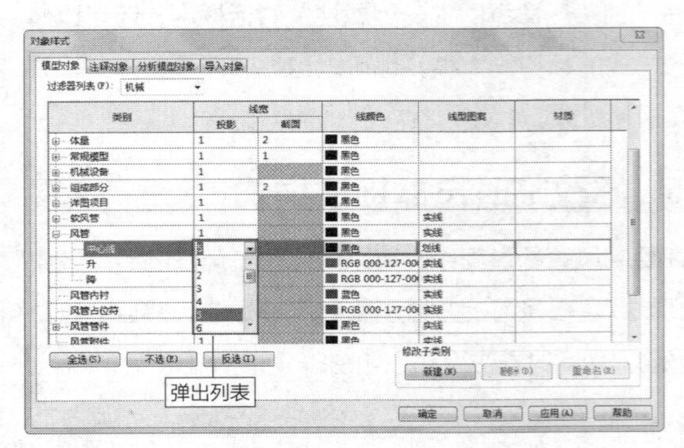

图 8-51　“线宽”列表

单击“线颜色”选项，弹出“颜色”对话框。在该对话框中包含几个部分，即“基本颜色”选项组、“自定义颜色”选项组“调色盘”和“参数组”。可以在此选择颜色或者设置颜色参数。

在“基本颜色”选项组中单击选择颜色，在对话框的左下角显示更换颜色的信息。“原始颜色”的色块代表图元的本来颜色，“新建颜色”的色块代表重新为图元指定的颜色，如图8-52所示。

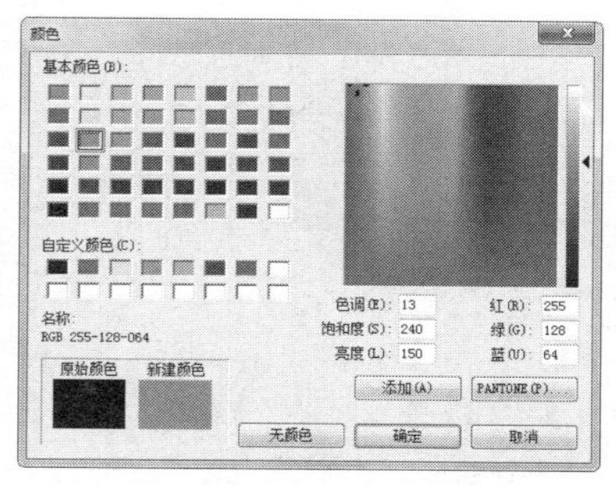

图 8-52　“颜色”对话框

单击“确定”按钮，返回“对象样式”对话框。在“线颜色”选项中，显示图元的新颜色，如图8-53所示。在“线型图案”选项中单击鼠标左键，弹出“线型图案”列表。图元默认选择“实线”，在列表中选择一项，例如“划线”，如图8-54所示，重新指定线型图案。

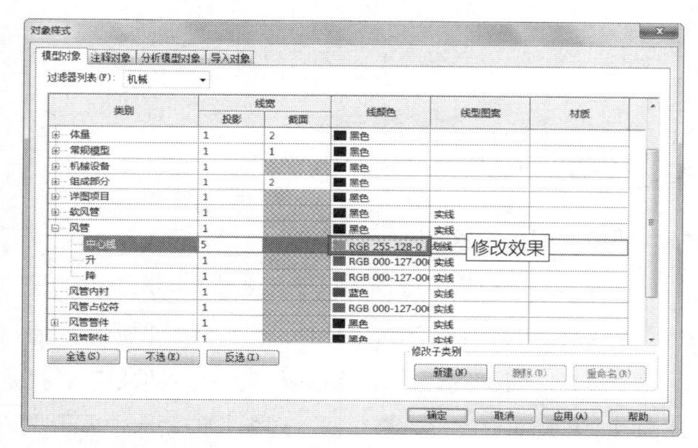

图 8-53　修改颜色

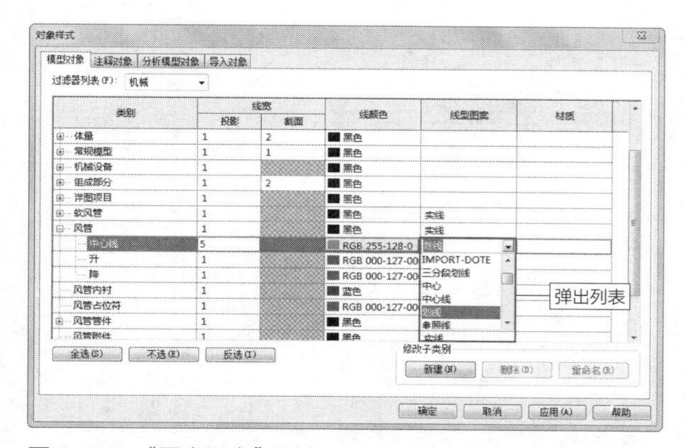

图 8-54　“图案图案”列表

修改“中心线”对象样式的效果如图8-55所示，其他类别图元的样式参数也按照上述方法来设置。按照实际的使用要求，自定义样式参数。

单击“确定”按钮，返回视图。启用“风管”命令，在绘图区域中绘制风管。观察风管中心线的显示效果，发现与在“对象样式”对话框中所设置的样式参数一致，如图8-56所示。

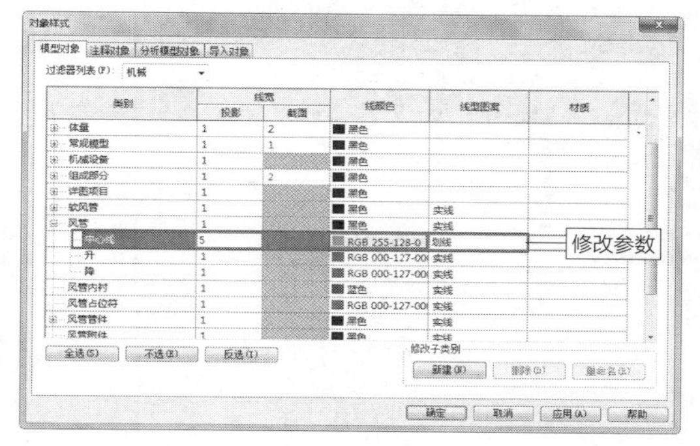

图 8-55　修改样式参数

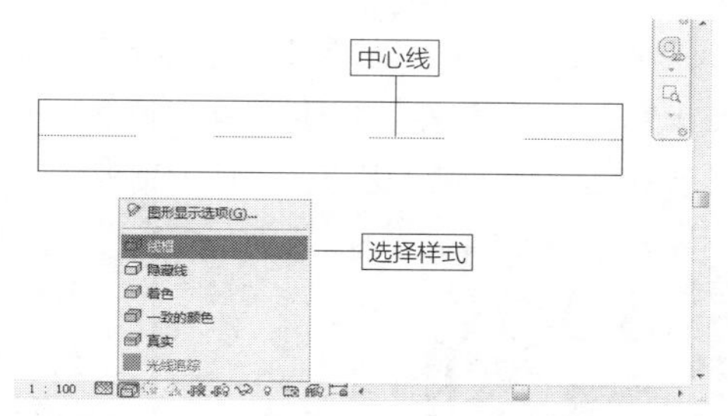

图 8-56　中心线显示效果

为了方便观察风管中心线的显示效果，需要将当前视图的“详细程度”设置为“详细”，“视觉样式”设置为“线框”。

2.　“注释对象”选项卡

选择“注释对象”选项卡，在“过滤器列表”中选择规程，例如，选择“机械”规程。在“类别”列中显示多种注释类别，例如“详图项目标记”“软风管标记”“风管标记”等，如图8-57所示。

图 8-57　“注释对象”选项卡

单击选择“风管标记”类别，在“线宽”“线颜色”“线型图案”列中显示其默认的样式参数。单击“线宽”选项，在弹出的列表中，选择线宽代号，如图8-58所示，更改标记的线宽。

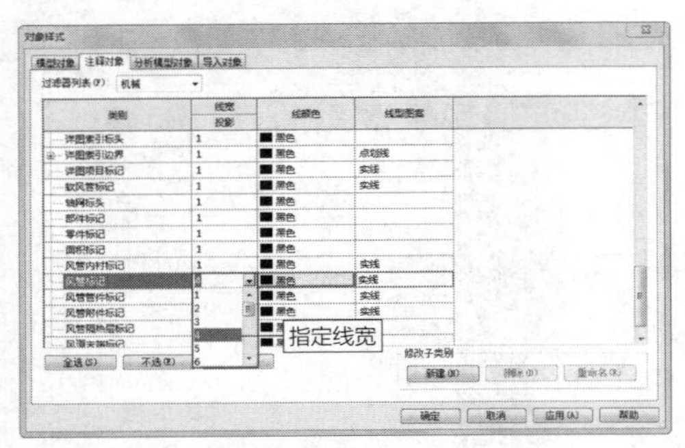

图 8-58 设置线宽

单击“线颜色”选项，弹出“颜色”对话框。在“基本颜色”选项组中单击“蓝色”色块，如图8-59所示，为标记重新指定颜色。单击“确定”按钮，关闭对话框。在“线颜色”选项中查看修改颜色的效果，如图8-60所示。

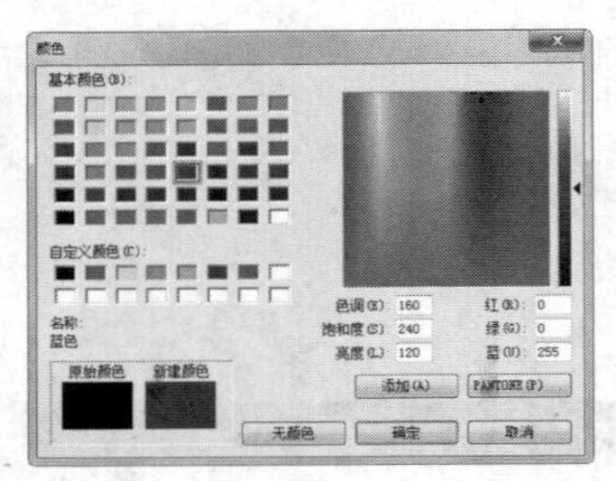

图 8-59 选择颜色

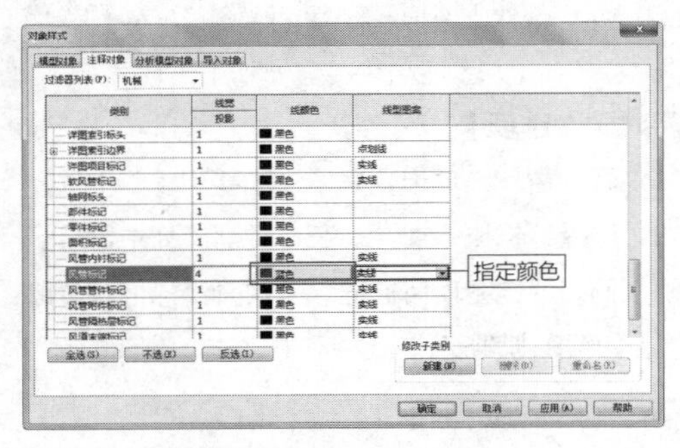

图 8-60 修改颜色

延伸讲解：

在“颜色”对话框右侧的调色板中，用鼠标上下拖曳滑块，可以调整蓝色的“亮度”值，显示不同效果的蓝色。

在“线型图案”选项中单击鼠标左键，弹出图案列表。选择名称为“点划线”的图案，如图8-61所示，修改标记的线型图案。单击“确定”按钮，返回视图。为风管添加标记后，标记的显示效果如图8-62所示。

可以继续在“注释对象”选项卡中为其他注释对象设置样式参数，如“风管管件标记”“风管附件标记“风管末端标记”等。

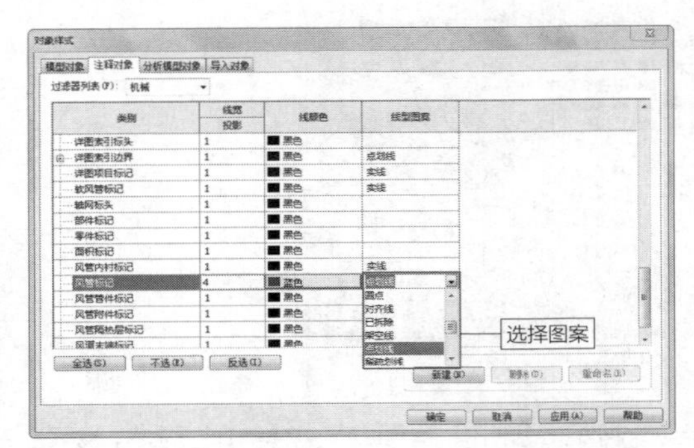

图 8-61 选择线型图案

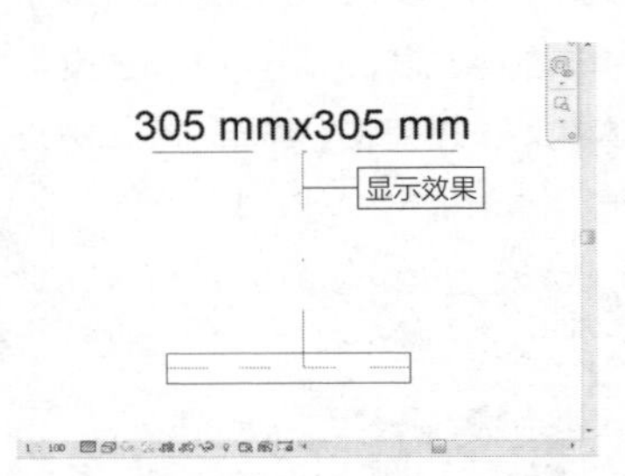

图 8-62 风管标记的显示效果

3. “导入对象”选项卡

选择“导入对象”选项卡，在其中显示导入文件的信息。假如当前项目中尚未导入任何文件，则选项卡中便显示为空白，如图8-63所示。将CAD文件导入项目后，打开“对象样式”对话框，在“导入对象”选项卡中显示文件信息，如名称、线宽、线颜色等，如图8-64所示。

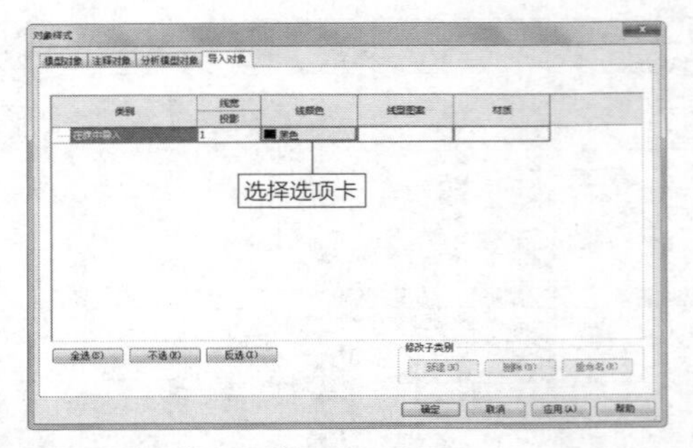

图 8-63 “导入对象”选项卡

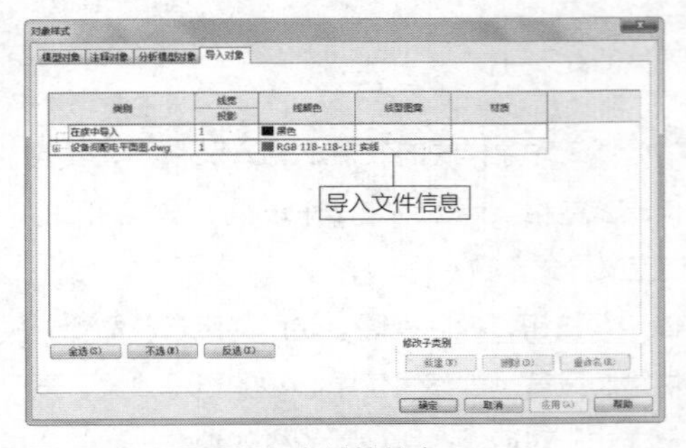

图 8-64 显示导入文件的信息

延伸讲解：

链接文件同样在“导入对象”选项卡中编辑。

单击文件名称前的“+”，展开列表，在列表中显示导入文件所包含的内容。展开CAD文件列表，在其中显示CAD图层，如图8-65所示。在导入文件时，文件中所包含的内容会一起被载入。

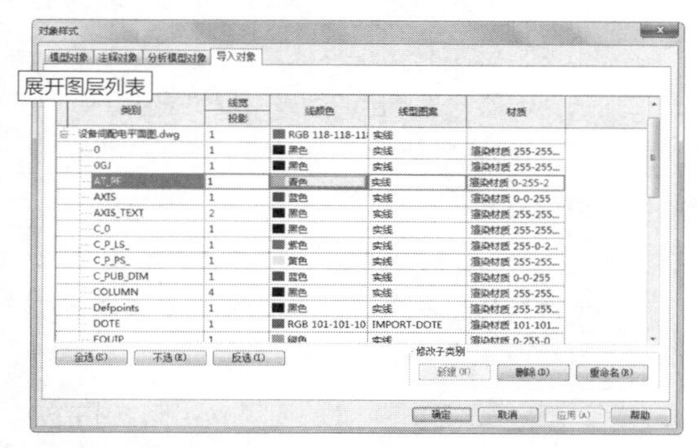

图 8-65 展开图层列表

暂时关闭“对象样式”对话框。滑动鼠标中键，放大视图，查看其中“楼梯”图元的显示效果，如图8-66所示。

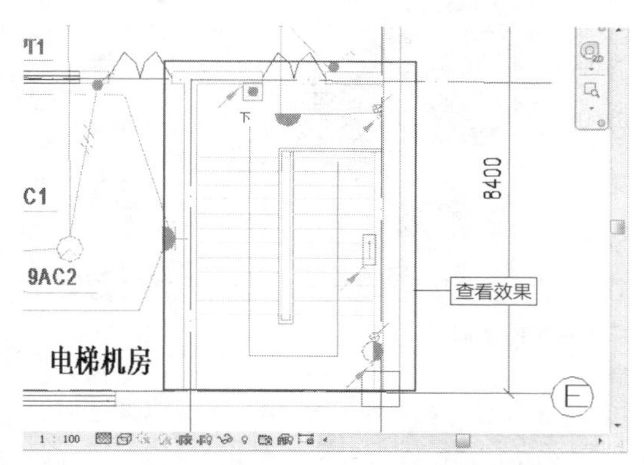

图 8-66 查看图元显示效果

延伸讲解：

通过修改“导入对象”选项卡中图层的属性参数，可以影响图层中图元的显示效果。

重新打开“对象样式”对话框，在“导入对象”选项卡的列表中找到楼梯所在的图层，在行中显示图层信息。例如，“线宽”代号为“1”，“线颜色”为“黄色”，“线型图案”为“实线”，如图8-67所示。

单击“线颜色”选项，弹出“颜色”对话框。指定“红色”为新的颜色，如图8-68所示。单击“确定”按钮，返回“对象样式”对话框。

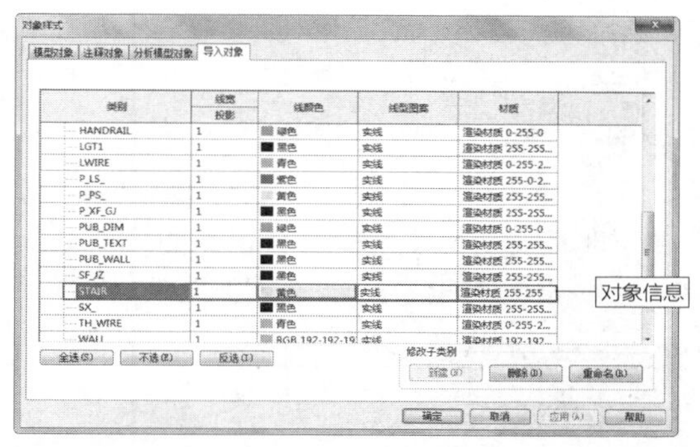

图 8-67 显示图层信息

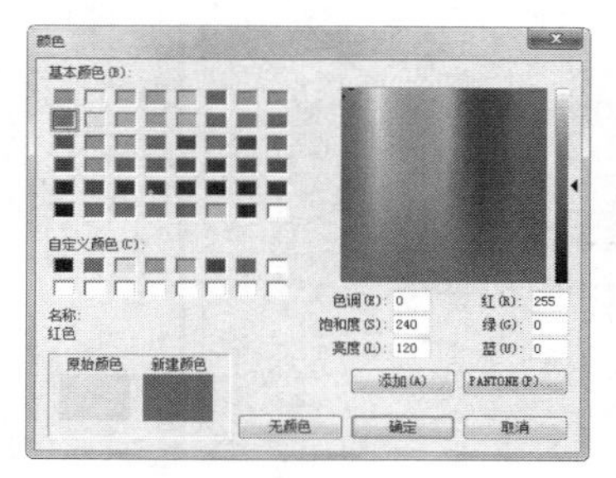

图 8-68 选择颜色

单击“线型图案”选项，在弹出的样式列表中选择名称为“双点划线”的图案，如图8-69所示。参数设置完毕之后，单击“确定”按钮，返回视图。再次查看楼梯的显示效果，发现其线型与线颜色均按照所设定的参数来显示，如图8-70所示。

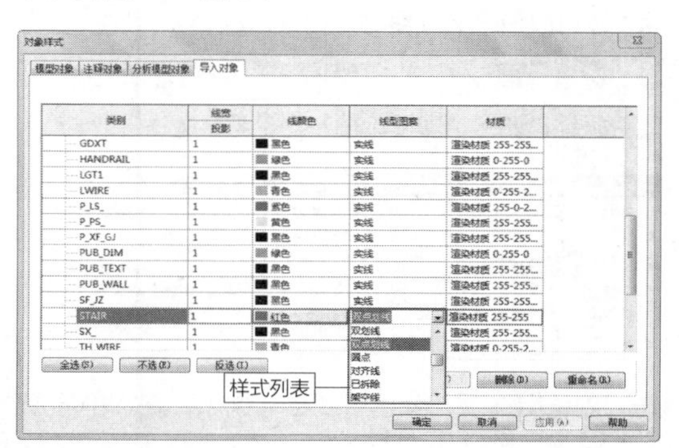

图 8-69 选择线型图案

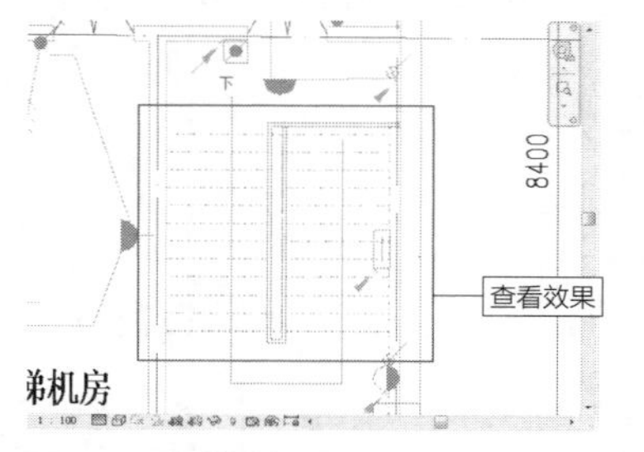

图 8-70 楼梯的显示效果

除了使用上述的方法来编辑导入文件之外，还有另外一种方法。选择“视图”选项卡，单击“图形”面板中的“可见性/图形”按钮，如图8-71所示，弹出“楼层平面：标高1的可见性/图形替换”对话框。

选择“导入的类别”选项卡，在其中同样显示导入文件的信息，如图8-72所示。单击文件名称前的“+”，展开图层列表，编辑参数，也可以影响图层上的图元。

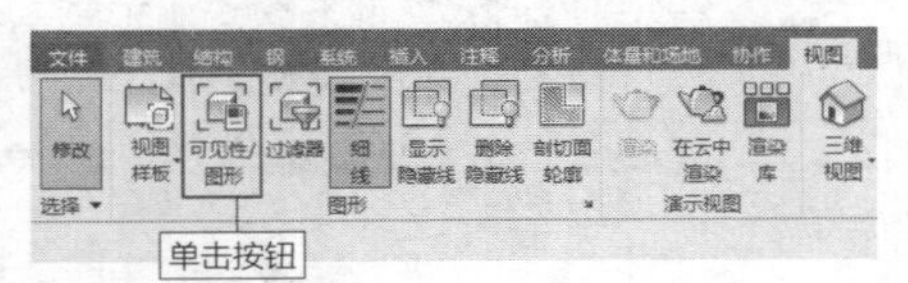

图 8-71　单击按钮

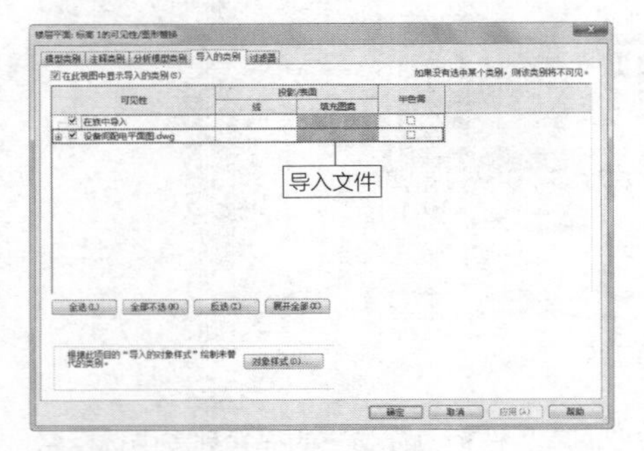

图 8-72　显示导入文件的信息

8.1.7 设置项目单位 重点

在新建项目之初，软件会要求选择项目的单位。在新建项目后，也可以再修改项目单位参数。选择“管理”选项卡，单击“设置”面板上的“项目单位”按钮，如图8-73所示，激活命令，弹出“项目单位”对话框。

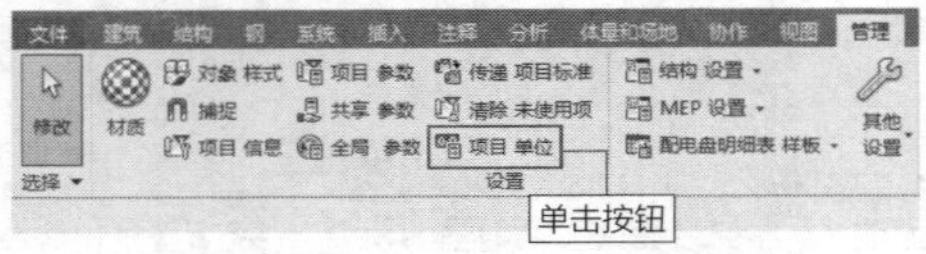

图 8-73　单击按钮

单击“规程”选项，弹出“规程”列表，在其中显示规程名称，如“公共”“结构”“HVAC”等，如图8-74所示。默认选择“公共”规程，用来指定各个规程都需要使用的单位的样式。

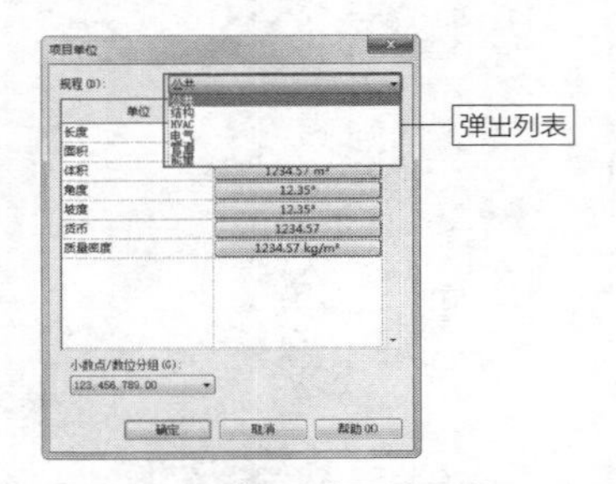

图 8-74　“规程”列表

选择“公共”规程，在“单位”列中显示“长度”“面积”“体积”单位名称，在“格式”列中显示单位格式，如图8-75所示。例如，“长度”单位的格式为1235mm。

单击“长度”选项右侧的“格式”按钮，弹出“格式”对话框，如图8-76所示。单击“单位”选项，在弹出的列表中提供了多种类型的单位格式，如“米”“分米”“厘米”等。在建筑制图中，“长度”单位一般选用“毫米”。

单击“舍入”选项，在弹出的列表中提供显示小数点的方法，如“0个小数位”“1个小数位”“2个小数位”等。“长度”单位选择“0个小数位”，即以整数显示长度。

单击“单位符号”选项，在弹出的列表中显示两个选项，分别是“无”与“mm”。默认选择“无”，即在标注长度尺寸时，不显示单位。如果选择“mm”，则可以在长度标注中显示单位。

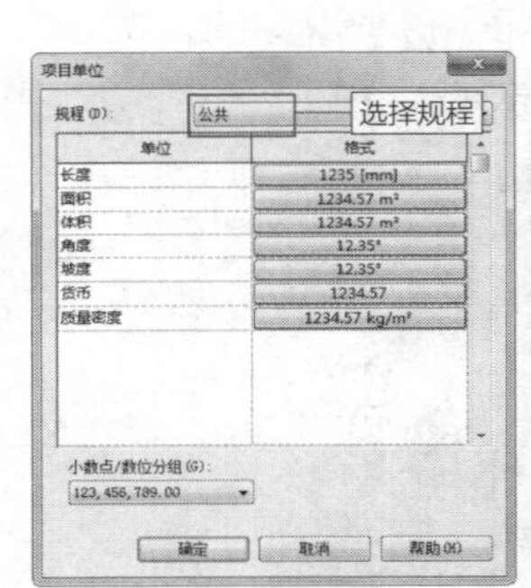

图 8-75　显示单位类别

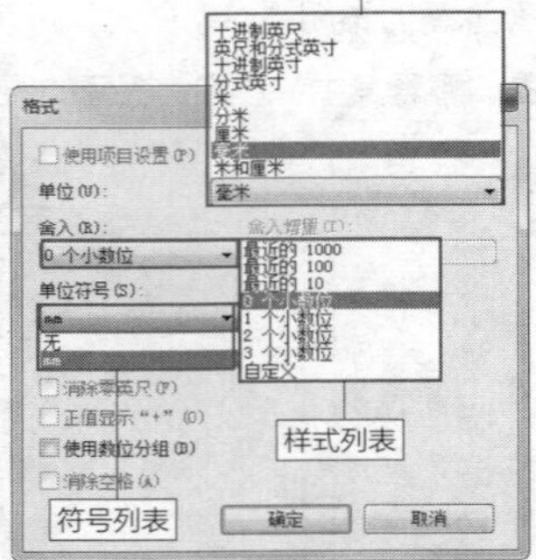

图 8-76　“格式”对话框

不同类型的单位，都有与其对应的“格式”对话框。对话框的参数选项相同，但是参数设置却不同。在“项目单位”对话框中，单击“面积”选项右侧的“格式”按钮，进入“格式”对话框。在“单位”选项中显示“平方米”，设置“舍入”样式为“2个小数位”，即面积标注精确到2个小数位。将“单位符号”设置为“m^2”，如图8-77所示。

在与“角度”单位对应的“格式”对话框中，“单位”显示为“十进制度数”，“舍入”格式为“2个小数位”，“单位符号”为“°”，这是建筑制图标准规定的表示角度标注的符号，如图8-78所示。

在“项目单位”对话框中选择其他规程，例如，选择“电气”规程，可以设置在电气制图过程中需要使用的单位，如“电流”单位、“电压”单位等。

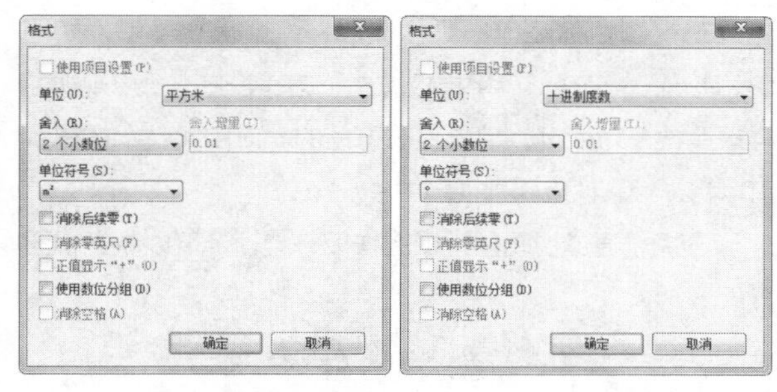

图 8-77　“面积”单位信息　图 8-78　“角度”单位信息

8.2 设置图形显示参数

通过设置图形的显示参数，可以控制图形以指定的样式显示，或者过滤图形，仅显示符合条件的图形，不符合条件的图形会被暂时隐藏。本节介绍设置图形显示参数的方法。

8.2.1 视图样板　重点

视图样板是视图属性，如视图比例、规程、详细程度及可见性设置的集合。通过定义这些属性参数，可以标准化项目中视图的设置。

选择“视图”选项卡，单击“图形”面板上的“视图样板”按钮，弹出选项列表。在列表中选择“从当前视图创建样板”选项，如图8-79所示，激活命令，弹出“新视图样板”对话框。

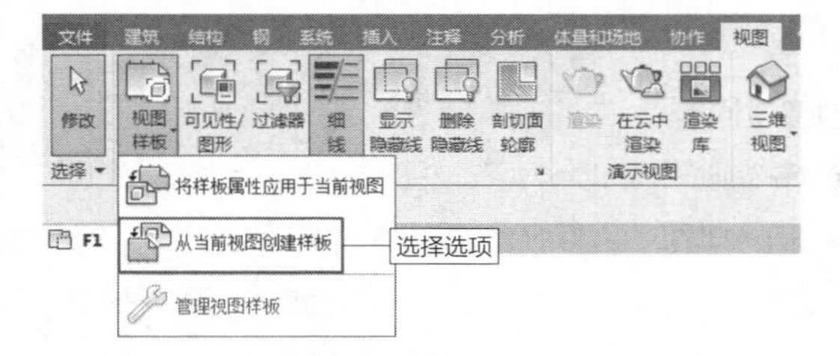

图 8-79　选择选项

在对话框的“名称”文本框中显示提示文字“请在此处输入新名称”，如图8-80所示。提示文字不可删除，但是不会影响设置参数的操作，在输入参数时会自行消除。

图 8-80　“新视图样板”对话框

在“名称”文本框中设置名称，例如，输入“MEP视图样板”，如图8-81所示，指定样板名称。单击“确定”按钮，进入“视图样板”对话框。在“名称”列表中显示新建样板的名称，默认“规程过滤器”的样式为“<全部>”，保持“视图类型过滤器”的类型为“楼层、结构、面积平面”不变，如图8-82所示。

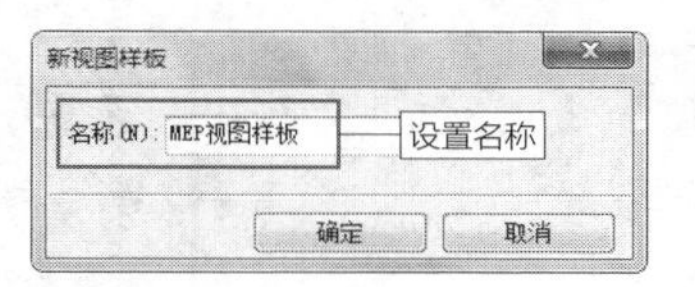

图 8-81　设置名称

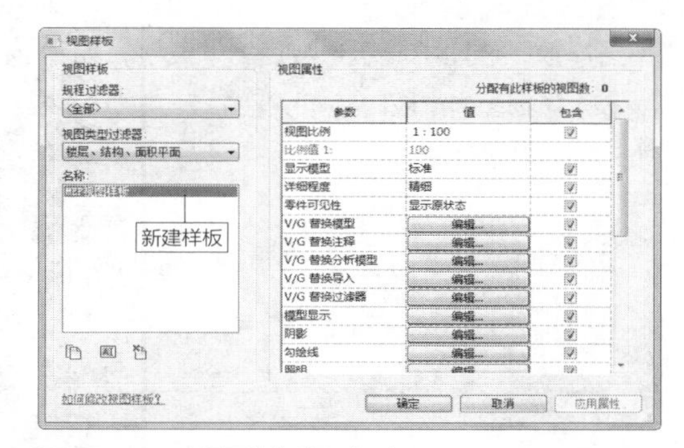

图 8-82　“视图样板”对话框

单击“新建”按钮，弹出“新视图样板”对话框。设置“名称”参数，单击“确定”按钮，可以新建视图样板。

单击“重命名”按钮，弹出“重命名”对话框。在“旧名称”文本框中显示样板的原有名称，在“新名称”文本框中输入参数，如图8-83所示，重新指定样板名称。单击“确定”按钮，返回“视图样板”对话框，查看修改样板名称的效果，如图8-84所示。

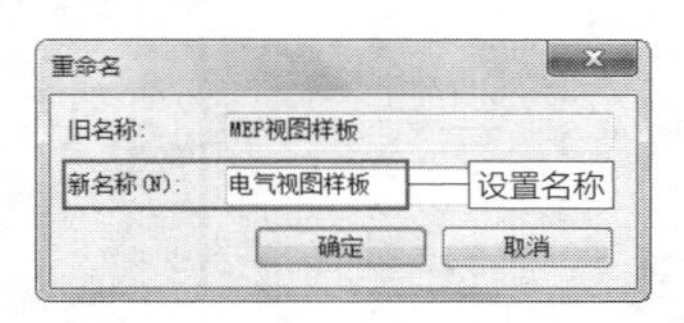

图 8-83　“重命名”对话框

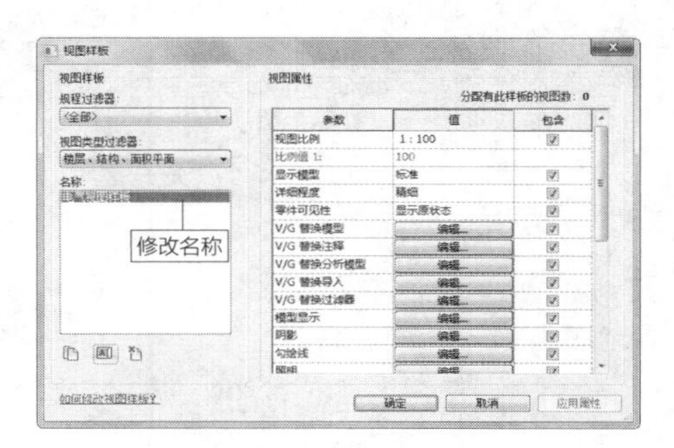

图 8-84　修改样板名称的效果

单击“删除”按钮，可以删除选定的视图样板。

在“视图属性”列表中设置参数，如“视图比例”“显示模型”“详细程度”等。参数设置完毕后，单击“确定”按钮，关闭对话框，完成创建视图样板的操作。

延伸讲解：

假如要删除正在使用的视图样板，会弹出如图8-85所示的“视图样板正在使用”对话框，询问用户需要执行哪项操作。选择选项，可以执行“选择替换视图样板”或者“删除视图样板参照”的操作。

在视图的“属性”选项板中展开“标识数据”选项组，在“视图样板”选项中显示参数值为“无”，如图8-86所示，表示该视图尚未应用任何视图样板。在默认情况下，视图没有应用任何样板。

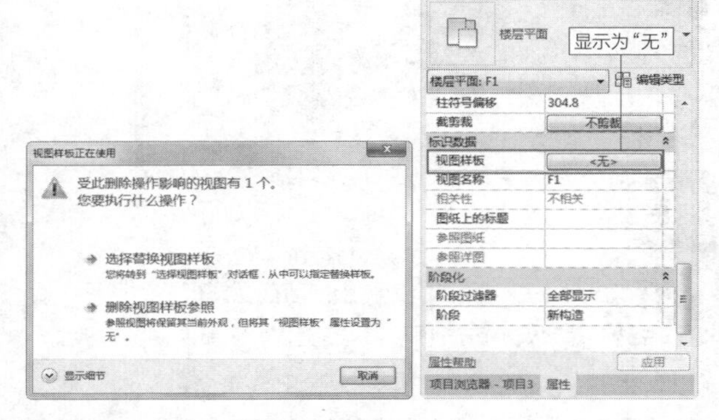

图 8-85　“视图样板正在使用”对话框　　图 8-86　尚未应用样板

单击“无”按钮，弹出“指定视图样板”对话框。在“名称”列表中选择样板，单击右下角的“应用”按钮，如图8-87所示。

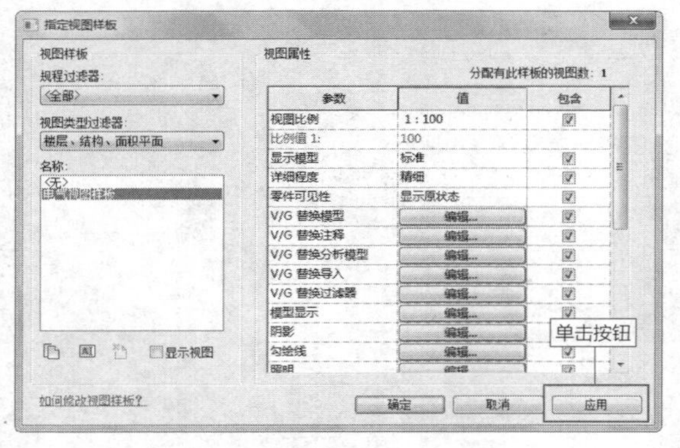

图 8-87　“指定视图样板”对话框

关闭“指定视图样板”对话框后，可以在“视图样板”选项中显示样板名称，如图8-88所示。在项目浏览器中展开“楼层平面”目录，在其中选择视图名称，例如，选择“F1”。

在视图名称上单击鼠标右键，弹出快捷菜单，如图8-89所示。选择“应用样板属性”选项，弹出“应用视图样板属性”对话框，单击其右下角的“应用属性”按钮，可以将样板属性应用到视图中。

选择“通过视图创建视图样板”选项，可以新建视图样板。

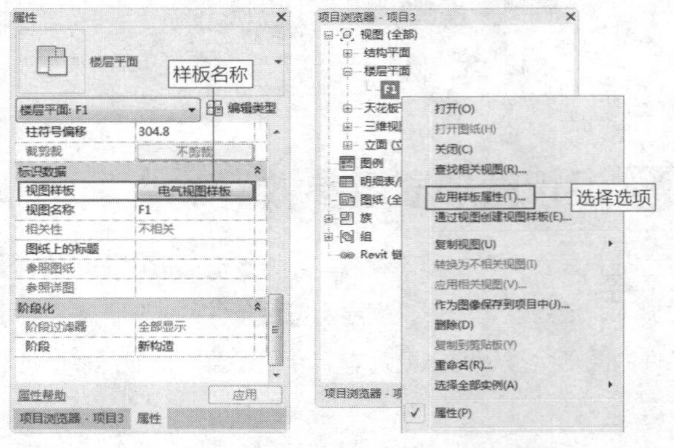

图 8-88　应用样板　　图 8-89　快捷菜单

延伸讲解：

为某个视图指定视图样板后，不能影响其他视图。

8.2.2　过滤器　重点

管道系统有多种类型，如冷水系统、热水系统、污水系统等。管道系统中所包含的图元有管道、管件及附件等。

假如想要单独查看某一管道系统可以使用过滤器。

1.　创建过滤器

选择“视图”选项卡，在“图形”面板上单击“过滤器”按钮，如图8-90所示，激活命令，同时弹出“过滤器”对话框。假如项目中尚未创建任何过滤器，则对话框中的各参数选项处于未激活状态，显示样式如图8-91所示。

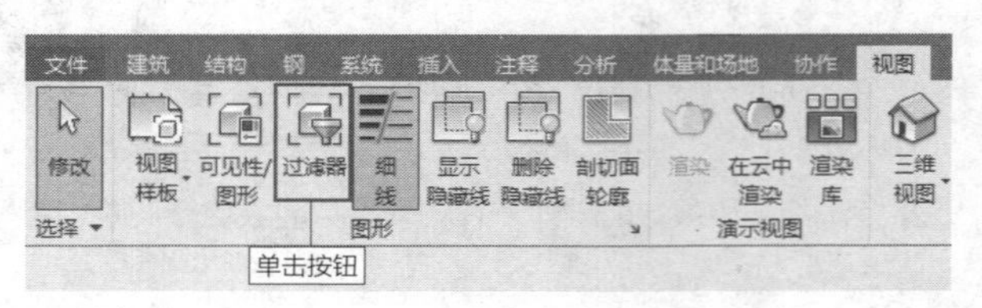

图 8-90　单击按钮

单击“过滤器”对话框左下角的“新建”按钮，弹出“过滤器名称”对话框。在“名称”文本框中输入参数，如图8-92所示。保持选择“定义规则”选项不变，单击“确定”按钮，完成新建过滤器的操作。

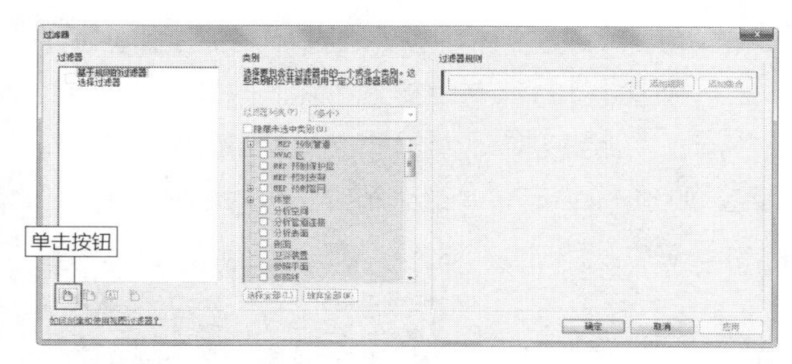

图 8-91 “过滤器”对话框

图 8-92 “过滤器名称”对话框

> **延伸讲解：**
>
> 基于“定义规则”的过滤器，表示在应用过滤器之前，需要设定过滤规则。

在“过滤器”列表中显示新建过滤器的名称，如图8-93所示。单击“复制”按钮，可以创建选定过滤器的副本。单击“重命名”按钮，弹出“重命名”对话框。在其中设置“新名称”参数，单击“确定”按钮，可以重新命名过滤器。

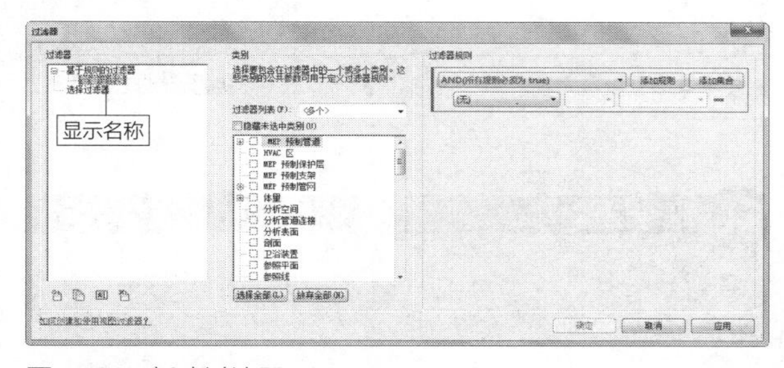

图 8-93 新建过滤器

单击“删除”按钮，弹出“删除过滤器”对话框，询问用户是否要删除选中的过滤器。单击“是”按钮，可以删除过滤器。

单击“过滤器列表”选项，在弹出的列表中显示规程名称。选择其中一项，例如，选择“管道”选项，如图8-94所示，指定过滤器的规程。在规程列表中选择“管道”选项，表示即将为“管道”图元设置过滤规则。

在“过滤器规则”选项组中设置过滤规则。单击“过滤条件”选项，在弹出的列表中显示各种各样的规则，选择选项，例如，选择“系统分类”选项，指定过滤规则。

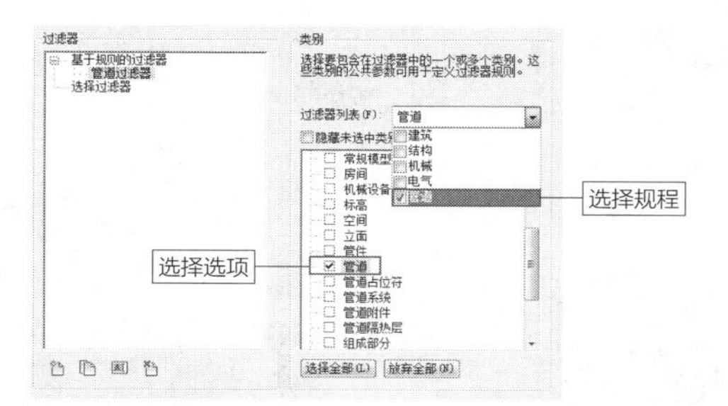

图 8-94 选择规程

单击选项组的第二个选项，在弹出的列表中显示“等于”“不等于”“大于”等，选择“等于”，指定过滤条件。单击第三个选项，在列表中显示“系统分类”的名称。选择“循环供水”选项，如图8-95所示，完成设置过滤规则的操作。

因为是为“管道”创建过滤器，所以除了将“系统分类”指定为“过滤条件”之外，还可以指定其他样式的规则。例如，选择“直径”为“过滤条件”，如图8-96所示。修改规则后，与其对应的选项也发生变化。

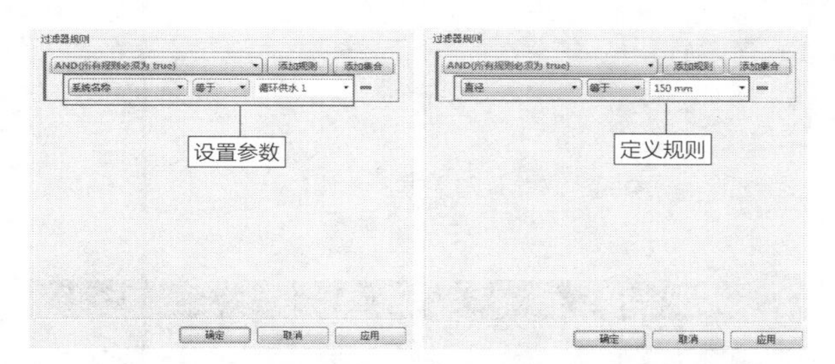

图 8-95 设置过滤规则　　图 8-96 更改过滤规则

参数设置完毕之后，单击“确定”按钮，返回视图，结束创建过滤器的操作。

> **延伸讲解：**
>
> 可以继续在“与”选项组中设置其他过滤规则。

2. 添加过滤器

在“图形”面板中单击“可见性/图形”按钮，如图8-97所示，激活命令，弹出“楼层平面：F1的可见性/图形替换”对话框。选择“过滤器”选项卡，如图8-98所示。在尚未添加任何过滤器之前，该选项卡显示为空白。

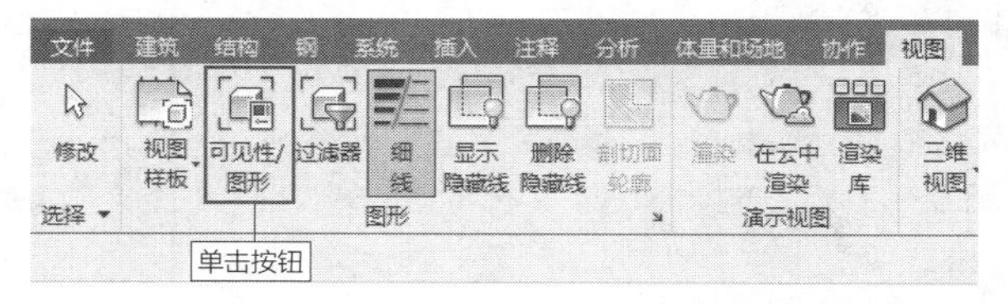

图 8-97 单击按钮

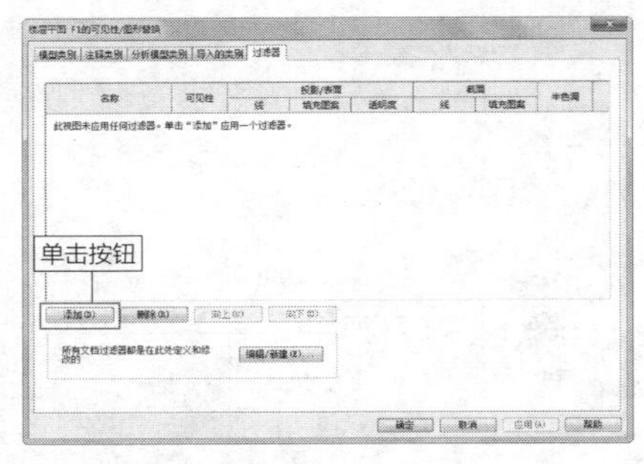

图 8-98　“过滤器”选项卡

单击对话框左下角的“添加”按钮，弹出“添加过滤器”对话框。在对话框中显示已创建的过滤器，选择需要添加的过滤器，如图8-99所示，单击“确定”按钮，将过滤器添加到视图中。

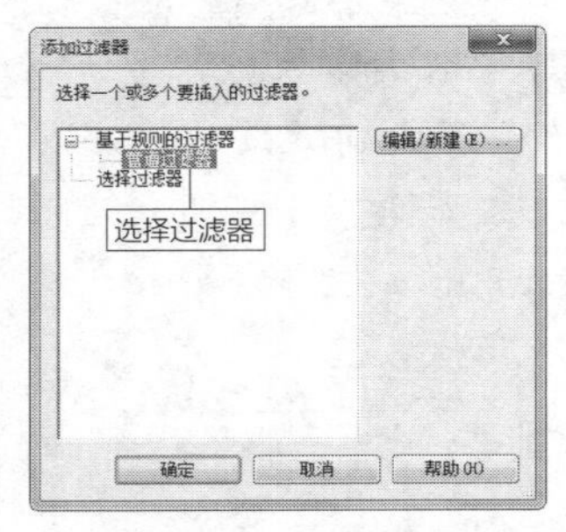

图 8-99　“添加过滤器”对话框

知识链接：

创建过滤器后，还需要将过滤器添加到视图中，才可以正式使用过滤器。

在“过滤器”选项卡中显示过滤器的参数，如图8-100所示。在“名称”列中显示过滤器的名称，在“线”“填充图案”“透明度”列中显示过滤器的样式参数。在尚未做任何修改之前，过滤器保持默认的系统参数。

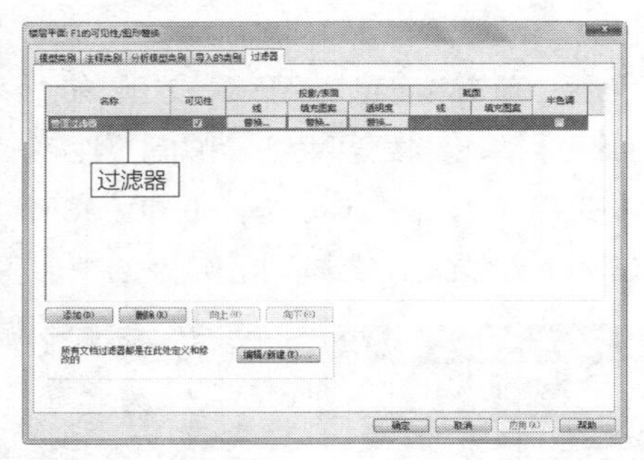

图 8-100　添加过滤器

3. 设置过滤器属性

单击“线”选项，弹出“线图形”对话框。单击“宽度”选项，弹出宽度代号列表。选择代号，例如，选择“5”，如图8-101所示，指定线宽值。

单击“颜色”选项，弹出“颜色”对话框。在其中选择颜色，如图8-102所示。单击“确定”按钮，关闭对话框。

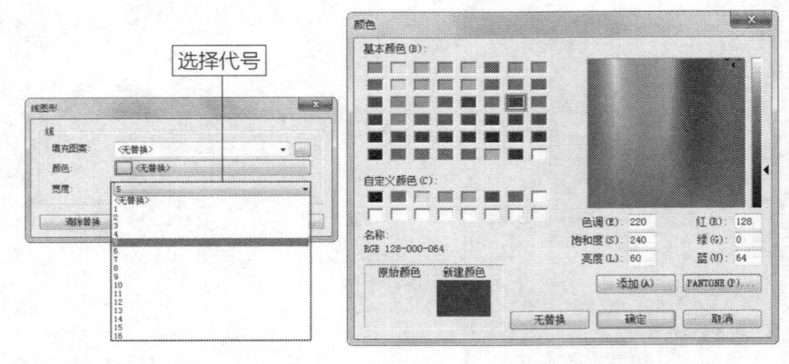

图 8-101　选择线宽代号　图 8-102　选择颜色

修改线宽以及线颜色的效果如图8-103所示。将光标置于“填充图案”选项之上，单击鼠标左键，弹出样式列表。选择选项，例如，选择“三分段划线”样式，如图8-104所示，可以指定线图案。

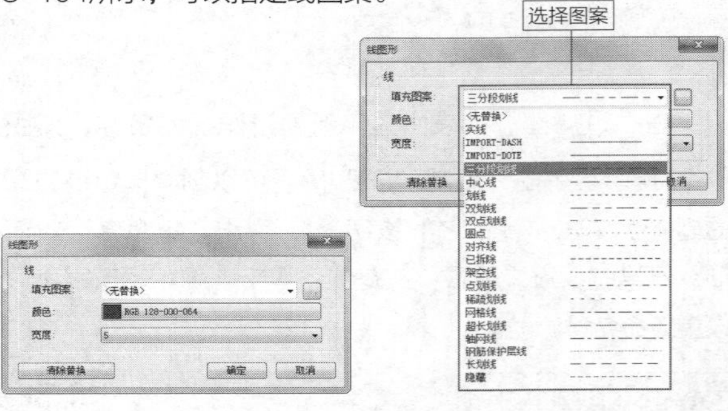

图 8-103　设置参数　　图 8-104　“填充图案”样式列表

延伸讲解：

单击“线图形”对话框左下角的“清除替换”按钮，可以撤销所设置的参数，恢复默认值。

单击“确定”按钮，关闭“线图形”对话框，完成设置“线”参数的操作。

单击“填充图案”选项，弹出“填充样式图形”对话框。单击“颜色”选项，在弹出的“颜色”对话框中选择颜色，例如，选择“蓝色”，指定填充图案的颜色。

单击“填充图案”选项，在弹出的列表中显示多种类型的图案。选择其中的一种，例如选择“实体填充”，如图8-105所示，指定填充图案的类型。

单击“填充图案”选项右侧的矩形按钮，弹出“填充样式”对话框，如图8-106所示。在其中选择图案，单击“确定”按钮，同样可以设置填充图案的样式。

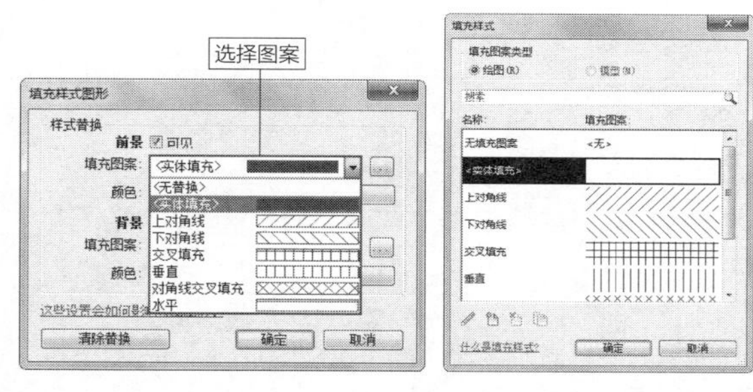

图 8-105　“填充图案”列表　　图 8-106　“填充样式”对话框

单击“透明度”选项，弹出“表面”对话框。在“透明度”选项中滑动矩形滑块，或者在滑块后面的文本框中设置参数，如图8-107所示，都可以修改透明度值。

单击“确定”按钮，关闭对话框。设置过滤器属性参数的结果如图8-108所示。单击“确定”按钮，返回视图，完成添加过滤器以及设置参数的操作。

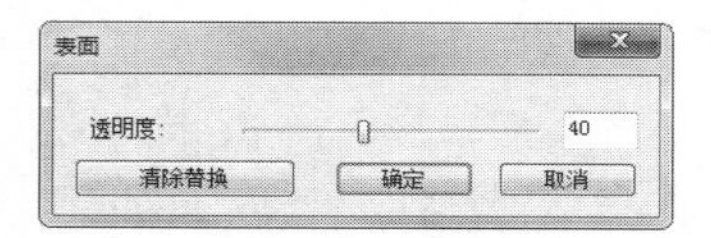

图 8-107　设置透明度参数

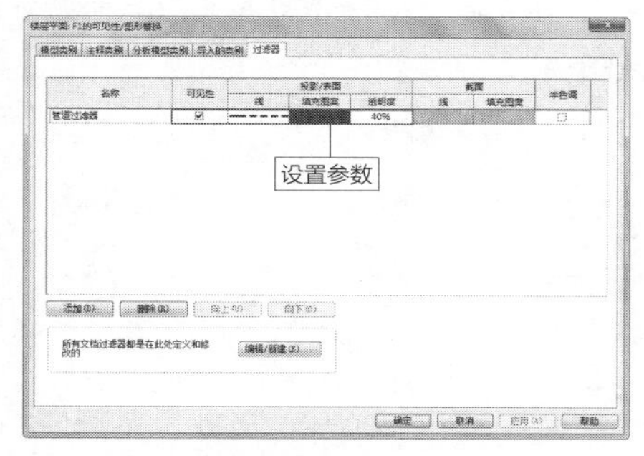

图 8-108　设置参数的结果

查看视图中直径为150mm的管道的显示效果，如图8-109所示。值得注意的是，管道系统中包含各种类型的管道，但是在添加过滤器后，仅影响“循环供水”系统中直径为150mm的管道的显示效果。

图 8-109　管道的显示效果

假如修改过滤器的“透明度”参数，例如，将“透明度”设置为80%，提高管道的透明度，效果如图8-110所示，管道在视图中更加淡化。可以根据实际情况，自定义“透明度”值的大小。

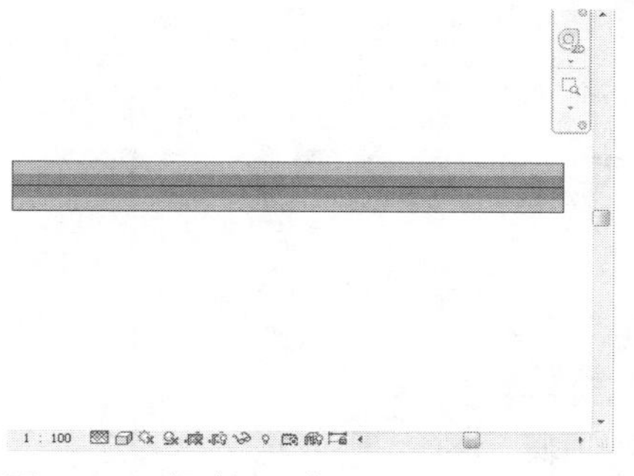

图 8-110　提高透明度

在“过滤器”选项卡中选择“半色调”选项，如图8-111所示。管道整体显示为灰色，像是蒙上了一层毛玻璃，效果如图8-112所示。在该显示效果下，管道可以同样被选中、编辑。

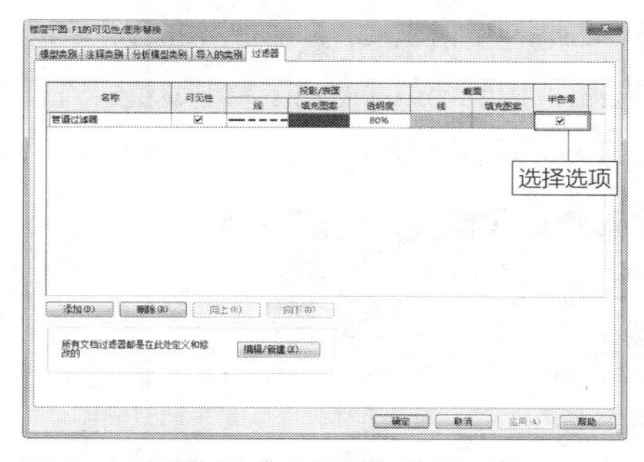

图 8-111　选择“半色调”选项

图 8-112　“半色调”显示效果

除了为管道设置过滤器之外，还可以为其他类型的图元添加过滤器，如风管、线管及相关的管件等。

8.2.3　“细线”显示样式

默认情况下，图元轮廓线在视图中显示为细线。这是因为在“视图”选项卡中，“图形”面板上的“细线”

按钮处于选中状态的缘故，如图8-113所示。激活该命令后，视图中的图元以统一的线宽显示。图8-114所示为电缆桥架在视图中的显示效果。

图 8-113　单击按钮

图 8-114　显示为细线

将光标置于“细线”按钮之上，单击鼠标左键，取消选择该命令，如图8-115所示。此时视图中电缆桥架的显示样式发生变化，以粗线显示，效果如图8-116所示。

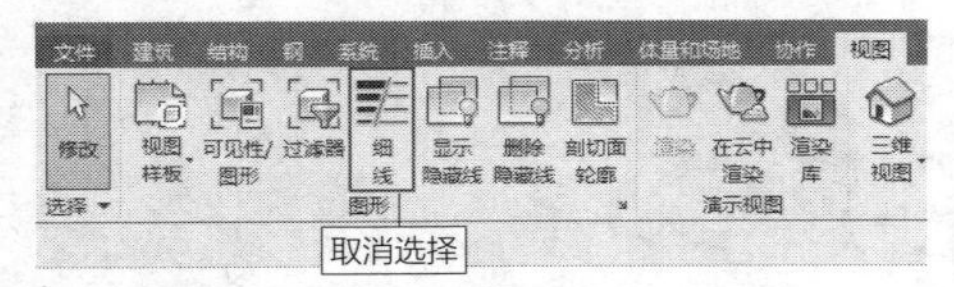

图 8-115　取消选择命令

图 8-116　显示为粗线

在8.1.6节中，将风管的中心线的线宽代号设置为“5”，如图8-117所示。单击“确定”按钮，返回视图中，发现中心线的线型发生了变化，但是线宽仍然显示为细线。这是因为视图中“细线”命令处于选中状态的结果。

取消选择“细线”命令后，中心线以指定的线宽显示，效果如图8-118所示。

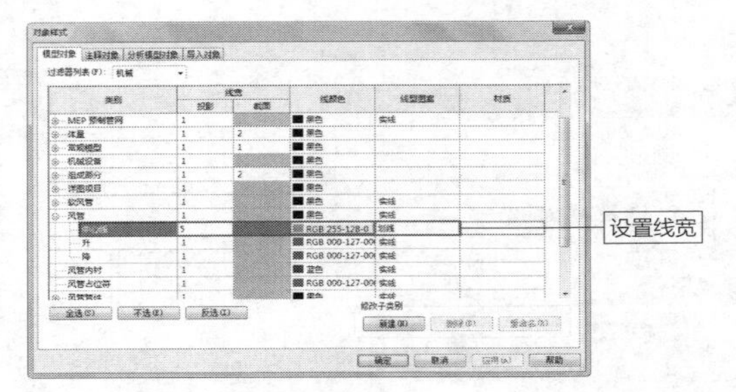

图 8-117　显示线宽代号

图 8-118　显示线宽

在8.1.6节中同样设置了注释对象，如风管标记的线宽。将其线宽代号设置为“4”，如图8-119所示。在视图中取消选择“细线”命令后，风管标记也按照指定的线宽来显示，效果如图8-120所示。

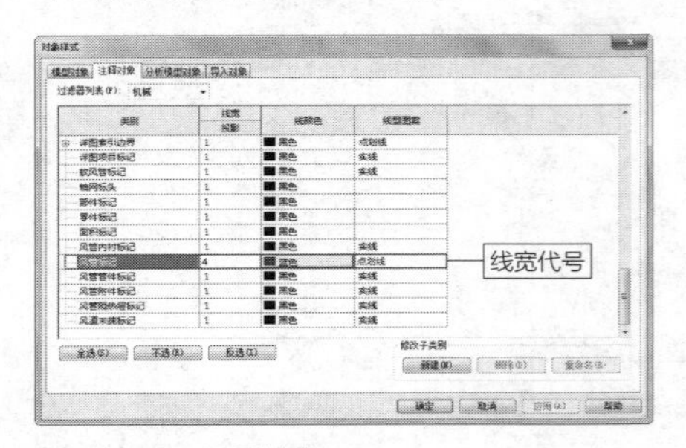

图 8-119　设置线宽

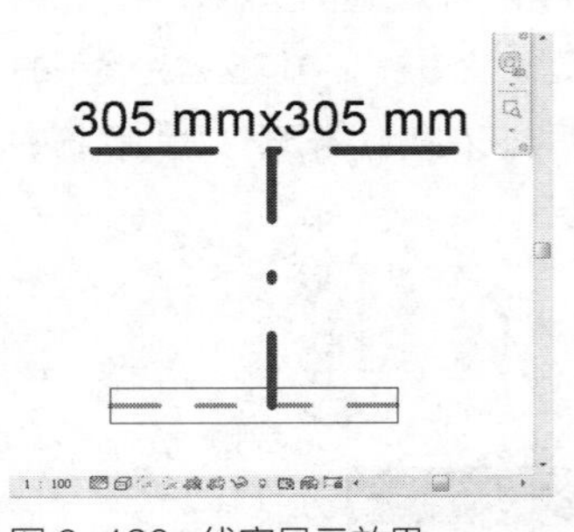

图 8-120　线宽显示效果

设置了对象的线宽之后，如果图元在视图中仍然显示为细线，就可以检查“细线”命令是否处于选中状态。假如是，取消选择“细线”命令，就可以查看设置对象线宽的效果。

第3篇

高级应用篇

第09章

族

Revit中的族有两种类型，一种是系统族，另一种是外部族。其中，系统族由软件提供，外部族需要从外部载入。在运用Revit应用程序开展设计工作时，需要同时运用系统族与外部族。特别是在进行MEP管线综合设计时，需要调用各种类型的管件、附件及标记等，软件不能逐一提供，就需要载入外部族。

本章介绍创建族、编辑族等知识。

学习重点

9.1 初识族

Revit应用程序为提供少量的系统族，在调用命令时，可以在“属性”选项板中查看系统族。系统族可以复制、编辑，但是不能删除。

9.1.1 系统族

系统族是软件自带的，在启用命令后可以直接调用，不需要从外部载入。例如，在启用“风管”命令时，在“属性”选项板中单击风管名称，弹出类型列表，在其中就显示风管系统族。在类型列表中显示3种风管类型，分别是“圆形风管”“椭圆形风管”“矩形风管”，如图9-1所示。

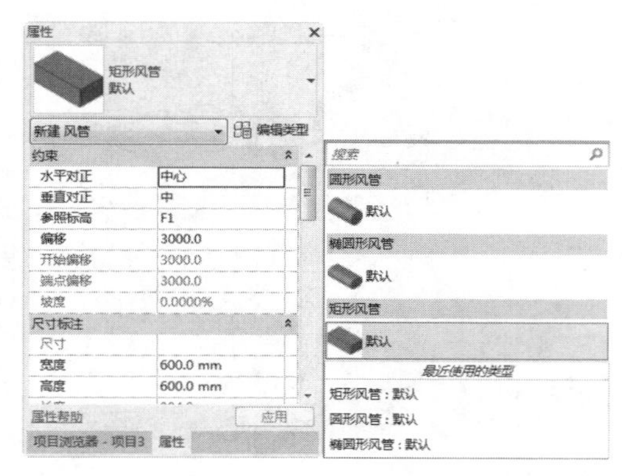

图9-1 类型列表

选择其中一种风管类型，在绘图区域中指定起点与终点，就可以创建风管。这3种风管类型只可以复制与编辑，不能将其删除。

在启用其他命令来创建模型时，如果软件没有提供该命令的系统族，就会弹出提示对话框，提醒用户要先载入外部族。例如在启用“风管管件”命令时，就会弹出如图9-2所示的提示对话框，提醒并询问用户“项目中未载入风管管件族。是否要现在载入”。

单击“是”按钮，在外部库中选择族，然后将选中的族载入项目。如果单击“否”按钮，则提示对话框被关闭，同时也退出命令。

图9-2 提示对话框

对于有些命令，软件仅提供一种类型的系统族。只能在此基础上，执行“复制”操作，复制族副本，再修改参数，得到新的族。例如，启用“管道”命令后，在“属性”选项板中仅提供一种管道类型，即“默认”类型，如图9-3所示。可以直接选择“默认”族类型来创建模型，也可以复制、编辑管道类型。

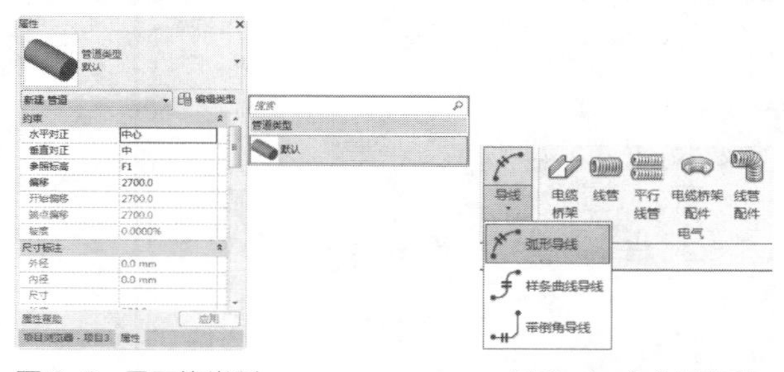

图9-3 显示族类型　　图9-4 命令子菜单

也可以调用不同的命令，创建同一种系统族。例如在启用“导线”命令后，在其子菜单中提供了3种不同的命令。分别是“弧形导线”“样条曲线导线”“带倒角导线”，如图9-4所示。

启用其中任意一种命令，都会在“属性”选项板中提供名称为“默认”的导线类型。所绘制的导线，只有显示样式的区别，但其实都是相同的导线类型。

读者在创建模型的过程中，应该尽量使用系统族。因为将大量的外部族载入项目文件中后，会增大文件内存，同时在运行的过程中也会消耗较大的系统资源。

9.1.2　外部族

在启用某些命令后，需要载入外部族才可以继续执行命令。例如，在启用“管件”命令后，弹出如图9-5所示的提示对话框。根据提示内容，可以得知项目文件中尚未载入管件族。

图 9-5　提示对话框

单击“是”按钮，弹出“载入族”对话框。在对话框中选择管件，例如，选择“变径管”，如图9-6所示。单击“打开”按钮，可将管件族载入项目。

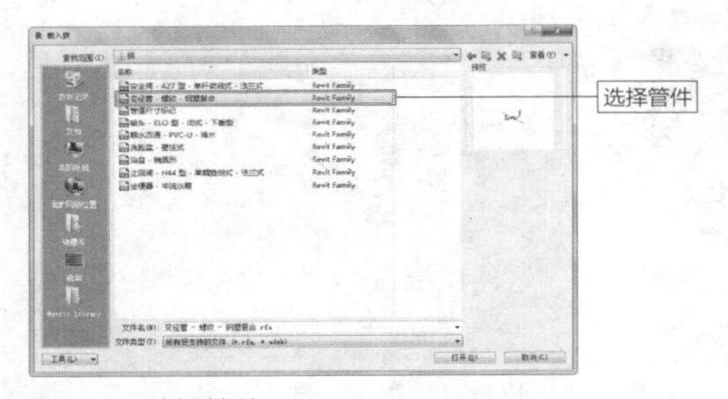

图 9-6　选择管件

载入管件族后，仍然处在“管件”命令中。此时在“属性”选项板中显示变径管的参数，如图9-7所示。既可以保持默认值不变，直接放置管件，也可以修改参数后，将管件放置到指定的位置。

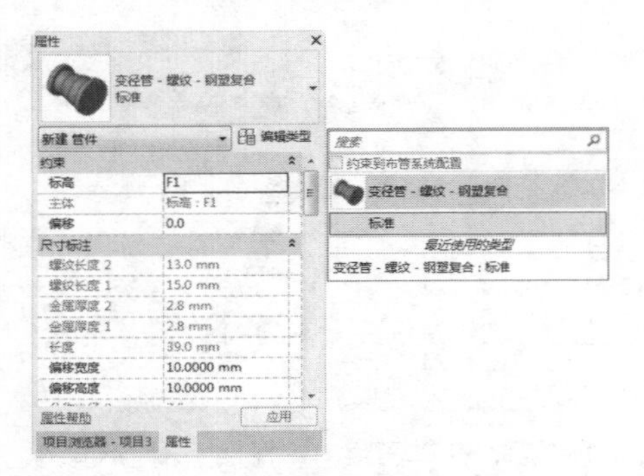

图 9-7　显示变径管的参数

再次启用“管件”命令，不会再弹出提示对话框。但是因为只载入了“变径管”，所以并不能满足管线设计的需求。这个时候可以启用“载入族”命令，将其他类型的管件族载入项目。

载入其他类型的外部族的方法同上述一致，读者可以将需要使用的外部族载入进来，满足使用需求。

延伸讲解：

按住Ctrl键，可以选中多个族文件。

9.1.3　族的“属性”参数

选择已创建的模型，在“属性”选项板中显示属性参数。修改属性参数，仅影响选中的模型。在执行命令时，也可以先设置属性参数，再创建模型。

总之，修改属性参数，仅影响指定的模型。例如，在创建矩形风管时，在“属性”选项板中显示矩形风管的属性参数，如图9-8所示。有些模型会含有较多的参数，此时需要拖曳选项栏右侧的滚动条，向下移动，查看参数选项。

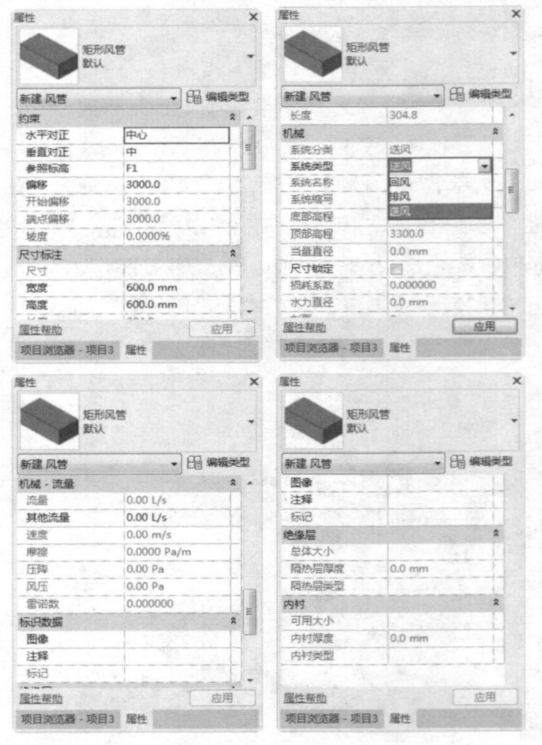

图 9-8　“属性”选项板

设置参数后，所创建的矩形风管与参数相符。但是再次执行创建矩形风管的操作，软件仍会按照默认参数创建风管，除非再次设置参数。

知识链接：

此外，选择模型后，也可以在选项栏中修改属性参数。

9.1.4　族的“类型”参数

与族的“属性”参数不同，族的“类型”参数可以影响同一个类型的模型。还是以创建风管为例。在矩形风管的“属性”选项板中单击“编辑类型”按钮，弹出“类型属性”对话框。

在“族”选项中显示风管的族名称，如“系统族：矩形风管”，表示选择的矩形风管属于系统族，名称为“矩形风管”。在“类型”选项中显示类型名称，如“默认”，表示矩形风管的类型名称为“默认”，如图9-9所示。

单击“布管系统配置”选项中的“编辑”按钮，弹出“布管系统配置”对话框。在其中需要为风管配置各类管件，如弯头、连接件及四通等，如图9-10所示。

这些管件都需要从外部族中载入。在选择管件时，需要选择与矩形风管同一类型的，否则也不能配置给矩形风管。配置完成后，凡是创建矩形风管，软件会自动添加所需的管件，如弯头、三通等。

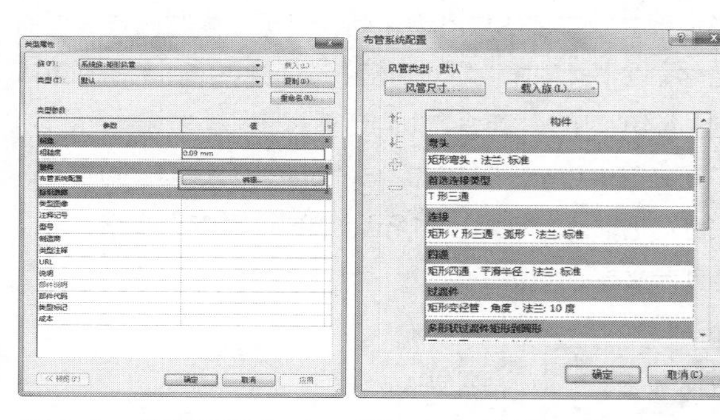

图 9-9　“类型属性”对话框　图 9-10　“布管系统配置”对话框

单击“族”选项，弹出选项列表。其中包含3种类型的风管，选择“圆形风管”，如图9-11所示。单击“布管系统配置”选项中的“编辑”按钮，弹出“布管系统配置”对话框。查看对话框各选项的设置，却发现均显示为“无”，如图9-12所示。

图 9-11　选择“圆形风管”　图 9-12　显示参数

此时需要重新为圆形风管配置管件，否则在绘制圆形风管时，会提示用户“找不到所需要的管件”。

答疑解惑：为什么为矩形风管配置的管件，在圆形风管中又显示为“无”？

矩形风管与圆形风管是不同类型的风管。在载入管件时，需要分别载入矩形风管的管件与圆形风管的管件，再分别将管件配置给不同类型的风管。

在“布管系统配置”对话框中，只能显示与其类型对应的管件。例如，在为矩形风管配置管件时，在管件列表中是不会显示圆形风管的管件的。如果载入的管件与矩形风管不配套，就不会在列表中显示。

9.1.5　实战——新建族类型　重点

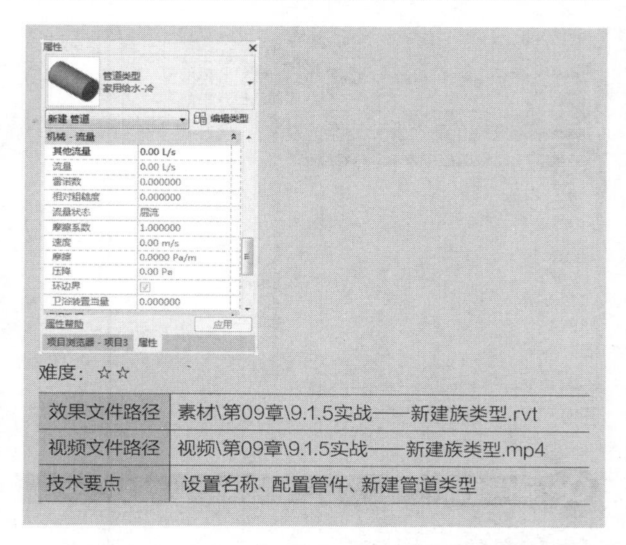

难度：☆☆

效果文件路径	素材\第09章\9.1.5实战——新建族类型.rvt
视频文件路径	视频\第09章\9.1.5实战——新建族类型.mp4
技术要点	设置名称、配置管件、新建管道类型

项目文件仅提供一种名称为“默认”的管道类型以供使用，但是在开展管道设计的过程中，需要绘制各种类型的管道，如冷水管道、热水管道及卫生设备管道等。这个时候可以通过新建管道类型，来创建各种不同类型的管道。

本节介绍创建管道类型的方法。

步骤 01 选择“系统”选项卡，在“卫浴和管道”面板中单击“管道”按钮，如图9-13所示，激活命令。

图 9-13　单击按钮

步骤 02 在“属性”选项板中显示当前的管道类型为“默认”，如图9-14所示。单击“编辑类型”按钮，弹出“类型属性”对话框。

步骤 03 在对话框的“族”选项中显示管道的族名称，在“类型”选项中显示类型名称，如图9-15所示。单击“复制”按钮，弹出“名称”对话框。

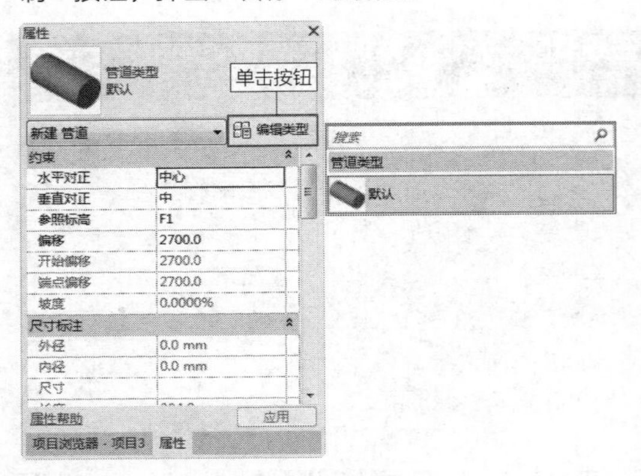

图 9-14　“属性”选项板

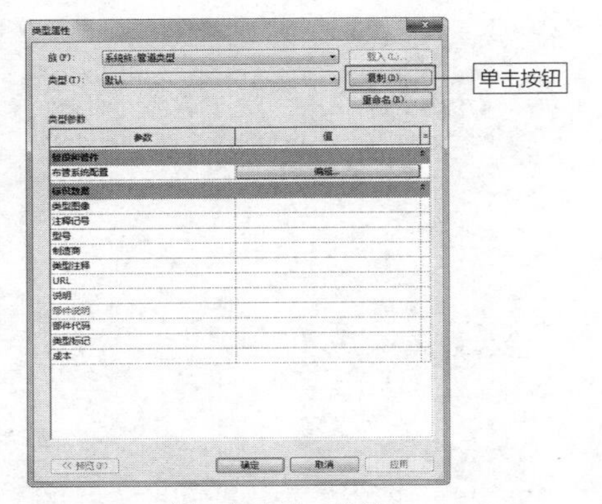

图 9-15　“类型属性”对话框

延伸讲解：

有的系统族包含多种族类型，在复制族类型时，就需要选择某种族类型作为源对象。

步骤 04 在“名称”对话框的“名称”文本框内显示自动定义的名称，如“默认2”，在本来的名称后添加编号，以示区别，如图9-16所示。

步骤 05 删除自动定义的名称，输入“家用给水-冷”作为新名称，如图9-17所示。

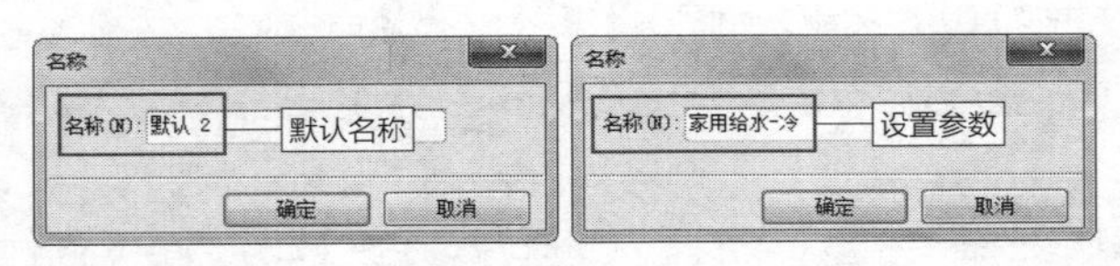

图 9-16　“名称”对话框　　图 9-17　重新定义名称

步骤 06 单击“确定”按钮，返回“类型属性”对话框。在“类型”选项中显示新建管道类型的名称，如图9-18所示。

步骤 07 单击“布管系统配置”选项中的“编辑”按钮，弹出“布管系统配置”对话框。在“构件”列中选择选项，依次配置管件，结果如图9-19所示。

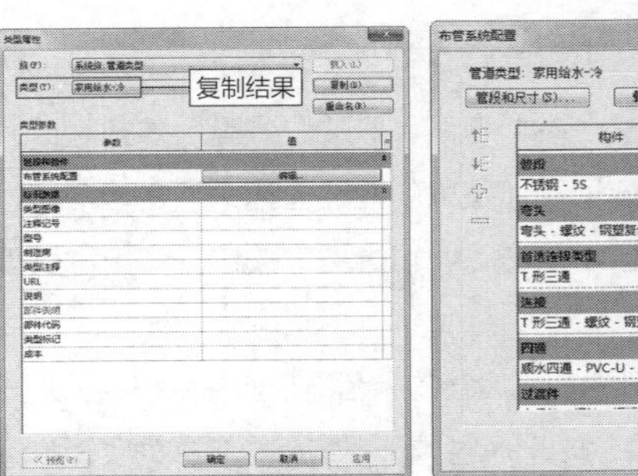

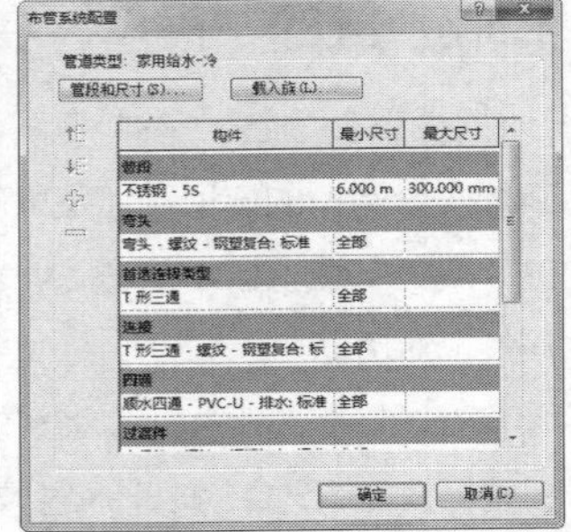

图 9-18　复制类型　　图 9-19　配置管件

知识链接：

在配置管件之前，需要先将管件载入项目文件。

步骤 08 单击“确定”按钮，依次关闭“布管系统配置”对话框以及“类型属性”对话框。在“属性”选项板中显示新建管道类型的名称，如图9-20所示。

复制管道类型后，就可以在项目中创建该类型的管道模型。除了复制族类型之外，还可以修改已有类型的名称。在“类型属性”对话框中选择族类型，单击“重命名”按钮，弹出“重命名”对话框。

在其中显示“旧名称”与“新名称”选项，修改“新名称”选项值，如图9-21所示。单击“确定”按钮，可以重新定义族的类型名称。

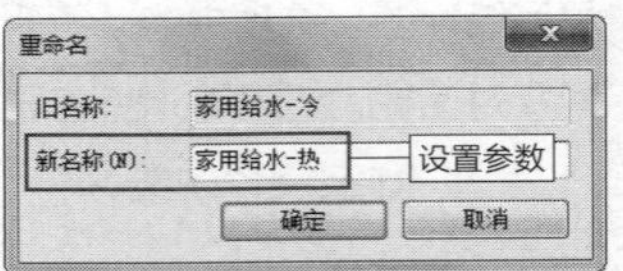

图 9-20　显示新建族类型　　图 9-21　设置新名称

9.2 族样板与族编辑器简介

读者可以到网络上去下载Revit构件族，也可以自己创建族。在创建族之前，先要调用族样板，其次才可以在族编辑器中执行创建操作。

本节介绍族样板与族编辑器，了解这两个知识点，才可以开展创建族的操作。

9.2.1　族样板　重点

Revit应用程序安装到计算机中后，族样板文件也会随同安装。在执行“新建族”文件的操作时，就可以在计算机中查找已安装的族文件。

启用“新建族”命令后，弹出“新族-选择样板文件”对话框。在该对话框中显示各种类型的族样板，如图9-22所示。默认情况下，显示的是英文版本的族样板。读者在选择族样板时，应该细心查看样板名称，以免选择错误。

同时，Revit提供了多种版本的族样板。在“新族-新建样板文件”对话框中单击“向上一级”按钮，选择“Chinese”文件夹，双击鼠标左键打开，如图9-23所示。

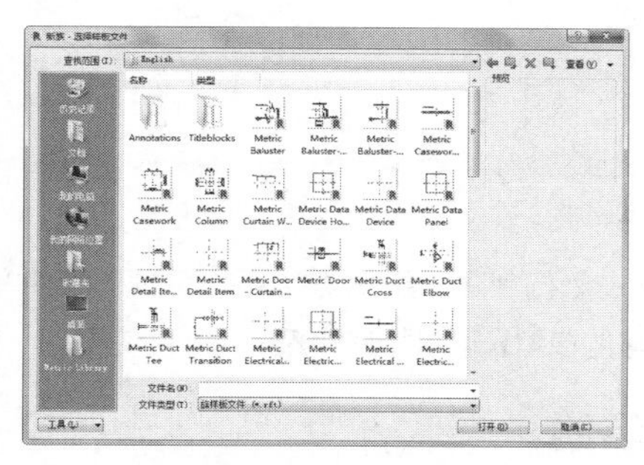

图 9-22　“新族 - 选择样板文件”对话框

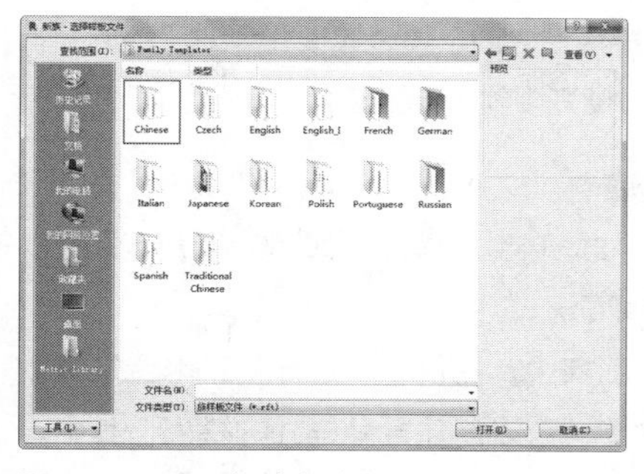

图 9-23　显示各种文件夹

在“Chinese”文件中，显示中文版本的族样板文件，如图9-24所示。选择族样板，例如，选择“公制窗”样板，可以在该样板的基础上创建窗模型。

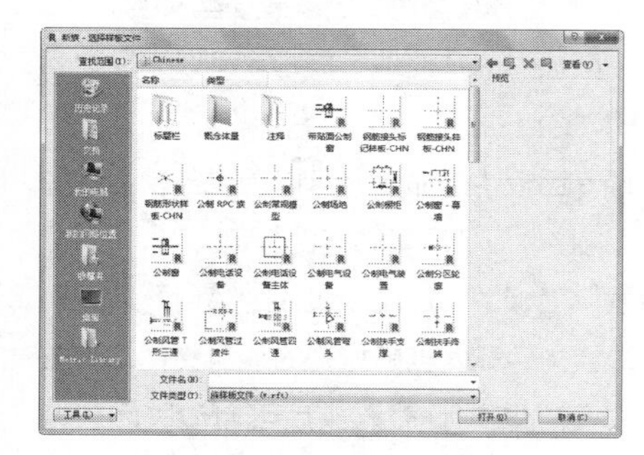

图 9-24　中文版式的族样板文件

选择“标题栏”文件夹，双击鼠标左键打开。在其中显示各种格式的标题栏，如图9-25所示。选择样板，可以执行创建标题栏的操作。

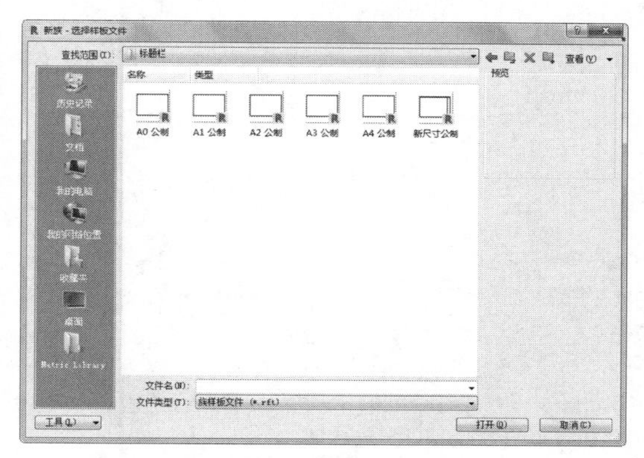

图 9-25　“标题栏”族样板

双击鼠标左键打开“概念体量”文件夹，在其中显示名称为“公制体量”的族样板，如图9-26所示。调用样板，可以创建体量模型。

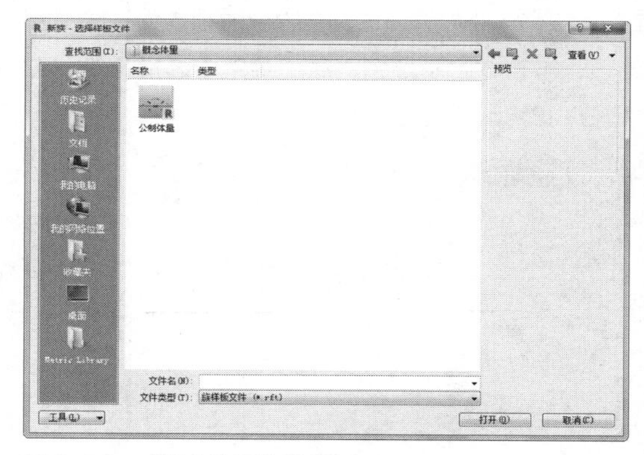

图 9-26　“概念体量”族样板

打开“注释”文件夹，在其中显示“公制标高标头”“公制常规标记”等族样板，如图9-27所示。调用样板，可以创建标记族。在为模型放置标记之前，就需要先载入标记族。

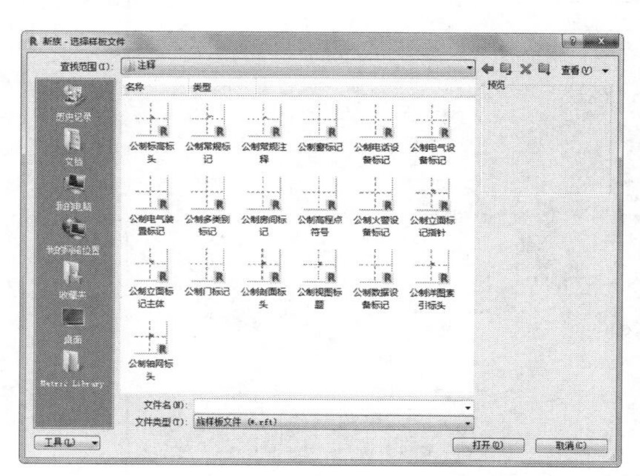

图 9-27　“注释”族样板

9.2.2 实战——调用族样板 难点

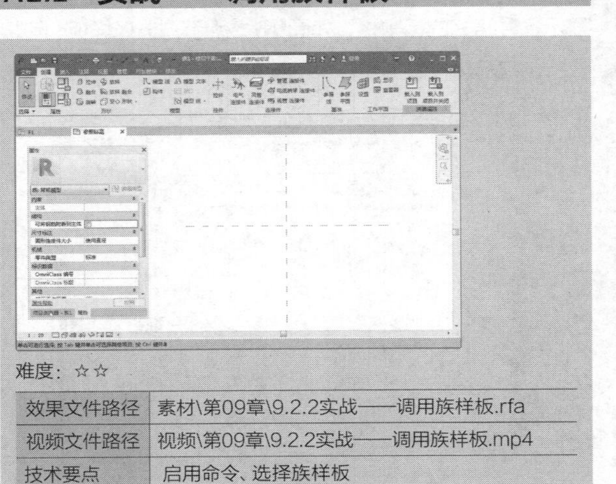

难度：☆☆

效果文件路径	素材\第09章\9.2.2实战——调用族样板.rfa
视频文件路径	视频\第09章\9.2.2实战——调用族样板.mp4
技术要点	启用命令、选择族样板

在Revit中，创建不同类型的族，需要调用相应的样板。常用的族样板有模型样板、注释样板及标题栏样板等。本节介绍调用模型样板的方法。

步骤 01 选择“文件”选项卡，在弹出的列表中选择“新建”选项，向右弹出子菜单。在子菜单中选择“族”选项，如图9-28所示，激活命令。

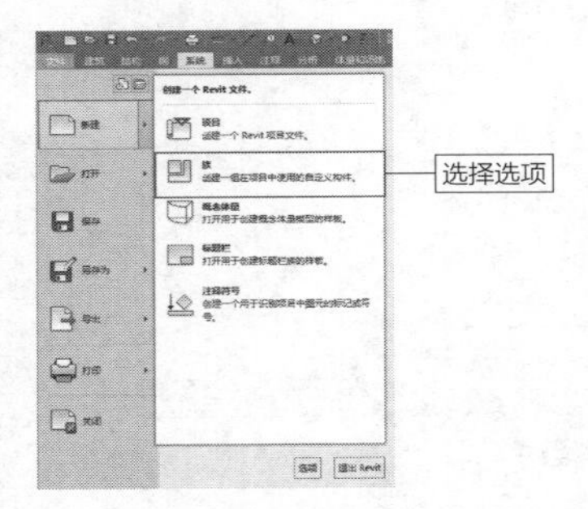

图 9-28　选择选项

步骤 02 随后弹出“新族-选择样板文件”对话框，将光标置于右侧的滚动条上，按住鼠标左键不放，向下拖曳鼠标。选择名称为“Metric Generic Model”的族样板，如图9-29所示。

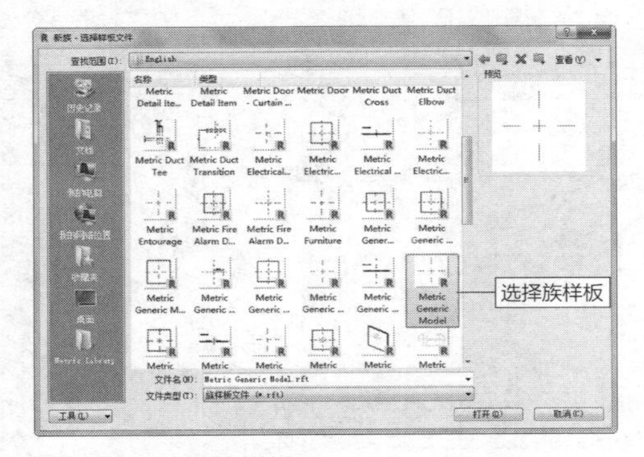

图 9-29　选择族样板

知识链接：

“Metric Generic Model”的族样板，其中文名称为“常规模型”族样板。

步骤 03 选定族样板后，单击“打开”按钮，进入族编辑器，在“属性”选项板的左上角显示样板名称为“族：常规模型”，如图9-30所示。

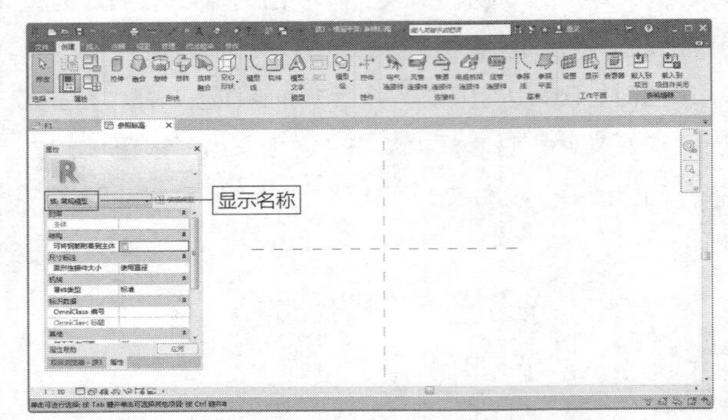

图 9-30　进入族编辑器

在族编辑器中进行创建、编辑等操作，可以创建模型。保存创建完毕的模型，可以将其载入项目文件使用。

9.2.3 族编辑器 重点

族编辑器的工作界面与项目文件的工作界面相差不大，但是在创建族模型之前，还是应该先大致了解族编辑器的组成部件，方便开展创建族的工作。

1. “创建”选项卡

选用“创建”选项卡中的命令，如图9-31所示，可以满足大部分的建模要求。

在“形状”面板中，提供了“拉伸”“融合”等命令，启用这些命令，可以创建各种样式的模型。其中，选用“拉伸”“融合”“旋转”“放样”“放样融合”命令，可以创建实心模型。选用“空心形状”系列命令，可以创建各种样式的空心模型。

在“模型”面板中，提供“模型线”“模型文字”等命令。选用命令，可以创建模型线或者创建模型文字。

单击“控件”面板中的“控件”按钮，可以为模型添加水平或者垂直方向的控件。

启用“连接件”面板中的命令，可以创建各种类型的连接件，如“电气连接件”“风管连接件”等。

在“族编辑器”面板中，启用“载入到项目”命令，可以将创建完毕的族构件载入当前打开的项目文件。单击“载入到项目并关闭”按钮，载入族后可自动关闭族编辑器。

图 9-31 “创建”选项卡

2. “插入”选项卡

在“插入”选项卡中，“链接”面板中的命令不可调用，如图9-32所示。但是可以在族编辑器中导入CAD文件与图像，也可以载入族构件。

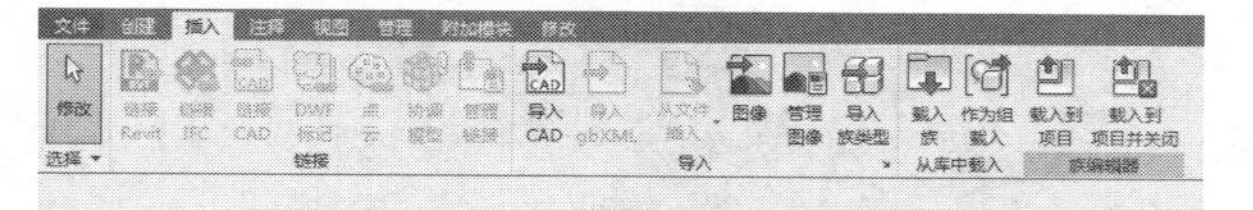

图 9-32 “插入”选项卡

3. “注释”选项卡

在“注释”选项卡中可以创建各种类型的尺寸标注，如“对齐”“角度”等尺寸标注，如图9-33所示。在“详图”面板中，启用“符号线”命令，可以绘制符号线，但是不能作为任何实际图形的一部分。

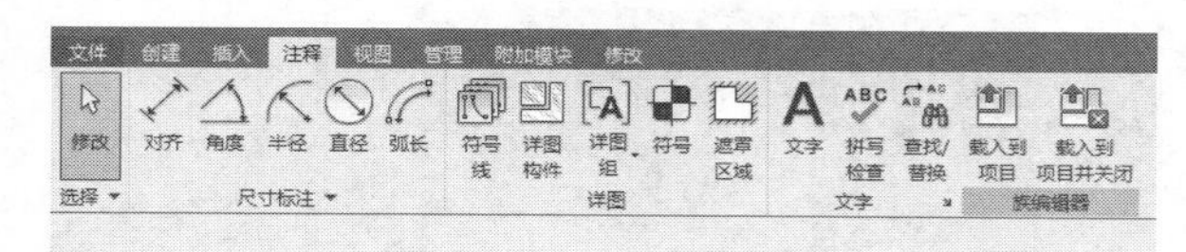

图 9-33 “注释”选项卡

启用“文字”面板中的“文字”命令，可以创建二维文字，而“创建”选项卡中的“模型文字”命令可以创建三维文字。

4. “视图”选项卡

在“视图”选项卡中，“图形”面板中显示“可见性/图形”命令与“细线”命令，如图9-34所示，启用命令，可以设置图形的可见性与显示样式。在“创建”面板中，启用相关的命令，可以创建三维视图、放置相机或者生成剖面视图。

在打开多个族编辑器时，启用“窗口”面板中的命令，可以“切换窗口”“关闭隐藏对象”或者按照一定的顺序来排列窗口，方便查看或者编辑模型。

图 9-34 “视图”选项卡

5. “管理”选项卡

在“管理”选项卡中，提供管理视图的工具，如图9-35所示。在“设置”面板中，启用命令，可以设置对象的样式或者项目单位。启用“管理项目”面板中的“管理图像”命令，可以管理导入进来的图像。或者选用“贴花类型”命令，创建贴花类型。

图 9-35 “管理”选项卡

6. “修改”选项卡

在“修改”选项卡中提供多种类型的编辑工具，如图9-36所示。最常使用到“修改”面板中的命令，例如，启用“对齐”命令，可以将选定的图元对齐到一条线上，或者选择“偏移”命令，可以将图元偏移到指定的距离。

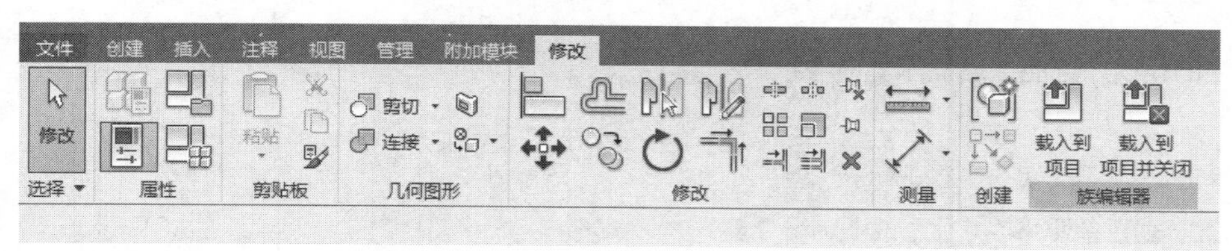

图 9-36 “修改”选项卡

7. “属性”选项板

在“属性”选项板中，显示族样板的参数，如图9-37所示。不同的族样板，“属性”选项板所显示的参数选项不同。设置“属性”选项板中的参数，会影响族构件的创建效果。

8. 绘图区域

大多数族样板会在绘图区域中显示相交的垂直参照平面与水平参照平面，如图9-38所示。参照平面正好位于工作平面之上，单击“创建”选项卡“工作平面”面板中的“显示”按钮，可以显示工作平面。在此基础上执行创建模型的操作。

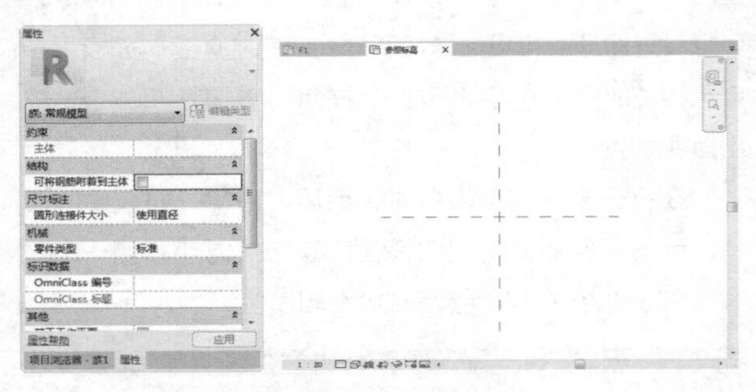

图 9-37　“属性”选项板　　图 9-38　绘图区域

9.3 创建三维模型

在族编辑器中可以使用不同的方式创建三维模型，例如拉伸建模、融合建模等。在不同的情境中，选用不同的命令来建模。本节介绍各种建模方式，读者可以根据实际情况选用。

9.3.1 实战——实心拉伸建模　难点

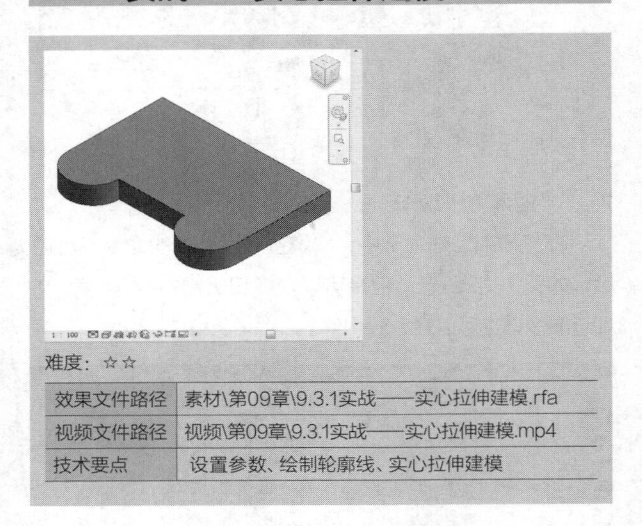

难度：☆☆

效果文件路径	素材\第09章\9.3.1实战——实心拉伸建模.rfa
视频文件路径	视频\第09章\9.3.1实战——实心拉伸建模.mp4
技术要点	设置参数、绘制轮廓线、实心拉伸建模

选用“拉伸”命令来创建三维模型，先要绘制模型轮廓线，然后软件会根据“深度”值，执行拉伸操作，最终创建三维模型。本节介绍实心拉伸建模的方法。

步骤 01 在族编辑器中选择“创建”选项卡，单击“形状”面板中的“拉伸”按钮，如图9-39所示，激活命令。

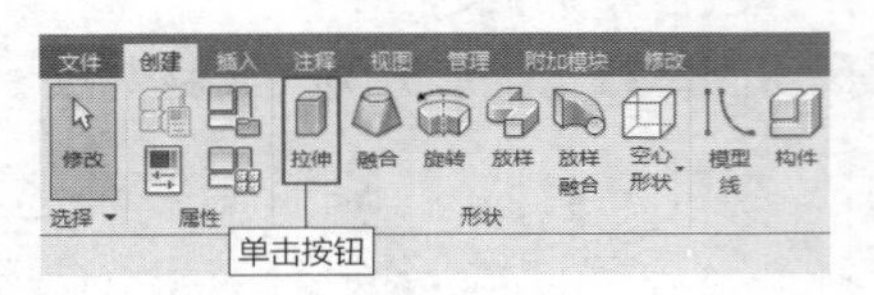

图 9-39　单击按钮

步骤 02 进入“修改|创建拉伸”选项卡，在“绘制”面板中选择绘制轮廓线的方式，在选项栏中设置“深度”值，选中“链”复选框，保持“偏移”值为0不变，如图9-40所示。

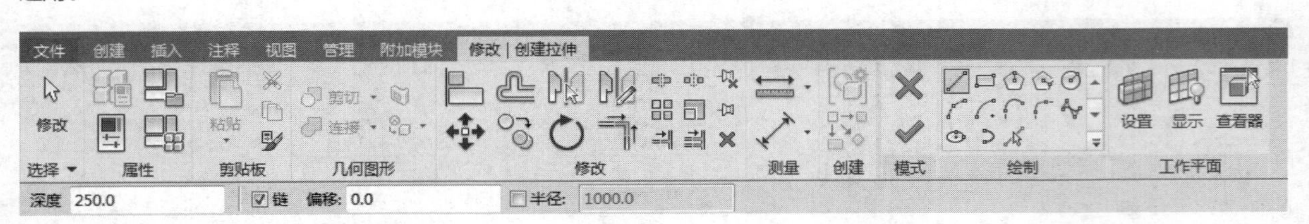

图 9-40　“修改 | 创建拉伸”选项卡

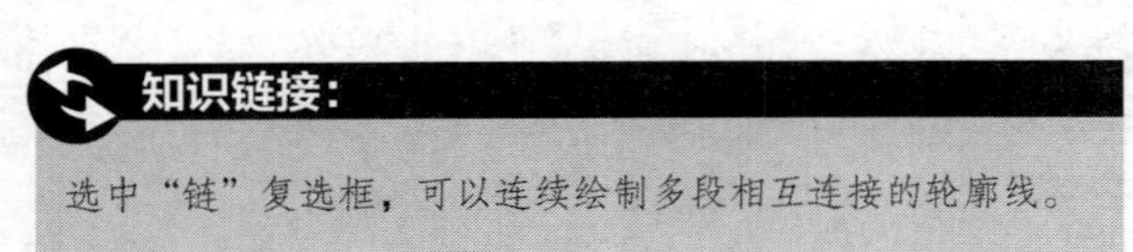

知识链接：

选中“链”复选框，可以连续绘制多段相互连接的轮廓线。

步骤 03 此时进入绘制轮廓线的模式，绘图区域显示乳白色，如图9-41所示。

步骤 04 在“绘制”面板中单击“起点-终点-半径弧”按钮，更改绘制方法。将光标置于垂直参照平面之上，根据临时尺寸标注，指定圆弧的起点位置，如图9-42所示。

图 9-41　进入绘制模式

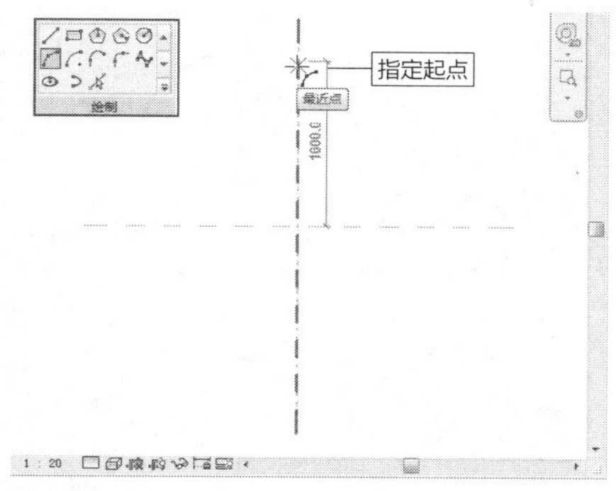

图 9-42 指定起点

步骤 05 在合适的位置单击鼠标左键，指定圆弧的起点。向下移动光标，参考临时尺寸标注，在距起点700mm处单击鼠标左键，指定圆弧的终点，如图9-43所示。

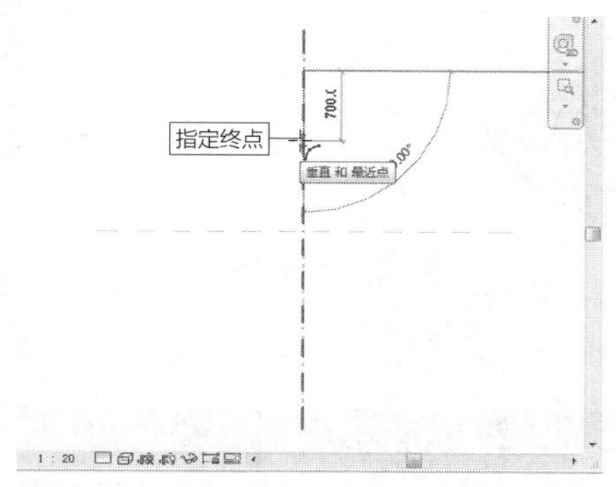

图 9-43 指定终点

步骤 06 向左移动光标，当圆弧角度显示为180° 时，单击鼠标左键，指定中间点，如图9-44所示。

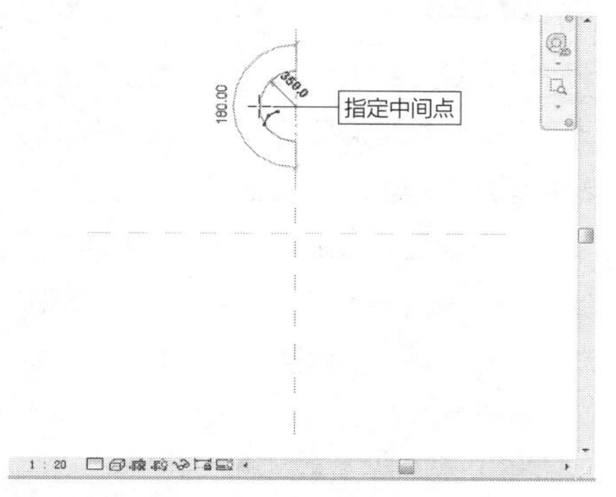

图 9-44 指定中间点

步骤 07 按一次Esc键，暂时退出绘制模式，绘制圆弧轮廓线的效果如图9-45所示。

步骤 08 在“绘制”面板中单击“线”按钮，更改绘制方式。以圆弧终点为直线的起点，向下移动光标，指定参照平面的交点为终点，绘制竖直线段，效果如图9-46所示。

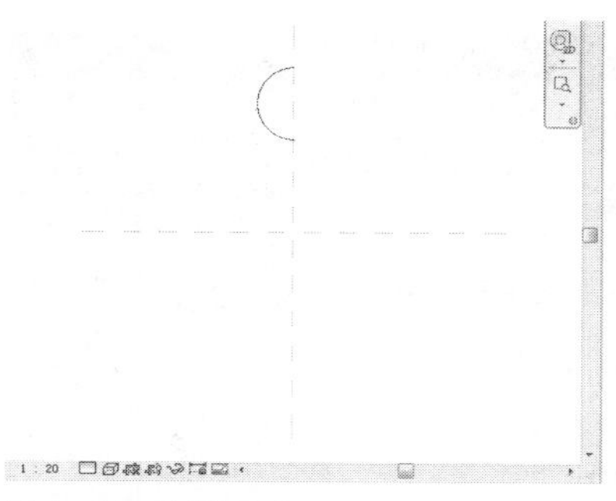

图 9-45 绘制圆弧

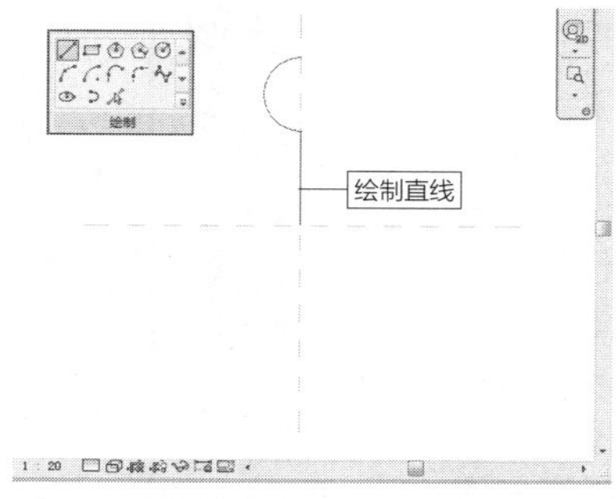

图 9-46 绘制直线

步骤 09 在“绘制”面板中选择“起点-终点-圆弧”绘制方式，按照上述的操作方法，继续绘制圆弧轮廓线，效果如图9-47所示。

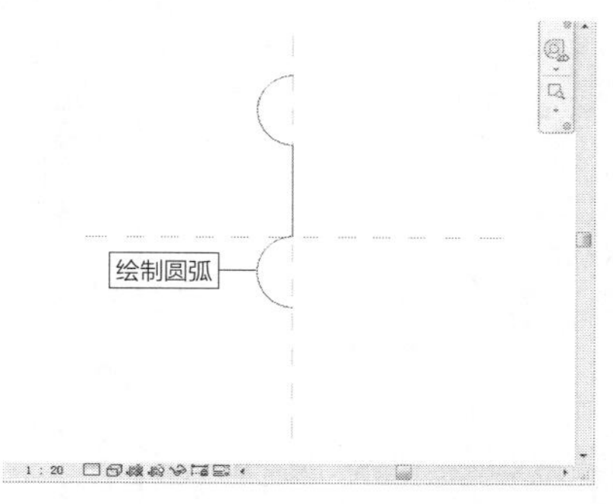

图 9-47 绘制圆弧

步骤 10 更改绘制方式为“线”，绘制与圆弧终点相接的水平线段，如图9-48所示。

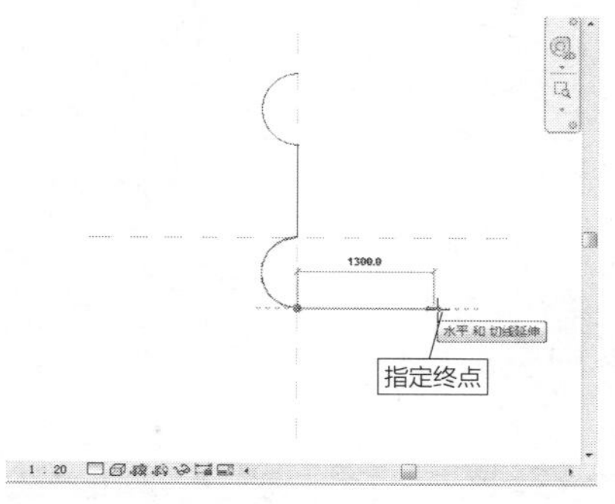

图 9-48 指定终点

知识链接：

在确定轮廓线的位置时，可以借助临时尺寸标注与蓝色参照线。

步骤 11 在合适的位置单击鼠标左键，指定水平线段的终点，向上移动光标，指定另一段相接直线的终点，如图9-49所示。

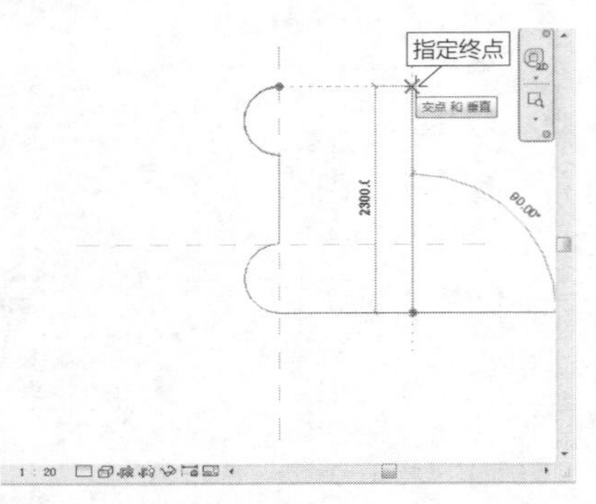

图 9-49　向上移动光标

步骤 12 单击鼠标左键，指定线段的终点。向左移动光标，拾取圆弧的端点，如图9-50所示。

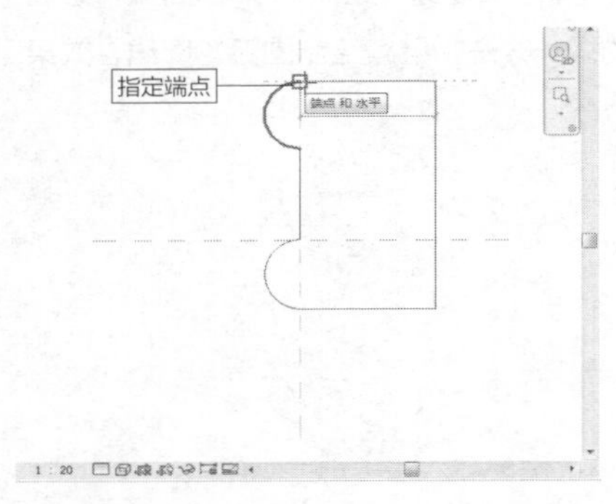

图 9-50　向左移动光标

步骤 13 在圆弧的端点单击鼠标左键，闭合轮廓线，效果如图9-51所示。

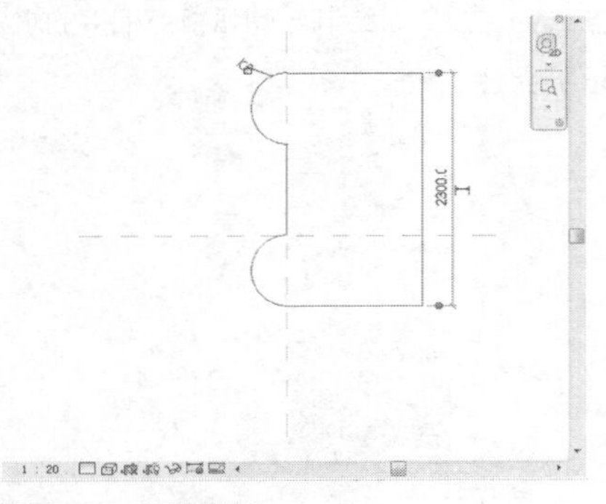

图 9-51　闭合效果

步骤 14 在“模式”面板中单击“完成编辑模式”按钮✔，退出命令。绘制模型轮廓线的效果如图9-52所示。

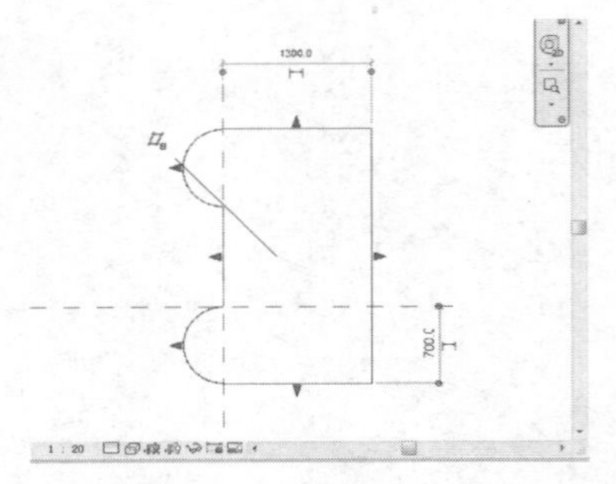

图 9-52　模型轮廓线

步骤 15 单击快速访问工具栏上的“默认三维视图”按钮 ，切换至三维视图。在视图中查看模型的三维效果，如图9-53所示。

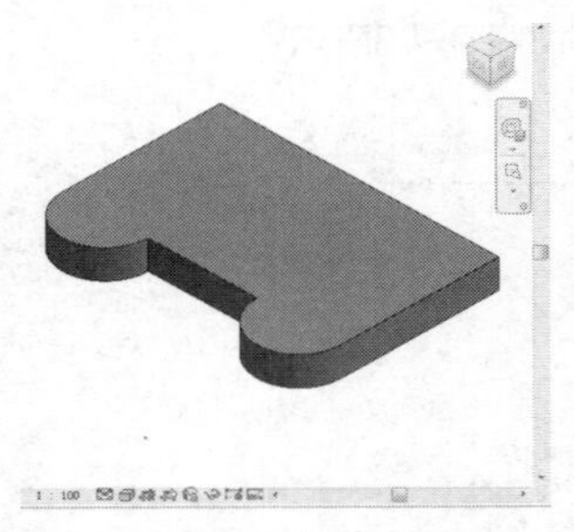

图 9-53　三维效果

知识链接：

将三维视图中的“视觉样式”转换为“着色”，为模型添加颜色，增加模型的现实感。

9.3.2　编辑拉伸模型　重点

启用“拉伸”命令创建三维模型后，可以对模型进行编辑操作，修改参数，改变模型的显示效果。在平面视图中选择模型，显示模型边界线与工作平面的距离标注。

将光标置于尺寸标注之上，单击鼠标左键，进入在位编辑模式。输入参数，如图9-54所示。在空白的位置单击鼠标左键，结束输入参数的操作。修改距离参数后，模型按照所定义的距离来自动调整位置，效果如图9-55所示。

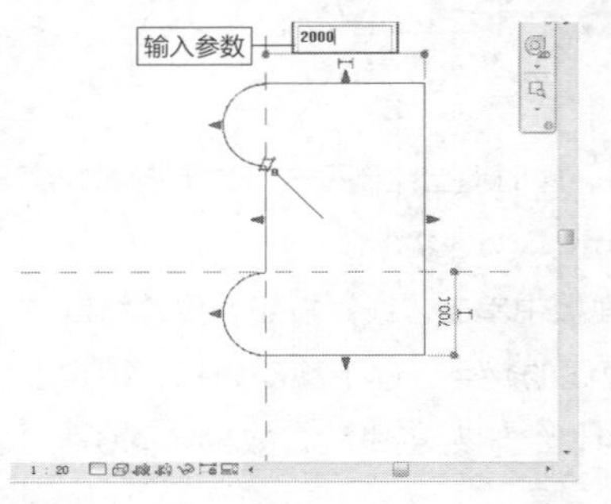

图 9-54　输入参数

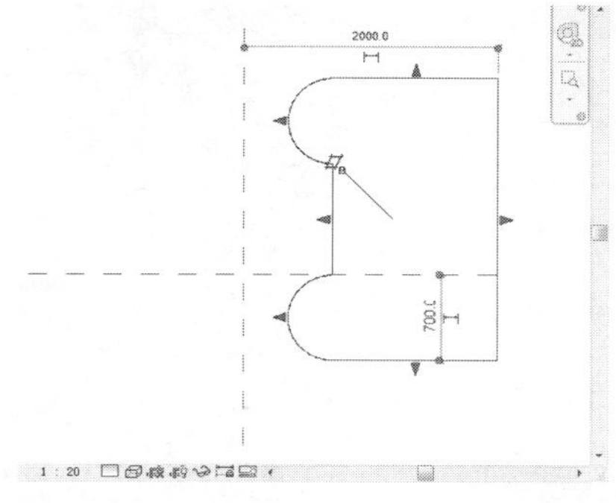

图 9-55　调整效果

水平方向上的尺寸参数“2000”，表示模型右侧边界线与垂直参照平面的距离。模型的下方边界线与水平参照平面的间距为“700”，修改参数，可以在垂直方向上移动模型，调整其位置。

选择模型后，在边界线上显示实心三角形夹点。将光标置于夹点之上，按住鼠标左键不放，向下拖曳鼠标，如图9-56所示，可以调整模型边界线的位置。在合适的位置松开鼠标左键，移动模型边界线的效果如图9-57所示。

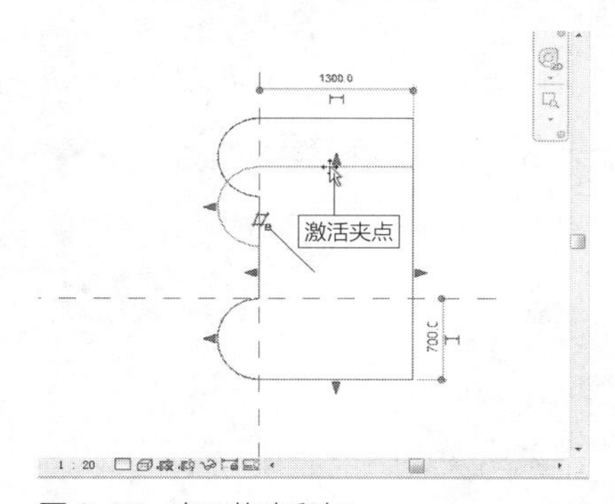

图 9-56　向下拖曳鼠标

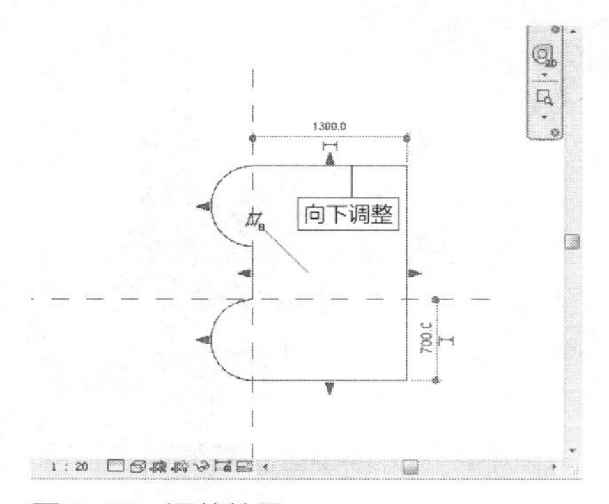

图 9-57　调整效果

知识链接：

通过激活夹点调整模型边界线的位置，不会影响模型与工作平面的距离。

将光标置于右侧边界线的夹点之上，按住鼠标左键不放，向右拖曳鼠标，如图9-58所示。在目标点松开鼠标左键，向右移动边界线的效果如图9-59所示。调整某一边界线的位置，不会影响其他边界线。

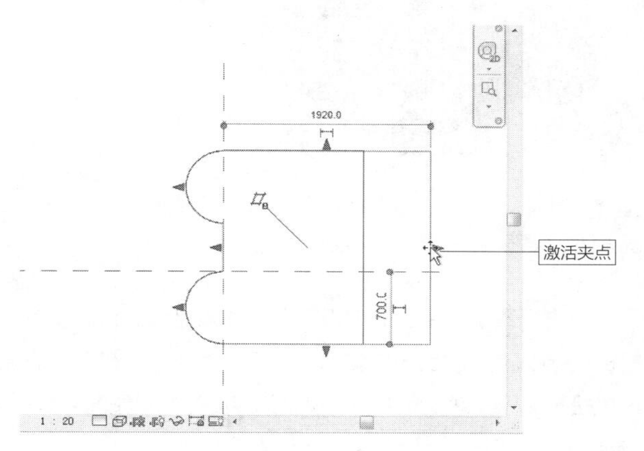

图 9-58　向右拖曳鼠标

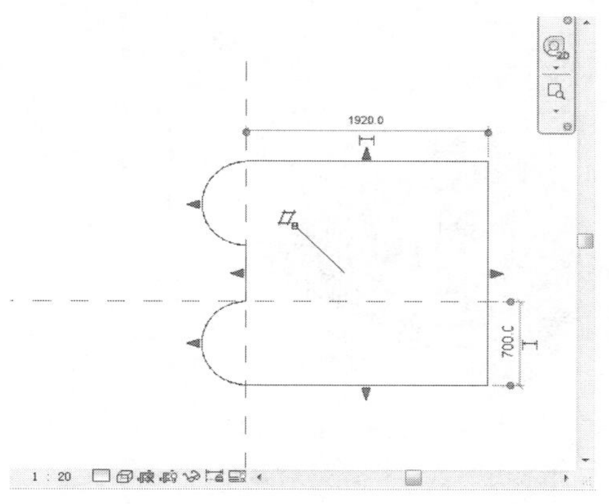

图 9-59　调整效果

切换至三维视图，查看模型的三维效果。随着模型边界线被修改，模型的显示样式也随之更新，显示效果如图9-60所示。选择模型，在模型的各个面上显示蓝色夹点，如图9-61所示。

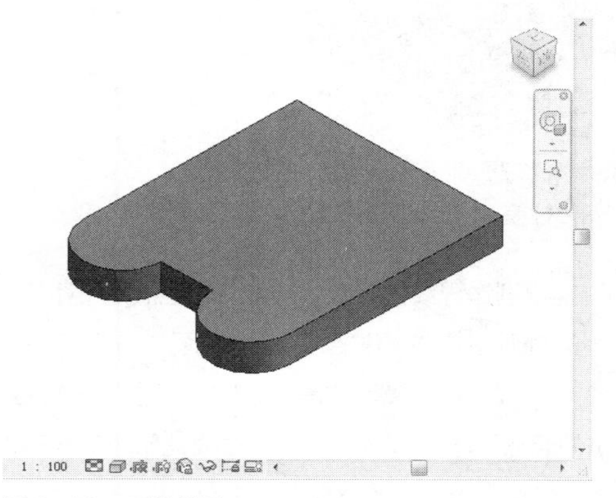

图 9-60　三维效果

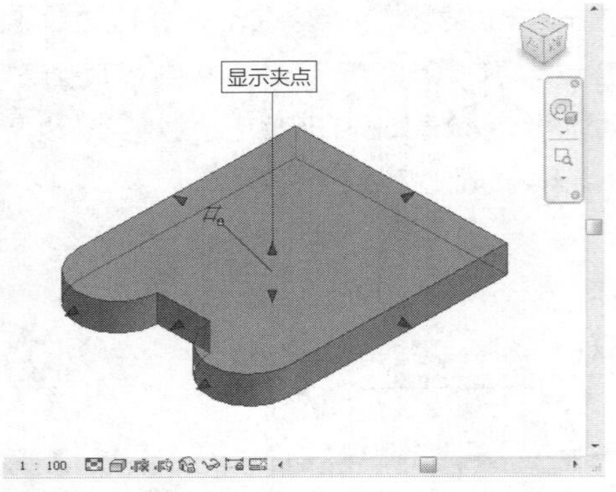

图 9-61　显示夹点

将光标置于水平面的夹点之上，高亮显示夹点。按住鼠标左键不放，向上拖曳鼠标，如图9-62所示。在合适的位置松开鼠标左键，向上调整模型的厚度的效果如图9-63所示。

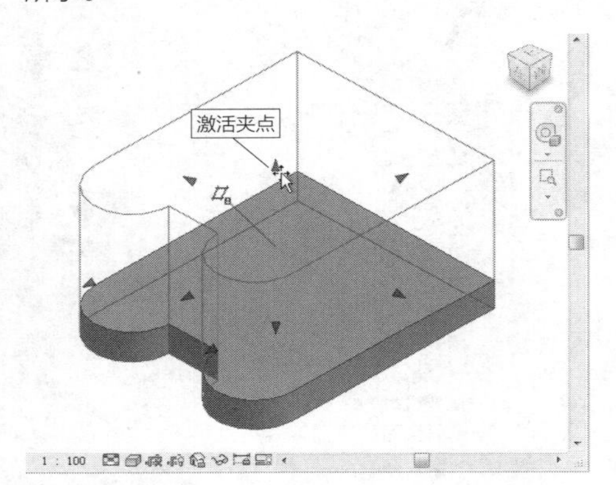

图 9-62　向上拖曳鼠标

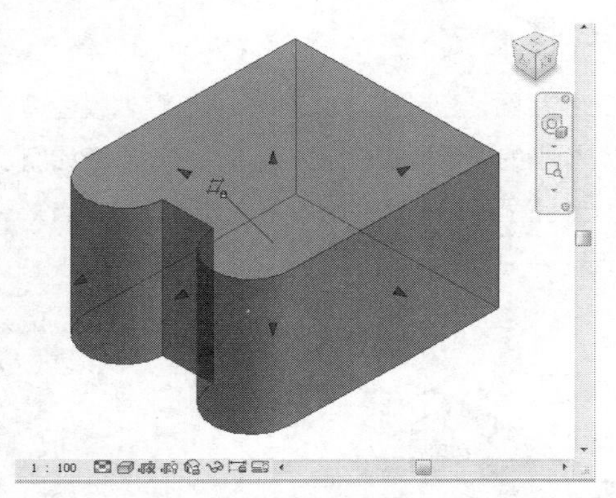

图 9-63　调整效果

通过调整模型边界线的位置，或者模型面的位置，可以修改模型的外观。在选项栏中，修改如图9-64所示的“深度”值，也可以修改模型的厚度。在“属性”选项板中显示“拉伸起点”与“拉伸终点”的参数，如图9-65所示。修改选项参数，也可以调整模型的厚度。

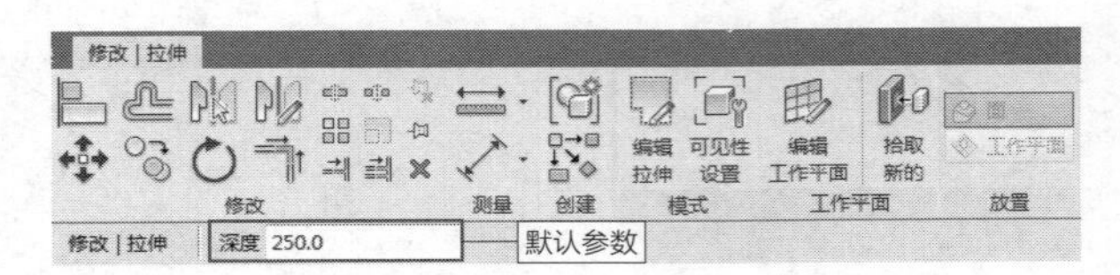

图 9-64　显示“深度”值

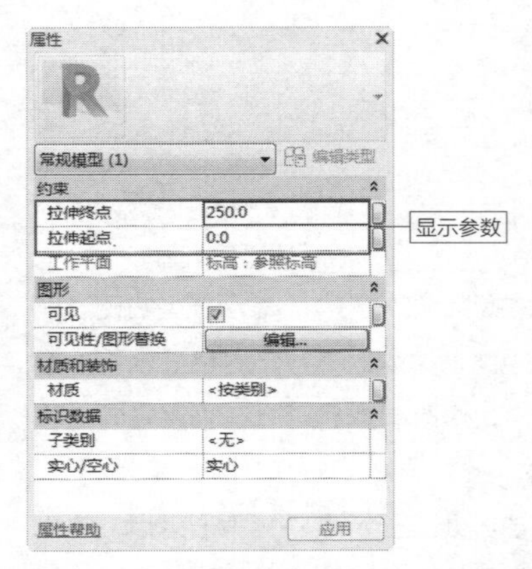

图 9-65　“属性”选项板

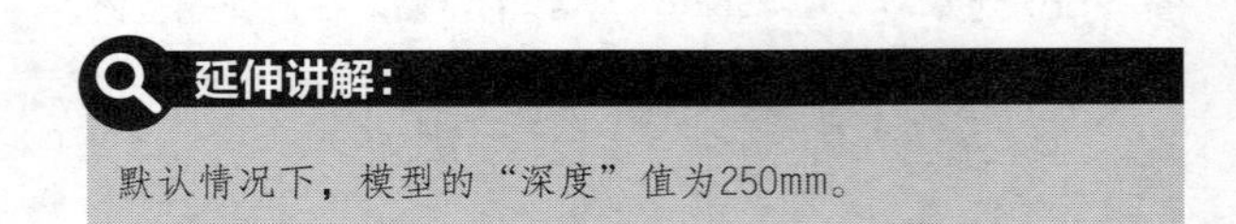

延伸讲解：

默认情况下，模型的“深度”值为250mm。

9.3.3 实战——实心融合建模

难点

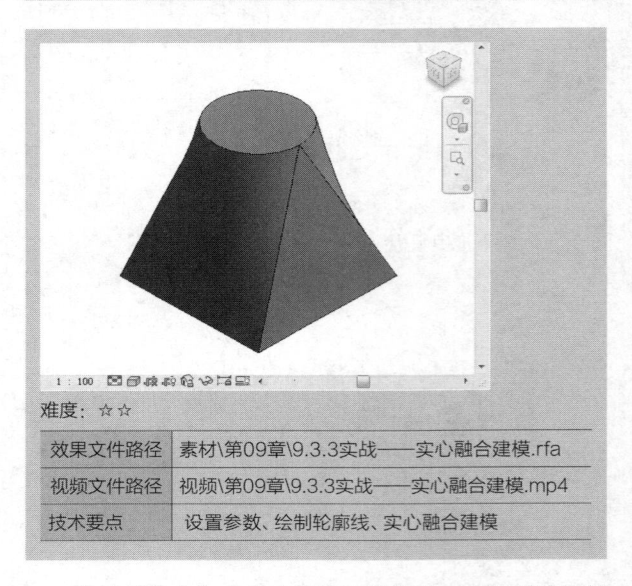

难度：☆☆

效果文件路径	素材\第09章\9.3.3实战——实心融合建模.rfa
视频文件路径	视频\第09章\9.3.3实战——实心融合建模.mp4
技术要点	设置参数、绘制轮廓线、实心融合建模

选用“融合”命令来创建三维模型，需要创建顶部边界线与底部边界线。然后软件会根据已设定的“深度”值，执行实心融合操作，创建三维模型。本节介绍实心融合建模的方法。

步骤 01 选择“创建”选项卡，在“形状”面板上单击“融合”按钮，如图9-66所示，激活命令。

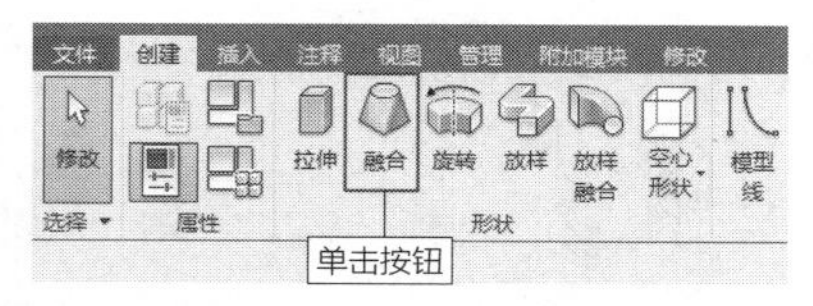

图 9-66　单击按钮

步骤 02 进入“修改|创建融合底部边界”选项卡，在“绘制”面板中单击“线”按钮，选择绘制方式。在选项栏中显示“深度”值为250，如图9-67所示，保持默认值不变。

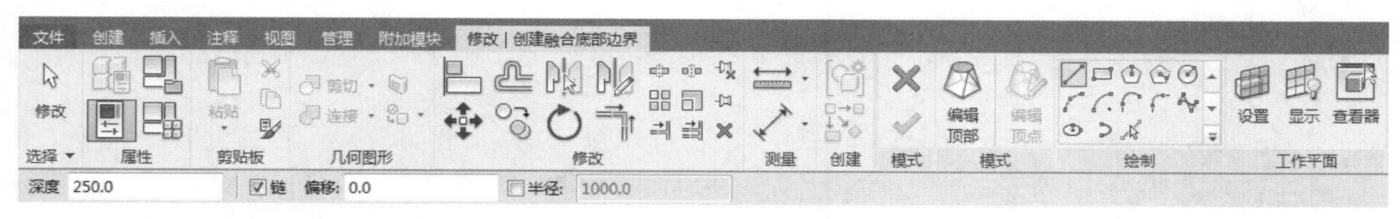

图 9-67　“修改 | 创建融合底部边界”选项卡

延伸讲解：

可以先按照默认的“深度”值创建三维模型，因为可以在建模完毕后，通过修改参数来调整模型的显示样式。

步骤 03 将光标置于垂直参照平面之上，根据临时尺寸标注，在距水平参照平面1000mm的位置指定线段的起点，如图9-68所示。

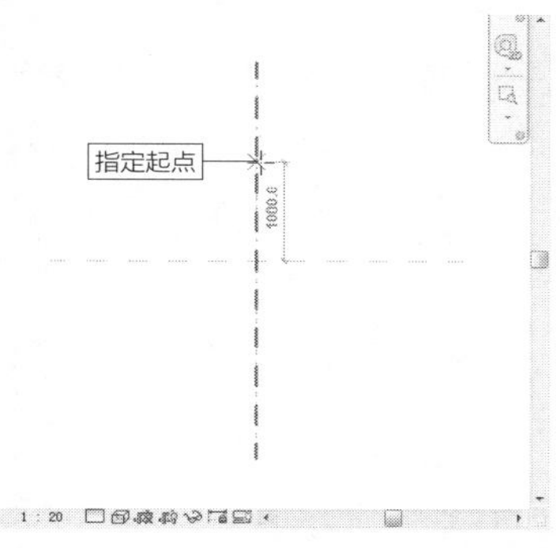

图 9-68　指定起点

步骤 04 单击鼠标左键，指定起点。接着向左移动光标，在距垂直参照平面1000mm的位置单击鼠标左键，如图9-69所示，指定线段的终点。

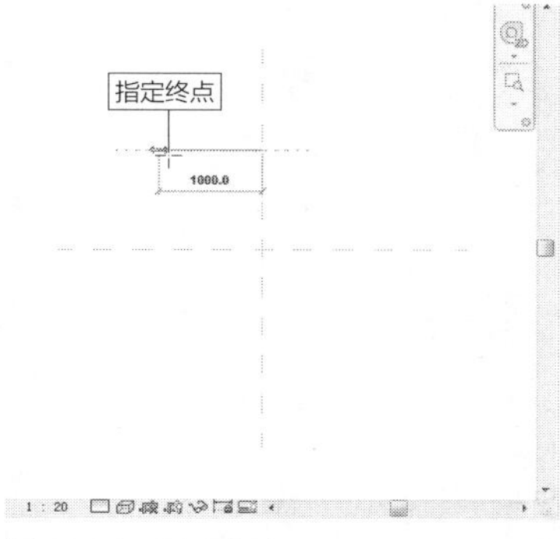

图 9-69　指定终点

步骤 05 向下移动光标，在距水平线段2000mm的位置单击鼠标左键，指定线段的终点，如图9-70所示。

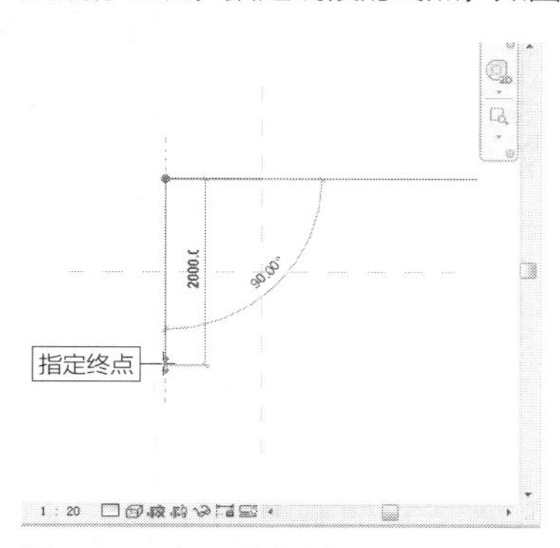

图 9-70　向下移动光标

步骤 06 向右移动光标，在距垂直线段2000mm的位置单击鼠标左键，如图9-71所示，绘制水平线段。

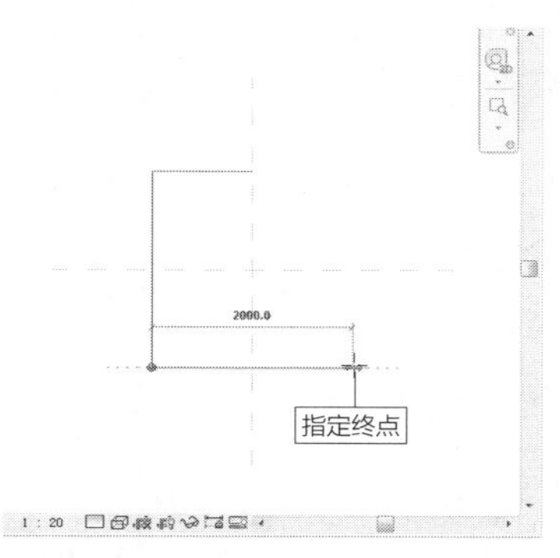

图 9-71　向右移动光标

延伸讲解：

只要不退出命令，可以连续绘制多段相接的线段。

步骤 07 向上移动光标，根据临时尺寸标注的提示，在尺寸参数显示为2000的时候，如图9-72所示，单击鼠标左键，指定线段的终点。

步骤 08 按一次Esc键，暂时退出命令，绘制轮廓线的效果如图9-73所示。

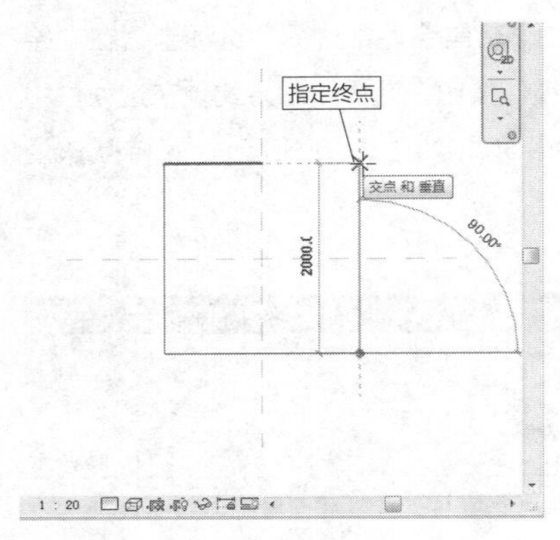

图 9-72　向上移动光标

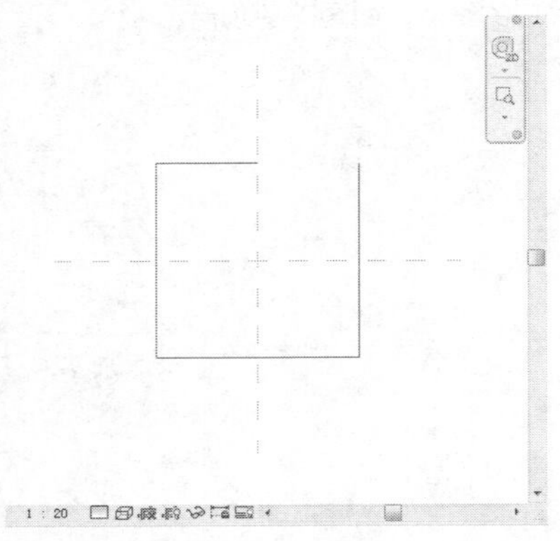

图 9-73　绘制效果

这个时候需要注意，只能按一次Esc键，暂时退出绘制；如果按两次Esc键，就是退出建模操作。

步骤09 选择长度为1000mm的水平线段，在线段的两端显示蓝色的实心夹点，如图9-74所示。

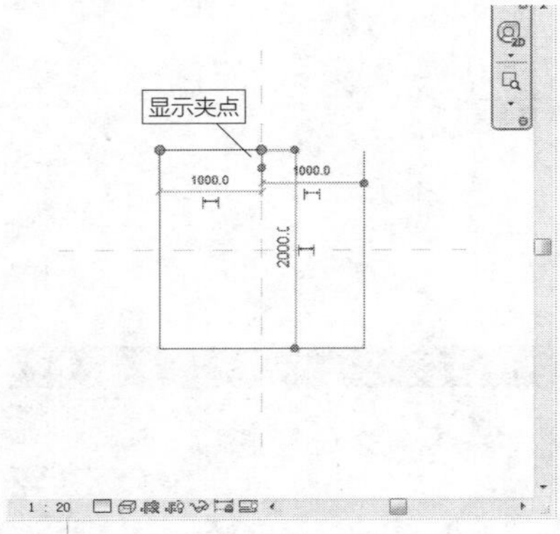

图 9-74　显示夹点

步骤10 将光标置于右端的夹点之上，按住鼠标左键不放，向右移动光标，使夹点与右侧的竖直线段相接。松开鼠标左键，闭合轮廓线，效果如图9-75所示。

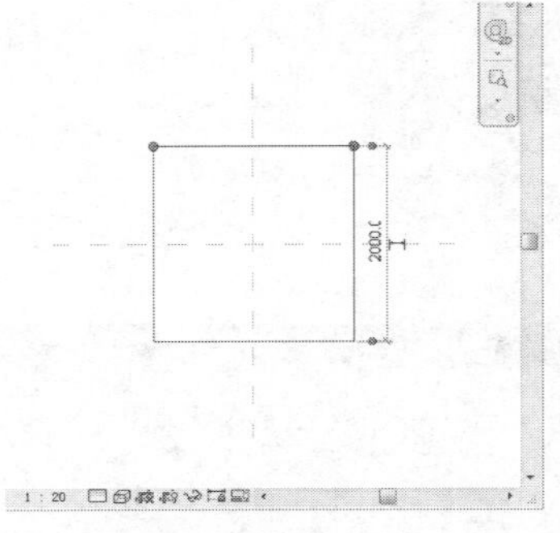

图 9-75　闭合轮廓线

步骤11 单击“模式”面板中的“编辑顶部”按钮，进入“修改|创建融合顶部边界”选项卡。在“绘制”面板中单击“圆形”按钮，选择绘制方式，保持选项栏的参数值不变，如图9-76所示。

图 9-76　选择绘制方式

步骤12 将光标置于参照平面的交点，单击鼠标左键，指定圆心，如图9-77所示。

步骤13 移动光标指定半径大小，使临时尺寸标注显示为“600”，如图9-78所示。

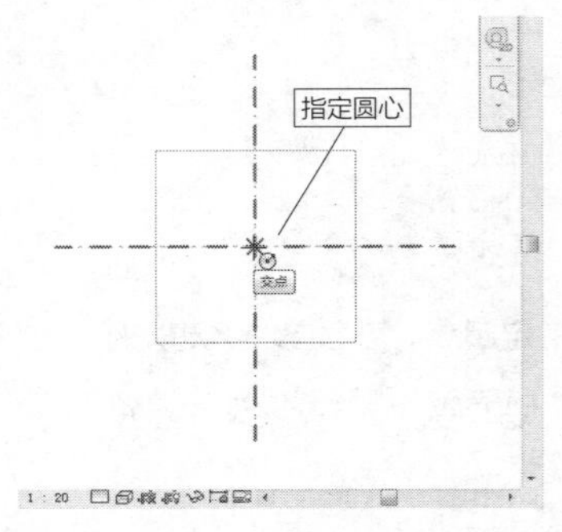

图 9-77　指定圆心

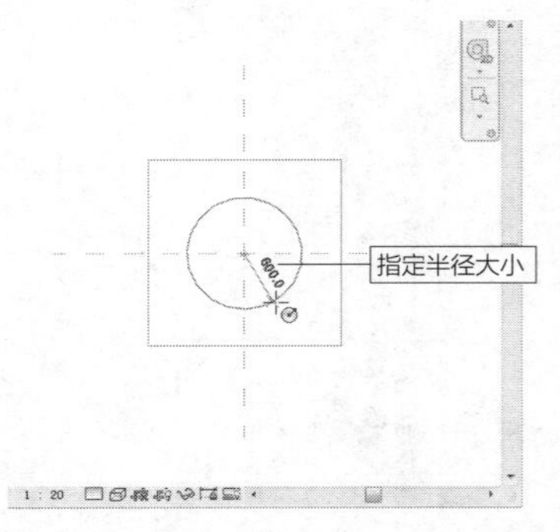

图 9-78　指定半径大小

步骤14 指定半径大小后，单击鼠标左键，绘制圆形的效果如图9-79所示。

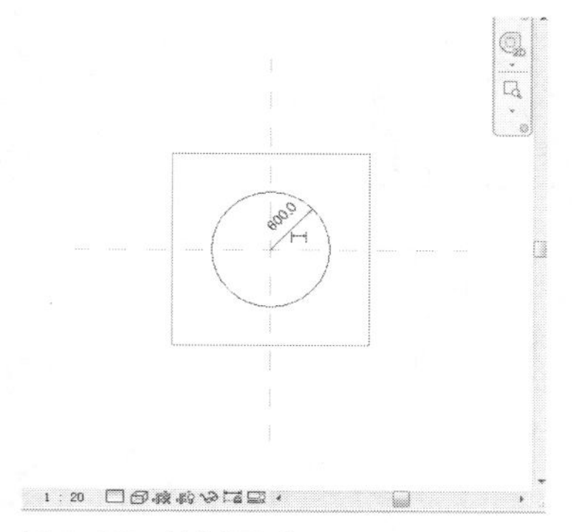

图 9-79 绘制圆形

步骤15 单击“模式”面板中的“完成编辑模式”按钮，退出命令，创建模型轮廓线的效果如图9-80所示。

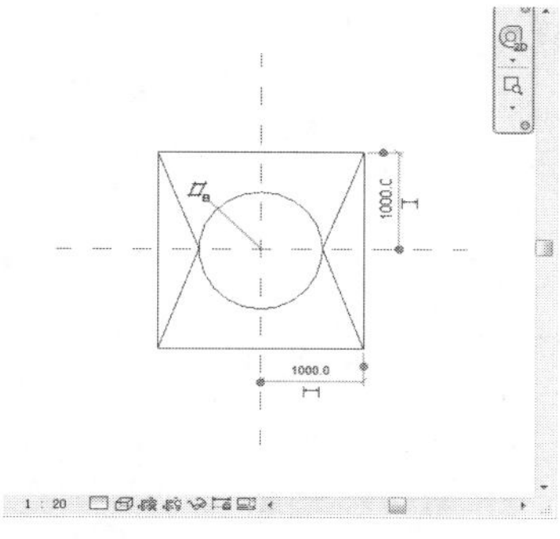

图 9-80 绘制效果

知识链接：

切换至“绘制顶部轮廓”的模式后，底部轮廓显示为灰色，并且不可被编辑。

步骤16 保持模型的选择状态，在“属性”选项板中将“第二端点”选项的参数值修改为2000，如图9-81所示。

步骤17 切换至三维视图，查看实心融合建模的效果，如图9-82所示。

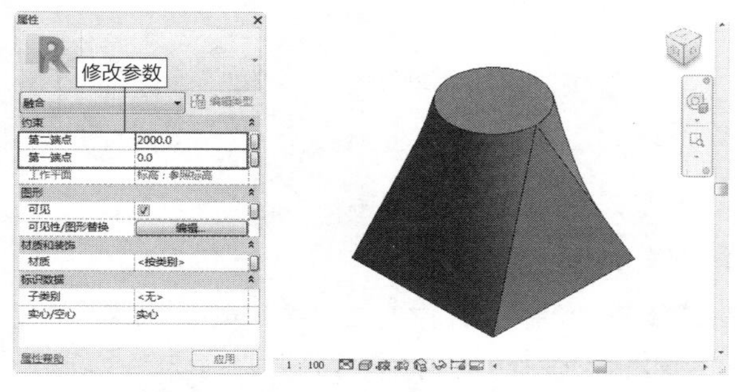

图 9-81 “属性”选项板　图 9-82 三维模型

延伸讲解：

“第一端点”选项的参数值为0，“第二端点”选项的参数值为2000，表示顶部轮廓与底部轮廓的间距为2000mm。

选择融合模型，进入“修改|融合”选项卡，如图9-83所示。单击“编辑顶部”按钮，进入“编辑顶部边界”的模式，在其中可以重新定义边界线。或者单击“编辑底部”按钮，编辑底部边界线。

在选项栏中显示“深度”选项值，修改参数，可以调整模型的外观。

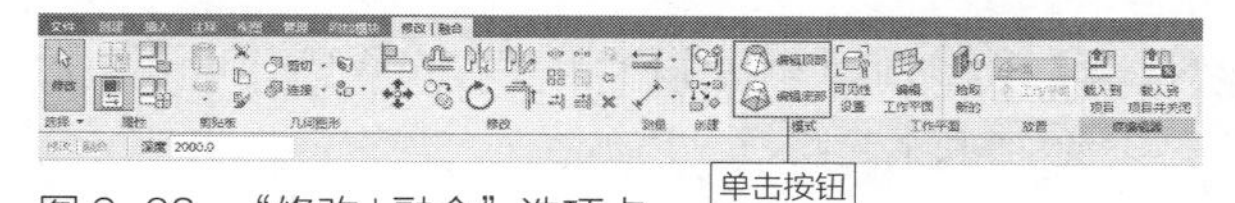

图 9-83 “修改 | 融合”选项卡

9.3.4 实战——实心旋转建模 重点

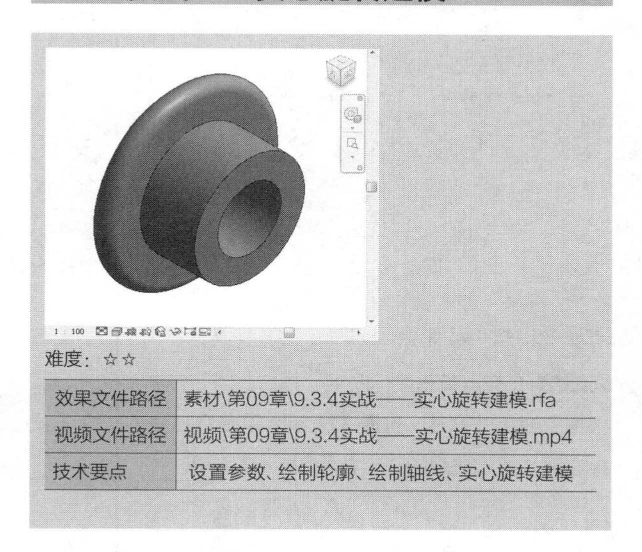

难度：☆☆

效果文件路径	素材\第09章\9.3.4实战——实心旋转建模.rfa
视频文件路径	视频\第09章\9.3.4实战——实心旋转建模.mp4
技术要点	设置参数、绘制轮廓、绘制轴线、实心旋转建模

启用“旋转”命令创建三维模型，需要先绘制模型的边界线，再绘制轴线，然后会生成绕轴线旋转边界线，并创建三维模型。本节介绍实心旋转建模的方法。

步骤01 选择“创建”面板，在“形状”面板上单击“实心旋转”按钮，如图9-84所示，激活命令。

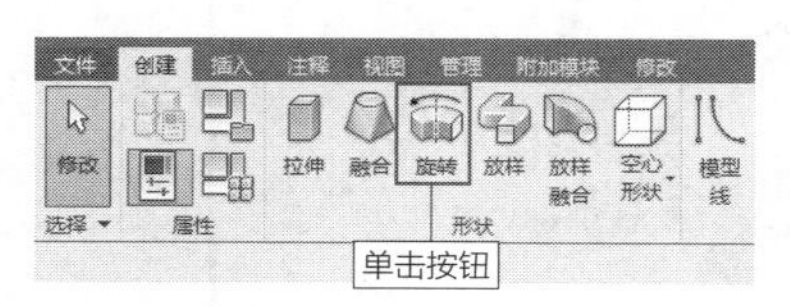

图 9-84 单击按钮

步骤02 进入“修改|创建旋转”选项卡，在“绘制”面板中单击“边界线”按钮，同时选择“线”为绘制方式；选中“链”复选框，保持“偏移”值为0不变，如图

9-85所示。

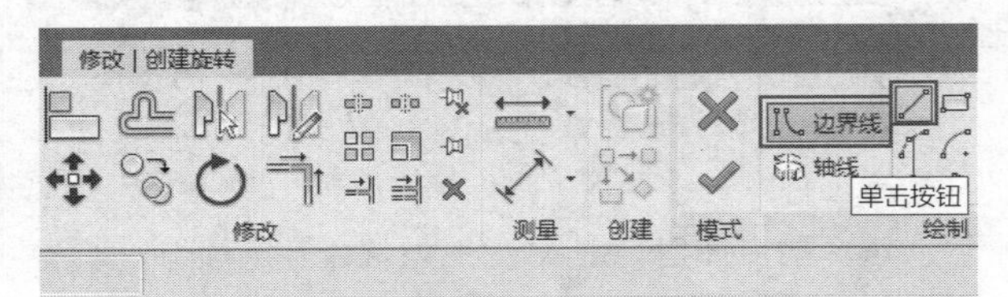

图 9-85　“修改 | 创建旋转”选项卡

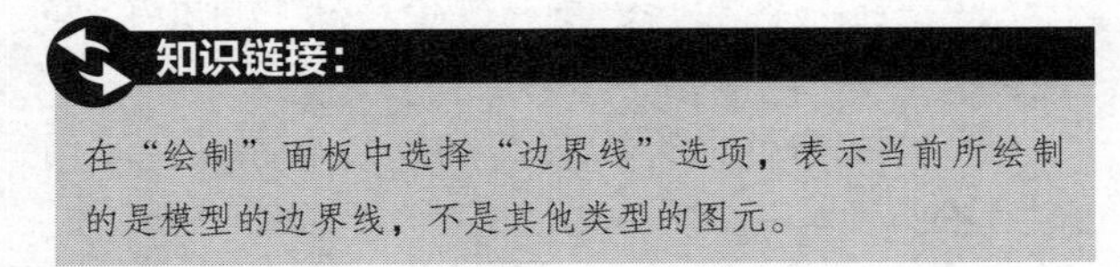
知识链接：

在“绘制”面板中选择“边界线”选项，表示当前所绘制的是模型的边界线，不是其他类型的图元。

步骤 03 将光标置于参照平面的交点，如图9-86所示，指定该点为线段的起点。

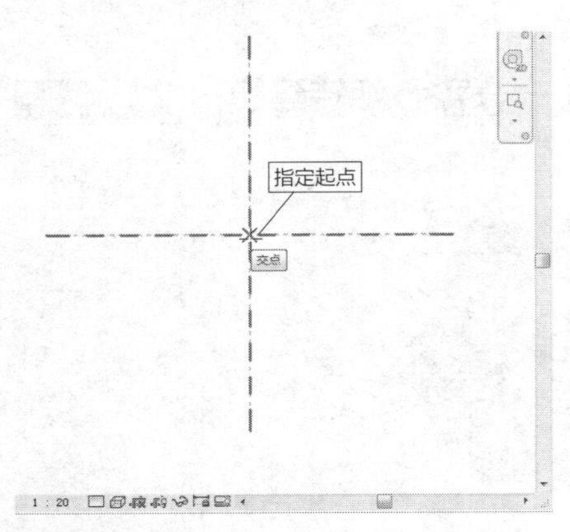

图 9-86　指定起点

步骤 04 在交点单击鼠标左键，指定起点。向右移动光标，根据临时尺寸标注，在距垂直参照平面1200mm处单击鼠标左键，指定线段的终点，如图9-87所示。

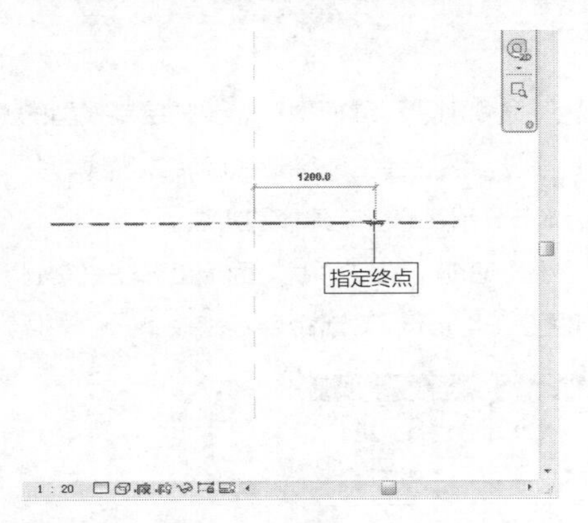

图 9-87　指定终点

步骤 05 在“绘制”面板中单击“起点-终点-半径弧”按钮，更改绘制方式。以线段终点为圆弧的起点，如图9-88所示。

步骤 06 向下移动光标，参考临时尺寸标注，当参数值显示为“500”时，单击指定圆弧的终点，如图9-89所示。

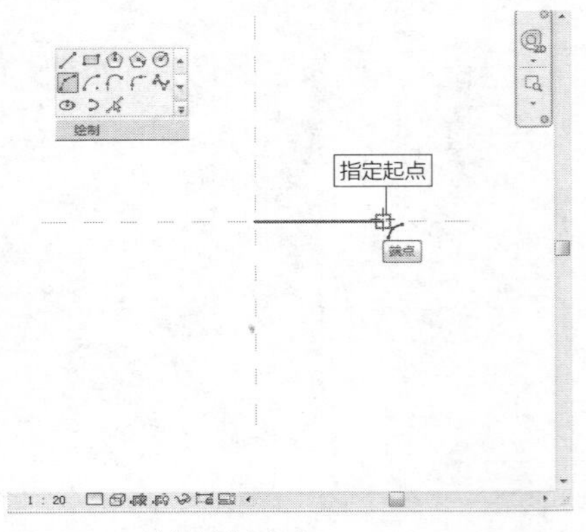

图 9-88　转换绘制方式

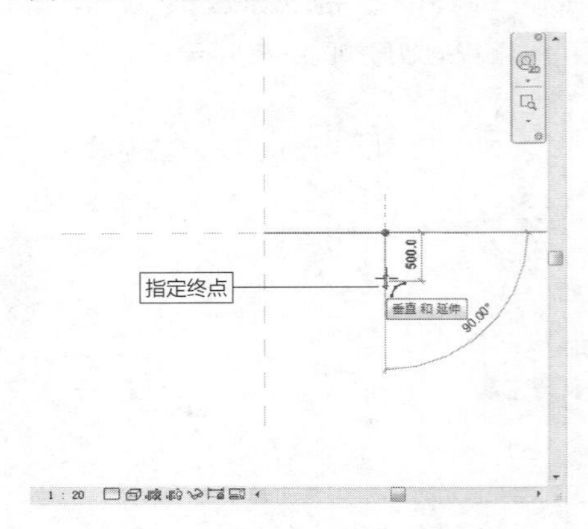

图 9-89　指定终点

步骤 07 向右移动光标，通过临时尺寸标注，得知当前的角度为“180° ”，如图9-90所示。单击鼠标左键，指定圆弧的半径。

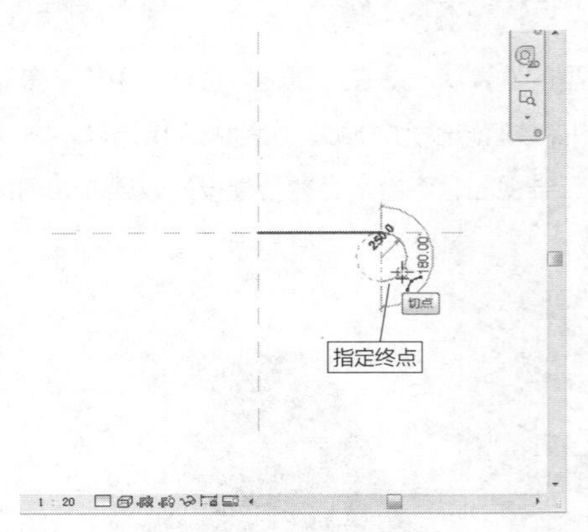

图 9-90　指定半径

步骤 08 在“绘制”面板中单击“线”按钮，转换绘制方式。向左移动光标，在临时尺寸标注参数显示为600时，单击鼠标左键，指定线段的终点，如图9-91所示。

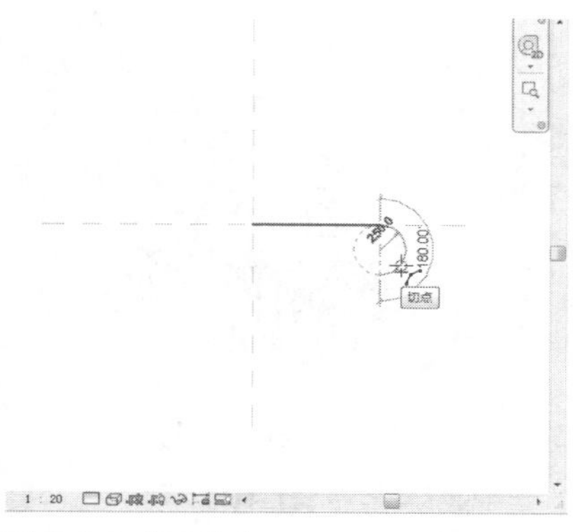

图 9-91　指定终点

延伸讲解：

在绘制轮廓线的过程中，可以自由转换绘制方式，不会影响绘制过程。

步骤 09 向下移动光标，在临时尺寸标注显示为1400的时候，单击鼠标左键，绘制竖直线段，如图9-92所示。

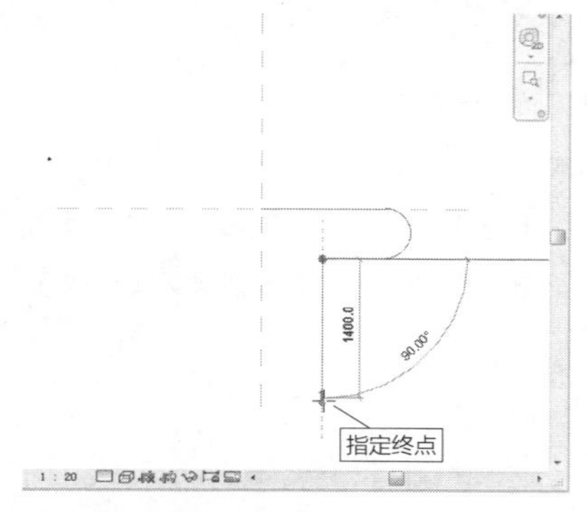

图 9-92　绘制竖直线段

步骤 10 向左移动光标，当光标位于垂直参照平面之上时，单击鼠标左键，指定线段的终点，如图9-93所示。

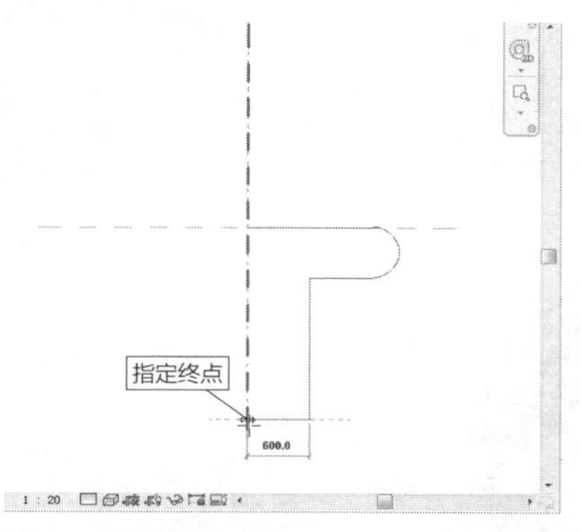

图 9-93　绘制水平线段

步骤 11 向上移动光标，直到参照平面的交点，如图9-94所示。

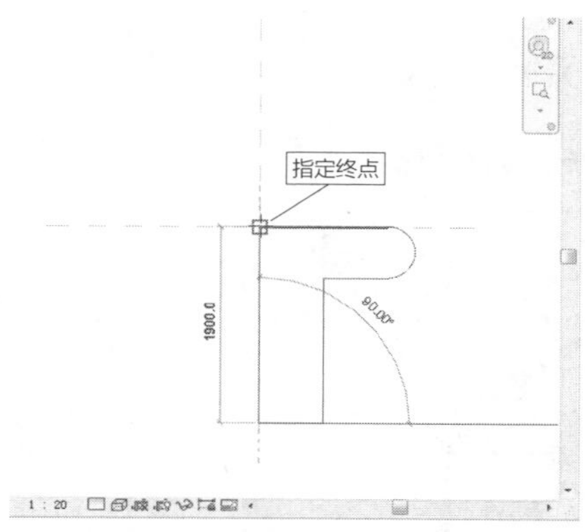

图 9-94　向上移动光标

步骤 12 在参照平面的交点单击鼠标左键，指定线段的终点。闭合轮廓线的效果如图9-95所示。

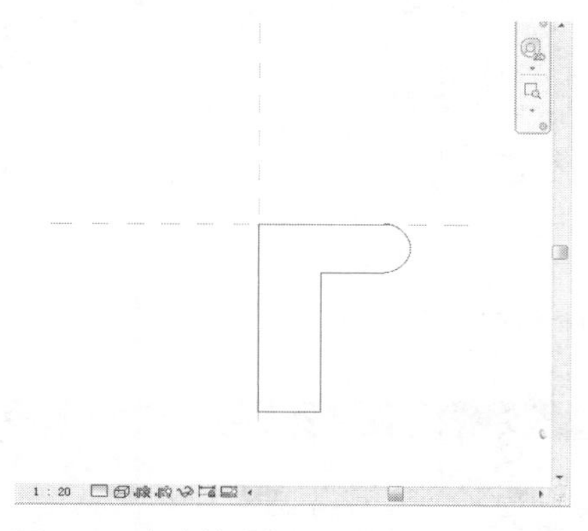

图 9-95　闭合轮廓线

步骤 13 在"绘制"面板中单击"轴线"按钮，将光标定位在轮廓线的左侧，依次指定轴线的起点与终点，如图9-96所示。

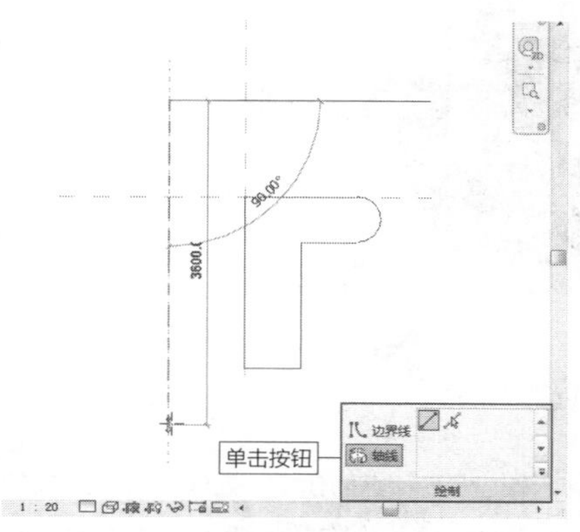

图 9-96　指定起点与终点

步骤 14 绘制竖直方向上的轴线，效果如图9-97所示。

步骤 15 单击"模式"面板中的"完成编辑模式"按钮，结束绘制。旋转建模的效果如图9-98所示。

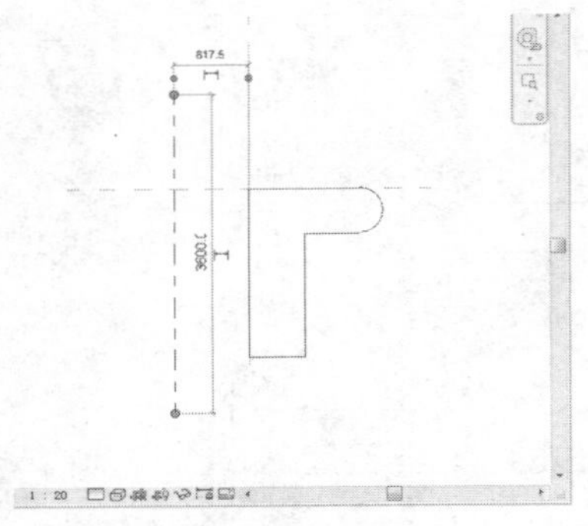

图 9-97　绘制轴线

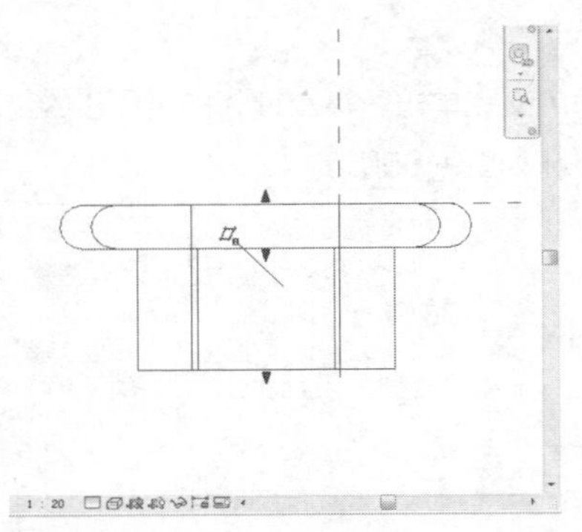

图 9-98　旋转建模的效果

延伸讲解：

也可以在其他方向创建旋转轴线。

步骤 16 切换至三维视图，查看模型的三维效果，如图9-99所示。

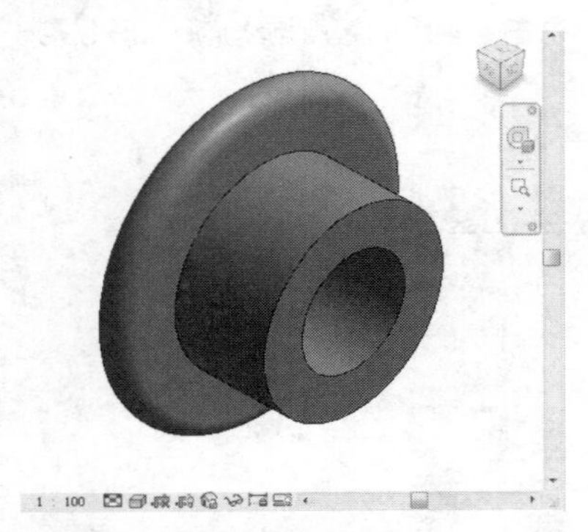

图 9-99　三维模型

默认情况下，模型的“起始角度”为0°，“结束角度”为360°，创建结果是一个完整的模型。当修改“结束角度”值后，例如，将参数值设置为“240°”，如图9-100所示。此时模型的显示样式发生变化，效果如图9-101所示。根据用户所定义的旋转角度，模型可以呈现不同的效果。

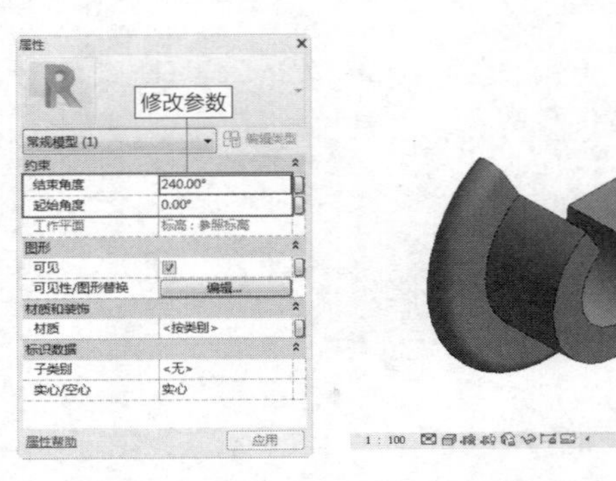

图 9-100　“属性”选项板　图 9-101　编辑效果

选择旋转模型，进入“修改|旋转”选项卡。单击“编辑旋转”按钮，如图9-102所示，进入“修改|旋转>编辑旋转”选项卡。在其中可以修改模型轮廓线，或者重新定义旋转轴线。

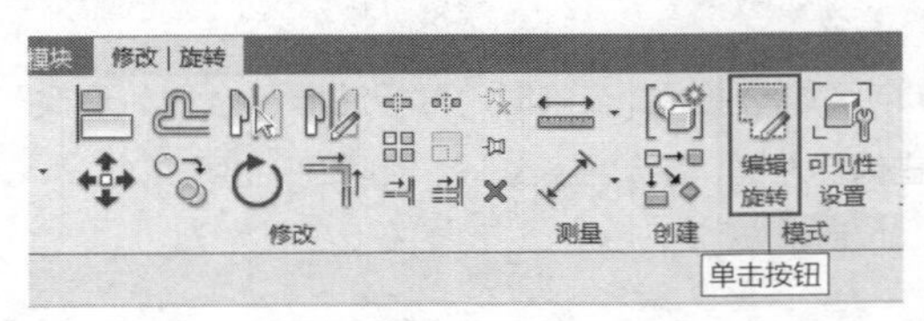

图 9-102　“修改 | 旋转”选项卡

保持模型轮廓线的样式不变，删除竖直轴线，重新绘制水平轴线，如图9-103所示。退出编辑模式，软件重新执行“旋转建模”操作，此时模型的显示效果如图9-104所示。

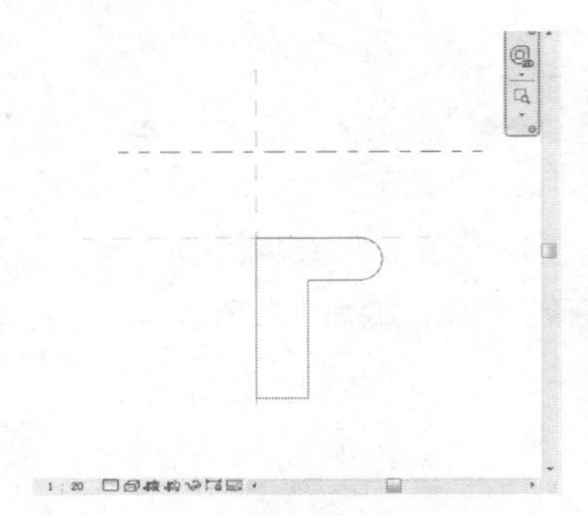

图 9-103　绘制水平轴线

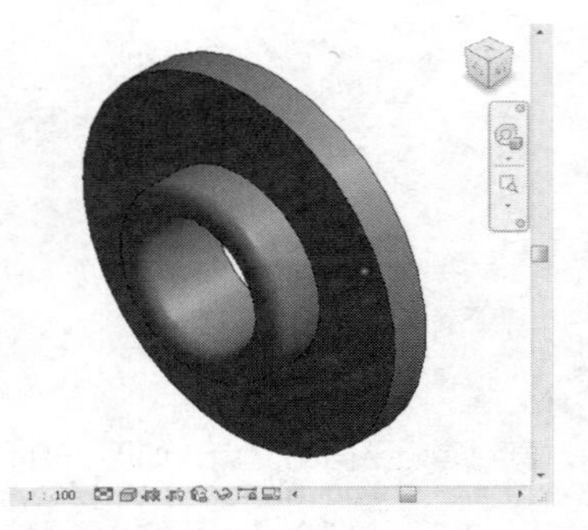

图 9-104　旋转建模

9.3.5 实战——实心放样建模

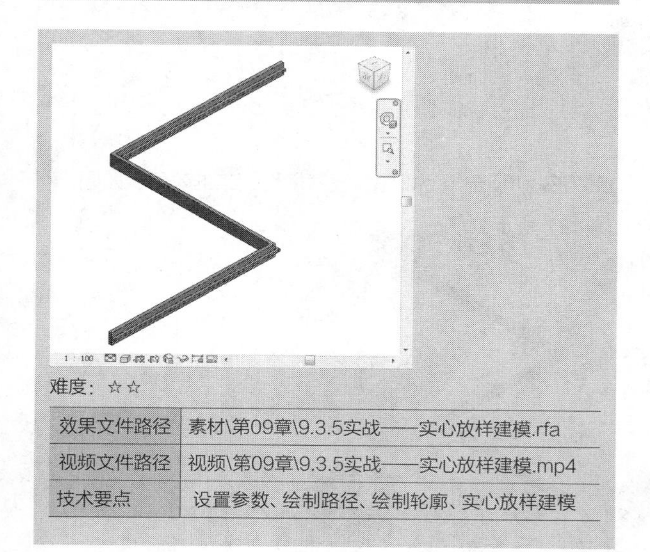

难度：☆☆

效果文件路径	素材\第09章\9.3.5实战——实心放样建模.rfa
视频文件路径	视频\第09章\9.3.5实战——实心放样建模.mp4
技术要点	设置参数、绘制路径、绘制轮廓、实心放样建模

启用“放样”命令来创建三维模型，需要先绘制路径，接着创建图形轮廓。软件根据路径来对轮廓执行“放样”操作，最后创建三维模型。本节实心放样建模的方法。

步骤01 选择“创建”选项卡，在“形状”面板上单击“放样”按钮，如图9-105所示，激活命令。

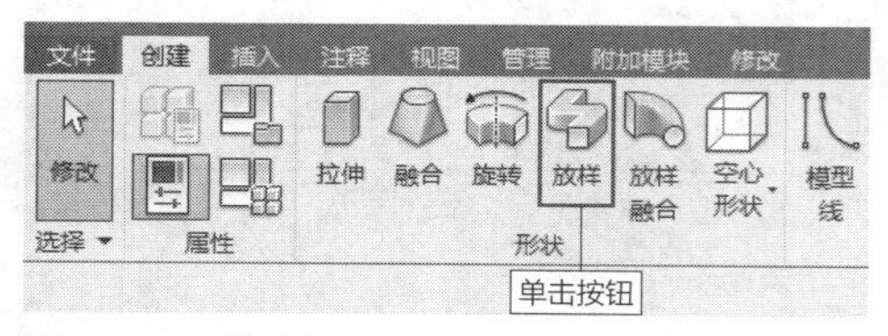

图9-105 单击按钮

步骤02 进入“修改|放样”选项卡，单击“绘制路径”按钮，如图9-106所示，激活命令。

图9-106 “修改|放样”选项卡

步骤03 进入绘制路径的模式，在“绘制”面板中单击“线”按钮，如图9-107所示，指定绘制路径的方式。

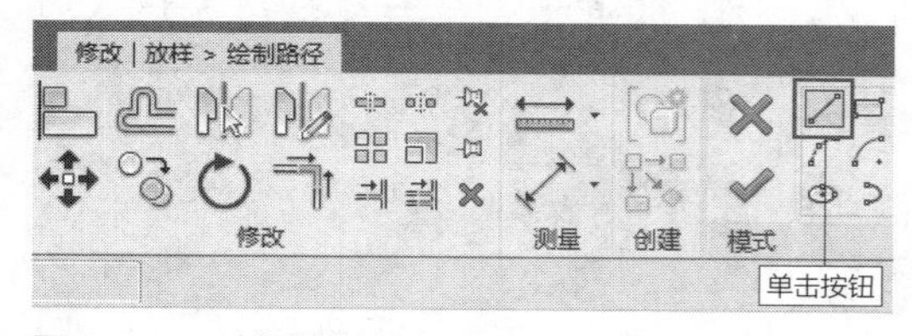

图9-107 选择绘制方式

步骤04 在绘图区域中指定起点、终点，绘制路径的效果如图9-108所示。

步骤05 切换至三维视图，此时路径的显示效果如图9-109所示。

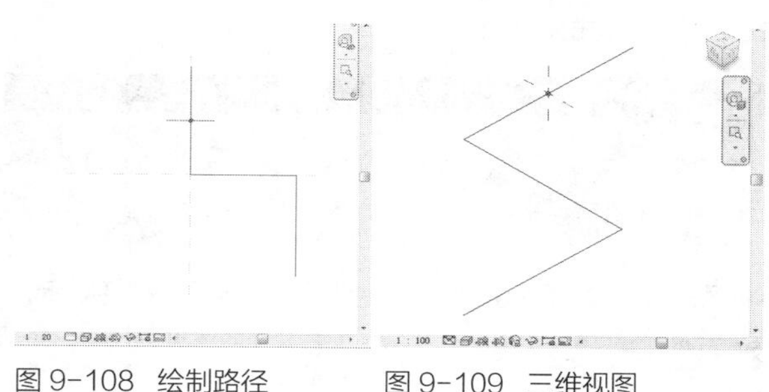

图9-108 绘制路径　　图9-109 三维视图

答疑解惑：为什么要到三维视图中创建图形轮廓?

在绘制完毕路径后，开始绘制轮廓时，假如当前视图为平面视图，系统就会弹出如图9-110所示的“转到视图”对话框，提醒用户切换到立面视图或者三维视图中创建轮廓。

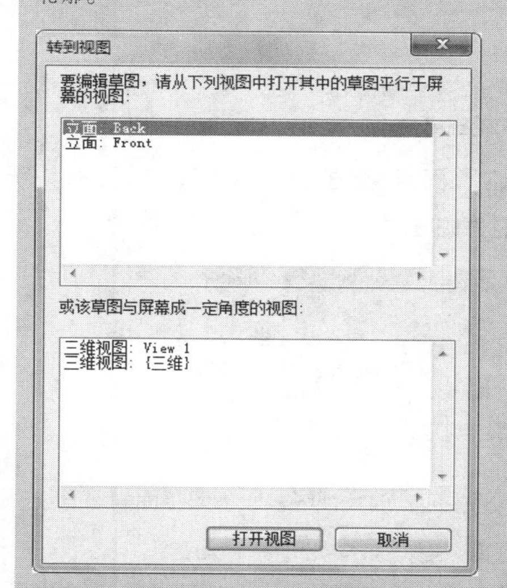

图9-110 “转到视图”对话框

在平面视图中不能绘制图形轮廓吗？不可以的。在绘制轮廓线时，应该选择平行于屏幕的视图，如立面视图；或者与屏幕成一定角度的视图，如三维视图。在这两类视图中创建图形轮廓，可以在绘制的过程中查看轮廓的创建效果，帮助用户及时做出修改。通常情况下，在三维视图中绘制轮廓线更加方便。

步骤06 在“放样”面板中先单击“选择轮廓”按钮，再单击“编辑轮廓”按钮，如图9-111所示，进入“创建轮廓”的模式。

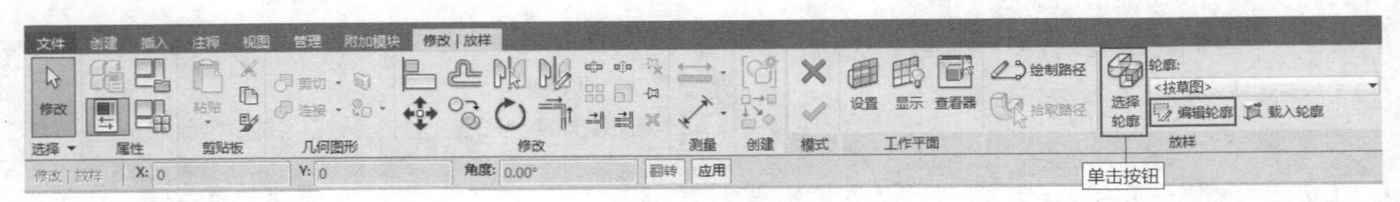

图 9-111 单击按钮

知识链接：

默认情况下，“编辑轮廓”按钮显示为灰色，只有先单击“选择轮廓”按钮后，才可激活该按钮。

步骤07 此时路径显示为灰色，相交的参照平面高亮显示，效果如图9-112所示。

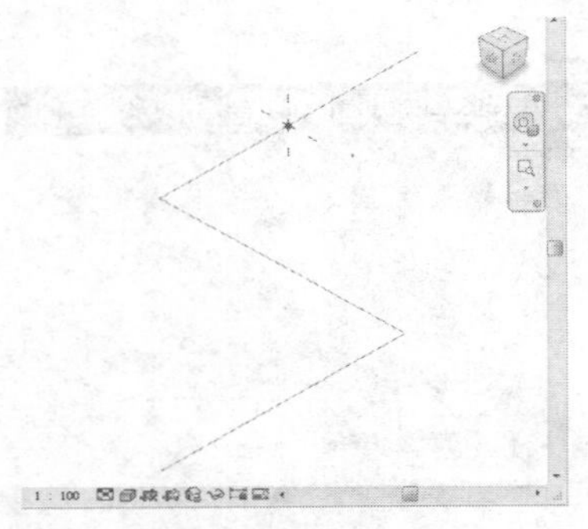

图 9-112 创建轮廓模式

步骤08 在“绘制”面板中单击“线”按钮，如图9-113所示，指定绘制轮廓的方式。

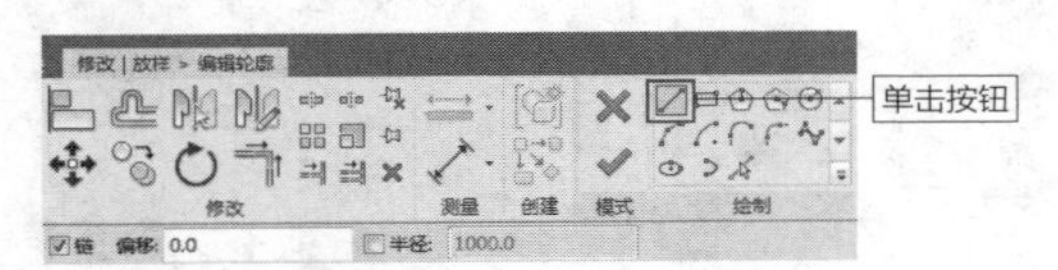

图 9-113 选择绘制方式

步骤09 滑动鼠标中键，放大视图。以参照平面为参照线，绘制首尾相接的轮廓线，效果如图9-114所示。

步骤10 单击“完成编辑模式”按钮，返回“修改|放样”选项卡，此时绘图区域的显示效果如图9-115所示。

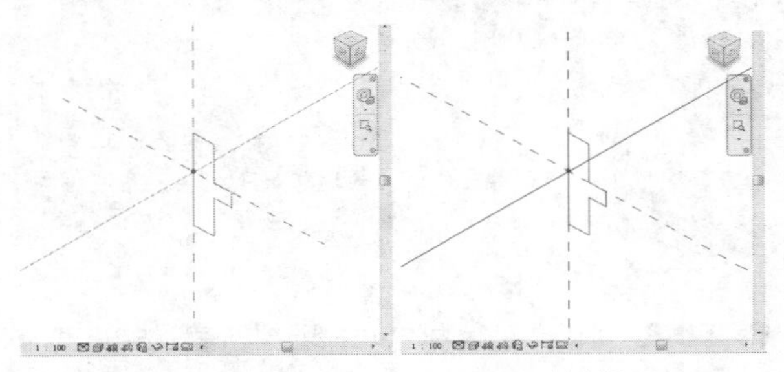

图 9-114 绘制轮廓线　　图 9-115 绘制结果

步骤11 单击“修改|放样”选项卡中的“完成编辑模式”按钮，退出命令。实心放样建模的效果如图9-116所示。

步骤12 切换至平面视图，观察模型的二维效果，如图9-117所示。

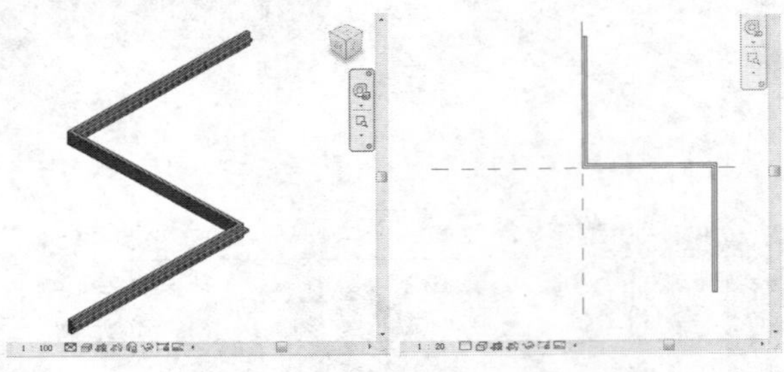

图 9-116 三维模型　　图 9-117 二维样式

选择模型，进入“修改|放样”选项卡。单击“编辑放样”按钮，如图9-118所示，进入编辑模式。可以重新定义模型的参数，最终影响模型的显示样式。

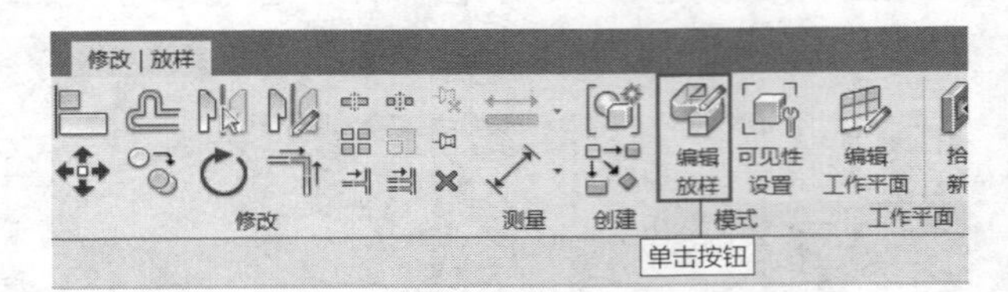

图 9-118 单击按钮

9.3.6 实战——实心放样融合建模 重点

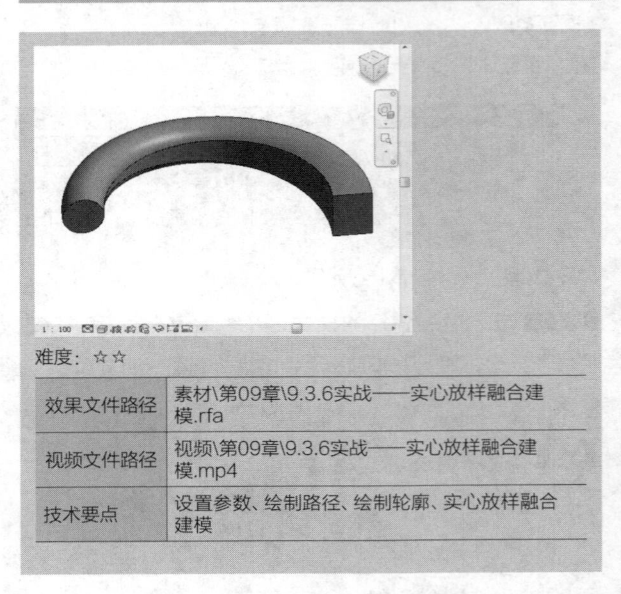

难度：☆☆

效果文件路径	素材\第09章\9.3.6实战——实心放样融合建模.rfa
视频文件路径	视频\第09章\9.3.6实战——实心放样融合建模.mp4
技术要点	设置参数、绘制路径、绘制轮廓、实心放样融合建模

启用“放样融合”命令来创建三维模型，需要先绘制路径，再分别创建轮廓1与轮廓2，软件根据所定义的参

数，执行“放样融合”建模操作。本节介绍实心放样融合建模的方法。

步骤 01 选择“创建”选项卡，在“形状”面板上单击“放样融合”按钮，如图9-119所示，激活命令。

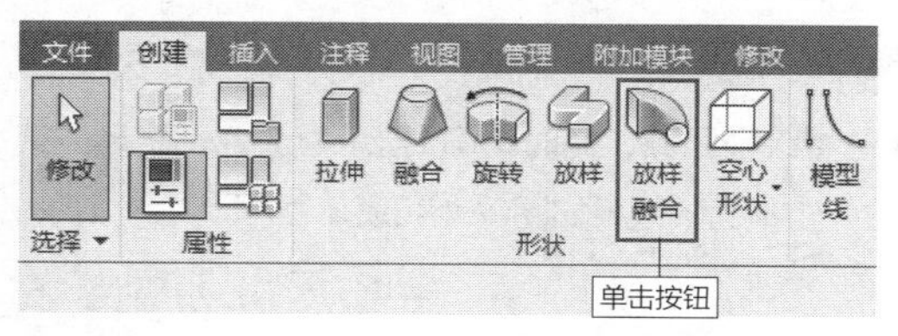

图 9-119 单击按钮

步骤 02 进入“修改|放样融合”选项卡，单击“绘制路径”按钮，如图9-120所示，开始绘制放样路径。

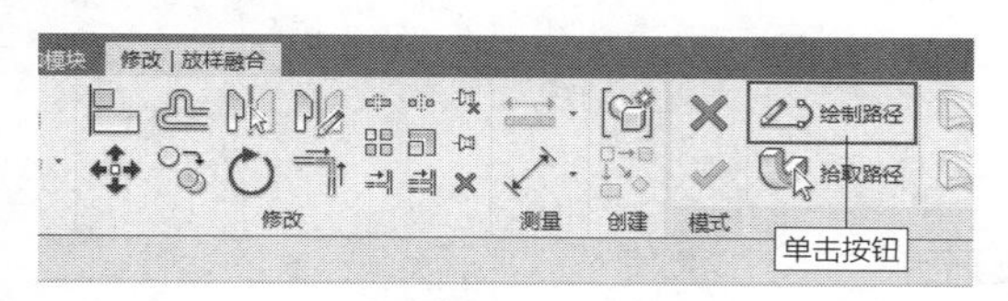

图 9-120 “修改 | 放样融合”选项卡

延伸讲解：

需要先绘制路径，才可激活创建轮廓的命令，如“选择轮廓1”“选择轮廓2”命令。

步骤 03 进入“修改|放样融合>绘制路径”选项卡，在“绘制”面板中单击“起点-终点-半径弧”按钮，如图9-121所示，指定绘制方式。

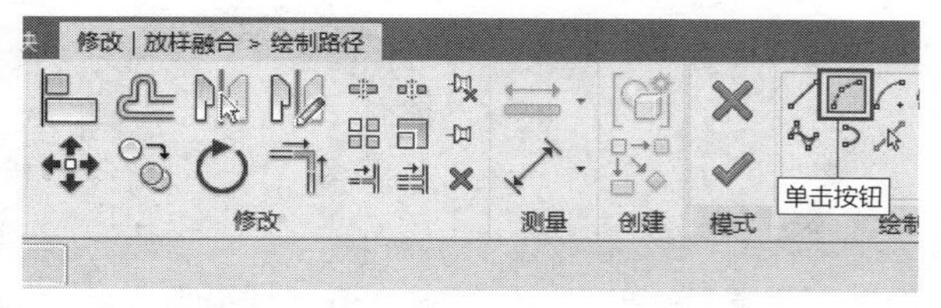

图 9-121 选择绘制方式

步骤 04 将光标置于垂直参照平面之上，与水平参照平面相距1500mm，如图9-122所示。单击鼠标左键，指定该点为圆弧的起点。

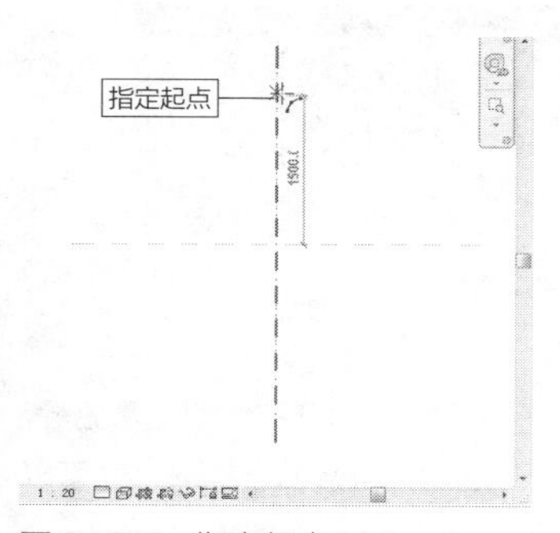

图 9-122 指定起点

步骤 05 向右下角移动光标，将光标置于水平参照平面的右侧端点之上，如图9-123所示。单击鼠标左键，指定该点为圆弧的终点。

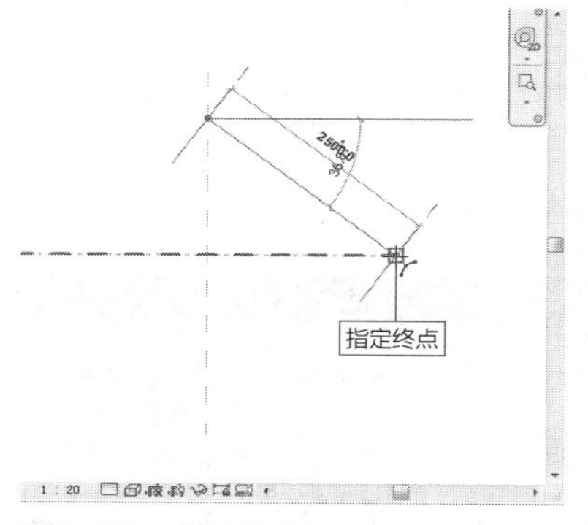

图 9-123 指定终点

步骤 06 向左下角移动光标，将光标置于参照平面的交点之上，如图9-124所示，指定圆弧的半径值。

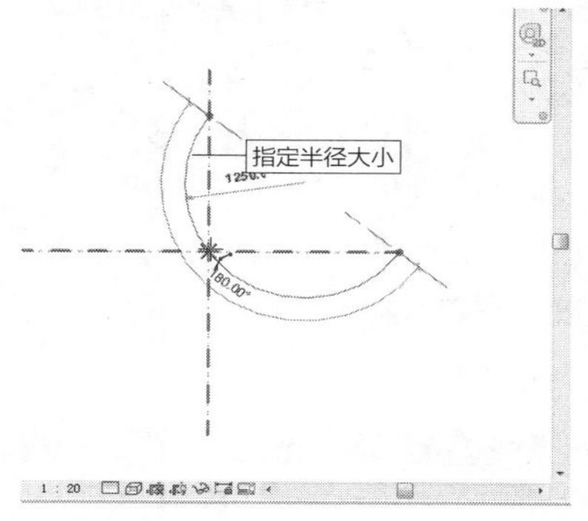

图 9-124 指定半径大小

步骤 07 在交点处单击鼠标左键，结束绘制圆弧的操作。绘制路径的效果如图9-125所示。

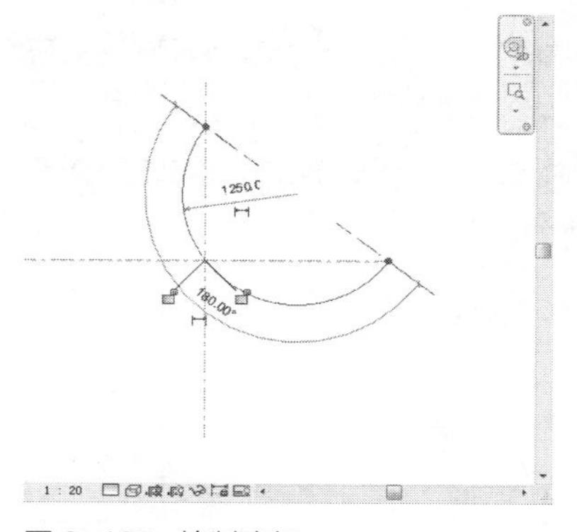

图 9-125 绘制路径

步骤 08 单击“完成编辑模式”按钮，返回“修改|放样融合”选项卡，路径的显示效果如图9-126所示。

步骤 09 切换至三维视图，在其中执行“创建轮廓”的操作，此时路径的显示样式发生变化，效果如图 9-127 所示。

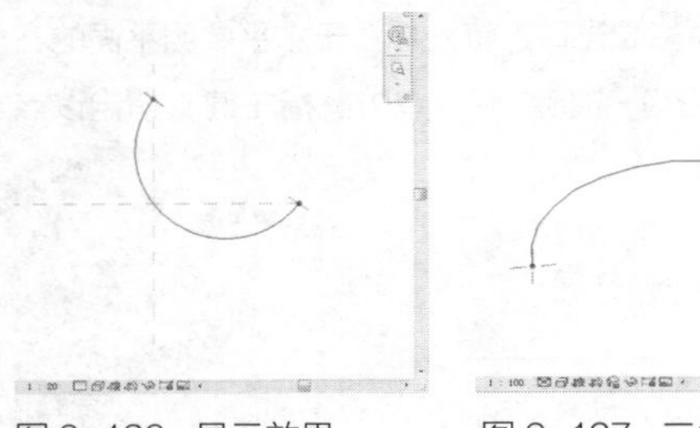

图 9-126　显示效果　　　　图 9-127　三维样式

知识链接：

在三维视图中创建轮廓的原因，请参考9.3.5节中“答疑解惑”内容的介绍。

步骤 10 在“放样融合”面板中先单击“选择轮廓1”按钮，接着单击“编辑轮廓”按钮，如图9-128所示，激活“创建轮廓”命令。

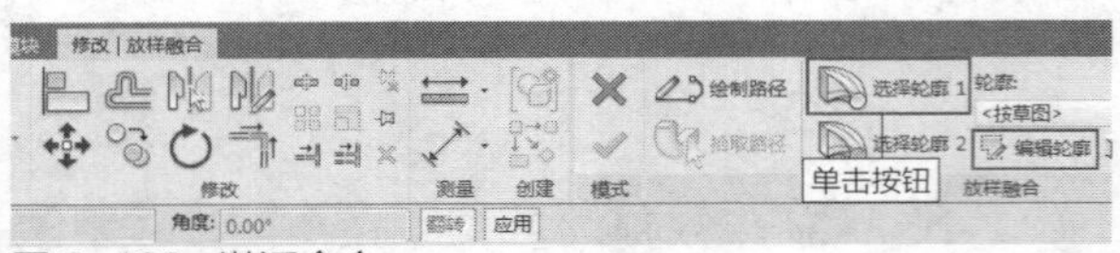

图 9-128　激活命令

步骤 11 进入“修改|放样融合>编辑轮廓”选项卡，在“绘制”面板中单击“矩形”按钮，如图9-129所示，指定绘制轮廓1的方式。

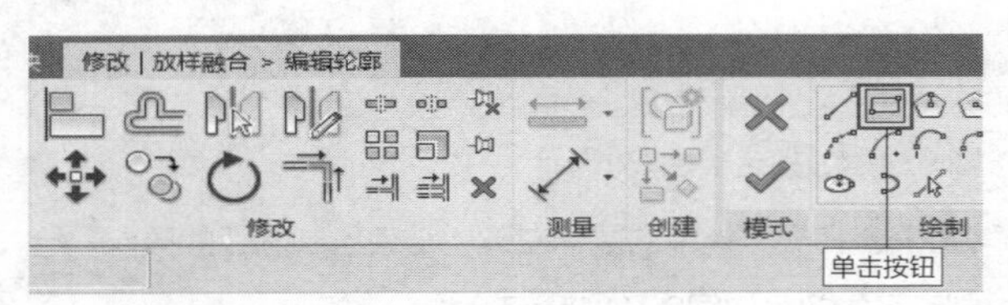

图 9-129　选择绘制方式

步骤 12 此时路径一端的工作平面高亮显示，如图9-130所示，另一端暗显。

步骤 13 指定参照平面的交点为矩形的角点，绘制矩形轮廓的效果如图9-131所示。

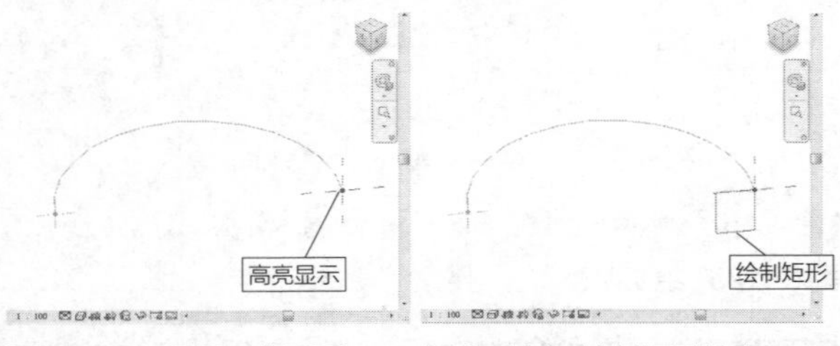

图 9-130　显示工作平面　　图 9-131　绘制矩形轮廓

步骤 14 单击“完成编辑模式”按钮，返回“修改|放样融合”选项卡。在“放样融合”面板上先单击“选择轮廓2”按钮，再单击“编辑轮廓”按钮，如图9-132所示，激活“创建轮廓”命令。

图 9-132　激活命令

步骤 15 查看绘图区域，此时轮廓1显示为灰色，路径一端高亮显示工作平面，效果如图9-133所示。

步骤 16 在“绘制”面板中单击“圆形”按钮，指定绘制轮廓2的方式。以参照平面的交点为圆心，绘制圆形轮廓，效果如图9-134所示。

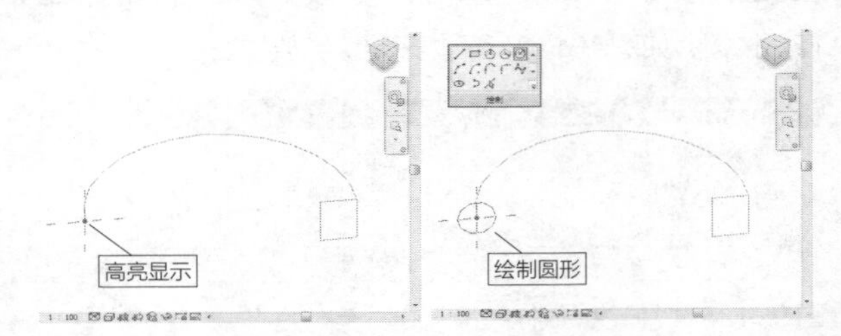

图 9-133　显示工作平面　　图 9-134　绘制圆形轮廓

步骤 17 单击“完成编辑模式”按钮，返回“修改|放样融合”选项卡，此时路径以及轮廓1、轮廓2的显示效果如图9-135所示。

步骤 18 单击“完成编辑模式”按钮，退出命令。放样融合建模的效果如图9-136所示。

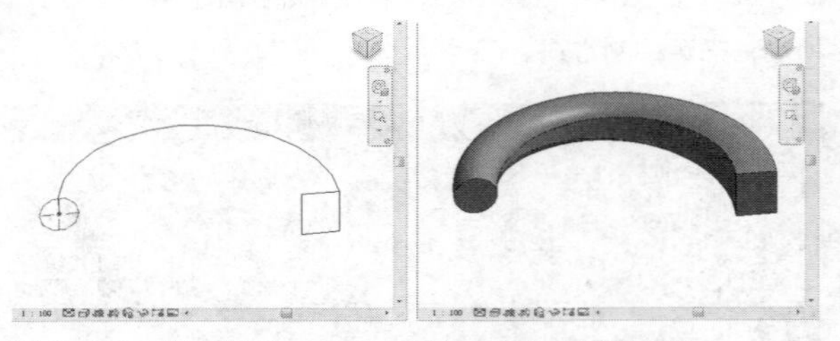

图 9-135　显示效果　　　　图 9-136　三维模型

选择模型，进入“修改|放样融合”选项卡。单击“编辑放样融合”按钮，如图9-137所示，进入编辑模式。可以重新定义参数，改变模型的显示样式。

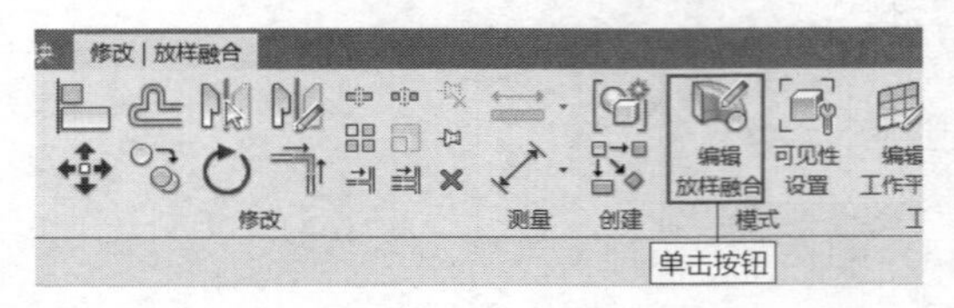

图 9-137　单击按钮

9.3.7　空心模型

在族编辑器中除了可以创建实心模型之外，也可以创建空心模型。空心模型的类型与实心模型类似，如“拉伸”模型、“融合”模型与“旋转”模型等。

空心模型的建模方式与实心模型相同，但是外观显示不同。空心模型由线组成，实心模型由面组成。因为在前面已经介绍了创建实心模型的方法，所以在本节中仅简要介绍各空心模型的创建方法。

1. “空心拉伸”建模

选择“创建”选项卡，在“形状”面板上单击“空心形状”按钮，在弹出的列表中选择“空心拉伸”选项，如图9-138所示，激活命令。进入“修改|创建空心拉伸”选项卡，综合运用“绘制”面板中的工具，创建图形轮廓。在“深度”选项中设置参数，如图9-139所示。

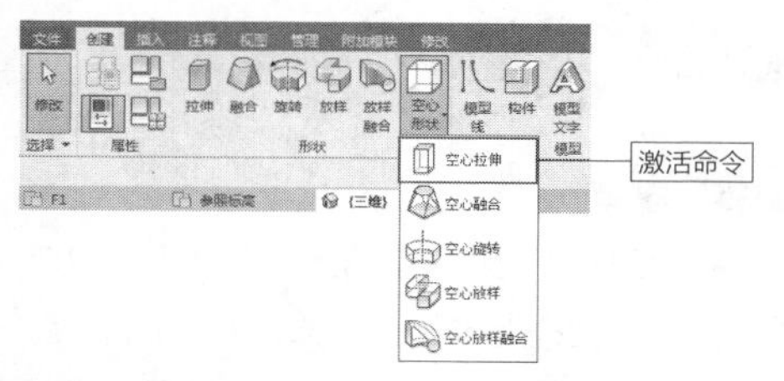

图 9-138 选择选项

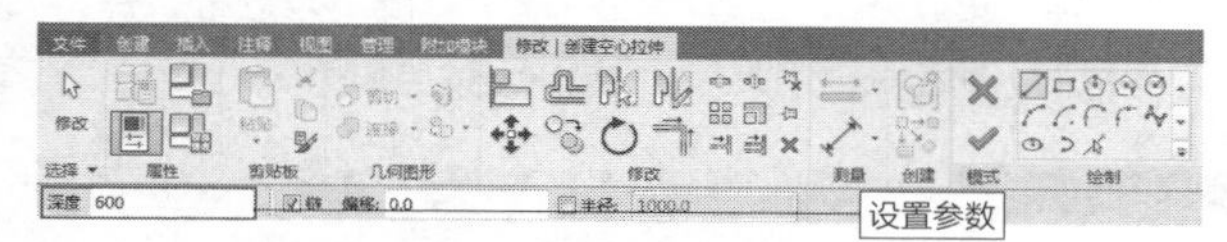

图 9-139 “修改 | 创建空心拉伸”选项卡

单击“完成编辑模式”按钮，退出命令，绘制效果如图9-140所示。切换至三维视图，在其中查看模型的三维效果，如图9-141所示。将“视觉样式”设置为“隐藏线”，在该模式下，空心模型显示各面的边界线。

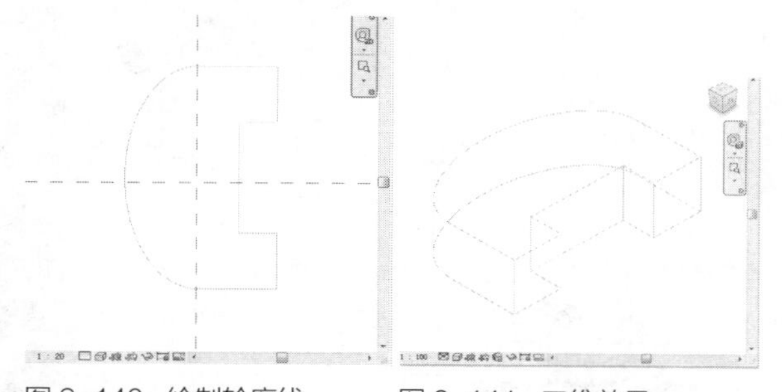

图 9-140 绘制轮廓线　　图 9-141 三维效果

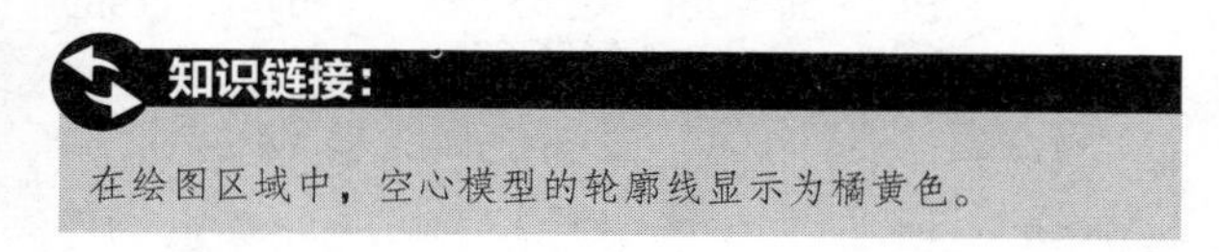

知识链接：

在绘图区域中，空心模型的轮廓线显示为橘黄色。

切换“视觉样式”为“着色”，此时空心模型的面在“着色”的模式下显示，并且有明暗关系，但是面边界线仍然清晰可见，效果如图9-142所示。

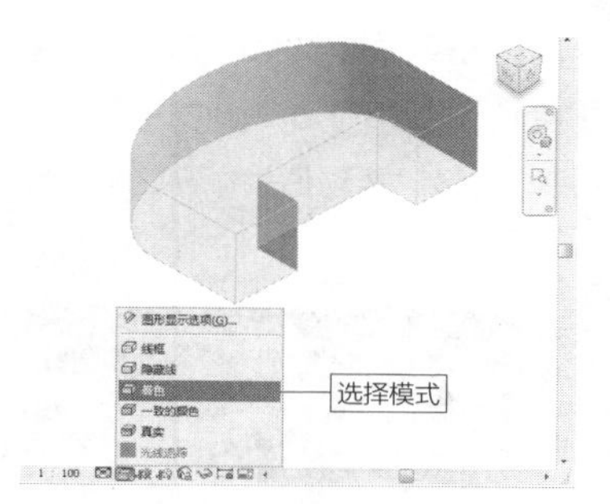

图 9-142 “着色”模式

将“视觉样式”设置为“一致的颜色”，空心模型各个面以相同的颜色显示，不区分明暗关系，但是面边界线依然可见，效果如图9-143所示。

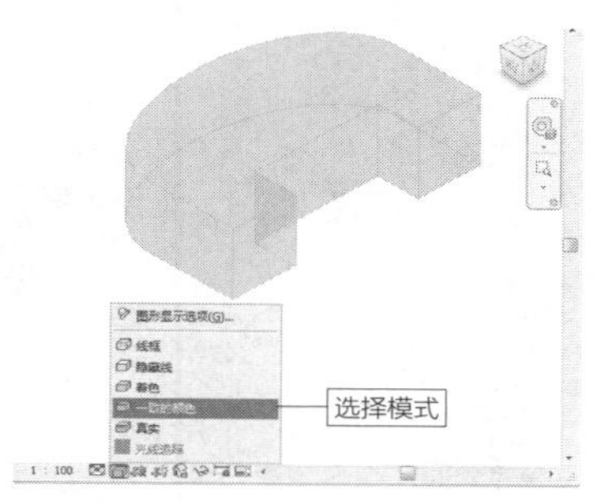

图 9-143 “一致的颜色”模式

综上所述，空心模型主要显示其边界线。只有在“着色”的情况下，才可以观察其模型面。

2. “空心融合”建模

在“空心形状”列表中选择“空心融合”选项，激活命令，进入“修改|创建空心融合底部边界”选项卡。在“绘制”面板中单击“内接多边形”按钮，指定创建底部边界线的方式。在选项栏中设置“深度”选项值与“边”的数目，如图9-144所示。

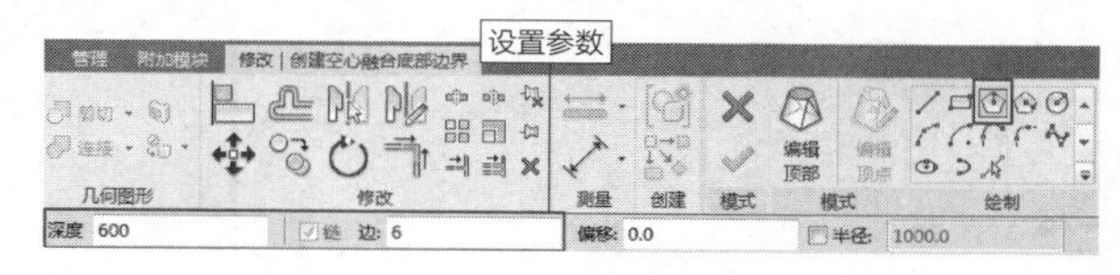

图 9-144 “修改 | 创建空心融合底部边界”选项卡

指定参照平面的交点为圆心，绘制六边形作为底部边界线，效果如图9-145所示。

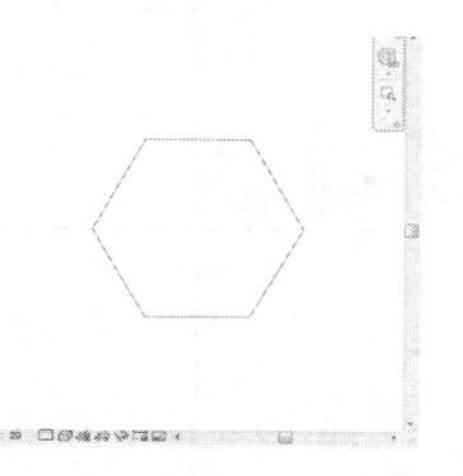

图 9-145 绘制底部边界

单击“编辑顶部”按钮，进入“修改|创建空心融合顶部边界”选项卡。在“绘制”面板中单击“圆心”按钮，并修改“深度”值，保持“偏移”选项值为0不变，如图9-146所示。

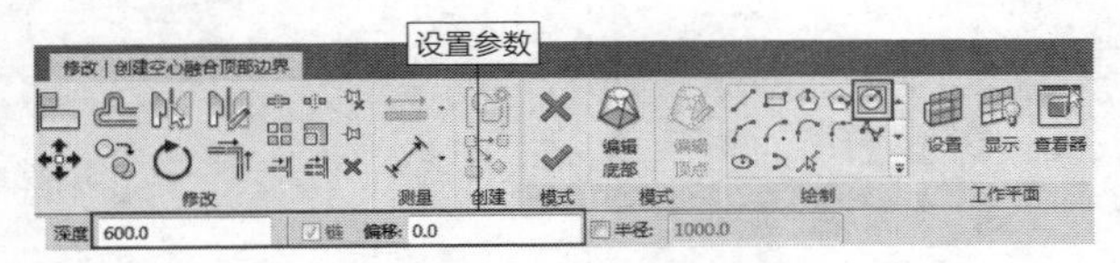

图 9-146　“修改 | 创建空心融合顶部边界”选项卡

拾取参照平面的交点为圆心，绘制圆形，代表模型的顶部边界线，效果如图9-147所示。

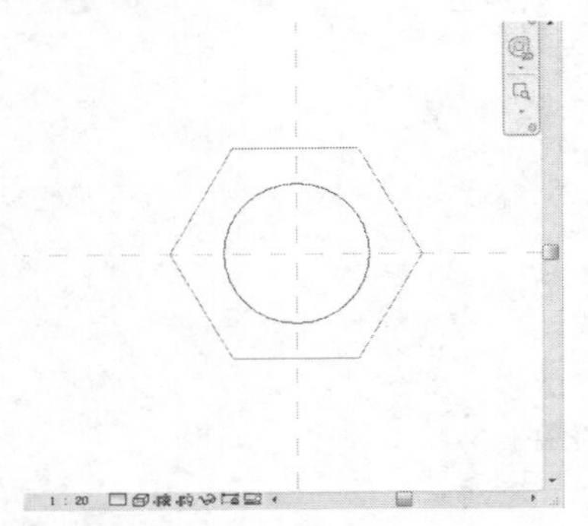

图 9-147　绘制顶部边界

单击“完成编辑模式”按钮，结束命令。空心融合模型的平面样式显示效果如图9-148所示。切换至三维视图，默认选择“隐藏线”视觉样式。可以切换至“一致的颜色”模式来观察着色状态下的融合模型，效果如图9-149所示。

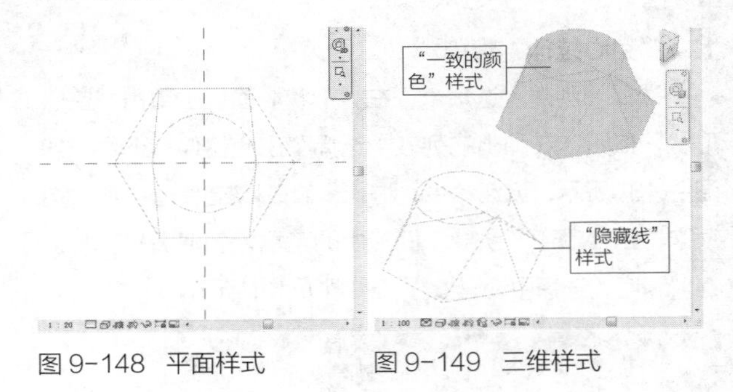

图 9-148　平面样式　　图 9-149　三维样式

3.　“空心旋转”建模

在“空心形状”列表中选择“空心旋转”选项，激活命令，进入“修改|创建空心旋转”选项卡。在“绘制”面板中单击“起点-终点-半径弧”按钮及“线”按钮，选择绘制轮廓线的方式。在选项栏中选中“链”复选框，保持“偏移”选项值为0不变，如图9-150所示。

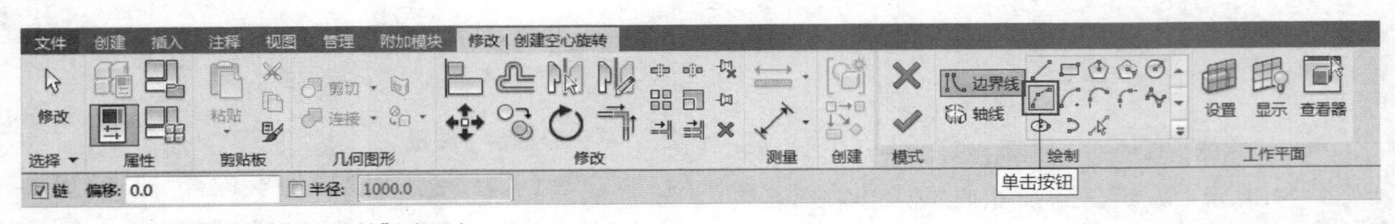

图 9-150　“修改 | 创建空心旋转”选项卡

在绘图区域中指定基点，绘制轮廓线的效果如图9-151所示。单击“绘制”面板中的“轴线”按钮，切换绘制模式。单击指定起点与终点，在轮廓线的右侧绘制竖直轴线，如图9-152所示。

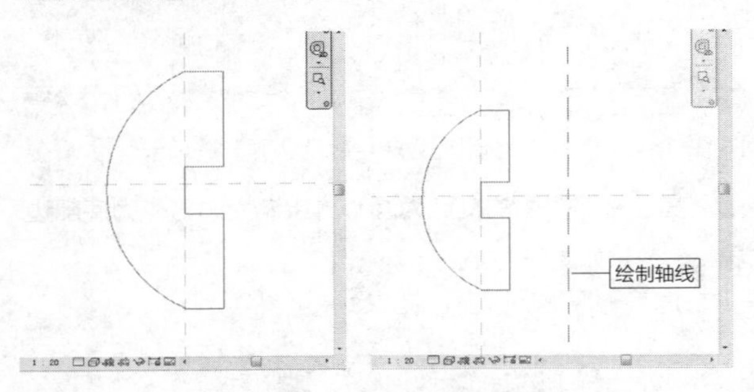

图 9-151　绘制轮廓线　　图 9-152　绘制轴线

单击“完成编辑模式”按钮，退出命令。空心旋转建模的效果如图9-153所示。切换至三维视图，在不同的视觉样式下观察空心旋转模型，效果如图9-154所示。

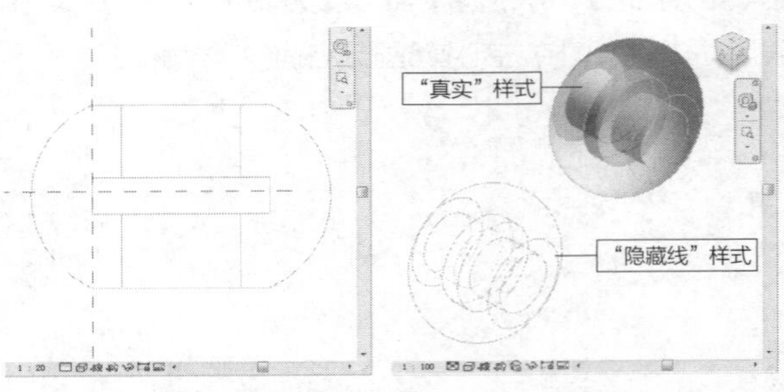

图 9-153　空心旋转建模　　图 9-154　三维样式

4.　“空心放样”建模

单击“形状”面板上的“空心形状”按钮，在弹出的列表中选择“空心放样”选项，激活命令，进入“修改|放样”选项卡。单击“绘制路径”按钮，进入“修改|放样>绘制路径”选项卡。

单击“绘制”面板中的“样条曲线”按钮，如图9-155所示，指定绘制路径的方式。在绘图区域中依次单击鼠标左键，指定基点，绘制样条曲线，效果如图9-156

所示。

单击“完成编辑模式”按钮，返回“修改|放样”选项卡。

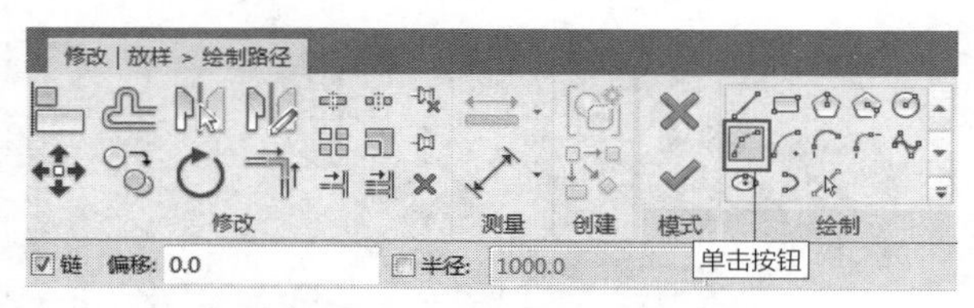

图 9-155 “修改 | 放样 > 绘制路径”选项卡

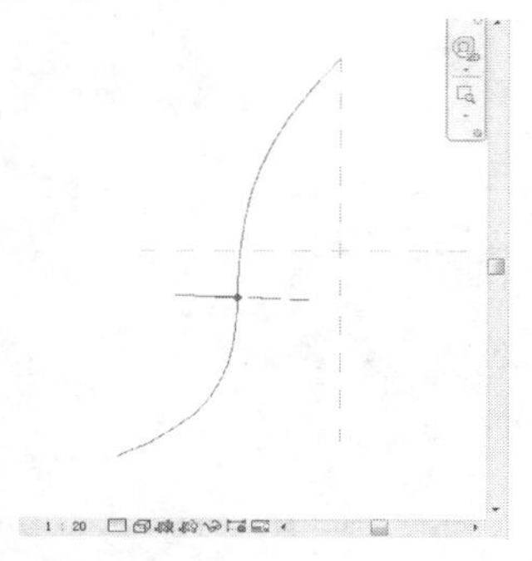

图 9-156 绘制路径

切换至三维视图，路径显示效果如图9-157所示，在该视图中绘制模型轮廓。单击“选择轮廓”按钮，再单击“编辑轮廓”按钮，进入“修改|放样>编辑轮廓”选项卡。在“绘制”面板上单击“椭圆”按钮，如图9-158所示，指定绘制轮廓的方式。

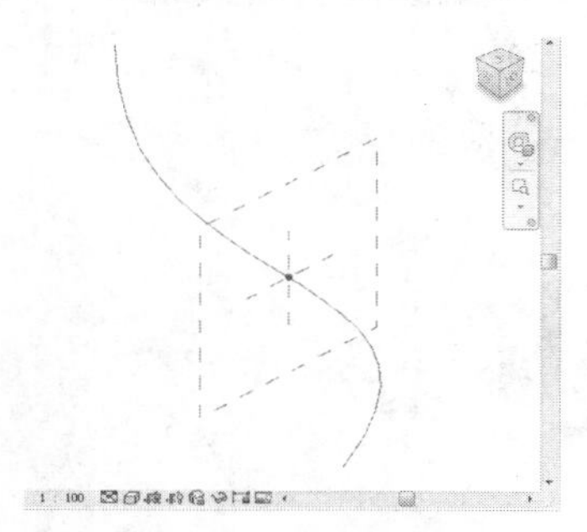

图 9-157 三维样式

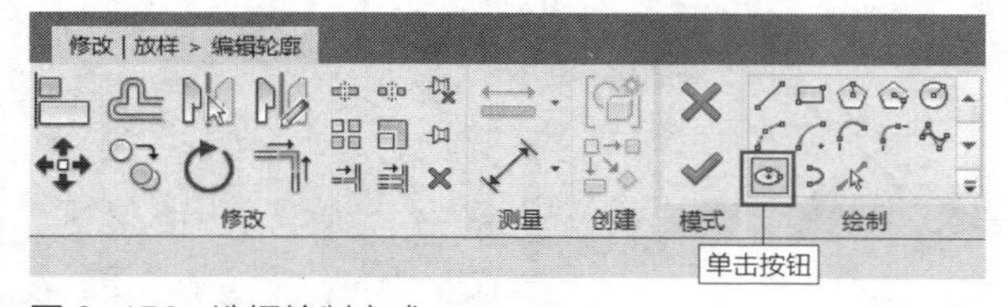

图 9-158 选择绘制方式

鼠标左键单击参照平面的交点，指定该点为椭圆的圆心。拖曳鼠标，依次指定基点，绘制椭圆轴，操作效果如图9-159所示。单击“完成编辑模式”按钮，返回“修改|放样”选项卡。

单击“完成编辑模式”按钮，结束命令。在“隐藏线”视觉样式与“真实”视觉样式下，观察空心放样建模的效果，如图9-160所示。

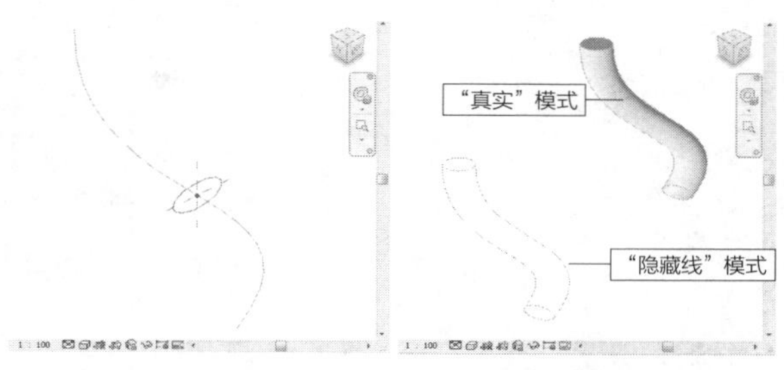

图 9-159 绘制椭圆　　图 9-160 三维样式

5. “空心放样融合”建模

在“空心形状”列表中选择“空心放样融合”选项，激活命令，进入“修改|放样融合”选项卡。单击“绘制路径”按钮，进入“修改|放样融合>绘制路径”选项卡。在“绘制”面板中单击“线”按钮，如图9-161所示，指定绘制路径的方式。

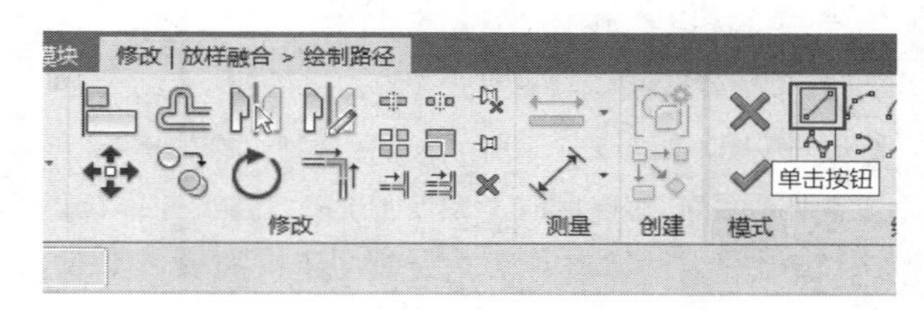

图 9-161 “修改 | 放样融合 > 绘制路径”选项卡

单击鼠标左键，指定起点与终点，绘制路径的效果如图9-162所示。切换至三维视图，路径转换显示样式，效果如图9-163所示。单击“完成编辑模式”按钮，返回“修改|放样融合”选项卡。

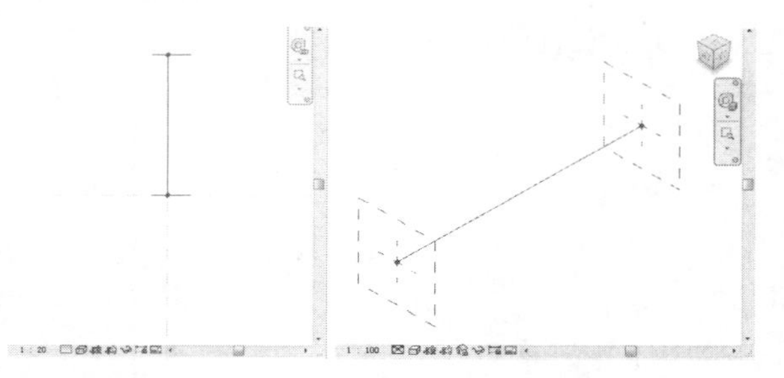

图 9-162 绘制路径　　图 9-163 三维样式

单击“选择轮廓1”按钮，再单击“编辑轮廓”按钮，进入“修改|放样融合>编辑轮廓”选项卡。在“绘制”面板中单击“外接多边形”按钮，指定“边”的数目为6，如图9-164所示，设置轮廓1的参数。

指定参照平面的交点为圆心，拖曳鼠标，指定半径，绘制六边形的效果如图9-165所示。单击“完成编辑模式”按钮，返回“修改|放样融合”选项卡。

图 9-164　选择绘制方式

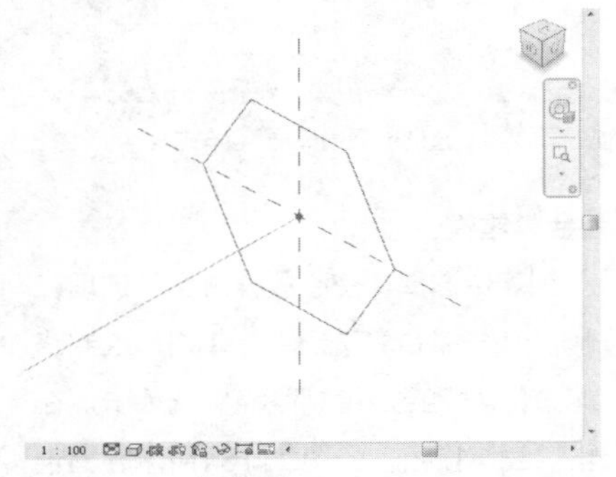

图 9-165　绘制轮廓 1

单击“选择轮廓2”按钮，再单击“编辑轮廓”按钮，进入“绘制轮廓2”的模式。单击“绘制”面板中的“圆形”按钮，如图9-166所示，指定绘制轮廓2的方式。拾取参照平面的交点为圆心，绘制圆形的效果如图9-167所示。单击“完成编辑模式”按钮，返回“修改|放样融合”选项卡。

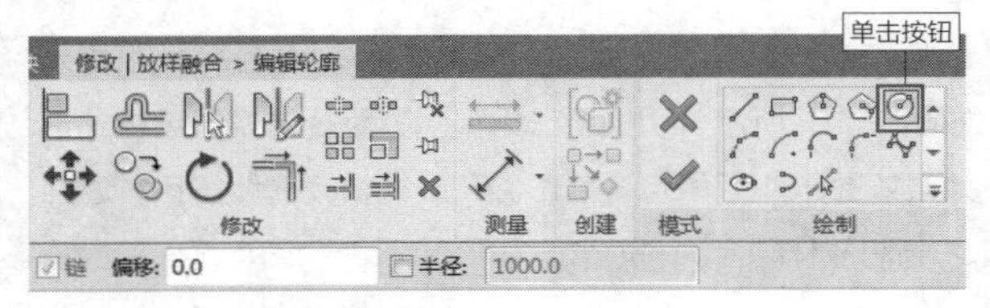

图 9-166　选择绘制方式

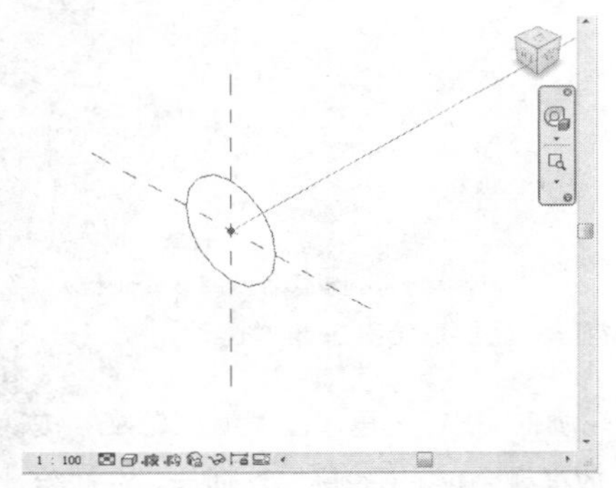

图 9-167　绘制轮廓 2

单击“完成编辑模式”按钮，退出命令。将当前视图的视觉样式设置为“隐藏线”，放样融合模型显示为线样式，效果如图9-168所示。更改视觉样式为“真实”，软件为模型的各个面着色，同时区分明暗关系，效果如图9-169所示。

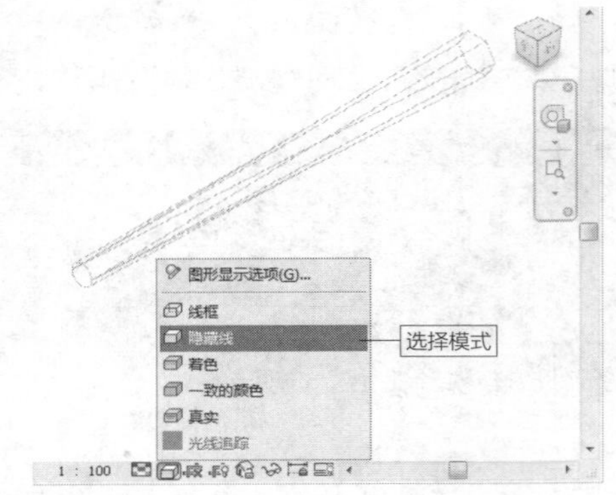

图 9-168　“隐藏线”模式

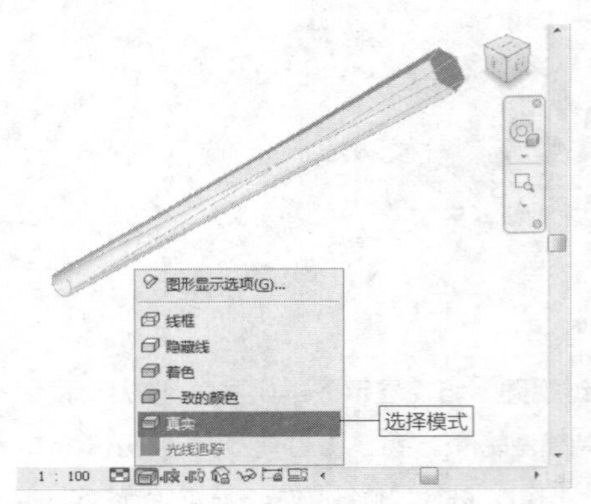

图 9-169　“真实”模式

9.3.8　实战——将空心模型转换为实心模型　难点

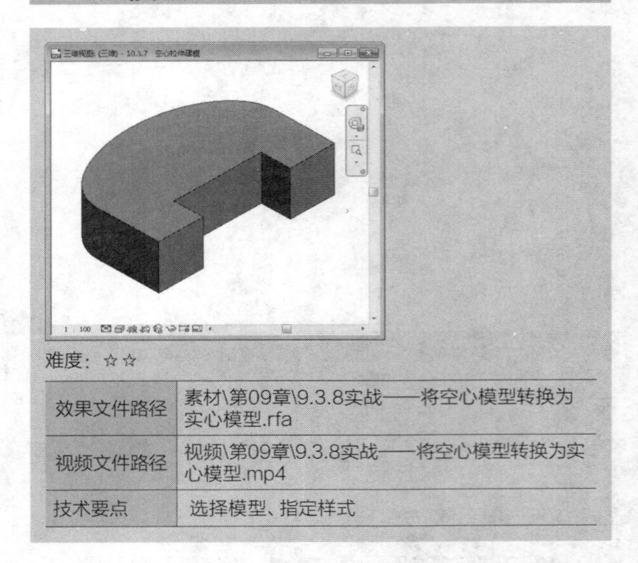

难度：☆☆

效果文件路径	素材\第09章\9.3.8实战——将空心模型转换为实心模型.rfa
视频文件路径	视频\第09章\9.3.8实战——将空心模型转换为实心模型.mp4
技术要点	选择模型、指定样式

空心模型在创建完毕后，可以转换其显示样式，使其以“实心”样式显示。本节介绍操作方法。

步骤 01 选择空心模型，可以在模型上显示蓝色的实心三角形夹点，如图9-170所示。激活夹点，可以调整模型的外观。

步骤 02 在“属性”选项板中，单击“实心/空心”选项，在弹出的列表中选择“实心”选项，如图9-171所示。

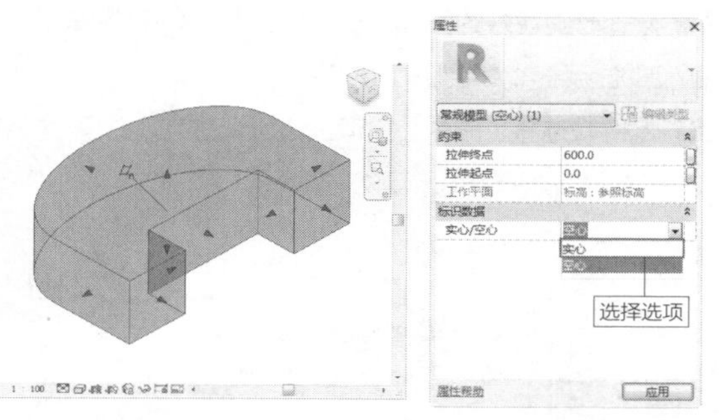

图 9-170 选择模型　　图 9-171 “属性”选项板

步骤 03 单击“应用”按钮，空心模型被转换为实心模型。分别在“隐藏线”视觉样式与“着色”视觉样式下查看实心模型，效果如图9-172、图9-173所示。

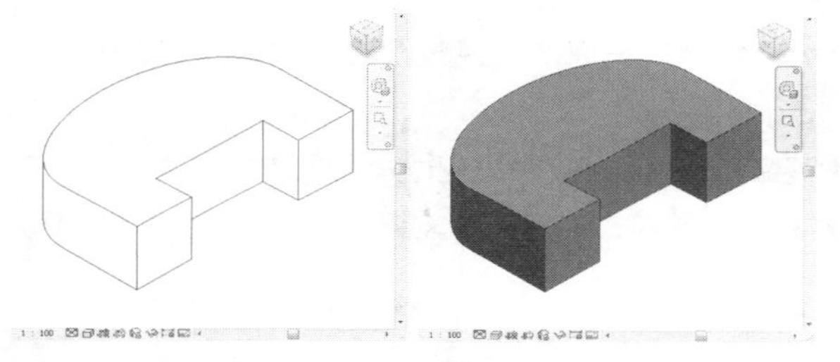

图 9-172 “隐藏线”样式　　图 9-173 “着色”样式

知识链接：

选择实心模型，在“属性”选项板中将“实心/空心”选项值设置为“空心”，可以将其转换为空心模型。

在9.3.7节中，介绍了各种样式的空心模型的建模方式。学习了本节内容后，可以将这些空心模型转换为实心模型，以另外一种方式观察模型，效果如图9-174所示。

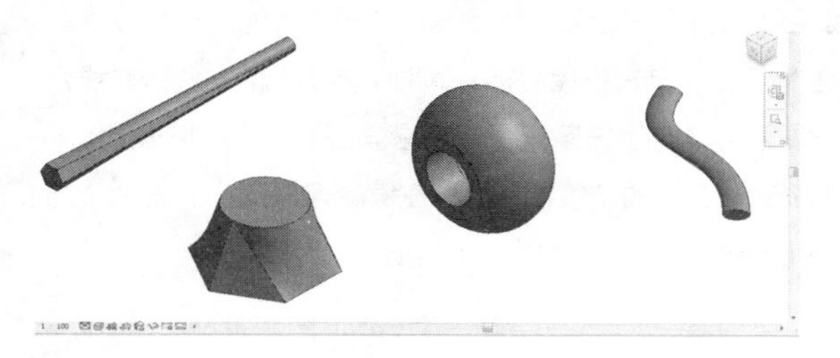

图 9-174 转换样式

9.4 修改三维模型

通过启用各类编辑命令，如“偏移”“移动”等，可以编辑选中的三维模型，结果是改变三维模型的位置或者外观，或者得到模型的副本。本节介绍修改三维模型的方法。

9.4.1 实战——对齐图元 重点

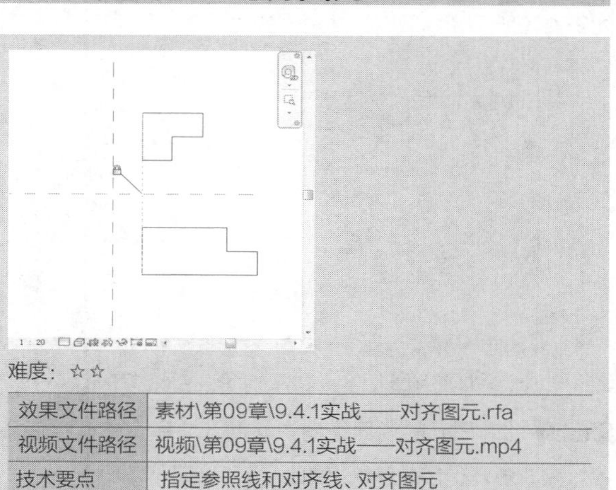

难度：☆☆

效果文件路径	素材\第09章\9.4.1实战——对齐图元.rfa
视频文件路径	视频\第09章\9.4.1实战——对齐图元.mp4
技术要点	指定参照线和对齐线、对齐图元

当需要对齐图元于指定的线或者点上时，可以启用“对齐”命令。本节介绍对齐图元的方法。

步骤 01 打开已创建好的图元，图元未执行对齐操作之前的显示样式如图9-175所示。

步骤 02 在族编辑器中选择“修改”选项卡，单击“修改”面板上的“对齐”按钮，如图9-176所示，激活命令。

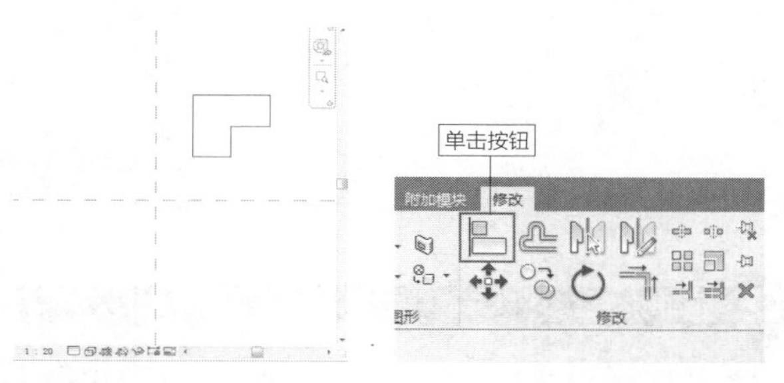

图 9-175 显示样式　　图 9-176 单击按钮

知识链接：

在键盘上按A+L快捷键，也可以启用“对齐”命令。

步骤 03 在选项栏中单击“首选”选项，在弹出的列表中选择“参照墙中心线”选项，如图9-177所示，指定拾取对齐线的方式。

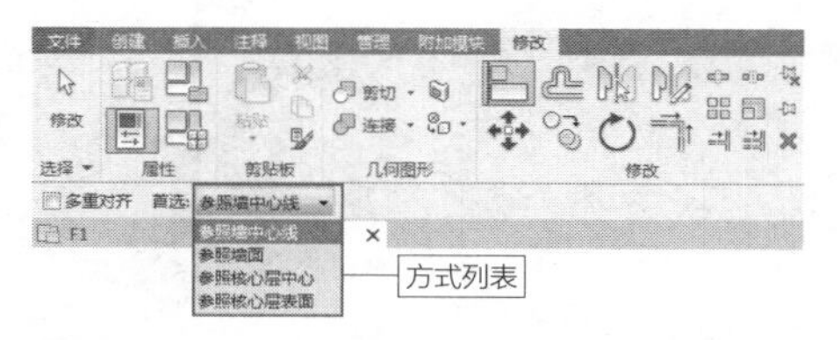

图 9-177 指定拾取对齐线的方式

步骤 04 将光标置于垂直参照平面之上，如图9-178所示，单击鼠标左键，拾取其为对齐参照线。

步骤 05 拖曳鼠标，将光标置于图元的左侧边界线之上，如图9-179所示，拾取其为要对齐的线。

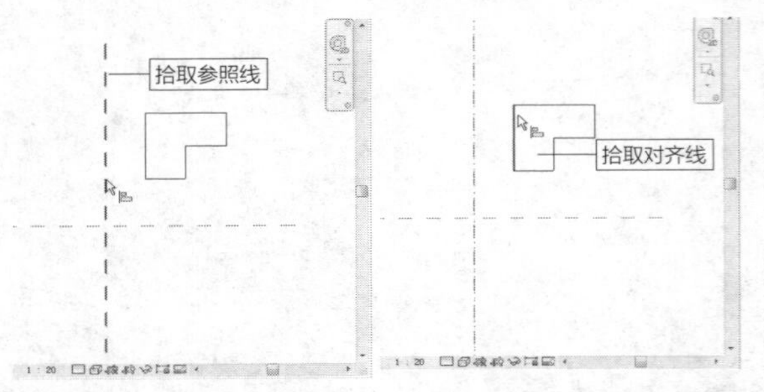

图 9-178　拾取参照线　　　　图 9-179　拾取对齐线

步骤 06 此时图元的边界线向左移动，与垂直参照平面重合，完成对齐操作，效果如图9-180所示。

步骤 07 对齐操作后，显示“解锁”按钮。单击该按钮，锁定对齐结果，同时按钮显示为“锁定”样式，如图9-181所示。

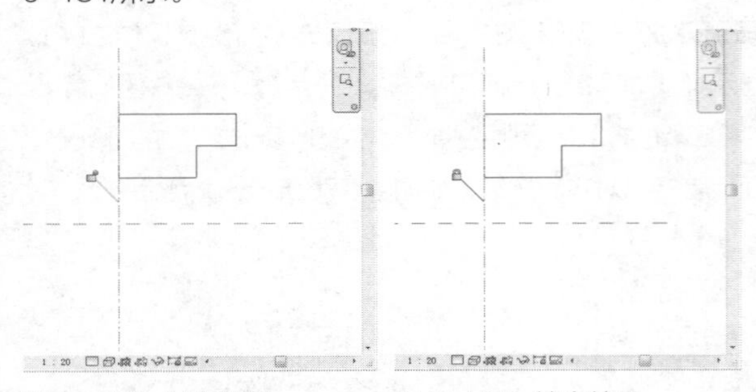

图 9-180　对齐结果　　　　图 9-181　锁定结果

延伸讲解：

执行对齐操作后，对齐参照线保持不变，要对齐的线移动位置，与参照线对齐。

答疑解惑：为什么要锁定对齐结果？

锁定对齐结果之后，当在操作过程中不小心移动图元时，如图9-182所示，会弹出如图9-183所示的提示对话框，提醒用户该操作“不满足约束”，从而避免对齐结果被更改。

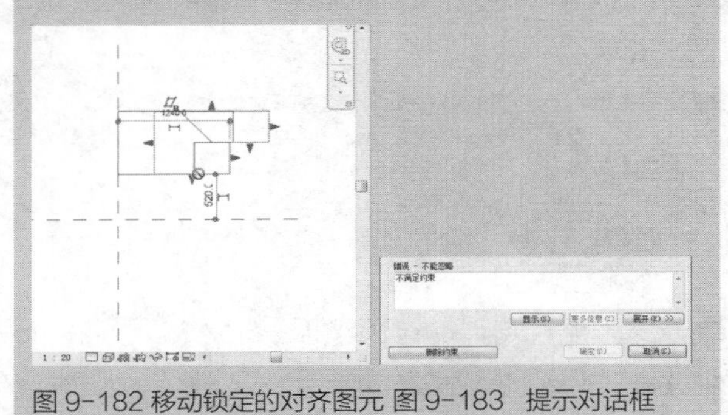

图 9-182 移动锁定的对齐图元 图 9-183　提示对话框

启用“对齐”命令，不仅可以对齐图元于参照平面，也可以对齐选定的两个图元。

步骤 08 打开已创建好的图元，在未对图元执行对齐操作之前，图元的显示样式如图9-184所示。

步骤 09 启用“对齐”命令，拾取上方图元的左侧边界线为对齐参照线，如图9-185所示。

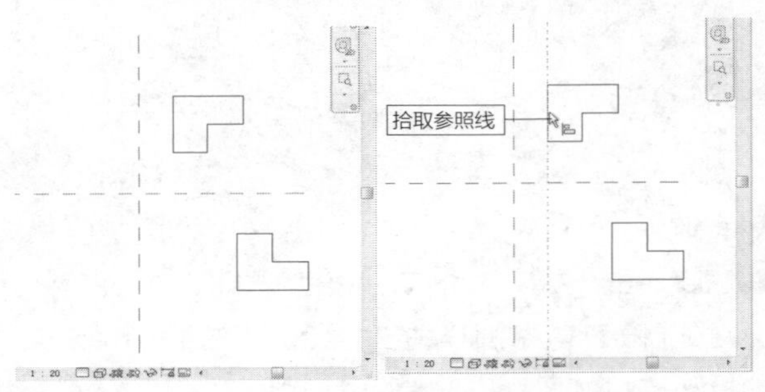

图 9-184　显示样式　　　　图 9-185　拾取参照线

步骤 10 拾取下方图元的左侧边界线为对齐线，如图9-186所示。

步骤 11 此时下方图元的左侧边界线向左移动，与上方图元对齐。接着单击“解锁”按钮，锁定对齐结果，如图9-187所示。

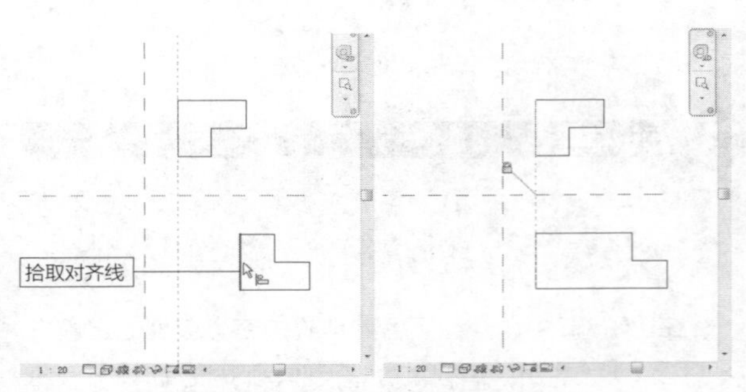

图 9-186　拾取对齐线　　　　图 9-187　对齐结果

步骤 12 选择上方图元，激活左侧边界线上的夹点；按住鼠标左键不放，向左拖曳鼠标。同时下方图元的左侧边界线也会随之移动，与上方图元同步，操作过程如图9-188所示。

步骤 13 在合适的位置松开鼠标左键，可以同步调整两个图元的显示外观，效果如图9-189所示。

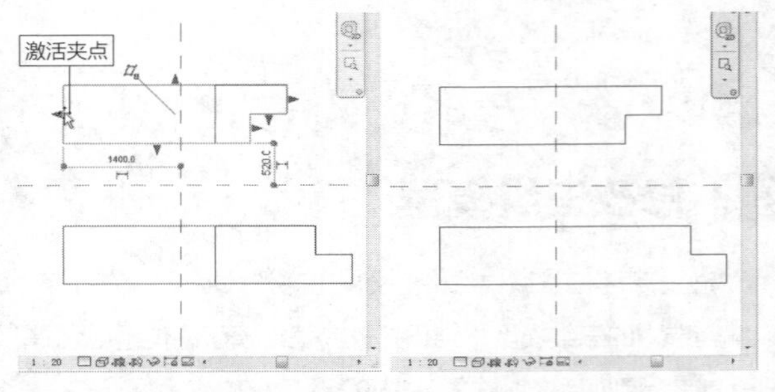

图 9-188　移动左侧边界线　　图 9-189　调整结果

知识链接：

假如没有锁定对齐结果，则在编辑其中一个图元时，另一个图元不受影响。

步骤14 将光标置于上方图元的上方边的夹点上，按住鼠标左键不放，向上拖曳鼠标，如图9-190所示。

步骤15 在合适的位置松开鼠标左键，调整上方图元外观的效果如图9-191所示。此时下方图元不受影响。

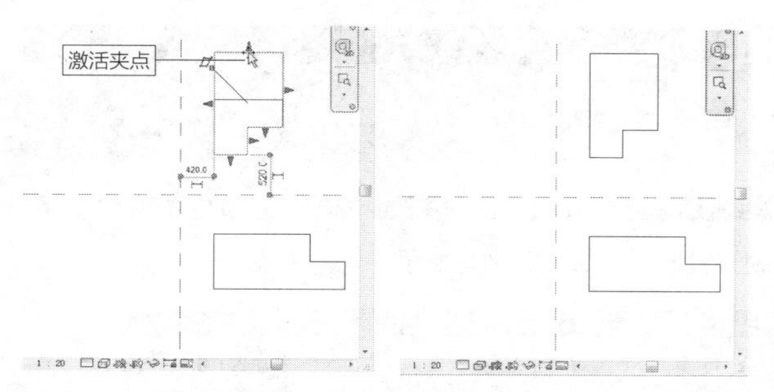

图9-190 移动上方边界线　　图9-191 调整外观的效果

延伸讲解：

执行对齐操作的是图元的左侧边界线，即使在锁定对齐结果的情况下，调整上方边界线的位置后，也不会影响另一图元。

9.4.2 实战——偏移图元　难点

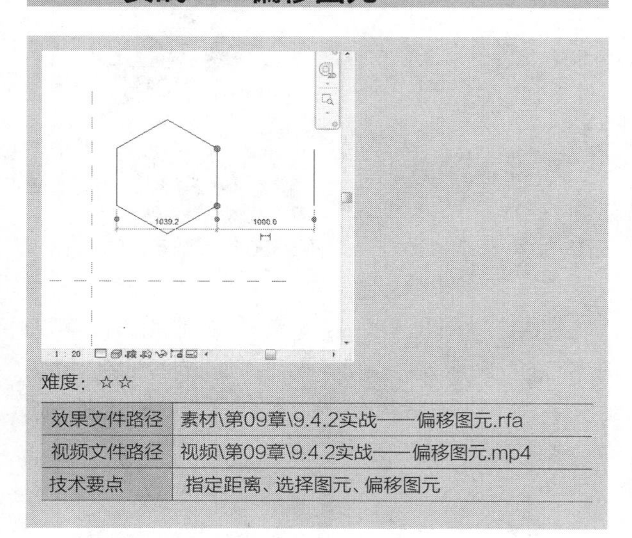

难度：☆☆

效果文件路径	素材\第09章\9.4.2实战——偏移图元.rfa
视频文件路径	视频\第09章\9.4.2实战——偏移图元.mp4
技术要点	指定距离、选择图元、偏移图元

启用偏移命令，可以移动或者复制图元至指定的位置。本节介绍“偏移”图元的方法。

步骤01 在“修改”选项卡中单击“偏移”按钮，如图9-192所示，激活命令。

步骤02 在选项栏中选中“数值方式”复选框，指定“偏移”选项值为1000，选择“复制”选项，如图9-193所示。

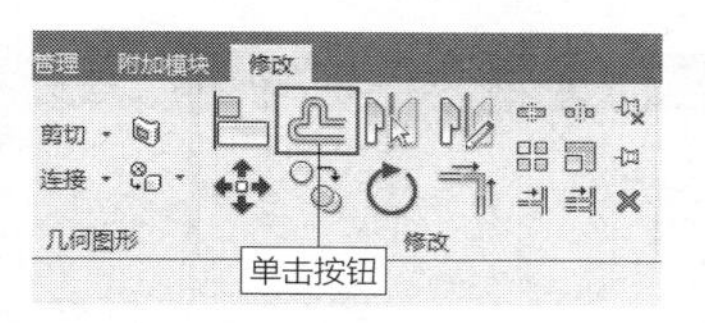

图9-192 单击按钮

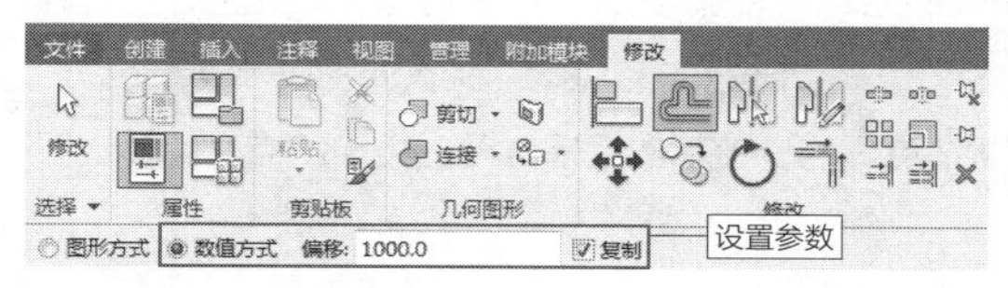

图9-193 选择选项

知识链接：

在键盘上按O+F快捷键，也可以启用“偏移”命令。

步骤03 将光标置于边界线上，在其右侧预览偏移边界线的效果，如图9-194所示。

步骤04 在边界线上单击鼠标左键，完成偏移操作，效果如图9-195所示。副本图元与源图元的间距为1000mm。

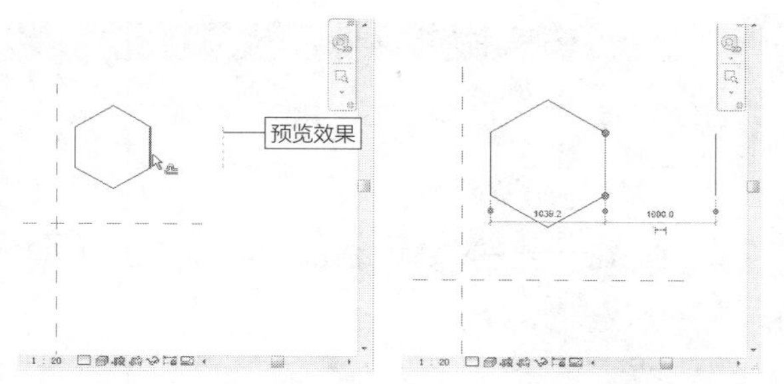

图9-194 预览效果　　图9-195 偏移边界线

步骤05 在选项栏中选择“图形方式”，其他选项显示为灰色，如图9-196所示。

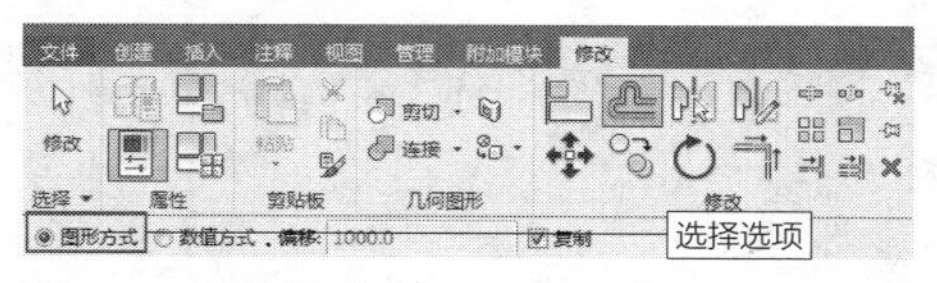

图9-196 选择选项

步骤06 将光标置于边界线上，指定偏移的起点，如图9-197所示。

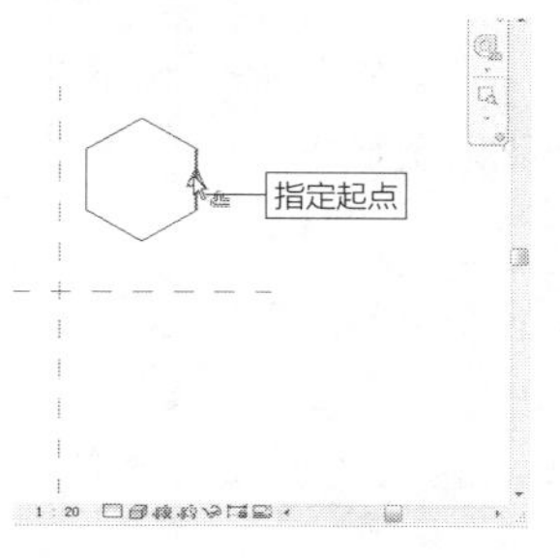

图9-197 指定起点

延伸讲解：

选择“图形方式”偏移图形，可以自定义偏移距离，同时也可以实时预览偏移效果。

步骤 07 在起点单击鼠标左键，接着向右移动光标，根据临时尺寸标注，得知光标与起点的间距，如图9-198所示。

步骤 08 在合适的位置单击鼠标左键，指定终点。偏移边界线的效果如图9-199所示。

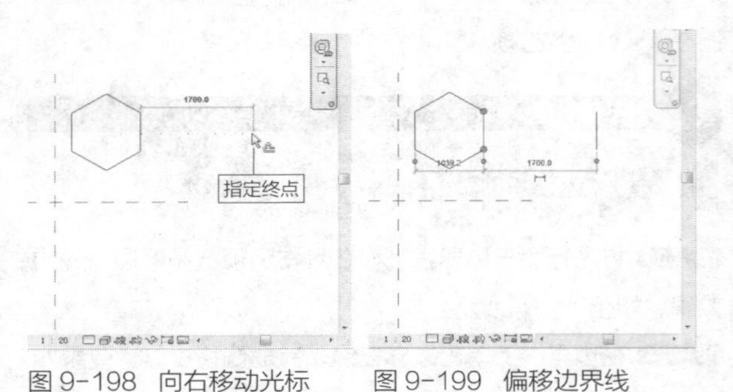

图 9-198　向右移动光标　　图 9-199　偏移边界线

知识链接：

在选择选项栏取消选中“复制”复选框，在偏移图元后，将不再保留源图元。

9.4.3　实战——镜像复制图元　重点

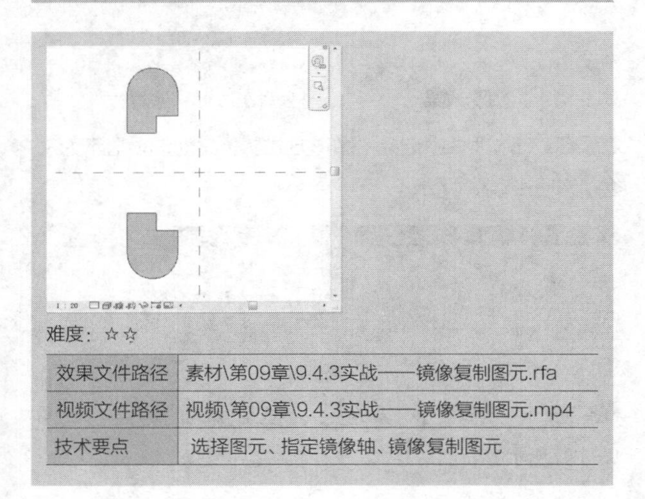

难度：☆☆

效果文件路径	素材\第09章\9.4.3实战——镜像复制图元.rfa
视频文件路径	视频\第09章\9.4.3实战——镜像复制图元.mp4
技术要点	选择图元、指定镜像轴、镜像复制图元

启用“镜像-拾取轴”命令，需要先选择图元，再指定镜像轴，会在镜像轴的一侧创建图元副本。本节介绍操作方法。

步骤 01 在“修改”面板中单击“镜像-拾取轴”按钮，如图9-200所示，激活命令。

步骤 02 将光标置于图元之上，单击鼠标左键，选择图元，如图9-201所示。

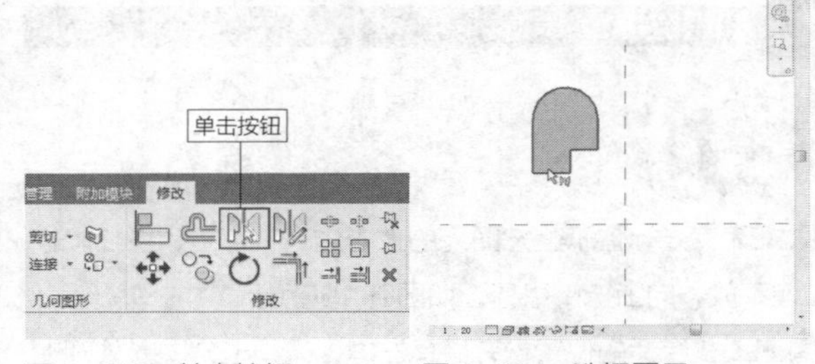

图 9-200　单击按钮　　图 9-201　选择图元

知识链接：

在键盘上按M+M快捷键，也可以启用“镜像-拾取轴”命令。

步骤 03 按空格键，在“修改|拉伸”选项栏中选中“复制”复选框，如图9-202所示。

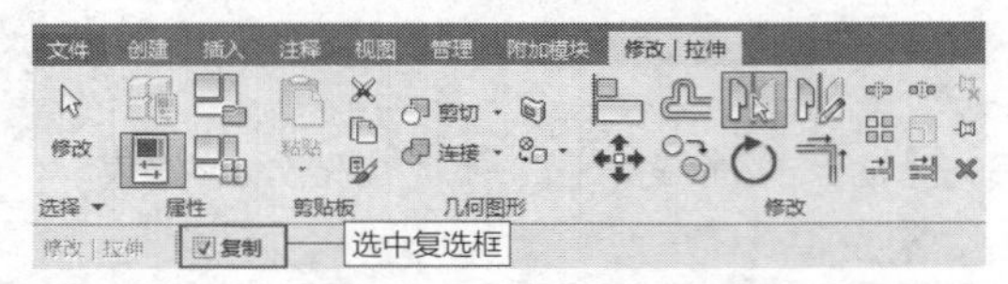

图 9-202　选中复选框

步骤 04 将光标置于图元右侧的垂直参照平面之上，如图9-203所示，拾取参照平面为镜像轴。

步骤 05 在图元的右侧创建副本的效果如图9-204所示。

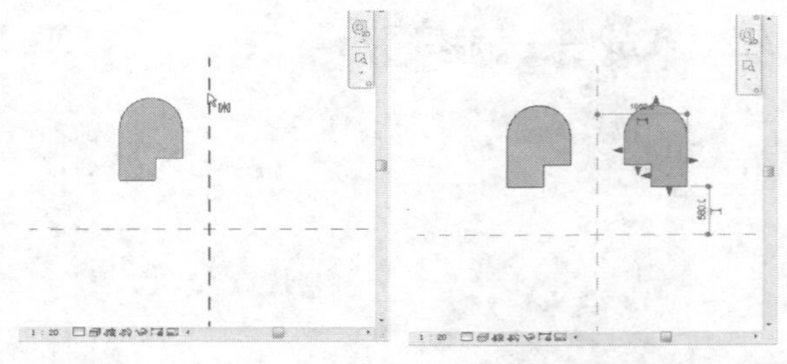

图 9-203　选择镜像轴　　图 9-204　在图元的右侧镜像复制图元

在执行命令的过程中，拾取不同方向的镜像轴，可以在不同的位置创建图元副本。例如，在选定图元后，拾取图元下方的水平参照平面，可以在图元的下方创建图元副本，效果如图9-205所示。

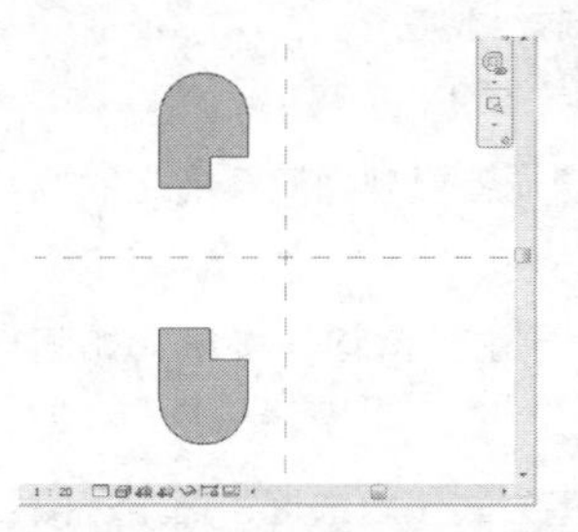

图 9-205　在图元的下方镜像复制图元

延伸讲解：

源图元和图元副本与垂直参照平面的距离相同。

在选中图元后，进入“镜像”命令模式。在选项栏中取消选中“复制”复选框，操作结果就是将图元镜像移动至镜像轴的一侧，不会创建图元副本，效果如图9-206所示。

如果没有现成的镜像轴可以选用，可以自己绘制镜像轴。在“修改”面板中单击“镜像-绘制轴”按钮，如图9-207所示，激活命令。

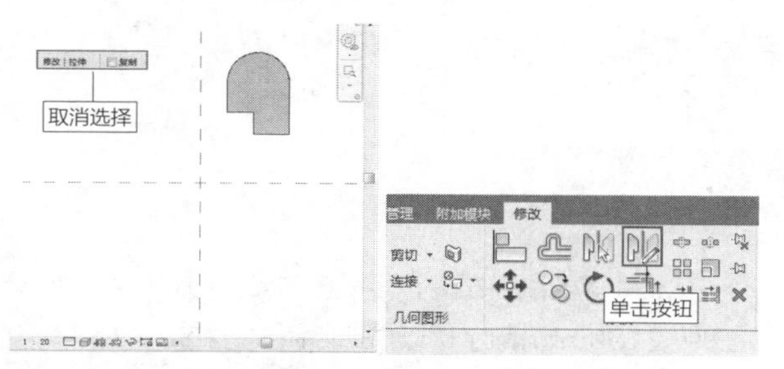

图 9-206　镜像图元　　图 9-207　单击按钮

光标定位在图元的右侧，依次指定起点与终点，如图9-208所示，创建垂直镜像轴。在图元的右侧创建图元副本的效果如图9-209所示。在镜像操作结束后，所绘制的镜像轴会消失不见。

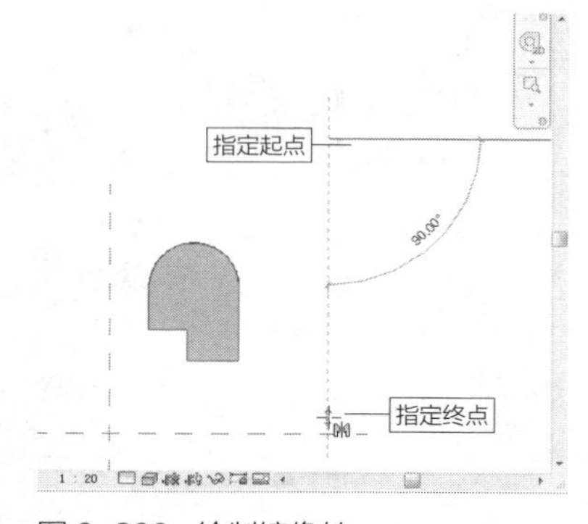

图 9-208　绘制镜像轴

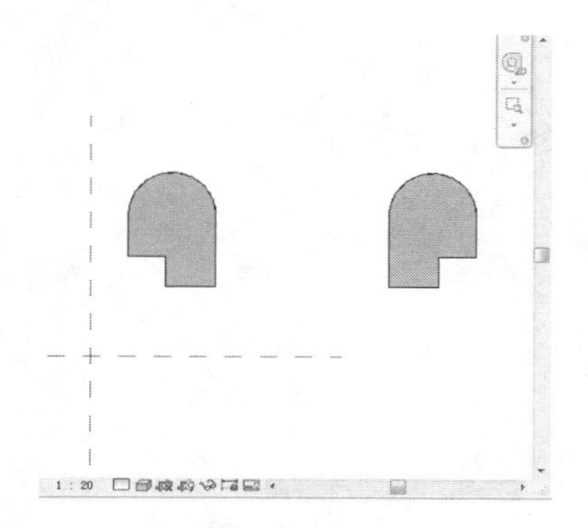

图 9-209　镜像复制图元

知识链接：

自定义镜像轴具有较大的灵活性，可以在任意方向指定起点与终点来绘制镜像轴。

9.4.4　实战——移动图元　难点

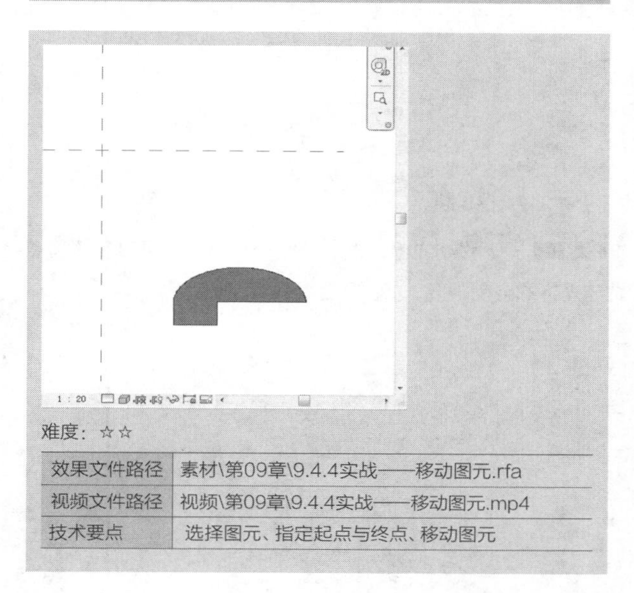

难度：☆☆

效果文件路径	素材\第09章\9.4.4实战——移动图元.rfa
视频文件路径	视频\第09章\9.4.4实战——移动图元.mp4
技术要点	选择图元、指定起点与终点、移动图元

启用“移动”命令，选中图元，并依次指定起点与终点，可以将图元移动到指定的位置。本节介绍操作方法。

步骤 01 在“修改”面板上单击“移动”按钮，如图9-210所示，激活命令。

步骤 02 将光标置于图元之上，如图9-211所示，单击鼠标左键，选择图元。

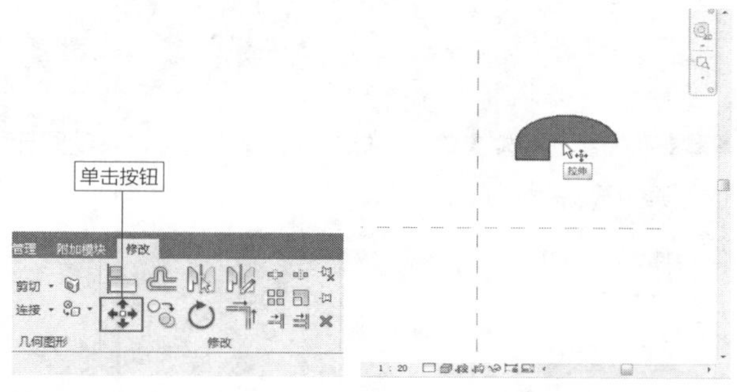

图 9-210　单击按钮　　图 9-211　选择图元

知识链接：

在键盘上按M+V快捷键，也可以启用“移动”命令。

步骤 03 按空格键，在“修改|拉伸”选项栏中选中“约束”复选框。将光标置于图元的左下角，如图9-212所示，单击鼠标左键，指定该点为起点。

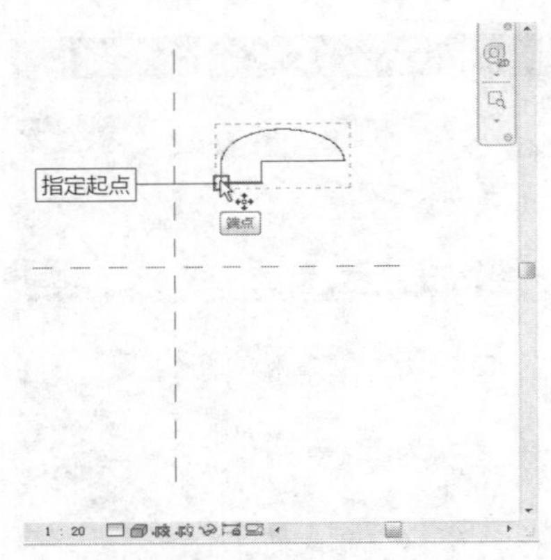

图 9-212　指定起点

步骤 04 向下移动光标，根据临时尺寸标注，可以了解起点与光标的当前距离，如图9-213所示。

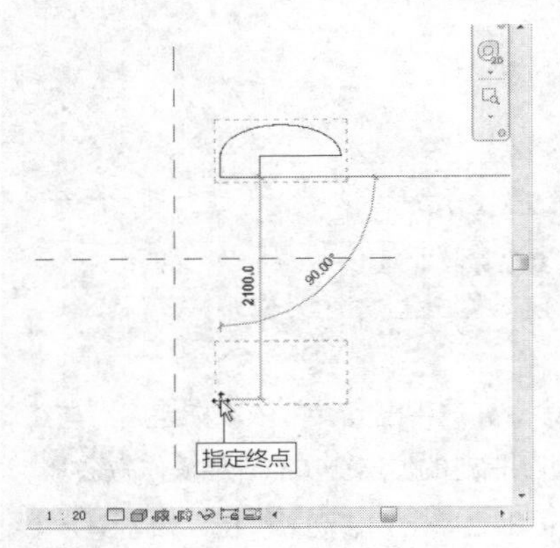

图 9-213　指定终点

延伸讲解：

选中“约束”复选框，可以约束图元的移动方向，例如，限制图元在垂直方向或者水平方向上移动。

步骤 05 在合适的位置单击鼠标左键，指定终点。移动图元的效果如图9-214所示。

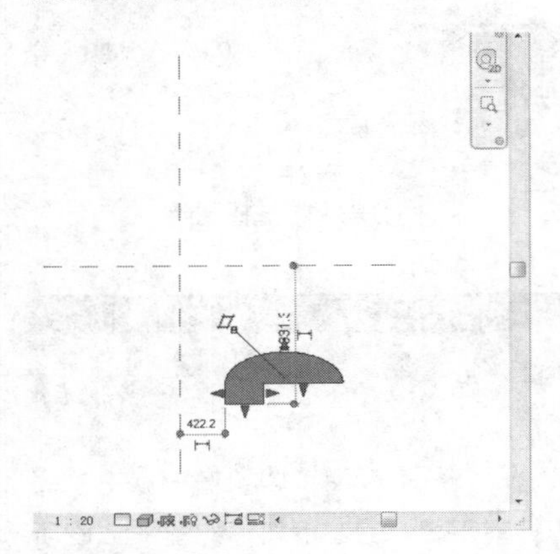

图 9-214　移动图元

取消选中选项栏中的“约束”复选框，可以在任意方向移动图元。例如，在图元上指定起点后，向右上角移动光标，如图9-215所示，指定终点位置。

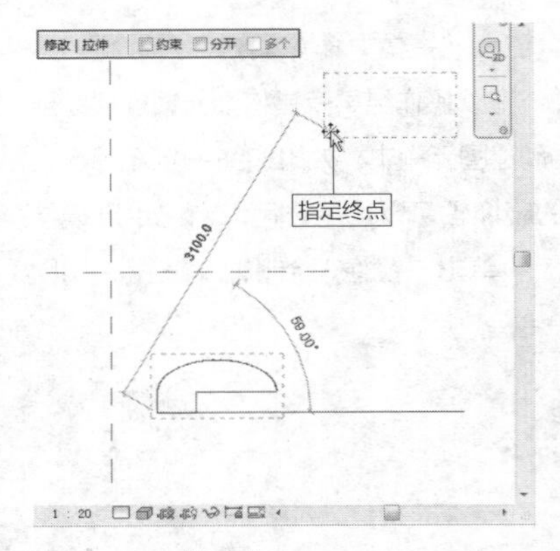

图 9-215　指定终点

在终点单击鼠标左键，可以将图元移动到该处，效果如图9-216所示。除了可以借助临时尺寸标注实时了解图元的移动距离之外，也可以自定义移动间距。在移动光标指定终点的过程中，输入距离参数，如图9-217所示，按回车键，可以按指定的距离移动图元。

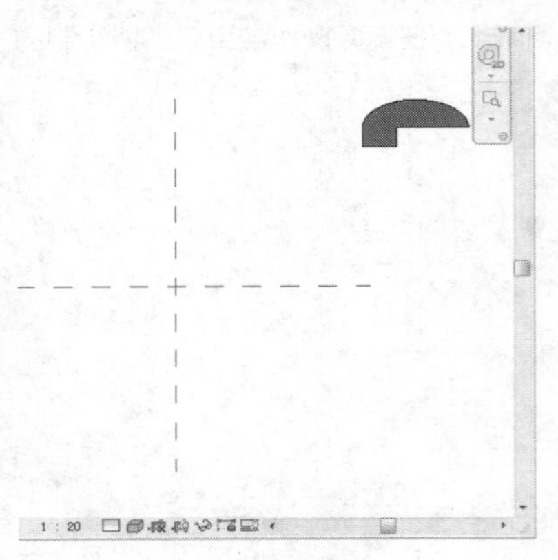

图 9-216　移动效果

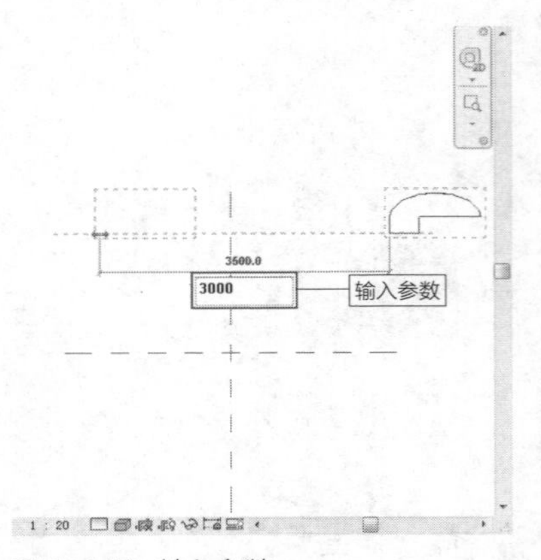

图 9-217　输入参数

9.4.5 实战——复制图元 重点

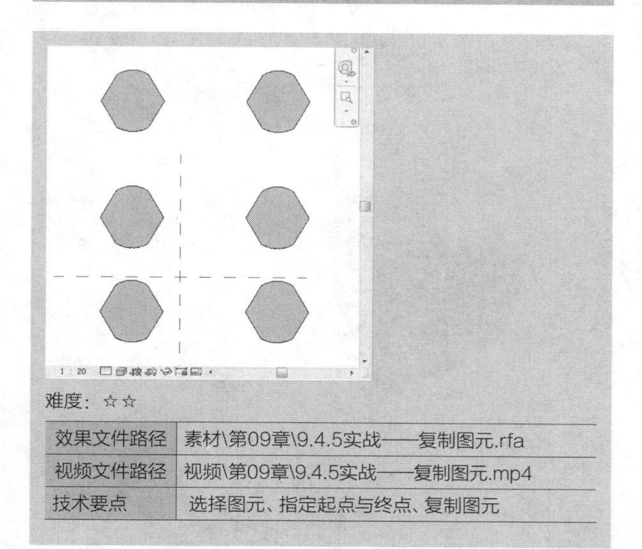

难度：☆☆

效果文件路径	素材\第09章\9.4.5实战——复制图元.rfa
视频文件路径	视频\第09章\9.4.5实战——复制图元.mp4
技术要点	选择图元、指定起点与终点、复制图元

启用“复制”命令，选定图元后，指定起点与终点，可以在指定的位置创建图元副本。本节介绍操作方法。

步骤 01 选择“修改”选项卡，单击“修改”面板上的“复制”按钮，如图9-218所示，激活命令。

步骤 02 将光标置于图元边界线上，单击鼠标左键，指定起点，如图9-219所示。

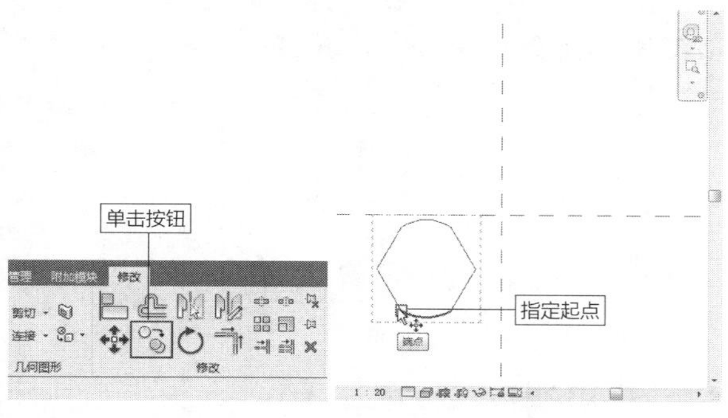

图 9-218 单击按钮　　图 9-219 指定起点

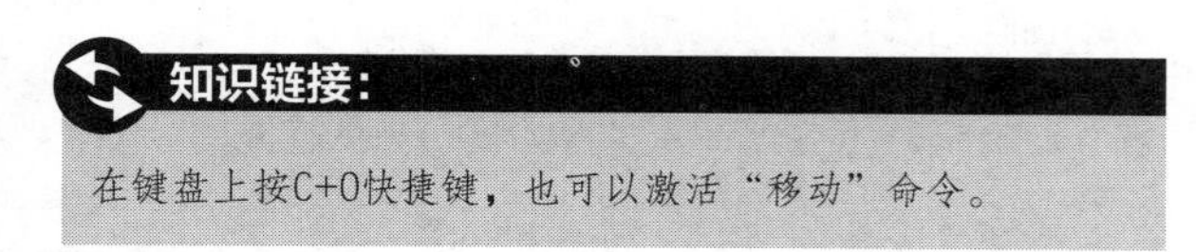

知识链接：

在键盘上按C+O快捷键，也可以激活“移动”命令。

步骤 03 按回车键，在“修改|拉伸”选项栏中选中“约束”和“多个”复选框，如图9-220所示。

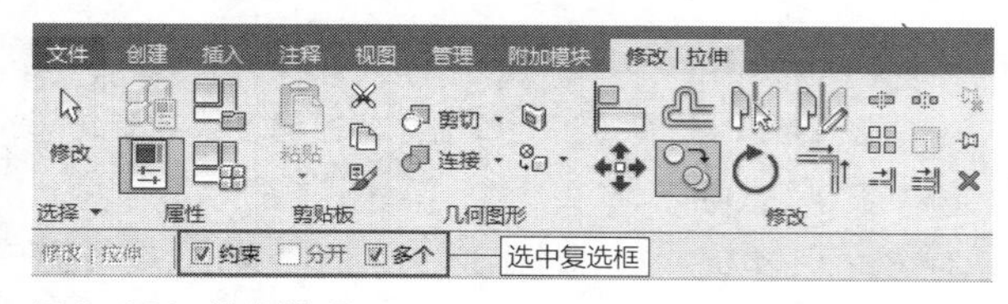

图 9-220 选择选项

步骤 04 向上移动光标，指定终点，同时可以预览复制效果，如图9-221所示。

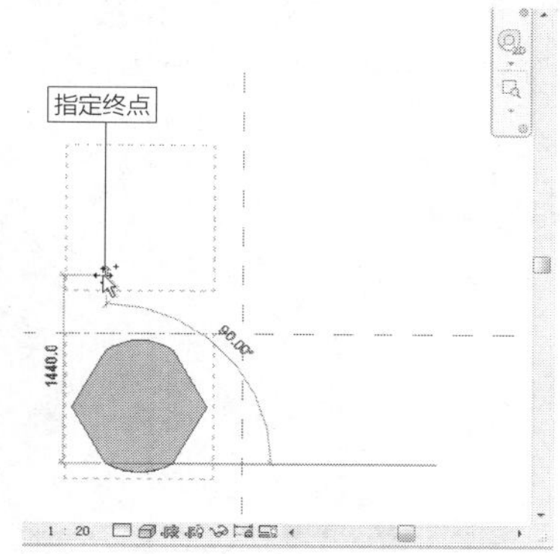

图 9-221 指定终点

延伸讲解：

选中“多个”复选框，可以连续创建多个图形副本。

步骤 05 在合适的位置单击鼠标左键，可以在指定的位置创建图形副本，效果如图9-222所示。

步骤 06 此时尚未退出“复制”命令，继续向上移动光标，指定终点，如图9-223所示。

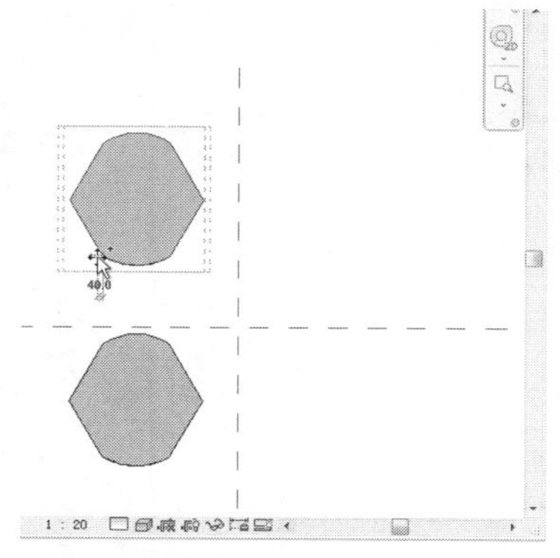

图 9-222 复制图元

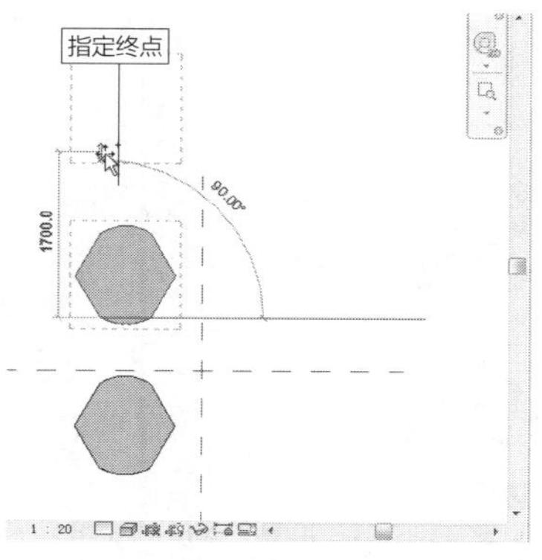

图 9-223 指定终点

步骤07 在合适的位置单击鼠标左键，指定终点，复制图元的效果如图9-224所示。按Esc键，退出命令。

也可以同时选中多个图元，在指定的位置创建它们的副本。启用“复制”命令后，选择多个图元，如图9-225所示。

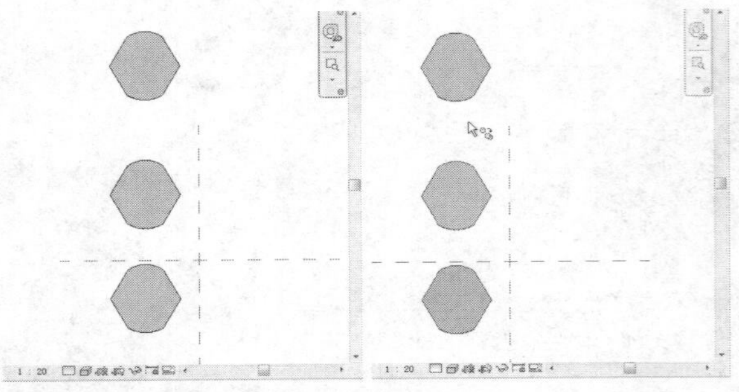

图 9-224 复制效果　　图 9-225 选择多个图元

向右移动光标，指定终点，如图9-226所示。在终点处单击鼠标左键，可以同时创建多个图元的副本，效果如图9-227所示。在选项栏中取消选中“约束”复选框，可以在任意方向创建图元副本。取消选中“多个”复选框，只能创建一个图元副本。

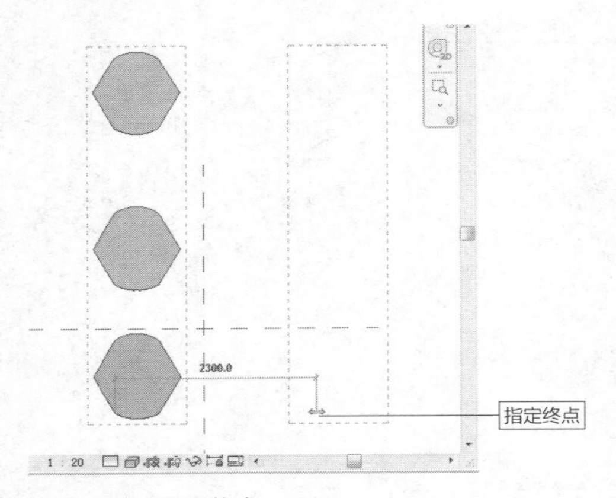

图 9-226 指定终点

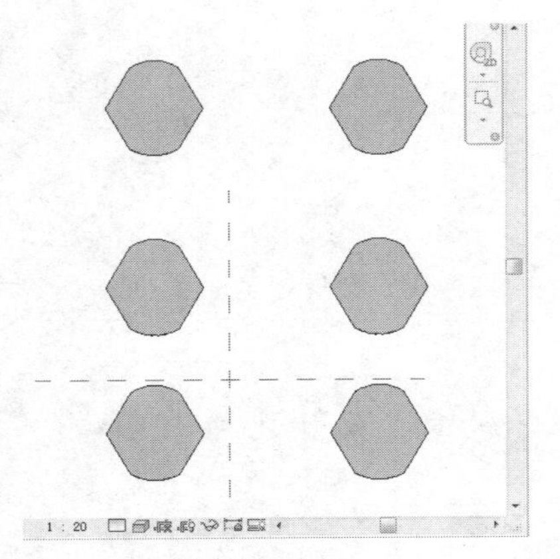

图 9-227 创建多个副本

9.4.6 实战——旋转图元 重点

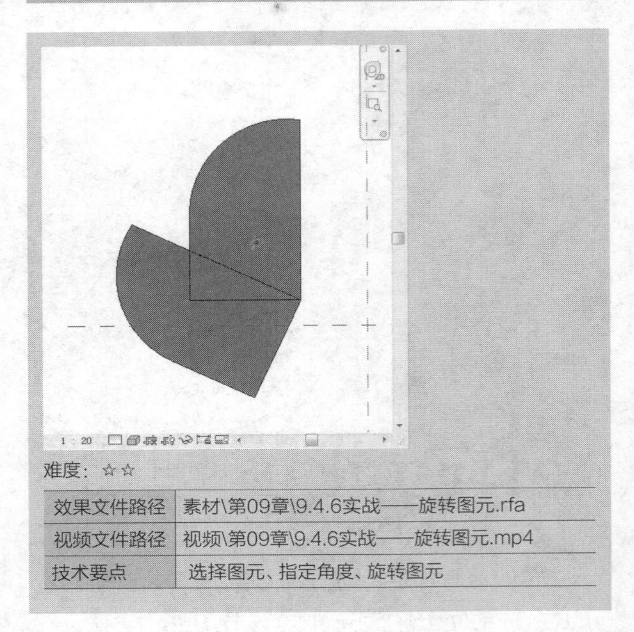

难度：☆☆

效果文件路径	素材\第09章\9.4.6实战——旋转图元.rfa
视频文件路径	视频\第09章\9.4.6实战——旋转图元.mp4
技术要点	选择图元、指定角度、旋转图元

启用“旋转”命令，选择图元，同时指定旋转角度，可以旋转图元，或者在旋转图元的同时创建图元副本。本节介绍操作方法。

步骤01 在“修改”面板上单击“旋转”按钮，如图9-228所示，激活命令。

步骤02 将光标置于图元之上，如图9-229所示，单击鼠标左键，选择图元。

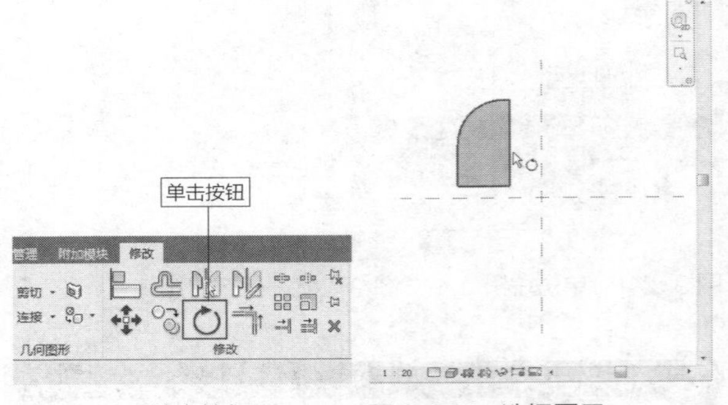

图 9-228 单击按钮　　图 9-229 选择图元

知识链接：

在键盘上按R+O快捷键，也可以启用“旋转”命令。

步骤03 此时在图元中显示旋转中心点（即蓝色的实心圆点）及旋转线，在旋转线上单击鼠标左键，指定旋转起点，如图9-230所示。

步骤04 向右移动光标，根据临时尺寸标注的提示，了解旋转线的倾斜角度，如图9-231所示。

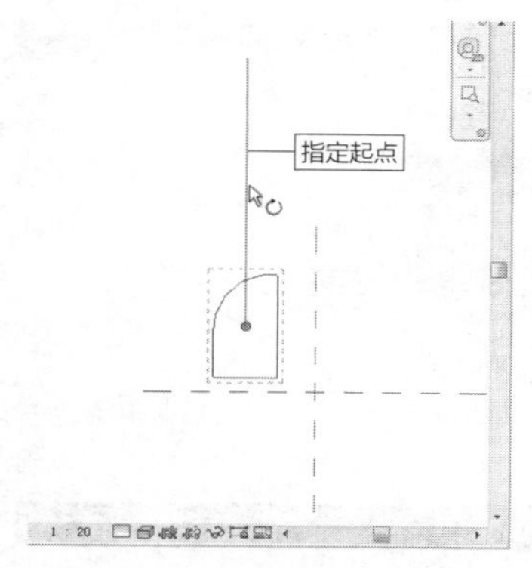

图 9-230 指定起点

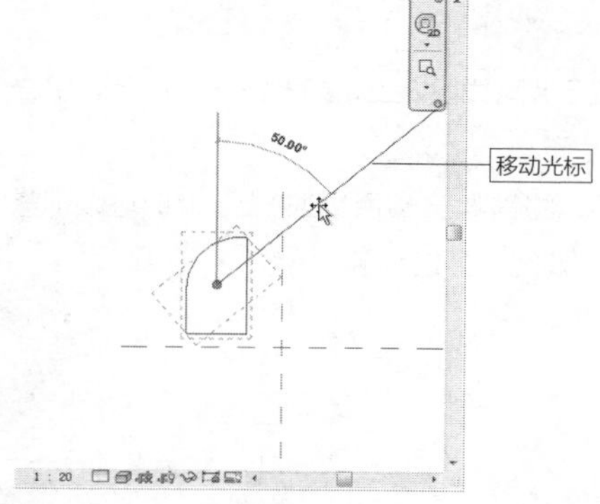

图 9-231 指定方向

步骤05 在临时尺寸标注显示为“50° ”时，单击鼠标左键，指定旋转终点，旋转图元的效果如图9-232所示。

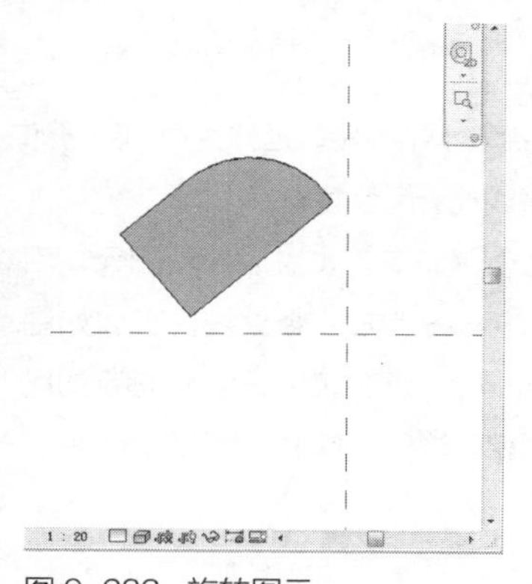

图 9-232 旋转图元

除了根据临时尺寸标注来确定旋转角度之外，还可以通过设置选项栏参数来指定旋转角度。在选项栏选中“复制”文本框，设置“角度”值为65°，如图9-233所示。

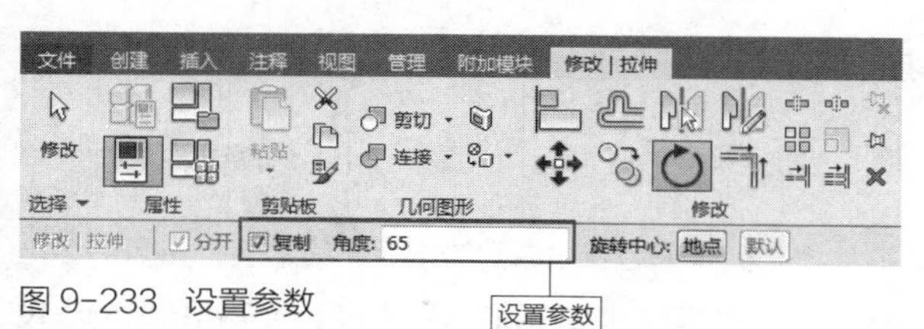

图 9-233 设置参数

将光标置于旋转中心点之上，高亮显示中心点，如图9-234所示。此时按住鼠标左键不放，向右下角拖曳鼠标，移动旋转中心点的位置。将中心点移至图元的右下角，如图9-235所示。

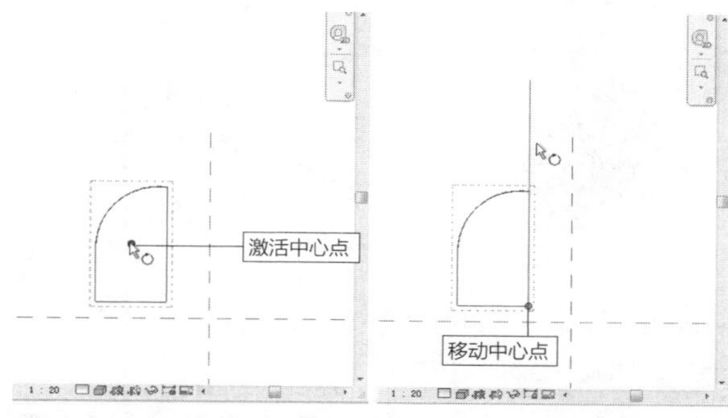

图 9-234 激活中心点 图 9-235 移动中心点

按回车键，软件按照所设定的角度，绕中心旋转复制图元，效果如图9-236所示。除了在选项栏中设置角度值，也可以在旋转过程中，实时输入角度值。

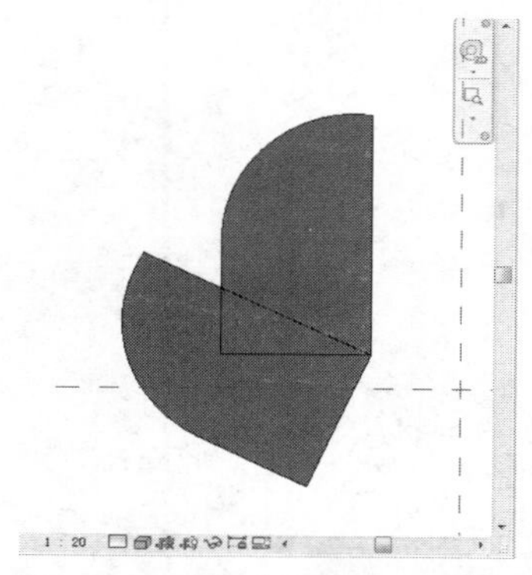

图 9-236 旋转复制图元

激活“旋转”命令之后，指定旋转起始点，移动光标，指定旋转方向。此时可以输入角度值，例如，输入“45° ”，如图9-237所示。

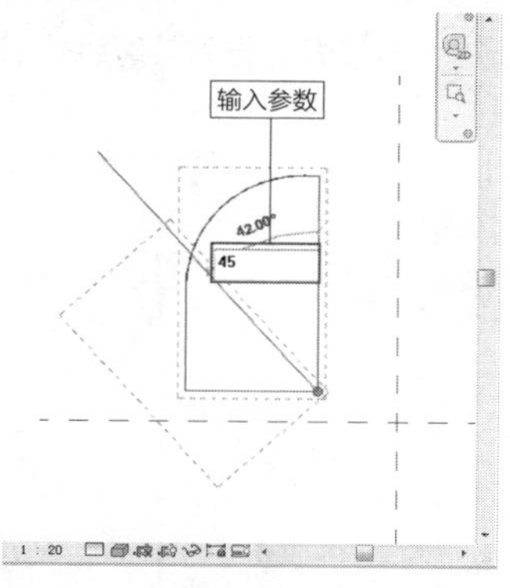

图 9-237 输入角度值

按回车键，软件按照所设定的参数旋转图元，效果如

图9-238所示。如果在旋转操作之前，选中“复制”复选框，可以在自定义角度旋转图元后，创建图元副本。

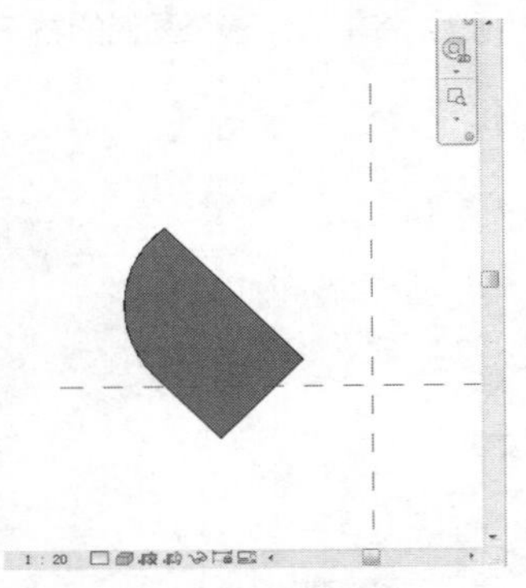

图 9-238　旋转图元

9.4.7　实战——修剪/延伸为角　难点

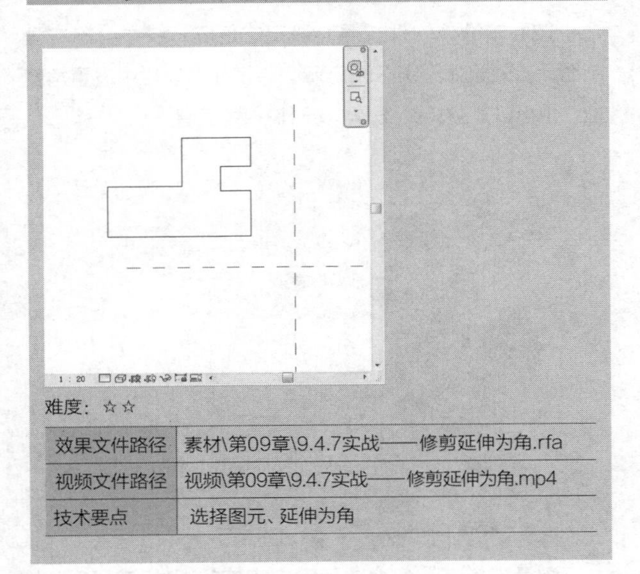

难度：☆☆

效果文件路径	素材\第09章\9.4.7实战——修剪延伸为角.rfa
视频文件路径	视频\第09章\9.4.7实战——修剪延伸为角.mp4
技术要点	选择图元、延伸为角

启用“修剪/延伸为角”命令，可以修剪或者延伸图元，使其成为一个角。本节介绍操作方法。

步骤 01 打开如图9-239所示的图元，可以发现其左上角的竖直线段与水平线段没有连接为一个角，导致轮廓线处于开放状态。

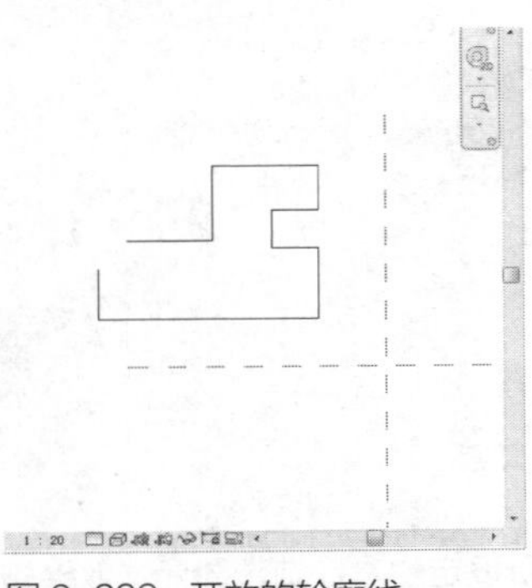

图 9-239　开放的轮廓线

步骤 02 在“修改”面板上单击“修剪/延伸为角”按钮，如图9-240所示，激活命令。

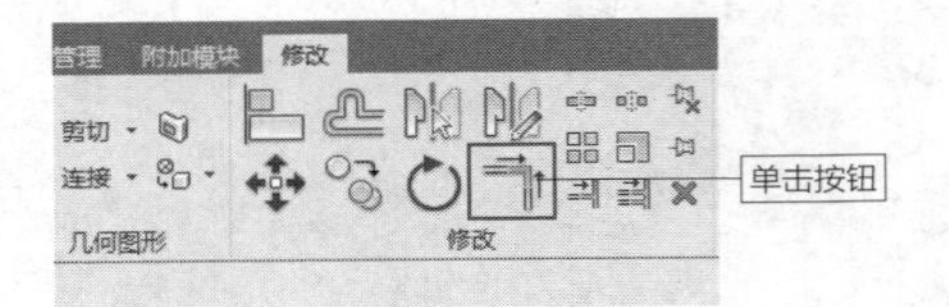

图 9-240　单击按钮

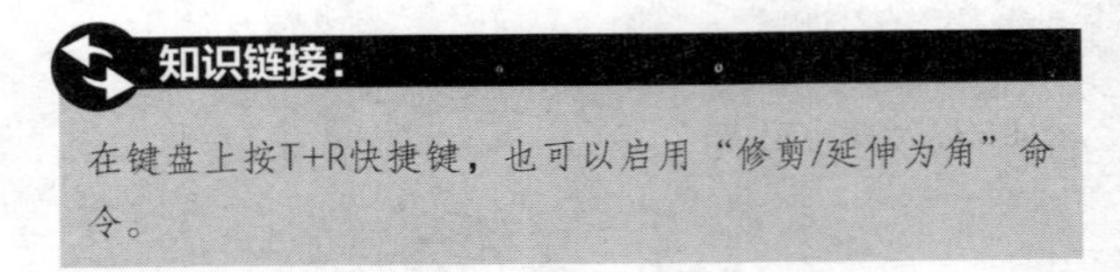

知识链接：

在键盘上按T+R快捷键，也可以启用“修剪/延伸为角”命令。

步骤 03 将光标置于竖直线段之上，如图9-241所示，单击鼠标左键，拾取图元。

步骤 04 移动光标，将其置于水平线段之上，此时可以预览延伸为角的效果，如图9-242所示。

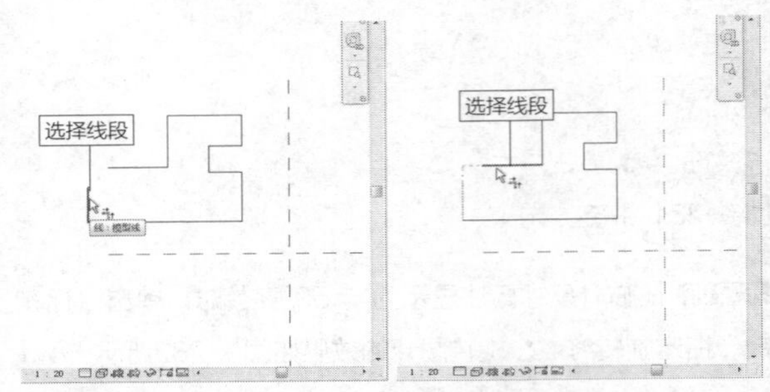

图 9-241　拾取线段 1　　图 9-242　拾取线段 2

步骤 05 单击鼠标左键，拾取水平线段，延伸为角的效果如图9-243所示。此时轮廓线处于闭合状态。

启用“修剪/延伸为角”命令，也可以修剪图元。启用命令后，将光标置于边界线上方的竖直线段上，如图9-244所示。单击鼠标左键，拾取竖直线段，以指定的线段为界，执行修剪操作，保留边界线其中一侧的图元。

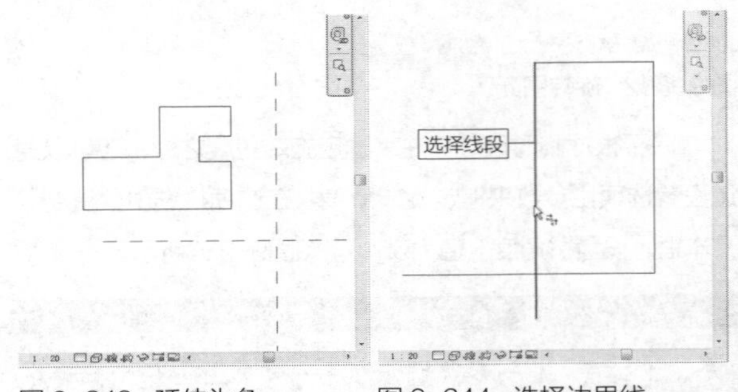

图 9-243　延伸为角　　图 9-244　选择边界线

将光标置于边界线右侧的水平线段之上，如图9-245所示。单击鼠标左键，拾取水平线段。除了被拾取的线段之外，其他线段被修剪，效果如图9-246所示。

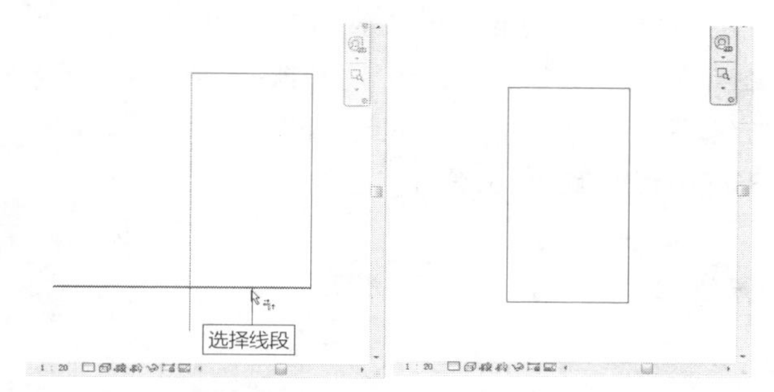

图 9-245　选择要保留的部分 图 9-246　修剪线段

延伸讲解：

在执行修剪操作时，需要拾取要保留的部分。

9.4.8 实战——阵列图元 重点

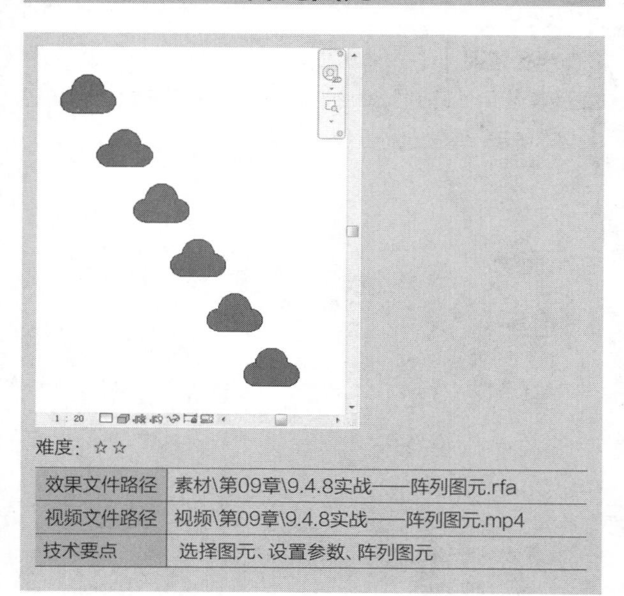

难度：☆☆

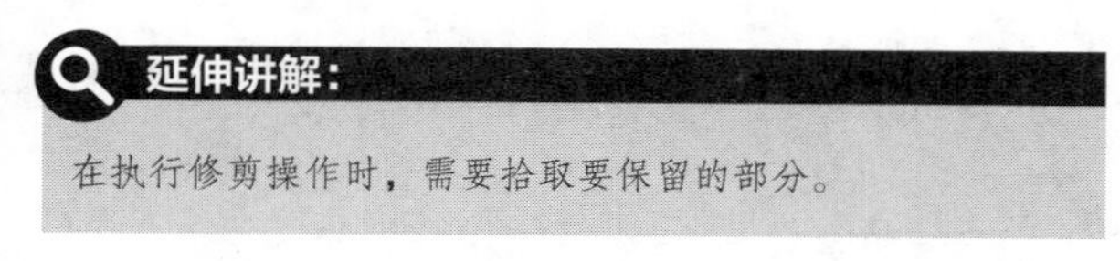

效果文件路径	素材\第09章\9.4.8实战——阵列图元.rfa
视频文件路径	视频\第09章\9.4.8实战——阵列图元.mp4
技术要点	选择图元、设置参数、阵列图元

Revit提供两种阵列图元的方式，一种是“线性阵列”，另外一种是“半径阵列”。选择不同的阵列方式，可以得到不同的阵列效果。本节介绍操作方法。

1. 线性阵列

步骤 01 在“修改”面板上，单击“阵列”按钮，如图9-247所示，激活命令。

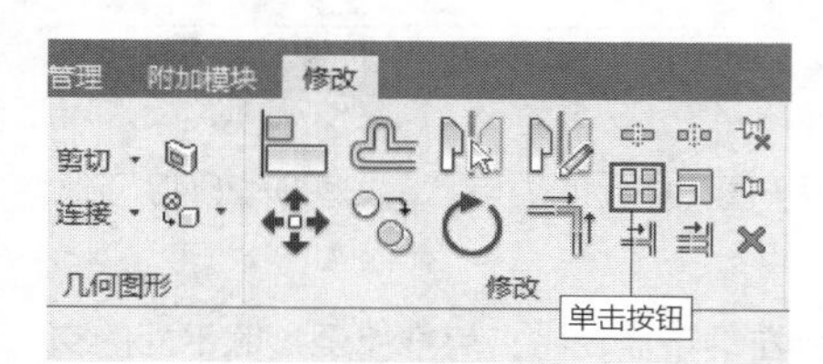

图 9-247　单击按钮

步骤 02 将光标置于图元之上，如图9-248所示，单击鼠标左键，选择图元。

图 9-248　选择图元

知识链接：

在键盘上按A+R快捷键，也可以启用“阵列”命令。

步骤 03 选择图元后，按空格键。在选项栏中默认选择“线性”按钮，选中“成组并关联”复选框，修改“项目数”为“6”，设置“移动到”方式为“第二个”，选中“约束”文本框，如图9-249所示。

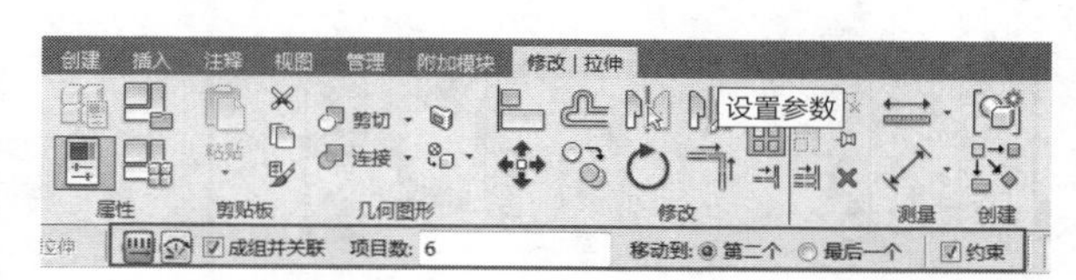

图 9-249　设置参数

延伸讲解：

选中“成组并关联”文本框，阵列结果为一个组合。

步骤 04 在图元上单击指定阵列起点，如图9-250所示。

图 9-250　指定起点

步骤 05 向下移动光标，指定第二个阵列图元的位置，如图9-251所示。

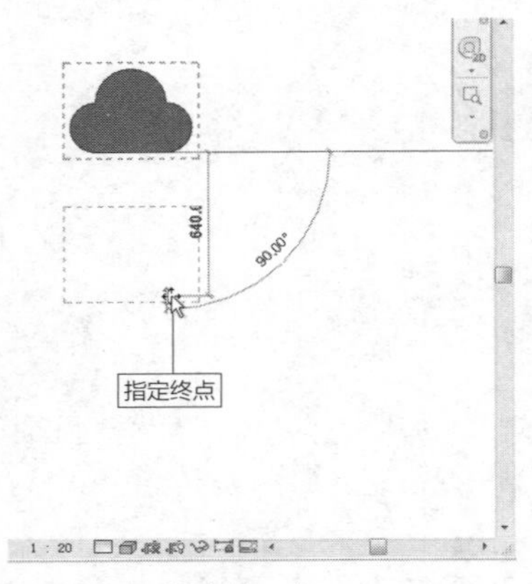

图 9-251　指定第二点

步骤 06 在合适的位置单击鼠标左键，阵列图元的结果如图9-252所示。

步骤 07 按Esc键，退出命令。查看阵列结果，效果如图9-253所示。

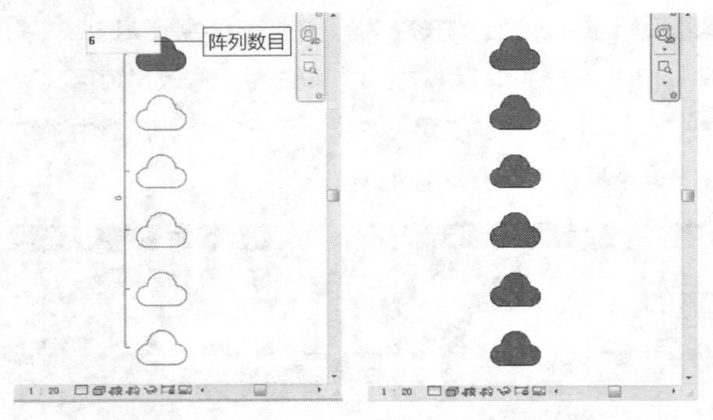

图 9-252　阵列图元　　　图 9-253　最终效果

知识链接：

指定源图元与第二个图元副本的距离后，每个图元副本都按照该距离分布。

除了使用上述方法来阵列图元之外，还有其他方式。在选项栏中取消选中“成组并关联”复选框，阵列结果显示为单个的图元。选择“最后一个”选项，在第一个图元与最后一个图元之间等距分布图元。取消选中“约束”复选框，可以在任意方向阵列图元。设置的参数如图9-254所示。

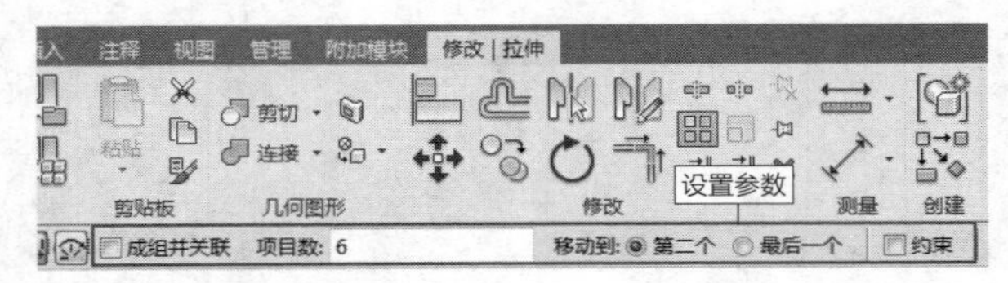

图 9-254　设置参数

在图元上指定起点，向右下角移动光标，指定最后一个图元的位置，如图9-255所示。根据临时尺寸标注，将终点指定在距离起点3160mm的位置。在终点单击鼠标左键，执行阵列操作，效果如图9-256所示。图元副本在3160mm的间距内等距分布。

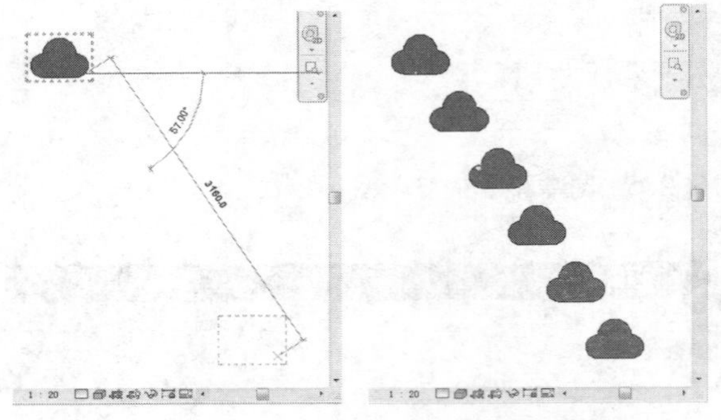

图 9-255　指定终点　　　图 9-256　阵列图元

2. 半径阵列

步骤 01 启用“阵列”命令，将光标置于图元之上，如图9-257所示，单击鼠标左键，选择图元。

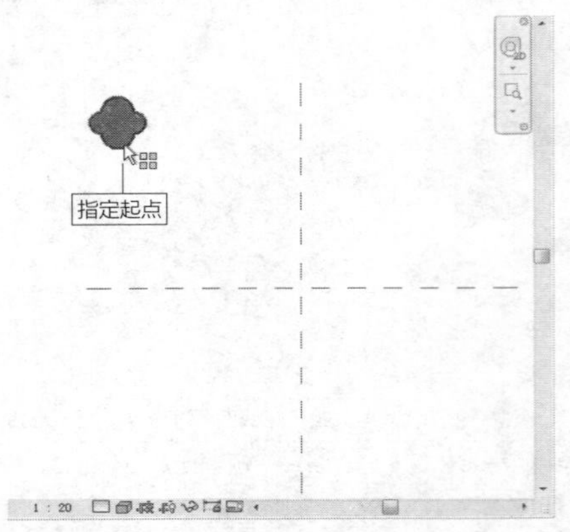

图 9-257　选择图元

步骤 02 选择图元后，在选项栏中单击“半径”按钮，选中“成组并关联”复选框，修改“项目数”为8，如图9-258所示。

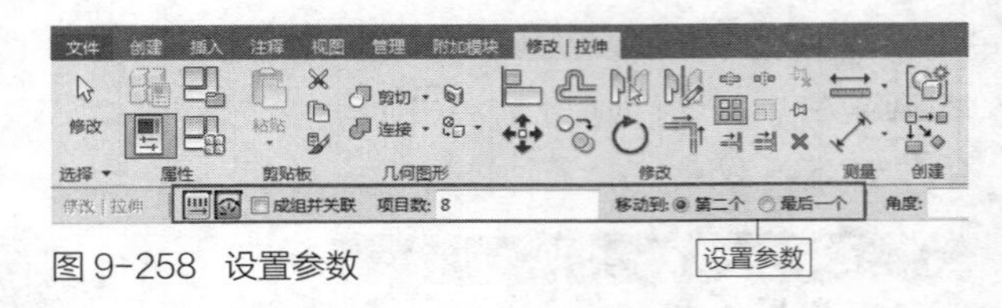

图 9-258　设置参数

步骤 03 将光标置于图元中心的夹点上，如图9-259所示，激活夹点。

步骤 04 按住鼠标左键不放，将夹点拖曳至参照平面的交点，操作结果如图9-260所示。

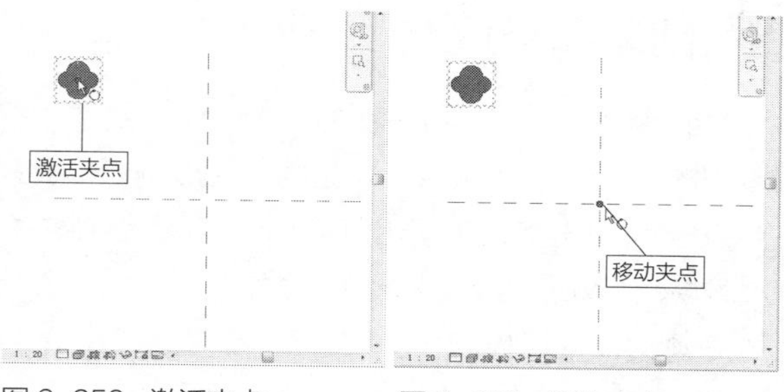

图 9-259　激活夹点　　图 9-260　移动夹点

步骤 05 向上移动光标，显示旋转线，在线上单击鼠标左键，如图9-261所示，指定阵列起点。

步骤 06 在选项栏的“角度”选项中输入参数值，如图9-262所示，设置阵列角度。

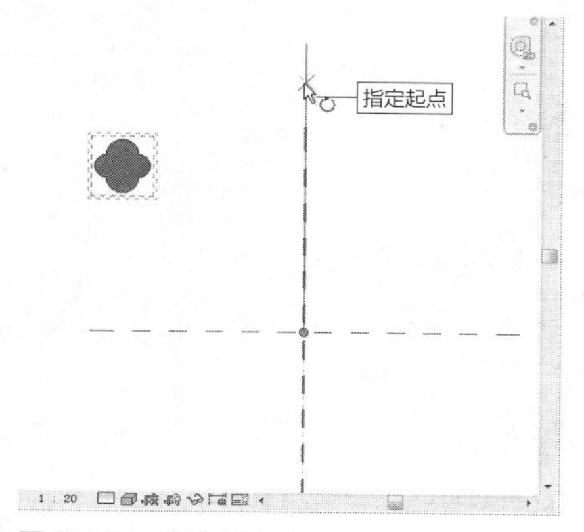

图 9-261　指定起点

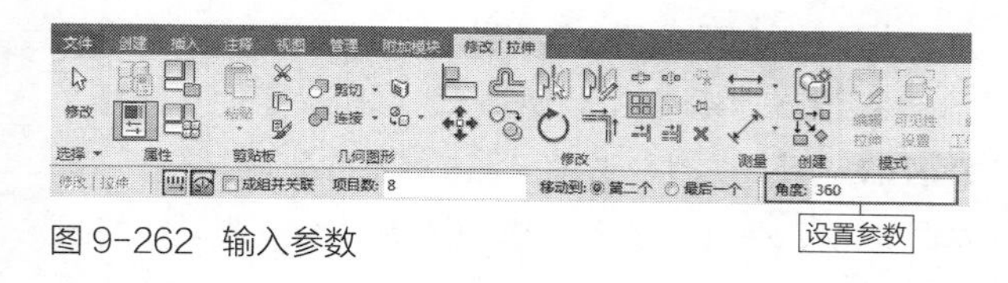

图 9-262　输入参数

步骤 07 按回车键，软件按照所指定的“项目数”与“角度”来阵列图元，效果如图9-263所示。

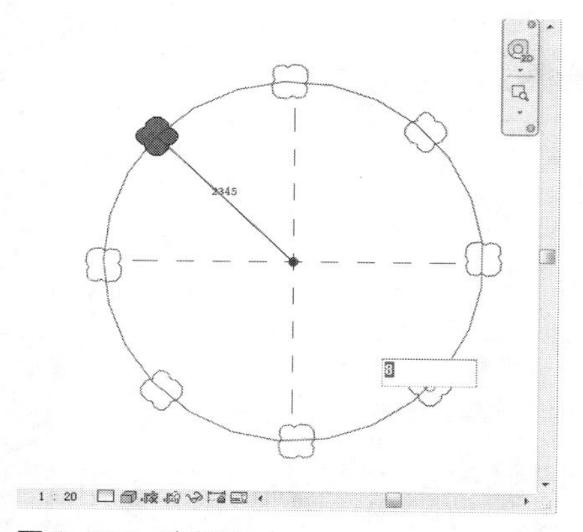

图 9-263　阵列图元

步骤 08 按Esc键，退出命令，观察“半径”阵列的操作效果，如图9-264所示。因为选中了“成组并关联”复选框，所以该阵列结果为一个组合。

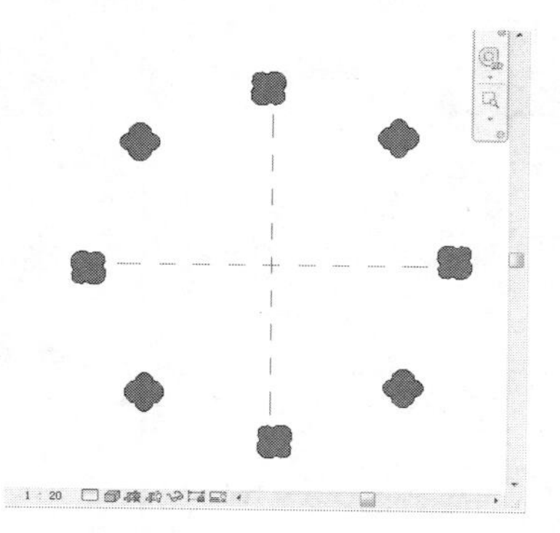

图 9-264　最终效果

9.4.9　锁定/解锁图元

图元在创建完毕之后，处于未锁定的状态。选择图元，如图9-265所示。在图元上按住鼠标左键不放，拖曳鼠标，图元随鼠标移动，如图9-266所示。松开鼠标左键，图元便被移动至指定的位置。

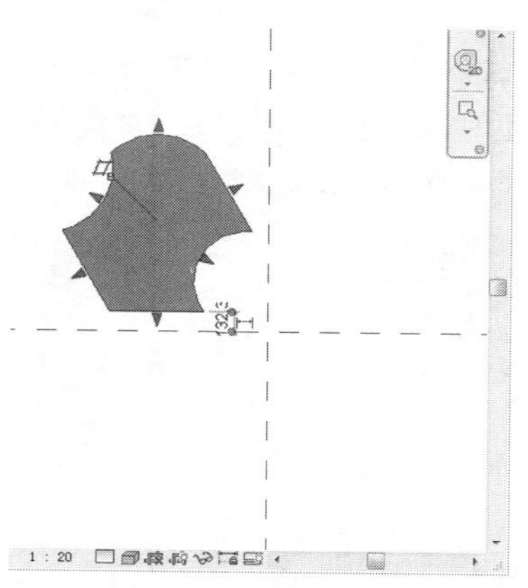

图 9-265　选择图元

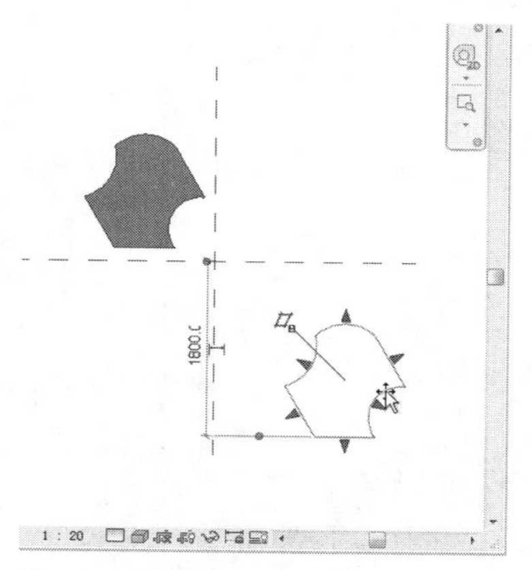

图 9-266　移动图元

选择图元，在“修改”面板上单击“锁定”按钮，如图9-267所示，锁定图元。图元被锁定后，在图元的一侧显示“锁定”符号，如图9-268所示。此时想要通过拖曳鼠标来移动图元是不可能的。

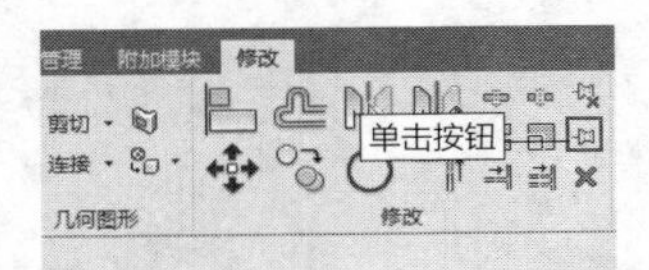

图 9-267 单击按钮

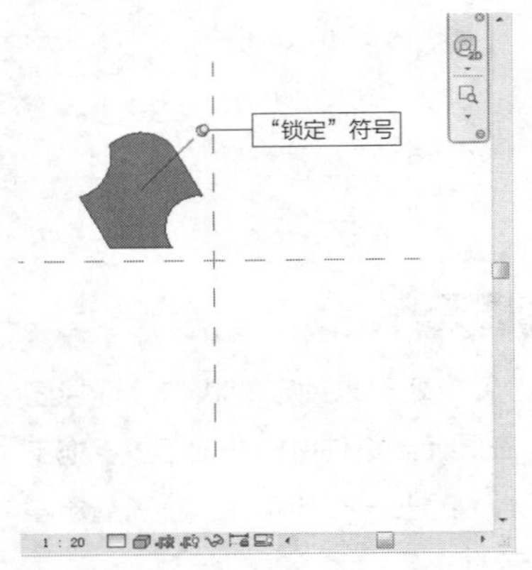

图 9-268 锁定图元

单击“修改”面板上的“解锁”按钮，如图9-269所示，解锁图元。解锁图元后，在图元的一侧显示“解锁”符号，如图9-270所示。此时图元恢复自由，可以随意移动。

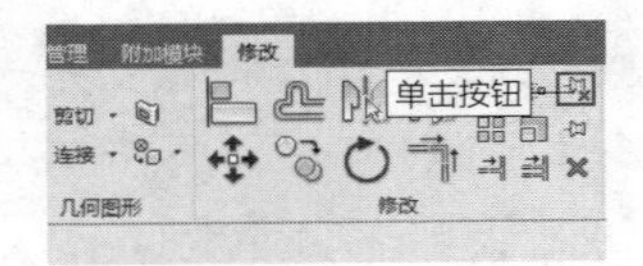

图 9-269 单击按钮

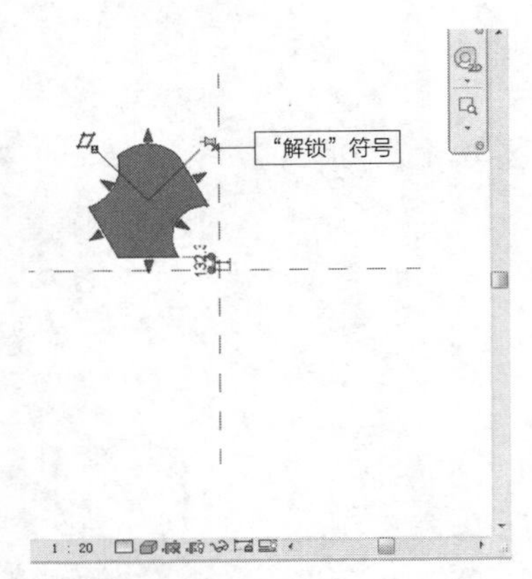

图 9-270 解锁图元

在建模过程中，因为模型较多，在编辑的过程中不可避免地会移动某些图元。为了避免因随意移动图元而出现错误，可以锁定图元。在想要编辑图元时，解锁图元即可。

9.5 创建二维族

Revit中的族可以笼统的分为两大类型，即二维族与三维模型族。二维族主要包括各类注释族，例如标记、标题栏以及标签和符号等。在建模过程中会需要使用各种各样的二维族，所以应该学会如何创建二维族。

在本节中，以创建电气设备标记、标题栏为例，介绍创建二维族的方法。

9.5.1 实战——创建电气设备标记族 重点

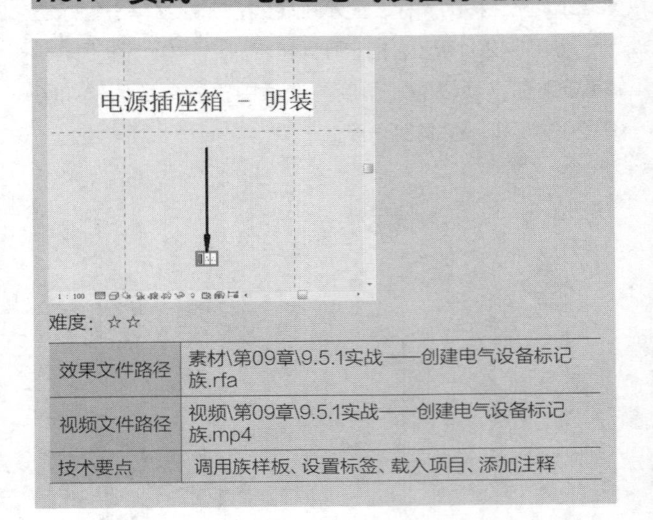

难度：☆☆

效果文件路径	素材\第09章\9.5.1实战——创建电气设备标记族.rfa
视频文件路径	视频\第09章\9.5.1实战——创建电气设备标记族.mp4
技术要点	调用族样板、设置标签、载入项目、添加注释

在为电气设备添加标记时，需要电气设备标记族。假如项目文件中没有该标记族，软件会提醒用户先载入标记族。本节介绍创建电气设备标记族的方法，读者可将创建的标记族存储在计算机中，以便随时载入指定的项目中使用。

步骤 01 选择“文件”选项卡，在弹出的列表中选择“新建”选项，在弹出的子菜单中选择“族”选项，如图9-271所示。

图 9-271 “新建”子菜单

步骤 02 随后弹出“新族-选择样板文件”对话框，在“注释”文件夹中选择名称为“公制电气设备标记”的族样板，如图9-272所示。

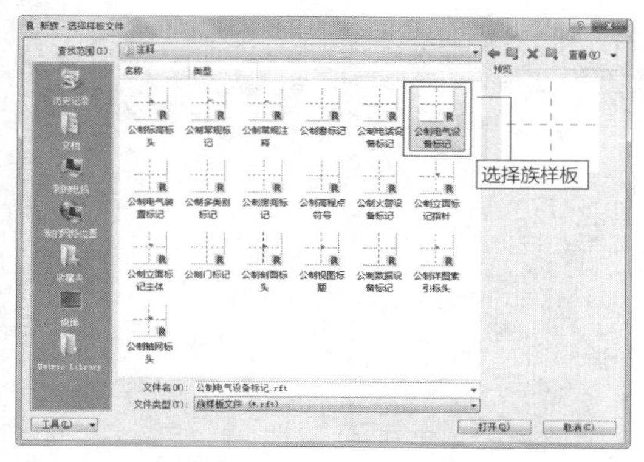

图 9-272 选择族样板

知识链接：

关于调用族样板的方法，请参考9.2.1节的内容介绍。

步骤 03 单击“打开”按钮，进入族编辑器。在“属性”选项板中显示样板名称为“族：电气设备标记”，如图9-273所示。

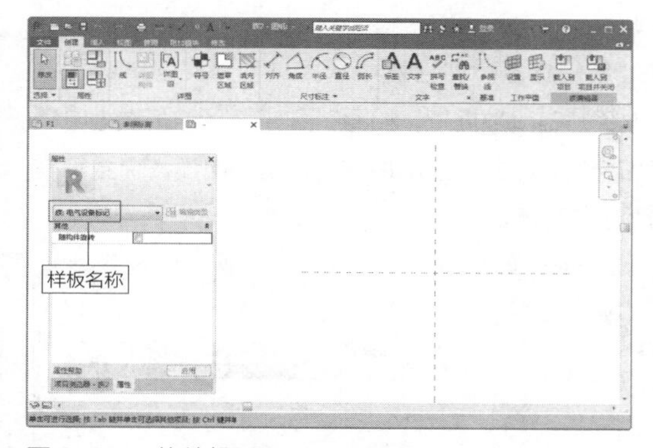

图 9-273 族编辑器

步骤 04 在族编辑器中选择“创建”选项卡，单击“文字”面板中的“标签”按钮，如图9-274所示。

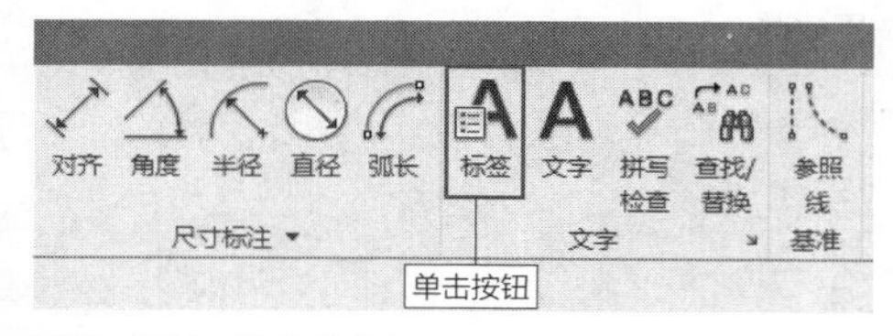

图 9-274 单击按钮

步骤 05 进入“修改|放置标签”选项卡，在“格式”面板中单击“居中对齐”按钮与“正中”按钮，如图9-275所示，指定标签的对齐方式。

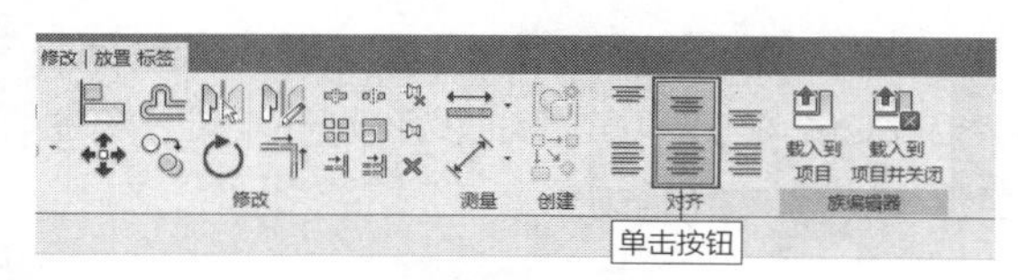

图 9-275 “修改 | 放置标签”选项卡

步骤 06 在绘图区域中移动光标，将光标置于参照平面的交点之上，如图9-276所示。

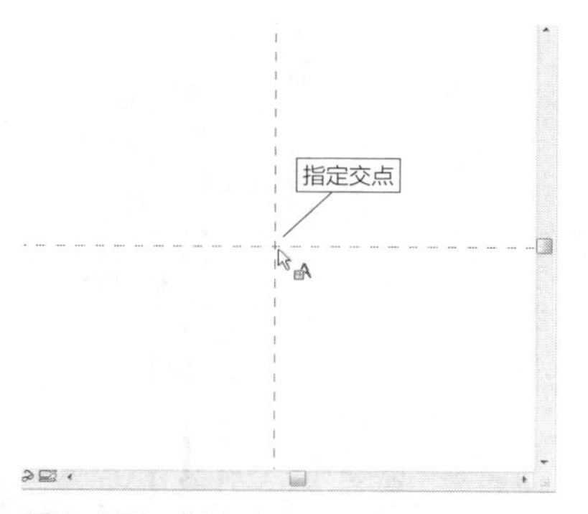

图 9-276 指定交点

步骤 07 在交点处单击鼠标左键，弹出“编辑标签”对话框。在“类别参数”列表中选择“族名称”选项，单击中间的“将参数添加到标签”按钮，将参数添加到右侧的“标签参数”列表中，如图9-277所示。

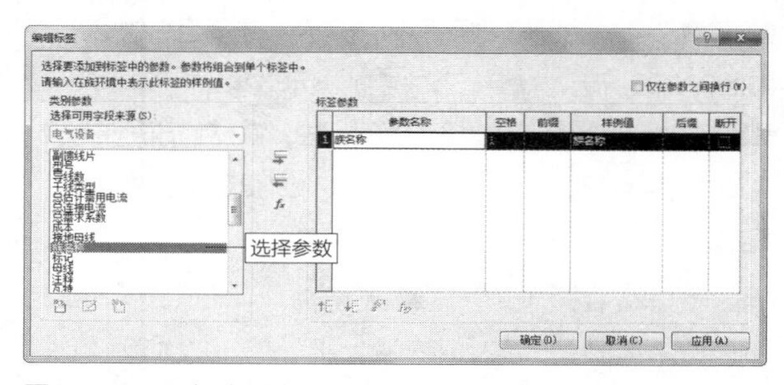

图 9-277 添加类别参数

延伸讲解：

在对话框的“样例值”列中，可以自定义参数，也可以使用默认参数。

步骤 08 单击“确定”按钮，返回视图。在参照平面的交点处显示创建标签的效果，如图9-278所示。

步骤 09 选择标签，将光标置于标签边界线之上，显示“移动”符号。按住鼠标左键不放，向上拖曳鼠标，如图9-279所示，调整标签文字的位置。

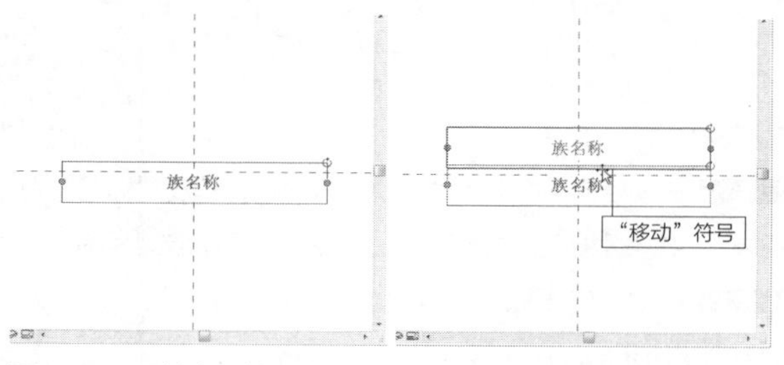

图 9-278 创建标签文字　图 9-279 移动标签

步骤 10 在合适的位置松开左键，向上移动标签文字的效果如图9-280所示。

步骤 11 选择标签，单击“属性”选项板中的“编辑类型”按钮，如图9-281所示，弹出“类型属性”对话框。

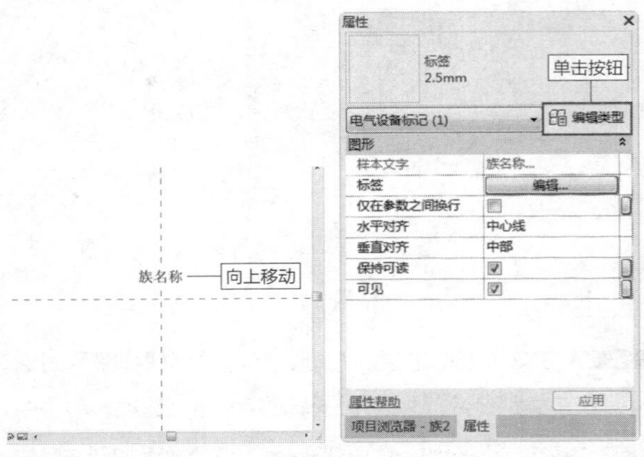

图 9-280　移动效果　　　图 9-281　单击按钮

步骤 12 设置“图形”选项组与“文字”选项组中的参数，如图9-282所示，指定标签文字的显示效果。

步骤 13 单击“确定”按钮，返回视图。在“修改”选项卡中单击“载入到项目”按钮，如图9-283所示，将族载入项目。

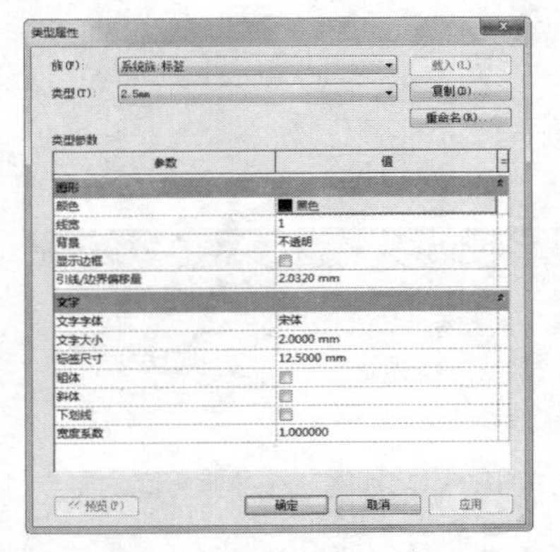

图 9-282　“类型属性”对话框

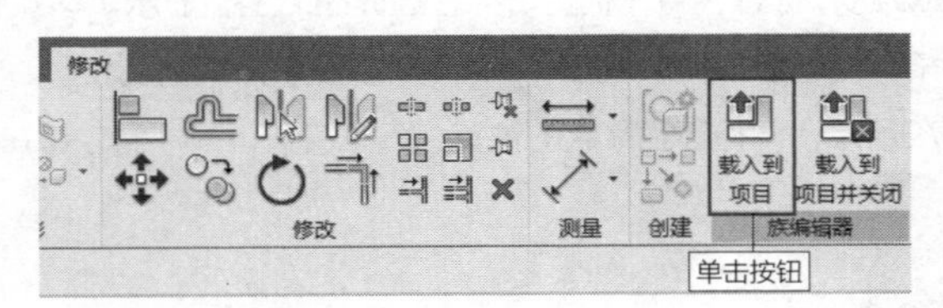

图 9-283　单击按钮

步骤 14 在项目文件中选择“注释”选项卡，单击“标记”面板中的“按类别标记”按钮，如图9-284所示，激活命令。

步骤 15 拾取“电源插座箱”设备，创建设备标记，效果如图9-285所示。

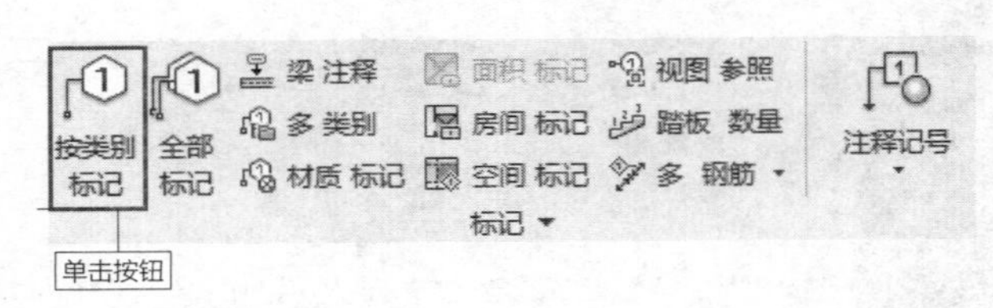

图 9-284　单击按钮

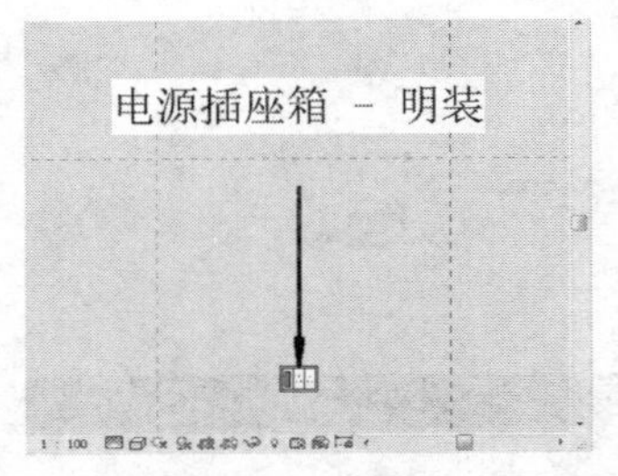

图 9-285　创建设备标记

在为设备标记设置标签时，选择的“类别参数”为“族名称”，所以在放置标记时，标记显示的内容就是设备的“族名称”。例如，“电源插座箱-明装”即是设备的族名称。

在“编辑标签”对话框中选择其他“类别参数”，例如，选择“电气数据”，如图9-286所示。再次为电气设备添加标签，标签显示的内容为设备的电压、极数等信息，如图9-287所示。

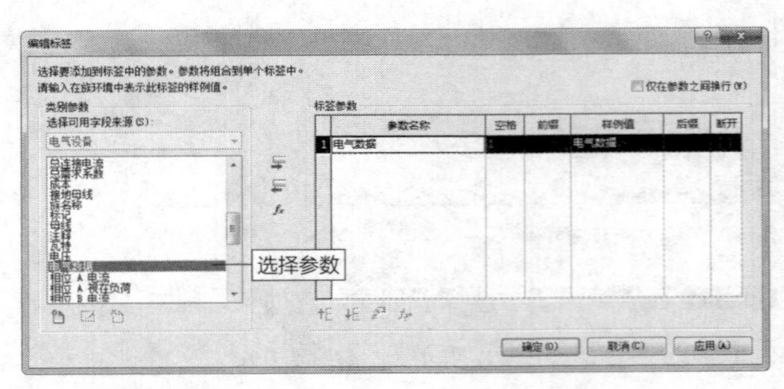

图 9-286　选择参数

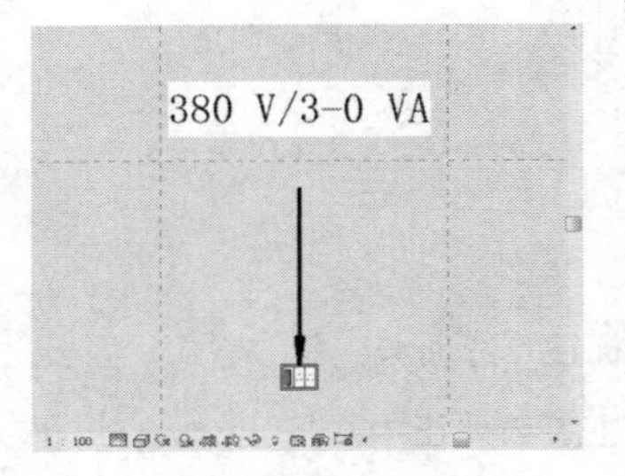

图 9-287　创建标记

综上所述，设置不同的“类别参数”，标记所显示的内容会相应变化。可以根据实际的使用情况，自定义标签的“类别参数”。

9.5.2　实战——创建标题栏　难点

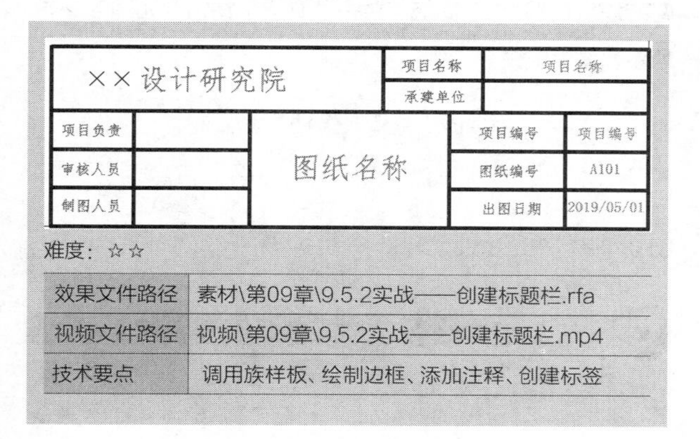

难度：☆☆

效果文件路径	素材\第09章\9.5.2实战——创建标题栏.rfa
视频文件路径	视频\第09章\9.5.2实战——创建标题栏.mp4
技术要点	调用族样板、绘制边框、添加注释、创建标签

在创建标题栏之前，需要选择族样板。Revit提供了几种常用的标题栏族样板，选择样板就可以开始创建标题栏。在创建图纸视图时，可以将标题栏载入项目使用。本节介绍创建标题栏的方法。

1. 设置类型属性

步骤 01 选择“文件”选项卡，在弹出的列表中选择“新建”选项，在弹出的子菜单中选择“标题栏”选项，如图9-288所示。

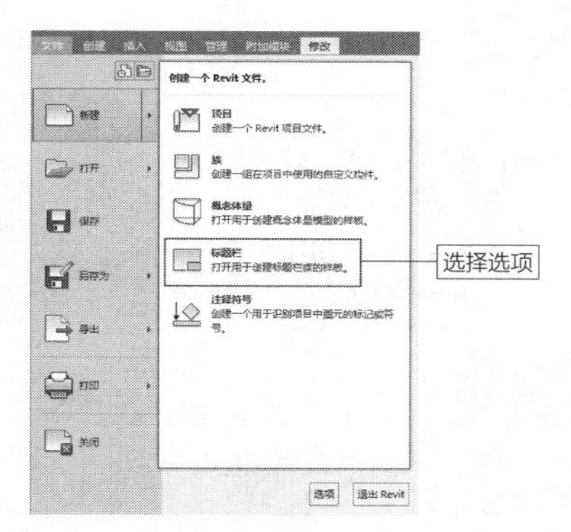

图 9-288　选择选项

步骤 02 弹出“新图框-选择样板文件”对话框，在“标题栏”文件夹中选择名称为“A2公制”的族样板，如图9-289所示。

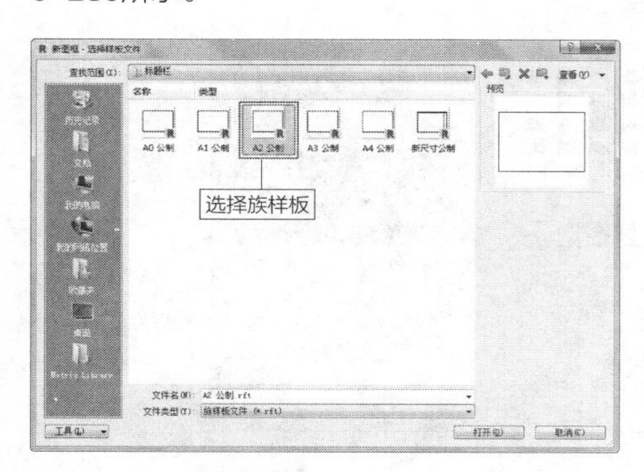

图 9-289　选择族样板

步骤 03 单击“打开”按钮，进入族编辑器。在绘图区域中显示A2图框，如图9-290所示。

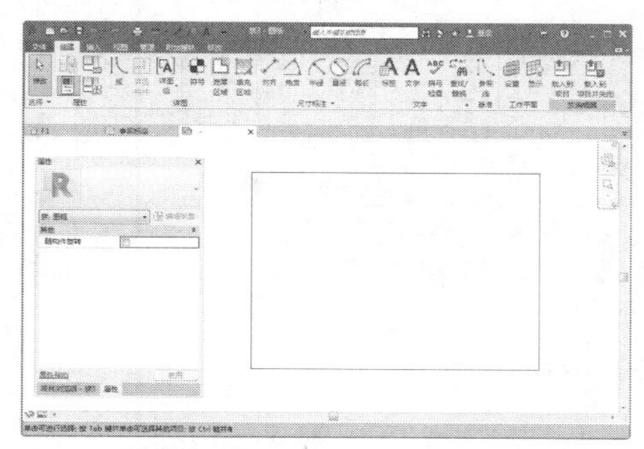

图 9-290　族编辑器

步骤 04 选择“管理”选项卡，在“设置”面板中单击“对象样式”按钮，如图9-291所示，激活命令。

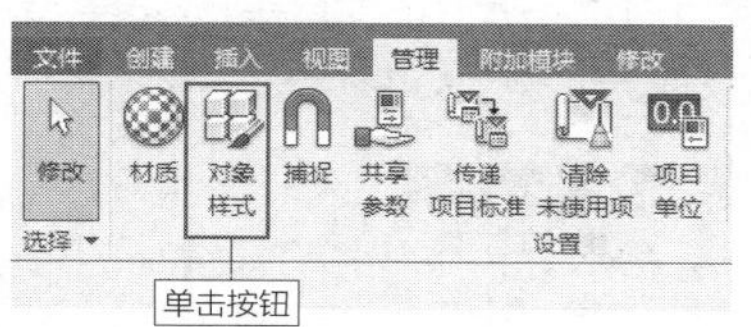

图 9-291　单击按钮

步骤 05 弹出“对象样式”对话框，在其中显示“注释对象”选项卡。将光标定位在“图框”选项组中，单击“新建”按钮，如图9-292所示。

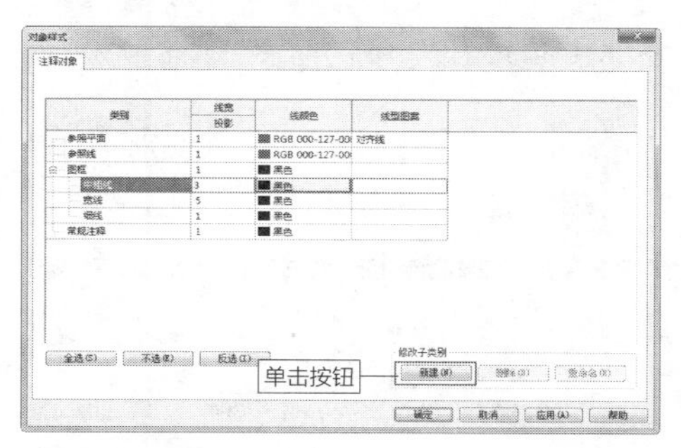

图 9-292　“对象样式”对话框

步骤 06 弹出“新建子类别”对话框，将“名称”设置为“粗线”，如图9-293所示。单击“确定”按钮，返回“对象样式”对话框。

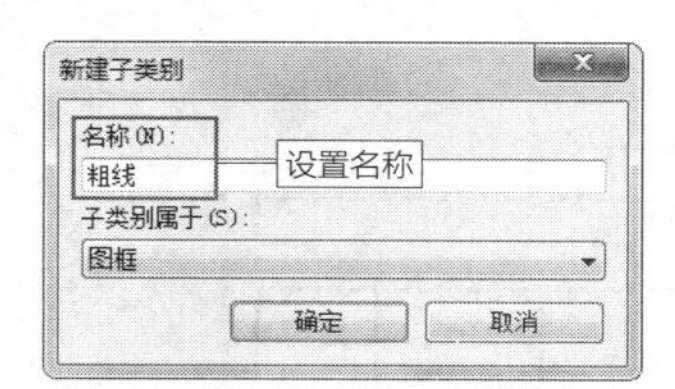

图 9-293　设置名称

步骤 07 单击“粗线”行中的“线宽”选项，在弹出的列表中选择线宽代号“5”，如图9-294所示。单击“确定”按钮，返回视图。

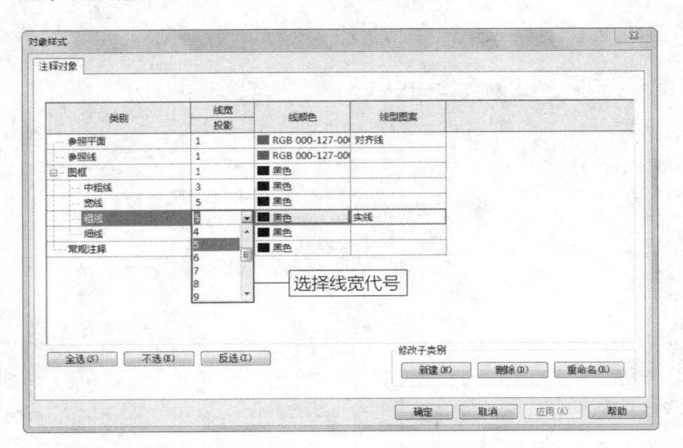

图 9-294　选择线宽代号

2. 绘制线框

步骤 01 选择“创建”选项卡，在“详图”面板上单击“线”按钮，如图9-295所示，激活命令。

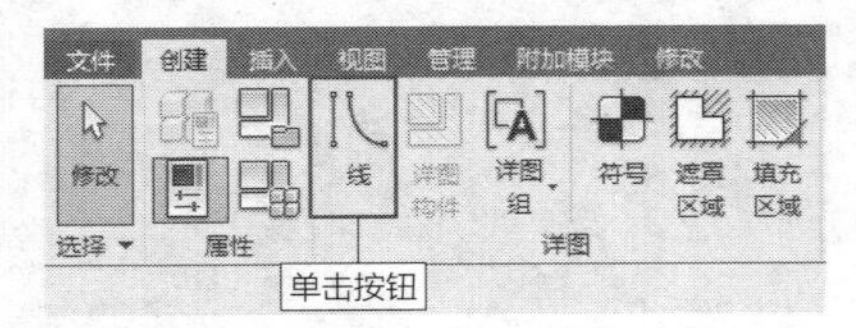

图 9-295　单击按钮

知识链接：

在键盘上按L+I快捷键，也可以启用“线”命令。

步骤 02 进入“修改|放置线”选项卡，在“子类别”列表中选择“粗线”选项，如图9-296所示。

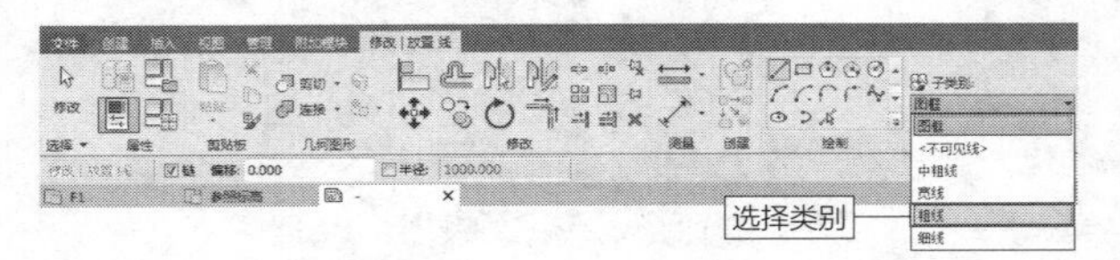

图 9-296　选择子类别

步骤 03 在A2图框的右下角指定线的起点与终点，绘制标题栏线框的效果如图9-297所示。

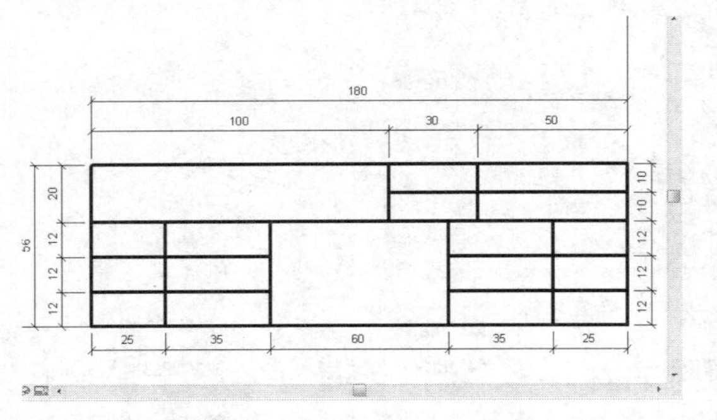

图 9-297　绘制线框

3. 添加文字注释

步骤 01 在“文字”面板中单击“文字”按钮，如图9-298所示，激活命令。

图 9-298　单击按钮

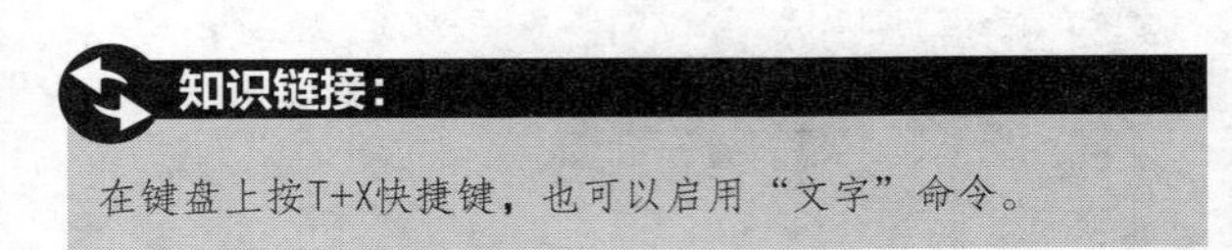

知识链接：

在键盘上按T+X快捷键，也可以启用“文字”命令。

步骤 02 在“属性”选项板中单击“编辑类型”按钮，如图9-299所示，弹出“类型属性”对话框。

步骤 03 在“类型属性”对话框中单击右上角的“复制”按钮，弹出“名称”对话框，设置“名称”为6mm，如图9-300所示。单击“确定”按钮，返回“类型属性”对话框。

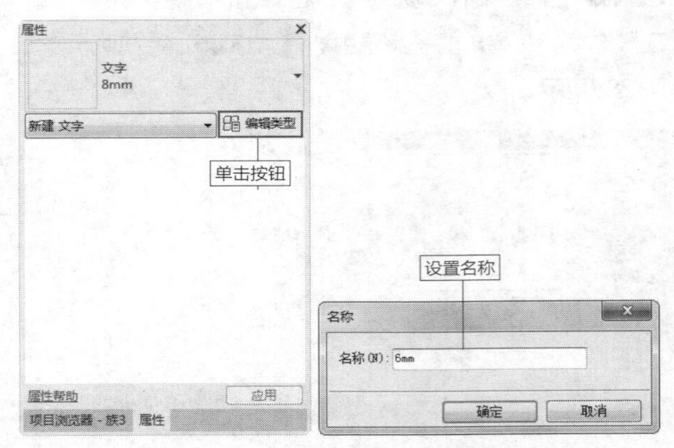

图 9-299　单击按钮　　　图 9-300　设置名称

步骤 04 单击“颜色”选项，弹出“颜色”对话框，选择“紫”色，如图9-301所示。单击“确定”按钮，返回“类型属性”对话框。

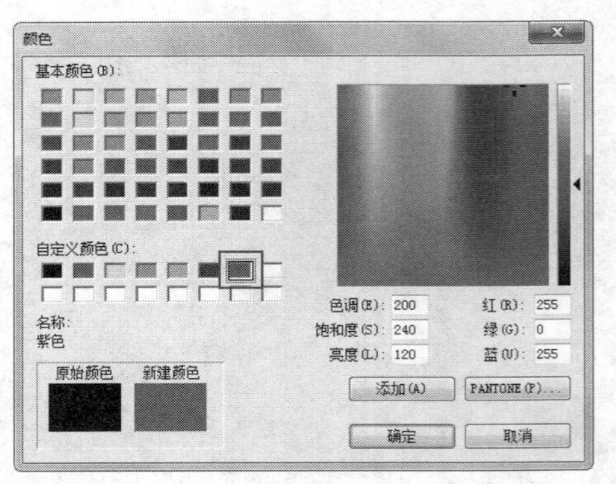

图 9-301　选择颜色

步骤 05 单击“文字字体”选项，在弹出的列表中选择“仿宋”字体，修改“文字大小”为6mm，如图9-302所示。单击“确定”按钮，关闭对话框。

图 9-302　设置参数

步骤 06 在标题栏中定位光标，输入设计单位的名称，如图9-303所示。

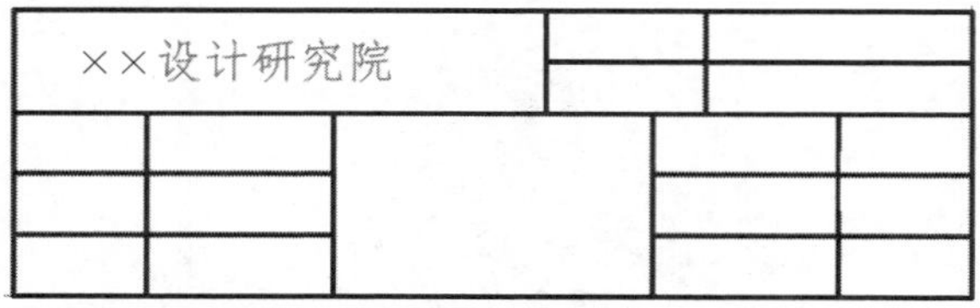

××设计研究院

图 9-303　输入设计单位的名称

步骤 07 再次启用“文字”命令，在“类型属性”对话框新建一个名称为3mm的文字类型。设置“颜色”为“蓝色”，指定“文字字体”为“仿宋”，修改“文字大小”为3mm，如图9-304所示。单击“确定”按钮，返回视图。

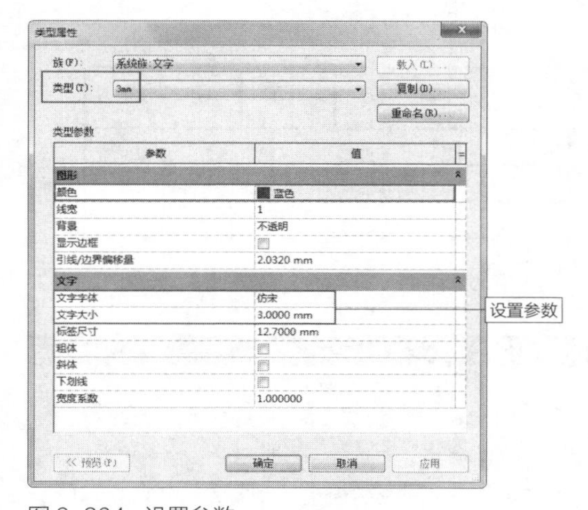

图 9-304　设置参数

步骤 08 在标题栏中定位光标，输入文字内容，效果如图9-305所示。

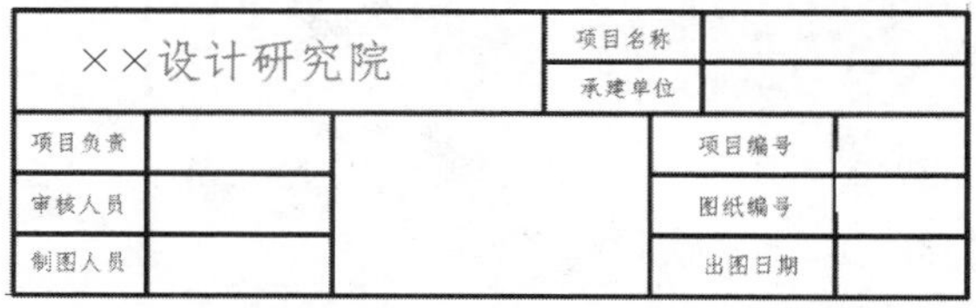

××设计研究院			项目名称	
			承建单位	
项目负责			项目编号	
审核人员			图纸编号	
制图人员			出图日期	

图 9-305　输入文字内容

4. 创建标签

步骤 01 在“文字”面板中单击“标签”按钮，如图9-306所示，激活命令。

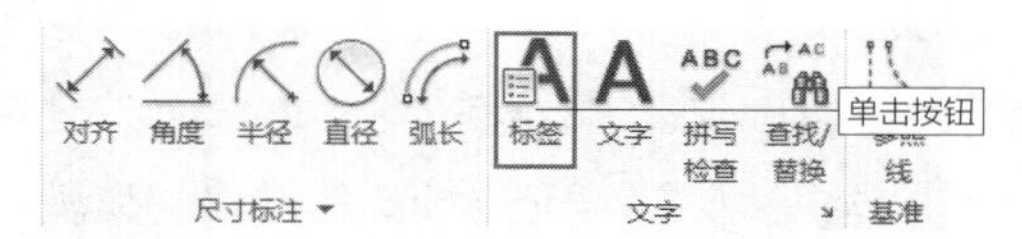

图 9-306　单击按钮

步骤 02 单击“属性”选项板右上角的“编辑类型”按钮，弹出“类型属性”对话框。单击“复制”按钮，弹出“名称”对话框，设置“名称”为3mm，如图9-307所示。单击“确定”按钮，完成新建类型的操作。

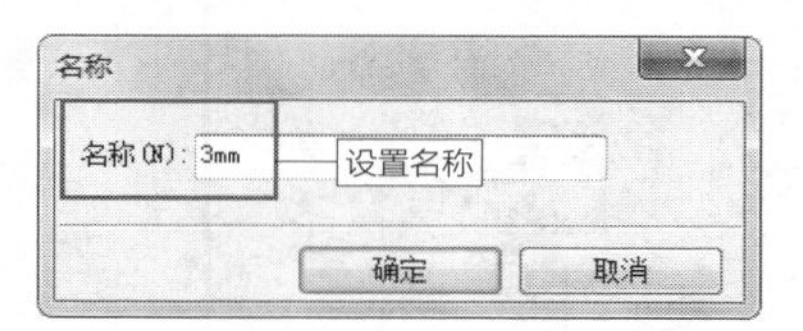

图 9-307　设置名称

步骤03 修改文字类型的“颜色”为“红色”，设置“文字字体”为“仿宋”，指定“文字大小”为3mm，如图9-308所示。单击“确定”按钮，返回视图。

图 9-308　设置参数

延伸讲解：

设置标签文字的大小为3mm，与名称为3mm的注释文字相对应，不会产生文字大小不一的情况。

步骤 04 在“项目名称”后的单元格中定位光标，如图9-309所示，指定添加标签的位置。

××设计研究院		项目名称	
		承建单位	
项目负责		项目编号	
审核人员		图纸编号	
制图人员		出图日期	

定位光标

图 9-309　定位光标

步骤 05 随后弹出“编辑标签”对话框，在“类别参数”列表中选择“项目名称”选项，单击中间的“将参数添加到标签”按钮，将选中的参数添加到右侧的“标签参数”列表中，如图9-310所示。

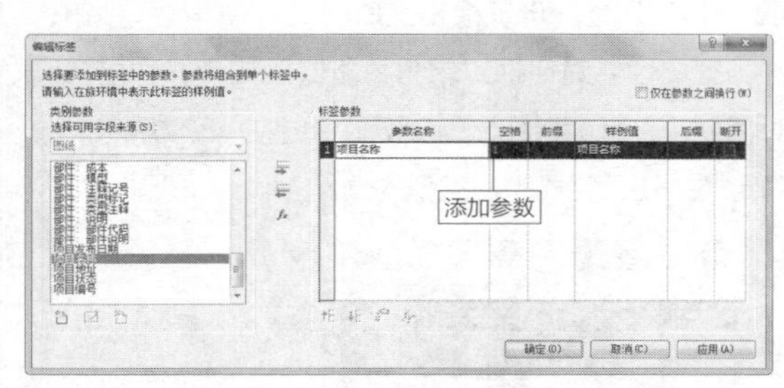

图 9-310　添加类别参数

步骤 06 单击“确定”按钮，在指定的位置添加标签，效果如图9-311所示。

研究院	项目名称	项目名称
	承建单位	
	项目编号	
	图纸编号	
	出图日期	

添加标签

图 9-311　添加标签

步骤 07 重复启用“标签”命令，继续创建其他内容的标签，效果如图9-312所示。

××设计研究院		项目名称	项目名称
		承建单位	
项目负责		项目编号	项目编号
审核人员		图纸编号	A101
制图人员		出图日期	2019/05/01

图 9-312　创建其他标签

知识链接：

添加标签后，标签文字的位置不一定完全位于单元格中，此时选择标签文字，激活边框左上角的“移动”按钮，按住鼠标左键不放，拖曳鼠标，调整标签的位置。

步骤 08 再次调用“标签”命令，在“类型属性”对话框中新建名称为6mm的标签类型。设置“颜色”为“红色”，选择“背景”类型为“不透明”样式，指定“文字字体”为“仿宋”，修改“文字大小”为6mm，如图9-313所示。

图 9-313　设置参数

步骤 09 在标题栏中间的单元格中单击鼠标左键，弹出“编辑标签”对话框。选择“类别参数”为“图纸名称”，添加至“标签参数”列表。单击“确定”按钮，可在指定的单元格创建标签，效果如图9-314所示。

××设计研究院			项目名称	项目名称
			承建单位	
项目负责		图纸名称	项目编号	项目编号
审核人员			图纸编号	A101
制图人员			出图日期	2019/05/01

添加效果

图 9-314　添加标签

延伸讲解：

需要在“类别参数”列表中选择不同的参数，才可以创建不同的标签文字。例如，选择“项目编号”类别参数，并将“标签参数”列表中的“样例值”参数设置为“项目编号”，所创建的标签文字内容即为“项目编号”。

第4篇

综合实例篇

第10章 综合实例——暖通案例讲解

本章以某会所暖通设计方案为例，介绍使用Revit MEP绘制建筑暖通设计图纸的方法。首先是将CAD图纸导入Revit应用程序，接着参考CAD图纸，创建暖通系统模型。

学习重点

10.1 导入CAD图纸 重点

在将CAD图纸导入Revit之前，应该先在AutoCAD应用程序中执行清理图纸的操作，即删除图纸中的多余图元。清理图纸的目的是方便搭建暖通模型。

步骤01 选择“插入”选项卡，单击“导入”面板中的“导入CAD”按钮，如图10-1所示，激活命令。

图 10-1 单击按钮

步骤02 在弹出的“导入CAD格式”对话框中选择CAD图纸，选择“颜色”模式为“黑白”，设置“定位”方式为“自动-原点到原点”，其他参数保持默认值，如图10-2所示。

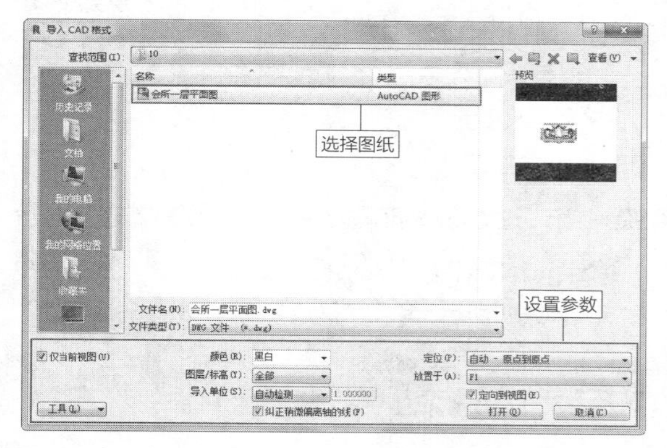

图 10-2 “导入 CAD 格式”对话框

步骤03 单击“打开”按钮，将CAD图纸导入Revit应用程序，效果如图10-3所示。

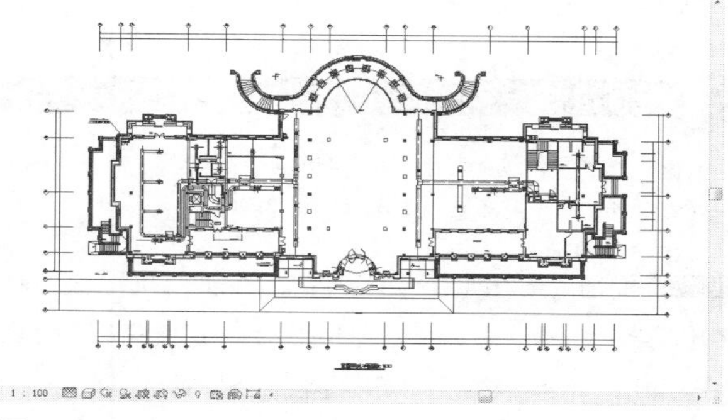

图 10-3 导入 CAD 图纸

10.2 绘制风管

风管的系统类型可以分为送风系统、排风系统和回风系统等，在绘制风管及布置设备之前，需要先创建风管系统，以便将风管与设备归纳到某个系统中去。

10.2.1 设置风管参数 难点

创建不同类型的风管， 主要在“类型属性”对话框中进行。在创建风管类型后，不要忘记为风管配置管件，不然在创建风管的过程中，会发生“找不到布管管件”的情况。

步骤01 选择“系统”选项卡，单击“HVAC”面板上的“风管”按钮，如图10-4所示，激活命令。

图 10-4 单击按钮

步骤 02 在“属性”选项板中单击风管名称，弹出类型列表，选择“矩形风管”类型，如图10-5所示。单击“编辑类型”按钮，弹出“类型属性”对话框。

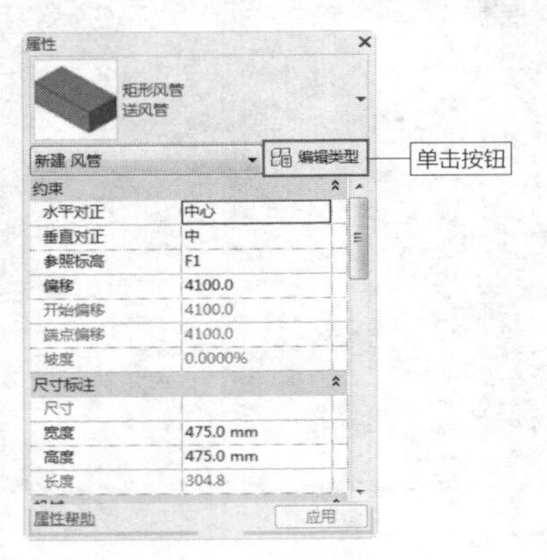

图 10-5 “属性”选项板

延伸讲解：

选择“矩形风管”，表示即将创建矩形风管类型，也可以根据实际情况选择圆形风管或者椭圆风管。

步骤 03 单击“类型属性”对话框右上角的“复制”按钮，弹出“名称”对话框。设置“名称”为“送风管”，如图10-6所示。单击“确定”按钮，返回“类型属性”对话框。

步骤 04 单击“布管系统配置”选项后的“编辑”按钮，弹出“布管系统配置”对话框。分别单击各选项，在弹出的列表中选择构件，配置结果如图10-7所示。

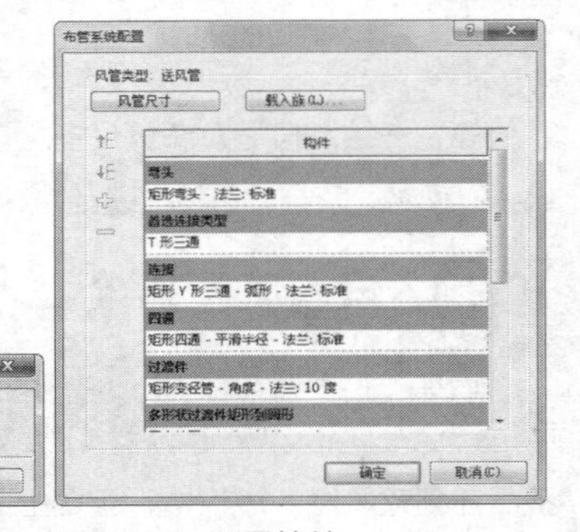

图 10-6 设置名称　　图 10-7 配置管件

知识链接：

假如尚未载入所需的管件，单击“布管系统配置”对话框上方的“载入族”按钮，执行载入管件的操作即可。

步骤 05 创建完毕“送风管”类型后，以该类型为基础，执行“复制”命令，在“名称”对话框中修改“名称”为“排风管”，如图10-8所示。单击“确定”按钮，创建风管类型。

步骤 06 单击“类型”选项，弹出类型列表，在其中显示已创建的风管类型，如图10-9所示。单击“确定”按钮，返回视图。

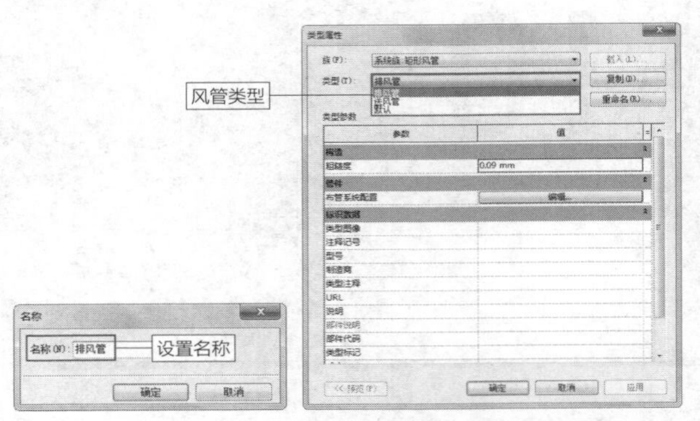

图 10-8 设置名称　　图 10-9 查看已创建的风管类型

延伸讲解：

以“送风管”为基础创建的“排风管”，不需要再重复配置管件，因为它会继承“送风管”的管件配置。

10.2.2 设置风管颜色 难点

创建了不同类型的风管，就不用担心会混淆了。虽然风管的类型不同，可是却无法从绘制结果上准确区分。这个时候可以为风管设置颜色，通过不同的颜色来区分不同的风管类型。为不同类型的风管设置颜色，可以通过添加“过滤器”来实现。

步骤 01 选择“视图”选项卡，单击“图形”面板上的“过滤器”按钮，如图10-10所示，激活命令。

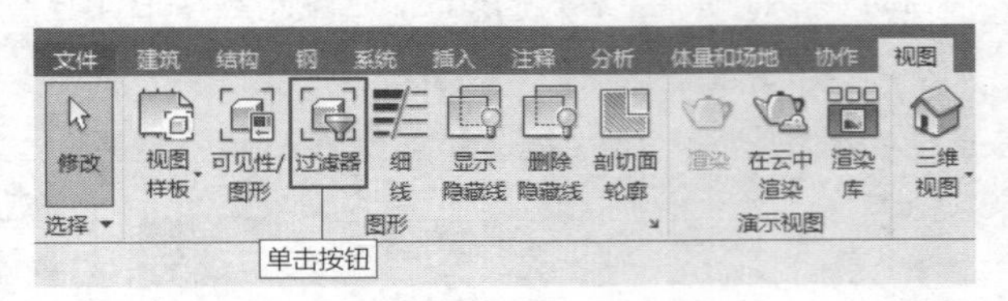

图 10-10 单击按钮

步骤 02 弹出“过滤器”对话框，单击左下角的“新建”按钮，弹出“过滤器名称”对话框。设置“名称”为“送风管”，如图10-11所示。单击“确定”按钮，关闭对话框。

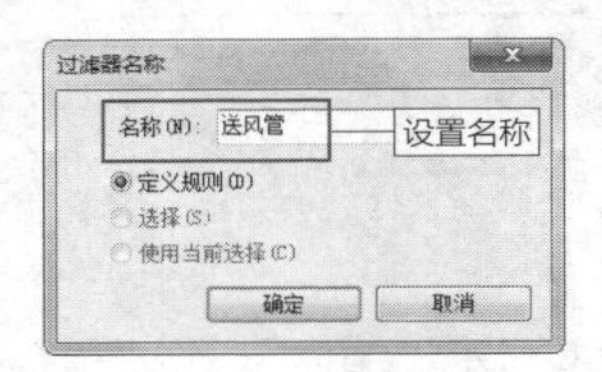

图 10-11 设置名称

步骤 03 在“过滤器列表”中选择“机械”选项，在类别列表中选择“风管”“风管管件”“风管附件”。在“过滤条件”中选择“系统类型”，设置“等于”的条件为“送风”，如图10-12所示。单击“确定”按钮，返回视图。

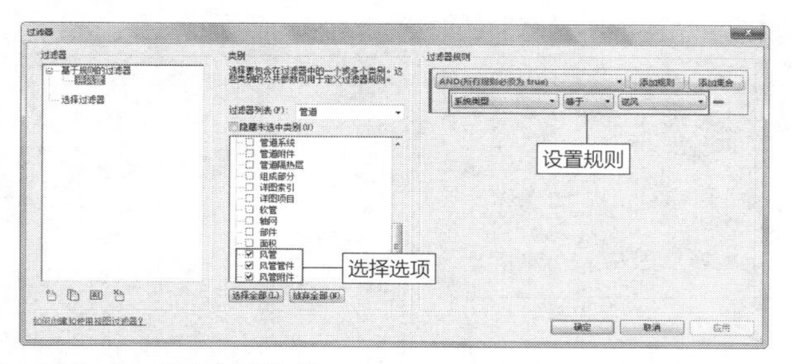

图 10-12　设置过滤条件

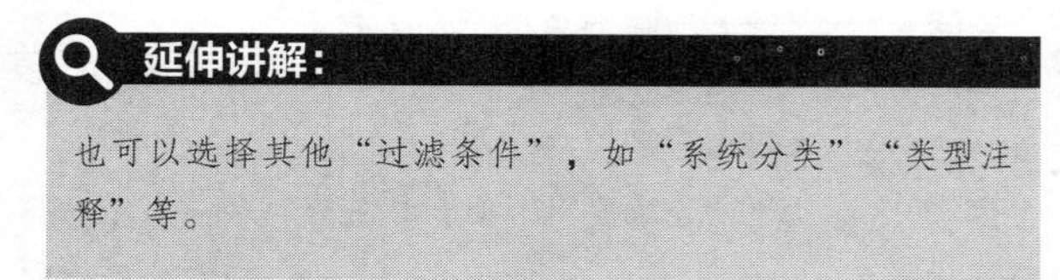

延伸讲解：

也可以选择其他“过滤条件”，如“系统分类”“类型注释”等。

步骤 04 在“图形”面板上单击“可见性/图形”按钮，弹出“楼层平面：F1的可见性/图形替换”对话框。选择“过滤器”选项卡，单击“添加”按钮，如图10-13所示，弹出“添加过滤器”对话框。

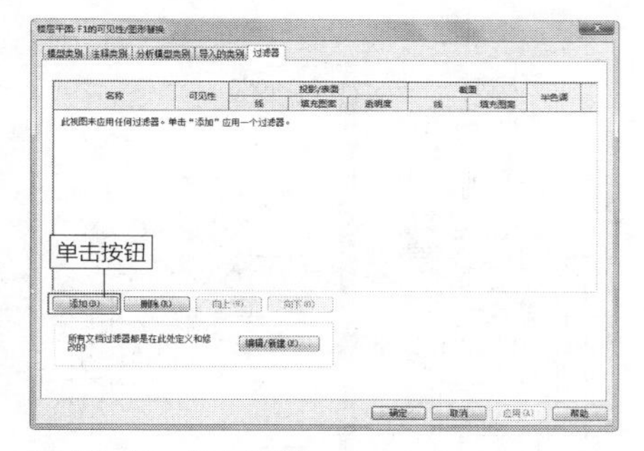

图 10-13　单击按钮

步骤 05 在“添加过滤器”对话框中选择已创建的“送风管”过滤器，如图10-14所示。单击“确定”按钮，关闭对话框。

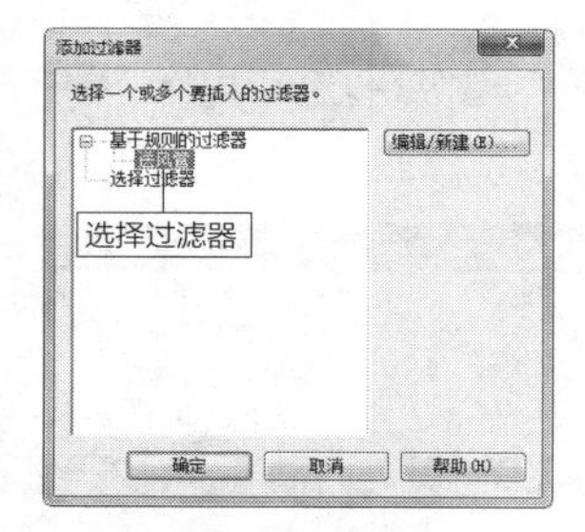

图 10-14　选择过滤器

步骤 06 单击“填充图案”列中的“替换”选项，如图10-15所示，弹出“填充样式图形”对话框。

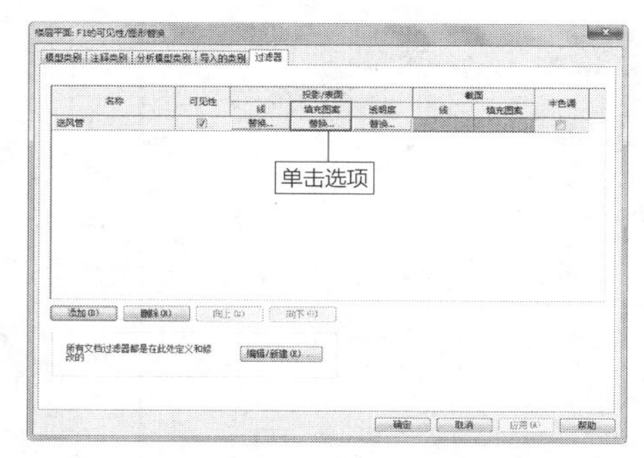

图 10-15　单击选项

步骤 07 单击“颜色”按钮，弹出“颜色”对话框。选择颜色，如图10-16所示。单击“确定”按钮，关闭对话框。

步骤 08 单击“填充图案”选项，在弹出的列表中选择“实体填充”图案，如图10-17所示。单击“确定”按钮，关闭对话框。

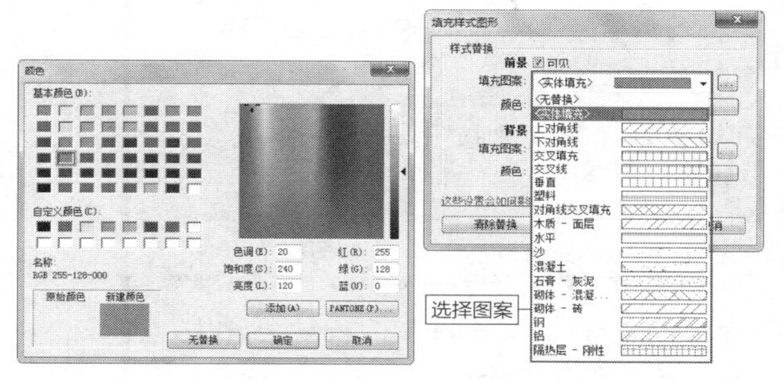

图 10-16　选择颜色　　　图 10-17　选择图案

步骤 09 设置“填充图案”的颜色与图案类型的效果如图10-18所示。

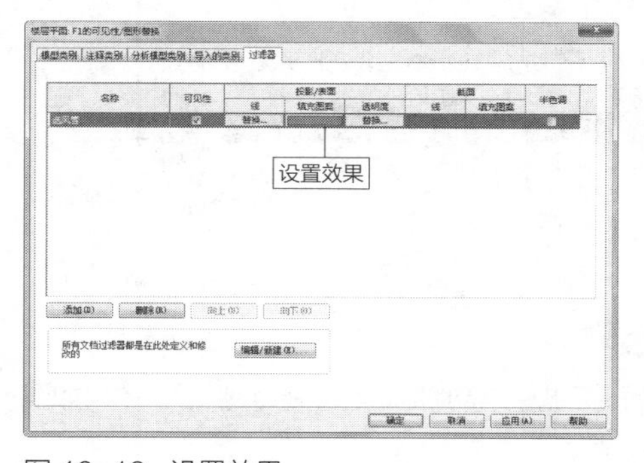

图 10-18　设置效果

步骤 10 重复启用“过滤器”命令，创建名称为“排风管”的过滤器。在“过滤器”对话框中设置“过滤条件”为“系统类型”，选择“等于”条件为“排风”，如图10-19所示。单击“确定”按钮，关闭对话框。

步骤 11 在“楼层平面：F1的可见性/图形替换”对话框中添加“排风管”过滤器，设置其填充图案的颜色为“蓝色”，“填充图案”的样式为“实体填充”，效果如图10-20所示。

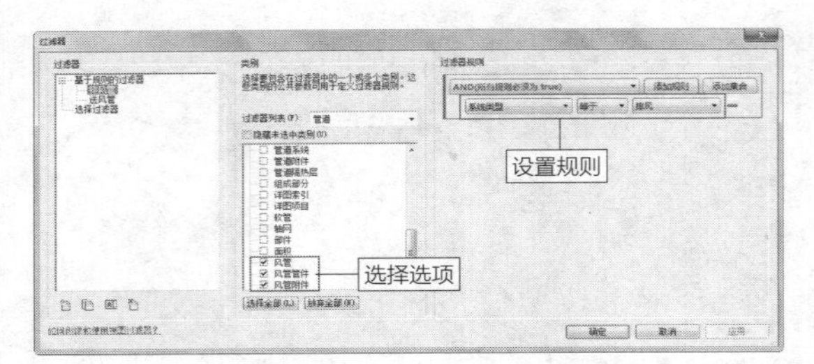

图 10-19 创建过滤器

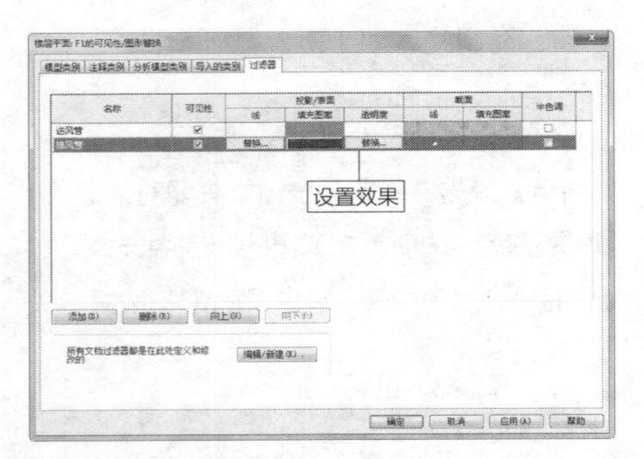

图 10-20 设置效果

步骤 12 单击“确定”按钮，关闭对话框，完成添加过滤器的操作。

10.2.3 绘制风管 难点

因为已经将CAD图纸导入Revit，所以在绘制风管的时候，只需要设置风管参数，然后在底图的基础上指定起点与终点，就可以绘制风管。

步骤 01 启用“风管”命令，进入“修改|放置风管”选项卡。在选项栏中设置“宽度”为400mm、“高度”为200mm、“偏移”为4100mm，如图10-21所示。

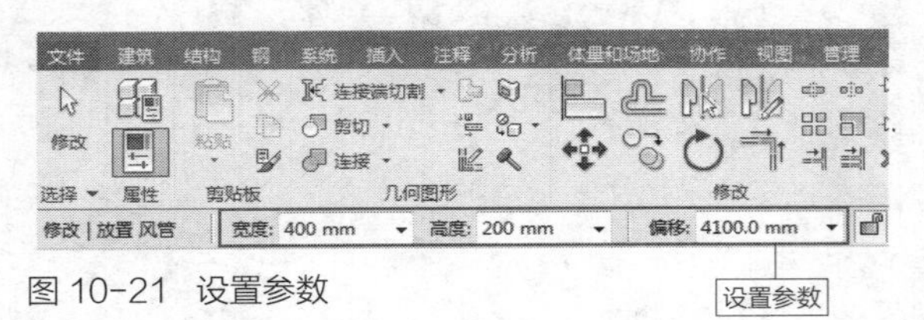

图 10-21 设置参数

步骤 02 在绘图区域中滑动鼠标滚轮，放大视图，效果如图10-22所示。

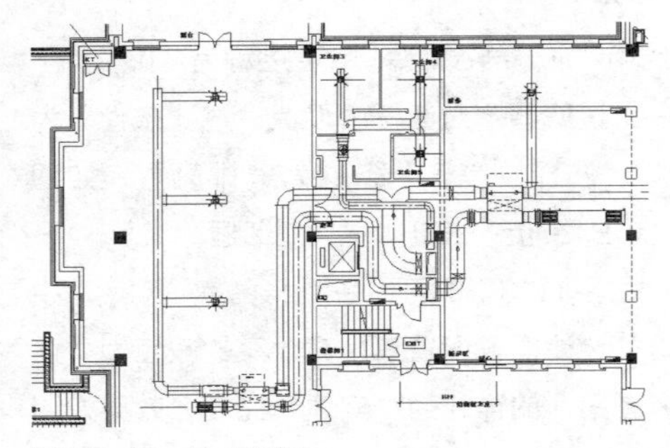

图 10-22 放大视图

步骤 03 在“属性”选项板中选择名称为“排风管”的风管，设置“系统类型”为“排风”，如图10-23所示。“尺寸标注”选项组中显示的参数与选项栏中的一致。

步骤 04 将光标置于底图中的风管轮廓线之上，单击鼠标左键，指定起点，如图10-24所示。

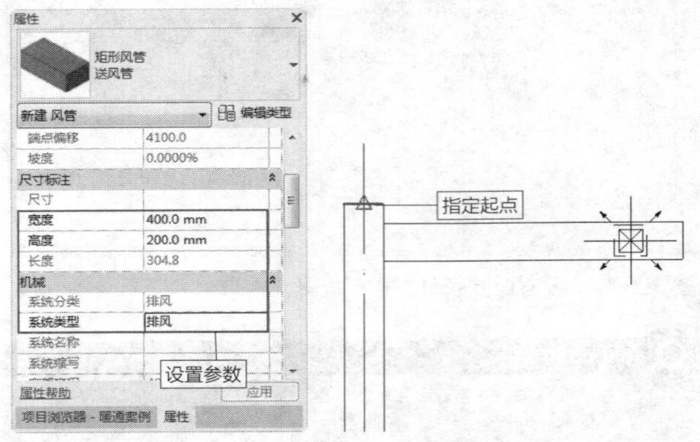

图 10-23 “属性”选项板 图 10-24 指定起点

步骤 05 向下移动光标，单击鼠标左键，指定风管的第二点，如图10-25所示。

步骤 06 向右移动光标，单击鼠标左键，指定风管的终点，会自动添加弯头，连接两段不同方向上的风管，效果如图10-26所示。

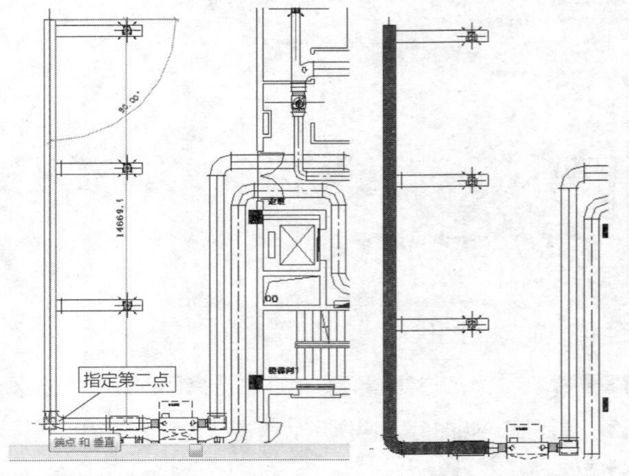

图 10-25 指定第二点 图 10-26 绘制风管

步骤 07 在选项栏中修改“高度”值为175mm，如图10-27所示，修改风管的高度。

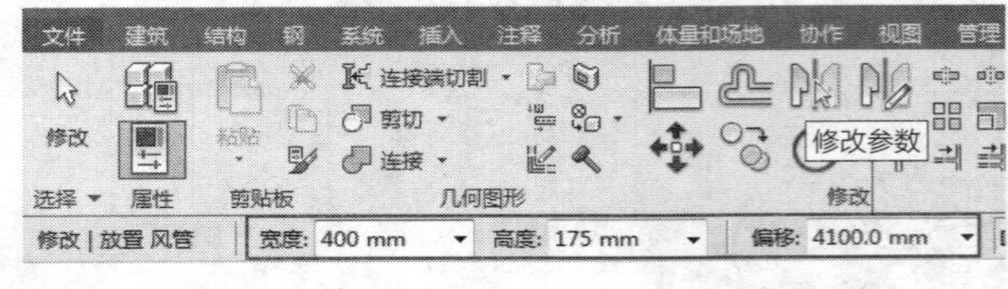

图 10-27 修改参数

步骤 08 在“属性”选项板中单击“编辑类型”按钮，弹出“类型属性”对话框。单击“复制”按钮，弹出“名称”

对话框。设置“名称”为“排风管-散流器”，如图10-28所示。依次单击“确定”按钮，返回视图。

步骤 09 依次指定风管的起点与终点，绘制风管的效果如图10-29所示。

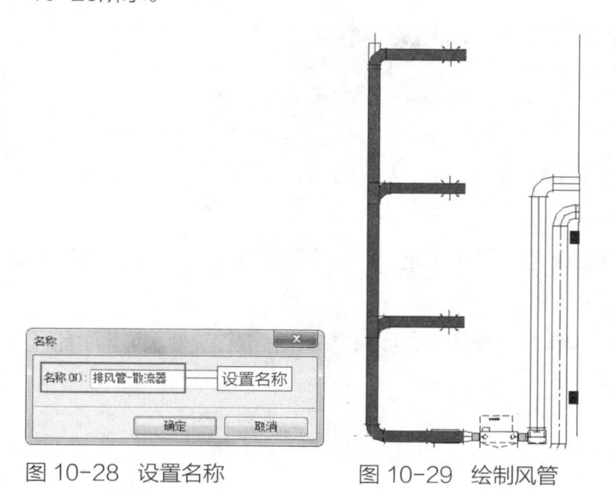

图 10-28 设置名称　　图 10-29 绘制风管

知识链接：

与散流器相接的风管尺寸和已经绘制的风管的尺寸不同，为了不影响已经绘制的风管，有必要新建风管类型。

10.3 添加设备

可以先绘制风管，再添加设备。也可以先添加设备，再绘制风管。本章的绘制顺序是，先绘制风管，然后放置相应的设备，最后继续绘制与设备相接的风管，直至完成为止。

10.3.1 放置空调机组　难点

在放置设备之前，可以先调整已绘制的风管的位置，等待设备放置完毕后，再绘制与设备相接的风管。

步骤 01 选择绘制完毕的水平风管，激活右侧的夹点，向左拖曳鼠标，调整夹点的位置，效果如图10-30所示。

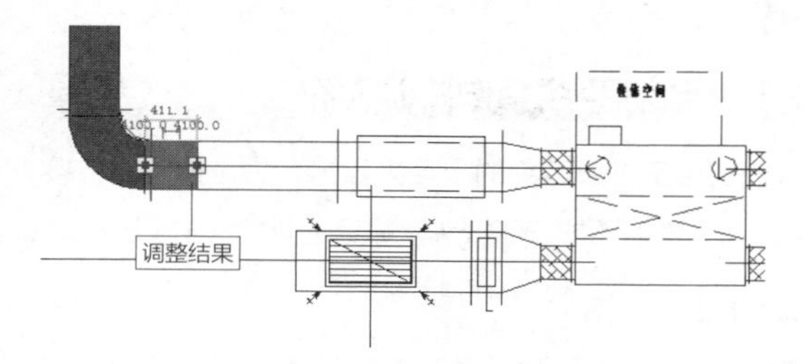

图 10-30 调整风管

步骤 02 在“HVAC”面板上单击“风管附件”按钮，如图10-31所示，激活命令。

图 10-31 单击按钮

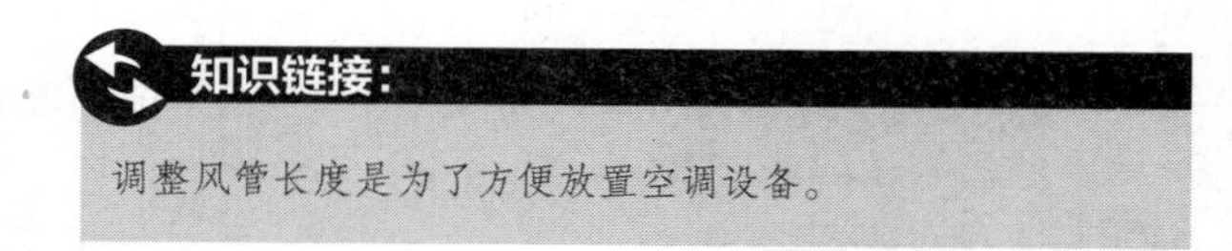

知识链接：

调整风管长度是为了方便放置空调设备。

步骤 03 在“属性”选项板中选择“变风量空调机组”设备，如图10-32所示。单击“编辑类型”按钮，弹出“类型属性”对话框。

步骤 04 在“尺寸标注”选项组中修改参数，结果如图10-33所示。单击“确定”按钮，关闭对话框。

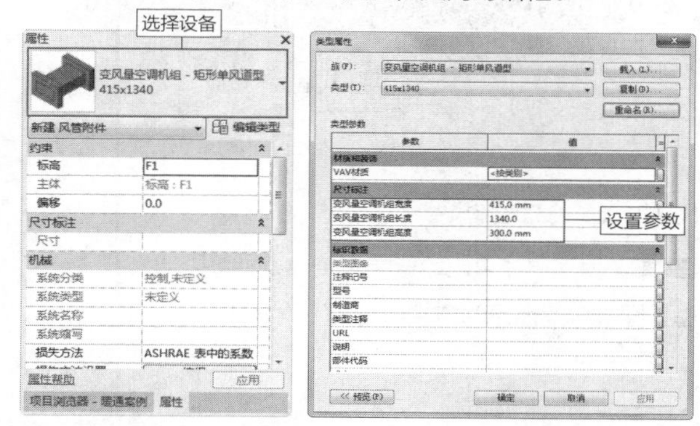

图 10-32 “属性”选项板　　图 10-33 “类型属性”对话框

步骤 05 在绘图区域中指定基点，放置空调设备，效果如图10-34所示。

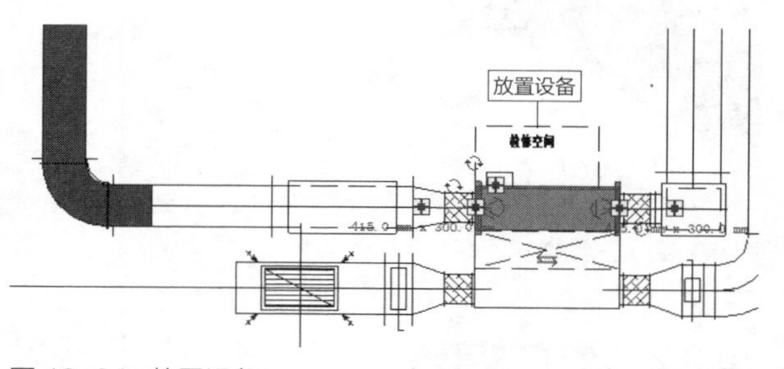

图 10-34 放置设备

步骤 06 选择设备，将光标置于设备左侧的夹点之上，单击鼠标右键，在弹出的快捷菜单中选择“绘制风管”选项。向左拖曳鼠标，光标定位于水平风管的边界线之上，如图10-35所示，单击鼠标左键，指定风管的终点。

步骤 07 绘制连接风管的效果如图10-36所示。

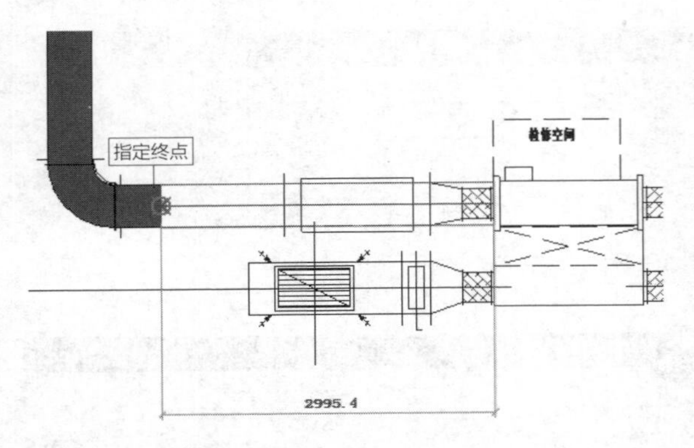

图 10-35 指定终点

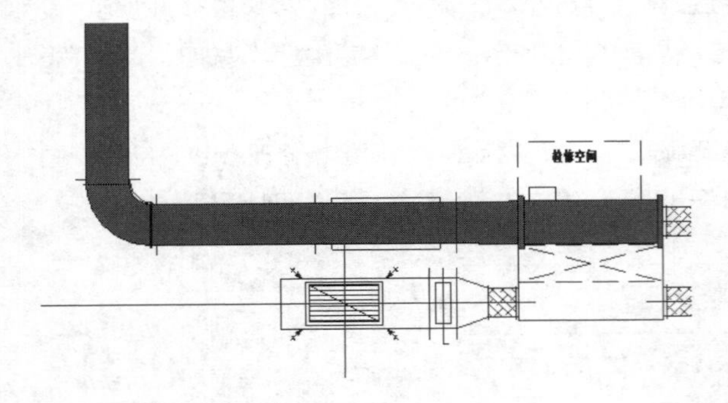

图 10-36 绘制连接风管

步骤08 为了更加直观地查看连接效果，可以切换至三维视图，图10-37所示为连接风管的三维样式。

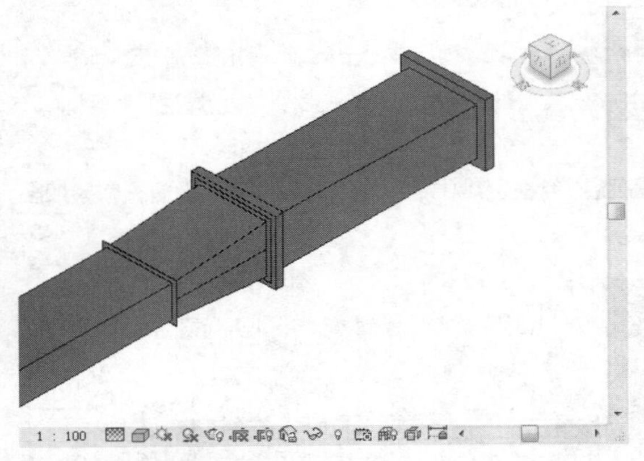

图 10-37 三维样式

10.3.2 添加散流器 难点

在添加散流器之前，需要先将散流器载入项目。可以修改散流器的尺寸，在视图中指定基点，放置散流器设备。

步骤01 在“HVAC”面板上单击“风道末端”按钮，如图10-38所示，激活命令。

步骤02 在“属性”选项板中选择散流器的型号，设置“偏移”选项值，如图10-39所示。

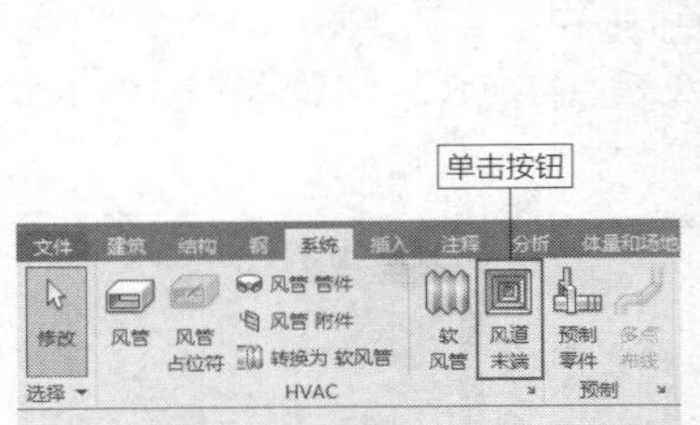

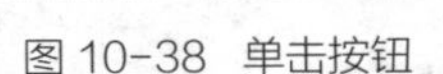

图 10-38 单击按钮

图 10-39 “属性”选项板

步骤03 在风管上指定基点，放置散流器的效果如图10-40所示。

步骤04 重复操作，继续指定基点，放置其他散流器，结果如图10-41所示。

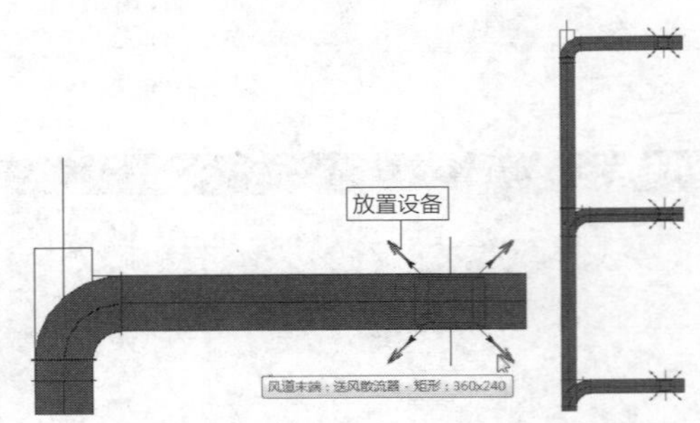

图 10-40 放置散流器

图 10-41 添加效果

延伸讲解：

在视图控制栏上单击“视觉样式”按钮，在弹出的列表中选择“线框”样式。修改样式，可以查看添加散流器后的效果。

10.4 绘制其他系统图元

在前面的内容中，讲解了绘制风管以及布置设备的方法，接下来就是按照所学习到的绘制方法，继续绘制其他系统图元。

10.4.1 绘制卫生间排风系统 难点

绘制卫生间排风系统的步骤大致为，先布置风口，接着布置风机，然后添加三通接头，最后绘制风管连接设备。

1. 添加风口

步骤01 在“HVAC”面板上单击“风道末端”按钮，在“属性”选项板中选择“回风口”，单击“编辑类型”按钮，弹出“类型属性”对话框。

步骤 02 单击对话框右上角的“重命名”按钮，弹出“重命名”对话框。设置“新名称”参数，如图10-42所示。单击“确定”按钮，关闭对话框。

步骤 03 在“尺寸标注”选项组中依次修改“风管宽度”与“风管高度”选项值，如图10-43所示，单击“确定”按钮，返回视图。

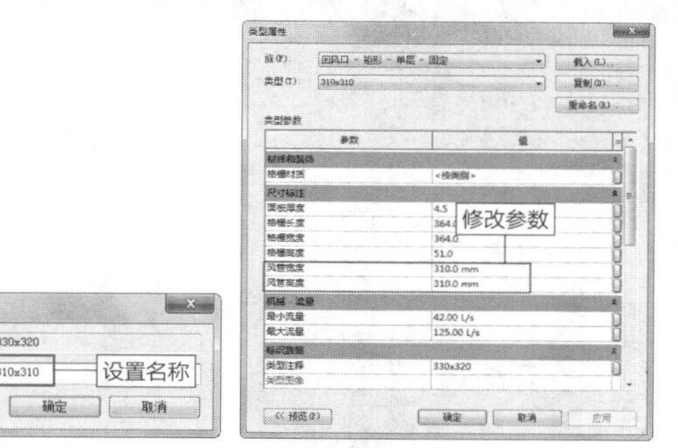

图 10-42 设置名称　图 10-43 修改参数

步骤 04 在“属性”选项板中设置“偏移”值，如图10-44所示。

步骤 05 在绘图区域中单击鼠标左键，指定基点，放置回风口，效果如图10-45所示。

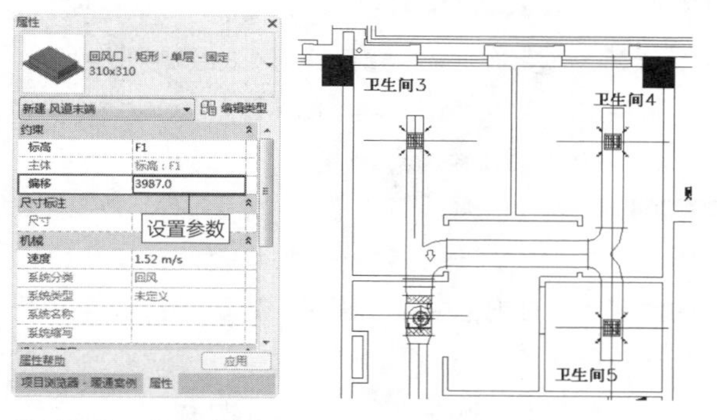

图 10-44 设置“偏移”值　图 10-45 放置回风口

知识链接：

因为是在底图上布置风口，所以放置的风口模型与CAD图纸的风口图元重叠。将光标置于风口模型上，可以高亮显示风口。

2. 添加风机

步骤 01 在“系统”选项卡中，单击“机械”面板上的“机械设备”按钮，如图10-46所示，激活命令。

步骤 02 在“属性”选项板中选择“离心式风机-风管式”设备，设置“偏移”值为3960mm，如图10-47所示。

步骤 03 在视图中指定基点，放置风机的效果如图10-48所示。

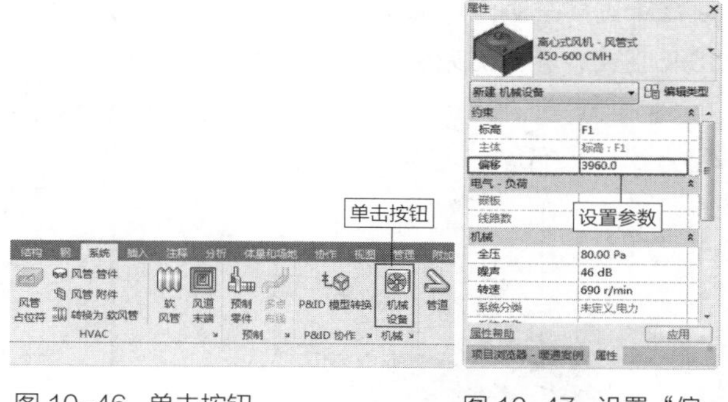

图 10-46 单击按钮　图 10-47 设置“偏移”值

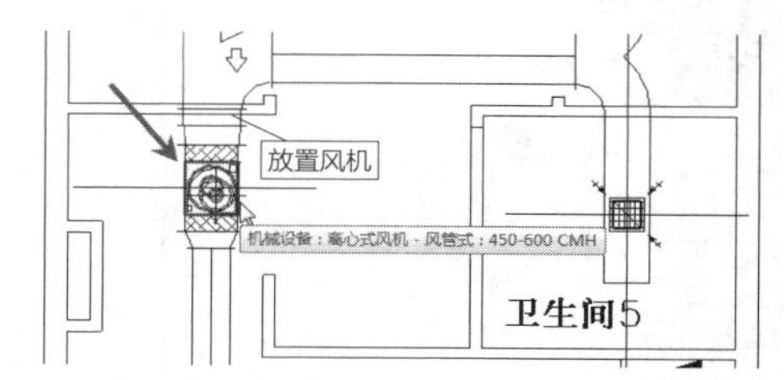

图 10-48 放置风机

3. 添加矩形三通

步骤 01 在“HVAC”面板上单击“风管管件”按钮，在“属性”选项板中选择“矩形Y形三通”管件，设置“偏移”值为4100mm，如图10-49所示。

图 10-49 设置“偏移”值

步骤 02 在视图中指定基点，放置矩形三通的效果如图10-50所示。

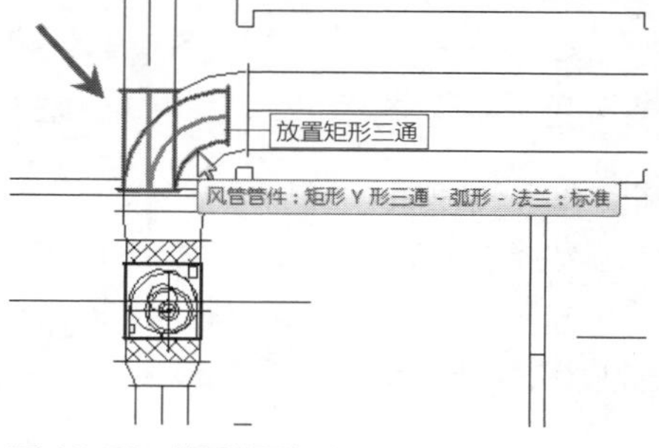

图 10-50 放置矩形三通

步骤03 选择三通，依次修改各风管接头的参数，如图10-51所示。上方接头的参数为320mm × 200mm，右侧接头的参数为500mm × 200mm，下方接头的参数为420mm × 200mm。

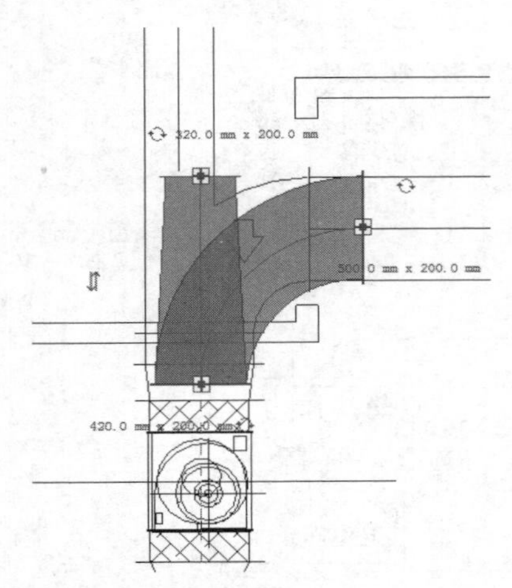

图 10-51 修改参数

4. 绘制风管

步骤01 选择三通，激活接头上的夹点，绘制连接风管的效果如图10-52所示。

步骤02 选择回风口，按键盘上的“→”键，向右移动风口，使其位于风管之上，效果如图10-53所示。

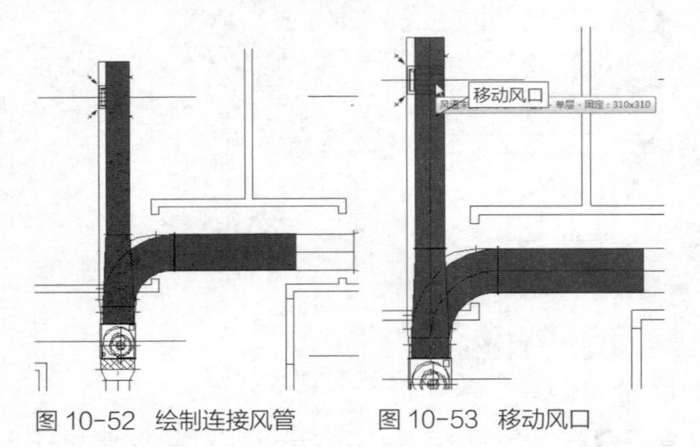

图 10-52 绘制连接风管　　图 10-53 移动风口

知识链接：

有时候会出现所创建的风管模型与底图风管不能重合的情况，此时需要移动设备，使其位于风管模型之上。

步骤03 选择风机，激活下方夹点，绘制垂直风管，与下方的水平风管相接，软件会自动添加弯头，效果如图10-54所示。

步骤04 重复上述操作，继续绘制风管，效果如图10-55所示。

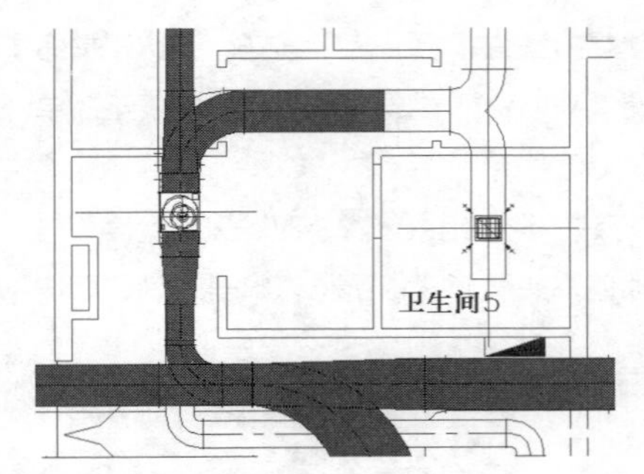

图 10-54 绘制风管

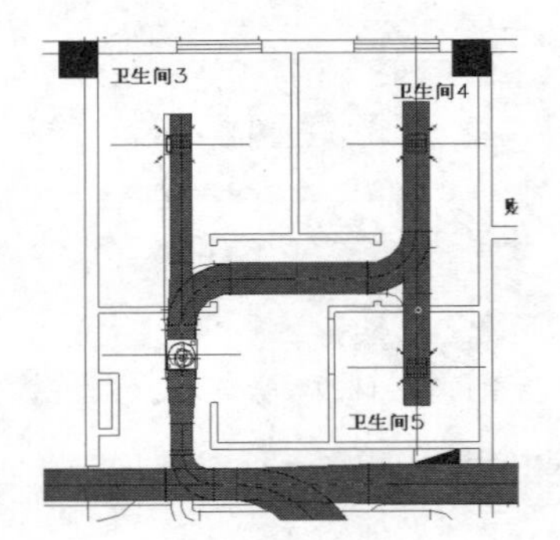

图 10-55 绘制结果

10.4.2 绘制送风系统 难点

绘制送风系统的方法与前面所介绍的绘制方法相同，首先放置空调机组、风口，再绘制风管。也可以尝试先绘制风管，再在风管上添加设备。

步骤01 单击“HVAC”面板上的“风管附件”按钮，激活命令，在“属性”选项板中选择类型名称为415 × 1340的空调机组。在视图中指定基点，放置设备的效果如图10-56所示。

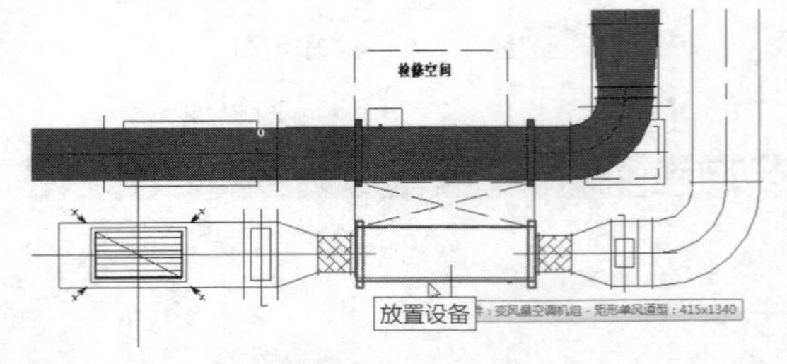

图 10-56 放置空调机组

步骤02 单击“风道末端”按钮，激活命令。在“属性”选项板中选择“回风口”，单击“编辑类型”按钮，弹出“类型属性”对话框。单击“重命名”按钮，在弹出的“名称”对话框中设置“新名称”参数，如图10-57所示。单击“确定”按钮，关闭对话框。

步骤03 在“尺寸标注”选项组中修改参数，如图10-58所示。单击“确定”按钮，返回视图。

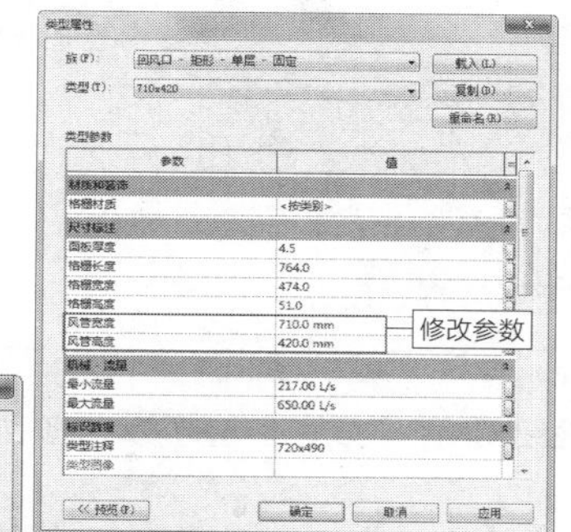

图 10-57“重命名”对话框 图 10-58 修改参数

步骤 04 在视图中指定基点，放置风口的效果如图10-59所示。

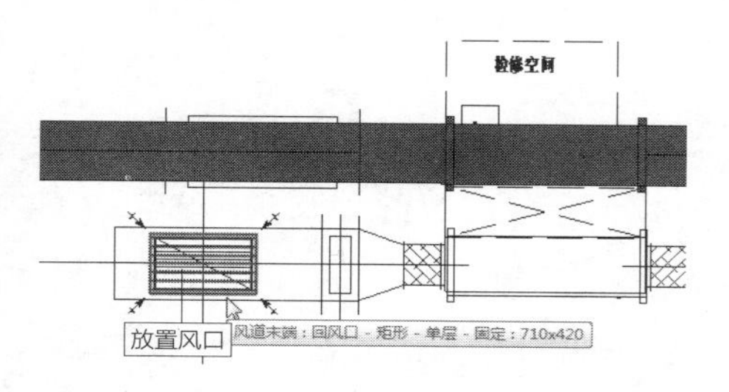

图 10-59 放置风口

步骤 05 选择空调机组，激活左侧的夹点，进入“绘制风管”的模式。在选项栏中设置“宽度”“高度”“偏移”值，如图10-60所示。

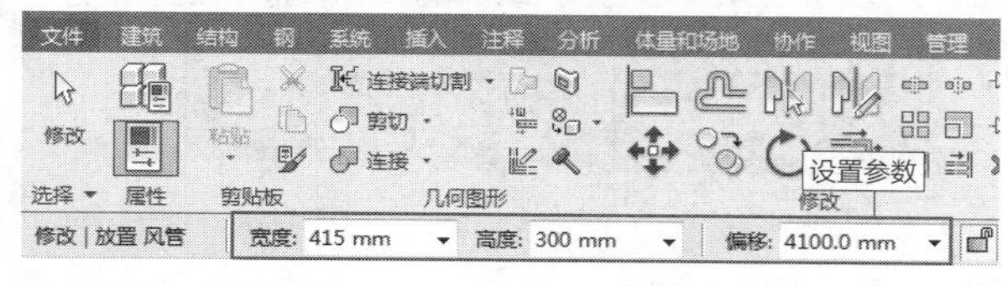

图 10-60 设置参数

步骤 06 在“属性”选项板中选择“送风管”，设置“系统类型”为“送风”，如图10-61所示。

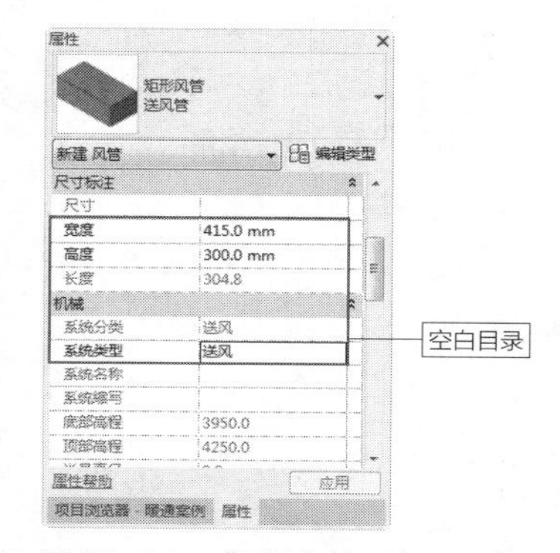

图 10-61 “属性”选项板

步骤 07 向左移动光标，指定风管的下一点，如图10-62所示。

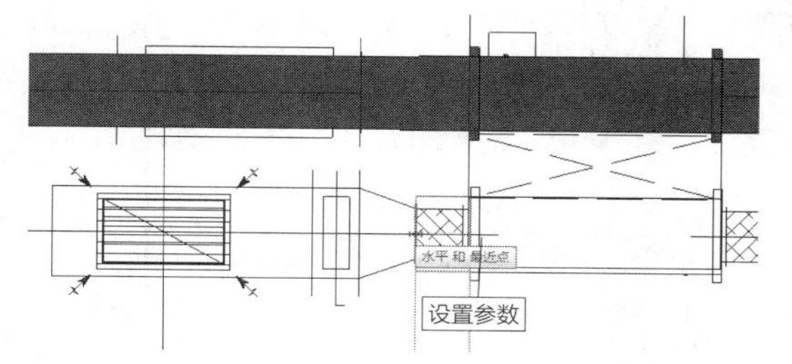

图 10-62 指定第二点

步骤 08 在第二点单击鼠标左键，结束一段风管的绘制。在选项栏中重新设置风管参数，如图10-63所示。

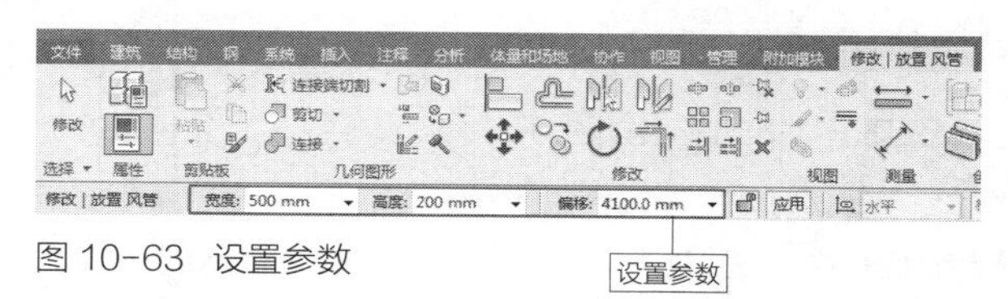

图 10-63 设置参数

步骤 09 继续向左移动光标，指定终点，结束风管的绘制，效果如图10-64所示。

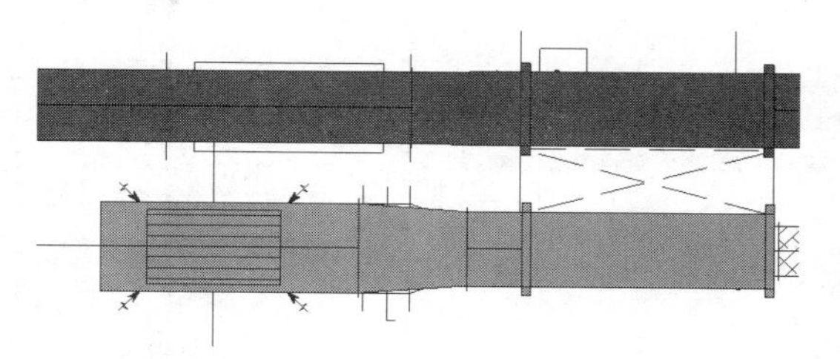

图 10-64 绘制风管

步骤 10 重复执行“绘制风管”与“放置设备”的操作，绘制结果如图10-65所示。

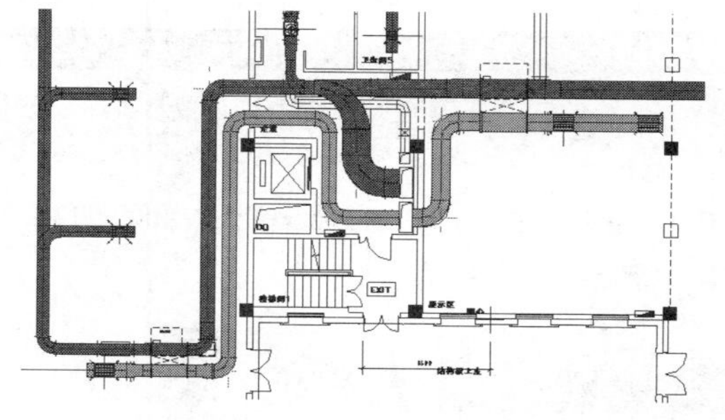

图 10-65 绘制结果

10.4.3 添加阀门与消声器 难点

在添加阀门与消声器之前，需要先将族载入项目。在载入族时，如果所选择的族类型与命令不符，会出现载入错误的情况。例如，启用“机械设备”命令，却载入“阀门”，就会出现错误。读者可以使用“载入族”命令来载入需要的文件，在启用相关的命令时，就可以在“属性”选项板中查看文件。

步骤 01 在“HVAC”面板上单击“风管附件”按钮，如图10-66所示，激活命令。

步骤 02 在“属性”选项板中选择“平行式多叶调节阀”，单击“编辑类型”按钮，弹出“类型属性”对话框。单击“重命名”按钮，弹出“重命名”对话框。修改“新名称”参数，如图10-67所示。单击“确定”按钮，关闭对话框。

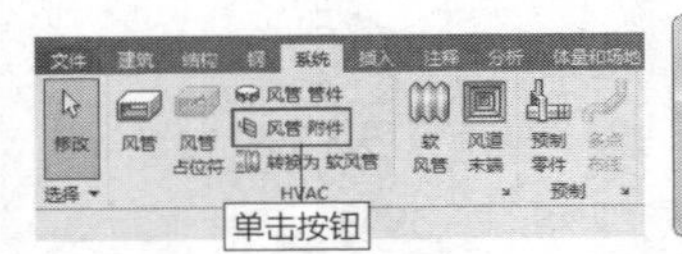

图 10-66 单击按钮

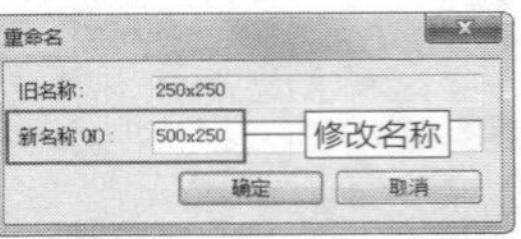

图 10-67 修改名称

步骤 03 在“尺寸标注”选项组中设置参数，如图10-68所示。单击“确定”按钮，关闭对话框。

步骤 04 在“属性”选项板中设置“偏移”值为4100mm，如图10-69所示。

图 10-68 设置参数

图 10-69 “属性”选项板

知识链接：

阀门的“偏移”值应该与风管的“偏移”值相一致。

步骤 05 在风管上指定基点，单击鼠标左键，放置阀门的效果如图10-70所示。

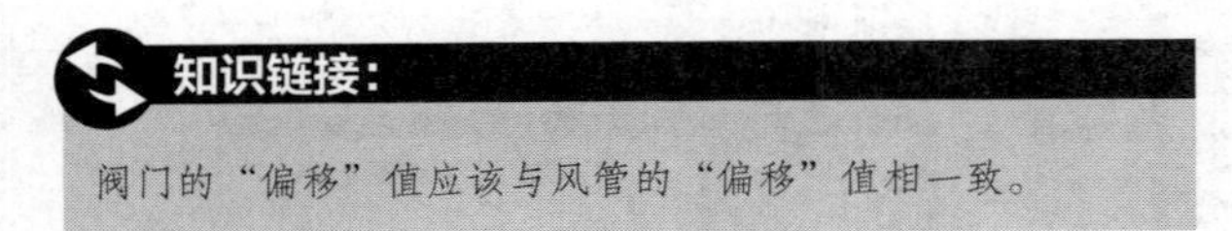
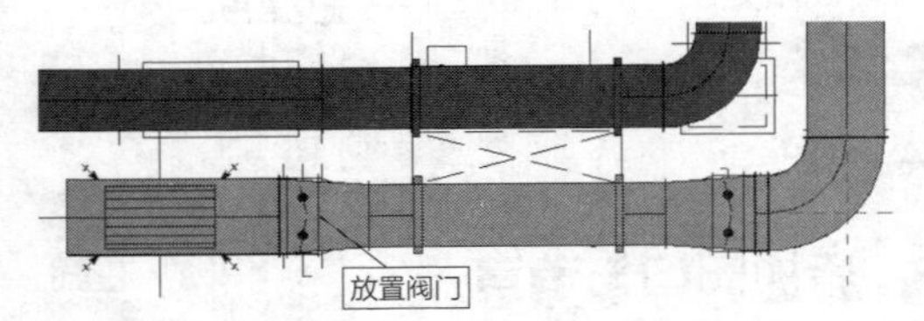

图 10-70 放置阀门

步骤 06 重复启用“风管附件”命令，在“属性”选项板中选择“消声器”，单击“编辑类型”按钮，打开“类型属性”对话框。单击“重命名”按钮，弹出“重命名”对话框。修改“新名称”参数，如图10-71所示。单击“确定”按钮，关闭对话框。

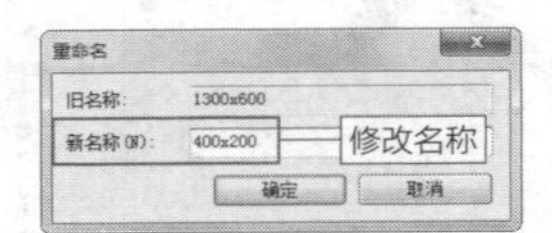

图 10-71 修改名称

步骤 07 在“尺寸标注”选项组中设置参数，如图10-72所示。单击“确定”按钮，关闭对话框。

步骤 08 在“属性”选项板中修改“偏移”参数，如图10-73所示。

图 10-72 设置参数

图 10-73 修改参数

步骤 09 在风管上单击鼠标左键，指定基点，放置消声器的效果如图10-74所示。

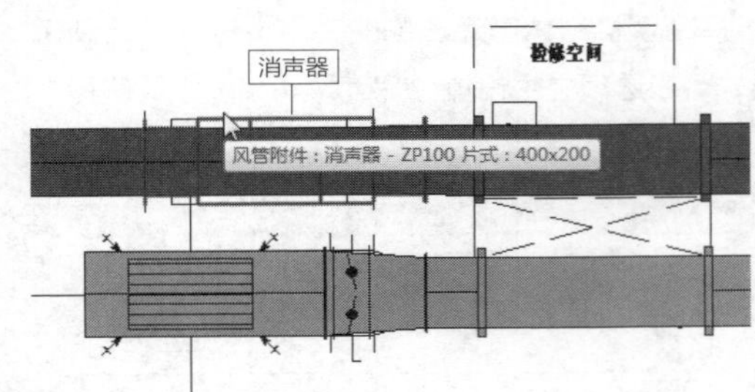

图 10-74 放置消声器

切换至三维视图，观察风管系统的三维样式，效果如图10-75所示。为什么在平面视图中，排风管与送风管显示为不同的颜色，在三维视图中却都显示为灰色?

因为仅在平面视图中添加了过滤器，所以风管显示为不同的颜色。在三维视图中，启用“可见性/图形”命令，添加已创建的“排风管”与“送风管”过滤器，再分别设置风管的颜色以及填充图案，视图中的风管就会改变显示样式，效果如图10-76所示。

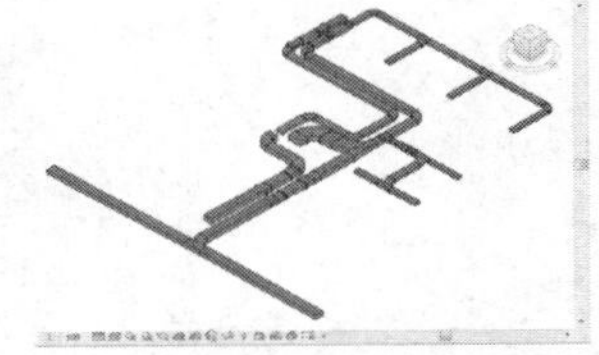

图 10-75 三维样式

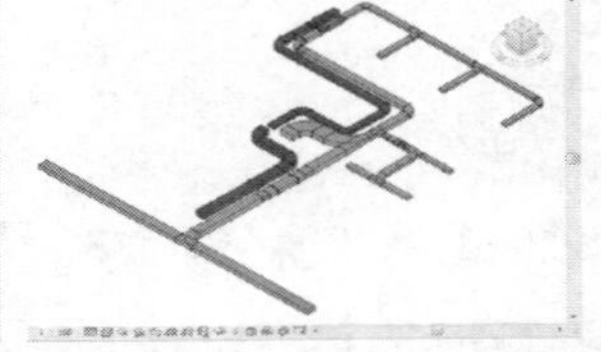

图 10-76 更改显示样式

第4篇
综合实例篇

第11章 综合实例——电气案例讲解

使用Revit MEP绘制电气设计图纸，需要提前将各类电气设备载入项目。在制图过程中，放置各类电气设备，再绘制连接导线，就可以完成制图工作。

在第4章中介绍了电气设计基本命令的操作方法，在制图过程中可以随时翻阅。本章以办公楼5层照明图为例，介绍电气图纸的绘制。

学习重点

- 回顾链接CAD图纸的方法 299页
- 熟悉放置各类电气设备的方法，完成电气图纸的设计 306页

11.1 链接CAD图纸 重点

执行“链接CAD图纸”或者“导入CAD图纸”的操作，都可以将图纸导Revit中。在绘制电气图纸时，可以参考CAD图纸来布置设备、连接导线。

链接CAD图纸后，当CAD图纸被修改，Revit中的CAD图纸也会随同更新。导入CAD图纸，当图纸被修改时，Revit中的CAD图纸仍然保持不变。本节选择“链接CAD图纸”的方式。

步骤01 选择“插入”选项卡，单击“链接”面板上的“链接CAD”按钮，如图11-1所示，激活命令。

图11-1 单击按钮

步骤02 弹出“链接CAD格式”对话框，选择CAD图纸，选中“仅当前视图”复选框。设置“颜色”为“黑白”，选择“导入单位”为“毫米”，保持“定位”方式为“自动-原点到原点”，如图11-2所示。

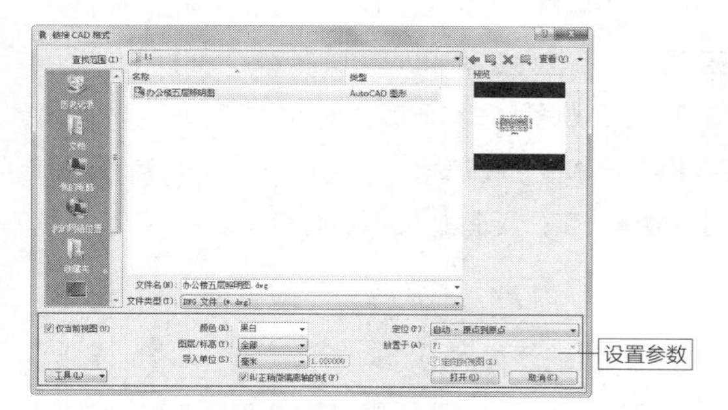

图11-2 选择图纸

步骤03 单击“打开”按钮，将CAD图纸链接到项目中，效果如图11-3所示。

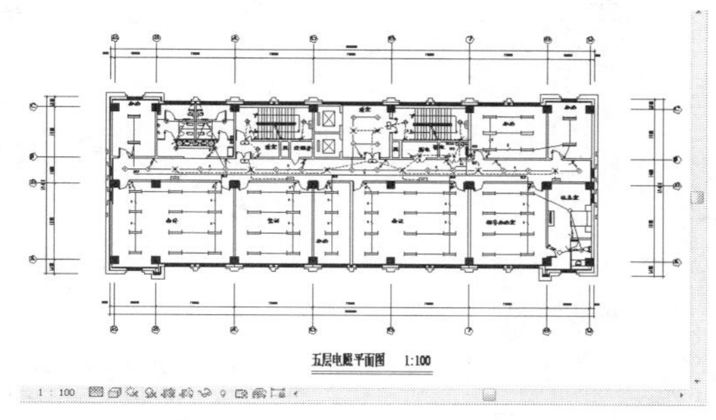

图11-3 链接图纸

11.2 放置设备

电气系统中包括各种各样的设备，如电气装置、照明设备、火警设备等。启用布置设备的命令，就可以参考CAD底图来布置设备。

11.2.1 显示工作平面 重点

在布置设备时，通常需要先拾取主体面，例如垂直面或者工作平面。可以在视图中显示工作平面，直接在工作平面上布置设备即可。

步骤01 选择“系统”选项卡，单击“工作平面”面板上的“显示”按钮，如图11-4所示，激活命令。

图11-4 单击按钮

步骤02 此时在视图中显示活动的工作平面，如图11-5所示。

步骤03 选中工作平面，在边界线上显示夹点。将光标置于工作平面之上，光标显示为“十”字样式。按住鼠标左键不放，拖曳鼠标，可以调整工作平面的位置，如图11-6所示。

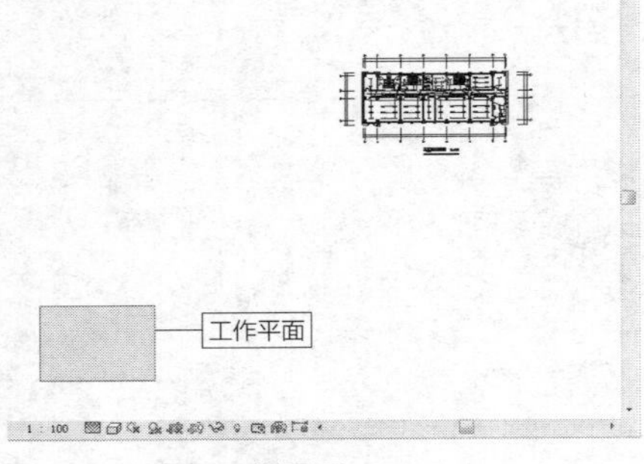

图 11-5 显示工作平面

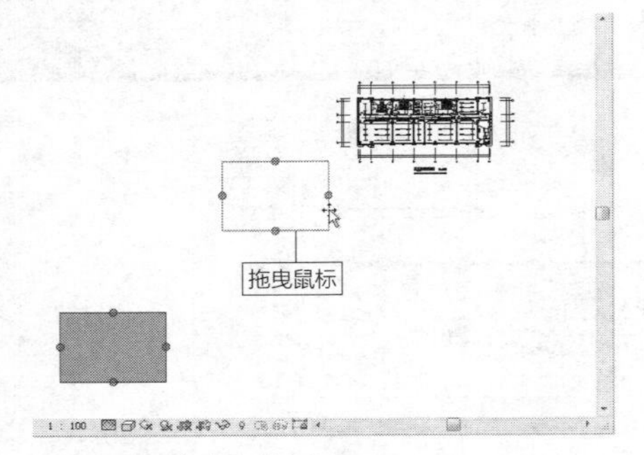

图 11-6 移动工作平面

步骤 04 将工作平面移动至CAD底图的上方，松开鼠标左键，结果如图11-7所示。

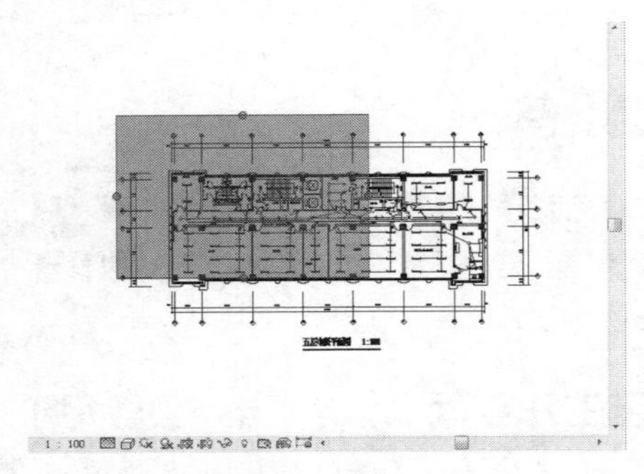

图 11-7 移动效果

步骤 05 将光标置于工作平面的夹点上，按住鼠标左键不放，拖曳鼠标，调整夹点的位置。通过移动夹点，调整工作平面的范围，使其大于CAD底图，效果如图11-8所示。

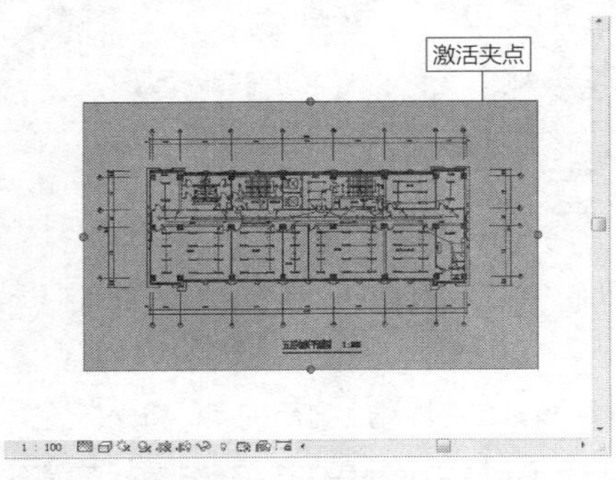

图 11-8 调整结果

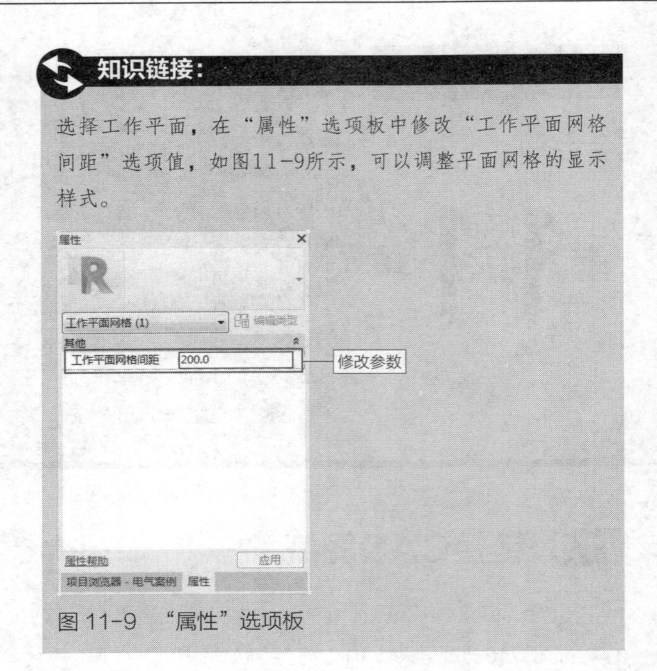

知识链接：

选择工作平面，在“属性”选项板中修改“工作平面网格间距”选项值，如图11-9所示，可以调整平面网格的显示样式。

图 11-9 “属性”选项板

11.2.2 放置照明设备 难点

在工作平面上放置设备，即使隐藏工作平面，设备也不会受到影响。本节介绍在工作平面上布置灯具的方法。

步骤 01 在视图中滑动鼠标滚轮，放大视图，效果如图11-10所示。

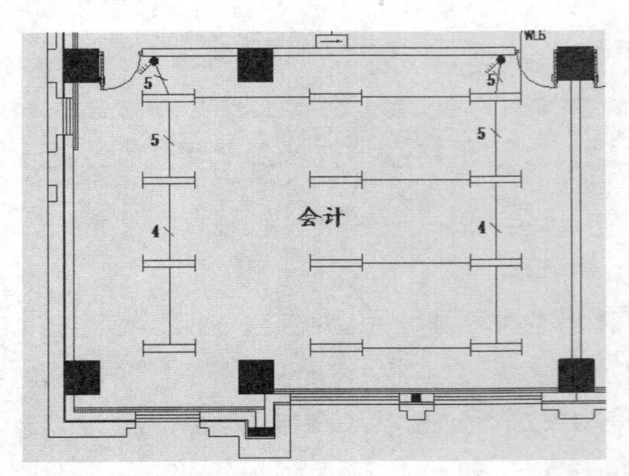

图 11-10 放大视图

步骤 02 选择“系统”选项卡，单击“电气”面板上的“照明设备”按钮，如图11-11所示，激活命令。

步骤 03 进入“修改|放置设备”选项卡，在“放置”面板上单击“放置在工作平面上”按钮，如图11-12所示，指定放置方式。

图 11-11 单击按钮

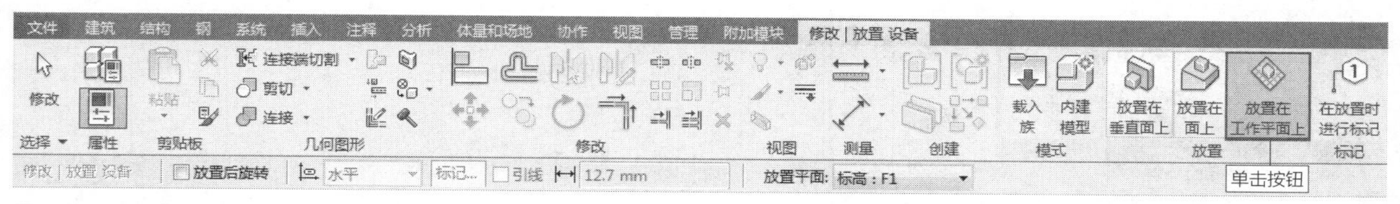

图 11-12 指定放置方式

步骤 04 在“属性”选项板中单击设备名称，弹出类型列表，选择“双管吸顶式灯具”，如图11-13所示。

步骤 05 将光标置于CAD底图中灯具的位置上，如图11-14所示，指定放置基点。

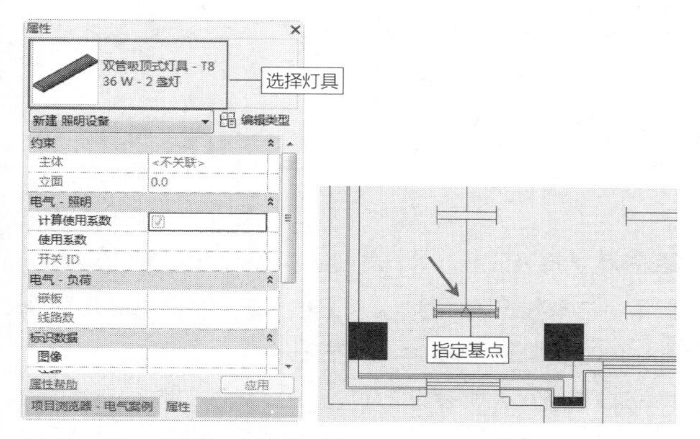

图 11-13 “属性”选项板 图 11-14 指定基点

步骤 06 在放置基点上单击鼠标左键，放置灯具的效果如图11-15所示。

步骤 07 此时仍然处于放置灯具的命令中，继续单击鼠标左键，指定基点，放置其他灯具，效果如图11-16所示。

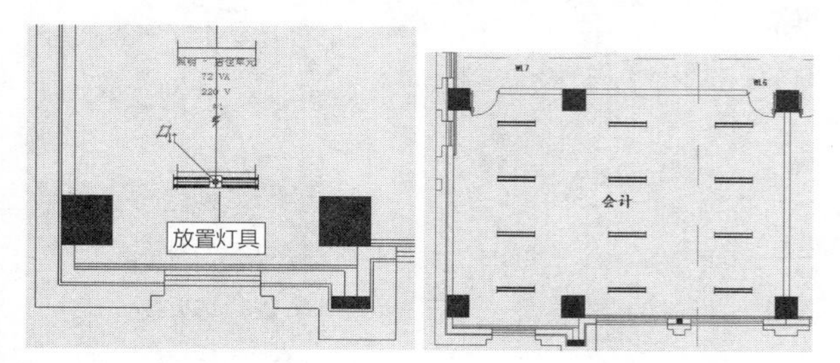

图 11-15 放置灯具 图 11-16 放置其他灯具

延伸讲解：

也可以在放置完毕一个灯具后，退出放置灯具的命令。然后选择灯具，启用“复制”命令来复制灯具。

11.2.3 自动生成导线 重点

可以启用“导线”命令，绘制导线连接设备；也可以选择设备，自动生成导线。本节介绍自动生成导线的方法。

步骤 01 在视图中拖出选框，选择已放置的照明设备。选中的设备高亮显示，如图11-17所示。

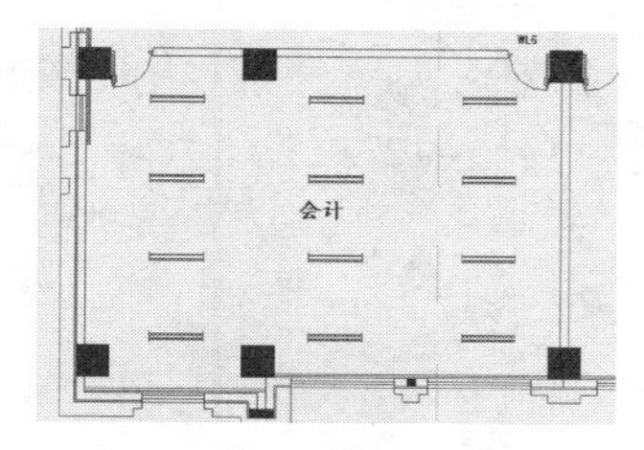

图 11-17 选择照明设备

步骤 02 进入“修改|照明设备”选项卡，单击“电力”按钮，如图11-18所示，激活命令。

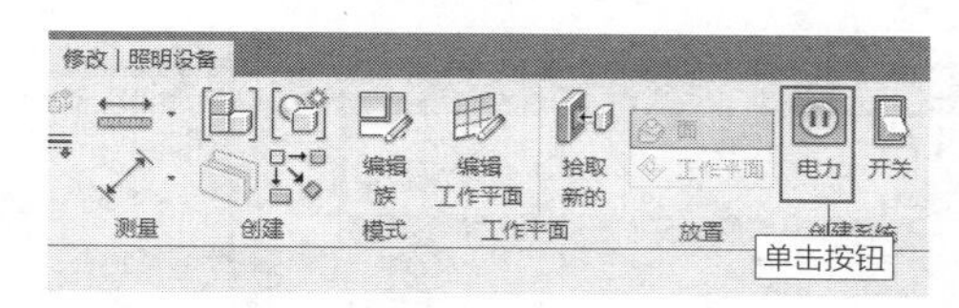

图 11-18 单击按钮

延伸讲解：

当视图中图元的种类较多时，可以先选择图元，接着启用“过滤器”命令，在“过滤器”对话框中只选择照明设备。关闭对话框后，可以取消选择其他图元，仅选择照明设备。

步骤 03 进入“修改|电路”选项卡，在“转换为导线”面板中显示两种导线样式，一种是“弧形导线”，另外一种是“带倒角导线”，如图11-19所示。

图 11-19 “修改 | 电路”选项卡

步骤 04 此时在视图中可以预览绘制导线的效果，如图11-20所示。

步骤 05 单击“弧形导线”按钮，创建弧形导线，连接照明设备，效果如图11-21所示。

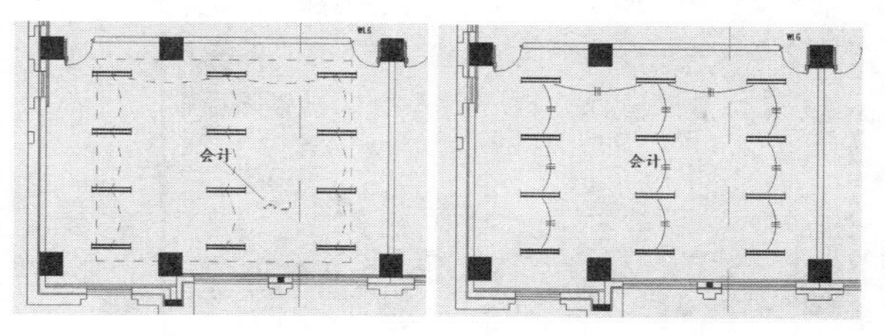

图 11-20 预览连接效果 图 11-21 绘制弧形导线

延伸讲解：

在“转换为导线”面板中单击“带倒角导线”按钮，创建带倒角的导线回路。

步骤 06 重复操作，继续在视图中布置灯具，并自动生成导线，效果如图11-22所示。

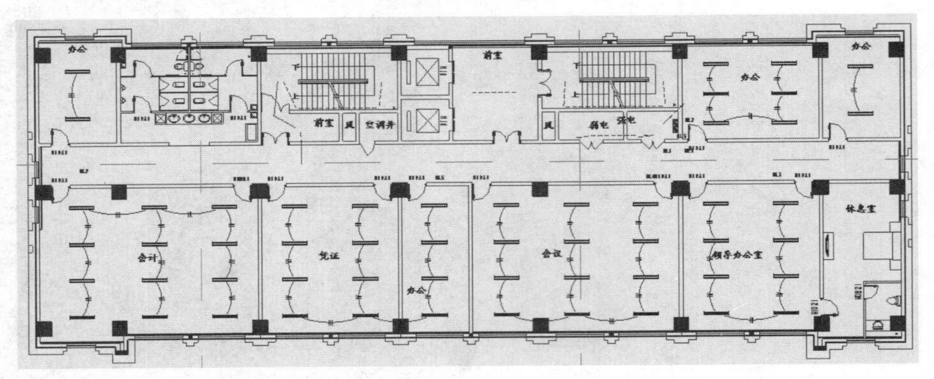

图 11-22 布置灯具并创建连接导线

知识链接：

选择CAD底图，单击“导入实例”面板中的“查询”按钮，单击底图上的灯具及导线，弹出“导入实例查询”对话框。单击“在视图中隐藏”按钮，隐藏图层，可以清晰地显示所放置的灯具模型及与之相连的导线。

11.2.4 添加其他类型的照明设备 难点

其他类型的照明设备包括吸顶灯、筒灯，布置方法与前面所介绍的方法相同。

步骤 01 启用“照明设备”命令，在“属性”选项板中选择“环形吸顶灯”，如图11-23所示。

步骤 02 在“放置”面板上单击“放置在工作平面上”按钮，指定放置方式。在视图中单击鼠标左键，指定基点，放置吸顶灯的效果如图11-24所示。

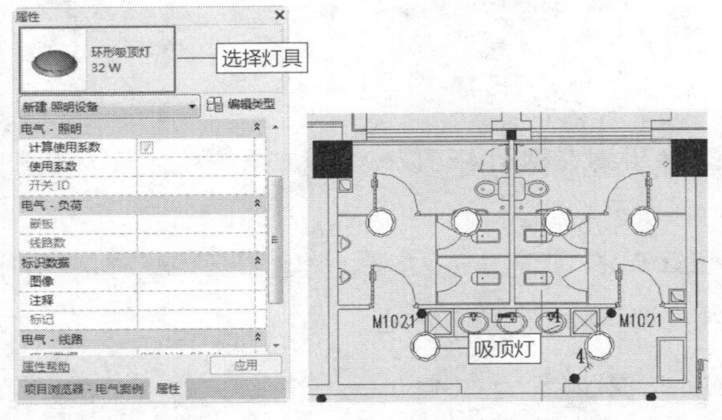

图 11-23 选择吸顶灯　　图 11-24 放置吸顶灯

步骤 03 选择吸顶灯，单击“创建系统”面板上的“电力”按钮，选择导线样式为“弧形导线”，自动生成弧形导线并连接吸顶灯，效果如图11-25所示。

步骤 04 启用“照明设备”命令，在“属性”选项板中选择“筒灯”，如图11-26所示。

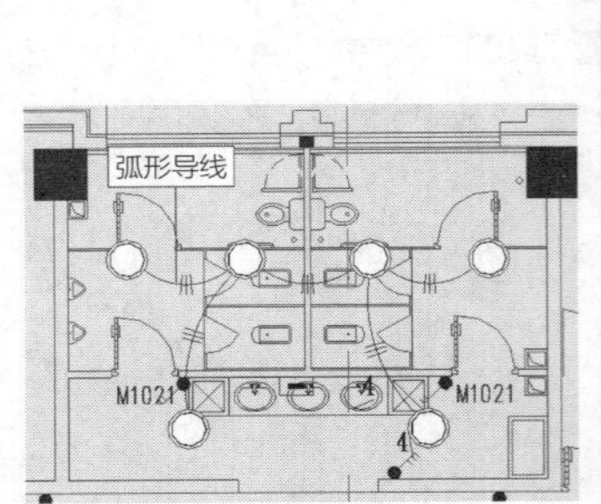

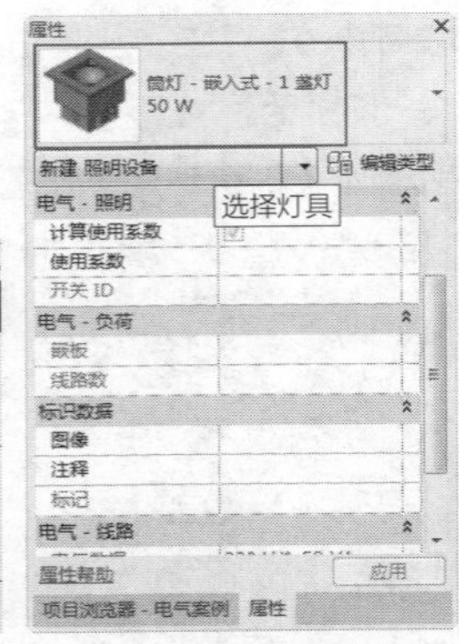

图 11-25 绘制导线　　图 11-26 选择筒灯

步骤 05 指定放置方式为“放置在工作平面上”，在视图中单击指定基点，放置筒灯。

步骤 06 沿用上述方法，为筒灯自动生成连接导线，效果如图11-27所示。

步骤 07 重复操作，继续为其他区域布置灯具并创建连接导线，效果如图11-28所示。

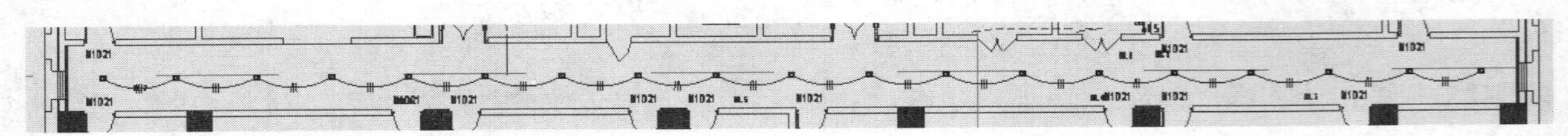

图 11-27 布置筒灯及连接导线

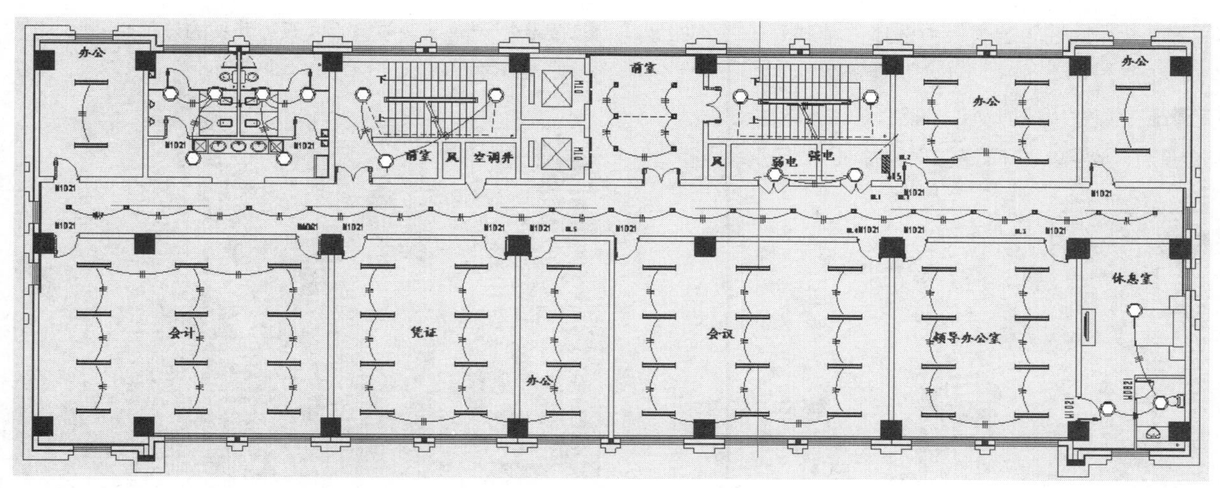

图 11-28　布置灯具并创建连接导线

知识链接：

启用"照明设备"命令后，在"属性"选项板中可以查看所有已导入的照明设备。在类型列表中选择设备，即可将其放置到项目中去。

11.3 放置照明开关

重点

照明开关的类型有单联、双联、三联，安装方式有暗装、明装。布置开关设备与布置灯具类似，都是先选择开关类型，再指定基点来布置。

步骤 01 在"电气"面板上单击"设备"按钮，在弹出的列表中选择"照明"选项，如图11-29所示，激活命令。

步骤 02 在"属性"选项板中选择"三联开关"，如图11-30所示。指定放置方式为"放置在工作平面上"。

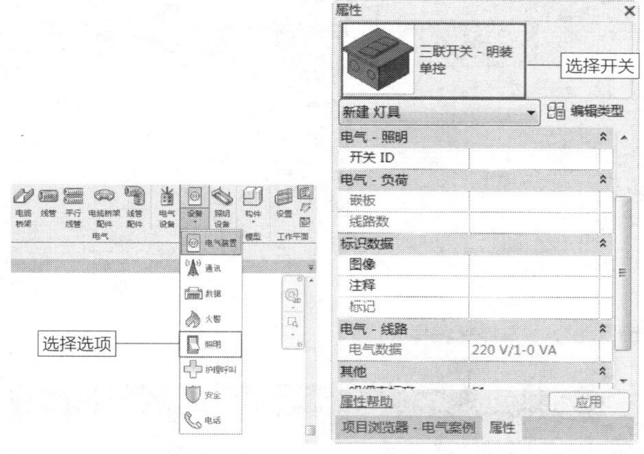

图 11-29　选择选项　　图 11-30　选择开关

步骤 03 在视图中单击指定基点，放置三联开关的效果如图11-31所示。

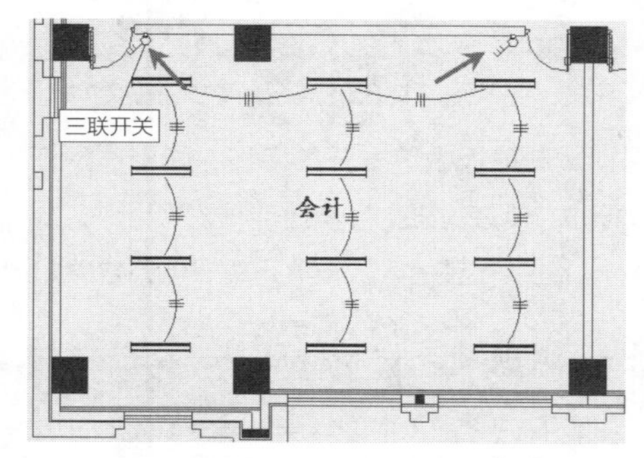

图 11-31　放置三联开关

延伸讲解：

在选择开关类型后，选中选项栏中的"放置后旋转"复选框，可以在指定基点后，拖曳鼠标，旋转三联开关的角度。

步骤 04 此时还处于放置开关的命令中，在"属性"选项板中选择"双联开关"，如图11-32所示。

步骤 05 在视图中指定基点，放置双联开关的效果如图11-33所示。

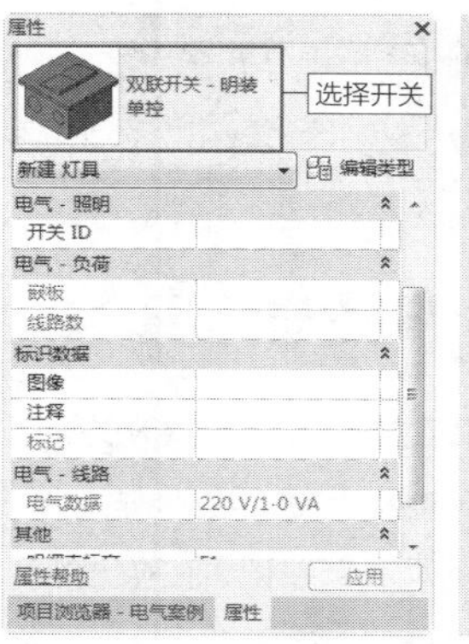

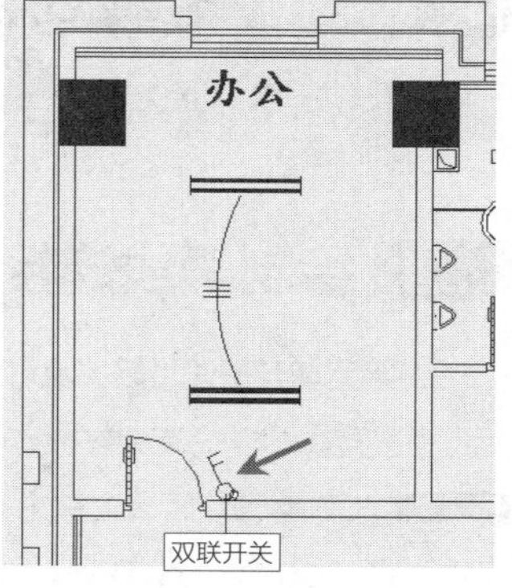

图 11-32　选择开关　　图 11-33　放置双联开关

步骤 06 在“属性”选项板中选择“单联开关”，如图11-34所示。

步骤 07 在视图中移动光标，在合适的位置单击鼠标左键，指定基点，放置单联开关的效果如图11-35所示。

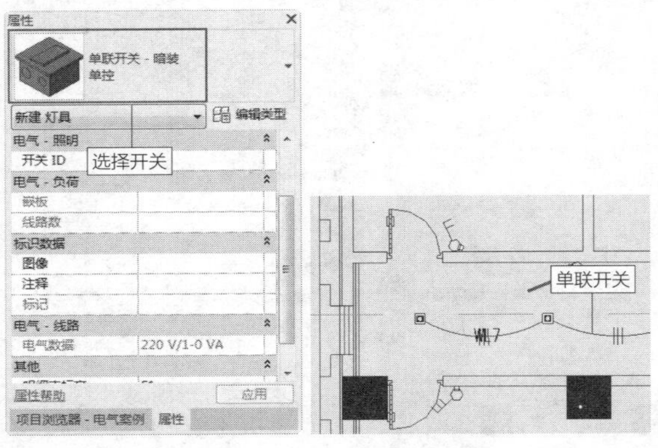

图 11-34 选择开关　　图 11-35 放置单联开关

步骤 08 在“属性”选项板中单击开关名称，弹出类型列表，选择“双联开关-明装 双控”，如图11-36所示。

步骤 09 指定基点，放置双联双控开关的效果如图11-37所示。

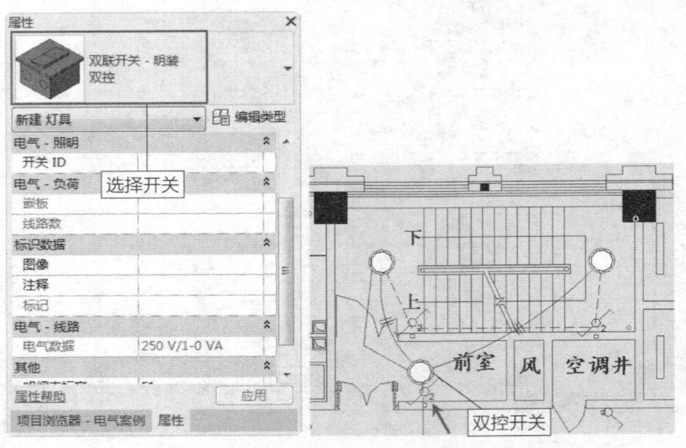

图 11-36 选择开关　　图 11-37 放置双联双控开关

知识链接：

安装双控开关后，可以在不同的位置控制照明设备的开启与关闭。

步骤 10 重复操作，继续在其他区域布置开关设备，效果如图11-38所示。

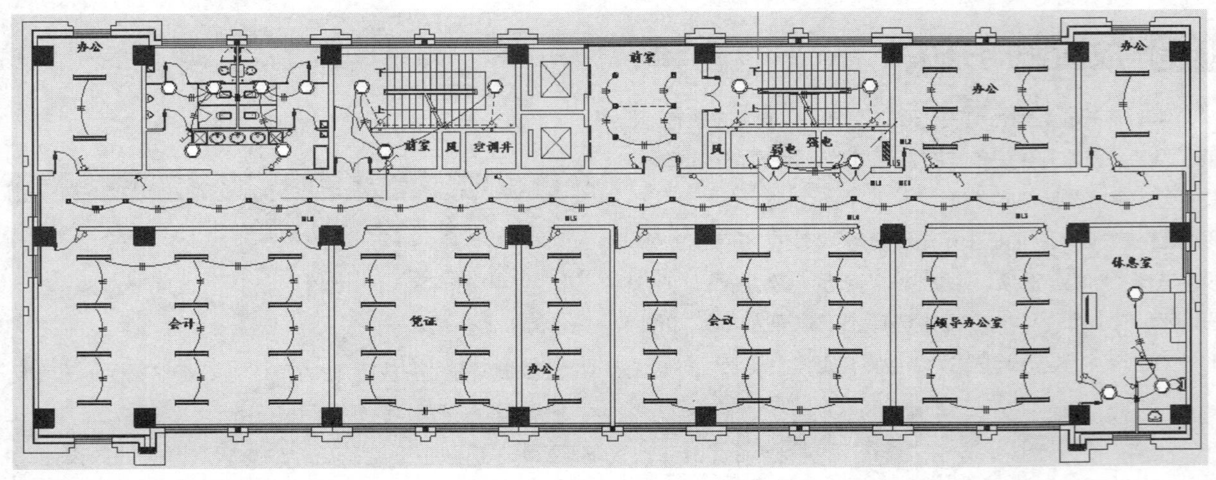

图 11-38 布置开关设备的结果

延伸讲解：

也可以启用“复制”命令，选择开关设备，复制到各区域。

11.4 绘制导线连接开关与灯具 难点

布置完毕开关设备后，就可以绘制导线，连接开关与照明设备。导线的样式有3种，本节选用“弧形导线”样式。

步骤 01 在“电气”面板上单击“导线”按钮，在弹出的列表中选择“弧形导线”选项，如图11-39所示，指定导线的样式。

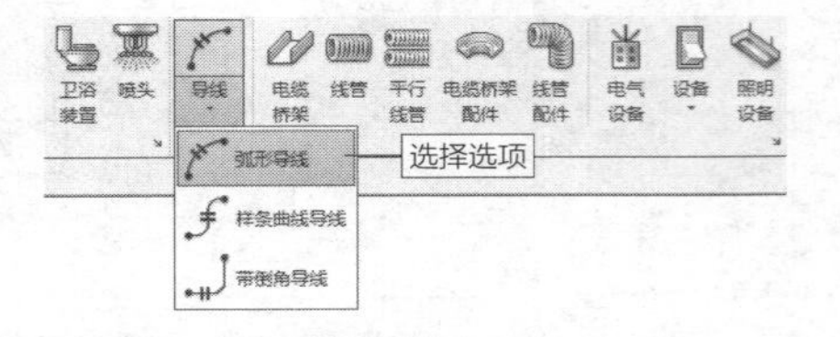

图 11-39 选择导线样式

知识链接：

默认情况下，选择的导线样式为“带倒角导线”。

步骤 02 在灯具上单击鼠标左键，如图11-40所示，指定导线的起点。

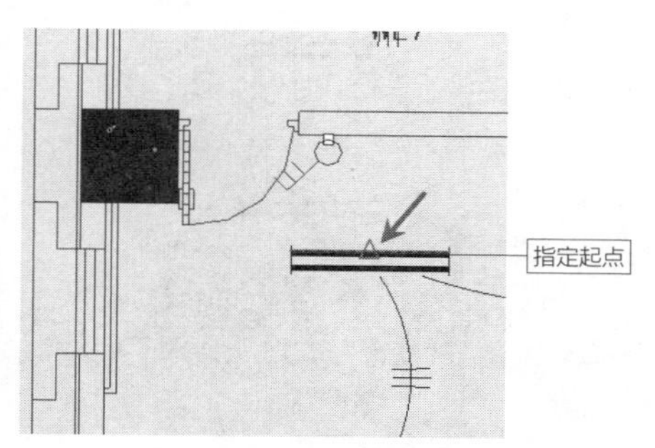

图 11-40 指定导线的起点

步骤 03 移动光标，指定导线的第二点，如图11-41所示。

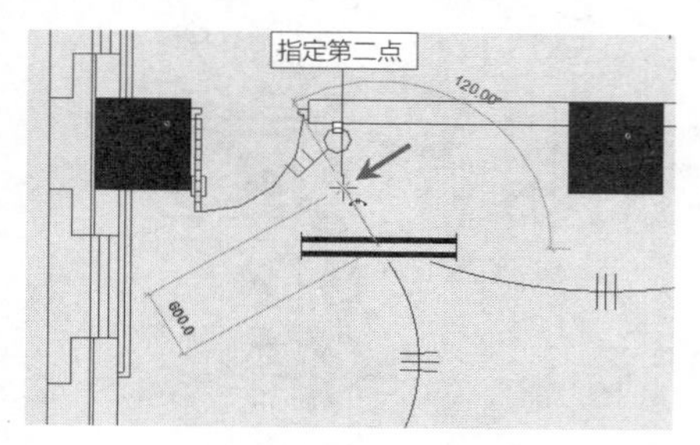

图 11-41 指定导线的第二点

步骤 04 在开关设备上定位光标，如图11-42所示，指定导线的终点。

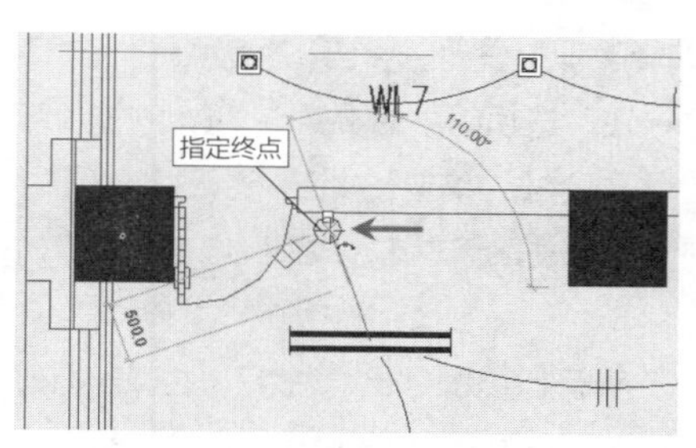

图 11-42 指定导线的终点

步骤 05 绘制导线连接开关与照明设备的效果如图11-43所示。

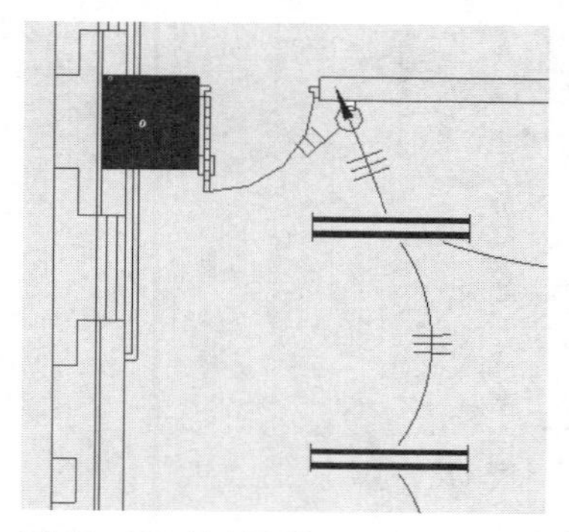

图 11-43 绘制导线

步骤 06 重复操作，继续绘制连接导线，效果如图11-44所示。

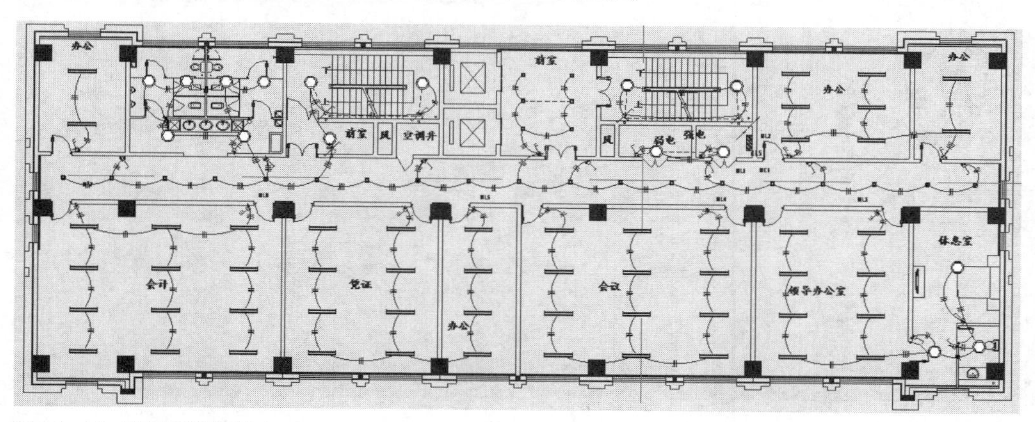

图 11-44 绘制导线的结果

11.5 布置配电盘 重点

在布置配电盘之前，先将配电盘载入项目。配电盘的安装方式有明装与暗装，本节选择暗装方式。

步骤 01 在“电气”面板上单击“电气设备”按钮，如图11-45所示，激活命令。

步骤 02 在“属性”选项板中选择“照明配电箱-明装”，如图11-46所示，指定配电盘的类型及其安装方式。

图 11-45 单击按钮　　图 11-46 选择配电盘

步骤 03 单击“编辑类型”按钮，弹出“类型属性”对话框。修改“尺寸标注”选项组中的参数，如图11-47所示，指定配电盘大小。单击“确定”按钮，返回视图。

步骤 04 在合适的位置单击鼠标左键，放置配电盘的效果如图11-48所示。

步骤 05 在“电气”面板上单击“导线”按钮，在弹出的列表中选择“带倒角导线”选项，绘制导线，连接照明设备与配电盘，如图11-49所示。

图 11-47 “类型属性”对话框

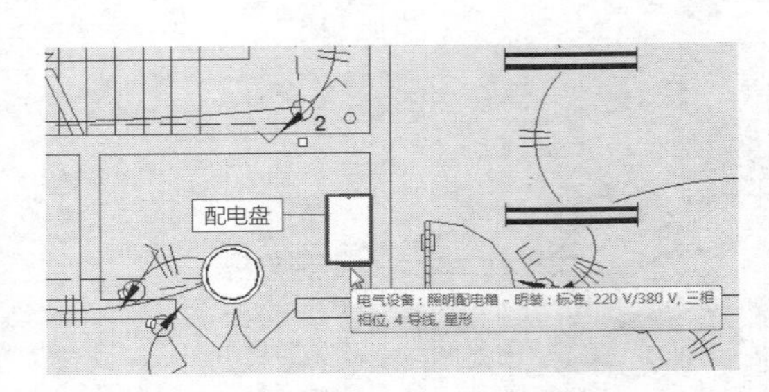

图 11-48 放置配电盘

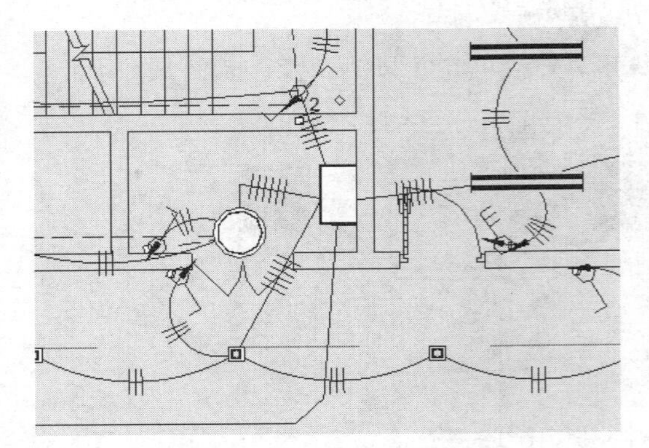

图 11-49 绘制导线

步骤 06 继续绘制导线，以创建照明设备与配电盘之间的连接关系，最终效果如图11-50所示。

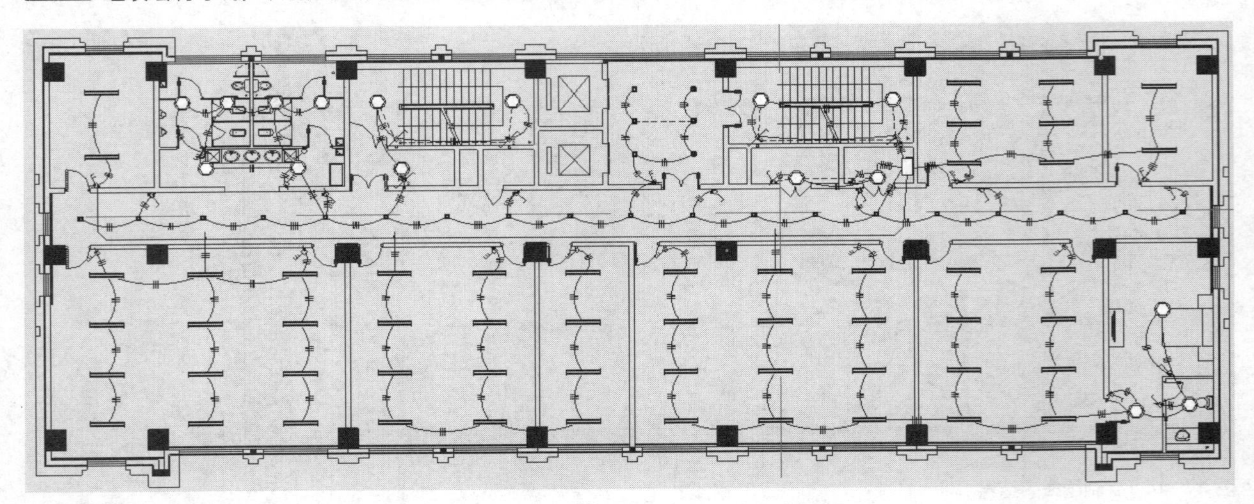

图 11-50 创建连接

第4篇 综合实例篇

第12章

综合实例——给水排水案例讲解

在Revit MEP中绘制给水排水图纸，涉及各种类型管道的绘制，包括立管及水平管道，还需要布置各类管件及管路附件。本章以办公楼消防给排水管道平面布置为例，介绍创建给水排水管道及设备模型的方法。

学习重点

- 回顾链接CAD图纸的方法 308页
- 熟练创建各种类型管道的方法，完成给水排水图纸的绘制 312页

12.1 链接CAD图纸 重点

在开始创建管道模型之前，先链接外部CAD图纸。以CAD图纸为参考，可以方便快捷地绘制管道、布置设备。

步骤01 选择“插入”选项卡，单击“链接”面板上的“链接CAD”按钮，如图12-1所示，激活命令。

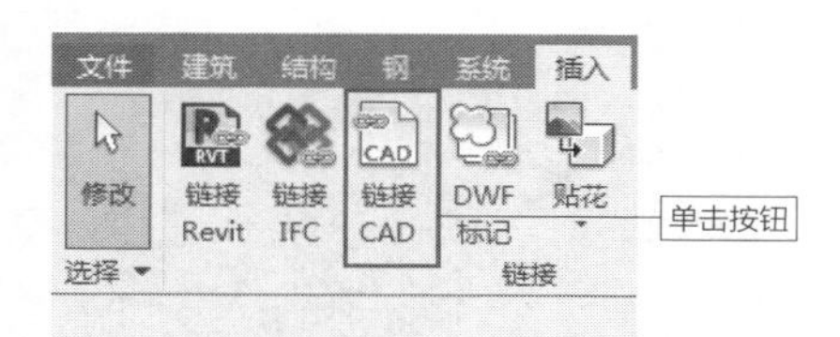

图 12-1 单击按钮

步骤02 弹出“链接CAD格式”对话框，选择图纸。在对话框的下方选中“仅当前视图”复选框，设置“颜色”为“黑白”，选择“导入单位”为“毫米”，指定“定位”方式为“自动-原点到原点”，如图12-2所示。

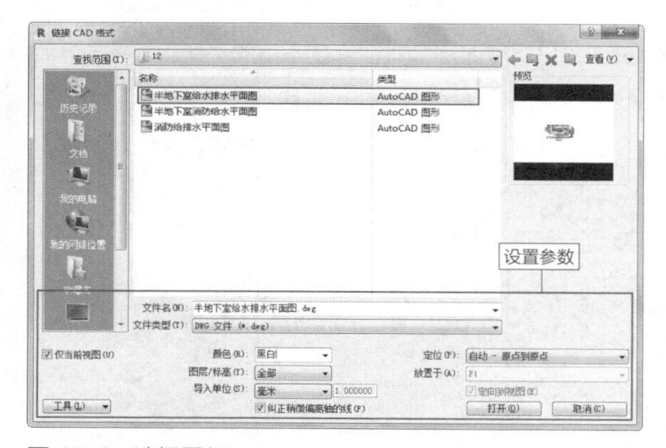

图 12-2 选择图纸

步骤03 单击“打开”按钮，将CAD图纸链接到项目中，效果如图12-3所示。

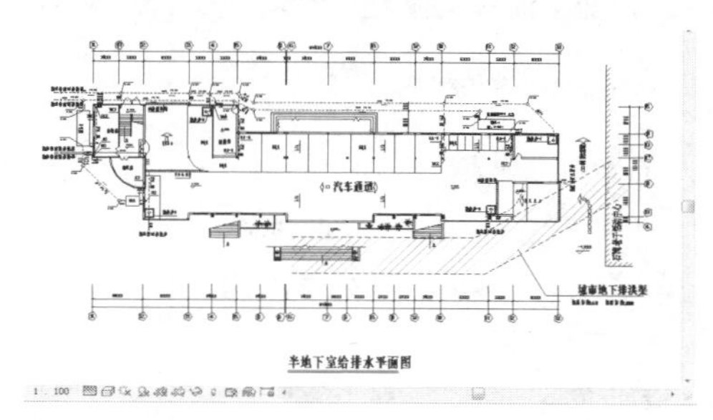

图 12-3 链接 CAD 图纸

12.2 设置管道参数

管道系统中包含多种类型的管道，如给水管道、排水管道和消防管道等。在绘制管道之前，应该先创建不同类型的管道。此外，为了方便区分不同的管道类型，还可以为管道设置不同的颜色。

12.2.1 创建管道类型 重点

创建管道类型之前，需要先打开“类型属性”对话框。在对话框中可以新建管道类型，也可以修改管道类型名称。新建管道类型后，还需要为管道配置管件。

步骤01 选择“系统”选项卡，单击“卫浴和管道”面板上的“管道”按钮，如图12-4所示，激活命令。

图 12-4 单击按钮

步骤02 在“属性”选项板中选择“管道类型-默认”，如图12-5所示。单击“编辑类型”按钮，弹出“类型属性”对话框。

步骤 03 在“类型属性”对话框中单击“复制”按钮，弹出“名称”对话框。设置“名称”为“给水管道”，如图12-6所示。单击“确定”按钮，创建“给水管道”类型。

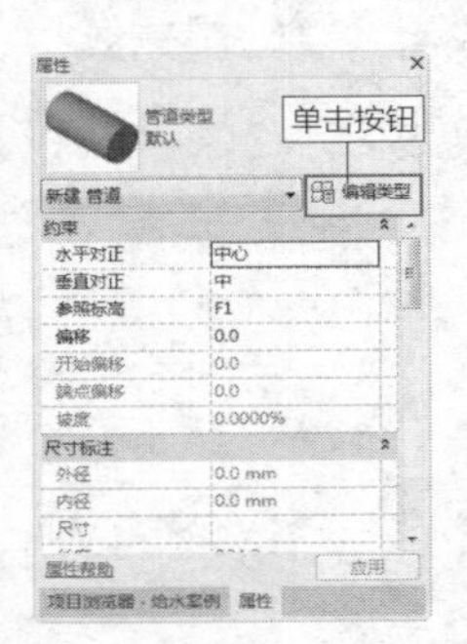

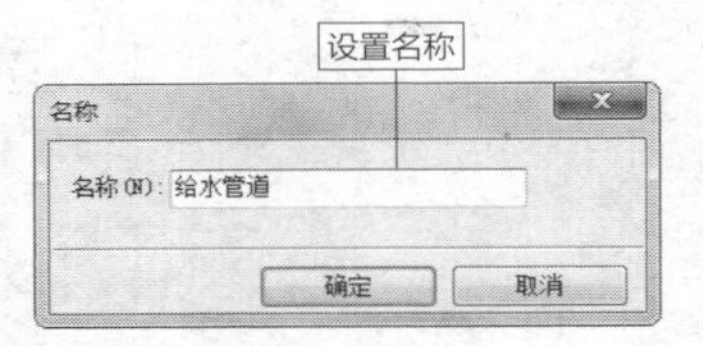

图 12-5 选择管道类型 图 12-6 设置名称

知识链接：

在键盘上按P+I快捷键，可以快速启用“管道”命令。

步骤 04 单击“布管系统配置”选项中的“编辑”按钮，如图12-7所示，弹出“布管系统配置”对话框。

步骤 05 依次单击各选项，弹出样式列表，配置管件，如图12-8所示。操作完毕之后，单击“确定”按钮，返回“类型属性”对话框。

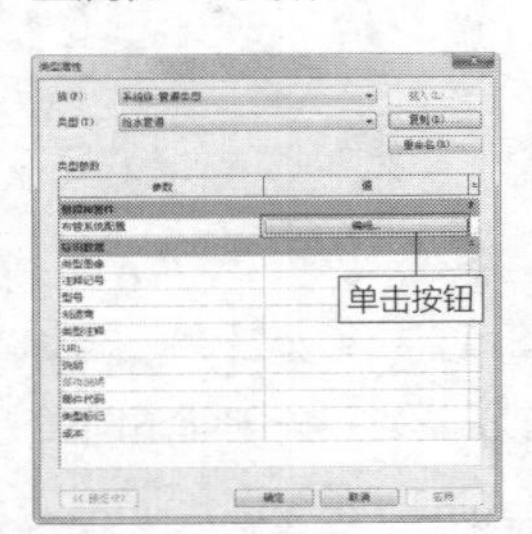

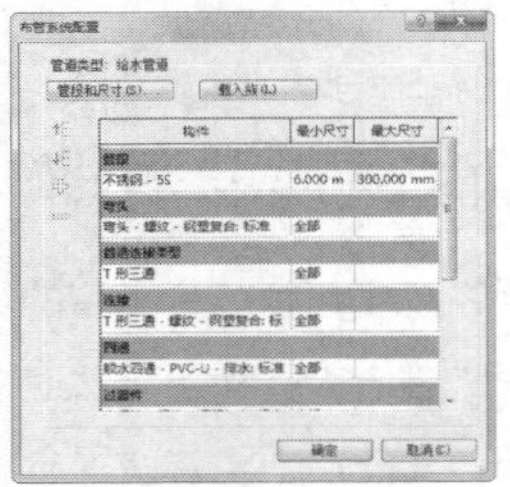

图 12-7 单击按钮 图 12-8 配置管件

步骤 06 重复上述操作，继续创建其他管道类型，如“排水管道”“消防管道”等，如图12-9所示。单击“确定”按钮，关闭对话框，返回视图。

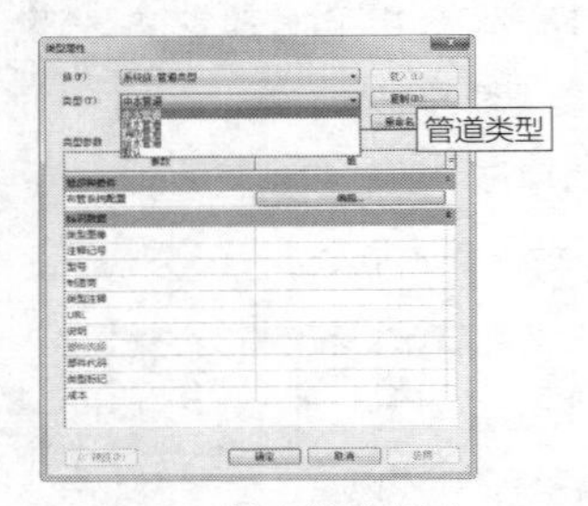

图 12-9 创建管道类型

延伸讲解：

并不是创建越多的管道类型越好，过多的管道类型会拖慢软件的运行速度，所以创建需要的管道类型即可。

12.2.2 添加过滤器 难点

为了区分不同类型的管道，可以在项目中添加过滤器。设置过滤器参数，可以使管道按照指定的样式显示，达到区分不同类型管道的目的。

步骤 01 选择“视图”选项卡，单击“图形”面板上的“可见性/图形”按钮，如图12-10所示，激活命令。

图 12-10 单击按钮

步骤 02 弹出“楼层平面：F1的可见性/图形替换”对话框，选择“过滤器”选项卡，如图12-11所示。单击“编辑/新建”按钮，弹出“过滤器”对话框。

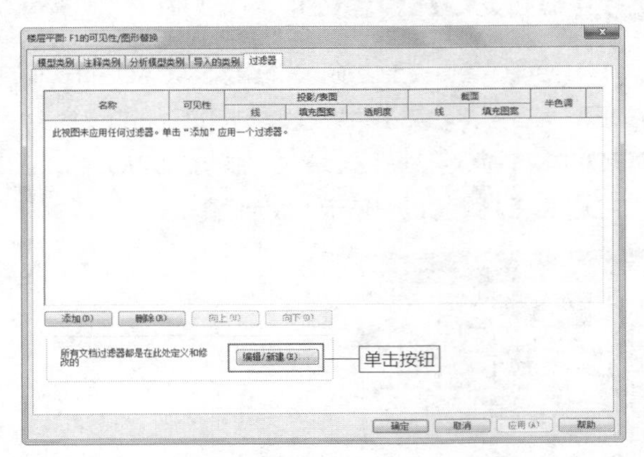

图 12-11 “过滤器”选项卡

知识链接：

单击“图形”面板上的“过滤器”按钮，可以直接打开“过滤器”对话框。

步骤 03 单击“过滤器”对话框左下角的“新建”按钮，弹出“过滤器名称”对话框。在“名称”文本框输入“给水管道”，如图12-12所示。单击“确定”按钮，关闭对话框。

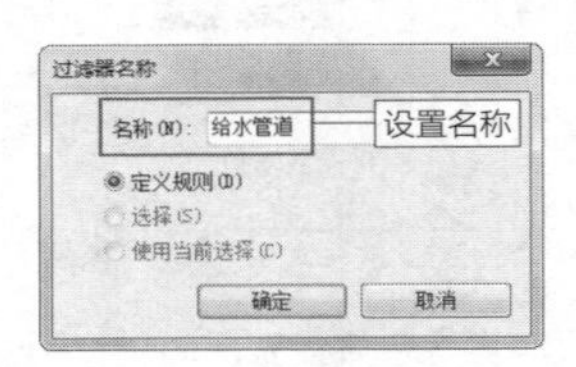

图 12-12 设置名称

步骤 04 在“过滤器列表”中选择“管道”，在类别列表中选择“管件”“管道”“管道系统”“管道附件”选项。单击“过滤条件”选项，在弹出的列表中选择“系统分类”选项，设置“等于”值为“循环供水”，如图12-13所示。

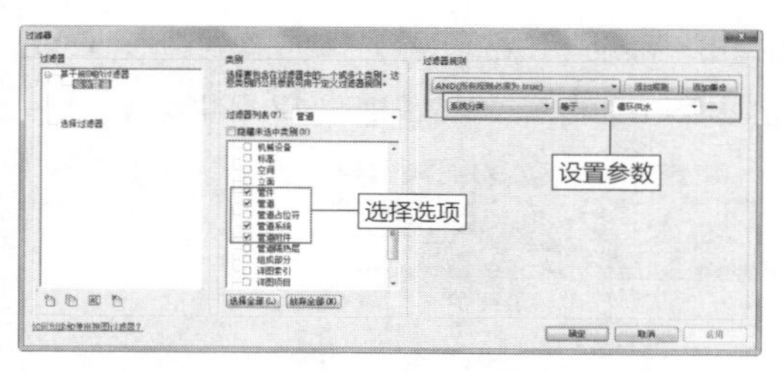

图 12-13 创建“给水管道”过滤器

步骤 05 暂时不关闭“过滤器”对话框，单击“新建”按钮，创建名称为“排水管道”的过滤器。选择“过滤条件”为“系统分类”，选择“等于”值为“卫生设备”，如图12-14所示。

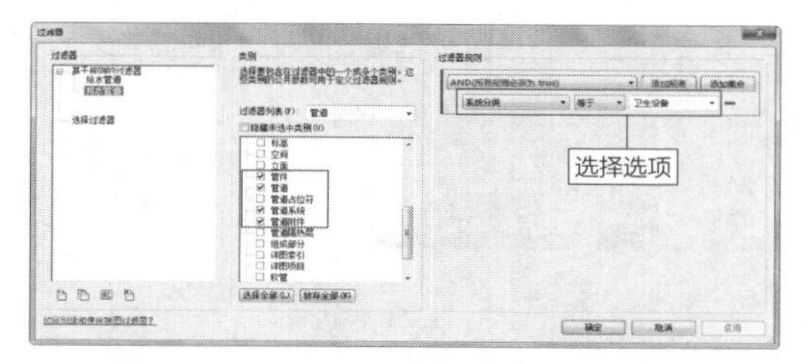

图 12-14 创建“排水管道”过滤器

步骤 06 创建名称为“消防管道”的过滤器，选择“过滤条件”为“系统分类”，设置“等于”值为“湿式消防系统”，如图12-15所示。

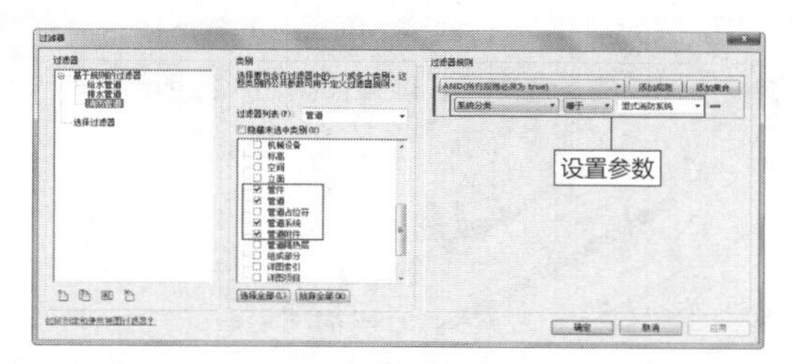

图 12-15 创建 “消防管道”过滤器

步骤 07 创建名称为“中水管道”的过滤器，选择“过滤条件”为“系统分类”，设置“等于”值为“家用冷水”，如图12-16所示。单击“确定”按钮，关闭对话框。

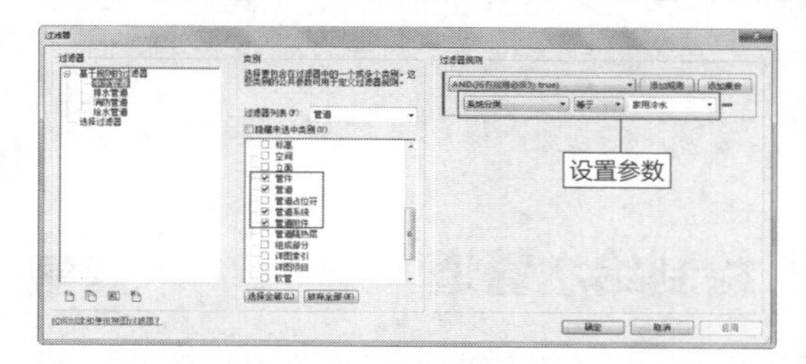

图 12-16 创建“中水管道”过滤器

步骤 08 在“楼层平面：F1的可见性/图形替换”对话框的“过滤器”选项卡中单击“添加”按钮，弹出“添加过滤器”对话框。选择过滤器，如图12-17所示。单击“确定”按钮，添加选中的过滤器。

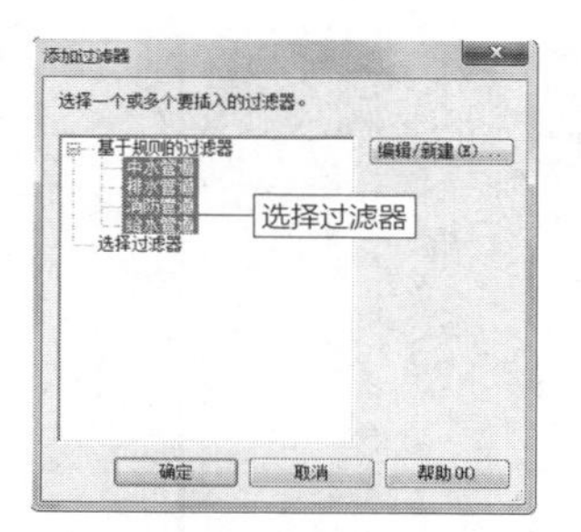

图 12-17 选择过滤器

延伸讲解：

选中“中水管道”过滤器，按住Shift键不放，单击“给水管道”过滤器，可以选中4个过滤器。

步骤 09 单击“填充图案”列中的“替换”按钮，如图12-18所示，弹出“填充样式图形”对话框。

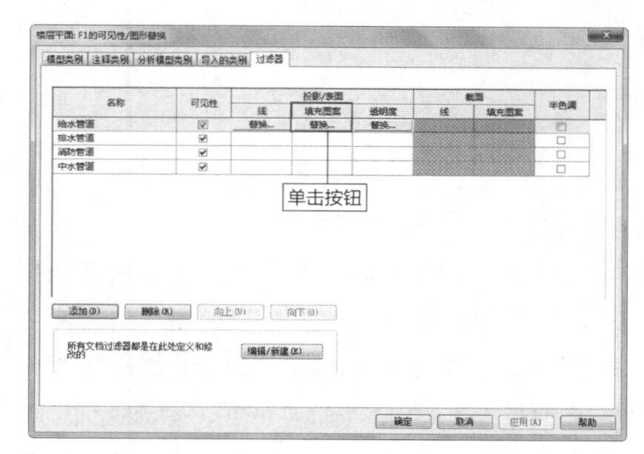

图 12-18 单击按钮

步骤 10 单击“颜色”选项，弹出“颜色”对话框。单击选中“绿色”，如图12-19所示，指定管道的颜色。单击“确定”按钮，关闭对话框。

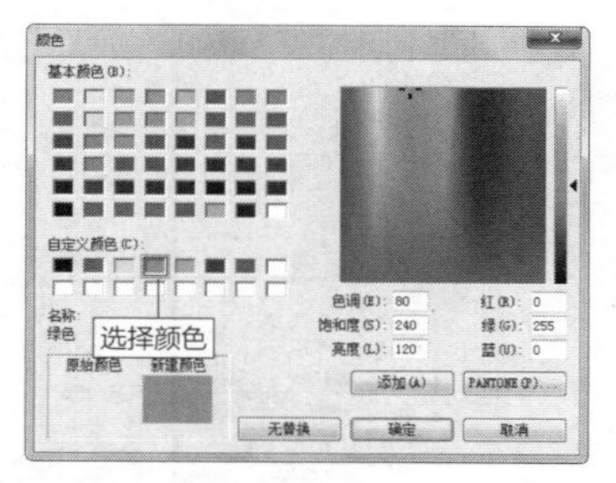

图 12-19 选择颜色

知识链接：

选中过滤器，单击左下角的“删除”按钮，可以删除过滤器。

步骤 11 单击“填充图案”选项，弹出图案列表，选择“实体填充”图案，如图12-20所示。

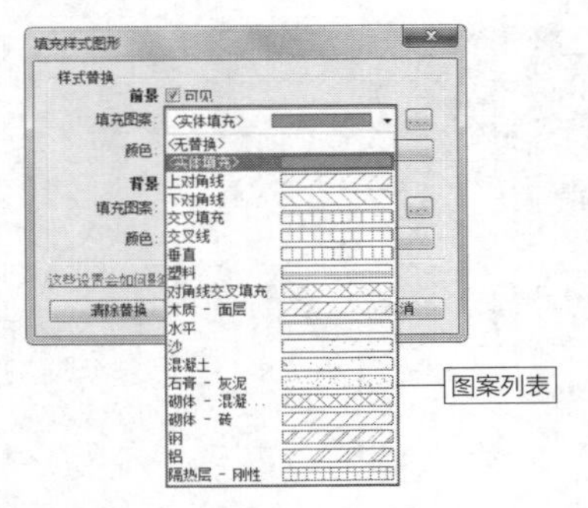

图 12-20 选择图案

步骤 12 单击“确定”按钮，关闭“填充样式图形”对话框。设置“填充图案”的样式以及颜色的效果如图12-21所示。

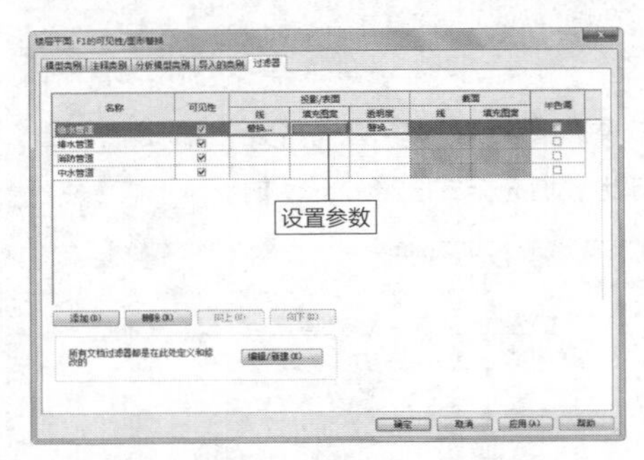

图 12-21 设置“填充图案”的效果

步骤 13 将光标置于“排水管道”行，单击“投影/表面”列中的“填充图案”单元格，弹出“填充样式图形”对话框。单击“颜色”选项，在弹出的“颜色”对话框中选择“紫色”，指定管道的颜色。单击“确定”按钮，关闭对话框。

步骤 14 单击“填充图案”右侧的矩形按钮，弹出“填充样式”对话框。在图案列表中选择名称为“对角线交叉填充”的图案，如图12-22所示。

步骤 15 单击“确定”按钮，返回“填充样式图形”对话框，设置效果如图12-23所示。

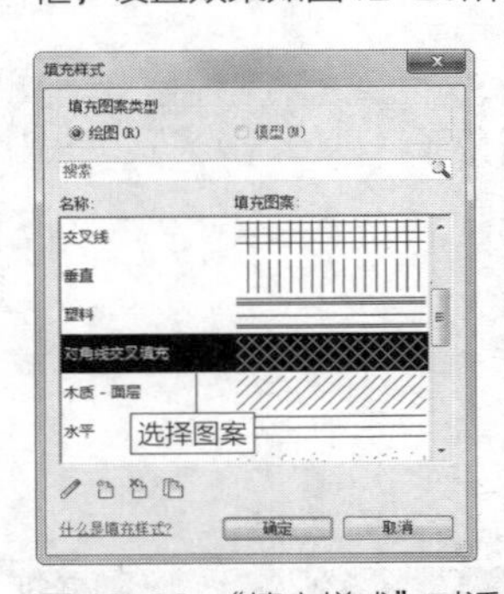

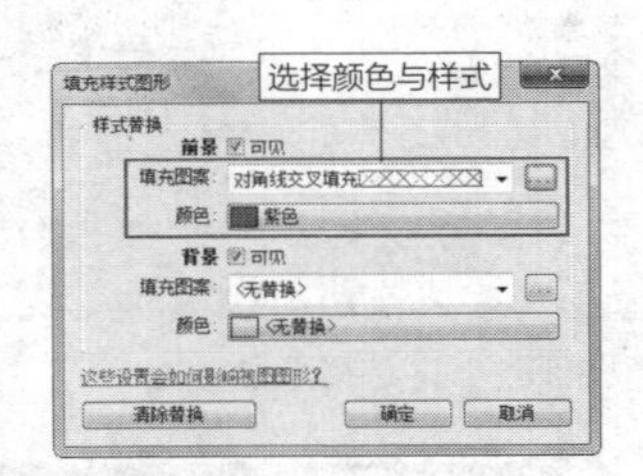

图 12-22 “填充样式”对话框 图 12-23 设置参数

知识链接：

也可以在“填充样式”对话框中选择其他图案，在本节中选择“对角线交叉填充”图案。

步骤 16 单击“确定”按钮，关闭“填充样式图形”对话框。设置“填充图案”参数的效果如图12-24所示。

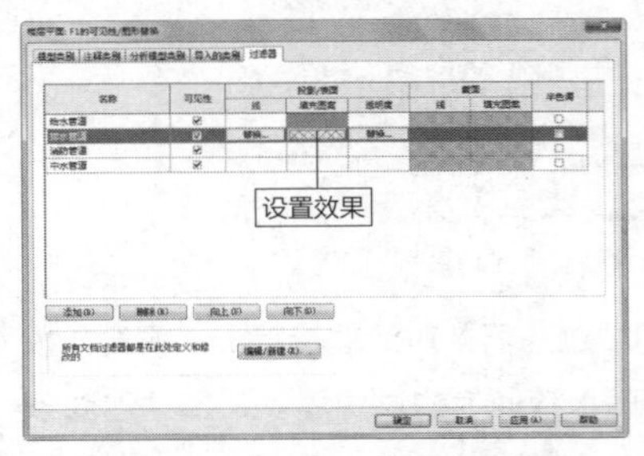

图 12-24 设置填充图案的效果

步骤 17 重复上述操作，继续为“消防管道”和“中水管道”设置“填充图案”的参数，结果如图12-25所示。

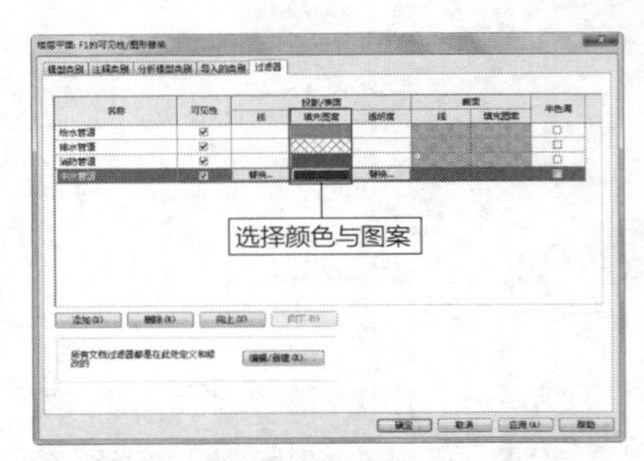

图 12-25 设置填充图案的结果

步骤 18 启用“管道”命令，创建不同类型的管道，各管道按照过滤器所设置的颜色显示，效果如图12-26所示。

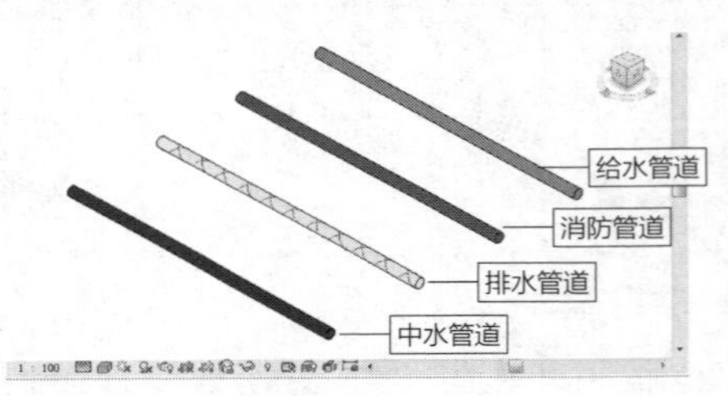

图 12-26 管道的显示样式

知识链接：

在三维视图中也要添加过滤器，管道才会按照所设置的参数显示。

12.3 绘制给水管道 重点

因为已经创建了管道过滤器，所以在绘制管道时，只要管道符合过滤条件，就会以指定的样式显示。本节介绍绘制给水管道的方法。

步骤 01 在“卫浴和管道”面板上单击“管道”按钮，如图12-27所示，激活命令。

步骤 02 在“属性”选项板中选择“给水管道”，在“系统类型”中选择“循环供水”选项，指定管道的系统，如图12-28所示。

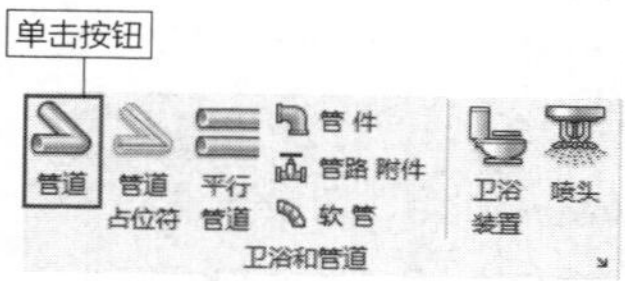

图 12-27 单击按钮

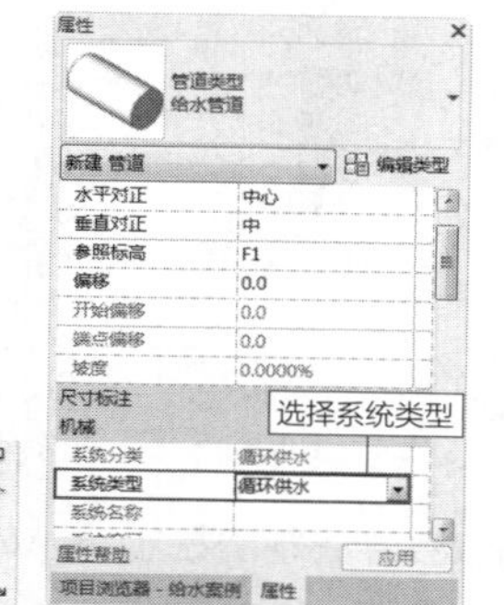

图 12-28 选择系统类型

在“给水管道”过滤器中，将“过滤条件”设置为“系统分类”，“等于”值为“循环供水”。意思是说，在创建给水管道时，将“系统类型”设置为“循环供水”，所绘制的管道就以过滤器的参数显示。

所以在绘制给水管道前，指定其系统类型为“循环供水”，管道在视图中显示绿色的实体填充样式，这是在过滤器中设置的填充颜色与填充图案。

步骤 03 在选项栏中单击“直径”选项，在列表中选择70mm，在“偏移”选项中输入参数值3000mm，如图12-29所示。

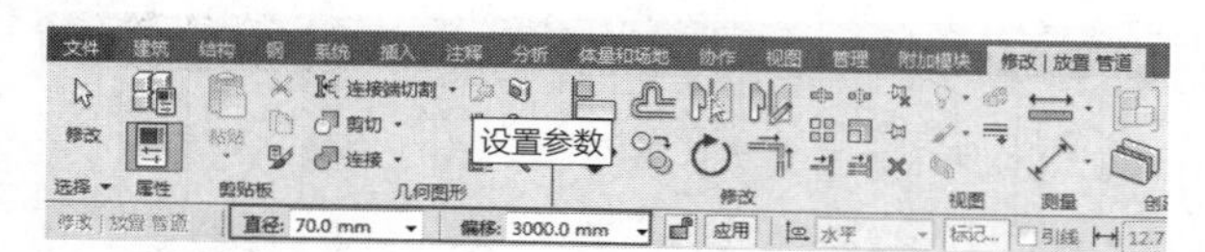

图 12-29 设置参数

知识链接：

如果在“直径”列表中没有适用的参数值，需要到“机械设置”对话框中选择“管道和尺寸”选项卡，执行“新建尺寸”操作，创建管道尺寸。

步骤 04 在CAD底图上指定给水管道的起点，如图12-30所示。

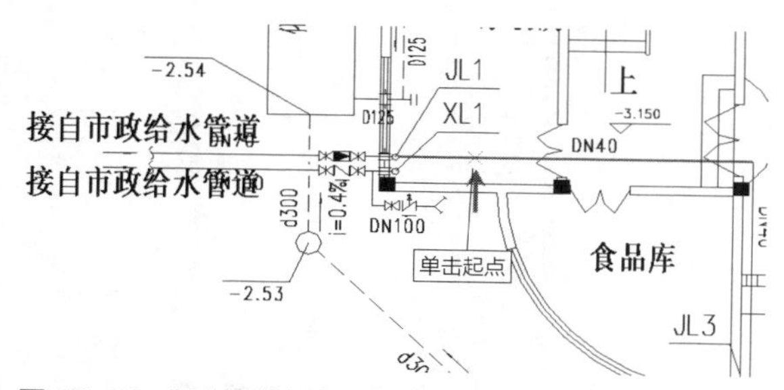

图 12-30 指定管道起点

步骤 05 向左移动光标，将光标置于立管轮廓线之内，单击鼠标左键，如图12-31所示，结束一段管道的绘制。同时修改“偏移”选项值为0mm。

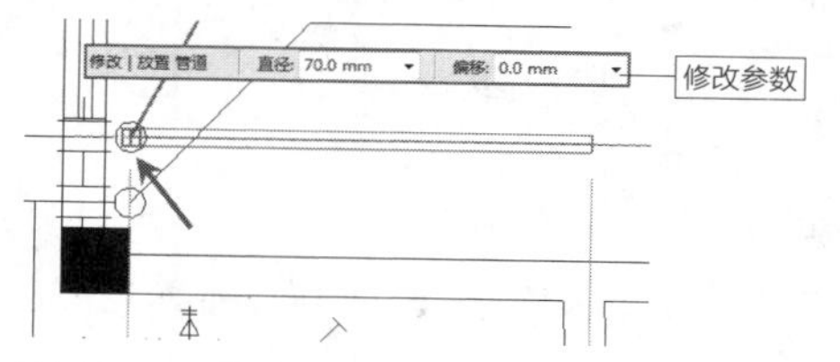

图 12-31 指定端点

延伸讲解：

在立管轮廓线内单击鼠标左键，只是结束一段管道的绘制，并没有退出“管道”命令。

步骤 06 向左移动光标，单击鼠标左键，指定端点，创建立管的效果如图12-32所示。

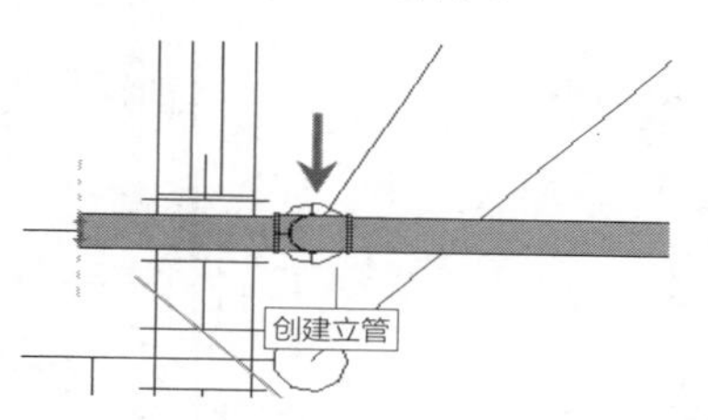

图 12-32 创建立管

步骤 07 激活管道端点，继续向左移动光标，在段管符号处单击鼠标左键，指定管道终点。按Esc键，退出命令，绘制管道的效果如图12-33所示。

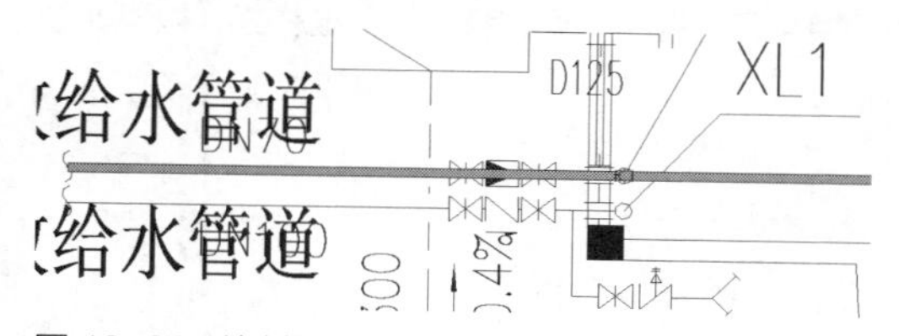

图 12-33 绘制结果

步骤 08 选择立管右侧的管道，如图12-34所示。将光标置于右侧的夹点之上，单击鼠标右键，在弹出的快捷菜单中选择“绘制管道”选项。

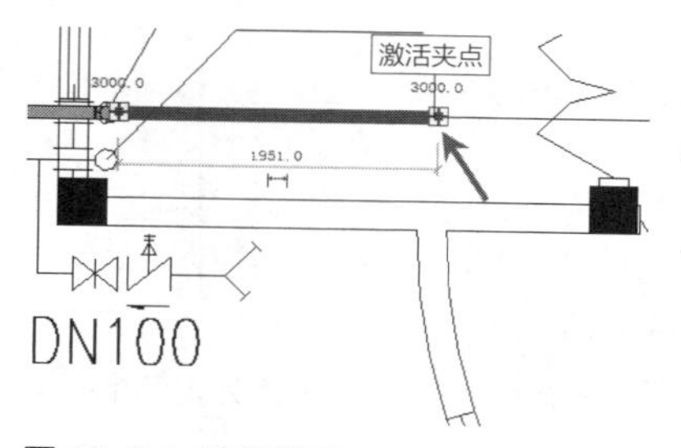

图 12-34 选择管道

步骤 09 向右移动光标，单击鼠标左键，指定管道的端点，如图12-35所示。

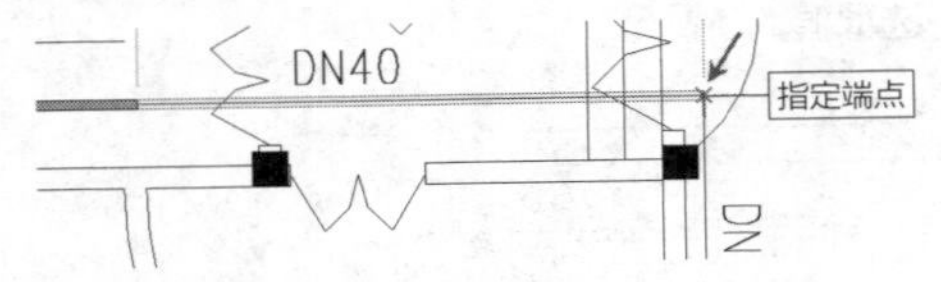

图 12-35 指定端点

步骤 10 向下移动光标，转换绘制管道的方向，如图12-36所示。

步骤 11 在立管轮廓线内单击鼠标左键，指定管道的端点，修改“偏移”值为0mm。继续向下移动光标，在合适的位置单击鼠标左键，指定管道的终点。绘制结果如图12-37所示。

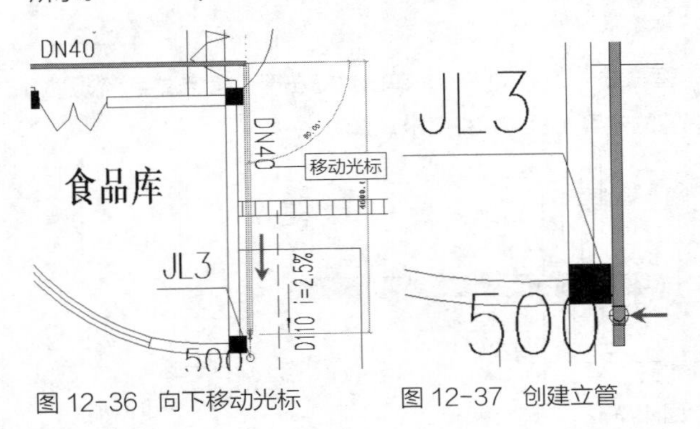

图 12-36 向下移动光标　　图 12-37 创建立管

> **知识链接：**
>
> 软件自动添加弯头，连接不同方向的管道。

步骤 12 切换至三维视图，观察管道的三维样式，效果如图12-38所示。

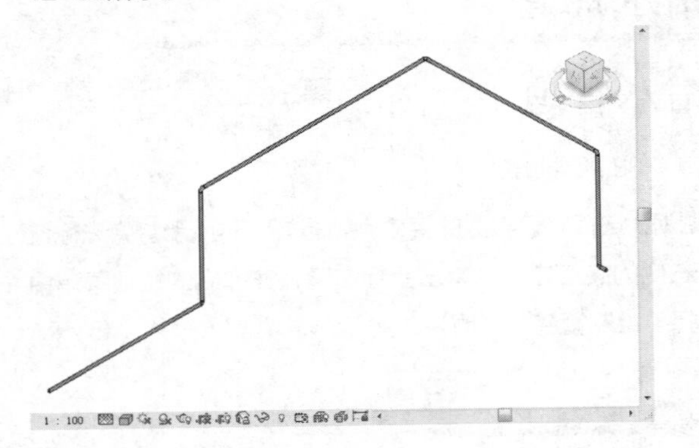

图 12-38 三维效果

步骤 13 滑动鼠标滚轮，放大视图。选择弯头和水平管段，选中的图元高亮显示，如图12-39所示。

步骤 14 在键盘上按Delete键，删除选中的图元，效果如图12-40所示。

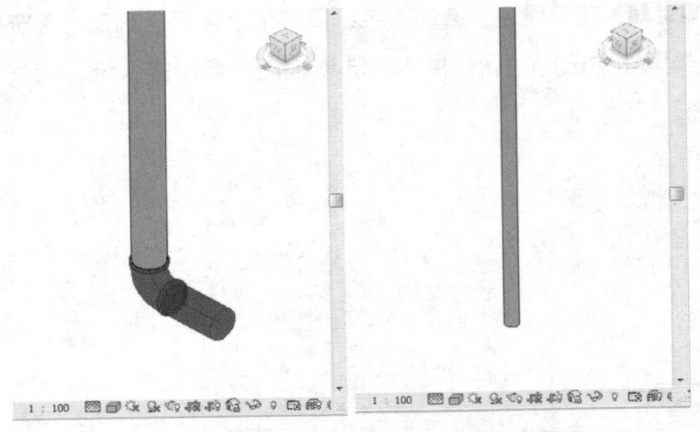

图 12-39 选择图元　　图 12-40 删除图元

步骤 15 单击视图右上角的ViewCube，切换至“左”视图。选中右侧的管道，在管道的下方显示临时尺寸标注。标注参数为72.1，如图12-41所示。

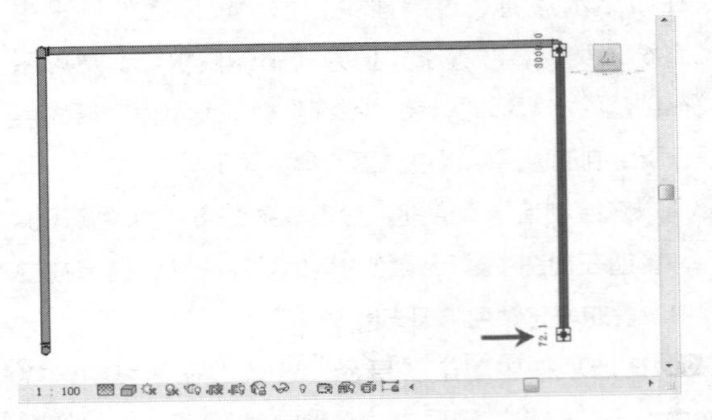

图 12-41 显示临时尺寸标注

> **延伸讲解：**
>
> 临时尺寸标注显示参数值72.1，表示管道端点距地面72.1mm。

步骤 16 激活管道下方端点，按住鼠标左键不放，向下拖曳鼠标，同时观察临时尺寸参数的变化。当参数显示为3000时，如图12-42所示，松开鼠标左键。

步骤 17 再次选择立管，此时管道下方的临时尺寸参数显示为0，表示管道端点距地面0mm，如图12-43所示。

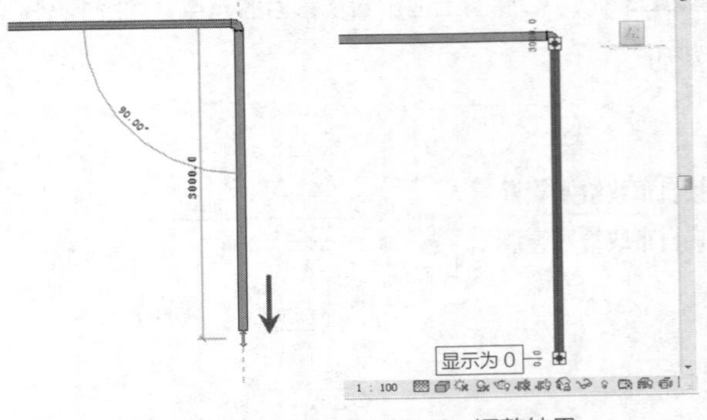

图 12-42 向下拖曳鼠标　　图 12-43 调整结果

12.4 绘制废水管道　重点

废水管道与隔油池、化粪池相接，在绘制废水管道时，需要设置管道坡度。本节介绍绘制废水管道的方法。

步骤 01 在“卫浴和管道”面板上单击“管道”按钮，激活命令。

步骤 02 在“属性”选项板中单击管道名称，弹出类型列表，选择“废水管道”。单击“系统类型”选项，在弹出的列表中选择“卫生设备”，如图12-44所示，指定管道系统。

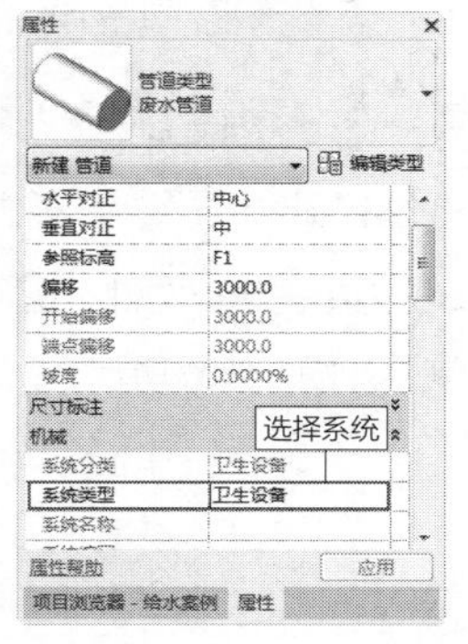

图 12-44　选择管道系统

步骤 03 进入“修改|放置管道”选项卡，单击“直径”选项，弹出尺寸列表，选择300mm，指定管道的直径。修改“偏移”选项值，设置管道的标高为3000mm，如图12-45所示。

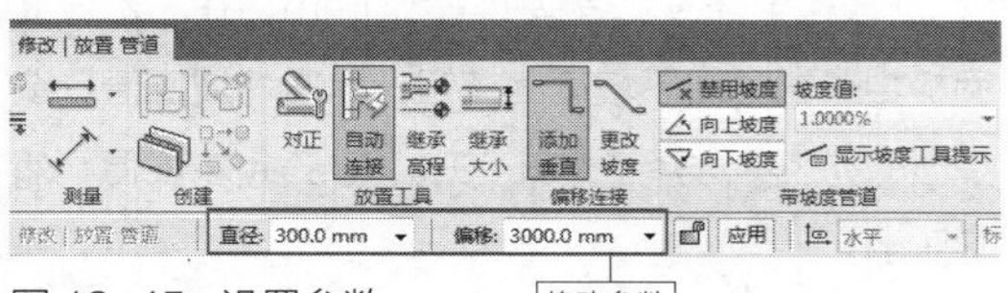

图 12-45　设置参数

步骤 04 在视图中单击鼠标左键，指定管道的起点，如图12-46所示。

步骤 05 向左移动光标，在立管轮廓线内单击鼠标左键，结束一段管道的绘制。保持“直径”值不变，修改“偏移”值为0mm，如图12-47所示。

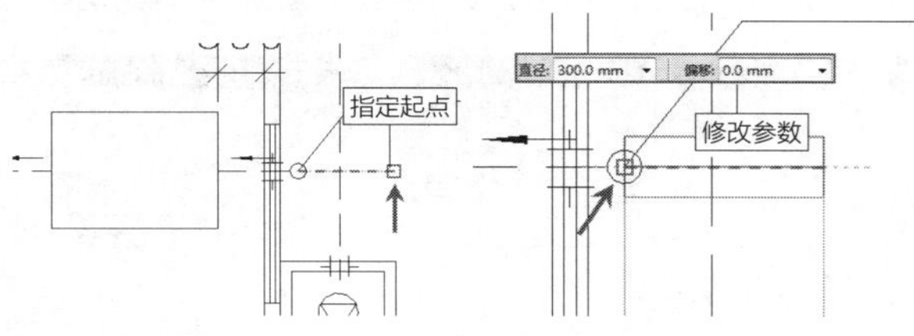

图 12-46　指定起点　　图 12-47　修改参数

步骤 06 向左移动光标，在隔油池的边界线上单击鼠标左键，指定终点，绘制管道的效果如图12-48所示。

步骤 07 选择废水立管右侧的管段，按Delete键，删除图元，效果如图12-49所示。

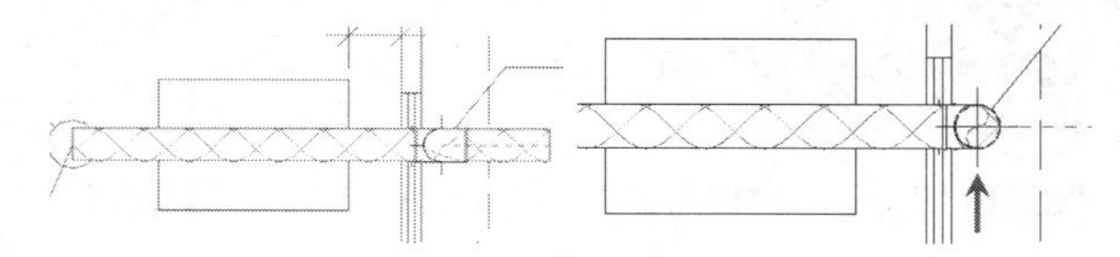

图 12-48　绘制管道　　图 12-49　删除图元

步骤 08 选择管道，在管道夹点上单击鼠标右键，在弹出的菜单中选择“绘制管道”选项。移动光标，指定管道终点，如图12-50所示。

步骤 09 同时在选项栏中设置“直径”值为300mm，“偏移”值为0mm，绘制管道的效果如图12-51所示。

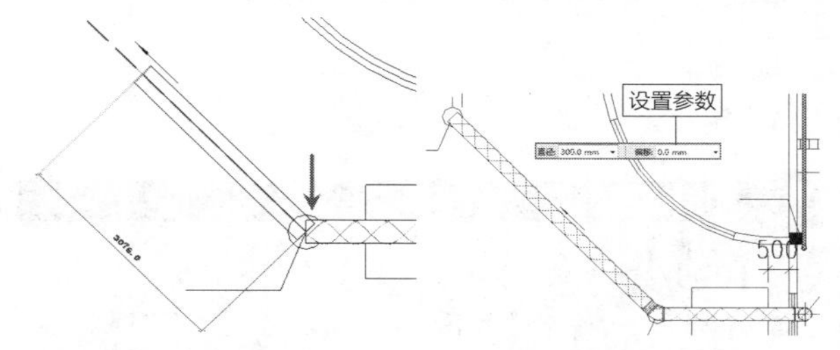

图 12-50　指定终点　　图 12-51　绘制管道

步骤 10 再次激活管道夹点，保持“直径”值为300mm，修改“偏移”值为-200mm，如图12-52所示。

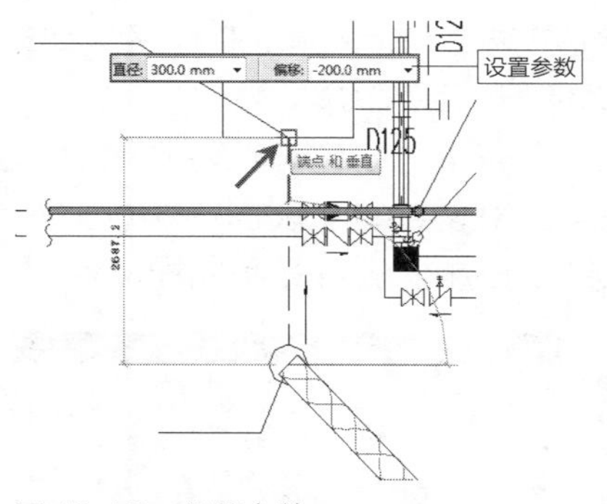

图 12-52　设置参数

步骤 11 移动光标，指定管道终点，绘制管道的效果如图12-53所示。

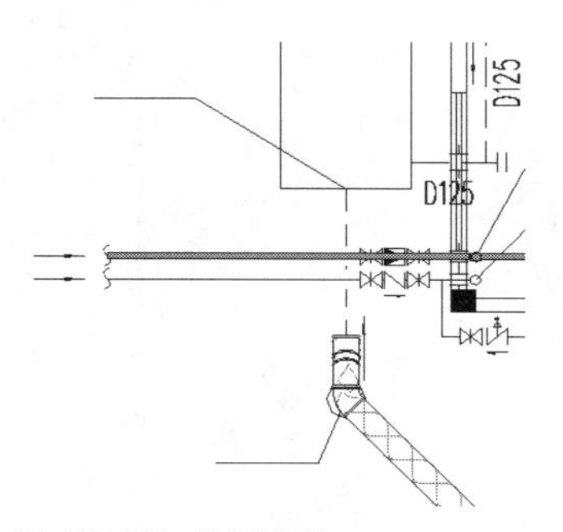

图 12-53　绘制管道

延伸讲解：

因为管道的“偏移”值为负数，所以在平面图中没有完全显示管道。切换至三维视图，就可以查看管道的全貌。

步骤 12 切换至三维视图，查看管道的三维样式，效果如图12-54所示。

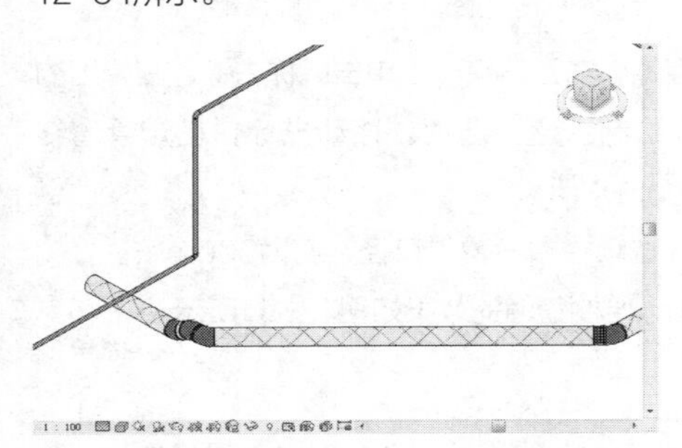

图 12-54 三维样式

知识链接：

为了不与给水管道相冲突，将废水管道的标高设置为负值，使其位于给水管道之下。

12.5 绘制雨水管道 难点

绘制雨水管道的方法与绘制给水管道和废水管道的方法相同，本节介绍绘制雨水管道的方法。

步骤 01 启用“管道”命令，在“属性”选项板中选择“中水管道”，在“系统类型”选项中单击鼠标左键，在弹出的列表中选择“家用冷水”，如图12-55所示，指定管道系统。

步骤 02 设置管道的“直径”值为160mm 、“偏移”值为3000mm。在视图中指定管道的起点，如图12-56所示。

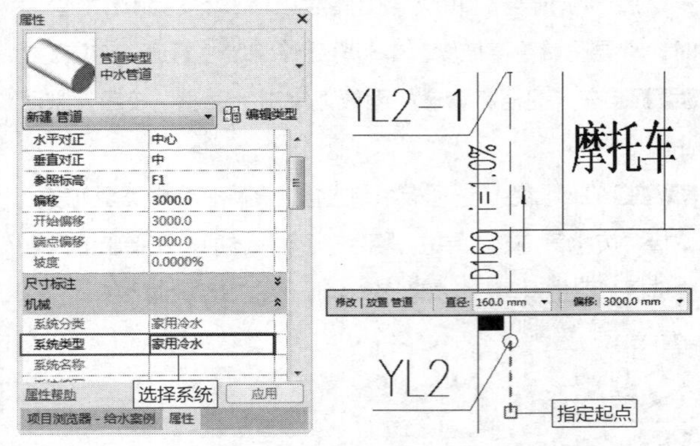

图 12-55 指定管道系统　图 12-56 指定起点

步骤 03 向上移动光标，在立管轮廓线内单击鼠标左键，指定管道的端点，结束一段管道的绘制，如图12-57所示。

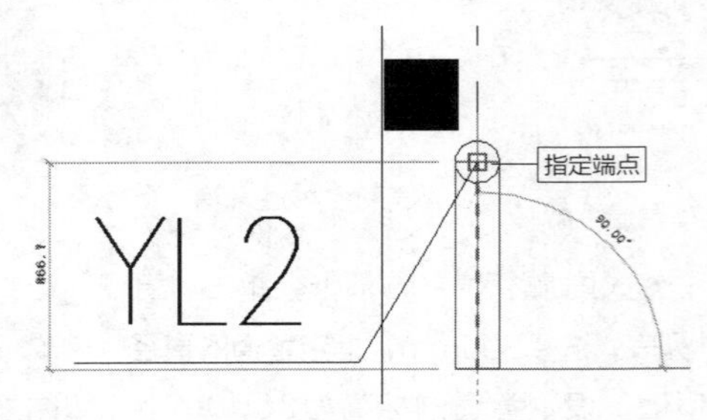

图 12-57 指定端点

步骤 04 在选项栏中修改“偏移”值为0mm，在“带坡度管道”面板中单击“向下坡度”按钮，单击“坡度值”选项，在弹出的列表中选择“1.0000%”，指定坡度值，如图12-58所示。

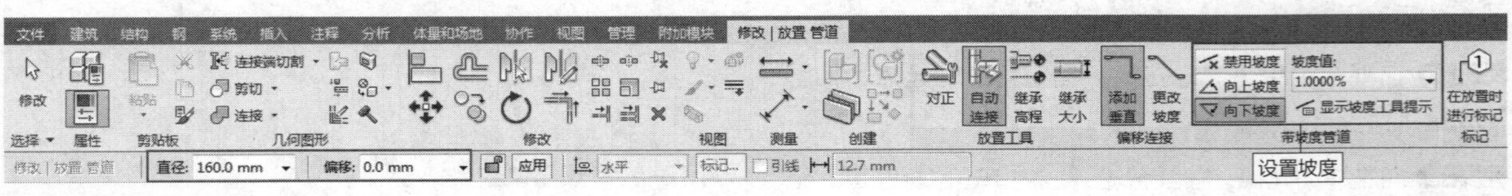

图 12-58 设置参数

步骤 05 向上移动光标，在合适的位置单击鼠标左键，指定管道的终点。绘制管道的效果如图12-59所示。

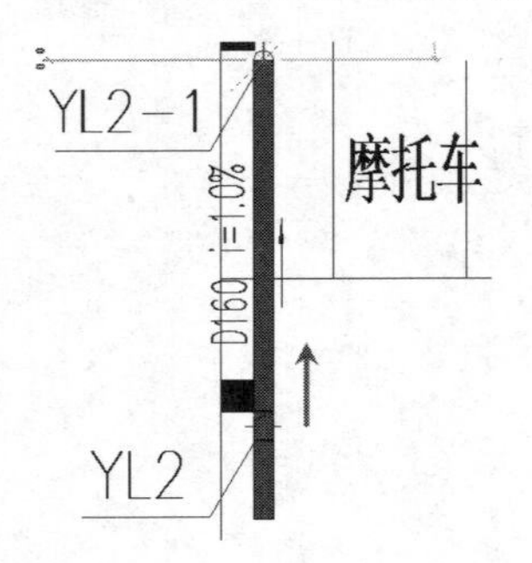

图 12-59 绘制管道

步骤 06 选择管道，激活夹点，在选项栏中修改“偏移”值为3000mm。单击“禁用坡度”按钮，如图12-60所示。

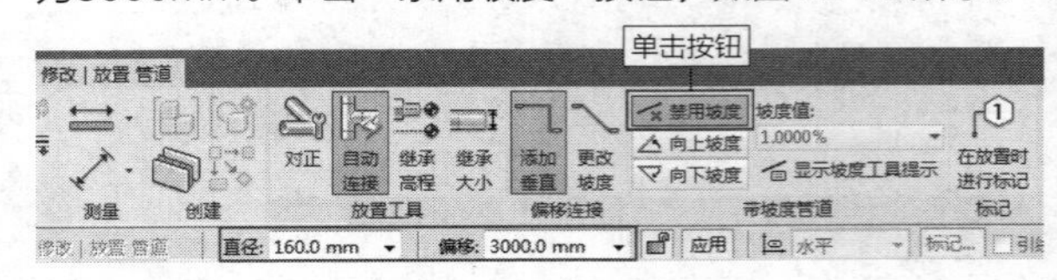

图 12-60 设置参数

步骤 07 向上移动光标，指定终点，结束绘制操作。创建立管的效果如图12-61所示。

步骤 08 选择立管一侧的管道与管件，按键盘上的Delete键，删除图元，效果如图12-62所示。

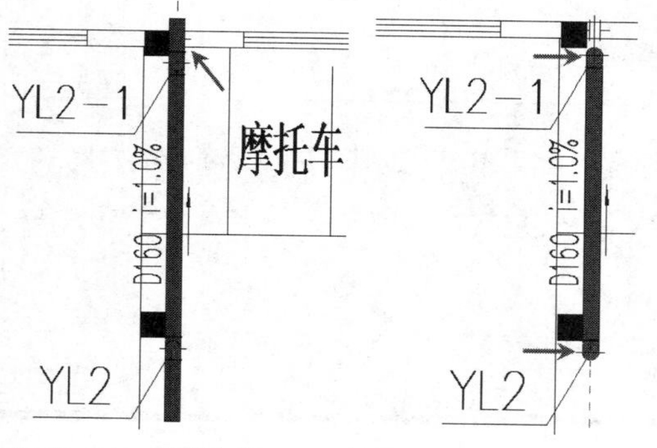

图 12-61　创建立管　　　图 12-62　删除图元

步骤 09 选择立管，激活夹点，保持“直径”值为160mm不变，修改“偏移”值为270mm。单击“向下坡度”按钮，选择“坡度值”为“1.0000%”，如图12-63所示。

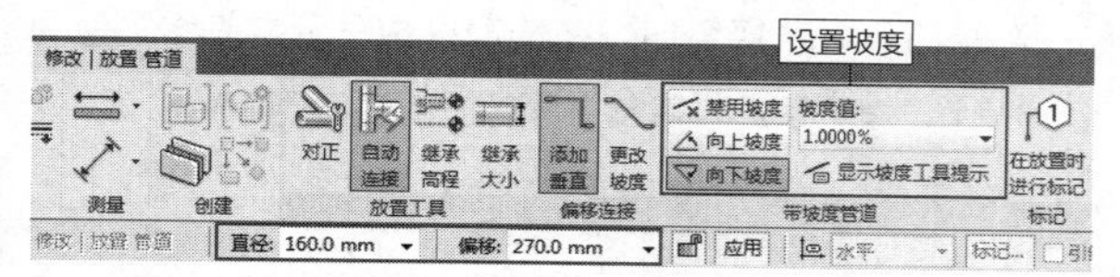

图 12-63　设置参数

步骤10 向上移动光标，绘制管道与立管相接，效果如图12-64所示。

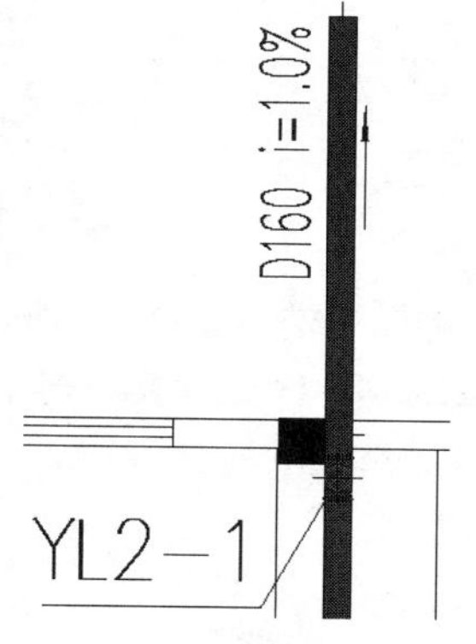

图 12-64　绘制管道

知识链接：

将管道的“偏移”值设置为270mm，表示管道距地面270mm。

12.6 完成绘制　　难点

在前面的内容中，介绍了给水管道、废水管道和雨水管道的绘制方法。在创建立管时，不要忘记修改管道的“偏移”值为0mm，否则就不能生成立管。创建立管后，如果不需要与之相接的水平管道，应该将其删除。

请参考前面所介绍的方法，继续绘制其他管道图元，最终效果如图12-65所示。

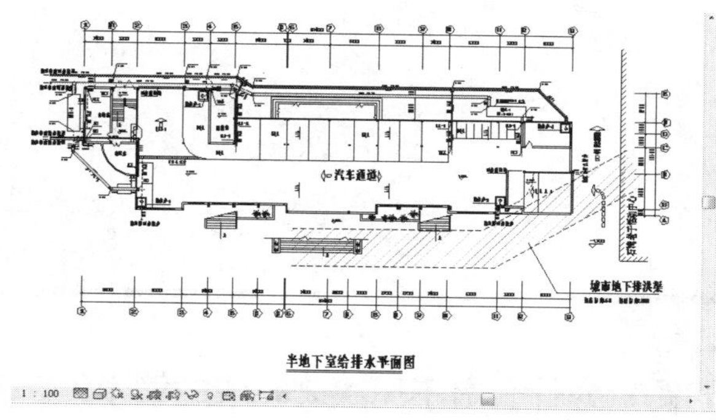

图 12-65　绘制管道的最终效果

因为CAD底图的关系，可能会影响查看给水排水系统模型。此时选择“视图”选项卡，单击“图形”面板上的“可见性/图形”按钮，弹出“楼层平面：F1的可见性/图形替换”对话框。选择“导入的类别”选项卡，取消选择“半地下室给水排水平面”即可。单击“确定”按钮，返回视图。

关闭CAD底图后，可以清楚地查看给水排水系统模型，效果如图12-66所示。通过不同的颜色，区分不同系统的管道，如给水管道、废水管道和雨水管道。

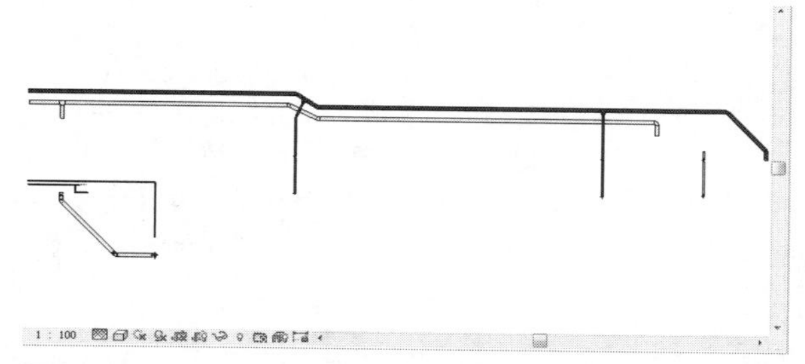

图 12-66　关闭底图的效果

切换至三维视图，查看管道的三维模型，效果如图12-67所示。滑动鼠标滚轮，放大视图，可以查看管道连接的细部。

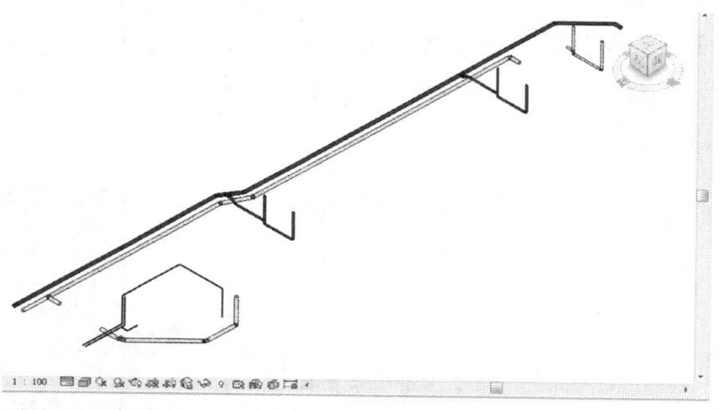

图 12-67　三维效果

附录 A

常见操作问题与解答

初学Revit MEP时，会遇到各种棘手的问题。如果不解决这些问题，就不能很好地继续绘图工作。在本章中，列举一些常见的操作问题，并附上解决方法，希望能帮助读者尽快熟悉Revit MEP软件。

学习重点

- 了解管线设计过程中出现的各种问题及解决方法 318

问题1 为什么看不见绘制完成的管道?

启用“管道”命令，在绘图区域中分别指定起点与终点，结束管道的绘制时，在工作界面的右下角弹出如图A-1所示的提示对话框，提示用户“所创建的图元在视图楼层平面：F1中不可见”，并建议用户修改视图的可见性等参数。

单击提示对话框右上角的“关闭”按钮，关闭对话框。不选择任何图元，单击展开“属性”选项板中的“范围”选项组。单击“视图范围”选项右侧的“编辑”按钮，如图A-2所示，弹出“视图范围”对话框。

图 A-1　提示对话框

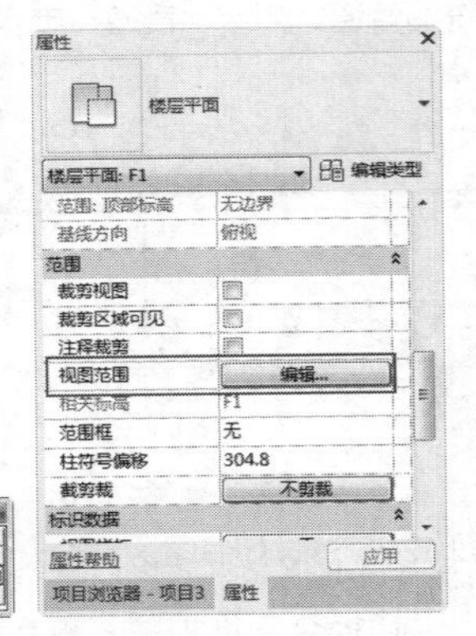

图 A-2　单击按钮

在“视图范围”对话框的“主要范围”选项组下，显示“顶部”“剖切面”“底部”的标高参数。其中“顶部”的“偏移”值为2000，如图A-3所示。它表示顶部标高的参数，即从底部到顶部的距离为2000mm。建筑制图的单位为mm。

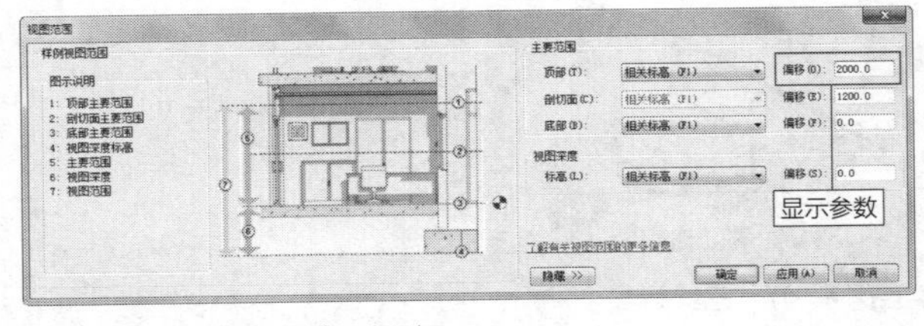

图 A-3　“视图范围”对话框

修改“顶部”的“偏移”值为5000，如图A-4所示，表示底部与顶部的间距增大为5000mm。单击“确定”按钮，返回视图。此时可以在绘图区域中观察到管道了，如图A-5所示。选择管道，在选项栏中显示“偏移”值为3500mm，表示管道与底部平面的间距为3500mm。

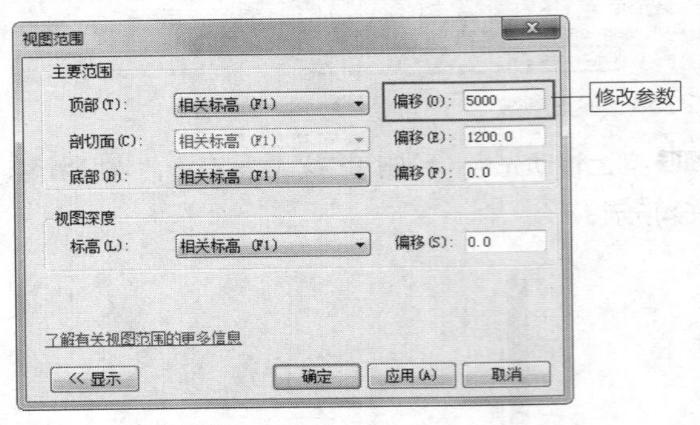

图 A-4　修改参数

默认情况下，“顶部”的“偏移”值为2000mm，所以不能在视图中观察到“偏移”值为3500mm的管道。只有增大“顶部”的“偏移”值，才可以使管道在视图中显示。

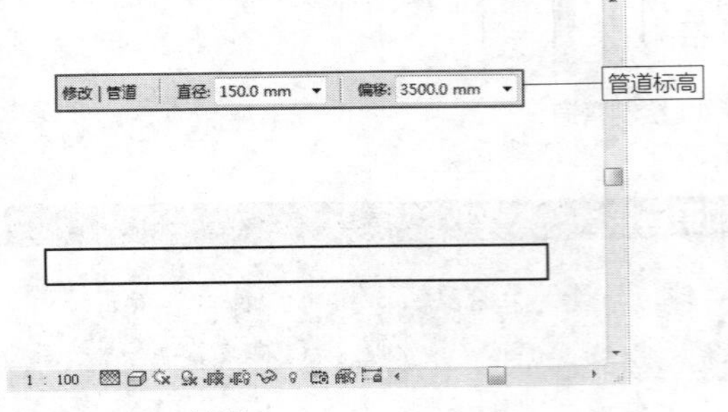

图 A-5　显示管道

问题2 如何正确地画出立管?

启用“管道”命令，暂定“偏移”值为2700mm。在绘图区域中指定管道的起点，移动光标，指定绘制管道的方向，如图A-6所示。在合适的位置单击鼠标左键，指定下一点，同时修改“偏移”值为0mm，如图A-7所示。

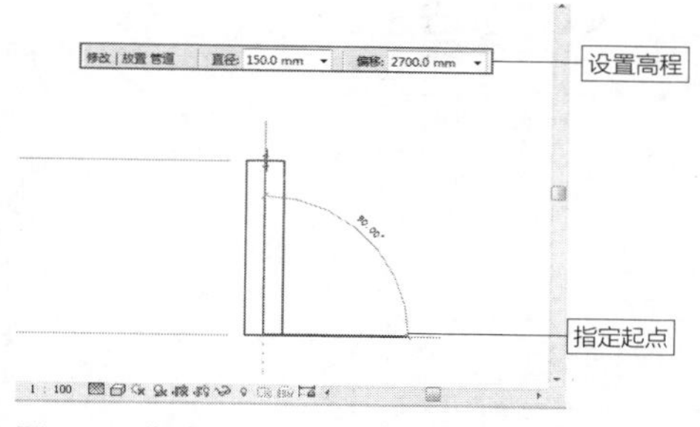

图 A-6 指定起点

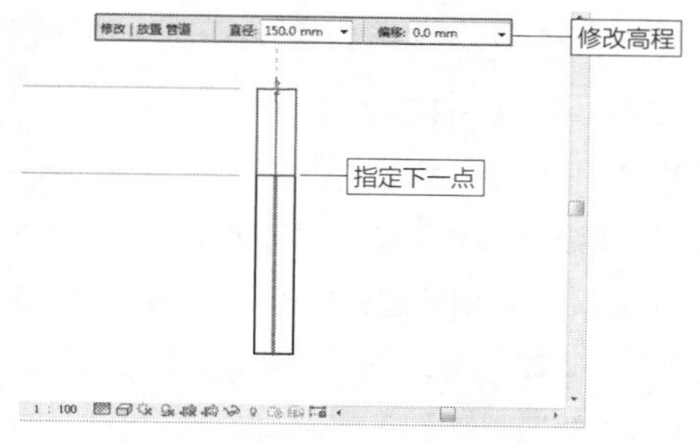

图 A-7 指定下一点

继续移动光标，在合适的位置单击鼠标左键，指定管道的终点。按Esc键，退出命令，绘制管道的效果如图A-8所示。查看绘制效果，发现自动添加了管件，连接不同高程的管道。

切换至三维视图，查看管道的三维模型，如图A-9所示。观察三维效果，发现水平管道通过弯头连接了立管。

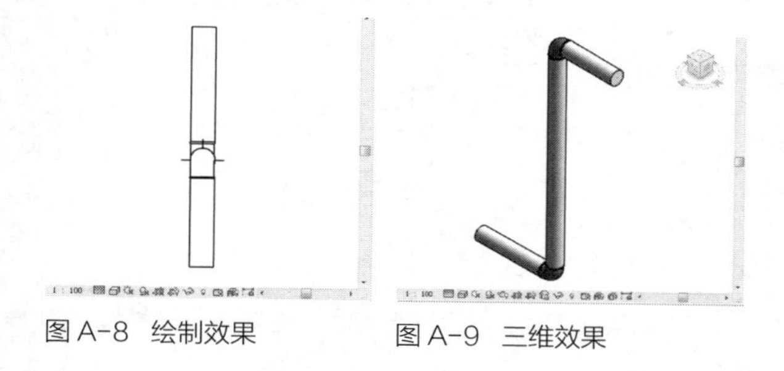

图 A-8 绘制效果　　图 A-9 三维效果

如果只是想要创建立管，可以按住Ctrl键，依次单击水平管道与管件，选择结果如图A-10所示。按Delete键，可删除选中的图元，仅保留立管，效果如图A-11所示。

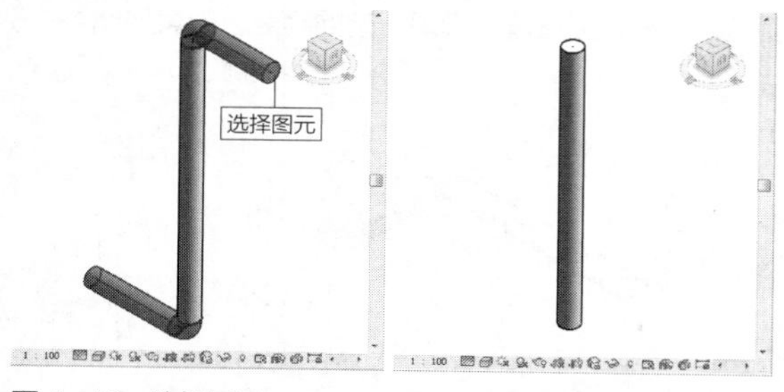

图 A-10 选择图元　　图 A-11 删除图元

问题3 如何修改标记的显示样式?

为管件添加尺寸标记，显示样式如图A-12所示。默认情况下，在标记中显示尺寸后缀，如单位mm后的问号。通过修改样式参数，可以设置标记的显示效果。

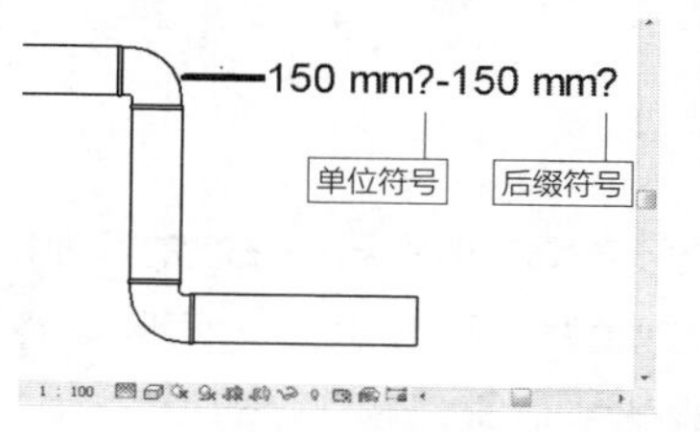

图 A-12 尺寸标记的显示样式

选择“管理”选项卡，单击“设置”面板中的“项目单位”按钮，如图A-13所示，激活命令。

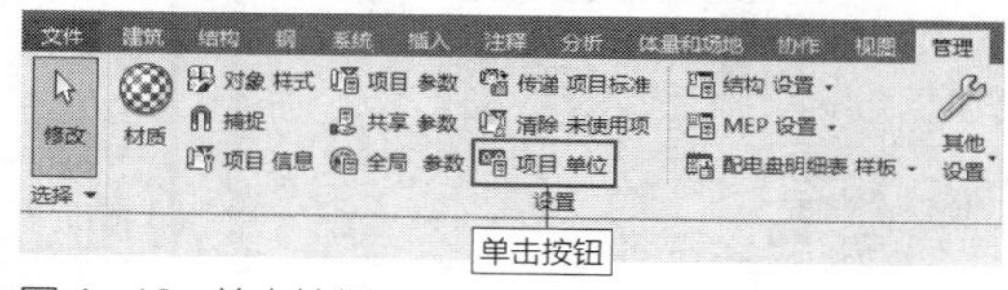

图 A-13 单击按钮

随后弹出“项目单位”对话框，在“规程”列表中选择“管道”规程。单击“管道尺寸”后的按钮，如图A-14所示，弹出“格式”对话框。在“单位符号”选项中显示“mm”，单击选项，在弹出的列表中选择“无”，如图A-15所示。

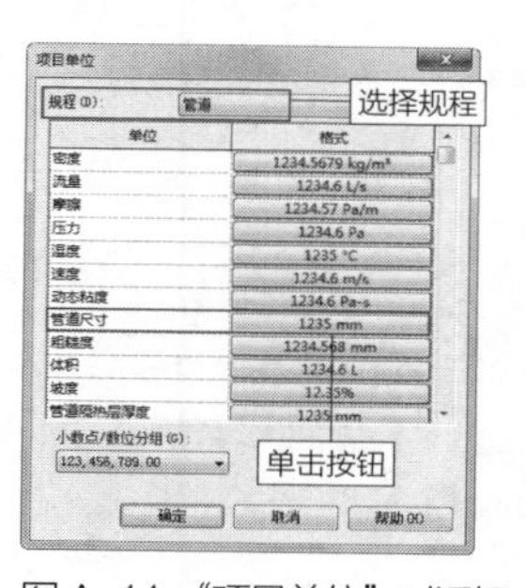

图 A-14 “项目单位”对话框　图 A-15 “格式”对话框

依次单击“确定”按钮，返回视图。观察管件标记，发现原先显示的尺寸单位已被隐藏，效果如图A-16所示。尺寸参数后的问号是默认的后缀符号，可以自行决定问号是显示或者隐藏。

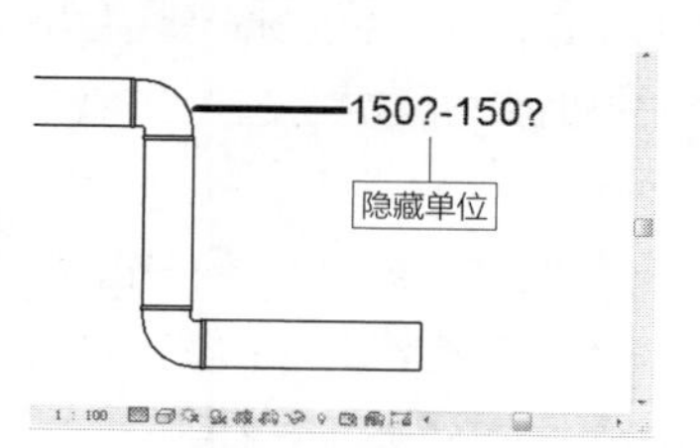

图 A-16 隐藏尺寸单位

单击“卫浴和管道”面板右下角的箭头，如图A-17所示，弹出“机械设置”对话框。

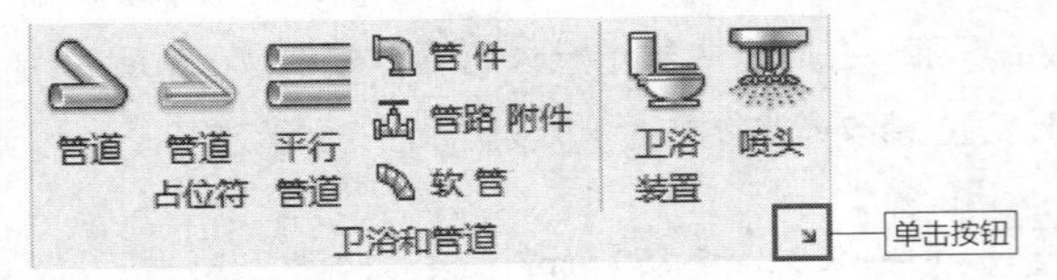

图 A-17 单击按钮

在对话框中选择“管道设置”选项卡，在右侧的界面中显示“管道尺寸后缀”选项值为“？”，如图A-18所示。将光标定位在选项中，按Backspace键，删除后缀符号。

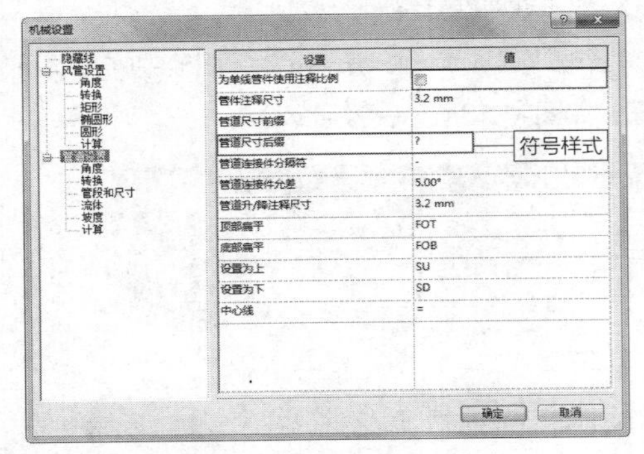

图 A-18 “机械设置”对话框

单击“确定”按钮，返回视图。查看管件标记的显示样式，发现问号已被隐藏，仅显示尺寸数值，效果如图A-19所示。

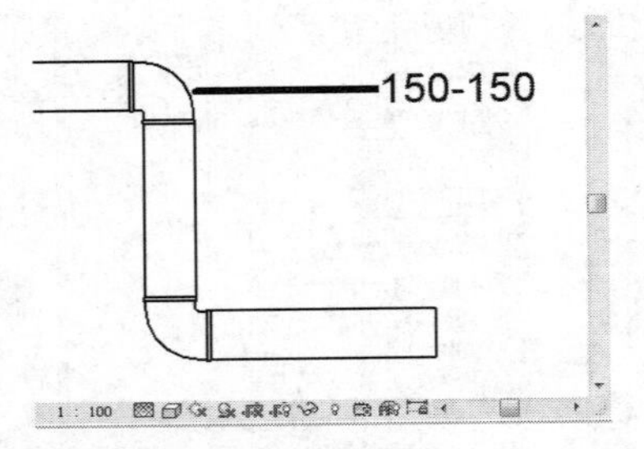

图 A-19 隐藏后缀符号

问题4 转换管道占位符时，没有自动创建连接管件怎么办？

管道占位符的作用是暂时确定管道的位置。在开始布置管道时，由于位置还没有确定，可以先绘制管道占位符来代替管道。这样既可以节省时间与内存，又可以查看布管效果。

单击“卫浴和管道”面板中的“管道占位符”按钮，如图A-20所示，激活命令。与绘制管道类似，指定起点与终点，可以在指定的位置绘制管道占位符，如图A-21所示。

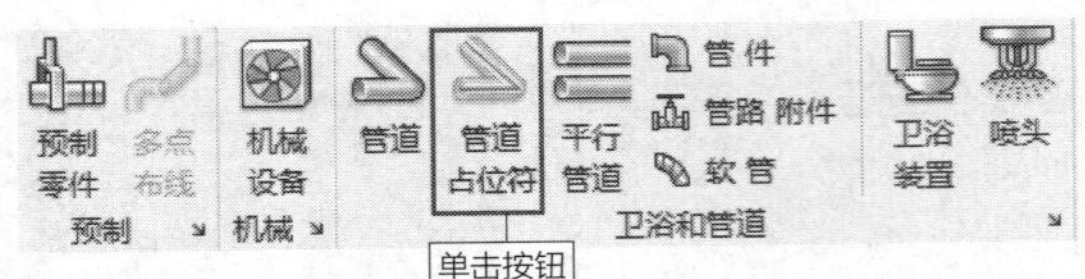

图 A-20 单击按钮

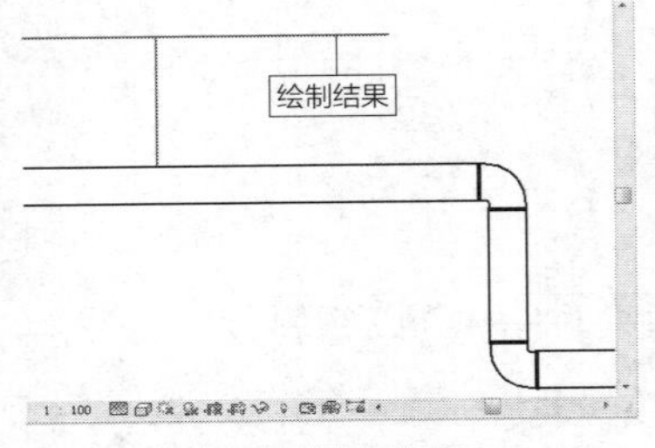

图 A-21 绘制管道占位符

确定管道位置后，可以将管道占位符转换为管道。选择管道占位符，进入“修改|管道占位符”选项卡。单击“转换占位符”按钮，如图A-22所示，激活命令。选中的管道占位符会转换为管道，效果如图A-23所示。

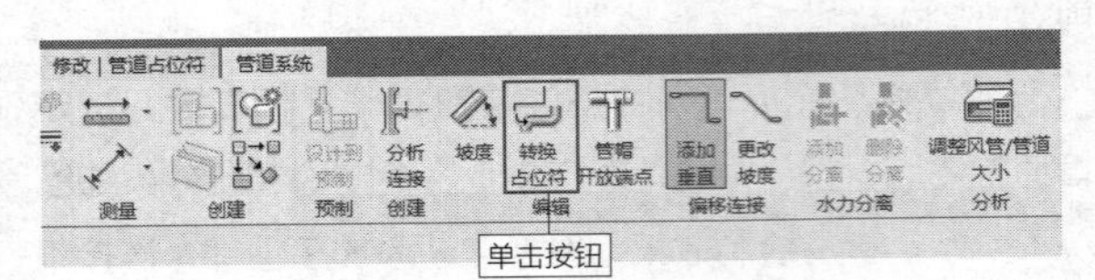

图 A-22 单击按钮

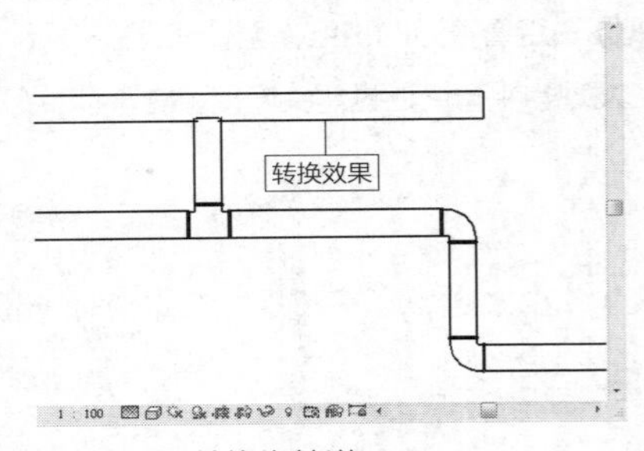

图 A-23 转换为管道

在转换的过程中，会在管道连接处自动添加管件，如弯头、三通等。

切换至三维视图，观察转换效果。此时发现在某段管道的连接处，没有自动创建连接管件，如图A-24所示。返回二维视图，选择水平管道，按住鼠标左键不放，向上移动管道，使其与竖直管道间隔一定的距离，效果如图A-25所示。

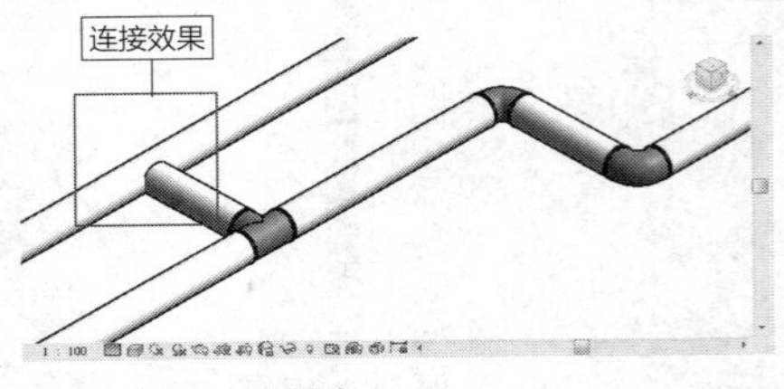

图 A-24 三维样式

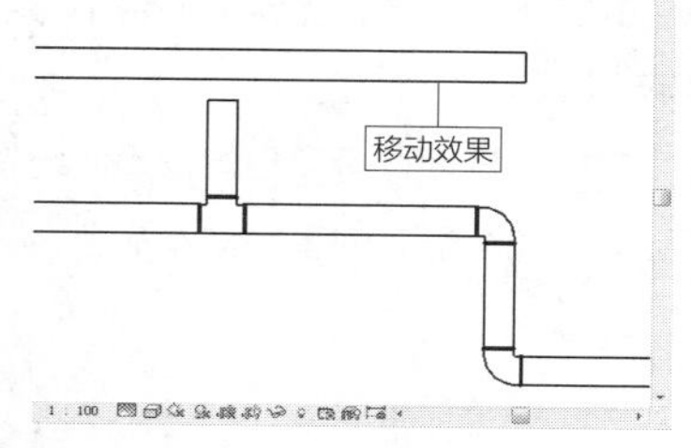

图 A-25 移动管道

选择竖直管道，激活管道的上方夹点，向上移动夹点，使夹点与水平管道相连。此时就可以自动添加T形三通管件，连接两段管道，如图A-26所示。切换至三维视图，观察添加T形三通的效果，如图A-27所示。

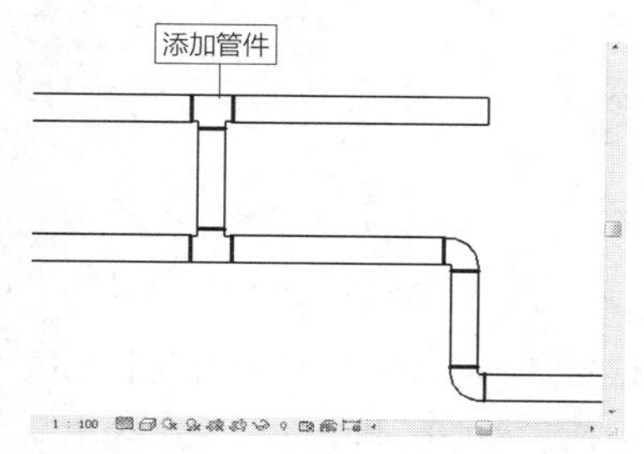

图 A-26 添加管件

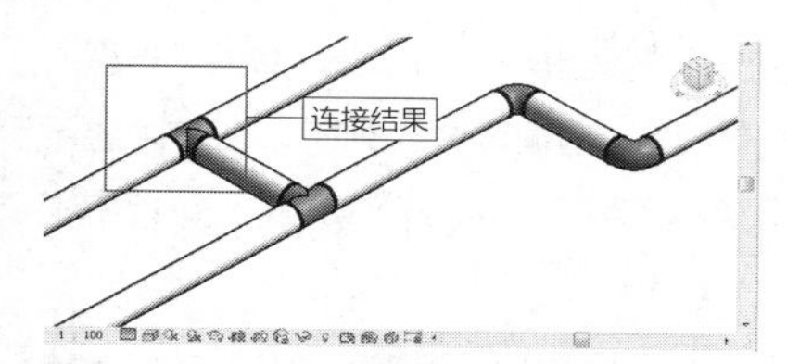

图 A-27 三维效果

在“HVAC”面板中显示有“风管占位符”按钮，单击按钮，激活命令，可以执行创建风管占位符的操作。

问题5 如何解决“禁止绘制”的问题?

在绘制管道时，有时候会出现禁止绘制的符号，如图A-28所示。这是怎么回事? 按一次Esc键，暂时退出绘制状态。在管道的“属性”选项板中，单击右上角的“编辑类型”按钮，如图A-29所示，弹出“类型属性”对话框。

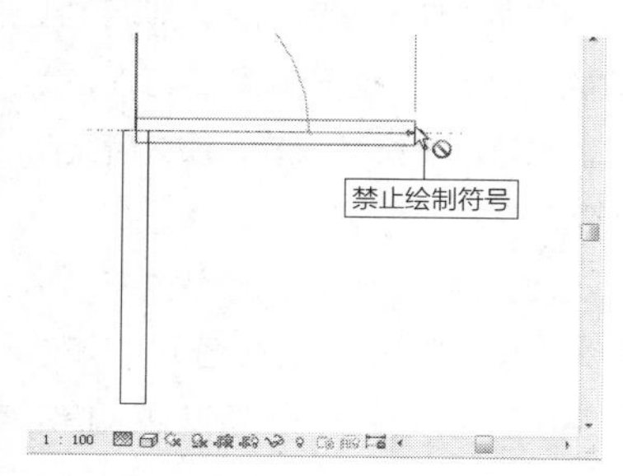

图 A-28 禁止绘制

单击“布管系统配置”选项后的“编辑”按钮，如图A-30所示，弹出“布管系统配置”对话框。因为是在改变管道绘制方向时受到禁止，所以查看“弯头”选项值的设置情况。

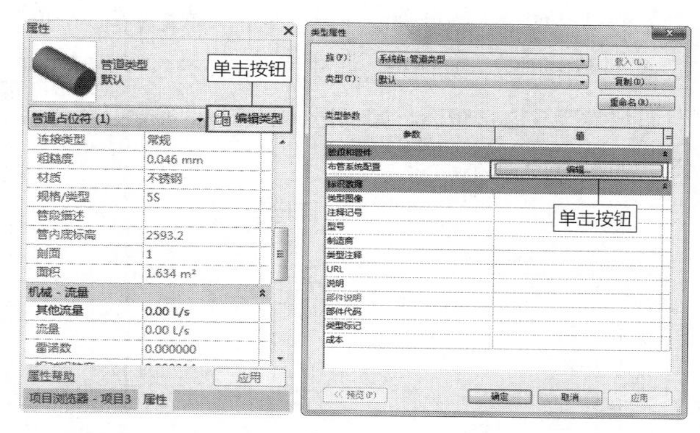

图 A-29 “属性”选项板 图 A-30 “类型属性”对话框

在“弯头”选项中显示“无”，如图A-31所示。这表示尚未给管道配置任何类型的“弯头”族，所以在需要弯头连接不同方向的管道时，缺少必要的管件，于是出现禁止绘制的符号。

解决的办法就是添加管件。在“弯头”“首选连接类型”等选项中配置相应的管件，如图A-32所示。再次执行绘制操作，在改变管道方向时，就没有出现禁止绘制的符号了，如图A-33所示。

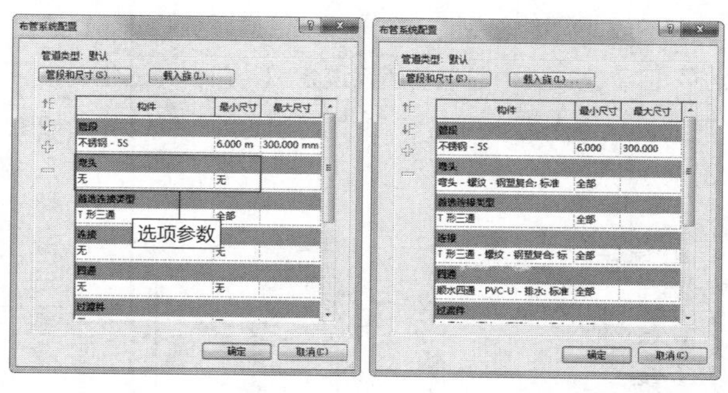

图 A-31 “布管系统配置”对话框 图 A-32 配置管件

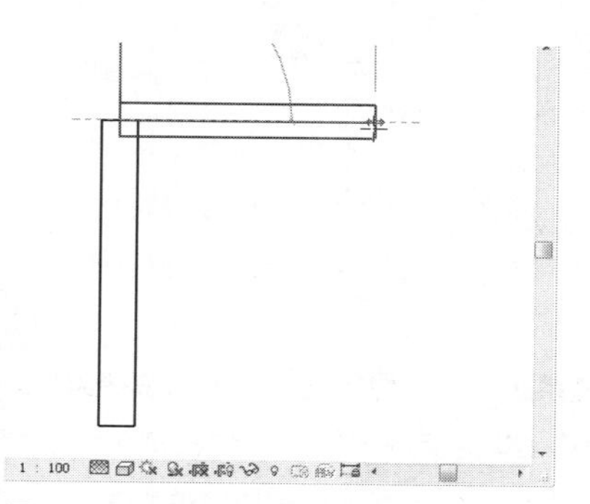
图 A-33 改变绘制方向

在绘制管道的过程中，软件会根据情况自动添加相应的管件。如果每次都是出现禁止绘制的情况时再添加管件，会非常浪费时间。在绘制管道系统前，最好将所需的管件配置完全。

默认情况下，软件会自动添加弯头，连接不同方向的管道，效果如图A-34所示。除此之外，还有各种类型的管件被经常用来连接管道，如三通、四通、变径管及管接头等，如图A-35所示。

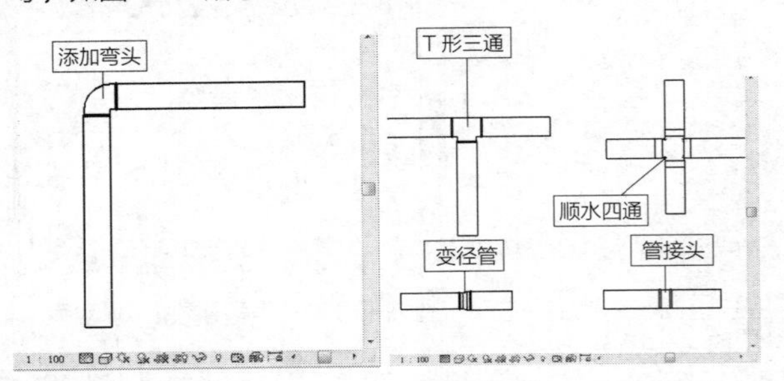

图A-34　添加弯头　　图A-35　其他类型的管件

问题6 编辑管道系统的方法有哪些？

软件提供了多种类型的管道系统以供选用，通过修改管道系统参数，可以影响该系统所包含的所有管道。选择项目浏览器，单击展开“族”目录，如图A-36所示，在其中显示各种类型的族名称。

将光标置于项目浏览器右侧的滚动条上，按住鼠标左键不放，向下拖曳鼠标。选择“管道系统”→“管道系统”目录，在其中显示管道系统名称，包含“卫生设备”系统、“家用冷水”系统和“家用热水”系统等，如图A-37所示。

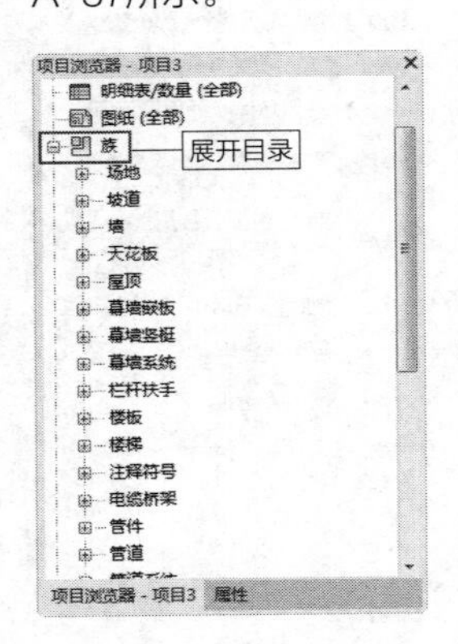

图A-36　展开“族”目录　　图A-37　展开“管道系统”目录

选择一个管道系统，单击鼠标右键，弹出快捷菜单。选择菜单选项，可以编辑管道系统。在快捷菜单中选择“选择全部实例”选项，向右弹出子菜单，选择选项，可以选择“在视图中可见”的实例，或者“在整个项目中”的所有实例，如图A-38所示。

在快捷菜单中选择“复制”选项，可以创建管道系统副本。在原有名称的基础上添加编号，为系统副本命名，如图A-39所示。

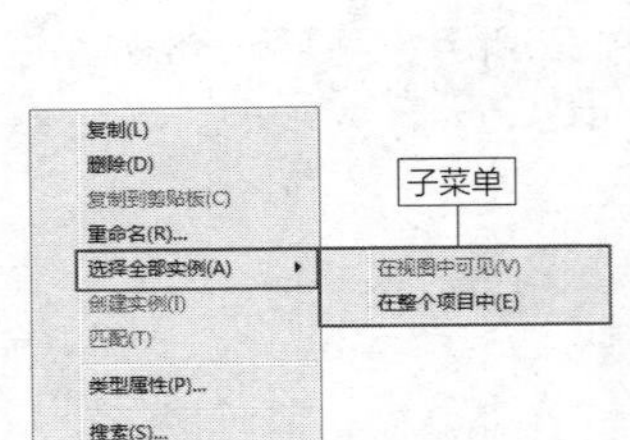

图A-38　快捷菜单　　图A-39　创建系统副本

如果不想使用默认名称，可以在快捷菜单中选择“重命名”选项，进入编辑模式，如图A-40所示。输入名称，可以重新定义系统名称。

在快捷菜单中选择“类型属性”选项，弹出“类型属性”对话框。单击“类型”选项，弹出列表，在其中显示管道系统名称，如图A-41所示。选择管道系统，可以编辑其类型属性。

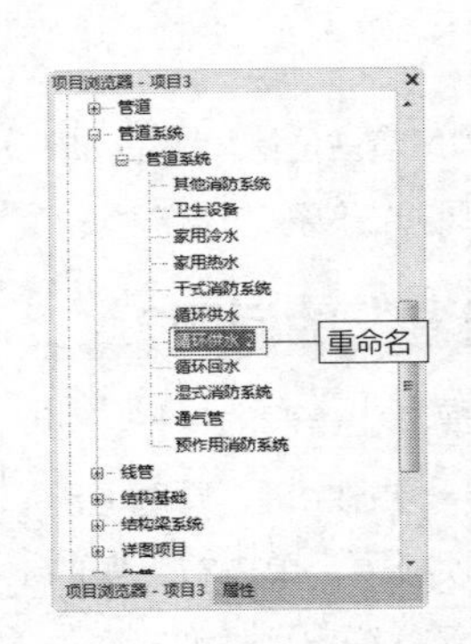

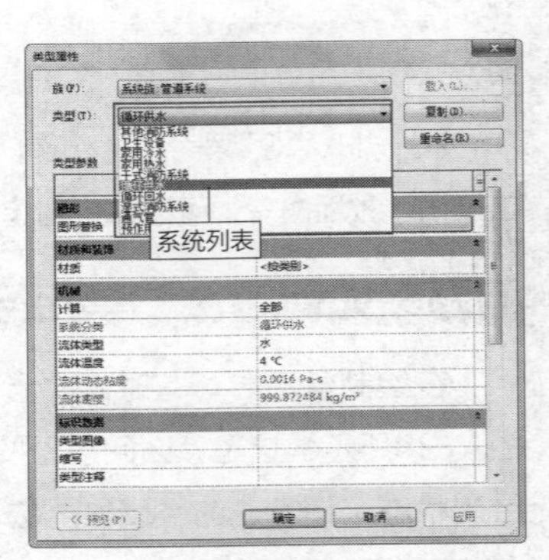

图A-40　进入编辑模式　图A-41　“类型属性”对话框

按住对话框右侧的滚动条，向下拖曳鼠标，显示“上升/下降”选项组，如图A-42所示。修改参数，可以设置系统内管道的显示样式。也可以保持默认值，那么所绘制的管道即以默认样式显示。

在绘制管道时，或者选择绘制完毕的管道，在“属性”选项板中单击“系统类型”选项，弹出如图A-43所示的列表。在列表中选择系统，可以将选中的管道纳入指定系统中。

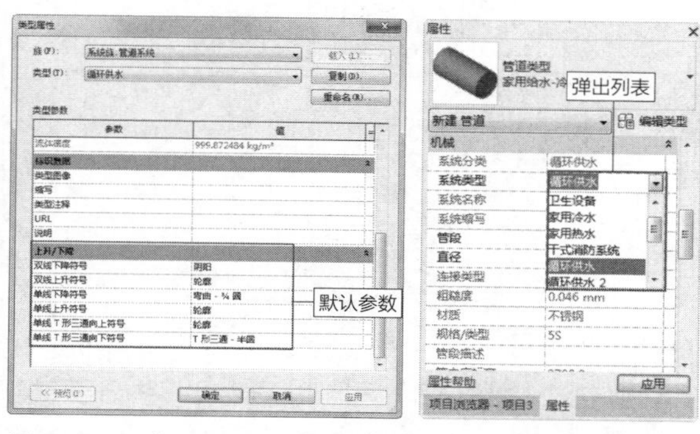

图 A-42 “上升 / 下降”选项组　图 A-43 选择系统

问题7 如何在三维视图中为图元创建标记?

在三维视图中也可以为图元创建标记，但是需要设置相关的参数，首先需要设置标记在三维视图中的可见性。

切换至三维视图，选择“视图”选项卡，在“图形”面板中单击“可见性/图形”按钮，如图A-44所示，激活命令，弹出“三维视图：三维的可见性/图形替换”对话框。

图 A-44 单击按钮

选择“注释类别”选项卡，在“过滤器列表”中选择规程。如果要为风管添加标记，就需要选择“机械”规程。在“可见性”列表中选择需要在视图中显示的标记类型，如“风管标记”“风管管件标记”等，如图A-45所示。单击“确定”按钮，关闭对话框，返回视图。

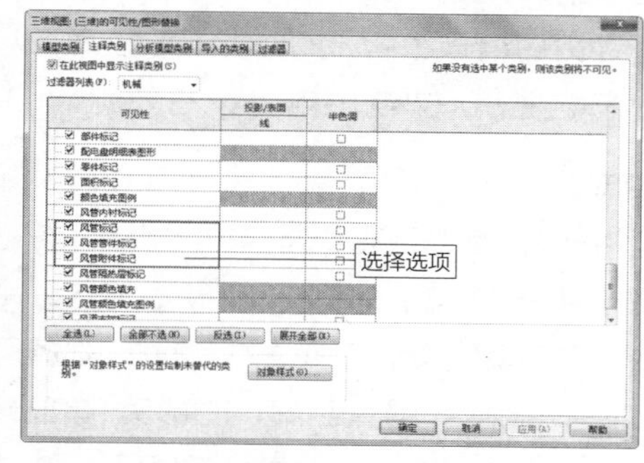

图 A-45 选择标记类型

在视图控制栏中单击“解锁的三维视图”按钮，在弹出的列表中选择“保存方向并锁定视图”选项，如图A-46所示。稍后弹出“重命名要锁定的默认三维视图”对话框，设置“名称”参数，如图A-47所示，单击“确定”按钮，完成重命名操作。

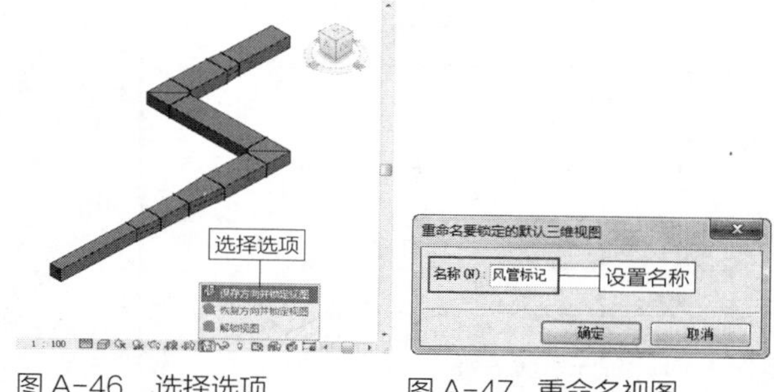

图 A-46 选择选项　图 A-47 重命名视图

选择“注释”选项卡，在“标记”面板上单击“按类别标记”按钮，如图A-48所示，激活命令。单击风管或者管件，创建标记的效果如图A-49所示。

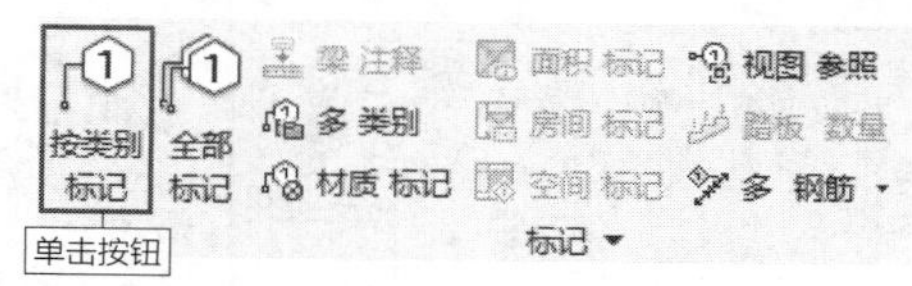

图 A-48 单击按钮

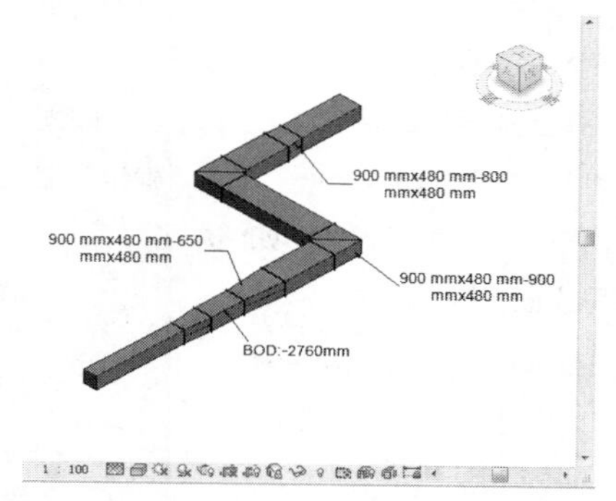

图 A-49 创建标记

在为三维风管创建标记之前，可以不锁定视图吗？不可以。假如尚未锁定视图，就执行创建标记的操作，会弹出如图A-50所示的提示对话框，提醒用户“必须先锁定三维视图的方向，然后才能添加标记或注释记号”。单击“确定”按钮，关闭对话框。执行锁定视图的操作后，再创建标记。

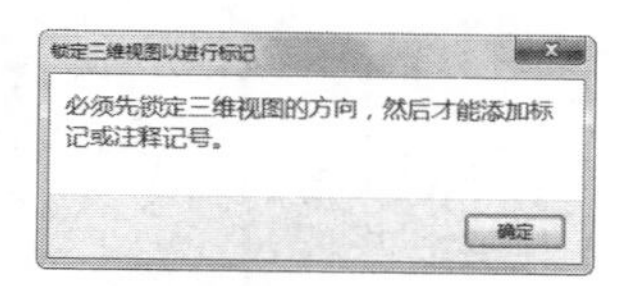

图 A-50 提示对话框

问题8 如何自定义导线的记号样式?

默认情况下，在视图中绘制导线后，没有显示导线记号，如图A-51所示。用户不仅可以控制是否显示导线记号，还可以自定义记号的样式。

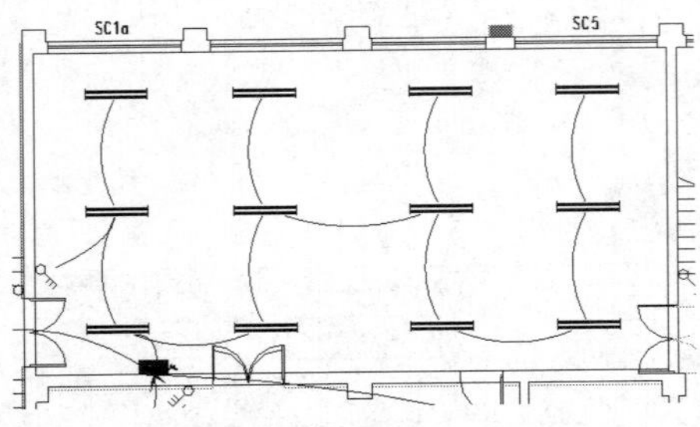

图 A-51 未显示导线记号

单击“电气”面板右下角的箭头，如图A-52所示，弹出“电气设置”对话框。在其中可以定义导线记号的样式。

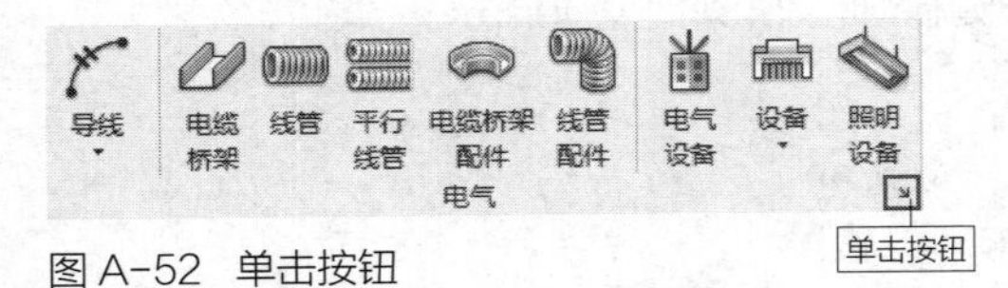

图 A-52 单击按钮

在对话框的左侧选择“导线尺寸”选项，在右侧的界面中显示配线的样式参数。在“显示记号”选项中显示“从不”选项，表示从来不在视图中显示导线记号。

单击该选项，弹出列表，选择“始终”选项，如图A-53所示，表示始终在导线上显示记号。单击“确定”按钮，返回视图。此时在导线上显示记号，如图A-54所示，记号的样式为“长导线记号”。

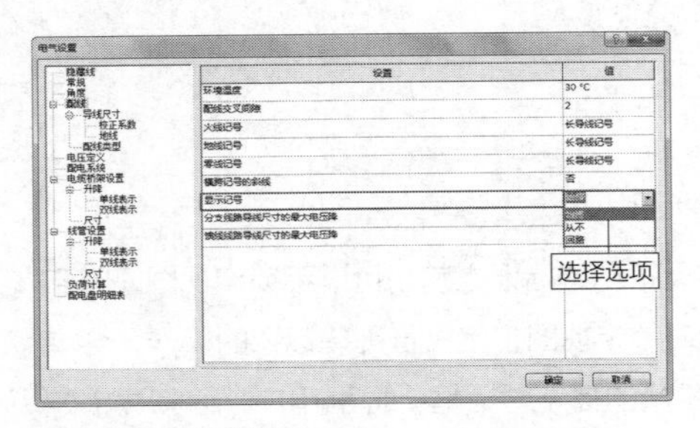

图 A-53 选择选项

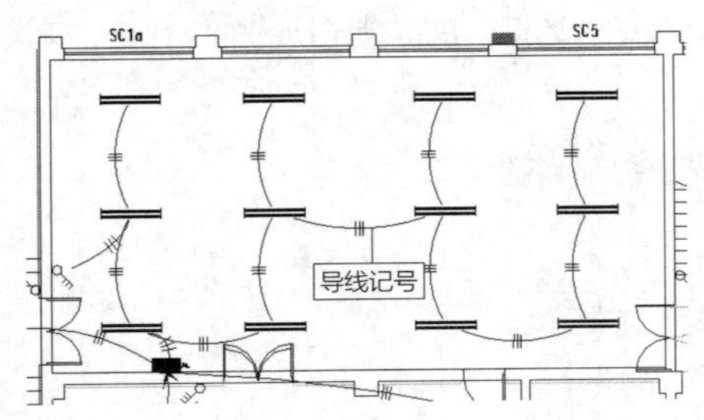

图 A-54 显示记号

还可以自定义导线的记号样式。在“电气设置”对话框中，单击“零线记号”选项，在弹出的列表中显示记号的样式，如“短导线记号”“挂钩导线记号”等，如图A-55所示。

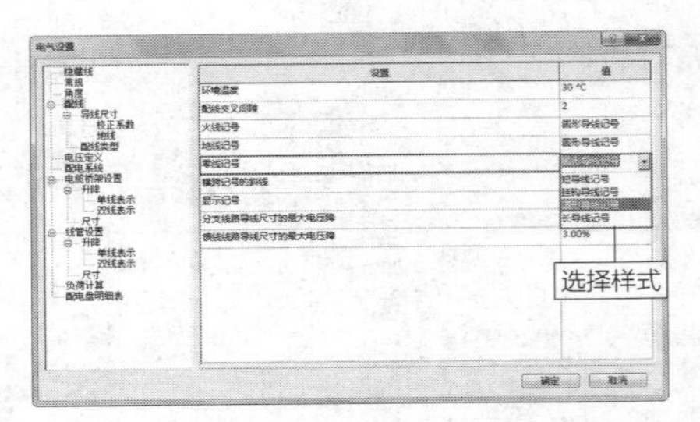

图 A-55 选择导线记号样式

分别定义“火线记号”“地线记号”“零线记号”样式，单击“确定”按钮，返回视图。此时导线记号的样式发生变化，显示为所设定的“圆形导线记号”，如图A-56所示。

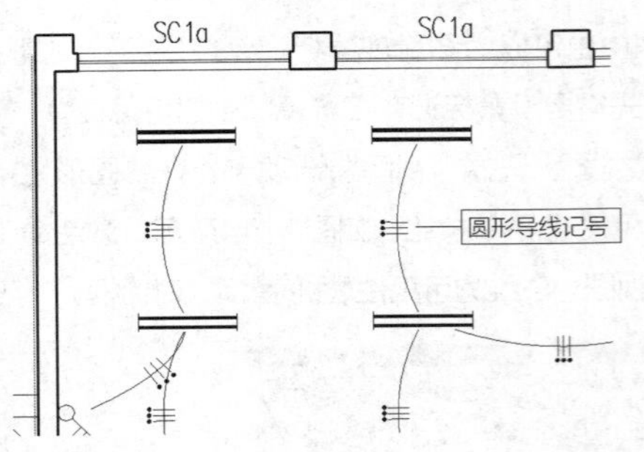

图 A-56 设置效果

也可以为不同的导线设置不同类型的记号，还可以沿用默认值，即不在导线上显示记号。

问题9 在族编辑器中如何控制族的大小？

在族编辑器中创建完毕族后，需要将族存储至计算机中，方便随时调用。在创建族的过程中，会借助其他的辅助图形，假如这些不必要的数据也一起被保存，无疑会需要更多的存储空间。所以在保存族之前，可以先执行清理工作，将族所包含的数据减至最小，仅保留有用数据即可。

1. 清除未使用项

在族编辑器中选择“管理”选项卡，单击“设置”面板上的“清除未使用项”按钮，如图A-57所示，激活命令。弹出“清除未使用项”对话框，单击右上角的“选择全部”按钮，如图A-58所示，选择全部可清除的项。单击“确定”按钮，执行清除操作，再次查看列表中所显示的内容，发现“其他样式”选项组下的“文字”与“材质”选项均被清除，如图A-59所示。

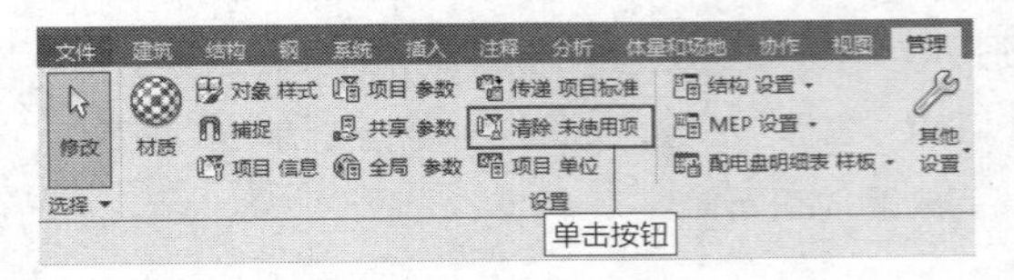

图 A-57 单击按钮

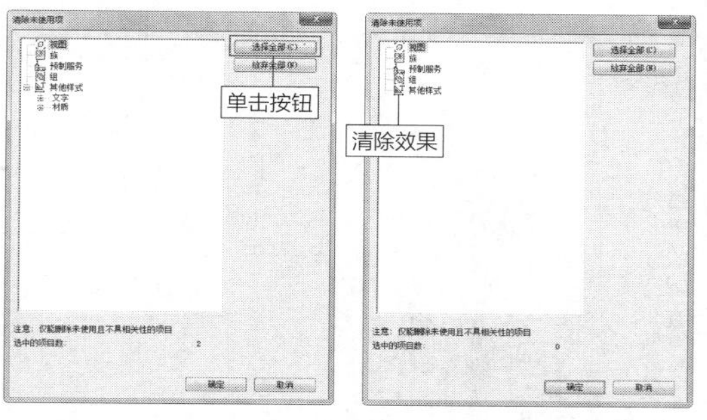

图 A-58　“清除未使用项”对话框　　图 A-59　清除效果

2.　删除光栅图像

选择“管理”选项卡，单击“管理项目”面板中的“管理图像”按钮，如图A-60所示，激活命令，弹出“管理图像”对话框。

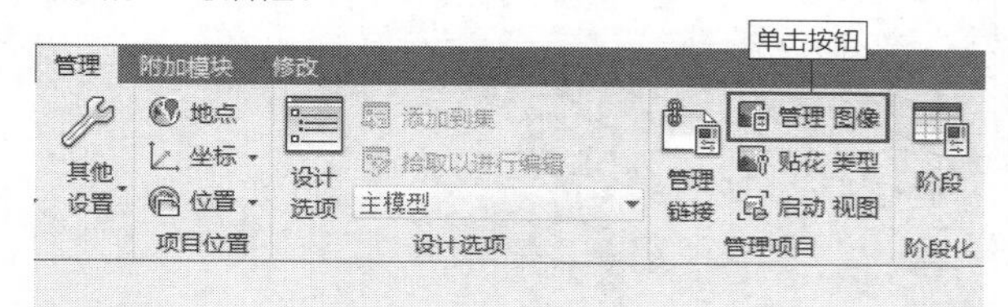

图 A-60　单击按钮

在对话框中选择光栅图像，单击“删除”按钮，如图A-61所示，删除图像。单击“确定”按钮，返回视图。

图 A-61　“管理图像”对话框

3.　删除CAD图像

选择视图中的CAD文件，在“修改”面板中单击“解锁”按钮，如图A-62所示，解锁图像。

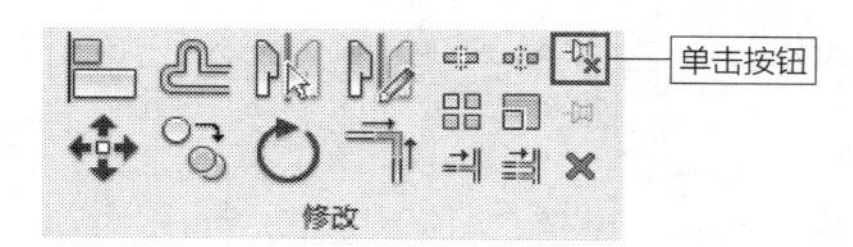

图 A-62　单击按钮

此时，“解锁”按钮下方的“锁定”按钮被激活，接着单击“删除”按钮，如图A-63所示，可将选中的CAD文件删除。为什么要先解锁图纸，才可以删除图纸？假如在没有解锁图纸的情况下，执行删除图纸的操作，会弹出如图A-64所示的提示对话框，提醒用户“若要删除，请先将其解锁，然后再使用删除”。锁定文件的作用就是防止文件被无意编辑或者删除，所以一定要先解锁，再删除文件。

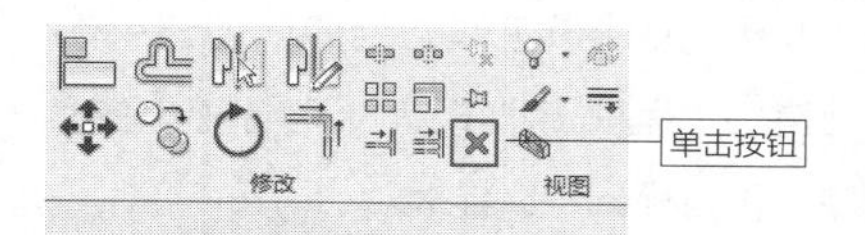

图 A-63　单击按钮

图 A-64　提示对话框

4.　使用不同的名称保存族

如果文件已设置了保存路径，当再次存储时，不要直接启用“保存”命令。选择“文件”选项卡，在弹出的列表中选择“另存为”选项，在子菜单中选择“族”选项，如图A-65所示，弹出“另存为”对话框。

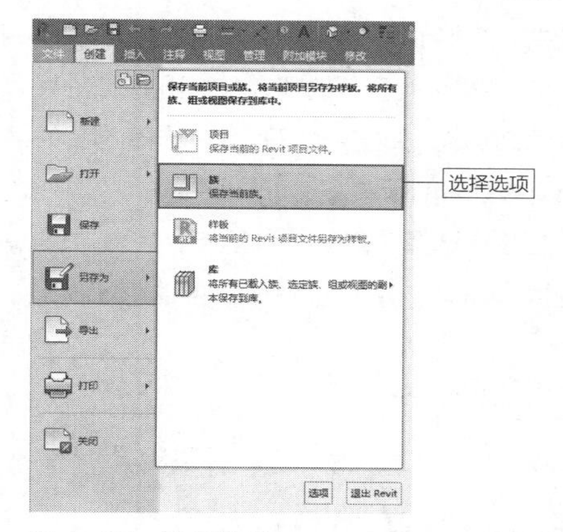

图 A-65　选择选项

在“文件名”文本框中重新设置文件名称，例如，在原有名称的基础上添加编号，如图A-66所示。单击“保存”按钮，文件数据就会被重新编译，减小存储空间。

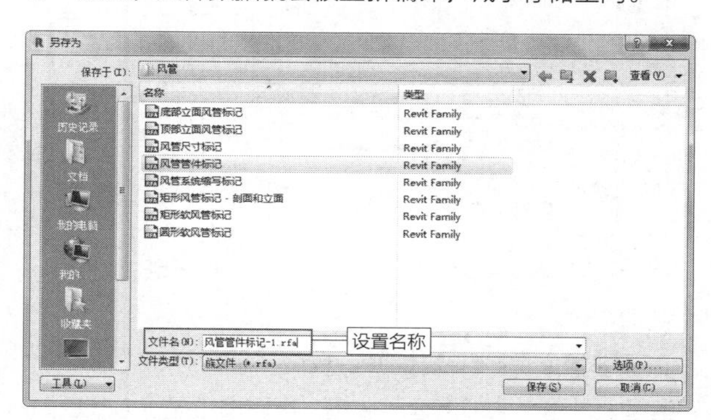

图 A-66　设置名称

5. 建模技巧

在建模的过程中，尽量减少创建空心几何模型。另外，“阵列”命令也少用。在平面视图中使用符号线与遮罩区域，不使用模型线或者其他几何模型。

调用合适的族样板开展建模工作。例如，创建基本模型，就调用“公制常规模型”族样板；创建电气设备标记，就调用“公制电气设备标记”族样板。

族样板本身就包含软件默认设置的参数，选择合适的族样板，不仅可以使用默认参数创建图元，也可以避免其他不相关的数据增大族的内存。

族的保存格式为“.rfa”，将格式修改为“.rft”，可以将该族样板存储为用户自己的样板文件，随时调用。

问题10 将CAD文件导入/链接到Revit中的技巧有哪些？

在导入/链接CAD文件时，掌握一些操作技巧，可以帮助用户提高工作效率。

1. CAD的准备工作

打开CAD文件后，执行“另存为”操作，在“图形另存为”对话框中单击“文件类型”选项，在弹出的列表中显示CAD应用程序的版本，如图A-67所示。选择低版本的CAD，例如，选择2004的版本。

在CAD应用程序中选择“默认”选项卡，单击“图层”面板中的“图层”选项，弹出图层列表，如图A-68所示，关闭多余图层。

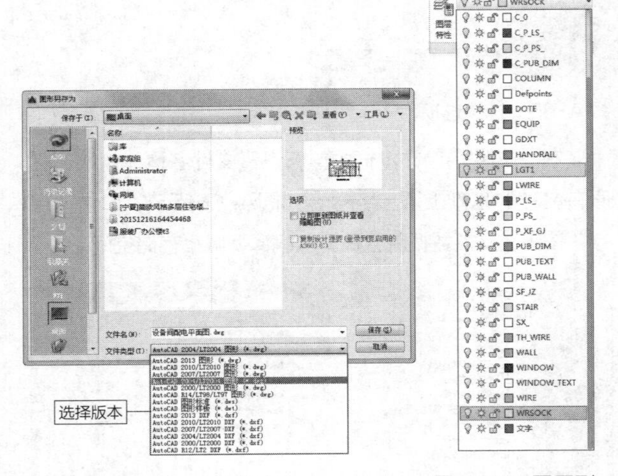

图 A-67 选择 CAD 版本

图 A-68 图层列表

在键盘上按P+U快捷键，按空格键，弹出“清理”对话框。单击“全部清理”按钮，直到按钮显示为灰色为止，如图A-69所示。

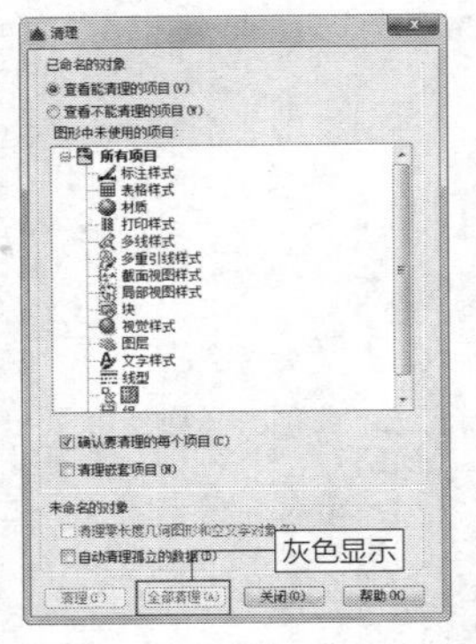

图 A-69 “清理”对话框

CAD文件中通常包含多张图纸，如一层平面图、二层平面图等。在键盘上按W键，按空格键，执行“提取块”的操作，将图纸逐一提取出来，效果如图A-70所示。

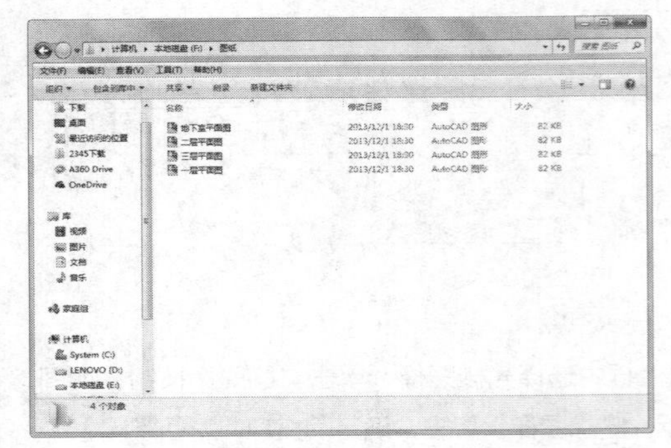

图 A-70 提取图纸

2. 导入/链接CAD文件

启动Revit应用程序，选择“插入”选项卡，单击“导入”面板上的“导入CAD”按钮，如图A-71所示，激活命令，弹出“导入CAD格式”对话框。

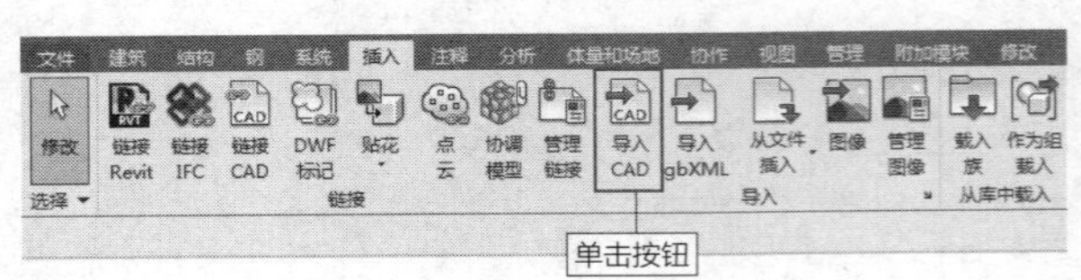

图 A-71 单击按钮

在对话框中选择CAD文件，选中“仅当前视图”复选框，设置“颜色”样式为“黑白”、“导入单位”为“毫米”，选择“定位”方式为“手动-原点”，自定义图纸的放置点，如图A-72所示。单击“打开”按钮，可将CAD图纸导入Revit。

在“链接”面板上单击“链接CAD”按钮，弹出“链接CAD格式”对话框。选择图纸，勾选“仅当前视图”复选框，其他参数设置如图A-73所示。单击“定位”选项，弹出样式列表，在其中提供了多种定位方式，可自由选择。单击“打开”按钮，将CAD文件链接到Revit。

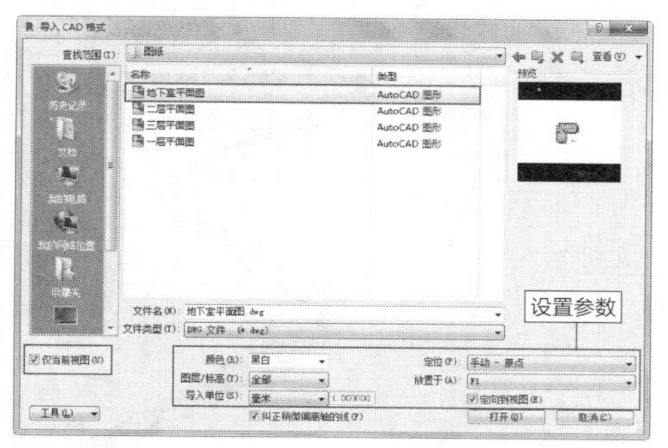

图 A-72　"导入 CAD 格式"对话框

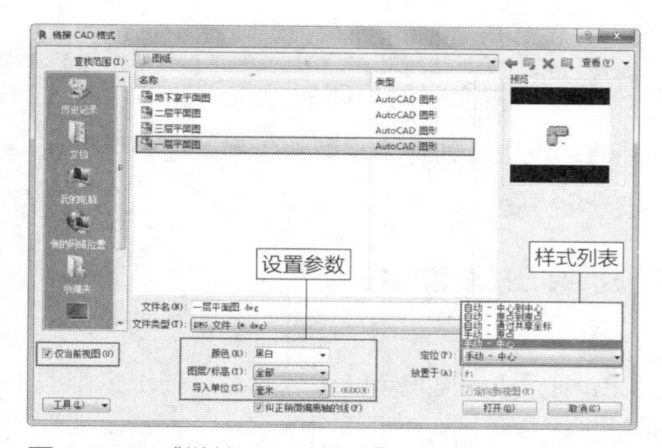

图 A-73　"链接 CAD 格式"对话框

问题11 如何为管道及电缆桥架设置材质和颜色?

当视图中存在不同系统类型的管道与桥架时，为了方便区别，可以为它们设置不同的材质和颜色。通过颜色来区分系统，方便识别和编辑。

1. 设置管道的材质和颜色

选择项目浏览器，展开"族"→"管道系统"目录。选择任意系统，例如，选择"家用冷水"系统。在系统名称上单击鼠标右键，弹出快捷菜单，选择"类型属性"选项，如图A-74所示，弹出"类型属性"对话框。

将光标置于"材质"选项中，在选项右侧显示矩形按钮，单击该按钮，如图A-75所示，弹出"材质浏览器-默认"对话框。

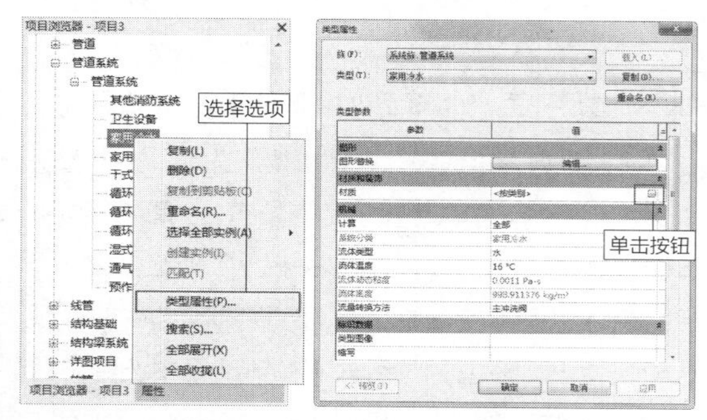

图 A-74　选择选项　　图 A-75　"类型属性"对话框

在"项目材质"列表中选择名称为"默认"的材质，单击鼠标右键，在弹出的快捷菜单中选择"复制"选项，如图A-76所示。创建材质副本后，修改副本名称为"PVC管道"，如图A-77所示。通常情况下，管道使用"默认"材质。

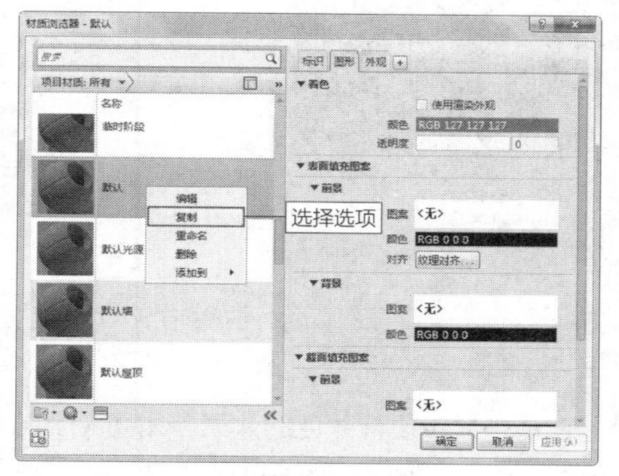

图 A-76　选择"复制"选项

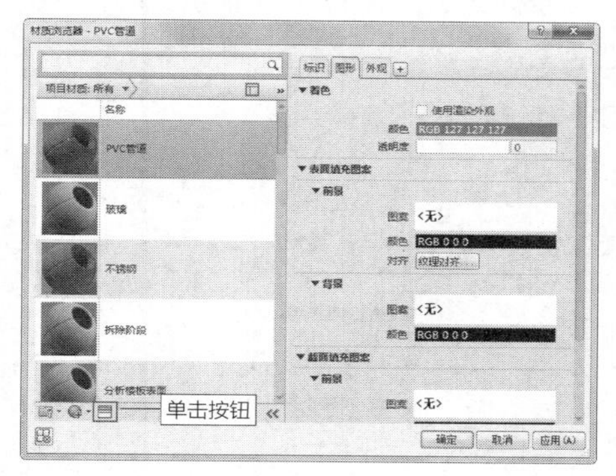

图 A-77　创建材质副本

单击"项目材质"列表下方的"材质浏览器"按钮，弹出"资源浏览器"对话框。在对话框中展开"Autodesk 物理资源"列表，选择"塑料"选项，在右侧界面中显示材质类型。选择名称为"PVC管"的材质，单击右侧的矩形按钮，如图A-78所示，替换材质。

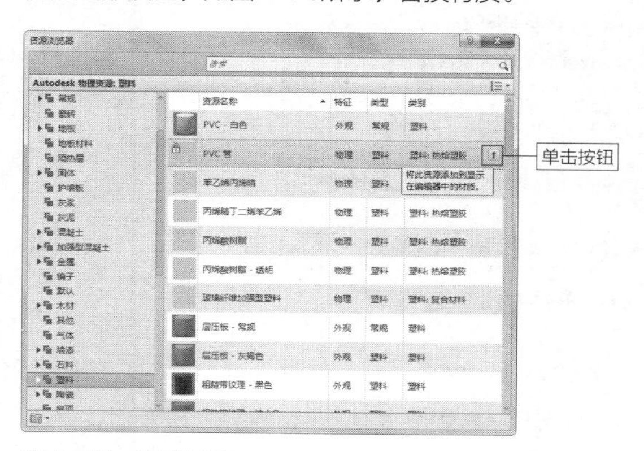

图 A-78　选择材质

关闭"资源浏览器"对话框，返回"材质浏览器"对话框。切换至“图形”选项卡，单击“颜色”选项，弹出“颜色”对话框。选择颜色，例如，选择“紫色”，如图A-79所示，单击“确定”按钮，关闭对话框。

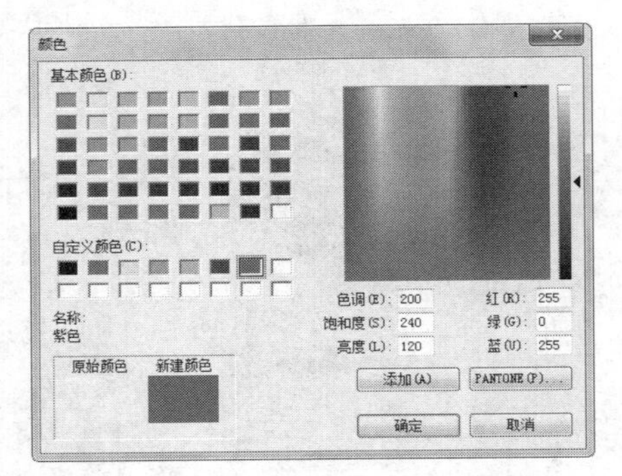

图 A-79 “颜色”对话框

在“颜色”选项中显示设置颜色的效果，如图A-80所示。单击“确定”按钮，返回“类型属性”对话框。在“材质”选项中显示材质名称，如图A-81所示。单击“确定”按钮，返回视图。

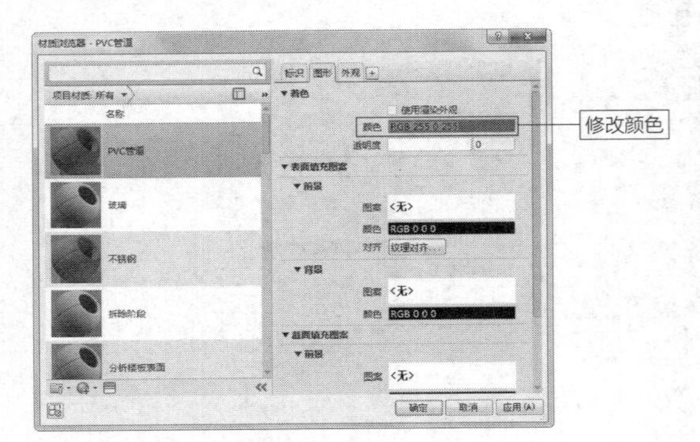

图 A-80 修改颜色

图 A-81 修改材质结果

启用“管道”命令，在“属性”选项板的“系统类型”列表中选择“家用冷水”选项，如图A-82所示，指定管道系统类型。在视图中创建管道，管道按照所设置的材质显示，效果如图A-83所示。

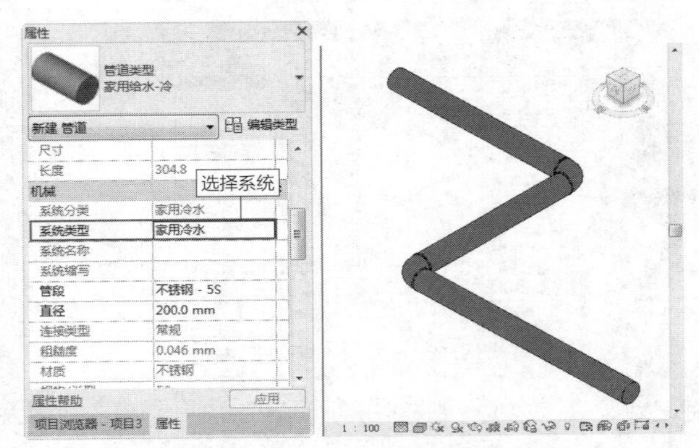

图 A-82 “属性”选项板 图 A-83 创建管道

其他系统类型的管道材质也同样沿用上述方法来设置。此外，风管系统也分为多个类型，参考上述内容，可以为风管系统设置材质。

2. 设置电缆桥架的材质和颜色

选择“视图”选项卡，单击“图形”面板上的“可见性/图形”按钮，如图A-84所示，激活命令。弹出“楼层平面：F1的可见性/图形替换”对话框，选择“模型类别”选项卡，单击“对象样式”按钮，如图A-85所示，弹出“对象样式”对话框。

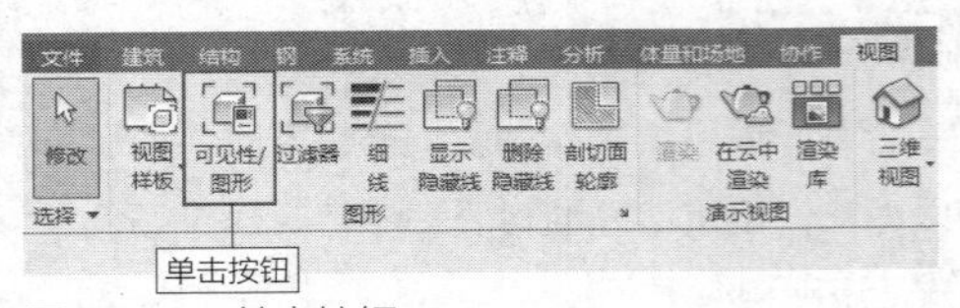

图 A-84 单击按钮

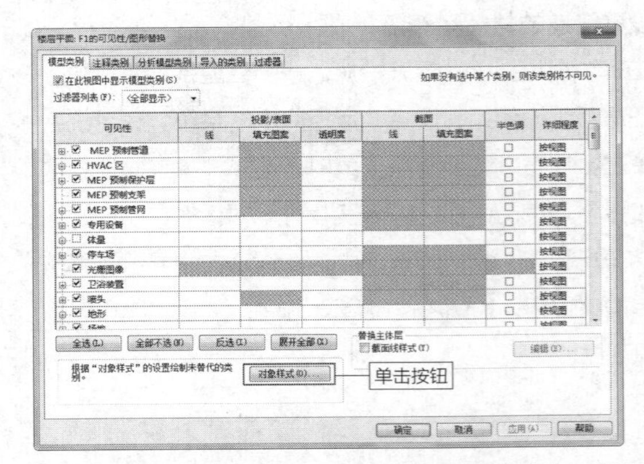

图 A-85 “楼层平面：F1 的可见性 / 图形替换”对话框

在“类别”列表中选择“电缆桥架”选项，光标置于“材质”单元格中，在右侧显示矩形按钮，如图A-86所示。单击该按钮，弹出“材质浏览器-默认”对话框。

保持默认材质不变，单击“图形”选项卡中的“颜色”选项，弹出“颜色”对话框。在对话框中选择“蓝色”，单击“确定”按钮，关闭对话框，如图A-87所示。

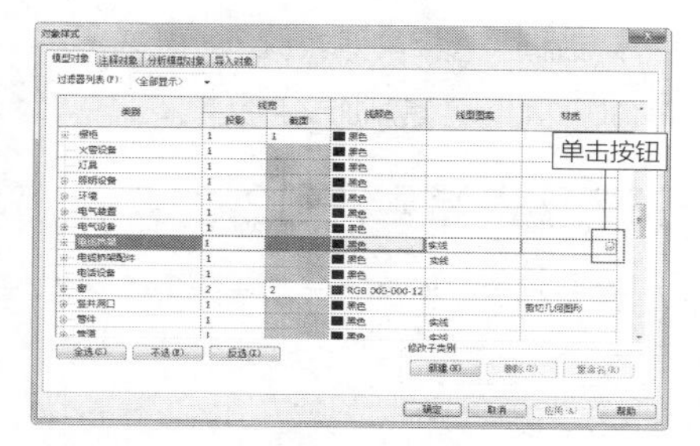

图 A-86 “对象样式”对话框

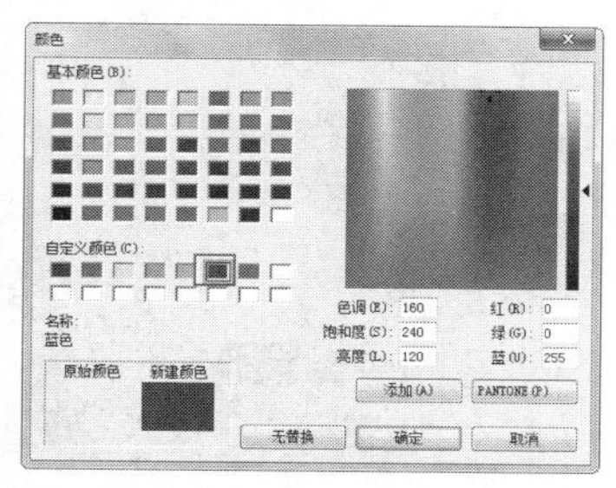

图 A-87 “颜色”对话框

返回“对象样式”对话框。在“材质”选项中显示材质名称，如图A-88所示。启用“电缆桥架”命令，在视图中创建电缆桥架，电缆桥架按照所设置的颜色显示，效果如图A-89所示。为什么电缆桥架三通显示为灰色？因为只修改了电缆桥架的颜色，没有修改电缆桥架配件的颜色，所以配件显示为默认颜色。可以参考上述内容，修改配件的颜色。

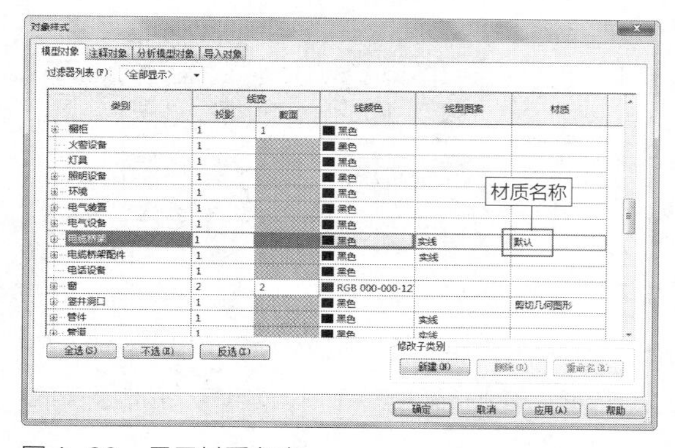

图 A-88 显示材质名称

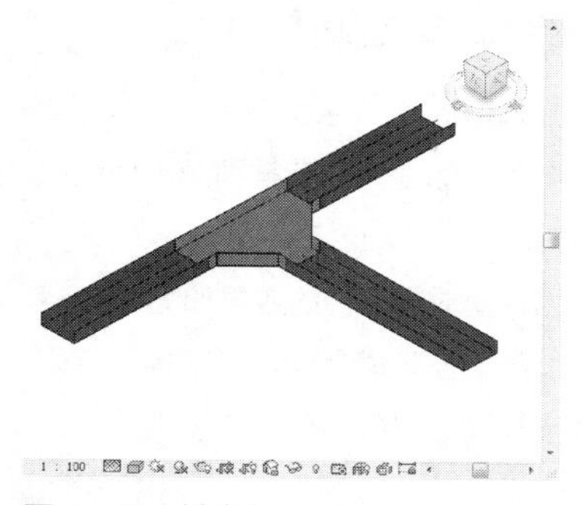

图 A-89 创建电缆桥架

问题12 如何为管道添加说明文字？

在创建管道或者其他构件时，为它们添加说明文字，可以丰富构件的信息。

选择“管理”选项卡，单击“设置”面板上的“项目参数”按钮，如图A-90所示，激活命令。弹出“项目参数”对话框，单击“添加”按钮，如图A-91所示，弹出“参数属性”对话框。

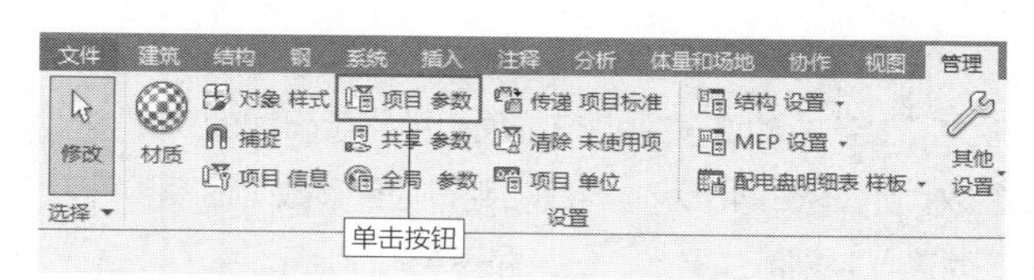

图 A-90 单击按钮

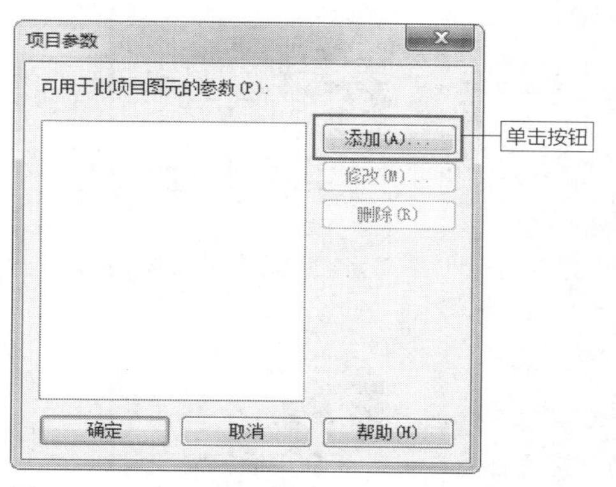

图 A-91 “项目参数”对话框

在“类别”列表中选择类别，例如选择“管道”。在“参数数据”选项组下设置“名称”参数，单击“参数类型”选项，在列表中选择“文字”选项，同时指定“参数分组方式”为“文字”，如图A-92所示。单击“确定”按钮，返回“项目参数”对话框。

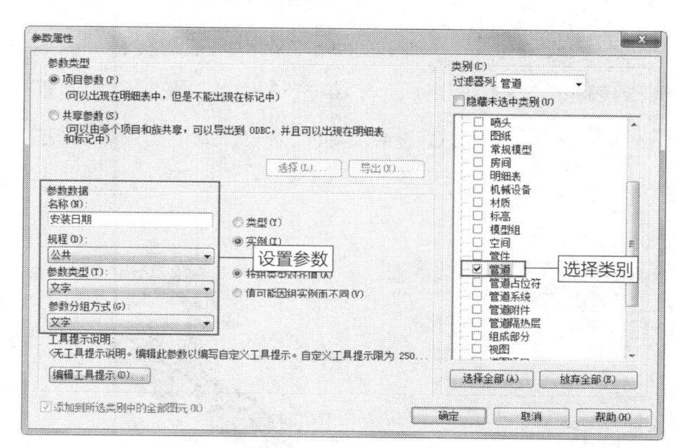

图 A-92 “参数属性”对话框

在“可用于此项目图元的参数”列表中显示新增参数，如图A-93所示。单击“确定”按钮，返回视图。

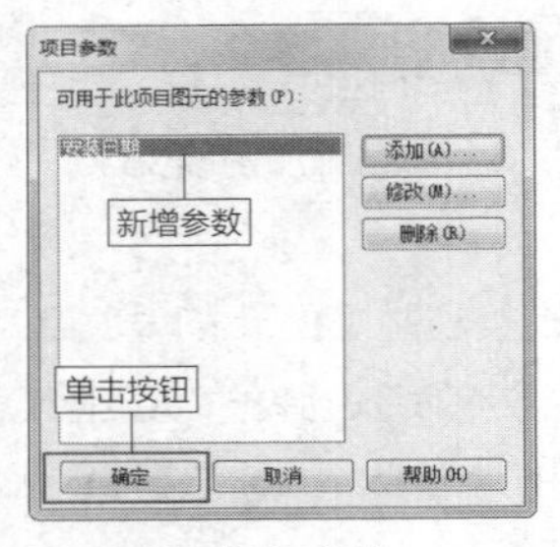

图 A-93　添加参数

启用“管道”命令，在“属性”选项板中新增一个名称为“文字”的选项组。在选项组中显示新增的“文字”参数，如图A-94所示。重复启用“项目参数”命令，再为“管道”类别添加参数，结果如图A-95所示。

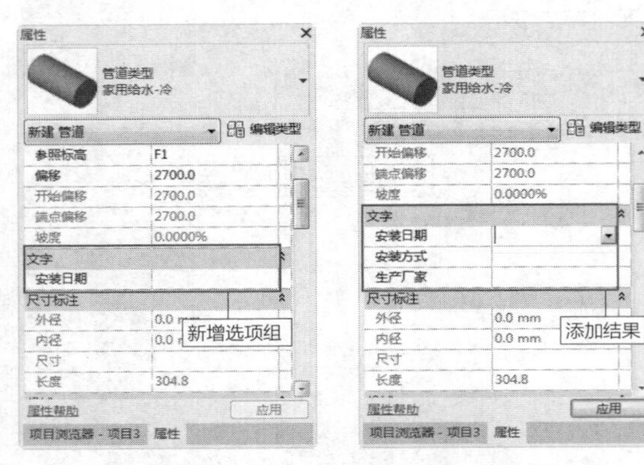

图 A-94　新增选项组　　图 A-95　添加其他参数

在“参数属性”对话框中选择其他类别，如风管、风管附件、电缆桥架等，同样可以为其添加文字参数。

问题13　如何关闭图形警告符号?

在绘制风管时，有时候会在模型上显示三角形的警告符号，如图A-96所示。单击该符号，弹出如图A-97所示的“警告”对话框，提醒用户“图元（类型 风管）具有开放连接件（位于连接件#2处）”。

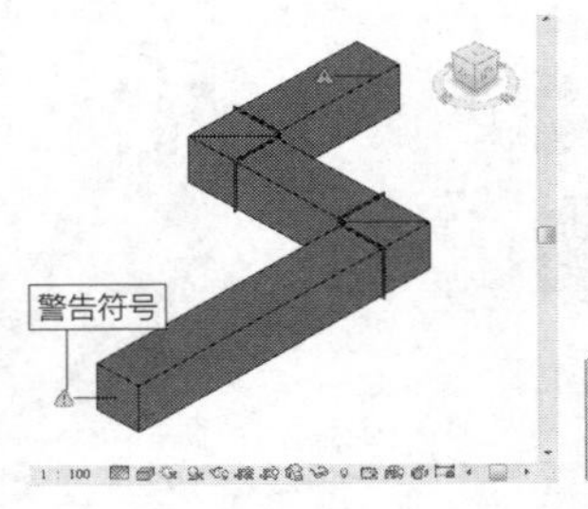

图 A-96　显示警告符号　　图 A-97　“警告”对话框

警告符号可以提示在建模过程中所出现的错误，但是有时候也会影响绘图。可以自由控制警告符号的显示与关闭吗？可以的。

选择“分析”选项卡，单击“检查系统”面板中的“显示隔离开关”按钮，如图A-98所示，激活命令，弹出“显示断开连接选项”对话框。

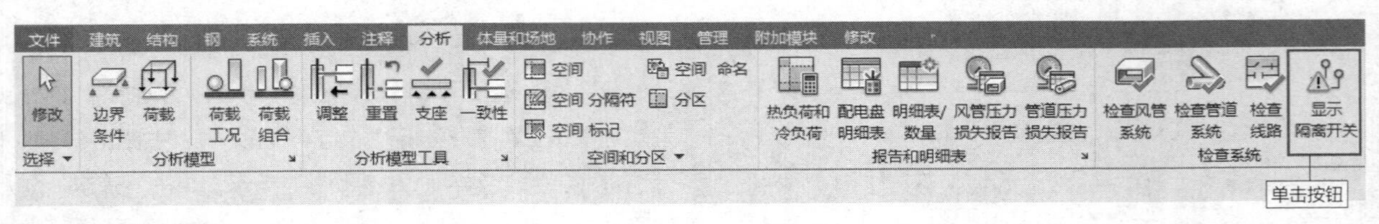

图 A-98　单击按钮

在该对话框中，“风管”选项处于选中的状态。取消选择该项，如图A-99所示，单击“确定”按钮，返回视图。此时发现风管上的警告信息已经被关闭了，效果如图A-100所示。

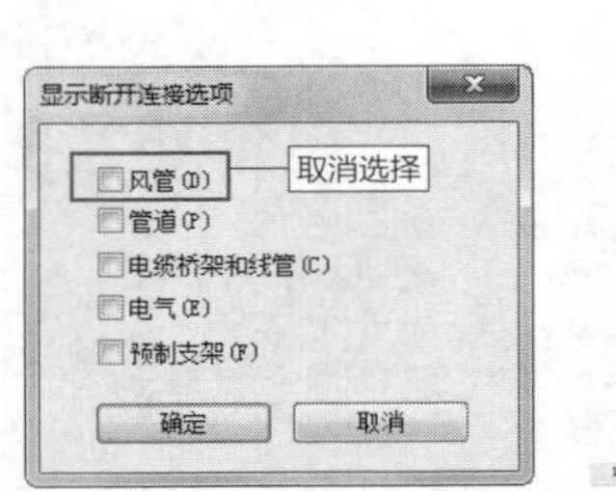

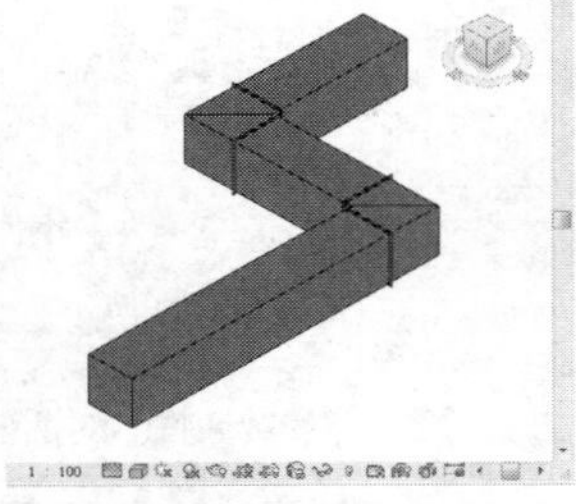

图 A-99　“显示断开连接选项”对话框　图 A-100　隐藏警告符号

在“显示断开连接选项”对话框中，可以开启或者关闭风管、管道、电缆桥架和线管，以及电气、预制支架的图形断开警告符号。

问题14 如何为三维管道添加附件?

通常在平面视图中为管道添加附件，因为在二维管道上比较容易确定附件的位置。那么，在三维视图中也可以为管道添加附件吗？可以的。

切换至三维视图，为管道放置附件的效果如图A-101所示。很明显附件没有被放置在管道上，这样的操作结果是无效的。在为三维管道添加附件之前，需要执行“拆分”操作。

图 A-101　放置错误

选择“修改”选项卡，单击“修改”面板上的“拆分图元”按钮，如图A-102所示，激活命令。

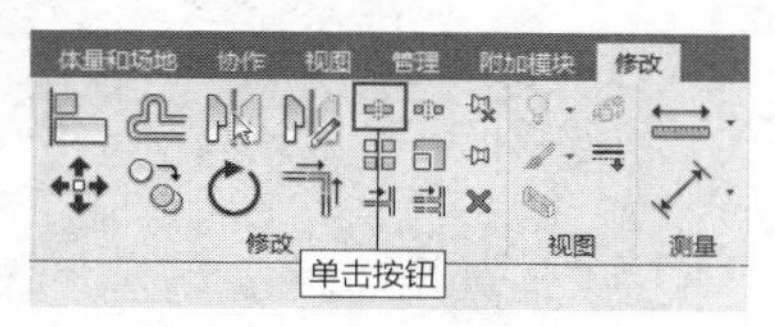

图 A-102　单击按钮

此时光标显示为一个钢笔头的样式，单击鼠标左键，在管道上指定拆分点，如图A-103所示。拆分管道后，软件自动在拆分位置添加一个管接头，效果如图A-104所示。

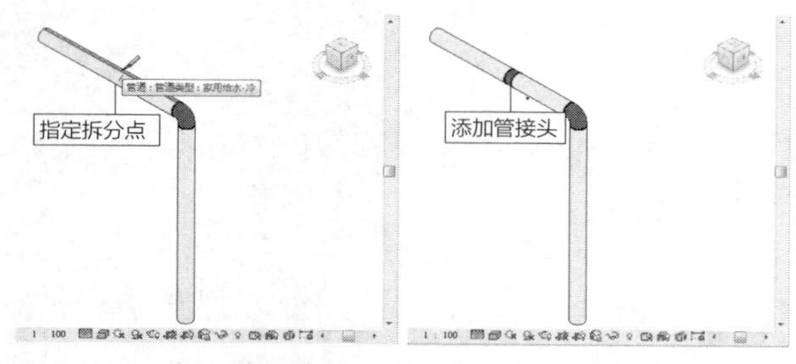

图 A-103　指定拆分点　　图 A-104　拆分管道

选择管接头，进入“修改|管件”选项卡。单击“编辑族”按钮，如图A-105所示，激活命令，进入族编辑器。在族编辑器中选择“创建”选项卡，单击“属性”面板上的“族类别和族参数”按钮，如图A-106所示，激活命令。

图 A-105　单击按钮

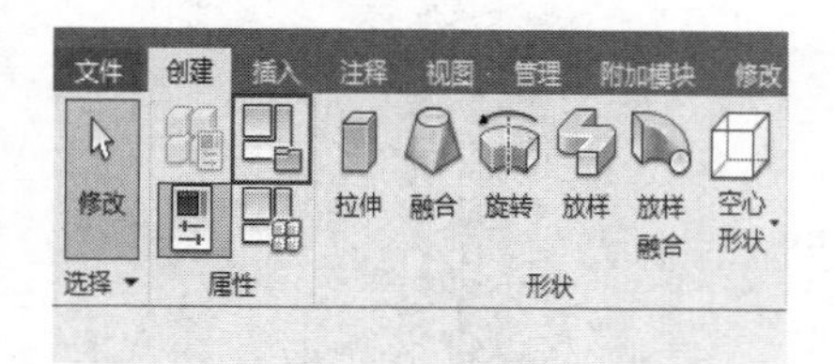

图 A-106　单击按钮

打开“族类别和族参数”对话框，在“过滤器列表”中选择“管道”规程，在族类别列表中选择“管道附件”选项。单击“族参数”列表中的“零件类型”选项，在弹出的列表中选择“阀门-插入”选项，如图A-107所示，指定附件的类型。

单击“确定”按钮，关闭对话框。在 “创建”选项卡中单击“载入到项目”按钮，弹出“族已存在”对话框。选择“覆盖现有版本及其参数值”选项，如图A-108所示。将修改参数后的族载入项目。

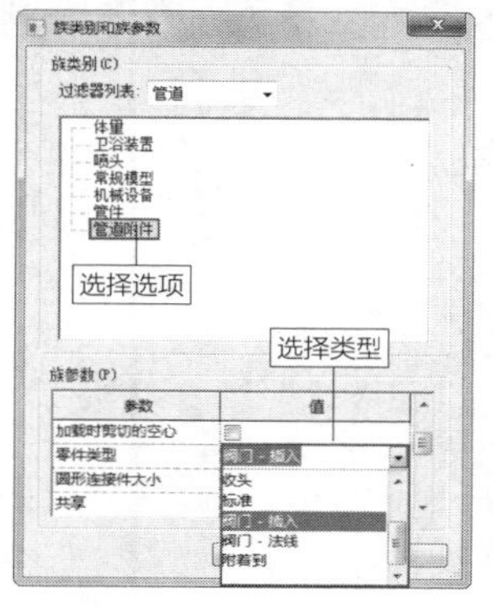

图 A-107　“族类别和族参数”对话框　　图 A-108　“族已存在”对话框

选择管接头，在“属性”选项板中单击管件名称，弹出类型列表，选择“电磁阀”的类型，如图A-109所示。此时查看视图中的修改结果，发现管接头已被电磁阀替代，如图A-110所示。

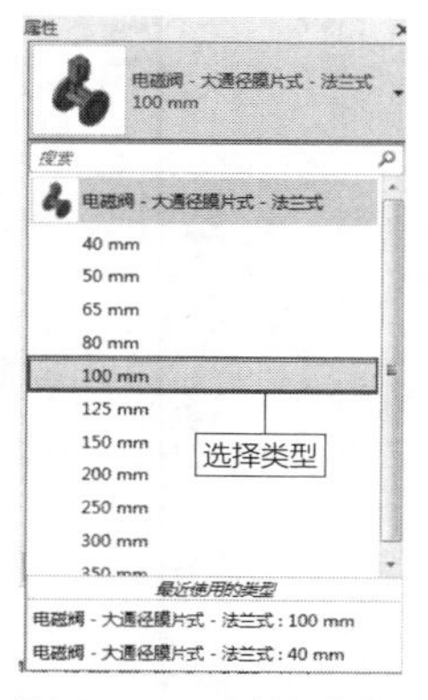

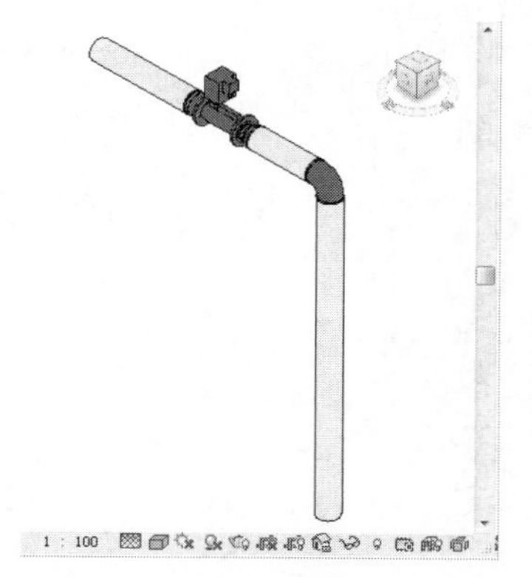

图 A-109　选择附件　　图 A-110　添加附件的结果

在尚未拆分图元之前，如在管道上插入附件，会因为找不到确切的位置而发生错误。拆分图元之后，在拆分位置自动添加管接头，连接已拆分的管道。此时修改管接头的族参数，就可以替换连接件类型，成功地在三维管道上放置附件。

鉴于在三维视图中添加附件的繁杂操作，建议读者还是在平面视图中执行添加操作为好。

附录 B

命令快捷键速查表

MEP管线设计常用快捷键

命令	快捷键
风管	DT
风管管件	DF
风管附件	DF
转换为软风管	CV
软风管	FD
风管末端	AT
预制零件	PB
预制设置	FS
机械设备	ME
机械设置	MS
管道	PI
管件	PF
管路附件	PA
软管	FP
卫浴装置	PX
喷头	SK
电缆桥架	CT
线管	CN
电缆桥架配件	TF
线管配件	NF
电气设备	EE
照明设备	LF
放置构件	CM

其他常用快捷键

命令	快捷键
墙	WA
门	DR
窗	WN
放置构件	CM
房间	RM
房间标记	RT
轴线	GR
文字	TX
对齐标注	DI
标高	LL
高程点标注	EL
绘制参照平面	RP
模型线	LI
按类别标记	TG
详图线	DL
图元属性	PP/Ctrl+1
删除	DE
移动	MV
复制	CO
旋转	RO
定义旋转中心	R3/ 空格键
阵列	AR
镜像 - 拾取轴	MM
创建组	GP
锁定位置	PP
解锁位置	UP
匹配对象类型	MA
线处理	LW
填色	PT
拆分区域	SF
对齐	AL
拆分图元	SL
修剪 / 延伸	TR
偏移	OF
选择整个项目中的所有实例	SA
重复上上个命令	RC/Enter
恢复上一次选择集	Ctrl+ ←（左方向键）
捕捉远距离对象	SR

命令	快捷键
象限点	SQ
垂足	SP
最近点	SN
中点	SM
交点	SI
端点	SE
中心	SC
捕捉到云点	PC
点	SX
工作平面网格	SW
切点	ST
关闭替换	SS
形状闭合	SZ
关闭捕捉	SO
区域放大	ZR
缩放配置	ZF
上一次缩放	ZP
动态视图	F8/Shift+W
线框显示模式	WF
隐藏线框显示模式	HL
带边框着色显示模式	SD
细线显示模式	TL
视图图元属性	VP
可见性图形	VV/VG
临时隐藏图元	HH
临时隔离图元	HI
临时隐藏类别	HC
临时隔离类别	IC
重设临时隐藏	HR
隐藏图元	EH
隐藏类别	VH
取消隐藏图元	EU
取消隐藏类别	VU
切换显示隐藏图元模式	RH
渲染	RR
快捷键定义窗口	KS
视图窗口平铺	WT
视图窗口重叠	WC